Bétons
haute
performance

Pierre-Claude AïTCIN

I0033992

Eyrolles

ÉDITIONS EYROLLES
61, Bld Saint-Germain
75240 Paris Cedex 05
www.editions-eyrolles.com

© Éditions Eyrolles 2001, ISBN 2-212-01323-X

Bétons
haute
performance

Les chefs prétendent avoir gagné des batailles, lorsqu'en fait ce sont leurs guerriers qui se sont battus victorieusement.

– Adaptation d'un proverbe amérindien

Je dédie donc ce livre à toutes mes étudiantes et à tous mes étudiants présents, passés et à venir.

Sommaire

Chapitre 14   Augmentation de la température des BHP 417

Préface

par Adam Neville

Par le passé, la préface de plus d'un livre était rédigée par un homme célèbre d'âge avancé dont le savoir faisait autorité. L'auteur de la préface s'attachait surtout à louanger et à promouvoir l'auteur — souvent un de ses anciens étudiants ou un de scs protégés. Rien de tel dans le cas présent.

Je suis peut-être âgé, mais je ne prétends pas être un grand homme. En fait, c'est Pierre-Claude Aïtcin qui est le grand homme du béton à haute performance. On pourrait donc affirmer bien haut que l'ouvrage offert ici peut se passer de préface, c'est peut-être pourquoi il y en a deux, manifestement écrites à l'invitation de l'auteur ; ces deux préfaces pourraient être considérées comme des ornements sans valeur commerciale : elles témoignent cependant de la modestie foncière de Pierre-Claude Aïtcin à l'endroit de sa contribution.

Celui ou celle qui entreprend la lecture de ce livre se rend bien vite compte qu'il s'agit d'une œuvre d'amour, et qui plus est d'une longue histoire d'amour. L'auteur nous dit avoir consacré six années de sa vie à la préparation de ce livre, mais, en fait, il a commencé à ensemencer le champ d'étude unique, et néanmoins vaste, que constitue le béton à haute performance il y a de cela trois décennies. Les semences ont été nombreuses, elles ont porté sur les techniques de fabrication du béton à haute performance et sur la science de son comportement. Elles ont germé et se sont développées, grâce à l'acharnement de Aïtcin et de son équipe d'étudiants et de stagiaires postdoctoraux, et aussi grâce à l'apport de ses collègues de l'Université de Sherbrooke, son alma mater, et de ceux d'autres établissements canadiens. Dans tous les travaux de Aïtcin, on reconnaît aisément l'influence, les idées et la créativité du chercheur, de même que sa fidélité au fil des années à se consacrer à un objectif unique : améliorer sans cesse la qualité des bétons à haute performance.

Les bétons à haute performance se sont effectivement perfectionnés, non pas uniquement parce qu'ils ont atteint une solidité ou une durabilité plus grande, mais bien parce que l'on comprend mieux leur comportement. Cette façon d'aborder la recherche sur le béton à haute performance distingue Aïtcin des autres chercheurs qui se sont souvent limités à l'étude d'un seul aspect de ce matériau et qui se reposent sur les lauriers d'un certain nombre de mégapascals.

Très peu de personnes auraient pu écrire un tel ouvrage. Plus encore, très peu d'auteurs auraient même pu se risquer à écrire seuls un livre dans lequel on retrouve une vision cohérente sur un sujet aussi vaste, ce qui est fort profitable pour tous les lecteurs. Beaucoup de soi-disant livres ne sont que des compilations écrites sous la direction d'un rédacteur, ou même de plusieurs, pour réunir sans trop de liens un certain nombre d'articles non coordonnés qui ne partagent en tout et pour tout qu'une douzaine de mots clés. Livré à lui-même dans cette jungle, le lecteur rencontrera peut-être ici et là un joyau ou une perle, mais qui donc les réunira en une parure unique ?

Le fait d'être le seul auteur de ce volume a permis à Pierre-Claude Aïtcin de brosser un portrait enthousiaste mais équilibré du béton à haute performance et d'en explorer toutes les facettes, depuis ses constituants et leurs interactions jusqu'à son comportement en service, donnant même un aperçu de ce qu'il pourrait devenir. Cet ouvrage sera donc apprécié par tous ceux que le béton à haute performance intéresse, qu'ils soient concepteurs, promoteurs, scientifiques, spécialistes des matériaux, producteurs de béton ou entrepreneurs. Il sera également accueilli avec plaisir par tous les généralistes du génie civil désireux de demeurer *branchés* sur le monde qui les entoure.

Bien que l'auteur s'en défende en conclusion du chapitre deux, le présent ouvrage est bel et bien un traité sur le béton à haute performance. Aucun autre ouvrage sur le sujet n'est plus complet ni plus détaillé, aucun ne le surpasse. Contrairement donc à ce que j'affirmais dans mon entrée en matière, je ne puis que faire, et de tout cœur, l'éloge de cet ouvrage et le recommander chaleureusement à tous ceux et à toutes celles qui œuvrent concrètement à la recherche d'un avenir meilleur.

A.M. Neville

Londres

Le 5 février 1998

Note aux lecteurs

Ce livre intitulé Le béton à haute performance—Science et technologie *n'est pas simplement la version française du livre* High Performance Concrete *publié chez E & FN Spon dans la collection Modern Concrete Technology. Tout d'abord, un certain nombre de corrections ont été apportées à la première version, j'ai essayé aussi de citer, chaque fois que je pouvais le faire assez facilement, des normes européennes, j'ai aussi ajouté quelques annexes à la fin de certains chapitres chaque fois que j'étais convaincu que notre connaissance de certains aspects du BHP avaient progressé de façon marquante, enfin j'ai enrichi la bibliographie de plusieurs publications françaises pour rendre mieux compte de la contribution importante des chercheurs et ingénieurs français à l'avancement des connaissances et de l'utilisation des BHP.*

J'aimerais profiter de l'occasion pour remercier Didier Brazilier, Gilles Chanvillard, François de Larrard et Micheline Moranville-Regourd d'avoir bien voulu relire certains chapitres. Leur aide précieuse m'a permis d'améliorer la qualité du texte, de clarifier certains points et aussi d'éliminer certains américanismes que nous utilisons couramment au Québec.

Ce livre n'a pas été écrit par un auteur « franco-français « mais par un auteur de culture française qui a vécu et fait carrière en Amérique du Nord. Je perçois d'ailleurs cette dualité culturelle comme un grand enrichissement : si j'avais fait carrière en France je n'aurais sûrement pas rédigé un tel livre, pas plus que si j'avais été un québécois « pure laine ».

Pendant de très nombreuses années, le béton à **haute résistance** a été perçu comme un béton ayant un futur limité et qui ne pouvait être utilisé que pour construire des colonnes dans des gratte-ciel ou des plates-formes de forage. À l'heure actuelle, le béton à **haute performance** (BHP) est plutôt perçu comme un nouveau type de béton dont les applications ne cessent de se répandre à la fois en volume et en diversité. Un béton à haute performance n'est pas un matériau qui peut se produire n'importe comment, n'importe où par n'importe qui : au contraire, il s'agit d'un matériau de haute

technologie dont les propriétés, les performances et les possibilités d'application continuent de nous étonner.

C'est en 1970 que, pour la première fois, j'ai entendu John Albinger de la compagnie
Materials Service parler de béton à haute résistance lors d'une présentation sur les
bétons à haute résistance qu'il fabriquait à cette époque dans la région de Chicago. Il
était si convaincant et si enthousiaste que j'ai alors décidé de terminer chacun de mes
cours de technologie du béton à l'Université de Sherbrooke par un concours dont
l'objectif était de fabriquer le béton le plus résistant avec une teneur en ciment et en liant
limitée à 600 kg/m^3.

Je me souviens que, au début des années 1970, les équipes gagnantes arrivaient à fabriquer un béton dont la résistance approchait 100 MPa et qu'ils étaient récompensés par
un chèque du bureau québécois de l'Association canadienne du ciment Portland calculé
sur la base de 1$ canadien par MPa. C'était beaucoup plus qu'il n'en fallait pour que
toute la classe termine la session autour d'une bonne bière.

Le montant du chèque augmenta de façon significative quelques années plus tard quand
un de mes étudiants me demanda la permission d'utiliser un calcaire dolomitique qu'un
de ses oncles produisait dans la région de Montréal, plutôt que le calcaire métamorphique qui était disponible au laboratoire. Il gagna ainsi le concours avec une résistance
à la compression supérieure d'environ 25 MPa à celle de ses confrères, même s'il avait
utilisé pratiquement le même rapport eau/liant que les autres. Cela me permit de
comprendre pour la première fois que le choix du gros granulat avait une importance
capitale quand on cherche à fabriquer des bétons à haute performance : la valeur de
100 MPa était, et est encore, la résistance maximale que l'on peut atteindre avec le
calcaire métamorphique que l'on retrouve dans la région de Sherbrooke.

Un des avantages d'être professeur est d'apprendre beaucoup des erreurs commises par
ses étudiants, mais aussi quelquefois des bonnes idées qu'ils ont eues quand ils n'écou-
tent pas attentivement ce que leur raconte leur professeur ou qu'ils ne vont pas à la
bibliothèque lire la documentation publiée sur le sujet. Il est alors très facile de leur
expliquer la cause de leur échec, mais plus difficile d'expliquer leur découverte fortuite.

Une chose en amenant une autre, ces premiers contacts avec le béton à haute performance m'ont amené à écrire ce livre.

J'ai éprouvé certaines difficultés à préparer un livre sur les bétons à haute performance.
Bien qu'en apparence le béton soit un matériau simple, il est en fait un matériau fort
complexe lorsqu'on veut l'aborder scientifiquement, ce qui est encore plus vrai dans le
cas des bétons à haute performance dans lesquels on peut utiliser plusieurs types de
liants autres que le ciment Portland et plusieurs adjuvants. Par certains côtés, un béton à
haute performance ressemble beaucoup à un béton ordinaire, mais il en est aussi très
différent, si bien qu'il est quelquefois difficile de décider où doivent commencer et où
doivent s'arrêter la description et l'analyse des propriétés des bétons à haute performance.

J'ai eu aussi quelques difficultés à rédiger ce livre à cause du grand nombre de définitions utilisées par les uns et les autres et de la terminologie peu précise qui est encore utilisée à l'heure actuelle. D'ailleurs ce livre commence par un chapitre entièrement consacré à la terminologie. Je ne prétends pas que mes définitions sont les meilleures, mais ce sont simplement celles que je préfère et le lecteur doit les accepter durant la lecture de ce livre pour bien le comprendre.

Durant les deux ou trois dernières années (1995 à 1998), je dois admettre que je n'ai pas eu le temps de lire avec toute l'attention nécessaire la documentation publiée sur les bétons à haute performance, comme je pouvais encore le faire à la fin des années 1980 ou au début des années 1990, quand j'ai commencé à écrire le premier chapitre de ce livre. En effet, la documentation scientifique et technique sur le sujet est devenue très abondante ; elle est en outre publiée dans de très nombreuses revues ou conférences, ce qui peut la rendre quelquefois difficile d'accès. Paul Zia a dénombré 97 articles sur les bétons à haute performance entre 1974 et 1977, entre 1986 et 1989, ce nombre a grimpé à 471 et à 554 entre 1990 et 1993.

Je sais très bien que ce livre présente certaines lacunes parce que je ne prétends pas maîtriser avec le même degré de compréhension tous les aspects de la science et de la technologie du béton à haute performance. Je sais que je n'ai pas toujours cité de façon équitable tous les articles qui auraient dû l'être et que j'ai donné beaucoup d'importance aux travaux effectués à l'Université de Sherbrooke par mes étudiants, mes assistants de recherche et mes stagiaires postdoctoraux. Ce n'est pas parce que je suis convaincu de la supériorité de leur travail, mais simplement parce que c'est le travail que je connais le mieux et auquel j'avais accès facilement. Si certains lecteurs trouvent que ce livre n'inclut pas toutes les connaissances les plus récentes sur tous les sujets abordés, je les prie de m'en excuser.

En dépit du grand effort de recherche dans le domaine du béton à haute performance, il est clair que l'on ne dispose pas encore de toutes les réponses aux problèmes scientifiques et technologiques qui se présentent, comme chaque fois que l'on développe un nouveau matériau : le béton à haute performance est un matériau suffisamment différent du béton usuel pour pouvoir être considéré à juste titre comme un nouveau matériau.

Dans ce livre, j'ai essayé de porter beaucoup d'attention aux normes, aux spécifications et à l'utilisation des essais normalisés actuellement disponibles pour déterminer les propriétés des bétons à haute performance. Malheureusement pour les lecteurs français je me réfère surtout aux normes nord-américaines, celles que j'utilise tous les jours dans le cadre de mon travail. Je dois avouer mon ignorance des normes européennes actuellement en vigueur. Par exemple, la résistance à la compression d'un béton à haute performance n'est pas aussi facile à mesurer qu'on peut le penser. En outre, plusieurs méthodes d'essai familières développées et éprouvées pour les bétons usuels ne sont pas forcément valables dans le cas des bétons à haute performance ; certaines sections de ces normes devraient même être revues afin d'obtenir une valeur numérique valable d'une propriété donnée pour pouvoir effectuer un calcul structural sécuritaire.

Malgré toutes ses qualités, le béton à haute performance ne deviendra pas le seul béton du futur puisque, dans beaucoup d'applications, les ingénieurs vont continuer de spécifier et d'utiliser des bétons usuels. Toutefois, le béton à haute performance sera de plus en plus utilisé plutôt pour sa durabilité que pour sa grande résistance à la compression. Les bétons à haute performance seront aussi utilisés dans les applications que même les visionnaires les plus enthousiastes n'entrevoient pas encore car les bétons à haute performance sont incontestablement des matériaux de haute technologie dont le potentiel n'est pas encore totalement exploité.

La durabilité d'un béton est une affaire d'échelle de temps. Souvent, on me demande combien de temps un béton à haute performance peut durer ? La seule réponse sensée que je puisse fournir est que je ne vivrai pas assez vieux pour voir la fin toutes les structures en béton à haute performance à la construction desquelles j'ai participé. Quand on dépasse la soixantaine, la probabilité d'avoir raison en faisant une telle prédiction est suffisamment élevée pour que l'on puisse vivre tranquillement le reste de ses jours. Quelquefois, ma réponse est un peu plus aventureuse quand je réplique : pensez-vous que le constructeur du Panthéon à Rome avait prévu qu'en l'an 2000 sa magnifique structure, construite avec un béton pouzzolanique de 10 MPa, serait encore en service et considérée comme une des plus grandes réalisations en béton au monde. La longévité du Panthéon devrait nous rappeler que ce n'est pas la résistance à la compression qui est toujours le paramètre clé en matière de durabilité, mais plutôt la compacité du béton et une bonne conception structurale.

Lorsque l'on traite de durabilité du béton, l'échelle de temps est très importante. Sur une échelle de temps géologique, aucun matériau de construction fabriqué par l'homme n'est durable pas plus d'ailleurs que les roches naturelles les plus compactes et les plus résistantes. Tous les bétons, aussi durables soient-ils à l'échelle humaine, termineront leur vie sur terre à l'échelle géologique sous forme d'un mélange de carbonate de calcium, de silice, de sulfate de calcium et d'argile, c'est-à-dire les matériaux de base qui ont été transformés en clinker et en ciment Portland.

Ce livre n'a pas la prétention d'être un traité exhaustif sur le béton à haute performance, parce que les connaissances et la technologie du béton à haute performance évoluent très rapidement. Ce livre est rédigé à l'intention des ingénieurs, des étudiants diplômés et non diplômés afin de leur servir de guide dans le domaine de la science et de la technologie des bétons à haute performance. Il ne s'agit pas d'un livre théorique, mais plutôt d'un livre pratique, bien qu'il se réfère aussi souvent que possible à la nouvelle science émergente du béton.

La production du béton à haute performance est encore par certains aspects un art, mais c'est aussi le fruit d'une science complexe que nous commençons à maîtriser. Cependant, je dois admettre que, comme cela a été souvent le cas dans le domaine du béton, la technologie précède encore une fois la science. La plupart de nos connaissances des propriétés des bétons à haute performance ont été acquises en laboratoire ou en chantier, à l'occasion d'erreurs ou de découvertes fortuites. Il ne faut pourtant pas perdre de vue que le béton obéit quand même aux lois de la physique, de la chimie et de la thermodynamique ; en outre, comme dans le cas de tous les matériaux, les propriétés macroscopiques du béton sont liées à sa microstructure et même à sa nanostructure que l'on commence à explorer. On commence à explorer les propriétés des bétons à haute performance avec toutes les armes que fournit la science et, très bientôt, on trouvera dans des sites Internet des articles sur des bétons à haute performance virtuels.

Comme dans le cas de n'importe quel matériau, l'utilisation efficace d'un béton à haute performance dépend d'une utilisation intelligente de ses propriétés au moment de concevoir la structure. Un béton à haute performance doit, non seulement être conçu de façon adéquate pour les conditions de service dans lesquelles il devra remplir ses fonctions structurales, mais il doit aussi être mis en place et mûri de façon adéquate si l'on ne veut pas connaître un échec partiel ou total. Il est donc vital que les ingénieurs acquièrent une bonne compréhension des propriétés des matériaux et des procédures qui sont essentielles pour fabriquer un béton à haute performance ayant la qualité et la durabilité requises. Un très grand nombre de principes chimiques, physiques et thermodynamiques contrôlent le processus de fabrication et de mûrissement d'un béton ; ce livre essaie donc de présenter une vue unifiée du comportement des bétons à haute performance à la lumière de quelques principes scientifiques simples plutôt que de ne faire référence qu'à des formules empiriques plus ou moins appropriées. Par exemple, les propriétés mécaniques des bétons à haute performance seront discutées comme celle d'un matériau multiphasique. On peut prendre d'ailleurs très facilement conscience de cette nature multiphasique en observant un béton à haute performance sous un microscope électronique.

L'approche suivie pour présenter les différents sujets reliés à la connaissance des bétons à haute performance est légèrement différente des approches traditionnelles. Après quelques chapitres généraux sur le développement des bétons à haute performance et la présentation de quelques structures construites en béton à haute performance, le lecteur trouvera un chapitre entièrement dédié à un survol de quelques principes scientifiques qui gouvernent les propriétés des bétons à haute performance. Ces principes sont dérivés de la science des matériaux. Les lecteurs qui ne sont intéressés que par les aspects pratiques d'utilisation des bétons à haute performance pourront sauter ce chapitre parce qu'il n'est pas essentiel à la bonne utilisation des bétons à haute performance, il est plutôt utile aux chercheurs. Les chapitres suivants correspondent aux différentes étapes que franchit un béton à haute performance depuis sa fabrication, son transport, sa mise en place, son mûrissement jusqu'à son durcissement. Les trois derniers chapitres traitent de bétons à haute performance spéciaux, de matériaux à base de ciment à ultra haute résistance et au futur du béton, en général, et du béton à haute performance en particulier.

Le chapitre 2 est l'introduction de ce livre ; il présente un résumé détaillé des chapitres subséquents pour permettre une lecture sélective des différents chapitres de ce livre pour les lecteurs qui n'auraient pas suffisament de temps pour lire ce livre au complet ou pour les lecteurs qui n'aiment pas ou qui ne veulent pas suivre le développement des chapitres tel qu'il a été présenté.

Le domaine des bétons à haute performance est vaste et les efforts humains ne sont jamais parfaits comme l'écrivent P.K. Mehta et P. J.-M. Monteiro dans la préface de leur livre Concrete Microstructure, Properties and Performances. Certains lecteurs trouveront donc que ce livre n'est pas complet ou qu'il traite un peu rapidement de certains sujets. J'espère que ces déficiences pourront être corrigées en se référant aux livres, aux comptes rendus des congrès, aux rapports et aux articles qui se retrouvent à la fin de chacun des chapitres. Ces références devraient permettre au lecteur de faire des lectures additionnelles et de constituer un point d'entrée vers les sources originales d'information scientifique. Un certain nombre de sujets importants n'ont pas été délibérément couverts dans ce livre, tels que les bétons à haute performance architecturaux, les bétons à haute performance projetés, les réparations et l'entretien, les méthodes d'essais non destructives et le fluage parce que j'ai peu d'expérience dans ces domaines et que je préfère laisser à d'autres le soin d'écrire sur de tels sujets. Quelques résultats récents sur le retrait sont présentés même si le sujet évolue très vite à l'heure actuelle. Cependant, je considère que l'introduction de ces nouveaux concepts est importante puisqu'elle conditionne, comme on le verra, le mûrissement des bétons à haute performance.

Lorsque j'ai été incapable de distinguer entre le significatif et l'insignifiant dans des domaines qui ne m'étaient pas familiers, j'ai décidé tout simplement de ne pas aborder ces sujets, laissant au lecteur la responsabilité de corriger ces déficiences.

J'aimerais aussi profiter de l'occasion pour faire remarquer que le domaine des bétons à haute performance évolue très rapidement et que les expériences de chantier sont encore limitées : il faut par conséquent ouvrir les yeux et l'esprit pour tirer avantage de toutes les leçons qu'apportent les expériences de laboratoire et de chantier qui, elles, sont les véritables moteurs de l'évolution de la connaissance sur les bétons à haute performance. Parallèlement, il faut tirer avantage de tous les équipements scientifiques très puissants qui sont aujourd'hui disponibles pour observer les bétons à haute performance du point de vue micro ou nanostructural de façon à mieux comprendre ce matériau. Comme dans le cas de n'importe quel matériau, les propriétés macroscopiques des bétons à haute performance sont liées à ses caractéristiques microstructurales.

Pierre-Claude Aïtcin
Sherbrooke, 2000

Remerciements

Il y a un certain nombre d'individus sans qui ce livre n'aurait pu être écrit et d'autres sans qui il aurait été très différent. Tout d'abord, ce sont mes étudiants diplômés qui, années après années, ont accumulé de nombreuses données sur les bétons à haute performance et c'est la moindre des choses que de leur dédier ce livre. Je suis aussi reconnaissant à John Albinger qui, en quelque sorte, m'a inspiré dès 1970 lorsque je l'ai entendu parler pour la première fois de bétons à haute résistance. Sidney Mindess a aussi joué un rôle clé dans la rédaction de ce livre lorsqu'il m'a demandé, avec assez d'insistance pour annuler toutes mes objections, d'écrire un livre sur le béton à haute performance. J'ai souvent regretté de l'avoir écouté. Cependant, je dois admettre qu'il m'a supporté continuellement durant des années, non seulement en m'aidant à rédiger la version anglaise de ce livre, mais aussi par ses critiques, ses remarques, ses conseils et ses encouragements. J'en avais bien besoin.

J'ai été aussi grandement aidé par Adam M. Neville dont j'ai pu apprécier toutes les critiques judicieuses et constructives qui ont grandement amélioré le contenu scientifique et technologique de ce livre.

Je dois aussi beaucoup à tous ceux et celles qui m'ont assisté dans la production de ce livre. Ils sont très nombreux : Suzanne Navratil, Lise Morency, Sylvie Côté, Kathleen Lebeuf et Christine Couture, qui ont tapé et retapé chapitre après chapitre, je dois beaucoup à leur patience ainsi qu'à celle de Mohamed Lachemi, de Gilles Chanvillard et de Philippe Fonollosa qui m'ont tant aidé à produire le manuscrit final. Gilles Breton est responsable de la qualité des tableaux et des figures, parce qu'il faut que je le confie : je suis un des derniers représentants d'une espèce en voie de disparition, celle des êtres humains qui ne savent pas se servir d'un ordinateur.

Mes assistants de recherche de la chaire industrielle, Pierre Laplante, Daniel Perraton, Michel Lessard, Moussa Baalbaki, Éric Dallaire, Serge Lepage et mes stagiaires postdoctoraux Omar Chaallal, Buquan Miao, Karen Luke, Pierre-Claver Nkinamubanzi, Guanshu Li et Shiping Jiang ont été aussi très efficaces lorsqu'il s'est agi de suivre, de collectionner et d'interpréter un très grand nombre de données, qu'ils avaient recueilli avec l'aide des techniciens de mon groupe de recherche : Claude Faucher, Claude Aubé, Claude Poulin, Ghislaine Luc, Irène Kelsey-Lévesque, Maryse D'Arcy, Ghislain Roberge, Sylvain Roy, Jean-Yves Roy, Mario Rodrigue, Roland Fortin, Mylène Houle. La qualité du travail expérimental présenté dans ce livre est un tribut à leur compétence.

Je ne voudrais pas non plus oublier de remercier Pierre Richard, Yves Malier, Micheline Moranville-Regourd, François de Larrard, Paul Acker, Didier Brazilier et Jacques Baron de qui j'ai tant appris dans le domaine du béton à haute performance. Je dois admettre que le fait d'avoir été éduqué en France et d'avoir enseigné et fait carrière en Amérique du Nord en français a eu une très grande influence sur ma façon de penser et d'approcher la science et la technologie des bétons à haute performance.

Je ne dois pas oublier de mentionner l'impact fructueux de tous mes collègues de Béton Canada, le Réseau de centres d'excellence canadien sur les bétons à haute performance qui a été supporté pendant huit ans par le Conseil de la recherche en sciences naturelles et an génie du Canada. Mon engagement dans ce merveilleux programme de recherche a définitivement retardé la rédaction de ce livre, mais en même temps a amélioré de façon considérable son contenu grâce aux nombreuses discussions interdisciplinaires et aux échanges que j'ai eus avec mes collègues. La fréquentation des ingénieurs en structure, des ingénieurs de chantier et des scientifiques qui constituaient le réseau a eu un profond impact sur ma perception de ce qu'est un béton à haute performance, et de ce qu'il devrait être.

J'aimerais aussi profiter de cette occasion pour remercier les partenaires industriels de la Chaire industrielle en technologie du béton de l'Université de Sherbrooke, pour leur support indéfectible pendant plus de dix ans. Beaucoup d'expériences de chantier que l'on retrouvera décrites dans ce livre ont vu le jour grâce à leur collaboration et à leur participation. Je remercie particulièrement Claude Bédard, Marc Boudreau, Yvon Beaudoin, Yvan Bolduc, Marco Couture, André Bélanger, André Bouchard, Lino Pansieri, Michel Plante, Freddy Slim, Denys Allard, Philippe Pinsonneault, Bertin Castonguay, Antonio Accurso, Richard Parizeau, Marie-Christine Lanctôt, Gérard Laganière, Alain Dupuis, Jean Larivière, Daniel Vézina, Guy Roberge, Nélu Spiratos, Gilbert Haddad et Marco Dumont.

J'ai aussi une dette envers mes collègues de l'Université de Sherbrooke : Richard Gagné, Gérard Ballivy, Brahim Benmokrane, Carmel Jolicœur, Kamal Khayat et Arezki Tagnit-Hamou, et ceux de l'Université Laval qui sont membres du Centre de recherche interuniversitaire sur le béton (CRIB) pour les nombreuses discussions que nous avons eues sur le béton à haute performance et pour leur aide dans la révision finale du manuscrit.

J'ai reçu aussi un support ferme des compagnies SNC-Lavalin, du ministère des Transports du Québec, de la société Hydro-Québec, de la Ville de Montréal et de la Ville de Sherbrooke lors de la réalisation de nombreuses expériences sur l'utilisation du béton à haute performance dans des conditions réelles de chantier. Ces organismes n'ont pas eu peur d'entreprendre soit dans le cadre de la Chaire industrielle en technologie du béton, soit dans le cadre de Béton Canada des projets de démonstration qui ont été si importants pour obtenir une expérience de chantier. Il est assez rare de voir des organismes publics ou parapublics prendre part à de telles innovations en coopérant au développement de nouveaux matériaux. Je tiens à remercier personnellement Bernard Lamarre, Yvan Demers, Yves Filion, Claude Cinq-Mars, Richard Morin et le maire de Sherbrooke Jean Perrault pour leur aide.

Mes étudiants ont pu fabriquer assez facilement des bétons ayant de très faibles rapports eau/ciment ayant des résistances très élevées, grâce aux différents superplastifiants développés par la compagnie Les Produits chimiques Handy de Laprairie, Québec, Canada et j'aimerais remercier Nélu Spiratos, son président-directeur général, pour son support technique continuel, pour l'amélioration constante des propriétés des superplastifiants qu'il a mis à notre disposition et dont nous avions tellement besoin pour produire des bétons à haute performance encore plus performants.

J'aimerais aussi mentionner la coopération de l'American Concrete Institute, de l'ASTM, de l'American Ceramic Society et du Laboratoire central des ponts et chaussées qui m'ont permis de reproduire librement certains textes ou figures qui avaient paru dans leurs publications. Beaucoup d'autres organisations ou individus m'ont aussi accordé la permission d'adapter ou de reproduire certaines parties de leurs publications et j'aimerais les remercier de cette courtoisie : l'American Society of Civil Engineers ; le Centre de publication du Gouvernement canadien (ministère des Approvisionnements et Services) ; Concrete Construction Publications Inc. ; Elsevier Scientific Publishers ; Federal Highway Administration (ministère des Transports des États-Unis) ; l'Institut technique du bâtiment et des travaux publics ; le National Institute of Standards and Testing (N.I.S.T., É.-U.) ; le Transportation Research Board et le docteur Iroshi Uchikawa de l'ex compagnie Onoda Cement.

J'aimerais finalement remercier mon épouse, Gisèle, pour sa patience : elle a eu tant à endurer pour la cause des bétons à haute performance.

Chapitre 1

Terminologie : quelques choix personnels

Il peut être surprenant de débuter un livre sur les bétons à haute performance (BHP) par un chapitre entièrement consacré à des questions de terminologie. Les discussions sur la terminologie peuvent paraître souvent futiles et peuvent s'éterniser sans résultat marquant, mais il faut admettre que très souvent la qualité de l'information contenue dans un livre technique perd beaucoup de sa valeur lorsque l'auteur et le lecteur, sans le savoir, ne s'entendent pas sur la signification exacte des termes et expressions qui sont utilisés dans le livre.

Il n'est pas question de prétendre que les termes et le sens de ces termes qui seront utilisés tout au long de ce livre sont les meilleurs ; ce chapitre n'a pour but que de donner la signification exacte des termes qui sont employés. Le lecteur peut ne pas être d'accord avec la pertinence et la validité de la terminologie proposée, mais en connaissant très clairement la signification des expressions utilisées, il pourra mieux comprendre les concepts, les idées et les explications qu'il trouvera dans ce livre.

Il n'y a pas encore de consensus bien établi sur la signification exacte des expressions béton à haute résistance et BHP. Même le simple concept de rapport eau/ciment, qui a été un des piliers de la technologie du béton pendant de très longues années, perd beaucoup de sa signification puisque l'on utilise de plus en plus des matériaux cimentaires autres que le ciment et des fillers plus ou moins réactifs dans les bétons modernes. Il est donc essentiel d'être très précis sur ces concepts et ces expressions pour éliminer une des sources les plus fréquentes d'incompréhension en science et technologie : l'existence de plusieurs significations pour un seul mot, expression ou concept.

L'acceptation de ces définitions est essentielle pour profiter au maximum de la lecture de cet ouvrage. Comme le dit Adam Neville : « Le choix d'un terme plutôt que d'un autre est purement une préférence personnelle et ne suppose pas forcément une plus grande précision de la définition » (Neville, 1996).

1.1   Au sujet du titre de ce livre

C'est sans hésitation que j'ai sélectionné le titre Béton à haute performance et non celui de Béton à haute résistance. Il ne fait aucun doute dans mon esprit que le BHP offre plus aux ingénieurs qu'une simple résistance à la compression élevée comme on le verra dans le paragraphe 1.4. Bien que, jusqu'à présent, les BHP aient été surtout utilisés dans des applications mettant en valeur leur résistance élevée, il est inévitable que, dans un avenir très proche, les BHP seront de plus en plus prescrits et utilisés pour leur durabilité plutôt que pour leur résistance. Lorsque les ingénieurs civils comprendront cela et modifieront leur perception du BHP, l'industrie de la construction aura définitivement fait un grand pas en avant.

À l'heure actuelle, on ne sait pas encore fabriquer un BHP durable qui n'ait pas une grande résistance à la compression, mais cette situation peut changer. En outre, l'expression BHP n'est pas encore universellement acceptée par la communauté scientifique et peut même avoir dans certains pays (le Japon par exemple) un sens totalement différent.

1.2   Rapport eau/ciment, rapport eau/matériaux cimentaires ou rapport eau/liant

Le choix de l'expression qui devait être utilisée pour décrire le principe fondamental et universel qui est sous-entendu par les expressions rapport eau/ciment, rapport eau/matériaux cimentaires ou rapport eau/liant a été long et difficile. Le concept de rapport eau/ciment a été le pilier de la technologie du béton pendant presque un siècle : ce concept est simple et a été pratique tant que le béton ne contenait pas de matériaux cimentaires autres que le ciment Portland.

Lorsque l'on a développé ce concept simple, mais très important, de rapport eau/ciment, à une époque où la technologie du béton était dans son enfance, l'expression était tout à fait légitime ; le béton contenait seulement du ciment Portland. De nos jours, la réalité est tout autre puisque même les bétons modernes faits de ciment Portland contiennent très souvent une certaine quantité de filler calcaire ou siliceux que le producteur de ciment a le droit d'introduire dans son ciment d'après de nombreux codes nationaux tout en pouvant encore l'appeler ciment Portland. L'expression rapport eau/ciment a donc déjà perdu beaucoup de sa signification de base, même lorsque l'on fabrique un béton avec un ciment Portland normal moderne (Barton, 1989 ; Shilstone, 1991 ; Kasmatka, 1991).

En outre, au cours des années, bien qu'à différents degrés selon les pays, l'utilisation de soi-disant ajouts cimentaires ou fillers est devenue une pratique de plus en plus courante de telle sorte que plusieurs bétons modernes contiennent maintenant des cendres volantes, des laitiers, des pouzzolanes naturelles, des fillers calcaires ou siliceux, des écorces de riz brûlées, des argiles calcinées, etc. Ces particules très finement divisées peuvent être déjà contenues dans le ciment ou simplement être rajoutées dans le béton lors de son malaxage.

L'expression ajouts cimentaires ne peut être utilisée pour couvrir de façon indiscutable tous ces matériaux puisque, *stricto sensu*, il n'est pas sûr qu'un filler calcaire ou un filler siliceux puisse se qualifier comme matériau cimentaire. Quelle expression alors utiliser ? Il est temps de ne retenir qu'une seule expression qui embrasse toutes les catégories d'ajouts, de fillers, y compris celle de ciment Portland. Bien sûr, un tel terme qui couvre une gamme aussi large de matériaux ayant des propriétés aussi variées aura une signification plus vague. Cependant, cette expression sera pratique pour traduire le concept fondamental qui était sous-entendu dans l'expression rapport eau/ciment. Ce concept fondamental, exprimé sous forme du rapport massique qui existe entre l'eau et les particules fines du béton, qui conditionne en grande partie sa résistance, est encore valable quand toutes ces particules fines autres que le ciment Portland sont utilisées dans les bétons modernes.

L'expression rapport eau/liant (E/L) sera donc utilisée dans ce livre. Cependant, je reconnais que, là aussi, l'utilisation de cette expression est purement une matière de préférence personnelle et non pas de précision de définition.

Lorsque cette expression sera utilisée dans ce livre, il est clair que le terme « liant » représente n'importe quel matériau finement divisé utilisé pour fabriquer un béton ; sa finesse peut être du même ordre que celle du ciment Portland ou être beaucoup plus fine comme dans le cas de la fumée de silice. Cependant, l'utilisation de l'expression générale rapport eau/liant ne signifie pas qu'il faille totalement abandonner l'utilisation et le calcul simultané du rapport eau/ciment (E/C) parce que, comme on va le voir, la connaissance de ces deux rapports est très importante d'un point de vue technologique. Étant donné que la majorité des ajouts cimentaires et fillers utilisés avec le ciment Portland dans les BHP sont moins réactifs que le ciment Portland, ou très peu réactifs, durant la prise et le début du durcissement, la valeur du rapport eau/ciment conditionne surtout la plupart des propriétés du béton au jeune âge : la résistance à la compression et l'imperméabilité du béton durci au jeune âge sont pratiquement entièrement fonction des liens créés par l'hydratation du ciment Portland contenu dans le liant.

Dans le cas des ciments composés, il n'est pas toujours facile de calculer le rapport eau/ciment exact, parce que la quantité exacte de ciment n'est pas toujours connue de façon précise. Certaines normes nationales spécifient simplement une plage de composition potentielle et non une composition précise.

1.3   Béton de résistance normale, béton ordinaire, béton usuel

Je n'aime pas l'expression béton de résistance normale pour désigner les bétons usuels que l'on utilise à l'heure actuelle dans l'industrie de la construction. Cette expression suppose que les autres bétons sont des bétons « anormaux ». Très souvent, ce sont ces bétons de résistance normale qui sont anormaux parce qu'ils sont utilisés dans des conditions environnementales dans lesquelles ils seront incapables de remplir à long terme leur fonction structurale. Les bétons usuels que l'on emploie de nos jours vont continuer à être utilisés dans le futur puisqu'il y a de très nombreuses applications dans lesquelles l'utilisation d'un béton de rapport eau/ciment élevé est tout à fait justifiable. Même si l'expression béton de faible résistance aurait été plus appropriée pour désigner la majorité des bétons utilisés actuellement, j'ai finalement décidé d'utiliser l'expression béton usuel plutôt que béton ordinaire ou béton de résistance normale. L'expression béton ordinaire a été rejetée parce qu'elle sous-tend que les autres bétons pourraient être extraordinaires. Dans les années à venir, quand les BHP ne seront plus si inusuels, l'expression béton usuel ne sera plus appropriée pour définir les bétons d'alors de faible résistance, mais cela ne sera plus très important parce que ce livre sera déjà dépassé depuis longtemps.

1.4   Haute résistance ou haute performance

Dans les années 1970, quand la résistance à la compression du béton qui était utilisé dans des colonnes de quelques gratte-ciel était supérieure à celle des bétons usuels utilisés dans la construction courante, aucun doute n'était possible : il était tout à fait légitime d'employer l'expression béton à haute résistance. Ces nouveaux bétons n'étaient utilisés qu'à cause de leur résistance à la compression supérieure à celle des bétons utilisés généralement à cette époque. En fait, avec le recul et les progrès techno-logiques réalisés depuis, on peut même considérer que ces premiers bétons à haute résistance étaient simplement des bétons usuels améliorés. Ils étaient fabriqués avec la même technologie que celle utilisée pour fabriquer les bétons usuels, si ce n'est que les matériaux utilisés pour les fabriquer étaient choisis avec beaucoup de soin et étaient bien contrôlés (Freedman, 1971 ; Perenchio, 1973 ; Blick et coll. 1974).

Cependant, lorsque l'on a commencé à utiliser les superplastifiants pour diminuer le rapport eau/liant, et non comme de simples fluidifiants, on a découvert que les bétons ayant un faible rapport eau/ciment ou eau/liant voyaient plusieurs autres de leurs carac-téristiques s'améliorer comme leur maniabilité, leur module élastique, leur résistance à la flexion, leur perméabilité, leur résistance à l'abrasion et leur durabilité. Ainsi, on s'est vite aperçu que l'expression béton à haute résistance n'était plus adéquate pour décrire l'amélioration globale des propriétés de cette nouvelle famille de bétons (Malier, 1992). Par conséquent, l'expression BHP a commencé à être de plus en plus utilisée. Cepen-dant, l'acceptation de cette expression n'est pas encore générale, par exemple le nom du comité de l'American Concrete Institute ACI 363 est encore le comité sur le Béton à haute résistance et non le comité sur le Béton à haute performance.

La plupart des détracteurs de l'expression BHP critiquent cette expression parce qu'ils la trouvent trop vague. Qu'est-ce que la performance d'un béton ? Comment la mesure-t-on ? Quand on utilise l'expression béton à haute résistance, il n'y a aucune possibilité de confusion, sauf en ce qui a trait à la limite à partir de laquelle un béton cesse d'être un béton usuel et devient un béton à haute résistance.

Ce type de discussion peut s'éterniser et ne résout rien. Par contre, il est facile de se mettre tous d'accord si l'on ne considère que la valeur du rapport eau/liant du béton. Un BHP est un béton qui a essentiellement un faible rapport eau/liant, inférieur à une valeur située aux alentours de 0,40. Cette valeur de 0,40 peut paraître totalement arbitraire, mais elle est basée sur plusieurs observations pratiques et sur le fait qu'il est très diffi-cile, si ce n'est impossible, de fabriquer, avec la plupart des ciments Portland que l'on trouve actuellement sur le marché, un béton de rapport E/C plus faible qui ait une bonne maniabilité et qui se mette bien en place sans utiliser de superplastifiant. De plus, cette valeur est aussi est très voisine de la valeur théorique suggérée par Powers pour assurer une hydratation complète du ciment Portland (Powers, 1968). On verra aussi plus tard dans ce livre qu'il semble que cette valeur démarque les bétons dans lesquels on peut commencer à voir se développer de façon significative un nouveau type de retrait, **le retrait endogène**, de ceux qui présentent un retrait endogène tout à fait négligeable.

Si l'on accepte cette définition, il est évident qu'un béton ayant un rapport eau/liant de 0,38 n'est guère beaucoup plus résistant et n'offrira pas une performance bien supé-rieure à celle d'un béton ayant un rapport eau/liant de 0,42. Toutefois, au fur et à mesure que le rapport eau/liant s'éloigne de façon significative de 0,40, la démarcation entre béton usuel et BHP devient de plus en plus facile, surtout lorsque l'on observe leur microstructure. Ces bétons développent aussi des retraits totalement différents dans leur nature, leur évolution et leur amplitude.

Par conséquent, si la valeur du rapport eau/liant permet de différencier les BHP des bétons usuels, pourquoi ne pas avoir choisi comme titre à ce livre « Les bétons de faible rapport eau/liant » plutôt que le titre actuel de « Béton à haute performance » ? Bien que ce titre nous apparaissent beaucoup plus judicieux d'un point de vue scientifique, il aurait été beaucoup moins attrayant pour l'éditeur.

Références

Barton, R.B. (1989) Water-cement ratio is passé. *Concrete International*, **11**(11), novembre, 75-78.

Blick, R.L., Petersen, C.F. et Winter, M.E. (1974) *Proportioning and controlling high-strength concrete*, ACI SP-46, p. 141-163.

Freedman, S. (1971) *High-Strength Concrete*, IS1 76.O1T, Association du ciment Port-land, Skokie, IL, 19 p.

Kasmatka, S.H. (1991) In defense of the water-cement ratio. *Concrete International*, **13**(9), septembre, 65-69.

Malier, Y. (1992) Introduction, dans *High-Performance Concrete – From Material to Structure*, édité par Y. Malier, E & FN Spon, Londres, p. xiii-xxiv.

Neville, A. (1996) Communication personnelle.

Perenchio, W.F. (1973) *An Evaluation of Some Factors Involved in Producing Very High-Strength Concrete*, Research and Development Bulletin RD 104, Association du ciment Portland, Skokie, IL, 7 p.

Powers, T.C. (1968) *The Properties of the Fresh Concrete*, John Wiley and Sons inc., New York, 664 p.

Shilstone, J.M. (1991) The water-cement ratio – which one and where do we go ? *Concrete International*, **13**(9), septembre, 64-69.

Chapitre 2

Introduction

L'objectif de ce chapitre d'introduction est de fournir une vue d'ensemble du contenu de ce livre et de chacun de ses chapitres pour les lecteurs qui n'ont pas beaucoup de temps à leur disposition et qui l'ont acheté avec un objectif personnel très spécifique. Ils pourront ainsi avoir une idée générale du contenu de ce livre et trouver plus facilement les informations qu'ils recherchent. Ce chapitre pourra aussi aider ceux qui n'aiment pas la structure de ce livre et leur permettra de lire les chapitres dans un ordre qui leur paraît plus logique.

À l'heure actuelle, ce dont on a le plus besoin pour à la fois vulgariser et favoriser l'utilisation des BHP, ce sont des articles de synthèse sur ce qui est bien connu, sur ce qui est un peu moins bien connu et sur ce qui devrait être connu. Les articles très pointus ont toujours leur place pour faire avancer les connaissances, mais, par suite du développement actuel des connaissances sur les BHP, ils ont finalement peu d'impact sur la science et la technologie de ce matériau. Un des objectifs de ce livre est de présenter une synthèse de ce que je connais ou crois connaître sur les BHP.

Ce chapitre d'introduction suit le premier chapitre consacré à la terminologie où le sens exact de certains termes ou expressions utilisés a été expliqué. La lecture du chapitre sur la terminologie est très importante, car, très souvent, le manque de compréhension ou une mauvaise compréhension d'un article scientifique sont attribuables à l'utilisation de termes ou d'expressions qui ont des significations différentes. Les choix proposés ne prétendent pas être forcément les meilleurs : en matière de terminologie, on peut discuter sans fin sur les avantages d'un terme ou d'une expression. Pour pouvoir lire avec profit ce livre, il faut que le lecteur oublie pour quelques instants ses préférences personnelles et accepte les termes et les expressions avec le sens proposé par l'auteur.

Le chapitre 3 présente une rétrospective du développement des BHP durant les 30 dernières années. Cette rétrospective montre comment, en Amérique du Nord, on a commencé à introduire les bétons à haute résistance dans la construction de colonnes dans les gratte-ciel de la région de Chicago et comment ce mouvement s'est répandu par la suite à travers le monde. En 2000, des BHP sont utilisés sur tous les continents et l'on peut assister tous les ans un peu partout à de nombreux, peut-être trop nombreux, congrès, ateliers et conférences sur les BHP en général ou sur certains de ces aspects particuliers. De très nombreux articles sont publiés tous les ans dans de nombreuses revues si bien qu'il devient de plus en plus difficile de s'y retrouver dans toute l'information sur les BHP qui inonde les lecteurs.

Dans le chapitre 4, on trouvera quelques raisons pour lesquelles on peut utiliser dans certains cas des BHP. Pourquoi un propriétaire, un concepteur, un producteur de béton peuvent-ils tirer avantage des BHP ? Quels sont les avantages techniques et économiques à tirer de l'utilisation d'un BHP ? Il n'y a pas de réponse unique et universelle à ces questions. Les quelques cas particuliers d'utilisation des BHP qui sont présentés dans ce chapitre tendent à démontrer clairement que le choix d'un BHP pour construire ces structures particulières, dont certaines sont prestigieuses, d'autres plutôt modestes, s'est fait parce que, dans les circonstances, le BHP permettait de construire, pour une raison ou une autre, la structure la plus économique et la plus durable. Les cas choisis ne prétendent pas couvrir toutes les applications possibles passées, présentes et à venir des BHP. Ils permettent simplement d'illustrer certains des principaux avantages ou caractéristiques des BHP qui ont mené à leur utilisation croissante dans le monde. Pour terminer, dans la conclusion de ce chapitre, on pourra voir un aperçu des avantages environnementaux qu'il y a à utiliser des BHP, car le virage « développement durable » auquel nous assistons aujourd'hui devrait mettre en valeur une nouvelle caractéristique des BHP qui ne l'a pas encore été : les BHP sont des bétons beaucoup plus écologiques que les bétons usuels. On pourra voir comment l'utilisation du BHP permet de mieux utiliser et conserver les ressources naturelles qui s'amenuisent de jour en jour, surtout dans les zones fortement urbanisées, et diminuer aussi les dommages environnementaux associés à la fabrication de bétons usuels parfois inadaptés à leurs applications actuelles.

Dans le chapitre 5, on trouvera quelques principes scientifiques de base sur lesquels s'appuie la technologie des BHP, comme les principes fondamentaux qui gouvernent la résistance à la compression et à la traction des matériaux. On trouvera aussi les différentes façons d'augmenter la résistance de la pâte de ciment hydraté, de la zone de transition et des granulats d'un BHP, on discutera des exigences conflictuelles en matière de quantité d'eau de gâchage, conflit qui est résolu en utilisant les propriétés dispersantes de puissants polymères mieux connus sous les noms de fluidifiants, superplastifiants ou réducteurs d'eau à haute efficacité. Il est bon de rappeler que, dans un BHP, la réduction du rapport eau/liant s'obtient surtout en diminuant la quantité d'eau de gâchage et non en ajoutant plus de ciment. La perte de fluidité causée par cette réduction de la quantité d'eau de gâchage est compensée par une augmentation du dosage en superplastifiant. Même si les bétons produits de la sorte ne contiennent pas assez d'eau pour hydrater totalement toutes les particules de ciment et que, d'une certaine façon, on n'exploite pas totalement le pouvoir liant du ciment utilisé, un faible rapport eau/liant tend à réduire la porosité inhérente de la pâte de ciment hydraté. Le développement des BHP a permis de confirmer la validité des travaux de Féret publiés en 1897, dans un domaine de rapport eau/liant que Féret ne pouvait envisager par suite des limites de la technologie des bétons à son époque.

Dans ce chapitre, on pourra voir qu'il existe d'autres moyens pour améliorer la rhéologie des bétons qui ont de très faibles rapports eau/liant, comme celle qui consiste à utiliser de plus en plus d'ajouts cimentaires, ce qui remet en question la sacro-sainte notion de rapport eau/ciment. Faut-il donc caractériser un BHP par son rapport eau/ciment ou eau/liant ?

Le chapitre 6 passe en revue les propriétés les plus importantes des différents matériaux que l'on utilise pour fabriquer les BHP. Même si de nombreux lecteurs de ce livre ont fort probablement une bonne connaissance générale des propriétés des matériaux qui entrent dans un béton, la fabrication des BHP nécessite l'utilisation de matériaux ayant des propriétés particulières. Il est donc utile de rappeler les propriétés importantes du ciment Portland, des superplastifiants et des ajouts cimentaires.

Dans le chapitre 7, nous montrons que l'on ne fabrique pas de BHP par hasard, mais plutôt, d'une part, en établissant un processus rigoureux de choix des meilleurs matériaux disponibles dans une région donnée et, d'autre part, en développant un programme d'assurance qualité pour ces matériaux et pour leur mise en œuvre.

Les ciments Portland qui satisfont pourtant aux différentes normes nationales, ne présentent pas toujours le même comportement quand on les utilise dans des bétons ayant de très faibles rapports eau/liant. Ces différences de comportement peuvent être causées par la finesse de ces ciments, par leur *réactivité* globale et plus particulièrement de leur phase interstitielle, surtout celle du C_3A, par la réactivité du C_3S, par la solubilité des différentes formes de sulfate de calcium et de sulfates alcalins que l'on retrouve dans le ciment des bétons ayant des rapports eau/liant compris entre 0,20 et 0,35 fortement dosés en superplastifiant.

Très souvent, la possibilité de fabriquer un BHP performant et économique dépend de ce que l'on a pris l'habitude d'appeler la compatibilité du ciment et du superplastifiant. À cet effet, on pourra voir que la composition des ciments Portland, particulièrement leur teneur en sulfate de calcium, est actuellement optimisée en suivant une procédure normalisée qui n'est pas forcément toujours la meilleure quand on utilise un ciment donné avec un superplastifiant donné pour fabriquer un béton de très faible rapport eau/liant. L'expérience démontre que certaines combinaisons de superplastifiants commerciaux et de ciments Portland ordinaires ne sont absolument pas satisfaisantes ni du point de vue rhéologique ni du point de vue résistance. Par exemple, certaines combinaisons ciment/superplastifiant ne permettent pas de fabriquer des bétons conservant un affaissement suffisamment élevé dans le temps pour que leur mise en place soit aussi facile que celle d'un béton usuel ou certaines combinaisons ciment/superplastifiant ne permettent pas de fabriquer des bétons de plus de 75 MPa même lorsque l'on augmente la teneur en ciment ou que l'on y ajoute plus de superplastifiant. La production de tels bétons devient très vite inadéquate et, ce qui aggrave encore la situation, la prise de tels bétons peut être retardée par suite de l'utilisation d'une quantité excessive de superplastifiant à un point tel qu'il faille attendre bien plus de 24 heures pour décoffrer.

Il est assez facile de trouver des granulats qui permettent de fabriquer des bétons de 20 à 40 MPa ; cela n'est plus le cas lorsque l'on désire atteindre 75 MPa. Dans certains cas, la résistance maximale du BHP sera limitée parce que les gros granulats utilisés sont trop lisses et pas assez propres, parce qu'ils contiennent trop de particules molles et friables, parce qu'ils contiennent trop de particules peu résistantes, parce que leurs particules ont une forme inadéquate ou parce qu'il contiennent beaucoup trop de particules plates et allongées.

Lorsque l'on vise une résistance à la compression supérieure à 100 MPa, il faut être encore plus sélectif en matière de granulat, de ciment et de superplastifiant. Pour pouvoir produire avec succès un béton de plus de 100 MPa, il faut pouvoir disposer :

- d'un gros granulat concassé cubique résistant et propre (à l'exception de certains graviers glaciaires qui sont particulièrement propres et performants) ;
- d'un ciment qui performe de manière exceptionnelle à la fois du point de vue rhéologique et du point de vue résistance ;
- d'un superplastifiant qui est parfaitement compatible avec le ciment choisi.

À l'heure actuelle, la production d'un béton de 125 à 150 MPa dépasse souvent les limites de nombreuses centrales à béton ; ce n'est que dans quelques rares cas où l'on peut disposer de matériaux exceptionnels que l'on réussit à atteindre cette résistance à la compression. Dans une telle situation, le gros granulat constitue généralement le maillon le plus faible dans ce type de béton dont le rapport eau/liant est de l'ordre de 0,20 à 0,25.

Néanmoins, on a déjà pu développer certaines règles de l'art (pour lesquelles on n'a pas forcément toujours une explication scientifique incontestable) qui peuvent être utilisées par les producteurs de béton au moment de la sélection de leurs matières premières :

- plus la résistance à la compression visée est élevée, plus on a intérêt à utiliser un gros granulat ayant un diamètre maximal faible. Alors que l'on peut encore très souvent utiliser un gros granulat ayant un diamètre maximal compris entre 20 et 28 mm pour produire des bétons de 50 à 75 MPa, la production d'un béton de 100 MPa exige généralement l'utilisation d'un gros granulat ayant un diamètre maximal de 10 à 14 mm ;
- il est préférable, quand cela est possible, d'augmenter la grosseur du granulat fin lorsque le dosage en ciment augmente ; lorsque l'on peut le faire, il est préférable d'utiliser un sable ayant un module de finesse compris entre 2,7 et 3,0 ;
- l'utilisation d'ajouts cimentaires tels que des laitiers, des cendres volantes et même des pouzzolanes naturelles permet, non seulement de réduire le coût de fabrication du béton, mais aussi de résoudre dans bien des cas les problèmes de perte d'affaissement. Le pourcentage optimal de substitution est souvent déterminé par la perte de résistance à 12 ou à 24 heures que l'on peut se permettre d'accepter dans les conditions particulières du chantier ;

• l'utilisation de fumée de silice n'est pas absolument nécessaire pour fabriquer des bétons de moins de 75 MPa, mais elle est pratiquement inévitable pour fabriquer des bétons de 100 MPa et devient indispensable pour fabriquer des bétons de plus de 100 MPa.

Le coût d'un béton usuel est surtout fonction de son dosage en ciment, ce qui explique tout l'intérêt économique qu'il peut y avoir à substituer au ciment Portland un sous-produit industriel (laitier, cendre volante), un matériau plus ou moins inerte (filler calcaire) ou un produit naturel pulvérisé (pouzzolane naturelle ou argile calcinée).

Il en va de même pour les BHP, mais, à l'avantage économique, s'ajoutera un avantage rhéologique apporté par la faible réactivité de ces ajouts cimentaires. De tels matériaux réagissent évidemment plus lentement que le ciment Portland ; ils ne réagissent pratiquement pas durant les premières heures qui suivent le malaxage et, par conséquent, leur utilisation réduit la quantité de superplastifiant nécessaire pour fabriquer un BHP ayant un grand affaissement qui sera facile à mettre en place. On peut aussi utiliser de tels co-produits pour réduire encore plus le rapport eau/liant, ce qui permettra d'obtenir un béton encore plus compact et encore plus fort.

Quand on sélectionne les matières premières pour fabriquer un BHP, il ne faut pas oublier que la différence de coût entre un BHP et un béton usuel est directement reliée aux coûts additionnels du ciment, du superplastifiant et de la fumée de silice lorsqu'on en utilise. Comme la fabrication d'un BHP nécessite de forts dosages en superplastifiant pour atteindre la performance visée tant du point de vue rhéologique que du point de vue résistance, le coût du superplastifiant affecte de façon significative le coût de production du béton. En outre, une plus ou moins bonne compatibilité entre le ciment et le superplastifiant peut conduire à doubler la quantité de superplastifiant pour un rapport eau/liant donné, ce qui se traduit par un surcoût de production de 50 à 100 FF le mètre cube, ce qui n'est pas négligeable.

Le coût de la fumée de la silice varie beaucoup d'un endroit à l'autre selon les conditions du marché. Dans certaines régions, la spécification d'un béton de 100 MPa plutôt que celle d'un béton de 90 MPa peut doubler le coût de production d'un tel béton, car la fumée de silice y coûte 10 fois plus que le ciment et que l'on utilise généralement un dosage en fumée de silice de 10 %. Le producteur de béton pourra ne pas avoir besoin d'utiliser de la fumée de silice pour fabriquer un béton de 90 MPa, mais il ne pourra s'en passer pour fabriquer un béton de 100 MPa.

La lecture du chapitre 8 montre que peu de développements spectaculaires se sont produits dans les méthodes de formulation des BHP. Jusqu'à très récemment encore, les chercheurs et les producteurs de béton essayaient d'adapter ou de modifier des formulations éprouvées par le temps en utilisant des méthodes traditionnelles de calcul de composition des bétons. Récemment cependant, une approche théorique originale tenant compte de la fluidité du coulis et de la théorie de Farris a été développée par François de Larrard et ses collaborateurs et est disponible sous forme d'un logiciel appelé BETONLAB$^{©}$. On retrouve aussi dans la documentation scientifique d'autres méthodes plus pragmatiques. Cependant, il n'y a pas encore de formule miracle qui donne à coup sûr la composition finale d'un BHP sans que l'on ne soit obligé d'effectuer un nombre limité de gâchées d'essai. Au fil des années, une méthode semi-empirique, facile à comprendre et à mettre en œuvre, a été développée à l'Université de Sherbrooke ; elle est présentée dans ce chapitre et illustrée avec quelques cas pratiques.

Les chapitres 9, 10 et 11 traitent de la production, de la mise en place et du contrôle des BHP. Des BHP ont été produits avec succès avec tous les types d'équipement que l'on peut rencontrer dans des usines de béton. Par exemple, le BHP sans air entraîné utilisé pour construire l'édifice Scotia Plaza à Toronto, qui avait une résistance à la compression moyenne de 94 MPa à 91 jours, a été produit dans une centrale doseuse, où le béton était entièrement malaxé dans les camions toupies. Une telle méthode de malaxage requiert un travail d'optimisation de la séquence d'introduction des matériaux et un temps de malaxage qui peut aller jusqu'à 15 minutes par camion. Par contre, dans le cas de la plate-forme pétrolière Hibernia, construite avec un béton à air entraîné de 86 MPa de résistance moyenne, le béton n'était malaxé que pendant une minute et demie dans deux malaxeurs horizontaux puissants de 2 m^3 de capacité.

À l'heure actuelle, les BHP sont mis en place en utilisant les mêmes méthodes que celles que l'on utilise dans le cas des bétons usuels. Le BHP de l'édifice Scotia Plaza de Toronto a été pompé jusqu'au 68e étage alors que la température extérieure a varié de − 20 °C à + 30 °C tout au long du chantier sans avoir à faire face à des problèmes majeurs. Le béton de 130 MPa de l'édifice Two Union Square à Seattle aux États-Unis et celui de 96 MPa du 225 W. Wacker Drive à Chicago ont aussi été entièrement mis en place par pompage. Le béton à air entraîné de la plate-forme Hibernia a été pompé sur plus de 800 m avec des dénivelées de plus de 60 m sans que la teneur en air et le facteur d'espacement du béton n'en soient trop affectés.

Le chapitre 10 traite des réunions préparatoires qu'il faut tenir avant d'utiliser avec succès un BHP, car ceux qui n'ont pas d'expérience avec les BHP ou ceux qui croient qu'un BHP ne requiert pas plus d'attention qu'un béton usuel apprendront très vite à leurs dépens que la fabrication d'un tel béton exige un minimum de soin. La plupart des matériaux sélectionnés pour fabriquer un BHP sont souvent utilisés au maximum de leur possibilité ; il faut donc consacrer beaucoup d'attention au maintien et à la constance de leur qualité. Dans tous les cas, quelle que soit l'expérience du producteur de béton et de l'entrepreneur, il est bon de prévoir une réunion d'information avant le début du chantier durant laquelle toutes les spécifications, tous les détails relatifs au chantier seront révisés et vérifiés les uns après les autres.

Dans le cas de projets importants où une quantité appréciable de BHP doit être utilisée ou lorsque le producteur de béton et l'entrepreneur utilisent pour la première fois un BHP, il est recommandé d'effectuer un essai de préqualification. Durant cette répétition, on peut s'assurer que tous les partenaires sont prêts et que, le jour J, tout le monde saura exactement ce qu'il a à faire, comment il faut le faire et quand il faut le faire.

Durant cette première réunion ou durant le programme d'essai de préqualification, on peut en particulier réviser soigneusement les méthodes et les procédures d'essai ainsi que les méthodes spécifiées pour contrôler la qualité du béton de même que sa mise en place et son mûrissement. Quand tous ces points sont révisés avec soin, il est assez peu probable qu'une catastrophe se produira et, si des circonstances exceptionnelles viennent perturber le processus établi, il sera possible de corriger assez facilement la situation. Comme dans toutes les opérations humaines, et de façon plus spécifique dans les opérations les plus critiques, la clef du succès réside dans l'établissement d'un bon système de communications entre tous les partenaires et à un partage clair et équitable des responsabilités. C'est dans cet esprit qu'une réunion préliminaire et qu'un essai de préqualification doivent être prévus pour renforcer la qualité des communications entre les principaux partenaires du projet.

Le chapitre 12 est l'un des plus importants de ce livre, car il explique ce qu'est le retrait endogène. Si les conditions qui conduisent au développement du retrait endogène et les risques de fissuration qui s'ensuivent ne sont pas bien compris et bien contrôlés, le développement du retrait endogène, qui n'est pas encore bien connu des intervenants sur les chantiers et dont les effets sont tout à fait négligeables dans le cas des bétons usuels, peut avoir des conséquences désastreuses sur la qualité d'une structure en BHP. Il est encore plus important que dans le cas des bétons usuels d'amorcer un mûrissement à l'eau du BHP aussitôt que possible (avant 24 heures) de façon à pouvoir fournir à la pâte de ciment qui s'hydrate un apport extérieur d'eau. De cette façon, les plus gros capillaires du BHP ne s'assécheront plus par suite du pompage de l'eau exercé par les pores très fins qui sont créés lors de la contraction volumétrique qui se développe dans une pâte de ciment qui s'hydrate. Le phénomène d'autodessiccation qui se développe très rapidement dans un BHP non mûri à l'eau peut ainsi être atténué.

Dans les bétons usuels, une forte proportion de l'eau de gâchage se retrouve dans des capillaires de gros diamètres si bien que l'assèchement créé par le phénomène d'autodessiccation ne crée des ménisques que dans les gros capillaires où ne se développent que de faibles contraintes de traction, qui n'induisent finalement qu'un retrait endogène tout à fait négligeable. Par contre, quand le phénomène d'assèchement des capillaires dû à l'autodessiccation se développe dans des BHP, il assèche très rapidement des capillaires de faible diamètre dans lesquels les ménisques développent de grands efforts de traction qui, très rapidement, en l'absence de tout apport extérieur d'eau, induisent un retrait endogène non négligeable.

Par conséquent, tous les BHP doivent être mûris à l'eau dès que possible avant même que l'hydratation du ciment ne commence. Comment peut-on savoir que la réaction d'hydratation a débuté ? Généralement, quand la température du béton se met à augmenter. À ce moment, s'il n'y a aucun apport extérieur d'eau, le retrait endogène commence à se développer d'autant plus rapidement que le rapport eau/liant est faible et le béton peut se fissurer très rapidement. Les fissures seront évidemment des voies préférentielles de pénétration pour les agents agressifs, ce qui ne manquera pas d'avoir de sérieuses répercussions sur la durée de vie de la structure et cette structure nécessitera un programme de réhabilitation prématuré en dépit du fait qu'elle a été construite avec un BHP intrinsèquement durable.

Tous ceux qui sont habitués à utiliser des membranes de mûrissement pour mûrir les bétons usuels et qui pensent que cette technique de mûrissement est appropriée dans le cas des BHP font une grossière erreur puisque, en utilisant une telle membrane, ils ne procurent pas au béton un apport extérieur d'eau qui permettrait de réduire le retrait endogène lorsqu'il commencera à se développer. En outre, on ne doit pas attendre 24 heures avant de commencer le mûrissement à l'eau d'un BHP, car le retrait endogène débute bien avant cette échéance : le retrait endogène commence à se développer dès que la réaction d'hydratation s'amorce.

Plus le rapport eau/liant et le rapport eau/ciment sont faibles, plus il faudra amorcer tôt le mûrissement à l'eau. Même si l'utilisation d'un fort dosage en superplastifiant ou d'un retardateur retarde quelque peu le début de la réaction d'hydratation, une bonne partie du retrait endogène se développe durant les 24 premières heures. Évidemment, plus le mûrissement à l'eau est long, plus il sera efficace, mais, après 7 jours de mûrissement, un BHP peut faire face à un arrêt de son mûrissement à l'eau sans subir de problème majeur. **Dans tous les cas, on doit maintenir le mûrissement humide d'un BHP pendant au moins trois 3 jours.**

Quelques situations particulières de chantier sont analysées à la fin de ce chapitre pour servir de guide sur la meilleure façon de mûrir des éléments structuraux en BHP. Il est aussi proposé de considérer le mûrissement du béton comme une opération distincte de la mise en place et du contrôle des propriétés du béton. L'auteur est d'avis que **le mûrissement de n'importe quel type de béton** est aussi important que le contrôle de ses propriétés lorsque l'on désire construire une structure durable ; il faut donc lui consacrer autant d'effort et d'attention et investir les sommes nécessaires pour garantir un mûrissement adéquat.

Le chapitre 13 traite des propriétés du BHP. Les techniques et les normes utilisées pour contrôler les propriétés des BHP sont en général les mêmes que celles que l'on utilise pour contrôler les bétons usuels, si bien que l'on rencontre rarement des problèmes lors de leur mise en œuvre. Cependant, la mesure de l'affaissement ne constitue pas la meilleure façon de vérifier la maniabilité d'un BHP, mais, en l'absence d'une méthode tout aussi simple pour la remplacer, il faut continuer de s'en contenter. Il n'y a pas lieu de penser que, dans un futur immédiat, en dépit de leur mérite, les rhéomètres de chantier développés par différents chercheurs ou laboratoires peuvent satisfaire le besoin de connaître et d'évaluer de façon précise la maniabilité d'un BHP en chantier. Pendant encore quelque temps, il faudra continuer à opérer avec une description qualitative de la maniabilité.

Le chapitre 14 présente le durcissement du BHP. Étant donné la grande quantité de ciment que contiennent ces bétons, on pourrait s'attendre à ce que des températures très élevées se développent dans les éléments structuraux de grande dimension, tout au moins beaucoup plus élevées que celles que l'on observe avec un béton usuel. Des essais de chantier ont montré que la température interne dans des éléments en BHP peut rapidement atteindre 65 °C, mais que les gradients thermiques dépassent rarement 20 °C/m, gradient au-delà duquel on peut voir apparaître un réseau de fissures dû à un refroidissement inégal du béton. Lors d'expériences de chantier faites par les groupes de recherche de l'Université de Sherbrooke et de l'Université McGill à Montréal, il a été clairement démontré que la quantité de chaleur générée par un béton de 30 MPa dans une colonne massive est pratiquement aussi élevée que celle développée par des bétons de 70 et 100 MPa.

Cette augmentation de la température du béton peut engendrer un certain nombre de problèmes qui n'ont pas encore attiré toute l'attention nécessaire :

1. quel est l'effet de la température sur la cinétique d'hydratation du liant dans des bétons ayant un faible rapport eau/liant ? Est-ce qu'un béton qui durcit à 65 °C, ou même à 75 °C, a la même microstructure qu'un béton de même composition mûri dans des conditions normalisées à 20 °C ?

2. quelle est alors la réactivité des ajouts cimentaires qui, normalement, s'hydratent plus lentement que le ciment Portland à la température ambiante ?

3. est-ce que l'augmentation très rapide de la température initiale du béton peut initier des réactions alcalis-granulats avec des granulats qui pourraient autrement ne pas être réactifs à la température ordinaire ou est-ce que la réactivité des granulats doit plutôt être évaluée dans des conditions d'essai accéléré où la réactivité du granulat avec les alcalis est étudiée à 38 °C ?

4. comment cette augmentation de la température initiale relativement homogène, qui est suivie d'une période de refroidissement non homogène jusqu'à la température ambiante, affecte-t-elle les propriétés du béton dans les éléments structuraux ?

5. est-ce que les résultats des essais de caractérisation du béton (résistance à la compression, module élastique, et autres) qui sont effectués sur des éprouvettes mûries dans des conditions normalisées permettent de bien caractériser les propriétés mécaniques du béton que l'on retrouve dans l'élément structural ?

À l'heure actuelle, les réponses à toutes ces questions sont incomplètes. Néanmoins, les résultats d'un certain nombre de programmes de recherche en cours permettent d'espérer que l'on obtiendra des réponses à ces questions assez fondamentales et dont, dans une certaine mesure, dépend le futur du BHP.

Le chapitre 15 est consacré aux essais de caractérisation des BHP durcis. En effet, avant de discuter des propriétés des BHP à l'état durci, il faut s'assurer que les méthodes d'essai utilisées dans le cas d'un matériau aussi résistant sont adéquates et que les essais sont faits avec tous les soins nécessaires. Il est essentiel de déterminer si les propriétés des BHP peuvent être mesurées ou non en utilisant des essais développés au cours des années pour des bétons usuels. Un des problèmes qui n'a pas encore été résolu à l'heure actuelle est de savoir comment mûrir une éprouvette normalisée où se développe du retrait endogène. On a vu qu'un béton coulé en place peut subir une augmentation de température assez élevée, alors que ce n'est pas le cas du béton de l'éprouvette normalisée. Les essais usuels de mesure de la perméabilité et de la résistance à la compression peuvent aussi donner lieu à de sérieux problèmes lorsqu'on les applique au BHP :

- le BHP est si dense qu'il est impossible à l'eau de percoler au travers de l'éprouvette quelle que soit la pression que l'on applique sur l'eau. L'essai appelé Rapid Chloride-ion Permeability ou des essais de perméabilité au gaz sont donc plus appropriés pour évaluer les propriétés de transport dans les BHP ;

- beaucoup de laboratoires d'essais n'ont pas de presse suffisamment puissante et rigide pour mettre à l'essai des éprouvettes cylindriques de 150×300 mm de telle sorte qu'il faut utiliser des cylindres de 100×200 mm lorsque l'on veut mesurer la résistance à la compression des BHP ;

- les matériaux de coiffe usuels n'ont pas toujours une résistance à la compression suffisante pour leur permettre d'être utilisés avec les BHP. Même en réduisant l'épaisseur de la coiffe au minimum de façon à maximiser l'effet de confinement créé par les plateaux dans le matériau de coiffe, on en arrive souvent à une fragmentation de la coiffe avant la fin de l'essai. Chaque fois que l'on doit tester des bétons de 100 MPa ou plus, il est donc préférable que les deux extrémités du cylindre soient polies à moins d'utiliser des matériaux de coiffe confinés ;

- les mesures du module de rupture et de la résistance au fendage lors de l'essai brésilien ne posent aucun problème spécial ;

- alors que la mesure du module élastique des BHP ne cause pas de difficulté particulière, on s'aperçoit que les courbes effort-déformation de certains BHP sont convexes par rapport à l'axe des déformations. En fait, la forme de la courbe effort-déformation du gros granulat influence de façon significative celle du béton puisque, dans les BHP, on a un excellent transfert de contrainte à l'interface pâte-granulat.

La plupart des presses, même lorsque l'on utilise de petites éprouvettes, n'ont pas une rigidité adéquate pour faire des essais de compression uniaxiale et les éprouvettes se brisent en explosant. Ce manque de rigidité peut aussi causer de sérieux problèmes lorsque l'on cherche à déterminer l'allure des courbes effort-déformation après le pic de contrainte. Certaines expériences sur les BHP ont révélé un comportement qui, en mécanique des roches, s'appelle de classe II. La rupture des éprouvettes peut être prolongée, mais il faut alors programmer tous les servocontrôles des presses de façon à pouvoir obtenir une courbe effort-déformation complète.

Une étude récente a démontré que l'on pouvait trouver, dans certains cas, une relation linéaire entre le module élastique statique et le module dynamique élastique des BHP. Comme le module élastique dynamique est beaucoup plus facile à mesurer par des méthodes non destructives ultrasoniques que par la mesure directe du module élastique, on peut espérer que, en utilisant le module élastique dynamique, on évitera les complications expérimentales auxquelles on fait face lorsque l'on doit mesurer le module élastique statique.

Le chapitre 16 est consacré à une discussion sur les principales propriétés mécaniques et physiques des BHP durcis, en commençant par la résistance à la compression. Les principaux facteurs qui affectent la résistance à la compression des BHP sont passés en revue, spécialement la résistance à long terme Lorsque certains chercheurs ont noté des pertes de résistance à long terme dans de petites éprouvettes de béton contenant de la fumée de silice, on a voulu savoir si ce phénomène se produisait aussi dans les BHP de chantier. Il faut se rappeler tout de même que les bétons usuels qui ne contiennent pas de fumée de silice peuvent aussi présenter parfois de telles pertes de résistance à long terme bien qu'à un degré plus faible. Puisque les BHP contiennent généralement de la fumée de silice, certains détracteurs ont essayé de discréditer les BHP en laissant supposer que ces bétons pouvaient présenter des régressions préoccupantes de leur résistance à la compression. Cependant, des carottes prélevées sur des structures construites avec des BHP n'ont jamais révélé de réduction significative de résistance. On discute donc dans ce chapitre de la comparaison de la résistance à la compression obtenue sur des carottes et de la résistance obtenue sur des éprouvettes normalisées de façon à essayer de clarifier ce sujet très controversé.

Le module de rupture et la résistance au fendage sont aussi abordés ainsi que la validité des relations permettant de calculer le module de rupture en fonction de la résistance à la compression ou le module d'élasticité en fonction de la résistance à la compression, relations qui sont couramment utilisées par les concepteurs dans le cas des bétons usuels.

On démontrera que les gros granulats influencent, non seulement la résistance à la compression, mais aussi le module de rupture et les propriétés élastiques des BHP. En effet, à cause de l'excellente adhérence développée entre la pâte de ciment hydraté très dense et les granulats, on peut dire que, pour la première fois, le béton réagit comme un matériau composite. Le transfert des contraintes est alors tellement amélioré que les caractéristiques mécaniques et élastiques des granulats influencent la courbe effort-déformation et même la forme de la boucle d'hystérésis qui se développe lorsque l'on mesure le module élastique d'un BHP.

Comme la mesure du module élastique d'un béton est longue et requiert un équipement coûteux et complexe, on a toujours essayé de relier la valeur du module élastique à celle de la résistance à la compression qui, elle, est beaucoup plus facile à mesurer. Tous les codes nationaux suggèrent l'utilisation de relations du type $E_c = \Psi(f_c'^{1/n})$, où n est compris entre 2 et 3. Ces relations empiriques ont été établies au cours des années pour les bétons usuels et elles permettent de prédire de façon raisonnable ($\pm$ 30 %) le module élastique d'un béton usuel lorsque l'on connaît sa résistance à la compression. Un tel type de relation peut être développé dans le cas des bétons usuels parce que leur module élastique et leur résistance à la compression dépendent essentiellement de la résistance de la pâte de ciment hydraté qui, elle, dépend du rapport eau/liant. Le rapport eau/liant contrôle donc la résistance et la rigidité de la pâte de ciment dans un béton usuel et plus particulièrement dans la zone de transition entre la pâte de ciment et les granulats. Dans les bétons usuels, cette zone est poreuse et faible à un point tel qu'il n'y a pratiquement pas de transfert de contrainte entre la pâte et les granulats. Au fur et à mesure que la résistance de la pâte augmente, cette relation devient de moins en moins valable. Les résultats expérimentaux démontrent que les granulats jouent un rôle aussi important que le rapport eau/ciment dans la détermination du module d'élasticité des BHP rendant l'application d'équations universelles de prédiction du module élastique à partir de la résistance à la compression absolument inapplicables, sauf si l'on introduit un facteur de correction qui tient compte de la nature du granulat utilisé.

Des chercheurs ont proposé une grande variété de modèles plus ou moins complexes pour représenter le comportement élastique d'un béton et pour prédire le module élastique à partir de celui de la pâte de ciment ou du mortier et des gros granulats. Malheureusement, aucun de ces modèles ne permet de prédire de façon précise le module élastique d'un BHP qui contient des granulats différents de ceux que l'on utilise couramment dans les bétons usuels. Par conséquent, il est nécessaire de développer des relations spécifiques pour chacun des BHP par suite des variations locales dans la nature des granulats et des matériaux cimentaires qui peuvent être utilisés. Cependant, deux modèles récents proposés par W. Baalbaki semblent être prometteurs, car ils permettent de prédire le module élastique des BHP lorsque l'on connaît soit le module élastique de la pâte ou du mortier et celle du gros granulat et la résistance à la compression du BHP.

La durabilité des BHP est discutée dans le chapitre 17. Il s'agit évidemment d'un point très important pour les concepteurs et les propriétaires qui désirent obtenir, non seulement une grande résistance à la compression, mais surtout une très grande durabilité pour leur structure de façon à en diminuer les coûts d'entretien et à augmenter sa durée de vie.

La plupart des types de détérioration dont souffrent les bétons usuels sont passés revue. On explique en particulier comment les BHP se comportent lorsqu'ils ont à faire face à des environnements agressifs. Par exemple, les BHP sont si imperméables que l'on peut s'attendre à ne voir se développer aucune carbonatation à leur surface. Il faut toutefois noter que ce sujet a reçu assez peu d'attention en termes de recherche.

Une controverse règne encore sur les facteurs qui gouvernent la résistance au gel-dégel des BHP. Certains chercheurs prétendent que les BHP n'offrent une bonne résistance au gel-dégel que s'ils contiennent de l'air entraîné, d'autres pensent le contraire. On sait maintenant qu'une très grande résistance à la compression, supérieure à 80 MPa, n'est pas forcément suffisante pour qu'un BHP résiste à des cycles de gel-dégel répétés quand la procédure A (gel et dégel dans l'eau) de la norme ASTM C666 est utilisée. Il faut d'ailleurs se demander si cette méthode d'essai est valable dans le cas des BHP.

Pour des bétons usuels au Canada, on a trouvé qu'un facteur d'espacement moyen de 230 µm pouvait garantir la durabilité face aux cycles de gel-dégel en présence ou en l'absence de sels déverglaçants, mais on a aussi trouvé que cette exigence ne s'appliquait pas forcément à tous les BHP pour lesquels on trouve plutôt un facteur d'espacement beaucoup plus élevé lorsqu'il s'agit de passer avec succès l'essai ASTM C666.

Le problème est relativement complexe parce que les BHP peuvent être fabriqués avec une grande variété de matériaux dans des proportions différentes si bien que des BHP qui ont des résistances semblables peuvent présenter des caractéristiques physiques, chimiques ou microstructurales très différentes. Alors que la résistance au gel-dégel des bétons sans air entraîné n'est pas toujours satisfaisante si on l'évalue avec l'essai ASTM C666, il est par contre facile de produire des BHP à air entraîné, tant en laboratoire qu'en chantier, qui présentent des résistances satisfaisantes au gel-dégel avec des facteurs d'espacement supérieurs à 230 µm.

La résistance au gel d'un béton dépend à la fois du rapport eau/liant et du type de liant ; ces facteurs influencent directement la perméabilité et la porosité de la pâte, les deux paramètres principaux qui contrôlent la facilité avec laquelle un béton va résister à la fissuration interne initiée par les cycles de gel et dégel. Les résultats d'un grand nombre de travaux de laboratoire indiquent qu'il n'est pas suffisant de réduire simplement le rapport eau/liant de façon significative (< 0,30), mai qu'il est aussi nécessaire de développer une porosité capillaire la plus fine possible de façon que très peu d'eau gelable se retrouve dans un BHP. Si cette porosité capillaire demeure trop grande, la pâte de ciment contiendra alors trop d'eau qui pourra geler et pourra rapidement se fissurer lorsqu'elle sera soumise à des cycles de gel-dégel.

Certains BHP sans air entraîné contenant des ajouts cimentaires qui avaient des rapports eau/liant supérieurs à 0,30 ont présenté une mauvaise résistance au gel-dégel en dépit du fait que leur résistance à la compression était supérieure à 80 MPa. D'autre part, certains essais de laboratoire ont montré que des BHP sans air entraîné de 80 à 100 MPa fabriqués avec des ciments à haute résistance initiale contenant 6 % de fumée de silice et avec un granulat calcaire de bonne qualité pouvaient supporter plus de 1 000 cycles de gel-dégel même lorsqu'ils étaient exposés aux cycles de gel et dégel 24 heures seulement après leur fabrication. Le retrait endogène de tels bétons est tellement élevé durant ces 24 heures que pratiquement tous les gros capillaires qui pouvaient contenir de l'eau gelable sont asséchés lorsque, pour la première fois, ces bétons sont exposés à des cycles de gel-dégel.

La résistance à l'écaillage des BHP n'a pas reçu autant d'attention que la résistance à la fissuration interne, ce qui peut paraître surprenant puisque, dans la plupart des pays, l'attaque du béton par les sels fondants cause souvent les plus grands dommages aux structures de béton exposées au gel. Dans les quelques études bien documentées que l'on retrouve, on a pu démontrer que les BHP résistaient très bien face à cette attaque même lorsqu'ils ne contenaient pas d'air entraîné.

Les BHP sont si compacts et si durs qu'ils présentent une très bonne résistance à l'abrasion. Il faut mentionner cependant que comme dans le cas de n'importe quel béton la résistance à l'abrasion du gros granulat a une très grande importance sur la résistance à l'abrasion d'un BHP. Des essais de laboratoire et de chantier ont démontré que certains BHP pouvaient être aussi résistants à l'abrasion et à l'usure que de très bons granites.

Le chapitre 17 traite aussi sommairement d'un problème très important relatif à la durabilité : la réaction alcali-granulat. Très peu d'études ont été publiées dans ce domaine dans le cas des BHP. En règle générale, on pense que, comme il y a peu ou pas d'eau libre à l'intérieur d'un BHP, une réaction d'envergure des alcalis ne peut s'y développer puisque la présence d'eau est une des trois conditions nécessaires pour voir se développer une telle réaction. Cependant, très récemment, on a trouvé que, par suite d'une augmentation de la température initiale du béton dans certains éléments massifs, certains granulats peuvent devenir réactifs et occasionner l'apparition d'anneaux de réaction. Par conséquent, les règles actuelles qui s'appliquent à la sélection des granulats non réactifs dans le cas des bétons usuels devraient demeurer en vigueur dans le cas des BHP tant que l'on ne disposera pas de données plus précises à ce sujet.

En ce qui a trait à la résistance au feu des BHP, il faut avouer que l'on manque d'études sérieuses et exhaustives et qu'il faut encore s'accommoder de résultats expérimentaux contradictoires.

Certains chercheurs prétendent que l'introduction de fibres de polypropylène dans les BHP améliore de façon significative leur résistance au feu. Quand ces fibres ramollissent ou même brûlent, elles provoquent l'apparition de petits canaux à travers lesquels la vapeur d'eau pourrait s'échapper, à condition que ce soit réellement là la cause de l'écaillage des BHP soumis à un feu intense, ce qui est loin d'être certain.

Le chapitre 18 présente quelques BHP spéciaux. Même si le BHP est un type de béton relativement nouveau, on a déjà vu se développer un certain nombre de BHP suffisamment différents par rapport aux BHP communs pour qu'on les appelle spéciaux et qu'on les présente séparément. Tous ces BHP ont une ou plusieurs caractéristiques ou propriétés qui justifient le terme spécial. Cette situation est très encourageante parce qu'elle démontre les très grandes qualités du BHP en général, mais aussi l'adaptabilité et la flexibilité de ses propriétés. Il est absolument certain que, dans un avenir prochain, il y aura de plus en plus de nouveaux types de BHP spéciaux qui seront développés pour remplir des besoins particuliers des concepteurs, des entrepreneurs ou des propriétaires.

Dans ce chapitre, un paragraphe est spécialement consacré aux BHP à air entraîné. Même si ce sujet a été traité dans plusieurs paragraphes ou chapitres de ce livre, le lecteur pourra retrouver en un seul endroit la plupart des informations relatives à ce type de BHP, ce qui lui évitera de devoir consulter les différentes sections de ce livre.

L'entraînement d'un certain volume d'air ne rend pas simplement les BHP plus durables face aux cycles de gel-dégel, mais il améliore de façon significative la rhéologie des bétons ayant de faibles rapports eau/liant, spécialement ceux qui contiennent de la fumée de silice. Il est bon d'introduire un certain volume de très petites bulles d'air dans un BHP. Bien sûr, sa résistance à la compression va diminuer, grosso modo une augmentation de 1 % de la teneur en air diminue la résistance à la compression de 5 %, mais cette perte de résistance peut être facilement compensée par une diminution du rapport eau/liant. Par contre, l'amélioration de la maniabilité, de la mise ne place et de la finition est tellement coûteuse avec d'autres moyens qu'on peut penser que, dans le futur, de plus en plus de bétons ayant de faibles rapports eau/liant contiendront un peu d'air entraîné chaque fois que l'on ne pourra pas utiliser un ajout cimentaire pour améliorer la rhéologie.

Malgré leur utilisation encore très limitée, les BHP lourds sont brièvement présentés de même que les BHP légers qui trouvent de plus en plus d'utilisations économiques. Dans certains cas, on utilise même des granulats légers saturés pour essayer de limiter les effets de l'autodessiccation. Les granulats légers poreux qui sont saturés d'eau constituent une source d'eau extérieure pour la pâte de ciment hydraté. Cette source a le grand avantage d'être bien distribuée au travers du volume de béton. En dépit du fait que l'utilisation de granulats légers correspond à l'introduction de granulats plus faibles qui abaissent à la fois la résistance à la compression et le module élastique (de façon beaucoup plus significative), l'avantage d'utiliser un béton plus léger avec une source d'eau bien distribuée dans la pâte de ciment peut être quelquefois très intéressant.

Certains BHP fibrés ont déjà trouvé des applications dans le domaine des réparations ou dans la construction de revêtement et, comme on l'a mentionné dans le chapitre sur la durabilité, certains chercheurs pensent que l'addition de fibres de polypropylène dans des BHP peut les rendre plus résistants au feu.

Les BHP confinés sont abordés simplement pour rappeler aux concepteurs qu'il s'agit d'une façon très simple d'augmenter la résistance à la compression des BHP, et surtout leur ductilité, sans cependant augmenter leur module élastique. Quelques gratte-ciel ont été construits en tenant compte de cet avantage, c'est le cas du gratte-ciel Two Union construit à Seattle qui a été présenté dans le chapitre 4.

Un développement très récent dans la mise en place des bétons concerne les BHP compactés au rouleau. Cette technique de mise en place a été utilisée avec succès dans plusieurs projets industriels où il fallait construire des dalles industrielles de très grandes dimensions dans des usines métallurgiques ou des usines de pâtes et papiers. Cette technique permet la mise en place de très grandes quantités de BHP pendant un temps très court en utilisant l'équipement de mise en place des bétons bitumineux. Dans un cas particulier, les 87 000 m^2 d'une dalle de 300 mm d'épaisseur, l'équivalent de 16 terrains de football adjacents, ont pu être mis en place, avec une équipe très limitée d'ouvriers, en moins d'un mois et demi sans aucune armature et sans aucun joint. Cette technique représente un champ d'application absolument extraordinaire pour les BHP.

Même si les BHP en sont encore à leur premier stade de développement, on peut voir dans le chapitre 19 qu'ils sont déjà attaqués par un nouveau type de béton encore beaucoup plus résistant et beaucoup plus ductile : les bétons de poudres réactives. Dans ce nouveau type de béton, le gros granulat a une dimension maximale de 300 à 600 mm. Les bétons de poudres réactives sont fabriqués à partir de différentes poudres de granulométries particulières qui jouent des rôles différents durant le processus de durcissement de la pâte de ciment hydraté. Les propriétés mécaniques des bétons de poudres réactives peuvent encore être améliorées par des traitements thermiques simples, par l'introduction de fibres d'acier ou par leur confinement dans des tubes minces. Il est encore trop tôt pour anticiper toutes les applications potentielles de ce nouveau type de béton, mais il est maintenant réaliste de rêver de bétons de 1 000 MPa.

Le chapitre 20 a été intitulé *L'avenir du BHP*. Je ne prétends pas être un diseur de bonne fortune ou être particulièrement doué dans la lecture des tarots ou du marc de café, mais je n'ai pu m'empêcher d'exprimer quelques vues personnelles et de faire certaines prédictions sur le futur du BHP. Quoi qu'il en soit, je suis prêt à prendre le crédit des prédictions qui se réaliseront, de la même façon que je suis prêt à prendre le blâme pour toutes celles qui se révéleront complètement fausses.

Enfin, ce livre se termine par une liste d'articles de référence et de comptes rendus de congrès internationaux dont la lecture pourra compléter celle de ce livre, même si plusieurs des articles contenus dans ces ouvrages se retrouvent dans les références citées à la fin des différents chapitres du livre.

Je ne prétends pas avoir donné un traitement identique à tous ces articles ou les avoir développés suffisamment longuement pour satisfaire tous les besoins spéciaux des lecteurs sur tous les points. Ce livre sur la science et la technologie des BHP a pour objectif de présenter une synthèse des connaissances principales qui sont bien acceptées sur le sujet ; ce livre n'a donc pas la prétention d'être un traité exhaustif et détaillé sur les BHP.

Chapitre 3

Perspectives historiques

3.1 Les précurseurs et les pionniers

Il fallait vraiment avoir un esprit de pionnier pour se lancer dans le développement des bétons à haute résistance[1] au milieu des années 1960. Pourquoi essayer d'innover dans le domaine du béton prêt à l'emploi en augmentant la résistance à la compression ? À cette époque, la plupart des concepteurs étaient tout à fait satisfaits de calculer des structures avec des bétons de 15 à 20 MPa. Ces bétons leur étaient bien connus, ils étaient économiques, compétitifs et permettaient de construire des structures de façon sécuritaire. De la même façon, les producteurs de béton gagnaient bien leur vie en vendant leur béton dans les structures de type horizontal. Il était alors impensable qu'un jour le béton pourrait déclasser l'acier dans la construction des gratte-ciel. À cette époque, on était convaincu que le béton n'était qu'un matériau idéal pour construire les fondations des gratte-ciel et leurs planchers ou pour protéger les colonnes et les poutres d'acier contre le feu.

Cependant, comme dans tous les domaines, il y a toujours un ou plusieurs individus qui n'hésitent pas à remettre en question les tabous les plus solidement ancrés et qui sont poussés par le désir profond d'innover. Au début des années 1960 dans la région de Chicago, les bétons à haute résistance ont, en quelque sorte, vu le jour et ont commencé à être utilisés en quantité non négligeable dans plusieurs structures majeures (Freedman, 1971).

Ce développement a eu lieu à Chicago parce qu'un concepteur plus audacieux que ses confrères et un producteur de béton à l'esprit innovateur se sont rencontrés et se sont mis à travailler ensemble (Moreno, 1987). Même si la résistance des premiers bétons à haute résistance qui ont alors été développés peut paraître modeste de nos jours, il faut

---

1. Dans ce chapitre, l'expression béton à haute résistance est utilisée pour tenir compte de la réalité de l'époque décrite.

se rappeler qu'à cette époque les bétons usuels avec lesquels on construisait des structures avaient une résistance à la compression essentiellement comprise entre 15 et 30 MPa. Proposer de doubler cette résistance à la compression était très audacieux. Il faut aussi se souvenir que les ciments et les adjuvants qui étaient disponibles à cette époque n'étaient pas aussi performants que ceux dont on dispose à l'heure actuelle pour fabriquer des BHP (Perenchio, 1973). La plupart des ciments commerciaux n'étaient pas broyés aussi finement qu'à l'heure actuelle et surtout les réducteurs d'eau commerciaux utilisés à cette époque étaient essentiellement à base de lignosulfonate et ne permettaient de diminuer la quantité d'eau de gâchage que de 8 à 10 %. En outre, la composition et la pureté de ces lignosulfonates pouvaient varier considérablement, ce qui ne manquait pas d'entraîner des variations significatives dans leur performance. À l'époque, les réducteurs d'eau à base de lignosulfonate avaient une forte tendance à entraîner de l'air et aussi à retarder la prise du béton dès que l'on augmentait leur dosage.

Il faut se souvenir que, en Amérique du Nord au milieu des années 1960, l'industrie du béton prêt à l'emploi commençait tout juste à utiliser des cendres volantes, peu de producteurs de cendres volantes avaient commencé à développer des programmes d'assurance qualité pour assurer une certaine consistance à leur produit et peu de producteurs de béton avaient pris conscience de toutes les économies potentielles que peut entraîner l'utilisation d'une bonne cendre volante lorsque l'on fabrique du béton. De toute façon, à cette époque, l'énergie et le ciment ne coûtaient pas cher et la solution la plus simple pour augmenter la résistance du béton était de rajouter encore plus de ciment. Les premiers bétons à haute résistance ont été développés dans un tel contexte historique. De façon à pouvoir mettre en valeur les qualités des bétons à haute résistance, les concepteurs et les producteurs de béton ont fait appel à un moyen simple et efficace pour convaincre les propriétaires d'utiliser un tel matériau pour lequel on n'avait aucune expérience et sur lequel on avait finalement très peu de données techniques. L'approche suivie était très astucieuse (Albinger et Moreno, 1991 ; Detwiler, 1991) : chaque fois qu'un immeuble de grande hauteur était en construction, le producteur de béton demandait au propriétaire la permission de couler (sans coût additionnel évidemment) une ou deux colonnes faites d'un béton expérimental dont la résistance à la compression était de 10 ou 15 MPa supérieure à celle que le concepteur avait sélectionnée pour construire les principales colonnes de cet édifice en hauteur. Quel était alors le risque d'accepter une ou deux colonnes un peu plus résistantes que les autres et ce, sans que cela ne coûte un centime de plus ? Une fois que le producteur de béton avait eu l'occasion de prouver qu'il lui était possible de livrer et faire mettre en place un béton ayant une résistance à la compression de 10 à 15 MPa supérieure à celle des bétons qui étaient normalement disponibles, sans aucune plainte de l'entrepreneur et de son équipe de mise en place et sans aucune catastrophe structurale, il était normal que le concepteur songe à proposer un tel béton pour construire le prochain édifice qui était déjà sur sa table à dessin. Cette avancée technologique était d'autant plus attrayante parce que, en augmentant la résistance à la compression du béton, le concepteur pouvait diminuer la section des colonnes et augmenter leur élancement, ce qui plaisait aux architectes. Ainsi, il augmentait les espaces de location dans les parkings souterrains et dans les étages inférieurs qui sont, en principe, ceux qui sont les plus rentables pour les propriétaires.

Évidemment, durant la construction de ce nouvel édifice, le même stratagème était répété. Le producteur de béton proposait de couler une nouvelle colonne expérimentale, toujours sans coût additionnel, avec un béton ayant 10 à 15 MPa de plus que celui que le concepteur avait spécifié pour construire le nouvel édifice. Cette fois-ci, le nouveau béton expérimental avait en fait une résistance à la compression de 20 à 30 MPa supérieure à celle des bétons proposés par les autres compagnies de béton prêt à l'emploi. De façon à ne pas inquiéter le propriétaire par le caractère innovateur de ce béton, le producteur ne mettait en évidence que la faible augmentation de résistance de ce nouveau béton expérimental par rapport à celui qui avait été prévu par le concepteur.

En répétant à plusieurs reprises ce stratagème, la résistance à la compression maximale des bétons utilisés dans les édifices en hauteur dans la région de Chicago a été multipliée par trois, de façon lente et progressive, sur une période de 10 ans, sans que personne, ou presque, ne s'en rende compte (Fig. 3.1).

Lake Point Tower 1965 (f'_c = 53 MPa)   River Plaza 1976 (f'_c = 77 MPa)

Figure 3.1 Gratte-ciel construits au cours des années soixante et soixante-dix dans la région de Chicago

Cependant, la résistance à la compression du béton a cessé d'augmenter lorsque l'on a atteint 60 MPa parce que cette résistance constituait alors une barrière technologique qui ne pouvait être surmontée avec les matériaux alors disponibles. Au début des années 1970, il était impossible de faire un béton prêt à l'emploi ayant une résistance supérieure à 60 MPa parce que les réducteurs d'eau commerciaux n'étaient pas suffisamment puissants pour diminuer encore plus le rapport eau/liant (Blick et coll., 1974 ; Aïtcin, 1992).

En fait, l'augmentation de la résistance à la compression du béton qui avait pu être obtenue était attribuable à la diminution de la valeur du rapport eau/ciment en sélectionnant des réducteurs d'eau un peu plus efficace que la majorité des produits commerciaux disponibles à cette époque. En outre, dans cette recherche visant à diminuer le rapport eau/liant vers des valeurs comprises entre 0,35 et 0,40, on a commencé à s'apercevoir que le choix du ciment était aussi critique. Le ciment choisi devait bien performer, non seulement d'un point de vue mécanique, mais aussi d'un point de vue rhéologique. En d'autres mots, il fallait que le béton ne présente qu'une faible perte d'affaissement durant la première heure qui suivait son malaxage et qu'il ait une bonne résistance à la compression initiale et à 28 jours.

Les premiers ciments utilisés pour fabriquer des bétons à haute résistance étaient des ciments de Type I ou de Type II ASTM ou des ciments qualifiés comme Type II modifiés. Les détails qui faisaient que ces ciments modifiés avaient une faible réactivité rhéologique et qu'ils procuraient de bonnes résistances étaient des secrets commerciaux bien gardés par certains producteurs de béton de l'époque. De façon à minimiser les problèmes de perte d'affaissement, les producteurs de béton substituaient déjà une certaine quantité de ciment Portland par une cendre volante de haute qualité. La demande en eau du béton était ainsi réduite quelque peu et le contrôle de la perte d'affaissement plus aisé, permettant ainsi de diminuer encore une tout petit peu le rapport eau/liant, ce qui de toute façon, permettait de compenser dans une certaine mesure les pertes de résistance à court terme causées par la substitution du ciment par une cendre volante.

De façon à diminuer le plus possible le rapport eau/liant, le dosage en réducteur d'eau était augmenté le plus possible par rapport aux dosages qui étaient normalement utilisés dans des bétons ayant des résistances à la compression de 20 ou 30 MPa. Cependant, le dosage en réducteur d'eau ne pouvait être augmenté de beaucoup, car, à ce moment-là, très vite cette augmentation du dosage en réducteur d'eau se traduisait par un retard de prise significatif ou par une quantité d'air entraîné excessive qui, évidemment, diminuait la résistance finale du béton. Il n'est pas avantageux de proposer à un entrepreneur de mettre en œuvre un béton dont la prise est retardée, particulièrement lorsque déjà 20 à 25 % du ciment ont été remplacés par une cendre volante (Blick et coll., 1974).

En fait, pour un entrepreneur il est important d'augmenter la résistance à très court terme de façon à ce que la construction progresse plus rapidement. Si l'utilisation d'un béton ayant une grande résistance à 28 jours entraîne une perte significative de résistance à court terme, il est, à tout coup, certain que l'entrepreneur n'utilisera pas un tel béton parce que, pour lui, il est très important d'enlever les coffrages le plus vite possible et l'objectif de résistance à 28 jours n'a pour lui que peu d'importance. De la même façon, il faut éviter d'entraîner une trop grande quantité d'air dans un béton lorsque l'on vise une grande résistance parce que la présence de bulles d'air dans un béton réduit évidemment la résistance à la compression ultime. En outre, dans les premières applications des bétons à haute résistance, il n'était absolument pas nécessaire que le béton contienne de l'air entraîné puisque les colonnes de ces grands édifices n'étaient soumises à aucun cycle de gel-dégel : les bétons à haute résistance étaient utilisés uniquement dans des applications intérieures. Vers la fin des années 1970, les seuls bétons à haute résistance à air entraîné qui ont été développés étaient ceux utilisés dans la zone de marnage des plates-formes pétrolières (Ronneberg et Sandvik, 1990).

Le choix de la marque du réducteur d'eau qui présentait le moins d'effets secondaires était un secret bien gardé des producteurs de béton à haute résistance de l'époque. Le choix permettait donc d'augmenter le dosage en réducteur d'eau sans augmenter le retard de prise ou la quantité d'air entraîné de façon excessive. En outre, de façon à diminuer encore plus leur rapport eau/liant, ces premiers bétons à haute résistance étaient livrés avec un affaissement plutôt faible, typiquement compris entre 75 et 100 mm (Blick et coll., 1974).

Enfin, l'échantillonnage des bétons à haute résistance était fait avec un soin particulier (par exemple en utilisant des moules en acier) de façon à minimiser toute perte de résistance qu'aurait pu entraîner une mauvaise technique d'échantillonnage et l'utilisation de moules en carton où il est difficile de bien compacter le béton par suite de la déformabilité des parois du moule (Freedman, 1971 ; Blick et coll., 1974).

Tel était l'état du développement des bétons à haute résistance au début des années 1970 quand les superplastifiants ont fait leur apparition sur le marché (Chicago Committee on High-Rise Buildings, 1977 ; Ronneberg et Sandvik, 1990).

3.2   Des réducteurs d'eau aux superplastifiants

Les superplastifiants ont d'abord été utilisés dans le béton vers la fin des années 1960, leur introduction sur le marché débutant presque simultanément au Japon et en Allemagne (Meyer, 1981 ; Hattori, 1979). Il est surprenant que l'industrie du béton n'ait pas utilisé des superplastifiants plus tôt puisque le premier brevet américain couvrant la fabrication et l'utilisation d'un réducteur d'eau à base de polynaphtalène sulfonate a été obtenu en 1938 par Tucker après un dépôt initial en 1932 (Tucker, 1938). Toutefois, dans les années 1930, les réducteurs d'eau à base de lignosulfonate étaient vraiment bon marché et leur performance satisfaisante pour fabriquer des bétons de 15 à 25 MPa, si bien qu'il n'était pas intéressant de développer des réducteurs d'eau plus efficaces, mais qui coûtaient aussi beaucoup plus cher.

Il faut rappeler que, vers la fin des années 1960, l'utilisation des superplastifiants dans les bétons avait plutôt pour but de fluidifier les bétons de 20 à 30 MPa que de réduire leur rapport eau/ciment. Les superplastifiants étaient alors ajoutés sur le chantier juste avant la mise en place pour fluidifier un béton qui contenait déjà très souvent un réducteur d'eau à base de lignosulfonate introduit durant le malaxage initial du béton à l'usine de béton prêt à l'emploi. Les superplastifiants étaient donc utilisés pour faciliter la mise en place du béton sans créer de ségrégation et sans occasionner de pertes de résistance, ce qui se produit normalement lorsque l'on fluidifie le béton avec de l'eau. Étant donné que la période durant laquelle ces premiers superplastifiants pouvaient fluidifier de façon efficace le béton était relativement limitée il fallait absolument rajouter les superplastifiants sur le chantier juste avant la mise en place du béton. D'un point de vue pratique, il faut aussi mentionner qu'il est toujours assez dangereux de transporter un béton très fluide dans un camion toupie, non seulement à cause de la possibilité de ségrégation, mais aussi pour des considérations de sécurité. Il peut être difficile de contrôler la conduite d'un camion qui transporte une masse liquide de 15 à 20 tonnes non contenue dans une enceinte fermée et il peut y avoir de sérieux risques de déversement de béton sur la chaussée si le camion est appelé à freiner brusquement. De façon à réduire ces dangers, les camions transportant des bétons fluides ne peuvent être remplis dans certains cas qu'à 75 ou 80 % de leur capacité maximale.

Durant les années 1980, on a commencé à augmenter petit à petit les dosages en superplastifiant au-delà des dosages normalement recommandés par les manufacturiers pour fluidifier les bétons usuels. Avec ces augmentations de dosage, on commença à comprendre que les superplastifiants pouvaient être aussi utilisés comme des réducteurs d'eau particulièrement efficaces pour réduire le rapport eau/ciment des bétons. Les superplastifiants étaient de ce point de vue beaucoup plus efficaces que les lignosulfonates : ils pouvaient être utilisés à de plus forts dosages avant de noter un retard de durcissement significatif et ils n'entraînaient pas trop d'air dans le béton (Ronneberg et Sandvik, 1990).

Au fur et à mesure que les dosages en superplastifiant augmentaient pour produire des bétons ayant des rapports eau/liant de plus en plus faibles, les pertes d'affaissement observées dans certains cas devenaient de plus en plus préoccupantes. En effet, en utilisant des dosages en superplastifiant relativement élevés, on pouvait fabriquer des bétons ayant un rapport eau/liant de l'ordre de 0,30 et un affaissement initial de 200 mm, mais il était parfois difficile de maintenir cet affaissement pendant très longtemps. L'utilisation d'un superplastifiant constituait quand même un grand avantage par rapport aux réducteurs d'eau ordinaires quand on comparait les performances de ces superplastifiants à celles des réducteurs d'eau à base de lignosulfonate qui étaient utilisés pour livrer des bétons usuels ayant des affaissements de 75 à 100 mm (Malier, 1990 ; Albinger et Moreno, 1991 ; de Larrard et Malier, 1992 ; Jaugey, 1990 ; Aïtcin, 1992). Cependant, les pertes d'affaissement observées lorsque l'on utilisait de très faibles rapports eau/liant étaient très souvent critiques et, pour tenter de résoudre ce problème, les fabricants de superplastifiant ont développé, avec plus ou moins de succès, des superplastifiants qui incorporaient des retardateurs.

Lorsque les premiers superplastifiants ont été utilisés comme réducteurs d'eau à grand pouvoir, ils l'ont été dans des bétons pour lesquels le rapport eau/liant n'était jamais réduit au-delà de la barrière psychologique de 0,30. On pensait à l'époque que cette valeur de 0,30 était la valeur minimale du rapport eau/liant que l'on pouvait utiliser pour permettre au ciment Portland de s'hydrater correctement. Il n'était donc pas question de diminuer le rapport eau/liant au-delà de cette valeur taboue jusqu'à ce que Bache diminue le rapport eau/liant d'un microbéton jusqu'à 0,16, en utilisant un très fort dosage en superplastifiant et un nouveau substitut ultrafin du ciment, la fumée de silice : il a pu ainsi fabriquer des bétons ayant une résistance à la compression de 280 MPa (Bache, 1981). Évidemment, les résultats de Bache ont été obtenus en laboratoire et nécessitaient la mise en œuvre de moyens de mise en place et de mûrissement spéciaux. Cependant, ces résultats ont ouvert les yeux d'une industrie qui avait encore beaucoup de mal à livrer de façon régulière des bétons de 25 à 30 MPa. Le microbéton mis au point par Bache ne présentait d'ailleurs pratiquement aucun intérêt pour l'industrie du béton prêt à l'emploi parce que sa fabrication nécessitait l'utilisation de granulats à base de bauxite calcinée qui peuvent coûter, dans certains cas, plus de 7 000 FF/t. Pour mettre en œuvre de tels bétons il fallait en outre utiliser une vibration externe intense et un mode de mûrissement très spécial. Cependant, le développement d'un tel matériau a prouvé que la barrière psychologique de 0,30 pour le rapport eau/liant était un faux tabou. En fait, le travail de Bache a démontré que la résistance à la compression ultime d'un béton dépend, non seulement de la qualité, de la quantité et de l'efficacité des matériaux cimentaires utilisés, mais aussi du degré de consolidation et surtout de la porosité ultime de la matrice solide à la fin de sa mise en place avant que le processus de durcissement ne se développe. On peut donc dire que, pratiquement 100 ans après que Féret (Féret 1892) a proposé sa fameuse la loi du rapport eau/liant, on redécouvrait que cette loi demeurait toujours valable même dans des systèmes où il n'y avait même pas assez d'eau pour hydrater tous les grains de ciment.

Après cette découverte, les chercheurs et les producteurs de béton ont donc commencé à produire des bétons ayant un rapport eau/liant inférieur à 0,30 tout en sachant très bien qu'ils ne contenaient même plus assez d'eau pour hydrater tous les grains de ciment (Moreno, 1987 ; Moreno, 1990 ; Aïtcin et coll., 1985). Dans de tels bétons, seules les particules les plus fines du ciment avaient une chance de s'hydrater complètement, les plus grosses particules de ciment et les grains les plus riches en C_2S jouant alors un rôle de filler (Aïtcin et coll., 1983).

Petit à petit, on s'est aperçu que, à de si faibles valeurs du rapport eau/liant, certains ciments commerciaux montraient des signes d'essoufflement dans le nombre de MPa que l'on pouvait en tirer et, parmi les ciments qui développaient de très bonnes résistances à la compression, certains présentaient des pertes d'affaissement très rapides. Souvent, ces problèmes se rencontraient déjà, mais à un moindre degré, dans des bétons ayant un rapport eau/liant compris entre 0,30 et 0,35 (Richard, 1992).

Cependant, on s'est aussi aperçu que, si l'on sélectionnait de façon très soigneuse le ciment et le superplastifiant, on pouvait diminuer le rapport eau/ciment des bétons commerciaux jusqu'à 0,30 ; 0,27 ; 0,25 et même jusqu'à 0,23 pour obtenir une résistance à la compression de 130 MPa (Godfrey, 1987). Dans un avenir très prochain, il n'est pas impossible de penser que l'on pourra livrer des BHP ayant des rapports eau/liant de l'ordre de 0,20 à condition de trouver que ce type de béton puisse avoir quelque utilité technologique et qu'il soit économique. En utilisant une combinaison particulièrement efficace de ciment Portland et de superplastifiant, on a pu fabriquer, à l'Université de Sherbrooke, un béton ayant un rapport eau/liant de 0,17 et un affaissement de 230 mm une heure après son malaxage. Un tel béton avait une résistance à la compression de 73,1 MPa à 24 heures. Cependant, la résistance de ce béton n'a pas augmenté au-delà de 125 MPa après un mûrissement à l'eau prolongé (Aïtcin et coll., 1991). Cette résistance à la compression ultime qui est plutôt faible (par comparaison à la faiblesse du rapport eau/liant) est probablement due à un manque d'eau durant la réaction d'hydratation, mais il se peut aussi que la véritable raison soit beaucoup plus complexe.

3.3 L'arrivée de la fumée de silice

Comme on l'a déjà mentionné, Bache a utilisé de la fumée de silice pour fabriquer ses bétons à très faible rapport eau/liant. L'industrie du béton prêt à l'emploi a pris avantage de ce nouveau matériau cimentaire dès qu'il a pu être disponible sous une forme pratique et à un prix acceptable.

Bien que la première utilisation de ce sous-produit de la fabrication du silicium et du ferrosilicium remonte à 1952 (Bernhardt, 1952), ce n'est que vers la fin des années 1970 que la fumée de silice a commencé à être utilisée en Scandinavie comme ajout cimentaire dans les bétons. Au début des années 1980, la fumée de silice a commencé à être utilisée en Amérique du Nord (Aïtcin, 1983 ; Malhotra et coll., 1987) et ailleurs en Europe et dans le monde.

Pendant très longtemps, les producteurs de silicium et de ferrosilicium ont pu se débarrasser dans l'atmosphère en toute impunité de la fumée de silice qu'ils produisaient en même temps que le silicium. Les producteurs de silicium et de ferrosilicium n'ont commencé à récupérer la fumée de silice que lorsqu'ils ont été soumis à des contraintes environnementales très strictes. Il leur fallait donc trouver des moyens de minimiser et d'éliminer les émissions de fumée de silice qu'ils généraient. Ainsi, dans un grand nombre de pays industrialisés, les producteurs de silicium et de ferrosilicium ont donc été forcés d'investir de fortes sommes dans des systèmes complexes de récupération de cette poussière ultrafine qui n'avait alors pratiquement aucun marché. En outre, le problème de la manipulation d'une telle poussière fine était tellement difficile à maîtriser que même les producteurs de silicium les plus optimistes ne pouvaient entrevoir l'idée qu'un jour ils pourraient tirer un avantage financier de la vente d'une telle nuisance ni que le ferrosilicium deviendrait le sous-produit de la fabrication de la fumée de silice dans deux usines comme cela se produit à l'heure actuelle.

Les premiers résultats intéressants obtenus par les Scandinaves en incorporant de la fumée de silice dans des bétons usuels, la découverte particulièrement impressionnante de Bache et de ses collaborateurs au Danemark et un effort de recherche très important qui a commencé au début des années 1980 dans plusieurs pays ont finalement conduit à l'acceptation de la fumée de silice comme un ajout cimentaire, à peu près partout dans le monde, en moins de 5 ans.

L'avantage particulier qu'il y a à utiliser de la fumée de silice qui est une pouzzolane très réactive et très fine pour fabriquer des BHP s'est vite imposé (Aïtcin, 1986). En fait, cette utilisation particulière de la fumée de silice s'est tellement bien développée que plusieurs, encore à l'heure actuelle, pensent que l'utilisation d'une fumée de silice est une condition *sine qua non* pour fabriquer un BHP. Cette affirmation n'est que partiellement vraie comme on le verra dans les chapitres suivants. La fumée de silice est réellement un matériau très avantageux quand on veut fabriquer des BHP parce qu'elle développe des actions bénéfiques à différents moments dans la vie du béton, mais ce n'est pas un ingrédient absolument essentiel lorsque l'on veut fabriquer des BHP de moins de 100 MPa (Malier et coll., 1989). Par contre, en utilisant de la fumée de silice, on a pu montrer qu'on pouvait fabriquer des bétons ayant des résistances à la compression comprises entre 100 et 150 MPa (Detwiler, 1991), chose qu'il est impossible de faire en n'utilisant que du ciment Portland à l'heure actuelle.

3.4 Statut actuel

L'acceptation des BHP et leur utilisation s'accroît lentement, mais sûrement, dans de nombreux pays. Il est aussi vrai que, à l'heure actuelle, les BHP ne représentent qu'une faible part du marché du béton. Cependant, plusieurs pays ont lancé des projets de recherche spécifiques sur les BHP vers la fin des années 1980. Parmi ceux-ci, on retrouve les États-Unis (Hoff, 1993), la Norvège (Holland, 1993), le Canada (Aïtcin et Baalbaki, 1996), la France (de Larrard et coll., 1987 ; Malier, 1990, 1991, 1992 ; de Larrard, 1993), la Suisse (Alou et coll., 1988), l'Australie (Burnett, 1989 ; Potter et Guirguis, 1993), l'Allemagne (König, 1993), le Japon (Aoyama et coll., 1990), la Corée (Sun-Woo Shin, 1990), la Chine (Zhu Jinquam, 1993) et Taiwan (Chern et coll., 1995). Avec l'information disponible à la suite de la tenue de nombreux séminaires, colloques, cours intensifs et articles publiés dans différentes revues, fabriquer un BHP ne constitue plus aujourd'hui un défi dont on peut se vanter. Par contre, la difficulté est de changer les habitudes de certains concepteurs ou agences gouvernementales et de les faire utiliser de tels bétons.

3.5   Le développement des BHP en France

(Ce complément a été rédigé par Didier Brazillier dont on connaît l'implication dans le projet B.H.P. 2000.)

Comme on vient de le voir, le moteur principal du développement des Bétons à Hautes Résistances en Amérique du Nord a été essentiellement économique, dans le domaine des bâtiments de grande hauteur et porté par des producteurs de béton et des entrepreneurs.

Il en va tout autrement en France …

Le contexte est en effet très différent :

• Il y a peu de bâtiments de grande hauteur et leur structure est traditionnellement en béton ; il n'y a pas eu d'enjeu fort lié à la conquête de parts de marchés comme cela a pu être le cas aux États-Unis ou au Canada où l'ossature de ces immeubles était majoritairement réalisée en acier.

• La séparation historique depuis le XVIIe siècle entre les métiers d'ingénieurs et d'architectes a conduit insensiblement ces derniers à délaisser la science des matériaux et des structures.

• Enfin, une forte présence de l'ingénierie publique, elle aussi historique dans les institutions françaises qui laisse peut-être moins d'initiatives aux concepteurs privés mais qui a toujours été une force d'entraînement vers l'innovation avec une implication forte, comme on le verra, dans la recherche fondamentale et appliquée et par l'initiation de variantes sur les grands appels d'offres permettant une réelle expression des entreprises. On a ainsi vu en France, au cours du XXe siècle le développement du béton précontraint, des ponts à encorbellements avec division matériaux et structures pour ouvrages d'art à joints conjugués, des ouvrages haubanés, de la construction mixte, du poussage… sous l'impulsion des directions techniques des entreprises et en étroite collaboration avec l'administration française.

Ainsi, l'apparition et le développement des bétons à hautes performances en France s'est essentiellement déroulé au sein du génie civil dans le domaine des ponts et autour de deux entités pionnières :

• L'administration de l'Équipement sous la férule du Laboratoire Central des Ponts et Chaussées avec la réalisation d'un premier ouvrage d'art en 1984 das la région de Melun au sud de Paris. Il est remarquable de noter, que dans la communication relative à cette expérience (Lesage et coll., 1984), on trouve pour la première fois sous la plume de Yves MALIER, alors responsable de la division matériaux et structures pour ouvrages d'art au LCPC, l'appellation « bétons à hautes performances » au lieu de « haute résistance ». Cette expression qui allait devenir au fil des années, la référence internationale, montre que dès l'origine, les concepteurs français ont cherché à exploiter, à côté de la résistance, les autres qualités de ces bétons et principalement la durabilité, ce qui se comprend bien puisque en tant que puissance publique, ils étaient également gestionnaire des ouvrages.

- L'entreprise Bouygues, sous l'impulsion de son directeur scientifique de l'époque, Pierre RICHARD, avec la réalisation d'un plot d'essai sur la dalle du viaduc SNCF de l'A.86 dans la région parisienne en 1984, puis du pont de l'île de Ré et de l'arche de la Défense de 1985 à 1987. La motivation forte de l'entreprise était alors tournée vers l'optimisation des méthodes (cycles de construction, probabilité et facilité de mise en œuvre) puis très vite vers les possibilités de conception novatrice avec le pont haubané du Pertuizet vers Saint-Étienne (88) et les viaducs de Sylans et Glacière sur l'A.40 vers Nantua.

Ces derniers ouvrages constitués de caissons à précontrainte extérieure dont les âmes sont constituées d'un treillis béton sont particulièrement intéressants parce que révélateurs du fait que le nouveau matériau B.H.P. doit conduire à de nouvelles formes et une autre approche conceptuelle.

À ce stade, une part importante de la recherche et développement dans le domaine des BHP s'est fédérée autour des Projets Nationaux. C'est une démarche assez novatrice lancée par l'administration (Équipement et Recherche) avec le sentier de la Fédération Nationale des Travaux Publics qui permet de subventionner les travaux d'un ensemble de partenaires regroupant toutes les « facettes » de la profession (maître d'ouvrage, maître d'œuvre, entreprises, industriels, bureaux d'études, laboratoires de recherches, écoles…) sur des thèmes jugés stratégiques par un comité d'orientation.

Ainsi ont été mises en place les structures suivantes :

- le projet national « Voies nouvelles du matériau béton » sous l'animation de R. Lacroix, Y. Malier et L. Pliskin de 1987 à 1991 ;
- puis le projet national « BHP 2000 » sous l'animation de C. Bernardini, J.L. Costaz et D. Brazillier de 1995 à 2000.

Il convient de signaler également, dans un autre cadre, un groupe de travail de l'Association Française pour la Recherche sur les matériaux (AFREM) animé par F. de Larrard sur la « connaissance et utilisation des bétons à Hautes performances » (de Larrard, 1996).

Parmi les nombreux apports de ces structures, on peut distinguer :

- L'évolution des règlements de calcul BAEL et BPEL avec une première extension aux B60 en 1994 puis aux B80 en 1999. Cette dernière reposant sur un important travail scientifique en particulier au niveau du retrait et du fluage.
- Des ouvrages expérimentaux ou d'application dont :
  - Le pont de Joigny en 1988 (Malier et coll., 1989 ; Malier et coll., 1991) structure binervurée à précontrainte extérieure, premier ouvrage à avoir été lancé en France à partir d'une solution structurelle conçue en BHP par le CETE de Lyon.
  - La centrale nucléaire de Civeau où a été mis en œuvre un B60 avec seulement 250 kg de ciment pour rechercher un retrait minimum (le taux de fuite de l'enceinte du réacteur mesuré est inférieur à celui des structures classiques).
  - Le concours de conception de ponts types en BHP.

Depuis quelques années, les BHP se développent lentement mais régulièrement dans le domaine des ouvrages d'art où les exemples de valorisation de ses diverses propriétés sont de plus en plus nombreux.

De plus, depuis plus récemment, des applications dans le domaine du bâtiment sont notables : parking souterrain (conception, méthodes de réalisation en sous-œuvre, encombrement des poteaux), tours de bureaux à la Défense (poteaux, flèches de planchers et déformation) et surtout les structures traditionnelles d'habitat (augmentation de la maille de base poteaux-poutres pour une plus grande souplesse d'aménagement (studios, appartements à 1, 2 ou 3 chambres – duplex…) et d'animation des façades.

3.6   Conclusion

Un des objectifs de ce livre est de rendre le BHP un peu moins mystérieux et de faire en sorte qu'il soit perçu comme un matériau facile à fabriquer quand on sait comment s'y prendre, un matériau sécuritaire d'utilisation qui permet de construire des structures plus durables et plus élégantes. Le BHP n'est pas un super béton qui ne présente aucune faiblesse et aucun inconvénient et, au fur et à mesure que l'on apprend un peu plus à le connaître, grâce à son utilisation croissante, à des recherches, des découvertes ou des expériences heureuses et aussi par suite d'échecs, on l'utilise de plus en plus efficacement pour l'avantage de tous (Richard et coll., 1987 ; Malier, 1992 ; de Larrard et Malier, 1992). Le BHP permet aux concepteurs de construire des structures plus élancées, les architectes préfèrent l'utiliser dans les gratte-ciel de façon à construire des dalles moins épaisses et des colonnes plus élancées, ce leur permet de concevoir un édifice beaucoup plus esthétique (Richard, 1987). Des colonnes de plus faible diamètre dans un gratte-ciel conduisent aussi à pouvoir louer plus d'espace et à augmenter les revenus du propriétaire. Certains entrepreneurs favorisent l'utilisation de BHP parce qu'ils peuvent décoffrer le béton plus rapidement. Parallèlement, le fluage et le retrait moindre des BHP est intéressant dans la construction des gratte-ciel parce qu'il augmente la rigidité de la structure. Chaque fois qu'un BHP est utilisé pour construire une colonne, la rigidité latérale de l'édifice est accrue, ce qui réduit les oscillations causées par les charges de vent et augmente ainsi le confort des occupants des étages supérieurs. En plus de produire des structures beaucoup plus élancées, l'utilisation des BHP dans les gratte-ciel peut aussi entraîner une diminution de la quantité d'acier et diminuer la charge morte de l'édifice. Les bénéfices que procure l'utilisation des BHP dans la construction des édifices en hauteur sont clairement illustrés aux figures 3.2 à 3.5 où l'on peut prendre conscience de la hauteur de plus en plus élevée et de la résistance de plus en plus grande des bétons que l'on utilise pour construire des gratte-ciel dans le monde.

Figure 3.2 Les tours Petronas de Kuala Lumpur – le plus haut édifice au monde en 1996

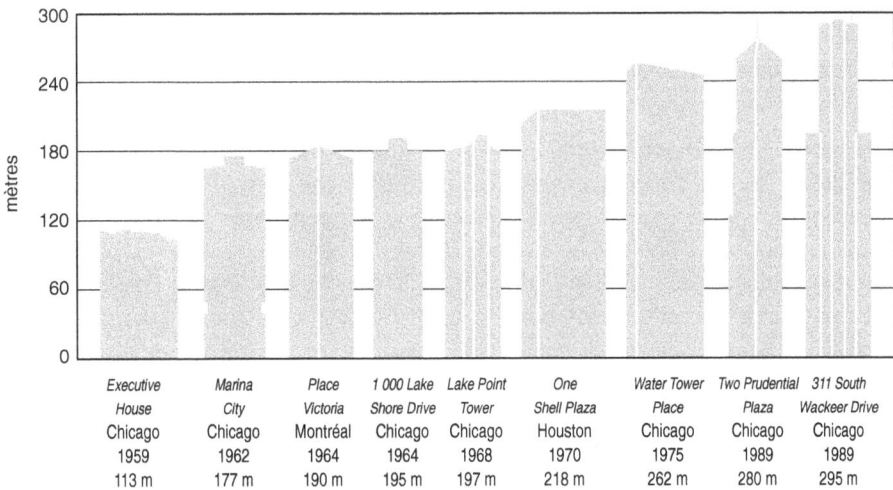

| | Executive House Chicago 1959 113 m | Marina City Chicago 1962 177 m | Place Victoria Montréal 1964 190 m | 1 000 Lake Shore Drive Chicago 1964 195 m | Lake Point Tower Chicago 1968 197 m | One Shell Plaza Houston 1970 218 m | Water Tower Place Chicago 1975 262 m | Two Prudential Plaza Chicago 1989 280 m | 311 South Wackeer Drive Chicago 1989 295 m |

Figure 3.3 Le béton dans la construction de gratte-ciel (
tiré de Concrete Reinforcing Institute, Bull. n° 40, 1990)

Hauteur de l'édifice (m)

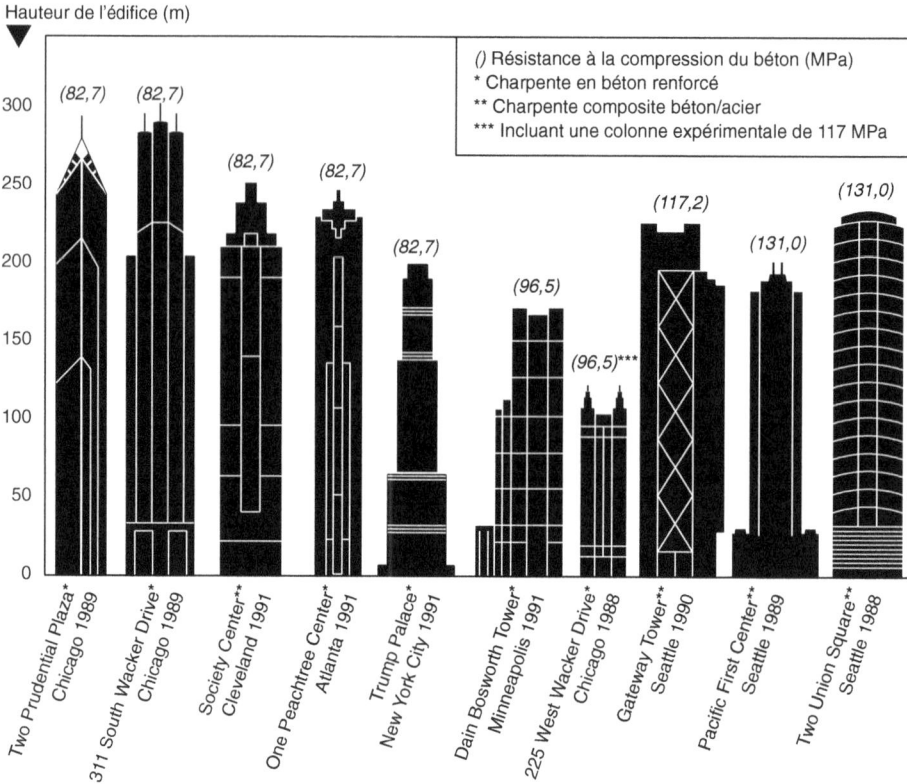

() Résistance à la compression du béton (MPa)
* Charpente en béton renforcé
** Charpente composite béton/acier
*** Incluant une colonne expérimentale de 117 MPa

Figure 3.4 Le béton à haute résistance se profile à l'horizon des États-Unis
(tiré de Concrete Technology Today, 1994)

Des gratte-ciel peuvent être construits sur des sols qui ont une capacité portante margi-nale, des piliers et des tabliers de pont peuvent être conçus avec des BHP pour cons-truire des ponts qui sont plus élancés et plus élégants et qui peuvent s'harmoniser beaucoup plus avec le paysage.

En plus de conserver la polyvalence du béton ordinaire, les BHP ont atteint la résistance et la durabilité de bien des roches naturelles, mais une roche dont on peut maîtriser la forme et une roche qui demeure fluide suffisamment de temps pour que l'on puisse la mouler dans des coffrages complexes, une roche qui peut être facilement renforcée par des armatures d'acier ou de matériaux composites, une roche qui peut être pré ou post-contrainte avec des câbles d'acier ou dans laquelle on peut introduire toutes sortes de fibres.

Ce matériau existe, il revient aux ingénieurs de l'utiliser le plus efficacement possible.

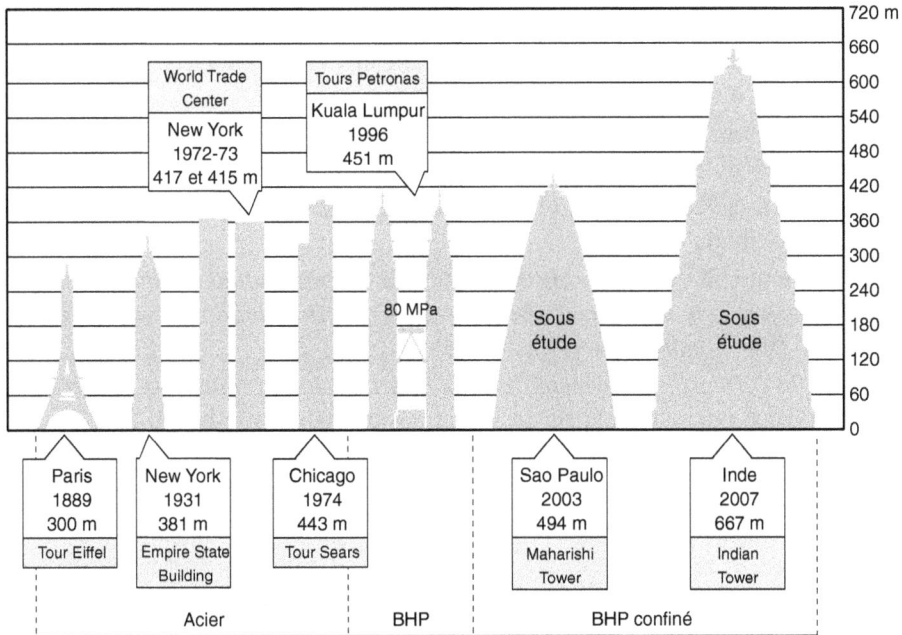

Figure 3.5 Progression de la hauteur des gratte-ciel

Références

Aïtcin, P.-C. (1983) *Condensed Silica Fume*, Éditions de l'Université de Sherbrooke, Québec, Canada, ISBN 2-7622-0016-4, 1983, 52 p.

Aïtcin, P.-C. (1986) New high-tech, ready-mix concretes. *Engineering Digest*, **32**(10), novembre, 32-33.

Aïtcin, P.-C. (1992) Le développement des bétons à hautes performances en Amérique du Nord, dans *Les bétons à hautes performances – Caractérisation, durabilité, applications*, édité par Y. Malier, Les Presses de l'École nationale des Ponts et chaussées, ISBN 2-85978-187-0, p. 521-535.

Aïtcin, P.-C. et Baalbaki, M. (1996) *Canadian Experience in Producing and Testing HPC*, ACI SP-159, p. 295-308.

Aïtcin, P.-C., Laplante, P. et Bédard, C. (1985) *Development and Experimental Use of 90 MPa (13,000 psi) Field Concrete*, ACI SP-87, p. 51-70.

Aïtcin, P.-C., Regourd, M. et Bédard, C. (1983) *Microstructural Study of a 135 MPa Ready Mix Concrete*, 5e Conférence internationale sur la microscopie du ciment et du béton, Nashville, 1983, p. 164-179.

Aïtcin, P.-C., Sarkar, S.L., Ranc, R. et Lévy, C. (1991) A high silica modulus cement for high performance concrete, dans *Ceramic Transactions : Advances in Cementitious Materials*, vol. 16, édité par S. Mindess, American Ceramic Society, Westerville, OH, USA, ISBN 0-944904-33-5, p. 103-120.

Albinger, J. et Moreno, J. (1991) High-strength concrete : Chicago style. *Concrete Construction*, **26**(3), mars, 241-245.

Alou, F., Charif, H. et Jaccoud, J.-P. (1988) Bétons à hautes performances. *Chantiers/ Suisse*, **19**, septembre, 725-730.

Aoyama, H., Murato, T., Hiraishi, H. et Bessho, S. (1990) *Outline of the Japanese National Project on Advanced Reinforced Concrete Buildings with High-Strength and High-Quality Materials*, ACI SP-121, p. 21-31.

Bache, H.H. (1981) *Densified Cement/Ultra Fine Particle-Based Materials*, présenté à la 2e Conférence internationale sur les superplastifiants dans le béton, 11-12 juin, Ottawa, Canada, publié par Aalborg Cement, Aalborg, B.P. 163, DK-9100 Aalborg, Danemark, 12 p.

Bernhardt, C.J. (1952) SiO_2 – Dust as Admixture to Cement, *Betongen Idag*, avril, p. 29-53.

Blick, R.L., Petersen, C.F. et Winter, M.E. (1974) *Proportioning and controlling high-strength concrete*, ACI SP-46, p. 141-163.

Burnett, I. (1989) High-strength concrete in Melbourne, Australia. *Concrete International,* 11(4), avril, 17-25.

Chern, J.C., Hwang, C.L. et Tsai, T.H. (1995) Research and Development of HPC in Taiwan *Concrete International*, **17**(10), octobre, 71-77.

Chicago Committee on High-Rise Buildings (1977) *High-Strength Concrete in Chicago High-Rise Buildings*, Report No. 5, 45 p.

de Larrard, F. (1993) A survey of recent research performed in French LPC Network on High-Performance Concrete, *Utilization of High-Strength Concrete*, édité par I. Holland et E. Sellevold, Norwegian Concrete Association, Oslo, Norvège, ISBN 82-91341-00-1, p. 57-67.

de Larrard, F. (1996) *Extension du domaine d'application des règlements de calcul BAEL/BPEL aux bétons de 80 MPa*, Travaux du Groupe Connaissance et utilisation du BHP, AFREM, Bulletin de liaison des laboratoires des Ponts et chaussées, n° spécial XIX, 162 p.

de Larrard, F. et Malier, Y. (1992) Propriétés constructives des bétons à très hautes performances : de la micro à la macrostructure, dans *Les bétons à hautes performances – Caractérisation, durabilité, applications*, édité par Y. Malier, Les Presses de l'École nationale des Ponts et chaussées, ISBN 2-85978-187-0, p. 129-156.

de Larrard, F., Acker, P. et Malier, Y. (1987) Very High Strength Concrete : from the Laboratory to the Construction Site, comptes rendus, *Utilization of High Strength Concrete*, édité par Tapir, Trondheim, Norvège, ISBN 82-519-0797-7, p. 431-442.

Detwiler, G. (1991) High-Strength Silica Fume Concrete – Chicago Style. *Concrete International*, 26(10), octobre, 32-36.

Féret, R. (1892) Sur la compacité des mortiers hydrauliques. *Annales des Ponts et Chaussées*, vol. 4, 2ᵉ semestre, p. 5-161.

Freedman, S. (1971) *High-Strength Concrete*, IS1 76.O1T, Association du ciment Portland, Skokie, IL, 19 p.

Godfrey, K.A. Jr (1987) Concrete strength record jumps 36 %. *Civil Engineering*, **57**(10), octobre, p. 84-88.

Hattori, K. (1979) *Experience with Mighty superplasticizer in Japan*, ACI SP-62, p. 37-66.

Hoff, G. (1993) Utilization of high-strength concrete in North America, *Utilization of High-Strength Concrete*, édité par I. Holland et E. Sellevold, Norwegian Concrete Association, Oslo, Norvège, ISBN 82-91341-00-1, 1993, p. 28-36.

Holland, I. (1993) High-strength concrete in Norway – Utilization and Research, *Utilization of High-Strength Concrete*, édité par I. Holland et E. Sellevold, Norwegian Concrete Association, Oslo, Norvège, ISBN 82-91341-00-1, p. 68-79.

Jaugey, P. (1990), Les bétons à haute performance du laboratoire aux chantiers, dans *Les bétons à hautes performances – Du matériau à l'ouvrage*, édité par Y. Malier, Les Presses de l'École nationale des Ponts et chaussées, ISBN 2-85978-138-2, p. 85-91.

König, G. (1993) Utilization of High-strength concrete in Germany, *Utilization of High-Strength Concrete*, édité par I. Holland et E. Sellevold, Norwegian Concrete Association, Oslo, Norvège, ISBN 82-91341-00-1, 1993, p. 45-56.

Lesage, R., Acker, P., Grimaldi, G. et Malier, Y. (1984) Béton à haute résistance, un chantier expérimental. *Bulletin de liaison des Laboratoires des Ponts et Chaussées*, n° 131, mai-juin.

Malhotra, M., Ramachandran, R., Feldman, R. et Aïtcin, P.-C. (1987) *Condensed Silica Fume in Concrete*, CRC Press, Boca Raton, FL, USA, ISBN 0-8493-5657-1, 221 p.

Malier, Y. (1990), Présentation du projet national « Voies nouvelles du matériau béton », dans *Les bétons à hautes performances – Du matériau à l'ouvrage*, édité par Y. Malier, Les Presses de l'École nationale des Ponts et chaussées, ISBN 2-85978-138-2, p. 15-19.

Malier, Y. (1991) The French approach to using HPC. *Concrete International*, **13**(7), juillet, 28-32.

Malier, Y. (1992) L'expérimentation : la clé d'une stratégie de recherche-développement en génie civil, dans *Les bétons à hautes performances – Caractérisation, durabilité, applications,* édité par Y. Malier, Les Presses de l'École nationale des Ponts et chaussées, ISBN 2-85978-187-0, p. 425-428.

Malier, Y., Brazilier, D. et Roi, S. (1991) The bridge of Joigny, a high performance concrete experimental bridge. *Concrete International*, **13**(5), mai, 40-42.

Malier, Y., Pliskin, L., Millan, A. et Brazillier, D. (1989) Un pont à hautes performances, le pont expérimental de Joigny (Yonne). *Revue Travaux*, avril, 57-65

Meyer, A. (1979) *Experiences with the Use of Superplasticizers in Germany*, ACI SP-62, p. 21-36.

Moreno, J. (1987) High-strength concrete in Chicago high-rise buildings, dans *Concrete Structures for the Future*, comptes rendus du Symposium de l'IABSE, Versailles, Paris, IABSE-AIPC-IVBH, Zurich, ISBN 3-85748-053-1, p. 407-412.

Moreno, J. (1990) 225 W. Wacker Drive, *Concrete International,* **12**(1), janvier, 35-9.

Perenchio, W.F. (1973) *An Evaluation of Some Factors Involved in Producing Very High-Strength Concrete*, Research and Development Bulletin RD 104, Association du ciment Portland, Skokie, IL, 7 p.

Potter, R.J. et Guirguis, S. (1993) High-strength concrete in Australia, *Utilization of High-Strength Concrete*, édité par I. Holland et E. Sellevold, Norwegian Concrete Association, Oslo, Norvège, ISBN 82-91341-00-1, 1993, p. 581-589.

Richard, P. (1987) *Qualité et énoncé*, IABSE Symposium on the Concrete Structures for the Future, vol. 55, août, ISBN 3-85748-053-1, p. 41-46.

Richard, P. (1992) Du matériau à la structure, dans *Les bétons à hautes performances – Caractérisation, durabilité, applications,* édité par Y. Malier, Les Presses de l'École nationale des Ponts et chaussées, ISBN 2-85978-187-0, p. 429-455.

Richard, P., Huard, C. et Valenchon, C. (1987) Best Use of High Strength Concrete thanks to suitable experiment, design and fabrication, comptes rendus, *Utilization of High Strength Concrete*, édité par Tapir, Trondheim, Norvège, ISBN 82-519-0797-7, p. 431-442.

Ronneberg, A. et Sandvik, M. (1990) High-strength concrete for North Sea platforms. *Concrete International,* **12**(1), janvier, 29-34.

Sung-Woo Shin (1990) High-strength concrete in Korea. *Engineered Concrete Structures*, 3(2), août, 3-4, Association du ciment Portland, Skokie, IL, USA.

Tucker, G.R. (1938) *Concrete and Hydraulic Cement*, U.S. Patent 2,141,569, décembre, 5 p.

Zhu Jinquam et Hu Qingchang (1993) High-strength concrete in China, *Engineered Concrete Structures*, **6**(2), août, 1-3, Association du ciment Portland, Skokie, IL, USA.

Chapitre **4**

Utilisation des bétons
à haute performance

4.1   Introduction

Au lieu de comparer simplement les BHP aux bétons usuels, j'ai plutôt choisi de décrire un certain nombre de projets internationaux dans lesquels des BHP ont été utilisés avec succès. Dans chacun de ces cas, on trouvera les raisons pour lesquelles le BHP a été choisi par rapport à tout autre matériau de construction. Cependant, il ne faut pas se faire d'illusions, une fois que l'on a mis de côté toutes les restrictions imposées par tous les codes de construction, le choix final d'un matériau de construction repose, la plupart du temps, sur un ensemble de facteurs économiques. Très rarement, une seule caractéristique technologique permet de choisir un matériau. Plus souvent, on invoque un ensemble d'avantages techniques particuliers pour effectuer le choix final. On peut même affirmer que, en soupesant les pour et les contre d'un tel choix selon le type de structure, sa fonction, l'endroit où elle sera érigée, les considérations économiques particulières, etc., il arrive assez rarement que la décision du choix final du matériau de construction soit toujours basée sur les mêmes critères.

Onze projets internationaux ou français vont permettre d'illustrer comment des BHP ont été utilisés avec succès pour construire économiquement des structures prestigieuses et d'autres plus modestes. Ces projets illustrent les différents facteurs technologiques, y compris la résistance à la compression, qui ont influencé le choix du BHP pour des raisons qui, en fin de compte, sont essentiellement d'ordre économique. Il est bien évident qu'un échantillonnage de cas aussi réduit ne permet pas de couvrir tout le sujet (CEB, 1994). Cependant, ces cas présentent un certain nombre d'arguments que des propriétaires, des concepteurs, des entrepreneurs et des producteurs de béton ont trouvé pour justifier l'utilisation d'un BHP. À la description de ces 11 projets internationaux Didier Brazilier a bien voulu ajouter un paragraphe spécial intitulé « Ouvrages types en BHP » qui relate l'expérience française.

Comme l'a si bien dit J. Slaich : « pour pouvoir utiliser un matériau de construction à son meilleur du point de vue économique, il est important de connaître parfaitement ce matériau » (Slaich, 1987). Par conséquent, la qualité d'un concept structural commence par une connaissance approfondie du matériau de construction qui conditionne son utilisation intelligente et efficace.

Un des objectifs de ce livre est de familiariser les producteurs de béton, les entrepreneurs, les concepteurs et les propriétaires avec les propriétés des BHP. Une telle connaissance leur permettra de bénéficier des avantages apportés par l'utilisation du matériau tout aussi bien que d'en connaître ses limites.

Bien que les différentes caractéristiques des BHP offrent plusieurs avantages par rapport aux bétons usuels, il y a encore place à l'amélioration, les BHP, comme tous les autres matériaux, ont encore des points faibles. En outre, il existe et il va toujours exister de nombreux cas où un béton de 20 à 30 MPa sera le béton idéal pour répondre à des besoins particuliers : le développement des BHP n'éliminera pas l'utilisation des bétons usuels.

4.2   Avantages d'utiliser un BHP pour un propriétaire

L'objectif final pour un propriétaire est d'avoir un retour maximal sur son investissement durant toute la durée de vie d'une construction. Alors qu'il est relativement facile de chiffrer ce retour sur l'investissement dans le secteur privé, ce n'est pas toujours aussi facile de le faire lorsque l'on veut utiliser des critères socio-économiques pour évaluer des constructions gouvernementales, ou une combinaison d'avantages financiers directs et d'avantages socio-économiques dans le cas d'agences parapubliques.

Dans la plupart des cas, la nature du matériau utilisé pour construire une structure a peu d'intérêt pour le propriétaire en autant que ce matériau satisfasse les exigences fonctionnelles qu'il s'est fixées, et cela à un prix acceptable. Les propriétaires porteront beaucoup plus d'attention au choix du matériau de recouvrement de la structure pour des questions d'esthétique et de prestige. Le matériau utilisé pour construire la structure est en général caché, si bien que son choix n'est pas une préoccupation majeure des propriétaires. Par contre, certaines exigences économiques des propriétaires peuvent influencer fortement le choix final d'un matériau structural. En augmentant la résistance à la compression de 60 à 75 MPa pour construire les plates-formes pétrolières TROLL qui opèrent par des fonds de près de 300 m de profondeur, on a pu réduire d'environ 50 000 tonnes le poids de ces plates-formes et économiser plus de 500 millions FF.

En stipulant que tous les occupants des derniers étages de l'édifice Two Union Square à Seattle devaient pouvoir bénéficier du même confort que ceux du rez-de-chaussée, quelle que soit la vitesse du vent, le propriétaire a indirectement fait pencher la balance vers le choix d'un matériau rigide, tel qu'un BHP plutôt que vers celui de l'acier. Les gratte-ciel à structure d'acier oscillent beaucoup trop par grand vent et les solutions qui permettent de contrecarrer ces oscillations sont très coûteuses à mettre en œuvre et seulement partiellement efficaces.

En imposant des délais de construction très serrés pour construire le pont de l'Île de Ré et le pont de la Confédération au Canada, les propriétaires ont indirectement favorisé le choix d'un BHP puisque c'était la seule façon d'accélérer la construction de ces ponts en préfabriquant des éléments de 40 à 80 tonnes dans le cas du pont de l'Île de Ré et de 7 500 tonnes dans le cas du pont de la Confédération.

On pourrait citer d'autres exigences des propriétaires qui, directement ou indirectement, peuvent faire pencher la balance vers le choix d'un certain matériau de construction plutôt que d'un autre. En fait, certaines de ces exigences pourraient tout au plus conduire à un choix théorique de plusieurs matériaux, mais qui, très rapidement, converge vers une seule solution économique dans les conditions particulières du projet. Comme la compétition fait rage dans l'industrie de la construction entre l'acier, le béton usuel, le BHP et même le bois, le BHP est finalement choisi lorsque, hors de tout doute, il offre au propriétaire le meilleur retour sur son investissement.

4.3 Avantages d'utiliser un BHP pour un concepteur

De prime abord, le concepteur semble être celui qui prend la décision finale sur le choix d'un matériau de construction. Cependant, quand on y regarde de près, cette décision finale doit s'accommoder d'une variété de conditions ; par exemple, le concepteur doit satisfaire les exigences fonctionnelles du propriétaire et les exigences esthétiques de l'architecte en tenant compte de toutes les contraintes technologiques imposées par les codes de construction. Quelquefois même, il n'a pas de choix du tout. Il est difficile d'imaginer que, à Pittsburgh, la capitale de l'acier aux États-Unis, un concepteur choisira autre chose qu'une structure en acier pour construire le siège social d'une compagnie d'acier ! D'un autre côté, quelle compagnie de ciment voudrait avoir un siège social dont la structure serait en acier ! Dans les zones à fort risque sismique, le concepteur préférera choisir un matériau ductile comme l'acier plutôt que le béton.

Dans la plupart des cas, la décision finale du concepteur est surtout basée sur sa perception technique et économique du marché de la construction à l'endroit même où la structure doit être érigée (Smith et Rad, 1989). Cependant, dans un certain sens, les goûts personnels d'un concepteur peuvent influencer la qualité de la conception lorsqu'il utilise un matériau qu'il apprécie et connaît bien.

Dans les cas présentés par la suite, le BHP n'a pas toujours été sélectionné pour sa grande résistance à la compression. Parfois, il l'a été pour son module élastique très élevé, parce que le fluage ultime était atteint beaucoup plus rapidement, pour sa grande durabilité ou sa meilleure imperméabilité ou pour toute combinaison de plusieurs de ces facteurs. En

Norvège, on a même choisi le BHP pour sa plus forte résistance à l'abrasion pour construire certaines autoroutes où l'on permet l'utilisation de pneus à crampons l'hiver.

En optant pour un BHP pour construire le Water Tower Place à Chicago (États-Unis) en 1960, le concepteur a pu réduire la section des colonnes dans les étages inférieurs, ce qui a permis de diminuer le poids mort de l'édifice sur les fondations et d'augmenter les espaces de location. En diminuant progressivement la résistance à la compression du béton dans les colonnes des étages supérieurs, l'entrepreneur a pu utiliser les mêmes coffrages préfabriqués en acier permettant ainsi au concepteur de diminuer les coûts de construction (Johnson, 1984). Le même concept structural a été utilisé pour construire le plus haut édifice au monde, à la veille de l'an 2000 : les tours Pétronas de Kuala Lumpur.

La sélection d'un BHP pour construire l'édifice Two Union Square à Seattle (États-Unis) a été plutôt basée sur la valeur du module élastique du béton plutôt que sur sa haute résistance, même si ces deux propriétés sont quelque peu reliées. Selon Gordon (1978), par grand vent, le haut de l'Empire State Building à New York oscille d'environ 600 mm.

La compagnie Bouygues a développé des concepts économiques et innovateurs basés sur l'utilisation des BHP lors de la construction du pont de l'Île de Ré et des viaducs de Sylans et Glacières, les coûts de construction ont été diminués de façon significative par l'installation d'usines de préfabrication sur les chantiers et par le décoffrage à intervalles très rapprochés grâce à l'augmentation rapide de la résistance initiale : les voussoirs préfabriqués du pont de l'Île de Ré qui pesaient entre 40 et 80 tonnes ont pu être décoffrés et manipulés moins de 12 heures après la coulée du béton dans le meilleur des cas.

Non seulement l'utilisation d'un BHP réduit le poids propre d'une plate-forme de forage, mais elle améliore aussi sa durabilité, particulièrement dans la zone critique de marnage où la plate-forme fait face à des conditions d'exposition très sévères, ce qui est le cas de la plate-forme Hibernia au Canada.

Un autre aspect intéressant des BHP est le développement très rapide du fluage par rapport à un béton usuel. Ce facteur technologique a été mis en valeur lors de la construction du pont de l'Île de Ré et des viaducs de Sylans et Glacières. En effet, les déformations dans le temps d'éléments structuraux coulés en place peuvent faire apparaître des différences de contrainte non négligeables qui peuvent exiger des contre-mesures très spéciales lors de la conception initiale. Ces dernières compliquent la conception, tendent à augmenter la quantité d'armatures d'acier, augmentent les coûts de mise en place et d'inspection et ralentissent considérablement la mise en place du béton et la progression du chantier.

4.4   Avantages d'utiliser un BHP pour un entrepreneur

Bien que l'entrepreneur joue rarement un rôle significatif lors de la sélection des matériaux qui seront employés pour construire une structure, dans certains projets, il a la possibilité d'offrir des solutions alternatives et il peut recommander d'utiliser un matériau qui, selon son expérience, est plus économique. Par exemple, un entrepreneur peut convaincre un propriétaire d'utiliser un béton plus résistant en lui faisant valoir les économies qu'il pourrait réaliser sur le coût total de la structure. Quand la compagnie Bouygues a décidé de préfabriquer les voussoirs de l'Île de Ré avec un béton de 70 MPa plutôt qu'avec le béton de 40 MPa qui avait été utilisé pour calculer l'ouvrage, l'augmentation du coût unitaire du béton qui était relativement modeste n'avait que peu de répercussion sur le coût total de l'ouvrage lorsque l'on envisageait toutes les économies réalisées grâce à la rapidité d'exécution. La même situation s'est répétée lors du calcul du pont de la Confédération au Canada.

4.5 Avantages d'utiliser un BHP pour un producteur

Les producteurs de béton ont été habitués pendant très longtemps à vendre leur produit dans des structures de type plutôt horizontal laissant le marché des structures verticales à l'acier, tout au moins en Amérique du Nord. Comme il est assez facile de produire et de livrer un béton de 20 à 30 MPa et qu'il n'y a pas lieu d'exercer des mesures de contrôle de qualité particulièrement difficiles, les producteurs de béton prêt à l'emploi se livrent une concurrence sans merci dans les zones urbaines où le béton est utilisé de façon intensive. En outre, le béton usuel est un matériau traditionnel bien établi dont l'utilisation ou la promotion ne requiert pas une mise en marché innovatrice ou particulièrement agressive. Les qualités des bétons usuels sont bien connues et leurs propriétés bien établies. L'utilisation des bétons usuels est codifiée de façon stricte dans différents codes de construction et on peut toujours se référer à une documentation volumineuse sur la manière d'utiliser les bétons usuels. Par conséquent, la compétition dans le domaine des bétons usuels est essentiellement basée sur le coût unitaire plutôt que sur la qualité du béton, ce qui est encore vrai en dépit des nombreux efforts déployés par différents comités et agences publiques qui prônent l'instauration de programmes de contrôle de la qualité. Dans un marché aussi compétitif que celui des bétons usuels, il est difficile de se démarquer avec un matériau si facile à fabriquer.

Pour essayer de se sortir d'une telle situation, des producteurs de béton peuvent envisager de faire la promotion du BHP parce que la production, la livraison et la mise en marché d'un tel béton ne sont pas à la portée du premier venu. Le BHP est un matériau de haute technologie que l'on ne fabrique pas par hasard. Sa mise au point demande un effort de recherche au niveau des matières premières disponibles sur le marché. Le contrôle de la qualité qu'il faut exercer tant sur les matières premières que sur le produit fini est absolument essentiel et doit être soutenu par une promotion dirigée à l'intention des architectes et des concepteurs de façon à leur montrer quel est le meilleur usage que l'on peut faire des BHP pour créer des structures plus élégantes et plus économiques.

D'un point de vue pratique, en règle générale, la quantité de BHP que l'on retrouve dans une structure de grande envergure, un gratte-ciel par exemple, peut ne représenter que 10 à 20 % du volume total du béton qui sera finalement utilisé pour construire toute la structure. Même si ce volume de BHP ne représente qu'une fraction relativement faible du volume total de béton, le fait de pouvoir livrer ce béton place le producteur en bonne position pour obtenir les 80 ou 90 % de béton usuel nécessaires pour construire le reste de l'édifice. En outre, la compétition entre les producteurs de béton sérieux qui peuvent fabriquer des BHP est beaucoup plus saine puisque tous obéissent aux mêmes règles de qualité.

Quelques producteurs de béton qui ont fabriqué des BHP et fait leur promotion ont indiqué aussi que le savoir-faire et les programmes de contrôle de qualité qu'ils ont dû développer en mettant au point leurs BHP ont eu une influence tout à fait positive sur la productivité et la rentabilité de leurs opérations courantes de production de béton usuel. En particulier, ils se sont aperçus qu'une pression accrue sur les fournisseurs de matières premières et un plus grand contrôle exercé sur leur production quotidienne se traduisent toujours, dans le cas des bétons usuels, par des économies sensibles.

Il est quand même intéressant de noter que, en multipliant la résistance à la compression des bétons par un facteur de l'ordre de 4, l'industrie du béton prêt à l'emploi a réussi, en quelques années, à déloger l'acier du domaine de la construction des gratte-ciel, un monopole qui semblait, il y a encore peu de temps, absolument inattaquable. Une telle situation n'aurait évidemment pas été possible avec des bétons de 25 MPa.

Comme la fabrication de BHP nécessite une approche spéciale, les producteurs de béton intéressés à développer ce marché doivent se souvenir que, finalement, le succès de l'opération commence par le développement d'une bonne équipe de contrôle de qualité, d'un bon département de support technique et d'une stratégie bien définie de mise en marché. Évidemment, cela exige certains investissements en équipement et en personnel. Ce genre de pari sur le futur a été profitable pour un certain nombre de producteurs de béton (Malier, 1991).

4.6   Avantages pour l'environnement d'utiliser un BHP

Chaque fois que l'on utilise un BHP à la place d'un béton usuel, il est facile de démontrer que l'on utilise de façon beaucoup plus efficace le pouvoir liant du ciment Portland. Le rapport eau/ciment élevé des bétons usuels conduit à fabriquer un matériau poreux ayant une microstructure et une durabilité particulièrement faibles. Puisque la production du ciment Portland consomme beaucoup d'énergie et dégage pratiquement autant de CO_2 que de ciment produit, fabriquer et utiliser un béton de rapport E/C élevé est un geste de gaspillage d'une matière première à très haut contenu énergétique. Pour s'en convaincre, il suffit de comparer le coût de tous les matériaux nécessaires pour supporter une certaine charge dans un élément structural en béton usuel ou en BHP. En construisant avec un BHP, on utilise finalement beaucoup moins de ciment et moins de granulats pour reprendre les mêmes efforts structuraux.

4.7   Études de cas

Les douze cas présentées dans la suite de ce chapitre ne représentent qu'un nombre très limité de projets dans lesquels on a utilisé des BHP durant les trente dernières années[1]. Dans chacun des cas, on décrit de façon générale le projet et on essaie de démontrer la pertinence du choix d'un BHP dans un tel type de construction. Les douze projets décrits sont :

- le Water Tower Place, construit en 1970 à Chicago, États-Unis ;
- les plates-formes pétrolières Gullfaks construites en 1981 en Norvège ;
- les viaducs de Sylans et Glacières construits en 1986 ;
- l'édifice Scotia Plaza construit en 1988 à Toronto, Canada ;
- le pont de l'Île de Ré construit en 1988 ;
- l'édifice Two Union Square construit en 1988 à Seattle, États-Unis ;
- le pont de Joigny construit en 1988 ;
- le pont de la montée Saint-Rémi construit en 1993 près de Montréal, Canada ;
- le pont de Normandie construit en 1993 ;
- la plate-forme pétrolière Hibernia construite en 1996 à Terre-Neuve, Canada ;
- le pont de la Confédération entre l'Île-du-Prince-Édouard et le Nouveau-Brunswick construit en 1997, Canada ;
- ouvrages types construits en France en BHP.

Ces choix ne rendent peut-être pas justice à l'effort d'utilisation du BHP en France dans différents ouvrages de génie civil, effort qui a été canalisé par l'entremise du projet national BHP 2000. On retrouvera dans le livre édité par Y. Malier « Les bétons à hautes performances – Caractérisation, durabilité, applications » un certain nombre d'articles sur certains de ces ouvrages (Brocherieux, 1992 ; Cadoret et Richard, 1992 ; Chardin, 1992 ; Costaz, 1992 ; de Champs et Monachon, 1992 ; Hoguet et Roi, 1992 ; Montens, 1992 ; Schaller et coll., 1992 ; Tavakoli, 1992 ; Valenchon, 1992).

4.7.1   L'édifice Water Tower Place

L'édifice de 86 étages Water Tower Place a été construit au centre-ville de Chicago en 1970 (Concrete Construction, 1976) (Fig. 4.1). Bien que la résistance à la compression

---

1. Le groupe de travail CEBFIP sur le béton à haute résistance et à haute performance a publié un bulletin où on retrouvera la liste des principaux projets en BHP construits dans le monde (CEB, 1994).

de 62 MPa du béton utilisé dans les colonnes de la partie inférieure de l'édifice ne paraisse pas particulièrement élevée en l'an 2000, il faut se rappeler que cette résistance à la compression a été obtenue à une époque où les superplastifiants n'étaient pas encore utilisés pour fabriquer des BHP. À cette époque, seuls des réducteurs d'eau à base de lignosulfonate étaient commercialisés et, par conséquent, il était impossible d'obtenir des résistances à la compression beaucoup plus élevées. D'ailleurs, de façon à atteindre une telle résistance à la compression avec un réducteur d'eau ordinaire, il fallait bien ajuster la composition du béton et utiliser un programme de contrôle de la qualité très strict ; il fallait chercher à produire la plus forte résistance à la compression en diminuant le plus possible le rapport eau/liant. Le ciment a été choisi avec beaucoup de soin parmi tous ceux qui étaient disponibles dans la région de Chicago à cette époque. Environ dix types de ciment ont été analysés pour déterminer celui qui permettait de fabriquer un BHP qui avait à la fois les propriétés rhéologiques et les caractéristiques mécaniques désirées.

Plusieurs réducteurs d'eau commerciaux ont aussi été mis à l'essai avec le ciment choisi de façon à trouver le meilleur couple ciment/adjuvant. L'objectif final de ce programme était de produire un béton qui piégeait le moins de bulles d'air possible et qui conservait un affaissement de 100 mm au moment de sa mise en place sans que son durcissement ne soit trop retardé par l'utilisation d'un fort dosage en réducteur d'eau. De façon à diminuer au maximum la quantité d'eau nécessaire pour obtenir un affaissement de 100 mm sur le chantier, 15 % de cendres volantes silico-alumineuses ont été substituées à une masse équivalente de ciment. Cette cendre volante, de classe F selon la classification ASTM, avait une couleur gris pâle, une très faible perte au feu ainsi qu'une très faible teneur en alcalis. L'utilisation de cette cendre volante a permis de réduire de façon significative la quantité d'eau de gâchage et de produire un béton ayant l'affaissement désiré.

Le sable utilisé était un sable naturel siliceux plutôt grossier, le gros granulat était un calcaire dolomitique concassé et avait une dimension maximale de 10 mm. Il était propre, raisonnablement cubique et particulièrement « résistant ».

Le BHP a été utilisé pour construire les colonnes des 13 premiers étages. Dans les étages suivants, la même section de colonne a été conservée, mais la résistance à la compression du béton que l'on y plaçait a diminué progressivement à 50, puis 40, puis 35 MPa (Fig. 4.1). Dans les derniers étages, la résistance à la compression a été réduite à 30 MPa, résistance à la compression des bétons usuels utilisés à l'époque à Chicago pour construire des colonnes dans les gratte-ciel.

En conservant la même section de ses colonnes et en faisant varier le ferraillage et la résistance du béton, l'entrepreneur n'a eu à fabriquer qu'un seul jeu de coffrages métalliques pour toute la hauteur du bâtiment et ainsi réaliser des économies substantielles.

En outre, en conservant des colonnes à section constante sur toute la hauteur de l'édifice, l'entrepreneur a aussi réalisé des économies lors de l'aménagement des étages puisqu'ils avaient tous la même géométrie et la même surface (Concrete Construction, 1976).

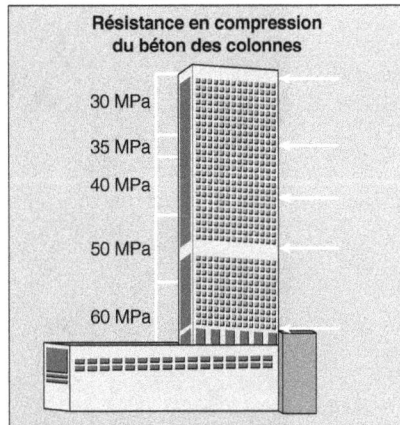

Figure 4.1 Le Water Tower Place - Chicago 1970 - Courtoisie de J. Albinger

Cet édifice de 262 m de haut a été construit avec un béton de 60 MPa à une époque où les superplastifiants n'étaient pas encore utilisés dans les BHP.

Des techniques innovatrices ont été développées durant la construction de cet édifice. Toutes les colonnes ont été mises en place de la base jusqu'au sommet en utilisant les mêmes coffrages préfabriqués en acier, et la résistance à la compression du béton a varié selon les charges de la structure. Cette solution a permis des économies de temps et une réduction des coûts de construction.

Quelques colonnes ont été instrumentées pour étudier le comportement à long terme de ce premier BHP (Russell et Corley, 1977 ; Russell et Larson, 1989).

4.7.2 Les plates-formes pétrolières Gullfaks[2]

Des BHP ont été utilisés de façon intensive pour construire des plates-formes pétrolières en Norvège à partir des années 1970. Depuis, plus de 20 plates-formes pétrolières ont été construites, ce qui a permis de mettre en œuvre plus de 2 millions de m^3 de BHP en grande partie postcontraint. Toutes ces plates-formes présentent, jusqu'à présent, un très bon comportement en service dans l'environnement particulièrement difficile que cons-

---

2. Ce texte a été rédigé à partir d'un certain nombre de brochures techniques fournies gracieusement par la compagnie Norwegian Contractors (1986, 1988, 1990) et à partir de deux articles publiés par Haug et Sandvik (1988) et Ronneberg et Sandvik (1990).

titue la mer du Nord. Les concepteurs doivent prendre en compte dans leurs calculs des vagues de 30 m d'amplitude. Toutes ces structures massives sont installées en eau profonde par 70 m de fond pour la plate-forme Ekofisk et jusqu'à 216 m de fond dans le cas des plates-formes Gullfaks. La plupart de ces plates-formes ont été construites près de Stavanger dans le sud de la Norvège et remorquées sur place avant d'être ballastées.

(a)

Un secteur congestionné dans le dôme inférieur

(b)

Construction des murs des différentes cellules par coffrages coulissants

Figure 4.2 Construction de la base d'une plate-forme pétrolière en cale sèche (reproduit avec la permission de Norwegian Contractors)

(a)

Construction
des piliers
par coffrages
coulissants

(b)

Installation
de l'unité
mécanique

(c)

Remorquage
jusqu'au champ
pétrolifère

Figure 4.3 Plate-forme en haute mer (reproduit avec la permission de Norwegian Contractors)

La construction d'une plate-forme pétrolière commence généralement dans une cale sèche où l'on construit les dômes inférieurs, la jupe et les murs des cellules (Fig. 4.2) jusqu'à ce que l'on puisse faire flotter la partie inférieure de la plate-forme jusque dans un fjord très profond où l'on pourra construire le reste de la structure de béton par coffrage coulissant (Fig. 4.3a). Une fois que la plate-forme de béton est construite, on la ballaste avec de l'eau et on la coule de façon à pouvoir installer sur sa tête l'unité mécanique qui peut peser jusqu'à 50 000 tonnes (Fig. 4.3b). La plate-forme ainsi assemblée est remise à flot et remorquée jusqu'à sa position finale où elle est coulée à sa place (Fig. 4.3c). Le béton de la jupe est habituellement ancré profondément au fond de la mer, par exemple, dans le cas de la plate-forme Gullfaks, les jupes de béton pénètrent de 22 m dans le fond de la mer. Une fois en place, ces plates-formes peuvent opérer pendant 30 années.

Pendant les 20 dernières années, la résistance à la compression du béton utilisé pour construire de telles plates-formes pétrolières a régulièrement augmenté de 45 MPa au début des années 1970 jusqu'à 70 MPa pour les plates-formes Gullfaks. À l'heure actuelle, la construction d'une plate-forme demandant l'utilisation d'un béton de 100 MPa en est au stage du développement.

Pour pouvoir mettre en place plus de 1,5 million de m^3 de BHP, l'entrepreneur Norwegian Constructors a développé un programme de recherche très important ainsi que des programmes élaborés de contrôle de la qualité en étroite collaboration avec les établissements de recherche de l'Institut norvégien de technologie et la Fondation pour la recherche scientifique et industrielle de l'Université de Trondheim (SINTEF). D'autres établissements de recherche et des compagnies cimentières et pétrolières ont aussi été concernés par ce développement majeur sur la caractérisation des propriétés des BHP.

Non seulement la résistance des BHP utilisés pour construire ces plates-formes a augmenté avec les années, mais aussi leur affaissement. Cette augmentation de la maniabilité du BHP a permis de faciliter les opérations de mise en place dans certains murs où l'on retrouve des densités d'acier allant jusqu'à 1000 kg/m^3 et plus dans certains cas (Fig. 4.2). De façon à augmenter à la fois la résistance à la compression et l'affaissement des BHP produits, tout en réduisant la quantité de ciment, il a fallu améliorer les propriétés rhéologiques et mécaniques des ciments. Il a aussi fallu utiliser des adjuvants très efficaces avec, pour conséquence, une augmentation de 8 à 10 % du coût du béton. En outre, le sable utilisé pour fabriquer la plupart de ces plates-formes pétrolières a été séparé de façon hydraulique en huit fractions recombinées par la suite avec soin pour obtenir une courbe granulométrique optimale.

Lors de la construction de la plate-forme Béryl A, coulée entre 1973 et 1975, chaque m^3 de béton contenait 430 kg de ciment, 175 litres d'eau et 4 litres d'adjuvant. L'affaissement était de 120 mm et la résistance à la compression mesurée sur des cubes de 100 mm était de 55 MPa. Vers la fin des années 1980, pour construire la plate-forme Gullfaks, il ne fallait plus utiliser que 400 kg de ciment par m^3, le dosage en eau avait été réduit à 165 l/m^3, 6 litres de superplastifiant et 10 kg de fumée de silice étaient ajoutés pour améliorer la pompabilité et la cohésion de ce béton particulièrement maniable. L'affaissement moyen était de 240 mm et la résistance à la compression moyenne de 79 MPa. Dans ce dernier cas, la qualité de la production a été très uniforme, si bien que l'écart type était égal à 3,4 MPa, ce qui correspond à un coefficient de variation de 4,3 %.

De façon à assurer une qualité constante pour les milliers de m^3 de BHP, il a fallu ajuster sa composition et ses propriétés de façon que ce béton puisse s'accommoder des variations inévitables dans les matériaux utilisés et pour contrer les erreurs humaines. Plutôt que d'opter pour un béton très pointu en termes de matériaux et de composition, les entrepreneurs norvégiens ont plutôt développé ce qu'ils ont appelé un béton « tolérant », et que d'autres qualifient de« robuste », c'est-à-dire un béton qui n'est pas trop sensible aux variations des matériaux qui le composent. Les propriétés de ce béton ne sont pas tellement affectées par les variations habituelles que l'on retrouve dans les matériaux ou à cause des erreurs humaines. De façon à produire un béton robuste, il a fallu développer des programmes de contrôle de la qualité très stricts incluant des essais d'acceptation à tous les stages de la production, un programme de supervision de la main-d'œuvre et un signal d'alarme sur les déviations de qualité avec toute la documentation qui accompagne cette démarche.

Non seulement la résistance à la compression de cube normalisé de 100 mm était élevée, mais on s'est aussi aperçu que les carottes de béton prélevées dans le béton de la plate-forme avaient aussi une résistance très élevée. Durant la construction de la plate-forme Oseberg « A », la résistance moyenne des carottes était de 82,7 MPa, valeur qui se compare bien à la résistance sur cube normalisé de 83,9 MPa. La résistance caractéristique de ce béton était de 60 MPa.

Pour mieux illustrer cette utilisation particulière des BHP dans les plates-formes pétrolières, on trouvera les caractéristiques de la plus grande plate-forme pétrolière en béton qui a été construite : la plate-forme Gullfaks C.

Le champ pétrolier Gullfaks a été développé au moyen de trois de ces plates-formes en béton : Gullfaks A installée par 135 m de fond, Gullfaks B par 141 m de fond et, en 1989, Gullfaks C installée par 216 m de fond. La construction de la plate-forme Gullfaks C a commencé en cale sèche en janvier 1986. La jupe et les dômes inférieurs qui couvraient une surface de 16 000 m^2 ont été érigés jusqu'à une hauteur de 40 m, avant que la base de la plate-forme ne soit remorquée jusqu'au fjord Jars en juin 1989, un fjord dont la profondeur dépasse 400 m, c'est là que la construction de la plate-forme s'est terminée en eaux tranquilles. La construction par coffrage coulissant des murs des 24 cellules d'entreposage (chaque cellule a un diamètre de 28 m) a exigé la mise en place de 110 000 m^3 de BHP et de 30 000 tonnes d'acier d'armatures. Dès que la partie supérieure des dômes a été terminée, les quatre puits d'accès coniques qui ont des diamètres variant entre 12,8 et 28 m ont été construits par coffrage coulissant sur une hauteur totale de 170 m. Un volume de 244 000 m^3 de béton de 65 à 70 MPa a été nécessaire pour construire cette plate-forme. Ce béton a été renforcé par 70 000 tonnes d'armatures d'acier et par 3 500 tonnes de câbles de précontrainte.

La plate-forme était prête à recevoir l'unité mécanique en décembre 1988. On l'a remorquée (1,5 million de tonnes en déplacement) et installée dans le champ pétrolier en mai 1989. La hauteur totale de cette structure est de 262 m, sa capacité d'entreposage de pétrole est de deux millions de barils, ce qui correspond à la production de huit jours pour les 52 puits de ce champ pétrolier.

La construction et l'installation de cette plate-forme ont amené le développement de certains concepts innovateurs :

• la mise en place par coffrage coulissant de 114 000 m^3 de BHP de 65 MPa pendant 42 jours de construction ininterrompue lors de la construction des cellules d'entreposage ;

• la construction par coffrage coulissant de trois puits d'accès inclinés pendant une période de 50 jours à un rythme moyen de 3,3 m par jour. Pour pouvoir soutenir un tel rythme de construction, le béton a dû être pompé à partir d'une usine flottante, d'abord sur une distance horizontale de plus de 150 m, puis sur une distance verticale de 180 m pour atteindre la partie supérieure des puits ;

• les jupes de béton de 22 m de haut ont été construites sous le caisson principal ; elles pénètrent dans les fonds marins qui ont une très faible capacité portante. Cette jupe améliore aussi la stabilité de la plate-forme. Sa pénétration dans le fond marin a été réalisée en ballastant la plate-forme avec de l'eau et en pompant des résidus. La pénétration de cette jupe a été complétée par l'injection pendant cinq jours de 33 000 m^3 de coulis sous la base ;

• la plate-forme inférieure qui pesait 220 000 tonnes et qui avait été construite en cale sèche a pu flotter grâce à l'injection d'air sous la jupe, puisque cette partie de la plate-forme n'avait pas une capacité de flottaison suffisante. Au total, 800 000 m^3 d'air ont été utilisés pour ainsi faire flotter la plate-forme.

4.7.3 Les viaducs de Sylans et Glacières

Les viaducs de Sylans et Glacières sur l'autoroute A40 qui relie Macon à Genève et au tunnel du Mont Blanc (Fig. 4.4) ont des longueurs respectives de 1268 et 215 m (Richard, 1988), ils ont été construits le long de pentes particulièrement abruptes dans une vallée encaissée si bien qu'il a fallu concevoir deux tabliers séparés à des niveaux différents (Fig. 4.4).

De façon à obtenir une structure très légère qui permettait d'augmenter la longueur des portées jusqu'à 60 m, soit une portée de 20 % supérieure à celle que l'on aurait pu obtenir avec une conception habituelle, et ainsi diminuer le nombre de piles, ces viaducs ont été construits en utilisant une structure triangulée en béton dont le principe avait déjà été utilisé à deux reprises : lors de la construction du stade olympique de Téhéran et du pont de Bubiyan au Koweit (Baudot et coll., 1987 ; Richard, 1988).

Figure 4.4 Vue en contre-plongée du viaduc de Sylans
(reproduit avec la permission de P. Richard)

Les viaducs de Sylans et Glacières ont été construits avec des voussoirs triangulés conçus à partir d'éléments préfabriqués en X (Fig. 4.5a) (Cadoret, 1987). Dans ce cas particulier, des économies très importantes ont été réalisées sur les travaux de fondation et ont finalement rendu la solution en BHP compétitive. Sur les pentes abruptes de la vallée, on retrouvait de nombreux éboulements pierreux d'épaisseur variable, si bien qu'il a fallu construire la plupart du temps les bases de pile de 4 m de diamètre ancrées sur le rocher à des profondeurs variant entre 6 et 35 m. Au-dessus de chacune de ces bases de pile, il fallait en outre protéger la base des piliers des viaducs contre les chutes de rocher à l'aide d'un bouclier semi-circulaire très résistant. La réduction du nombre de piles et de piliers a donc eu une grande influence sur le coût final du viaduc. Une fois le chantier terminé, on a estimé que la conception finale en treillis 3D avait permis d'économiser 7 % par rapport au coût d'une construction usuelle en éléments préfabriqués en béton.

(a)

Détail d'un
élément
préfabriqué

(b)

Intérieur
du viaduc

Figure 4.5 Construction du viaduc de Sylans (reproduit avec la permission de P. Richard)

(Dans le cas des voussoirs triangulés, le poids des parois latérales du voussoir représente une faible proportion du poids de la structure. Par conséquent, pour une charge morte donnée, on pouvait augmenter la hauteur des voussoirs des viaducs de façon à pouvoir rallonger les portées. La hauteur retenue pour les voussoirs est de 4,17 m. Si l'on avait utilisé des voussoirs traditionnels en béton préfabriqué, cette hauteur n'aurait été que de 3,45 m. Avec la solution retenue, il était impossible d'inclure les câbles de postcontrainte à l'intérieur des parois des voussoirs et il a fallu avoir recours à une postcontrainte extérieure (Fig. 4.5b) (Thao, 1990). Cette technique présente de nombreux avantages durant la construction et même plus tard en ce qui a trait à l'entretien de la structure : chaque câble de postcontrainte peut être changé en tout temps, si nécessaire, tant durant la construction que plus tard.

Étant donné la longueur importante de la structure, trois kilomètres de voie double de 10,75 m de large, il a fallu préfabriquer les 640 segments du tablier qui avaient chacun 4,66 m de long et qui pesait 58 tonnes. La faible largeur du tablier a nécessité l'utilisation de quatre voussoirs triangulés seulement fabriqués avec des éléments en X postcontraints.

En utilisant la précontrainte, on a pu produire les différents éléments structuraux séparément et rigidifier le tablier en appliquant plus tard la postcontrainte extérieure. En plus des économies réalisées sur la quantité de matériaux, la diminution du poids de chacun des éléments du tablier a aussi permis d'économiser du temps sur les opérations d'érection. Le principe de construction adopté ressemble plus à celui des constructions en acier qu'à des techniques usuelles de construction en béton préfabriqué (Roussel, 1989).

À cause des variations du profil longitudinal et transversal de l'autoroute et des différentes positions des segments du tablier dans chacune des portées, chaque segment était unique en termes de dimension si bien que les éléments en X n'étaient pas interchangeables. Seize différents types d'éléments en X ont été fabriqués : ils différaient légèrement les uns des autres en termes de géométrie, de précontrainte et de quantité d'armatures d'acier. Il était donc important de s'assurer que les bonnes armatures étaient placées dans le bon élément en X et que chaque élément était placé de façon précise dans le bon segment.

La plus grande difficulté qu'il a fallu surmonter durant la construction a été la fabrication des éléments en X à cause de leur très faible section (200×200 mm) dans laquelle on devait faire passer huit barres d'armature de 8 mm de diamètre ainsi que deux conduits de câble de postcontrainte de 40 mm qui se croisaient au centre de chacun des X. Le béton frais devait être suffisamment fluide pour pouvoir se placer facilement à travers toutes ces armatures. En outre, ce béton devait avoir une résistance initiale élevée de façon à assurer une réutilisation rapide des moules. Pour atteindre une résistance à la compression de 17 MPa à 12 h (mesurée sur des cylindres de 150×300 mm), il était nécessaire d'ajuster la résistance à la compression du béton à 28 jours à 60 MPa pour les X et à 50 MPa pour le béton du tablier, bien que la résistance caractéristique requise du béton sur la totalité du projet ne soit que de 40 MPa. Les X n'ont pas été mûris sous vapeur d'eau à basse pression. La résistance initiale élevée a plutôt été obtenue en utilisant 400 kg/m^3 de ciment (sans fumée de silice). Le dosage en superplastifiant à base de mélamine a été ajusté pour obtenir un affaissement qui a varié entre 200 et 250 mm. Le béton avait un rapport eau/ciment de 0,37. De façon à pouvoir mettre en place un béton à durcissement aussi rapide dans une section aussi engorgée d'armatures, il a fallu établir un programme de contrôle de la qualité très strict qui couvrait tous les aspects des opérations de la fabrication du béton.

Comme le coût très élevé de l'érection d'une fausse charpente n'était pas justifié, on a utilisé la méthode plus habituelle d'érection du tablier par encorbellement à partir des piles. En outre, s'il avait fallu couler en place le joint final entre les deux dernières sections adjacentes, comme cela se fait de façon habituelle avec ce procédé de construction, le processus d'érection aurait été ralenti pour laisser au béton du joint le temps d'atteindre une résistance adéquate. Par conséquent, plutôt que d'opter pour des joints coulés en place de 50 à 200 mm de largeur pour compléter chacune des portées, toutes les portées constituées de deux demi-fléaux en porte-à-faux sur chaque côté d'un pilier ont été placées à environ 200 mm de leur emplacement final. L'assemblage était alors glissé jusqu'à sa position finale de façon que les deux joints soient unis de façon permanente par postcontrainte. En éliminant la nécessité de couler un joint en place, l'entrepreneur a pu économiser un à deux jours sur la construction de chacune des portées.

Puisqu'il n'y avait pas de joint de fermeture coulé en place au centre de chacune des portées pour reprendre tous les ajustements géométriques dus aux imperfections verticales et horizontales dans la position de la superstructure, il a fallu développer un logiciel complexe pour analyser les effets cumulatifs des imperfections géométriques. En utilisant ce logiciel, on a pu concevoir avec une très grande précision le viaduc de Sylans avec seulement huit sections continues de tablier représentant chacune une longueur de 475 m de long entre deux joints d'expansion. Par exemple, après l'érection de 160 segments sur une longueur de 692 m, l'erreur observée entre le dessin d'exécution et l'exécution sur le terrain était de 15 mm transversalement et de 40 mm longitudinalement, ce qui représente en moyenne une erreur de 0,25 mm par segment.

4.7.4   L'édifice Scotia Plaza

L'édifice Scotia Plaza est un gratte-ciel de 68 étages, de 275 m de hauteur construit en 1986 et 1987 dans le centre-ville de Toronto au Canada (Fig. 4.6). Ce gratte-ciel a été construit entièrement avec un BHP ayant une résistance caractéristique de 70 MPa. Il s'agit du premier gratte-ciel canadien construit avec un BHP ayant une résistance à la compression aussi élevée. À l'heure actuelle, de nombreux autres gratte-ciel ont été construits avec des bétons de 70 MPa ou même avec des BHP ayant des résistances supérieures, mais, à divers titres, la construction de l'édifice Scotia Plaza représente une étape importante dans le domaine de l'utilisation des BHP au Canada et doit probablement être considéré comme l'une des premières utilisations d'un laitier de haut fourneau dans la fabrication d'un BHP. (Ryell et Bickley, 1987 ; Quinn, 1988).

Le béton développé pour ce projet se composait d'un mélange de ciment Portland, d'un laitier très finement broyé et de fumée de silice (Tableau 4.1)

Durant la construction de l'édifice qui s'est échelonnée sur deux ans, le béton a été mis en place par des températures variant entre − 20 °C et 35 °C. Durant l'été, de façon à maintenir la température du BHP livré sur le chantier inférieure à 25 °C, il a fallu refroidir le BHP avec de l'azote liquide (Fig. 9.2).

Ce béton a été préparé dans une centrale doseuse, c'est-à-dire qu'on le malaxait directement dans les camions toupies. Il a fallu développer une séquence et une procédure de chargement particulières de façon à obtenir un béton assez facile à reproduire. La procédure développée a été très efficace puisque la résistance à la compression moyenne mesurée à partir d'essais effectués sur les 142 livraisons était de 93,6 MPa à 91 jours avec un coefficient de variation de 7,30 %. Si l'on accepte qu'un essai sur dix puisse être inférieur à la résistance caractéristique, cette dernière était de 85 MPa, c'est-à-dire qu'elle était bien plus élevée que les 70 MPa exigés par les devis.

(a) Durant sa construction par la méthode des coffrages grimpants

(b) L'édifice terminé à gauche

Figure 4.6 L'édifice Scotia Plaza à Toronto (reproduit avec la permission de J. Bickley)

Tableau 4.1. Composition du béton utilisé pour la construction de l'édifice Scotia Plaza (Ryelle et Bickley, 1987).

Matériaux cimentaires				Granulats		Adjuvants	
Eau	Ciment	Fumée de silice	Laitier	Gros	Fin	Réducteur d'eau	Super-plastifiant
145	315	36	135	1 130	745	0,835	6,0
kg/m^3						l/m^3	

Durant la construction de ce gratte-ciel, un programme de contrôle de la qualité très minutieux a été développé et les résultats obtenus ont démontré que le producteur de béton a pu maintenir un contrôle exceptionnel du béton qu'il a fourni si l'on tient compte du fait que la production du béton s'est étalée sur 20 mois par des températures extérieures variant entre – 20 °C et 35 °C. Le tableau 4.2 résume les résultats obtenus.

Tableau 4.2. Quelques caractéristiques du béton durci de l'édifice Scotia Plaza (Ryelle et Bickley, 1987).

Âge (jour)	2	7	28	56	91
Livraisons testées	124	149	149	146	142
f'_c (MPa)	61,8	67,1	83,7	89,5	93,6
σ (MPa)	5,5	4,7	6,1	6,1	6,8
V (%)	8,9	7,0	7,3	6,8	7,3

Le propriétaire a été satisfait que le béton ait une résistance plus élevée que celle prévue.

Le producteur de béton a fourni cette résistance additionnelle sans aucun surcoût parce qu'il savait que la construction d'un deuxième édifice au centre-ville de Toronto était prévue : le Two Place Adelaide. Pour pouvoir résister aux charges dues au vent, les concepteurs en étaient arrivés à la conclusion que l'utilisation d'un béton de 70 MPa n'était pas compétitive par rapport à une structure en acier. Par contre, si la résistance caractéristique du béton était de 85 MPa, la solution en BHP devenait plus économique que la solution en acier, car elle permettait en particulier de récupérer des places de stationnement sur les sept étages souterrains à cause de la plus faible dimension des colonnes en BHP de 85 MPa.

Avant la construction en BHP de ce gratte-ciel, tous les producteurs de béton de la région de Toronto ont été invités à participer à un concours de préqualification de façon à éviter d'avoir à faire face à une situation aussi gênante que celle qui s'était produite à Chicago quelque temps auparavant où le plus bas soumissionnaire avait été incapable de fournir un BHP ayant la résistance voulue lors de la construction d'un gratte-ciel.

Les objectifs de cet essai de préqualification étaient les suivants :

a) assurer l'ingénieur que le producteur puisse effectivement livrer un béton ayant la résistance spécifiée ;

b) qualifier suffisamment de fournisseurs pour pouvoir obtenir un prix compétitif pour le propriétaire ;

c) confirmer que toutes les propriétés spécifiées aux devis techniques telles que la résistance à la compression, le module d'élasticité, l'élévation de température et la faiblesse des gradients thermiques puissent être satisfaites avec les matériaux utilisés par les fournisseurs.

Les essais de préqualification incluaient des essais sur le béton frais et sur le béton durci, la construction d'une section monolithe ayant des dimensions semblables à celles de la plus grosse des colonnes et des essais sur carotte pour déterminer la résistance du BHP dans la structure et il fallait en outre suivre l'évolution de la température du béton dans cette colonne expérimentale. Dans le cas de l'édifice Scotia Plaza, trois producteurs de béton ont réussi cet essai de préqualification.

4.7.5 Le pont de l'Île de Ré

La construction d'un pont entre l'Île de Ré et le continent était devenue une nécessité pour faire face au nombre de voitures qui devaient attendre jusqu'à dix heures pour traverser le chenal qui sépare l'île de la côte durant les mois d'été lorsque le flot de touristes était à son maximum. En outre, en dépit d'un tarif assez élevé, les opérations du bac existant devait être subventionnées à raison de 15 millions FF par an.

La construction d'un pont de 3 km de long a débuté en septembre 1986 pour se terminer moins de 20 mois plus tard (Fig. 4.7) (Cadoret et Richard, 1992). Le pont a été ouvert à la circulation le 19 mai 1988, juste avant la saison touristique. Le tarif de la traversée était le même que celui exigé par la traversée en bac, cependant, grâce à la construction du pont, on a pu estimer que la circulation a augmenté immédiatement de 80 %.

La conception de ce pont prévoyait un tablier de 15,5 m de largeur, ce tablier devait en outre permettre d'assurer l'approvisionnement en eau de l'Île de Ré avec un tuyau de 0,60 m de diamètre de même que le passage des lignes de téléphoniques et d'une ligne électrique de 90 000 volts à l'intérieur des voussoirs.

De façon à limiter les conséquences d'une collision d'un gros bateau avec les piles du pont, le pont a été divisé en six viaducs indépendants au sein desquels on a prévu quatre canaux de navigation de 100 m de large.

Pour des considérations économiques, on a utilisé une méthode de construction très répétitive (Fig. 4.8a, 4.8b) en utilisant des voussoirs préfabriqués placés par encorbellement à partir d'une pile et en utilisant de la postcontrainte extérieure pour l'assemblage final (Fig. 4.7a) (Causse, 1990).

La séparation entre deux demi-fléaux a été faite avec un simple joint et un support de néoprène placé dans le fléau, un segment avant la mi-portée. À cause de la séquence d'érection très rapide, l'entrepreneur devait préfabriquer les voussoirs, ceux-ci avaient une longueur moyenne typique de 3,80 m et pesaient de 40 à 80 tonnes. Le segment sur pile était réalisé en utilisant deux demi-segments de 2,60 m de long qui pesaient chacun 12 tonnes (Fig. 4.8c). On a utilisé huit moules en acier, six pour les segments typiques, un pour le segment sur pile et un segment spécial pour les parties articulées et les segments aux deux extrémités du pont. Le site de préfabrication arrivait à fabriquer sept voussoirs par jour avec huit coffrages en acier. En moyenne, les voussoirs ont été mis en place un ou deux mois après leur fabrication.

(a)

En construction

(b)

Après la fin des travaux

Figure 4.7 Le pont de l'île de Ré (reproduit avec la permission de P. Richard)

(a) Vue aérienne du site de préfabrication

(b) Coffrages pour la mise en place des poutres caissons

(c) Un segment de la poutre caisson

Figure 4.8 Le pont de l'île de Ré (reproduit avec la permission de P. Richard)

Bien que la résistance caractéristique du béton utilisée lors du calcul des voussoirs n'était que de 40 MPa (Virlogeux, 1990), les éléments préfabriqués ont été réellement construits avec un béton dont la résistance à la compression caractéristique était de 59,5 MPa. La résistance à la compression moyenne à 28 jours des 798 cylindres mis à l'essai a été de 67,7 MPa avec un écart type de 6,3 MPa. Une résistance à la compression moyenne aussi élevée à 28 jours permettait d'atteindre une résistance à la compression de 20 MPa 10 ou 12 heures après la mise en place du BHP de façon à permettre de réutiliser les moules le plus rapidement possible. L'affaissement moyen du béton était de 150 mm (Cadoret, 1987). La résistance à la compression du béton a été uniforme durant toute la période de préfabrication grâce à l'établissement d'un programme de contrôle de la qualité très strict (Tableau 4.3).

Tableau 4.3. Résistance à la compression du béton de l'île de Ré
(Cadoret et Richard, 1992).

		Résistance à la compression (MPa)	
Année 1987	n^a	7 d	28 d
Mars	3	42,6	53,5
Avril	33	50,8	59,5
Mai	61	52,2	63,4
Juin	98	58,4	68,9
Juillet	129	58,8	66,5
Août	140	55,9	66,4
Septembre	154	56,1	67,3
Octobre	114	60,2	72,8
Novembre	66	61,6	72,5
Total	798	56,9	67,7

a.   Éprouvettes mises à l'essai.

Les éléments ont été décoffrés en utilisant un maturimètre. Des courbes expérimentales avaient été obtenues par le laboratoire d'essais sur chantier qui était géré par le propriétaire. En mettant en œuvre la méthode de maturité pour contrôler la résistance du BHP, un facteur de sécurité de 1,10 a pu être appliqué. Ainsi, cette méthode a permis, sans prendre aucun risque, de déterminer le temps minimal à partir duquel les éléments préfabriqués pouvaient être démoulés. Sur une période de quatre mois, le délai initial a été de 15 heures, puis ce délai est passé à 12 heures et même, dans certains cas, à 10 heures. Un des avantages majeurs d'utiliser un BHP a été de réduire le fluage à long terme des voussoirs préfabriqués. On pouvait ainsi ajuster la dimension de chacun des voussoirs pour tenir compte de la déformation élastique instantanée relativement élevée du béton lorsque l'on appliquait les forces de postcontrainte de telle sorte que la dimension finale des fléaux a pu être contrôlée avec une précision de l'ordre du millimètre. Ainsi, plutôt que de couler en place un joint neutre entre deux demi-fléaux pour tenir compte des manques d'alignement et des différences de niveau, le dernier élément de chacune des portées a donc été construit comme une clef de voûte, ce qui a permis de gagner de deux à trois jours sur le temps de construction de chacune des portées.

Un coulis à haute performance contenant de la fumée de silice et du superplastifiant a été injecté dans les conduits de postcontrainte sans ségrégation ni ressuage.

4.7.6 L'édifice Two Union Square

L'édifice Two Union Square, construit en 1988 à Seattle, dans l'état de Washington, présente un certain nombre de particularités intéressantes. Cet édifice de 58 étages a nécessité une technique innovatrice de contreventement : quatre tuyaux d'acier de 3 m de diamètre ont été remplis avec un béton de 130 MPa (Fig. 4.9). Plus de 100 tuyaux fabriqués en Corée ont été transportés par péniche jusqu'à Seattle pour être soudés sur le site. Chaque tuyau présente à sa base une plaque d'acier de 600 mm qui se projette sur sa périphérie de façon à y fixer un cadre pouvant résister aux efforts latéraux. L'édifice comporte aussi des colonnes composites sur sa périphérie. En outre, aux 35e et 38e étages, des renforts en diagonale ont été prévus pour relier les colonnes centrales aux colonnes périphériques (Godfrey, 1987).

(a) En construction   (b) Complété

Figure 4.9 L'édifice Two Union Square à Seattle (reproduit avec la permission de W. Hester)

Le béton mis en place dans les colonnes de l'édifice Two Union Square était encore en 1998 le plus résistant jamais utilisé dans un projet de construction. Même si l'édifice était conçu avec une résistance à la compression de 90 MPa, il a fallu atteindre la barre des 130 MPa pour assurer un module élastique de 50 GPa.

Pour augmenter la rigidité de cet édifice de 216 m de hauteur et ainsi limiter ses oscillations par vent fort ou tremblement de terre, il a fallu remplir ces tuyaux d'acier avec un BHP qui avait un module élastique de 50 GPa, c'est-à-dire un module élastique deux fois plus élevé que celui des bétons usuels. Cependant, pour des questions de responsabilité, on a préféré demander à l'entrepreneur de fournir un béton ayant une résistance à la compression donnée. Pour obtenir un tel module élastique, des études de laboratoire ont démontré qu'il fallait augmenter la résistance à la compression du béton jusqu'à 130 MPa même si une résistance à la compression caractéristique de 90 MPa était suffisante du point de vue structural.

Les oscillations des gratte-ciel par gros temps constituent un problème majeur puisqu'elles peuvent causer le mal de mer aux occupants des étages supérieurs. L'augmentation de la rigidité de cet édifice permet donc aux occupants des derniers étages de jouir du même confort que celui des occupants des étages inférieurs, avec en prime une vue magnifique. Les colonnes composites ne contiennent aucune armature d'acier étant donné que le béton est confiné dans un tuyau d'acier. Des goujons de 300 mm de long sont soudés à l'intérieur des tuyaux d'acier à 300 mm de distance l'un de l'autre, centre à centre, de façon à pouvoir transférer plus facilement les efforts de cisaillement entre l'acier et le béton (Fig. 4.10). Le pompage du béton et l'érection des tuyaux d'acier se sont faits simultanément. Le béton était pompé à partir de deux étages sous le niveau d'érection de la construction d'acier et ce, jusqu'au 58e étage. Chaque tuyau d'acier a une section de 7,2 mm et a été rempli de béton pompé à partir de sa base pour pouvoir obtenir une bonne consolidation sans avoir à utiliser de vibration interne ou externe (Ralston et Korman, 1989).

Selon le concepteur de l'édifice, les économies en acier ont permis de réduire de 30 % le coût total de l'édifice même si le prix du BHP a été de 1 100 FF/m^3.

La mise en place du béton s'est faite sur une période de neuf mois surtout durant la nuit de façon à pouvoir garantir à l'entrepreneur des livraisons beaucoup plus régulières et ponctuelles, en évitant les embouteillages des heures de pointe. Chaque nuit de coulée, on a pu placer, sans aucune difficulté, une moyenne de 750 m^3 de béton usuel et de BHP.

La fabrication d'un BHP de chantier de 130 MPa n'est pas chose facile. Cette résistance à la compression élevée a pu être obtenue parce que le producteur de béton a pu disposer de matériaux de très grande qualité à Seattle. Il a utilisé un ciment Portland de type I/II à faible teneur en alcalis qui présentait une bonne réactivité rhéologique aux dosages importants en superplastifiant qu'il fallait utiliser pour obtenir un rapport eau/liant aussi faible que 0,22 (Howard et Leatham, 1989).

Une telle résistance a aussi pu être atteinte grâce à l'utilisation de granulats de qualité supérieure. Le granulat sélectionné, d'un diamètre maximal de 10 mm, est un gravier fluvioglaciaire très résistant, très propre, dont les grains présentent une surface relativement rugueuse, permettant de développer un bon liant mécanique avec la pâte de ciment

hydraté (Aïtcin, 1989). Le sable, extrait de la même gravière, avait une courbe granulométrique plutôt grossière correspondant à un module de finesse de 2,80 et ses particules
étaient plutôt angulaires.

Figure 4.10 L'édifice Two Union Square à Seattle (reproduit avec la permission de W. Hester)
Vue de l'intérieur d'une section du tuyau d'acier utilisé pour confiner le BHP

La teneur en eau du sable et du gros granulat était contrôlée à tous les 40 m^3 de béton.
Avant la mise en place nocturne, les tas de granulats étaient arrosés de façon que la surface
du sable et du gros granulat soit fraîche et humide. L'affaissement du béton était mesuré au
départ de l'usine, car on ne dispose que d'une très faible marge d'erreur quand on fabrique
un béton dont l'affaissement dépasse 250 mm et toute erreur peut être catastrophique.

Dès qu'un camion arrivait sur le chantier, on vérifiait l'affaissement du béton et on ajoutait du superplastifiant si nécessaire. La plupart du temps, le BHP nécessitait un
deuxième dosage en superplastifiant à son arrivée sur le chantier de façon à maintenir
l'affaissement entre 200 et 250 mm avant son pompage. Des vérifications périodiques
de l'affaissement étaient effectuées sur le béton des camions qui étaient en attente et, à
l'occasion, on ajoutait du superplastifiant si nécessaire. On a trouvé que le moment de
l'ajout du superplastifiant était critique pour obtenir un affaissement élevé sans ségrégation et sans perte d'affaissement prématurée.

Le contrôle de ce BHP a soulevé un certain nombre de réflexions (Simons, 1989). Les
essais ont été effectués sur des cylindres de 100 × 200 mm après qu'une étude préliminaire ait montré que ces cylindres étaient moins sensibles à des variations de condition-
nement sur chantier. Les cylindres ont été coulés dans des moules en acier et pilonnés de
façon à obtenir des résultats très cohérents. On a trouvé que l'utilisation de ces cylindres
de petites dimensions augmentait la résistance mesurée en moyenne de 8 % par rapport
à celle obtenue sur des cylindres de 150 × 300 mm. Pour obtenir un mûrissement

optimal, des cylindres de béton devaient être placés immédiatement après leur fabrication dans un bain d'eau saturée en chaux à une température contrôlée sur le chantier même. Avant les essais, les deux extrémités du cylindre ont été polies, de façon à obtenir une surface lisse et unie pour éliminer la nécessité d'utiliser des coiffes.

Un manuel d'assurance qualité a été développé par l'entrepreneur, le laboratoire d'essais et le producteur de béton. Il a été ensuite soumis pour révision au propriétaire et à l'ingénieur de même qu'à l'ingénieur de la ville, après quoi ce manuel a fait partie des documents du contrat. Un des aspects les plus importants de ce programme de contrôle de la qualité est la section qui traite de l'entraînement et des qualifications du personnel engagé dans la production du BHP. Les conducteurs de camion, les opérateurs de l'usine et le personnel en charge des essais ont tous reçus une formation spéciale personnalisée et des instructions qui leur permettaient de réagir rapidement aux problèmes qui pouvaient se poser, non seulement dans leur propre domaine, mais aussi dans d'autres domaines. En maintenant le personnel clé du chantier très informé, il a été possible d'établir un véritable esprit d'équipe qui s'est développé dans bien d'autres aspects de la construction.

4.7.7   Le pont de Joigny

Le pont de Joigny a été construit en 1988 sur l'Yonne à 150 km au sud-est de Paris. À première vue, ce pont est tout à fait ordinaire et sans trait marquant (Fig. 4.11) (Malier et coll., 1991). Il a une longueur totale de 114 m, il est composé de trois portées de 34, 46 et 34 m de longueur et a une largeur totale de 15,80 m. Cependant, pour l'ingénieur qui regarde ce pont d'un peu plus près, il s'agit d'un ouvrage remarquable sur certains aspects puisqu'il a été le premier pont conçu et construit an France avec un BHP. Le pont a été instrumenté et un suivi a été exercé depuis sa mise en place et sa postcontrainte (Malier et coll., 1992).

Le pont de Joigny est situé en pleine campagne, loin de toute ville ou de zone industrielle suffisamment importante pour supporter un marché du béton relativement important et avancé du point de vue technologique. Le pont a été construit à partir de matériaux locaux par deux petites usines de béton qui n'avaient jamais produit de BHP. Le site de Joigny a été sélectionné pour réaliser cette expérience grandeur nature pour démontrer la faisabilité de la construction d'un pont typique en utilisant un BHP avec des moyens peu complexes et des matériaux que l'on peut trouver n'importe où en France.

D'un point de vue économique, cette construction est assez intéressante puisqu'une conception utilisant un béton usuel a aussi été considérée de façon à effectuer une comparaison économique entre les deux types de béton. (Il faut mentionner que, pour des raisons qui sont trop longues à expliquer ici, les deux piliers ont été construits avec un béton usuel, de telle sorte que le BHP n'a servi qu'à construire le tablier du pont.) Le BHP du tablier avait une résistance caractéristique de 60 MPa plutôt que la résistance caractéristique de 35 à 40 MPa qui était à l'époque préconisée dans un tel cas par le code français.

Figure 4.11 Le pont de Joigny (reproduit avec la permission de Y. Malier)

À noter les deux trous vacants pouvant recevoir deux câbles additionnels de postcontrainte pour éventuellement remplacer un câble défectueux ou pour renforcer le pont si des charges exceptionnelles devaient le traverser (Armée française, EDF, etc.).

Le pont a une section en double T faite de poutres qui ont une forme trapézoïdale et une dalle supérieure. La distance entre les axes des deux poutres est de 8 m et leur largeur minimale à leur base est de 0,50 m. La structure a été mise en postcontrainte longitudinalement en utilisant 13 câbles externes. L'utilisation d'une postcontrainte externe offre trois avantages principaux : le premier est que l'on peut avoir ainsi une disposition beaucoup plus simple et beaucoup plus précise des câbles de postcontrainte et une mesure de la tension dans les tendons, le deuxième avantage est que la largeur des parois des voussoirs peut être réduite au minimum uniquement par les considérations de contrainte, de façon que le poids mort de la structure en soit réduit, et le dernier avantage est que les tendons de postcontrainte externe sont faciles à remplacer si nécessaire. D'ailleurs, la figure 4.11 permet de voir deux trous en attente dans lesquels on peut installer de nouveaux câbles de postcontrainte en moins d'une journée.

Comme on l'a mentionné précédemment, on a pu faire une comparaison des coûts de construction entre une solution en béton usuel et une solution en BHP. On a trouvé que le volume de béton était de 1 395 m^3 pour un béton de 35 MPa et de 985 m^3 seulement pour un béton de 60 MPa. Cette réduction de 30 % du volume de béton a permis de diminuer les charges sur les piliers, les culées et les fondations.

La diminution du poids mort de la structure a permis aussi d'économiser des quantités appréciables de câbles de postcontrainte. Étant donné que le rapport entre la hauteur et la portée n'était pas le même dans les deux solutions retenues, les économies d'acier n'ont pas été aussi importantes qu'elles auraient pu l'être.

Des essais de laboratoire ont permis de définir la composition optimale des bétons qui devaient avoir une grande maniabilité de façon à pouvoir être pompés sur 120 m de longueur, tout en ayant une résistance à la compression de 70 MPa. La distance de livraison était de 30 km. Aucune des deux usines ne pouvait produire suffisamment de béton pour assurer une coulée ininterrompue de moins de 24 heures lors de la mise en place du béton.

L'affaissement moyen du BHP a été de 220 mm, avec une valeur minimale de 190 mm et une valeur maximale de 250 mm. La résistance à la compression mesurée sur des cylindres de 160 × 320 mm a été de :

- 26,2 MPa à trois jours ;
- 53,6 MPa à sept jours ;
- 78,0 MPa à 28 jours ;
- 102,0 MPa à un an.

L'écart type à 28 jours était de 6,8 MPa. La résistance moyenne au fendage mesurée sur des éprouvettes de même dimension était égale à 5,1 MPa à 28 jours. À 57 jours, des carottes de 150 mm de diamètre prélevées à même la structure avaient une résistance moyenne de 86,1 MPa.

L'augmentation de la température du béton a beaucoup varié dans les éléments selon leur géométrie : une température maximale de 73 °C a été enregistrée au centre des culées, tandis qu'une température maximale de seulement 32 °C a été enregistrée sur la partie supérieure de la dalle qui avait une grande surface favorisant les pertes thermiques et une température maximale intermédiaire de 57 °C dans les parois des voussoirs.

Les déformations sur une section située au milieu de la portée ont démontré que ces déformations étaient 15 % inférieures à celles qui avaient été calculées. Cette différence peut être attribuée à une sous-estimation du module élastique réel du béton durci dans la structure.

Des forces de traction de 5,1 et 5,2 MN ont été mesurées sur les tendons longitudinaux, ce qui concorde bien avec les forces de 5,1 et 4,9 MN calculées théoriquement à côté des ancrages et au milieu de la portée.

Des essais de retrait et de fluage ont été entreprises (Schaller et coll., 1992).

4.7.8   Le viaduc de la montée Saint-Rémi

Le viaduc de la montée Saint-Rémi est situé près de Montréal au Canada. Il a été construit en 1993 avec un BHP ayant une résistance caractéristique de 60 MPa, il comporte deux travées de 41 m de longueur (Fig. 4.12).

Figure 4.12 Le viaduc de la montée Saint-Rémi

Le BHP de ce viaduc a été coulé entièrement en place. La structure a été mise en post-contrainte à l'aide de câbles longitudinaux extérieurs. À l'extrémité du tablier, des tendons transversaux de postcontrainte contrecarrent les effets de traction dus à l'ancrage des câbles externes. Ce BHP avait un rapport eau/liant de 0,29, il contenait de l'air entraîné et 450 kg/m^3 d'un ciment composé à la fumée de silice. Le BHP a été fabriqué dans une usine mobile et coulé en place le 23 juin 1993 alors que la température ambiante maximale a atteint 28 °C.

De façon à maintenir la température du béton frais inférieure à 20 °C, la température maximale exigée par le cahier des charges au moment de la mise en place du BHP, il a fallu substituer au maximum 40 kg de glace broyée à l'eau de gâchage. Le superplasti-fiant utilisé était à base de naphtalène, son dosage était de 7,5 l/m^3. Un agent entraîneur d'air et un retardateur ont aussi été ajoutés au BHP dont la composition est donnée dans le tableau 4.4.

Tableau 4.4. Composition du BHP du viaduc de la montée Saint-Rémi (Aïtcin et Lessard, 1994).

Rapport eau/ciment + fumée de silice	0,29
Eau^a (l/m^3)	130
Glace (kg/m^3)	40
Ciment avec fumée de silice (kg/m^3)	450
Gros granulat (kg/m^3)	1 100
Granulat fin (kg/m^3)	700
Superplastifiant (l/m^3)	7,5
Agent entraîneur d'air (ml/m^3)	325
Agent retardateur (ml/m^3)	450

a.   Incluant l'eau du superplastifiant.

De façon à limiter le plus possible tout développement de retrait plastique, le bétonnage a débuté à 18 heures pour se terminer à 6 heures le lendemain matin. Dès que la finition de la surface du béton a été complétée, on a recouvert le BHP avec un produit de mûris-sement. La qualité du béton livré était excellente (Tableau 4.5), sa résistance à la compression moyenne était de 80,7 MPa avec un écart type de 6,1 MPa. La teneur en air moyenne a été de 6,3 % avec un écart type de 1 %. La température moyenne et l'affais-sement moyen du béton ont été de 17,7 °C et de 180 mm. Le facteur d'espacement moyen était de 180 mm, valeur bien en deçà de la valeur maximale de 230 µm requise par la norme ACNOR A23.1 pour assurer une durabilité au gel-dégel des bétons usuels. De façon à obtenir un tel facteur d'espacement, le BHP n'a pas été pompé, mais plutôt placé avec deux godets.

Tableau 4.5. Résultats de l'analyse statistique du BHP du viaduc de la montée Saint-Rémi.

Propriétés du béton	Moyenne	Écart type
Température (° C)	17,7	1,9
Affaissement (mm)	180	34
Teneur en air (%)	6,3	10
Facteur d'espacement (µm)	180	a
Résistance à la compression (MPa)	80,7	6,1

a. Données insuffisantes.

Ce pont est instrumenté avec 32 thermocouples de façon à pouvoir enregistrer les variations de température dans les différentes parties de la structure (Lachemi et coll., 1996a et b). À partir des données recueillies, on a pu caler un modèle et réaliser des simulations en faisant varier la température ambiante et la température du béton frais de façon à déterminer les meilleures conditions de bétonnage du point de vue élévation de température et gradient thermique (Lachemi et Aïtcin 1997 ; Lachemi et coll., 1996a et b). Cette étude théorique a permis de se rendre compte, d'une part, que la température ambiante a beaucoup plus d'influence sur les contraintes de traction à la surface des éléments massifs que la température du béton frais et que, d'autre part, la température du béton frais influence surtout de façon marquée la température atteinte lors du pic au centre de l'élément. Les résultats obtenus démontrent clairement qu'il est très avantageux d'abaisser la température initiale du béton pour diminuer le pic de température. Le gradient le plus faible a été obtenu dans les conditions suivantes : température du béton frais de 10 °C et température ambiante de 28 °C, et que les plus grands gradients thermiques ont été obtenus pour des températures respectives de 25 °C et de 10 °C.

Un autre point intéressant qui a pu être étudié dans le cas de ce viaduc est l'analyse détaillée des coûts de construction qui a été faite en comparant le coût de construction de ce viaduc avec un béton de 60 MPa à ceux de deux autres viaducs construits par le même entrepreneur dans le cadre du même projet, mais cette fois avec des bétons de 35 MPa. On peut trouver les caractéristiques de ces trois viaducs dans le tableau 4.6 (Coulombe et Ouellet, 1994). La façon habituelle d'évaluer les coûts de construction d'un pont consiste à diviser le coût total du pont par le nombre de m^2 du tablier. Après avoir normalisé les coûts totaux des trois viaducs, les coûts unitaires ont pu être exprimés sous forme de rapport en se basant sur le coût unitaire du m^2 du viaduc ayant la plus faible portée. La figure 4.13 fournit les coûts normalisés unitaires en fonction de la portée des trois viaducs tels qu'ils ont été construits. Si l'on trace une ligne entre les deux points qui représentent les coûts normalisés des deux viaducs construits avec un béton de 35 MPa, on trouve que, pour une portée de 41 m, un viaduc construit avec un béton de 35 MPa aurait dû avoir un coût unitaire normalisé de 1,027. En fait, le coût réel calculé à la fin de la construction du viaduc de 60 MPa a été de 0,977, ce qui représente une économie sur le **coût initial** de construction dans ce projet particulier de 5 %.

Tableau 4.6. Caractéristiques des tabliers en BHP et en béton usuel précontraint (viaduc de la montée Saint-Rémi) (reproduit avec la permission de L.-G. Coulombe)

	BHP 60 MPa	Béton précontraint (35 MPa)	
		Coulé in situ avec postcontrainte	Poutres préfabriquées AASHTO V
Épaisseur du tablier (mm)	1 600	1 490	1 800
Épaisseur du tablier/portée	1/25,2	1/27,5	1/22,4
Béton (m^3)	462^a	557*	513
Acier de précontrainte (tonnes)	22,8	23	24,5
Remplacement des tendons	Oui	Non	Non

a.   Rapport entre $557/462 = 1,21$.

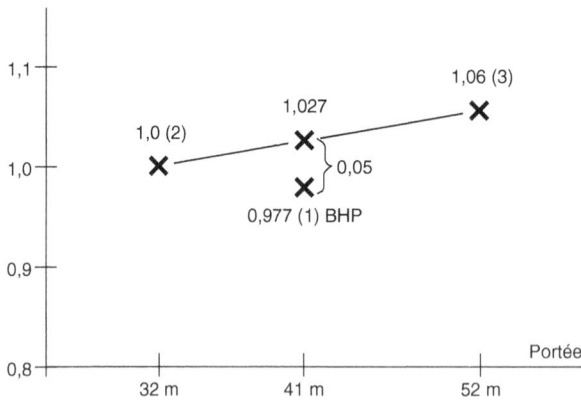

Figure 4.13 Coût unitaire normalisé

4.7.9   Le pont de Normandie

Lorsqu'il a été construit en 1993, le pont de Normandie était le plus long pont haubané au monde. Ce pont a une longueur totale de 2 141 m et sa travée centrale a une longueur de 856 m (Fig. 4.14) (Virlogeux, 1993). Le tablier a une largeur de 21 m, il comporte quatre voies de circulation pour automobiles et deux voies pour les piétons et les bicyclettes. La portée centrale est composée de trois parties : deux sections de béton de 116 m de long érigées en place par encorbellement à partir des deux pylônes et une section centrale de 624 m de long construite avec des voussoirs préfabriqués en acier placés par encorbellement. Les voussoirs en béton et en acier ont la même section.

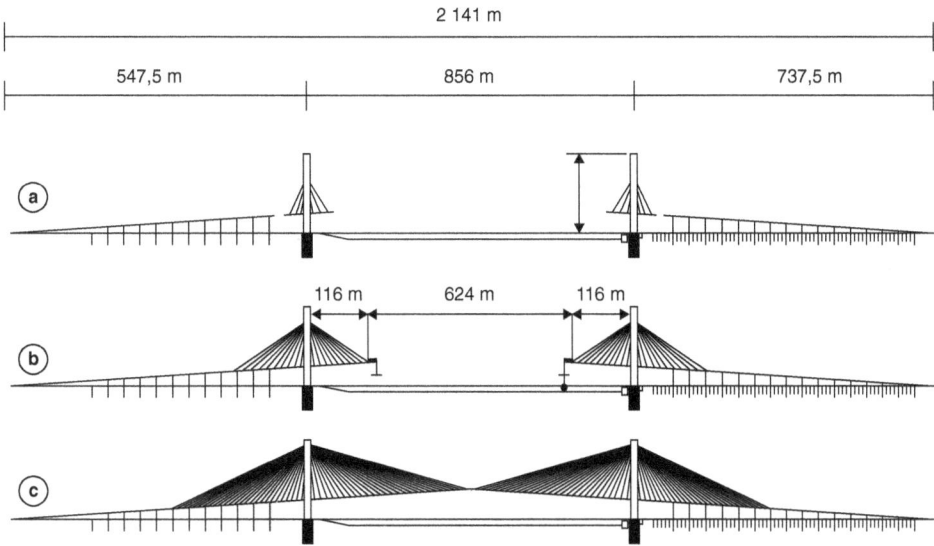

Figure 4.14 Construction du pont de Normandie

(a) L'approche complétée et la construction du tablier du pont par encorbellement

(b) Mise en place des poutres caissons en acier par encorbellement

(c) Le pont complété

Les deux pylônes ont une forme en Y inversé, leur hauteur totale est de 214 m au-dessus du niveau de la marée basse et ils pèsent 20 000 tonnes chacun (Fig. 4.15). Ils ont nécessité l'utilisation de 7 500 m^3 de BHP de 60 MPa jusqu'à une hauteur de 152 m. Les câbles sont attachés dans la partie verticale de l'Y qui a été construite en acier.

La construction de ce pont a nécessité l'utilisation d'environ 70 000 m^3 de béton, dont 35 000 était de classe B60 (résistance caractéristique de 60 MPa à 28 jours). La résistance moyenne du béton basée sur l'analyse de 938 essais effectués sur des cylindres de 160 × 320 était de 79 MPa avec un écart type de 5,4 MPa et un coefficient de variation de 6,9 % (Monachon et Gaumy, 1996). Il est intéressant de remarquer que tous les essais ont été effectués en utilisant la méthode de la boîte à sable (Boulay et de Larrard, 1993). Des études préalables (Boulay et coll., 1992) avaient montré que dans ce domaine de résistance il n'y avait pas de différence entre les résultats obtenus avec cette technique d'essai et ceux obtenus à partir de cylindres dont les extrémités avaient été polies. La résistance au fendage de ce BHP a aussi été vérifiée de façon particulière : les 311 essais effectués sur des cylindres de 160 × 320 mm ont démontré que la résistance au fendage moyenne était égale à 5,6 MPa avec un écart type de 0,5 MPa et un coefficient de variation de 8,8 % (Monachon et Gaumy, 1996).

Figure 4.15 Le Pont de Normandie en construction

L'un des deux pylones en construction, en décembre 1992, durant une visite de P.-C. Aïtcin (à gauche) et Jean-François de Champs (à droite) de la compagnie Campenon Bernard.

La composition du béton a été développée de façon à pouvoir, non seulement fournir un béton ayant une résistance caractéristique de 60 MPa à 28 jours, mais aussi de façon à pouvoir obtenir une très haute résistance initiale (Tableau 4.7). Les valeurs initiales ont été évaluées en utilisant un maturimètre calibré avant le début des opérations de bétonnage. Tous les mois, les courbes de calibrage ont été vérifiées de façon à pouvoir tenir compte de toutes les variations dans les caractéristiques du ciment. Le principe de fonctionnement d'un maturimètre est basé sur la loi d'Arrhénius et relie la résistance à la compression du béton au temps et à sa température.

Tableau 4.7. Résistances au jeune âge requises pour la construction du pont de Normandie (Monachon et Gaumy, 1996)

Équivalent en heures[a]	11	12	15	20	28
MPa	10	15	20	25	35
Opération effectuée	⏱	⏱	⏱	⚒	⚒

⏱ Enlèvement des coffrages grimpants dans les pylônes
⏱ Tensionnement des torons simples du pont
⏱ Enlèvement du coffrage de la dalle du pont
⚒ Déplacement de l'équipement mobile du cantilever
⚒ Tensionnement des câbles temporaires de soutien

a. Lecture sur maturimètre de l'équivalent en heures de la résistance du béton au temps « t ».

La composition du BHP utilisé est présentée dans le tableau 4.8. Le granulat fin était un sable naturel de 0/4 mm et le gros granulat était un gravier semi-broyé ayant un diamètre maximal de 20 mm. Le superplastifiant utilisé était à base de mélamine modifiée et le ciment était un ciment composé ayant une teneur en fumée de silice de 8 %.

Tableau 4.8. Composition du BHP de classe 60 utilisé pour la construction du pont de Normandie (Nonachon et Gaumy, 1996).

E/L	kg/m³				l/m³
	Eau	Ciment	Granulat		Super-plastifiant
0,36	150 à 155	425	Fin	Grossier	10,6 à 11,7
			770	1 065	

Le temps effectif de gâchage a été de deux minutes et la consistance du béton produit a été évaluée par l'enregistrement d'un wattmètre dans les deux usines à béton (une de chaque côté de la Seine). La maniabilité du béton n'a pas été vérifiée en mesurant l'affaissement, mais plutôt en utilisant la table d'écoulement selon la norme EN-ISO 9812. La consistance normalisée a été ajustée pour obtenir un étalement compris entre 450-530 mm et 510-560 mm selon les segments qui devaient être construits et selon l'équipement utilisé, c'était la première fois qu'un tel ciment composé était utilisé en France.

Le béton a été pompé, parfois avec difficulté, pour la construction de la partie du pont érigée par poussée (Fig. 4.16) ou placé avec des godets lors de la construction des pylônes et des voussoirs. Le béton était généralement vibré de façon interne et externe. Trente pour cent de la surface du viaduc d'accès sud a dû être raboté pour obtenir un profil acceptable suite à certaines difficultés sur le contrôle de la rhéologie du béton.

Figure 4.16 L'approche nord (605 m de long) du pont de Normandie, construite par poussée. Le poids final de l'approche s'élève à 26 000 tonnes (reproduit avec la permission de P. Acker).

De façon à diminuer les gradients thermiques et les effets de la fissuration thermique, des mesures préventives ont été prises pour homogénéiser la température du béton : tous les coffrages extérieurs étaient isolés et les cellules internes du tablier étaient fermées et chauffées avec de l'air chaud de façon que la température à l'intérieur de ces cellules soit d'environ 30 °C. Pour sa part, la dalle supérieure du tablier a été protégée avec des couvertures isolantes. Le mûrissement à la chaleur a été arrêté après 18 heures, et le béton a été exposé à l'air ambiant six heures plus tard, soit lorsque sa température s'était abaissée (Monachon et Gaumy, 1996).

4.7.10 La plate-forme pétrolière Hibernia

La plate-forme pétrolière Hibernia est une structure gravitaire (GBS) qui a été installée dans la région des Grands Bancs, à 315 km à l'est de Saint-Jean, Terre-Neuve, Canada. Les conditions climatiques dans la région des Grands Bancs sont rigoureuses. En outre, on peut y voir dériver des icebergs qui sont poussés vers le sud par le courant froid du Labrador. La plate-forme Hibernia a été conçue pour résister à l'impact d'un de ces icebergs. Après avoir été remorquée à son emplacement final, la plate-forme a été ballastée avec 600 000 tonnes de magnétite si bien que sa masse totale est de 1 400 000 tonnes incluant les 50 000 tonnes de l'unité mécanique (Woodhead, 1993).

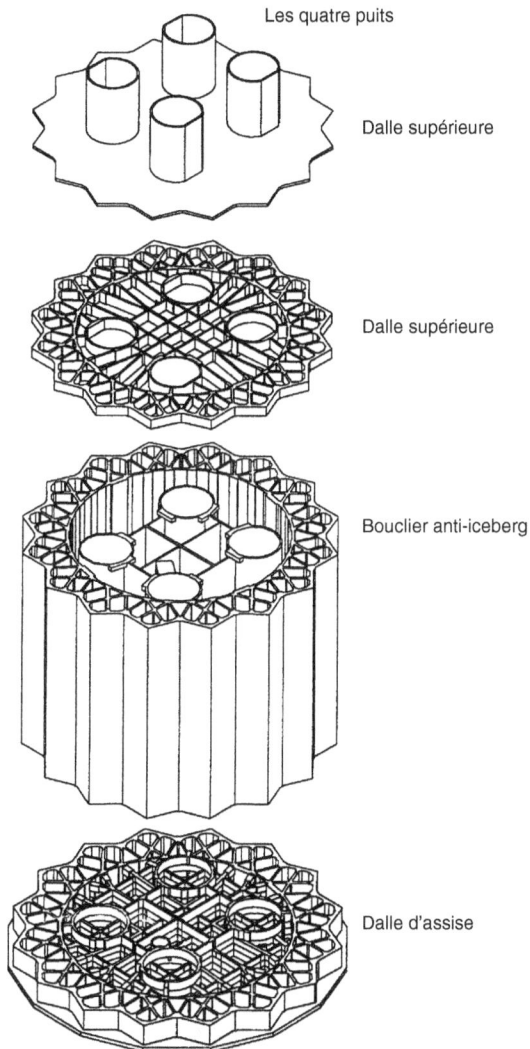

Les quatre puits

Dalle supérieure

Dalle supérieure

Bouclier anti-iceberg

Dalle d'assise

Figure 4.17 Vue éclatée de la structure gravitaire de la plate-forme pétrolière Hibernia
(reproduit avec la permission de R. Elimov)

Pour construire la plate-forme, il a fallu utiliser 450 000 tonnes de BHP, 93 000 tonnes d'armatures d'acier et 7 000 tonnes de câbles de postcontrainte. La plate-forme se présente comme un cylindre creux de 106 m de diamètre ayant une hauteur de 85 m ; cette base est à son tour surmontée de quatre puits de 26 m de hauteur sur lesquels repose l'unité mécanique (Fig. 4.17). Quatre-vingt-trois forages peuvent être creusés dans les deux réservoirs différents dans le champ pétrolifère situé sous la plate-forme.

La partie vitale de la plate-forme comprend les réservoirs de stockage de pétrole et les quatre puits qui sont protégés par une ceinture en béton qui présente 16 « dents » (Fig. 4.18). Ces dents ont été conçues, non seulement pour absorber l'impact éventuel d'un iceberg, mais aussi pour le fragmenter. La plupart des parties verticales de la plate-forme ont été construites par coffrage coulissant, les armatures d'acier et le béton étaient placés de façon continue à un rythme d'environ 1 m par jour de façon qu'il n'y ait aucun joint froid dans les parties verticales.

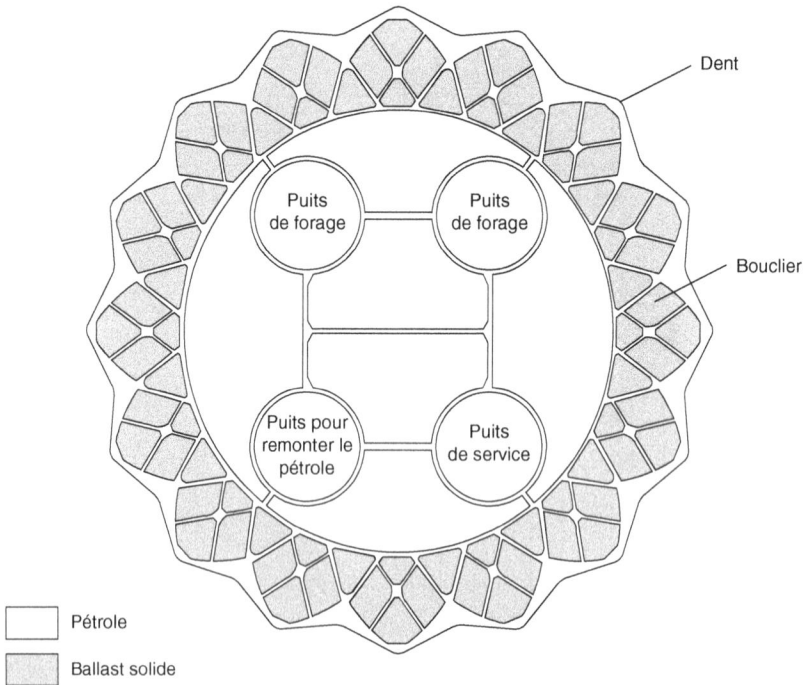

Figure 4.18 Le stockage du pétrole au sein de la plate-forme et les 4 puits

Différents types de béton ont été utilisés pour construire cette plate-forme. Celui qui a été le plus utilisé, appelé dans les publications béton de densité normale modifiée, est en fait un BHP qui a un rapport eau/liant de 0,31 dans la zone d'aspersion et de 0,33 dans la zone submergée dans lequel une partie du gros granulat a été remplacée par un granulat léger saturé d'eau. La résistance caractéristique de ce béton était de 69 MPa (Hoff et Elimov, 1995).

La conception du béton de densité normale modifiée a nécessité des ajustements très soignés pour satisfaire les différentes contraintes de construction et de mise en place :

- il fallait absolument abaisser la masse volumique du béton entre 2 000 et 2 250 kg/m^3 pour alléger quelque peu la plate-forme, tout en obtenant un module élastique supérieur à 32 GPa ;

- il fallait pouvoir placer facilement le béton dans des zones particulièrement congestionnées contenant jusqu'à 1 000 kg d'armatures d'acier par m^3 (Fig. 4.19a) et même, dans quelques cas plus. En outre, le durcissement du béton devait être adapté à la vitesse de progression des coffrages coulissants (Fig. 4.19b). Le béton devait aussi être assez fluide pour pouvoir être placé sans vibration et sans ségrégation dans les zones très congestionnées.

(a)

Une zone particulièrement congestionnée

(b)

Coffrages coulissants

Figure 4.19 Installation des coffrages coulissants sur la structure gravitaire Hibernia (reproduit avec la permission de R. Elimov)

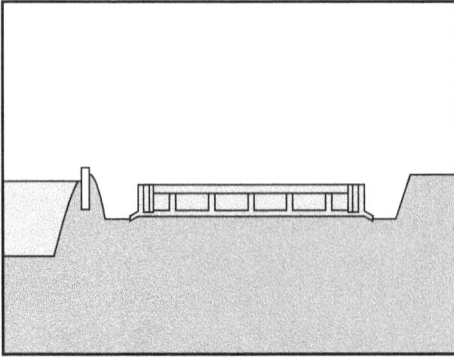

1. Construction de la base en cale sèche

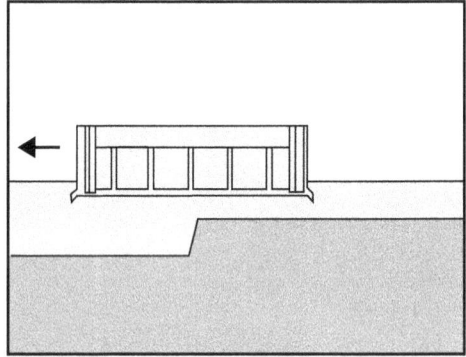

2. Mise à flot

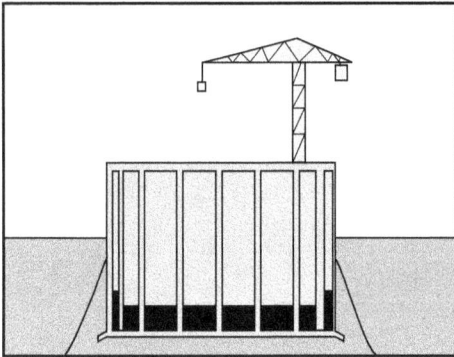

3. Construction de la dalle de fermeture supérieure

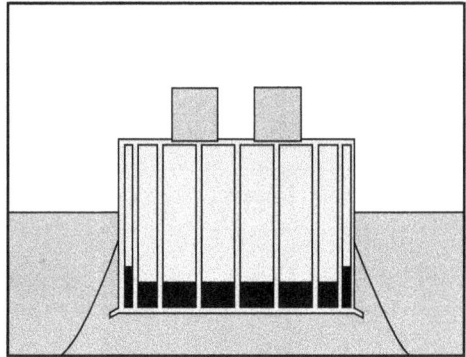

4. La structure gravitaire complétée

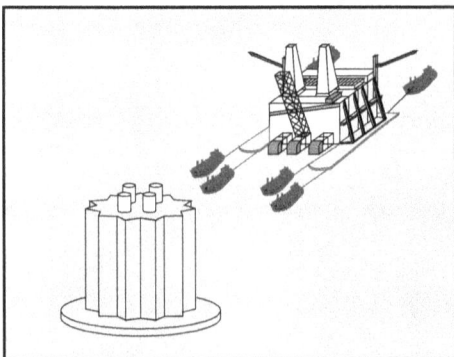

5. Accouplement de deux parties

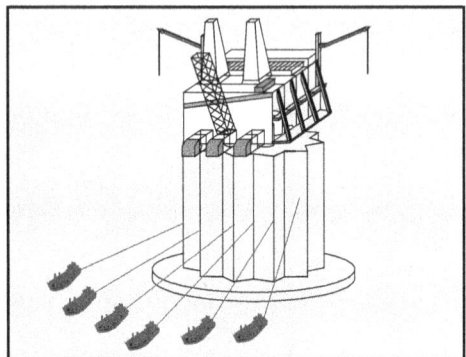

6. Remorquage jusqu'au champ Hibernia

Figure 4.20 Construction de la structure à base gravitaire de la plate-forme Hibernia (reproduit avec la permission de HMDC)

Pour pouvoir obtenir un béton ayant un rapport eau/ciment aussi faible, on a utilisé un ciment composé contenant 8,5 % de fumée de silice et un superplastifiant à base de naphtalène. De façon à obtenir une masse volumique aussi faible pour garantir la flottabilité nécessaire durant le remorquage de la plate-forme, la moitié du volume du gros granulat a été remplacée par un volume équivalent de granulats légers prémouillés. On a aussi utilisé de l'air entraîné dans le béton. Aucun des granulats n'était réactif face aux alcalis. L'ajout d'air entraîné a été aussi nécessaire pour satisfaire aux exigences de résistance au gel-dégel dans la zone d'aspersion. L'expérience a démontré que l'ajout d'air entraîné dans un BHP améliore considérablement aussi son pompage, sa mise en place et sa finition.

(a)

Presque terminée en mai 1995

(b)

La centrale à béton flottante

Figure 4.21 *La structure gravitaire Hibernia (reproduit avec la permission de R. Elimov)*

Le gâchage des bétons s'est effectué dans deux malaxeurs à haute vitesse très efficaces qui produisaient 2,5 m^3 de BHP à air entraîné toutes les 85 secondes (40 à 45 secondes pour le chargement, 35 à 40 secondes pour le malaxage). Comme on pourra le voir plus tard dans le chapitre 11, ce béton a été pompé sans aucun problème sur des distances horizontales supérieures à 200 m et sur des distances verticales quelquefois supérieures à 100 m. Le pompage a été fait par des températures ambiantes allant de − 20 °C à + 25 °C. L'affaissement du béton à la sortie de la pompe a toujours été supérieur à 220 mm de façon à ce que le béton puisse se mettre en place sans trop de difficulté, particulièrement dans les zones très congestionnées d'armatures.

Un programme de contrôle de la qualité très sévère a été appliqué, non seulement sur les matériaux utilisés pour fabriquer ce BHP, mais aussi sur l'échantillonnage et les méthodes d'essai, si bien qu'il a été possible de produire un BHP à air entraîné ayant une résistance à la compression moyenne de 86,7 MPa avec un écart type de 3,2 MPa, ce qui correspond à un coefficient de variation de 3,7 % (Hoff et Elimov, 1995).

Comme on peut le voir à la figure 4.20, la partie inférieure de la base a été construite en cale sèche jusqu'à une élévation de 18,8 m. À ce moment-là, la base, qui pesait alors plus de 100 000 tonnes, a été remorquée en eau profonde de façon à ce que la construction finale puisse se poursuivre sur l'eau (Fig. 4.21a). Le béton a été produit par une usine flottante amarrée aux côtés de la plate-forme (Fig. 4.21b).

Pour installer l'unité mécanique, la plate-forme a été ballastée avec de l'eau de mer et un ballast solide. Une fois déballastée, la plate-forme a été remorquée jusqu'au champ pétrolifère Hibernia où elle a été ballastée à nouveau avec du minerai de fer. La capacité de stockage de la plate-forme est de 1,3 million de barils de pétrole et sa durée de vie prévue est de 25 ans.

4.7.11 Le pont de la Confédération

Au Canada, le pont de la Confédération est aussi connu sous le nom de pont de l'Île-du-Prince-Édouard parce qu'il relie cette île au reste du continent (Tadros et coll., 1996 ; Revue canadienne de génie civil, déc. 1997 ; Holley et coll., 1999). La structure a 13 km de long et est composée de sept travées d'approche sur le côté de l'Île-du-Prince-Édouard pour une longueur totale de 555 m, et de 45 travées marines pour une longueur totale de 11 080 m et de 14 travées d'approche du côté du Nouveau-Brunswick pour une longueur de 1 275 m. La hauteur libre au centre de la voie de navigation est de 49 m.

Une travée marine a une longueur typique de 250 m. Chaque travée est construite à partir de voussoirs ayant des hauteurs variables mesurant 14 m à la hauteur des piliers, la hauteur de ces voussoirs varie de façon parabolique jusqu'au milieu de la travée où les voussoirs n'ont plus alors que 4,50 m de hauteur. La largeur des voussoirs varie de 5 m à leur base jusqu'à 7 m à leur sommet. Une travée marine comprend deux demi-fléaux en porte-à-faux ayant une longueur totale de 192,5 m (Fig. 4.22). Chacun de ces fléaux a été fabriqué à partir de 18 segments qui ont été construits en dix postes de travail différents sur la ligne d'assemblage (Fig. 4.23). Le segment sur pilier est toujours coulé au même endroit puis transporté sur la première ligne de coulée. Les deux premiers segments sont alors coulés de chaque côté du voussoir sur pilier, ils sont mûris puis mis en postcontrainte. L'ensemble est alors déplacé jusqu'au nouveau poste de travail jusqu'à ce que la construction du double fléau soit terminée. La masse finale de ce double fléau est de 7 500 tonnes, c'est-à-dire 200 tonnes de plus que la tour Eiffel. Des dalles sur appui de 52 ou de 60 m de long connectent deux demi-fléaux adjacents de façon à créer un cadre qui ferme l'espace situé entre deux fléaux.

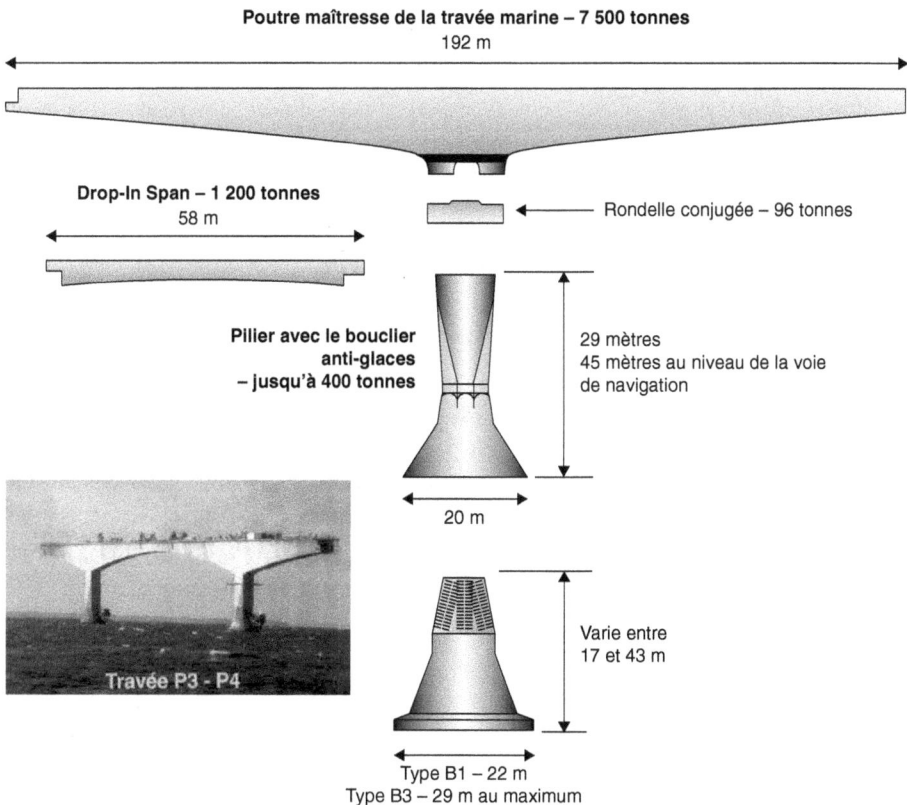

Figure 4.22 Représentation schématique de la partie principale du pont de la Confédération (d'après un document de Travaux publics et services gouvernementaux Canada)

Les piliers de support des travées marines sont des puits creux en béton de section octogonale de 8 m de diamètre dont la hauteur varie jusqu'à 45,8 m. La partie supérieure du puits est liée rigidement à la superstructure. Pour protéger le pont contre la poussée des glaces, on a doté les piliers entre 4 m en dessous et 3,5 m au-dessus du niveau de la mer d'un bouclier de façon à briser les glaces et à dévier leur poussée vers le haut. Le béton de ce bouclier est protégé contre l'abrasion des glaces par une plaque d'acier de 10 mm ou par un BHP de 100 MPa.

Figure 4.23 La ligne d'assemblage du pont de la Confédération,
sur l'Île-du-Prince-Édouard (reproduit avec la permission de G. Tadros)

La fondation sur laquelle reposent les piliers a de 22 à 26 m de diamètre ; elle est construite au-dessus d'une base en béton placé à la trémie à même le roc qui a été dénudé par dragage.

Tous les éléments marins ont été placés par le Svanen, un catamaran géant (Fig. 4.24).

Les critères de conception devaient garantir une durée de vie de 100 ans. Pour obtenir une telle durée de vie, il a fallu développer différents types de béton pour construire les éléments structuraux. La composition de ces bétons a été ajustée pour satisfaire aux critères de conception et de durabilité. Par exemple, pour les portées marines, il a fallu utiliser un BHP à air entraîné (pour la durabilité) qui avait une résistance caractéristique de 55 MPa.

Figure 4.24 Le Svanen en action (reproduit avec la permission de G. Tadros)

En fait, la résistance moyenne de ce BHP à air entraîné qui contenait de 4 à 6 % d'air a été de 72 MPa. La composition des différents bétons utilisés pour le projet est présentée dans le tableau 4.9. Après pompage, le béton ne satisfaisait pas à l'exigence de la norme ACNOR A23.1 en ce qui a trait à la résistance au gel-dégel, c'est-à-dire que le facteur d'espacement moyen du BHP pompé n'était pas inférieur à 230 µm. Cependant, tous ces bétons ont passé avec succès les 500 cycles de gel-dégel selon la procédure A de la norme ASTM C666 (gel-dégel dans l'eau). En règle générale, cette norme exige seulement 300 cycles de gel-dégel.

Tableau 4.9. Composition moyenne de trois des bétons utilisés l
ors de la construction des éléments préfabriqués du pont
de la Confédération (reproduit avec la permission de W. Langley).

		Poutres caissons	Bouclier brise-glace	Sections épaisses
E/L	kg/m³	0,30	0,25	0,31
Eau		145	142	142
Ciment[a]		430	520	330
Cendres volantes (classe F)		45	60	130
Granulat — Grossier Ø max = 20 mm		1 030	1 100	1 050
Fin		680	610	690
Agent entraîneur d'air	l/m³	1,80	1,60	1,38
Réducteur d'eau		—	0,58	0,30
Retardateur de prise		—	0,58	0,30
Superplastifiant		3,20	6,00	1,80

a.   Ciment à la fumée de silice.

Le ciment utilisé était un ciment à faible teneur en alcalis contenant de la fumée de silice (7,5 %) et le superplastifiant était à base de naphtalène. Tous les granulats utilisés dans ce projet étaient non réactifs face aux alcalis. Le volume total de BHP utilisé dans ce projet a été de 280 000 m³ sur un volume total de 315 000 m³.

4.7.12 Ouvrages types en BHP (rédigé par Didier Brazillier)

Le ministère de l'Équipement Français, très impliqué dans le développement des BHP, est le gestionnaire d'un parc important de ponts sur le réseau routier national. À ce titre, il sait la masse importante de crédits qu'il convient de mettre en place chaque année pour l'entretien et la réparation des structures. C'est pourquoi la durabilité des BHP à toujours été l'attrait principal de ce nouveau matériau pour ce maître d'ouvrage avec des ambitions de réduction des coûts de maintenance et d'allongement de la durée d'exploitation des ouvrages.

Parallèlement, l'analyse des statistiques de réalisation des ouvrages neufs montre que près de 80 % des ponts construits sont des ponts courants, essentiellement des passages supérieurs au-dessus d'une voie de type autoroutière pour rétablissement de voirie. Il était donc clair que le gisement principal d'économie résidait en cette gamme d'ouvrage ; il a donc été décidé ; sur la base de propositions du SETRA et du LCPC, d'initier auprès des Bureaux d'études et des entreprises, un concours national de conception d'ouvrages types en BHP en s'appuyant sur les règles de calcul, provisoires à l'époque, qui allaient devenir en 1999 le nouveau code BAEL-BPEL étendu aux B80. Cette démarche a été lancée en 1995 et il était offert aux candidats la possibilité de réaliser deux prototypes dans le cadre de la rocade routière de Bourges (Cher).

C'est le groupement Dalla Vera (mandataire) – Bouygues associé au bureau d'études Quille et au cabinet d'architectes A. Spielmann qui a été déclaré lauréat de ce concours.

Les buts atteints, conformes l'esprit du concours, sont de plusieurs types :

• Conception créative et innovante d'un nouveau type d'ouvrage courant en BHP, pour un coût de construction légèrement inférieur aux solutions traditionnelles ;

• Structure optimisée grâce aux résistances mécaniques élevées du BHP ;

• Formes simples et sections particulièrement réduites, où d'allégement des pièces ;

• Alliance de méthodes traditionnelles et industrielles (nervure simple et massive coulée en place, encorbellements complexes et fins préfabriqués) ;

• Rationalisation des méthodes de construction et réduction du délai de construction ;

• Maintenance réduite (durabilité du matériau et structure simple).

Le tablier est composé d'une nervure principale épaissie au droit des appuis à l'aide de goussets standardisés permettent de diffuser les sollicitations importantes régnant dans la nervure.

L'utilisation d'un B80 permet de limiter à 540 mm l'épaisseur de cette nervure en section courante et de réduire sa largeur.

Les hourdis d'encorbellement ou de liaison entre les nervures sont préfabriqués en B80 de façon à les alléger au maximum. Leur dimensionnement est adapté au transport routier (largeur 2,50 m), au moyens ordinaires de levage et au calepinage des équipements de sécurité. Ces hourdis de 130 mm d'épaisseur sont rigidifiés :

• transversalement, par de petites nervures positionnées au droit des clavages et dans l'axe des poteaux de barrières de sécurité ;

• longitudinalement, par la longrine d'ancrage de la barrière et par l'encastrement sur la nervure principale.

Le tablier est précontraint longitudinalement avec des câbles filants de précontrainte classique.

Aux extrémités du tablier sont coulées en place des entretoises assurant la diffusion des efforts de précontrainte.

L'utilisation des bétons à hautes performances imposée également pour les appuis, par le règlement du concours, permet d'envisager l'encastrement des tabliers sur les piles qui admettent tout types de fondations.

Les dessins présentés (Figs. 4.25 à 4.29) concernent l'application de ces principes généraux à l'un des ouvrages de la rocade de Bourges.

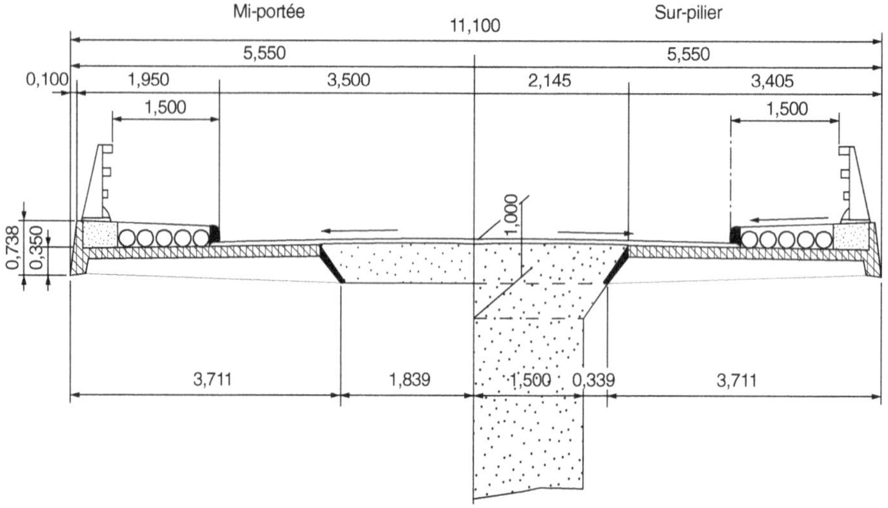

Figure 4.25 Demi-coupe sur pilier et à mi-travée

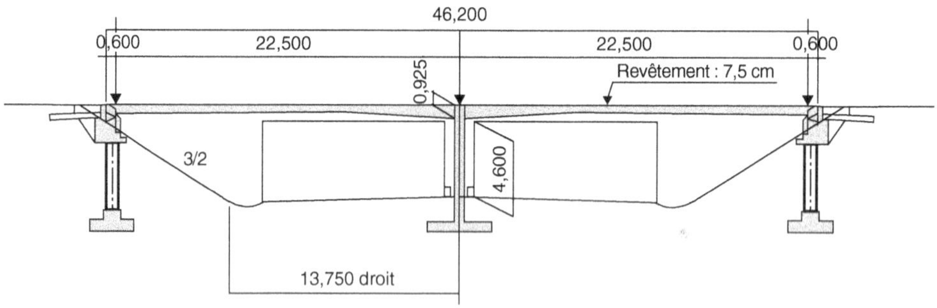

Figure 4.26 Section longitudinale

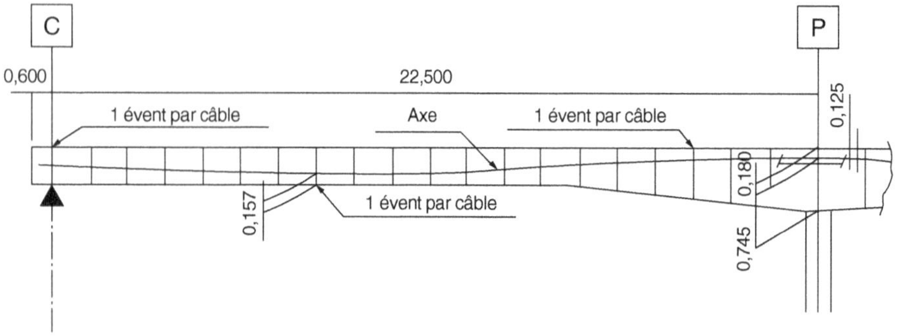

Figure 4.27 Tendons longitudinaux

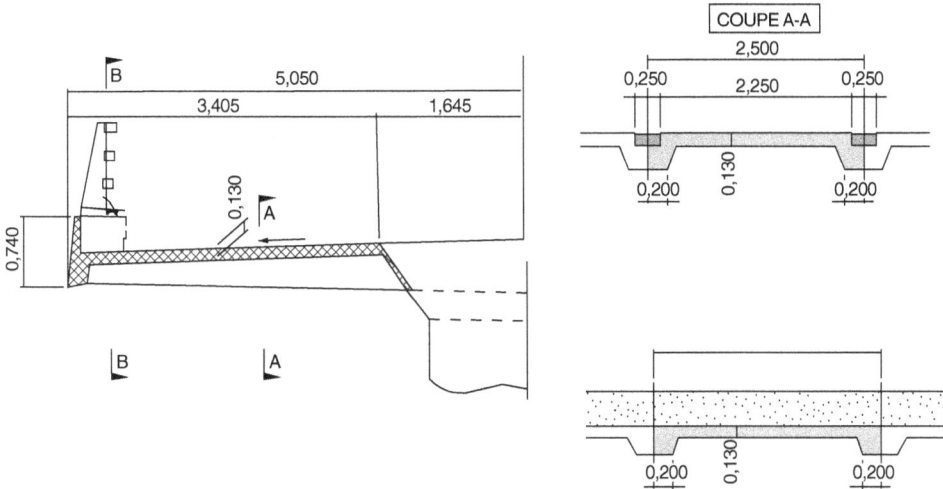

Figure 4.28 Section en porte-à-faux

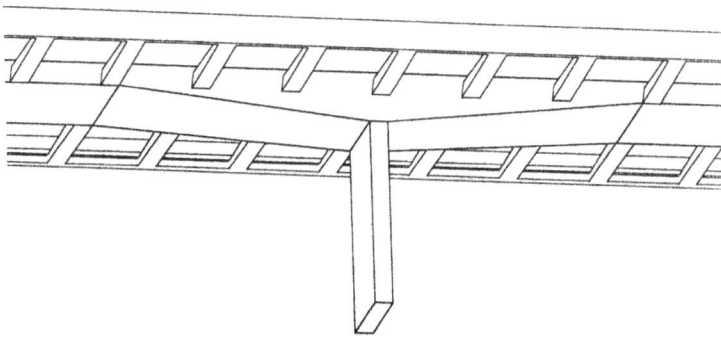

Figure 4.29 Vue de dessous du pont

Cette conception de structure présente une grande adaptabilité (travée isostatique, portique ou travées multiples et toutes largeurs possibles).

La réalisation de deux ouvrages s'est déroulée au cours du 1er semestre 1997 ; l'un a 2 travées de 26 m dont le tablier est encastré sur la pile et l'autre de 2 × 22 m sur appuis libres.

Le béton mis au point pour ce chantier (E/C moyen de 0,30 et fumées de silice) a permis d'obtenir des résistances moyennes à 28 jours de plus de 100 MPa (soit l'équivalent d'un B86). Compte tenu des granulats éruptifs, la masse volumique élevée : 2,56 t/m³ a imposé de prendre dans les calculs une masse volumique de béton armé plutôt de l'ordre de 2,8 t/m³. À noter que le béton a été fourni par une centrale BPE, d'installation très récente, sans expérience et que cela n'a jamais été un problème sur le chantier.

L'utilisation de coffrage en contreplaqué non traité et le bétonnage au tube plongeur (pour les piles) ont permis d'obtenir des parements homogènes de très bonne qualité malgré l'utilisation de fumée de silice.

Le chantier a apporté confirmation des faibles rendements du BPE pour la production d'un B80 (20 à 25 m^3/h) compte tenu de la durée de malaxage et la nécessité absolue d'une cure immédiate. Cette contrainte étant ici grandement facilité par les dalles préfabriquées qui permettent la circulation des ouvriers sur le tablier.

Le temps global de réalisation est inférieur à 2 mois pour un ouvrage complet. L'entreprise estime le gain à 2 ou 3 semaines sur site par rapport à un tablier classique, avec des méthodes beaucoup moins sensibles aux intempéries qu'un PS classique.

Début 1999, la même structure a été exploitée de manière différente sur la déviation sud de SENS (Yonne) : les tabliers en béton armé ont été entièrement coulés en place en B60 et l'encorbellement était d'épaisseur constante.

Le chantier s'est réalisé sans aucune difficulté et a été l'occasion de tester la nouvelle génération de plastifiant (polyacrylate) qui donne une grande souplesse d'emploi au béton frais et limite énormément les problèmes potentiels de compatibilité ciment-adjuvant.

Analyse comparative globale

Cette analyse a été établie pour la solution la plus courante d'un PS de $2 \times 22,5$ m (franchissement d'une route ou autoroute à 2×2 voies).

On constate des coûts globalement équivalent alors que les prix de fourniture de BHP sont assez élevés (amortissement sur un faible volume des études de formulation...) mais avec une durabilité espérée très supérieure.

L'emploi de BHP permet également des gains de matières sensibles. Ceci s'avère extrêmement important dans le cas de fondations délicates mais également dans le contexte actuel de gestion de ressources naturelles ; on peut consommer moitié moins de béton donc de matériaux « nobles » (sables, granulats) pour le même usage fonctionnel.

Références

Brocherieux, J.-M. (1992) Les bétons à hautes performances : le cas des tunnels, dans *Les bétons à hautes performances – Caractérisation, durabilité, applications*, édité par Y. Malier, Presses de l'École nationale des Ponts et chaussées, ISBN 2-85978-187-0, p. 583-599.

Cadoret, G. et Richard, P. (1992) Utilisation industrielle des bétons à hautes performances dans le bâtiment et les travaux publics, dans *Les bétons à hautes performances – Caractérisation, durabilité, applications*, édité par Y. Malier,

Presses de l'École nationale des Ponts et chaussées, ISBN 2-85978-187-0, p. 553-574.

CEB *Bulletin d'information* n° 222 (1994) *Application of High-performance Concrete*, Rapport du groupe de travail CEB-FIP sur les bétons à hautes performances, CEB, Lausanne, Suisse, 75 p.

Chardin, G. (1992) Application des bétons à hautes performances aux composants de bâtiments, dans *Les bétons à hautes performances – Caractérisation, durabilité, applications*, édité par Y. Malier, Presses de l'École nationale des Ponts et chaussées, ISBN 2-85978-187-0, p. 575-581.

Costaz, J.L. (1992) Construire en BHP dans les centrales nucléaires, dans *Les bétons à hautes performances – Caractérisation, durabilité, applications*, édité par Y. Malier, Presses de l'École nationale des Ponts et chaussées, ISBN 2-85978-187-0, p. 537-551.

de Champs, J.-F. et Monachon, P. (1992) Une application remarquable : l'arc du pont sur la Rance, dans *Les bétons à hautes performances – Caractérisation, durabilité, applications*, édité par Y. Malier, Presses de l'École nationale des Ponts et chaussées, ISBN 2-85978-187-0, p. 601-614.

Gordon, J.E. (1978) *Structures or Why Things Don't Fall Down*, Penguin Books, Londres, ISBN 014-01-3628-2, 174 p.

Hoguet, P. et Roi, S. (1992) Construction du pont de Joigny : le point de vue de l'entreprise, dans *Les bétons à hautes performances – Caractérisation, durabilité, applications*, édité par Y. Malier, Presses de l'École nationale des Ponts et chaussées, ISBN 2-85978-187-0, p. 453-9.

Johnson, R.B. (1984) Concrete column cost optimization. *Concrete Technology Today*, **5**(3), septembre, 3.

Malier, Y. (1991) The French approach to using HPC. *Concrete International*, **13**(7), juillet, 28-32.

Montens, S. (1992) Le pont sur la Roize, dans *Les bétons à hautes performances – Caractérisation, durabilité, applications*, édité par Y. Malier, Presses de l'École nationale des Ponts et chaussées, ISBN 2-85978-187-0, p. 615-627.

Schaller, I., de Larrard, F., Sudret, J.P., Ardisson, A. et Le Roy, R. (1992) L'expérimentation du Pont de Joigny, dans *Les bétons à hautes performances – Caractéristisation, durabilité, applications*, édité par Y. Malier, Presses de l'École nationale des Ponts et Chaussées, ISBN 2-85978-187-0, p. 483-520.

Slaich, J. (1987) *Quality and Economy*, IABSE Symposium Paris-Versailles 1987, éditeurs IABSE-AIPC-IVBH, Zurich, Suisse, p. 31-40.

Smith, G.J. et Rad, F.N. (1989) Economic advantages of high-strength concrete in columns. *Concrete International*, **11**(4), avril, 37-43.

Tavakoli, F. (1992) Pont de Joigny sur l'Yonne, dans *Les bétons à hautes performances – Caractérisation, durabilité, applications*, édité par Y. Malier, Presses de l'École nationale des Ponts et chaussées, ISBN 2-85978-187-0, p. 471-481.

Valenchon, C. (1992) Le treillis 3D en béton hautes performances pour strucutres offs-hore, dans *Les bétons à hautes performances – Caractérisation, durabilité, applica-tions*, édité par Y. Malier, Presses de l'École nationale des Ponts et chaussées, ISBN 2-85978-187-0, p. 629-644.

Water Tower Place

Anonyme (1976) Water Tower Place – High Strength Concrete. *Concrete Construction*, **21**(3), mars, 100-104.

Russell, H.G. et Corley, W.G. (1977) Time dependant behavior of columns in Water Tower Place, dans *Douglas McHenry International Symposium on Concrete and Concrete Structures*, ACI SP-55, p. 347-373.

Russell, H.G. et Larson, S.C. (1989) Thirteen years of deformations in Water Tower Place. *ACI Structural Journal*, **86**(2), mars-avril, 182-191.

Plates-formes pétrolières Gullfaks

Haug, A.K. et Sandvik, M. (1988) *Mix Design and Strength Data for Concrete Plat-forms in the North Sea*, ACI SP-109, p. 495-524.

Moksnes, J. (1990) *Norwegian Concrete Engineering – Concrete for the World*, Norwe-gian Concrete Association, Kronprinsensgate 17, N-0251 Oslo, Norvège, mai, p. 19-21.

NC News (1986), n° 2, publié par Norwegian Contractors Information and Public Rela-tions Department, Holtet 45, N-1320 Stabbek, Norvège, août, p. 14-15.

Norwegian Concrete Association (1988) *Concrete Platform a Modern Fairytale, Norwegian Concrete Engineering, Concrete for the World*, Kronprinsensgate 17, N-0251 Oslo, Norvège, mai, p. 8-9.

Ronneberg, A. et Sandvik, M. (1990) High-strength concrete for North Sea platforms. *Concrete International*, **12**(1), janvier, 29-34.

Viaducs de Sylans et Glacières

Baudot, J., Thao, P.X. et Radiquet, B. (1987) Les viaducs de Sylans et Glacières, dans *Concrete Structures for the Future,* comptes rendus du Symposium de l'IABSE, Versailles, Paris, IABSE-AIPC-IVBH, Zurich, ISBN 3-85748-053-1, p. 493-499.

Cadoret, G. (1987) Béton à haute performance, dans *Concrete Structures for the Future,* comptes rendus du Symposium de l'IABSE, Versailles, Paris, IABSE-AIPC-IVBH, Zurich, ISBN 3-85748-053-1, p. 401-406.

Richard, P. (1988) Swiss Cheese Box Girders. *Civil Engineering*, **58**(3), mars, 40-43.

Roussel, J.-P. (1989) Un premier bilan de la construction du viaduc de Sylans ou les difficultés de l'innovation. *Revue générale des routes et des aérodromes*, n° 660, février, p. 31-39.

Thao, P.X. (1990) *External prestressing in bridges – the example of the Sylans and Glacières viaducts (France),* dans ACI SP-120, *External Prestressing in Bridges*, p. 145-157.

Scotia Plaza

Quinn, P.J. (1988) Silica fume concrete in super high rise buildings. *Construction Canada*, **30**(2), mars-avril, 7-8.

Ryell, J. et Bickley, J.A. (1987) Scotia Plaza : high strength concrete for tall buildings, dans *Utilization of High Strength Concrete*, Stavanger (édité par I. Holland *et coll.*), Tapir, N-7034 Trondheim, NTH, Norvège, ISBN 82-519-07977, p. 641-653.

Pont de l'île de Ré

Cadoret, G. (1987) Béton à haute performance, dans *Concrete Structures for the Future,* comptes rendus du Symposium de l'IABSE, Versailles, Paris, IABSE-AIPC-IVBH, Zurich, ISBN 3-85748-053-1, p. 401-406.

Cadoret, G. et Richard, P. (1992) Utilisation industrielle des bétons à hautes perfor- mances dans le bâtiment et les travaux publics, dans *Les bétons à hautes performances – Caractérisation, durabilité, applications*, édité par Y. Malier, Presses de l'École nationale des Ponts et chaussées, ISBN 2-85978-187-0, p. 553-574.

Causse, G. (1990) Ré Island bridge external prestressing, dans ACI SP-120, *External Prestressing in Bridges*, p. 175-184.

Virlogeux, M. (1990) The Ré island bridge, dans *Bridges and Tunnels*, comptes rendus du XIe congrès international sur le béton précontraint, F18, Hambourg, Allemagne, p. 186-192.

Two Union Square

Aïtcin, P.-C. (1989) From gigapascals to nanometers, dans *Engineering Science Foun- dation Conference on Advances in Cement Manufacture and Use*, édité par E. Gartner, American Society of Civil Engineers Foundation, Potosi, Mo., USA, p. 105-130.

Godfrey, K.A. Jr (1987) Concrete strength record jumps 36 %. *Civil Engineering*, **57**(10), octobre, p. 84-88.

Howard, N.L. et Leatham, D.M. (1989) The production and delivery of high-strength concrete. *Concrete International*, **11**(4), avril, 26-30.

Ralston, M. et Korman, R. (1989) Put that in your life and cure it. *Engineering News Record*, **22**(7), février, 44-53.

Simons, B.P. (1989) Getting what was asked for with high-strength concrete. *Concrete International*, **11**(10), octobre, 64-66.

Pont de Joigny

Malier, Y., Brazilier, D. et Roi, S. (1991) The bridge of Joigny, a high performance concrete experimental bridge. *Concrete International*, **13**(5), mai, 40-42.

Malier, Y., Brazilier, D. et Roi, S. (1992) The Joigny bridge : an experimental high performance concrete bridge, dans *High Performance Concrete – From Material to Structure*, éditeur Y. Malier, E & FN Spon, Londres, p. 424-431.

Schaller, I., de Larrard, F., Sudret, J.P., Ardisson, A. et Le Roy, R. (1992) L'expérimentation du Pont de Joigny, dans *Les bétons à hautes performances – Caractéristisation, durabilité, applications*, édité par Y. Malier, Presses de l'École nationale des Ponts et Chaussées, ISBN 2-85978-187-0, p. 483-520.

Montée Saint-Rémi

Coulombe, L.-G. et Ouellet, C. (1994) The Montée Saint-Rémi overpass crossing autoroute 50 in Mirabel. The Savings Achieved by Using HPC, *Bulletin du Réseau canadien des centres d'excellence sur les bétons à haute performance*, **2**(1), décembre, 2-5.

Lachemi, M., Bouzoubaâ, N.et Aïtcin, P.-C. (1996a) *Thermally Induced Stresses During Curing in a High Performance Concrete Bridge : Field and Numerical Studies*, comptes rendus, Second International Conference in Civil Engineering on Computer Applications : Research and Practice, Bahrain, avril, vol. 2, University of Bahrain Press, p. 451-457.

Lachemi, M., Lessard, M. et Aïtcin, P.-C. (1996b) *Early-Age Temperature Developments in a High-performance Concrete Viaduct*, ACI SP-167, p. 149-174.

Lachemi, M. et Aïtcin, P.-C. (1997) Influence of ambient and fresh concrete temperatures on the maximum temperature and thermal gradient in a high-performance concrete. *ACI Materials Journal*, **94**(2), mars-avril, 102-110.

Pont de Normandie

Boulay, C. et de Larrard, F. (1993) A new-capping method for testing high-performance concrete cylinders : the sand box. *Concrete International*, **15**(4), avril, 63-66.

Boulay, C., Belloc, A., de Larrard, F. et Torrenti, J.M. (1992) Une nouvelle méthode de surfaçage des éprouvettes en béton à hautes et très hautes performances. *Bulletin de liaison des Laboratoires des Ponts et Chaussées*, n° 179, mai-juin, 43-56.

Monachon, P. et Gaumy, A. (1996) *The Normandie Bridge and the Société Générale Tower,* HSC Grade 60, 4e Symposium international sur l'utilisation des bétons à hautes performances, Paris, mai, n° 125, 13 p.

Virlogeux, M. (1993) Le point sur le projet du pont de Normandie. *Annales de l'ITBTP,* n° 517, série génie civil 216, octobre, 2-78.

Plate-forme pétrolière Hibernia

Hoff, G.C. et Elimov, R. (1995) *Concrete Production for the Hibernia Platform,* 2nd CANMET/ACI International Symposium on Advance in Concrete Technology, Supplementary papers, Las Vegas, Nevada, 11-14 juin, p. 717-739.

Woodhead, H.R. (1993) Hibernia development project – development of the construction site. *Canadian Civil Engineering Journal,* **20**(3), juin, 528-535.

Pont de la Confédération

Holley, J.J., Thomas, M.D.A., Hopkins, D.S. et Lanctôt, M.-C. (1999) Custom HPC mixtures for challenging bridge design. *Concrete International,* **21**(9), 43-48.

Revue canadienne de génie civil (1997), **24**(6). *Tout le numéro est consacré à une série d'articles sur la construction du Pont de la Confédération.*

Tadros, G., Combault, J., Bilderbeek, D.W. et Fotinos, G. (1996) *The Design and Construction of the Northumberland Strait Crossing Fixed Link in Canada,* 15e congrès de l'IABSE, Copenhague, Danemark, 16-20 juin, 24 p.

Ouvrages types en BHP

Brazillier, D. et coll. (1996) Le concours national de conception d'ouvrages types en BHP. *Revue Ouvrages d'art,* n° 25, novembre, 25-29.

Brazillier, D. et coll. (1997) *New Developments in Standard Bridge Design Using HPC,* Congrès IABSE-FIP – New technologies in structural engineering, Lisbonne, juillet, p. 131-139.

Brazillier, D., Hoguet, P. et Tafforeau, J.L. (1998) *An Example of the Application of HPC in the Design of Standard Bridges,* comptes rendus du Symposium International sur les bétons à haute performance et de poudres réactives, Sherbrooke, Canada, août, vol. 2, p. 185-199.

Autres lectures

Cook, J.E. (1989) 10 000 psi concrete. *Concrete International,* **11**(10), octobre, 67-75.

de Larrard, F. (1993) Application des bétons à hautes performances aux ouvrages d'art. Condition pour une mise en œuvre de qualité. *Bulletin de liaison des Laboratoires des Ponts et Chaussées*, n° 187, septembre-octobre, 37-44.

Gerwick, B.C. Jr (1985) Lessons from an exciting decade of concrete sea structures. *Concrete International,* **7**(8), août, 34-37.

Hoff., G.C. (1985) The challenge of offshore structures. *Concrete International*, **7**(8), août, 12-22.

Keck, R. et Casey, K. (1991) A tower of strength. *Concrete International*, **13**(3), mars, 23-25.

Laning, A. (1992) One Peachtree Centre dominates Atlanta skyline. *Concrete Construction*, **37**(2), février, 71-73.

Moreno, J. (1990) 225 W. Wacker Drive. *Concrete International,* **12**(1), janvier, 35-39.

Pistilli, M., Cygan, A. et Burkart, L. (1992) Concrete suppliers' fills, *Concrete International,* **14**(10), octobre, 44-47.

Shydlowski, M. (1992) High-performance concrete plays a key role in Atlanta Tower construction. Concrete Construction, **37**(2), février, 81-84.

Woodhead, H.R. (1993) Hibernia development project – development of the construction site. *Canadian Civil Engineering Journal*, **20**(3), juin, 528-535.

Chapitre 5

Les principes des BHP

5.1 Introduction

Il faut admettre que pendant longtemps les progrès réalisés dans le domaine des BHP ont été plutôt les fruits d'une approche empirique que d'une approche fondamentale et scientifique. Comme cela a souvent été le cas dans le domaine du béton, les progrès technologiques ont précédé les progrès scientifiques. Cependant, à l'heure actuelle, on peut quand même expliquer les meilleures performances des BHP en se basant sur des principes scientifiques établis, bien qu'il ne soit pas toujours possible d'expliquer toutes les propriétés des BHP dans leurs moindres détails. On verra ainsi, dans le chapitre 7, que la sélection des matériaux que l'on utilise pour fabriquer des BHP et, dans le chapitre 8, que les méthodes de composition ne sont plus gouvernées par le plus pur empirisme, mais qu'il est possible de mettre en œuvre un certain nombre de principes directeurs sans qu'il faille toujours recommencer à zéro.

Cependant, en dépit des progrès réalisés dans la connaissance des BHP, il est encore illusoire de penser que, dans un avenir proche, on pourra sélectionner sur papier les matériaux et les proportions qui permettront de fabriquer un béton économique et durable en un endroit donné ayant des caractéristiques bien précises. En fait, tant et aussi longtemps que les BHP seront fabriqués avec des matériaux aussi simples et peu coûteux que ceux que l'on utilise pour faire des bétons usuels, il n'est pas évident qu'une recette magique simple puisse donner directement la composition optimale d'un BHP donné. Comme les BHP ne représentent pour l'instant qu'une faible part du marché du béton, les cimentiers n'ont encore que peu d'intérêt à investir beaucoup d'efforts pour produire des ciments optimisés pour fabriquer des BHP, en outre, en un endroit donné, la sélection des matériaux utilisés pour fabriquer des BHP sera toujours limitée par des considérations économiques parce que, pour demeurer techniquement compétitif avec les bétons usuels, les coûts de production des BHP devront demeurer aussi faibles que possible. Il faudra donc toujours, en un endroit donné, rechercher la

meilleure combinaison de matériaux locaux pour obtenir un BHP ayant un rapport eau/
ciment désiré, une maniabilité que l'on pourra contrôler aussi longtemps que nécessaire
pour pouvoir le mettre en place, le consolider et le finir aussi facilement qu'un béton
usuel.

Comme on le verra, fabriquer un BHP est quand même une opération un peu plus
compliquée que de produire un béton usuel. Les raisons en sont simples : au fur et à
mesure que la résistance à la compression visée augmente, les propriétés du béton ne
sont plus simplement reliées au rapport eau/liant, le paramètre fondamental qui
gouverne les propriétés des bétons usuels par l'intermédiaire de la porosité de la pâte de
ciment hydraté. Dans un béton usuel, il y a tellement d'eau que c'est elle qui contrôle la
rhéologie de la pâte de ciment hydraté. En règle générale, cette eau qui se retrouve dans
la zone de transition autour des gros granulats représente le lien faible dans la microstructure d'un béton où s'amorce la destruction du béton quand celui-ci est soumis à un
effort de compression.

Dans ce chapitre, on aborde quelques aspects théoriques qui expliquent comment on
peut augmenter la résistance à la compression d'un béton tout en contrôlant sa rhéologie. En particulier, on démontrera que la plupart des propriétés mécaniques des BHP
sont reliées à l'hydratation des silicates, tandis que, la plupart du temps, la rhéologie est
contrôlée par l'hydratation des aluminates de la phase interstitielle en présence d'ions
sulfate. Dans les deux cas, la quantité d'eau disponible lorsque le processus d'hydratation s'amorce est critique, mais en termes conflictuels. La résolution économique de ce
conflit constitue la clé du succès de la fabrication des BHP.

5.2   Destruction d'un béton sous un effort de compression

Bien que la résistance à la compression ne soit pas la seule propriété qui rend l'utilisation des BHP avantageuse, elle n'en demeure pas moins très importante. La résistance à
la compression est reliée très étroitement aux détails de la microstructure du béton qui,
eux, gouvernent d'autres propriétés, telles que les propriétés élastiques et la perméabilité.

Lorsque l'on examine à l'œil nu la surface de rupture d'une éprouvette de béton usuel
soumise à un effort de compression uniaxiale, on s'aperçoit que la rupture se développe
soit dans le mortier (Fig. 5.1) ou le long de l'interface entre le mortier et les gros granulats, la zone de transition, puisque cette dernière zone constitue, en règle générale, le
point faible d'un béton usuel. Cependant, dans quelques cas, si le béton contient des
granulats faibles ou friables, on peut voir des plans de rupture se propager à travers ces
granulats faibles (Fig. 5.2).

Figure 5.1 Surface de rupture d'un béton usuel

Figure 5.2 Surface de rupture d'un béton contenant un gros granulat faible.
La surface de rupture s'est propagée à travers les particules du gros granulat granitique

Si la surface de rupture est examinée un peu plus attentivement au microscope optique ou au microscope électronique à balayage, on s'aperçoit que la zone de transition est composée de pâte de ciment hydraté très poreuse qui contient de nombreux cristaux de portlandite, d'ettringite et de monosulfoaluminate parfaitement bien développés (Fig. 5.3).

La rupture d'un béton usuel se développe toujours dans la partie la plus faible des trois régions suivantes : le mortier, les granulats faibles, la zone de transition. Par conséquent, si l'on veut augmenter la résistance à la compression d'un béton, il suffit de prendre beaucoup de soin à renforcer chacune de ces trois parties (Aïtcin et Mehta, 1990).

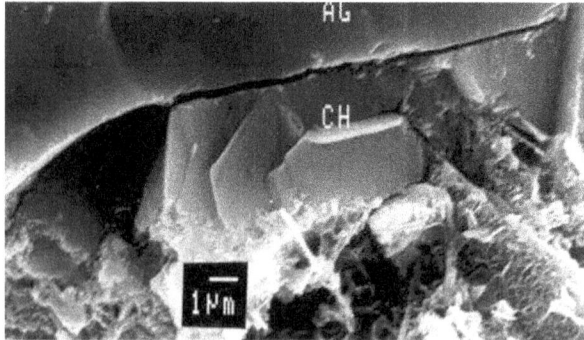

Figure 5.3 Zone de transition dans un béton de faible résistance (17,5 MPa)
AG : granulat   CH : chaux hydratée

Quand on soumet un béton à un effort de compression, il est bon de rappeler que, alors que la plupart des propriétés du béton sont plutôt reliées à des valeurs moyennes qu'à des valeurs extrêmes, par contre la résistance à la fracture dépend de façon critique de valeurs extrêmes plutôt que de valeurs moyennes (Mehta et Aïtcin, 1990). En d'autres termes, la fracture d'un béton soumis à un effort de compression se produit dans le maillon le plus faible. Par conséquent, en plus du nombre, de la taille et de la forme des pores, leur répartition spatiale ou leur concentration locale influencent fortement le comportement à la rupture d'une éprouvette de béton.

La théorie de Griffith et Weibull sur la résistance des solides, bien que non applicable directement au béton, peut être toutefois utile pour comprendre comment on peut contrôler la résistance et la microstructure d'un matériau. Selon Illston et coll. (1979) : « une approche statistique permet de considérer l'éprouvette à analyser comme une chaîne d'éléments, chacun au même niveau de contrainte, ayant la même probabilité de rupture. Cette approche équivaut, dans la théorie de Griffith, à la probabilité de la présence d'une fissure de longueur critique. Si la fissure se propage, l'élément se rompt instantanément. En outre, étant donné que l'éprouvette est une chaîne composée de plusieurs maillons, la rupture d'un de ces maillons commande la rupture de l'ensemble de l'éprouvette. Ainsi, la résistance d'une éprouvette est la résistance de son maillon le plus faible. »

Si l'on examine le problème selon une approche empruntée à la mécanique de la rupture, on peut considérer que le béton est un matériau non homogène composé de trois phases distinctes :

- la pâte de ciment hydraté (Regourd, 1987, 1992) ;
- la zone de transition entre le granulat et la pâte de ciment hydraté (Maso, 1982) ;
- les granulats (qui eux-mêmes peuvent être polycristallins comme dans le cas du granite).

Dans la suite de ce chapitre, on verra comment on peut retarder la rupture de la pâte de ciment hydraté dans la zone de transition et dans les granulats.

5.3 Amélioration de la résistance de la pâte de ciment hydraté

La pâte de ciment hydraté (C-S-H) peut, en première approximation, être considérée comme un matériau monocristallin auquel on peut appliquer les principes gouvernant le comportement des solides fragiles tels que les céramiques. Cela est particulièrement vrai dans le cas des BHP qui présentent beaucoup plus de similarités microstructurales avec les céramiques que les bétons usuels très poreux.

La dépendance de la résistance à la traction d'un matériau monophasique cristallin par rapport à sa porosité s'exprime généralement par une relation exponentielle de type :

$$S = S_o \, e^{-bp}$$

où S est la résistance à la traction du matériau qui a une certaine porosité, p, S_o la résistance à la traction intrinsèque du matériau lorsqu'il a une porosité nulle et b est un paramètre qui dépend de la taille et de la forme des pores (Aïtcin et Mehta, 1990).

La résistance à la compression d'un matériau fragile est plus grande que sa résistance à la traction parce que, en traction, un matériau se rompt par la propagation rapide d'une simple fissure alors qu'il faut qu'un certain nombre de fissures de traction se réunissent pour causer une rupture en compression. En compression, il faut donc toujours beaucoup plus d'énergie pour former et laisser se propager un système de microfissures. Si l'on suppose que la rupture en compression est obtenue par une sommation de ruptures en traction, la théorie de la fracture en traction de Griffith et les concepts de mécanique continue peuvent être utilisés pour prédire que la résistance à la compression d'une céramique homogène est huit fois supérieure à sa résistance à la traction. Ce rapport entre la résistance à la compression et à la traction s'applique aussi assez bien dans le cas des bétons.

Il n'y a pas encore eu d'approche spécifique pour dériver la résistance à la compression d'un matériau poreux à partir de la connaissance des caractéristiques de sa microstructure. Cependant, d'un point de vue empirique, beaucoup d'études ont démontré que la résistance à la compression obéissait à une loi du type :

$$f'_c = f_c \, (1 - p)^m$$

où f'_c représente la résistance à la compression du matériau contenant une porosité, p, f_c représente la résistance à la compression intrinsèque d'un matériau donné lorsqu'il a une porosité nulle et m est un paramètre qui dépend de la nature des liens intercristallins que l'on retrouve dans le solide, de la forme et de la dimension des pores et des défauts ainsi que de la présence d'impuretés et de leur répartition. En règle générale, la résistance à la compression décroît quand la taille des pores augmente, alors qu'elle augmente lorsque la taille des grains cristallins diminue. Des études reliées aux relations entre la microstructure et la résistance des céramiques ont aussi montré que la porosité, la distribution des pores et la présence d'hétérogénéités sont les autres facteurs qui contrôlent la résistance à la traction.

En conclusion, la résistance d'une pâte de ciment hydraté peut être améliorée en considérant de façon plus détaillée les remarques suivantes :

- porosité : un grand nombre de gros pores ou de vides de diamètre supérieur à 50 nm, concentrés en un endroit donné peuvent diminuer considérablement la résistance d'un matériau ;
- la taille des granulats : en général, la résistance d'une phase cristalline augmente lorsque la taille des grains diminue ;
- hétérogénéité : avec des matériaux multiphasiques, les hétérogénéités microstructurales sont une source de perte de résistance.

Pour pouvoir améliorer la résistance de la pâte de ciment hydraté, il est absolument nécessaire d'appliquer ces trois principes à sa microstructure (Regourd, 1985 ; Nielsen, 1993).

5.3.1 Porosité

Quand les silicates anhydres des grains de ciment entrent en contact avec l'eau, leur hydratation commence toujours par une mise en solution. En d'autres termes, la phase liquide se sature avec différents ions qui se combinent pour former les différents produits d'hydratation qui commencent à occuper une partie de l'espace originalement occupé par l'eau. Au fur et à mesure que l'hydratation se développe et que la taille des pores capillaires diminue, les mouvements de l'eau dans le système deviennent de plus en plus difficiles, si bien que l'hydratation des portions non encore hydratées des grosses particules de ciment se fait plutôt par diffusion. En n'importe quel temps durant la réaction d'hydratation, les espaces non remplis par des produits solides (hydrates et particules de ciment anhydre) pourront être considérés comme des vides ou des pores capillaires.

Des études en microscopie électronique ont montré que les premiers produits d'hydratation formés quand il y a beaucoup d'eau et beaucoup d'espaces vides dans le système cimentaire sont surtout constitués d'agrégats de larges cristaux qui entraînent la formation d'un volume considérable de vides (Fig. 5.4). Comme les premiers produits d'hydratation cristallisent à l'extérieur dans l'espace rempli d'eau qui entoure les grains de ciment (c'est-à-dire à l'extérieur des limites d'une particule de ciment qui s'hydrate), on les appelle des produits d'hydratation externes. Par contre, lorsque les produits de l'hydratation se forment par des réactions à l'intérieur des limites des particules de ciment, on les appelle des produits d'hydratation internes, ils sont plus compacts et moins bien cristallisés que les produits d'hydratation externes (Fig. 5.5) (Mehta et Monteiro, 1993). La résistance de la pâte de ciment Portland hydraté est essentiellement reliée à des forces d'attraction de type Van der Waals. Ainsi, plus une pâte de ciment hydraté est compacte (c'est-à-dire sans grand pore) et faiblement cristallisée, plus elle sera résistante, ce qui explique pourquoi, dans une pâte de ciment hydraté, les fractures se propagent plutôt dans les produits d'hydratation externes que dans les produits internes.

Figure 5.4 Produits d'hydradation externes

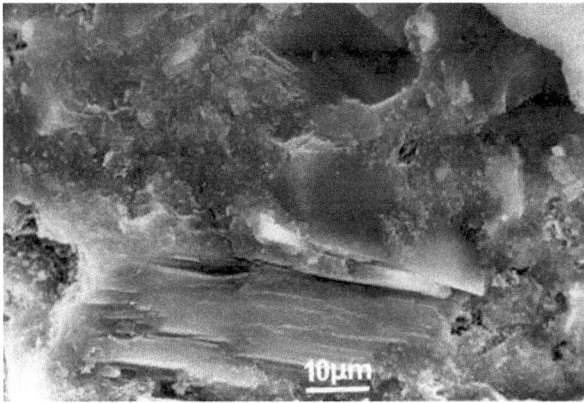

Figure 5.5 Produits d'hydratation internes

Du point de vue de la résistance, il est donc très important d'obtenir une microstructure qui ressemble à celle des produits internes plutôt qu'à celle des produits externes d'hydratation (Mehta et Aïtcin, 1990). Comme on le verra plus tard, le concept de produits d'hydratation interne et externe d'un ciment est utile pour apprécier le rôle des faibles rapports eau/ciment, des superplastifiants et des matériaux cimentaires que l'on utilise pour fabriquer des BHP.

Cependant, un type de porosité ne peut pas être évité : la contraction chimique qui accompagne l'hydratation du ciment. Le volume final de la pâte de ciment hydraté est de 8 à 10 % plus faible que le volume combiné des grains anhydres et de l'eau. Cette contraction de volume peut entraîner l'apparition rapide de retrait endogène dans la pâte de ciment hydraté durant le processus d'hydratation si cette pâte n'est pas mûrie à l'eau immédiatement. Puisqu'une partie de ce retrait est restreinte par le squelette granulaire, un réseau de microfissures peut se développer dans la pâte de ciment hydraté. L'étendue de ce réseau de fissures très fines dépend de la quantité de grains anhydres qui se sont hydratés et de l'effet de confinement des granulats. Ces points seront abordés de façon plus détaillée dans le chapitre 12 qui traite du mûrissement du BHP.

Les principaux facteurs qui affectent la porosité de la pâte de ciment hydraté sont le rapport de l'eau disponible au volume de la phase de silicates qui peut s'hydrater et la quantité d'air piégé durant le malaxage. En 1892, Féret a exprimé ce principe sous forme d'une loi :

$$f'_c = k \left(\frac{c}{c + e + a} \right)^2$$

où f'_c représente la résistance à la compression de la pâte de ciment hydraté, c, e et a les volumes du ciment, de l'eau et d'air respectivement et k est une constante qui dépend du type de ciment (Féret, 1892). Comme Féret a certainement établi cette formule en n'utilisant que du ciment Portland pur, la lettre c représente le volume de ciment Portland.

En divisant par c le numérateur et le dénominateur, l'expression de Féret peut être réécrite de la façon suivante :

$$f'_c = \frac{1}{\left(1 + \dfrac{e}{c} + \dfrac{a}{c} \right)^2}$$

Dans une pâte de ciment hydraté ou dans un béton, le volume d'air piégé est généralement inférieur à 1 ou 2 % du volume total du béton ; on peut donc négliger le terme a/c dans l'expression précédente. Ainsi, l'expression de Féret peut s'écrire :

$$f'_c = k \frac{1}{\left(1 + \dfrac{e}{c} \right)^2}$$

Si l'on désire augmenter la résistance à la compression d'un béton, il devient évident qu'il faut absolument réduire le rapport eau/ciment.

Quand le rapport eau/ciment de la pâte de ciment hydraté est réduit, les particules de ciment se rapprochent les unes des autres dans le mélange fraîchement malaxé (Fig. 5.6). Par conséquent, il y a moins de porosité capillaire et moins d'espaces vides où peuvent se développer les produits externes. En outre, étant donné qu'il y a moins d'eau disponible, l'eau devient plus rapidement saturée en différents ions responsables du développement de la formation de produits externes. Les particules de ciment étant maintenant plus rapprochées les unes des autres, les produits d'hydratation externes ont moins d'espace à remplir pour relier les différentes particules de ciment et développer une certaine résistance initiale, ce qui explique pourquoi les pâtes de ciment qui ont de faibles rapports eau/ciment développent des résistances beaucoup plus rapidement que les pâtes ayant des rapports eau/ciment plus élevés. Par ailleurs, comme les particules de ciment sont plus rapprochées les unes des autres, et rapidement liées les unes aux autres, les mouvements de l'eau deviennent plus rapidement difficiles, ce qui favorise la formation de produits internes durant l'hydratation plutôt que celle de produits externes.

5.3 Amélioration de la résistance de la pâte de ciment hydraté

Pâte de ciment fraîche

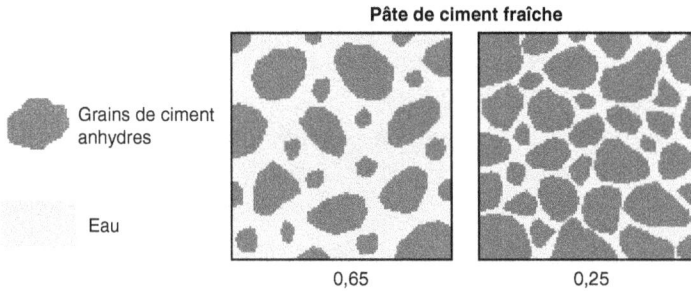

Grains de ciment anhydres

Eau

0,65   0,25

Figure 5.6 Représentation schématique de deux pâtes de ciment fraîches de rapports eaux/ciment respectifs de 0,65 et 0,25. Dans cette représentation schématique, le rapport de la surface de l'eau et de celle des grains de ciment est égal au rapport massique eau/ciment

En se basant sur de telles considérations, on peut voir que, si l'on désire diminuer la porosité de la pâte de ciment hydraté, il faut diminuer autant que possible, d'une part, la quantité d'air piégé dans un béton et, d'autre part, le rapport eau/ciment de la pâte de ciment fraîchement malaxée. Parallèlement, on doit conférer une certaine fluidité à la pâte de ciment pour donner au béton la maniabilité nécessaire qui facilitera son transport et sa mise en place.

En tenant compte du rôle prédominant du rapport eau/ciment sur la pâte de ciment hydraté, certains chercheurs ont pu battre des records de résistance. En utilisant une technique de consolidation à très haute pression (350 MPa) et une température de mûrissement très élevée (250 °C pendant 2 heures), Roy et coll. (1972) ont fabriqué des pâtes de ciment qui avaient un rapport eau/ciment aussi faible que 0,093 et une résistance à la compression de 470 MPa à 28 jours. De leur côté, Regourd et coll. (1978) ont rapporté l'obtention d'une pâte de ciment à très forte résistance, 204 MPa à 8 jours, cette pâte contenait un ciment ultrafin ayant une surface spécifique Blaine de 750 m²/kg, dans lequel on avait utilisé 0,5 % de diethylcarbonate comme agent de mouture, 1 % de lignosulfonate et 0,5 % de carbonate de potassium comme agent de contrôle de la prise. La porosité de cette pâte était inférieure à 5 % en volume et avait un degré d'hydratation inférieur à 70 %.

Pour sa part, Bache (1981), en utilisant des techniques de fabrication et de mise en place plus usuelles, a réussi à fabriquer un béton ayant un rapport eau/liant de 0,16 qui avait une résistance à la compression de 270 MPa en utilisant un granulat très résistant, un très fort dosage en superplastifiant et de la fumée de silice. Plus récemment, poursuivant le travail de pionniers de Birchall et Kelly (1983), Young (1994) et son équipe ont développé des bétons MDF (*Macro Defect Free*) ayant une résistance à la compression et à la traction que l'on ne pouvait imaginer il y a quelques années. Des résistances en traction à la rupture de 70 MPa peuvent être obtenues assez facilement quand on mélange de façon appropriée du ciment, de l'hydroxypropylméthylcellulose ou de l'acétatepolyvinyle hydrolysé et de l'eau.

Toutes ces compositions particulières montrent que, lorsque l'on applique les principes théoriques déjà vus à la pâte de ciment hydraté, on peut obtenir des matériaux à base de ciment Portland à très haute résistance. Le chapitre 19 est consacré à certains de ces matériaux spéciaux à base de ciment Portland.

Ainsi, du point de vue pratique, lorsque l'on veut fabriquer des BHP, un des facteurs clés est la réduction du rapport eau/ciment ou du rapport eau/liant.

5.3.2   Diminution de la taille des grains des produits d'hydratation

La diminution du rapport eau/liant favorise la formation de produits d'hydratation internes qui sont caractérisés par une texture très fine, d'ailleurs lorsqu'on les observe au microscope électronique à balayage, les C-S-H dans ces produits d'hydratation internes ressemblent beaucoup plus à une phase compacte ayant une apparence amorphe (Fig. 5.5). Pour de très faibles rapports eau/liant, la pâte de ciment hydraté ne contient plus d'empilements hexagonaux de gros cristaux de portlandite, ni de longues aiguilles d'ettringite, ni de filaments chevelus de C-S-H que l'on retrouve habituellement dans une pâte de ciment hydraté ayant un rapport eau/liant élevé.

5.3.3   Réduction des hétérogénéités

La présence de grosses bulles d'air piégé peut être considérée comme une hétérogénéité microstructurale qu'il va falloir chercher à minimiser dans les BHP quand on recherche une très grande résistance finale. Cet objectif peut être atteint en utilisant des moyens appropriés de consolidation. La tendance naturelle des particules de ciment à floculer doit être aussi éliminée. De ce point de vue, la quantité de superplastifiant nécessaire pour abaisser le rapport eau/liant joue un rôle très important dans la dispersion des particules de ciment dans les pâtes de ciment fraîchement malaxées. Cependant, comme on le verra plus tard, l'entraînement de très petites bulles d'air (2 à 3 %) peut être très utile lorsque l'on a à placer et à finir des BHP, mais cette facilité de mise en place entraîne la perte de quelques MPa.

5.4   Amélioration de la résistance de la zone de transition

Dans des bétons ayant des rapports eau/liant compris entre 0,40 et 0,70, on a trouvé que la résistance à la compression mesurée était toujours très inférieure à celle qui pouvait être déduite des relations de type résistance/porosité pour des pâtes de ciment hydraté ou des mortiers ayant le même rapport eau/liant. Pour expliquer de tels résultats, il faut considérer plus en détail l'effet combiné de la distribution granulométrique des granulats et du rapport eau/liant sur la résistance du béton pour expliquer ce comportement en apparence anormal. Durant la consolidation, les gros granulats, à des degrés divers selon leur taille, leur forme et la texture de leur surface, empêchent une distribution homogène de l'eau dans le béton. À cause de ces effets de paroi localisés, une certaine quantité d'eau de ressuage s'accumule à la surface des gros granulats et particulièrement à leur partie inférieure (Neville, 1995). Par conséquent, le rapport eau/liant local dans la pâte de ciment à proximité des gros granulats, que l'on appelle la zone de transition, est beaucoup plus élevé que dans la pâte de ciment près de cette zone de transition. Si l'on compare la microstructure de cette zone de transition à celle de la pâte de ciment brute, on voit qu'elle se caractérise par la présence de grands pores où l'on retrouve des cristaux de grande dimension (Fig. 5.3). Ce phénomène crée des hétérogénéités microstructurales qui ont de sérieuses répercussions sur la résistance du béton.

Des différences microstructurales entre la pâte de ciment hydraté dans la zone de transition et à une certaine distance de cette zone jouent un rôle important pour déterminer la résistance du béton si l'on se réfère à la théorie du maillon le plus faible de Weibull. Dans un béton usuel, la zone de transition a typiquement une épaisseur de 0,05 à 0,1 mm et contient un assez grand nombre de pores et de larges cristaux. Par conséquent, selon la théorie de Weibull, quand le béton est soumis à une certaine contrainte, les fissures commenceront par se développer dans cette zone de transition.

Dans les bétons usuels ayant des rapports eau/liant de 0,50 à 0,70, les efforts de traction introduits par le retrait de séchage ou par le retrait thermique peuvent être suffisamment élevés pour entraîner la microfissuration dans les zones de transition, même avant que le béton ne soit soumis à des charges de service. La résistance à la fracture d'un élément en béton sous charge est ainsi contrôlée par la propagation et la fusion d'une partie de ce système de microfissures qui s'initie dans la pâte de ciment hydraté (Illston et coll., 1979).

En général, la résistance du béton augmente avec l'âge tant et aussi longtemps que les grains non hydratés de ciment continuent à former des produits d'hydratation. Cette hydratation tend à réduire la dimension et le volume total des vides, spécialement dans la zone de transition. En outre, avec des granulats calcaires, certains granulats siliceux et des argiles calcinées, il semble que, en plus des forces de Van der Waals, on puisse développer certains liens chimiques à des âges ultérieurs, liens qui contribuent à renforcer la zone de transition. De façon générale, pour des bétons ayant des rapports eau/liant compris entre 0,50 et 0,70, on peut dire que la faiblesse inhérente de la microstructure de la zone de transition empêche le béton de travailler comme un vrai matériau composite. Tant et aussi longtemps que l'on retrouve de grands pores et un réseau de fissuration continu dans la zone de transition, la résistance des granulats ne peut simplement pas jouer un rôle important sur la résistance du béton puisque peu de contraintes effectives sont transférées entre la pâte de ciment et le granulat.

Évidemment, cette situation peut changer si le lien le plus faible dans un béton usuel que constitue la zone de transition est renforcé de telle sorte que, sous l'effet d'une contrainte croissante, ce ne soit plus la première zone à se fissurer. Lorsque l'on renforce la zone de transition, on constate que la résistance et les propriétés élastiques des granulats deviennent importantes et influencent le comportement des bétons lorsqu'ils sont soumis à des niveaux croissants de contrainte (Aïtcin, 1989 ; Baalbaki et coll., 1991 ; Ezeldin et Aïtcin, 1991 ; Baalbaki et coll., 1992). La réduction du rapport eau/liant et l'utilisation de la fumée de silice tendent à réduire l'épaisseur et la faiblesse de la zone de transition.

5.5 Recherche de granulats résistants

Il n'est pas nécessaire de choisir un granulat particulièrement résistant pour produire un béton usuel. Généralement, il suffit de satisfaire les exigences courantes, qui ne sont pas très sévères. Par contre, dans le cas des BHP où la pâte de ciment hydraté et la zone de transition sont suffisamment fortes, les granulats peuvent devenir le maillon faible du béton, une situation que l'on connaissait déjà dans le cas des bétons légers (Fig. 5.2).

Les granulats utilisés pour fabriquer des BHP peuvent être des sables naturels, des graviers ou des granulats concassés (Aïtcin, 1989). La résistance des granulats naturels dépend de la nature de la roche-mère qui a été concassée ou usée à la dimension actuelle après avoir subi différents processus naturels ou mécaniques. On ne peut évidemment pas faire grand chose pour améliorer la résistance des granulats naturels ; il faut les utiliser tels qu'ils sont. Des études pétrographiques peuvent être cependant utiles quand on veut utiliser des granulats naturels puisqu'elles donnent une indication de la résistance des différentes particules qui constituent le granulat. Une autre approche consiste à inclure ces granulats dans un BHP et à observer la surface de fracture du béton lors de la réalisation d'un essai de compression.

Si des granulats concassés sont utilisés pour fabriquer un BHP, il faut que leur fabrication conduise à l'obtention de particules individuelles qui contiennent la quantité minimale d'éléments faibles. Le dynamitage et le concassage n'étant pas des traitements particulièrement délicats pour obtenir un granulat qui présente un minimum de défauts, il est préférable d'utiliser des roches ayant une structure à grains très fins qui se fractureront en particules contenant un minimum de microfissures. Les roches-mères que l'on utilise pour fabriquer des granulats peuvent être des roches monophasiques, tels les calcaires, les calcaires dolomitiques, les syénites ou des roches polyphasiques, tel le granite. L'utilisation de roches contenant des plans de clivage faibles ou des roches altérées doit être évitée lorsque l'on veut fabriquer un BHP. Des études géologiques et pétrographiques favorisent la recherche de granulats forts ou résistants (Aïtcin et Mehta, 1990).

L'expérience démontre qu'en certains endroits la résistance des granulats constitue le maillon faible d'un BHP ; on en discutera plus en détail dans le prochain chapitre. Si l'on veut augmenter la résistance d'un béton, il faut porter une attention particulière à la nature du granulat lors de sa sélection. Jusqu'à présent, les granulats étaient surtout considérés comme des produits inertes dans le béton.

Ainsi, les BHP ont surtout un rapport eau/liant plus faible que celui des bétons usuels ; ils contiennent assez souvent des particules ultrafines telles que la fumée de silice pour améliorer la résistance de la pâte de ciment hydraté surtout dans la zone de transition (Goldman et Bentur, 1989) et ils sont fabriqués avec des granulats résistants. Puisque les particules du liant sont rapprochées les unes des autres, elles peuvent développer des liens très forts durant leur hydratation, mais cette proximité des grains de ciment peut aussi créer des problèmes rhéologiques dans le béton frais.

5.6 Rhéologie des bétons à faible rapport eau/liant

Alors que, du point de vue de la résistance, il est essentiel d'utiliser le rapport eau/liant le plus faible possible, il faut se souvenir que les BHP doivent aussi être transportés et mis en place aussi facilement que les bétons usuels en utilisant les mêmes moyens (voir aussi le chapitre 11).

Un BHP livré en chantier se doit donc de conserver une maniabilité adéquate pendant à peu près 1 h 30 tandis que, dans les usines de préfabrication où la mise en place est plus rapide, il est suffisant en général qu'il conserve une bonne maniabilité pendant environ 30 minutes. La rhéologie du BHP est essentiellement gouvernée par des facteurs physiques et chimiques. Parmi les facteurs physiques qui jouent un rôle important sur la rhéologie du béton frais, on retrouve la répartition granulométrique et la forme des granulats de même que la distribution granulométrique et la forme des grains de ciment. Parmi les facteurs chimiques qui affectent la rhéologie des bétons frais, il y a la réactivité initiale du ciment et des ajouts cimentaires lorsqu'ils entrent en contact avec l'eau et la durée de ce que l'on appelle la période dormante. Ces deux aspects fondamentaux de la rhéologie du béton sont examinés séparément dans la section suivante. Parmi les facteurs qui affectent la rhéologie du béton, il y a aussi les conditions d'opération des malaxeurs, leur efficacité, particulièrement en ce qui a trait au cisaillement, la température du BHP frais une fois qu'il a été malaxé et la température ambiante.

5.6.1 Optimisation de la distribution granulométrique des granulats

Beaucoup de travail a été fait sur l'optimisation de la distribution granulométrique des poudres ou des squelettes granulaires. Pratiquement, l'objectif qui a toujours été recherché était d'augmenter la densité du squelette granulaire final plutôt que d'améliorer la maniabilité du béton. La plupart des méthodes actuellement utilisées proviennent des travaux de Fuller et Thompson (1907) et de Powers (1968) en Amérique du Nord et de Bolomey (1935), Caquot (1937) et Faury (1953) en France. Il est bien établi par exemple que la présence de particules plates et allongées ne favorise pas la maniabilité et que, par contre, la présence de particules cubiques ou sphériques produit des bétons de meilleure maniabilité. Les règles développées et utilisées avec succès dans le cas des bétons usuels sont donc le plus souvent extrapolées au cas des BHP. En France, on peut cependant noter un effort de renouvellement des idées sur l'influence de la distribution des granulats sur la maniabilité des BHP (de Larrard, 1987 ; de Larrard et Buil, 1987).

Récemment, un modèle a été mis au point au LCPC, appelé modèle d'empilement compressible (MEC) (de Larrard, 1999 ; de Larrard, 2000). Cet outil mathématique permet d'optimiser la répartition granulaire d'un béton, à partir de la connaissance de la granularité des différentes coupures, et de la forme des grains, appréciée au travers d'un essai de compacité à sec effectué sur chaque classe granulaire. On peut ainsi procéder à une formulation scientifique du matériau, qui rend obsolète les approches seulement basées sur les courbes granulaires des constituants.

5.6.2   Optimisation de la distribution granulométrique des particules de ciment

Des recherches fondamentales ont été entreprises pour mettre en relief la nécessité d'optimiser la distribution granulométrique des particules cimentaires de façon à améliorer la maniabilité des bétons et leur résistance. Bache a été l'un des premiers à mettre en évidence les avantages de la fumée de silice pour fabriquer des bétons ayant de très faibles rapports eau/liant lorsque l'on voulait améliorer leur maniabilité (Bache, 1981). Il a expliqué l'effet bénéfique de l'addition de ces fines poudres en se basant sur le fait que, en introduisant de toutes petites particules de fumée de silice sphériques bien dispersées dans le système eau/ciment, elles peuvent déplacer des molécules d'eau de la proximité des grains de ciment de telle sorte que des molécules d'eau piégées entre les agrégats de grains de ciment sont libérées et peuvent ainsi contribuer à fluidifier le béton. Detwiler et Mehta (1989) ont montré que l'utilisation de particules inertes de carbone ayant la même distribution granulométrique que les particules de fumée de silice leur permettait d'obtenir des gains de maniabilité semblables à ceux obtenus avec la fumée de silice si bien que la nature chimique des très fines particules n'est pas aussi critique que certains ont voulu le laisser croire.

Selon d'autres auteurs (de Larrard, 1988), l'effet pouzzolanique de la fumée de silice a un effet comparable à l'effet de remplissage, d'où l'importance de la composition chimique de la fumée de silice (silice amorphe presque pure) qui en fait l'ultrafine idéale.

5.6.3   Utilisation d'ajouts cimentaires

En remplaçant une partie du ciment par des matériaux cimentaires qui ne contiennent pas de C_3S, de C_3A ou de C_4AF, il devient généralement plus facile de contrôler la rhéologie de n'importe quel béton, à condition évidemment que la distribution et la forme des particules de ces ajouts cimentaires restent à peu près les mêmes que celles des particules de ciment qu'ils remplacent. Un tel remplacement est intéressant, non seulement du point de vue économique puisque le prix de ces ajouts cimentaires est généralement inférieur à celui du ciment (sauf pour la fumée de silice la plupart du temps), mais encore parce que des économies significatives peuvent être obtenues sur le dosage en superplastifiant pour obtenir une maniabilité désirée. Cependant, le dosage optimal en ajout cimentaire doit aussi tenir compte de la résistance nécessaire à jeune âge (Regourd et coll., 1981).

5.6.4   Comportement rhéologique des bétons de faible rapport eau/liant à l'état frais

Il est aujourd'hui admis par la communauté scientifique que le béton frais est un corps de Bingham, ce qui signifie qu'il existe une relation affine entre la contrainte de cisaillement τ appliquée au matériau frais et la vitesse de déformation (ou gradient de vitesse) $\dot{\gamma}$ qu'elle occasionne :

$$\tau = \tau_0 + \mu\dot{\gamma}$$

Cette relation fait apparaître deux constantes qui régissent l'écoulement du matériau remanié, i.e. qui vient de subir un malaxage et un cisaillement vigoureux (par opposition au matériau au repos, affecté par la thixotropie). Le paramètre τ_0, exprimé en Pa, est appelé *seuil de cisaillement*. Il présente une corrélation avec l'affaissement au cône. Le paramètre μ, *viscosité plastique* (en Pa.s), n'est pas évalué par les essais classiques, bien qu'on ait récemment proposé une amélioration du cône d'Abrams à cet effet (de Larrard et Ferraris, 1998).

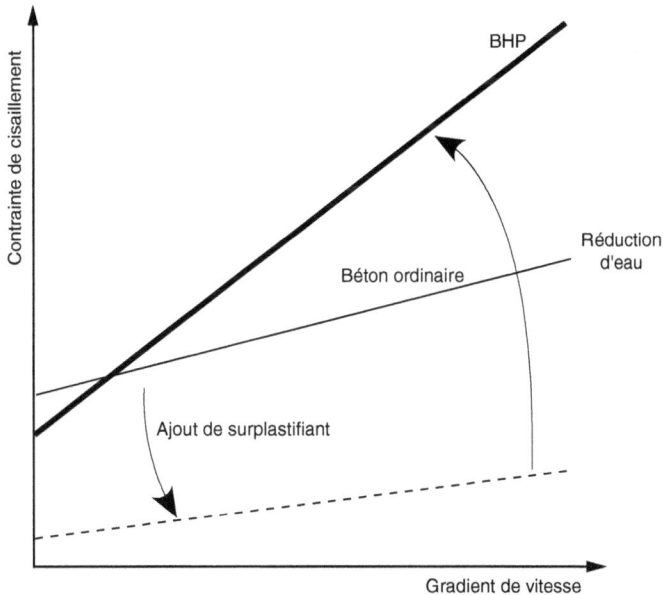

Figure 5.7 Effet d'un ajout de superplastifiant et d'une réduction d'eau
sur le comportement rhéologique d'un béton

On a vu que l'obtention d'un BHP passe par une forte réduction d'eau, permise par l'emploi des adjuvants superplastifiants. Ces derniers ont un double rôle de défloculation et de lubrification, et, de ce fait, agissent plus directement sur le seuil de cisaillement que sur la viscosité plastique. Comme l'eau a un effet comparable sur ces deux grandeurs, les BHP ont en général une viscosité plus importante que celle des bétons ordinaires (Fig. 5.7) (Hu et de Larrard, 1996). C'est même la principale limitation en termes de mise en œuvre, alors que cette caractéristique n'est presque jamais critique pour les bétons classiques.

5.7   Loi du rapport eau/liant

Comme on l'a déjà mentionné, les gains de résistance que l'on obtient dans les BHP sont essentiellement dus à une réduction de la porosité de la pâte de ciment hydraté. Cette réduction de la porosité est obtenue en utilisant, d'une part, plus de ciment tout en réduisant la quantité d'eau de gâchage grâce à l'utilisation d'un superplastifiant et, d'autre part, en remplaçant chaque fois que cela est possible et économique une partie du ciment par un volume égal d'ajouts cimentaires, et peut-être même dans le futur par des fillers qui auront une distribution granulométrique et des grains de forme convenables.

Généralement, on n'a pas à faire face à des problèmes majeurs lorsque l'on comptabilise bien la quantité d'eau que l'on retrouve dans un BHP : l'eau qui se retrouve à la surface des granulats ou dans un adjuvant doit absolument être ajoutée à la quantité d'eau que l'on utilise lors du gâchage de la même façon que celle qui peut être absorbée par des granulats secs doit être soustraite. Cependant, dans les BHP qui ont un très faible rapport eau/liant, on peut se demander si toute cette eau se combine finalement avec le ciment et les ajouts cimentaires. Actuellement, on est de plus en plus convaincu que ce n'est pas le cas.

Faut-il donc calculer le rapport eau/ciment en tenant compte de tout le ciment utilisé et en ne comptabilisant pas les ajouts cimentaires ou faut-il calculer le rapport eau/liant en tenant compte de tous les ajouts cimentaires qui ont été utilisés ? On sait très bien que les ajouts cimentaires n'ont pas les mêmes propriétés liantes que le ciment Portland et qu'ils ne réagissent pas à la même vitesse que ce dernier. Faut-il différencier les ajouts cimentaires selon leur réactivité et multiplier leur quantité par un facteur de correction qui tienne compte de l'efficacité de leurs propriétés liantes comme l'a fait de Larrard (1990) ?

On a aussi pu voir que, après 28 jours, mais aussi après plusieurs mois ou même plusieurs années, les BHP contiennent encore beaucoup de particules de ciment et d'ajouts cimentaires qui n'ont pas réagi. Par conséquent, si l'on est sûr que :

1) toute l'eau que l'on retrouve dans un béton, E, ne sera finalement pas combinée avec le système cimentaire utilisé

2) toutes les particules de ciment, C, ne vont pas s'hydrater

3) toutes les particules d'ajout cimentaire, S, ne vont pas réagir

est-il encore valable de calculer les différents rapports : E/C ou E/L avec (L = C + S) ou E (C + kS + k'S'), k et k' représentant des facteurs qui dépendent de l'efficacité des ajouts cimentaires (Hassaballah et Wenzel, 1995 ; Baron et Ollivier, 1996) ?

Il est important de calculer systématiquement le premier des deux rapports pour n'importe quel type de BHP, mais le rapport E/C n'est pas une caractéristique aussi fondamentale dans le cas d'un BHP que cela peut l'être dans le cas d'un béton usuel.

Il est intéressant de calculer le rapport eau/ciment de n'importe quel béton particulier puisqu'il donne une idée des conditions dans lesquelles se produisent la prise initiale et le durcissement initial du béton et aussi parce que la réactivité des ajouts cimentaires à jeune âge est relativement faible. Cependant, cette affirmation sur la réactivité des ajouts cimentaires n'est pas toujours vraie parce que, dans le cas de certains d'entre eux, par exemple dans le cas de certaines cendres volantes qui peuvent contenir des alcalis solubles, ces alcalis peuvent augmenter la résistance à la compression à 12 h d'un BHP quand on la compare à celle d'un béton qui ne contiendrait pas de cendre volante. On a aussi trouvé des résultats semblables avec certains fillers calcaires. Cependant, dans un tel cas, l'effet bénéfique des cendres volantes et du filler calcaire ne dure pas très longtemps parce que, en règle générale, la résistance à 24 h des bétons qui contiennent des cendres volantes ou des fillers calcaires est plus faible que la résistance d'un béton de référence fabriqué uniquement avec du ciment Portland.

Il est aussi intéressant de calculer le rapport eau/liant parce que ce rapport donne une idée de la teneur en particules fines et en eau disponible pour hydrater ces particules ; ce rapport donne donc une bonne idée de la proximité des particules les plus fines dans la pâte de ciment qui s'hydrate.

Il semble que les caractéristiques les plus importantes pour caractériser un BHP soient :

1) la quantité d'eau de gâchage ;

2) la teneur en ciment ;

3) le contenu en particules fines utilisé pour fabriquer un BHP ayant un affaissement supérieur à 200 mm.

5.8 Conclusion

Du point de vue du matériau, un BHP est simplement un béton qui a une très faible porosité, cette très faible porosité s'obtient en utilisant beaucoup moins d'eau de gâchage que dans les bétons usuels, de telle sorte que, dans la partie liante du béton, les particules de ciment et d'ajouts cimentaires sont plus rapprochées les unes des autres que dans un béton usuel.

Au fur et à mesure que la porosité de la pâte de ciment décroît, la résistance du béton augmente tant et aussi longtemps que les granulats, particulièrement les plus gros, sont suffisamment résistants. Ainsi, la sélection et la composition des ingrédients d'un BHP sont beaucoup plus critiques que dans le cas des bétons usuels. Ce point sera développé aux chapitres 7 et 8.

Références

Aïtcin, P.-C. (1989) From gigapascals to nanometers, dans *Engineering Science Foundation Conference on Advances in Cement Manufacture and Use*, édité par E. Gartner, American Society of Civil Engineers Foundation, Potosi, Mo., USA, p. 105-130.

Aïtcin, P.-C. et Mehta, P.K. (1990) Effect of coarse aggregate characteristics on mechanical properties of high-strength concrete. *ACI Materials Journal*, **87**(2), mars-avril, 103-107.

Baalbaki, W., Aïtcin, P.-C. et Ballivy, G. (1992) On predicting elastic modulus of high-strength concrete. *ACI Materials Journal*, **89**(5), septembre-octobre, 517-520.

Baalbaki, W., Benmokrane, B., Chaallal, O., et Aïtcin, P.-C. (1991) Influence of coarse aggregate on elastic properties of high-performance concrete. *ACI Materials Journal*, **88**(5), septembre-octobre, 499-503.

Bache, H.H. (1981) *Densified Cement/Ultra Fine Particle-Based Materials*, présenté à la 2e Conférence internationale sur les superplastifiants dans le béton, 11-12 juin, Ottawa, Canada, publié par Aalborg Cement, Aalborg, B.P. 163, DK-9100 Aalborg, Danemark, 12 p.

Baron, J. et Ollivier, J.-P. (1996) *Les Bétons – Bases et Données pour leur Formulation*, Eyrolles, ISBN 2-212-01316-7, p. 288-305.

Birchall, J.D. et Kelly, A. (1983) New inorganic materials. *Scientific American*, **248**(5), mai, 104-115.

Bolomey, J. (1935) Granulation et prévision de la résistance probable des bétons. *Travaux*, 19(30), 228-32.

Caquot, A. (1937) *Le rôle des matériaux inertes dans le béton*. Mémoire de la Société des ingénieurs civils de France, Fascicule n° 4, juillet-août, p. 562-82.

de Larrard, F. (1987) Modèle linéaire de compacité des mélanges granulaires, dans *Structure and Materials Properties, Proceedings of the First RILEM Congress, Versailles*, (édité par J.C. Maso), vol. 1, Chapman & Hall, Londres, vol. 1, p. 325-332.

de Larrard, F. (1988) Particules ultrafines pour l'élaboration des bétons à très hautes performances. *Annales de l'ITBTP*, n° 466, juillet-août.

de Larrard, F. (1990) A method for proportioning high-strength concrete mixtures. *Cement, Concrete, and Aggregates*, **12**(1), 47-52.

de Larrard, F. (1999) *Concrete Misture Proportioning – A Scientific Approach*, Modern Concrete Technology Series No. 9 (edité par S. Mindess et A. Bentur), E & FN Spon, Londres, mars, 421 p.

de Larrard, F. (2000) *Structures granulaires et formulation des bétons*, Études et recherches des Laboratoires des Ponts et Chaussées, traduit de l'anglais par A. Lecomte, à paraître, 420 p.

de Larrard, F. et Buil, M. (1987) Granularité et compacité dans les matériaux de génie civil. *Matériaux et constructions*, RILEM, **20**(116), 117-126.

de Larrard, F. et Ferraris, C.F. (1998) Rhéologie du béton frais remanié. III – L'essai au cône d'Abrams modifié. *Bulletin de liaison des Laboratoires des Ponts et Chaussées*, n° 215, mai-juin, 53-60.

Detwiler, R.J. et Mehta, P.K. (1989) Chemical and physical effects of condensed silica fume in concrete, dans *Third International Conference on Fly Ash, Silica Fume, Slag and Natural Pozzolans in Concrete – Supplementary Papers,* Trondheim (édité par M. Alasali), CANMET, Ottawa, p. 295-306.

Ezeldin, A et Aïtcin, P.-C. (1991) Effect of coarse aggregate on the behavior of normal and high-strength concretes. Note technique dans *ASTM Cement, Concrete and Aggregates*, **13**(2), 121-124.

Faury, J. (1953) *Le béton, influence de ses constituants inertes. Règles à adopter pour sa meilleure composition, sa confection et son transport sur les chantiers*, 3e édition, Dunod, Paris, p. 66-67.

Féret, R. (1892) Sur la compacité des mortiers hydrauliques. *Annales des Ponts et Chaussées*, vol. 4, 2e semestre, p. 5-161.

Fuller, W.B. et Thompson, S.E. (1907) The laws of proportionning concrete. *Transactions of the American Society of Civil Engineers*, 59, 67-143.

Goldman, A. et Bentur, A. (1989) Bond effects in high-strength silica fume concrete. *ACI Materials Journal*, **86**(5), septembre-octobre, 440-447.

Hassaballah, A. et Wenzel, T.H. (1995) *A Strength definition for the water to cementitious materials ratio*, ACI SP-153, p. 417-437.

Hu, C. et de Larrard, F. (1996) The rheology of fresh high-performance concrete. *Cement and Concrete Research,* **26**(2), février, 283-294.

Illston, J.M., Dinwoodie, J.H. et Smith, A.A. (1979) *Concrete, Timber and Metals : The Nature and Behaviour of Structural Materials*, Van Nostrand Reinhold, New York, ISBN 0-442-30145-6, p. 421-422 and 465.

Maso, J.-C. (1982) L'étude expérimentale du comportement du béton sous sollicitations monoaxiales et pluriaxiales, dans *Le béton hydraulique*, Presses de l'École nationale des Ponts et chaussées, ISBN 2-85978-033-5, p. 275-293.

Maso, J.-C. (1992) La liaison pâte-granulats, dans *Les bétons à hautes performances – Caractérisation, durabilité, applications*, édité par Y. Malier, Presses de l'École nationale des Ponts et chaussées, ISBN 2-85978-187-0, p. 247-259.

Mehta, P.K. et Aïtcin, P.-C. (1990) Principles underlying production of high-performance concrete. *Cement, Concret,e and Aggregates*, **12**(2), hiver, 70-78.

Mehta, P.K. et Monteiro, P.J.M. (1993) *Concrete – Microstructure, Properties and Materials*, 2e édition, MacGraw Hill, New York, ISBN0-07-041344-4, p. 190-197.

Neville, A.M. (1995) *Properties of concrete*, Pitman, Londres, 4e édition, ISBN 0-582-23070-5, 844 p.

Nielsen, L.F. (1993) Strength development in hardened cement paste : examination of some empirical equations. *Materials and Structure*, **26**(159), juin, 255-260.

Powers, T.C. (1968) *The Properties of the Fresh Concrete*, John Wiley and Sons inc., New York, 664 p.

Regourd, M. (1985) *Microstructure of high strength cement paste systems*, Materials Research Society, édité par J.F.. Brown, vol. 42, invited paper, p. 3-17.

Regourd, M. (1987) *Microstructure of cement blends including fly ash silica fume, slag and fillers*, Materials Research Society, édité par L. Struble et P. Brown, vol. 85, invited paper, p. 187-200.

Regourd, M. (1992) La microstructure, dans *Les bétons à hautes performances – Caractérisation, durabilité, applications*, édité par Y. Malier, Presses de l'École nationale des Ponts et chaussées, ISBN 2-85978-187-0, p. 25-44.

Regourd, M., Hornain, H. et Mortureux, B. (1978) Influence de la granularité des ciments sur leur cinétique d'hydratation. *Ciments, Bétons, Plâtres, Chaux*, n° 712, mai-juin, p. 137-140.

Regourd, M., Mortureux, B. et Gautier, E. (1981) *Hydraulic reactivity of various pozzolanas,* 5e symposium international sur la technologie du béton, Monterrey, Mexique, p. 1-14.

Roy, D.M., Gouda, G.R. et Bobrowsky (1972) Very high strength cement pastes prepared by hot pressing and other high pressure techniques. *Cement and Concrete Research,* **2**(3), mai, 349-365.

Young, J.F. (1994) *Engineering Microstructures for Advanced Cement-Based Materials*, comptes rendus de la conférence en hommage à Micheline Moranville Regourd, Sherbrooke, octobre, publié par le Réseau des centres d'excellence sur les bétons à haute performance, 20 p.

Chapitre **6**

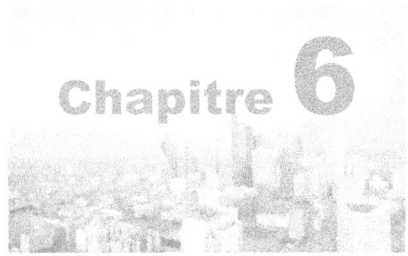

Revue des propriétés
les plus importantes
de quelques constituants des BHP

Ce chapitre ne prétend pas couvrir tous les sujets traités dans les moindres détails, il se contente d'en exposer de façon schématique les connaissances jugées essentielles à la bonne compréhension de ce livre. Chaque fois que cela était possible des ouvrages et des articles plus fondamentaux ont été cités.

En outre l'expérience de l'auteur a été acquise en utilisant des ciments portlands nord-américains, et des ajouts minéraux introduits lors du malaxage du béton. En effet, l'utilisation de ciments composés, bien que permise par les normes, n'était pas une pratique courante en Amérique du Nord jusqu'à tout récemment. Le seul ciment composé qui a été utilisé de façon courante au Canada pour fabriquer des bétons à hautes performances est un ciment composé à la fumée de silice produit au Québec depuis 1985.

Il n'y a que 5 ciments portlands normalisés en Amérique du Nord et l'un de ceux-ci, le ciment ASTM de Type IV, n'est plus fabriqué. Les seuls ciments portlands que l'on retrouve sur le marché sont :

Le ciment portland de Type I, encore appelé ciment portland normal.

Le ciment portland de Type II, encore appelé ciment portland modéré, qui peut résister à une attaque modérée par les sulfates et qui a une chaleur d'hydratation plus faible que le ciment de Type I. C'est un ciment plutôt grossier dont la teneur en C_3A est inférieure à 8 %.

Le ciment portland de Type III, encore appelé ciment portland à haute résistance initiale. C'est un ciment fin, utilisé dans les usines de préfabrication ou par temps froid.

Le ciment portland de Type V, encore appelé ciment résistant aux sulfates. C'est un ciment plutôt grossier dont la teneur en C_3A est inférieure à 5 % et la teneur en SO_3 inférieure à 2,3 %.

Au Canada, les ciments normalisés sont les ciments de Type 10, 20, 30 et 50 qui sont, à toutes fins pratiques, identiques ou très semblables aux ciments américains de Type I, II, III et V si ce n'est que le ciment de Type 10 peut contenir jusqu'à 5 % de filler calcaire, pratique non permise aux États-Unis pour les ciments de Type I.

6.1 Introduction

Bien que les BHP ne contiennent pas de constituants vraiment spéciaux ou inhabituels, il est quand même nécessaire d'utiliser des matériaux ayant des propriétés très spécifiques tout au moins sur certains aspects quand on veut fabriquer des BHP. Il est donc utile de revoir les propriétés essentielles de ces matériaux, en commençant par le ciment Portland et en continuant avec les superplastifiants puis avec les ajouts cimentaires. Pour leur part, les granulats sont considérés au chapitre 7. Il ne s'agit pas de présenter en profondeur chacun de ces matériaux, des connaissances beaucoup plus détaillées peuvent être trouvées dans des livres plus spécialisés, mais plutôt de se concentrer sur les propriétés qui jouent un rôle important dans le domaine des BHP.

Dans la suite de ce chapitre, on utilise les notations chimiques simplifiées habituellement utilisées pour décrire le ciment Portland : C pour CaO, S pour SiO_2, A pour Al_2O_3, F pour Fe_2O_3 et H pour H_2O. Par conséquent, $C_3S = 3CaO.SiO_2$, $C_2S = 2CaO.SiO_2$, $C_3A = 3CaO.Al_2O_3$ et $C_4AF = 4CaO.Al_2O_3.Fe_2O_3$. Les expressions habituelles « alite » et « bélite » seront aussi utilisées pour qualifier les formes impures de C_3S et de C_2S que l'on retrouve dans le clinker du ciment Portland.

6.2 Ciment Portland

6.2.1 Composition

Le clinker est un des deux ingrédients de base que l'on retrouve dans le ciment Portland, il est obtenu en chauffant un mélange bien proportionné de matières premières qui contiennent les quatre principaux oxydes que l'on doit combiner pour le fabriquer : CaO, SiO_2, Al_2O_3 et Fe_2O_3 (Lafuma, 1965 ; Papadakis et Venuat, 1966 ; Folliot, 1982 ; Pliskin, 1993). L'autre ingrédient est le sulfate de calcium que l'on retrouve dans le ciment sous forme de gypse ($CaSO_4.2H_2O$), d'hémihydrate ($CaSO_4.1/2H_2O$), d'anhydrite ($CaSO_4$) ou de sulfate de calcium ($CaSO_4$) ou un mélange de deux ou trois de ces formes (Bye, 1983).

La composition chimique des matières premières que l'on utilise pour fabriquer du ciment Portland doit être ajustée de façon que la composition finale du mélange se retrouve dans la zone de composition limitée par le C_3S, le C_2S et le C_3A dans le diagramme de phase ternaire SiO_2, CaO, Al_2O_3 (Fig. 6.1) parce que ces trois phases peuvent coexister seulement dans ce domaine (Philips et Muan, 1959). Pour simplifier les choses, dans un premier temps, on peut supposer que le rôle de l'oxyde de fer, Fe_2O_3, et de l'alumine, Al_2O_3, est assez semblable du point de vue structural et thermodynamique. Cependant, si les ciments Portland ne contenaient que les trois oxydes SiO_2, CaO et Al_2O_3, il faudrait que les matières premières soient chauffées à de bien plus hautes températures que celles que l'on retrouve dans les fours à ciment (Fig. 6.2). La présence d'oxyde de fer dans le clinker a surtout pour but de diminuer la température de fusion de la phase interstitielle lors de la fabrication du ciment.

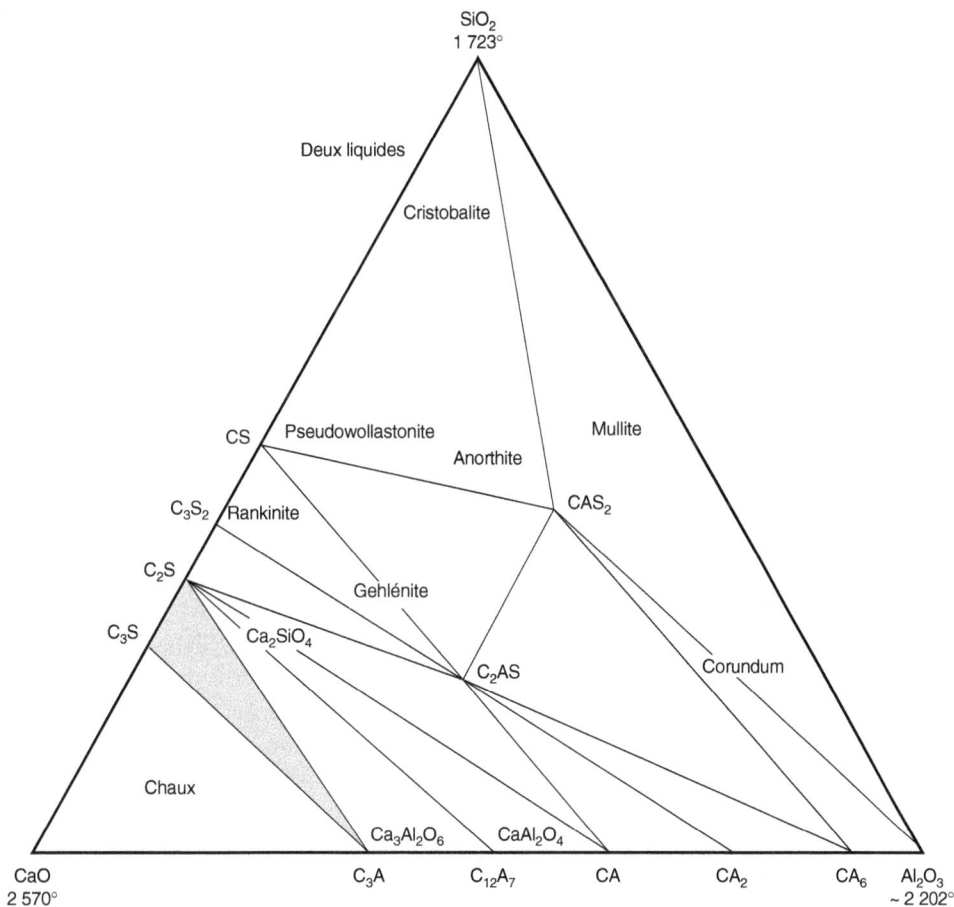

Figure 6.1 Zone de composition C_3S – C_2S – C_3A dans le diagramme de phase ternaire SiO_2 – CaO – Al_2O_3 (d'après Osborn et Muan, 1960)

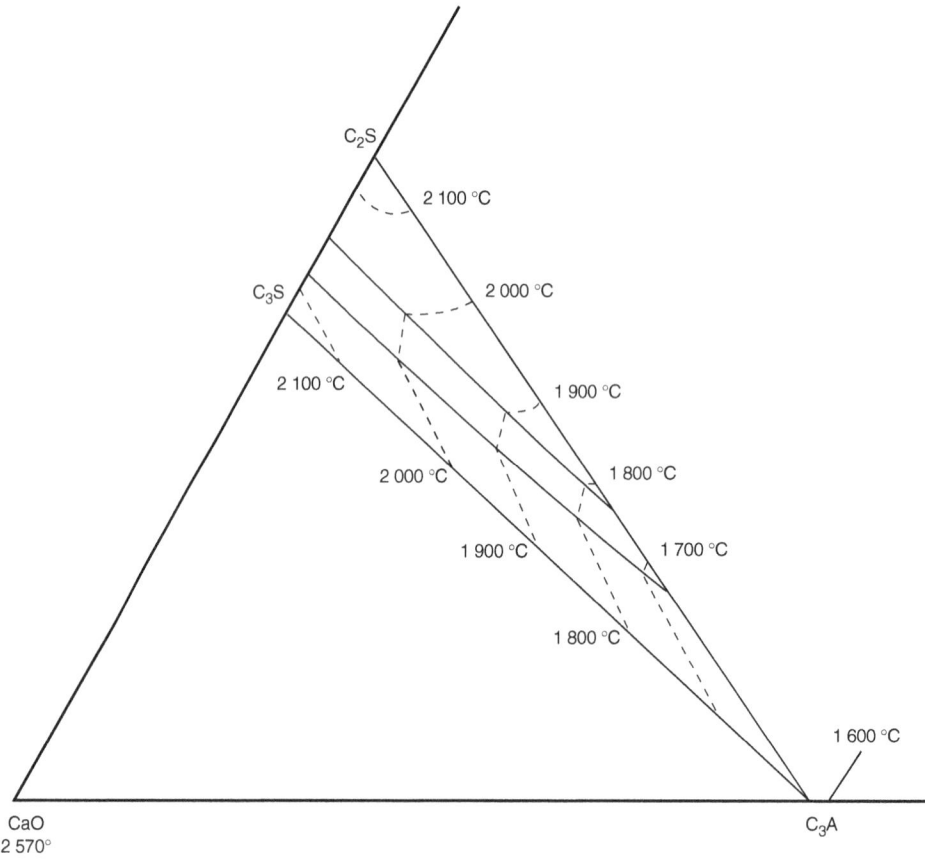

Figure 6.2 Détail du diagramme de phase SiO_2 – CaO – Al_2O_3 dans le secteur C_3S – C_2S – C_3A montrant les températures de fusion (d'après Osborn et Muan, 1960)

En règle générale, les calcaires apportent la quantité de CaO nécessaire dans le cru et une argile ou un schiste apportent les quantités nécessaires de SiO_2, Al_2O_3 et Fe_2O_3. Si tel n'est pas le cas, le cimentier compense l'insuffisance de ses matières premières par des apports de SiO_2, Al_2O_3 ou Fe_2O_3.

Quelques calcaires siliceux naturels contiennent des proportions de SiO_2, Al_2O_3 et Fe_2O_3 très voisines de celles que l'on retrouve dans un clinker de ciment Portland si bien qu'ils peuvent être utilisés pratiquement tels quels. Dans de tels cas, on peut avoir à rajouter un peu de sable, de bauxite ou d'oxyde de fer comme source de SiO_2, Al_2O_3 et Fe_2O_3 pour corriger la composition chimique des matières premières.

Quand l'optimisation des proportions de ces quatre oxydes principaux est faite, les producteurs de ciment Portland doivent aussi tenir compte des impuretés présentes dans les matières premières qui, durant le processus de cuisson, peuvent conduire à la formation de phases plus ou moins désirables qui interféreront ou non avec l'hydratation normale d'un mélange de phases pures C_3S, C_2S, C_3A et C_4AF.

6.2.2   Fabrication du clinker

Le clinker de ciment Portland est le produit final d'un processus pyrotechnique relativement complexe qui transforme les matières premières en silicate de calcium, aluminate de calcium ou ferroaluminate de calcium. La nature du combustible utilisé lors de la fabrication du ciment ou, pour être plus précis, la nature des impuretés qu'il comporte, est aussi un facteur important qui conditionne la qualité du ciment lors de sa fabrication. Lorsque l'on utilise du charbon ou du coke comme combustible, leur teneur en soufre et en cendre peut jouer un rôle critique durant la formation du clinker : les cendres comme une source d'impuretés et le soufre dans la fixation des alcalins volatils sous forme de sulfates.

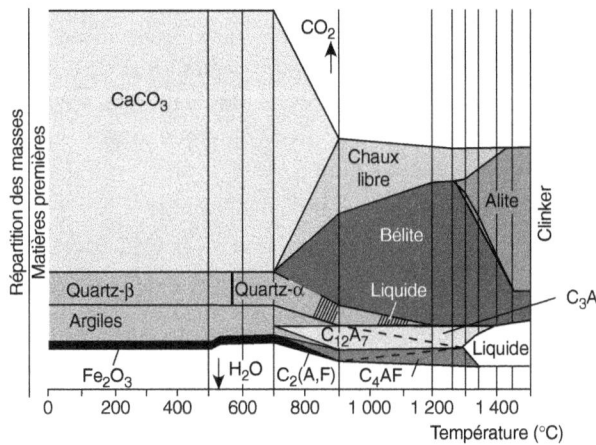

Réactions qui se produisent durant la transformation des matières premières en clinker

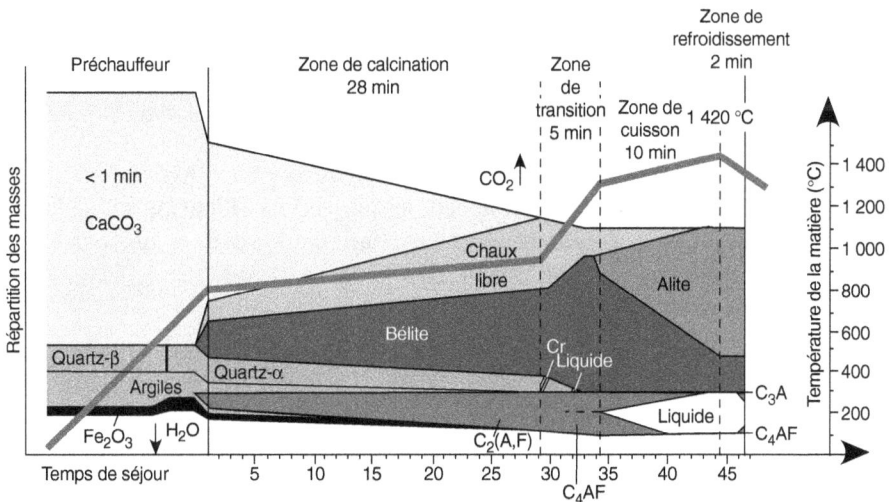

Figure 6.3 Schéma représentant les transformations de phase qui se produisent dans un four à ciment (reproduit avec la permission de Humboldt Wedag)

Du point de vue de sa composition phasique, un clinker de ciment Portland peut être considéré comme un mélange de deux silicates de calcium bien cristallisés, le C_3S et le C_2S, que l'on retrouve au sein d'une phase interstitielle composée de C_3A et de C_4AF plus ou moins bien cristallisée (Fig. 6.3) et de quelques impuretés telles que du périclase (MgO), de la chaux vive (CaO) et des sulfates alcalins.

Dans le diagramme binaire SiO_2-CaO (Fig. 6.4), on peut voir clairement que, pour une température très élevée, un clinker de ciment Portland qui aurait la composition M se trouve dans le domaine où les deux phases C_2S et C_3S peuvent coexister. Par contre, lorsque ce clinker est refroidi lentement à la température de la pièce, il devrait finale-ment se retrouver sous forme de γ-C_2S et de chaux (CaO) et n'avoir alors aucun pouvoir hydraulique. Ce diagramme binaire montre bien que le C_3S n'est pas un composé stable à la température ambiante. La figure 6.4 montre aussi que, au-dessus de 1 450 °C, le clinker qui aurait la composition M serait composé de C_3S et de α-C_2S, les phases sili-catées recherchées dans un ciment pour leur bonne hydraulicité. Ce n'est que durant son refroidissement à la température de la pièce que les transformations des phases suivantes se produisent dans la phase solide :

- 1 450 °C :   transformation en un mélange de C_3S et α-C_2S ;
- 1 250 °C :   transformation du mélange en α'-C_2S et CaO ;
- 725 °C :   transformation du mélange en γ-C_2S et CaO non hydraulique.

Par conséquent, de façon à stabiliser les silicates dans leur forme réactive, le clinker doit être refroidi rapidement (trempé) après être passé dans la zone de clinkérisation dans le four (Fig. 6.3). La trempe fixe les différentes phases dans leur forme stable à haute température et ne leur permet pas de subir les transformations naturelles qui se seraient produites si le refroidissement avait été lent. Après cette trempe, la microstructure du clinker influence de façon significative ses propriétés hydrauliques : deux ciments Port-land peuvent avoir exactement la même composition chimique, mais des comporte-ments hydrauliques très différents.

On a aussi déjà mentionné le rôle essentiel de l'alumine et du fer dans l'abaissement de la température à laquelle on peut cuire les matières premières pour les transformer en clinker. Les aluminates et ferrites fondent durant le processus de clinkérisation et ce n'est qu'en présence de ce liquide, qu'on appelle la phase interstitielle, que l'on peut favoriser la formation du C_3S ; la présence de cette phase liquide permet aux ions Ca^{2+} de diffuser plus rapidement et plus facilement dans le C_2S déjà formé et de faciliter sa transformation ultérieure en C_3S (Fig. 6.3).

Du point de vue thermodynamique, plus un clinker contient de phase interstitielle, plus basse est sa température de cuisson. Toutefois, du point de vue fabrication, il existe une teneur optimale en phase interstitielle qui est en général comprise entre 12 et 20 % de la masse totale du clinker. En général, cet optimum est voisin de 15 à 16 % dans le cas de la plupart des clinkers nord-américains.

S'il se forme trop de liquide interstitiel durant le processus de clinkérisation, ce liquide peut s'échapper de la phase silicate et participer à la formation d'anneaux à l'intérieur du four (Palmer, 1990), anneaux qui peuvent bloquer le four ou attaquer les réfractaires. D'un autre côté, s'il n'y a pas une quantité suffisante de phase liquide, la diffusion des ions Ca^{2+} dans le C_2S est moins facile de telle sorte que le clinker contient moins de C_3S et trop de chaux non combinée. En outre dans un tel cas, le clinker peut devenir relativement abrasif et user rapidement le revêtement réfractaire dans la zone de clinkérisation du four. Ainsi, le cimentier a une certaine latitude sur la quantité de phases interstitielles que peut contenir son clinker, mais il y a des limites pratiques à ne pas dépasser.

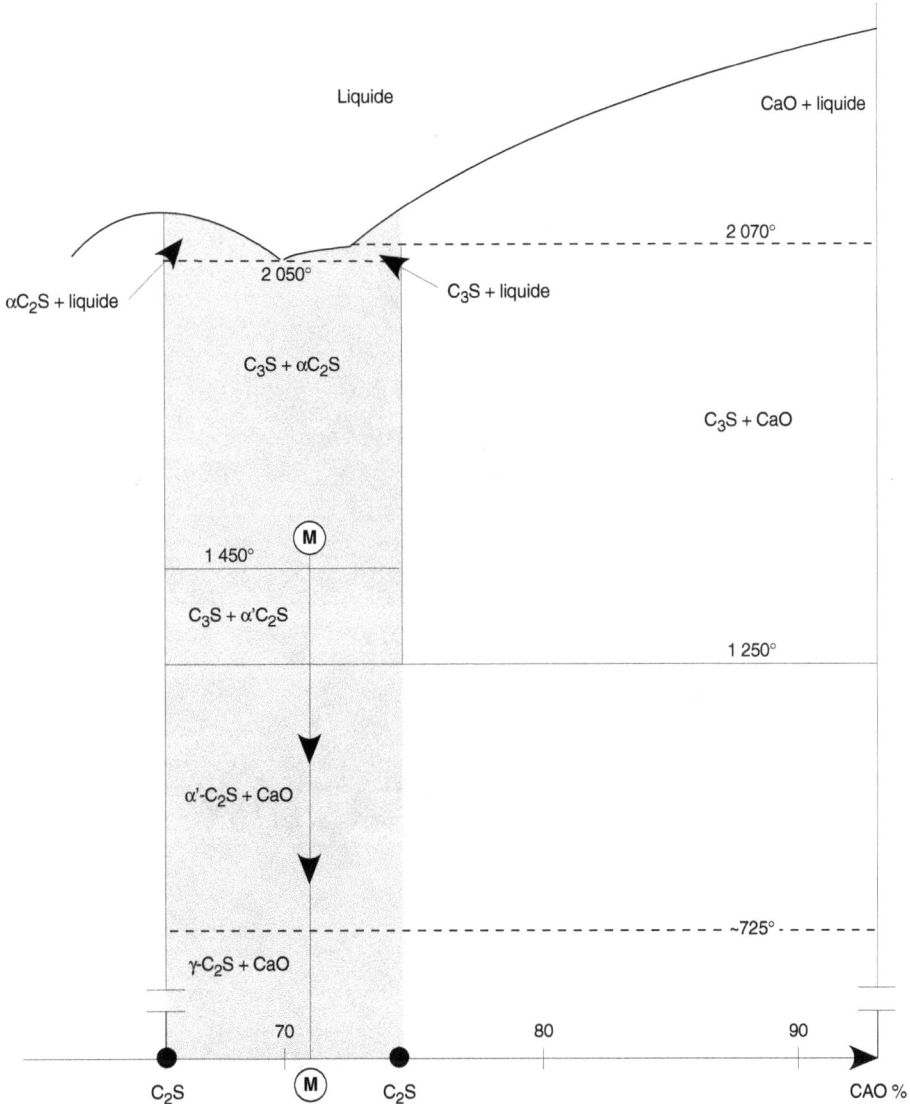

Figure 6.4 Diagramme binaire SiO_2 – CaO dans le secteur C_2S – C_3S
(d'après Philips et Muan, 1959)

En outre, en changeant les proportions relatives de Al_2O_3 et de Fe_2O_3, le cimentier modifie les propriétés hydrauliques de son clinker, ce qui lui permet de fabriquer tantôt un ciment ASTM de Type I, II, III ou V avec pratiquement les mêmes matériaux de base.

Dans cette brève présentation des principales phases de la fabrication du clinker, l'influence des conditions de chauffage (Maki et coll., 1990), qu'elles soient oxydantes ou réductrices, et plusieurs autres facteurs qui affectent la qualité du clinker ont été ignorés de façon à rester dans des limites raisonnables de spécialisation.

6.2.3   Microstructure du clinker

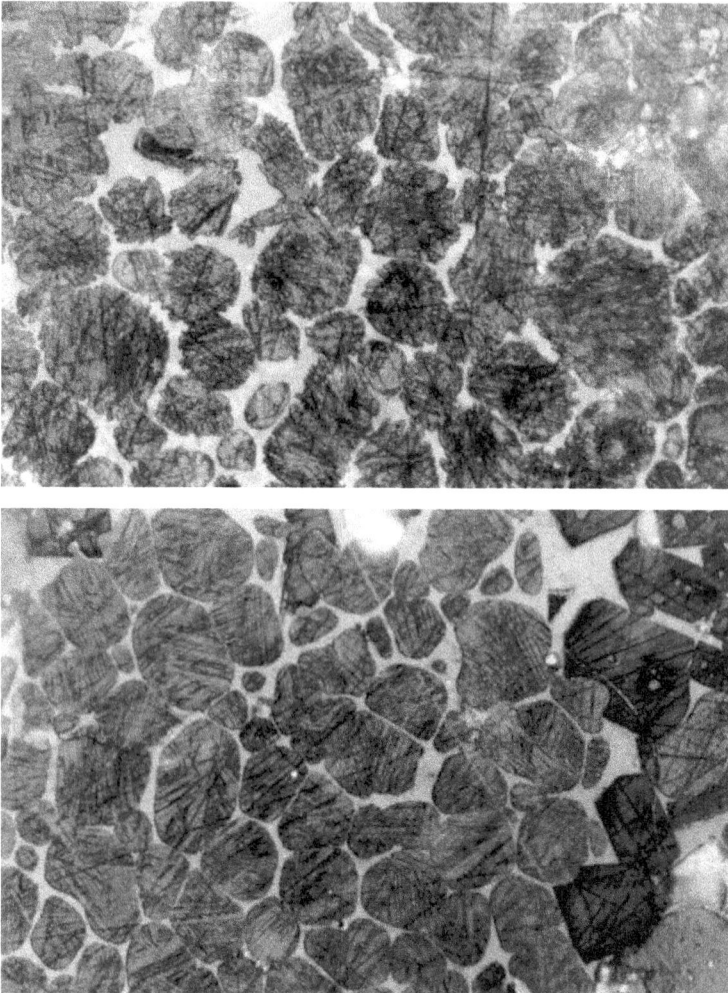

Figure 6.5 Micrographes de deux clinkers ayant la même composition, mais différentes caractéristiques microstructurales

Du point de vue minéralogique, le clinker de ciment Portland est un matériau multipha-sique complexe dont les propriétés et caractéristiques dépendent, non seulement de la composition chimique des matières premières, mais aussi du processus pyrotechnique qui l'a transformé en clinker (Regourd, 1982a et b). Deux clinkers peuvent avoir exacte-ment la même composition chimique, mais des caractéristiques microstructurales très différentes (Fig. 6.5). Ils peuvent avoir exactement la même composition de phase et présenter des propriétés hydrauliques différentes. Par exemple, après la trempe, la dimension moyenne des cristaux d'alite peut être différente d'un clinker à l'autre, carac-téristique qui influence grandement sa réactivité et sa résistance après broyage (Fig. 6.6).

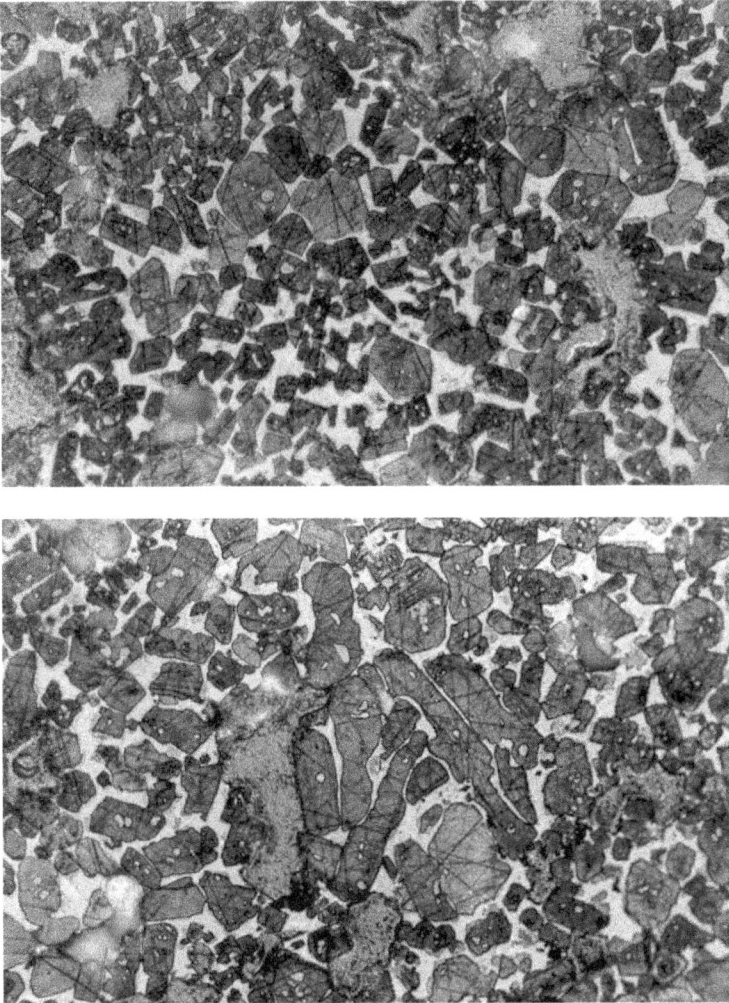

Figure 6.6 Cristaux d'alite (C₃S) de différentes tailles dans un clinker (même échelle)

En outre, jusqu'à présent, on a supposé que les transformations de phase qui devaient se produire lors de la cuisson du clinker avaient lieu réellement. Or, on sait très bien que les conditions d'équilibre parfait ne sont jamais atteintes dans un four de cimenterie, particulièrement si les matières premières contiennent de trop grosses particules de quartz qui peuvent engendrer la formation de nids de bélite, c'est-à-dire des régions riches en C_2S dans le clinker (Fig. 6.7). Durant la cuisson finale, dans les zones particulièrement riches en silice, tout le C_2S qui s'est formé à plus basse température ne peut être transformé en C_3S parce qu'il n'y a pas assez de CaO à proximité de cette zone riche en SiO_2. De la même façon, si les matières premières contiennent de trop grosses particules de calcaire, des zones riches en chaux se forment dans le clinker (Fig. 6.8).

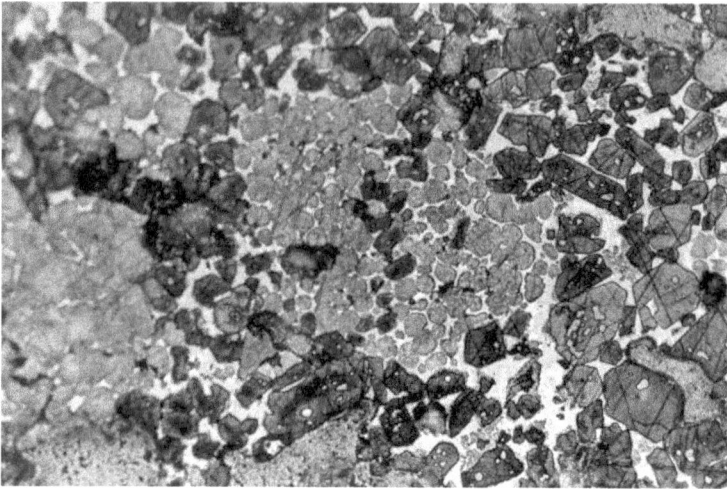

Figure 6.7 Nids de bélite dans un clinker

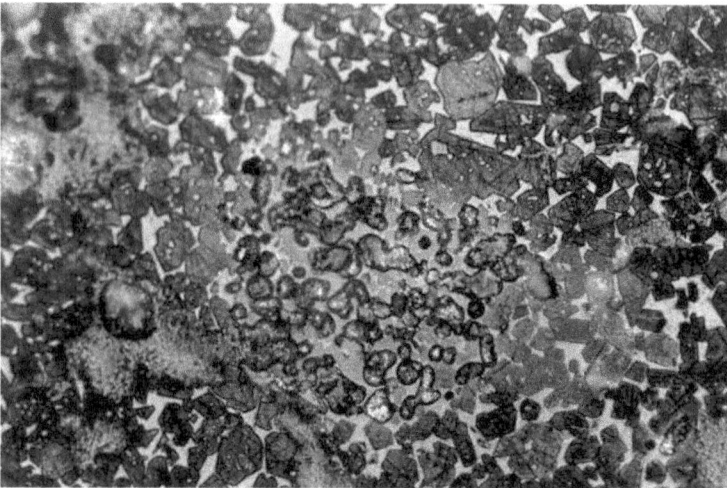

Figure 6.8 Agglomération de chaux fortement calcinée

Par ailleurs, selon les conditions de cuisson, le C_2S peut piéger différentes quantités d'impuretés, ce qui va aussi influencer les caractéristiques hydrauliques du clinker.

Selon la viscosité du mélange dans la zone de clinkérisation, la phase interstitielle peut être très bien dispersée entre les cristaux de C_2S et de C_3S ou être plutôt concentrée dans certaines zones. Selon la température atteinte dans la zone de clinkérisation et la rapidité de la trempe, la phase interstitielle, une fois solidifiée, est entièrement vitreuse dans le cas d'une cuisson à haute température et d'une trempe rapide parce qu'alors tous les cristaux de C_3A et de C_4AF n'ont pas eu le temps de cristalliser lors de la trempe. La phase interstitielle peut aussi être cristalline si la trempe a été suffisamment lente de sorte que le C_3A et le C_4AF ont eu le temps de cristalliser (Fig. 6.9). En règle générale, la phase interstitielle se solidifie sous forme d'un mélange de cristaux de C_3A et de C_4AF que l'on retrouve au sein d'une masse vitreuse, mais les proportions respectives des cristaux de C_3A et de C_4AF et de la masse vitreuse peuvent varier, ce qui ne manque pas de modifier quelque peu les propriétés hydrauliques et rhéologiques du ciment.

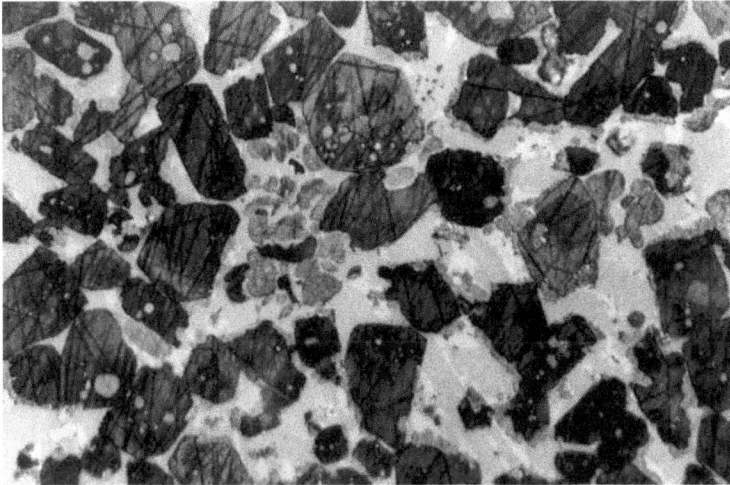

Figure 6.9 Phase interstitielle bien cristallisée

En outre, le C_3A présent dans la phase interstitielle se retrouve sous différentes formes polymorphiques selon la quantité d'ions Na^+ qu'il a piégé durant la cuisson. Si la quantité d'ions Na^+ dans le C_3A reste inférieure à 2,4 %, le C_3A demeure sous la forme cubique comme dans le cas du C_3A pur (Regourd, 1978). Par contre, si la quantité de Na^+ est supérieure à 5,3 % (ce qui est très rare), le C_3A sera monoclinique. Entre ces deux cas extrêmes, le C_3A présente une structure orthorhombique, ce qui est assez souvent le cas. Cependant, étant donné que la transformation du système cubique au système orthorhombique est graduelle lorsque la valeur en alcalins piégés est comprise entre 2,4 et 3,8 %, le C_3A que l'on retrouve dans le ciment Portland est alors un mélange de C_3A cubique et orthorhombique. Comme on le verra plus tard, il est très important de savoir si le C_3A que l'on retrouve dans le clinker est cubique, orthorhombique ou un mélange de ces deux phases, car cela a beaucoup d'importance sur la rhéologie du ciment durant son hydratation, spécialement dans le cas des BHP qui ont des rapports eau/liant très faibles et dans lesquels on utilise du superplastifiant.

La quantité d'ions Na^+ contenue dans le C_3A dépend du rapport Na^+/SO_3^- que l'on retrouve dans le four. S'il y a un excès de SO_3, parce que le combustible est riche en soufre, les alcalis se combineront immédiatement avec le SO_3 pour former d'abord des sulfates alcalins (Grzeszczyk, 1994 ; Miller et Tang, 1996 ; Taylor, 1997 ; Glasser, 1998). Ainsi, ce n'est qu'une faible quantité d'ions Na^+ qui entre dans le C_3A, celui-ci cristallise donc sous forme cubique. Au contraire, si la quantité d'alcalis est supérieure à la quantité de SO_3 disponible dans l'atmosphère du four pour former du sulfate de sodium, il y aura des ions Na^+ en excès qui pénétreront alors dans le système du C_3A et le transformeront en C_3A orthorhombique. Les sulfates alcalins formés dans de telles conditions sont déposés sur le clinker soit sous forme de petits cristaux situés très près du C_3S et du C_2S ou intimement associés à la matrice interstitielle (Fig. 6.10).

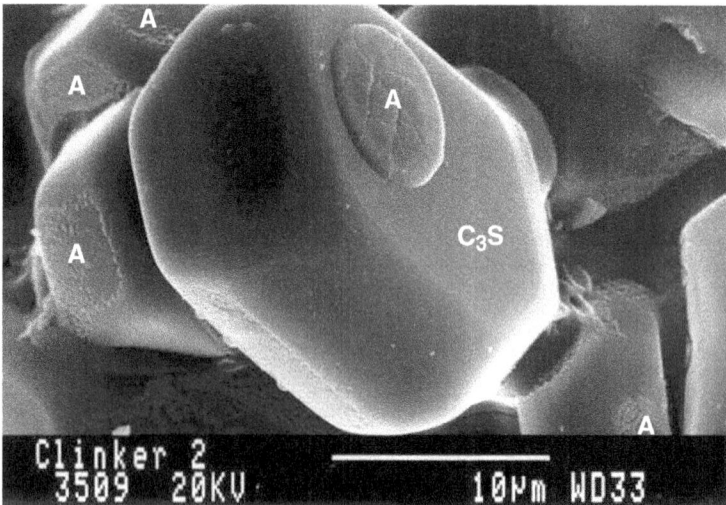

Figure 6.10 Sulfates alcalins (A) dans un clinker
(reproduit avec la permission de I. Kelsey-Lévesque)

Il est important de rappeler que le C_4AF est en fait une solution solide de C_2A et de C_2F où le rapport molaire A/F est généralement égal à 1. Cependant, dans certains cas, le C_4AF a une composition plutôt riche en C_2A ou en C_2F ou peut même contenir du C_6A_2F et être plus ou moins réactif.

D'autres caractéristiques microstructurales peuvent beaucoup varier d'un clinker à l'autre ; d'une certaine façon, chaque clinker est donc unique (Hornain, 1971 ; Gebauer et Kristmann, 1979 ; Taylor, 1997). La composition phasique d'un clinker, de composition chimique donnée, varie donc d'un four à l'autre ou même d'une journée à l'autre dans un même four étant donné que, d'une part, les matières premières ne sont jamais identiques et que d'autre part il est très difficile de reproduire exactement les mêmes conditions de cuisson qui influencent tant la microstructure des clinkers (Odler, 1991).

La complexité de la composition phasique d'un clinker de ciment Portland n'a été qu'effleurée et présentée de façon plutôt schématique, mais elle explique cependant pourquoi la seule connaissance de la composition chimique d'un ciment ne permet pas de prédire ses propriétés hydrauliques, spécialement quand on fabrique des BHP ayant un très faible rapport eau/liant où l'interaction de ses phases avec le superplastifiant vient encore compliquer la situation.

6.2.4   Fabrication du ciment Portland

Pour produire un ciment Portland il faut broyer le clinker avec une quantité optimale de sulfate de calcium (Pliskin, 1993). Le rôle de ce sulfate de calcium est de contrôler l'hydratation initiale du ciment Portland. En absence de sulfate de calcium, le clinker broyé verrait se développer une prise éclair qui correspond à un raidissement irréversible de la pâte de ciment. En effet, le C_3A réagit très rapidement avec l'eau pour former des hydrogrenats (Regourd, 1978 ; Mindess et Young, 1981). Par contre, si l'on ajoute un peu de sulfate de calcium dans le ciment lors de son broyage, le C_3A réagit alors avec le sulfate de calcium et de l'eau pour former une coquille d'ettringite plus ou moins imperméable qui inhibe la réaction du C_3A avec l'eau (Locher et coll., 1980 ; Collepardi et coll., 1979 ; Odler, 1998).

Durant la fabrication du ciment Portland, on ajuste le dosage en minéraux contenant du sulfate de calcium, leur solubilité et la finesse du ciment de sorte que le ciment produit puisse satisfaire les exigences des normes d'acceptation en termes de prises initiale et finale.

Habituellement, les matériaux contenant le sulfate de calcium que l'on broie avec le ciment Portland sont le gypse ($CaSO_4.2H_2O$), l'anhydrite ($CaSO_4$) ou du sulfate de calcium en poudre ($CaSO_4$) ou, de plus en plus fréquemment pour des raisons économiques, un mélange de gypse et d'anhydrite ou de sulfates de calcium recyclés. Ces formes de sulfate de calcium présentent toutes la même solubilité finale quand elles se trouvent dissoutes dans l'eau, mais leur vitesse de dissolution peut être différente. Par exemple, le gypse libère les ions Ca^{2+} et SO_4^{2-} plus rapidement que l'anhydrite naturelle.

En outre, durant le broyage final, il est possible que la température à l'intérieur du broyeur devienne supérieure à 110 °C de telle sorte qu'une certaine quantité de gypse se déshydrate partiellement et se transforme en hémihydrate ($CaSO_4. 1/2 H_2O$) qui a une solubilité encore plus grande que celle du gypse. De façon à pouvoir mieux et plus facilement contrôler les propriétés rhéologiques des pâtes, des mortiers ou des bétons, il est bon, dans certains cas, qu'une certaine quantité de gypse se transforme en hémihydrate parce que la vitesse de dissolution des ions SO_4^{2-} est plus forte dans le cas de l'hémihydrate que dans le cas du gypse. Ainsi, on favorisera la formation d'ettringite plutôt que celle d'hydrogrenats durant les premiers instants de l'hydratation. Cependant, si trop de gypse est transformé en hémihydrate durant le broyage, on peut voir le ciment développer un phénomène de fausse prise : le béton raidit rapidement alors qu'une certaine quantité d'hémihydrate se transforme en cristaux de gypse. Dans un tel cas, si l'on prolonge le malaxage, on peut recouvrer la plasticité initiale du béton parce qu'une partie du gypse qui s'est formée durant cette réhydratation de l'hémihydrate se redissout dans l'eau de gâchage. Ce qui précède explique pourquoi, durant le broyage du clinker et du sulfate de calcium, il est essentiel de bien contrôler la température du broyage.

Dans certains cas, de façon à limiter la température du ciment Portland lors de son broyage final, on vaporise de l'eau à l'intérieur du broyeur de sorte que toute quantité excessive d'hémihydrate qui pourrait se former et entraîner une fausse prise du ciment se réhydrate sous forme de gypse. En général, il semble que la déshydratation de 40 à 50 % du gypse en hémihydrate soit optimale. Cependant, avec l'utilisation de séparateurs de plus en plus efficaces dans les cimenteries modernes, la température du clinker n'est pas toujours suffisamment élevée durant son broyage pour atteindre cet optimum en hémihydrate et, dans certains cas, il peut ne pas y avoir assez de gypse qui soit transformé en hémihydrate. Ainsi, si la quantité de sulfate de calcium est optimisée en ne tenant compte que de la teneur en SO_3 du ciment, la dissolution initiale des ions SO_4^{2-} (spécialement dans les BHP qui ont un très faible rapport eau/liant) peut être trop faible pour contrôler l'hydratation du C_3A de façon efficace et éviter une situation plus ou moins sévère de prise éclair.

Comme on le verra par la suite, la rhéologie des bétons ayant des rapports eau/liant plus élevés (E/L > 0,50) n'est pas trop affectée par des variations dans la nature du sulfate de calcium que l'on retrouve dans le ciment Portland à la fin de son broyage, mais cela devient de moins en moins vrai lorsque décroît le rapport eau/liant.

En outre, les clinkers de ciment Portland contiennent toujours des sulfates alcalins générés durant le processus de clinkérisation par suite de la réaction du soufre contenu dans le combustible et des alcalins présents dans les matières premières. Par conséquent, il se forme alors de l'arcanite (K_2SO_4), de l'aphthitalite ($Na_2SO_4.3K_2SO_4$) et du calcium langbéinite ($2CaSO_4.K_2SO_4$) dans le clinker de ciment Portland. Ces sulfates peuvent précipiter à la surface du clinker à côté des cristaux de C_2S ou de C_3S ou être piégés dans la phase interstitielle.

La vitesse de mise en solution et la solubilité finale des sulfates alcalins est en général bien supérieure à celle du sulfate de calcium de sorte que, dans le béton frais, l'eau interstitielle peut contenir une grande quantité d'ions SO_4^{2-} et beaucoup moins d'ions Ca^{2+}. Dans un tel cas, l'ettringite ne peut se former et des problèmes de prise peuvent se produire. En général, on règle cette situation en ajustant, à la cimenterie, le dosage en sulfate de calcium et sa nature. Cependant, cet équilibre fragile peut être détruit lorsque l'on utilise un réducteur d'eau à base de lignosulfonate (Paillère et coll., 1984 ; Dodson et Hayden, 1989) ou un superplastifiant à base de polynaphtalène sulfonate (Ranc,

1990) comme on le verra lorsque l'on traitera de la compatibilité ciment/superplasti-fiant.

Durant le broyage, les cimentiers ont l'habitude d'introduire de très faibles quantités de produits chimiques connus sous le nom d'agents de mouture pour augmenter la production de ciment tout en réduisant le mottage du ciment, ce qui permet un remplissage et un déchargement des silos à ciment beaucoup plus régulier et rapide. Dans une certaine mesure, ces produits chimiques influencent aussi l'hydratation du ciment Portland même si ce sujet est assez peu documenté pour l'instant (Flatt, 1999).

Par conséquent, même dans le cas où l'on produit un clinker très uniforme, il n'est pas sûr que le ciment produit sera aussi uniforme pour des applications où le rapport eau/liant est très faible, surtout du point de vue rhéologique, si la nature et la proportion des sulfates que l'on retrouve dans le ciment changent, si la température au moment du broyage n'est pas bien contrôlée ou si la finesse du ciment change.

6.2.5   Essais d'acceptation sur le ciment Portland

Le ciment Portland est un matériau multiphasique et ses propriétés hydrauliques dépendent de :

- la composition des matières premières et du combustible utilisé en termes de leurs principaux oxydes et de leurs composés secondaires ;
- la technologie de cuisson qui transforme les matières premières en silicate, aluminate et aluminoferrite et en impuretés ;
- le broyage (Regourd et coll., 1978).

Il a donc fallu développer un ensemble d'essais d'acceptation qui garantit à l'utilisateur une certaine uniformité de la performance rhéologique et des propriétés liantes du ciment Portland.

Bien que ces critères d'acceptation varient légèrement d'un pays à l'autre, ils sont en général très semblables. Les essais consistent à fabriquer une pâte ou un mortier norma-lisé (en utilisant un sable normalisé) ayant un rapport eau/liant fixe ou une maniabilité donnée et à vérifier que la rhéologie de la pâte fraîche, sa vitesse de durcissement et sa résistance demeurent à l'intérieur de certaines limites à certaines échéances bien précises. Certains aspects de la stabilité chimique de la pâte de ciment font aussi partie des essais d'acceptation pour contrôler, par exemple, la quantité de périclase (MgO).

On trouvera ci-dessous les normes ASTM reliées à l'acceptation des ciments Portland de façon à voir qu'il s'agit d'un ensemble de règles développées pour des conditions que l'on retrouve dans les bétons usuels, mais pas nécessairement dans les BHP.

Pour confirmer qu'un ciment est de type I, II, III ou V, il faut effectuer les essais suivants :

ASTM C 109   Standard Test for Compressive Strength of Hydraulic Cement Mortars

C 109M-95   (mesurée sur cubes de 50 mm) ;

ASTM C 114-94   Standard Test Method for Chemical Analysis of Hydraulic Cement ;

ASTM C 115-94   Standard Test Method for Fineness of Portland Cement by the Turbidimeter ;

ASTM C 151-93a   Standard Test Method for Autoclave Expansion of Portland Cement ;

ASTM C 186-94   Standard Test Method for Heat of Hydration of Hydraulic Cement ;

ASTM C 204-94a   Standard Test Method for fineness of Hydraulic Cement by Air Permeability Apparatus ;

ASTM C 266-89   Standard Test Method for Time of Setting of Hydraulic Cement by Gillmore Needles ;

ASTM C 348-93   Standard Test Method for Flexural Strength of Hydraulic Cement Mortars ;

ASTM C 349-94   Standard Test Method for Compressive Strength of Hydraulic Cement Mortars (Using Portions of Prisms Broken in Flexure) ;

ASTM C 451-89   Standard Test Method for Early Stiffening of Portland Cement (Paste Method) and, to Comply to the Appropriate ASTM Specifications ;

ASTM C 150-95   Standard Specification for Portland Cement.

Le mortier normalisé de la norme ASTM C 109M-95 est composé d'une partie de ciment et de 2,75 parties de sable normalisé d'Ottawa (en masse) et d'une certaine quantité d'eau. Le rapport eau/liant est égal à 0,485 pour un ciment Portland de type I. Pour les autres types de ciment, la quantité d'eau doit être ajustée de façon à produire un étalement de 110 ± 5 mm en utilisant une table à secousses.

On vérifie le comportement rhéologique en utilisant soit des aiguilles Gillmore (ASTM C266-89) soit des aiguilles Vicat (ASTM C191-92) pour évaluer le temps de prise initiale et finale alors que la résistance est vérifiée en mesurant la résistance à la compression de cubes de 50 mm d'arête à différents âges selon le type de ciment ainsi qu'à l'échéance habituelle de 28 jours.

Quelles que soient les valeurs imposées par les normes d'acceptation, il faut surtout se rappeler que ces essais sont effectués sur un mélange de ciment Portland et d'eau qui a un rapport eau/ciment d'environ 0,50. Pendant de très nombreuses années, ces conditions représentaient l'utilisation normale des ciments Portland dans le béton ou représentaient même mieux la limite inférieure des rapports eau/ciment usuels que l'on utilisait dans les bétons commerciaux. Ce rapport eau/ciment était donc sécuritaire lorsque l'on acceptait le ciment.

De façon à satisfaire les exigences relatives à ces essais d'acceptation, les cimentiers savaient comment modifier la composition chimique des matières premières, ajuster la cuisson, raffiner la surface spécifique du ciment Portland après broyage et optimiser la quantité de sulfate de calcium durant le broyage final du clinker.

Cependant, de plus en plus, on utilise le ciment Portland en combinaison avec un adjuvant et, comme ces essais d'acceptation ignorent délibérément le développement des réactions d'hydratation en présence de certains adjuvants, les producteurs de béton ont à faire face de temps en temps à des comportements rhéologiques imprévus lorsqu'ils fabriquent certains bétons, on dit alors qu'ils font face à un problème de compatibilité ciment/adjuvant. En outre, le rapport eau/liant de 0,50 n'est plus le plus faible rapport E/C que l'on utilise dans l'industrie : de plus en plus de bétons ont des rapports eau/liant bien inférieurs à cette valeur.

6.2.6 Hydratation du ciment Portland

La documentation sur ce sujet a inspiré de très nombreux chercheurs et il est même certain que le nombre d'articles sur le sujet va continuer à augmenter (Lafuma, 1965 ; Papadakis et Venuat, 1966 ; Mindess et Young, 1981 ; Regourd, 1982a et b ; Vernet et Cadoret, 1992 ; Nonat, 1994 ; Eckart et coll., 1995 ; Persson, 1996 ; Taylor, 1997 ; Damidot et coll., 1997 ; Gauffinet et coll., 1997 ; Odler, 1998). Cet intérêt pour comprendre la prise et le durcissement du ciment Portland, est d'un grand intérêt du point de vue technologique. Les réactions chimiques qui se produisent durant l'hydratation sont tellement complexes que l'on a pu dire que le béton est le fruit d'une technologie très simple, mais en même temps d'une science très complexe.

Il faut admettre que les détails du processus chimique qui transforme la pâte de ciment Portland en une masse solide ne sont pas encore totalement compris (Van Damme, 1994). Cependant, des progrès ont été réalisés dans ce domaine de telle sorte que les principales étapes de la réaction d'hydratation sont mieux connues (Van Damme, 1998 ; Nonat, 1998). De nos jours, on sait aussi comment modifier, dans une large mesure, la cinétique d'hydratation du ciment en utilisant certains adjuvants spécifiques tels que des accélérateurs, des retardateurs, des réducteurs d'eau et des superplastifiants. Il n'est pas question ici de rédiger un traité complet sur ce sujet, mais plutôt de s'attarder à quelques aspects spécifiques qui sont d'un intérêt particulier pour les BHP.

Pour décrire le processus d'hydratation de façon schématique, l'auteur a emprunté la présentation faite par Vernet (1995). Les figures 6.11 à 6.14 décrivent les cinq principales étapes de l'hydratation du ciment Portland.

(a) ÉTAPE 1 — Période de malaxage

Durant cette étape, les différents ions libérés par les différentes phases passent en solution. La dissolution est plutôt rapide et exothermique et les deux hydrates qui réagissent rapidement germinent. La surface des particules de ciment se couvre de silicate de chaux hydraté (C-S-H), formé à partir des ions Ca^{2+}, $H_2SiO_4^-$ et OH^- qui proviennent de la phase silicate du clinker, et d'ettringite (trisulfoaluminate de calcium hydraté), formée par une combinaison des ions Ca^{2+}, AlO_2^-, SO_4^{2-} et OH^- qui proviennent de la phase interstitielle et des différentes formes de sulfate de calcium que l'on retrouve dans le ciment.

(b) ÉTAPE 2 — Période dormante (Fig. 6.11 et 6.12)

Période dormante
Microstructure de la pâte de ciment (t = 1 h)

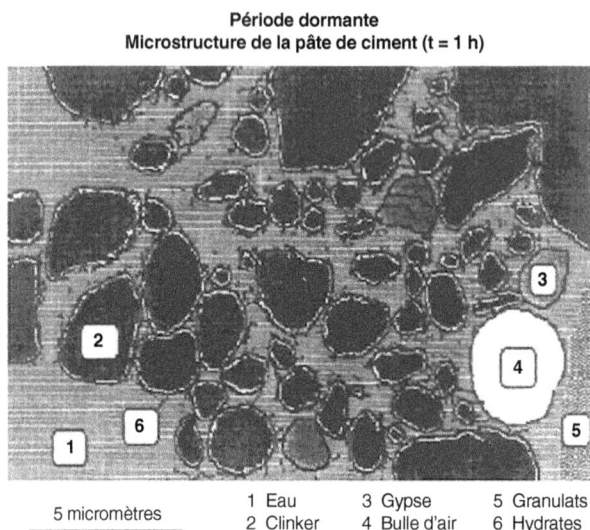

5 micromètres

1 Eau	3 Gypse	5 Granulats
2 Clinker	4 Bulle d'air	6 Hydrates

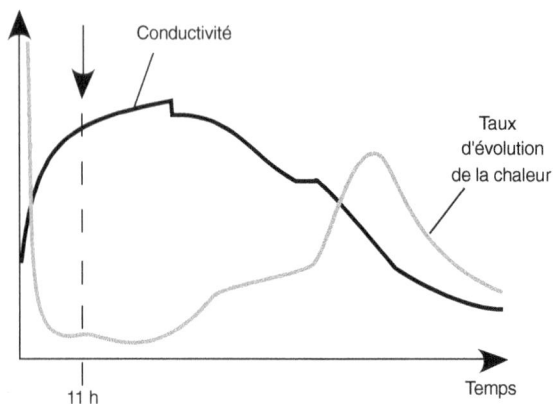

Figure 6.11 Microstructure de la pâte de ciment à 1 h (d'après Vernet, 1995)

Période dormante
Microstructure de la pâte de ciment (t = 2 h)

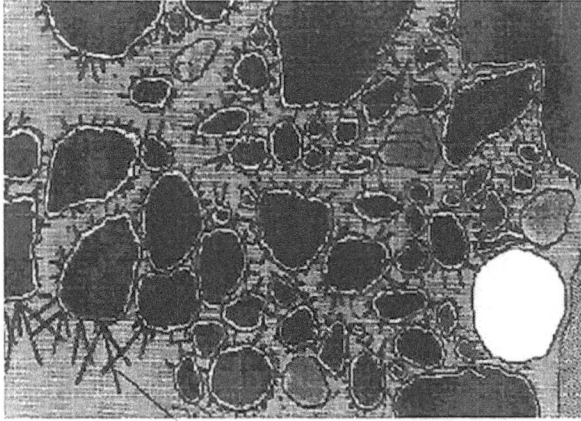

5 micromètres

Les grands aiguilles représentent
les cristaux d'ettringite

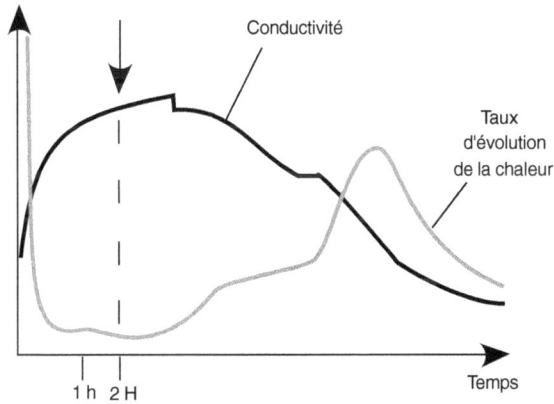

Conductivité

Taux
d'évolution
de la chaleur

1 h   2 H

Temps

Figure 6.12 Microstructure de la pâte de ciment à 2 h (d'après Vernet, 1995)

L'accroissement rapide du pH et de la teneur élevée en ions Ca^{2+} dans l'eau de gâchage ralentit le processus de dissolution du clinker et le flux thermique diminue considérablement, mais ne s'arrête jamais. Une plus faible quantité de C-S-H est formée durant cette période et, s'il y a une quantité bien équilibrée d'ions sulfate et d'ions aluminium en solution, il se forme des quantités réduites d'ettringite ou d'hydrogrenat. Durant cette période, la phase liquide devient saturée en ions Ca^{2+}, mais il n'y a pas de portlandite $(Ca(OH)_2)$ qui précipite, très probablement parce que sa vitesse de germination est très faible par comparaison à celle des C-S-H. On peut voir se développer une certaine agrégation des grains de ciment durant cette période.

(c) ÉTAPE 3 — Prise initiale (Fig. 6.13)

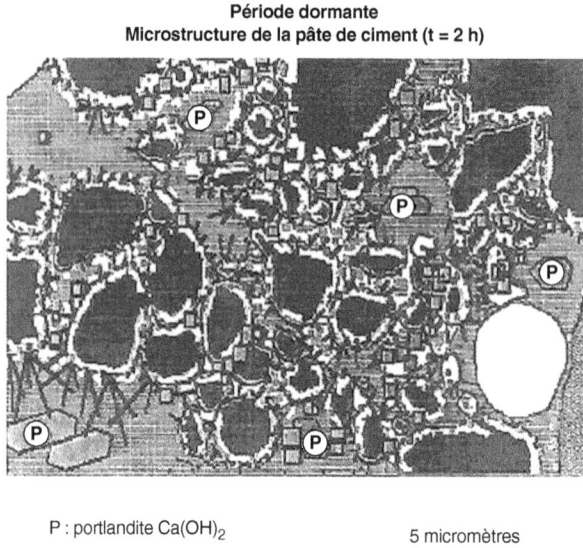

Période dormante
Microstructure de la pâte de ciment (t = 2 h)

P : portlandite Ca(OH)$_2$

5 micromètres

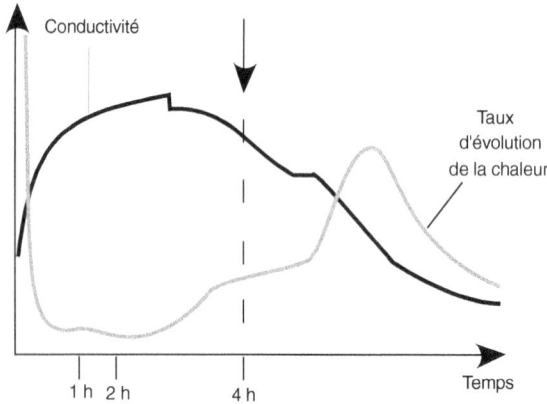

Figure 6.13 Microstructure de la pâte de ciment à 4 h (d'après Vernet, 1995)

La réaction d'hydratation est soudain activée quand la portlandite commence à précipiter, ce qui se produit quand il n'y a pratiquement plus de silice dans la phase aqueuse. Cette consommation soudaine d'ions Ca^{2+} et OH^- accélère la vitesse de dissolution des phases du ciment Portland. Le flux thermique augmente lentement au début parce que la précipitation de CH est endothermique et consomme une certaine quantité de chaleur, mais devient plus rapide ultérieurement.

Habituellement, la prise initiale se produit durant cette période, sauf quand certains raidissements du mortier se développent à la suite de la précipitation d'aiguilles d'ettringite ou de C-S-H. La phase silicatée et les aluminates commencent à développer certaines liaisons interparticulaires qui conduisent à un vieillissement progressif de la pâte.

(d) ÉTAPE 4 — Durcissement (Fig. 6.14)

Durcissement
Microstructure de la pâte de ciment (t = 9 h)

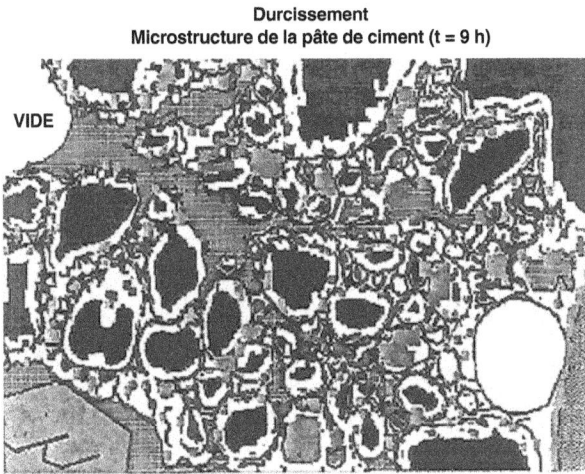

Quand il n'y a plus de sulfate de calcium   5 micromètres
les cristaux d'ettringite se développent et le
monosulfoaluminate de calciume est précité

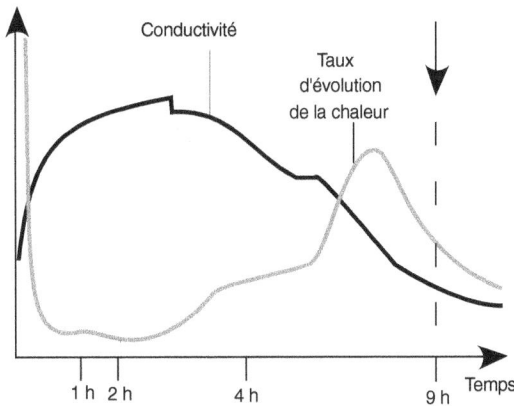

Figure 6.14 Microstructure de la pâte de ciment à 9 h (d'après Vernet, 1995)

La plupart des ciments Portland contiennent moins de sulfate de calcium qu'il n'en faut pour réagir totalement avec la phase aluminate, de telle sorte que, durant la prise, les ions SO_4^{2-} sont totalement consommés pour former de l'ettringite, ce qui se produit entre 9 et 15 heures après le malaxage initial. À partir de ce moment, l'ettringite agit comme source de sulfate pour former du monosulfoaluminate de calcium avec le restant de la phase aluminate qui s'hydrate. Cette réaction génère de la chaleur et contribue à accélérer l'hydratation de la phase silicate.

Note : Les produits d'hydratation formés durant ces premières étapes sont souvent qualifiés de produits externes parce qu'ils se développent à l'extérieur des grains de ciment dans la phase aqueuse interstitielle. Ils se présentent sous forme d'un ensemble poreux et relativement lâche de cristaux de C-S-H, d'aiguilles d'ettringite, de plaquettes de monosulfoaluminate et de cristaux de portlandite hexagonaux.

(e) ÉTAPE 5 — Ralentissement de l'hydratation

À ce stade de l'hydratation, les grains de ciment sont couverts d'une couche d'hydrates qui s'épaissit et il devient difficile pour les molécules d'eau d'atteindre la partie non encore hydratée des particules de ciment à travers cette épaisse couche de produits hydratés. L'hydratation ralentit parce qu'elle est de plus en plus contrôlée par la vitesse de diffusion des molécules d'eau à travers les couches d'hydrates. La pâte de ciment hydraté se présente alors sous forme d'une masse plutôt amorphe connue sous le nom de produits d'hydratation internes.

L'hydratation du ciment Portland se termine soit parce qu'il n'y a plus de phase anhydre (dans le cas d'un béton de rapport eau/ciment élevé mûri à l'eau), soit qu'il n'y a plus assez d'eau pour atteindre la phase anhydre (dans les systèmes très denses et défloculés) ou lorsqu'il n'y a plus d'eau disponible, si cela se produit (cas de très faible rapport eau/liant).

6.2.7 Conclusion sur l'hydratation du ciment Portland dans un BHP

Du point de vue résistance, il est important que le ciment Portland développe des C-S-H aussi denses que possible, parce que les silicates de calcium (qui représentent 80 % de la masse totale du ciment) sont responsables du développement de la résistance dans les bétons. On peut atteindre un tel objectif en diminuant le rapport eau/liant, mais, en même temps, cette diminution du rapport eau/liant entraîne une diminution de la quantité d'eau disponible pour hydrater le ciment Portland. De plus, il ne faut pas que cette diminution de la quantité d'eau de gâchage altère la rhéologie du béton frais. Il est donc absolument nécessaire de maintenir un équilibre entre les ions sulfate, les ions calcium, les ions aluminium dans la pâte de ciment frais pour éviter la formation d'hydrogrenat dont la formation pourrait résulter en une prise éclair.

La nature polymorphique du C_3A devient très importante lorsque l'on étudie la rhéologie des bétons ayant de très faibles rapports eau/liant. Si le C_3A est cubique et qu'il réagit rapidement avec les ions sulfate, il faut alors pouvoir disposer d'ions SO_4^{2-} très rapidement. Si le C_3A est orthorhombique, il réagit moins rapidement mais forme un ensemble d'aiguilles d'ettringite plus lâche qui protège moins bien le C_3A contre toute hydratation ultérieure. Dans un tel cas, il est important que l'on puisse disposer des ions SO_4^{2-} qui sont relâchés progressivement de façon à bien contrôler la rhéologie.

Du point de vue pratique, quand on fabrique des BHP avec des ciments Portland actuels, on peut dire qu'il est très souvent beaucoup plus facile d'obtenir la résistance voulue que de contrôler facilement la rhéologie du béton frais.

6.3   Ciment Portland et eau

Depuis plus d'un siècle, on sait que, moins on utilise d'eau pour une quantité donnée de ciment, plus le béton sera résistant. L'eau est un ingrédient essentiel du béton qui remplit deux fonctions de base : une fonction physique qui donne au béton les propriétés rhéologiques nécessaires et une fonction chimique qui permet le développement de la réaction d'hydratation. Le béton idéal serait celui qui contiendrait assez d'eau pour développer la résistance maximale du ciment tout en conférant au béton frais les propriétés rhéologiques nécessaires à sa mise en place (Grzeszczyk et Kucharska, 1990).

Malheureusement, les ciments Portland actuels sont loin de permettre l'atteinte de cet idéal. D'une part, après leur broyage, les particules de ciment présentent de nombreuses charges électriques ou superficielles non saturées qui les amènent à floculer quand elles sont mises en contact avec un liquide aussi polaire que l'eau (Kreijger, 1980 ; Paillère, 1982 ; Legrand, 1982 ; Venuat, 1984 ; Chatterji, 1988). En floculant, les particules de ciment piègent une certaine quantité d'eau qui n'est plus alors disponible pour lubrifier le béton (Fig. 6.15). D'autre part, les réactions d'hydratation n'attendent pas que le béton soit dans les coffrages pour commencer à se développer : l'hydratation commence dès que le ciment Portland entre en contact avec l'eau puisque certaines particules de ciment sont très réactives, particulièrement les très fines particules, qui ont une très grande surface spécifique.

Pour obtenir un béton maniable quand on n'utilise que de l'eau et du ciment, il est donc nécessaire d'utiliser plus d'eau qu'il n'en faut pour hydrater toutes les particules de ciment. Cette eau additionnelle qui ne sera jamais liée à des particules de ciment dans la pâte durcie crée une porosité à l'intérieur de la pâte durcie qui affaiblit les propriétés mécaniques du béton et diminue considérablement sa durabilité.

Comme les cimentiers ne se sont jamais préoccupés de résoudre ce phénomène de floculation, pour favoriser l'hydratation, il est nécessaire d'utiliser, lors du malaxage, des adjuvants chimiques capables de réduire la tendance naturelle d'un ciment à floculer et ainsi diminuer la quantité d'eau de gâchage nécessaire pour obtenir un béton de maniabilité donnée.

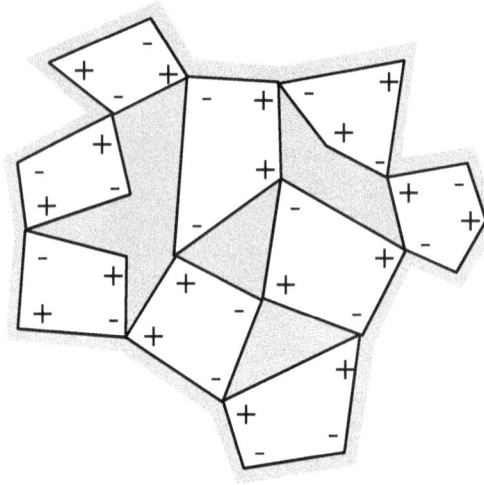

Figure 6.15 Particules de ciment dans une structure floculée (d'après Kreijger, 1980)

6.3.1   Réducteurs d'eau et superplastifiants

Il y a près de 60 ans, on a découvert que certaines molécules organiques connues pour leurs propriétés dispersantes pouvaient être utilisées pour neutraliser les charges électriques que l'on retrouve à la surface des particules de ciment et ainsi réduire leur tendance à floculer. Ces molécules sont encore utilisées et mises sur le marché sous le nom de réducteurs d'eau, superplastifiants ou agents dispersants. Pour un chimiste, les réducteurs d'eau peuvent être anioniques, cationiques ou non ioniques (Kreijger, 1980 ; Venuat, 1984). Les réducteurs d'eau anioniques et cationiques sont composés de molécules qui ont une extrémité chargée qui neutralise des sites ayant une charge opposée sur les particules de ciment. Dans le cas des réducteurs d'eau non ioniques, ces molécules agissent plutôt comme des dipôles qui se collent aux grains de ciment. La figure 6.16 illustre le mode d'action de ces trois types de réducteurs d'eau.

On a aussi découvert que les lignosulfonates, qui sont dérivés d'un déchet des usines de pâte à papier, étaient des agents dispersants très efficaces (Fig. 6.17). Les lignosulfonates ne coûtent pas très cher et ils ne nécessitent pas de préparation ou de transformation très coûteuse pour pouvoir être utilisés avec succès dans le béton. En utilisant des lignosulfonates, on peut réduire la quantité d'eau de gâchage de 5 à 10 % sans altérer la maniabilité du béton avant que n'apparaissent certains effets secondaires. Les effets secondaires sont, d'une part, un retard de la prise et du durcissement du béton d'autant plus fort que le lignosulfonate contient des sucres du bois et, d'autre part, le piégeage des grosses bulles d'air causé par les surfactants que l'on retrouve dans le bois. Évidemment, cette réduction de la quantité d'eau de gâchage n'est pas suffisamment élevée pour éliminer toute l'eau de gâchage non nécessaire à l'hydratation des particules de ciment. Il est certes possible de raffiner les lignosulfonates en enlevant un peu plus de sucre ou plus de surfactant (Mollah et coll., 1995), mais le produit final devient trop coûteux pour l'industrie du béton. En n'utilisant que des lignosulfonates, on peut produire des bétons qui ont des résistances à la compression comprises entre 50 et 60 MPa (Blick et coll., 1974).

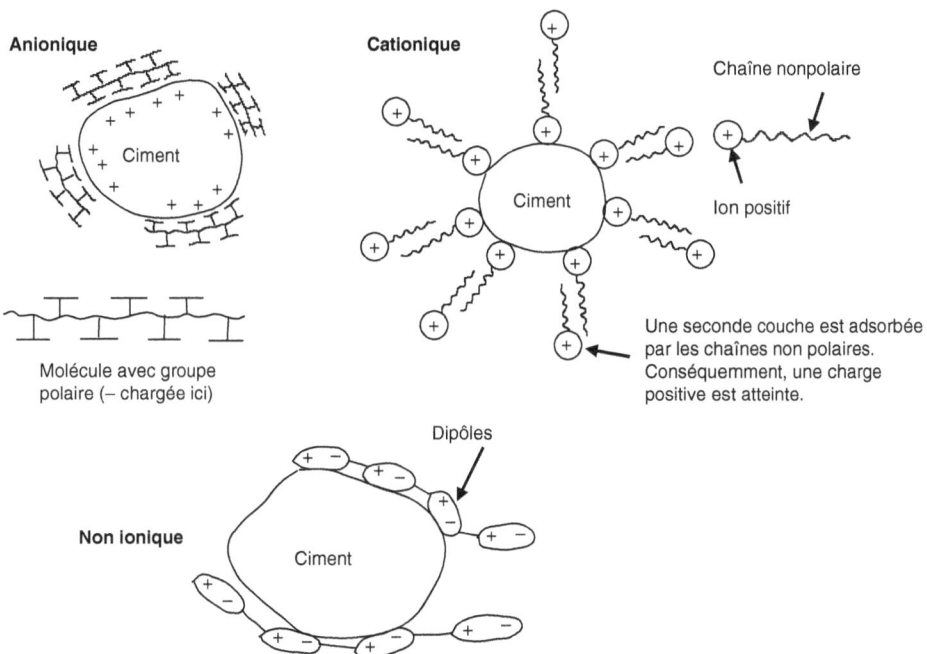

Figure 6.16 Différents types de réducteurs d'eau (d'après Kreijger, 1980)

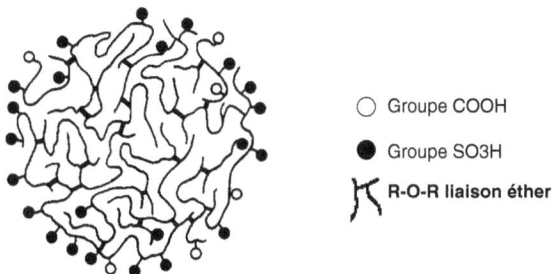

Figure 6.17 Représentation schématique d'une unité de microgel dans un lignosulfonate (d'après Rixom et Mailvaganam, 1986)

En recherchant la mise au point de réducteurs d'eau plus puissants, Tucker a trouvé, dès 1932, que des polycondensés de naphtalène sulfonate avaient des propriétés dispersantes supérieures à celles des lignosulfonates ; son brevet lui fut accordé en 1938 (Tucker, 1938). Malheureusement, à cette époque, le coût de ces produits synthétiques n'était pas compétitif avec celui des réducteurs d'eau ordinaire et des lignosulfonates. En outre, à cette époque, l'industrie du béton ne voyait aucun intérêt à augmenter la résistance à la compression du béton au-delà de 20 à 30 MPa (Black et coll., 1963).

Pendant environ 40 ans, l'industrie du béton s'est satisfaite de la performance de cette première génération de réducteurs d'eau et de lignosulfonates jusqu'à ce que, pratiquement simultanément, les qualités dispersantes exceptionnelles des condensés de polynaphtalène sulfonate soient redécouvertes au Japon et qu'une nouvelle famille de réducteurs d'eau puissants basés sur des polymélamines sulfonates soit découverte en Allemagne (Hewlett et Rixom, 1977 ; Hattori, 1979 ; Meyer, 1979). Ces produits sont maintenant plus connus sous les noms de superplastifiants, de réducteurs d'eau à haut pouvoir ou de fluidifiants (Aïtcin et Baron, 1996 ; Ramachandran et coll., 1998).

Initialement, ces molécules n'étaient pratiquement utilisées que pour fluidifier en chantier des bétons usuels, juste avant leur mise en place, des réducteurs d'eau ordinaire étant bien souvent utilisés durant les opérations de malaxage à l'usine. Un des principaux avantages de ces nouvelles molécules, à part leur efficacité à fluidifier des bétons sans risque de ségrégation, était qu'elles pouvaient être utilisées à des dosages beaucoup plus élevés que les réducteurs d'eau ordinaires puisqu'il s'agissait de produits de synthèse fabriqués avec des matières premières qui ne contenaient ni sucre ni surfactant. Cependant, un des inconvénients majeurs de ces superplastifiants de première génération était la durée relativement brève de leur action fluidifiante : dans le meilleur des cas, leur efficacité ne durait guère plus de 15 à 30 minutes (Young, 1983 ; Ramachandran et coll., 1989) de telle sorte qu'il était obligatoirement nécessaire de les incorporer dans le béton juste avant sa mise en place dans les coffrages (Bonzel et Siebel, 1978 ; Malhotra, 1978).

Au fur et à mesure que s'est développée l'utilisation des superplastifiants, on s'est aperçu que ces molécules pouvaient aussi être utilisées pour réduire la quantité d'eau de gâchage à un degré que l'on n'avait jamais soupçonné tout en continuant à produire des bétons ayant une excellente maniabilité. Ces molécules synthétiques sont en fait si puissantes pour disperser les grains de ciment dans l'eau que, pour la première fois dans l'histoire du béton, on a pu fabriquer des bétons fluides qui ont un rapport eau/liant inférieur à 0,30. Grâce à l'action de ces molécules, on se trouve dans une situation où, indirectement, on crée les conditions d'emploi d'un ciment idéal telles qu'on les a définies plus tôt. Par conséquent, récemment, la résistance à la compression des bétons s'est mise à augmenter à un niveau qui était insoupçonnable il y a peu de temps encore.

Avec le temps, la fabrication des superplastifiants s'est améliorée, si bien qu'à l'heure actuelle beaucoup de superplastifiants peuvent maintenir un affaissement très élevé pendant 45 à 90 minutes. Cependant, on s'aperçoit aussi que tous les ciments Portland ne se comportent pas de la même façon avec tous les superplastifiants et que certains d'entre eux ne réagissent pas de la même façon avec n'importe quel ciment comme on le verra dans la suite de ce chapitre.

Pour visualiser la tendance des grains de ciment à floculer en présence d'eau et pour comparer l'efficacité des réducteurs d'eau et des superplastifiants à défloculer les particules de ciment, il suffit de réaliser l'expérience simple suivante : peser trois fois 50 g de ciment Portland et les mettre dans trois vases gradués de 1 litre. Le premier, identifié par la lettre E à la figure 6.18, contient simplement du ciment et de l'eau ; le deuxième, identifié par les lettres RE, contient 10 ml de réducteur d'eau à base de lignosulfonate mélangé avec l'eau et le troisième, identifié par les lettres SUP, contient 10 ml de superplastifiant mélangé avec l'eau. Les dosages en lignosulfonate et en superplastifiant sont dix fois supérieurs au dosage nécessaire quand on les utilise dans un béton usuel. Avec un tel dosage en lignosulfonate, on a trouvé qu'il était possible d'annuler toute tendance des particules de ciment à floculer dans des dispersions aussi diluées.

(Note : Pour que l'expérience soit des plus spectaculaires il est recommandé de prendre un ciment ayant une très faible teneur en alcalins)

Les trois vases gradués sont secoués pendant une minute, de façon à obtenir une suspension homogène avant de les laisser au repos. On constate très vite que, au bout de 15 à 30 minutes, toutes les particules de ciment ont sédimenté dans le vase E alors que les plus fines particules sont encore en suspension dans les deux autres vases. Après 24 heures, pratiquement toutes les particules de ciment ont sédimenté (Fig. 6.18). Par contre, si on regarde de plus près la Figure 6.18, on peut voir que les volumes occupés au fond des trois vases par la même quantité de ciment ne sont pas les mêmes :

$$h_e > h_{re} > h_{sup}$$

$$h_{re} = 0,7\ h_e \text{ et } h_{sup} = 0,5\ h_e$$

Cette simple expérience illustre, d'une part, la tendance des grains de ciment à floculer et, d'autre part, la différence d'efficacité des réducteurs d'eau à base de lignosulfonate et des superplastifiants à base de polynaphtalène sulfonate pour défloculer les particules de ciment.

En outre, si l'on observe la partie supérieure du vase RE qui contient le lignosulfonate, on peut voir que, durant la période où l'on a secoué le vase, on a formé une certaine quantité de mousse sur une hauteur h_f, mais que cette mousse ne s'est pas formée dans le cas du superplastifiant (Fig. 6.18a). Les réducteurs d'eau contenant des lignosulfonates contiennent toujours un certain nombre de produits tensioactifs qui entraînent de l'air ; au contraire, les superplastifiants, qui sont des produits de synthèse fabriqués à partir de produits chimiques purs, ne contiennent pas d'agent tensioactif.

Vue des
éprouvettes
apèrs 48 heures

Vue
détaillée
du volume
occupé
par les
dépôts de
particules

Figure 6.18 Précipitation du ciment Portland

E   dans l'eau
RE   dans l'eau + réducteur d'eau
SUP dans l'eau + superplastifiant

6.3.2   Différents types de superplastifiant

À l'heure actuelle, on utilise essentiellement cinq principales familles de superplastifiant (Bradley et Howarth, 1986 ; Rixom et Mailvaganam, 1986) :

1. les sels sulfonés de polycondensés de naphtalène et de formaldéhyde, qu'on appelle
   plus généralement les polynaphtalènes sulfonates ou simplement les superplastifiants
   à base de naphtalène ;
2. les sels sulfonés de polycondensés de mélamine et de formaldéhyde, qu'on appelle
   plus communément les polymélamines sulfonés ou les superplastifiants à base de
   mélamine ;
3. les lignosulfonates ayant de très faibles taux en sucre et en surfactant ;
4. les polyacrylates ;
5. les produits à base d'acides polycarboxyliques.

(Note : Certains superplastifiants peuvent être à base de polyphosphonates)

Les bases les plus utilisées pour fabriquer les superplastifiants commerciaux proviennent des deux premières familles. Dans leur formulation commerciale, les superplastifiants peuvent aussi contenir une certaine quantité de réducteurs d'eau ordinaires, tels
que les lignosulfonates et les gluconates. Les superplastifiants commerciaux contiennent aussi parfois des retardateurs ou des accélérateurs.

6.3.3   Fabrication des superplastifiants

Pour comprendre les différences de comportement entre des superplastifiants d'une
même famille et pour mieux comprendre leur fonctionnement dans le béton, il est utile
de connaître, au moins dans ses grandes lignes, le mode de fabrication des superplastifiants (Lahalih et coll., 1988 ; Ramachandran et coll., 1998). À titre d'exemple, on décrit
brièvement ci-dessous la fabrication des superplastifiants à base de naphtalène.

Les quatre étapes de fabrication des polynaphtalènes sulfonates sont la sulfonation, la
condensation, la neutralisation et la filtration s'il y a lieu.

(a) ÉTAPE 1 — Sulfonation (Fig. 6.19)

Dans cette étape, le naphtalène et l'acide sulfurique sont mélangés dans un réacteur
dans des proportions appropriées pour y être chauffés. Durant cette réaction, le groupe
acide sulfonate, HSO_3^-, se fixe sur une des deux positions de l'un des deux anneaux
benzéniques de la molécule de naphtalène : la position midi, qui est appelée la position
α, et la position 2 heures, qui est appelée la position β (Fig. 6.19). Les positions 4, 6, 8
et 10 heures se déduisent des positions α et β par rotation autour de l'axe de symétrie du
groupe naphtalène. Lorsque l'on examine sur modèle moléculaire l'effet de la fixation
du groupe sulfonate sur l'une de ces deux positions, on peut voir que, lorsque le groupe
sulfonate se retrouve en position α, il a très peu de degré de liberté de rotation parce

qu'il est pratiquement bloqué par les deux hydrogènes que l'on retrouve dans les posi-tions 2 et 10 heures. Cependant, quand le groupe sulfonate est en position β, il peut tourner de 360° sans être bloqué.

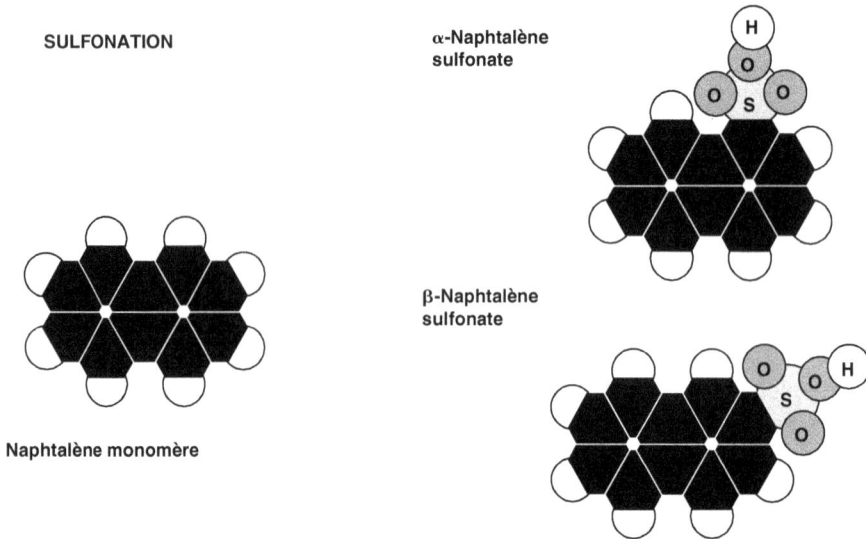

Figure 6.19 La sulfonation est la première étape dans la fabrication d'un superplastifiant à base de polynaphtalène (reproduit avec la permission de M. Piotte)

Il semble bien établi maintenant que le positionnement du groupe sulfonate en position β rend les molécules de superplastifiant plus efficaces. Par conséquent, le fabricant de superplastifiant doit ajuster les paramètres thermodynamiques durant le processus de sulfonation de façon à placer le maximum de groupes sulfonates en position β ; il est évidemment impossible d'atteindre un succès de 100 %. Certains fabricants de super-plastifiant ne contrôlent pas la réaction de sulfonation si bien que l'on retrouve autant de groupes sulfonates en position β qu'en position α dans leurs superplastifiants. Dans les cas où le contrôle de la réaction de sulfonation est excellent, on peut atteindre de 85 à 90 % de positions β sulfonées. Le pourcentage de positions α et β dans un superplasti-fiant donné peut être évalué par résonance magnétique.

Durant la sulfonation, il est aussi important de sulfoner le maximum de sites disponi-bles. Bien que l'on puisse sulfoner deux sites sur chacun des anneaux benzéniques, dans la pratique, on s'arrange pour qu'un seul site (ou moins) soit sulfoné. Si le rapport de saturation est égal au rapport qu'il y a entre le nombre de groupes sulfonés divisé par le nombre de positions disponibles dans le polymère, on peut dire qu'un degré de satura-tion 0,90 à 0,95 est excellent, ce qui signifie qu'un peu moins de la moitié des sites disponibles sur les anneaux benzéniques sont réellement sulfonés.

(b) ÉTAPE 2 — Condensation (Fig. 6.20)

La polymérisation des groupes naphtalène est réalisée par condensation à l'aide de formaldéhyde (Fig. 6.20). L'anneau benzénique où se réalise la condensation est toujours celui qui n'est pas sulfoné, l'arrimage de deux groupes naphtalène consécutifs se fait dans n'importe laquelle des positions. On peut voir des ramifications prendre naissance lors de la condensation. De façon à produire des chaînes moléculaires aussi longues que possible, le producteur de superplastifiant doit là encore ajuster les conditions de condensation. En général, un degré de polymérisation de 9 à 10 est atteint lorsque le processus de polymérisation est relativement bien contrôlé. Donc, dans un bon superplastifiant, on retrouve des polymères contenant en moyenne de 9 à 10 molécules de naphtalène, mais on y retrouve aussi des monomères, des dimères et des trimères à la fin de la réaction de condensation de même que des chaînes qui ont des degrés de polymérisation supérieurs à 10.

CONDENSATION

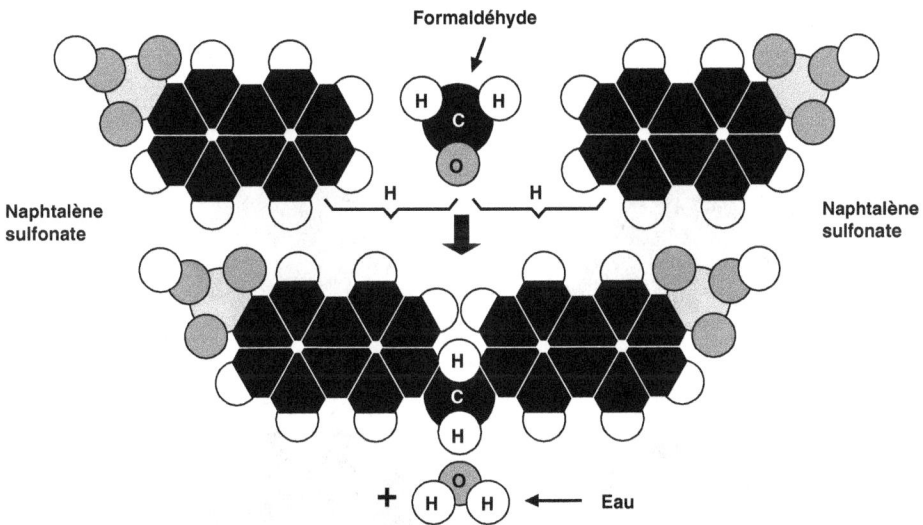

Figure 6.20 La condensation est la deuxième étape dans la fabrication d'un superplastifiant à base de polynaphtalène (reproduit avec la permission de M. Piotte)

De façon générale, l'allongement de la chaîne polymérique tend à augmenter la viscosité du superplastifiant. Cependant, l'augmentation de la viscosité peut aussi résulter d'une augmentation du nombre de ramifications et de réticulations de la chaîne polymérique. Ainsi, quand on fabrique un superplastifiant et qu'on augmente sa viscosité, cela ne veut pas forcément dire que l'on a rallongé des chaînes polymériques et que le degré de recouvrement des molécules de superplastifiant en sera amélioré. En pratique, il semble que, au-delà d'un degré de polymérisation moyen de 9 à 10, les molécules de superplastifiant à base de naphtalène semblent perdre de leur efficacité parce que l'augmentation de leur masse moléculaire est plutôt obtenue par réticulation que par allongement linéaire du polymère. La mesure de la longueur du polymère n'est pas une tâche facile : ce processus est long et nécessite l'utilisation de techniques complexes incluant l'ultrafiltration, la chromatographie en phase liquide et la dispersion de la lumière (Piotte et coll., 1995).

(c) ÉTAPE 3 — Neutralisation (Fig. 6.21)

Le pH de l'acide sulfonique ainsi créé est compris entre 2 et 3, ce qui est un pH beaucoup trop faible pour un matériau qui doit être introduit dans un milieu ayant un pH aussi élevé qu'un mélange de ciment Portland et d'eau. L'acide sulfonique polymérisé doit donc être neutralisé en utilisant de la soude, la base la plus communément utilisée, mais quelquefois en utilisant aussi de la chaux. Le processus de neutralisation entraîne la formation d'un sel de sodium ou de calcium. D'autres cations ont pu être utilisés pour neutraliser l'acide sulfonique tels que le lithium, le potassium, le magnésium, le NH_3 ou de la mono-, di- ou triéthanolamine (Piotte, 1983).

NEUTRALISATION

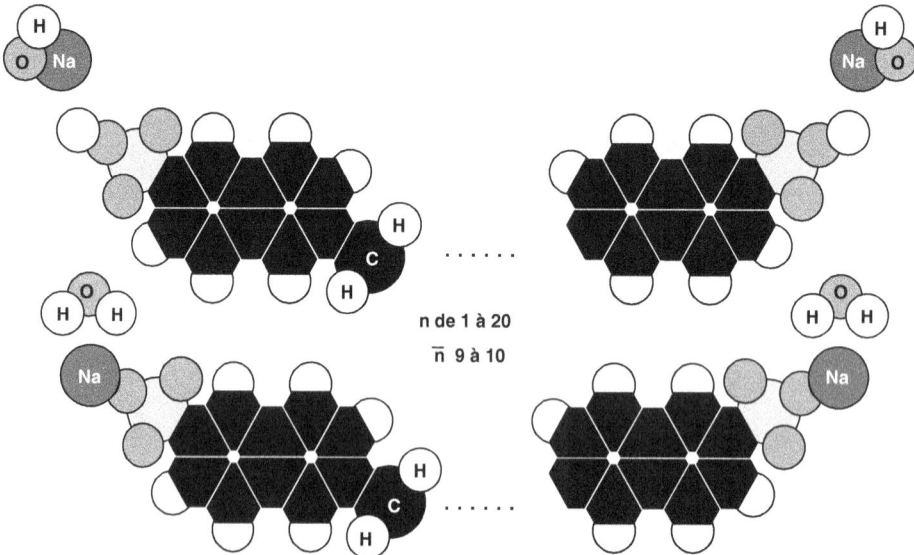

Figure 6.21 La neutralisation est la dernière étape dans la fabrication d'un superplastifiant à base de polynaphtalène (reproduit avec la permission de M. Piotte)

(d) ÉTAPE 4 — Filtration dans le cas du sel de calcium

Cette étape est nécessaire lorsque l'on fabrique un sel de calcium pour enlever les sulfates résiduels de façon à produire un superplastifiant dans lequel la quantité de solides actifs (des chaînes polymérisées) est la plus élevée possible. En règle générale, les producteurs de superplastifiant ne fournissent que la quantité totale de solide, et rarement la quantité de solides actifs.

À la fin du processus de fabrication, le produit final, le superplastifiant à base de naphtalène, se présente sous forme d'un liquide brun foncé (et sous forme d'un liquide translucide dans le cas des sulfonates de mélamine). La teneur en solides des sulfonates de naphtalène est généralement comprise entre 40 et 42 %, tandis que celle des sulfonates de mélamine est comprise entre 22 et 42 %. De façon à pouvoir transporter ces deux types de superplastifiant sur de grandes distances, on les sèche de façon à produire une poudre brune dans le cas des polynaphtalènes sulfonates et une poudre blanche dans le cas des polymélamines sulfonates.

La fabrication d'un superplastifiant efficace nécessite l'utilisation de matières premières de bonne qualité et un bon contrôle de tous les paramètres thermodynamiques importants lors du processus de polymérisation. Les paramètres qui influencent l'efficacité d'un polynaphtalène sulfonate sont :

- le rapport entre le nombre de sites α et β occupés par les groupes sulfonates (plus il y a de sites β, plus le superplastifiant sera efficace) ;
- le nombre de groupes sulfonés par anneaux benzéniques (plus ce nombre est voisin de 1, plus il sera efficace) ;
- le degré de polymérisation (dans le cas des polynaphtalènes sulfonates, un degré de polymérisation moyen de l'ordre de 9 à 10 semble être optimal de façon à éviter trop de réticulation ou de ramification) ;
- la quantité de solides actifs (qui n'est pas nécessairement la quantité totale de solides).

Malheureusement, très peu de fiches techniques de superplastifiants commerciaux contiennent de telles informations. Très souvent, les fiches techniques indiquent que le superplastifiant est un liquide brun contenant 40 à 42 % de solides qui a un pH compris entre 7,5 et 8,5 et une viscosité de 60 à 80 centipoises. Une telle description peut cacher des différences très importantes dans les paramètres qui influencent réellement l'efficacité des superplastifiants (Childowski, 1990 ; Garvey et Tadros, 1972, Ramachandran et coll., 1998).

Comme les essais physico-chimiques nécessaires pour évaluer la qualité d'un superplastifiant commercial sont très complexes, qu'ils nécessitent des appareils qui ne se trouvent pas toujours dans les laboratoires commerciaux et même dans certains laboratoires universitaires, la façon la plus économique et rapide d'évaluer l'efficacité d'un superplastifiant est de procéder à des essais rhéologiques sur le ciment qui sera utilisé avec ce superplastifiant.

6.3.4 Hydratation du ciment Portland en présence d'un superplastifiant

À l'heure actuelle, il n'y a pas de théorie qui permet d'expliquer dans le détail l'action des superplastifiants sur les particules de ciment lors du malaxage du béton et durant son hydratation (Petrie, 1976 ; Paillère et Briquet, 1980 ; Ramachandran et coll., 1998). Lorsque les superplastifiants ont commencé à être utilisés, quelques chercheurs pensaient à l'époque que les interactions ciment-superplastifiant étaient seulement de nature physique. Ils ont donc d'abord étudié l'action des superplastifiants sur des poudres non réactives ayant reçu différents traitements de surface pour connaître la dispersion de ces systèmes de particules non hydrauliques de façon à expliquer l'action des superplastifiants sur les dispersions de solides dans l'eau (Foissy et Pierre, 1990).

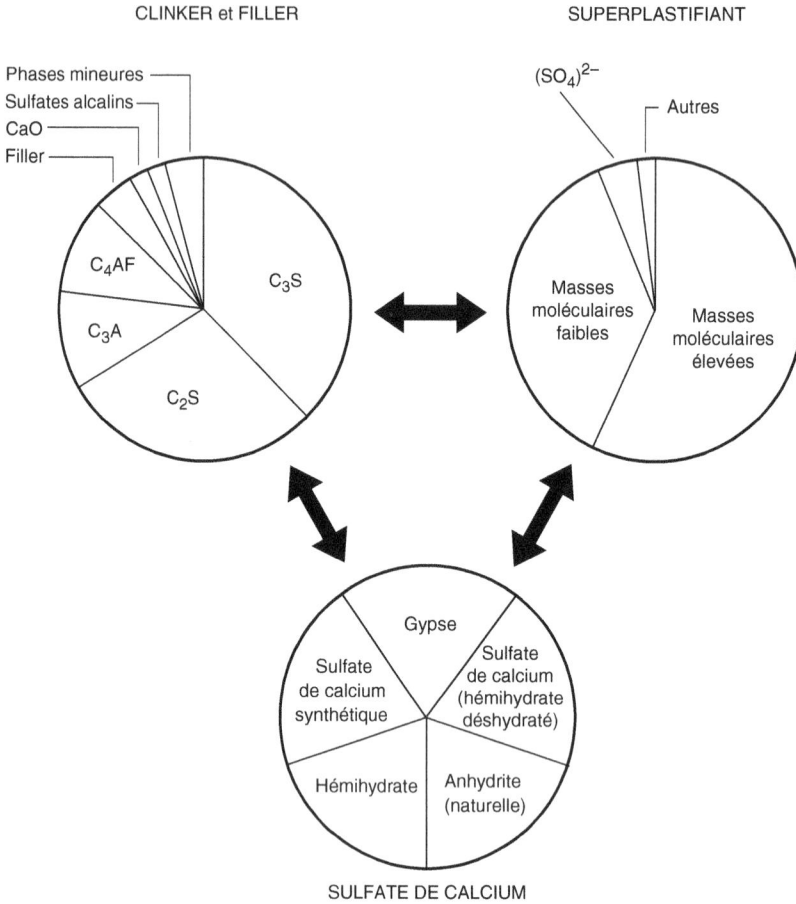

CLINKER et FILLER   SUPERPLASTIFIANT

Phases mineures
Sulfates alcalins
CaO
Filler

$(SO_4)^{2-}$
Autres

C_4AF C_3S
C_3A
C_2S

Masses
moléculaires
faibles   Masses
moléculaires
élevées

Gypse
Sulfate
de calcium
synthétique   Sulfate
de calcium
(hémihydrate
déshydraté)
Hémihydrate   Anhydrite
(naturelle)

SULFATE DE CALCIUM

Figure 6.22 La complexité de l'interaction ciment Portland, sulfate de calcium et adjuvant (d'après Jolicœur et Aïtcin)

D'autres chercheurs ont privilégié l'approche plus chimique en étudiant les effets des superplastifiants sur la vitesse de dissolution des différentes espèces ioniques dans ces mélanges (Andersen, 1986 ; Diamond et Struble, 1987 ; Odler et Abdul-Maula, 1987 ; McCarter et Garvin, 1989 ; Paulini, 1990). Certaines études se sont plus orientées vers les effets des superplastifiants sur les différentes phases des ciments en étudiant séparément ces effets sur chacune d'entre elles, en espérant que l'hydratation du ciment Portland en présence de superplastifiant pourrait être déduite en additionnant une combinaison de ces effets sur ces phases individuelles (Massazza et Costa, 1980). En pratique, une telle approche peut amener quelques problèmes puisque le ciment Portland ne contient pas toujours les mêmes phases dans les mêmes proportions. En outre, les phases que l'on retrouve dans un ciment réagissent les unes avec les autres durant l'hydratation et l'interaction entre les grains de ciment et les superplastifiants peut être compliquée par les interactions simultanées entre le ciment et les sulfates et entre les sulfates et les superplastifiants (Fig. 6.22).

On a aussi trouvé que les superplastifiants interféraient, non seulement avec l'hydratation du ciment Portland, mais aussi avec la dissolution des sulfates et la valeur du rapport SO_4^{2-}/Al_2O^- (Vernet, 1995). Sur la Figure 6.23, on peut voir que, selon la valeur de ce rapport, on est en présence de systèmes dans lesquels on peut observer une perte d'affaissement dite « normale », celle à laquelle on est habitué quand on n'utilise pas de superplastifiant dans un béton usuel, mais aussi à des systèmes présentant une situation de fausse prise quand ce rapport est très élevé ou plutôt à une situation de prise éclair quand ce rapport est très faible. Dans une publication récente sur les vitesses de dissolution des différentes formes de sulfate de calcium en présence ou en l'absence de superplastifiants, Vernet (1995) a montré qu'un superplastifiant à base de naphtalène agissait de façon significative avec l'hémihydrate, en favorisant, dans certains cas, la précipitation du gypse, c'est d'ailleurs une raison pour laquelle on utilise des superplastifiants lorsqu'on fabrique des planches de gypse.

En dépit du mérite de ces différentes approches, il faut admettre qu'on a encore beaucoup à apprendre sur les interactions entre les ciments et les superplastifiants de façon à mieux comprendre pourquoi certains superplastifiants fonctionnent mieux que d'autres avec certains ciments et vice versa (Buil et coll., 1986 ; Cunningham et coll., 1989 ; Uchikawa et coll., 1990 ; Fernon, 1994a et b ; Vernet, 1995).

Cependant, certains résultats sont déjà clairement établis et permettent de mieux comprendre l'interaction des particules de ciment et des superplastifiants (Hewlett et Young, 1987 ; Andersen et coll., 1988 ; Fernon, 1994a et b ; Jolicœur et coll., 1994 ; Ramachandran et coll., 1998 ; Jiang et coll., 1999).

Pour un ciment Portland donné, il est bien établi que le dosage en superplastifiant nécessaire pour obtenir une pâte ayant une certaine fluidité augmente avec la surface spécifique du ciment. Plus le ciment est fin, plus le dosage en superplastifiant nécessaire pour obtenir une fluidité donnée ou une maniabilité donnée est élevé.

Les molécules de superplastifiant peuvent être adsorbées sur le C_3S, ce qui a été clairement démontré par observation directe grâce à l'utilisation de molécules de superplastifiant où le soufre de l'acide sulfurique utilisé lors de la sulfonation avait été marqué avec un traceur radioactif (Onofrei et Gray, 1989) et par des observations indirectes, par exemple, au fur et à mesure que le dosage en superplastifiant augmente, on remarque par calorimétrie que le développement de la réaction d'hydratation est retardé (Aïtcin et coll., 1987). Ce retard dans la prise du béton a aussi été observé à la fois par RMN du proton et sur chantier quand, de façon délibérée ou non, des dosages très élevés en superplastifiant ont été utilisés, ce qui a pu entraîner dans certains cas un retard d'un jour dans la prise et le durcissement du béton (Aïtcin et coll., 1985).

$\dfrac{\text{Gradient (SO}_4)^{2-}}{\text{Gradient (AlO}_2)^-}$ Comportement	MICROSTRUCTURE Temps d'hydratation		
	10 minutes	1 heure	2 heures
Très élevé **Fausse prise**			
Élevé **Fausse prise atténuée**			
Moyen **Raidissement naturel**			
Faible **Prise rapide atténuée**			
Très faible **Prise rapide**			

Légende :

Clinker

Aiguilles d'ettringite

Sulfate de calcium

Ettringite et C-S-H

Aiguilles de gypse

Gel de C_4AH_x

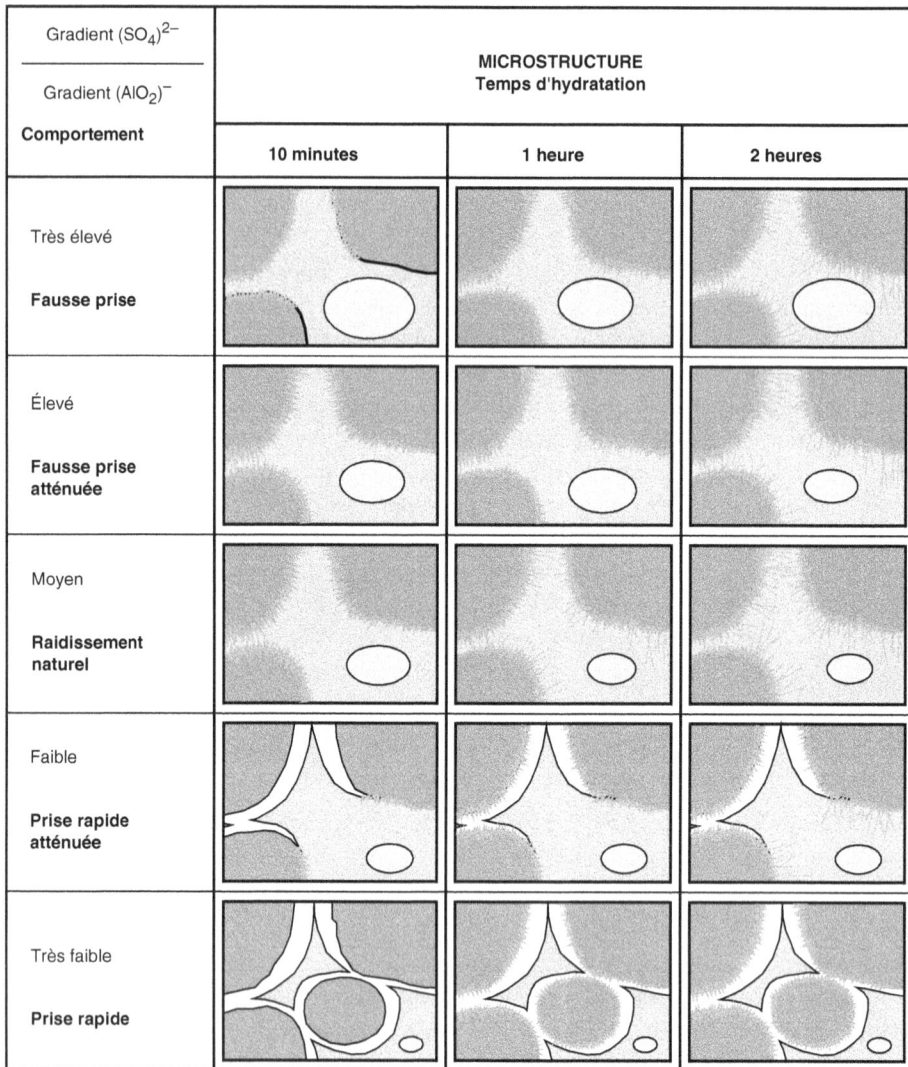

Figure 6.23 Évolution de la microstructure d'une pâte de ciment
en fonction du rapport des gradients de concentration en sulfate
et aluminate à l'interface solide/liquide (d'après Vernet, 1995)

Dans leurs expériences, Onofrei et Gray (1989) ont aussi clairement établi qu'une partie des superplastifiants était fixée dans la phase interstitielle hydratée. Luke et Aïtcin ont aussi mis en évidence la modification de la vitesse de formation et de la forme des cristaux d'ettringite provenant du C_3A en présence de molécules de superplastifiant (Luke et Aïtcin, 1991). Cette très forte interaction entre la phase interstitielle et les superplastifiants a été aussi rapportée par Hanna et coll. (1989) et Khalifé (1991) dans leurs études sur la rhéologie des pâtes de ciment faites avec des ciments contenant différentes quantités de C_3A et de C_4AF et différents types de superplastifiants (voir aussi Carin et Halle, 1991).

De façon à démontrer l'importance de la composition phasique d'un ciment sur les différentes phases du ciment Portland, Aïtcin et coll. (1991) ont rapporté que l'utilisation d'un ciment spécial contenant moins de 10 % de phase interstitielle (3,6 % de C_3A et 6,9 % de C_4AF) était très économique en termes de dosage en superplastifiant pour fabriquer des BHP ayant un très faible rapport eau/liant. En utilisant un tel ciment, il a été possible de produire un BHP ayant un rapport eau/liant de 0,17 avec un affaissement de 230 mm une heure après son malaxage en utilisant un peu moins que 100 l d'eau et 28,6 l de superplastifiant à base de naphtalène. La prise de ce béton n'a pas été retardée puisque sa résistance à la compression à 24 heures était de 72 MPa. En se basant sur ce genre d'observation et sur d'autres observations, Jolicœur et coll. (1994) ont proposé un mécanisme schématique pour expliquer l'action du superplastifiant durant l'hydratation du ciment (Fig. 6.24 à 6.27).

La figure 6.24 présente le mécanisme d'adsorption des polymères à la surface d'un grain de ciment qui est négativement chargé. Cette adsorption est rendue possible par la présence d'ions Ca^{2+} libérés par une dissolution partielle des ions calcium du ciment.

ADSORPTION DE SURFACE

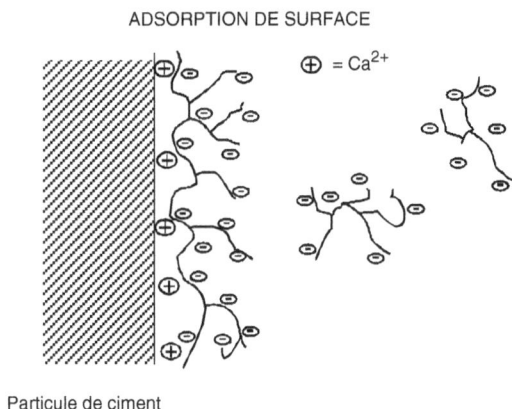

Particule de ciment

Figure 6.24 Adsorption des molécules de superplastifiant due aux forces électrostatiques et de Van der Waals (d'après Jolicœur et coll., 1994)

La figure 6.25 représente un cas de répulsion électrostatique de deux particules de ciment, une chargée positivement et l'autre chargée négativement ; en l'absence de superplastifiant, ces deux particules auraient eu plutôt tendance à s'attirer l'une et l'autre. Il est bien accepté que les superplastifiants à base de naphtalène et de mélamine travaillent essentiellement de cette façon (Uchikawa et coll., 1992 ; Uchikawa, 1994).

RÉPULSION ÉLECTROSTATIQUE

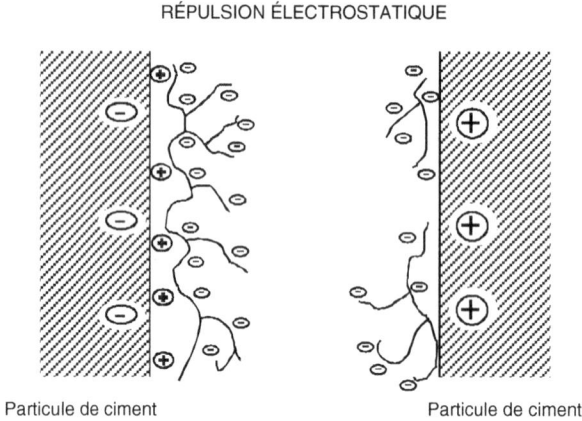

Particule de ciment   Particule de ciment

Figure 6.25 La surface chargée induit des forces répulsives interparticulaires
sur une longue distance (d'après Jolicœur et coll., 1994)

La figure 6.26 représente un cas de répulsion stérique entre deux molécules de super-plastifiant absorbées sur deux grains de ciment adjacents. Les molécules de superplasti-fiants enveloppent les grains de ciment et annulent ainsi les actions électrostatiques. Les superplastifiants à base de polyacrylate travailleraient essentiellement de cette façon-ci mais aussi quelque peu en mode de répulsion électrostatique (Uchikawa, 1994 ; Uchi-kawa et coll., 1997a).

RÉPULSION STÉRIQUE

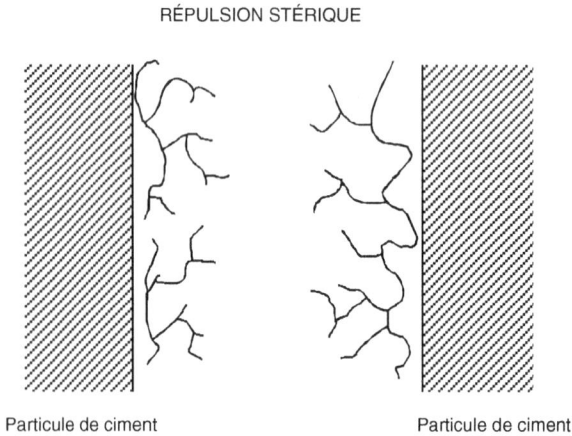

Particule de ciment   Particule de ciment

Figure 6.26 Répulsion stérique entre des molécules de superplastifiant adsorbées
sur deux particules de ciment (d'après Jolicœur et coll., 1994)

La figure 6.27 représente l'interaction entre des molécules de superplastifiant et des sites réactifs sur les grains de ciment, essentiellement des sites ayant des affinités pour des terminaisons RSO_3^- et des ions SO_4^{2-}. Dans un tel cas, le superplastifiant entre en compétition avec le sulfate de calcium ou les sulfates alcalins pour neutraliser ces sites, ce qui explique pourquoi, dans certains cas, l'action dispersante très efficace que l'on note essentiellement avec certains superplastifiants est rapidement perdue parce qu'une partie non négligeable de ces superplastifiants réagit avec ce genre de site et n'est plus disponible pour disperser les grains de ciment (Baussant, 1990 ; Vichot, 1990).

INHIBITION DES SITES RÉACTIFS (▨)

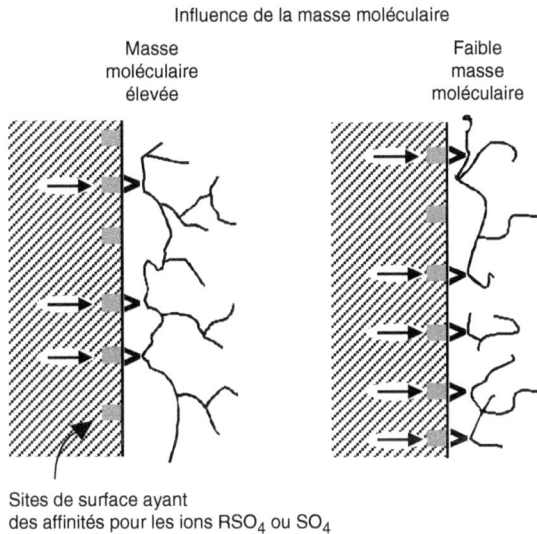

Influence de la masse moléculaire

Masse moléculaire élevée

Faible masse moléculaire

Sites de surface ayant des affinités pour les ions RSO_4 ou SO_4

Figure 6.27 Inhibition de certains sites réactifs (d'après Jolicœur et coll., 1994)

6.3.5 Rôle crucial du sulfate de calcium

On ajoute du sulfate de calcium au ciment Portland pour contrôler sa prise. Le sulfate de calcium peut donc être considéré comme un retardateur puissant du clinker. En présence de sulfate de calcium, le C_3A se transforme en ettringite ($3CaO \ Al_2O_3$; $3CaSO_4$; $32H_2O$). La première couche d'ettringite qui recouvre le grain de C_3A semble être imperméable et bloquer son hydratation, de telle sorte que, durant la période dormante, le béton peut être transporté et mis en place sans qu'il ne perde trop d'affaissement.

Cependant, le mécanisme d'action du sulfate de calcium n'est pas toujours aussi simple parce que le ciment Portland contient aussi d'autres formes de sulfate qui peuvent interférer avec le sulfate de calcium et contrôler l'hydratation du C_3A (Nawa et Eguchi, 1987). Les clinkers modernes qui sont faits avec des combustibles riches en soufre (Miller et Tang, 1996) peuvent aussi contenir des quantités non négligeables d'arcanite

(K_2SO_4) et d'aphithalite (Na_2SO_4. 3 K_2SO_4) et de langbeinite de calcium ($2CaSO_4$. K_2SO_4). Ces sulfates cristallisent dans la phase interstitielle et on peut même les retrouver sur le C_3S et le C_2S.

Autrefois, on n'utilisait pratiquement que du gypse comme source de sulfate de calcium durant la fabrication du ciment Portland, mais, pour des raisons très souvent économiques, les ciments Portland modernes peuvent aussi contenir d'autres formes de sulfate de calcium :

- de l'anhydrite naturelle cristallisée $CaSO_4$;
- du gypse $CaSO_4$. 2 H_2O ;
- de l'hémihydrate $CaSO_4$. $1/2H_2O$;
- du gypse totalement déshydraté $CaSO_4$;
  (aussi appelé parfois anhydrite soluble) ;
- du sulfate de calcium synthétique $CaSO_4$.

La vitesse de mise en solution de tous ces sulfates de calcium n'est pas la même et peut être profondément modifiée en présence de superplastifiant de telle sorte que l'équilibre entre la vitesse de mise en solution du C_3A du ciment et celle du sulfate de calcium que l'on retrouve dans le ciment peut ne pas être adéquat. On peut donc se retrouver quelquefois avec une situation de prise éclair ou avec une situation de fausse prise même si le producteur de ciment a ajusté la teneur en sulfate de calcium selon les exigences des normes d'acceptation des ciments qui devraient éliminer la possibilité d'avoir à faire face à de telles situations. Cependant, cet ajustement de la teneur en sulfate de calcium s'est fait en l'absence de tout réducteur d'eau ou de superplastifiant. Par conséquent, dans certains cas, un ciment et un superplastifiant qui, tous les deux répondent à leurs normes d'acceptation respectives, ne sont pas compatibles (Dodson et Hayden, 1989). Ainsi, dans le futur, il devrait être nécessaire de réviser les essais d'acceptation des ciments et des superplastifiants parce que les problèmes d'incompatibilité deviendront de plus en plus fréquents au fur et à mesure que l'on utilisera de plus en plus de BHP (Tagnit-Hamou et coll., 1992).

6.3.6   Essais d'acceptation des superplastifiants

En Amérique du Nord, les superplastifiants doivent satisfaire aux exigences de la norme ASTM C494-92 *Standard Specification for Chemical Admixtures for Concrete*.

Selon cette norme, les superplastifiants sont classés en deux catégories : ceux du type F (qui sont des réducteurs d'eau) et ceux du type G (qui sont des réducteurs d'eau avec effet retardateur). De façon à déterminer à quelle famille un superplastifiant appartient, il faut effectuer les essais selon la méthode décrite ci-dessous.

Le ciment utilisé dans toutes les séries d'essai doit être soit le ciment qui sera utilisé, en accord avec l'article 11.4 de la norme, soit un ciment de Type I ou de Type II conforme à la spécification ASTM C150 ou un mélange à part égale d'un ou de plusieurs ciments.

Tableau 6.1. Exigences physiques[a] (ASTM C 494)

		Type F, Réducteur d'eau de longue durée	Type G, Réducteur d'eau de longue durée et retardateur
Teneur en eau, max, % du témoin		88	88
Temps de prise, déviation admissible avec le témoin, h: min :	Initial : au moins pas plus de	... 1 h plus tôt ni 1 h 30 plus tard	1 h plus tard 3 h 30 plus tard
	Final : au moins pas plus de	... 1 h plus tôt ni 1 h 30 plus tard	... 3 h 30 plus tard
Résistance à la compression, min, % du témoin[b] :	1 jour 3 jours 7 jours 28 jours 6 mois 1 an	140 125 115 110 100 100	125 125 115 110 100 100
Résistance à la flexion, min, % du témoin[c] :	3 jours 7 jours 28 jours	110 100 100	110 100 100
Changement de longueur, max retrait (exigences alternatives)	Pourcentage du témoin Augmentation par rapport au témoin	135 0,010	135 0,010
Facteur de durabilité, min[d]		80	80

a. Une variation normale dans les résultats des essais est permise dans les valeurs de ce tableau.
b. La résistance à la compression et à la flexion du béton contenant l'adjuvant mis à l'essai, à n'importe quel âge, ne devrait pas être inférieure à 90 % de celle obtenue à n'importe quel âge précédent. Le but de cet exigence est de s'assurer que les résistances à la compression et à la flexion ne puissent diminuer avec l'âge.
c. Exigences alternatives, voir 17.1.4. Le pourcentage limite du témoin s'applique quand le changement de longueur du témoin est égal ou supérieur à 0,030 % ; la limite d'augmentation par rapport au témoin s'applique quand le changement de longueur du témoin est inférieur à 0,030 %.
d. Cette exigence est applicable uniquement lorsque l'adjuvant doit être utilisé dans un béton à air entraîné qui peut être exposé au gel-dégel à l'état humide.

Chaque ciment de ce mélange doit être conforme aux spécifications des ciments de Type I et II données par la norme C150. Lorsque l'on utilise un ciment autre que celui qui sera utilisé, la teneur en air du béton fabriqué avec ou sans adjuvant doit être mesurée comme l'indique l'article 14.3 de la norme. Si cette teneur en air est supérieure à 3 %, il faut choisir un ciment différent ou un mélange de plusieurs ciments de telle sorte que la teneur en air piégé dans le béton soit inférieure ou égale à 3 %.

La teneur en ciment doit être de 307 ± 3 kg/m^3.

Il faut ajuster la quantité d'eau pour obtenir un affaissement de 90 ± 10 mm.

Il faut ajouter l'adjuvant selon le dosage recommandé par le manufacturier et en quantité nécessaire pour satisfaire les exigences de l'application particulière du béton quant à la spécification d'une valeur de la réduction de la teneur en eau ou d'un temps de prise ou les deux à la fois.

Selon le tableau 6.1 (Tableau 1 de la norme ASTM C494-92), le superplastifiant doit être évalué avec une teneur en eau maximale égale à 88 % de celle du béton de référence.

En outre, le superplastifiant doit être mis à l'essai dans un béton ordinaire, fabriqué avec un gros granulat qui satisfait les exigences granulométriques du fuseau n° 57 de la norme ASTM C33 (25 à 4,5 mm). Ainsi, pour obtenir un affaissement de l'ordre de 90 ± 10 mm, il faut utiliser un dosage en eau moyen de 175 l/m^3 pour un béton avec air entraîné ou de 195 l/m^3 pour un béton sans air entraîné. Ces teneurs en eau dans des bétons contenant 307 kg de ciment par mètre cube donnent donc des rapports eau/ciment de 0,63 pour un béton sans air entraîné et d'environ 0,57 pour un béton à air entraîné. Étant donné que le superplastifiant doit permettre de fabriquer un béton dans lequel on n'a utilisé que 88 % de la quantité d'eau nécessaire, on trouve donc que le rapport eau/liant final auquel s'effectue l'essai est respectivement d'environ 0,55 et 0,50 pour un béton sans air entraîné ou à air entraîné.

Ces conditions d'essai sont très éloignées de celles d'utilisation des superplastifiants dans les BHP où les dosages en ciment peuvent varier généralement entre 400 et 550 kg/m^3. La conformité d'un ciment à la norme ASTM C 150 pour un ciment particulier et à la norme C 494 pour un superplastifiant donné n'indique donc pas forcément que le ciment et le superplastifiant seront compatibles lorsqu'on les combinera pour fabriquer un béton ayant un rapport eau/liant beaucoup plus faible et que l'on ne verra pas se produire une perte d'affaissement prématurée ou un retard excessif lors de la prise et du durcissement du béton.

6.3.7 *Conclusion*

L'efficacité des superplastifiants est contrôlée par des paramètres physiques ou chimiques qui ne sont pas simples à mesurer. Les processus de fabrication des superplastifiants peuvent être très bien contrôlés par le fabricant de superplastifiant et produire des superplastifiants reproductibles et efficaces. Le mode d'action des superplastifiants est très complexe et plus ou moins bien compris, rendant difficile l'évaluation théorique du potentiel d'un superplastifiant particulier pour disperser des particules de ciment. Par conséquent, comme on le verra dans le chapitre suivant, la meilleure façon d'évaluer la compatibilité entre un ciment et un superplastifiant est d'étudier directement les caractéristiques rhéologiques d'un coulis, d'un mortier ou d'un béton dans lequel on a utilisé ce ciment et ce superplastifiant.

Tous les superplastifiants commerciaux ne sont pas aussi efficaces les uns que les autres avec n'importe quel ciment, même lorsque leurs fiches techniques sont très semblables, parce que les informations que l'on retrouve dans ces fiches techniques ne sont pas nécessairement les plus importantes pour évaluer le potentiel d'efficacité d'un superplastifiant (Uchikawa et coll, 1997b et c). Les propriétés les plus importantes, telles que le nombre de sites β sulfonés, le degré de sulfonation, la masse moléculaire moyenne et la dimension des polymères sont difficiles à mesurer.

En outre, les méthodes d'essai utilisées à l'heure actuelle pour évaluer l'efficacité des superplastifiants ne sont pas les plus adéquates pour évaluer la performance d'un ciment particulier quand on fabrique un BHP.

6.4 Ajouts cimentaires

6.4.1 Introduction

On peut fabriquer des BHP en utilisant seulement du ciment Portland. Cependant, la substitution partielle d'une certaine quantité de ciment par un ou plusieurs ajouts cimentaires lorsqu'ils sont disponibles à des prix compétitifs peut être avantageuse, non seulement du point de vue économique, mais aussi du point de vue rhéologique et parfois du point de vue résistance (Regourd, 1983a et b ; Uchikawa, 1986 ; Regourd et coll., 1986 ; Uchikawa et coll., 1987 ; Uchikawa et coll., 1992).

La plupart des ajouts cimentaires ont en commun de contenir une forme de silice vitreuse réactive qui, en présence d'eau, peut se combiner à la température libérée par l'hydratation du C_2S et du C_3S avec la chaux pour former un silicate de calcium hydraté du même type que celui qui est formé durant l'hydratation du ciment Portland (Dron et Voinovitch, 1982).

On peut donc écrire une réaction pouzzolanique de la façon simple suivante :

pouzzolane + chaux + eau → silicate de calcium hydraté

Il faut noter qu'à la température de la pièce cette réaction est généralement lente et peut se développer sur plusieurs semaines. Cependant, plus la pouzzolane est fine et vitreuse, plus sa réaction avec la chaux est rapide.

L'hydratation du ciment Portland libère une grande quantité de chaux par suite de la réaction d'hydratation du C_3S et du C_2S (30 % de la masse anhydre du ciment). Cette chaux contribue peu à la résistance de la pâte de ciment hydraté. Elle peut même être responsable des problèmes de durabilité puisqu'elle peut être assez facilement lessivée par de l'eau ; ce lessivage augmente alors la porosité de la pâte de ciment, ce qui augmente les possibilités de lessivage et ainsi de suite. Le seul aspect positif de la présence de chaux dans un béton est qu'elle maintient un pH élevé qui favorise la stabilité de la couche d'oxyde de fer que l'on retrouve sur les armatures qui passive les armatures d'acier.

Quand on fabrique des bétons, si on utilise 20 à 30 % de pouzzolane, théoriquement, on pourrait faire réagir toute la chaux produite par l'hydratation du ciment Portland pour la transformer en C-S-H. Cependant, les conditions dans lesquelles on utilise le béton sont très différentes de cette situation idéale et la réaction pouzzolanique n'est jamais complète.

Bien que certaines pouzzolanes naturelles soient toujours utilisées dans certains pays tels que l'Italie, la Grèce, le Chili, le Maroc et le Mexique (Mehta, 1987), il ne semble pas qu'elles aient été utilisées à grande échelle pour fabriquer des BHP. La plupart des pouzzolanes utilisées pour produire des BHP proviennent de coproduits industriels (Malhotra, 1987 ; Malhotra et Mehta, 1996). Parmi les pouzzolanes les plus utilisées, on retrouve les cendres volantes et la fumée de silice (Malhotra et coll., 1984 ; Berry et Malhotra, 1987 ; Sellevold et Nilsen, 1987 ; Khayat et Aïtcin, 1992 ; Malhotra et Rame-zanianpour, 1994). Le laitier de haut fourneau, qui n'est pas à proprement parler une pouzzolane, a aussi été utilisé pour fabriquer des BHP (Hooton, 1987 ; Ryell et Bickley, 1987 ; Baalbaki et coll., 1992 ; Nkinamubanzi et coll., 1998). Comme on l'a vu au chapitre 1, tous ces matériaux sont classés dans ce livre sous le terme général d'ajouts cimentaires et ils peuvent être reportés dans le même diagramme ternaire que celui utilisé pour définir la composition du ciment Portland (Fig. 6.28).

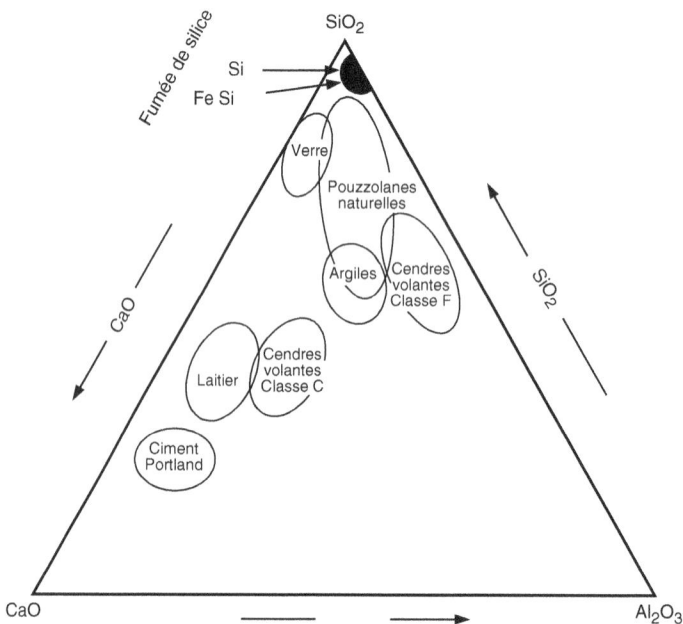

Figure 6.28 Représentation des principaux ajouts cimentaires dans un diagramme ternaire $SiO_2 - CaO - Al_2O_3$

Ces matériaux étant des coproduits industriels, leur composition chimique est en général moins bien définie que celle du ciment Portland, ce qui explique les surfaces plus ou moins grandes que ces zones couvrent dans le diagramme ternaire $SiO_2 - CaO - Al_2O_3$. En outre, la composition phasique de ces coproduits ne correspond pas nécessairement à la composition de phase donnée par le diagramme ternaire de $SiO_2 - CaO - Al_2O_3$, puisque toutes les particules n'ont pas fondu durant le processus de combustion pendant lequel ces ajouts cimentaires ont été formés et qu'elles ont été par la suite trempées, tandis que les composés indiqués dans le diagramme de phase correspondent aux espèces cristallisées obtenues lors d'un lent refroidissement de mélanges d'oxydes fondus.

6.4.2   Fumée de silice

La fumée de silice est un coproduit de la fabrication du silicium, de différents alliages de ferrosilicium ou d'autres alliages de silicium ou de zircone. Le silicium et les alliages de silicium sont produits dans des fours à arc électrique où le quartz est réduit en présence de charbon (et de fer pour la production de ferrosilicium) (Fig. 6.29 et 6.30). Durant la réduction de la silice dans l'arc électrique, un composé gazeux, SiO, se forme (Aïtcin, 1983) et s'échappe vers la partie supérieure du four ; il se refroidit, se condense et s'oxyde sous forme de particules ultrafines de silice. Ces particules sont récupérées dans un système de dépoussiérage (Fig. 6.31).

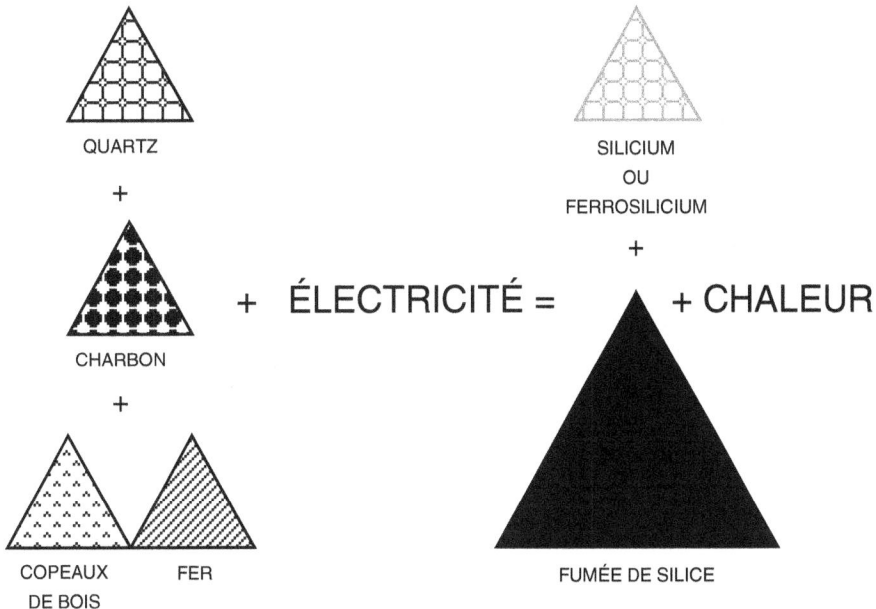

QUARTZ
+
CHARBON
+
COPEAUX DE BOIS   FER

+ ÉLECTRICITÉ =

SILICIUM OU FERROSILICIUM
+
+ CHALEUR
FUMÉE DE SILICE

Figure 6.29 Principe de fabrication du silicium ou du ferrosilicium

Matières premières

SiO$_2$ + 2C

Électrodes

Écoulement
des gaz

Combustion

CO → CO$_2$

SiO → SiO$_2$

Air

Capuchon

SiO$_2$

SiO

Si

2C + SiO

SiC

SiO$_2$ + SiC → SiO + CO + Si

Zone de condensation du SiO

Zone de formation du carbure

Zone de production du silicium

Si

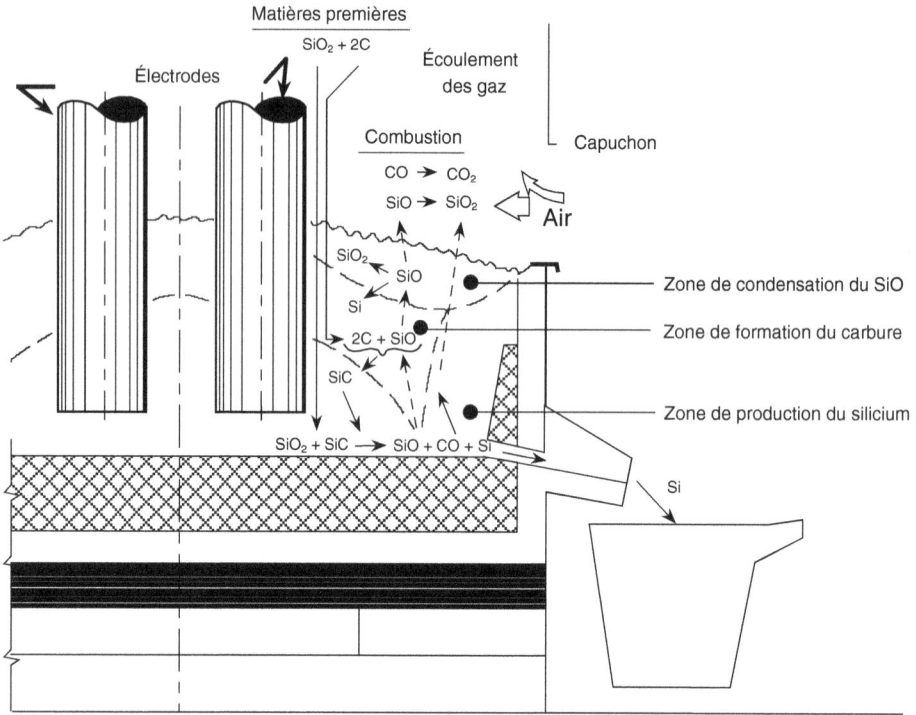

Figure 6.30 Les réactions chimiques qui se produisent dans la zone de réaction d'une fournaise

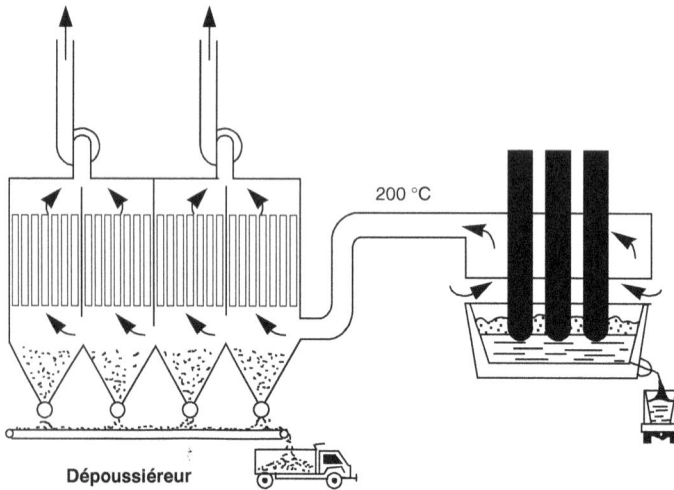

200 °C

Dépoussiéreur

Sans système de récupération de chaleur

Figure 6.31 Récupération de la fumée de silice dans le dépoussiéreur

D'autres petites particules de la charge peuvent être entraînées avec les particules de fumée de silice (de très fines particules de quartz, de charbon et de graphite provenant des électrodes) et quelques copeaux de bois à moitié brûlés lorsque l'on fabrique du silicium. Certains de ces copeaux de bois ne sont pas éliminés lorsque les gaz traversent des installations spéciales, ils peuvent donc se retrouver dans la fumée de silice. Cependant, toutes ces impuretés représentent un très faible pourcentage de la masse de la fumée de silice qui est récupérée dans le système de dépoussiérage (Fig. 6.32).

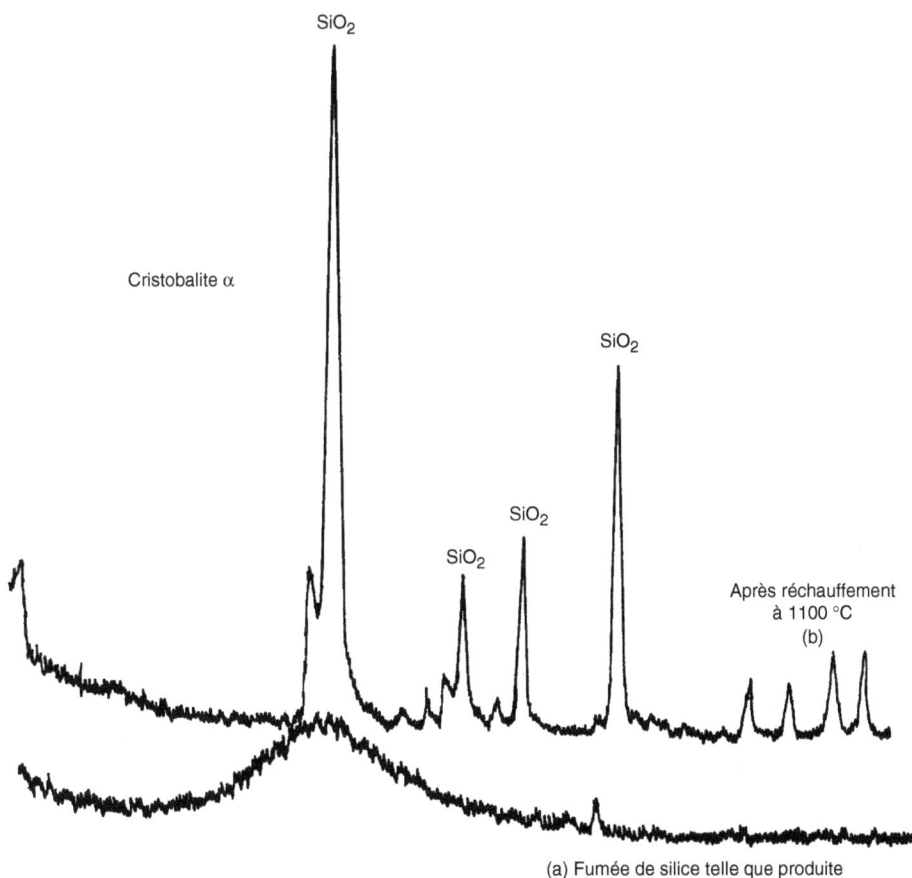

Figure 6.32 Diffractogramme aux rayons X d'une fumée de silice telle que produite (a) et après réchauffement à 1 100 °C (b)

Après réchauffement, la fumée de silice cristallise sous forme de cristobalite. La bosse dans le diffractogramme de la fumée de silice telle que produite correspond au pic le plus intense du diffractogramme de la cristobalite a, ce qui indique que les tétraèdres de silice dans les particules vitreuses sont organisés à courte distance comme dans la cristobalite a.

D'un point de vue chimique, la fumée de silice est essentiellement composée de silice (Tableau 6.2). La teneur en SiO_2 de la fumée de silice varie selon le type d'alliage produit. Plus la teneur en silicium de l'alliage est élevée, plus la teneur en SiO_2 de la fumée de silice est élevée. Les fumées de silice produites durant la fabrication du silicium métal contiennent en général plus de 90 % de SiO_2. La fumée de silice produite lors de la fabrication d'un alliage Fe-Si à 75 % a une teneur en silice généralement supérieure à 85 %.

Tableau 6.2. Composition chimique type de certaines fumées de silice (d'après Aïtcin, 1983).

	Silicium (grise)	Ferrosilicium (grise)	Blanche
SiO_2	93,7	87,3	90,0
Al_2O_3	0,6	1,0	1,0
CaO	0,2	0,4	0,1
Fe_2O_3	0,3	4,4	2,9
MgO	0,2	0,3	0,2
Na_2O	0,2	0,2	0,9
K_2O	0,5	0,6	1,3
Perte au feu	2,9	0,6	1,2

Du point de vue structural, la fumée de silice est essentiellement composée de silice vitreuse, comme on peut la voir sur le diffractogramme aux rayons X de la figure 6.32. Plus le halo de diffraction est plat, plus la silice est amorphe.

Du point de vue morphologique, les particules de fumée de silice se présentent sous forme de sphères ayant des diamètres compris entre 0,1 µm et 1 ou 2 µm, de telle sorte que la dimension moyenne des sphères de fumée de silice est 100 fois plus faible que celle d'une particule de ciment moyen. Il faut donc utiliser un microscope électronique à balayage ou par transmission pour photographier des particules de fumée de silice (Fig. 6.33).

La densité de la fumée de silice est d'environ 2,2, une valeur usuelle pour la silice vitreuse. La surface spécifique de la fumée de silice ne peut pas être mesurée de la même façon que celle du ciment Portland à cause de son extrême finesse : elle doit être déterminée par adsorption d'azote. Les valeurs typiques que l'on retrouve dans la documentation sont comprises entre 15 000 et 25 000 m^2/kg. En utilisant la même technique de mesure, la surface spécifique du ciment Portland ordinaire est d'environ 1 500 m^2/kg.

Comme les matières premières utilisées pour fabriquer le silicium ou le ferrosilicium sont très pures, la silice que l'on recueille dans un four à arc donné a habituellement une composition très constante tant et aussi longtemps que l'alliage produit par le four à arc ne change pas.

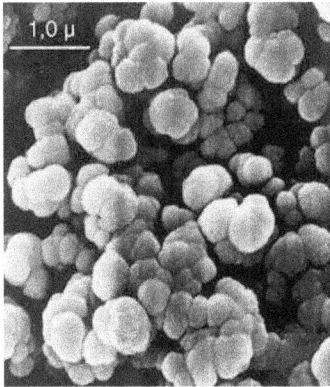

(a) Microscope électronique à balayage. Les particules de fumée de silice sont agglomérées naturellement dans une fumée de silice telle que produite.

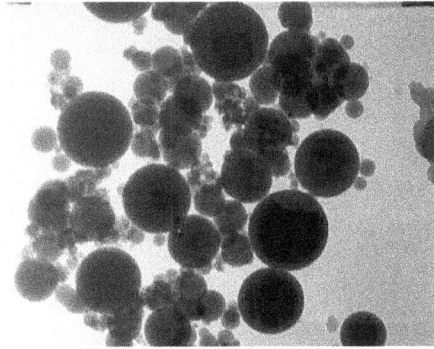

(b) Microscope électronique à transmission. Particules individuelles dispersées.

Figure 6.33 Fumée de silice vue au microscope électronique

En outre, lorsque la plupart des systèmes de dépoussiérage ont été conçus, l'industrie du silicium et du ferrosilicium considérait la fumée de silice comme un sous-produit sans valeur, de telle sorte que toutes les fumées de silice des fours à arc qui produisent différents alliages étaient très souvent récupérées par le même système de dépoussiérage. Dans un tel cas, la fumée de silice que l'on recueille peut être le mélange de plusieurs types de fumée de silice ayant des compositions chimiques et des propriétés pouzzolaniques différentes. Par conséquent, il est très important de vérifier régulièrement la composition chimique de n'importe quelle fumée de silice commerciale de façon à s'assurer d'utiliser toujours le même type de matériau. Il est aussi très important d'établir l'origine de la fumée de silice que l'on utilise dans les BHP ou de l'acheter d'un fournisseur qui connaît son utilisation ou de bien vérifier sa réactivité (Pistilli et coll., 1984a et b ; Vernet et Noworyta, 1992).

De nos jours, les fumées de silice commerciales se présentent sous quatre formes : en vrac telles que produites, en suspension dans l'eau sous forme de pulpe, sous forme densifiée, ou directement incorporées dans un ciment Portland. Les avantages et les désavantages de ces différents types de fumée de silice seront discutés au chapitre 7.

Les caractéristiques très particulières de la fumée de silice en font une pouzzolane très réactive à cause de sa très forte teneur en silice, de son état amorphe et de son extrême finesse (Traetteberg, 1978).

Les effets bénéfiques de la fumée de silice sur la microstructure et les propriétés mécaniques du béton sont dus essentiellement à la rapidité à laquelle la réaction pouzzolanique se développe, mais aussi à un effet physique particulier aux particules de fumée de silice qui est connu sous le nom d'effet filler (Sellevold, 1987 ; Rosenberg et Gaidis, 1989 ; Khayat, 1996). En outre, la fumée de silice a un effet non négligeable sur la germination des grains de portlandite, $Ca(OH)_2$ (Groves et Richardson, 1994). Durekovic et Tkalcic-Ciboci (1991) prétendent que la présence de superplastifiant influence la dispersion de la taille des anions de silice en augmentant la proportion de longs polymères.

À cause de leur grande finesse, les particules de fumée de silice peuvent remplir les vides qui se trouvent entre les particules plus grosses de ciment surtout lorsque celles-ci ont été bien défloculées par une quantité adéquate de superplastifiant (Fig. 6.34). L'effet filler est aussi responsable de l'augmentation de la fluidité des bétons qui contiennent de la fumée de silice et qui ont de très faibles rapports eau/ciment. Par conséquent, à cause de leurs caractéristiques physiques uniques, la pâte de ciment durci qui contient de la fumée de silice est dense.

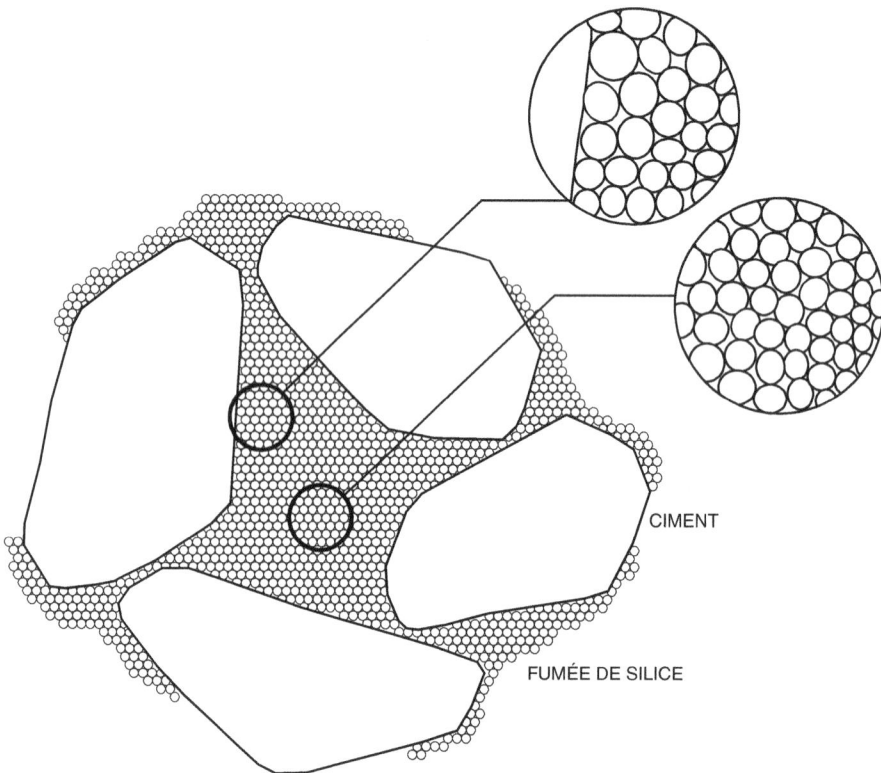

CIMENT

FUMÉE DE SILICE

Figure 6.34 Effet filler de la fumée de silice (d'après Bache)

Les particules de fumée de silice, comme toutes les autres particules ultrafines, peuvent agir comme site naturel de germination pour les cristaux de $Ca(OH)_2$, qui se développent alors sous forme d'une multitude de petits cristaux de portlandite indécelables au microscope électronique ou même lorsque l'on fait des diffractogrammes. Cependant, si l'on soumet des pâtes à des analyses thermogravimétriques et à des analyses thermiques différentielles, on retrouve des pertes caractéristiques de portlandite à 450 °C (Fig. 6.35).

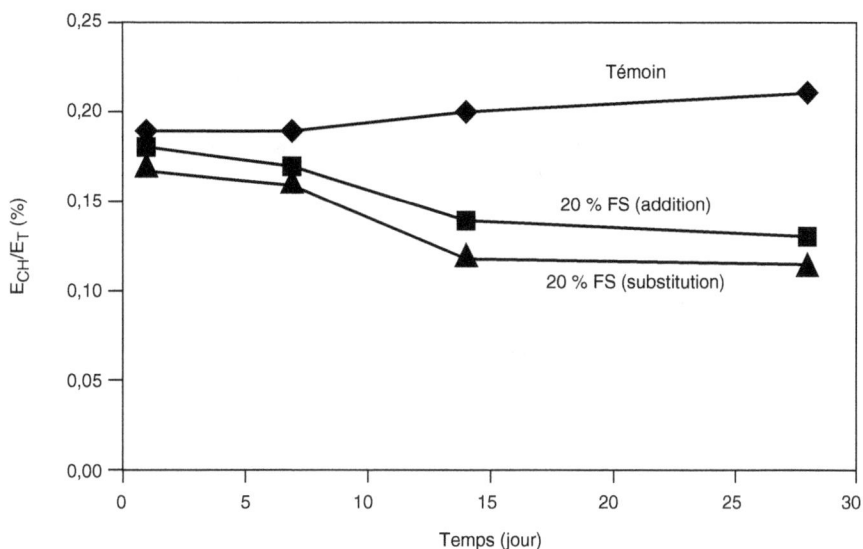

Figure 6.35 Perte de masse avec ou sans fumée de silice

Par suite de la très faible taille de ses particules, en présence de superplastifiant l'addition de fumée de silice réduit à la fois le ressuage interne et externe du béton. Cette réduction du ressuage est très importante du point de vue microstructural dans la zone de transition entre la pâte de ciment et le granulat et dans la zone entre la pâte de ciment et les armatures d'acier (Goldman et Bentur, 1989). Ces zones de transition sont plus compactes que celles beaucoup plus poreuses que l'on obtient quand le béton ne contient pas de fumée de silice.

En outre, les particules de fumée de silice peuvent avoir un effet fluidifiant sur les bétons ayant de très faibles rapports eau/ciment, mais peuvent par ailleurs les rendre relativement collants. Cet effet rhéologique n'a pas été encore bien expliqué par les chercheurs. Certains y voient l'action des petites sphères de fumée de silice comme celle des billes d'un roulement, d'autres pensent que les particules de fumée de silice déplacent une certaine quantité d'eau que l'on retrouverait au sein de grains de ciment floculé, ce qui augmenterait la quantité d'eau disponible pour fluidifier les bétons.

La combinaison de ces différents modes d'action de la fumée de silice dans le béton entraîne la formation d'une microstructure très dense (Regourd, 1983b ; Durekovic,

1995) où l'on peut noter une très bonne adhérence entre les granulats et la pâte de ciment hydraté (Fig. 6.36). Avec une microstructure aussi dense, l'utilisation de la fumée de silice entraîne une augmentation de la résistance à la compression, particulièrement entre 7 et 28 jours. En outre, la fumée de silice réduit la porosité de la pâte de ciment à l'interface avec les granulats et diminue ainsi de façon considérable la perméabilité du béton.

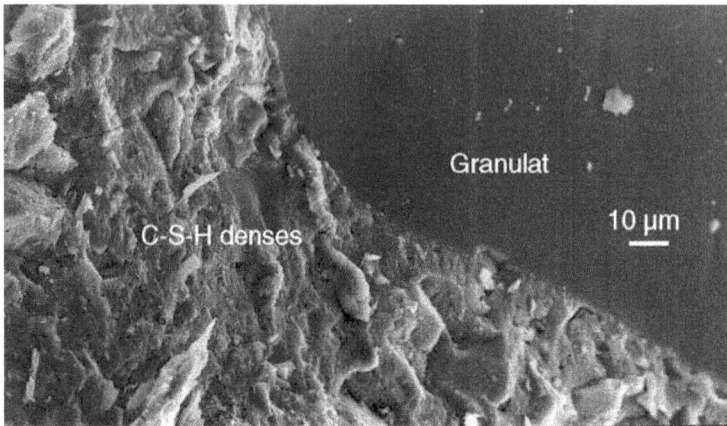

Figure 6.36 C-S-H denses autour d'un granulat dans un béton à la fumée de silice. On peut noter l'absence d'une zone de transition entre la pâte et le granulat.

6.4.3 Laitier de haut fourneau

Le laitier de haut fourneau, ou le laitier broyé comme il vaudrait peut-être mieux l'appeler, est un coproduit de la fabrication de la fonte dans les hauts fourneaux (Fig. 6.37). Toutes les impuretés contenues dans le minerai de fer et dans le coke que l'on utilise pour réduire l'oxyde de fer se retrouvent dans le laitier de haut fourneau (Fig. 6.38). Comme ces impuretés pourraient avoir un point de fusion très élevé si l'on n'ajustait pas leur composition chimique, on ajoute des agents fondants dans la charge du haut fourneau pour obtenir une composition chimique globale des impuretés qui reste dans une zone particulièrement bien définie du diagramme $SiO_2 - CaO - Al_2O_3$, zone où la température de fusion de ces trois oxydes est parmi les plus basses. Ainsi du point de vue chimique, les laitiers ont une composition relativement constante à laquelle le métallurgiste porte une certaine attention puisque tout écart par rapport à cette composition chimique optimale se traduit par une augmentation des coûts énergétiques assez importants et donc à des coûts de production plus élevés pour la fabrication de la fonte (Tableau 6.3).

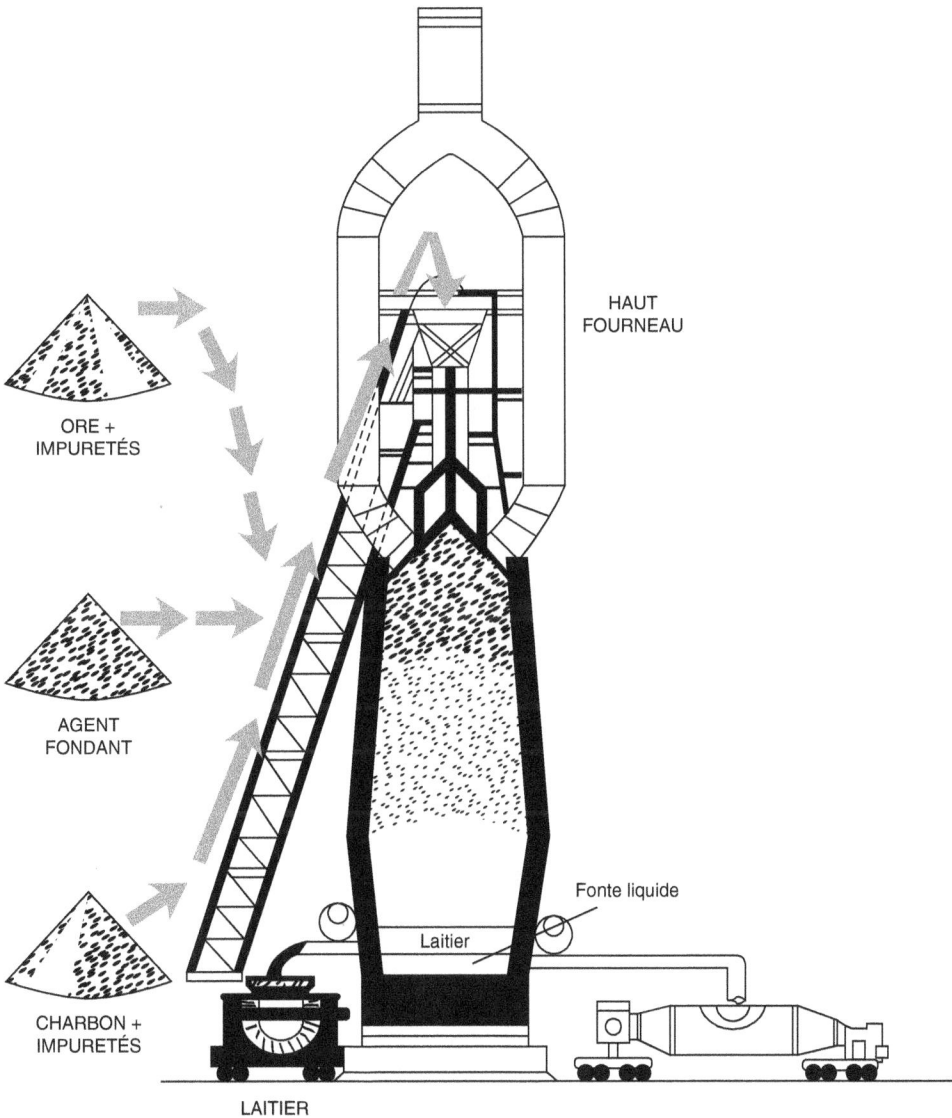

ORE +
IMPURETÉS

AGENT
FONDANT

CHARBON +
IMPURETÉS

HAUT
FOURNEAU

Fonte liquide

Laitier

LAITIER

Figure 6.37 Représentation schématique d'un haut fourneau

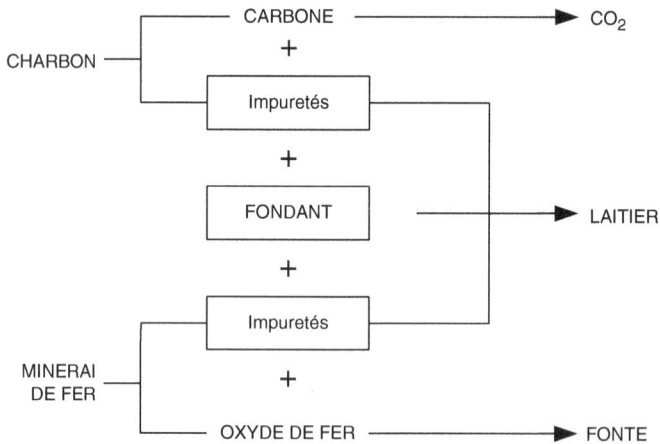

Figure 6.38 Représentation schématique de la production de laitier de haut fourneau

Tableau 6.3. Composition chimique type de laitiers de haut fourneau (d'après Aïtcin, 1966).

	Laitier français	Lauter nord-américain
SiO_2	29 à 36	33 à 42
Al_2O_3	13 à 19	10 à 16
CaO	40 à 43	36 à 45
Fe_2O_3	< 4 %	0,3 à 20
MgO	< 6 %	3 à 12
S^-	< 1,5 %	—

Le laitier fondu a une densité beaucoup plus faible (de l'ordre de 2,8) que celle de la fonte (qui est supérieure à 7,0) de telle sorte que le laitier fondu flotte au-dessus de la fonte fondue au bas du haut fourneau si bien que l'on peut soutirer ces deux liquides séparément (Fig. 6.37).

Le laitier peut être refroidi de deux façons. Premièrement, on peut le laisser se refroidir tranquillement à l'air de façon qu'il cristallise plus ou moins bien, sous forme de melilite en général, un mélange d'ackermanite et de gehlenite (Fig. 6.39). Quand le laitier est refroidi de cette façon, on dit qu'il est cristallisé et il peut être utilisé comme granulat dans un béton de ciment Portland ou dans un béton bitumineux, comme couverture de toiture ou pour construire des routes ou des remblais, mais il n'a pratiquement aucune propriété hydraulique et, en aucun cas, il ne peut être utilisé comme ajout cimentaire même quand il est broyé finement (Fig. 6.40) (Aïtcin, 1968). On pourrait l'utiliser à la rigueur comme matière première pour fabriquer du ciment.

Figure 6.39 Laitier cristallisé ou refroidi à l'air sous lumière polarisée dans un microscope optique. Les cristaux blancs en forme de prismes sont des cristaux de mélilite.

Figure 6.40 Granulats poreux de laitier refroidi à l'air

La deuxième façon de refroidir le laitier est de le tremper à la sortie du haut fourneau. Il se solidifie alors sous forme d'un verre et peut développer des propriétés liantes intéressantes s'il est broyé et activé (Fig. 6.41). La trempe du laitier peut se faire de trois façons :

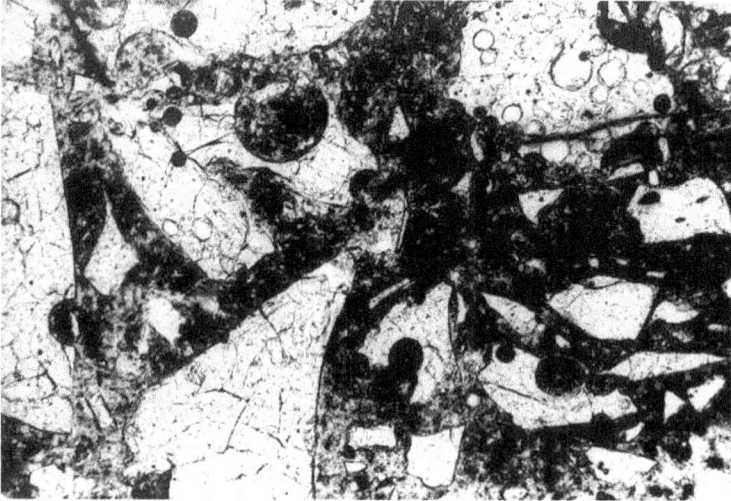

Figure 6.41 En blanc, des particules vitreuses de laitier. Notez la forme angulaire des particules de laitier et leur aspect poreux dû à une immersion dans l'eau. Les particules de laitier totalement vitreuses indiquent que la température de ce laitier était élevée au moment de sa trempe (un tel laitier est quelquefois appelé *laitier chaud*).

1. le laitier fondu peut être versé dans de grands bassins d'eau où il se désintègre sous forme d'un sable grossier que l'on appelle le laitier granulé ;

2. il peut être trempé directement par des jets d'eau alors qu'il s'écoule dans des goulottes à la sortie des hauts fourneaux. Là encore, le laitier est transformé en un sable que l'on appelle le laitier granulé ;

3. il peut être projeté dans l'air par des roues spéciales de telle sorte que la trempe se fait en combinant l'action de l'eau et de l'air. Dans ce cas, le laitier refroidi se présente sous forme de boulettes sphériques plus ou moins poreuses que l'on appelle du laitier bouleté. Ces boulettes peuvent être utilisées comme granulat léger pour fabriquer des blocs de béton ou elles peuvent être moulues pour fabriquer un ajout cimentaire séparé ou être directement cobroyées avec du clinker.

Ainsi, en tant qu'ajout cimentaire, le laitier présente des caractéristiques intéressantes (Hinrichs et Odler, 1989), notamment, du point de vue de la constance de sa composition chimique parce que celle-ci doit se situer dans une zone bien définie du diagramme de phase $SiO_2 - CaO - Al_2O_3$. On peut retrouver quelques différences mineures dans leurs teneurs en MgO et en Al_2O_3 selon que l'on utilise de l'olivine ou du calcaire comme agent fondant, mais cette différence ne change pas de façon catégorique les propriétés hydrauliques du laitier tant qu'il est utilisé comme ajout cimentaire.

Les aspects critiques qu'il faut vérifier quand on veut utiliser un laitier sont son état vitreux puisque ses propriétés hydrauliques sont reliées à cette caractéristique essentielle (Fig. 6.41). Si la température du laitier liquide n'est pas trop élevée dans le haut fourneau, certains cristaux ont déjà pu se former dans la phase liquide (Fig. 6.42) et, après sa trempe, ce laitier sera un peu moins réactif qu'un laitier plus chaud qui lui est plus vitreux. Des grains de laitier bien trempés ont une couleur beige ou gris pâle tandis que les laitiers plutôt froids ont une couleur beaucoup plus sombre qui peut varier du gris foncé au brun foncé (Aïtcin, 1968).

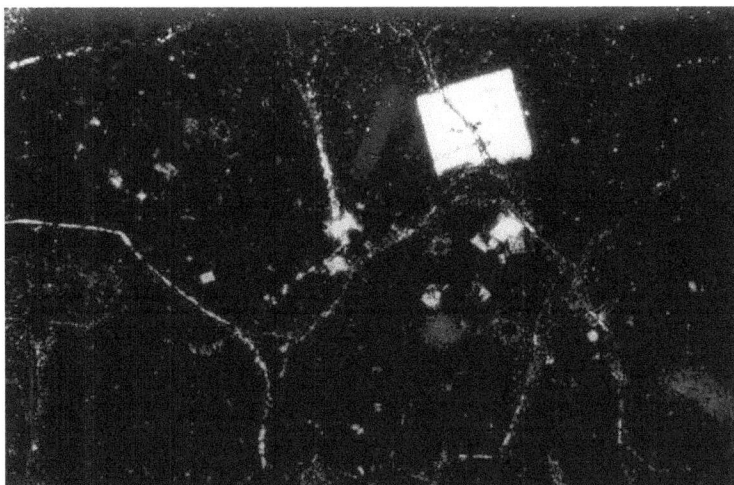

Figure 6.42 Un cristal de mélilite dans une particule vitreuse de laitier. Ce cristal s'est formé dans le laitier en fusion avant sa trempe, ce qui indique que la température du laitier n'était pas trop élevée au moment de la trempe (un tel laitier est quelquefois appelé *laitier froid*).

Il est assez facile de vérifier si un laitier a bien été trempé par un diffractogramme aux rayons X. En l'absence de cristallites, le diagramme présente un halo centré en règle générale à la hauteur du pic principal de la melilite (Fig. 6.43).

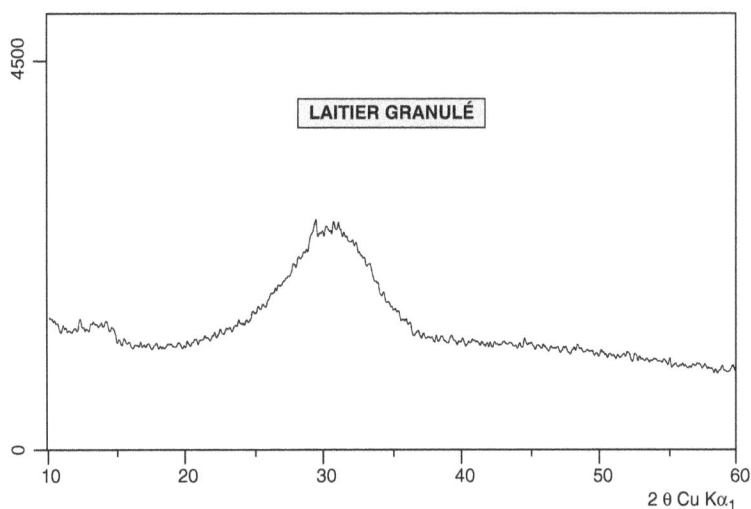

Figure 6.43 Diffractogramme aux rayons X d'un laitier de haut fourneau

Le laitier peut être mélangé avec du ciment après avoir été broyé séparément ou après avoir été cobroyé avec le clinker. Il peut aussi être vendu séparément aux producteurs de béton qui l'introduisent dans le béton comme un ajout cimentaire. Les ciments composés sont plus courants en Europe tandis que l'utilisation du laitier comme ajout cimentaire distinct était jusqu'à tout récemment plus en usage en Amérique du Nord. À l'heure actuelle des ciments composés, binaire, tertiaires et même quaternaires à base de laitier sont disponibles en Amérique du Nord.

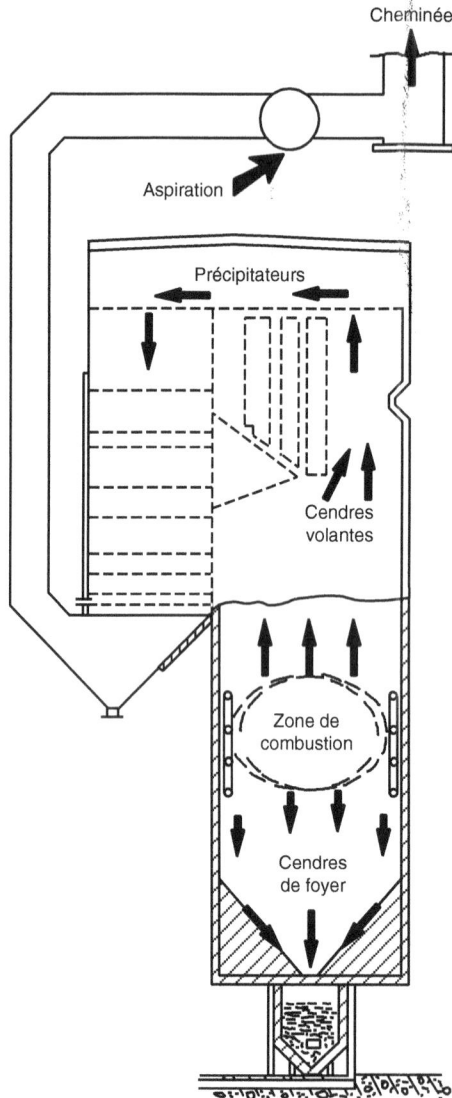

Figure 6.44 Représentation schématique de la formation des cendres volantes

6.4.4 Cendres volantes

Les cendres volantes sont des particules très fines récupérées par les systèmes de dépoussiérage des centrales thermiques (Fig. 6.44). Les cendres volantes peuvent avoir différentes compositions chimiques et différentes compositions de phase parce que celles-ci sont reliées exclusivement au type d'impuretés qui sont contenues dans le charbon que l'on brûle dans la centrale thermique (Fig. 6.45). Des charbons provenant de la même source et utilisés dans la même centrale thermique produisent des cendres volantes très semblables. Cependant, comme on peut le voir dans le tableau 6.4, la composition chimique des cendres volantes qui proviennent de différentes usines peut varier beaucoup.

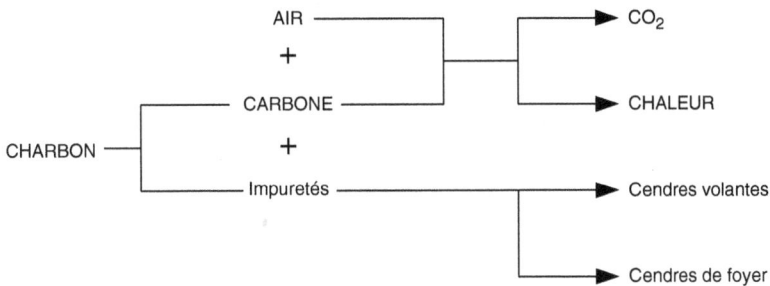

Figure 6.45 Représentation schématique de la formation des cendres volantes

Tableau 6.4. Composition chimique type de certaines cendres volantes
(d'après Aïtcin et coll., 1986).

	Classe F	Classe F	Classe C	Sulfo-calcique	Sulfo-calcique
SiO_2	59,4	47,4	36,2	24,0	13,5
Al_2O_3	22,4	21,3	17,4	18,5	5,5
Fe_2O_3	8,9	6,2	6,4	17,0	3,5
CaO	2,6	16,6	26,5	24,0	59
MgO	1,3	4,7	6,6	1,0	1,8
Na_2O équiv.	2,2	0,4	2,2	0,8	—
SO_3	2,4	1,5	2,8	8,0	15,1
Perte au feu	2,0	1,5	0,6	—	—
$SiO_2 + Al_2O_3 + Fe_2O_3$	90,7	74,9	60	59,5	22,5
Chaux libre	—	—	—	—	28,0

Les particules de cendres volantes peuvent avoir des formes très différentes les unes des autres. Elles peuvent avoir une forme sphérique (Fig. 6.46), avec une distribution granulométrique semblable à celle du ciment Portland, elles peuvent contenir des sphères creuses (Fig. 6.47) et même, dans certains cas, elles peuvent contenir seulement des particules angulaires (Fig. 6.48).

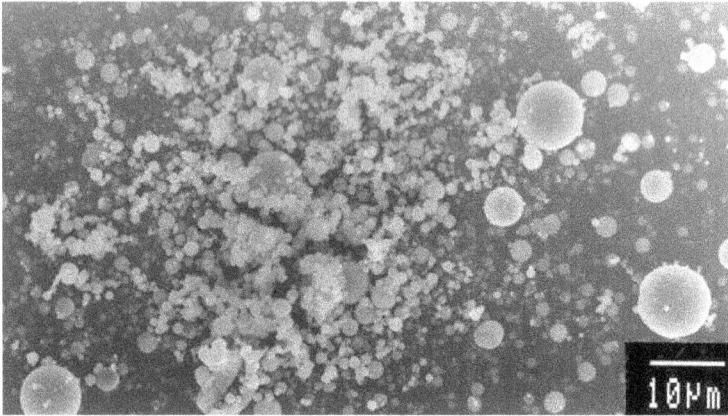

Figure 6.46 Particules sphériques de cendres volantes

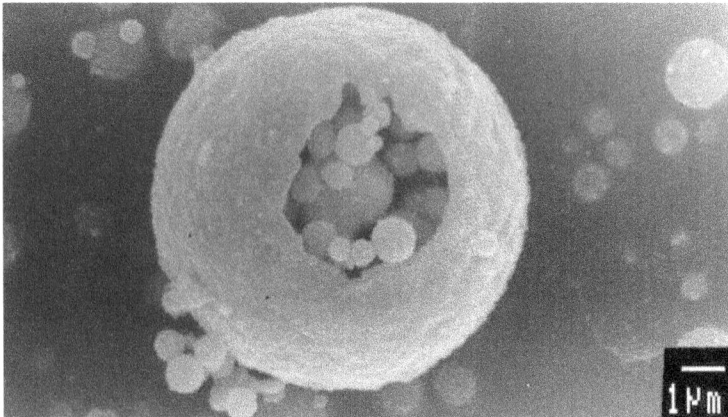

Figure 6.47 Plérosphère contenant des particules cénosphériques dans une cendre volante

Du point de vue chimique, les différentes cendres volantes peuvent être classées en quelques grandes familles ; par exemple, l'ASTM reconnaît l'existence de deux types de cendres volantes dans la norme C 618-94a : les cendres volantes de classe F et les cendres volantes de classe C. Les cendres volantes de classe F sont, en général, produites dans des usines qui brûlent de l'anthracite ou des charbons subbitumineux. Les cendres volantes de classe C sont produites dans des centrales qui brûlent plutôt des lignites ou des charbons bitumineux.

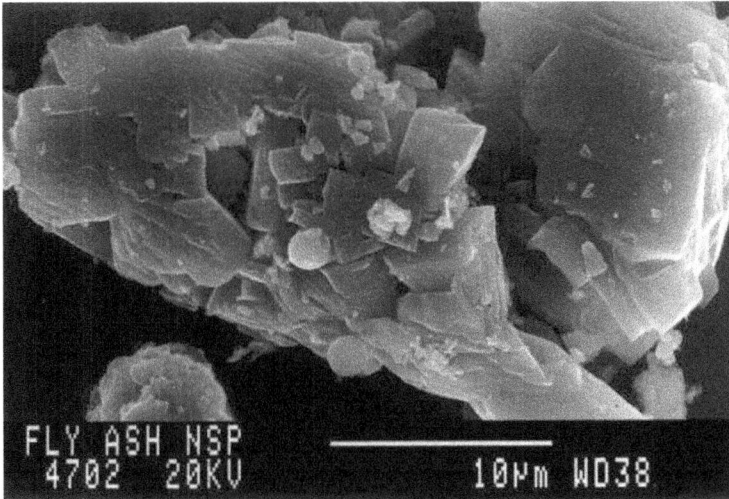

Figure 6.48 Particules de cendres volantes de forme angulaire
(reproduit avec la permission de I. Kelsey-Lévesque)

En France, les cendres volantes sont plutôt classées en trois groupes : les cendres silico-alumineuses qui correspondent grossièrement aux cendres de la classe F de l'ASTM, les cendres silicocalciques qui correspondent grossièrement aux cendres de la classe C de l'ASTM et les cendres sulfocalciques qui ont une très forte teneur en calcium et en soufre.

En dépit des mérites de ces différentes classifications, il n'est pas toujours facile d'inclure une cendre volante particulière dans une de ces classes et penser ainsi pouvoir prédire son comportement pouzzolanique. On a même pu trouver que, si la plupart des cendres volantes sont bien des matériaux pouzzolaniques, certaines d'entre elles ne sont pas pouzzolaniques et d'autres ont plutôt des propriétés cimentaires (Aïtcin et coll., 1986).

Quoi qu'il en soit, pour développer une réaction pouzzolanique, une cendre volante particulière doit contenir une quantité non négligeable de matériaux vitreux, que l'on peut vérifier en effectuant un diffractogramme aux rayons X (Fig. 6.49), et se retrouver en présence d'eau.

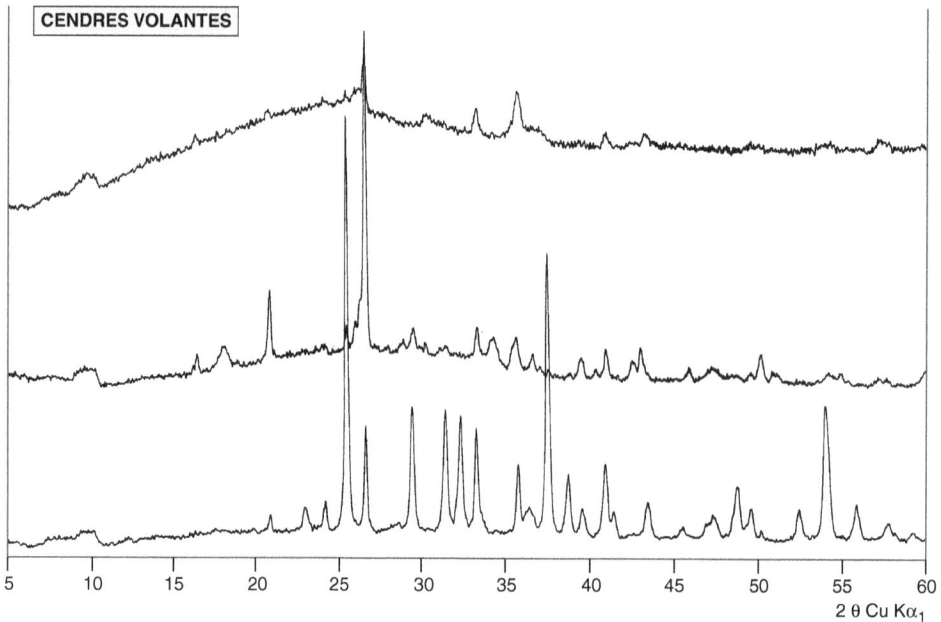

Figure 6.49 Diffractogramme aux rayons X de différentes cendres volantes

6.4.5 Conclusion

L'utilisation des fumées de silice et des ajouts cimentaires, lorsqu'ils sont disponibles à un prix compétitif, est bénéfique lorsque l'on fabrique des BHP parce que l'on peut ainsi réduire les coûts de fabrication du BHP. Le dosage de ces ajouts cimentaires dépend de la résistance à jeune âge que l'on est prêt à accepter en tenant compte évidemment de l'influence de la température ambiante.

L'utilisation combinée de deux ajouts cimentaires, du laitier et de la fumée de silice ou des cendres volantes et de la fumée de silice, est aussi très bénéfique parce qu'une faible quantité de fumée de silice permet de compenser la plus faible réactivité du laitier ou de la cendre volante.

Parmi les trois ajouts cimentaires qui ont été brièvement revus, il faut noter que ce sont les cendres volantes qui sont les plus variables et les moins réactives, ce qui ne signifie pas qu'elles ne doivent pas être utilisées quand on fabrique des BHP, mais qu'elles doivent l'être en y portant beaucoup d'attention et en ne se basant pas sur une généralisation trop hâtive de leur efficacité.

Références

Aïtcin, P.-C. (1968) Sur les propriétés minéralogiques des sables de laitier de haut fourneau de fonte Thomas et leur utilisation dans les mortiers en bétons. *Revue des Matériaux de construction*, mai, 185-194.

Aïtcin, P.-C. (1983) *Condensed Silica Fume*, Éditions de l'Université de Sherbrooke, Québec, Canada, ISBN 2-7622-0016-4, 1983, 52 p.

Aïtcin, P.-C. et Baron, J. (1996) Les adjuvants normalisés pour bétons, dans *Les bétons, bases et données pour la formulation*, sous la direction de J. Baron et J.-P. Ollivier, Eyrolles, ISBN 2-212-01316-7, p. 87-131.

Aïtcin, P.-C., Autefage, F., Carles-Gibergues, A. et Vaquier, A. (1986) *Comparative Study of the Cementitious Properties of Different Fly Ashes*, ACI SP-91, p. 91-114.

Aïtcin, P.-C., Laplante, P. et Bédard, C. (1985) *Development and Experimental Use of 90 MPa (13,000 psi) Field Concrete*, ACI SP-87, p. 51-70.

Aïtcin, P.-C., Sarkar, S.L., Ranc, R. et Lévy, C. (1991) A high silica modulus cement for high performance concrete, dans *Ceramic Transactions : Advances in Cementitious Materials*, vol. 16, édité par S. Mindess, American Ceramic Society, Westerville, OH, USA, ISBN 0-944904-33-5, p. 103-120.

Aïtcin, P.-C., Sarkar, S.L., Regourd, M. et Volant, M. (1987) Retardation effect of superplasticizer on different cement fraction. *Cement and Concrete Research*, **17**(6), décembre, 995-999.

Andersen, P.J. (1986) The effect of superplasticizers and air-entraining agents on the zeta potential of cement particles. *Cement and Concrete Research*, **16**, 931-940.

Andersen, P.J., Roy, D.M. et Gaidis, J.M. (1988) The effect of superplasticizer molecular weight on its adsorption and dispersion of cement. *Cement and Concrete Research*, **18**, 980-986.

Baalbaki, M. Sarkar, S.L. Aïtcin, P.-C. et Isabelle, H. (1992) *Properties and Microstructure of High-Performance Concretes Containing Silica Fume, Slag and Fly Ash*, 4th CANMET/ACI International Conference on Fly Ash, Silica Fume, Slag and Natural Pozzolans in Concrete, Istamboul, Turquie, ACI SP-132, vol. 2, mai, p. 921-942.

Baussant, J.-B. (1990) *Nouvelle méthode d'étude de la formation d'hydrates des ciments. Applications à l'analyse de l'effet adjuvants organiques*, Thèse de doctorat, Université de Franche-Comté, n° 156, 194 p.

Berry, E.E. et Malhotra, V.M. (1987) *Fly ash in concrete*, Supplementary cementing materials for concrete, Canadian Government Publishing Centre, Supply and Services Canada Ltd., Ottawa, Canada, ISBN 0-660-12550-1, p. 37-163.

Black, B., Rossington, D.R. et Weinland, L.A. (1963) Adsorption of admixtures on Portland cement. *Journal of the American Ceramic Society*, **46**(8), août, 395-399.

Blick, R.L., Petersen, C.F. et Winter, M.E. (1974) *Proportioning and controlling high-strength concrete*, ACI SP-46, p. 141-163.

Bonzel, J. et Siebel, E. (1978) *Flowing concrete and its application possibilities*, 1er Symposium international sur les superplastifiants dans le béton, Ottawa, Canada, mai, 31 p.

Bradley, G. et Howarth, J.M. (1986) Water soluble polymers : the relationships between structure, dispersing action and rate of cement hydratation. *Cement Concrete and Aggregate*, **8**(2), hiver, 68-75.

Buil, M., Witier, P., de Larrard, F., Detrez, M. et Paillère, A.M. (1986) *Physicochemical mechanism of the action of the naphthalene sulfonate based superplasticizers on silica fume concretes*, ACI SP-91, p. 959-971.

Bye, G.C. (1983) *Portland cement composition, production and properties*, Pergamon Press, New York, ISBN 0-08-039965-2, 149 p.

Carin, V. et Halle, R. (1991) Effect of matrix form on setting time of belite cement which contains tricalcium aluminate. *Ceramic Bulletin*, **70**(2), 251-253.

Chatterji, V.S. (1988) On the properties of freshly made Portland cement paste : part 2, sedimentation and strength of floculation. *Cement and Concrete Research*, **18**, 615-620.

Childnowski, S. (1990) Effect of molecular weight of a polymer on the structure of a layer adsorbed on the surface of titania. *Powder Technology*, n° 63, 75-79.

Collepardi, M., Baldini, G., Pauri, M. et Conradi, M. (1979) Retardation of tricalcium aluminate hydratation by calcium sulfate. *Journal of the American Ceramic Society*, **62**(1-2), janvier-février, 33-35.

Cunningham, J.C., Dury, B.L. et Gregory, T. (1989) Adsorption characteristics of sulfonated melamine formaldehyde condensates by high performance size exclusion chromatography. *Cement and Concrete Research*, **19**, 919-926.

Damidot, D., Sorrentino, D. et Guinot, D. (1997) *Factors influencing the nucleation and growth of the hydrates in cementitious systems : an experimental approach*, 2^e atelier RILEM, Hydration and Setting, 11-13 juin, Dijon, p. 1/36-36/36.

Diamond, S. et Struble, L.J. (1987) *Interaction between naphthalene sulfonate and silica fume in Portland cement pastes*, Materials Research Society, rencontre d'automne, Boston, 19 p.

Dodson, V.H. et Hayden, T. (1989) Another look at the Portland cement/chemical admixture incompatibility problem. *Cement, Concrete and Aggregates*, **11**(1), été, 52-56.

Dron, R. et Voinovitch, I.A. (1982) L'activation hydraulique des laitiers, pouzzolanes et cendres volantes, dans *Le béton hydraulique*, édité par J. Baron et R. Sauterey, Presses de l'École nationale des Ponts et chaussées, ISBN 2-85978-033-5, p. 237-245.

Durekovic, A. (1995) Cement pastes of low water to solid ratio : an investigation of the porosity characteristics under the influence of a superplasticizer and silica fume. *Cement and Concrete Research*, **25**(2), 365-375.

Durekovic, A. et Tkalcic-Ciboci, B. (1991) Cement pastes of low water to solid ratio : an investigation of the polymerization of silicate anions in the presence of a superplasticizer and silica fume. *Cement and Concrete Research*, **21**(6), 1015-1022.

Eckart, V.A., Ludwig, H.-M. et Stark, J. (1995) Hydration of the four main Portland cement clinker phases. *Zement-Kalk-Gips International*, **48**(8), 443-452.

Fernon, V. (1994a) Caractérisation de produits d'interaction adjuvants/hydrates du ciment, *Journée Technique Adjuvants, Les Technodes Guerville*, septembre, 14 p.

Fernon, V. (1994b) *Étude de nouveaux solides lamellaires obtenus par coprécipitation d'hydrate aluminocalcique et de sulfonate aromatique*, thèse de doctorat, Université d'Orléans, 233 p.

Flatt, R.J. (1999) *Interparticle Forces and Superplasticizers in Cement Suspension*, thèse de doctorat n° 2040 (1999), École Polytechnique de Lausanne, 301 p.

Foissy, A. et Pierre, A. (1990) Les mécanismes d'action des fluidifiants. *Ciments, Bétons, Plâtres, Chaux*, n° 782, 18-19.

Folliot, A. (1982) Le ciment, dans *Le béton hydraulique*, édité par J. Baron et R. Sauterey, Presses de l'École nationale des Ponts et chaussées, ISBN 2-85978-033-5, p. 19-37.

Garvey, M.J. et Tadros, T.F. (1972) Fractionation of the condensates of radium naphtha-lene 2-sulfonate and formaldehyde by gel permeation chromatography, *Kolloid-Z.u.Z. Polymere*, **250**(10), 967-972.

Gauffinet, S., Finot, E. et Nonat, A. (1997) *Experimental study and simulation of C-S-H nucleation and growth*, 2^e atelier RILEM, Hydration and Setting, 11-13 juin, Dijon, p. 1/18-18/18.

Gebauer, J. et Kristmann, M. (1979) The influence of the composition of industrial clinker on cement and concrete properties. *World Cement Technology*, **10**(2), mars, 46-51.

Glasser, F.P. (1998) The burning of Portland cement, dans *Lea's Chemistry of Cement and Concrete*, édité par P.C. Hewlett, 4e édition, Arnold Publisher, Londres, ISBN 0 340 565896, p. 195-240.

Goldman, A. et Bentur, A. (1989) Bond effects in high-strength silica fume concrete. *ACI Materials Journal*, **86**(5), septembre-octobre, 440-447.

Groves, G.W. et Richardson, I.G. (1994) Microcrystalline calcium hydroxide in pozzo-lanic cement pastes. *Cement and Concrete Research*, **24**(6), 1191-1196.

Grzeszczyk, S. (1994) Distribution of potassium in clinker phases. *Silicates Industriels*, **61**(7-8), 241-246.

Grzeszczyk, S. et Kucharska, L. (1990) Hydrative reactivity of cement and rheological properties of fresh cement pastes. *Cement and Concrete Research*, **20**, 165-174.

Hanna, É., Luke, K., Perraton, D. et Aïtcin, P.-C. (1989) *Rheological behavior of Port-land cement in the presence of a superplasticizer*, Third CANMET/ACI International Conference on Superplasticizer and other Chemical Admixtures in Concrete, Ottawa, ACI SP-119, p. 171-188.

Hattori, K. (1979) *Experience with Mighty superplasticizer in Japan*, ACI SP-62, p. 37-66.

Hewlett, P.C. et Rixom, R. (1977) Superplasticized concrete, *ACI Journal*, 74(5), mai, 6-12.

Hewlett, P.C. et Young, J.F. (1987) Physico-chemical interactions between chemical admixtures and Portland cement. *Journal of Materials Education*, **9**(4), 389-436.

Hinrichs, N. et Odler, I. (1989) Investigation of the hydration of Portland blastfurnace slag cement : hydration kinetics. *Advances in Cement Research*, **2**(5), janvier, 9-13.

Hooton, R.D. (1987) *The Reactivity and Hydration Products of Blast-Furnace Slag*, Supplementary Cementing Materials for Concrete, Canadian Government Publishing Centre, Supply and Services Canada Ltd., Ottawa, Canada, ISBN 0-660-12250-1, p. 247-288.

Hornain, H. (1971) *Sur la répartition des éléments de transition et leur influence sur quelques propriétés du clinker et du ciment*, CERILH publication, n° 212, août-septembre, 15 p.

Jiang, S.P., Kim, B.-G. et Aïtcin, P.-C. (1999) Importance of adequate soluble alkali content to ensure cement/superplasticizer compatibility. *Cement and Concrete Research*, **29**(1), 71-78.

Jolicœur, C., Nkinamubanzi, P.-C., Simard, M-A. et Piotte, M. (1994) *Progress in understanding the functional properties of superplasticizer in fresh concrete*, ACI SP-148, p. 63-88.

Khalifé, M. (1991) *Contribution à l'étude de la compatibilité ciment/superplastifiant*, mémoire de maîtrise n° 645, Université de Sherbrooke, Québec, Canada, mai, 125 p.

Khayat, K. (1996) *Effect of Silica Fume on Fresh and Mechanical Properties of Concrete*, CANMET-ACI Intensive Course on Fly Ash, Slag, Silica fume, Other Pozzolanic Materials and Superplasticizers in Concrete, Ottawa, Canada, avril, 34 p.

Khayat, K.H. et Aïtcin, P.-C. (1992) *Silica Fume in Concrete – An Overview*, ACI SP-132, vol. 2, p. 835-872.

Kreijger, P.C. (1980) *Plasticizers and dispersing admixtures*, Admixtures Concrete International, The Construction Press, Londres, Royaume-Uni, p. 1-16.

Lafuma, H. (1965) *Liants hydrauliques*, Dunod, 1939, 139 p.

Lahalih, S.H., Absi-Halabi, H. et Ali, M.A. (1988) Effect of polymerization conditions of sulfonated – melamine formaldehyde superplasticizers on concrete. *Cement and Concrete Research*, **18**, 513-531.

Legrand, C. (1982) La structure des suspensions de ciment, dans *Le béton hydraulique*, édité par J. Baron et R. Sauterey, Presses de l'École nationale des Ponts et chaussées, ISBN 2-85978-033-5, p. 99-113.

Locher, F.W., Richartz, W. et Sprung, S. (1980) *Studies on the behaviour of C3A in the early stages of cement hydration*, Seminar on the reaction of aluminates during the setting of cement, Eindhoven, Pays-Bas, 13-14 avril, Éd. Cembureau.

Luke, K. et Aïtcin, P.-C. (1991) Effect of superplasticizer on ettringite formation, dans *Ceramic Transactions : Advances in Cementitious Materials*, édité par S. Mindess, vol. 16, p. 147-166.

Maki, I., Taniska, T., Imoto, Y. et Ohsato, H. (1990) Influence of firing modes on the fine textures of alite in Portland clinker. *II Cemento*, n° 2, 71-78.

Malhotra, V.M. (1978) *Effect of Repeated Dosages of Superplasticizers on Workability, Strength and Durability*, 1st International Symposium on Superplasticizers on Concrete, Ottawa, Canada, mai, 34 p.

Malhotra, V.M. et Mehta, P.K. (1996) *Pozzolanic and Cementitious Materials*, publié par Gordon and Breach, ISBN 2-88-449-211-9, 191 p.

Malhotra, V.M. et Ramezanianpour, A.A. (1994) *Fly Ash in Concrete*, publié par CANMET Natural Resources Canada, Ottawa, Ontario, Canada, ISBN 0-660-15764-0, 307 p.

Malhotra, V.M., Carette, C.G. et Sivasundaram, V. (1984) Role of silica fume in concrete : a review, dans *Advances in Concrete Technology*, édité par V.M. Malhotra, CANMET, Natural Resources Canada, Ottawa, Canada, ISBN 0-660-5393-9, p. 915-990.

Malhotra, V.M., éd. (1987) *Supplementary Cementing Materials for Concrete*, Canadian Government Publishing Centre, Supply and Services Canada, Ottawa, Canada, ISBN 0-660-12550-1, 428 p.

Massazza, F. et Costa, V.B. (1980) *Effect of Superplasticizers on the C_3A Hydration*, 7e Conférence internationale sur la chime du ciment, vol. 4, Paris, p. 529-534.

McCarter, W.J. et Garvin, S. (1989) Admixtures in cement : a study of dosage rates on early hydration. *Matériaux et constructions*, **22**, 112-120.

Mehta, P.K. (1987) *Natural pozzolans*, Supplementary Cementing Materials for Concrete, Canadian Government Publishing Centre, Supply and Services Canada Ltd., Ottawa, Canada, ISBN 0-660-12550-1, p. 3-33.

Meyer, A. (1979) *Experiences with the Use of Superplasticizers in Germany*, ACI SP-62, p. 21-36.

Miller, F.M. et Tang, F.J. (1996) The distribution of sulfur in present-dry clinkers of variable sulfur content. *Cement and Concrete Research*, **26**(12), 1821-1829.

Mindess, S. et Young, J.F. (1981) *Concrete*, Prentice Hall, Englewood Cliffs, NJ, 671 p.

Mollah, M.Y., Palta, P., Hers, T.R., Vempati, R.K. et Coche, D.L. (1995) Chemical and physical effects of sodium lignosulfonate superplasticizer on the hydration of Portland cement and solidification/stabilization consequences. *Cement and Concrete Research*, **25**(3), 671-682.

Nawa, T. et Eguchi, H. (1987) *Effects of types of calcium sulfate on fluiding of cement paste*, Review of the 41st General Meeting, The Cement Association of Japan, ISBN4-88175-002-X, p. 40-43.

Nkinamubanzi, P.-C., Baalbaki, M., Bickley, J. et Aïtcin, P.-C. (1998) The use of slag for making high-performance concrete. *World Cement*, **29**(10), octobre, p. 97-103.

Nonat, A. (1994) Interactions between chemical evolution (hydration) and physical evolution setting in the case of tricalcium silicate. *Matériaux et constructions*, **27**(186), 187-195.

Nonat, A. (1998) *Du gâchage jusqu'à l'état durci, ce sont les mêmes liaisons qui sont à l'heure*, Journée technique de l'industrie cimentière, 21 janvier, 6 p.

Odler, I. (1991) Strength of cement (final report). *Matériaux et constructions*, **27**, 143-157.

Odler, I. (1998) Hydration, Setting and Hardening of Portland Cement, dans *Lea's Chemistry of Cement and Concrete*, édité par P.C. Hewlet, 4e édition, Arnold Publisher, Londres, ISBN 0 340 565896, p. 1241-1297.

Odler, I. et Abdul-Maula, S. (1987) Effect of chemical admixtures on Portland cement hydration. *Cement and Concrete Aggregates*, **9**(1), été, 38-43.

Onofrei, M. et Gray, M. (1989) *Adsorption studies of 35s-labelled superplasticizer in cement-based grout*, ACI SP-119, p. 645-660.

Osborn, E.F. et Muan, A. (1960) *Phase Equilibrium Diagrams of Oxyde Systems, Plate 1*, publié par American Society and Edward Orton, Jr. Ceramic Foundation.

Paillière, A.M. (1982) Les adjuvants, dans *Le béton hydraulique*, édité par J. Baron et R. Sauterey, Presses de l'École nationale des Ponts et chaussées, ISBN 2-85978-033-5, p. 69-82.

Paillière, A.M. et Briquet, P. (1980) *Influence des résines de synthèse fluidifiantes sur la rhéologie et la déformation des pâtes de ciment avant et en cours de prise*, 7e congrès international sur la chimie du ciment, Paris, vol. 3, p. 186-191.

Paillière, A.M., Alègre, R., Ranc, R. et Buil, M. (1984), *Interaction entre les réducteurs d'eau-plastifiants et les ciment*, Rapport Lafarge/Laboratoire Central des Ponts et Chaussées, Paris, France, p. 105-108.

Palmer, G. (1990) Ring formation in cement kilns. *World Cement*, **21**(12), décembre, 533-543.

Papadakis, M. et Venuat, M. (1966) *Fabrication et utilisation des liants hydrauliques*, 2e édition, publié à compte d'auteur, 391 p.

Paulini, P. (1990) Reaction mechanisms of concrete admixtures. *Cement and Concrete Research*, **20**, 910-918.

Persson, B. (1996) Hydration and strength of high-performance concrete. *Advanced Cement Based Materials*, **3**(3), avril-mai, 107-123.

Petrie, E.M. (1976) Effect of surfactant on the viscosity of Portland cement – water dispersions, *Ind. Eng. Chem., Prod. Res. Dev.*, **15**(4), 242-249.

Philips, B. et Muan, A. (1959) System CaO-SiO$_2$. *Journal American Ceramic Society*, **42**(9), 414.

Piotte, M. (1983) *Caractérisation d'un naphtalène sulfonate. Influence de son contre-ion et de sa masse moléculaire sur son interaction avec le ciment*, Thèse de doctorat, Université de Sherbrooke, Québec, Canada, p. 121-155.

Piotte, M., Bossanyi, F., Perreault, F. et Jolicœur, C. (1995) Characterization of poly (naphthalene sulfonate) salts by ion-pair chromatography and ultrafiltration. *Journal of Chromatography A*, 704, 377-385.

Pistilli, M.F., Rau, G. et Cechner, R. (1984) The variability of condensed silica fume from a canadian source and its influence on the properties of Portland cement concrete. *Cement, Concrete, and Aggregates*, **6**(1), 33-37.

Pistilli, M.F., Winterstein, R. et Cechner, R. (1984) The uniformity and influence of silica fume from a US source on the properties of Portland cement concrete. *Cement, Concrete, and Aggregates*, **6**(2), 120-124.

Pliskin, L. (1993) *La fabrication du ciment*, Eyrolles, ISBN 2-212-01196-2, 216 p.

Ramachandran, V.S., Beaudoin, J.J. et Shilua, Z. (1989) Control of slump loss in super-plasticized concrete. *Matériaux et constructions*, **22**, p. 107-111

Ramachandran, V.S., Malhotra, V.M., Jolicœur, C. et Spiratos, N. (1998) *Superplasticizers : Properties and Applications in Concrete*, CANMET, ISBN 0-660-17393-x

Ranc, R. (1990) Interactions entre les réducteurs d'eau-plastifiants et les ciments. *Ciments, Bétons, Plâtres et Chaux, Paris*, n° 782, p. 19-20.

Regourd, M. (1982a) L'hydratation du ciment portland, dans *Le béton hydraulique*, édité par J. Baron et R. Sauterey, Presses de l'École nationale des Ponts et chaussées, ISBN 2-85978-033-5, p. 193-221.

Regourd, M. (1982b) Microstructure et propriétés des ciments, mortiers et bétons. *Bétons, Plâtres, Chaux*, n° 734, 41-49.

Regourd, M. (1983a) Pozzolanic activity of condensed silica fume, dans *Condensed Silica Fume*, Les Éditions de l'Université de Sherbrooke, Université de Sherbrooke, Québec, Canada, p. 20-24.

Regourd, M. (1983b) *Caractérisation et activation des produits d'addition*, Rapport principal, Thème III, 9e Congrès international de la chimie du ciment, Rio de Janeiro, vol. 1, p. 199-229.

Regourd, M. (1978) Cristallisation et réactivité de l'aluminate tricalcique dans les ciments Portland, *Il Cemento*, **3**, 323-335.

Regourd, M., Hornain, H. et Mortureux, B. (1978) Influence de la granularité des ciments sur leur cinétique d'hydratation. *Ciments, Bétons, Plâtres, Chaux*, n° 712, mai-juin, p. 137-140.

Regourd, M., Mortureux, B. et Hornain, H. (1986) *Use of Silica Fume as Filler in Blended Cements*, ACI SP-79, vol. 2, p. 747-764.

Rixom, M.R. et Mailvaganam, N.P. (1986) *Chemical admixtures for concrete*, E & FN Spon, London, New York, 306 p.

Rosenberg, A.M. et Gaidis, J.M. (1989) A new mineral admixture for high-strength concrete. *Concrete International*, **11**(4), avril, 31-36.

Ryell, J. et Bickley, J.A. (1987) Scotia Plaza : high strength concrete for tall buildings, dans *Utilization of High Strength Concrete*, Stavanger (édité par I. Holland *et coll.*), Tapir, N-7034 Trondheim, NTH, Norvège, ISBN 82-519-07977, p. 641-653.

Sellevold, E. (1987) *The Function of Condensed Silica Fume in High-Strength Concrete*, Symposium on Utilization of HSC, Trondheim, Norvège, juin, ISBN82-519-0797-7, p. 39-50.

Sellevold, E.J. et Nilsen, T. (1987) *Condensed Silica Fume in Concrete : a World Review*, Supplementary Cementing Materials for Concrete, Canadian Government Publishing Centre, Supply and Services Canada Ltd., Ottawa, Canada, ISBN 0-660-12550-1, p. 167-243.

Tagnit-Hamou, A., Baalbaki, M. et Aïtcin, P.-C. (1992) *Calcium-Sulfate Optimization in Low Water/Cement Ratio Concretes for Rheological Purposes*, 9e Congrès international sur la chimie du ciment, New Delhi, Inde, vol. 5, p. 21-25.

Taylor, H.F.W. (1997) *Cement Chemistry*, Thomas Telford Editor, 2e édition. ISBN 0-7277-2592-0, 459 p.

Traetteberg, A. (1978) Silica fumes as a pozzolanic material. *Il Cemento*, **75**(3), 369-375.

Tucker, G.R. (1938) *Concrete and Hydraulic Cement*, U.S. Patent 2,141,569, décembre, 5 p.

Uchikawa, H. (1986) Effect of blending component on hydration and structure formation, Principal Report of the 8th International Congress on the Chemistry of Cement, Rio de Janeiro, Brasil, *Journal of Research of the Onoda Cement Company*, 28(115), septembre, 77 p.

Uchikawa, H. (1994) *Hydration of Cement and Structure Formation and Properties of Cement Paste in the Presence of Organic Admixture*, conférence en hommage à Micheline Moranville-Regourd, édité par Béton Canada, Faculté des sciences appliquées, Université de Sherbrooke, Québec, Canada, octobre, 55 p.

Uchikawa, H., Hanehara, S. et Sawaki, D. (1997a) The role of steric repulsive force in the dspersion of cement particles in fresh paste prepared with organic admixtures. *Cement and Concrete Research*, **27**(1), 37-50.

Uchikawa, H., Hanehara, S., Shirosaka, T. et Sawaki, D. (1992) Effect of admixture on hydration of cement, adsorptive behavior of admixture and fluidity and setting of fresh cement paste. *Cement and Concrete Research*, **22**(6), 1115-1129.

Uchikawa, H., Sone, T. et Sawaki, D. (1997b) A comparative study of characters and performances of chemical admixtures of Japanese and Canadian origin, Part 1. *World Cement,* **28**(2), février, 70-76.

Uchikawa, H., Sone, T. et Sawaki, D. (1997c) A comparative study of characters and performances of chemical admixtures of Japanese and Canadian origin, Part 2. *World Cement,* **28**(3), mars, 71-76.

Uchikawa, H., Uchida, S. et Okamura, T. (1987) *The influence of Blending Components on the Hydration of Cement Minerals and Cement*, Review of the 41st General Meeting, The Cement Association of Japan, ISBN 4-88175-002-X, p. 36-39.

Uchikawa, H., Uchida, S. et Okamura, T. (1990) Influence of fineness and particle size distribution of cement on fluidity of fresh cement paste, mortar and concrete. *Journal of Research of the Onoda Cement Company*, **42**(122), 75-84.

Van Damme, H. (1994) Et si Le Chatelier s'était trompé – Pour une physico-chimie mécanique des liants hydrauliques et des géomatériaux. *Annales des Ponts et Chaussées*, n° 71, 30-41.

Van Damme, H. (1998) *La physique des liaisons entre les hydrates et les moyens d'agir au niveau moléculaire*, Journée technique de l'industrie cimentière, 21 janvier, 4 p.

Venuat, M. (1984) Adjuvants et traitements, 1re édition, publié à compte d'auteur, 830 p.

Vernet, C. (1995) Mécanismes chimiques d'interactions ciment-adjuvants, *CTG Spa. Guerville Service Physico-Chimie du Ciment*, janvier, 10 p.

Vernet, C. et Cadoret, G. (1992) Suivi en continu de l'évolution chimique et mécanique des BHP pendant les premiers jours, dans *Les bétons à hautes performances – Caractérisation, durabilité, applications*, édité par Y. Malier, Presses de l'École nationale des Ponts et chaussées, ISBN 2-85978-187-0, p. 115-156.

Vernet, C. et Noworyta, G. (1992) *Reactivity Test for Fine Silicas and Pozzolanic Mineral Additives*, 9e Congrès international sur la chimie du ciment, New-Delhi, Inde, vol. III, p. 79-85.

Vichot, A. (1990) *Les polyméthylenenaphtylsufonates : modificateurs de la rhéologie*, Thèse de doctorat, Université Pierre et Marie Curie, Paris VI, 151 p.

Young, J.F. (1983) *Slump Loss and Retempering of Superplasticized Concrete – Final report*, Civil Engineering Studies – Illinois Cooperative Highway and Transportation, Series 200 UILU-ENG.83-2006, ISSN 0069-4274, University of Illinois at Urbana Champaign, Urbana, Illinois, mars.

Chapitre 7

Sélection des matériaux

7.1 Introduction

Les BHP sont préparés en sélectionnant de façon très soigneuse chacun des ingrédients qui les constituent (Perenchio, 1973 ; Aïtcin, 1980 ; Lévy et Le Boulicaut, 1992). Il n'est pas toujours facile de gagner les derniers MPa d'un BHP, de diminuer son rapport eau/liant ou de maintenir sa maniabilité une heure après sa fabrication de façon à pouvoir le placer aussi facilement qu'un béton usuel, mais il est très facile de perdre ces caractéristiques essentielles des BHP une fois qu'on les a obtenues. La performance et la qualité de chacun des ingrédients que l'on utilise pour fabriquer un BHP deviennent critiques à un moment donné au fur et à mesure qu'augmente la résistance visée. Certaines de ces caractéristiques sont toutefois plus critiques que d'autres ; certaines ont un impact plus important sur les aspects économiques des BHP et pourront déterminer si l'emploi d'un BHP est compétitif face à l'acier, mais aussi face au béton usuel.

À l'heure actuelle, l'expression « béton à haute performance » couvre des bétons ayant une grande gamme de résistances. De façon à faciliter la discussion sur l'importance des différents facteurs qu'il faut considérer lorsque l'on conçoit et fabrique un BHP, on peut diviser les BHP en cinq classes différentes définies chacune par des résistances à la compression qui peuvent être considérées comme des barrières technologiques dans l'état actuel de la technologie des BHP.

Si un BHP de 50 à 60 MPa a simplement une résistance à la compression légèrement supérieure à celle d'un béton usuel haut de gamme, ce n'est plus le cas des BHP de 100 MPa. Dans ce chapitre, on abordera la sélection des matériaux qu'il faut utiliser dans chacun des cas. Les limites proposées ici pour définir chacune de ces cinq catégories de BHP ne doivent pas être considérées comme des limites absolues, mais plutôt comme des limites moyennes qui peuvent varier d'un endroit à l'autre.

7.2 Différentes classes de BHP

La division des BHP en cinq classes n'est pas aussi arbitraire qu'elle peut le paraître à première vue, mais elle dérive plutôt de l'état actuel des connaissances. Les BHP sont divisés en cinq grandes catégories correspondant chacune à une plage de résistance de 25 MPa. La classe I représente les BHP qui ont une résistance à la compression comprise entre 50 et 75 MPa, la classe II une résistance comprise entre 75 et 100 MPa, la classe III une résistance comprise entre 100 et 125 MPa, la classe IV une résistance comprise entre 125 et 150 MPa et la classe V une résistance supérieure à 150 MPa (Tableau 7.1). Les deux dernières classes correspondent en France aux bétons à très haute performance (BTHP).

Tableau 7.1. Les différentes classes de BHP.

Résistance à la compression (MPa)	50	75	100	125	150
Classe de BHP	classe I	classe II	classe III	classe IV	classe V

Pour être plus précis, ces résistances à la compression sont celles obtenues sur des cylindres de 100×200 mm mûris de façon normalisée comme pour les bétons usuels et mis à l'essai à 28 jours. La résistance dont on parle n'est pas la résistance spécifiée qui tient compte de l'écart type de la production de béton.

7.3 Sélection des matériaux

Lorsque l'on choisit les matériaux pour fabriquer un BHP, certains choix sont plus critiques que d'autres. Ainsi, on commencera par considérer la sélection du ciment Portland même dans le cas où d'autres ajouts cimentaires sont utilisés en conjonction avec le ciment Portland. La sélection se poursuit par celle du superplastifiant puisque l'expérience démontre que l'on doit d'abord optimiser la combinaison ciment/superplastifiant. Quand ces choix cruciaux sont faits, on évalue l'utilisation d'un ou de plusieurs ajouts cimentaires. La sélection des granulats viendra par la suite puisque leur qualité devient de plus en plus critique au fur et à mesure qu'augmente la résistance à la compression du BHP. On verra que dans certaines régions, à l'heure actuelle, la performance des granulats constitue le facteur qui limite la résistance à la compression des BHP, par exemple à Sherbrooke en utilisant les granulats locaux il est impossible de fabriquer un béton de plus de 100 MPa. Dans ces cas, pour des raisons économiques, la résistance à la compression du béton peut ne pas toujours être augmentée autant qu'on le désire.

7.3.1 Sélection du ciment

Le premier choix sur lequel il faut s'attarder lorsque l'on veut fabriquer un BHP est celui du ciment, même lorsque l'on utilisera d'autres ajouts cimentaires parce que la performance du ciment en termes de rhéologie et de résistance devient critique au fur et à mesure qu'augmente la résistance à la compression visée. En général, il n'est pas trop difficile de fabriquer des BHP de classe I avec la plupart des ciments commerciaux actuels sauf quand ils ont une trop faible teneur en alcalis ; certains ciments commerciaux ne peuvent être utilisés pour fabriquer des BHP de classe II et très peu de ciments peuvent servir à fabriquer des BHP de classe IV ou de classe V.

Pour fabriquer des BHP, les différentes marques commerciales de ciment n'offrent pas toutes les mêmes performances. Certains ciments présentent de bonnes performances en termes de résistance finale, mais de très mauvaises performances en termes de comportement rhéologique, car il est difficile de maintenir la maniabilité des BHP suffisamment longtemps pour pouvoir les placer de façon économique et satisfaisante. D'autres ont d'excellentes performances rhéologiques, leur perte d'affaissement durant la première ou la deuxième heure est minimale et ils peuvent être refluidifiés facilement par un second dosage en superplastifiant, mais ils ne sont pas performants en termes de résistance à la compression.

Comme on l'a vu dans le chapitre précédent et comme on en discutera en détail dans celui-ci, certaines mesures correctives peuvent être prises pour essayer d'améliorer les moins bonnes performances de ces ciments. Souvent cependant, ces mesures correctives ne résoudront que partiellement le problème fondamental de compatibilité quand le béton a un rapport eau/liant très faible, ce qui explique pourquoi la sélection du ciment Portland doit être faite avec beaucoup de soin.

Dans la pratique, la sélection du superplastifiant est aussi très importante puisque l'on doit choisir la meilleure combinaison ciment/superplastifiant. Cependant, la sélection du superplastifiant est moins critique parce qu'il est beaucoup plus facile, et pas beaucoup plus cher, de changer de marque de superplastifiant. Les superplastifiants d'un même type sont vendus à peu près au même prix partout et leur coût de transport n'est pas critique. Il existe cependant des différences de prix très marquées entre les divers types de superplastifiant.

Quand on a décrit sommairement le processus d'hydratation du ciment Portland au chapitre 6, on a vu que le raidissement initial de la phase interstitielle était contrôlé par l'addition d'une certaine quantité de sulfate de calcium lors du broyage final du clinker. À l'heure actuelle, cette quantité de sulfate de calcium est généralement optimisée pour satisfaire les exigences des normes sur le temps de prise initiale et finale et sur la résistance à la compression. Ces normes spécifient que la pâte ou le mortier normalisés sur lesquels on effectue ces essais aient un rapport eau/liant égal de l'ordre de 0,50.

Il est maintenant bien établi que les propriétés rhéologiques d'un ciment Portland qui satisfait à de telles normes peuvent être très différentes quand ce ciment est utilisé dans un béton ayant un faible rapport eau/liant en présence d'un fort dosage en superplastifiant. Avec certains ciments, il est très difficile d'éviter un raidissement rapide quand on fabrique des bétons ayant un très faible rapport eau/liant, même lorsque l'on augmente le dosage en superplastifiant, tandis que, dans d'autres cas, le contrôle de l'affaissement est facile même une heure après le début du malaxage du BHP. Comme on le verra par la suite on sait quand même corriger la situation dans bien des cas.

La situation est à peu près la même quand on regarde les BHP du point de vue de la résistance. La résistance normalisée d'un ciment Portland est mesurée en utilisant des cubes de mortier de 50 mm, ce qui peut ne pas correspondre avec la résistance que l'on peut obtenir quand ce ciment est utilisé pour fabriquer un béton qui a un très faible rapport eau/liant. Cette différence de résistance entre le ciment, un béton usuel et un BHP est plutôt reliée à des différences minimes dans la composition du ciment Portland qui sont presque complètement masquées par la haute valeur du rapport eau/ciment quand on effectue les essais normalisés sur les cubes de mortier. L'expérience démontre que ces faibles différences dans la composition du ciment peuvent se traduire par de grandes différences de comportement dans le béton quand celui-ci a un rapport eau/liant aussi faible que 0,20 ou même 0,35, plage généralement utilisée pour fabriquer des BHP de classes II à IV.

Lorsque l'on a passé en revue au chapitre 6 les propriétés importantes des ingrédients de base utilisés pour fabriquer des BHP, on a vu que la phase silicate du ciment joue un rôle très important dans le développement de la résistance alors que la phase interstitielle et les sulfates jouent un rôle déterminant sur les caractéristiques rhéologiques des bétons qui ont un très faible rapport eau/liant. Ainsi, la performance finale d'un ciment que l'on veut utiliser pour fabriquer un BHP dépend de la façon dont on pourra à la fois optimiser simultanément son comportement rhéologique et le développement de sa résistance.

Le premier point à évaluer est la finesse optimale du ciment que l'on veut utiliser pour fabriquer un BHP. On fait face ici à des exigences conflictuelles. En ce qui concerne la résistance, on peut dire que plus le ciment est fin, meilleur il est parce qu'il y aura plus de phases silicatées qui entreront rapidement en contact avec l'eau de gâchage. Par contre, du point de vue de la rhéologie, plus le ciment est fin, plus il est réactif et plus la phase silicate et la phase interstitielle seront exposées au contact de l'eau : il se formera très rapidement à la fois plus d'ettringite et plus de C-S-H à la surface des grains de ciment, ce qui nuira au maintien de la rhéologie initiale (Nawa et coll., 1991). Enfin, plus un ciment est fin, plus les risques de fissuration dus au retrait seront grands.

Dans les ciments Portland actuels, la composition de la phase interstitielle et ses proportions sont essentiellement dictées par des préoccupations reliées à la durabilité du béton en termes d'attaques chimiques ou par des exigences de fabrication. La quantité de phase interstitielle ne doit être ni trop faible ni trop élevée de façon à optimiser le flot continu du clinker à la sortie du four rotatif.

Pour fabriquer des ciments mieux adaptés à certains environnements agressifs, les cimentiers ont simplement à faire varier le rapport Al/Ca du cru. En ce qui concerne les exigences de fabrication, on a vu qu'en général la façon la plus efficace de produire du clinker de ciment Portland dans des fours modernes est de maintenir la teneur en phase interstitielle du clinker autour d'une valeur située entre 14 et 16 %. Généralement, lorsque l'on fabrique des bétons usuels, il n'y a pas lieu de s'inquiéter de la forme morphologique du C_3A que l'on retrouve dans la phase interstitielle, ce qui n'est plus vrai dans le cas des BHP.

Regourd (1978) a démontré que la morphologie du C_3A que l'on retrouve dans un ciment Portland est gouvernée essentiellement par la quantité d'alcalis piégés dans le C_3A. Si la quantité de Na_2O est inférieure à 2,4 %, le C_3A reste cubique. Lorsque la teneur en Na_2O et en C_3A est comprise entre 2,4 % et 3,8 %, le C_3A est partiellement orthorhombique et, au-dessus de 3,8 %, il est entièrement orthorhombique. Quand la teneur en Na_2O est supérieure à 5,3 %, le C_3A est monoclinique ; une telle situation ne se rencontre jamais dans les ciments Portland ordinaires. Ce qui précède sur la teneur en Na_2O s'applique aussi au K_2O. De façon à contrôler la morphologie du C_3A durant la fabrication du clinker, il est donc très important de contrôler la quantité d'alcalis qui est piégée dans le C_3A. On peut y arriver en maintenant un équilibre entre les alcalis disponibles dans le cru et le soufre apporté dans le four qui peut provenir quelquefois des matériaux du cru, mais plus généralement du combustible utilisé dans le four.

Les alcalis, particulièrement le potassium, se volatilisent dans la zone de clinkérisation et se combinent avec le SO_3 pour former l'un des trois sulfates suivants : K_2SO_4 ou $(Na_2SO_4, 3K_2SO_4)$ ou $(2CaSO_4, K_2SO_4)$. Par conséquent, s'il y a assez de SO_3 dans la zone de clinkérisation, les alcalis seront piégés de façon préférentielle dans l'un de ces trois sulfates et il en restera finalement assez peu pour se piéger dans le C_3A. Dans un tel cas, le C_3A sera essentiellement cubique. Lorsque l'on fabrique du ciment Portland, le rapport entre le soufre et les alcalis est souvent exprimé en termes de degré de sulfurisation du clinker par l'expression suivante :

$$DS = \frac{SO_3 \times 100}{1,292\ Na_2O + 0,85\ K_2O}$$

Dans le cas des bétons usuels, le degré de sulfatation n'est pas un facteur critique. Cependant, dans le cas des BHP, il est très important de vérifier le degré de sulfurisation du clinker puisque c'est lui qui, d'une certaine façon, va gouverner la réactivité du C_3A, mais aussi le type d'ettringite qui se formera, sa vitesse de formation et les conditions d'hydratation du C_3A.

Comme on l'a vu précédemment, même si le C_3A cubique est plus réactif que le C_3A orthorhombique, il est par contre beaucoup plus facile de contrôler son hydratation avec des ions SO_4^{2-}, spécialement en présence de molécules de superplastifiant. De plus, quand un clinker est observé sous un microscope électronique, on voit fréquemment que les sulfates alcalins ont tendance à précipiter très près de la phase interstitielle sous forme de petits cristaux ou sur les cristaux de C_3S. Ainsi, quand un grain d'un tel ciment entre en contact avec l'eau, les sulfates alcalins passent rapidement en solution parce qu'ils sont facilement solubles (Nawa et coll., 1989).

Tant que la rhéologie d'un ciment particulier est gouvernée par le contrôle de l'hydratation de son C_3A par la formation d'ettringite, plus le C_3A est cubique, plus ce ciment a une rhéologie facile à contrôler (Vernet et Noworyta, 1992). Pour obtenir un clinker qui a un C_3A cubique, il faut arriver à combiner la plupart des alcalis sous forme de sulfates alcalins dans la zone de clinkérisation. Le degré de sulfatation du clinker devient donc un paramètre important pour contrôler la rhéologie d'un ciment particulier quand on désire utiliser ce ciment pour fabriquer des BHP, mais ce n'est pas le seul.

En règle générale, plus la teneur en C_3A est faible, plus le contrôle de la rhéologie est facile. Ainsi, lorsque l'on recherche un ciment facile à utiliser pour fabriquer un BHP, il est bon de commencer par choisir un ciment qui contient aussi peu de C_3A que possible et un C_3A préférablement cubique, ou à la rigueur, un mélange de C_3A cubique et orthorhombique dans lequel prédomine la phase cubique. Ce ciment devra aussi contenir une bonne quantité de sulfates solubles pour pouvoir contrôler de façon très rapide et efficace la formation d'ettringite. Du point de vue de la résistance, ce ciment n'a pas à être broyé finement et à contenir une quantité appréciable de C_3S pour garantir une bonne rhéologie.

En fait, si l'on observe les exigences des cinq ciments normalisés par l'ASTM, on s'aperçoit qu'aucun d'eux ne présente les caractéristiques idéales pour être utilisé pour fabriquer des BHP. Les ciments de Type II et V sont satisfaisants en termes de C_3A, mais, en général, ils ne sont pas broyés assez finement et leur teneur en C_3S est faible, de façon à limiter la quantité de chaleur d'hydratation. Ils sont idéaux pour fabriquer des BHP de classe 1, 2 et 3. Les ciments de Type III ont une teneur en C_3S et une finesse élevées, ils peuvent être plus difficiles à utiliser mais ils donnent de fortes résistances. Enfin, les ciments de Type I présentent la bonne finesse, leur teneur en C_3A peut être trop importante dans certains cas, mais c'est surtout leur teneur en alcalins solubles qui facilite leur emploi.

Comme on l'a déjà signalé, les normes actuelles d'acceptation des ciments, qui ont été développées pour des applications avec des bétons usuels, conduisent à produire des ciments Portland qui peuvent être assez éloignés du ciment idéal défini précédemment. De plus, lorsque l'on consulte la documentation publiée sur ce sujet, aucun consensus clair ne se dégage autour de l'utilisation d'un type de ciment plutôt que d'un autre pour fabriquer des BHP. Dans certains cas, on a utilisé un ciment de Type I pour fabriquer des BHP, dans d'autres cas, il s'agit d'un ciment de Type II ou d'un ciment de Type III et même, dans certains autres cas, un ciment dit de Type « I – II ». Certaines publications parlent même de ciment Portland « spécial ».

Très souvent, les mots utilisés pour caractériser le ciment sont, délibérément ou non, vagues ou même trompeurs. Dans un cas particulier, des auteurs ont mentionné que le ciment qu'ils avaient utilisé était un ciment de Type I, mais, en fait, ce ciment particulier était fabriqué avec un clinker qui satisfaisait à la fois les exigences d'un ciment de Type I et II et il était moulu à une finesse de 440 m^2/kg, une finesse qui ressemble plus à celle des ciments de Type III qu'à celle des ciments de Type I.

L'examen des différentes publications sur le sujet n'est pas d'une grande aide quand vient le temps de choisir un type particulier ou une marque particulière de ciment. Il est alors préférable de s'en tenir aux considérations de base discutées précédemment au moment où l'on doit sélectionner le meilleur ciment, ou le moins mauvais, pour obtenir à la fois la maniabilité et la résistance désirées. Ces exigences sur la résistance et la rhéologie sont très souvent conflictuelles si bien que la sélection du ciment résulte d'un compromis. Mais comment ces conditions conflictuelles se traduisent-elles en termes pratiques ?

Il est facile de mesurer la surface spécifique Blaine d'un ciment donné et d'avoir une idée plus ou moins précise de sa teneur en C_3A en utilisant la formule de Bogue. Toutefois, il n'est pas facile de déterminer la forme polymorphique du C_3A de même que la quantité, la nature et la vitesse de solubilisation des sulfates que l'on retrouve dans le ciment. De ce point de vue, la connaissance de la teneur totale en SO_3 dans le ciment a très peu d'intérêt parce qu'elle ne renseigne absolument pas sur la forme de ce SO_3 dans le ciment (Zhang et Odler, 1996a et b).

Un diffractogramme aux rayons X effectué sur un ciment Portland brut n'est pas non plus très utile parce que la plupart des informations que l'on désire obtenir, c'est-à-dire la forme polymorphique du C_3A et le type de sulfate que l'on retrouve dans le ciment, ne peuvent être déduites de tels diagrammes. En effet, les pics correspondant à ces composés mineurs du ciment (moins de 10 %) sont simplement trop faibles quand on les compare aux pics très forts donnés par le C_3S et le C_2S qui représentent plus de 80 % de la masse du ciment Portland (Fig. 7.1).

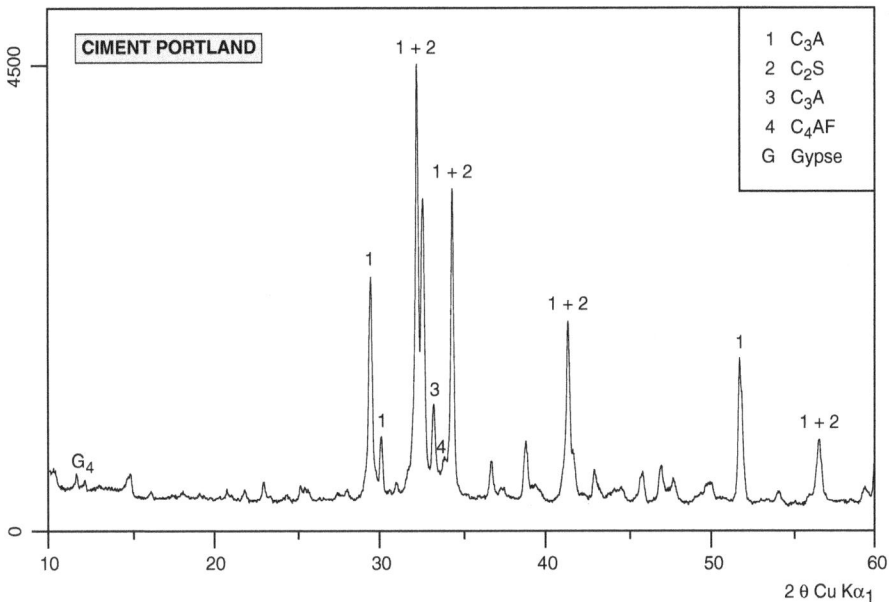

Figure 7.1 Diffractogramme aux rayons X d'un ciment Portland

Cependant, si le ciment Portland est d'abord soumis à un traitement à l'acide salicylique (SAL), qui dissout les silicates, le diffractogramme aux rayons X du résidu du ciment présente seulement les pics relatifs à la phase interstitielle, aux sulfates, au filler calcaire s'il y en a et d'autres constituants mineurs tels que la périclase et la silice insoluble (Fig. 7.2). À partir d'un tel diagramme, il est possible de voir si le C_3A est cubique ou orthorhombique, ou s'il s'agit d'un mélange des deux, puisque le C_3A représente alors le constituant majeur de cette poudre qui est soumise au bombardement des rayons X. Il est aussi possible de déterminer la nature du C_4AF et de la chaux présents dans le ciment. Cette technique permet aussi de voir, de façon qualitative, si le sulfate de calcium est présent sous forme de gypse, d'anhydrite, d'hémihydrate ou d'une combi-naison de ceux-ci. Malheureusement, il est très difficile, voire impossible, de déterminer de façon quantitative les proportions relatives de ces trois formes de sulfate de calcium en utilisant la diffractométrie aux rayons X.

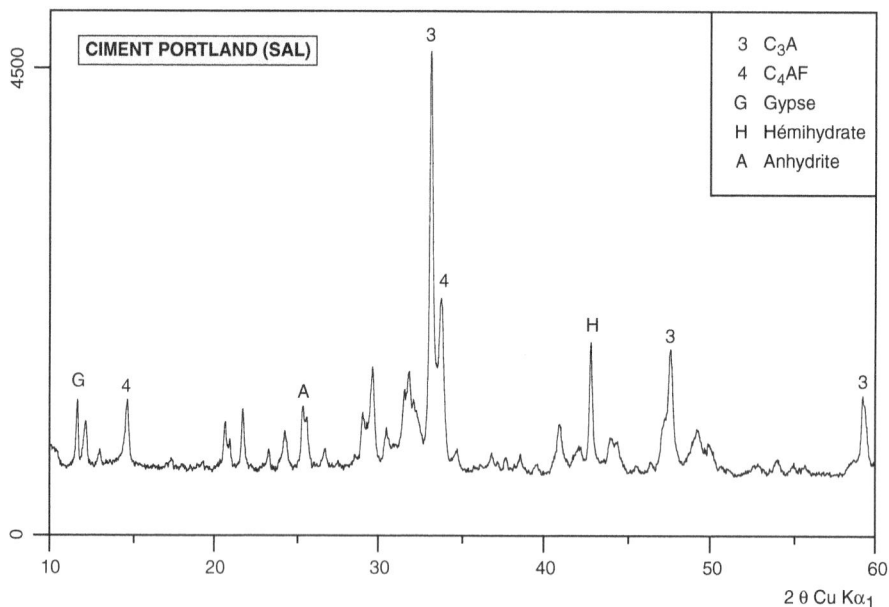

Figure 7.2 Diffractogramme aux rayons X d'un ciment Portland
après un traitement à l'acide salicylique

Un traitement à l'acide salicylique n'est pas trop difficile à effectuer et il ne va pas au-delà des capacités analytiques d'une cimenterie bien équipée ou d'un laboratoire univer-sitaire. Il est recommandé que ce type de diffractogramme soit effectué de façon routi-nière quand on veut contrôler la qualité des ciments que l'on désire utiliser pour fabriquer des BHP.

S'il est impossible d'obtenir d'un cimentier cette information sur le C_3A et sur les sulfates, on peut toujours effectuer une mesure indirecte de la réactivité rhéologique du ciment en utilisant soit la méthode du mini-affaissement soit une méthode qui permet de mesurer la viscosité d'un coulis comme on le verra plus tard dans ce chapitre.

À la suite de cette étude rhéologique, s'il semble que le ciment Portland commercial que l'on se propose d'utiliser pour fabriquer un BHP ne se comporte pas de façon satisfaisante, on peut envisager d'utiliser un ajout cimentaire pour essayer de corriger la situation avant de considérer d'utiliser un retardateur pour contrôler la perte d'affaissement ou de faire venir de loin un ciment Portland plus efficace. Cependant, dans de telles conditions, il peut être très difficile de produire de façon économique un BHP ayant une classe supérieure à la classe I (résistance à la compression comprise entre 50 et 75 MPa).

Avec les ciments Portland actuels, on peut en général trouver au moins un ou plusieurs ciments qui permettent de fabriquer des BHP de classe II (75 à 100 MPa), mais le choix se rétrécit beaucoup quand il s'agit de fabriquer des BHP de classe III (100 à 125 MPa). Dans de tels cas, l'utilisation simultanée d'un ou de plusieurs ajouts cimentaires peut être utile.

Lorsque l'on fabrique des BHP de classe IV (125 à 150 MPa) et V (> 150 MPa), la quantité d'eau de gâchage doit être diminuée jusqu'à 120 ou 130 l/m^3 si l'on veut que la quantité totale de liant soit maintenue inférieure à 550 kg/m^3. Ce n'est que dans des circonstances exceptionnelles jusqu'à présent qu'il a été possible de produire des BHP de classe IV et de classe V.

En fait, le contrôle de la qualité du ciment est relativement simple. Il consiste surtout à mesurer la finesse Blaine, à faire un diffractogramme aux rayons X sur un échantillon traité à l'acide salicylique, à mesurer les alcalins solubles et à mesurer de façon indirecte la réactivité rhéologique du ciment en présence de superplastifiant.

7.3.2   Sélection du superplastifiant

La sélection d'un superplastifiant efficace est aussi cruciale que celle d'un ciment quand on veut fabriquer des BHP parce que tous les types et toutes les marques de superplastifiant ne réagissent pas de la même façon avec tous les ciments (Uchikawa et coll., 1997 ; Ramachandran et coll., 1998). L'expérience démontre que tous les superplastifiants commerciaux n'ont pas la même efficacité pour disperser les particules de ciment à l'intérieur d'un béton en réduisant la quantité d'eau de gâchage et en contrôlant la rhéologie des bétons de très faible rapport eau/liant durant la première heure qui suit le contact entre le ciment et l'eau (Daimon et Roy, 1978 ; Singh et Singh, 1989).

Comme dans le cas du ciment, cette situation est partiellement due au fait que les critères d'acceptation actuels ont été essentiellement développés à une époque où les superplastifiants étaient surtout utilisés pour fluidifier des bétons usuels ou comme réducteurs d'eau dans des bétons usuels. Ces conditions d'utilisation sont différentes de celles qui prévalent dans les BHP de telle sorte que des problèmes de compatibilité peuvent se rencontrer, comme on l'a déjà mentionné, quand on utilise un ciment et un superplastifiant, même si chacun d'eux satisfait aux critères d'acceptation des normes actuelles. Ce problème de compatibilité peut être relié à la cinétique de formation de l'ettringite qui dépend du type, de la quantité et de la réactivité de la phase interstitielle et du type de sulfate qui passe en solution et à la réactivité initiale du C_3S (Pollet et coll., 1997).

Dans ce qui suit, on présente la meilleure façon de choisir un type de superplastifiant de marque donnée et sa méthode d'introduction dans le béton.

Comme on l'a vu au chapitre 6, les superplastifiants commerciaux peuvent être classés de façon simplifiée en cinq grandes catégories selon la nature chimique de leur base :

• les polycondensés de formaldéhyde et de mélamine sulfonate, aussi appelés mélamine sulfonate ;

• les polycondensés de formaldéhyde et de naphtalène sulfonate, aussi appelés naphtalène sulfonate ;

• les superplastifiants à base de lignosulfonate ;

• les polyacrylates (jusqu'à présent, la pénétration du marché par ce type de superplastifiant est faible, si bien que l'on n'en discutera pas longuement, mais cela ne veut pas dire que ce type de superplastifiant n'est pas promis à un bel avenir dans le domaine des BHP) ;

• les produits à base d'acides carboxyliques.

Il faut mentionner que, très souvent, les formulations commerciales des superplastifiants contiennent d'autres molécules qui sont rajoutées de façon à *améliorer* l'efficacité du superplastifiant dans des conditions particulières. Par exemple, certains polynaphtalènes peuvent contenir une certaine quantité de lignosulfonate. Cette combinaison est très intéressante du point de vue économique pour un fabricant d'adjuvants parce que le coût des lignosulfonates est inférieur à celui des polynaphtalènes. L'utilisation d'une telle combinaison peut quelquefois permettre au producteur de béton de faire des économies parce qu'il peut résoudre partiellement le problème de perte d'affaissement à cause de la légère action retardatrice des lignosulfonates. Certains producteurs de béton considèrent aussi que, en utilisant une certaine quantité de lignosulfonate avec un polynaphtalène, ils obtiennent une certaine réduction de la quantité totale de superplastifiant qu'il leur aurait fallu utiliser pour atteindre une maniabilité donnée.

(a) Superplastifiants à base de mélamine

Jusqu'à tout récemment, la production de superplastifiants à base de mélamine était couverte par un brevet de telle sorte qu'il n'y avait pratiquement qu'un seul produit de qualité disponible sur le marché. À l'heure actuelle cependant, les superplastifiants à base de mélamine peuvent être fabriqués par n'importe quel manufacturier. Ainsi, les superplastifiants à base de mélamine peuvent être produits sous différentes marques commerciales et leur performance sera sûrement beaucoup moins uniforme que par le passé puisque tous les manufacturiers ne contrôlent pas tout le processus de fabrication de ce type de superplastifiant avec la même maîtrise.

Les superplastifiants à base de mélamine sont vendus sous forme d'un liquide transparent contenant en général 22 % de particules solides, mais on a proposé récemment certaines formulations contenant jusqu'à 40 % de solides. Les superplastifiants à base de mélamine sont en général vendus sous forme de sel de sodium liquide ou en poudre.

Les superplastifiants à base de mélamine ont été très utilisés en Europe comme en Amérique du Nord lorsque les bétons à haute résistance ont été développés dans les années 1970 et au début des années 1980. Quand on demande aux utilisateurs de polymélamine les raisons de leur préférence pour ce type de superplastifiant, ils invoquent en général une grande variété de réponses :

- les superplastifiants à base de mélamine ne retardent pas la prise du béton autant que les superplastifiants à base de naphtalène ;
- puisque leur teneur en solides (dans la formulation à 22 %) correspond à la moitié de celle d'un polynaphtalène, tout dosage accidentel est moins critique que dans le cas d'un polynaphtalène ;
- les superplastifiants à base de mélamine piègent moins d'air que les superplastifiants à base de naphtalène ;
- il est plus facile d'obtenir un réseau de bulles d'air stable dans un béton à air entraîné quand on utilise des superplastifiants à base de mélamine ;
- les superplastifiants à base de mélamine ont une qualité et une performance très constantes (ceci sera peut-être moins vrai dans le futur) ;
- les superplastifiants à base de mélamine ne donnent pas une teinte légèrement beige aux BHP architecturaux qui sont fabriqués avec un ciment blanc ;
- les superplastifiants à base de mélamine piègent beaucoup moins de bulles d'air à la surface des éléments préfabriqués (bien qu'en Scandinavie certains préfabricants prétendent le contraire) ;
- la qualité du service et la fiabilité du produit sont meilleures que dans le cas des polynaphtalènes ;
- certains utilisateurs avouent candidement qu'ils ont commencé à utiliser les mélamines, qu'elles ont donné de très bons résultats et qu'ils ne sentent nullement le besoin de changer.

(b) Superplastifiants à base de naphtalène

Les superplastifiants à base de naphtalène ont été brevetés en 1938 (Tucker, 1938), mais ils n'ont été utilisés dans l'industrie que vers la fin des années 1960, si bien que la fabrication des polynaphtalènes n'était plus alors protégée par un brevet depuis longtemps, d'où le grand nombre de fabricants de polynaphtalène.

Les superplastifiants à base de naphtalène sont vendus sous forme d'un liquide brun qui a une teneur totale en solides généralement comprise entre 40 et 42 %. Ils sont aussi disponibles sous forme de poudre brune. Les deux formes liquide et solide sont disponibles sous forme de sel de calcium ou de sodium, le plus souvent sous forme de sel de sodium.

Il y a certaines applications pour lesquelles on peut vouloir exclusivement un sel de calcium. Par exemple, certaines applications en béton armé ou précontraint pour des installations nucléaires où la moindre trace de chlorure est absolument interdite de façon à protéger les armatures d'acier de toute corrosion. Comme la soude qui est utilisée pour neutraliser l'acide sulfonique est fabriquée à partir de chlorure de sodium, ces super-plastifiants contiennent toujours quelques traces de chlorure de sodium qui sont introduites au moment de la neutralisation. Ce n'est pas le cas des sels de calcium pour lesquels la neutralisation se fait en utilisant de la chaux qui ne contient aucun chlorure.

Un second type de critère d'acceptation peut conduire à utiliser un sel de calcium plutôt qu'un sel de sodium lorsque l'on est susceptible d'utiliser des granulats ayant une réactivité potentielle face aux alcalis du ciment. Dans un tel cas, il est évident que tout choix qui diminue la teneur totale en alcalis dans le béton doit être envisagé ; d'ailleurs, certains ingénieurs spécifient systématiquement des sels de calcium de polynaphtalène plutôt que des sels de sodium.

Dans toutes les autres applications en BHP, le sel de sodium est utilisé plus fréquemment parce qu'il est le plus produit le plus facile et le moins coûteux à produire : on n'a pas à passer par le long processus de filtration qui est nécessaire quand on utilise la chaux pour neutraliser l'acide sulfonique.

D'autres sels de polynaphtalène ont été étudiés par des chercheurs, mais, jusqu'à présent, ils n'ont pas été utilisés pour fabriquer des BHP (Piotte, 1983).

Les superplastifiants à base de naphtalène ont été utilisés de façon prédominante à peu près partout pour produire des BHP. Quand on demande aux gens qui utilisent des poly-naphtalènes pourquoi ils utilisent ce type de superplastifiant plutôt qu'une mélamine, ils donnent les réponses suivantes :

- les polynaphtalènes ont une teneur en solides plus élevée si bien que leur emploi est plus économique pour obtenir un certain degré de maniabilité ;
- il est plus facile de contrôler la rhéologie d'un BHP à cause du léger retard de prise et de durcissement qu'ils entraînent ;
- le coût des polynaphtalènes peut être négocié avec plusieurs fournisseurs ;
- la qualité du service et la fiabilité de certaines marques sont excellentes ;
- là encore, certains producteurs de BHP avouent candidement qu'ils ont commencé à utiliser des polynaphtalènes, qu'ils ont eu de bons résultats et qu'ils ont continué à le faire sans chercher à changer de type de superplastifiant.

(c) Superplastifiants à base de lignosulfonate

Quand on a discuté des réducteurs d'eau au chapitre 6, on a noté que les dosages en ligno-sulfonate ne pouvaient être augmentés au-delà d'une certaine limite à cause d'effets secondaires dus à la présence de quelques impuretés dans le sous-produit industriel utilisé pour les préparer. On a aussi noté que la purification des lignosulfonates dans le domaine des réducteurs d'eau pouvait être coûteuse. Cependant, si la liqueur à partir de laquelle a été fabriqué le lignosulfonate est raffinée de sorte que le produit final puisse être vendu comme un superplastifiant, il peut devenir rentable d'enlever une certaine quantité des sucres et des agents surfactants qui se retrouvent dans le lignosulfonate de base.

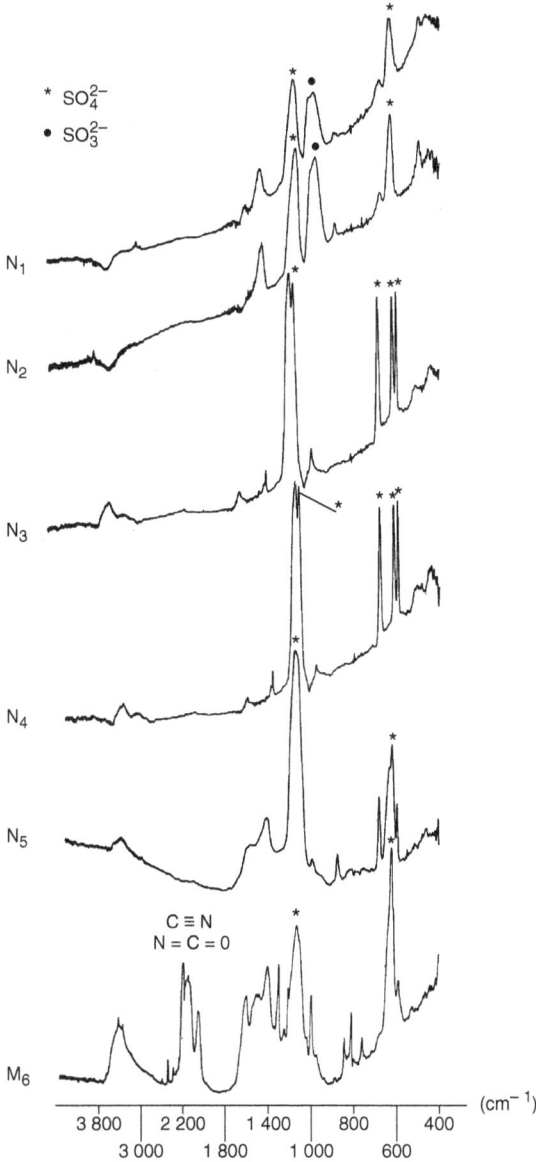

Figure 7.3 Spectrographes infrarouges de superplastifiants à base de naphtalène et de lignosulfonate et d'un superplastifiant mixte

Les superplastifiants à base de lignosulfonate sont rarement utilisés de façon individuelle dans les BHP, mais plutôt en combinaison avec des mélamines ou des polynaphtalènes. Quelques producteurs de béton préfèrent introduire d'abord un superplastifiant à base de lignosulfonate au début du malaxage pour ensuite utiliser un polymélamine ou un polynaphtalène plus pure à la fin du malaxage ou lorsque l'affaissement du BHP doit être ajusté en le chantier.

Quelques producteurs de superplastifiants vendent aussi des superplastifiants qui sont un mélange de polynaphtalène et de lignosulfonate. Il est difficile de déceler une différence quelconque entre un polynaphtalène pur et un qui contient un lignosulfonate parce que tous les deux ont la même couleur brun foncé et ont à peu près la même viscosité et la même teneur en solides. De façon à voir si le superplastifiant est un polynaphtalène pur ou un mélange de polynaphtalène et de lignosulfonate, il faut faire une analyse à l'infrarouge (Fig. 7.3).

(d) Contrôle de la qualité des superplastifiants

Il est difficile, long et coûteux de déterminer la structure détaillée d'un polymère en général et des superplastifiants en particulier. Les fabricants de superplastifiants fournissent en général une liste des caractéristiques de leurs produits qui peuvent être vérifiées aisément par un laboratoire de chimie normalement équipé. Toutefois, la plupart de ces informations ne donnent aucune idée valable sur la structure du polymère. Ces données ne sont pas non plus très instructives sur l'efficacité réelle du superplastifiant ou sur son éventuelle compatibilité avec un ciment particulier. En pratique, il y a quelques analyses simples qui peuvent être faites pour établir la qualité et l'uniformité d'un superplastifiant, comme sa teneur totale en solides et en sulfates résiduels.

Un spectre infrarouge peut aussi être obtenu pour vérifier la composition ainsi que l'uniformité d'un superplastifiant (Khorami et Aïtcin, 1989). D'une certaine façon, un spectrographe infrarouge peut être considéré comme l'empreinte d'un superplastifiant donné parce qu'il contient certains détails qui sont reliés aux impuretés que l'on retrouve dans les matériaux de base qui ont été utilisés pour fabriquer ce superplastifiant.

La détermination de la masse moléculaire des superplastifiants et l'établissement du rapport entre les positions α et β dans le cas des polynaphtalènes ne se mesurent pas facilement et sont au-delà des possibilités de plusieurs laboratoires chimiques industriels. Ce type de mesure se fait en utilisant la chromatographie liquide pour les masses moléculaires et la résonance magnétique pour les positions α et β. Ainsi, une mesure directe de ces deux importantes caractéristiques d'un superplastifiant n'est pas facile, si bien que la meilleure façon de vérifier l'efficacité d'un superplastifiant donné est encore de mesurer son efficacité rhéologique avec un ciment de référence, comme on le verra à la section suivante.

7.3.3   Compatibilité ciment/superplastifiant

La version anglaise de ce paragraphe commençait de cette façon :

« À l'heure actuelle, il est impossible de prévoir le comportement rhéologique d'un béton de faible rapport eau/liant à partir de données techniques disponibles sur un ciment particulier

et un superplastifiant (Whiting, 1979 ; Aïtcin et coll., 1994 ; Huynh, 1996). Il est donc néces-
saire de mettre ces produits à l'essai, de voir comment ils se comportent ensemble à cause de
la complexité des phénomènes chimiques qui entrent en jeu (Fig. 6.22). »

Cet énoncé n'est plus aussi vrai suite aux travaux de recherche effectués ces trois dernières années à l'Université de Sherbrooke par Kim, Jiang et Nkinamubanzi (Kim et coll., 1999a et b, 2000 ; Jiang et coll., 1998a, b, 1999, 2000 ; Nkinamubanzi et coll., 1997, 2000) et par Pagé (Pagé et coll., 1999).

Ces travaux de recherche ont démontré le rôle crucial que jouent la qualité du superplastifiant et les sulfates alcalins dans le comportement rhéologique des bétons de faible rapport E/C **dans le cas des superplastifiants où le groupe fonctionnel est un sulfonate**.

Malheureusement, à l'heure actuelle tous les polynaphtalènes et polymélamines commerciaux n'ont pas la même efficacité même si leur teneur en solides, leur densité et leur pH sont à peu près identiques à l'intérieur d'une même famille. Dans ces conditions, une étude complète devrait certainement couvrir une variété suffisante de superplastifiants commerciaux et une variété suffisante de ciments. Nous avons par contre récemment avancé en ce qui concerne les paramètres liés au ciment, dans le cas où le superplastifiant est un **polynaphtalène sulfonate pur**. Pour les ciments portlands courants, il semble qu'il existe une teneur optimale en alcalins solubles de l'ordre de 0,4 à 0,5 % (exprimée en Na_2O équivalent par rapport à la masse de ciment) comme l'avait suggéré Fernon (1994a et b). À cet optimum, la valeur du dosage au point de saturation et le temps d'écoulement sont non seulement faibles mais la « robustesse » de la combinaison ciment/polysulfonate est améliorée. Nous allons voir dans quelques instants ce que l'on entend par robustesse d'une combinaison ciment/superplastifiant.

En effet, dès qu'un ciment entre en contact avec l'eau, s'il n'y a pas suffisamment d'ions SO_4^{2-} qui passent en solution, les groupes sulfonates des molécules de superplastifiant se combinent avec les sites actifs de la phase intersticielle (C_3A et C_4AF) (Fernon, 1994a et b ; Fernon et coll., 1997 ; Pollet et coll., 1997 ; Flatt 1999). Normalement, des ions SO_4^{2-} devraient neutraliser ces sites actifs en formant une coquille d'ettringite, dans un béton usuel de rapport E/C élevé, ces ions SO_4^{2-} proviennent de la dissolution des différents types de sulfate de calcium qui ont été incorporé dans le ciment lors de son broyage final et des sulfates alcalins qui se sont déposés sur le clinker dans le four.

Lorsqu'il n'y a pas assez d'ions SO_4^{2-} en solution dans les bétons qui ont un faible rapport E/C un certain nombre de molécules de superplastifiants se piègent dans les hydrates lamellaires C_4AH_x et ne sont évidemment plus disponibles pour défloculer les particules de ciment. Plus le rapport E/C est faible et plus la carence en ions SO_4^{2-} est forte, plus le nombre de molécules de polysulfonate qui disparaissent ainsi prématurément est élevé. Étant donné que les sulfates alcalins sont non seulement beaucoup plus solubles que les différents types de sulfate de calcium que l'on retrouve dans le ciment mais encore beaucoup plus rapidement solubles, ce sont les ions SO_4^{2-} qu'ils relâchent qui peuvent neutraliser le plus rapidement possible les sites actifs du C_3A pour former de l'ettringite et éviter ainsi le piégeage de trop de molécules de polysulfonate dans les hydrates lamellaires.

Les études effectuées à l'Université de Sherbrooke ont clairement montré que les ciments à très faible teneur en alcalins sont en général parmi les ciments les moins compatibles avec des superplastifiants de qualité de type polysulfonate, cependant, ces études ont aussi montré que :

• il existe des ciments à faible teneur en alcalins qui sont compatibles car presque tous leurs alcalins se retrouvent sous forme de sulfates alcalins très solubles ;

• différentes solutions peuvent être mise en œuvre pour corriger, tout au moins partiellement, une telle situation : ajout différé, ou double introduction du superplastifiant, ajout d'une faible quantité de Na_2SO_4 ou ajout d'une faible quantité de retardateur.

Il est certes important que les cimentiers mettent sur le marché des ciments à faible teneur en alcalins pour éviter de voir se multiplier des cas de réaction alcalis-granulats (quand même assez peu fréquents), mais il ne faudrait pas qu'ils mettent sur le marché des ciments à trop faible teneur en alcalins sans s'assurer que ces alcalins sont très solubles car sinon ils rendraient ces ciments incompatibles avec la plupart des polysulfonates, qui sont les superplastifiants les plus utilisés à l'heure actuelle.

Les recherches effectuées à l'Université de Sherbrooke ont aussi permis de démontrer l'importance de la teneur en sulfates alcalins solubles sur la « robustesse » des combinaisons ciments/superplastifiants. Une combinaison ciment/superplastifiant est dite robuste lorsqu'un écart de 0,2 à 0,3 % autour du dosage optimal, ne se traduit pas, soit par une perte d'affaissement très rapide (cas d'un sousdosage), ou au contraire par un phénomène de ressuage et de ségrégation sévère (cas d'un surdosage). Une combinaison ciment/superplastifiant n'est pas robuste lorsqu'un écart de 0,1 % ou moins, par rapport au dosage optimal, a des effets catastrophiques sur la rhéologie du ciment. De telles situations se produisent dans les cas où le relâchement des ions SO_4^{2-} par le ciment n'est pas adéquat ou que le superplastifiant n'est pas de qualité.

Les teneurs en alcalins et en SO_3 que l'on retrouve sur la fiche technique d'un ciment ne permettent pas de statuer sur sa compatibilité potentielle avec un superplastifiant polysulfoné. En effet, tous les alcalins que l'on retrouve dans un ciment ne sont pas forcément combinés sous forme de sulfate alcalins solubles et le groupe SO_3 peut se retrouver sous de très nombreuses formes dans un ciment. Une méthode simple et fiable de mesure des alcalins solubles a pu être déterminée et testée, elle permet de connaître indirectement de façon rapide la teneur en sulfates alcalins solubles qui nous intéresse quand on veut fabriquer des BHP.

Les premiers essais réalisés à l'Université de Sherbrooke avec les différents superplastifiants à base de polyacrylates ou de sels d'acides polycarboxiliques ont démontré toute l'efficacité de ces nouveaux superplastifiants (dans bien des cas les dosages au point de saturation sont deux à trois fois plus faibles que ceux obtenus avec des polysulfonates), mais aussi leur manque de robustesse lorsqu'ils sont utilisés en solution concentrée à 40 % de solides. Mais dans le cas de ces superplastifiants les premières expériences tendent à montrer encore la très grande importance des sulfates alcalins solubles.

Il faut espérer cependant que les fabricants de superplastifiants sauront nous proposer dans les années à venir une gamme de molécules plus efficaces, plus robustes et qui auront un meilleur rapport qualité/prix de façon à ne plus avoir à se préoccuper des problèmes de compatibilité ciment/superplastifiant. Pour quelques années encore il sera donc nécessaire de mettre à l'essai les ciments et superplastifiants commerciaux. Comme la réalisation de gâchées d'essai de béton consomme beaucoup de temps, de matériaux et d'énergie, on a développé avec le temps un certain nombre de méthodes qui demandent des quantités plus faibles de matériaux et qui sont beaucoup plus faciles à mettre en œuvre et à répéter. Ces méthodes sont en général basées sur l'étude du comportement rhéologique d'un coulis ou d'une pâte de ciment hydraté. Quand on applique ces méthodes de façon convenable, il est possible de faire un premier tri pour cerner les combinaisons efficaces et non efficaces ; on peut même utiliser des plans d'expérience pour mener de telles études (section 7.4) (Rougeron et Aïtcin, 1994).

Cependant, en se basant sur l'expérience déjà acquise, on peut affirmer que ces méthodes n'ont pas toujours une valeur prédictive absolue : on peut trouver certaines combinaisons qui fonctionnent très bien avec les coulis et qui offrent de moins bonnes performances avec les bétons. On peut aussi trouver des combinaisons qui donnent un bon comportement dans un coulis et qui sont encore meilleures dans un béton parce que les conditions de malaxage du coulis et du béton sont différentes. Cependant, l'expérience a aussi démontré qu'aucune combinaison qui ne fonctionnait pas dans le cas de coulis pouvait donner de bons résultats lorsqu'on l'utilisait dans un béton. En dépit du mérite de ces méthodes simplifiées, il est donc toujours nécessaire d'effectuer un certain nombre de gâchées d'essai. Dans ce cas aussi, un plan d'expérience factoriel peut minimiser le dur labeur tout en maximisant les résultats que l'on peut tirer de ces gâchées d'essai.

Il existe deux méthodes simplifiées qui sont très utilisées pour faire ce genre d'étude rhéologique ; la méthode dite du *minicône* et les méthodes basées sur l'écoulement dans différents cônes Marsh. L'avantage de la méthode du minicône est qu'elle requiert peu de matériau, mais le comportement de la pâte de ciment est plutôt évalué de façon statique, tandis que, dans le cas des méthodes basées sur le cône Marsh, il faut utiliser beaucoup plus de matériaux, mais le coulis est alors évalué en condition « dynamique ». L'utilisation de l'une des deux méthodes simplifiées plutôt que l'autre est une question de choix personnel. L'utilisation simultanée des deux méthodes est intéressante parce que l'on mesure deux paramètres rhéologiques légèrement différents. L'auteur recommande la méthode du cône Marsh quand il dispose de suffisamment de matériaux.

(a) Méthode du minicône

Comme l'indique son nom, cette méthode consiste à faire un essai d'affaissement sur une très petite quantité de pâte de ciment en utilisant le cône présenté à la figure 7.4 (Kantro, 1980). La procédure usuelle d'utilisation de cet essai est décrite ci-dessous.

Préparation de l'échantillon :
- peser 200 g de ciment ou de liant ;
- peser la quantité appropriée d'eau dans un bécher de 250 ml En général, cet essai est effectué avec une pâte qui a un rapport eau/liant compris entre 0,35 et 0,45 ;

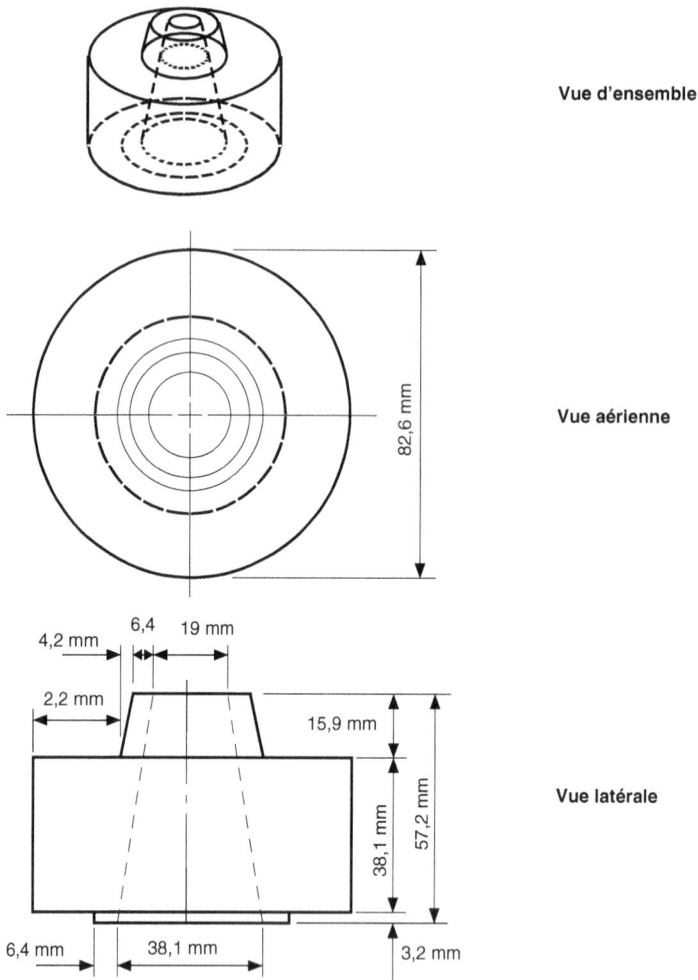

Vue d'ensemble

Vue aérienne

82,6 mm

Vue latérale

4,2 mm

6,4

19 mm

2,2 mm

15,9 mm

38,1 mm

57,2 mm

6,4 mm

38,1 mm

3,2 mm

Figure 7.4 Minicône pour l'essai de mini-affaissement

- peser la quantité de superplastifiant et l'ajouter à la quantité d'eau précédente (dans certains cas on préférera opérer selon la méthode dite de la double introduction) ;
- mélanger à la main le ciment et l'eau avec une spatule pendant une minute environ après le départ du chronomètre ;
- mélanger la pâte de ciment pendant 2 minutes en utilisant un malaxeur à mortier de laboratoire ou un batteur électrique de cuisine (par exemple, un batteur Braun MR72 à 4 vitesses) seulement dans les cas des ciments de Type 10 ;
- ajuster la température du coulis à la température désirée (en général, cette température est de l'ordre de 20 °C) en utilisant un bain thermorégulé quand cela est possible. Lorsque l'on ne dispose pas d'un bain thermorégulé, la température initiale de l'eau devra être ajustée de sorte que la pâte ait la température requise après le malaxage.

Essai (Fig. 7.5) :

Figure 7.5 Essai du mini-affaissement (reproduit avec la permission de B. Samet)

- placer la plaque de plexiglas sur laquelle l'essai sera fait sur une table et vérifier qu'elle est bien au niveau ;
- placer le cône au centre de cette plaque et, après 15 secondes de malaxage à la main pour homogénéiser la pâte, remplir le minicône avec cette pâte ;
- donner dix coups sur la partie supérieure du minicône avant de le soulever rapidement de telle sorte que la pâte se répande sur la plaque de plexiglas ;
- mesurer le diamètre de la pâte sur deux diamètres perpendiculaires après qu'elle s'est étendue et calculer la valeur moyenne de ces deux valeurs ;
- remettre la pâte dans le bécher, remélanger pendant 5 secondes, puis recouvrir le bécher d'une feuille de plastique ;
- nettoyer la plaque de plexiglas et le minicône avec de l'eau et les sécher pour pouvoir procéder à l'essai suivant.

En général, un essai au minicône est effectué 10, 30, 40, 60, 90 et 120 minutes après le malaxage pour suivre la perte d'affaissement de la pâte dans le temps.

La figure 7.6 présente la perte d'affaissement pour une combinaison type compatible et incompatible.

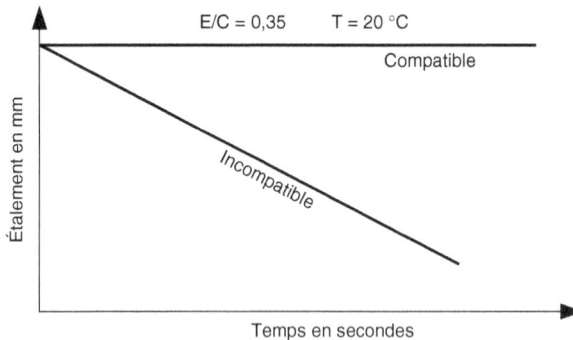

Figure 7.6 Exemple de résultats de l'essai de mini-affaissement pour des combinaisons ciment/superplastifiant compatible et incompatible

(b) Méthode du cône Marsh

Différents cônes Marsh sont utilisés depuis longtemps dans plusieurs secteurs industriels pour apprécier la fluidité de différents types de coulis tels que les boues de forage dans l'industrie du pétrole, les coulis d'injection dans les rocs et le sol et les coulis d'injection dans les conduits de postcontrainte. Cette méthode consiste à préparer un certain volume de coulis et à mesurer son temps d'écoulement. Les cônes peuvent avoir des caractéristiques géométriques légèrement différentes les unes des autres et le diamètre de l'orifice inférieur peut varier de 5 mm à 12,5 mm (Fig. 7.7).

Différentes versions de la méthode du cône Marsh ont été présentées par différents auteurs (de Larrard, 1988, de Larrard et coll., 1990 ; Aïtcin et coll., 1994 ; de Larrard et coll.,

1996). Il n'y a pas lieu de discuter ici du mérite de chacune d'entre elles. La méthode présentée est celle qui est utilisée à l'Université de Sherbrooke depuis plusieurs années.

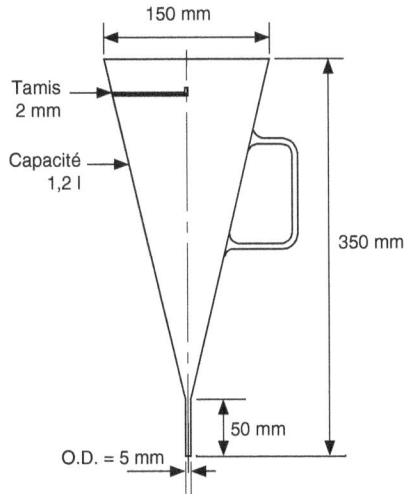

Figure 7.7 Le cône Marsh utilisé à l'Université de Sherbrooke

Le cône utilisé est un cône de plastique normalisé par l'industrie pétrolière pour mesurer l'écoulement de 1,2 l de boues de forage (Fig. 7.7). Ce cône particulier a été sélectionné parce qu'il est commercialement disponible à un très bas prix (moins de 200 FF) et qu'il est bien adapté aux besoins des études portant sur la compatibilité entre les ciments et les superplastifiants.

Préparation de l'échantillon et mesure du temps d'écoulement

La quantité d'eau, de ciment et de superplastifiant nécessaire pour préparer 1,2 l de coulis est calculée. En règle générale, l'essai est réalisé pour un rapport eau/liant de 0,35 de telle sorte que le ciment et le superplastifiant sont utilisés dans des conditions assez semblables à celles de la pâte d'un BHP. Il faut se souvenir que la quantité de matériaux nécessaire pour effectuer ces essais est dix fois plus élevée que celle qui est nécessaire pour réaliser un essai de mini-affaissement (environ 1,8 kg de ciment pour un essai au cône Marsh par rapport à 200 g pour un essai au minicône).

La préparation de l'échantillon comprend les étapes suivantes :
- peser l'eau et le superplastifiant dans le contenant où sera effectué le malaxage ;
- démarrer le système de malaxage (de préférence un malaxeur à mortier de marque Hobarth) tout en introduisant progressivement la quantité de ciment en moins de 1 minute et 90 secondes (Fig. 7.8) ;
- arrêter le malaxage pendant 15 secondes de façon à nettoyer avec une spatule le ciment qui reste collé sur les bords du contenant ;
- malaxer pendant 60 secondes ;
- mesurer la température ;

• mesurer ensuite le temps qu'il faut pour remplir de coulis un vase gradué de 1 litre (Fig. 7.8) ;

Figure 7.8 Détermination du temps d'écoulement au cône Marsh
(reproduit avec la permission de M. Baalbaki)

• placer le coulis dans une bouteille de plastique qui sera ensuite placée entre deux rouleaux de façon à maintenir le coulis homogène et à simuler le transport du béton ;
• mesurer le temps d'écoulement à différents instants jusqu'à 60 ou 90 minutes. Chaque fois, on mesure la température du coulis.

Note : Dans une version modifiée de cet essai (de Larrard et coll., 1996), il a été proposé de faire le coulis en utilisant tous les matériaux ayant une dimension inférieure à 2 mm qui se retrouveront dans le BHP.

Dans le paragraphe suivant, le comportement rhéologique de toutes les combinaisons ciment/superplastifiant sera analysé sur la base des résultats obtenus d'un essai au cône Marsh de 1,2 l ayant une ouverture de 5 mm (4,76 mm de diamètre intérieur exactement).

(c) Point de saturation

Quand on mesure le temps d'écoulement pour différents dosages en superplastifiant à différents instants et que l'on exprime ce dosage sous forme de pourcentage de solides contenus dans le superplastifiant par rapport à la masse de ciment, on obtient une courbe qui ressemble en général à celle présentée à la figure 7.9. Cette courbe est composée de deux parties linéaires ayant des pentes différentes. L'intersection de ces deux parties linéaires est ce que l'on appelle le « point de saturation », c'est-à-dire le point à partir duquel, dans les conditions expérimentales de mesure, toute augmentation du dosage en superplastifiant n'a plus de répercussion sensible sur la rhéologie du coulis. Le dosage en superplastifiant qui correspond à ce point est appelé le point de saturation.

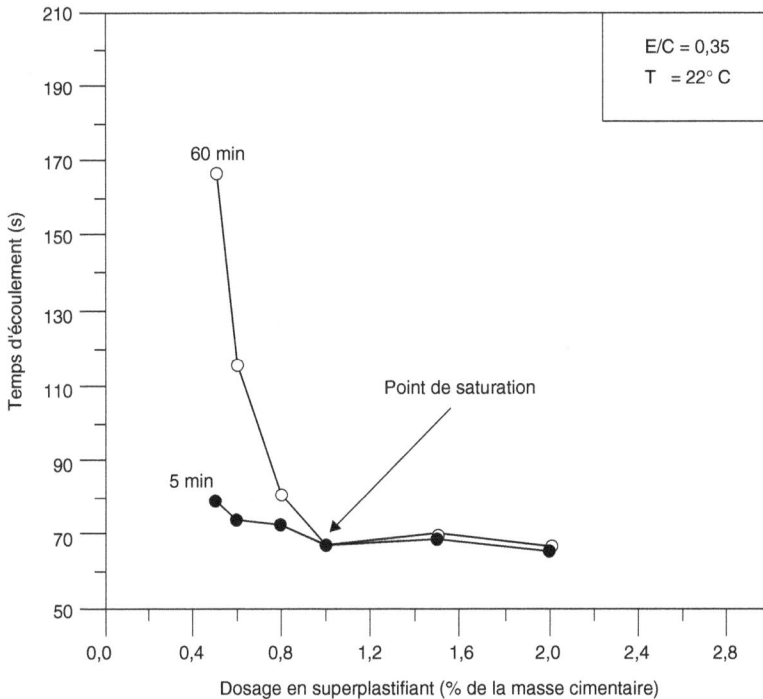

Figure 7.9 *Temps d'écoulement en fonction du dosage en superplastifiant*

D'un point de vue pratique, il n'est pas intéressant d'étudier la combinaison ciment/ superplastifiant sur un coulis qui est trop fluide ou trop épais parce que la plupart des problèmes de compatibilité peuvent être cachés derrière cette trop grande ou trop faible fluidité. L'expérience démontre qu'il est intéressant d'ajuster le rapport eau/liant du coulis de sorte que, à 5 minutes, le temps d'écoulement soit compris entre 60 et

90 secondes. Pour obtenir un tel temps d'écoulement, le rapport eau/liant pour la plupart des ciments Portland de Type I est en général compris entre 0,35 et 0,40. Dans certains cas cependant, il peut être nécessaire d'utiliser un rapport eau/liant compris entre 0,40 et 0,45. S'il faut augmenter le rapport eau/liant jusqu'à 0,45 pour obtenir un coulis qui a un temps d'écoulement à 5 minutes compris entre 50 et 90 secondes, il est préférable de rechercher un autre ciment ou un autre superplastifiant pour fabriquer un BHP.

La température du coulis doit demeurer comprise entre 20 et 23 °C à la fin de la période de malaxage de façon à reproduire les conditions initiales d'hydratation que l'on retrouve dans les bétons. En effet, dans les bétons, la grande quantité de granulats que l'on utilise absorbe la chaleur initiale d'hydratation qui se développe en cours de malaxage. Comme un coulis ne comporte pas de gros granulats, pour réduire cette température, il est nécessaire de refroidir dans certains cas l'eau de gâchage de façon à obtenir un coulis dont la température finale après le malaxage reste comprise entre 20 et 23 °C. L'expérience démontre qu'il peut être nécessaire d'utiliser de l'eau de gâchage dont la température initiale est comprise entre 5 et 10 °C, ce qui donne aussi une idée de la réactivité du ciment dans les conditions de température où il se trouvera dans le BHP.

Du point de vue pratique, quand on utilise le cône Marsh pour mesurer la compatibilité rhéologique d'un ciment donné et d'un superplastifiant donné, il est recommandé de procéder de la façon suivante :

- fabriquer un coulis de rapport eau/liant de 0,35, en utilisant un dosage en superplastifiant qui correspond à environ 1 % de la masse de ciment ;
- mesurer le temps d'écoulement de ce coulis avec un cône Marsh qui a une ouverture de 5 mm et vérifier si ce temps d'écoulement est compris entre 60 et 90 secondes. Si tel est le cas, ce coulis de rapport eau/liant de 0,35 sera sélectionné pour poursuivre l'étude de la variation du temps d'écoulement en fonction du dosage en superplastifiant. La concentration en superplastifiant peut être augmentée ou diminuée par palier de 0,2 % à partir de cette valeur initiale de 1 % ;
- si le temps d'écoulement est supérieur à 90 secondes, il vaut mieux utiliser un rapport eau/liant de 0,40 et toujours un dosage en superplastifiant de 1 %. Si le temps d'écoulement est compris entre 60 et 90 secondes, poursuivre l'expérience à ce rapport eau/liant comme dans le cas précédent ;
- si le temps d'écoulement est encore supérieur à 100 secondes, avec un rapport eau/liant de 0,40, il est préférable d'utiliser un autre superplastifiant ou, si tous les superplastifiants se comportent de la même façon, il est préférable de rechercher un autre ciment, ou d'essayer de corriger la situation comme on le verra par la suite.

(d) Vérification de la constance de la production d'un ciment ou d'un superplastifiant

La détermination du point de saturation permet de contrôler la constance d'un superplastifiant particulier en utilisant toujours le même ciment de référence ou de contrôler la constance d'un ciment Portland en utilisant toujours le même superplastifiant de référence. Dans les deux cas, si la production du ciment et du superplastifiant est bien contrôlée, le temps d'écoulement variera de quelques secondes seulement.

À l'Université de Sherbrooke, on utilise un ciment Portland de Type 1 comme ciment de référence pour contrôler la production d'un polynaphtalène particulier. En production normale, le superplastifiant produit comporte 90 % des positions du groupe sulfonate en position β, il a un degré de sulfonatation légèrement supérieur à 90 % et un degré de polymérisation moyen de 9 à 10 et comporte assez peu de mono-, di- et trimère. On obtient alors un temps d'écoulement de 60 secondes ($\pm$ 2 secondes) lorsque le rapport eau/liant est de 0,35 lorsque le dosage en superplastifiant est de 0,8 %. Si le temps d'écoulement du superplastifiant est supérieur à cette valeur, des problèmes de production se sont produits durant sa fabrication, par exemple, beaucoup trop de groupes sulfonates ont été fixés en position α et pas assez en position β ou le processus de fabrication a produit des polymères qui sont trop courts ou a généré trop de chaînes réticulées.

Ce type d'essai est simple, rapide et précis et il a toujours permis d'identifier un superplastifiant de qualité inférieure quand il était évalué parallèlement en chromatographie de phase liquide ou en résonance magnétique.

(e) Différents comportements rhéologiques

L'expérience démontre qu'un ciment et un superplastifiant qui satisfont aux exigences ASTM peuvent présenter des points de saturation étalés qui varient beaucoup (Fig. 7.10). Le dosage au point de saturation peut être aussi faible que 0,6 % ou aussi élevé que 2,5 % ; une valeur de 1 % (polynaphtalène) correspond à une valeur moyenne encore acceptable pour un ciment moyen quand le coulis a un rapport eau/liant de 0,35. Le temps d'écoulement à 5 minutes peut varier aussi sur une assez grande plage de 60 secondes (le temps d'écoulement de l'eau pure est de 32 secondes $\pm$ 1 seconde) jusqu'à 120 secondes. Dans certains cas, quand le ciment et le superplastifiant ne sont pas compatibles, il est impossible de mesurer tout écoulement après 10 ou 15 minutes ; une telle combinaison sera dite incompatible. Quelquefois au contraire, le temps d'écoulement reste le même pendant 1 heure ou 1 heure et demie ; dans un tel cas, on dira que la combinaison est parfaitement compatible. Cependant, il faut vérifier qu'une telle compatibilité n'entraîne pas un trop grand retard de prise et de durcissement en mesurant la résistance à la compression de cubes de mortier faits avec un sable normalisé et ce coulis.

On a trouvé que les paramètres les plus importants qui contrôlent la rhéologie des ciments et des superplastifiants sont les suivants :

- le rapport eau/liant auquel l'essai est effectué ; il faut cependant qu'il soit aussi voisin que possible de celui qui sera utilisé pour fabriquer le BHP ;
- la température initiale de l'eau utilisée pour fabriquer le coulis ;
- la finesse du ciment ;
- la composition phasique du ciment ;
- la quantité de sulfates de calcium que l'on introduit dans le ciment et sa vitesse de dissolution ;

- la quantité de sulfates alcalins présents dans le ciment (Nawa et coll., 1989) ;
- l'efficacité du malaxage.

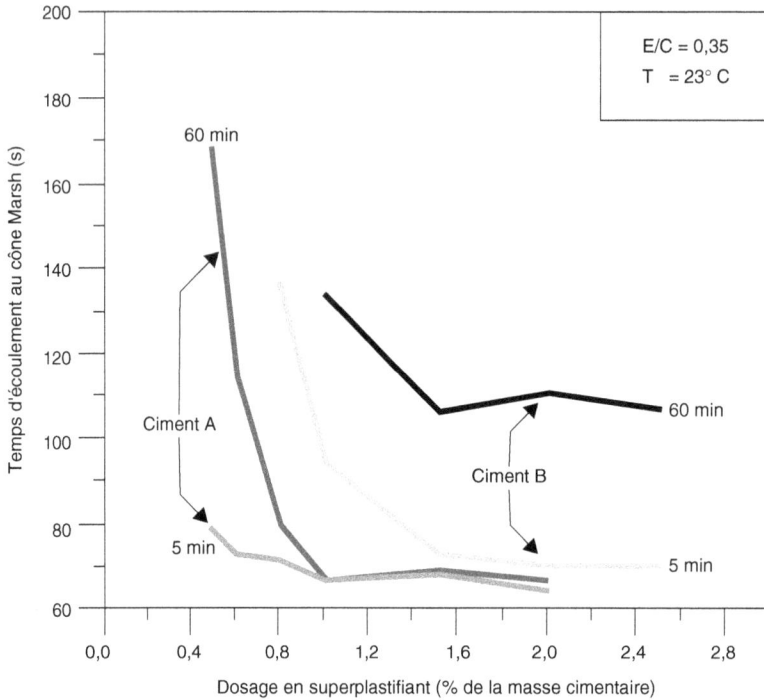

Figure 7.10 *Temps d'écoulement au cône Marsh pour deux ciments différents*

En pratique, on peut se retrouver face à quatre situations lorsque l'on étudie les propriétés rhéologiques de coulis ayant un faible rapport eau/liant en utilisant la méthode du cône Marsh. Les figures 7.11a) à 7.11d) illustrent ces situations lorsque l'on fait varier le dosage en superplastifiant.

La figure 7.11a) représente le cas d'une combinaison compatible : le dosage en super-plastifiant au point de saturation est faible (de l'ordre de 1 % au maximum) et le temps d'écoulement à 60 minutes est très voisin de celui à 5 minutes. Ainsi, le même temps d'écoulement est maintenu pendant 1 heure. La figure 7.11b) présente un cas flagrant d'incompatibilité : le dosage en superplastifiant au point de saturation est plus ou moins bien défini, il est très élevé et la courbe d'écoulement à 60 minutes est située très au-dessus de celle à 5 minutes. Quelquefois, dans les cas d'incompatibilité encore plus prononcés, le coulis ne s'écoule même plus quelques minutes après sa fabrication et ce parfois aussi tôt que 15 minutes après le début du malaxage.

Les figures 7.11c) et 7.11d) présentent des cas intermédiaires. Dans la figure 7.11c), l'écoulement à 5 minutes est semblable à celui de l'écoulement à 5 minutes à la figure 7.11a), mais l'écoulement à 60 minutes est semblable à celui à 60 minutes de la courbe 7.11b). À la figure 7.11d), l'écoulement à 5 minutes est semblable à celui à

5 minutes de la courbe 7.11b) et l'écoulement à 60 minutes a une position relativement semblable à celui à 5 minutes que l'on avait dans le cas de la figure 7.11a).

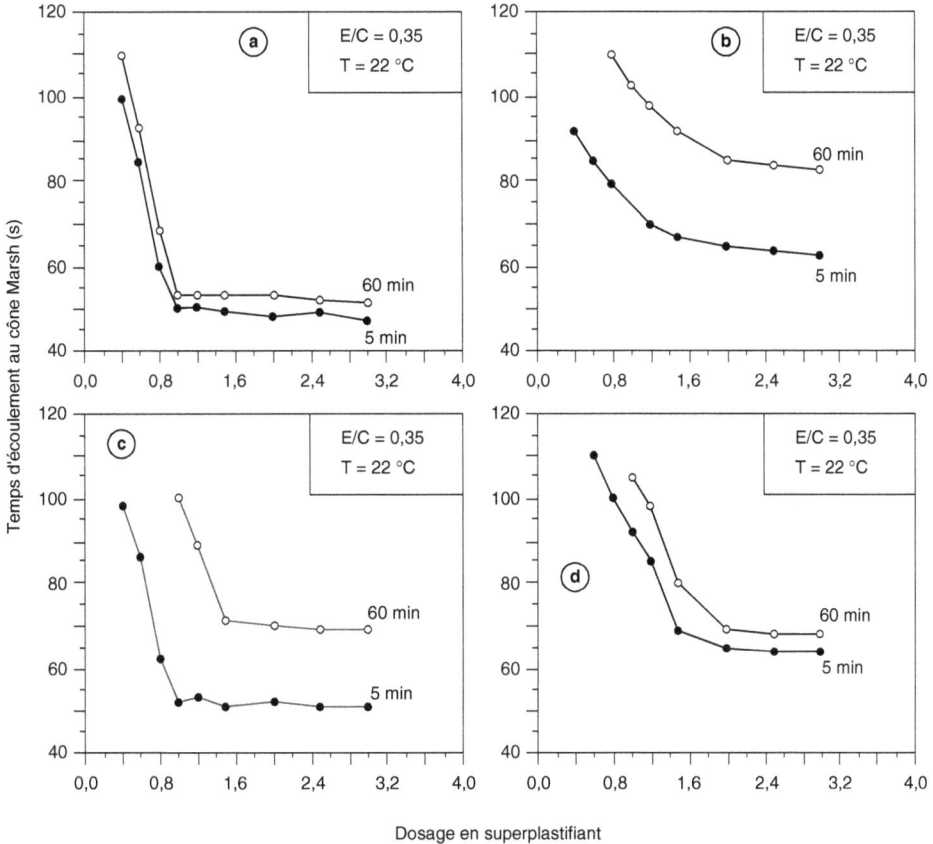

Figure 7.11 Différents types de comportement rhéologique

Les situations typiques de la figure 7.11 sont expliquées en détail dans la publication de Lessard et coll. (1993). On y propose aussi quelques solutions qui permettent de corriger ces situations en rajoutant une quantité appropriée de retardateur de telle sorte que les combinaisons de ciment et de superplastifiant des figures 7.11b) à 7.11d) ainsi modifiées se rapprochent dans les meilleurs cas des comportements de la combinaison présentée à la figure 7.11a). Jiang et coll. (1999) ont aussi proposé de rajouter du sulfate de sodium pour corriger la situation dans le cas des ciments qui ont une trop faible teneur en alcalis. La technique de la double introduction, qui consiste à n'introduire qu'une partie du superplastifiant dans l'eau de gâchage au début du malaxage et à rajouter le restant du superplastifiant à la toute fin du malaxage, permet d'améliorer la situation dans bien des cas. Malheureusement, il n'est pas toujours possible d'obtenir aussi facilement une solution au problème d'incompatibilité.

À l'heure actuelle, il est impossible de développer des polynaphtalènes et des polymélamines qui puissent fluidifier n'importe quel type de ciment pour n'importe quel rapport eau/ciment parce que les ciments présentent des réactivités beaucoup trop différentes et qu'il y a beaucoup de variabilité dans la vitesse de solubilisation des différents sulfates de calcium et des différents sulfates alcalins que l'on retrouve dans un ciment commercial (Tagnit-Hamou et coll., 1992 ; Tagnit-Hamou et Aïtcin, 1993 ; Ramachandran et coll., 1998 ; Jiang et coll., 1999). Cependant, si le cimentier se préoccupe de l'influence de la nature du sulfate de calcium et des sulfates alcalins que l'on retrouve dans le ciment utilisé pour fabriquer des bétons qui ont un rapport eau/ciment très faible, on peut fabriquer des ciments Portland qui sont compatibles avec de bons polynaphtalènes et de bonnes polymélamines. Dans le cas contraire, il faut alors développer un superplastifiant dont la composition est ajustée au ciment particulier.

(f) Exemples pratiques

Une combinaison compatible

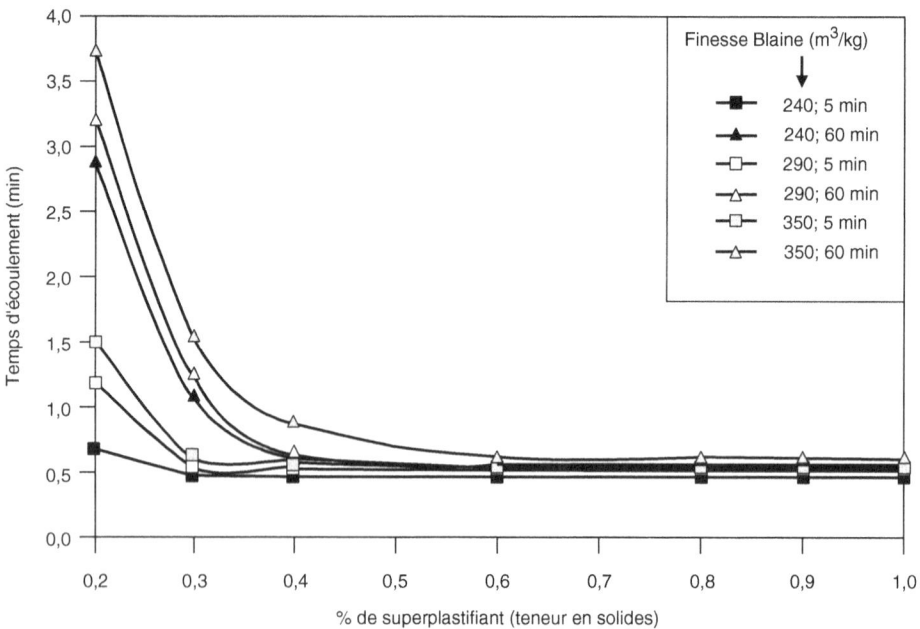

Figure 7.12 Temps d'écoulement au cône Marsh pour un ciment compatible de Type 20M ayant différentes finesses de broyage avec un superplastifiant à base de naphtalène

La figure 7.12 présente le cas d'une combinaison ciment/superplastifiant particulièrement efficace. Le temps d'écoulement à 5 minutes se situe autour de 60 secondes pour une grande gamme de dosage en superplastifiant qui commence à 0,3 %. À 60 minutes, le temps d'écoulement est encore inférieur à 65 secondes (ce qui est un temps d'écoulement très faible à 60 minutes). Cette figure montre l'influence de la finesse de ce ciment sur le temps d'écoulement. Plus la finesse de ce ciment est grande, plus le temps d'écou lement pour un dosage en superplastifiant donné sera élevé. Les compositions chimiques et de Bogue de ce ciment de Type 20M, un ciment de Type II américain à très faible chaleur d'hydratation, sont présentées dans le tableau 7.2.

Tableau 7.2. Composition chimique et composition de Bogue de différents ciments soumis à l'essai d'écoulement au cône Marsh.

	Type I	Type II
Ca	62,4	62,9
SIO_2	20,8	23,1
Al_2O_3	4,0	3,2
Fe_2O_3	3,0	4,7
Alcalis équiv.	0,87	0,40
SO_3	3,2	2,4
Perte au feu	2,7	0,6
C_3S	52	45
C_2S	20	32
C_3A	6,6	1
C_4AF	9,2	14

L'influence du type de ciment

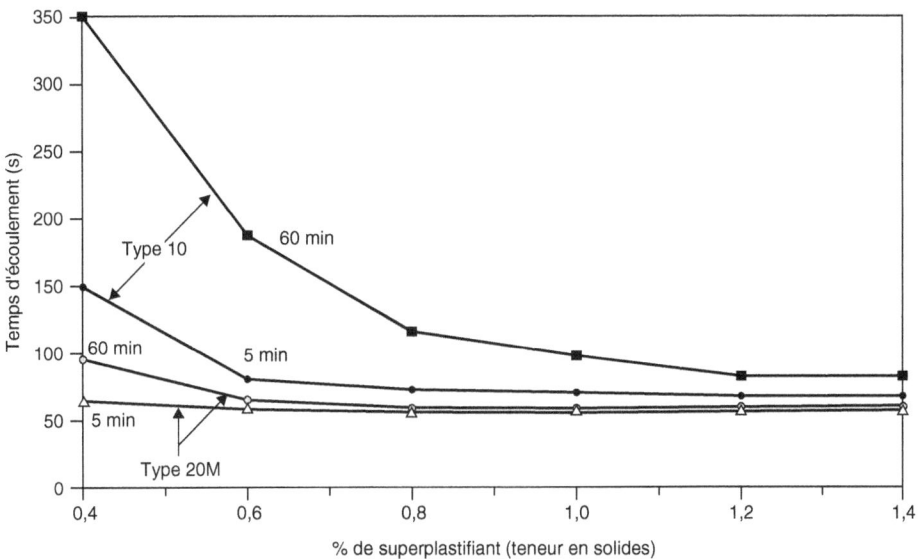

Figure 7.13 Comparaison du temps d'écoulement au cône Marsh de deux ciments de Type I0 et 20M provenant de la même usine

La figure 7.13 présente le temps d'écoulement au cône Marsh de deux ciments produits par la même compagnie dans la même usine. L'un des ciments est de Type 10 et l'autre est un ciment de Type 20 modifié, dont la composition est donnée dans le tableau 7.2. On peut voir que le ciment de Type 20 modifié, qui a une très faible teneur en C_3A et C_3S, a un point de saturation correspondant à un dosage en superplastifiant et un temps d'écoulementbeaucoup plus faibles que le ciment de Type 10 ; en outre, le temps d'écoulement à 60 minutes est très voisin de celui à 5 minutes, indiquant que la réactivité initiale du ciment est très faible et la bonne tenue dans le temps de ce temps d'écoulement.

Une combinaison qui entraîne une perte de fluidité significative durant la première heure

Un ciment Portland ordinaire de Type I a été évalué avec un superplastifiant de bonne qualité. La perte d'affaissement d'un béton en fonction du temps est présentée à la figure 7.14. L'essai a été réalisé sur un béton ayant un rapport eau/liant de 0,35 et un dosage en superplastifiant de 0,8 %. Sur cette figure, on constate que le comportement rhéologique initial du ciment jusqu'à 45 minutes est tout à fait convenable, mais, entre 45 et 60 minutes, le béton présente une perte d'affaissement significative qui rend son utilisation sur chantier problématique.

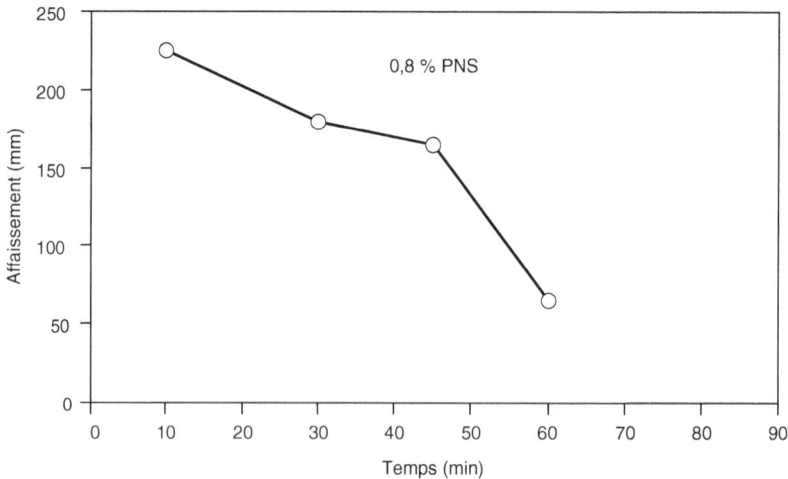

Figure 7.14 Perte d'affaissement d'un béton préparé avec un ciment entraînant une perte d'affaissement significative durant la première heure

Le comportement de ce ciment dans un béton ayant un rapport eau/liant relativement faible peut être amélioré de deux façons : en remplaçant une certaine quantité de ciment par un ajout cimentaire ou en utilisant une faible quantité d'agent retardateur.

L'amélioration de la rhéologie d'un béton en utilisant un retardateur

La figure 7.15 présente le cas où une très faible addition de retardateur améliore significativement la rhéologie d'un béton fabriqué avec un ciment composé à base de fumée de silice qui a un rapport eau/liant de 0,35.

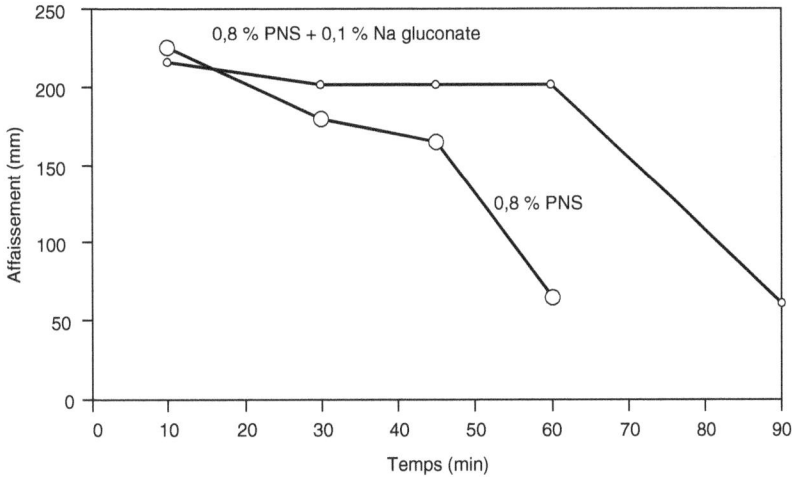

Figure 7.15 Amélioration de la rétention de l'affaissement avec une petite quantité d'agent retardateur pour le même béton qu'à la figure 7.14

À 5 minutes, le retardateur n'a pas d'effet sur l'affaissement initial, qui est excellent à 60 minutes, l'affaissement n'a pratiquement pas varié après quoi il se met à diminuer au même rythme que lorsqu'il n'y avait pas de retardateur.

7.3.4 La méthode AFREM

La méthode des coulis de l'AFREM, mise au point dans le cadre d'un groupe de travail de 6 laboratoires (de Larrard et coll., 1996), repose sur les mêmes principes. Certaines améliorations ont toutefois été proposées :

• on part d'une formule de béton qui a fait l'objet d'une première optimisation au niveau de son squelette granulaire, et dont le rapport eau/liant est choisi pour conduire aux propriétés recherchées à l'état durci ;

• comme dit plus haut, il est proposé de travailler sur la formule du béton coupée à 2 mm, ce qui signifie que l'on inclut dans le coulis la fraction moyenne et fine du sable. En effet, il a été constaté sur certains cas de chantier que la nature chimique du sable et des fines qu'il contient pouvait influer sur la stabilité rhéologique du mélange ;

• un mode opératoire précis de préparation des échantillons est proposé ;

• de même, une méthode objective de détermination de la dose de saturation est proposée. Elle consiste à afficher le logarithme du temps d'écoulement en fonction de la teneur d'extrait sec d'adjuvant, et de rechercher le point correspondant à une pente de 2/5 (Fig. 7.16). En effet, certains couples ciment/adjuvant fournissent des courbes sans minimum. Il importe pour autant d'éviter les surdosages en adjuvant, qui conduisent à des formules peu économiques, et sujettes aux effets secondaires classiques des superplastifiants (retards de prise, voire entraînement d'air intempestif).

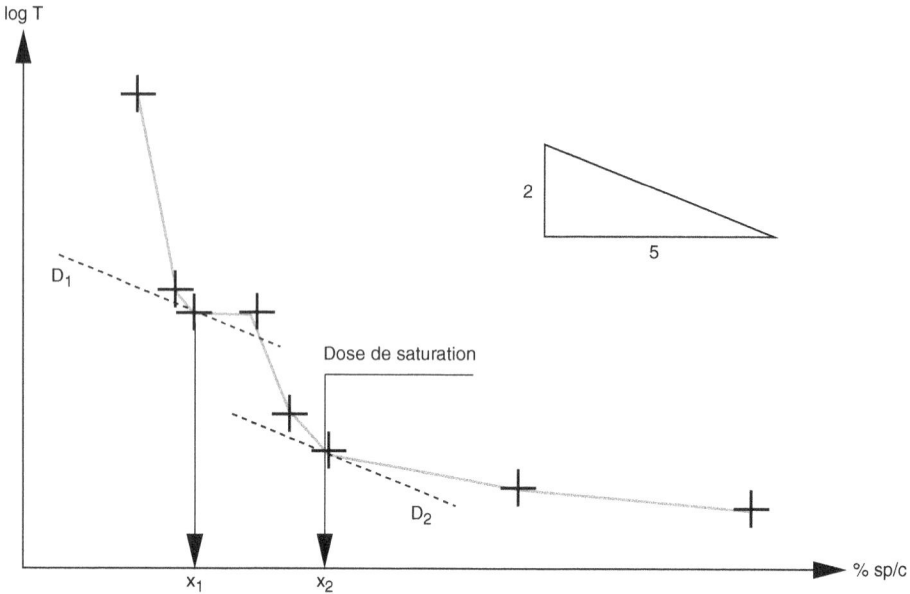

Figure 7.16 Détermination de la dose de saturation selon la méthode de l'AFREM (de Larrard et coll., 1996)

7.3.5   Dosage en superplastifiant

Comme on l'a signalé, la méthode de malaxage influence beaucoup la valeur du dosage en superplastifiant au point de saturation. Toutefois, il n'est pas absolument certain que le point de saturation que l'on mesure sur un coulis correspondra exactement au dosage optimal en superplastifiant dans un BHP dont le rapport eau/liant peut être différent de la valeur utilisée pour trouver la valeur du dosage en superplastifiant au point de saturation. Cependant, dans la plupart des cas, ces deux dosages sont très voisins. En règle générale, à cause de la très forte action de cisaillement qui se développe au sein du béton durant son malaxage, le point de saturation que l'on obtient sur coulis correspond grosso modo à une valeur légèrement supérieure à celle du dosage en superplastifiant qui devrait être utilisée dans le béton. Par conséquent, la première gâchée d'essai que l'on peut réaliser en centrale devrait être faite en utilisant simplement 80 % du dosage en superplastifiant au point de saturation quitte à ajouter du superplastifiant si nécessaire.

La détermination du dosage optimal en superplastifiant d'un BHP n'est pas toujours facile à trouver. Elle dépend essentiellement de certains facteurs critiques autres que ceux reliés directement à la rhéologie de la combinaison. Si la résistance à long terme est une valeur critique sans que les préoccupations rhéologiques soient cruciales, il est préférable de rechercher le dosage maximal en superplastifiant et la quantité d'eau la plus faible possible au moment du malaxage. Cependant, si le dosage en superplastifiant ne doit jamais être supérieur à celui du point de saturation de façon à éviter tout risque de ségrégation et tout retard de prise excessif. Si ce sont les propriétés rhéologiques qui sont critiques et non la résistance, il est préférable de fabriquer un BHP avec le rapport eau/liant le plus élevé possible et la quantité d'eau la plus élevée, de façon à satisfaire les exigences de résistance et à ajuster le dosage en superplastifiant de façon à obtenir la rhéologie désirée.

Dans des cas intermédiaires, la combinaison la plus économique entre les exigences de résistance (plus faible rapport eau/liant) et les exigences rhéologiques (valeur plus élevée du rapport eau/liant) doit être trouvée dans chacun des cas particuliers étudiés. Quand cet exercice doit être fait pour la première fois, il peut paraître long et difficile. Cependant, les dosages les plus efficaces en superplastifiant peuvent être trouvés en utilisant la technique dite des trois teneurs en eau : on utilise le rapport eau/liant le plus faible, le plus élevé et une valeur intermédiaire compatible avec les exigences de résistance pour fabriquer trois gâchées d'essai qui contiennent la même quantité de ciment, mais différentes quantités d'eau. Ces gâchées d'essai permettent de déterminer la résistance et l'affaissement du béton.

Une autre approche consiste à fabriquer une première gâchée d'essai à un rapport eau/liant qui va donner la résistance à la compression avec un dosage en superplastifiant de 1 % et à effectuer les ajustements nécessaires à partir de ce dosage selon les résultats obtenus. De façon générale, on peut trouver le rapport eau/liant et le dosage en superplastifiant qui conviennent à la troisième ou quatrième gâchée d'essai.

(a) Faut-il utiliser le superplastifiant sous forme solide ou sous forme liquide ?

Le superplastifiant doit être introduit dans le béton sous forme liquide de façon à obtenir rapidement les bénéfices de son action. Il faut un certain temps pour qu'un superplastifiant en poudre se dissolve dans l'eau avant que tous les solides introduits dans le malaxeur deviennent actifs.

(b) Utilisation d'un retardateur

Si la réactivité de la phase interstitielle est critique et contrôle la rhéologie du béton, l'action simultanée d'un retardateur peut permettre dans certains cas de résoudre le problème de perte d'affaissement. Il est par conséquent nécessaire de trouver le bon rapport entre le dosage en superplastifiant et en retardateur pour éviter une perte d'affaissement rapide pendant la mise en place du béton sans toutefois retarder les gains de résistance à un jeune âge qui sont développés dans le béton (Bhatty, 1987).

Les premières tentatives faites par les compagnies d'adjuvants qui ont visé à incorporer un retardateur de prise directement dans des superplastifiants commerciaux ne se sont pas révélées très heureuses. Selon les caractéristiques des ciments commerciaux, on pouvait observer différents comportements ou trop de retard ou pas assez quand on utilisait sur le terrain ces combinaisons de superplastifiant et de retardateur.

En pratique, on peut considérer l'utilisation d'un retardateur quand il n'y a pas d'ajout cimentaire disponible ou que l'utilisation de cet ajout n'a pas pu permettre de résoudre les problèmes rhéologiques du ciment.

(c) Introduction différée du superplastifiant

Plusieurs chercheurs ont démontré que l'introduction différée d'un superplastifiant dans un béton est bénéfique du point de vue rhéologique (Penttala, 1993 ; Uchikawa et coll., 1995 ; Baalbaki, 1998 ; Flatt, 1999). La perte d'affaissement peut être réduite de façon significative lorsque l'on introduit la plus grande quantité de superplastifiant à la fin de la période de malaxage. Quelquefois, on utilise même un réducteur d'eau à base de lignosulfonate au début du malaxage et le superplastifiant à la fin. Pour expliquer les effets bénéfiques d'une introduction différée du superplastifiant, on invoque habituelle-ment le blocage initial de l'hydratation du C_3A par le sulfate de calcium présent dans le ciment : en procédant ainsi, les molécules de superplastifiant ne sont plus en compéti-tion avec le sulfate de calcium pour se fixer sur le C_3A et la plupart des molécules de superplastifiant peuvent donc être utilisées pour fluidifier la pâte de ciment. Flatt (1999) a suggéré récemment la consommation du superplastifiant dans la formation d'un composé organominéral, une explication en parfait accord avec les résultats de Fernon et coll. (1997) et Uchikawa et coll. (1997).

7.3.6   Sélection du liant

Jusqu'à présent, l'expérience a montré que les BHP de classes I et II (50 à 100 MPa) peuvent être fabriqués en utilisant une grande variété de liants (Tableau 7.2) : on a pu utiliser du ciment Portland seul ; du ciment Portland et des cendres volantes ; du ciment Portland et de la fumée de silice ; du ciment Portland, du laitier et de la fumée de silice ; du ciment Portland, des cendres volantes et de la fumée de silice.

La documentation montre aussi que la plupart des BHP de classe III (100 à 125 MPa) qui ont été produits jusqu'à ce jour contenaient de la fumée de silice, sauf dans quelques rares cas où l'on a visé une résistance de 100 MPa en utilisant du ciment Portland pur. Jusqu'à présent, les BHP de classes IV et V qui ont été fabriqués contenaient tous de la fumée de silice. En outre, on observe que, au fur et à mesure que la résistance à la compression des BHP augmente, on peut utiliser de moins en moins de combinaisons cimentaires. En pratique, quand on fabrique des BHP de classes I et II, il faut donc considérer sérieusement, chaque fois que cela est possible, d'utiliser une cendre volante, un laitier ou un ciment composé. Ces ajouts cimentaires coûtent moins cher que le ciment Portland et leur utilisation permet de réduire quelque peu le dosage en superplas-tifiant. Leur utilisation entraîne donc, non seulement des économies, mais aussi un contrôle plus facile de la rhéologie de tels bétons.

Au contraire, l'utilisation de fumée de silice entraîne généralement une hausse des coûts de production des BHP. On peut utiliser de la fumée de silice pour faciliter l'obtention de la résistance visée et le contrôle des propriétés rhéologiques du béton frais. Cependant, pour les BHP de classe III, il est presque absolument nécessaire d'utiliser de la fumée de silice, de façon à obtenir très facilement la résistance visée.

Les concepteurs doivent cependant se rappeler que, dans certaines régions, l'utilisation d'un béton de 100 MPa plutôt qu'un de 90 MPa peut avoir un impact très significatif sur le coût de production d'un tel béton. En Amérique du Nord, à part l'est du Canada, le prix de la fumée de silice est habituellement de 5 à 10 fois plus élevé que le prix du ciment Portland, ce qui explique pourquoi les producteurs de béton, aussi souvent que possible, essaient d'éviter d'en utiliser dans leurs BHP de classes I et II. Ce coût élevé de la fumée de silice explique aussi la grande différence de prix entre un béton de 90 et de 100 MPa : Le coût du liant double pratiquement quand on passe d'un béton de 90 à 100 MPa : si le producteur de béton peut produire un béton de 90 MPa sans utiliser de fumée de silice, lorsqu'il veut produire un béton de 100 MPa, il a besoin d'y incorporer 10 % de fumée de silice qui lui coûte 10 fois plus cher que le ciment.

Jusqu'à aujourd'hui, rares sont les cas où l'on a décidé d'utiliser des ajouts cimentaires pour des questions rhéologiques, mais ce type d'utilisation va sûrement se développer dans le futur. Même si l'on se réfère toujours à des considérations économiques pour justifier l'incorporation d'ajouts cimentaires, on souligne rarement les économies qu'elle entraîne au niveau de la réduction du dosage en superplastifiant pour obtenir une maniabilité désirée. Dans certains cas, on peut arriver à économiser 5 à 6 litres de superplastifiant par mètre cube de BHP, ce qui peut représenter des économies pouvant aller de 50 à 100 FF par mètre cube de béton.

Dans les paragraphes qui suivent, on présente les caractéristiques et les avantages de chacun des trois principaux ajouts cimentaires utilisés pour fabriquer des BHP de façon à faciliter le choix final.

7.3.7 Sélection de la fumée de silice

(a) Introduction

Un des mythes très tenaces de l'industrie du béton veut qu'il faille absolument utiliser de la fumée de silice pour fabriquer un BHP, ce qui n'est que partiellement vrai comme on l'a signalé à plusieurs reprises. Les BHP de classes I et II (50 à 100 MPa) peuvent être fabriqués sans fumée de silice et, dans un nombre très limité de cas, on a pu fabriquer des BHP de classe III (100 à 125 MPa) sans fumée de silice. Cependant, chaque fois que la fumée de silice est disponible à un prix compétitif, il est recommandé de l'utiliser parce qu'elle facilite l'obtention de la rhéologie et de la résistance visées.

(b) Variabilité

Dans la documentation, on rapporte quelques mauvaises expériences avec certaines fumées de silice et l'on décrit même une fumée de silice non pouzzolanique. D'après certains auteurs, cette situation s'explique par le fait que, dans l'industrie du silicium et du ferrosilicium, le terme *fumée de silice* est utilisé pour identifier des poudres fines qui sont collectées dans les systèmes de dépoussiérage des usines qui produisent des alliages contenant du silicium. Comme ces usines produisent presque toujours plusieurs types d'alliage, il y a donc plusieurs types de fumée de silice (Pistilli et coll., 1984a et b ; de Larrard et coll., 1990). Très souvent, le système de dépoussiérage collecte les fumées de plusieurs fours à arc qui produisent des alliages différents ; la fumée de silice recueillie dans ces dépoussiéreurs est en fait un cocktail de différents types de fumée de silice. Cette situation peut ne pas être dramatique si les différents fours à arc qui sont reliés au même système de dépoussiérage produisent toujours les mêmes alliages dans les mêmes proportions, parce qu'alors on recueille finalement toujours le même cocktail. Cependant, si l'on fabrique différents alliages dans les fours à arc à différents moments, le cocktail de fumée de silice peut varier. De façon à éviter une telle situation, l'utilisateur doit vérifier soigneusement la qualité de la fumée de silice qu'il achète ou se la procurer d'un fournisseur qui contrôle bien son produit (Pistilli et coll., 1984a et b).

Les quelques normes qui existent sur la qualité de la fumée de silice que l'on peut utiliser dans un béton ou avec un ciment exigent une composition chimique et des propriétés physiques particulières. Ces normes peuvent être utilisées comme guide pour contrôler la qualité d'une source donnée de fumée de silice (Holland, 1995 ; ACI 2342-96, 1996).

(c) Sous quelle forme utiliser la fumée de silice

À l'heure actuelle, la fumée de silice est disponible sous différentes formes. Elle peut être achetée telle que collectée dans les systèmes de dépoussiérage. Dans ce cas, la masse volumique en vrac de la fumée de silice est aussi faible que 200 à 250 kg/m^3 de telle sorte qu'un camion-citerne qui transporte habituellement 30 tonnes de ciment ne transporte plus que de 11 à 12 tonnes de fumée de silice, rendant son transport coûteux. En outre, le temps de déchargement du camion peut doubler ou tripler. La fumée de silice peut aussi être utilisée en sac de papier de 15 kg environ ou en sac géant de 1 tonne. La manipulation de la fumée de silice en vrac n'est pas impossible, mais elle n'est pas facile.

La fumée de silice est offerte de plus en plus souvent sous une forme dite « densifiée ». Selon quelques publications sur le sujet, il semble que l'efficacité des fumées de silice densifiées soit aussi bonne que celles des fumées de silice non densifiées. Dans de tels cas, la densité en vrac de la fumée de silice varie de 400 à 500 kg/m^3. Évidemment, il est plus économique de transporter de la fumée de silice densifiée sur de longues distances et sa manipulation représente moins de problèmes. Récemment cependant, une fumée de silice qui avait été beaucoup trop densifiée a été suspectée de développer des réactions alcalis/silice très localisées dans des bétons. Ce phénomène s'est produit autour de noyaux durs de fumée de silice agglomérée qui n'avaient pas été dispersés durant le malaxage, mais, jusqu'à présent, ce cas n'a pas été particulièrement bien documenté et ne s'est pas reproduit de façon systématique pour d'autres cas.

La fumée de silice peut aussi être vendue sous forme de pulpe dans laquelle la teneur en solides est d'environ 50 %, mais il est alors nécessaire de disposer d'équipements spéciaux pour utiliser cette fumée de silice.

À l'heure actuelle, la fumée de silice est aussi disponible sous forme de ciment composé en Islande, au Canada, en France et dans plusieurs autres pays. Le pourcentage de fumée de silice dans ces ciments composés varie de 6,5 à 8,5 %. Si le pourcentage de fumée de silice est exprimé par rapport à la masse de ciment Portland contenue dans le ciment composé, ce pourcentage représente en fait de 6,7 à 9,3 % de la masse du ciment, comme on le verra au chapitre 8.

Dans tous les cas, le choix de la forme de la fumée de silice qui sera utilisée dépend des disponibilités, de considérations économiques et de qualité du service (Gjørv, 1991 ; Cail et Thomas, 1996).

(d) Contrôle de la qualité

La meilleure façon de contrôler la qualité d'une fumée de silice en vrac est :

- de mesurer sa teneur en silice, sa teneur en alcalis, sa teneur en carbone ;
- d'effectuer un diffractogramme aux rayons X de façon à vérifier qu'elle ne contient pas trop de particules cristallines (Fig. 6.32) ;
- de mesurer sa surface spécifique par absorption d'azote ;
- de vérifier sa pouzzolanicité (Vernet et Noworyta, 1992) ;
- de vérifier qu'elle ne contient pas de silicium métal ce qui pourrait se traduire par un dégagement d'hydrogène (Edwards-Lajnef et coll., 1997).

On peut aussi tamiser la fumée de silice de façon à vérifier qu'elle ne contient pas trop de copeaux de bois qui auraient pu être utilisés lorsque l'on a produit cette fumée de silice. Quand on utilise de la fumée de silice densifiée, on peut effectuer de façon routinière l'analyse chimique, les diffractogrammes aux rayons X et la mesure de la densité en vrac pour contrôler sa qualité. Lorsque la fumée de silice est utilisée sous forme de pulpe, la teneur en solide de cette pulpe doit être contrôlée de façon routinière en plus des analyses chimiques et des diffractogrammes aux rayons X sur la fraction solide de cette pulpe.

Le contrôle de la qualité d'un ciment composé contenant de la fumée de silice doit se faire sur la composition chimique de façon à contrôler la teneur en fumée de silice. Si l'analyse chimique du clinker et de la fumée de silice utilisés pour produire ce ciment composé est connue, il est facile de déterminer la teneur en fumée de silice de ce ciment composé en utilisant des règles de trois.

Il est inutile d'essayer de contrôler la finesse de la fumée de silice en utilisant un appareil Blaine ; il est préférable de mesurer la surface spécifique de la fumée de silice par la méthode d'absorption d'azote. Dans un tel cas, on trouve qu'en général la fumée de silice a une surface spécifique de l'ordre de 15 000 à 20 000 m²/kg, tandis qu'un ciment Portland de Type I a généralement une surface spécifique de l'ordre de 1 200 à 1 500 m^2/kg lorsqu'on la mesure par adsorption d'azote. Ainsi, une légère variation de la surface spécifique de la fumée de silice ou de son pourcentage dans le ciment composé peut modifier de façon significative la valeur de la surface spécifique, sans que cette variation n'affecte particulièrement la résistance à la compression de ce ciment composé.

(e) Dosage en fumée de silice

Une fois choisies la fumée de silice et sa forme, l'étape suivante consiste à déterminer son dosage. Théoriquement, si l'on veut fixer toute la chaux libérée par l'hydratation du C_3S et du C_2S, à condition que cette hydratation soit totale, il faudrait utiliser des dosages en fumée de silice compris entre 25 et 30 %. De tels dosages très élevés ont été utilisés occasionnellement en laboratoire, mais pas très souvent en chantier par suite de la très grande quantité de superplastifiant nécessaire et du coût de la fumée de silice. En règle générale, la fumée de silice est utilisée dans les BHP à des dosages qui varient entre 3 et 10 %.

Du point de vue de la résistance à la compression et de la perméabilité, on peut démontrer que, tout au moins dans le cas des BHP de classe I, les gains de résistance n'augmentent plus de façon significative lorsque le dosage en fumée de silice augmente au-delà 10, au-delà d'un tel dosage, toute addition supplémentaire de fumée de silice entraîne des gains de résistance relativement faibles. En outre, au coût additionnel de cette fumée de silice, il faut ajouter le coût du superplastifiant qui sera nécessaire pour disperser cette fumée de silice additionnelle, si bien que le retour sur l'investissement est de moins en moins attirant.

Même si l'on trouve dans la documentation des études scientifiques et économiques bien documentées qui permettent de définir le dosage optimal en fumée de silice dans les BHP, il est bon de ne jamais dépasser un dosages compris entre 8 et 10 % de la masse de ciment. Cependant, ce qui précède n'est pas une règle absolue et des conditions locales peuvent faire que, dans certains cas, un dosage supérieur peut être plus efficace en termes de FF/MPa.

En général, le dosage en fumée de silice est exprimé par rapport à la masse de ciment dans le mélange particulier et non sous forme de pourcentage de la masse totale de liant, sauf dans le cas des ciments composés. Par la suite, chaque fois que le dosage en fumée de silice sera exprimé sous forme de pourcentage, il représentera toujours le rapport entre la masse de fumée de silice et la masse de ciment que l'on retrouve dans le béton.

7.3.7   Sélection d'une cendre volante

Comme on l'a déjà mentionné, le principal problème lorsque l'on veut utiliser des cendres volantes pour fabriquer un BHP vient du fait que l'expression cendres volantes est un terme générique qui définit un produit dont les propriétés peuvent varier considérablement, même si les critères d'acceptation et de classification des cendres volantes développés ces dernières années essaient de les subdiviser en catégories un peu mieux définies. Il n'est pas exagéré de dire qu'il y a autant de types de cendres volantes qu'il y a de sources de cendres volantes et que toute généralisation doit être faite avec beaucoup de précaution (Aïtcin et coll., 1986 ; Swamy, 1993). Cependant, afin de simplifier cette situation, on peut toujours se baser sur la classification ASTM qui subdivise les cendres volantes en deux grandes catégories selon leur composition chimique : les cendres volantes de classe F qui sont des cendres ayant une faible teneur en calcium et les cendres volantes de classe C qui ont une teneur plus élevée en calcium.

Chaque fois que l'on peut disposer d'une cendre volante qui présente un bon comportement quand on l'utilise dans des bétons usuels, on peut considérer son utilisation pour fabriquer des BHP de classe I (résistance comprise entre 50 et 75 MPa) parce que l'expérience a démontré que l'on peut atteindre cette résistance en utilisant des cendres volantes de qualité. En outre, les considérations économiques favorisent aussi l'utilisation d'une cendre volante dans un tel cas.

Les BHP de classe II (75 à 100 MPa) présentent un cas un peu moins tranché. Très souvent, une résistance limite supérieure de 75 MPa est atteinte lorsque l'on fabrique des BHP avec des cendres volantes. Il y a cependant quelques cas où une cendre volante a été utilisée avec succès pour fabriquer un BHP de 90 ou même de 100 MPa (Aïtcin et Neville, 1993). Malheureusement, dans ces cas spécifiques, il est difficile d'établir pourquoi les cendres volantes ont été si efficaces, car très souvent on ne dispose pas de données appropriées sur leurs caractéristiques physico-chimiques.

Dans l'état actuel des connaissances, il ne semble pas réaliste d'utiliser des cendres volantes pour fabriquer des BHP de classe III (100 à 125 MPa) sans utiliser simultanément de la fumée de silice. Cependant, les exigences de résistance pour les BHP de classes II et III peuvent être rencontrées si l'on utilise simultanément de la fumée de silice dans le béton pour avoir finalement un liant composé ternaire.

En général, on utilise 15 % de cendres volantes dans les BHP, mais cela n'est pas une valeur absolue : des dosages aussi faibles que 10 % et aussi élevés que 30 % ont déjà été utilisés (Mehta et Aïtcin, 1990). En règle générale, plus la résistance à la compression visée est élevée, plus le dosage en cendres volantes devra être faible puisqu'elles ne sont pas aussi réactives que le ciment ou la fumée de silice.

Il est bon de mentionner qu'un nouveau type de BHP à haute teneur en cendres volantes, développé par CANMET, est fabriqué en diminuant de façon significative le dosage en eau et en utilisant un assez fort dosage en superplastifiant, ce qui permet de fabriquer des BHP de classes I et II très économiques (Ramachandran et coll., 1998).

(a) Contrôle de la qualité

Lorsque l'on désire fabriquer des BHP avec des cendres volantes, il est très important d'en contrôler la qualité. Dans toute la gamme des ajouts cimentaires, les cendres volantes les sont plus variables. Il faut se méfier des performances à long terme d'une cendre volante particulière parce qu'il n'est pas certain que le charbon qui est brûlé à l'heure actuelle dans la centrale thermique est le même que celui qui a été brûlé par le passé. Par ailleurs, de nos jours, de plus en plus de centrales thermiques ajoutent du calcaire à leur charbon pour contrôler leurs émissions de SO_3 ; cette pratique va tendre à se généraliser dans le futur. La réaction du SO_3 avec le calcaire que l'on ajoute au charbon augmente la teneur en sulfates de calcium des cendres volantes. La teneur en sulfates de calcium d'une cendre volante ne cause pas de problème particulièrement grave lorsque l'on fabrique des BHP tant qu'elle ne modifie pas la compatibilité du système cimentaire avec le superplastifiant. Si tel est le cas, on peut s'attendre à rencontrer de sérieux problèmes rhéologiques lorsque l'on utilisera de telles cendres volantes.

Le contrôle de la qualité de la constance d'une cendre volante commence par le contrôle de sa composition chimique en termes des quatre oxydes principaux qui la composent (SiO_2, Al_2O_3, Fe_2O_3, CaO), de sa teneur en alcalins, de sa teneur en carbone et de sa teneur en SO_3.

En outre, il est bon de mesurer régulièrement la finesse Blaine d'une cendre volante de façon à vérifier la distribution granulométrique de ses grains. Il est aussi très important d'effectuer des diffractogrammes aux rayons X de façon routinière pour s'assurer qu'il n'y a pas de changement dans l'état vitreux de la cendre volante : plus la cendre est vitreuse, meilleure elle est. Un examen pétrographique sur lame mince permet aussi de vérifier la nature vitreuse des particules de cendre volante et la composition minérale des phases cristallisées. Par exemple, les cendres volantes qui ont été rejetées dans l'air lors de l'explosion du mont St-Helen aux États-Unis il y a quelques dizaines d'années n'avaient aucune valeur pouzzolanique parce qu'elles étaient entièrement cristallisées. L'examen d'une lame mince permet aussi de se faire une bonne idée de la taille et de la forme des particules de cendre volante. Malheureusement, ces essais de routine sont trop rarement effectués bien que, de façon pratique, ils permettraient d'éliminer bien des problèmes de chantier si coûteux à résoudre.

7.3.8   Sélection du laitier de haut fourneau

La décision d'utiliser ou non un laitier de haut fourneau dépend évidemment de sa disponibilité à un prix économique. En général, en Amérique du Nord tout au moins, il n'y a pas beaucoup de choix. À l'heure actuelle, l'utilisation des laitiers dans les BHP est relativement limitée, mais, chaque fois qu'ils ont été utilisés, les laitiers ont offert des performances aussi bonnes que le ciment Portland dans les bétons usuels et dans les BHP. L'expérience acquise dans le domaine des BHP provient surtout de la région de Toronto au Canada où les laitiers ont été et continuent d'être utilisés avec beaucoup de succès pour construire des édifices en hauteur (Baalbaki et coll., 1992).

Jusqu'à présent, les laitiers ont été utilisés en parallèle avec de la fumée de silice pour fabriquer des BHP de classes I, II et III (50 à 125 MPa). Ils n'ont jamais été utilisés pour fabriquer des BHP de classes IV et V, probablement parce qu'ils n'ont pas été sérieusement considérés pour de telles applications puisqu'il n'y a aucune raison que de tels laitiers ne puissent être utilisés dans le futur pour faire des BHP de classes IV et V.

(a) Dosage

Comme dans le cas de la fumée de silice et des cendres volantes, dès que l'on a décidé d'utiliser un laitier pour fabriquer un BHP, il ne reste plus qu'à décider de son dosage. Selon la documentation, les laitiers ont été jusqu'à présent utilisés à des dosages variant entre 15 et 30 %. Dans la région de Toronto, ce dosage peut varier selon les conditions climatiques (Ryell et Bickley, 1987), par exemple, le dosage peut être diminué à 15 % durant l'hiver de façon à obtenir des résistances relativement élevées à jeune âge pour décoffrer le plus vite possible et être augmenté jusqu'à 30 % en été. Cependant, dans le futur, on utilisera très certainement des dosages en laitier supérieurs puisque, lors d'un essai de chantier et dans une centrale à béton de Montréal au Canada, Baalbaki et coll. (1992) ont pu produire un BHP ayant une résistance à la compression à 91 jours de 130 MPa en utilisant un liant composé de 60 % de laitier, 30 % de ciment Portland et 10 % de fumée de silice.

En général, selon la résistance visée, l'activité du laitier et les facteurs climatiques déterminent le taux d'utilisation d'un laitier.

(b) Contrôle de la qualité

La meilleure façon de contrôler la qualité d'un laitier donné est de vérifier sa finesse Blaine, généralement comprise entre 450 et 600 m^2/kg, et de faire des diffractogrammes aux rayons X de façon à voir quel est l'état vitreux de ce laitier (Fig. 6.43). Il n'est pas nécessaire de faire une analyse chimique sur une base aussi routinière que dans le cas des cendres volantes parce que, habituellement, la composition chimique des laitiers ne varie pas beaucoup ; une analyse chimique peut être quand même utile pour s'assurer de la constance du laitier.

7.3.9 Limites d'utilisation des laitiers et des cendres volantes dans les BHP

Même si utiliser des laitiers ou des cendres volantes pour remplacer une partie du ciment dans les BHP apporte beaucoup d'avantages, il faut le faire avec précaution ou à des dosages faibles dans les cas décrits ci-dessous.

(a) Besoin d'une forte résistance à très court terme

Les laitiers et les cendres volantes ne sont pas aussi réactifs que les ciments Portland, de telle sorte que les résistances à 24 heures des BHP dans lesquels on les a incorporés sont toujours inférieures à celles d'un liant où l'on utiliserait du ciment Portland pur ou un ciment composé contenant de la fumée de silice. Une façon de résoudre cette faiblesse de la résistance à 24 heures est de diminuer le rapport eau/liant du BHP correspondant. L'économie que l'on réalisera sur le dosage en superplastifiant ne sera pas alors aussi forte parce que la réduction du rapport eau/liant devra être obtenue en incorporant plus de superplastifiant dans le béton. Cependant, des considérations pratiques et économiques peuvent limiter la réduction du rapport eau/liant si bien que, souvent, il est plus simple d'utiliser moins de cendres volantes ou un peu moins de laitier lorsqu'il faut augmenter la résistance à 24 heures.

Par contre, dans un cas très particulier, la substitution partielle d'une cendre volante à du ciment Portland a été bénéfique pour la résistance à très jeune âge d'un BHP. Dans ce cas précis, ce n'était pas la résistance à 24 heures qui était critique, mais plutôt la résistance à 12 heures pour permettre un décoffrage très rapide des éléments structuraux lorsque le béton avait atteint une résistance à la compression de 15 MPa. Avec les matériaux qui étaient disponibles localement, on a pu trouver qu'un mélange contenant 15 % de cendres volantes donnait une résistance à la compression à 12 heures qui était supérieure à celle d'un béton ne contenant que du ciment Portland, ou du ciment Portland et de la fumée de silice ou un mélange de ciment Portland, de laitier et de fumée de silice. Cependant, à 24 heures et au-delà de 24 heures, ce béton avait une résistance à la compression légèrement inférieure à celle des autres combinaisons. Cette forte résistance à 12 heures est attribuable à la quantité importante d'alcalis contenus dans cette cendre volante : ces alcalis étaient relativement solubles et agissaient comme accélérateur de prise et de durcissement au tout début de la réaction d'hydratation. Récemment, des fillers calcaires ont aussi été utilisés pour augmenter la résistance à très jeune âge de BHP (Gutteridge et Dalziel, 1990 ; Kessal et coll., 1996 ; Nehdi, et coll., 1996).

(b) Bétonnage par temps froid

Il est bien connu qu'en hiver dans les pays nordiques il faut quelque peu diminuer le pourcentage d'ajouts cimentaires pour augmenter la résistance à la compression des BHP. Les réductions de dosage peuvent varier en fonction de la sévérité des conditions climatiques.

(c) Résistance au gel-dégel

Comme on le verra au chapitre 17, la résistance au gel-dégel des BHP est mesurée en utilisant la norme ASTM C666 Procédure A. Dans le cas de bétons avec ou sans air entraîné qui contiennent des ajouts cimentaires, on a obtenu des résultats qui ne sont pas toujours consistants. Par conséquent, si la durabilité d'un BHP soumis à des cycles de gel-dégel répétés à l'état saturé est critique, il faut être très prudent quant à la composition de ces bétons.

(d) Diminution de la température maximale d'un BHP dans un élément structural

L'utilisation d'un laitier ou d'une cendre volante est souvent invoquée pour diminuer la température maximale d'un BHP qui sera utilisé pour couler des éléments massifs.

Comme on l'a vu dans le cas des bétons usuels, le laitier doit être utilisé à un dosage de substitution supérieur à 15 ou 30 % pour observer une diminution significative de la température maximale du béton dans les éléments massifs (Bramforth, 1980). Ce point sera discuté en détail au chapitre 15 où l'on parlera des propriétés du béton frais et de la température développée dans les BHP.

7.3.10 *Sélection des granulats*

La sélection des granulats doit être faite avec beaucoup de soin au fur et à mesure qu'augmente la résistance visée puisque les granulats peuvent devenir le chaînon le plus faible où va s'initier la rupture du béton lorsqu'il sera soumis à des contraintes élevées. Il est donc très important d'exercer un contrôle serré de la qualité des granulats surtout en ce qui a trait à leur granulométrie, à leur forme et à la propreté des particules.

(a) Granulat fin

Peu de recherches ont été faites pour optimiser les caractéristiques du granulat fin que l'on doit utiliser dans les BHP même si la nature et les caractéristiques d'un sable peuvent beaucoup varier d'un endroit à l'autre (Mack et Leistikow, 1996). En général, les granulats fins que l'on utilise pour fabriquer des BHP ont une distribution granulométrique comprise dans les limites recommandées par la norme ACI pour les bétons usuels. Cependant, chaque fois que cela est possible, on peut choisir un granulat fin qui se situe sur la partie grossière de ces limites, c'est-à-dire un granulat fin qui a un module de finesse compris entre 2,7 et 3,0. L'utilisation de tels sables grossiers est recommandée puisque, dans tout BHP, il y a suffisamment d'éléments fins à cause de la forte teneur en ciment et en ajouts cimentaires, de telle sorte qu'il n'est pas nécessaire d'avoir un sable fin pour améliorer la maniabilité du béton et sa résistance à la ségrégation. En outre, l'utilisation d'un sable plutôt grossier peut amener une certaine diminution de la quantité d'eau de gâchage nécessaire pour obtenir une maniabilité donnée, ce qui est un avantage du point de vue de la résistance et du point de vue économique. L'utilisation d'un sable grossier permet aussi d'obtenir un meilleur cisaillement de la pâte de ciment durant son malaxage.

Généralement, il n'y a pas d'avantage particulier à utiliser un type de sable plutôt qu'un autre en autant que ces sables soient propres et ne contiennent pas de particules d'argile ou de silt.

En Norvège, lors de la construction de plates-formes pétrolières, on a reconstitué la courbe granulométrique du granulat fin grâce à un procédé de tamisage hydraulique qui séparait le sable en huit fractions et les combinait de nouveau pour reconstituer une courbe granulométrique très constante (Ronneberg et Sandvik, 1990).

Tout le sable naturel utilisé pour fabriquer un BHP doit contenir le moins possible de particules supérieures à 5 mm, lorsque ces particules sont plutôt friables, car elles constituent alors le maillon faible du BHP.

Le remplacement partiel d'un sable naturel par un sable manufacturé peut présenter quelques avantages surtout si le sable manufacturé a été fabriqué en utilisant une roche très résistante.

En pratique, le choix du sable que l'on peut utiliser pour fabriquer un BHP est très souvent limité dans la plupart des usines de béton prêt à l'emploi, car elles ne disposent que d'une seule benne pour entreposer le sable. Comme ces centrales doivent aussi livrer des bétons usuels pour leurs clients habituels, il est assez difficile de disposer de deux sables différents dans une même usine : un sable pour le béton usuel et un autre pour le BHP. Cependant, si deux bennes sont disponibles pour le granulat fin, on peut en réserver une pour le sable plus grossier qui sera utilisé pour fabriquer les BHP.

(b) Gros granulat concassé ou gravier

Au fur et à mesure qu'augmente la résistance à la compression ciblée, la sélection du gros granulat devient de plus en plus importante et ce point va être discuté plus en détail.

On utilise la plupart du temps des roches aussi dures et denses que des calcaires, des dolomies, des roches ignées ou des roches plutoniques (granite, syénite, diorite, gabbro et diabase) comme gros granulat lorsque l'on fabrique des BHP. Il n'est pas encore clairement établi si des granulats qui sont potentiellement réactifs face aux alcalis du ciment peuvent être utilisés pour fabriquer des BHP. Dans l'état actuel des connaissances, il est donc préférable de s'abstenir et de n'utiliser que des gros granulats qui ne sont pas potentiellement réactifs.

La forme des particules du gros granulat est aussi importante du point de vue rhéologique. Durant le concassage, il faut essayer de générer autant que possible des particules équidimensionnelles (aussi appelées cubiques) plutôt que des particules plates et allongées. Ce dernier type de particules n'est pas recommandé, car ces particules sont faibles, elles peuvent même quelquefois facilement casser entre les doigts et produire des bétons qui auront une moins bonne maniabilité qu'il faudra compenser en augmentant le dosage en superplastifiant pour obtenir un affaissement donné.

Les concasseurs à impact génèrent plus de particules équidimensionnelles que les concasseurs coniques, mais aussi plus de poussières fines. Cependant, on peut produire des granulats cubiques 5-10 mm avec des concasseurs coniques. En fait, ces granulats cubiques sont obtenus en concassant la fraction 14-20 mm récupérée lors d'une étape précédente de concassage. Cette méthode de concassage augmente évidemment le coût de production d'un granulat composé de particules équidimensionnelles, mais ce coût supplémentaire peut être largement compensé par l'augmentation du dosage en gros granulats dans le béton qui entraîne une diminution du volume de pâte nécessaire et donc une diminution du dosage en ciment et en superplastifiant.

Du point de vue de leur forme et de leur résistance, les meilleurs granulats pour fabriquer des BHP sont probablement les graviers glaciaires ou même les graviers fluvio-glaciaires parce qu'ils sont généralement constitués de particules qui correspondent aux parties les plus dures des roches qui ont été écrasées par les glaciers et qu'ils ont été bien nettoyés par les eaux qui les ont traversés lors de la fonte des glaciers (Aïtcin, 1989). Toutes les roches friables et molles ont été pulvérisées sous l'action mécanique très puissante des glaciers et les particules très fines ont été emportées par les eaux de fonte de telle sorte que les graviers fluvio-glaciaires sont très propres, ce qui n'est pas le cas des graviers morainiques. Même lorsqu'un gravier fluvio-glaciaire a été transporté sur une certaine distance par les eaux de fonte des glaciers, il a toujours été transporté sans la présence de particules d'argile et de silt, de telle sorte que sa surface n'est pas très polie et offre ainsi de bonnes possibilités d'ancrage mécanique sur ses rugosités. En outre, l'action des glaciers lors de cette pulvérisation des roches a été lente, si bien que peu de fissures ou de microfissures se retrouvent dans les particules de gravier glaciaire, ce qui n'est pas le cas lorsque l'on utilise les particules de roches qui sont d'abord dynamitées puis concassées pour produire un gros granulat.

Durant le dynamitage, les blocs de roche sont décomprimés et sujets à une très forte accélération de telle sorte qu'on y génère un grand nombre de microfissures plus ou moins denses selon la texture de la roche. Il est bien connu des polisseurs de granite que les blocs de granite dynamités présentent toujours de très nombreuses fissures alors que les blocs extraits de la façon traditionnelle en utilisant des coins de bois ou des fils à scier avec un abrasif ou de la poudre de diamant sont exempts de toute fissure.

Malheureusement, on ne retrouve pas partout des graviers glaciaires ou fluvio-glaciaires. Les graviers fluviatiles sont moins bons en général que les graviers glaciaires ou fluvio-glaciaires pour fabriquer des BHP parce qu'ils contiennent souvent des particules qui ne sont pas aussi dures et aussi fortes que celles que l'on retrouve dans les graviers glaciaires. Selon la théorie du maillon le plus faible, ces particules molles et friables seront les premières qui se fissureront et qui entraîneront une diminution significative de la résistance à la compression du BHP. De plus, les particules de graviers fluviatiles ont en général une surface lisse à cause de l'action de polissage des particules de silt et de sable qui sont entraînées par la rivière. Par ailleurs, leur surface n'est pas toujours propre : elle peut être couverte par de fines couches d'argile ou de silt qui y restent collées. Ces films fins d'argile ou de silt que l'on retrouve sur les gros granulats peuvent entraîner une augmentation de la quantité d'eau de gâchage et occasionner aussi une perte d'adhérence très significative entre les particules de gravier et le mortier du béton durci, ce qui, évidemment, entraîne une rupture prématurée au sein du BHP. Cette rupture prématurée du lien granulat-pâte de mortier se voit facilement sur les surfaces de rupture en y faisant apparaître de nombreuses empreintes de gros granulats.

La sélection du gros granulat peut être faite en examinant de façon attentive la minéralogie et la pétrographie du granulat, de façon à s'assurer que toutes les particules sont résistantes et permettent de retarder le plus possible la rupture prématurée du BHP.

Aïtcin et Mehta (1990) ont conduit une expérience en laboratoire sur l'influence de la minéralogie d'un certain nombre de gros granulats sur la résistance et les propriétés élastiques de BHP. Quatre gros granulats différents disponibles dans le nord de la Californie ont été étudiés : l'un de ces granulats était un gravier naturel composé de particules rondes et lisses, les trois autres étaient des roches concassées ayant une texture plutôt rugueuse. Ces roches étaient une diabase à grains fins, un calcaire et un granite. La dimension maximale des gros granulats était de 10 mm, sauf dans le cas du granite où elle était de 14 mm. Ces particules étaient propres, dures, solides et uniformes du point de vue minéralogique. Par contre, un examen pétrographique du granite a montré qu'il contenait une certaine quantité de laumonite dans la matrice quartz-feldspath. Tous les bétons avaient la même composition : 500 kg/m^3 de ciment ASTM de Type I, 42 kg/m^3 de fumée de silice, 137,5 kg/m^3 d'eau, 10,6 l/m^3 de polynaphtalène sulfonate, 675 kg/m^3 de sable (module de finesse : 2,75) et 1130 kg/m^3 de gros granulat.

Les auteurs ont été surpris de trouver que les bétons qui contenaient du granite et du gravier siliceux avaient des résistances à la compression et un module élastique beaucoup plus faibles que les deux autres bétons qui contenaient la diabase et le calcaire. Les résistances à la compression moyennes pour les bétons faits avec le granite et le gravier, le calcaire et la diabase étaient respectivement de 85, 92, 97 et 101 MPa. Ces différentes résistances s'expliquent facilement en observant les surfaces de rupture des éprouvettes. Dans le cas du calcaire et de la diabase, on a trouvé très peu de perte d'adhérence entre les granulats et la pâte de ciment ; cependant, on a pu observer de très nombreux cas de rupture transgranulaire dans lequel le même plan de cisaillement traverse la pâte de ciment ou le mortier et le granulat. Seul le béton fait avec le gravier siliceux présentait de nombreuses empreintes de gros granulats, ce qui démontre que la zone de transition était relativement faible. Dans le cas du granite, bien que les fractures soient essentiellement transgranulaires, on a pu mettre en évidence la faiblesse du gros granulat puisque le plan de cisaillement n'était pas le même dans la pâte de ciment et dans le granulat. Il est probable que les premières fissures ont commencé à se propager dans le granulat avant de gagner la pâte de ciment. Un examen minéralogique de ces granulats a confirmé la présence de laumonite, un minéral peu stable dans un environnement humide.

(c) Sélection du gros granulat

Une certaine controverse s'est développée quant au choix de la taille maximale optimale du gros granulat (de Larrard et Belloc, 1992, 1999). En technologie du béton, il n'est pas rare que le changement d'une variable entraîne des situations conflictuelles et que le résultat final est déterminé par l'influence du facteur le plus dominant. Dans les bétons usuels, on sait que l'on peut diminuer la quantité d'eau de gâchage à maniabilité donnée en augmentant la taille maximale du gros granulat. Cependant, dans les BHP, le gain de résistance associé à l'augmentation de la taille maximale du gros granulat n'est plus suffisant pour compenser la perte de résistance due à des effets négatifs. D'abord, en augmentant la taille maximale du gros granulat, la zone de transition devient plus importante et plus hétérogène. Par ailleurs, dans le cas de la plupart des types de roche utilisées pour fabriquer les gros granulats qui entreront dans les BHP, plus les particules sont petites, plus elles sont résistantes (Aïtcin, 1989) par suite du concassage qui élimine les défauts internes des granulats, tels que les gros pores, les microfissures et les inclusions de minéraux. L'expérience montre qu'il est très difficile de produire des BHP de classe III en utilisant des gros granulats supérieurs à 25 mm. Dans le cas de la plupart des granulats naturels, il semble qu'une taille maximale de 10 à 12 mm est probablement optimale pour fabriquer des BHP, ce qui ne signifie pas qu'un granulat de 20 mm ne puisse être utilisé. Quand la roche-mère (d'où proviennent ces granulats) est suffisamment forte et homogène, des granulats de 20 à 25 mm peuvent être utilisés sans affecter négativement la maniabilité et la résistance du béton.

7.4 Plan d'expérience factoriel pour optimiser la composition de BHP

7.4.1 Introduction

La sélection des meilleurs matériaux pour fabriquer un BHP n'est seulement qu'une des étapes pour produire un BHP efficace et économique. Les dernières étapes sont, comme on le verra, l'optimisation des proportions du système cimentaire définitif parce qu'il y a toujours de nombreuses façons d'obtenir un BHP qui présente des propriétés spécifiques. À l'heure actuelle, il faut admettre que, très souvent, la sélection du système cimentaire et l'optimisation de la composition d'un BHP relèvent plus d'un art que d'une science. Par exemple, avec un système cimentaire donné, on peut viser un rapport eau/liant donné en jouant sur la quantité de liant, sur la quantité d'eau de gâchage ou sur ces deux quantités en même temps puisque l'on pourra toujours obtenir la maniabilité désirée en jouant sur le dosage en superplastifiant.

Lorsque l'on optimise la composition d'un BHP de rapport eau/liant donné, il faut se souvenir que, si la quantité d'eau de gâchage est minimisée, la quantité de ciment est évidemment diminuée, mais, en même temps, la quantité de superplastifiant est augmentée pour obtenir l'affaissement désiré. Par conséquent, ce que l'on économise en termes de ciment n'est pas nécessairement transformé en une économie globale sur le coût du BHP puisque les économies réalisées sur le ciment peuvent être annulées par le coût supplémentaire du superplastifiant nécessaire pour diminuer la quantité d'eau de gâchage. En outre, cette plus grande quantité de superplastifiant peut entraîner un retard de prise et de durcissement dans le BHP de telle sorte que son utilisation augmentera les coûts de construction.

À l'heure actuelle, il y a peu d'approches théoriques qui permettent d'obtenir une réponse finale à l'optimisation de la composition d'un BHP. On dispose de logiciels plus ou moins performants pour obtenir une réponse suffisamment voisine de la réponse optimale, mais bien souvent les réponses que l'on obtient ne sont que des réponses partielles, comme on le verra au chapitre suivant.

En dépit des informations présentées dans ce chapitre et de l'examen d'un certain nombre de compositions de BHP qui ont été utilisées avec succès et que l'on retrouve dans la documentation, on finit toujours par en arriver à devoir faire des gâchées d'essai à partir des matériaux que l'on a présélectionnés de façon à s'assurer de produire un BHP de composition optimisée et économique.

Il peut être relativement lourd d'optimiser la composition d'un béton quelconque en effectuant des gâchées d'essai. Chaque fois que cela est possible, il est préférable d'utiliser un plan d'expérience factoriel. Cette approche expérimentale, qui a été initialement développée dans le domaine de la recherche agricole, puis utilisée de façon intensive en chimie et en génie chimique, constitue un outil particulièrement puissant pour optimiser la composition d'un BHP (Rougeron et Aïtcin, 1994 ; Kessal et coll., 1996). En effet, avec un nombre minimal d'expériences bien planifiées, il est possible d'explorer une grande gamme de compositions de façon à trouver la composition optimale qui satisfera les exigences fixées. Cette technique peut être utilisée en laboratoire ou en chantier. Même si son utilisation est basée sur des concepts mathématiques assez complexes, son utilisation pratique est très facile parce qu'il existe plusieurs logiciels commerciaux conviviaux qui permettent de faire des calculs très rapides à partir de tous les résultats expérimentaux que l'on a recueillis dans le domaine que l'on étudie. Cependant, cette méthode a ses limitations : les logiciels ne font que des calculs très complexes, mais ils ne choisissent pas intelligemment les limites des domaines dans lesquels on effectue ce travail d'optimisation. Ces limites doivent être sélectionnées avec beaucoup d'attention. En outre, les paramètres, c'est-à-dire les caractéristiques du BHP qui seront mesurées et interpolées dans le domaine étudié, doivent aussi être choisis avec beaucoup de soin de la même façon que les paramètres qui resteront fixes dans cette étude. Quand les conditions expérimentales du domaine étudié ont été bien choisies, il reste à choisir le type de plan factoriel que l'on utilisera.

7.4.2   Sélection d'un plan factoriel

Cette technique d'analyse expérimentale est basée sur l'analyse statistique de résultats obtenus lors d'une série d'expériences. Elle permet d'obtenir un grand nombre d'informations à partir d'un nombre limité d'expériences, de cerner l'effet des facteurs les plus importants, le type d'influence qu'ils exercent et de modéliser cette influence.

Quand on choisit un modèle linéaire, encore appelé plan composite, il faut alors fabriquer les quatre bétons identifiés 1, 2, 3 et 4 à la figure 7.17 et valider ce plan composite en répétant plusieurs gâchées additionnelles au centre du plan, 5, 6, 7 et 8. Par exemple la réalisation de ces quatre gâchées additionnelles a pour objectif de déterminer la variabilité des différentes réponses en supposant que cette variabilité est constante sur tout le domaine étudié.

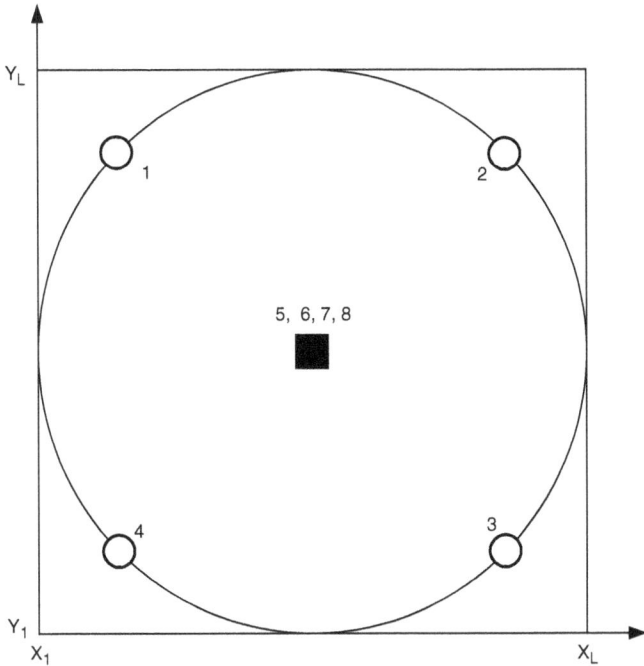

Figure 7.17 Plan composite pour un modèle de premier ordre
(d'après Rougeron et Aïtcin, 1994)

Si x est la variable reportée en abscisse et y la variable reportée en ordonnée, la réponse Z peut être exprimée comme une fonction linéaire de x et y de la manière suivante :

$$Z = a_0 + a_1 x + a_2 y$$

où a_0, a_1, a_2 seront déterminés de telle sorte que les valeurs expérimentales que l'on aura trouvées soient situées aussi près que possible du plan $Z = g(x, y)$.

Lorsque l'on recherche plutôt un modèle du second ordre, la réponse Z est alors :

$$Z = a_0 + a_1 x + a_2 y + a_{11} x^2 + a_{22} y^2 + a_{12} x, y$$

Le plan étoile correspondant se déduit du précédent en ajoutant les gâchées 9, 10, 11 et 12 (Fig. 7.18). Dans ce cas, a_0, a_1, a_2, a_{11}, a_{22} et a_{12} seront déterminés en utilisant les valeurs expérimentales mesurées de telle sorte que les points expérimentaux sont encore aussi près que possible de la surface $Z = g(x, y)$.

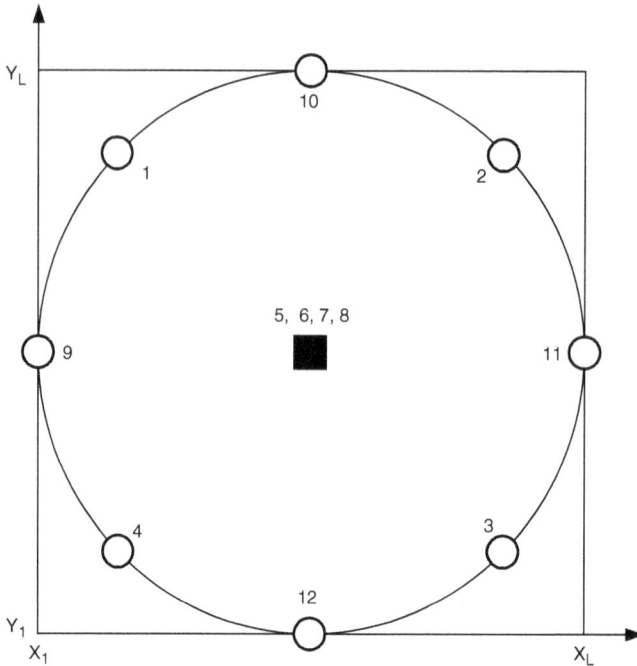

Figure 7.18 Plan composite pour un modèle de second ordre
(d'après Rougeron et Aïtcin, 1994)

7.4.3   Exemple de calcul

Afin d'illustrer l'utilisation de cette technique, l'exemple suivant présente l'optimisation de la composition d'un BHP sans air entraîné contenant de la fumée de silice (Rougeron et Aïtcin, 1994). Le ciment utilisé est un ciment composé contenant 8,5 % de fumée de silice. Les variables étudiées sont la quantité d'eau de gâchage exprimée en l/m^3 (E) qui, dans l'exemple, varie de 120 à 150 l/m^3 et le rapport eau/liant (E/L) qui varie entre 0,22 et 0,34. Les réponses qui seront étudiées sont le dosage en superplastifiant qu'il faut utiliser pour obtenir un BHP ayant un affaissement de 200 ± 20 mm et sa résistance à la compression à 1, 7 et 28 jours.

Des courbes isoréponses sont dessinées sur cette surface, c'est-à-dire des courbes où la réponse a la même valeur numérique. En outre, à partir de ces réponses, on en déduit la quantité de superplastifiant exprimée sous forme de pourcentage de solides (masse des solides contenus dans le superplastifiant divisé par la masse du ciment) et le coût des matériaux utilisés pour fabriquer un mètre cube de béton. Le dosage en ciment exprimé en kg/m^3 est aussi calculé dans ce domaine.

Les prix des matériaux qui ont été considérés dans cette étude correspondent aux conditions du marché dans l'est du Canada au moment de l'étude :

- coût du ciment composé à la fumée de silice   400 FF/t
- coût du gros granulat et du granulat fin   40 FF/t
- coût du superplastifiant   8 FF/l

Cependant, de façon à élargir les résultats de cette étude à des conditions de marché différentes, plus représentatives des conditions nord-américaines, le prix de la fumée de silice a aussi été calculé à 1 200, 2 400 et 4 000 FF/t. Le but de cette étude économique est de voir s'il est préférable d'utiliser une plus faible quantité d'eau de gâchage lorsque l'on fabrique un BHP et minimiser ainsi la quantité de ciment en utilisant une quantité supérieure de superplastifiant. Les proportions des gâchées 1, 2, 3, 4, 9, 10, 11 et 12 de la figure 7.18 sont données dans le tableau 7.3. Les résistances à la compression obtenues sont présentées dans le tableau 7.4.

Tableau 7.3. Composition des bétons mis à l'essai dans le plan factoriel (Rougeron et Aïtcin, 1994).

	E/L	Ciment (kg/m³)	Gros granulat (kg/m³)	Granulat fin (kg/m³)	Super.[a] (l/m³)	FS[b] (kg/m³)	Affaissement (mm)
1	031	395	1 100	790	9	34	220
2	0,31	440	1 100	720	7	38	210
3	0,25	475	1 100	700	11	40	200
4	0,25	520	1 100	620	9	45	210
9, 10, 11, 12[c]	0,28	460	1 100	710	9	40	190

a. Super. = Superplastifiant.
b. FS = Fumée de silice.
c. Valeur moyenne.

Tableau 7.4. Résistance à la compression des différents bétons fabriqués (Rougeron et Aïtcin, 1994).

	Résistance à la compression, MPa		
	1 jour	7 jours	28 jours
1	27,5	55,2	73,2
2	28,4	56,3	74,2
3	42,3	72,0	96,1
4	46,1	73,1	98,5
5	35,4	63,5	85,0
6	36,2	65,1	88,0
7	24,2	52,1	70,2
8	47,8	76,8	100,3
Moyenne 9, 10, 11, 12	36,2	64,2	86,5

(a) Isodosage en ciment

Connaissant la quantité d'eau de gâchage et le rapport eau/liant, il est facile de représenter les courbes d'isodosage en ciment dans le domaine étudié. À la figure 7.19, on peut voir que le dosage en ciment le plus faible considéré dans ce plan d'expérience est de 353 kg/m^3 et le plus élevé 682 kg/m^3, ce qui couvre bien la gamme des dosages en ciment des BHP.

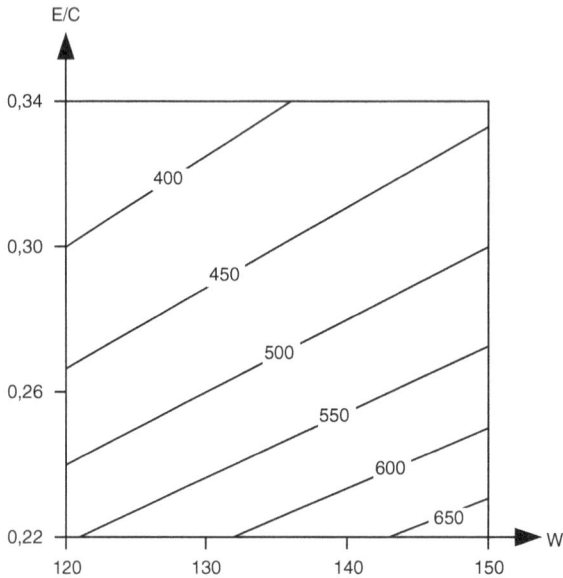

Figure 7.19 Dosages en ciment (kg/m^3) (d'après Rougeron et Aïtcin, 1994)

(b) Isodosage en superplastifiant

Les courbes d'isodosage en superplastifiant exprimées en l/m^3 ou en pourcentage de la masse de ciment sont présentées à la figure 7.20. Par exemple, on peut voir que, pour obtenir un béton ayant un affaissement de 200 ± 20 mm, un BHP de rapport eau/liant de 0,30 peut être obtenu en utilisant les deux combinaisons limites suivantes :

• 150 l d'eau et 6,3 l de superplastifiant ;
• 120 l d'eau et 10,2 l de superplastifiant.

En outre, on peut voir sur cette même figure que le dosage en superplastifiant qu'il faut utiliser pour obtenir un affaissement de 220 ± 20 mm varie entre 0,7 et 1,3 %. La valeur du point de saturation pour cette combinaison ciment/superplastifiant déduite par la méthode du cône Marsh avait été de 1,0 %, ce qui correspond au dosage utilisé pour le point central.

7.4 Plan d'expérience factoriel pour optimiser la composition de BHP

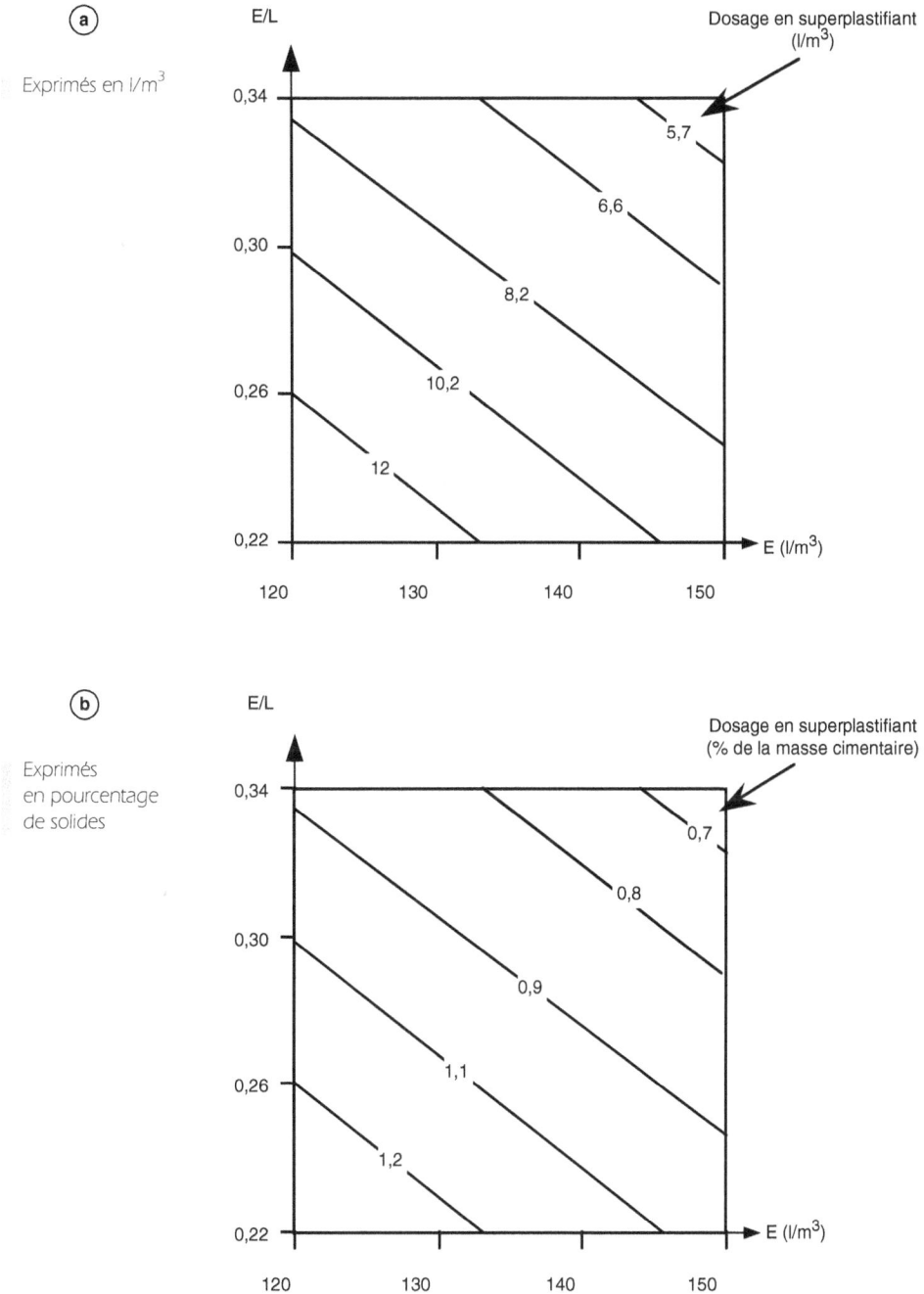

Figure 7.20 Isodosages en superplastifiant (d'après Rougeron et Aïtcin, 1994)

(c) Isorésistance à la compression à 1, 7 et 28 jours

La figure 7.21 présente les courbes d'isorésistance à 1, 7 et 28 jours. On voit qu'aux trois échéances la résistance à la compression dépend essentiellement du rapport eau / liant et que, dans ce cas, les dosages en superplastifiant utilisés ne causent aucun retard de durcissement à 1 jour.

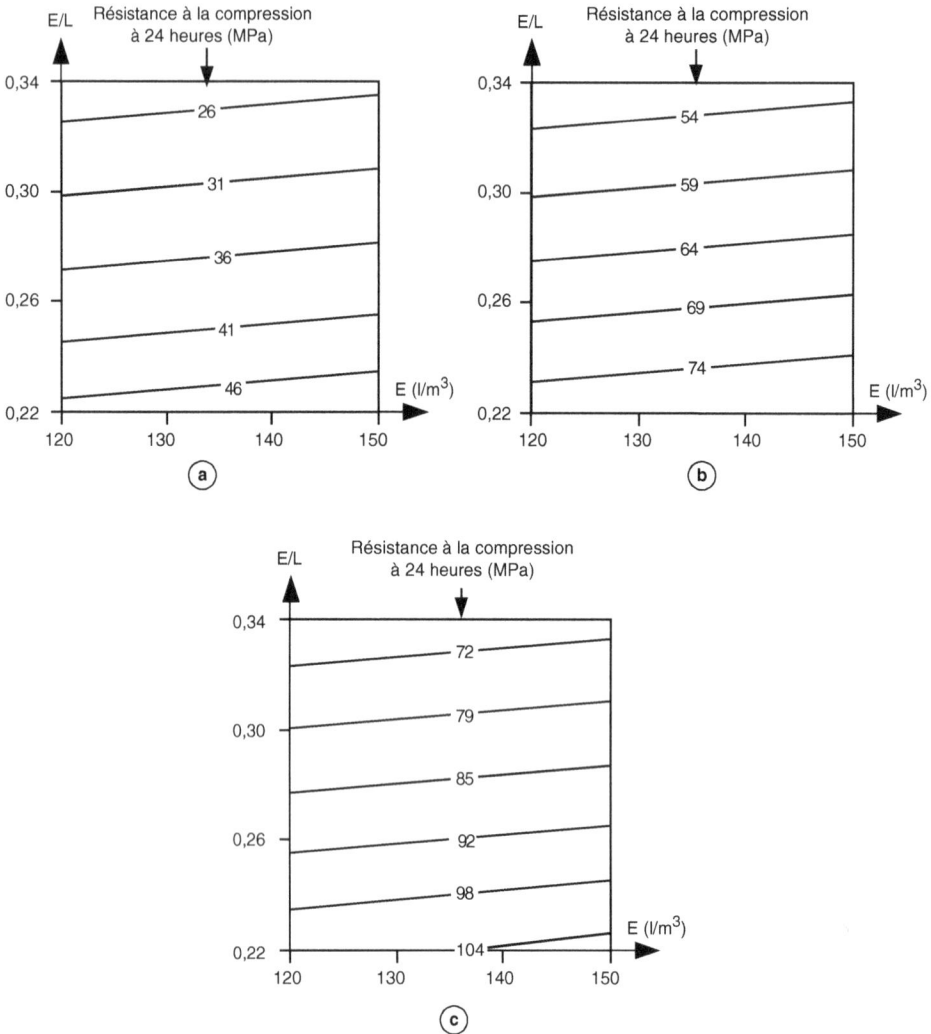

Figure 7.21 Isorésistance à 24 heures, 7 et 28 jours (d'après Rougeron et Aïtcin, 1994)

(d) Isocoût

La figure 7.22 présente les isocoûts dans les quatre cas de marché étudiés, c'est-à-dire quand le prix de la fumée de silice varie entre 400 et 4 000 FF/t. À 400 FF/t, il est très avantageux d'utiliser un ciment composé à la fumée de silice pour fabriquer des BHP ayant un rapport eau/liant de l'ordre de 0,30. Une étude parallèle, qui n'est pas présentée ici, avait été menée sur un BHP ne contenant pas de fumée de silice. On pourra prendre connaissance des résultats de cette étude dans la référence suivante : Rougeron et Aïtcin (1994).

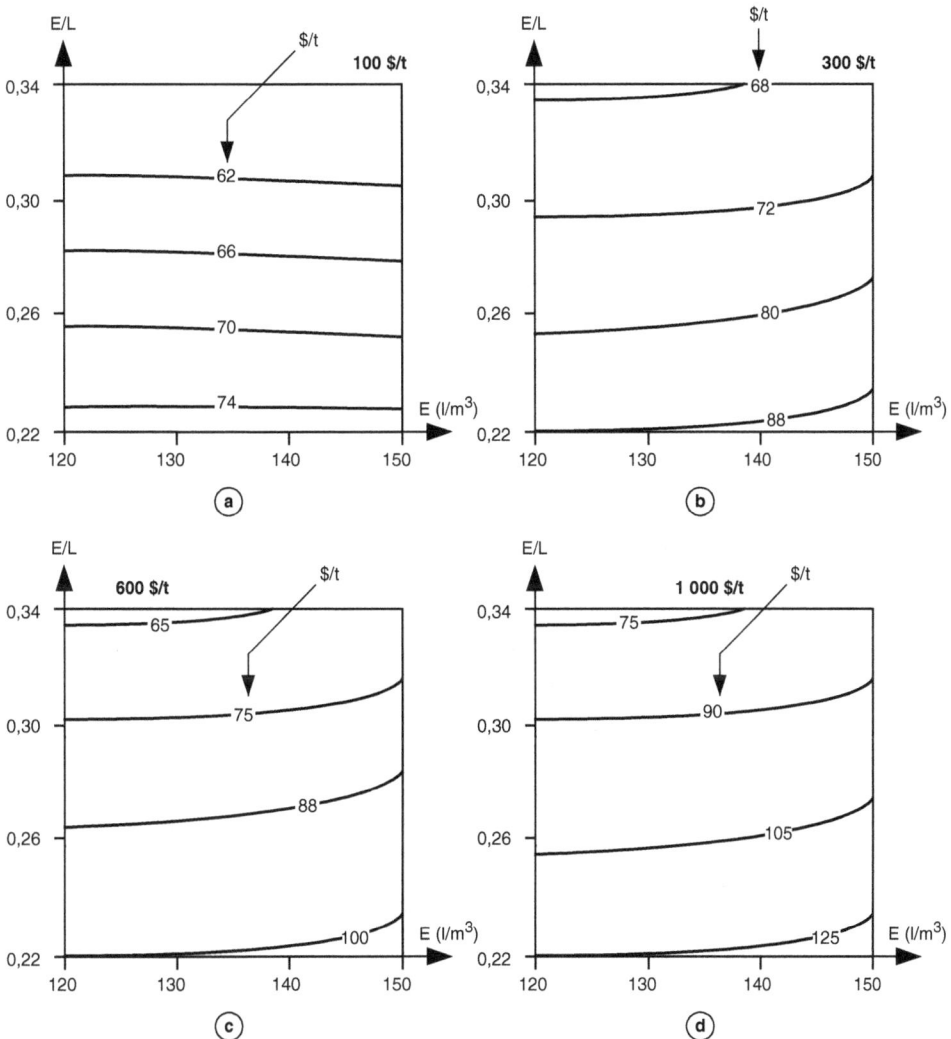

Figure 7.22 Isocoûts (\$ CDN/m^3) pour des bétons à la fumée de silice et pour différents coûts de fumée de silice (d'après Rougeron et Aïtcin, 1994)

Les figures 7.22b) et 7.22c) montrent que, à 1200 FF/t, la fumée de silice est encore économique et avantageuse pour fabriquer des BHP, ce qui n'est plus le cas à 2 400 FF/t.

Dans ce cas, il faudra trouver des raisons autres que celles reliées au coût des matériaux pour justifier l'utilisation de la fumée de silice quand on fabrique un BHP. Par exemple, en utilisant de la fumée de silice, on réduit le dosage en superplastifiant et les risques de retard qui sont associés à l'utilisation d'un fort dosage en superplastifiant, si bien que l'on peut de la sorte augmenter la résistance à 24 heures.

Il faut se souvenir que dans cette étude l'affaissement de tous les bétons est demeuré constant et non la résistance finale. On pourrait aussi baser le choix de l'utilisation de la fumée de silice sur ses effets sur la perméabilité aux ions chlore qui est beaucoup plus faible quand on utilise de la fumée de silice ou sur le fait que les BHP contenant de la fumée de silice peuvent être mis en place beaucoup plus facilement que les bétons sans fumée de silice qui ont tendance à devenir visqueux et collants au fur et à mesure que diminue le rapport eau/liant.

Évidemment, si le coût de la fumée de silice atteint 4 000 FF/t, son utilisation devra être justifiée par d'autres considérations que celles énoncées jusqu'à présent, puisque le prix du m^3 d'un BHP à la fumée de silice augmentera considérablement.

7.5 Conclusion

L'utilisation des BHP est devenue de plus en plus courante durant la dernière décennie parce que l'on a su montrer que de tels bétons pouvaient être fabriqués en utilisant les ressources locales et des méthodes de fabrication de béton tout à fait usuelles. Le succès de la fabrication d'un BHP n'a rien à voir avec la chance ; ce succès est plutôt obtenu en combinant l'expérience et les résultats de travaux fondamentaux lors de la sélection des ingrédients, de façon à rendre cette sélection moins empirique. Toutefois, on n'a pas encore atteint une situation où cette sélection peut être faite sans travail d'optimisation en laboratoire ou en usine.

Si tous les critères de sélection qui ont été présentés dans ce chapitre sont appliqués avec soin, on devrait diminuer la quantité de travail expérimental nécessaire pour développer une formulation de BHP qui soit à la fois économique et qui satisfasse les exigences rhéologiques et mécaniques que l'on s'était fixées.

Après avoir considéré la sélection des matériaux les plus appropriés pour fabriquer un BHP, on présente dans le chapitre suivant différentes façons de les proportionner pour obtenir les propriétés désirées.

Références

ACI *Guide for the Use of Silica Fume in Concrete*, ACI2342-96, Reported by ACI Committee 234, ACI, P.O. Box 9094, Farmington Hills, Michigan 48333, 51 p.

Aïtcin, P.-C. (1980) How to produce high-strength concrete. *Concrete Construction*, **25**(3), mars, 222-231.

Aïtcin, P.-C. (1989) From gigapascals to nanometers, dans *Engineering Science Foundation Conference on Advances in Cement Manufacture and Use*, édité par E. Gartner, American Society of Civil Engineers Foundation, Potosi, Mo., USA, p. 105-130.

Aïtcin, P.-C. et Mehta, P.K. (1990) Effect of coarse aggregate characteristics on mechanical properties of high-strength concrete. *ACI Materials Journal*, **87**(2), mars-avril, 103-107.

Aïtcin, P.-C. et Neville, A.M. (1993) High-Performance Concrete Demystified. *Concrete International*, **15**(1), janvier, 21-26.

Aïtcin, P.-C., Autefage, F., Carles-Gibergues, A. et Vaquier, A. (1986) *Comparative Study of the Cementitious Properties of Different Fly Ashes*, ACI SP-91, p. 91-114.

Aïtcin, P.-C., Jolicœur, C. et MacGregor, J. (1994) Superplasticizers : how they work and why they occasionally don't. *Concrete International*, **16**(5), mai, 45-52.

Baalbaki, M. (1998) *Influence des interactions du couple ciment/adjuvant dispersant sur les propriétés des bétons – Influence du mode d'introduction des adjuvants*, thèse de doctorat, Université de Sherbrooke, Québec, Canada, 166 p.

Baalbaki, M., Sarkar, S.L. Aïtcin, P.-C. et Isabelle, H. (1992) *Properties and Microstructure of High-Performance Concretes Containing Silica Fume, Slag and Fly Ash*, 4th CANMET/ACI International Conference on Fly Ash, Silica Fume, Slag and Natural Pozzolans in Concrete, Istamboul, Turquie, ACI SP-132, vol. 2, mai, p. 921-942.

Bhatty, J.I. (1987) The effect of retarding admixtures on the structural development of continuously sheared cement paste. *International Journal of Cement Composites and Lightweight Concrete*, **9**(3), août, 137-144.

Bramforth, P.B. (1980) In Situ Measurement of the Effect of Partial Portland Cement Replacement using Either Fly Ash or Ground Granulated Blast-Furnace Slag on the Performance of Mass Concrete, Proceedings of the Institution of Civil Engineers, **69**(2), septembre, 777-800.

Cail, K. et Thomas, H. (1996) *Development and Field Applications of Silica Fume Concrete in Canada*, CANMET-ACI Intensive Course on fly Ash, Slag, Silica Fume, Other Pozzolanic Materials and Superplasticizers in Concrete, Ottawa, Canada, avril, 21 p.

Daimon, M. et Roy, D.M. (1978) Rheological properties of cement mixes : 1. Methods, preliminary experiments, and adsorption studies. *Cement and Concrete Research*, **8**(6), novembre, 753-764.

de Larrard, F. (1988) *Formulation et propriétés des bétons à très hautes performances*, Thèse de doctorat, École nationale des Ponts et chaussées, juillet 1987, publié en tant que rapport de recherche n° 149 des Laboratoires des Ponts et Chaussées, mars, 335 p.

de Larrard, F. et Belloc, A. (1992) Are small aggregates really better than coarser ones for making high-strength concrete ? *Cement, Concrete and Aggregates*, **14**(1), été, 62-66.

de Larrard, F. et Belloc, A. (1999) L'influence du granulat sur la résistance à la compression des bétons. *Bulletin de liaison des laboratoires des Ponts et Chaussées*, n° 219, janvier-février, 41-52.

de Larrard, F., Bosc, F., Catherine, C. et Deflorenne, F. (1996) La nouvelle méthode des coulis de l'AFREM pour la formulation des bétons à hautes performances. *Bulletin deLiaison des Laboratoires des Ponts et Chaussées*, n° 202, mars-avril, 61-69.

de Larrard, F., Gorse, J.F. et Puch, C. (1990) Efficacités comparées de diverses fumées de silice comme additif dans les bétons à hautes performances. *Bulletin de liaison des Laboratoires des Ponts et Chaussées*, n° 168, juillet-août, 97-105.

Edwards-Lajnef, M., Aïtcin, P.-C., Wenger, F., Viers, P. et Galland, J. (1997) Test Method for the Potential Release of Hydrogen Gas from Silica Fume. *Cement, Concrete and Aggregates*, 19(2), décembre, 64-69.

Fernon, V. (1994a) Caractérisation de produits d'interaction adjuvants/hydrates du ciment, *Journée Technique Adjuvants, Les Technodes Guerville*, septembre, 14 p.

Fernon, V. (1994b) *Étude de nouveaux solides lamellaires obtenus par coprécipitation d'hydrate aluminocalcique et de sulfonate aromatique*, thèse de doctorat, Université d'Orléans, 233 p.

Fernon, V., Vichot, A., Le Goanvic, N., Colombet, P., Corazza, F. et Costa, U. (1997) *Interaction between Portland Cement Hydrates and Polynaphthalene Sulfonates*, ACI SP-173, p. 225-248.

Flatt, R.J. (1999) *Interparticle Forces and Superplasticizers in Cement Suspension*, thèse de doctorat n° 2040 (1999), École Polytechnique de Lausanne, 301 p.

Gjørv, O.E. (1991) *Norwegian Experience with Condensed Silica Fume in Concrete*, CANMET/ACI International Workshop on the Use of Silica Fume in Concrete, Washington D.C., avril, p. 49-63.

Gutteridge, W.A. et Dalziel, J.A. (1990) Filler cement : the effect of the secondary component on the hydration of Portland cement, Part II, Fine hydraulic binders. *Cement and Concrete Research*, **20**(6), 853-861.

Holland, T.C. (1995) Specification for Silica Fume for Use in Concrete, ACI SP-154, p. 607-639.

Huynh, H.T. (1996) La compatibilité ciment/superplastifiant dans les bétons à hautes performances – Synthèse bibliographiqu*e. Bulletin de liaison des Laboratoirse des Ponts et Chaussées*, n° 206, novembre-décembre, Ref. 4053, 63-73.

Jiang, S.P., Kim, B.-G. et Aïtcin, P.-C. (1998a) Some practical solutions dealing with cement and superplasticizer compatibility, in *Proceedings of the 4th Beijing International Symposium on Cement and Concrete*, octobre, vol. 1, p. 724-729.

Jiang, S.P., Kim, B.-G. et Aïtcin, P.-C. (1998b) A practical method to solve slump loss problem in superplasticized high-performance concrete, accepté pour publication dans *Cement, Concrete, and Aggregates*.

Jiang, S.P., Kim, B.-G. et Aïtcin, P.-C. (1999) Importance of adequate soluble alkali content to ensure cement/superplasticizer compatibility. *Cement and Concrete Research*, **29**(1), 71-78.

Jiang, S.P., Kim, B.-G. et Aïtcin, P.-C. (2000) Mechanism of slump loss in superplasticized high-performance concrete, *6th CANMET/ACI International Conference on Superplasticizers and Other Chemical Admixtures in Concrete*, Nice, octobre, à paraître.

Kantro, D.L. (1980) Influence of water-reducing admixtures on properties of cement paste – A miniature slump test. *Cement, Concrete and Aggregates*, **2**(2), hiver, 95-108.

Kessal, M., Nkinamubanzi, P.-C., Tagnit-Hamou, A. et Aïtcin, P.-C. (1996) Improving initial strength of a concrete made with Type 20 M cement. *Cement, Concrete and Aggregates*, CCAGDP, **18**(1), juin, 49-54.

Khorami, J. et Aïtcin, P.-C. (1989) *Physico-Chemical Characterization of Superplasticizers*, ACI SP-119, p. 117-131.

Kim, B.-G., Jiang, S.P. et Aïtcin, P.-C. (1999a) Influence of molecular weight of PNS superplasticizers on the properties of cement pastes containing different alkali contents, in Proceedings of the International RILEM Conference, Monterrey, Mexique, p. 97-111.

Kim, B.-G., Jiang, S.P. et Aïtcin, P.-C. (1999b) Slump improvement mechanism of alkalis in PNS superplasticized cement pastes. *Matériaux et constructions,* vol. 33, juillet 2000, p. 363-369.

Kim, B.-G., Jiang, S.P. et Aïtcin, P.-C. (2000) Effect of sodium sulfate addition on the properties of cement pastes containing different molecular weight PNS superplasticizer, *6th CANMET/ACI International Conference on Superplasticizers and Other Chemical Admixtures in Concrete*, Nice, octobre, à paraître.

Kim, B.-G., Jiang, S.P., Jolicœur, C. et Aïtcin, P.-C. (1999c) The adsorption behavior of PNS superplasticizer and its relation to fluidity of cement paste. *Cement and Concrete Research*, vol. 30, 2000, p. 887-893.

Lessard, M., Gendreau, M., Baalbaki, M., Pigeon, M. et Aïtcin, P.-C. (1993) Formulation d'un béton à haute performance à air entraîné. *Bulletin de liaison des Laboratoires des Ponts et Chaussées*, n° 188, novembre-décembre, 41-51.

Lévy, C. et Le Boulicaut, J.-P. (1992) Le BHP livré par réseau de centrales de BPE : une réalité, dans *Les bétons à hautes performances – Caractérisation, durabilité, applications*, édité par Y. Malier, Presses de l'École nationale des Ponts et chaussées, ISBN 2-85978-187-0, p. 95-114.

Mack, W.W. et Leistikow, E. (1996) The sand of the world. *Scientific American,* **275**(2), août, 62-67.

Mehta, P.K. et Aïtcin, P.-C. (1990) *Microstructural Basis of Selection of Materials and Mix Proportions for High-Strength Concrete*, ACI SP-121, p. 265-286.

Nawa, T., Eguchi, H. et Fukaya, Y. (1989) *Effect of Alkali Sulfate on the Rheological Behavior of Cement Paste Containing a Superplasticizer*, ACI SP-119, p. 405-424.

Nawa, T., Eguchi, H. et Okkubo, M. (1991) Effect of fineness of cement on the fluidity of cement paste and mortar. *Transaction of JSCE*, **13**, août, p. 199-213.

Nehdi, M., Mindess, S. et Aïtcin, P.-C. (1996) Optimization of high-strength limestone filler cement mortars. *Cement and Concrete Research*, **26**(6), juin, 883-893.

Nkinamubanzi, P.-C., Baalbaki, M. et Aïtcin, P.-C. (1997) Comparison of the performance of four superplasticizers on high-performance concrete, dans *CANMET/ACI International Conference on Superplasticizers and other Chemical Admixtures in Concrete, Supplementary Papers*, édité par P.K. Mehta, Rome, Italie, octobre, p. 199-206.

Nkinamubanzi, P.-C., Kim, B.-G., Saric Coric, M. et Aïtcin, P.-C. (2000) Key cement factors controlling the compatibility between naphthalene-based superplasticizers and ordinary Portland cements, *6th CANMET/ACI International Conference on Superplasticizers and Other Chemicals Admixtures in Concrete*, Nice, octobre, à paraître.

Pagé, M., Nkinamubanzi, P.-C. et Aïtcin, P.-C. (1999) The cement/superplasticizer compatibility : a headache of superplasticizer manufacturers, dans *The Role of Admixtures in High Performance Concrete – Proceedings of the International RILEM Conference*, Monterrey, Mexique, 21-26 mars, édité par J.G. Cabrera et R. Rivera-Villareal, ISBN 2-912143-05-5, p. 48-56.

Penttala, U.E. (1993) *Effects of delayed dosage of superplasticizer on high-performance concrete*, dans *Proceedings of the International Conference on High-strength Concrete*, Lillehammer (édité par I. Holland et E. Sellevold), Norwegian Concrete Association, Oslo, ISBN 82-91341-00-1, p. 874-881.

Perenchio, W.F. (1973) *An Evaluation of Some Factors Involved in Producing Very High-Strength Concrete*, Research and Development Bulletin RD 104, Association du ciment Portland, Skokie, IL, 7 p.

Piotte, M. (1983) *Caractérisation d'un naphtalène sulfonate. Influence de son contre-ion et de sa masse moléculaire sur son interaction avec le ciment*, Thèse de doctorat, Université de Sherbrooke, Québec, Canada, p. 121-155.

Pistilli, M.F., Rau, G. et Cechner, R. (1984) The variability of condensed silica fume from a canadian source and its influence on the properties of Portland cement concrete. *Cement, Concrete, and Aggregates*, **6**(1), 33-37.

Pistilli, M.F., Winterstein, R. et Cechner, R. (1984) The uniformity and influence of silica fume from a US source on the properties of Portland cement concrete. *Cement, Concrete, and Aggregates*, **6**(2), 120-124.

Pollet, B., Germaneau, B. et Defossé, C. (1997) Fixation des adjuvants de type poly-naphtalène ou polymélamine sulfonate dans les mortiers et bétons. *Matériaux et constructions*, **30**(204), 627-630.

Ramachandran, V.S., Malhotra, V.M., Jolicœur, C. et Spiratos, N. (1998) *Superplasticizers : Properties and Applications in Concrete*, CANMET, ISBN 0-660-17393-x

Regourd, M. (1978) Cristallisation et réactivité de l'aluminate tricalcique dans les ciments Portland, *Il Cemento*, **3**, 323-335.

Ronneberg, A. et Sandvik, M. (1990) High-strength concrete for North Sea platforms. *Concrete International*, 12(1), janvier, 29-34.

Rougeron, P. et Aïtcin, P.-C. (1994) Optimization of the composition of a high-performance concrete. *Cement, Concrete, and Aggregates*, **16**(2), décembre, 115-124.

Ryell, J. et Bickley, J.A. (1987) Scotia Plaza : high strength concrete for tall buildings, dans *Utilization of High Strength Concrete*, Stavanger (édité par I. Holland *et coll.*), Tapir, N-7034 Trondheim, NTH, Norvège, ISBN 82-519-07977, p. 641-653.

Singh, N.B. et Singh, A.C. (1989) Effect of melment on the hydration of white Portland cement. *Cement and Concrete Research*, **19**, 547-553.

Swamy, R.N. (1993) Fly ash and slag : standards and specifications. Help or hindrance ? Matériaux et constructions, **26**(164), décembre, 600-613.

Tagnit-Hamou, A. et Aïtcin, P.-C. (1993) Cement and superplasticizer compatibility. *World Cement*, **24**(8), août, 38-42.

Tagnit-Hamou, A., Baalbaki, M. et Aïtcin, P.-C. (1992) *Calcium-Sulfate Optimization in Low Water/Cement Ratio Concretes for Rheological Purposes*, 9e Congrès international sur la chimie du ciment, New Delhi, Inde, vol. 5, p. 21-25.

Tucker, G.R. (1938) *Concrete and Hydraulic Cement*, U.S. Patent 2,141,569, décembre, 5 p.

Uchikawa, H., Hanehara, S. et Sawaki, D. (1997) The role of steric repulsive force in the dispersion of cement particles in fresh paste prepared with organic admixtures. *Cement and Concrete Research*, **27**(1), 37-50.

Uchikawa, H., Sawaki, D. et Hanehara, S. (1995) Influence of kind and added timing of organic admixture on the composition, structure and properties of fresh cement paste. *Cement and Concrete Research,* **25**(2), 353-364.

Vernet, C. et Noworyta, G. (1992) *Interaction des adjuvants avec l'hydratation du C_3A : points de vue chimique et rhéologique*, communication personnelle, 56 p.

Whiting, D. (1979) *Effects of High-Range Water Reducers on Some Properties of Fresh and Hardened Concretes*, Research and Development Bulletin RD061.01T, Association du ciment Portland, Skokie, IL, 15 p.

Zhang, M.-H. et Odler, I. (1996a) Investigations on high SO_3 Portland clinkers and cements I. Clinker synthesis and cement preparation. *Cement and Concrete Research*, **26**(9), 1307-1313.

Zhang, M.-H. et Odler, I. (1996b) Investigations on high SO_3 Portland clinkers and cements II. Properties of cements. *Cement and Concrete Research*, **26**(9), 1315-1324.

Chapitre 8

Composition des BHP

8.1 Introduction

L'objectif de toutes les méthodes de formulation des bétons est de déterminer la combinaison de matériaux à utiliser pour produire le béton qui aura les propriétés désirées et qui sera le plus économique possible. Il a toujours été très difficile de développer une méthode théorique universelle permettant de formuler un béton avec n'importe quelle combinaison de ciment Portland, d'ajout cimentaire, de granulat et d'adjuvant. Même si tous ces matériaux de base doivent satisfaire à des critères d'acceptation plus ou moins sévères, on peut obtenir un béton ayant les propriétés visées à l'état frais et à l'état durci de différentes façons en utilisant les mêmes matériaux. Cette situation, loin de constituer un désavantage, doit être plutôt perçue comme un avantage puisque l'on peut obtenir un béton ayant des propriétés données de façon différente en utilisant des matériaux localement disponibles (Aïtcin et Neville, 1993). En règle générale, une méthode de formulation permet aussi de calculer un mélange de départ que l'on pourra plus ou moins modifier pour obtenir les propriétés désirées à partir de quelques gâchées d'essai. Bien que les méthodes de formulation des BHP relèvent encore plus d'un art que d'une science, il est certain qu'elles reposent aussi sur des principes scientifiques qui sont à la base de toutes les formulations de béton.

Il est intéressant de noter un regain d'intérêt pour les méthodes de formulation des bétons (Day, 1996 ; Ganju, 1996 ; de Larrard et Sedran, 1996 ; Popovics et Popovics, 1996). En fait, cet intérêt ne fait que traduire les limitations des méthodes actuelles qui ont été surtout développées pour formuler des bétons usuels et qui ont été utilisées sans créer trop de problèmes pendant de nombreuses années. Tant et aussi longtemps que le béton usuel restera essentiellement un mélange de ciment Portland, d'eau, de granulat et quelquefois d'air entraîné, ces méthodes serviront seulement de guide ayant une valeur prédictive plus ou moins valable pour formuler un béton ayant un affaissement et une résistance à la compression donnés. Ces méthodes de formulation ont perdu beaucoup de leur valeur parce que :

- la plage des rapports eau/ciment ou des rapports eau/liant des bétons modernes est beaucoup plus étendue que celle des bétons d'il y a quelques années surtout dans la gamme des faibles valeurs grâce à l'utilisation des superplastifiants ;
- les bétons modernes contiennent souvent un ou plusieurs ajouts cimentaires qui remplacent une plus ou moins grande quantité de ciment ;
- les bétons modernes contiennent quelquefois de la fumée de silice qui change de façon catégorique les propriétés du béton frais et durci ;
- l'affaissement peut être ajusté en utilisant un superplastifiant plutôt que de l'eau sans altérer le rapport eau/ciment ou le rapport eau/liant.

Le béton est donc devenu un matériau plus complexe qu'un simple mélange de ciment, d'eau et de granulat. Il est de plus en plus difficile de prédire théoriquement certaines des propriétés du béton malgré la présence sur le marché de modèles mathématiques capables de faire des calculs très complexes.

Avant de traiter de la méthode de formulation des BHP utilisée à l'Université de Sherbrooke, on commencera par présenter brièvement la méthode ACI 211-1 qui permet de formuler des bétons usuels de densité normale, des bétons lourds ou des bétons de masse, c'est cette méthode qui a inspiré la méthode de formulation sherbrookoise. La section 8.3 présente les caractéristiques des différents matériaux qui seront utilisés lors des calculs nécessaires à la formulation d'une gâchée d'essai. Ceux et celles qui connaissent bien les caractéristiques des granulats et des liants nécessaires aux calculs de formulation peuvent passer directement à la section 8.4 où l'on présente la méthode de formulation des BHP.

8.2 La méthode formulation ACI 211 pour un béton usuel, un béton lourd ou un béton de masse

La procédure de calcul couramment utilisée en Amérique du Nord pour formuler un béton usuel demande que l'on connaisse la valeur du rapport eau/ciment nécessaire pour atteindre une résistance donnée et la quantité d'eau nécessaire pour obtenir l'affaissement désiré. Cette méthode ne tient pas compte de la qualité du ciment (puisqu'un seul ciment, le ciment de Type I, représente à lui seul plus de 85 % du marché du ciment) ou des granulats ni du type et du dosage des ajouts cimentaires et des adjuvants chimiques couramment utilisés dans les BHP.

La norme ACI-211 a l'avantage d'offrir une procédure facile à mettre en œuvre pour formuler des bétons ayant une résistance maximale de 40 MPa et un affaissement maximal de 180 mm. Les bétons ainsi formulés n'incluent pas d'ajout cimentaire ou d'adjuvant sauf un agent entraîneur d'air. Cette procédure s'applique à des granulats dont la nature minéralogique et la granulométrie peuvent varier. Elle suppose que seuls le rapport eau/ciment et la quantité d'air entraîné affectent la résistance à la compression et que, parallèlement, l'affaissement du béton n'est affecté que par la taille maximale du gros granulat, la quantité d'eau de gâchage et la présence ou non d'air entraîné.

Lorsque les valeurs du rapport eau/ciment et de la quantité d'eau de gâchage sont fixées, on utilise la méthode des volumes absolus pour formuler le béton, c'est-à-dire que les proportions massiques des différents ingrédients sont transformées en proportions volumiques et vice versa en utilisant la relation très simple :

$$Volume\ absolu\ =\ \frac{Masse}{Masse\ volumique}$$

Les données qui sont nécessaires pour appliquer la procédure de formulation préconisée dans la norme ACI 211.1 sont le module de finesse du granulat fin, la masse volumique pilonnée SSS du gros granulat, la densité des granulats (on suppose que la densité du ciment est en général égale à 3,14) de même que l'humidité et l'absorption des granulats. Cette procédure suppose que les granulats ont une granulométrie conforme aux normes ASTM. La méthode de formulation peut être divisée en différentes étapes (Fig. 8.1).

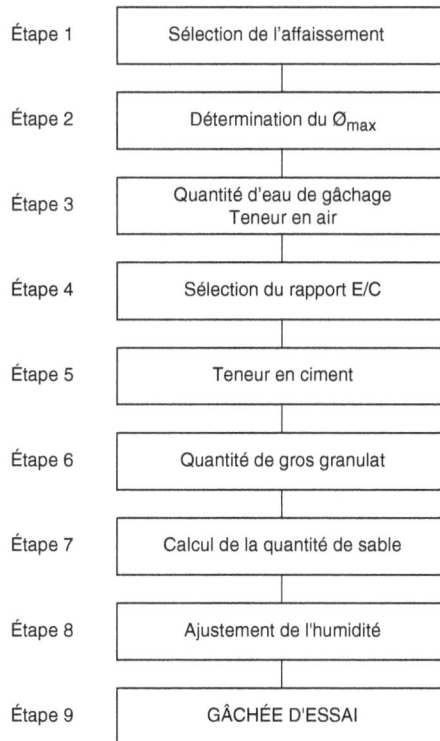

Étape 1	Sélection de l'affaissement
Étape 2	Détermination du $\emptyset_{max}$
Étape 3	Quantité d'eau de gâchage / Teneur en air
Étape 4	Sélection du rapport E/C
Étape 5	Teneur en ciment
Étape 6	Quantité de gros granulat
Étape 7	Calcul de la quantité de sable
Étape 8	Ajustement de l'humidité
Étape 9	GÂCHÉE D'ESSAI

Figure 8.1 Organigramme de la méthode de formulation des bétons ACI 211-1

Il est quand même important de présenter cette méthode parce que l'on pourra en montrer plus facilement les avantages et les limitations lorsque l'on formulera un BHP. Il sera aussi plus facile de comprendre comment elle peut être modifiée quand on introduit des ajouts cimentaires et des superplastifiants, ce qui est très souvent le cas lorsque l'on fabrique des BHP.

Étape 1 – Choix de l'affaissement

Un tableau suggère la valeur de l'affaissement que l'on peut utiliser pour différents types d'utilisation du béton, si un affaissement précis n'est pas spécifié par ailleurs.

Étape 2 – Détermination de la taille maximale du gros granulat (ϕ_{max})

Plus la taille du gros granulat est importante, plus sa surface spécifique est faible, moins on aura alors besoin de mortier pour obtenir une maniabilité donnée. Dans le cas des bétons usuels, il est toujours très économique d'utiliser un gros granulat dont la taille maximale est la plus élevée possible. Cependant, le gros granulat ne doit pas être plus gros que 1/5 de la distance des coffrages les plus rapprochés, 1/3 de l'épaisseur d'une dalle ou les 3/4 de l'espacement entre les barres d'armature ou les câbles de précontrainte. Selon le type de construction (armée ou non) et selon les dimensions maximales des éléments structuraux, on pourra trouver différentes valeurs de ϕ_{max} suggéré.

Étape 3 – Estimation des teneurs en eau de gâchage et en air entraîné

La quantité d'eau de gâchage suggérée est obtenue à partir de deux tableaux à double entrée en fonction du ϕ_{max} et de l'affaissement désiré selon que le béton contient ou non de l'air entraîné. La quantité d'eau de gâchage nécessaire pour obtenir un certain affaissement est évidemment plus faible quand le béton contient de l'air entraîné par suite de l'effet lubrifiant des bulles d'air. La méthode suggère aussi les teneurs en air appropriées pour obtenir une bonne résistance au gel-dégel selon la valeur du ϕ_{max}.

Étape 4 – Sélection du rapport eau/ciment

Selon la résistance à la compression visée à 28 jours à l'intérieur de la fourchette 15-40 MPa et selon la sévérité du degré d'exposition du béton, on trouve la valeur du rapport eau/ciment du béton à partir de deux tableaux.

Étape 5 – La teneur en ciment

La masse de ciment se calcule en divisant la masse d'eau par le rapport E/C.

Étape 6 – Teneur en gros granulat

On détermine le volume de gros granulat pilonné à sec que l'on peut introduire dans 1 m^3 de béton en fonction du module de finesse du sable et du ϕ_{max}. Ce volume est ensuite multiplié par la masse volumique du granulat pilonné à sec.

Lors de cette étape, bien que l'on ne différencie pas spécifiquement les granulats concassés, l'effet de l'angularité se retrouve en fait sur la valeur de la masse volumique pilonnée à sec.

Étape 7 – Teneur en granulat fin

On connaît maintenant les masses et les volumes de tous les composants du béton à l'exception de ceux du granulat fin. On additionne tous ces volumes y compris celui de l'air entraîné et de l'air piégé pour déduire par soustraction le volume de granulat fin nécessaire et, par conséquent, la masse de granulat fin.

Étape 8 – Ajustement de la quantité d'eau de gâchage

La masse des granulats que l'on a calculée correspond à leur masse à l'état saturé superficiellement sec (voir le paragraphe 8.3.2). Il faudra donc corriger ces valeurs avant de faire une gâchée d'essai pour tenir compte de leur condition d'humidité réelle et ajuster en conséquence la quantité d'eau de gâchage.

Étape 9- Gâchées d'essai

On fait une ou plusieurs gâchées d'essai de façon à bien ajuster les proportions du béton et obtenir les caractéristiques physiques et mécaniques désirées.

Si l'on essaie d'appliquer cette procédure de calcul au cas des BHP, on voit que certains points ne sont plus tout à fait valables ; les paragraphes suivants les repassent en revue étape par étape.

Étape 1 – Choix de l'affaissement

L'affaissement d'un BHP ne dépend plus essentiellement de la seule quantité d'eau de gâchage, mais aussi de la quantité de superplastifiant utilisée. L'affaissement peut être ajusté pour satisfaire des besoins précis en jouant sur ces deux paramètres.

Étape 2 – Détermination de la taille maximale du gros granulat

Dans un BHP, la taille maximale du gros granulat n'est plus dictée par des considérations géométriques. Il n'est pas non plus avantageux de choisir un gros granulat ayant une taille maximale la plus grande possible pour réduire la quantité d'eau de gâchage qui permet d'obtenir l'affaissement désiré ; il est plutôt avantageux de choisir un gros granulat qui a une taille maximale plutôt faible pour des questions de mise en place et de résistance finale du béton comme on l'a vu au chapitre 7.

Étape 3 – Estimation des teneurs en eau de gâchage et teneur en air entraîné

Comme on l'a mentionné précédemment, quand on fabrique un BHP, on peut obtenir un affaissement donné en utilisant différentes quantités d'eau de gâchage et de superplastifiant. La combinaison finale d'eau et de superplastifiant que l'on choisira est celle qui donnera la meilleure rétention de l'affaissement dans les conditions de chantier où sera utilisé le BHP. Les teneurs en air suggérées par la norme ACI 211-1 ne sont plus appropriées pour fabriquer des BHP qui résisteront aux cycles de gel-dégel (voir le chapitre 18). Lorsque l'on doit formuler un BHP résistant au gel-dégel, l'élément le plus important devient le facteur d'espacement des bulles d'air.

Étape 4 – Sélection du rapport eau/ciment

La plupart du temps, les BHP contiennent un ou plusieurs ajouts cimentaires de sorte que la relation simple qui lie la résistance à la compression à 28 jours au rapport eau/ciment dans la norme ACI 211-1 n'est en général plus valable et doit être établie pour chacun des cas.

Étape 5 – Teneur en gros granulat

La teneur en gros granulat n'est plus influencée cette fois-ci par le module de finesse du sable, car les BHP contiennent suffisamment de pâte si bien que chaque fois que cela est possible il est même préférable d'utiliser le sable le plus grossier possible.

En outre, à la différence des bétons usuels, les BHP doivent souvent présenter plusieurs autres caractéristiques que l'on doit obtenir simultanément. Parmi ces exigences, on peut trouver une faible perméabilité et une grande durabilité, un module d'élasticité élevé, un retrait faible, un fluage faible, une grande résistance et une maniabilité élevée qui se maintient suffisamment longtemps.

À cause de la grande diversité des matériaux utilisés pour fabriquer un BHP et par suite des différentes exigences que l'on peut avoir à rencontrer, exigences qui peuvent être contradictoires, il est très difficile de proposer une méthode de formulation qui permette d'obtenir les proportions idéales d'un BHP du premier coup. En règle générale, il faut toujours faire un certain nombre de gâchées d'essai pour atteindre les proportions idéales de matériaux qui permettront de fabriquer un BHP qui rencontre les caractéristiques recherchées. Cependant, une méthode de formulation efficace permet de minimiser le nombre de gâchées d'essai nécessaires pour obtenir un BHP ayant les propriétés requises et qui est à la fois économique et satisfaisant. Par conséquent, il est absolument essentiel de disposer d'une méthode de formulation des BHP qui ne fera appel qu'à un nombre minimal de gâchées d'essai. Plusieurs méthodes développées à cet effet sont traitées aux sections 8.4 et 8.5.

Cependant, comme on l'a mentionné au début de ce chapitre, avant de présenter ces différentes méthodes de formulation des BHP, il est important que le lecteur connaisse bien certaines définitions qui seront utilisées dans ces méthodes de formulation de façon à bien comprendre les étapes de ces méthodes et pouvoir les utiliser de façon correcte. Les définitions proposées sont celles qui sont couramment utilisées en Amérique du Nord.

8.3   Définitions et formules

8.3.1   Granulats à l'état saturé superficiellement sec

Lorsque l'on fabrique un béton en laboratoire ou en centrale, la principale difficulté est de conserver un contrôle serré de la quantité d'eau libre que l'on utilise réellement. Il est très facile de peser une certaine quantité de ciment ou de granulat ou de lire le nombre de litres d'eau qui passe à travers un compteur. De même, comme on le verra plus tard, quand on utilise un superplastifiant, il n'est pas tellement difficile de calculer la quantité d'eau que le superplastifiant apporte au béton. Le contrôle constant de la quantité précise d'eau libre qui est contenue dans les granulats est beaucoup plus difficile parce que la teneur en eau des granulats, spécialement celle du sable, peut varier considérablement. La teneur en eau totale d'un granulat, E_{tot}, est définie comme étant la quantité d'eau évaporable divisée par la masse sèche du granulat et elle s'exprime en pourcentage. Pour mesurer cette valeur, il suffit de placer une certaine quantité de sable humide ou de granulat humide dans une étuve à 105 °C et de peser le granulat lorsqu'il a atteint une masse constante. L'utilisation d'un four à micro-ondes peut réduire le temps nécessaire au séchage.

Selon le degré de contrôle que l'on exerce sur la quantité d'eau contenue dans les granulats, et plus particulièrement sur celle du granulat fin, on contrôle plus ou moins la qualité du béton. Une variation de 1 % de la teneur en eau du sable, qui représente environ une masse de 800 kg dans 1 m^3 de béton, correspond à une variation de 8 litres d'eau par m^3 de béton. Par exemple, si une telle variation de la quantité d'eau de gâchage se produit dans un BHP qui contient 150 litres d'eau et 455 kg de ciment par mètre cube, ce qui correspond à un rapport eau/ciment de 0,33, le rapport eau/ciment réellement obtenu variera entre 0,31 et 0,35 selon que le sable apporte ou n'apporte plus ce 0,5 % d'eau. Il s'agit donc d'une différence non négligeable en termes d'affaissement, de résistance à la compression et de perméabilité. Il est par conséquent très important de pouvoir contrôler de façon précise la quantité d'eau libre contenue dans les granulats en définissant un état de référence pour les granulats.

Par convention, en Amérique du Nord, l'état de référence des granulats est appelé l'état saturé superficiellement sec (état SSS). Cet état est défini dans la norme ASTM C127 pour le gros granulat et dans la norme ASTM C128 pour le granulat fin. Ces deux normes décrivent de façon détaillée comment obtenir et mesurer l'état SSS. Très brièvement, l'état SSS du gros granulat est obtenu en laissant les gros granulats immergés dans de l'eau pendant 24 heures, en les essuyant et en les séchant ensuite jusqu'à masse constante dans une étuve (Fig. 8.2). L'état SSS du granulat fin est atteint lorsqu'un petit tronc de cône de sable s'affaisse par suite des forces de capillarité entre les grains de sable humide qui ne sont plus suffisamment fortes pour assurer la cohésion du cône. La figure 8.3 illustre la détermination de l'état SSS pour un sable et la figure 8.4 la détermination de l'état SSS pour un gros granulat.

Dans les deux cas, la quantité d'eau absorbée quand le granulat est à l'état SSS, E_{abs}, correspond à l'absorption du granulat. Cette absorption est exprimée sous forme de pourcentage de la masse du granulat sec.

En Amérique du Nord, la formulation des bétons est toujours donnée avec des granulats à l'état SSS.

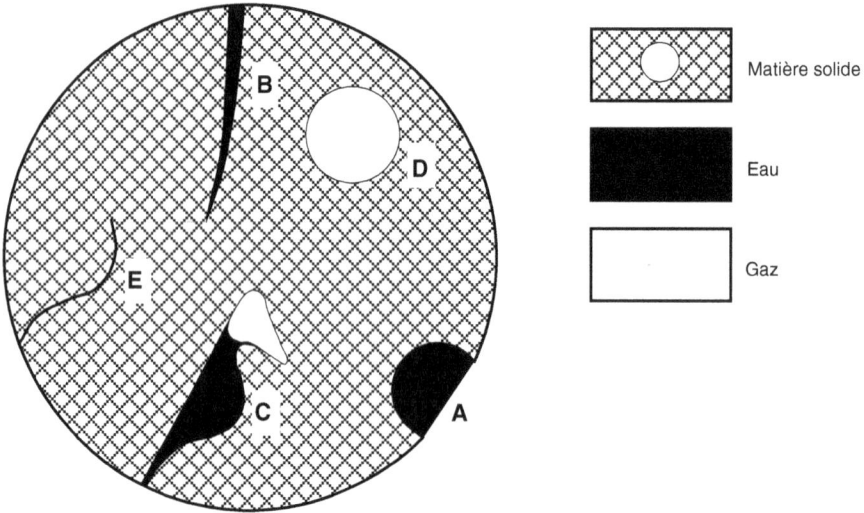

Matière solide	
Eau	
Gaz	

Figure 8.2 Représentation schématique d'un granulat à l'état SSS

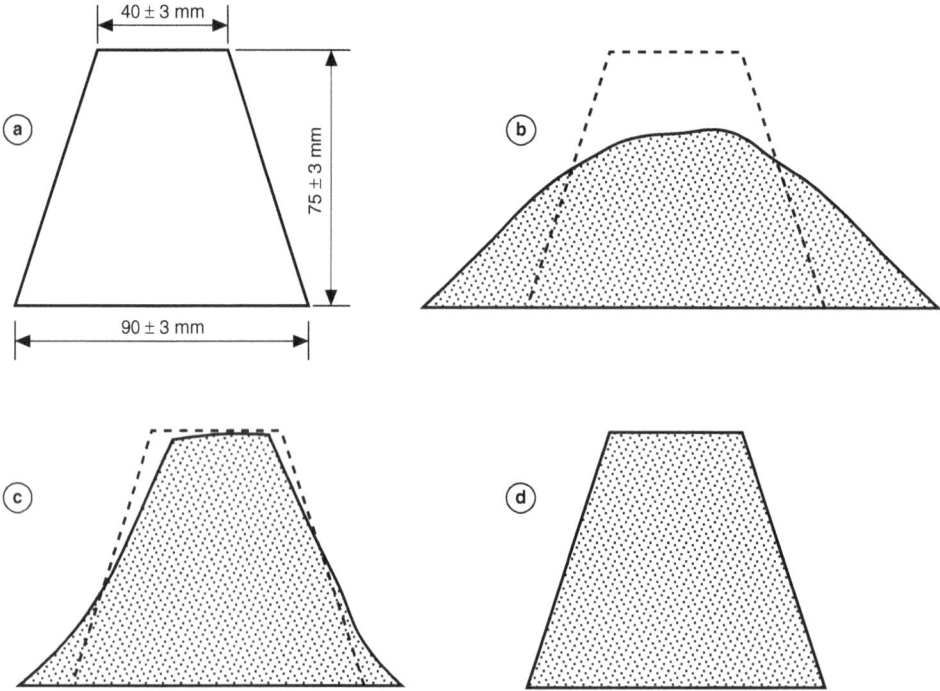

Figure 8.3 Détermination de l'état SSS pour un sable

a) Utilisation du minicône normalisé

b) Sable ayant une teneur en eau inférieure à l'état SSS

c) Sable à l'état SSS

d) Sable ayant une teneur en eau supérieure à l'état SSS

Symboles
ASTM

C   **B**   **A**

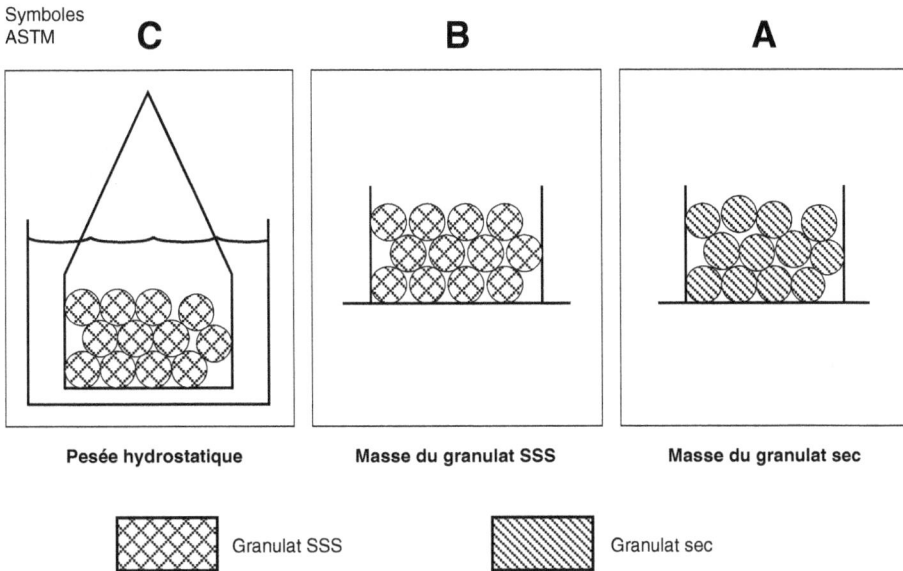

Pesée hydrostatique   Masse du granulat SSS   Masse du granulat sec

Granulat SSS   Granulat sec

Figure 8.4 Représentation schématique de la mesure de l'absorption et de la densité
d'un gros granulat à l'état SSS

8.3.2 *Humidité et teneur en eau*

L'état SSS d'un granulat représente donc un état de référence quand on formule un
béton parce que cet état établit une différence très claire entre deux types d'eau que l'on
rencontre dans un granulat. Le premier type est l'eau absorbée par le granulat qui ne
contribue pas à l'affaissement du béton ou à sa résistance puisqu'elle ne participe pas à
la réaction d'hydratation. Quand la teneur en eau d'un granulat est inférieure à la quantité d'eau absorbée à l'état SSS, le granulat absorbe une certaine quantité d'eau de
gâchage. Cette quantité d'eau absorbée par les granulats contribue alors à la diminution
de l'affaissement du béton. Le deuxième type d'eau se rencontre lorsque la teneur en
eau d'un granulat est plus élevée que la quantité qu'il absorbe à l'état SSS : le granulat
apporte alors une certaine quantité d'eau dans le béton (Fig. 8.5). Dans un tel cas, si l'on
ne corrige pas la quantité d'eau de gâchage, on augmentera à la fois le rapport eau/liant
et l'affaissement. Par conséquent, il faut modifier la quantité d'eau de gâchage de façon
à pouvoir maintenir la valeur du rapport eau/liant et conserver l'affaissement.

La différence entre la quantité d'eau totale contenue dans un granulat, E_{tot}, et la quantité
d'eau qu'il contient à l'état SSS, E_{abs}, correspond à l'humidité du granulat et on la
notera dans ce livre sous la forme E_h. L'humidité d'un granulat peut être négative si la
quantité d'eau totale contenue dans le granulat est inférieure à la quantité d'eau
absorbée à l'état SSS, ce qui se produit fréquemment dans le cas des gros granulats en
période estivale.

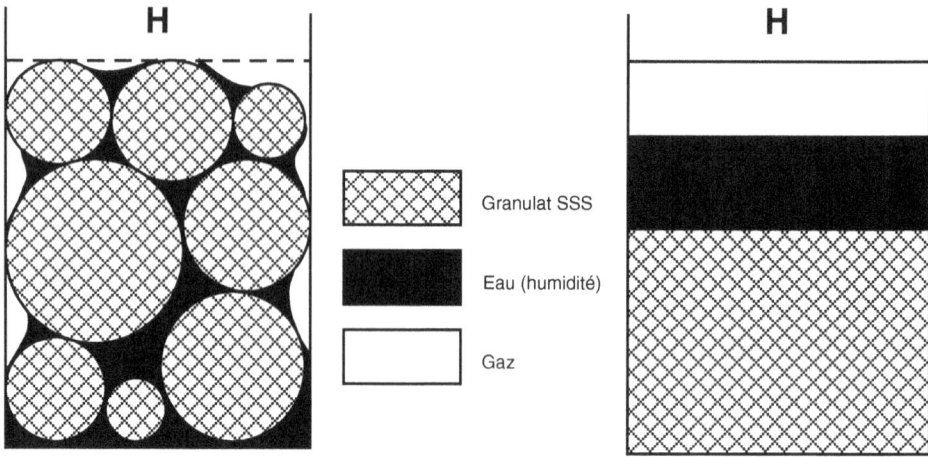

Figure 8.5 *Représentation schématique d'un granulat mouillé*

Par exemple, si 1 000 kg de gros granulats qui ont une absorption E_{abs} égale à 0,8 % sont absolument secs, $E_{tot} = 0$, par conséquent $E_h = -0,8$ % et 8 litres d'eau seront absorbés (au maximum) par le gros granulat lors du malaxage du béton. Cette quantité d'eau va influencer de façon significative la perte d'affaissement de ce béton durant son transport si l'on n'ajuste pas la teneur en eau de gâchage parce que l'absorption de ces 8 litres d'eau n'est pas instantanée.

Si le même gros granulat est exposé à un orage et qu'il a cette fois-ci une teneur en eau de 1,8 %, $E_h = 1,0$ %, le gros granulat apporte ainsi 10 litres d'eau au béton. Si l'on ne fait pas de correction dans les proportions du béton, cette eau supplémentaire aura un effet désastreux sur l'affaissement, la résistance à la compression et la perméabilité.

La teneur en eau totale, E_{tot}, est définie comme suit :

$$E_{tot} = \frac{\text{Masse des granulats humides} - \text{Masse des granulats secs}}{\text{Masse des granulats secs}} \times 100 \qquad (8\text{-}1)$$

En utilisant les conventions ASTM pour chacune des pesées (Fig. 8.4 et 8.5) :

$$E_{tot} = \frac{H - A}{A} \times 100 \qquad (8\text{-}2)$$

L'absorption d'un granulat, E_{abs}, est égale à :

$$E_{abs} = \frac{\text{Masse des granulats à l'état SSS} - \text{Masse des granulats secs}}{\text{Masse des granulats secs}} \times 100 \qquad (8\text{-}3)$$

ou avec les conventions ASTM (Fig. 8.4) :

$$E_{abs} = \frac{B - A}{A} \times 100 \qquad (8\text{-}4)$$

L'humidité d'un granulat, E_h, est égale à :

$$E_h = E_{tot} - E_{abs}$$ (8-5)

Dans la suite de ce chapitre, on utilisera quelquefois les relations suivantes liant la masse des granulats humides, H, et la masse B des granulats à l'état SSS :

$$H = B \frac{\left(\dfrac{1 + E_{tot}}{100}\right)}{\left(\dfrac{1 + E_{abs}}{100}\right)}$$ (8-6)

$$H = B \frac{1 + \left[\left(\dfrac{E_h - E_{abs}}{100}\right)\right]}{\dfrac{1 + E_{abs}}{100}}$$ (8-7)

$$H \cong \left(1 + \frac{E_b}{100}\right)$$ (8-8)

8.3.3   Densité

La densité SSS d'un granulat correspond à la densité du granulat lorsqu'il est à l'état SSS. La figure 8.4 montre comment déterminer la densité SSS d'un granulat :

$$d_{SSS} = \frac{B}{B - C}$$ (8-9)

La densité exprime combien de fois un granulat est plus dense que l'eau. L'application stricte du principe d'Archimède démontre que c'est bien la densité SSS qui doit être calculée pour connaître le volume réellement occupé par un granulat dans 1 m^3 de béton (Aïtcin, 1971).

La densité, d_c, du ciment Portland ou de tout autre ajout cimentaire peut être calculée selon la méthode ASTM C188 en utilisant l'expression :

$$d_c = \frac{A}{A - C}$$ (8-10)

8.3.4   Teneur en ajout cimentaire

L'expression teneur en ajout cimentaire ou en filler peut avoir deux significations légère-ment différentes selon que le ou les ajouts cimentaires et le ou les fillers sont incorporés directement lors du malaxage du béton ou qu'ils ont déjà été incorporés dans le ciment à la cimenterie.

Lorsque les ajouts cimentaires ou les fillers sont ajoutés lors du malaxage, le terme teneur en ajout cimentaire se rapporte à la masse de ciment utilisée pour fabriquer le béton. Quand ils sont incorporés dans le ciment, le terme teneur en ajout cimentaire se rapporte à la masse totale du liant (ciment + ajout cimentaire ou filler).

Les exemples suivants illustrent la signification différente de ces deux expressions.

(a) Premier cas

Un BHP est fabriqué en utilisant 400 kg de ciment Portland, 100 kg de cendre volante et 40 kg de fumée de silice. Quelle est la teneur en ajout cimentaire de ce béton ?

La teneur en ajout cimentaire de ce béton est :

$$\frac{100 + 40}{400} \times 100 = 35\ \%$$

La teneur en cendre volante est $(100/400) \times 100 = 25\ \%$ et la teneur en fumée de silice $(40/400) \times 100 = 10\ \%$.

(b) Deuxième cas

Un BHP est fabriqué en utilisant 400 kg d'un ciment composé contenant 7,5 % de fumée de silice. Quelles sont les quantités de ciment et de fumée de silice contenues dans 1 m^3 de béton ?

Dans ce ciment composé, le ciment Portland ne représente que 92,5 % de la masse totale du liant, la quantité de ciment Portland est par conséquent égale à :

$$\frac{400 \times 92{,}5}{100} = 370\ \text{kg}$$

et la quantité de fumée de silice est égale à $400 - 370 = 30$ kg.

Comme les deux expressions sont couramment utilisées dans la pratique et qu'elles ont chacune leur mérite, elles seront utilisées toutes les deux dans ce livre ; le lecteur devra se souvenir que l'expression teneur en ajout cimentaire peut avoir deux significations légèrement différentes selon que cet ajout cimentaire est incorporé dans le béton à la centrale à béton ou dans le ciment à la cimenterie.

8.3.5   Teneur en superplastifiant

La teneur en superplastifiant peut s'exprimer de plusieurs façons. Dans les centrales à béton, elle peut être exprimée en litre de solution commerciale par m^3 de béton. Cependant, dans les articles scientifiques ou les livres, il est toujours préférable d'exprimer la teneur en superplastifiant en pourcentage de solides par rapport à la masse de ciment parce que les superplastifiants commerciaux n'ont pas la même teneur en solides (actifs) ni la même densité. Lorsque l'on fabrique un BHP, il ne faudrait pas utiliser la même teneur (exprimée en l/m^3) si l'on utilise un superplastifiant différent qui a une teneur en solides (actifs) et une densité différentes. Par exemple, les superplastifiants à base de mélamine peuvent avoir des teneurs en solides de 22, 33 ou 40 %.

Cette façon d'exprimer la teneur en superplastifiant permet de mieux comparer l'efficacité et le coût des différents superplastifiants commerciaux. En principe, pour être plus rigoureux, il faudrait exprimer cette teneur en pourcentage de solides actifs et non en termes de pourcentage de solides (totaux) puisque certains superplastifiants commerciaux peuvent contenir une certaine quantité d'impuretés solides essentiellement des sulfates résiduels. Cependant, pour ne pas trop compliquer les choses, on ne tiendra pas compte de cette distinction entre solides actifs et solides totaux.

Lorsque l'on veut passer d'une forme à l'autre de l'expression de la teneur en superplastifiant, des l/m^3 au pourcentage, il faut absolument connaître la densité de la solution commerciale et sa teneur en solides.

(a) Densité d'un superplastifiant

En utilisant les notations qui apparaissent à la figure 8.6, la densité du superplastifiant est égale à :

$$d_{sup} = \frac{M_{liq}}{V_{liq}} \tag{8-11}$$

où M_{liq} est mesuré en grammes et V_{liq} en centimètres cubes.

(b) Teneur en solides

En utilisant encore les notations de la figure 8.6, la teneur en solides, s, est égale à :

$$s = \frac{M_{sol}}{M_{liq}} \times 100 \tag{8-12}$$

Par conséquent, la teneur en solides, M_{sol}, contenue dans un certain volume de superplastifiant, V_{liq}, ayant une densité égale à d_{sup} et une teneur en solides, s, est égale à :

$$M_{sol} = \frac{s \times M_{liq}}{100} = \frac{s \times d_{sup} \times V_{liq}}{100} \tag{8-13}$$

Par exemple, 6 litres de superplastifiant à base de mélamine qui a une densité de 1,10 et une teneur en solides de 22 % contient $0,22 \times 1,1 \times 6 = 1,45$ kg de solides, tandis que 6 litres de superplastifiant à base de naphtalène qui a une densité de 1,21 et qui contient 42 % de solides contient $0,42 \times 1,21 \times 6 = 3,05$ kg de solides.

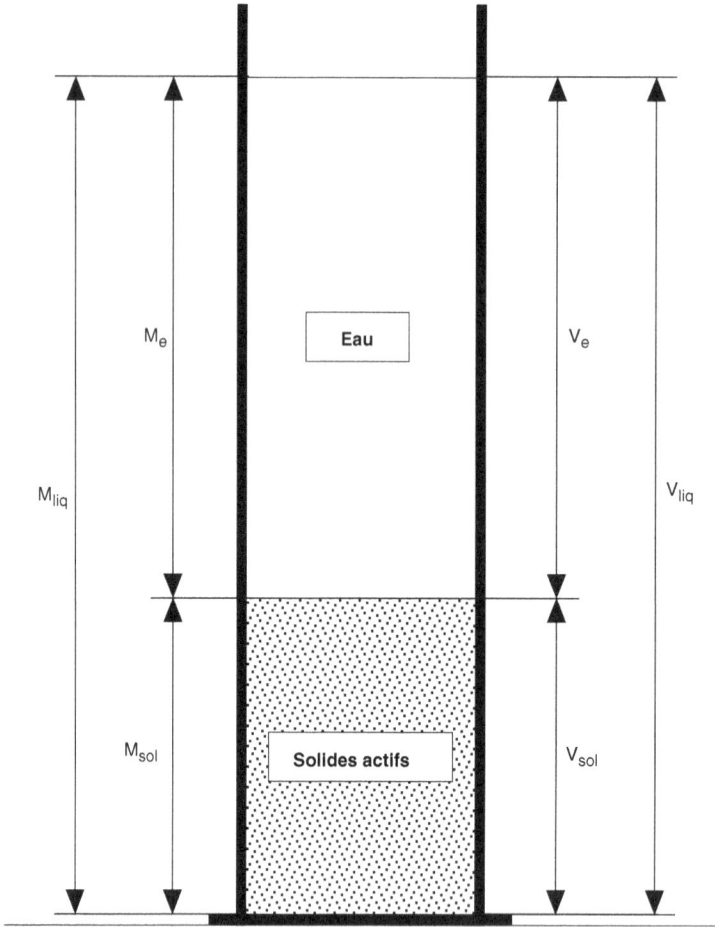

Figure 8.6 Représentation schématique d'un superplastifiant

(c) Masse d'eau contenue dans un certain volume de superplastifiant

Lorsque l'on ajoute plusieurs litres de superplastifiant dans un béton, il faut tenir compte de la quantité d'eau que l'on ajoute ainsi, de façon à pouvoir calculer le rapport eau/liant réel du béton. Il est donc nécessaire de savoir calculer la quantité d'eau contenue dans un certain volume de superplastifiant. Toujours en utilisant les notations de la figure 8.6, on a :

$$M_{liq} = M_E + M_{sol} \text{ ou } M_E = M_{liq} - M_{sol}$$

Or, d'après (8-12) :

$$M_{liq} = \frac{M_{sol} \times 100}{s} \qquad (8\text{-}14)$$

donc :

$$M_E = M_{sol}\left(\frac{100}{s} - 1\right) \quad ou \quad M_E = M_{sol}\frac{(100 - s)}{s} \tag{8-15}$$

En remplaçant M_{sol} par sa valeur en (8-13) :

$$M_E = \frac{V_{liq} \times s \times d}{100} \times \frac{100 - s}{100}$$

d'où finalement :

$$M_E = V_{liq} \times d_{sup} \times \frac{100 - s}{s} \tag{8-16}$$

Lorsque l'on utilise les unités g et cm^3 ou kg et l, on peut alors exprimer M_E et V_E par la même valeur :

$$V_E = V_{liq} \times d_{sup} \times \frac{100 - s}{s} \tag{8-17}$$

Par exemple, pour fabriquer un BHP, on a utilisé 8,25 litres d'un superplastifiant à base de naphtalène qui a une densité de 1,21 et une teneur en solides de 40 %. Quel est le volume d'eau qui a été rajouté au béton quand on a utilisé ces 8,25 litres de superplastifiant ? D'après l'équation 8-17, on a :

$$V_E = 8,25 \times 1,21 \times \frac{100 - 40}{40} = 6,0 \text{ l/m}^3$$

(d) Autres relations utiles

Si d est le dosage en solides suggéré par un fabricant de superplastifiant pour obtenir un béton d'affaissement donné qui contient une masse, C, de liant, le volume de superplastifiant liquide nécessaire qui a une densité, d_{sup}, et une teneur en solides, s, peut être calculé par l'équation suivante :

$$M_{sol} = C \times \frac{d}{100} \tag{8-18}$$

Mais, comme (8-12) :

$$M_{sol} = \frac{s \times M_{liq}}{100} \tag{8-19}$$

par conséquent :

$$\frac{s \times M_{liq}}{100} = C \times \frac{d}{100} \tag{8-20}$$

en remplaçant M_{liq} par sa valeur déduite de (8-11) :

$$\frac{s \times d_{sup} \times V_{liq}}{100} = C \times \frac{d}{100} \qquad (8\text{-}21)$$

d'où :

$$V_{liq} = \frac{C \times d}{s \times d_{sup}}$$

(e) Masse des particules solides et volume de superplastifiant nécessaire

Si C est la masse de liant utilisée dans un béton et si d est le dosage en superplastifiant suggéré par le fabricant, alors la masse de solides est :

$$M_{sol} = C \times \frac{d}{100} \qquad (8\text{-}22)$$

Le volume de superplastifiant liquide qui contient M_{sol} se calcule de la façon suivante en remplaçant dans l'équation (8-11) M_{liq} par la valeur trouvée en (8-12) :

$$V_{liq} = \frac{M_{liq}}{d_{sup}} \quad \text{et} \quad M_{liq} = \frac{M_{sol} \times 100}{s}$$

donc :

$$V_{liq} = \frac{M_{sol} \times 100}{s \times d_{sup}} \qquad (8\text{-}23)$$

(f) Volume des solides contenus dans V_{liq}

En se référant à la figure 8.6, on a :

$$V_{sol} = V_{liq} - V_E$$

En remplaçant V_E par sa valeur trouvée dans l'équation (8-17) :

$$V_{sol} = V_{liq} - V_{liq} \times d_{sup} \times \frac{100 - s}{s} \qquad (8\text{-}24)$$

$$V_{sol} = V_{liq} \left(1 - d_{sup} \times \frac{100 - s}{100} \right) \qquad (8\text{-}25)$$

(g) Exemples

Premier exemple : comment exprimer un dosage en superplastifiant en l/m^3 en pourcentage de solides ?

Un BHP contient 450 kg de ciment par m^3 de béton, il a été fabriqué en utilisant 7,5 l de superplastifiant à base de naphtalène. Ce superplastifiant a une densité de 1,21 et une teneur en solides de 41 %. Quelle est la teneur en superplastifiant exprimée en pourcentage de solides par rapport à la masse de ciment ?

Les 7,5 l de superplastifiant ont une masse de :

$$7,5 \times 1,21 = 9,075 \text{ kg}$$

La quantité de solides contenue dans cette masse de superplastifiant est :

$$9,075 \times \frac{41}{100} = 3,72 \text{ kg}$$

Le dosage en superplastifiant par rapport à la masse de ciment est donc de :

$$\frac{3,72}{450} \times 100 = 0,8 \text{ %}$$

Deuxième exemple : comment passer d'une teneur en superplastifiant exprimée en pourcentage de solides à une teneur exprimée en l/m^3 ?

Dans un article, on mentionne qu'un dosage de 1,1 % de superplastifiant a été utilisé dans un béton qui avait un rapport eau/ciment de 0,35 et qui contenait 425 kg de ciment. On a utilisé un superplastifiant à base de mélamine qui a une densité de 1,15 et une teneur en solides de 33 %. Quelle est la quantité de superplastifiant liquide qui a été utilisée ?

La quantité de solides utilisée est :

$$\frac{425 \times 1,1}{100} = 4,675 \text{ kg}$$

Cette quantité de solides est contenue dans $\frac{4,675}{0,33} = 14,17$ kg de superplastifiant liquide, ce qui représente $\frac{14,17}{1,15} = 12,3$ l de solution commerciale.

8.3.6   Teneur en réducteur d'eau et en agent entraîneur d'air

Il y a différentes façons d'exprimer les teneurs en réducteur d'eau et en agent entraîneur d'air. Comme dans le cas des superplastifiants, ces teneurs peuvent être exprimées en termes de litre de solution commerciale par mètre cube de béton, avec les mêmes inconvénients que ceux rencontrés précédemment. Dans ce livre, on se conformera à l'habitude nord-américaine selon laquelle les dosages en réducteur d'eau et en agent entraîneur d'air sont exprimés en millilitre de solution commerciale par 100 kg de ciment.

8.3.7 Résistance à la compression requise

La plupart des méthodes de formulation de béton sont basées sur une résistance à la compression. Il est donc très important de définir la valeur exacte de la résistance à la compression qui doit être obtenue avant d'utiliser n'importe quelle méthode de formulation. Dans cette section, on donne la signification exacte des différentes expressions reliées à la résistance à la compression qui sont utilisées dans la pratique et l'on propose des définitions qui peuvent être utilisées par tous les lecteurs. Comme cela se fait dans la pratique, le mot « compression » sera omis dans certaines de ces définitions.

La résistance à la compression caractéristique n'est pas utilisée en tant que telle lorsque l'on formule un béton. La plupart des méthodes sont plutôt basées sur le calcul de la résistance moyenne, f_{cr}', de ce béton. Cette résistance se calcule à partir de la résistance caractéristique, du critère d'acceptation et de la variabilité connue (ou prévue) de la production de béton.

Résistance caractéristique, f_c', est la résistance que le concepteur a prise en compte dans ses calculs.

Résistance moyenne requise, f_{cr}', est la résistance moyenne qu'il est nécessaire d'obtenir pour satisfaire aux critères d'acceptation ; la valeur de f_{cr}' dépend de la résistance caractéristique, mais aussi du degré de contrôle de la qualité de la centrale à béton et du critère d'acceptation.

En général, on suppose que la résistance à la compression des bétons que l'on mesure suit une loi de distribution normale telle que représentée à la figure 8.7a), où f_{cr}' représente la résistance moyenne et σ l'écart type.

Statistiquement parlant, il est absolument inacceptable de spécifier une résistance à la compression en disant que le béton devra toujours avoir une résistance supérieure à la résistance caractéristique f_c' La résistance d'un béton doit plutôt être spécifiée en disant que l'on accepte que la résistance à la compression mesurée puisse être inférieure à f_c' dans un nombre limité de cas. Le nombre de fois où l'on accepte que la résistance à la compression soit inférieure à f_c' définit le critère d'acceptation. La surface noircie, B, sous la courbe de distribution normale de la figure 8.7b) exprime le pourcentage de résultats que l'on accepte en dessous de la résistance caractéristique, f_c'. En comparant cette surface à la surface totale sous la courbe de distribution normale, on détermine le pourcentage des résultats qui correspondent à une résistance à la compression inférieure à la résistance caractéristique.

De façon à satisfaire le critère d'acceptation choisi, il faudra évidemment que la résistance à la compression moyenne, f_{cr}', soit supérieure à f_c', moins le contrôle de la qualité sera serré, plus l'écart entre f_c' et f_{cr}' sera élevé.

Si l'écart type est élevé, la résistance moyenne requise, f_{cr}', qu'il faudra atteindre pour s'assurer d'obtenir la résistance caractéristique devra être beaucoup plus élevée que cette résistance caractéristique. Si le critère d'acceptation est sévère, la résistance, f_{cr}', nécessaire pour satisfaire aux critères d'acceptation devra être aussi beaucoup plus élevée que f'_c.

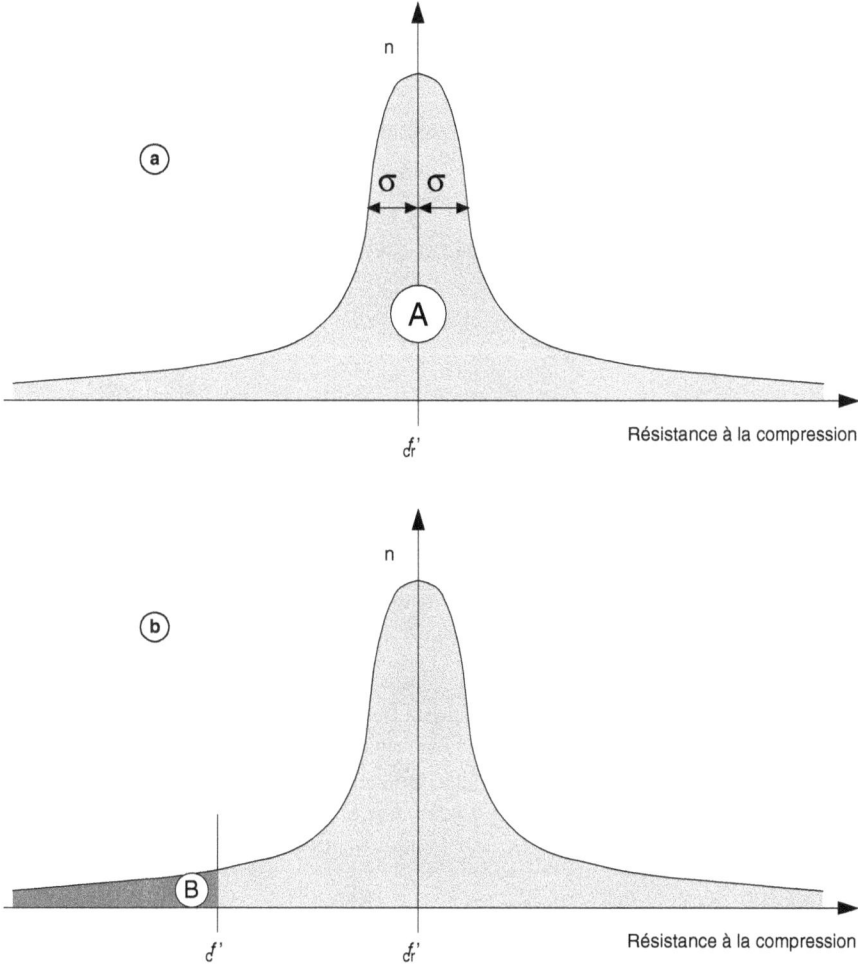

Figure 8.7 Distribution statistique des résultats de résistance à la compression

Il existe différentes formules qui permettent de calculer la valeur de f'_{cr} en fonction de f'_c et en fonction du critère d'acceptation choisi. Certaines de ces formules sont présentées dans ce qui suit. Par exemple, les normes ACI 318 et ACI 322 suggèrent d'utiliser un béton qui a une résistance à la compression f'_{cr} plus élevée que f'_c de façon à garantir un certain nombre de résultats supérieurs à f'_c. Pour des bétons usuels, la résistance f'_{cr} exprimée en MPa doit être supérieure à la plus élevée des deux valeurs obtenues à partir des deux équations suivantes :

$$f'_{cr} = f'_c + 1,34\,\sigma \qquad (8\text{-}26)$$

$$f'_{cr} = f'_{cr} + 2,33\,\sigma - 3 \qquad\qquad (8\text{-}27)$$

où σ est l'écart type en MPa. L'équation (8-26) assure qu'il y a 99 chances sur 100 que la moyenne de tous les ensembles de trois résultats consécutifs soit égale ou supérieure à f'_c. La seconde équation assure qu'il y a 99 chances sur 100 qu'aucun essai n'aura une résistance à la compression inférieure à $f'_c - 3$ MPa.

L'écart type σ peut être égal à l'écart type habituel du producteur de béton pour une autre production de béton faite avec des matériaux semblables à ceux qu'il utilise pour fabriquer son BHP.

La norme ACI 363R spécifie aussi que f'_{cr} (MPa) devra être :

$$f'_{cr} = d'_c + 1,34\,\sigma \qquad\qquad (8\text{-}28)$$

ou

$$f'_{cr} = f'_c + 2,33\,\sigma \angle 3,5 \qquad\qquad (8\text{-}29)$$

8.4   La méthode de formulation de l'Université de Sherbrooke

La méthode de formulation développée à l'Université de Sherbrooke permet de formuler un BHP sans air entraîné ; elle peut aussi être utilisée pour formuler un BHP à air entraîné à condition de tenir compte de la réduction de la résistance à la compression due à la présence du réseau de bulles d'air contenu dans le béton, comme on le verra dans le chapitre 18 (Lessard et coll., 1993 ; Lessard et coll., 1995).

Cette méthode très simple suit la même approche que la norme ACI 211-1. Il s'agit d'une combinaison de résultats empiriques et de calculs basée sur la méthode des volumes absolus. La quantité d'eau contenue dans le superplastifiant est considérée comme faisant partie de la quantité d'eau de gâchage. L'organigramme de cette méthode est présenté à la figure 8.8.

La procédure de formulation commence par le choix de cinq caractéristiques particulières du BHP ou des matériaux utilisés :

1) le rapport eau/liant ;

2) le dosage en eau ;

3) le dosage en superplastifiant ;

4) le dosage en gros granulat ;

5) la teneur en air.

ÉTAPE 1 | ÉTAPE 2 | ÉTAPE 3 | ÉTAPE 4 | ÉTAPE 5

Sélection du rapport E/L

Teneur en eau

Dosage en superplastifiant

Teneur en gros granulat

Teneur en air

Dosage en liant

Teneur en sable

Gâchée d'essai

Maniabilité — Non → Ajustements

Oui

Résistance — Non → Modification du rapport E/C

Oui

Composition finale

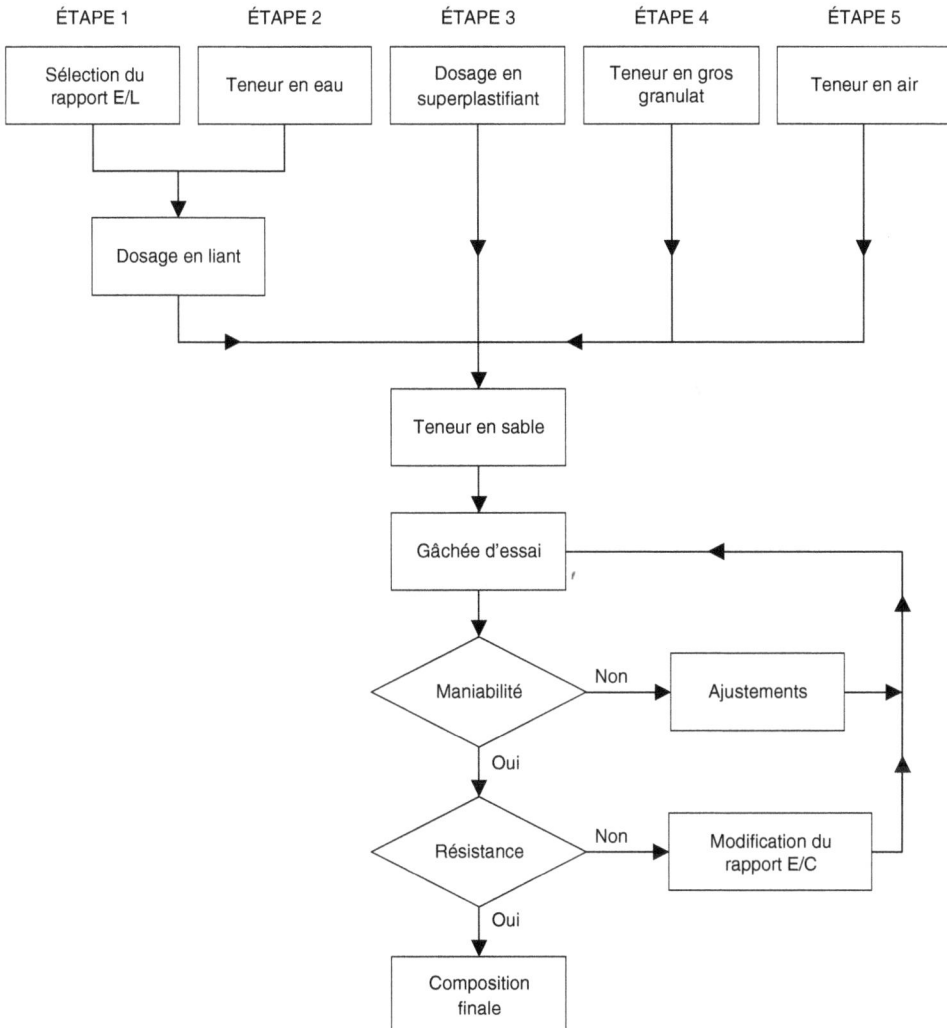

Figure 8.8 Organigramme de la méthode proposée pour formuler des BHP

1) Rapport eau/liant

On peut trouver le rapport eau/liant en utilisant la figure 8.9 pour des bétons ayant une résistance à la compression donnée à 28 jours (cette résistance à la compression correspond à celle mesurée sur des cylindres de 100×200 mm). Par suite des variations de résistance dues aux différences d'efficacité des liants, le fuseau de la figure 8.9 donne une gamme relativement étendue de rapport eau/ciment pour une résistance donnée. Si l'on ne connaît pas l'efficacité du liant que l'on utilise, on peut commencer par prendre la valeur moyenne donnée par ce fuseau.

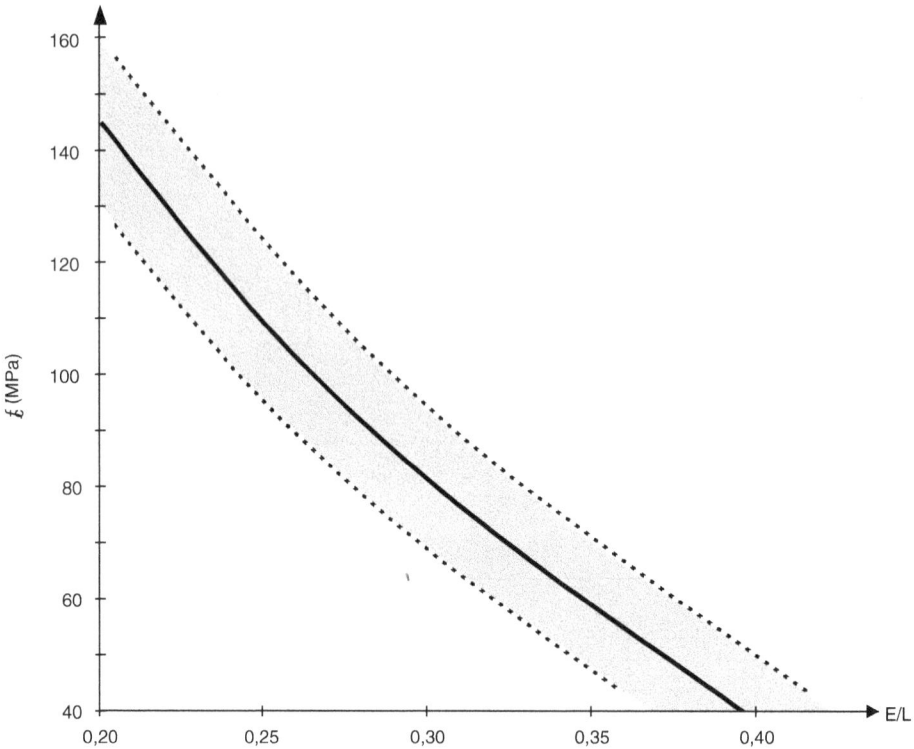

Figure 8.9 Relation proposée entre le rapport eau/liant et la résistance à la compression

2) Dosage en eau

Une des plus grandes difficultés rencontrées lorsque l'on calcule la composition d'un BHP est de déterminer la quantité d'eau qu'il va falloir utiliser pour fabriquer un béton qui aura un affaissement de 200 mm plus d'une heure après son malaxage. En effet, la maniabilité d'un BHP est contrôlée par plusieurs facteurs : la quantité initiale d'eau, la « réactivité du ciment », la quantité de superplastifiant et son degré de compatibilité avec ce ciment particulier. On peut concevoir un BHP de 200 mm d'affaissement en utilisant un faible dosage en eau et un fort dosage en superplastifiant ou, inversement, un dosage en eau plus élevé et un dosage en superplastifiant plus faible. Du point de vue économique, il n'y a pas tellement de différence entre ces deux options, mais, du point de vue rhéologique, la différence peut être très significative selon la réactivité rhéologique du ciment et l'efficacité du superplastifiant. Ainsi, la quantité minimale d'eau de gâchage qui permet de fabriquer un béton de 200 mm d'affaissement peut varier sensiblement selon la finesse, la composition phasique, la réactivité des phases et selon la composition et la solubilité des sulfates de calcium et des sulfates alcalins du ciment. Si la quantité d'eau de gâchage est trop faible, le béton peut devenir rapidement collant et perdre de l'affaissement. Il faudra alors utiliser une assez grande quantité de superplastifiant pour obtenir un affaissement élevé, mais il ne faudra pas s'étonner alors de faire face à un certain retard dans le durcissement de ce béton.

La meilleure façon de trouver le bon rapport entre la quantité d'eau et la quantité de superplastifiant est d'utiliser un plan d'expérience (Rougeron et Aïtcin, 1994). Toutefois, comme cette méthode n'est pas toujours pratique, la figure 8.10 présente une approche simplifiée, basée sur le concept de point de saturation. Pour calculer une formulation robuste, on peut ajouter 5 l/m^3 à toutes les valeurs présentées à la figure 8.10. Lorsque le point de saturation du superplastifiant n'est pas connu, on suggère de commencer avec une quantité d'eau de malaxage égale à 145 l/m^3.

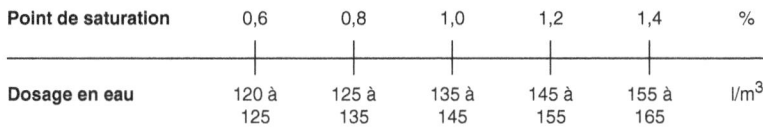

Point de saturation	0,6	0,8	1,0	1,2	1,4	%
Dosage en eau	120 à 125	125 à 135	135 à 145	145 à 155	155 à 165	l/m^3

Figure 8.10 Détermination du dosage en eau

3) Dosage en superplastifiant

Le dosage en superplastifiant se déduit du dosage au point de saturation. Si l'on ne connaît pas le point de saturation, on peut toujours commencer avec un dosage en superplastifiant égal à 1,0 %.

4) Dosage en gros granulat

Le dosage en gros granulat peut être déduite de la figure 8.11 en fonction de la forme des granulats. S'il y a quelque doute sur la forme des granulats ou si on ne la connaît pas, on peut toujours commencer avec une quantité de gros granulats de 1000 kg/m^3.

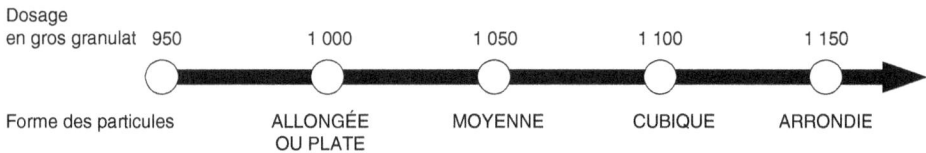

Dosage en gros granulat	950	1 000	1 050	1 100	1 150
Forme des particules		ALLONGÉE OU PLATE	MOYENNE	CUBIQUE	ARRONDIE

Figure 8.11 Dosage en gros granulat

5) Teneur en air

Les BHP qui sont utilisés dans des environnements où il n'y a pas de cycle de gel-dégel n'ont évidemment pas besoin de contenir de l'air entraîné, de telle sorte que la seule quantité d'air que l'on retrouvera dans les BHP est le volume d'air piégé. Cependant, de façon à améliorer la manipulation et la mise en place des BHP, certains auteurs suggèrent de rajouter systématiquement une très faible quantité d'air entraîné dans les BHP, comme on le verra au chapitre 18.

Quand on fabrique des BHP qui ont de très faibles rapports eau/liant, on a souvent observé que les combinaisons ciment-superplastifiant n'entraînent pas toujours la même quantité d'air et que certains bétons ont tendance à entraîner beaucoup plus d'air que d'autres. L'expérience a démontré qu'il était assez difficile de fabriquer des BHP qui contiennent moins de 1 % d'air piégé et que, dans les pires cas, la teneur en air piégé peut être aussi élevée que 3 %. Par conséquent, certains auteurs suggèrent d'utiliser une valeur de 1,5 % comme valeur initiale de la quantité d'air piégé et d'ajuster les résultats par la suite en fonction de ce qui est obtenu lors des gâchées d'essai.

8.4.1   *Feuille de calcul*

Tous les calculs nécessaires à la formulation d'un BHP sont présentés sur une seule feuille de calcul (Fig. 8.12). Cette feuille de calcul est divisée en trois parties. Dans la partie supérieure, on retrouve les propriétés spécifiques du BHP qui doit être fabriqué ainsi que les caractéristiques de tous les ingrédients qui entreront dans sa composition. Avant d'effectuer quelque calcul que ce soit, cette partie de la feuille doit être remplie puisque chacune de ces données est essentielle aux calculs subséquents. Si certaines des propriétés physiques des granulats ne sont pas connues, il sera nécessaire de fixer leurs valeurs en se basant sur les meilleures informations disponibles. Dans la partie médiane de la feuille, on trouve les calculs relatifs au dosage en superplastifiant.

La feuille de calcul utilise les symboles suivants :

d_c	densité du ciment ou des ajouts cimentaires
d_{SSS}	densité des granulats à l'état saturé superficiellement sec
E_{abs}	quantité d'eau absorbée dans les granulats (en pour cent)
E_{tot}	teneur en eau totale des granulats (en pour cent)
E_h	humidité des granulats (en pour cent) : $E_h = E_{tot} - E_{abs}$
d_{sup}	densité du superplastifiant liquide
s	teneur en solides du superplastifiant (en pour cent)
M_{sol}	masse de solides dans le superplastifiant
d	dosage du superplastifiant exprimé sous forme de pourcentage de la masse de solides par rapport à la masse de matériaux cimentaires
V_{liq}	volume de superplastifiant liquide
V_E	volume d'eau dans le superplastifiant
V_{sol}	volume de solides dans le superplastifiant
E	masse d'eau en kg/m^3 dans le béton
L	masse de liant par mètre cube de béton

GÂCHÉE :

f'_c:	MPa

	G_c	%
Ciment	3,14	

COMPOSITION D'UN BHP

			%		
Granulat	G_{SSS}	E_{abs}	E_{tot}	E_h
Gros				
Fin				

$E_h = E_{tot} - E_{abs}$ $\qquad M = M_{SSS}\,(1 + E_h)$

SUPERPLASTIFIANT		$M_{sol} = C \times \dfrac{d}{100}$	$V_{liq} = \dfrac{M_{sol}}{s \times G_{sup}} \times 100$	$V_E = V_{liq} \times G_{sup} \times \left(\dfrac{100-s}{100}\right)$	$\begin{aligned} V_{sol} &= V_{liq} - V_E = \\ V_{liq} &\left[1 - \left(\dfrac{100-s}{100}\right) \times G_{sup}\right] \end{aligned}$
Densité (G_{sup})	Teneur en solides s (%)	15	E 24	F 21	G 11 H

MATÉRIAUX	1 Teneur kg/m³		2 Volume l/m³	3 Dosage état SSS kg/m³	4 Correction d'humidité l/m³	5 Composition 1 m³	6 Composition Gâchée d'essai
EAU	2		2	2		23	25
$\frac{E}{L} = 0,$ ¹	3	4-1	8-1	4-1		4-1	26-1
CIMENT		4-2	8-2	4-2		4-2	26-2
		4-3	8-3	4-3		4-3	26-3
GROS GRANULAT	5		9	5	18	17	27
GRANULAT FIN			13	14	20	19	28
AIR	POURCENTAGE 6 %	10		0			
SUPER- PLASTIFIANT	7 %	11	15	21 -		24 V_{liq}	29 V_{liq}
TOTAL			12	16	22		30

Figure 8.12 Feuille de composition d'un BHP

Pour faciliter les corrections à apporter à la teneur en eau pour tenir compte de la quantité d'eau contenue dans le superplastifiant, on utilise les différentes équations que l'on retrouve dans la section médiane de la feuille de calcul.

La partie inférieure de la feuille de calcul comprend des cases numérotées dans l'ordre dans lequel il faut les remplir. Cette partie de la feuille de calcul est divisée en six colonnes, numérotées à leur partie supérieure. Dans la première colonne, on reporte les données initiales et les premiers calculs ; dans la colonne 2, on calcule le volume du granulat fin ; dans la colonne 3, on retrouve les proportions du béton avec des granulats à l'état SSS ; dans la colonne 4, on calcule les corrections d'eau ; dans la colonne 5, on retrouve les proportions du béton dans l'état où l'on utilise les matériaux ; dans la colonne 6, on retrouve les proportions de la gâchée d'essai prévue.

Avant de présenter un exercice pratique, les paragraphes ci-dessous expliquent les calculs détaillés qu'il faut effectuer pour remplir chacune des cases de la figure 8.12.

(a) Calculs

Case 1   Reporter la valeur du rapport eau/liant telle que choisie à la figure 8.9.

Case 2   Écrire la quantité d'eau nécessaire, selon la figure 8.10, et recopier cette valeur dans les colonnes 1, 2 et 3 où l'on retrouve la case 2.

Case 3   À partir des valeurs qui apparaissent dans les cases 1 et 2, calculer la masse de liant.

Cases 4-1, 4-2 et 4-3 Calculer la masse de chaque ajout cimentaire nécessaire selon la composition sélectionnée qui apparaît dans le tableau A à la partie supérieure de la feuille de calcul et reporter ces valeurs dans les colonnes 1, 3 et 5 où l'on retrouve ces cases.

Case 5   Reporter la masse de gros granulat trouvée à la figure 8.11 et écrire cette valeur dans la case 5 des colonnes 1 et 3.

Case 6   Écrire la quantité d'air piégé que l'on prévoit obtenir dans le BHP.

Case 7   Écrire la quantité de superplastifiant qu'il sera nécessaire d'utiliser en se basant sur la valeur du point de saturation.

À cette étape, la seule information manquante est la masse de granulat fin qu'il faut utiliser. Cette valeur peut se calculer par la méthode des volumes absolus, c'est-à-dire que l'on soustrait de 1 m^3 le volume de tous les ingrédients déjà sélectionnés de façon à trouver le volume restant pour le granulat fin, ce qui se fait dans la colonne 2.

Cases 8-1, 8-2 et 8-3 Calculer les volumes des différents ajouts cimentaires en divisant leur masse (cases 4-1, 4-2 et 4-3) par leur densité respective (ces valeurs se retrouvent dans la partie supérieure de la feuille de calcul).

Case 9   Calculer le volume de gros granulat en divisant la masse du gros granulat apparaissant dans la case 5 par sa densité SSS.

Case 10   Multiplier la quantité d'air (case 6) par 10 pour obtenir le volume d'air piégé en l/m^3.

Case 11   Calculer le volume V_{sol} (volume des solides contenu dans le superplastifiant) en utilisant la formule que l'on retrouve dans la partie médiane de la feuille de calcul.

Case 12   Inscrire la somme de tous les volumes déjà calculés.

Case 13   Calculer le volume de granulat fin (en l/m^3) en soustrayant de $1\,000\ l/m^3$ la somme déjà calculée à la case 12.

On peut alors calculer dans la colonne 3 la masse de granulat fin et la masse volumique du béton :

Case 14   Calculer la masse de granulat fin en multipliant son volume apparaissant dans la case 13 par sa densité SSS.

Case 15   Calculer la masse de solides dans le superplastifiant (M_{sol}) et reporter sa valeur dans cette case.

Case 16   Calculer le total de toutes les masses qui apparaissent dans la colonne 3 pour obtenir la masse volumique du béton.

Il faut noter que, jusqu'à présent, les masses de granulats ont toujours été calculées dans des conditions SSS. Il faut donc corriger le dosage en eau de gâchage pour tenir compte du fait que les granulats qui seront utilisés ont des teneurs en eau qui ne sont pas forcément celles de l'état SSS et pour tenir compte de la quantité d'eau contenue dans le superplastifiant. Ces corrections sont faites dans les colonnes 4 et 5, dans les cases 18, 20 et 21 selon la convention arbitraire de signe suivante : si un granulat apporte de l'eau au béton (c'est-à-dire si sa teneur en eau totale est supérieure à son absorption à l'état SSS), cette quantité d'eau devra être soustraite de la quantité d'eau de gâchage et l'on utilisera un signe moins dans la case correspondante, tandis que l'on utilisera un signe plus lorsque le granulat absorbera une partie de l'eau contenue dans le béton.

Case 17   Multiplier la masse SSS du gros granulat par $(1 + E_h/100)$.

Case 18   Soustraire la valeur trouvée à la case 17 de la valeur de la case 5 et écrire ce résultat à la case 18.

Case 19   Calculer la masse SSS du granulat fin.

Case 20   Soustraire la valeur apparaissant dans la case 19 de celle apparaissant dans la case 14.

Case 21   Écrire la quantité d'eau contenue dans le superplastifiant telle que calculée à la case G (le signe négatif apparaît déjà dans cette case).

Case 22   Ajouter algébriquement toutes les corrections d'eau.

La composition finale de $1\ m^3$ de béton avec des granulats humides est maintenant calculée dans la colonne 5.

Case 23   Ajouter (en tenant compte du signe) la correction en eau que l'on retrouve dans la case 22 du volume d'eau à la valeur qui apparaît dans la case 2.

Case 24   Écrire le dosage en superplastifiant V_{liq} que l'on trouve dans la case F.

La gâchée d'essai peut être calculée dans la colonne 6. Chaque valeur apparaissant dans la colonne 5 doit être multipliée par un facteur f égal à la masse de béton que l'on désire fabriquer dans la gâchée d'essai exprimée en kg, divisée par la masse volumique du béton qui apparaît dans la case 16. Le facteur f peut être aussi calculé sur une base volumétrique. Si la gâchée d'essai doit avoir un certain volume, chacun des nombres qui apparaissent dans la colonne 5 devra être multiplié par un facteur égal au volume de la gâchée d'essai exprimé en litre divisé par 1 000.

Cases 25 à 29 Multiplier les valeurs de la colonne 5 par le facteur **f**.

Case 30   Calculer la masse de la gâchée d'essai en additionnant les masses des différents ingrédients du béton que l'on retrouve dans les cases 25 à 29. Vérifier les calculs en multipliant le résultat de la case 16 par **f** : le résultat devrait être le même que celui qui est inscrit dans la case 30.

(b) Exemple

On veut fabriquer un béton de 100 MPa en utilisant :

- un ciment Portland de Type I ;
- un superplastifiant à base de naphtalène qui a une teneur en solides de 40 % et une densité de 1,21 ;
- un calcaire dolomitique qui a les caractéristiques suivantes : $\phi_{max} = 10$ mm, $d_{SSS} = 2,80$, $E_{abs} = 0,8$ % et $E_{tot} = 0$ %. Les particules de ce calcaire dolomitique ont une forme plutôt moyenne sans être très cubique ;
- un sable naturel siliceux qui a les caractéristiques suivantes : $d_{SSS} = 2,65$, $E_{abs} = 1,2$ % et $E_{tot} = 3,5$ % ;
- une fumée de silice a un dosage de 10 % de la masse totale de liant ; sa densité est de 2,20 ;
- le dosage en superplastifiant au point de saturation est de 1,0 %.

D'abord, on remplit la partie supérieure de la feuille de calcul en reportant toutes les valeurs précédentes dans les cases appropriées et on calcule l'humidité des granulats.

(c) Calculs

Rapport eau/liant

D'après la figure 8.9, pour obtenir un béton de 100 MPa, il faut que le rapport eau/liant soit compris entre 0,25 et 0,30. Comme on n'a aucune idée de l'efficacité du liant utilisé, on écrit 0,27 dans la case 1.

Dosage en eau

La figure 8.10 indique que la quantité d'eau qu'il faut utiliser pour une teneur en superplastifiant de 1,0 % au point de saturation est comprise entre 135 et 145 l/m^3. On écrit donc 140 l/m^3 dans la case 2.

Dosage en liant

Le dosage en liant est donc de :

$$L = \frac{140}{0,27} = 518,5 \text{ kg}$$

On arrondit cette valeur à 520 kg/m^3 (case 3). Cette quantité de liant contient 10 % de fumée de silice soit 52 kg/m^3. On écrit alors 50 kg dans la case 4-2.

Le dosage en ciment est de 520 – 50 = 470 kg/m^3 (case 4-1).

Le dosage en gros granulat trouvé par la figure 8.11 est de 1 075 kg/m^3, valeur que l'on reporte dans la case 5.

On suppose que le volume d'air piégé dans le béton est de 1,5 % (case 6). Le dosage en superplastifiant est égal à 1 % (case 7).

Maintenant que la première colonne est remplie et avant de passer aux calculs de la colonne 2, il faut calculer les valeurs relatives au superplastifiant que l'on retrouve dans les cases E, F, G, H dans la partie médiane de la feuille de calcul :

M_{sol} = 520 × 1/100 = 5,2 kg, que l'on peut arrondir à 5,0 dans la case E et 15

V_{liq} = 5,2/[(40/100) × 1,21] = 10,74 l/m^3 que l'on peut arrondir à 10,7 (case F et 24)

V_E = 10,74 × 1,21 × (100 – 40)/100 = 7,8 l/m^3 que l'on peut arrondir à 8,0 (case G et 21)

V_{sol} = 10,74 – 7,80 = 2,94 l/m^3 que l'on arrondit à 3,0 l/m^3 dans les cases H et 11.

On peut maintenant revenir à la deuxième colonne du tableau inférieur.

Le volume de ciment est égal à :

$$\frac{470}{3,14} = 149,7 \text{ l/m}^3$$

que l'on arrondit à 150 dans la case 8-1.

Le volume de fumée de silice est :

$$\frac{50}{2,2} = 22,71 \text{ l/m}^3$$

on reporte 23 dans la case 8-2.

Le volume de gros granulat est :

$$\frac{1\,075}{2,80} = 383,9 \text{ l/m}^3$$

que l'on arrondit à 384 dans la case 9.

Le volume d'air entraîné que l'on inscrit à la case 10 est :

$$1,5 \times 10 = 15 \text{ l/m}^3$$

Le volume de solides dans le superplastifiant apparaît déjà dans la case 11.

La somme de tous les volumes que l'on retrouve dans la deuxième colonne et que l'on reporte à la case 12 est :

$$140 + 150 + 23 + 384 + 15 + 3 = 715 \text{ litres}$$

Le volume de granulat fin que l'on écrit dans la case 13 est donc :

$$1\,000 - 715 = 285 \text{ l/m}^3$$

Maintenant que l'on connaît le volume de granulat fin, on peut remplir la case 14 de la colonne 3. La masse SSS du granulat fin que l'on reporte dans la case 14 est :

$$285 \times 2{,}65 = 755 \text{ kg/m}^3$$

En additionnant les valeurs que l'on retrouve dans la troisième colonne, on peut calculer la masse volumique du béton que l'on inscrit dans la case 16 :

$$140 + 470 + 50 + 1075 + 755 + 5 = 2495 \text{ kg/m}^3$$

Puisque les granulats que l'on utilise ne sont pas dans des conditions SSS et que les 10,8 l de superplastifiant apportent une certaine quantité d'eau dans le béton, il faut effectuer les corrections sur la quantité d'eau de gâchage en tenant compte de la convention de signe déjà proposée. Les calculs relatifs aux corrections sur la quantité d'eau de gâchage sont effectués dans les colonnes 4 et 5.

Le gros granulat étant sec, il absorbera une certaine quantité d'eau. La masse M_c de gros granulat sec qu'il faut peser est égale à :

$$M_g = 1\,075 \left(1 - \frac{0{,}8}{100}\right) = 1\,066 \text{ kg/m}^3 \text{ (case 17)}$$

Cette quantité de granulat sec va absorber $1\,075 - 1\,066 = 9$ kg d'eau ; on écrit donc $+ 9$ dans la case 18.

Comme le granulat fin est humide, il faut en peser une quantité supérieure à 755 kg et la quantité d'eau contenue dans ce sable humide doit être soustraite de la quantité d'eau de gâchage. Étant donné que l'humidité du granulat fin est $E_h = 2{,}3 \%$:

$$M_f = 755 \left(1 - \frac{2{,}3}{100}\right) = 772 \text{ kg}$$

valeur que l'on reporte dans la case 19.

La masse de granulat fin apporte une quantité d'eau égale à :

$$772 - 755 = 17 \text{ l/m}^3$$

on écrit -17 dans la case 20.

La correction d'eau est donc égale à la somme des nombres que l'on retrouve dans la colonne 4 :

$$+ 9 - 17 - 8 = - 16 \text{ l/m}^3$$

que l'on inscrit dans la case 22.

On a maintenant la composition du béton avec les granulats dans l'état où on les retrouve dans les bennes.

La quantité d'eau de gâchage que l'on écrit dans la case 23 est donc de :

$$140 - 16 = 124 \text{ l/m}^3$$

Pour mettre à l'essai ce béton, on suppose que l'on veut fabriquer les éprouvettes suivantes :

- 3 cylindres de 100×200 mm pour mesurer la résistance à la compression à chacune des échéances suivantes 1, 7, 28 et 91 jours ;
- 3 cylindres de 150×300 mm pour mesurer la résistance à la compression à 28 jours ;
- 3 cylindres de 150×300 mm pour mesurer le module élastique à 28 jours ;
- 3 poutres de $100 \times 100 \times 400$ mm pour mesurer le module élastique à 7 et à 28 jours. Il faut prévoir 1 poutre supplémentaire pour un total de 7 poutres.

On effectuera aussi une mesure de l'affaissement, une mesure de la teneur en air, une mesure de la masse volumique. Seul le béton utilisé lors de la mesure de la teneur en air ne sera pas réutilisé.

On sait que :

- 1 cylindre de 100×200 pèse environ 4 kg ;
- 1 cylindre de 150×300 pèse environ 13 kg ;
- 1 poutre de $100 \times 100 \times 400$ pèse environ 10 kg ;
- un essai de teneur en air nécessite 15 kg de béton.

La quantité de béton qu'il faut fabriquer peut être calculée en majorant la quantité calculée de 10 %.

	Éprouvettes			Air	Total
	100×200	150×300	$100 \times 100 \times 400$		
Nombre	12	6	7	1	
Masse (kg)	48	78	70	15	211

En supposant une perte de 10 %, il est nécessaire de fabriquer 232 kg de béton, ce qui représente $232/2495 = 0,093$ m^3.

Toutes les valeurs de la colonne 5 doivent donc être multipliées par 0,093.

Eau de gâchage $124 \times 0,093 = 11,53$ kg $\rightarrow$ 11,5 kg   case 25
Ciment $470 \times 0,093 = 43,71$ kg $\rightarrow$ 43,7 kg   case 26-1
Fumée de silice $50 \times 0,093 = 4,65$ kg $\rightarrow$ 4,7 kg   case 26-2
Gros granulat $1\,066 \times 0,093 = 99,14$ kg $\rightarrow$ 99 kg   case 27
Granulat fin $772 \times 0,093 = 71,8$ kg $\rightarrow$ 72 kg   case 28
Superplastifiant $10,7 \times 0,093 = 0,95$ L $\rightarrow$ 1 l   case 29

On additionne toutes les valeurs que l'on retrouve dans les cases 25 à 28 pour vérifier la masse de cette gâchée d'essai.

$$11,5 + 43,7 + 4,7 + 99 + 72 = 230,9 = 231 \text{ kg}$$

On écrit 231 dans la case 30, ce qui est une valeur très voisine de la valeur de 232 kg calculée précédemment.

Toutes ces valeurs apparaissent à la figure 8.13.

COMPOSITION D'UN BHP

f'_c:	100 MPa

	G_c	%
Ciment	3,14	90
	2,2	10

Granulat	G_{SSS}	E_{abs}	E_{tot} (%)	E_h
Gros	2,80	0,8	0,0	-0,8
Fin	2,65	1,2	3,5	2,3

$E_h = E_{tot} - E_{abs}$ $M = M_{SSS}(1 + E_h)$

SUPERPLASTIFIANT

$$M_{sol} = C \times \frac{d}{100} \qquad V_{liq} = \frac{M_{sol}}{s \times G_{sup}} \times 100 \qquad V_E = V_{liq} \times G_{sup} \times \left(\frac{100-s}{100}\right) \qquad V_{sol} = V_{liq} - V_E = V_{liq}\left[1 - \left(\frac{100-s}{100}\right) \times G_{sup}\right]$$

Densité (G_{sup})	Teneur en solides s (%)	15	E 24	F 21	G 11	H
1,21	40	5	10,7	8,0	3,0	

MATÉRIAUX	1 Teneur kg/m³	2 Volume l/m³	3 Dosage état SSS kg/m³	4 Correction d'humidité l/m³	5 Composition 1 m³	6 Composition Gâchée d'essai
EAU $\frac{E}{L} \cong 0,27$	2 140	2 140	2 140		23 124	25 11,5
CIMENT	3 4-1 470	8-1 150	4-1 470		4-1 470	26-1 43,7
	520 4-2 50	8-2 23	4-2 50		4-2 50	26-2 4,7
	4-3 —	8-3 —	4-3 —		4-3 —	26-3 —
GROS GRANULAT	5 1075	9 384	5 1075	18 + 9	17 1066	27 99
GRANULAT FIN		13 285	14 755	20 - 17	19 772	28 72
AIR	POURCENTAGE 6 1.5 %	10 15	0			
SUPER-PLASTIFIANT	7 1.0 %	11 3	15 5	21 - 8	24 10,7 V_{liq}	29 1 V_{liq}
TOTAL		12 715	16 2495	22 - 16		30 231

Figure 8.13 Calcul de la composition d'un BHP

8.4.2   Calcul de la composition de 1 m³ de béton à partir des proportions d'une gâchée d'essai (état SSS)

Lorsque l'on a obtenu un BHP qui a la bonne consistance (un bon affaissement initial et final) après différents ajustements des gâchées d'essai, il est nécessaire de pouvoir revenir à la composition de 1 m³ de BHP dans les conditions SSS. Certes, on connaît la masse d'eau de malaxage rajoutée dans le malaxeur, mais la quantité d'eau effective que l'on retrouve dans le BHP ne l'est pas parce que les granulats ne sont pas forcément dans un état SSS et qu'une certaine quantité d'eau est apportée au béton par le super-plastifiant liquide que l'on a utilisé. Par conséquent, on ne connaît pas le rapport eau/liant du BHP que l'on vient de fabriquer. Il est nécessaire de calculer ces quantités cachées d'eau pour connaître de façon précise la quantité d'eau effective que l'on a introduit dans le BHP. Ces calculs se font selon l'organigramme très simple présenté à la figure 8.14.

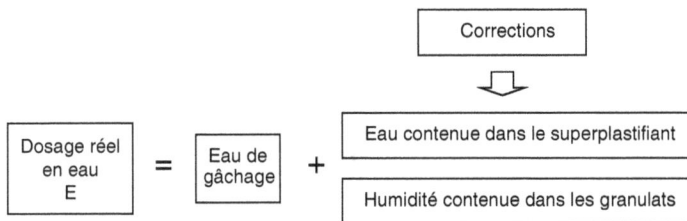

Figure 8.14 Calcul du dosage réel en eau E pour une gâchée d'essai

De façon à faciliter tous les calculs, on a établi une nouvelle feuille de calcul intitulée « calcul de la composition de 1 m³ de béton à partir des proportions d'une gâchée d'essai » (Fig. 8.15). Cette feuille de calcul est aussi divisée en trois parties. Dans la partie supérieure, des cases spéciales permettent de reporter les caractéristiques du liant et des granulats qui sont nécessaires pour effectuer tous les calculs. Les formules utilisées pour faire ces calculs ont déjà été présentées. Dans la partie médiane, différentes cases permettent de faire des calculs reliés au superplastifiant. La partie inférieure de la feuille de calcul se présente en cinq colonnes.

(a) Calculs

Dans la colonne 1, on reporte la masse des matériaux qui ont été utilisés lors de la gâchée d'essai dans les cases de 1 à 5 et la teneur en air mesurée dans la case 6.

Dans la colonne 2, on inscrit la masse SSS du granulat fin et du gros granulat dans les cases 7 et 8 et les masses d'eau qu'ils contenaient dans les cases 9 et 10 de la colonne 3. La quantité d'eau apportée par le superplastifiant s'inscrit dans la case 11 et la correction d'eau totale calculée dans la case 12 de la colonne 3. On utilise la même convention de signe que dans le cas précédent pour calculer la quantité d'eau effective.

GÂCHÉE D'ESSAI DE 1 m³ DE BÉTON

	G_c
CIMENT	3,14

$$V_{mél} = \frac{V_s + V_E}{1 - a/100}$$

V_s volume de solides
V_E volume d'eau
a teneur en air %

				%	
Granulat	G_{SSS}	E_{abs}	E_{tot}	E_h	
Gros					
Fin					

$E_h = E_{tot} - E_{abs}$ $M = M_{SSS}\ (1 + E_h)$

SUPERPLASTIFIANT		$V_E = V_{liq} \times G_{sup} \times \left(\dfrac{100 - s}{100}\right)$	$V_{sol} =$ $V_{liq}\left[1 - \left(\dfrac{100-s}{100}\right) \times G_{sup}\right]$	$M_{sol} = V_{liq} \times G_{sup} \times \dfrac{s}{100}$
Densité (G_{sup})	Teneur en solides s (%)			
		G	H	I

	1	2	3	4	5
MATÉRIAUX	Utilisé	État SSS	Correction d'humidité I	Volume I	Dosage état SSS kg/m³
EAU	1 I			13	21
CIMENT	2-1 kg			14-1	22-1
	2-2 kg			14-2	22-2
	2-3 kg			14-3	22-3
GROS GRANULAT	3 kg	7 kg	9	15	23
GRANULAT FIN	4 kg	8 kg	10	16	24
SUPER-PLASTIFIANT	5 I		11	17 Solides	25-1 l /m³
					25-2 kg solides
AIR	POURCENTAGE			18 Volume de solides + eau	6 %
	6 %				
		TOTAL	12 Correction d'humidité	19	26
			Facteur de multiplication	20	

$\dfrac{E}{L} = 0,$ (cases 28, 27)

Figure 8.15 *Calcul de la composition d'une gâchée d'essai de 1 m³ de béton*

Comme la quantité d'air est connue, sous forme de pourcentage du volume total de béton fabriqué, il est nécessaire de calculer le volume de chaque ingrédient en litre de façon à connaître exactement le volume de béton fabriqué durant cette gâchée, ce qui se fait dans les cases 13 à 17 de la colonne 4. La somme des volumes inscrits dans ces cases est reportée dans la case 18. Le volume réel de béton qui a été fabriqué lors de la gâchée d'essai est inscrit dans la case 19 en tenant compte de la quantité réelle d'air qu'il contient.

La gâchée d'essai ne représente qu'une fraction d'un mètre cube ; de façon à pouvoir calculer la composition de 1 m^3 de béton, il est donc nécessaire de calculer combien de fois cette gâchée d'essai est contenue dans 1 m^3 ou dans 1 000 l. On divise donc 1 000 par le volume de la gâchée d'essai qui apparaît dans la case 19. On peut appeler cette valeur **f**. Les différentes masses de matériaux utilisés pour fabriquer la gâchée d'essai sont donc multipliées par **f** de façon à calculer la composition de 1 m^3 de béton (conditions SSS).

Dosage en eau

Le volume d'eau qui apparaît dans la case 13 est multiplié par le facteur **f** et est reporté dans la case 21. Il faut se souvenir que cette quantité d'eau inclut celle contenue dans le superplastifiant.

Quantité de liant

Les valeurs apparaissant dans les cases 2-1, 2-2 et 2-3 sont multipliées par **f** et inscrites dans les cases 22-1, 22-2 et 22-3.

Proportions de granulat

Les valeurs qui apparaissent dans les cases 7 et 8 sont multipliées par **f** et ces valeurs sont inscrites dans les cases 23 et 24.

Dosage en superplastifiant

Le dosage en superplastifiant est calculé en multipliant la valeur qui apparaît à la case 5 de la colonne 1 par **f** et cette valeur est inscrite dans la case 25.

Masse volumique du béton

On calcule la masse volumique du béton en additionnant les nombres apparaissant dans les cases 21, 22-1, 22-2, 22-3, 23, 24 et 25-2 et on inscrit cette valeur dans la case 26.

La quantité de matériaux cimentaires est inscrite dans la case 27 et le rapport eau/liant calculé dans la case 28.

(b) Exemple de calcul

On suppose que l'on a obtenu, lors d'une gâchée d'essai, un béton qui présente toutes les caractéristiques désirées en utilisant les quantités suivantes de matériaux :

Eau	Ciment	Cendre volante	Granulats		Superplastifiant
			Gros	Fins	
12 L	45 kg	5 kg	100 kg	70 kg	0,9 l

Les matériaux utilisés pour réaliser cette gâchée d'essai avaient les propriétés suivantes :

Granulats	d_{SSS}	E_{abs}	E_{tot}
Gros	2,75	1,0	0,0
Fins	2,65	1,0	3,9

La cendre volante a une densité de 2,50. Le superplastifiant a une densité de 1,21 et une teneur en solides de 42 %. Quelle est la composition de 1 m^3 de ce béton ?

Il faut d'abord écrire 12 l, 45 kg, 5 kg, 100 kg, 70 kg, 0,9 l et 1,5 % (la teneur en air) dans les cases appropriées de la première colonne.

La masse SSS du gros granulat que l'on inscrit à la case 7 est :

$$\frac{100}{1 + \left(\frac{-1}{100}\right)} = 101 \text{ kg}$$

La masse SSS du granulat fin reportée à la case 8 est :

$$\frac{70}{1 + \left(\frac{2,9}{100}\right)} = 68 \text{ kg}$$

La masse d'eau absorbée par le gros granulat est égale à -1 kg et l'on inscrit -1 dans la case 9. La quantité d'eau apportée par le sable humide est de $70 - 68 = 2$ kg et l'on reporte 2 dans la case 10. La quantité d'eau contenue dans le superplastifiant que l'on reporte à la case 11 est égale à :

$$V_E = 0,9 \times 1,21 \times \frac{100 - 42}{100} = 0,63 \text{ l}$$

La correction d'eau est égale à $-1,0 + 2,0 + 0,63 = +1,63$ l (case 12).

Le volume d'eau de gâchage est donc égal à $12 + 1,63 = 13,63$ l (case 13).

On peut maintenant calculer le volume de béton qui a été fabriqué. Le volume de ciment utilisé (case 14-1) est :

$$\frac{45}{3,14} = 14,33 \text{ l}$$

Le volume de cendre volante utilisé (case 14-2) est :

$$\frac{5}{2,5} = 2,0 \text{ l}$$

Le volume de gros granulat (case 15) est de :

$$\frac{101}{2,75} = 36,73 \text{ l}$$

Le volume de granulat fin (case 16) est de :

$$\frac{68}{2,65} = 25,66 \, l$$

Le volume de solides du superplastifiant (case 17) est :

$$V_{sol} = 0,9 \, [1 - 1,21] \, \frac{(100 - 42)}{100} = 0,27 \, l$$

La somme de ces volumes représente 98,5 % du volume total du béton (case 18) :

$$13,63 + 14,33 + 2,0 + 36,73 + 25,66 + 0,27 = 92,62 \, l$$

Par conséquent, le volume de béton qui a été réellement fabriqué (case 19) est de :

$$\frac{92,62}{\frac{1 - 1,5}{100}} = 94,03 \, l \text{ de béton}$$

Pour pouvoir fabriquer 1 m^3 de béton, il faut multiplier les différentes quantités de matériaux par :

$$\frac{1\,000}{94,03} = 10,63 \text{ (case 20)}$$

La composition de 1 m^3 de béton est donc de :

Eau	$13,63 \times 10,63$	$= 144,89$	$\rightarrow$	145 l/m^3	(case 21)
Ciment	$45 \times 10,63$	$= 478,35$	$\rightarrow$	480 kg/m^3	(case 22-1)
Cendre volante	$5 \times 10,63$	$= 53,15$	$\rightarrow$	53 kg/m^3	(case 22-2)
Gros granulat	$101 \times 10,63$	$= 1\,073,63$	$\rightarrow$	1 075 kg/m^3	(case 23)
Granulat fin	$68 \times 10,63$	$= 722,84$	$\rightarrow$	725 kg/m^3	(case 24)
Superplastifiant	$0,9 \times 10,63$	$= 9,57$	$\rightarrow$	9,6 l/m^3	(case 25-1)

La masse de solides contenue dans le superplastifiant (case 25-2) est de :

$$9,6 \times 1,21 \times 0,42 = 4,88 \text{ kg/m}^3 \rightarrow 5 \text{ kg}$$

La masse volumique du béton (case 26) est de :

$$145 + 480 + 53 + 1\,075 + 725 + 5 = 2483 \text{ kg/m}^3$$

La masse de liant (case 27) est de :

$$480 + 53 = 533$$

Le (véritable) rapport eau/liant (case 28) est de :

$$\frac{145}{533} = 0,27$$

Toutes ces valeurs se retrouvent dans la feuille de calcul présentée à la figure 8.16.

GÂCHÉE D'ESSAI DE 1 m³ DE BÉTON

	G_c
CIMENT	3,14
	2,50

$$V_{mél} = \frac{V_s + V_E}{1 - a/100}$$

V_s volume de solides
V_E volume d'eau
a   teneur en air %

		%		
Granulat	G_{SSS}	E_{abs}	E_{tot}	E_h
Gros	2,75	1,0	0	-1,0
Fin	2,65	1,0	3,9	+2,9

$E_h = E_{tot} - E_{abs}$ $M = M_{SSS}\,(1 + E_h)$

SUPERPLASTIFIANT		
Densité (G_{sup})	Teneur en solides s (%)	
1,21	42	

$$V_E = V_{liq} \times G_{sup} \times \left(\frac{100 - s}{100}\right) \quad \text{G}$$

$$V_{sol} = V_{liq}\left[1 - \left(\frac{100 - s}{100}\right) \times G_{sup}\right] \quad \text{H}$$

$$M_{sol} = V_{liq} \times G_{sup} \times \frac{s}{100} \quad \text{I}$$

MATÉRIAUX	1 Utilisé	2 État SSS	3 Correction d'humidité l	4 Volume l	5 Dosage état SSS kg/m³
EAU	1: 12 l			13: 13,63	21: 145
CIMENT	2-1: 45 kg			14-1: 14,33	22-1: 480
	2-2: 5 kg			14-2: 2,00	22-2: 53
	2-3: — kg			14-3: —	22-3: —
GROS GRANULAT	3: 100 kg	7: 101 kg	9: - 1	15: 36,73	23: 1075
GRANULAT FIN	4: 70 kg	8: 68 kg	10: + 2	16: 25,66	24: 725
SUPER-PLASTIFIANT	5: 0,9 l		11: + 0,63	17 Solides: 0,27	25-1: 9,6 l/m³ / 25-2: 5 kg de solides
AIR	POURCENTAGE / 6: 1,5 %			18 Volume de solides + eau: 92,62	6: 1,5 %
		TOTAL	12 Correction d'humidité: + 1,63	19: 94,03	26: 2483
		Facteur de multiplication		20: f = 10,63	

28 $\dfrac{E}{L} = 0,27$

27 533

Figure 8.16 De la gâchée d'essai à 1 m³ de béton

8.4.3 Calcul d'une gâchée

Lorsqu'il faut fabriquer un BHP, les proportions obtenues à partir d'une gâchée d'essai ou à partir d'essais de laboratoire sont toujours données pour des granulats en condition SSS. Comme les granulats qui sont dans les bennes de la centrale à béton ne sont pas en général dans des conditions SSS, il faut donc faire un ajustement de la quantité d'eau de gâchage. La quantité d'eau qui est apportée par le superplastifiant doit aussi être soustraite de la quantité d'eau de gâchage totale.

(a) Calculs

La feuille de calcul proposée à la figure 8.17 facilite ces calculs. Dans la partie supérieure de cette feuille, on trouve toutes les caractéristiques nécessaires pour effectuer les différents calculs de correction d'eau. On y trouve aussi d'autres informations relatives au type et à la marque de ciment et de superplastifiant, au rapport eau/liant et à la résistance à la compression visée.

La partie inférieure de la feuille de calcul comprend quatre colonnes. Dans la colonne 1, on inscrit les résultats de la gâchée d'essai ou les valeurs données par les essais de laboratoire (cases 1 à 5). La masse des solides, M_{sol}, contenus dans le superplastifiant est calculée en utilisant la formule donnée dans la partie supérieure et sa valeur est inscrite dans la case 2-1. En additionnant les valeurs des cases 1 à 5, on peut calculer la valeur de la masse volumique du béton (case 6).

La masse d'eau, V_E, qui est apportée au béton par le superplastifiant est calculée et inscrite dans la case 7.

La masse de gros granulat humide, M, qu'il faut peser est égale à $M_{SSS} (1 + E_h)$, elle est reportée à la case 8 et la masse d'eau apportée est soustraite de la quantité d'eau de gâchage et inscrite dans la case 9.

On fait la même chose pour le granulat fin dans les cases 10 et 11.

On utilise la même convention de signe que dans les cas précédents pour calculer les corrections d'eau.

Les valeurs que l'on retrouve dans la colonne 2 sont additionnées et on inscrit le résultat dans la case 12.

La valeur que l'on retrouve dans la case 12 est additionnée ou soustraite de la quantité d'eau qui apparaît dans la case 1 de façon à calculer la quantité d'eau de gâchage qu'il faudra utiliser pour fabriquer 1 m^3 de béton à partir des granulats qui se retrouvent dans les bennes. Cette valeur est reportée dans la case 13.

Maintenant que les masses des différents ingrédients sont connues, pour fabriquer x m^3 de béton, il suffit de multiplier par x toutes les valeurs qui apparaissent dans la colonne 3 (cases 14 à 18).

Les valeurs qui apparaissent dans les cases 14, 15-1, 16-1, 16-2, 16-3, 17 et 18 sont additionnées et la somme de ces valeurs est inscrite dans la case 19.

FEUILLE DE GÂCHAGE

LIANT	
TYPE	MARQUE

	Granulats	Fournisseur	E_{tot}	E_{abs}	E_h
Gros	$\varnothing_{max} =$ mm				
Fin	mf =				

$E_h = E_{tot} - E_{abs}$ $M = M_{SSS} \ (1 + E_h)$

RÉSISTANCE À LA COMPRESSION	MPa
E/C	0,

SUPERPLASTIFIANT		$V_E = V_{liq} \times G_{sup} \times \left(\dfrac{100 - s}{100} \right)$
Densité relative	Teneur en solides s (%)	$M_{sol} = V_{liq} \times G_{sup} \times \dfrac{s}{100}$
TYPE	MARQUE	

MATÉRIAUX	1 État SSS 1 m³		2 Correction d'humidité l/m³	3 Conditions humides 1 m³	4 Conditions humides _____ m³	
EAU	1			13	14	
SUPER-PLASTIFIANT	2	2-1	7	2	15-1	15-2
CIMENT	3-1			3-1	16-1	
	3-2			3-2	16-2	
	3-3			3-3	16-3	
GROS GRANULAT	4		9	8	17	
GRANULAT FIN	5		11	10	18	
TOTAL	6		12		19	

Figure 8.17 Feuille de gâchage

En multipliant par *x* les valeurs qui apparaissent dans la case 6, on peut vérifier la valeur qui a été inscrite dans la case 19.

(b) Exemple de calcul

Une centrale à béton doit produire 8 m³ de BHP à partir de la composition de 1 m³ (granulats SSS) suivante :

E/C	Eau	Ciment	Granulat		Superplastifiant	
			Gros	Fin	Liquide	Solide
0,29	130 l	450 kg	1 050 kg	750 kg	8 l	4 kg

Les granulats qui se trouvent dans les bennes ont les teneurs en eau suivantes :

Gros granulat $\quad E_{tot} = 0{,}8~\%$ $\quad E_{abs} = 0{,}8~\%$

Granulat fin $\quad E_{tot} = 3{,}0~\%$ $\quad E_{abs} = 1{,}0~\%$

Le superplastifiant est un superplastifiant à base de naphtalène qui contient 42 % de solides et qui a une densité de 1,21.

Quelles sont les masses de matériaux nécessaires pour fabriquer 8 m^3 de béton ?

D'abord, il faut écrire les valeurs appropriées dans les cases 1 à 5 de la colonne 1. La masse de solides contenus dans le superplastifiant est égale à $M_{sol} = 8 \times 1{,}21 \times 0{,}42 = 4{,}06$ kg. On inscrit donc 4 dans la case 2-1. La masse volumique du béton est égale à la somme des valeurs qui apparaissent dans cette colonne, c'est-à-dire $130 + 450 + 4 + 1\,050 + 750 = 2\,384$ kg/m^3 (case 6).

Le superplastifiant contient une certaine quantité d'eau :

$$V_E = 8 \times 1{,}21 \times \frac{100 - 42}{100} = 5{,}61~l$$

on inscrit donc 6 dans la case 7.

La valeur 6 est précédée du signe – puisque l'on utilise toujours la même convention de signe.

La masse de gros granulat qu'il faut peser est de 1050 kg puisque le gros granulat est à l'état SSS (case 8). Comme il n'y a pas de correction d'eau, on écrit 0 dans la case 9.

De façon à avoir 750 kg de sable SSS, il faut peser $750 \left(1 + \dfrac{2}{100}\right)$ de sable humide (case 10). La masse d'eau contenue dans le sable humide est alors de $765 - 750 = 15$ kg. On écrit −15 dans la case 11.

En additionnant les valeurs de la colonne 2, on trouve $- 6 + 0 - 15 = - 21$ (case 12). Il faut donc soustraire 21 l d'eau de la quantité d'eau de gâchage qui apparaît dans la case 1. La quantité d'eau à rajouter est égale à $130 - 21 = 109$ (case 13).

Pour produire 8 m^3 de béton, il faut multiplier les valeurs qui apparaissent dans la troisième colonne par 8 et reporter les résultats obtenus dans les cases 14, 15-1, 16, 17 et 18. De façon à obtenir la valeur à retranscrire dans la case 15-2, il faut multiplier le volume de superplastifiant par 1,21, soit $64 \times 1{,}21 = 77$.

La masse de béton produite est égale à :

$$872 + 77 + 3600 + 8400 + 6120 = 19\,069 \text{ kg}$$

Toutes ces valeurs se retrouvent dans le tableau de la figure 8.18.

FEUILLE DE GÂCHAGE

LIANT	
TYPE	MARQUE
Type I	Local A

Granulats		Fournisseur	E_{tot}	E_{abs}	E_h
Gros	$\varnothing_{max} =$ mm		0,8	0,8	0
Fin	mf =		3,0	1,0	2

$E_h = E_{tot} - E_{abs}$ $M = M_{SSS}\ (1 + E_h)$

RÉSISTANCE À LA COMPRESSION	MPa
E/C	0,29

SUPERPLASTIFIANT		$V_E = V_{liq} \times G_{sup} \times \left(\dfrac{100 - s}{100}\right)$
Densité relative	Teneur en solides s (%)	$M_{sol} = V_{liq} \times G_{sup} \times \dfrac{s}{100}$
1,21	42	
TYPE	MARQUE	
Naphtalène	Local D	

		1	2	3	4
MATÉRIAUX		État SSS 1 m³	Correction d'humidité l/m³	Conditions humides 1 m³	Conditions humides _____ m³
EAU		1 130		13 109	14 872 l
SUPER-PLASTIFIANT	2 8 l	2-1 4 kg	7 - 6	2 8 l	15-1 64 l 15-2 77
CIMENT		3-1 450		3-1 450	16-1 3600
		3-2 —		3-2 —	16-2 —
		3-3 —		3-3 —	16-3 —
GROS GRANULAT		4 1050	9 0	8 1050	17 8400
GRANULAT FIN		5 750	11 - 15	10 765	18 6120
TOTAL		6 2384	12 - 21		19 19 069

Figure 8.18 Exemple d'une feuille de gâchage complétée

Vérification

Si l'on multiplie les masses qui apparaissent dans les cases 6 à 8, on obtient 19 072 kg, ce qui est très près de la valeur qui apparaît à la case 19.

8.4.4   Limites de la méthode proposée

Comme on l'a vu dans les paragraphes précédents, dans l'état actuel des connaissances, on peut donc calculer la composition d'un BHP en combinant un certain nombre de règles empiriques dérivées de l'expérience, de travaux de laboratoire et de beaucoup de bon sens et d'observation. On peut ainsi dire que la méthode proposée constitue une transition entre un art et une science.

Si l'on choisit de façon optimale, étape par étape, les différents matériaux que l'on utilisera pour fabriquer le BHP et si l'on utilise la méthode de calcul qui vient d'être proposée, on pourra formuler un béton fabriqué à partir de matériaux locaux qui aura pratiquement les caractéristiques du béton recherché en termes de rhéologie, de résistance et d'économie. Cependant, des améliorations peuvent encore être très certainement apportées à cette méthode.

Quand on formule un BHP, un facteur important est la sélection des matériaux. Une application aveugle de la méthode de calcul proposée (ou de toute autre méthode) ne garantit pas le succès de l'opération parce que, dans le cas des BHP, les ingrédients du béton travaillent très près ou à la limite de leurs possibilités. Tout BHP comporte un maillon plus faible que les autres et, quand on met à l'essai ce béton, c'est toujours le maillon le plus faible qui lâche. La clé du succès est donc de trouver des matériaux dont le maillon le plus faible est aussi fort que ce qui est requis par les critères de performance, tout en s'assurant que les parties les plus fortes ne sont pas trop fortes et ne constituent pas une dépense inutile.

La méthode de calcul proposée dans ce chapitre est basée sur l'expérience de l'auteur et de ses collaborateurs. Comme toutes les méthodes de formulation, elle ne doit servir que de guide. En général, une bonne méthode de formulation permet d'obtenir un BHP qui présente pratiquement les caractéristiques désirées. Cependant, si le ciment que l'on utilise n'est pas le meilleur, si les granulats ne sont pas suffisamment résistants, si le superplastifiant n'est pas très efficace, si le couple ciment-superplastifiant n'est pas compatible ou si d'autres facteurs viennent perturber la fabrication du béton, le béton obtenu n'atteindra évidemment pas le degré de performance visé. D'autre part, l'application des règles de bon sens et l'observation attentive de la rhéologie, de la surface de rupture et des autres caractéristiques critiques des BHP permettront de savoir pourquoi le BHP n'a pas atteint les critères de performance désirés.

Par exemple, si l'on n'obtient pas la résistance à la compression désirée et que la surface de rupture d'une éprouvette présente un grand nombre de fractures des granulats, on saura tout de suite que ce sont les granulats qui ne sont pas assez résistants.

Si la surface de rupture présente un certain nombre de déchaussements de gros granulats, on saura que le gros granulat a une surface trop lisse ou était simplement sale. Par conséquent, il vaut mieux le remplacer par un granulat qui a une surface plus rugueuse et plus propre.

Si la surface de rupture s'est propagée surtout à travers la pâte de ciment hydraté autour des granulats, il suffira d'abaisser le rapport eau/liant pour obtenir un béton de résistance plus élevée avec les mêmes granulats.

Si la résistance à la compression n'augmente pas quand le rapport eau/liant décroît, la résistance du granulat ou l'adhérence pâte de ciment hydraté-granulat contrôle la rupture du béton plutôt que le rapport eau/ciment ; on peut donc fabriquer un béton plus résistant avec le même ciment et un granulat plus fort.

Si le béton n'a pas l'affaissement désiré, le dosage en superplastifiant n'était probablement pas assez élevé. Il faut donc l'augmenter, à moins qu'il ne suffise d'augmenter légèrement le dosage en eau et en ciment du BHP de façon à conserver le même rapport eau/liant.

Si le béton présente une perte d'affaissement très rapide, le ciment est peut-être plus réactif que prévu. On peut alors chercher à augmenter le dosage en eau ou changer de superplastifiant parce que celui que l'on a utilisé est particulièrement inefficace avec le ciment choisi.

Si la maniabilité du béton n'est pas adéquate, on peut avoir utilisé des granulats de forme inadéquate ou de mauvaise granulométrie ou alors le superplastifiant peut être incompatible avec ce ciment. Dans le premier cas, il faudra diminuer la quantité de gros granulats ; dans le second, on devra remplacer soit le ciment, soit le superplastifiant, soit les deux.

La méthode qui a été présentée est valable pour les bétons sans air entraîné. Au chapitre 18, on verra comment formuler un BHP à air entraîné (Aïtcin et Lessard, 1994).

8.5   Autres méthodes de formulation

Dans la documentation, on trouve plusieurs autres méthodes de formulation des BHP et même, dans certains cas, des logiciels sont disponibles (Welch, 1962 ; Hughes, 1964 ; Blick et coll., 1974 ; Peterman et Carrasquillo, 1986 ; Haug et Sandvik, 1988 ; Addis et Alexander, 1990 ; de Larrard, 1990 ; Mehta et Aïtcin, 1990 ; Domone et Soutsos, 1994 ; Gutiérrez et Canovas, 1996 ; de Larrard, 1999). Pour montrer la diversité de ces approches, l'auteur commente brièvement trois de ces méthodes, ce qui ne signifie pas que les autres ne sont pas aussi valables que celles présentées ici.

Ces trois méthodes sont celles proposées par le comité ACI 363 (1993) sur les bétons à haute résistance, la méthode proposée par de Larrard en 1990, qui est maintenant disponible dans sa version informatique BETONLAB (de Larrard et coll., 1996 ; Sedran et de Larrard, 1996) et la méthode simplifiée présentée par Mehta et Aïtcin (1990).

8.5.1 Méthode suggérée par le comité ACI 363 sur les bétons à haute résistance

La méthode de formulation d'un BHP proposée par le comité ACI 363 (1993) comporte neuf étapes.

Étape 1 – Affaissement et choix de la résistance nécessaire

Un tableau suggère la valeur de l'affaissement pour des bétons contenant ou non un superplastifiant. La première valeur de l'affaissement est de 25 à 50 mm avant que l'on ne rajoute le superplastifiant de façon à assurer une quantité suffisante d'eau dans le béton.

Étape 2 – Sélection de la taille maximale du gros granulat

La méthode suggère d'utiliser des gros granulats de 19 ou 25 mm de diamètre pour des bétons qui ont une résistance supérieure à 65 MPa et de 10 à 13 mm pour des bétons qui ont une résistance supérieure à 85 MPa. Pour une résistance à la compression comprise entre 65 et 85 MPa, la méthode suggère d'utiliser des granulats ayant un diamètre maximal de 25 mm quand les granulats sont de très bonne qualité.

Comme dans le cas des bétons usuels, la taille maximale du gros granulat ne doit pas dépasser un cinquième de la plus petite distance entre les coffrages, un tiers de l'épaisseur d'une dalle et les trois quarts de la distance libre entre deux armatures ou câbles de précontrainte.

Étape 3 – Sélection de la quantité de gros granulat

Cette méthode suggère que la quantité optimale de gros granulats, exprimée sous forme de pourcentage de la masse volumique pilonnée à sec, soit de 0,65, 0,68, 0,72 et 0,75 pour des gros granulats ayant des tailles maximales de 10, 13, 20 et 25 mm respectivement. La masse volumique pilonnée SSS est mesurée selon la norme ASTM C29. Ces valeurs sont données pour des bétons qui contiennent un sable qui a un module de finesse qui varie entre 2,5 et 3,2.

Étape 4 – Estimation de la quantité d'eau libre et de la teneur en air

Un tableau donne une valeur approximative des quantités d'eau et d'air entraîné nécessaires pour confectionner des BHP avec des granulats qui ont différentes tailles nominales. Les quantités approximatives d'eau sont données pour un granulat fin qui a un rapport de vide de 35 %. Si cette valeur est différente de 35 %, il faut alors ajuster la teneur en eau à partir d'un tableau en additionnant ou en soustrayant 4,8 kg/m^3 pour chaque augmentation de 1 % de la teneur en vide du sable.

Étape 5 – Sélection du rapport eau/liant

Deux tableaux suggèrent les valeurs du rapport eau/liant pour des bétons superplastifiés qui ont des résistances spécifiées à 28 et à 56 jours. Ces valeurs sont basées sur les valeurs de la taille maximale du gros granulat et sur la résistance à la compression du béton.

Étape 6 – Teneur en ciment

La masse de ciment est calculée en divisant la masse d'eau libre par le rapport eau/liant.

Étape 7 – Premier essai avec le ciment

À cette étape, on évalue la qualité du béton fabriqué en utilisant seulement du ciment sans aucun ajout cimentaire. La quantité de sable nécessaire est calculée en utilisant la méthode des volumes absolus décrite précédemment.

Étape 8 – Autres gâchées d'essai avec des variations du volume de ciment

Deux dosages en ajout cimentaire sont suggérés lorsque l'on veut remplacer une certaine quantité de ciment. La quantité maximale de ciment qui peut être remplacée est fixée pour les cendres volantes et les laitiers. Par contre, aucune limite n'est fixée pour la fumée de silice puisque cette méthode est valable pour une résistance maximale de 85 MPa. Ces limites sont de 15 à 25 % de la masse de ciment pour une cendre volante de classe F, 20 à 35 % pour une cendre volante de classe C et 30 à 50 % pour un laitier. Ici encore, la quantité de sable est calculée selon la méthode des volumes absolus.

Étape 9 – Gâchées d'essai

La masse des granulats et la quantité d'eau de gâchage sont ajustées pour tenir compte de l'humidité du granulat. On fait une première gâchée d'essai avec le ciment seulement. D'autres gâchées d'essai peuvent être faites dans lesquelles on remplace une certaine quantité de ciment par des cendres volantes et du laitier. La formulation du béton est ensuite ajustée pour atteindre les exigences physiques et mécaniques désirées.

8.5.2   Méthode des coulis du LCPC

Cette méthode est basée sur deux outils semi-empiriques. La résistance à la compression du béton est prédite par une formule qui est en fait une extension de la formule originale de Féret (Féret, 1892) dans laquelle on utilise un certain nombre de paramètres :

$$f'_c = \frac{Kg \times R_c}{\left[1 + \frac{3,1 \times \frac{e}{c}}{1,4 - 0,4^{(-11s/c)}}\right]}$$

où

f'_c : résistance à la compression du béton mesurée sur cylindre à 28 jours e, c, s : masses d'eau, de ciment, de fumée de silice par unité de volume de béton frais

Kg : paramètre qui dépend du type de granulat (une valeur de 4,91 s'applique au gravier de rivière)

R_c : résistance à la compression du béton à 28 jours (c'est-à-dire la résistance d'un cube normalisé fabriqué en mélangeant trois parties de sable pour chaque partie de ciment et une demi-partie d'eau)

La maniabilité de ce béton est reliée à la viscosité du mélange qui est calculée d'après le modèle de Farris. Dans un béton qui contient n classes de grains monodisperses de dimension telle que $d_i > d_i + 1$, la viscosité de la suspension est égale à :

$$\eta = \eta_0 H\left(\frac{\phi_1}{\phi_1 + L\phi_n + \phi_0}\right) H\left(\frac{\phi_2}{\phi_2 + L\phi_n + \phi_0}\right) L H\left(\frac{\phi_n}{\phi_n + \phi_0}\right)$$

où

Φ_i : volume occupé par l'énième classe dans un volume unitaire du mélange

Φ_0 : volume d'eau

η_0 : viscosité de l'eau

H : fonction qui représente la variation de la viscosité relative de la suspension monodisperse comme une fonction de sa concentration solide

À partir de ces deux équations, on fait alors les hypothèses suivantes :

• la résistance du béton fabriqué avec un ensemble d'ingrédients est essentiellement contrôlée par la nature de la pâte liante ;

• la maniabilité du béton, quand on a fixé sa résistance, est une combinaison de deux termes, le premier dépend de la concentration de la pâte liante et le second de la fluidité de cette pâte.

L'idée principale de cette méthode est d'effectuer plusieurs essais sur des coulis afin d'étudier leur rhéologie et sur des mortiers pour étudier leurs propriétés mécaniques.

La première étape consiste donc à proportionner un béton contenant une grande quantité de superplastifiant avec la quantité de ciment correspondante et la plus faible teneur en eau possible. Cette teneur en eau est ajustée pour obtenir la bonne maniabilité que l'on mesure avec un appareil dynamique.

La deuxième étape consiste à mesurer le temps d'écoulement de la pâte de ce béton, lorsqu'il présente des caractéristiques satisfaisantes, en utilisant un cône Marsh.

La troisième et la quatrième étapes consistent à ajuster la quantité de liant et la quantité de superplastifiant jusqu'à ce que le temps d'écoulement ne décroisse plus. La quantité de superplastifiant à ce moment correspond au point de saturation.

La cinquième étape permet d'ajuster la teneur en eau pour obtenir la même maniabilité que celle du béton de référence.

La sixième étape consiste à suivre la variation du temps d'écoulement dans le temps. Si le temps d'écoulement augmente beaucoup trop, on peut ajouter un agent retardateur.

La septième étape correspond à la prédiction de la résistance du BHP en utilisant la formule de Féret pour évaluer la résistance à la compression de différents mortiers.

À la huitième étape, un BHP est fabriqué et sa composition est légèrement modifiée si nécessaire de façon à obtenir la maniabilité et la résistance voulues. Un exemple de calcul est proposé par de Larrard (1990). BÉTONLAB est un logiciel de simulation de formules de béton, développé à des fins pédagogiques, qui permet de « dégrossir » une formule ou d'évaluer les propriétés d'une formule existante, mais pas vraiment de formuler, car il ne prend pratiquement pas en compte les caractéristiques des matériaux de l'utilisateur (à part quelques paramètres de base comme la classe du ciment ou la taille maximale du gravillon). Par contre, il permet à l'utilisateur d'acquérir très vite une compréhension intuitive du système béton et de son fonctionnement.

Par contre, BÉTONLABPRO est un véritable outil d'aide à la formulation (Sedran et de Larrard, 2000). Il est basé sur un ensemble de modèles mathématiques – dont le modèle d'empilement compressible (MEC) déjà cité – modèles dont la fonction est de prédire les propriétés d'un béton à partir de certaines caractéristiques des constituants, et des proportions de ces constituants dans la formule (de Larrard, 1999 ; de Larrard, 2000). Ces modèles sont liés les uns aux autres, et, à l'aide d'un module d'optimisation (*solveur*), on peut optimiser la formule de béton sur la base d'un cahier des charges pratiquement quelconque. En termes d'adéquation à un cas réel, on a donc fait un grand progrès, puisqu'on prend en compte les matériaux envisagés, ainsi que les contraintes particulières du projet considéré. La formule suggérée par l'ordinateur doit cependant faire l'objet d'essais en laboratoire, et d'éventuels ajustements. Il a été montré que cette méthode novatrice est compatible avec la plupart des méthodes empiriques actuelles, mais qu'elle les dépasse, notamment par la variété des bétons auxquelle elle s'applique (depuis les bétons de bâtiments jusqu'aux BHP, en passant par les bétons autoplaçants, les bétons compactés au rouleau ou encore les bétons de sable).

8.5.3   La méthode simplifiée de Mehta et Aïtcin

Mehta et Aïtcin ont proposé une version simplifiée de la procédure permettant de formuler un BHP qui s'applique à des bétons de masse volumique normale ayant des résistances à la compression comprises entre 60 et 120 MPa. Cette méthode peut être utilisée avec de gros granulats qui ont une taille maximale comprise entre 10 et 15 mm et des affaissements compris entre 200 et 250 mm. On suppose que le béton ne contient pas d'air entraîné et que le volume d'air piégé est de 2 % (il peut être augmenté à 5 ou 6 % quand le béton contient de l'air entraîné). On prend un volume optimal de gros granulat égal à 65 % du volume du BHP. Cette méthode comporte huit étapes.

Étape 1 – Détermination de la résistance

Un tableau présente cinq catégories de béton ayant des résistances à la compression comprises entre 60 et 120 MPa.

Étape 2 – Teneur en eau

La taille maximale du gros granulat et l'affaissement ne peuvent plus être considérés pour sélectionner la quantité d'eau de gâchage puisque l'on utilise un granulat de 10 à 15 mm de taille maximale et parce que l'affaissement désiré (200 à 250 mm) peut être obtenu en contrôlant le dosage en superplastifiant. La quantité d'eau est spécifiée pour les différentes catégories de résistance.

Étape 3 – Sélection du liant

Le volume de la pâte liante est égal à 35 % du volume total du béton. Les volumes d'air piégé ou entraîné et de l'eau de gâchage sont soustraits du volume total de la pâte de ciment pour calculer le volume restant de liant. Le liant peut être constitué de l'une des trois combinaisons suivantes :

• 100 % de ciment Portland ;

• 75 % de ciment Portland et 25 % de cendres volantes ou de laitier par volume ;

• 75 % de ciment Portland, 15 % de cendres volantes et 10 % de fumée de silice par volume.

Un tableau donne les fractions de chacun des liants pour chacune des catégories de résistance.

Étape 4 – Sélection du gros granulat

La quantité totale de granulat doit être égale à 65 % du volume du béton. Pour les catégories de résistance A, B, C, D et E, les volumes respectifs de granulat fin et de gros granulat suggérés sont 2,00 : 3,00 ; 1,95 : 3,05 ; 1,90 : 3,10 ; 1,85 : 3,15 et 1,80 : 3,20 respectivement.

Étape 5 – Calcul des masses

La masse volumique du béton peut être calculée en utilisant les fractions de volume du béton et la densité de chacun des constituants du béton. En règle générale, les densités du ciment Portland, d'une cendre volante de classe C, du laitier de haut fourneau et de la fumée de silice son respectivement de 3,14, 2,50, 2,90 et 2,10. La densité d'un sable naturel de silice, d'un gravier de masse volumique normale ou d'une roche concassée est comprise dans une plage de 2,65 à 2,70 respectivement. Un tableau présente les proportions calculées pour chaque catégorie de béton et de résistance suggérée par cette méthode.

Étape 6 – Dosage en superplastifiant

Pour la première gâchée, l'utilisation d'un dosage en superplastifiant de 1 % par rapport à la masse de liant peut convenir. La masse et le volume de solution de superplastifiant sont alors calculés en tenant compte du pourcentage de solides dans la solution et de la densité du superplastifiant (pour un polynaphtalène, on peut prendre une densité type de 1,20).

Étape 7 – Ajustement de la teneur en eau

Le volume d'eau inclus dans le superplastifiant peut être calculé et doit être soustrait de la quantité d'eau de gâchage initiale. De la même façon, la masse d'eau contenue dans les granulats doit être calculée de façon à pouvoir modifier en conséquence la quantité d'eau de gâchage.

Étape 8 – Ajustement pour une gâchée d'essai

Par suite de toutes les suppositions que l'on fait pour sélectionner les proportions des matériaux, en général, on trouve qu'il faut modifier quelque peu les proportions de la première gâchée d'essai pour satisfaire les exigences de maniabilité et de résistance. Le type de granulat, la proportion de sable par rapport au granulat, le type de superplastifiant et son dosage, le type et la combinaison d'ajouts cimentaires et la teneur en air du béton sont ajustés lors de la réalisation d'une série de gâchées d'essai.

8.6   Conclusion

La formulation d'un BHP est tout autant un art qu'une science à l'heure actuelle. Il est en effet difficile de formuler un BHP en ne connaissant que la fiche technique des matériaux qui le composent. En effet plusieurs combinaisons des mêmes matériaux permettent d'obtenir une résistance à 28 jours donnée.

Cependant la formulation d'un BHP ne relève pas uniquement du plus pur empirisme, elle s'appuie plutôt sur un certain nombre de résultats de l'expérience et sur la méthode de calcul dite des volumes absolus. Plusieurs approches ont été proposées par différents chercheurs, nous avons présenté celle qui est utilisée à l'Université de Sherbrooke non pas parce que nous sommes convaincus que c'est la meilleure, mais parce que c'est celle que nous utilisons tous les jours. Cette méthode est simple, facilement comprise par les étudiants et les techniciens et elle nous a donné satisfaction au cours des ans.

Une méthode moins pragmatique a été développée par F. de Larrard et est disponible sous forme de logiciel convivial qui paraît très bien adapté au cas des ciments français.

Quelle que soit la méthode de calcul qui aura été utilisée, il faudra bien finir par faire des gâchées d'essais, mais si on peut limiter ce nombre au strict minimum, c'est autant de gagné.

Références

ACI 211.1-91 (1993) *Standard Practice for Selecting Proportions for Normal, Heavyweight and Mass Concrete*, ACI Manual of Concrete Practice, Part 1, ISSN 0065-7875, 38 p.

ACI 363 R-92 (1993) *State-of-the-Art Report on High-Strength Concrete, ACI Manual of Concrete Practice*, Part 1, Materials and general properties of concrete, 55 p.

ACI Committee 211 (1993) *Guide for Selecting Proportions for High-Strength Concrete with Portland Cement and Fly Ash* (ACI 211.4R-93), American Concrete Institute, Detroit.

Addis, B.J. et Alexander, M.G. (1990) *A Method of Proportioning Trial Mixes for High-Strength Concrete*, ACI SP-121, p. 287-308.

Aïtcin, P.-C. (1971) Density and porosity measurements of solids. *ASTM Journal of Materials*, **6**(2), 282-294.

Aïtcin, P.-C. et Lessard, M. (1994) Canadian experience with air-entrained high-performance concrete. *Concrete International*, **16**(10), octobre, 35-38.

Aïtcin, P.-C. et Neville, A.M. (1993) High-performance concrete demystified. *Concrete International*, **15**(1), janvier, 21-26.

ASTM C127 (1993) *Test for Specific Gravity and Absorption of Coarse Aggregate*, *Annual book of ASTM Standards*, Section 4 Construction, vol. 04.02 Concrete and Aggregates, p. 65-68.

ASTM C128 (1993) *Test for Specific Gravity and Absorption of Fine Aggregate*, *Annual book of ASTM Standards*, Section 4 Construction, vol. 04.02 Concrete and Aggregates, p. 70-74.

ASTM C188 (1995) *Standard Test Method for Density of Hydraulic Cement*, *Annual book of ASTM Standards*, Section 4 Construction, vol. 04.01 Cement ; Lime ; Gypsum, p. 156-157.

ASTM C29/C29M (1993) *Standard Test Method for Unit Weight and Voids in Aggregate*, *Annual Book of ASTM Standards*, Section 4 Construction, Concrete and Aggregates, vol. 04.02 Concrete and Aggregates, p. 1-4.

Blick, R.L., Petersen, C.F. et Winter, M.E. (1974) *Proportioning and controlling high-strength concrete*, ACI SP-46, p. 141-163.

Day, K.W. (1996) Computer control of concrete proportions. *Concrete International*, **18**(12), décembre, 48-53.

de Larrard, F. (1990) A method for proportioning high-strength concrete mixtures. *Cement, Concrete, and Aggregates*, **12**(1), 47-52.

de Larrard, F. (1999) *Concrete Mixture Proportioning – A Scientific Approach*, Modern Concrete Technology Series No. 9 (edité par S. Mindess et A. Bentur), E & FN Spon, Londres, mars, 421 p.

de Larrard, F. (2000) *Structures granulaires et formulation des bétons*, Études et recherches des Laboratoires des Ponts et Chaussées, traduit de l'anglais par A. Lecomte, à paraître, 420 p.

de Larrard, F. et Sedran, T. (1996) Computer-aided mix designs : predicting final results. *Concrete International*, **18**(12), décembre, 38-41.

de Larrard, F., Gillet, G. et Canitrot, B. (1996) Preliminary HPC mix design study for the Grand Viaduc de Millau : an example of LCPC's approach, dans *Proceedings of* the *4th International Symposium on the Utilization of High-Strength/High-Performance Concrete*, BHP 96, vol. 3 (édité par F. de Larrard et R. Lacroix), Presses de l'École nationale de Ponts et chaussées, Paris, ISBN 2-85978-259-1, p. 1323-1332.

Domone, L.J. et Soutsos, M.N. (1994) An approach to the proportioning of high-strength concrete mixes. *Concrete International*, **16**(10), octobre, 26-31.

Féret, R. (1892) Sur la compacité des mortiers hydrauliques. *Annales des Ponts et Chaussées*, vol. 4, 2e semestre, p. 5-161.

Ganju, T.N. (1996) A method for designing concrete trial mixes. *Concrete International*, **18**(12), décembre, 35-38.

Gutiérrez, P.A. et Canovas, M.F. (1996) High-performance concrete ; requirements for constituent materials and mix proportioning. *ACI Materials Journal*, **93**(3), mai-juin, 233-241.

Haug, A.K. et Sandvik, M. (1988) *Mix Design and Strength Data for Concrete Platforms in the North Sea*, ACI SP-109, p. 495-524.

Hughes, B.P. (1964) Mix design for high-quality concrete using crushed rock aggregates. *Journal of the British Granite and Whinstone Federation* (916 Berkeley Street, London, W1), 4(1), printemps, 20 p.

Lessard, M., Baalbaki, M. et Aïtcin, P.-C. (1995) Mix design of air-entrained, high-performance concrete, dans *Concrete Under Severe Conditions – Environment and loading*, vol. 2 (édité par K. Sakai, N. Banthia et O.E. Gjørv), E & FN Spon, Londres, p. 1025-1034.

Lessard, M., Gendreau, M., Baalbaki, M., Pigeon, M. et Aïtcin, P.-C. (1993) Formulation d'un béton à haute performance à air entraîné. *Bulletin de liaison des Laboratoires des Ponts et Chaussées*, n° 188, novembre-décembre, 41-51.

Mehta, P.K. et Aïtcin, P.-C. (1990) Principles underlying production of high-performance concrete. *Cement, Concret,e and Aggregates*, **12**(2), hiver, 70-78.

Peterman, M.B. et Carrasquillo, R.L. (1986) *Production of High-Strength Concrete*, Noyes Publications, Park Ridge, New Jersey, USA, ISBN 0-8155-1057-8, 278 p.

Popovics, S. et Popovics, J.S. (1996) Novel aspects in computerization of concrete proportioning. *Concrete International*, **18**(12), décembre, 54-58.

Rougeron, P. et Aïtcin, P.-C. (1994) Optimization of the composition of a high-performance concrete. *Cement, Concrete, and Aggregates*, **16**(2), décembre, 115-124.

Sedran, T. et de Larrard, F. (1996) René-LCPC : A software to optimize the mix-design of high-performance concrete, dans *Proceedings of the 4th International Symposium on the Utilization of High-Strength/High-Performance Concrete*, BHP 96, vol. 1 (édité par F. de Larrard et R. Lacroix), Presses de l'École nationale des Ponts et chaussées, Paris, ISBN 2-85978-258-3, p. 169-178.

Sedran, T. et de Larrard, F. (2000) *BétonLab 2 – Logiciel de formulation des bétons*, Presses de l'École nationale des Ponts et chaussées, Paris, à paraître.

Welch, G.B. (1962) Adjustment of high-strength concrete mixes. *Constructional Review*, **35**(8), août, 27-30.

Chapitre **9**

Production des BHP

9.1 Introduction

La fabrication d'un BHP commence toujours par une sélection très soigneuse des matériaux qu'il faut utiliser. Dans certains cas, les matériaux utilisés pour fabriquer des bétons usuels ayant une résistance à la compression comprise entre 20 et 40 MPa ne conviennent plus dès que l'on commence à diminuer sensiblement le rapport eau/liant de façon à obtenir des bétons ayant une résistance plus élevée. On a vu que la sélection des matériaux qu'il faut utiliser pour fabriquer des BHP devient de plus en plus une opération critique au fur et à mesure que le rapport eau/liant décroît et que la résistance à la compression augmente, mais que, très souvent, un producteur de béton a encore la possibilité de faire des choix parmi les matières premières dont il peut disposer à un coût raisonnable (Lévy et Le Boulicaut, 1992).

Lorsque l'on considère les étapes suivantes du processus de mise en œuvre des BHP, c'est-à-dire leur production, leur livraison et leur mise en place, le producteur de béton n'a pratiquement plus de choix : il doit produire, livrer et mettre en place son BHP de la même façon qu'un béton usuel puisque, à l'heure actuelle, la part de marché des BHP est tellement faible qu'elle ne justifie pas la construction d'une usine de malaxage spéciale ou le développement d'équipements de finition différents de ceux que l'on utilise pour les bétons usuels. Ce n'est qu'en de rares occasions, dans le cas de projets majeurs, que l'on peut acheter, par exemple, un équipement de malaxage spécifique à très haute performance (Hoff et Elimov, 1995). Dans la majorité des cas à l'heure actuelle et pour quelque temps encore, il est pratiquement impossible de bénéficier d'un retour sur l'investissement dans la modification ou la construction de nouvelles pièces d'équipement pour produire, livrer et mettre en place des BHP. Tout au plus, dans certaines régions où le marché du BHP est assez important, quelques usines de béton prêt à l'emploi qui occupent des positions stratégiques peuvent être partiellement dévolues pour satisfaire ce marché. Cependant, dans l'état actuel du développement du marché, une compagnie de béton ne peut prospérer en ne vendant seulement que des BHP. Par conséquent, la plupart du temps, un BHP doit être fabriqué dans une usine traditionnelle de béton prêt à l'emploi qui, en outre, doit continuer à produire simultanément des bétons usuels. De plus, le producteur doit transporter et mettre en place son BHP avec le même équipement que celui qu'il utilise dans le cas de ses bétons usuels. En opérant de la sorte, les coûts additionnels occasionnés par la fabrication d'un BHP seront ramenés aux coûts supplémentaires des matériaux, c'est-à-dire essentiellement au coût du ciment et du superplastifiant et au programme de contrôle de la qualité beaucoup plus rigoureux qu'il faut implanter, non seulement pour contrôler la qualité des matières premières, mais aussi pour contrôler la qualité du béton frais et durci produit.

La production d'un BHP dans une centrale à béton, en parallèle avec la production d'un béton usuel, influence souvent le choix des matériaux que l'on peut utiliser à cause des limitations des installations d'entreposage et de la disponibilité des bennes et des silos de l'usine de béton prêt à l'emploi. Selon le nombre de silos dont le producteur de béton dispose pour entreposer le ciment et les ajouts cimentaires ou selon le nombre de bennes pour entreposer le granulat fin et le gros granulat, il sera plus ou moins facile de fabriquer des BHP à partir de la meilleure combinaison de matériaux que l'on aura trouvée dans une région donnée lors du processus d'optimisation de sa composition. Évidemment, si le producteur produit un assez grand volume de béton, il aura plus de facilité à choisir ses matériaux.

L'utilisation d'ajouts cimentaires pour fabriquer des BHP peut aussi être limitée par les installations d'entreposage dans l'usine de béton prêt à l'emploi. Dans le futur, de plus en plus d'usines de béton prêt à l'emploi utiliseront un ou plusieurs ajouts cimentaires pour produire leurs bétons usuels ou des ciments composés contenant certains ajouts cimentaires si bien que les producteurs de béton auront plus de latitude pour effectuer leurs choix.

S'il y a deux bennes pour entreposer le granulat fin, l'une peut être réservée à l'entreposage d'un sable grossier qui sera utilisé pour fabriquer les BHP, mais, s'il n'y a qu'une seule benne, les BHP devront être produits avec le sable utilisé pour fabriquer les bétons usuels.

Il est généralement beaucoup plus facile d'utiliser un gros granulat particulier pour fabriquer des BHP. D'une part, pratiquement toutes les usines de béton prêt à l'emploi disposent de plus d'une benne pour entreposer les gros granulats et, d'autre part, les BHP sont en général fabriqués avec un seul gros granulat très résistant de taille maximale peu élevée. Par conséquent, de façon générale, la benne utilisée pour entreposer la fraction fine du gros granulat peut servir à contenir le gros granulat choisi spécifiquement pour fabriquer les BHP. D'ailleurs, cela explique pourquoi les BHP sont souvent fabriqués avec un seul gros granulat de petite taille.

L'expérience démontre qu'il n'est pas toujours facile de produire des BHP en même temps que des bétons usuels. Par exemple, dans le cas du gratte-ciel Two Union Square à Seattle (Howard et Leatham, 1989) et dans celui du pont Jacques-Cartier à Sherbrooke

(Blais et coll., 1996), les producteurs de béton et les entrepreneurs ont pu se rendre compte qu'il était très économique de livrer un BHP durant la nuit puisque c'est le seul béton livré à ce moment. En outre, durant la nuit, il est possible de disposer de beaucoup plus de flexibilité dans l'utilisation des bennes à granulats.

Dans le cas de la construction du gratte-ciel Two Union Square à Seattle, la livraison du BHP de 120 MPa s'est effectuée de nuit, selon une séquence de livraison très serrée qui a permis aux équipes de mise en place de pomper le BHP de façon continue sans aucun problème d'attente dans les quatre gros tuyaux qui étaient utilisés pour confiner ce béton (Ralston et Korman, 1989). Durant certaines nuits, de 1 000 à 1 200 m^3 de BHP et de béton usuel ont pu être ainsi mis en place sans avoir à se préoccuper des embouteillages. En outre, de façon à pouvoir effectuer ces livraisons de nuit sans avoir à subir les plaintes des gens du quartier par suite du bruit occasionné par les camions de livraison qui amenaient les matériaux et les toupies qui livraient le béton, l'entrepreneur et le producteur de béton ont offert d'aménager dans le quartier, à leurs frais, un terrain de jeux que la ville avait refusé de construire à plusieurs reprises. Cet investissement a été très avantageux à la fois pour la communauté et pour le producteur de béton.

Dans le cas de la reconstruction du pont Jacques-Cartier à Sherbrooke, le problème principal auquel faisait face l'entrepreneur était la capacité de production réduite de l'usine de béton, en particulier lorsqu'elle fabriquait le BHP. Cette petite centrale à béton avait une capacité de production maximale de 60 m^3/h pour des bétons usuels, mais de seulement 30 m^3/h pour le BHP à cause, d'une part, de la plus longue séquence de malaxage qui était nécessaire pour obtenir un facteur d'espacement satisfaisant dans le BHP à air entraîné et, d'autre part, par suite de la limitation imposée sur la capacité de chargement de chacun des camions. Par conséquent, il fallait 10 heures de production pour fournir les 300 m^3 de béton qui pouvaient être mis en place de nuit. Une journée, dans l'intention de « gagner » du temps, l'entrepreneur a demandé qu'une coulée de 100 m^3 soit effectuée le jour. Il a fallu huit heures à ses huit ouvriers pour placer ces 100 m^3 ; la plupart du temps, les ouvriers attendaient que le camion suivant arrive parce que le producteur de béton devait aussi satisfaire les commandes de ses clients habituels tout en livrant le BHP du pont. Comme on le verra plus tard, la mise en place d'un BHP la nuit est aussi très avantageuse pour le mûrissement et pour le développement de chaleur.

9.2 Comment se préparer avant le malaxage

Le malaxage d'un BHP ne commence pas lorsque l'on introduit les ingrédients dans le malaxeur, mais plutôt quand on contrôle la qualité des matériaux que l'on va utiliser. Bien qu'il soit toujours important d'exercer un bon contrôle de la qualité des matériaux quand on fabrique n'importe quel béton, cela l'est encore plus lorsque l'on fabrique un BHP. D'ailleurs, plus le rapport eau/liant du BHP est faible et plus la résistance à la compression est élevée, plus cette opération devient cruciale. Au chapitre 7, on a vu que la sélection des matériaux qu'il faut utiliser pour fabriquer un BHP résulte d'un processus de sélection très élaboré. Par conséquent, il est essentiel de s'assurer que les matériaux qui sont dans les bennes pour fabriquer le BHP ont bien les propriétés des matériaux qui ont été choisis durant le processus de sélection (Howard et Leatham, 1989 ; Keck et Casey, 1991).

Il est particulièrement important de vérifier chacune des livraisons de superplastifiant, en utilisant un ciment de référence avec un des essais simples proposés au chapitre 7. Il est aussi important de vérifier la compatibilité ciment/superplastifiant aussi fréquemment que possible en utilisant un superplastifiant de référence et les mêmes essais simples.

Un producteur de béton nord-américain effectue systématiquement un tel essai, qui dure moins de 10 minutes, avant le déchargement de chacune des citernes de ciment qu'il reçoit. Comme le producteur de ciment sait pertinemment que chacune de ses livraisons sera vérifiée très soigneusement par son client et qu'il connaît la façon utilisée par ce dernier pour vérifier sa livraison, il effectue le même essai avant que la citerne de ciment ne quitte la cimenterie. Depuis la mise en place de ce système de contrôle, pas une seule citerne de ciment n'a été refusée, il n'y a eu aucun cas de prise éclair, ni de fausse prise, ni aucun cas d'incompatibilité ciment/superplastifiant. Ce programme de contrôle de la qualité a aussi été mis en place pour vérifier la qualité de chacune des livraisons de superplastifiant avec le même succès. Cependant, l'histoire ne dit pas qui reçoit les ciments et les superplastifiants qui ne satisfont pas à ces exigences !

Une fois la qualité du ciment et du superplastifiant bien contrôlée, il reste à vérifier la distribution granulométrique et la forme des gros granulats de même que la distribution granulométrique du sable et sa teneur en eau.

Il est très important de vérifier la distribution granulométrique du gros granulat, plus particulièrement la forme de ses particules, puisque certaines carrières ont plusieurs unités de production, si bien que, très souvent, les granulats ne présentent pas toujours la même qualité, la même distribution granulométrique et la même forme. En outre, en été, lorsque la demande en granulats est très forte, certaines carrières augmentent leur capacité de production en utilisant des équipements marginaux qui ne sont pas toujours adéquats pour produire des granulats de haute qualité pour un BHP.

Il est aussi très important de mesurer soigneusement la teneur en eau du sable pour ajuster la quantité d'eau de gâchage. Durant l'hiver, la vérification soigneuse de la quantité d'eau contenue dans le sable et dans le gros granulat est aussi cruciale puisque, dans certains pays comme le Canada, les granulats sont chauffés avec de la vapeur pour être dégelés. Il est difficile de gagner les derniers MPa d'un BHP, mais il est si facile de les perdre en ajoutant une faible quantité d'eau qui peut être, par exemple, cachée dans le sable si l'on n'a pas vérifié soigneusement sa teneur en eau. En outre, il est aussi essentiel de vérifier qu'il ne reste pas d'eau de lavage au fond des toupies avant de charger un BHP.

Si l'on utilise des ajouts cimentaires pour produire un BHP, ils doivent être contrôlés avec la même attention que tous les autres matériaux.

Lorsque le producteur de béton s'est assuré que ses bennes de granulats, ses silos de ciment et d'ajouts cimentaires et ses réservoirs à adjuvant contiennent les produits de haute qualité qu'il a sélectionnés, la production du BHP peut commencer. La moindre diminution de la qualité des ingrédients entraînera rapidement des problèmes puisque les marges de sécurité sont très minces lorsque l'on fabrique un BHP. En outre, la formulation d'un BHP ne peut s'accommoder de trop grandes variations autour de l'optimum parce que tous les ingrédients sont sollicités à la limite de leur capacité.

9.3 Malaxage

Comme on l'a vu plus tôt, en règle générale, les BHP sont produits avec les mêmes équipements que ceux utilisés pour produire des bétons usuels, mais avec une séquence de malaxage en général plus longue. Il faut donc veiller à ce que les balances soient bien calibrées parce qu'il est essentiel que les matériaux que l'on a choisis et contrôlés de façon soignée soient pesés précisément pour obtenir la résistance et la maniabilité désirées. Les BHP sont quelquefois très sensibles à de légères variations dans leurs proportions, surtout en ce qui concerne leur teneur en eau. Une augmentation de la teneur en eau de malaxage de 3 à 5 l/m^3 de béton peut représenter une perte de 10 à 20 MPa de la résistance à la compression et l'augmentation de l'affaissement peut déstabiliser le BHP et amener de la ségrégation.

Les systèmes de dosage des superplastifiants doivent aussi être très précis parce que toute variation peut entraîner des problèmes d'affaissement, de ségrégation ou de retard de durcissement.

Les BHP de classes I et II (résistance à la compression comprise entre 50 et 100 MPa), peuvent être produits avec succès dans des centrales doseuses, comme dans le cas de l'édifice Scotia Plaza (Ryell et Bickley, 1987) où la résistance à la compression à 91 jours après 142 livraisons de béton a été de 93,6 MPa (voir le chapitre 4). Dans ce cas particulier, les toupies étaient chargées en deux fois de façon à obtenir un mélange homogène. L'écart type mesuré lors des 142 échantillonnages a été de 6,8 MPa, ce qui représente un coefficient de variation de 7,3 %.

Par contre, il est beaucoup plus facile de produire des BHP dans des usines équipées d'un malaxeur central (Woodhead, 1993 ; Hoff et Elimov, 1995). Dans ces centrales, le malaxeur peut être à cuve versante ou à cuve horizontale avec ou sans système de malaxage à contre-courant ou à train valseur. Le béton utilisé lors de la construction de la plate-forme Hibernia (Hoff et Elimov, 1995) a été produit dans deux malaxeurs jumeaux à axe horizontal, ayant chacun une capacité de 2,5 m^3. Dans le cas du pont de la Confédération qui relie l'Île-du-Prince-Édouard au continent au Canada, on a utilisé un malaxeur à cuve basculante de 6 m^3.

Les temps de malaxage des BHP sont en général un peu plus longs que ceux des bétons usuels, mais il est difficile de donner des règles précises à ce sujet. On optimise le malaxage de façon que tout allongement du temps de malaxage n'améliore plus l'homo-généité et la maniabilité du béton (Ronneberg et Sandvik, 1990 ; Hoff et Elimov, 1995 ; Blais et coll., 1996). Lors du malaxage, le point critique est le moment choisi pour intro-duire le superplastifiant. À l'heure actuelle, trois approches permettent de choisir le moment d'introduction du superplastifiant dans le BHP. Elles sont brièvement décrites ci-dessous avec leurs avantages et leurs inconvénients :

• *première approche :* tout le superplastifiant est introduit dans l'eau de gâchage au début du malaxage. Les tenants de cette approche prétendent qu'il s'agit de la façon la plus simple de contrôler le dosage en superplastifiant. Cette méthode simple réduit le temps de malaxage et augmente la productivité de la centrale à béton, mais elle coûte un peu plus cher en superplastifiant puisque son dosage doit être légèrement augmenté, car certaines molécules de superplastifiant peuvent se combiner avec le C$_3$A, rôle normalement dévolu au sulfate de calcium ;

• *deuxième approche :* environ un à deux tiers du superplastifiant sont introduits dans le béton au tout début de son malaxage et le dernier tiers à la toute fin de la période de malaxage (Ronneberg et Sandvik, 1990). Les tenants de cette méthode d'introduction (aussi appelée double introduction) affirment qu'elle permet de faire certaines écono-mies sur la quantité de superplastifiant nécessaire pour obtenir une maniabilité donnée. Ils prétendent qu'il est préférable de laisser la première ettringite se former par l'action des sulfates contenus dans le ciment plutôt que de gaspiller certaines molécules de superplastifiant pour remplir ce rôle. Même si ce point peut être facile-ment vérifié en laboratoire, où il n'y a pas de contrainte sur le temps de malaxage, cela n'est pas nécessairement le cas dans les centrales à béton où les temps de malaxage ne durent guère plus de deux minutes ;

• *troisième approche :* la moitié ou le tiers du superplastifiant est ajouté en centrale au moment du malaxage, de telle sorte que le BHP quitte l'usine avec un affaissement de l'ordre de 100 mm pour arriver au chantier avec un affaissement de l'ordre de 50 mm. La quantité de superplastifiant qui reste est ajoutée au chantier jusqu'à ce que l'on obtienne l'affaissement désiré. Selon les tenants de cette approche, il est plus facile de transporter un béton consistant qu'un béton liquide (comme celui produit dans les deux cas précédents), car le transport d'un béton très fluide peut causer des problèmes de débordement lorsque le camion de livraison doit freiner brutalement ou qu'il circule sur un chantier où le sol est très inégal.

Les tenants des deux premières approches croient qu'il est difficile de doser et de mélanger particulièrement bien un superplastifiant sur chantier et que la capacité de transport de la toupie doit être réduite pour permettre un remalaxage efficace en chan-tier. Ils prétendent aussi que l'ajustement final de l'affaissement sur chantier n'est pas toujours fait dans les meilleures conditions.

Lorsque l'on utilise la troisième approche, il est toujours préférable de diluer le superplastifiant dans un peu d'eau, surtout s'il a une très forte teneur en solides. En général, on utilise un volume égal d'eau au volume de superplastifiant, volume qu'il faudra évidemment soustraire de la quantité initiale d'eau de malaxage.

Quelle que soit l'approche suivie pour introduire le superplastifiant, il est bon de rappeler que l'affaissement des BHP ne devrait jamais être supérieur à 230 mm à moins d'avoir pris des mesures correctives particulières. Les BHP qui ont un affaissement trop élevé sont très sensibles à la ségrégation et au ressuage.

En outre, dans n'importe quel cas, il est évidemment absolument interdit d'augmenter l'affaissement du BHP en utilisant de l'eau (Cook, 1989 ; Keck et Casey, 1991 ; Aïtcin et Lessard, 1994 ; Lessard, Baalbaki et Aïtcin, 1995 ; Blais et coll., 1996).

9.4 Contrôle de la maniabilité des BHP

L'essai d'affaissement est généralement utilisé pour mesurer la maniabilité d'un BHP même si tout le monde s'accorde pour dire que ce n'est pas la meilleure façon de le faire. En effet, l'essai d'affaissement a été utilisé jusqu'à présent pour caractériser la maniabilité du béton, mais sa validité est continuellement remise en question. D'autres méthodes d'évaluation de la maniabilité du béton ont été proposées, mais elles ne sont pas toujours très pratiques en chantier (Hu et de Larrard, 1995, 1996 ; Hu et coll., 1996 ; Gjørv, 1998).

Du point de vue théorique, il est préférable de contrôler la maniabilité d'un béton à l'aide de deux paramètres : la résistance au cisaillement et la viscosité. Récemment, Hu et coll. (1995) ont développé un maniabilimètre transportable (dans une camionnette) qui peut être utilisé sur chantier. Cependant, il est difficile de voir à court terme un tel appareil se substituer aux mesures usuelles d'affaissement pour vérifier la maniabilité des BHP à cause de son coût excessif. Dans l'avenir, on peut penser que ce genre d'appareil sophistiqué sera utilisé en recherche, ainsi que pour les études de formulation relatives à des projets d'une certaine importance. En effet, un des grands intérêts pratiques d'un rhéomètre de torsion, c'est la possibilité d'effectuer un suivi rhéologique sur un seul échantillon, ce qui réduit grandement les dépenses en matériau et en personnel, tout en apportant beaucoup plus de renseignements qu'une simple détermination périodique de l'affaissement au cône (de Larrard et coll., 1996 ; de Larrard, 1999 ; de Larrard, 2000). A contrario, le coût unitaire important d'un rhéomètre limitera son emploi sur chantier à l'expertise effectuée en cas de difficulté importante de mise en œuvre.

Pour la réception des portées de béton frais sur chantier, le cône d'Abrams garde son intérêt, car il donne une image du seuil de cisaillement. En mesurant le *temps* d'affaissement pour une hauteur donnée (10 cm) on peut également avoir une idée de la viscosité plastique (de Larrard et Ferraris, 1998a, b et c), ce qui permet par exemple d'éliminer des bétons excessivement visqueux et collants (Fig. 9.1). Par ailleurs, pour les BHP *très* fluides (affaissements de l'ordre de 25 cm et plus), on mesure généralement l'étalement, i.e. le diamètre moyen de la « galette » de béton obtenue une minute après le soulèvement du cône. Une valeur de l'ordre de 60-70 cm est typique d'un béton autoplaçant. Sur certains chantiers, on a utilisé la table à secousses DIN, qui repose également sur une mesure d'étalement, après une série de 15 chocs appliqués sur le support de l'échantillon de béton, par soulèvement et chute de la table.

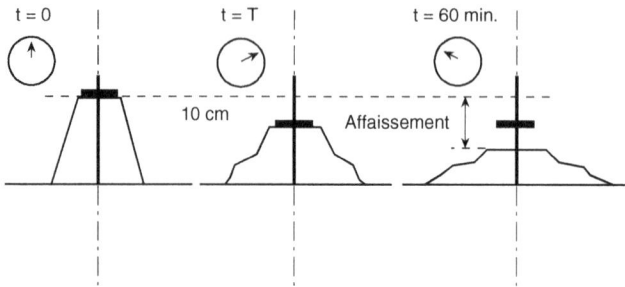

Figure 9.1 Principe de l'essai au cône d'Abrams modifié. T est le temps d'affaissement partiel, ou temps d'affaissement (de Larrard et Ferraris, 1998)

9.5   Ségrégation

Les causes du phénomène de ségrégation peuvent être nombreuses. La ségrégation peut être due à la présence d'eau de nettoyage oubliée au fond des toupies, à une erreur du dosage en eau de malaxage ou du dosage en superplastifiant ou à une augmentation soudaine de la teneur en eau du sable. La ségrégation d'un BHP peut aussi être causée par une très faible augmentation du dosage en superplastifiant au-delà du point de saturation pour un ciment donné, surtout quand ce dosage optimal est très pointu.

Tant du point de vue expérimental que théorique, il n'est pas facile d'étudier la ségrégation. Chose certaine, chaque fois que se produit un phénomène de ségrégation, la qualité du béton diminue considérablement. Il faut donc essayer de minimiser les risques de ségrégation. De façon générale, l'augmentation de la viscosité d'un béton augmente sa stabilité et réduit ainsi les risques de ségrégation. On peut augmenter la stabilité d'un béton en réduisant la quantité d'eau de gâchage ou de superplastifiant en utilisant de la fumée de silice ou en utilisant un agent colloïdal.

En pratique, s'il n'y a pas de mesure particulière à prendre pour éviter que de la ségrégation ne se développe au sein du béton, il est recommandé en général de ne pas utiliser un BHP ayant un affaissement supérieur à 230 mm. Cependant, dans certains cas, quand la composition du BHP a été très bien optimisée pour contrer tout risque de ségrégation, on peut livrer et placer des BHP ayant un affaissement de 250 mm (Hoff et Elimov, 1995).

9.6 Contrôle de la température du béton frais

Le contrôle de la température du béton frais est très important dans le cas des BHP parce qu'elle a un effet majeur sur la rhéologie. Si la température du béton juste après son malaxage est trop élevée (> 25 °C), la réaction d'hydratation est accélérée et il peut être très difficile de maintenir la maniabilité du BHP suffisamment longtemps pour lui permettre d'être livré et placé de façon adéquate, sauf si la composition du béton est modifiée en y ajoutant, par exemple, un peu de retardateur pour tenir compte de cette température initiale élevée. En outre, quand la température du béton est élevée, il peut être difficile de contrôler de façon précise la quantité d'air entraîné que doit contenir le BHP.

Comme on le verra au chapitre 14, la température initiale du béton frais est aussi très importante lorsqu'il s'agit de déterminer la température maximale qui sera atteinte dans les différents éléments structuraux.

D'un autre côté, si le béton est trop froid (< 10 °C), les superplastifiants liquides sont beaucoup moins efficaces pour disperser les particules de ciment. En outre, une température basse diminue l'intensité des réactions d'hydratation, si bien que la résistance initiale du BHP peut ne pas augmenter suffisamment vite et ralentir ainsi de façon très coûteuse la progression du chantier. Cette situation est même plus dramatique lorsque l'on utilise des ajouts cimentaires en remplacement d'une partie du ciment. La figure 9.2 présente différents moyens qui peuvent améliorer la situation. Dans les sections suivantes, on présente quelques moyens techniques qui permettent d'ajuster la température du béton de façon à éviter certains de ces problèmes.

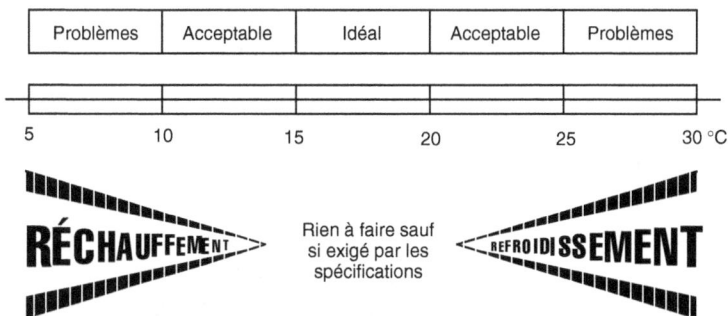

Problèmes	Acceptable	Idéal	Acceptable	Problèmes

```
5          10         15         20         25        30 °C
```

RÉCHAUFFEMENT ⟶   Rien à faire sauf   ⟵ REFROIDISSEMENT
                      si exigé par les
                      spécifications

Figure 9.2 Contrôle de la température d'un BHP à l'état frais

La température idéale de livraison d'un BHP est comprise entre 15 et 20 °C. Comme on peut le voir à la figure 9.1, des mesures correctives sérieuses doivent être prises lorsque la température du béton est inférieure à 10 °C ou supérieure à 25 °C pour éviter de sérieux problèmes rhéologiques. Entre ces deux extrêmes, il est toujours bénéfique de ramener la température du béton frais entre 15 et 20 °C. **Il est recommandé que, chaque fois que cela est possible, une telle plage de température soit spécifiée clairement dans les devis. Ces devis devront aussi clairement indiquer les températures minimales et maximales acceptables du béton frais.**

9.6.1   Augmentation de la température d'un béton frais trop froid

En hiver dans les pays nordiques, il arrive fréquemment que la température du béton frais soit trop faible pour livrer un béton qui sera suffisamment résistant pour être décoffré aussi rapidement que possible ou pour maintenir une progression adéquate des coffrages coulissants lorsque l'on utilise cette technique de construction. Il est assez facile de remédier à une telle situation parce que l'on peut chauffer un BHP en utilisant les mêmes techniques déjà éprouvées dans le cas des bétons usuels, c'est-à-dire que l'on commence par chauffer l'eau de gâchage puis les granulats si nécessaire. Même si les BHP contiennent moins d'eau que les bétons usuels, le chauffage de l'eau doit être le premier moyen envisagé pour augmenter la température du béton. Les centrales de béton prêt à l'emploi des pays nordiques sont déjà équipées pour chauffer l'eau de gâchage. Si cela n'est pas suffisant, on chauffera simultanément les granulats avec de la vapeur, mais, comme on l'a dit précédemment, un contrôle serré de la teneur en eau du sable et du gros granulat est alors impératif.

Durant son transport et sa mise en place, le béton perd une certaine quantité de chaleur. Quoi qu'il en soit, cette diminution de température du béton durant son transport peut facilement être calculée et des corrections peuvent être apportées à la centrale de telle sorte que le BHP livré sur le chantier ait une température située à l'intérieur de la plage spécifiée. Lorsque le béton est mis en place dans les coffrages, en général, il n'est pas nécessaire de prendre des précautions spéciales au sujet de sa température, car, dès que la réaction d'hydratation commence à se développer, elle dégage assez de chaleur pour protéger le béton contre les effets nocifs d'une basse température. La seule période qui peut être critique est celle qui sépare la fin de la mise en place du début du développement de la réaction d'hydratation. Quand il fait trop froid, il faut surveiller le retard dans le durcissement du béton surtout lorsqu'il est placé dans des coffrages métalliques qui conduisent bien la chaleur et le froid. Dans un tel cas, le béton situé juste derrière les coffrages peut geler. Si l'on utilise des coffrages métalliques en hiver, il faut absolument les isoler et protéger le béton avec des couvertures chauffantes de façon à éliminer ce problème. Un second cas qui peut causer des problèmes en hiver est celui des dalles qui sont coulées par des températures ambiantes très basses. La température du béton dans la partie supérieure de la dalle peut diminuer très rapidement durant les premières heures qui suivent sa mise en place, si bien que l'hydratation du béton ne démarre que très tard et à un rythme très lent (Lessard et coll., 1993 ; Lessard et coll., 1994). Par exemple, durant la reconstruction du tablier du pont Jacques-Cartier à Sherbrooke, la température minimale que devait atteindre le béton durant l'hiver a été portée à 23 °C. Une telle température a pu être obtenue, comme dans tous les cas où on livre du béton l'hiver, en chauffant l'eau et les granulats. Dans le cas du pont de Portneuf, construit en novembre 1992, la température ambiante était de 3 °C et la température moyenne des 27 livraisons de béton a été de 22 °C avec un écart type de 2,5 °C.

9.6.2 Refroidissement d'un béton frais lorsque sa température initiale est trop élevée

En été, la température d'un BHP doit être contrôlée de façon à diminuer la température maximale atteinte dans la masse du béton pour pouvoir rencontrer les exigences des devis (Woodhead, 1993 ; Hoff et Elimov, 1995 ; Blais et coll., 1996). Par exemple, dans le cas du BHP utilisé pour construire le gratte-ciel Scotia Plaza en Ontario (Ryell et Bickley, 1987), la température maximale de réception qui était permise était de 18 °C. Au Québec, le ministère des Transports a, jusqu'à maintenant, exigé que tous les BHP utilisés pour construire des ponts aient une température maximale inférieure à 20 °C en été.

Lors de la construction du gratte-ciel Scotia Plaza, au plus fort de l'été, les températures des matériaux utilisés pour fabriquer le BHP étaient les suivantes : ciment 43 °C, laitier 36 °C, granulat fin 32 °C, gros granulat 32 °C, eau de gâchage 12 °C. Il était donc absolument nécessaire de diminuer la température du béton produit, ce qui a été obtenu en utilisant de l'azote liquide (Fig. 9.3), mais le coût du mètre cube du béton a ainsi augmenté de 35 $/m^3 (dollars canadiens).

Figure 9.3 Refroidissement à l'azote liquide du BHP utilisé lors de la construction de l'édifice Scotia Plaza à Toronto

Habituellement, lorsqu'un producteur de béton veut diminuer la température de son béton frais, il utilise d'abord l'eau la plus froide possible. Si la température du béton est à peine supérieure à 22 °C, on peut aussi essayer de diminuer la température des granulats en les arrosant pour qu'ils aient une température située aux alentours de 20 °C après évaporation de l'eau. S'il faut abaisser encore la température, il est alors recommandé d'utiliser de la glace broyée (non pas des cubes de glace, car ils ne fondent pas suffisamment vite de sorte que l'on pourrait avoir à faire face à un manque d'eau lors du malaxage du béton) en remplacement d'une partie de l'eau de gâchage. On peut calculer la quantité d'eau qu'il est nécessaire de remplacer par une masse équivalente de glace broyée qui fondra rapidement et réduira la température du béton frais. Cette méthode s'applique parfaitement bien au cas des BHP ; il est possible de remplacer une fraction de l'eau de gâchage par une masse équivalente de glace sans créer de problème de maniabilité. Cette méthode a été utilisée avec succès dans au moins deux projets au Québec : la construction du viaduc de la montée Saint-Rémi sur une coulée nocturne de 450 m^3 de BHP le 23 juin 1993 alors que ce jour-là la température maximale ambiante avait été de 28 °C (Lessard et coll., 1995) et durant la reconstruction du pont Jacques-Cartier à Sherbrooke durant laquelle 1 000 des 1 800 m^3 de BHP ont été coulés par temps chaud en août et septembre (Blais et coll., 1996).

Dans ces deux cas, l'utilisation de glace broyée a permis de maintenir la température du béton frais inférieure à 20 °C sans aucun problème. Au fur et à mesure que la température ambiante diminuait durant la nuit, la quantité de glace a diminué de 60 kg au début de la nuit à 20 kg vers la fin de la nuit. La température moyenne du BHP utilisé lors de la construction du viaduc de la montée Saint-Rémi a été de 17 °C pour les 74 livraisons et de 18 °C pour les 200 livraisons du pont Jacques-Cartier. Le refroidissement du béton par de la glace broyée a coûté un peu moins de 10 $/m^3 pour ces deux projets.

Un avantage supplémentaire du refroidissement d'un BHP est d'améliorer sa maniabilité, ce qui prolonge la durée de sa mise en place et améliore sa pompabilité (Haug et Sandvik, 1988). Cependant, il faut souligner que tous ces efforts pour diminuer la température du béton frais ne doivent pas le refroidir en dessous de 10 °C, car les propriétés dispersantes des superplastifiants en seraient alors grandement diminuées. À 5 °C, les polynaphtalènes deviennent très visqueux et sont sur le point de cristalliser.

Il faut aussi mentionner qu'il est important de conserver un contrôle serré de la température d'un BHP à air entraîné, car cela facilite énormément le contrôle de la quantité d'air entraîné, ce qui a une très grande influence sur la résistance à la compression. Dans la section 9.8, on trouvera un cas de production de BHP à air entraîné où l'on a réussi à contrôler la température de livraison.

9.7   La production d'un BHP à air entraîné

La production d'un BHP à air entraîné amène l'utilisation d'un adjuvant supplémentaire : un agent entraîneur d'air, ce qui complique le processus d'ajustement du dosage des autres adjuvants parce que l'air entraîné affecte à la fois la maniabilité et la résistance à la compression (Ronneberg et Sandvik, 1990).

Avec l'expérience, on a pu trouver qu'il était avantageux de mettre au point la composition d'un BHP à air entraîné en quatre étapes (Lessard et coll., 1993 ; Lessard et coll., 1995) :

première étape :   évaluation de la compatibilité ciment/superplastifiant sur coulis ;

deuxième étape : obtention de la résistance à la compression nécessaire sur un béton sans air entraîné ;

troisième étape : développement d'un réseau d'air entraîné dans le béton précédent ;

quatrième étape : vérification du facteur d'espacement ou de la durabilité au gel-dégel et à l'écaillage du béton à air entraîné produit.

Évidemment, les étapes 1 et 2 sont aussi utilisées lorsque l'on cherche à formuler un béton sans air entraîné.

Lorsque l'on veut fabriquer un BHP à air entraîné, quelle résistance doit-on viser ? En se basant sur les résultats obtenus durant la construction du pont de Portneuf (Aïtcin et Lessard, 1994), du viaduc de la montée Saint-Rémi (Lessard et coll., 1995) et du pont Jacques-Cartier à Sherbrooke (Blais et coll., 1996), on peut utiliser la règle empirique suivante : une variation de la teneur en air de 1 % (quand cette teneur en air est comprise entre 4 et 7 %) entraîne une variation dans la direction opposée de 5 % de la résistance à la compression. Par conséquent, si a représente la teneur en air moyenne nécessaire pour obtenir le bon facteur d'espacement et p représente la quantité d'air piégé de toute façon dans un BHP sans air entraîné, la résistance à la compression du béton à air entraîné devra être augmentée de 5 $(\mathbf{a} - \mathbf{p})/100$. La résistance requise du béton sans air entraîné $\mathbf{f'_{sa}}$ s'exprimera donc en fonction de la résistance du béton à air entraîné $\mathbf{f'_a}$) :

$$\mathbf{f'_{sa}} = \mathbf{f'_a} \left[1 + \frac{5}{100} (\mathbf{a} - \mathbf{p}) \right]$$

À titre d'exemple, si la teneur en air nécessaire pour obtenir le facteur d'espacement ou la durabilité aux cycles de gel-dégel que l'on recherche est de 6 % et que la teneur en air piégé d'un béton sans air entraîné est de l'ordre de 2 %, il sera alors nécessaire de fabriquer un béton sans air entraîné qui aura une résistance à la compression de 20 % supérieure à celle du béton à air entraîné que l'on voudra finalement fabriquer.

Évidemment, il sera aussi nécessaire d'augmenter la résistance à la compression ciblée du béton pour tenir compte de la variabilité de la production de façon à obtenir la résistance moyenne que devra cibler le producteur de béton. Par exemple, si la résistance moyenne de trois essais consécutifs de résistance à la compression doit être supérieure 99 fois sur 100 à la résistance spécifiée, la résistance moyenne du béton sans air entraîné $\mathbf{f'_{cr}}$ devra être telle que :

$$\mathbf{f'_{cr}} = \mathbf{f'_{sa}} + \frac{2,33\sigma}{\sqrt{3}}$$

où σ représente l'écart type de la production.

Pour trouver rapidement le dosage exact en agent entraîneur d'air, il est recommandé, durant la troisième étape, d'utiliser trois dosages en agent entraîneur d'air. On fabrique trois gâchées d'essai en utilisant un dosage en agent entraîneur d'air inférieur à celui que l'on pense être le bon, un autre où l'on utilise un dosage en agent entraîneur d'air qui donnera une teneur en air vraiment supérieure à celle que l'on désire obtenir et le troisième dosage peut être celui recommandé par le fabricant d'adjuvant. Le dosage que l'on interpolera à partir des résultats obtenus servira à fabriquer une quatrième gâchée d'essai où l'on cherchera à raffiner le dosage en superplastifiant puisque la présence d'air entraîné peut modifier la maniabilité du BHP.

Des éprouvettes provenant de ces quatre bétons, qui ont différentes teneurs en air et, par conséquent, différents facteurs d'espacement, peuvent être soumises aux essais de gel-dégel rapide selon la norme ASTM C666 procédure A et aux essais de la norme ASTM C672 pour vérifier la résistance à l'écaillage. On peut ainsi déterminer quel est le facteur d'espacement critique qu'il faut respecter pour que ce BHP à air entraîné satisfasse les exigences de ces deux normes.

9.8 Études de cas

9.8.1 Production du béton utilisé pour reconstruire le tablier du pont Jacques-Cartier à Sherbrooke

Le tablier de pont Jacques-Cartier a été démoli et reconstruit entre le 5 août et le 26 novembre 1995. En août, la température maximale ambiante durant les journées les plus chaudes a dépassé 28 °C et, en novembre, la température enregistrée la plus froide lors d'une coulée de béton a été de − 5 °C. En dépit d'une telle variation de la température ambiante, il a été possible de maintenir un contrôle étroit de la température de livraison du béton.

(a) Spécifications sur le BHP

Les spécifications du ministère des Transports du Québec pour ce BHP étaient alors les suivantes :

* rapport eau/liant maximal de 0,35 ;
* résistance caractéristique de 60 MPa ;
* résistance à la compression minimale à 24 heures de 10 MPa ;
* utilisation d'un ciment composé à la fumée de silice (contenant de 7,5 à 8,5 % de fumée de silice) ;
* dosage minimal en ciment de 340 kg/m^3 ;
* taille maximale du gros granulat de 20 mm ;
* utilisation d'un retardateur en été ;
* affaissement de 180 ± 40 mm ;
* teneur en air comprise entre 4 et 7 % ;
* facteur d'espacement moyen inférieur à 230 μm sans qu'aucune valeur ne dépasse 260 μm.

(b) Composition du BHP

La composition du BHP utilisé lors de ce projet est présentée dans le tableau 9.1.

Tableau 9.1. Composition du BHP utilisé lors de la réfection du pont Jacques-Cartier à Sherbrooke (Blais et coll., 1996).

Rapport eau/liant		0,32	
Eau[a]	90	150	kg/m3
Glace (conditions estivales	60	150	
Ciment à la fumée de silice		470	
Sable (SSS)		740	
Gros granulat (SSS)		1 050	
Superplastifiant Agent entraîneur d'air Réducteur d'eau[b]		15,0 0,315 1,4	l/m^3

a.   Incluant l'eau du superplastifiant.
b.   Utilisé comme retardateur.

(c) Séquence de malaxage

La séquence de malaxage (Fig. 9.4) a permis de satisfaire toutes les spécifications. Elle n'a pas été obtenue grâce à un processus d'optimisation, mais en modifiant la séquence de malaxage qui était utilisée dans la centrale à béton lors de la fabrication de bétons usuels. Cette séquence de malaxage a été décomposée de la façon suivante :

1. chargement des granulats et de l'eau dans le malaxeur (de 0 à 20 secondes) ;

2. introduction de l'agent entraîneur d'air et malaxage pour développer un réseau de bulles d'air stable (de 20 à 80 secondes) ;

3. introduction et malaxage du ciment et stabilisation du réseau de bulles d'air (de 80 à 140 secondes) ;

4. introduction du réducteur d'eau qui agissait à titre de retardateur (de 140 à 210 secondes) ;

5. introduction du superplastifiant et malaxage final (de 200 à 310 secondes).

Cette séquence de malaxage et le contrôle de la qualité instauré pour les circonstances dans la centrale à béton ont permis de produire un béton qui n'a jamais dérogé aux spécifications imposées. Seules trois des 300 livraisons ont été refusées parce qu'elles ne répondaient pas à ces spécifications : une première parce que l'affaissement était légèrement trop élevé, une deuxième parce que la teneur en air était trop élevée (en fait, le producteur s'est aperçu que la valve du réservoir de réducteur d'eau fuyait) et une troisième parce que des agglomérations de ciment préhydraté ont été trouvées au moment du déchargement du camion.

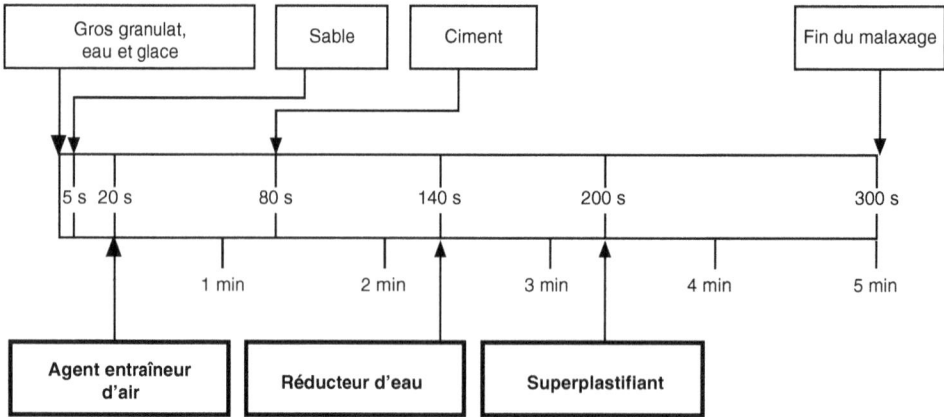

Figure 9.4 Séquence de malaxage utilisée pour fabriquer le BHP à air entraîné l ors de la réfection du pont Jacques-Cartier à Sherbrooke

N.B. : La séquence de malaxage aurait pu être réduite à 3 minutes et demie si le producteur de béton n'avait pas voulu économiser un peu de superplastifiant en utilisant un réducteur d'eau

Le tableau 9.2 présente les propriétés moyennes et l'écart type des 56 livraisons de BHP qui ont été mesurés par l'équipe de recherche de l'Université de Sherbrooke. Le critère d'acceptation était que la résistance moyenne de trois essais consécutifs de résistance à la compression ne pouvait être inférieure à 60 MPa plus d'une fois sur 100. Les résultats obtenus montrent que la résistance caractéristique du BHP produit a été de 70,8 MPa, ce qui est bien supérieur aux exigences du ministère des Transports.

Tableau 9.2. Résultats du contrôle de la qualité du BHP à air entraîné utilisé pour la reconstruction du tablier du pont Jacques-Cartier à Sherbrooke (Blaise et coll., 1990).

n = 56	Valeur moyenne	Écart type
Affaissement	190 mm	25 mm
Teneur en air	5,4 %	0,7 %
Masse unitaire	2 350 kg/m^3	20 kg/m^3
Température	18 °C	1,5 °C
f'_c à 28 jours	76,3 MPa	4,1 MPa

(d) Considérations économiques

Même si la production de ce BHP à air entraîné sous des conditions de température ambiante aussi différentes a été très satisfaisante, l'auteurs est convaincu que la séquence de malaxage aurait pu être améliorée du point de vue économique, tout au moins pour l'entrepreneur. Le producteur de béton avait décidé d'utiliser un réducteur d'eau à la place d'un retardateur pour deux raisons : ce réducteur d'eau prolongeait la période dormante et cela lui permettait d'économiser 1 $/m^3 en remplaçant un litre de superplastifiant par un litre de réducteur d'eau. L'utilisation de ce réducteur d'eau a donc permis au producteur de béton d'économiser 1 800 $ sur la totalité du projet.

Pour l'entrepreneur, l'addition du retardateur au moment de l'introduction du ciment aurait pu permettre d'économiser 60 secondes sur le temps de malaxage, ce qui aurait augmenté la capacité de malaxage du BHP et la vitesse de mise en place du béton. L'équipe de mise en place pouvait placer bien plus de 30 m^3/h de BHP si bien qu'elle passait plus de la moitié de son temps à attendre le camion suivant. Une estimation assez grossière du coût de ces périodes d'attente durant lesquelles les ouvriers ne travaillaient pas a été estimée par l'entrepreneur (à la fin du projet) à environ 10 $/m^3 de béton. Par conséquent, l'entrepreneur aurait pu économiser 18 000 $ sur les coûts de mise en place si le producteur de béton avait pu raccourcir sa séquence de malaxage d'une minute.

Le producteur de béton a été très heureux d'économiser 2 000 $, mais l'entrepreneur a dépensé 18 000 $ de trop parce que le producteur a préféré utiliser un réducteur d'eau plutôt qu'un retardateur. Cette opération financière globalement négative est une consé-quence de la nature encore beaucoup trop fractionnée de l'industrie de la construction et de la difficulté qu'il y a à envisager les conséquences globales de certains gestes indivi-duels. Dans le cas de la reconstruction du tablier du pont Jacques-Cartier, il aurait été préférable que l'entrepreneur paie le surcoût dû à l'utilisation du superplastifiant et à l'élimination du réducteur d'eau, c'est-à-dire 2 000 $, et même octroyer une prime au producteur de béton pour qu'il utilise un retardateur plutôt qu'un réducteur d'eau. En fin de compte, l'entrepreneur aurait économisé un peu moins de 16 000 $ sur le coût de la reconstruction du tablier du pont.

9.8.2 Production d'un BHP dans une centrale doseuse

(a) Édifice Scotia Plaza (Ryell et Bickley, 1987)

La fumée de silice utilisée lors de ce projet était une fumée de silice en vrac qui était introduite dans le malaxeur en même temps que le ciment. De façon à éviter la forma-tion de grumeaux durant le malaxage, il a fallu introduire approximativement la moitié de l'eau de gâchage dans la toupie avant d'introduire n'importe quel autre ingrédient solide. En adoptant une telle technique de chargement, le producteur de béton a observé très peu d'agglomération de fumée de silice, ce qui s'est traduit en outre par des résis-tances à la compression relativement constantes.

(b) Pont de Portneuf (Lessard et coll., 1993)

Lors de la construction du pont de Portneuf, la séquence de malaxage a été la suivante :

- six litres d'eau ont été réservés pour diluer les adjuvants de façon à faciliter leur introduction manuelle dans la toupie ;

- la moitié du superplastifiant a été diluée dans une quantité égale d'eau puis introduite au fond de la toupie avant l'introduction des granulats ;

- les granulats ont ensuite été ajoutés puis le ciment et le reste de l'eau de gâchage ;

- la deuxième moitié du superplastifiant, l'agent entraîneur d'air et le retardateur ont été introduits en même temps que le restant de l'eau de gâchage.

Il faut bien préciser que cette séquence de malaxage n'est pas le fruit d'un travail d'optimisation élaboré, mais qu'elle a eu le mérite de fonctionner et de produire un BHP à air entraîné bien contrôlé, comme on peut le constater en examinant les résultats de l'analyse statistique (Fig. 9.5 à 9.8).

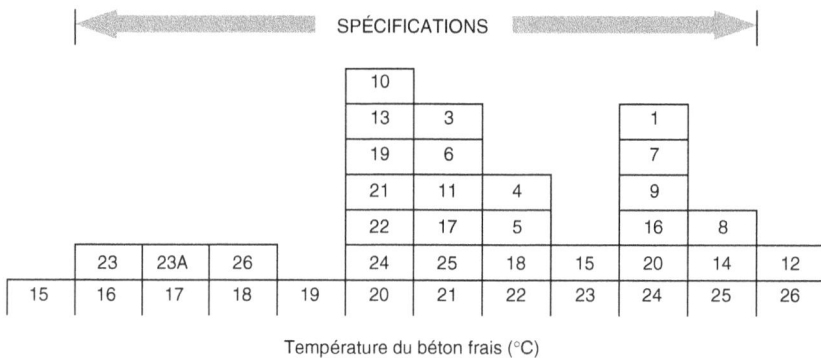

SPÉCIFICATIONS

15	16	17	18	19	20	21	22	23	24	25	26
					10						
					13	3			1		
					19	6			7		
					21	11	4		9		
					22	17	5		16	8	
	23	23A	26		24	25	18	15	20	14	12

Température du béton frais (°C)

Figure 9.5 Température des bétons livrés lors de la construction du pont de Portneuf

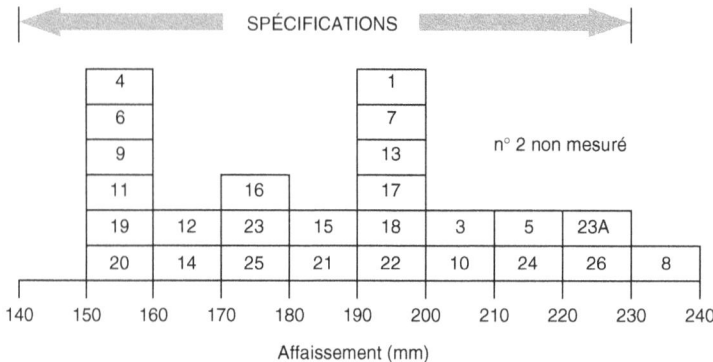

SPÉCIFICATIONS

n° 2 non mesuré

140–150	150–160	160–170	170–180	180–190	190–200	200–210	210–220	220–230	230–240
	4				1				
	6				7				
	9				13				
	11		16		17				
	19	12	23	15	18	3	5	23A	
	20	14	25	21	22	10	24	26	8

Affaissement (mm)

Figure 9.6 Affaissement des bétons livrés lors de la construction du pont de Portneuf

Figure 9.7

4,0–4,5	4,5–5,0	5,0–5,5	5,5–6,0	6,0–6,5	6,5–7,0	7,0–7,5	7,5–8,0
				26			
				22			
				17			
				16			
				14			
		25	23	11	24		
		5	19	10	20	15	
		3	12	6	8	13	
23A	21	1	9	4	3	7	18

$\bar{a} = 6,2\%$

$\sigma = 0,7\%$

n° 2 non mesuré

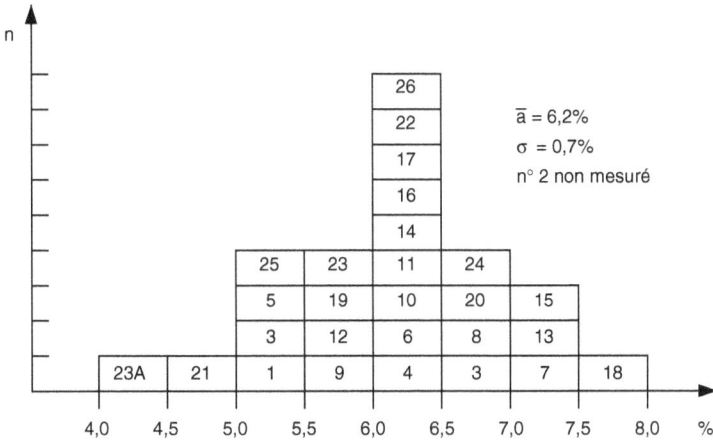

Figure 9.7 Teneur en air des bétons livrés lors de la construction du pont de Portneuf

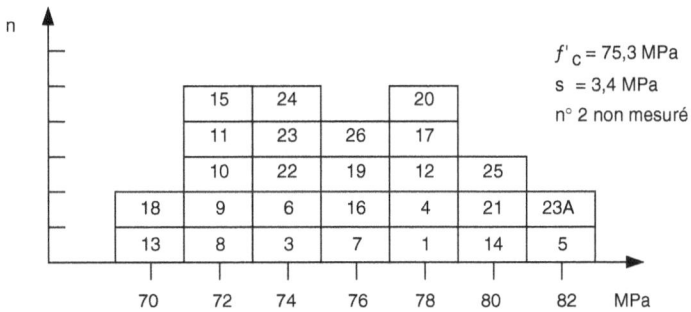

Figure 9.8

70–72	72–74	74–76	76–78	78–80	80–82	82–84
	15	24		20		
	11	23	26	17		
	10	22	19	12	25	
18	9	6	16	4	21	23A
13	8	3	7	1	14	5

$f'_c = 75,3$ MPa

$s = 3,4$ MPa

n° 2 non mesuré

Figure 9.8 Résistance à la compression à 28 jours des bétons livrés lors de la construction du pont de Portneuf

9.9 Conclusion

Pour quelques années à venir les BHP devront être produits dans des centrales à béton traditionnelles, qui sont surtout conçues et équipées pour livrer des bétons usuels, si bien que tous les producteurs de béton n'ont pas entière latitude lorsqu'ils ont à choisir les matières premières qu'ils peuvent utiliser.

La production d'un BHP commence toujours par un contrôle rigoureux de la qualité des matériaux qui sont utilisés et par celui du béton frais produit.

Pour contrôler la maniabilité des BHP il faudra se satisfaire encore pendant quelques années de l'essai d'affaissement malgré toutes les insuffisances de cet essai.

Chaque fois qu'on le peut il faut chercher à abaisser la température d'un BHP au moment de sa livraison à une température comprise entre 15 et 20 °C.

La production et la mise en place de nuit sont très avantageuses dans le cas des BHP, au niveau des gains de productivité.

Il n'y a pas eu à notre connaissance d'études fondamentales sur la meilleure séquence de malaxage, ou tout au moins elles n'ont pas été publiées. Pour l'instant, les producteurs de béton adaptent des séquences qui leur donnent satisfaction avec leurs bétons de tous les jours. Il est cependant admis que le superplastifiant doit être introduit le plus tard possible lors du malaxage chaque fois qu'on le peut. Non seulement on économise un peu de superplastifiant mais son action dure un peu plus longtemps.

Références

Aïtcin, P.-C. et Lessard, M. (1994) Canadian experience with air-entrained high-performance concrete. *Concrete International*, **16**(10), octobre, 35-38.

Blais, F.A., Dallaire, E., Lessard, M. et Aïtcin, P.-C. (1996) *The Reconstruction of the Bridge Deck of the Jacques Cartier Bridge in Sherbrooke (Quebec) using High-Performance Concrete*, 30e réunion annuelle de la Société canadienne de génie civil, Edmonton, Alberta, mai, ISBN 0-921-303-60, p. 501-507.

Cook, J.E. (1989) 10 000 psi concrete. *Concrete International*, 11(10), octobre, 67-75.

de Larrard, F. (1999) *Concrete Misture Proportioning – A Scientific Approach*, Modern Concrete Technology Series No. 9 (edité par S. Mindess et A. Bentur), E & FN Spon, Londres, mars, 421 p.

de Larrard, F. (2000) *Structures granulaires et formulation des bétons*, Études et recherches des Laboratoires des Ponts et Chaussées, ouvrage d'art OA 34, ISBN : 2-7208-2006-8, Laboratoire Central des Ponts et Chaussées, Paris, 414 p.

de Larrard, F. et Ferraris, C.F. (1998a) Rhéologie du béton frais remanié. I – Plan expérimental et dépouillement des résultats. *Bulletin de liaison des Laboratoires des Ponts et Chaussées*, n° 213, janvier-février, 73-89.

de Larrard, F. et Ferraris, C.F. (1998b) Rhéologie du béton frais remanié. II – Relations entre composition et paramètres rhéologiques. *Bulletin de liaison des Laboratoires des Ponts et Chaussées*, n° 214, mars-avril, 69-79.

de Larrard, F. et Ferraris, C.F. (1998c) Rhéologie du béton frais remanié. III – L'essai au cône d'Abrams modifié. *Bulletin de liaison des Laboratoires des Ponts et Chaussées*, n° 215, mai-juin, 53-60.

de Larrard, F., Sedran, T., Hu, C., Sitzkar, J.C., Joly, M. et Derkx, F (1996) Evolution of the workability of superplasticized concretes : assessement with BTRHEOM rheometer, dans *Proceedings of the International RILEM Conference on Production Methods and Workability of Concrete*, Paisley (edité par P.J.M. Bartos, D.L. Mars et D.J. Cleland), juin, p. 377-388.

Gjørv, O.E. (1998) Workability : a New Way of Testing. *Concrete International.* **20**(9), septembre, p. 57-60.

Haug, A.K. et Sandvik, M. (1988) *Mix Design and Strength Data for Concrete Platforms in the North Sea*, ACI SP-109, p. 495-524.

Hoff, G.C. et Elimov, R. (1995) *Concrete Production for the Hibernia Platform*, 2nd CANMET/ACI International Symposium on Advance in Concrete Technology, Supplementary papers, Las Vegas, Nevada, 11-14 juin, p. 717-739.

Howard, N.L. et Leatham, D.M. (1989) The production and delivery of high-strength concrete. *Concrete International,* **11**(4), avril, 26-30.

Hu, C. et de Larrard, F. (1996) The rheology of fresh high-performance concrete. *Cement and Concrete Research,* **26**(2), février, 283-294.

Hu, C., de Larrard, F. et Gjørv, O. (1995) Rheological testing and modelling of fresh high-performance concrete. *Matériaux et constructions,* **28**(175), janvier-février, 1-7.

Hu, C., de Larrard, F., Sedran, T., Boulay, C., Bosc, F. et Deflorenne, F. (1996) Validation of BTRHEOM, the new rheometer for soft-to-fluid concrete. *Matériaux et constructions,* **29**(194), décembre, 620-631.

Keck, R. et Casey, K. (1991) A tower of strength. *Concrete International,* **13**(3), mars, 23-25.

Lessard, M., Baalbaki, M. et Aïtcin, P.-C. (1995) Mix design of air-entrained, high-performance concrete, dans *Concrete Under Severe Conditions – Environment and loading*, vol. 2 (édité par K. Sakai, N. Banthia et O.E. Gjørv), E & FN Spon, Londres, p. 1025-1034.

Lessard, M., Dallaire, E., Blouin, D. et Aïtcin, P.-C. (1994) High-performance concrete speeds reconstruction for McDonald's. *Concrete International,* **16**(9), septembre, 47-50.

Lessard, M., Gendreau, M., Baalbaki, M., Pigeon, M. et Aïtcin, P.-C. (1993) Formulation d'un béton à haute performance à air entraîné. *Bulletin de liaison des Laboratoires des Ponts et Chaussées,* n° 188, novembre-décembre, 41-51.

Lévy, C. et Le Boulicaut, J.-P. (1992) Le BHP livré par réseau de centrales de BPE : une réalité, dans *Les bétons à hautes performances – Caractérisation, durabilité, applications*, édité par Y. Malier, Presses de l'École nationale des Ponts et chaussées, ISBN 2-85978-187-0, p. 95-114.

Ralston, M. et Korman, R. (1989) Put that in your pipe and cure it. *Engineering News Record,* **22**(7), février, 44-53.

Ronneberg, A. et Sandvik, M. (1990) High-strength concrete for North Sea platforms. *Concrete International,* **12**(1), janvier, 29-34.

Ryell, J. et Bickley, J.A. (1987) Scotia Plaza : high strength concrete for tall buildings, dans *Utilization of High Strength Concrete*, Stavanger (édité par I. Holland *et coll.*), Tapir, N-7034 Trondheim, NTH, Norvège, ISBN 82-519-07977, p. 641-653.

Woodhead, H.R. (1993) Hibernia offshore oil platform. *Concrete International,* **15**(12), décembre, 23-30.

Chapitre **10**

Travaux préparatoires avant le bétonnage : que faire, quand le faire et comment le faire

10.1 Introduction

La livraison d'un béton usuel se fait de façon routinière sans préparation spéciale de la part du producteur de béton, de l'entrepreneur ou du laboratoire d'inspection. Cependant, ce serait commettre une grave erreur que de penser que l'on peut procéder de la sorte avec les BHP. Pendant encore quelques années, la production et la livraison des BHP vont nécessiter beaucoup plus d'attention de la part du producteur de béton, de l'entrepreneur et du laboratoire d'inspection que celles d'un béton usuel. En outre, il va falloir améliorer la qualité des essais de contrôle et les essais proprement dits, si l'on veut évaluer les BHP de façon convenable.

Une bonne inspection et des essais bien effectués sont absolument nécessaires dans le cas des bétons usuels ; cette situation est encore plus critique dans le cas des BHP parce que les BHP sont utilisés dans des structures à haute performance où il faut obtenir un grand degré de confiance grâce à la mise en œuvre d'un programme de contrôle de qualité, d'inspection et d'essais. Il est absolument inutile de spécifier des propriétés exceptionnelles pour les BHP, tant à l'état frais qu'à l'état durci, si les essais que l'on effectue pour mesurer ces performances ne permettent pas de s'assurer qu'elles ont bien été atteintes. Ces réponses, ou tout au moins ces assurances, doivent aussi satisfaire les besoins de l'entrepreneur pour qu'il puisse établir son programme d'avancement des travaux. (Randall et Foot, 1989 ; Simons, 1989).

Le personnel qui s'occupe du programme de la qualité, de l'inspection et des essais de contrôle doit donc connaître les caractéristiques uniques des BHP. Ce personnel doit être convaincu que l'inspection des BHP requiert des améliorations aux techniques habituelles de contrôle de la qualité et aux procédures d'essai utilisées dans le cas des bétons usuels de façon à s'assurer que le BHP qu'ils sont appelés à surveiller est utilisé de façon sécuritaire. Dans tous les cas, l'évaluation des BHP doit être faite en se basant sur un programme de contrôle de la qualité réaliste et sensé, sur des procédures d'inspection et d'essai faisant partie d'un programme de qualité bien défini. Un tel résultat peut être obtenu grâce à la mise en valeur des communications, à une planification rigoureuse, à un travail d'équipe et à la tenue d'un essai de préqualification (Hughes, 1996). À titre d'exemple, on présente ci-dessous le type de coopération qui a été développée pour déterminer en 1990 les spécifications du BHP à air entraîné destiné à la construction du premier pont en BHP construit au Canada, le pont de Portneuf.

En dépit de tous les efforts de recherche faits par les chercheurs canadiens dans le domaine des BHP, en 1992, les BHP n'avaient été utilisés que dans un nombre très limité de cas et toujours dans des applications intérieures, et comme à peu près partout, les liens entre la communauté scientifique, les ingénieurs, les architectes et les propriétaires avaient été très limités jusqu'alors. De plus, des questions de responsabilité rendaient très difficile l'utilisation d'un matériau aussi innovant que le BHP. Par exemple, un ingénieur et un architecte ne sont pas prêts à offrir à un propriétaire des solutions qu'ils n'ont pas déjà éprouvées et qui n'ont pas subi l'épreuve du temps, mais un chercheur ne peut pas mettre en application les résultats de ses travaux sans les expérimenter dans une structure.

En octobre 1990, un groupe de réflexion appelé projet *Voies nouvelles du béton,* calqué sur le projet français semblable, a été mis sur pied à Montréal à l'instigation du bureau régional de l'Association canadienne du ciment Portland pour essayer de résoudre ce problème en développant une approche collective visant à promouvoir la technologie du BHP et à faciliter son implantation au Québec. Les partenaires de ce projet comprenaient des propriétaires, des chercheurs, des consultants, des laboratoires de recherche, des centres de recherche (y compris le Réseau de centres d'excellence du BHP et le Centre de recherche interuniversitaire sur le béton), des compagnies de matériaux, des entrepreneurs et des organisations qui voulaient contribuer au développement de nouvelles applications des BHP.

Les spécifications qui devaient être utilisées pour construire le pont de Portneuf ont été adoptées durant deux réunions du comité technique du projet *Voies nouvelles du béton.* En voici un bref résumé : une résistance caractéristique du béton de 60 MPa, un béton fabriqué avec un ciment composé contenant de la fumée de silice (entre 6 et 10 %), car la fumée de silice favorise l'obtention de résistances mécaniques élevées et réduit la pénétration des ions chlore, un point très important dans ce cas puisque le tablier du pont ne devait pas être protégé par un revêtement en béton bitumineux pendant au moins les cinq premières années. Le comité technique a tout de même suggéré d'utiliser des barres d'armature recouvertes de résine époxy pour les armatures supérieures du tablier.

Bien que tous les membres du comité technique étaient d'avis qu'un facteur d'espacement de 300 µm était suffisant pour protéger ce BHP contre les effets des cycles de gel-dégel en présence de sels fondants, il fut décidé qu'il serait plus simple de se baser sur les recommandations de l'heure de la norme canadienne ACNOR A23.1 pour les bétons usuels. Cette norme exige que le facteur d'espacement moyen soit inférieur à 230 µm sans qu'aucun résultat individuel ne dépasse 260 µm.

L'affaissement de ce BHP a été fixé à 180 ± 40 mm et l'on a autorisé deux additions de superplastifiant en chantier. La température maximale du béton frais a été fixée à 25 °C lors de son déchargement du camion. Une période maximale de 2 heures a été allouée à la mise en place du béton.

Pour s'assurer une résistance au jeune âge adéquate et aussi pour vérifier que l'hydratation du béton n'était pas trop retardée, on a exigé que le béton ait une résistance de 10 MPa à 24 heures.

Le mûrissement est un facteur très important pour les BHP à la fumée de silice qui développent normalement peu de ressuage et peuvent donc être sujets à du retrait plastique, ce qui peut se révéler dangereux pour un béton armé exposé aux sels fondants. Le comité technique a donc exigé qu'un produit de mûrissement soit appliqué immédiatement après la finition du béton et qu'un mûrissement à l'eau soit mis en œuvre pendant au moins 72 heures. En outre, il a été décidé que les coffrages ne seraient pas enlevés avant 7 jours. (On sait maintenant que ces mesures ne sont pas les meilleures pour assurer un bon contrôle du retrait endogène des BHP.)

Puisque c'était la première fois que le producteur fabriquait un BHP, le comité a suggéré qu'un essai d'acceptation préliminaire ait lieu durant la mise en place du béton dans une des deux culées.

Enfin, le comité a décidé d'utiliser des cylindres de 100 mm pour mesurer la résistance à la compression du béton à 28 jours.

Malgré des conditions hivernales particulièrement sévères, la construction de la dalle du pont peut être considérée comme un succès. À la fin du mois d'octobre 1992, le jour de la coulée, la température ambiante maximale était de + 3 °C et est descendu à − 4 °C durant la première nuit, si bien qu'à 9 h du matin le jour suivant, la température du béton au sein de la dalle n'était que de − 1,5 °C. Pendant au moins 2 heures, la température du béton est demeurée inférieure à 0 °C avant que l'entrepreneur ne prenne des mesures correctives en recouvrant la dalle de béton de couvertures isolantes. L'observation de carottes a montré que le béton n'avait pas souffert du gel et que les résistances à la compression mesurée sur ces carottes était du même ordre de grandeur que celles des éprouvettes mûries de façon normalisée. Vingt-sept des vingt-huit livraisons de béton ont été évaluées par les équipes de recherche de l'Université de Sherbrooke et de l'Université Laval, une livraison ayant échappé à ces essais. L'analyse des résultats obtenus sur le béton frais et durci a montré que le béton rencontrait toutes les exigences établies pour ce projet (Tableau 10.1) (Aïtcin et Lessard, 1994).

Tableau 10.1. Résultats des essais sur béton frais et durci lors de la réfection du pont Champlain (Aïtcin et Lessard, 1994).

n = 27		Valeur moyenne	Écart type	Maximum	Minimum
Température du béton		22 °C	2,5 °C	26 °C	16 °C
Affaissement		180 mm	25 mm	230 mm	150 mm
Teneur en air	béton frais	6,2 %	0,8 %		
	béton durci	5,4 %	0,8 %		
Facteur d'espacement		190 µm	33 µm		
Résistance à la compression (n = 23)		75,3 MPa	3,5 MPa		

10.2 Réunion préparatoire

De façon à améliorer la communication entre tous les partenaires d'un projet, il est essentiel de prévoir une réunion de chantier avant le début des opérations de construction où les partenaires établissent et énoncent leurs objectifs respectifs, discutent du programme d'inspection et d'essai et des procédures et clarifient toutes les exigences du contrat. Cette réunion préparatoire minimise les discussions futures et permet aux membres de l'équipe de construction de participer à l'élaboration du programme de la qualité. Durant cette réunion, il est particulièrement important de réviser de façon détaillée les procédures que devront suivre les inspecteurs pour savoir si une livraison particulière de béton remplit ou non les exigences du contrat. Il est aussi essentiel de déterminer qui aura la responsabilité de l'ajout du superplastifiant en chantier pour améliorer la maniabilité du BHP si nécessaire. La réunion préparatoire permet aussi de définir les procédures d'échantillonnage et de mûrissement sur le site, ainsi que les procédures de transport des échantillons du site jusqu'au laboratoire d'essai.

Avant de commencer la construction, il est impératif d'établir une corrélation entre la résistance à la compression de carottes extraites d'un élément structural et celle des éprouvettes du béton coulé prélevées et mûries de façon usuelle de telle sorte que, s'il est nécessaire de procéder à un carottage pour vérifier la résistance à la compression du béton en place, cette relation aura été clairement établie et acceptée par les parties.

Cette réunion préparatoire ne constitue pas une perte de temps ni d'argent, mais entraîne plutôt une diminution du nombre de litiges, si coûteux à résoudre, qui pourraient se développer lors de la construction.

10.3 Préqualification

La réunion préparatoire est encore plus profitable si elle est précédée par un programme de préqualification des fournisseurs de béton. Cette approche a été développée avec beaucoup de succès ces dernières années dans la région de Toronto au Canada et elle a même été étendue à la sélection du laboratoire chargé du contrôle de la qualité du BHP livré sur chantier (Bickley, 1993).

Lorsque l'on met en œuvre un BHP, il ne suffit pas de rédiger des spécifications qui établissent les exigences que l'on veut atteindre et les critères que le matériau devra satisfaire. Il faut aussi s'assurer que l'industrie locale du béton prêt à l'emploi peut satisfaire ces critères. Un programme de préqualification est une façon simple de déterminer quels sont les fournisseurs qui peuvent livrer un BHP satisfaisant les exigences requises et d'inciter les fournisseurs à acquérir cette aptitude.

Le point saillant d'un programme de préqualification consiste à faire livrer des chargements de béton dans les mêmes conditions que celles qui auront lieu durant la construction. Un tel programme peut coûter de 7 000 $ à 10 000 $ dollars canadiens au producteur de béton qui y participe, mais cette opération, qui peut paraître coûteuse à première vue, a toujours été bien acceptée par les producteurs de béton intéressés par le marché du BHP. Le processus d'appel d'offres mis en branle par la suite est beaucoup plus juste : seuls les producteurs de béton qui ont prouvé qu'ils avaient la capacité de livrer un béton remplissant toutes les spécifications sont autorisés à soumissionner, non seulement pour le BHP de la structure, mais aussi pour tout le béton usuel qui sera utilisé, ce qui est très intéressant.

Cette nouvelle *philosophie* développée pour sélectionner le producteur de BHP peut sembler en complète contradiction avec la philosophie du plus bas soumissionnaire qui est la règle quasi universelle d'attribution de tous les contrats de génie civil, avec tous les déboires que cette philosophie comporte. Aux États-Unis, la philosophie du plus bas soumissionnaire a créé quelques situations pénibles et très coûteuses durant la construction de certains gratte-ciel lorsqu'il a fallu se rendre compte que le producteur de béton qui avait fait la plus basse soumission était incapable de livrer un BHP ayant les qualités spécifiées.

Les prochains paragraphes décrivent brièvement ce genre d'essai de préqualification en s'attardant à deux cas particuliers.

Tout programme de préqualification doit absolument commencer par une compétition totalement ouverte. Tous les producteurs de béton et tous les entrepreneurs qui opèrent dans la région sont invités à participer à ce programme de préqualification pour lequel ils reçoivent un dossier fort détaillé. Dans le premier cas décrit, 18 producteurs de béton ont été invités à participer au programme de préqualification. Sur ce nombre, trois producteurs se sont présentés à la compétition et les trois se sont qualifiés parce qu'ils ont su démontrer leur aptitude à livrer un BHP remplissant toutes les conditions requises. Seuls ces trois fournisseurs de béton ont donc eu le droit de soumissionner pour livrer tout le béton du projet, c'est-à-dire environ 90 000 m^3 dont 26 000 m^3 de BHP.

Ainsi, le propriétaire était certain d'avoir une compétition raisonnable qui lui garantirait un bon prix et une bonne qualité. En outre, ces trois producteurs de béton étaient assurés que, durant l'appel d'offres, la compétition serait sérieuse et qu'elle se ferait sur des bases saines. Quel est le producteur de béton qui ne se forcera pas alors pour obtenir une commande de 100 000 m^3 de béton ?

10.3.1 *Préqualification pour la construction du Centre Bay-Adelaide à Toronto, Canada*

L'exigence de ce programme de préqualification consistait à produire et à évaluer plusieurs chargements de BHP et à couler un bloc de 2 m^3 pour y étudier le développement de la chaleur et y prélever des carottes de façon à établir une relation entre la résistance à la compression mesurée sur éprouvette et sur carotte. Les propriétés et les exigences qui devaient être mesurées étaient les suivantes :

- affaissement lors du déchargement (200 ± 20 mm) ;
- température au moment du déchargement (18°C maximum, 21 °C par temps froid) ;
- résistance à la compression mesurée sur des cylindres de 100 × 200 mm :

Âe	12 h	1 d	7 d	28 d	56 d	91 d
f'_c en MPa	15	30	65	80	90	95

- résistance à la compression mesurée sur carottes de 100 × 200 mm, carottées horizontalement dans le bloc de 2 m^3 et mises à l'essai aux mêmes âges que les éprouvettes normalisées ; la résistance à la compression devait indiquer au moins 85 % de celle des cylindres au même âge ;
- module élastique du béton à 91 jours sur des cylindres de 150 × 300 mm supérieur à 45 GPa ;
- développement de la température en différents points du bloc de 2 m^3 pendant une période de 7 jours après la coulée (sans plus de précision que cela).

La raison pour laquelle ce programme de préqualification exigeait de couler un bloc monolithe de 2 m^3 de béton était de reproduire une section égale à celle du plus gros élément de la structure. La coulée de ce bloc devait permettre de vérifier si le BHP pouvait se mettre en place, se consolider raisonnablement bien et fournir des données sur le comportement thermique du béton coulé dans un élément aussi massif. Ce bloc devait aussi permettre d'établir une courbe de corrélation entre la résistance des carottes et la résistance des éprouvettes (Mak et coll., 1990) ; Haque et coll., 1991 ; Carino et coll., 1992 ; Leshchinsky, 1992).

10.3.2 Préqualification du BHP à air entraîné pour la construction d'un pont sur l'autoroute transcanadienne dans la région de Toronto (Bickley, 1996)

Un comité formé de représentants du ministère des Transports de l'Ontario et de Béton Canada a d'abord développé les critères d'acceptation et les documents nécessaires pour procéder à la construction d'un pont en BHP à air entraîné de 60 MPa qui devait remplacer un tout petit pont au lieu dit 20 Mile Creek dans la région de Toronto. Une attention particulière a été portée à la rédaction de ces documents puisque c'était la première fois que le ministère des Transports de l'Ontario construisait un pont en BHP.

Tous les soumissionnaires potentiels ont pu assister à une réunion où le projet a été présenté et où l'on a expliqué toutes les différences entre l'utilisation d'un BHP et d'un béton usuel. Lors de cette réunion, certains points ont fait l'objet d'une attention particulière : les matériaux, la composition, la manutention, les détails de construction, la construction d'une dalle d'essai, les exigences de mûrissement, l'échantillonnage et les essais d'acceptation et tout sujet qui pouvait préoccuper les participants à la réunion. La dalle d'essai prévue avait 30 mètres de long et 23 mètres de large, elle devait être placée, finie et mûrie en utilisant le béton fabriqué par l'usine qui le produirait lors de la construction et selon les méthodes de construction proposées par l'entrepreneur.

Lors de la réalisation de cette dalle d'essai, il fallait utiliser de la glace pour que la température du béton soit inférieure à 25 °C, le maximum spécifié dans les devis. Une double couche de jute préhumidifiée était appliquée juste après la finition du béton. Elle devait demeurer sur la surface de la dalle pendant 7 jours après avoir été recouverte d'un film de plastique. La toile de jute devait être maintenue continuellement humide grâce à des tuyaux perforés placés sous les toiles de plastique. Après 7 jours, la dalle était laissée à l'air libre et elle ne devait présenter aucune trace de fissure.

Le béton utilisé lors de la construction de cette dalle d'essai n'a causé aucun problème :

- sa résistance à la compression moyenne a été de 77,1 MPa à 28 jours ;

- le réseau d'air entraîné, dont les caractéristiques ont été vérifiées sur des carottes prélevées après le pompage et sur un cylindre normalisé pris après le pompage a été, dans les deux cas, conforme aux spécifications de la norme ACNOR 23.1 qui stipule qu'un béton peut être considéré comme résistant à des cycles de gel-dégel si son facteur d'espacement moyen est inférieur à 230 μm. On a pu vérifier en chantier que cette exigence avait été facilement remplie bien que le facteur d'espacement ait augmenté légèrement à la suite du pompage du béton.

La construction de cette dalle d'essai a permis à l'équipe de mise en place de l'entrepreneur de raffiner les détails de préparation du chantier, la méthode de mise en place et la méthode de mûrissement de façon à ce que le pont, une fois construit, réponde à toutes les exigences du contrat.

10.3.3 *Essai pilote*

Avant d'accepter la composition d'un BHP, le ministère des Transports du Québec demande à ce qu'un essai pilote soit inclus dans la soumission de tous les entrepreneurs.

Puisque les BHP ne sont pas encore utilisés couramment par les entrepreneurs, la réalisation d'un essai pilote constitue une précaution qui permet de valider la formulation du BHP soumise par l'entrepreneur choisi pour réaliser le projet. La réalisation de cet essai pilote a pour but d'assurer le client que le BHP répondra aux spécifications requises. Cet essai pilote est obligatoire au Québec chaque fois que l'on construit un pont en BHP.

L'essai pilote doit être fait sur le site même de la construction dans des conditions semblables à celles qui prévaudront lors de la construction. Durant l'essai pilote, on évalue l'équipement, la composition du BHP, les conditions de mûrissement, les conditions d'échantillonnage et toutes les activités reliées à la mise en œuvre du BHP.

L'échantillonnage effectué lors de l'essai pilote permet de s'assurer que le BHP a bien la résistance spécifiée. L'essai pilote doit donc être fait au minimum 28 jours avant la première coulée, puisque l'acceptation de la formulation du BHP est conditionnelle aux résultats satisfaisants des essais à 28 jours.

Dans le cas de la reconstruction du tablier du pont Jacques-Cartier à Sherbrooke, l'essai pilote a eu lieu le 5 août 1995 (Blais, 1995). Ce béton a été coulé entre minuit et 5 h 30 du matin ; la température maximale était alors de 23 °C et la température minimale de 19 °C. Ce béton a été utilisé pour construire la moitié de la dalle d'approche qui reposait sur la butée sud du pont. Le volume de béton qui a été coulé durant cette période a été de $26,5 \text{ m}^3$. Il a fallu plusieurs heures pour couler cette petite quantité de béton parce qu'il a fallu procéder à de très nombreux ajustements puisque la plupart des participants en étaient à leur première expérience avec un BHP. Même si le producteur de béton avait fait un certain nombre d'essais pour vérifier les proportions de son BHP, l'essai pilote lui a permis de procéder aux ajustements de dernière minute et de synchroniser ses opérations de malaxage et de livraison. En outre, l'équipe de mise en place de l'entrepreneur a eu l'occasion de s'adapter aux nouvelles conditions de mise en place et de finition du tablier et de développer une procédure adéquate de mûrissement.

Au départ, l'entrepreneur avait tendance à considérer cet essai pilote comme une dépense inutile et il ne voyait pas la nécessité de faire déplacer la règle vibrante motorisée qui serait utilisée durant le projet et toute son équipe pour finalement ne mettre en place qu'une aussi faible quantité de béton. Lorsque l'essai pilote a été terminé, tous les partenaires du projet ont compris à quel point cet essai pilote avait été essentiel. Les problèmes auxquels il a fallu faire face durant l'essai pilote ont été résolus très calmement à peu de frais bien avant que ne débute la véritable construction. En outre, le producteur de béton a pu démontrer son aptitude à livrer un béton reproductible et, au fur et à mesure que la construction avançait, il a su faire face à des conditions climatiques particulièrement variables, puisque la température ambiante moyenne a oscillé de + 21 °C à – 4 °C durant la totalité du projet.

Les résultats obtenus durant l'essai pilote sur le béton frais et sur le béton durci sont présentés dans les tableaux 10.2 et 10.3.

Tableau 10.2. Propriétés à l'état frais du BHP utilisé lors de l'essai pilote lors de la réfection du tablier du pont Jacques-Cartier à Sherbrooke.

	x̄	σ
Affaissement (mm)	195	25
Teneur en air (%)	4,9	0,7
Masse unitaire (kg/m^3)	2 380	20
Température (° C)	18	0,5

Tableau 10.3. Caractéristiques du béton durci échantillonné au cours de l'essai pilote, lors de la réfection du tablier du pont Jacques-Cartier à Sherbrooke.?

	x̄	σ
f'_c à 28 jours (MPa)	75,0	1,2
Teneur en air (%)	4,9	0,9
Facteur d'espacement, $\bar{L}$ (µm)	250	25

10.4 Contrôle de la qualité à la centrale à béton

Comme Bickley le souligne dans une communication personnelle (1997) :

« le contrôle de la qualité d'un BHP doit être sous la responsabilité du fournisseur de béton jusqu'au moment où le béton est déchargé sur le site. Il faut que cela soit très clairement établi dans les spécifications du contrat qui seront établies et finalisées lors de la réunion préparatoire et lors de la rédaction des documents. En spécifiant sur une soumission toutes les données pertinentes au projet, le producteur de béton et ses fournisseurs pourront démontrer qu'ils respectent un programme de contrôle de la qualité efficace. »

Dans le chapitre 9, on a insisté sur l'importance de vérifier toutes les propriétés des matériaux qui seront utilisés pour fabriquer le BHP. Il faut aussi préciser que :

1. tous les équipements de malaxage doivent être en bonne condition et être calibrés régulièrement ;

2. il est avantageux de faire des gâchées d'essai et de couler des éléments de référence de façon à pouvoir livrer le béton de ces gâchées d'essai dans des conditions de chantier réelles et ainsi pouvoir raffiner les caractéristiques du béton ;

3. lors des gâchées d'essai, il peut être intéressant de livrer un béton n'ayant pas l'affaissement voulu de façon à devoir faire la correction nécessaire du dosage en superplastifiant sur le chantier pour redonner au béton l'affaissement dont l'entrepreneur a besoin pour mettre facilement en place le BHP sans courir le risque de voir se développer un phénomène de ségrégation ou un retard de prise.

Il est aussi très important de vérifier la qualité de chacune des livraisons de béton en ce qui concerne l'affaissement, la température, la teneur en air et la masse volumique avant que les camions de livraison ne quittent l'usine. Ces essais peuvent être faits en moins de 10 minutes par un technicien bien entraîné qui travaille à temps plein sur ce projet. Si l'affaissement, la température, la teneur en air et la masse volumique ne se situent pas à l'extérieur d'une fourchette de valeurs bien définie pour permettre la livraison sur chantier d'un BHP satisfaisant, une action correctrice immédiate doit être prise pour remédier à cette situation. Si le BHP qui vient d'être fabriqué présente des caractéristiques très différentes de celles spécifiées, on peut toujours le transformer en un béton de 30 ou de 40 MPa en ajoutant une certaine quantité d'eau et, éventuellement, un peu de sable et de gros granulat. Une action immédiate doit être alors prise à la centrale pour corriger la situation sans devoir attendre une heure pour avoir des retours d'information de l'équipe qui contrôle le béton en chantier.

La mise sur pied d'un programme de contrôle de la qualité dans une centrale à béton constitue une façon peu coûteuse de minimiser les litiges de chantier qui sont toujours très coûteux à résoudre dans le feu de l'action. Bickley a rapporté que la démolition d'une colonne dans laquelle un chargement inadéquat de béton avait été coulé a finalement coûté 250 000 $ (Bickley, 1997).

10.5 Contrôle de la qualité sur le chantier

Il est inutile de vouloir utiliser un BHP si l'on n'est pas absolument sûr de la qualité des essais qui seront effectués sur ce béton de façon à garantir l'atteinte ou le dépassement des spécifications. En outre, les essais doivent satisfaire les besoins de l'entrepreneur lors des réunions de chantier.

Il n'est pas suffisant de contrôler de façon très stricte la qualité d'un BHP au moment de sa livraison si sa mise en place et son mûrissement ne sont pas faits avec les mêmes normes de qualité. Par conséquent, les équipes d'inspection de chantier doivent porter une grande attention aux restrictions qui peuvent venir perturber la mise en place du BHP, aux difficultés de transport, aux exigences de mûrissement bien avant chacune des coulées. La mise sur pied d'une bonne planification et d'un bon travail d'équipe permet de résoudre la majeure partie des difficultés, si bien que l'équipe d'inspection n'aura plus qu'à résoudre les difficultés imprévues qui se produisent toujours sur un chantier.

Si le laboratoire d'essai n'a pas été sélectionné sur la base d'un programme de préqualification où il aura démontré sans aucun doute possible son aptitude à évaluer des BHP, mais plutôt sur la base du plus bas soumissionnaire, il vaut mieux que le producteur du BHP procède en parallèle à son propre contrôle de la qualité du béton qu'il livre. Cette duplication n'est pas un gaspillage d'argent : le producteur de béton peut suivre, jour après jour, la qualité de son BHP, en améliorer la qualité, réduire le nombre de problèmes survenant sur le chantier et optimiser la formulation de son BHP de sorte que le béton qu'il produit soit à la fois sécuritaire du point de vue critère d'acceptation et économique. Le producteur de béton peut systématiquement retarder de 24 heures les essais sur ses propres échantillons de sorte qu'il puisse, en cas de litige, faire effectuer des essais par un laboratoire indépendant le jour qui suit celui où le laboratoire du chantier aura effectué les siens. Le contrôle de la qualité est toujours payant à long terme surtout pour un producteur de BHP.

10.6 Essais

Les procédures des essais que l'on doit effectuer sur les BHP sont abordées de façon détaillée au chapitre 15. On rappelle seulement ici les précautions de base à prendre quand on échantillonne un BHP et la fréquence de cet échantillonnage puisque les BHP sont plus sensibles à de faibles variations de la qualité des matériaux et de leurs proportions que les bétons usuels.

La teneur en air, la masse volumique, l'affaissement et la température peuvent être mesurés de façon systématique sur les premiers chargements de béton pour s'assurer que le BHP rencontre bien les exigences des spécifications au moment de la production. Par la suite, ces essais peuvent être espacés et faits sur une base aléatoire ou sur une base séquentielle. Dans le cas de la réfection du tablier du pont Jacques-Cartier, les trois premières livraisons de béton de chacune des coulées ont été systématiquement mesurées. Si ces premières livraisons avaient des caractéristiques à l'intérieur des fourchettes autorisées dans les spécifications, l'essai suivant était fait à la sixième livraison de façon à ne pas ralentir la mise en place du béton. Par contre, si une livraison échantillonnée ne satisfaisait pas entièrement les critères d'acceptation, les deux livraisons suivantes étaient échantillonnées jusqu'à ce que les propriétés du béton reviennent au centre de la fourchette d'acceptation trois fois de suite. Cependant, en tout temps, l'inspecteur pouvait décider de vérifier les caractéristiques d'une livraison qui lui paraissait suspecte.

Comme un technicien expérimenté ne peut prendre plus de huit éprouvettes de béton à la fois de façon satisfaisante en chantier, il ne pourra donc mettre à l'essai que deux éprouvettes par échéance, si l'on choisit trois échéances, et se réserver les deux dernières pour d'éventuels contrôles. Ces deux dernières éprouvettes peuvent aussi servir à améliorer la qualité des résultats si les deux premières éprouvettes ont présenté des résistances très différentes. On peut également décider de mettre à l'essai trois éprouvettes à deux échéances et conserver les deux dernières éprouvettes pour de futurs contrôles.

Quelle doit être la fréquence d'échantillonnage ?

Durant la construction du Scotia Plaza, comme c'était la première fois qu'un béton de 70 MPa était utilisé à Toronto, chacune des livraisons de béton a été échantillonnée de sorte que la résistance moyenne finale et l'écart type ont pu être calculés à partir des résultats des 145 échantillons de trois cylindres pris à chaque échéance. Cependant, mettre à l'essai chacune des livraisons de béton peut devenir une opération coûteuse et n'est pas absolument nécessaire si le producteur de béton contrôle bien sa production. Le comité ACI 363 sur le béton à haute résistance recommande un échantillonnage complet à tous les 75 m^3.

Les résultats obtenus lors de ce contrôle peuvent être utilisés pour améliorer la qualité générale de la production du BHP et optimiser sa composition. On peut tirer une grande quantité de renseignements d'un programme d'essai bien planifié si les résultats sont correctement interprétés en utilisant des logiciels statistiques que l'on retrouve sur le marché (Day, 1979 ; Novokshchenov et Allum, 1992, Day, 1995).

10.6.1   *Échantillonnage*

Il peut paraître surprenant de rédiger une courte section sur l'échantillonnage des BHP puisque les techniques d'échantillonnage du béton sont parfaitement connues (ou sont supposées l'être). L'échantillonnage d'un béton semble être une opération si simple que, en général, on pense que le prélèvement de cylindres n'exige pas de qualifications spéciales. Cependant, dans le cas des BHP, l'échantillonnage doit être fait de façon très minutieuse pour éviter certaines variations dans les propriétés des éprouvettes. En outre, après leur mise en place, les cylindres doivent être entreposés sur une surface parfaite-ment horizontale à cause de l'affaissement très élevé du béton. La partie supérieure des éprouvettes doit être nivelée avec beaucoup de soin, de sorte que la pose d'une coiffe ou le surfaçage des extrémités des cylindres selon la méthode qui sera utilisée plus tard pour les mettre à l'essai soit le plus facile possible. Au chapitre 15, on verra qu'un manque d'attention lors de cette opération peut être très coûteux.

On doit vérifier si les moules qui seront utilisés pour prélever les éprouvettes sont ovales et perpendiculaires. Un moule qui n'est pas parfaitement rond réduit la surface sur laquelle s'applique la charge et décroît la charge ultime qu'atteindront les cylindres. En outre, quand l'axe du moule n'est pas perpendiculaire aux deux extrémités, il faut utiliser un volume additionnel de produits de coiffe pour compenser cette situation avec le risque que l'effort de compression appliqué ne soit pas uniaxial et que le cylindre se brise en cisaillement. Par ailleurs, si la partie supérieure et la partie inférieure des cylin-dres ne sont pas parallèles, le produit de coiffe devra compenser ce non-parallélisme avec le risque, ici encore, de voir un mode de rupture qui ne sera pas uniaxial, mais plutôt sous forme de cisaillement. Les moules doivent être aussi rigides que possible de façon à ce que l'on puisse bien consolider le BHP de façon reproductible. Tous ces points seront discutés en détail au chapitre 15.

Toutes les autres exigences sur l'échantillonnage qui sont appliquées dans le cas des bétons usuels le sont aussi dans le cas des BHP. Par exemple, en aucune circonstance, le technicien ne pourra utiliser le béton placé dans une autre éprouvette pour niveler la partie supérieure d'un cylindre qui sera soumis aux essais. Si l'échantillon de béton qui a été prélevé est insuffisant pour fabrique tous les cylindres prévus, il faut l'éliminer et prélever un plus gros échantillon.

10.7 Évaluation du contrôle de la qualité

La première chose à vérifier lorsque l'on évalue les procédures de contrôle de la qualité d'un béton est de déterminer si la distribution des résistances à la compression suit plus ou moins une loi de distribution normale, ce qui n'est pas toujours vrai dans le cas des BHP puisque, au fur et à mesure que la résistance ciblée augmente, on fait face à une distribution biaisée parce que la valeur moyenne se rapproche d'une limite.

Dans la norme ACI 214, on définit cinq niveaux de contrôle de la qualité pour un béton usuel en termes de coefficient de variation à un âge spécifié (Tableau 10.4).

Tableau 10.4. Normes de contrôle de qualité des bétons usuels selon la norme ACI-214.

Classe d'opération	Coefficient de variation (%)				
	Excellent	Très bon	Bon	Moyen	Faible
Construction générale	moins de 8	8-10	10-12	12-15	plus de 15
Gâchées d'essai en laboratoire	moins de 4	4-6	6-8	8-10	plus de 10

Dans le cas des BHP, des niveaux de contrôle de la qualité basés sur l'écart type pourraient être trompeurs, par exemple, un écart type de 5 MPa, qui est relativement élevé pour un béton de 30 MPa, est tout à fait acceptable pour un béton de 70 MPa. Le comité ACI 363 sur le béton à haute résistance a donc recommandé récemment l'utilisation du coefficient de variation comme indicateur de la constance d'une production de BHP. Le tableau 10.5 reproduit les valeurs suggérées par ce comité.

À titre comparatif, l'utilisation du coefficient de variation est beaucoup plus utile pour mesurer la dispersion de la résistance d'un BHP que l'écart type. Anderson (1985) et Cook (1989) ont suggéré d'utiliser le coefficient de variation parce que sa valeur est moins affectée par la valeur absolue de la résistance et peut être beaucoup plus utile pour assurer le contrôle de la qualité sur une grande fourchette de résistance.

Tableau 10.5. *Normes de contrôle de qualité pour les BHP selon la norme ACI 363.*

Normes de contrôle du béton Résistance spécifiée supérieure à 30 MPa					
Variation totale					
Coefficient de variation pour différentes normes de contrôle (%) ▼					
Classe d'opération	Excel- lent	Très bon	Bon	Moyen	Faible
Construction générale	moins de 7	7 à 9	9 à 11	11 à 14	plus de 14
Gâchées d'essai en laboratoire	moins de 3,5	3,5 à 4,5	4,5 à 5,5	5,5 à 7	plus de 7
Variation à l'intérieur de l'essai					
Coefficient de variation pour différentes normes de contrôle (%) ▼					
Classe d'opération	Excel- lent	Très bon	Bon	Moyen	Faible
Essais de contrôle en chantier	moins de 3	3 à 4	4 à 5	5 à 6	plus de 6
Gâchées d'essai en laboratoire	moins de 2	2 à 3	3 à 4	4 à 5	plus de 5

Certains pensent que les BHP ont un coefficient de variation plus faible que les bétons usuels, non pas à cause du niveau de résistance, mais parce que l'on exerce durant leur fabrication un plus grand contrôle de la qualité. On a aussi établi que le coefficient de variation décroît pour un béton donné au fur et à mesure que la résistance augmente avec l'âge. En d'autres mots, l'augmentation de la variabilité aux jeunes âges et la décroissance de cette variabilité plus tard sont dues plus à la nature du béton qu'au degré de contrôle qui est exercé durant la production et les essais.

10.8 Conclusions

Maintenant que l'on sait qu'un BHP doit être traité avec plus de soin qu'un béton usuel, que l'on connaît tout ce qui doit être vérifié à la centrale, sur le chantier et au moment de la mise en place l'a été, on peut enfin penser commencer à construire avec ce béton, non sans s'assurer que la livraison, la mise en place, le contrôle et le mûrissement du BHP sont sous contrôle. Le mûrissement du BHP est si important qu'un chapitre entier lui est dévolu.

Références

Aïtcin, P.-C. et Lessard, M. (1994) Canadian experience with air-entrained high-performance concrete. *Concrete International*, **16**(10), octobre, 35-38.

Anderson, F.D. (1985) *Statistical Controls for High-Strength Concrete*, ACI SP-87, p. 71-82.

Bickley, J.A. (1993) Prequalification requirements for the supply and testing of very high strength concrete. *Concrete International*, **15**(2), février, 62-64.

Bickley, J.A. (1996) High-performance concrete bridge for Ontario Ministry of Transportation : contract 95-39, *Bulletin d'information du Réseau de centres d'excellence sur les bétons à haute performance*, **1**(2), mai, 1-2.

Bickley, J.A. (1997) Communication personnelle.

Blais, F.A. (1995) Communication personnelle.

Carino, N.J., Knab, L.I. et Clifton, J.R. (1992) *Applicability of the Maturity Method to High-Performance Concrete*, NRSTIR 4519 United Department of Commerce, Technology, Administration, National Institute of Standards and Technology Structure Division, Gaithersburg, MD 20899, mai, 62 p.

Cook, J.E. (1989) 10 000 psi concrete. *Concrete International*, **11**(10), octobre, 67-75.

Day, K.W. (1979) *Quality Control of 55 MPa Concrete for Collins Place Project, Melbourne Australie*, présenté à la convention annuelle 1979 de l'American Concrete Institute, Milwaukee WI, 18-23 mars, 18 p.

Day, K.W. (1995) *Concrete Mix Design, Quality, Control and Specification*, E & FN Spon, ISBN 0-419-18190-3, 350 p.

Haque, M.N., Gopalan, M.K. et Ho, D.W.S. (1991) Estimation of in-situ strength of concrete. *Cement and Concrete Research*, **21**(6), 1103-1110.

Hughes, Y. (1996) *Control of HPC in the Field*, communication personnelle.

Leshchinsky, A.M. (1992) Non-destructive testing of concrete strength : statistical control. *Matériaux et constructions*, **25**, 70-78.

Mak, S.L., Attard, M.M., Ho, D.W.S. et Darwall, L.P. (1990) *In-situ Strength of High-Strength concrete*, Rapport n° 4/90, Monash University Australia, Civil Engineering Research Report, ISBN 07326 0181, 90 p.

Novokshchenov, V. et Allum, D. (1992) Monitoring concrete operations with the CQC Report. *Concrete International*, **14**(5), mai, 51-57.

Randall, V. et Foot, K. (1989) High-strength concrete for Pacific First Center. *Concrete International*, **11**(4), avril, 14-16.

Simons, B.P. (1989) Getting what was asked for with high-strength concrete. *Concrete International*, **11**(10), octobre, 64-66.

Chapitre 11

La livraison, la mise en place et le contrôle des BHP

11.1 Livraison des BHP

Jusqu'à présent, les BHP ont toujours été livrés de la même façon qu'un béton usuel en utilisant des toupies. Cependant, un BHP peut être aussi transporté dans des bennes ouvertes munies ou non d'agitateurs. Le problème majeur auquel on peut faire face lorsque l'on doit transporter un BHP est la perte d'affaissement et la stabilité du réseau de bulles d'air dans le cas des BHP à air entraîné. Ce problème a été traité en termes de compatibilité ciment/superplastifiant au chapitre 7, mais non en fonction de la durée du transport et de la température ambiante.

Comme on l'a vu au chapitre 4, la livraison d'un BHP durant les heures de pointe en zone urbaine peut être une opération risquée à cause des délais imprévisibles qui peuvent retarder la livraison du BHP. De façon à pouvoir bénéficier d'une séquence de livraison très régulière, le transport du BHP utilisé pour construire l'édifice Two-Union Square à Seattle et pour au moins deux ponts au Québec s'est fait de nuit (Howard et Leatham, 1989 ; Lessard et coll., 1993 ; Blais et coll., 1996). La livraison de nuit d'un BHP facilite aussi le contrôle de la température du béton frais à cause de la fraîcheur nocturne.

Très souvent, une faible quantité d'agent retardateur permet de prolonger le maintien de l'affaissement durant 60 à 90 minutes, le temps généralement nécessaire pour mettre en place les BHP (Haug et Sandvik, 1988 ; Ronneberg et Sandvik, 1990 ; Aïtcin et Lessard, 1994). Dans certains cas, les producteurs de béton préfèrent augmenter le dosage en réducteur d'eau de façon à retarder légèrement la prise du béton (Hoff et Elimov, 1995 ; Blais et coll., 1996).

En outre, de façon à éviter des déversements de BHP, il est en général recommandé que le camion de livraison ne contienne pas plus de 75 % de sa capacité totale lorsque l'affaissement du BHP est de l'ordre de 200 mm.

11.2 Ajustement final de l'affaissement avant la mise en place du béton

En dépit de toutes les précautions qui ont été prises durant la fabrication et le transport du béton, si le BHP livré sur le chantier n'a pas l'affaissement voulu, il ne faut surtout pas faire cet ajustement avec de l'eau : il faut absolument utiliser un superplastifiant pour obtenir à nouveau l'affaissement désiré (Aïtcin et Lessard, 1994 ; Blais et coll., 1996). Il est cependant difficile d'énoncer une règle générale qui permettrait de calculer la quantité précise de super-plastifiant qu'il faut rajouter pour rétablir l'affaissement, par exemple, tant de litres de super-plastifiant par 100 kg de ciment pour augmenter l'affaissement de tant de millimètres. La meilleure façon de pouvoir faire les ajustements nécessaires sans trop procéder à tâtons est, comme on l'a vu au chapitre 10, de procéder à des essais préliminaires avant le démarrage du chantier en fabriquant volontairement un BHP qui n'a pas le bon affaissement et en recherchant, sans être sous pression ou en improvisant, la quantité adéquate de superplasti-fiant qu'il faut ajouter pour redonner au béton l'affaissement désiré. Ce béton expérimental ne sera pas gaspillé parce qu'il trouvera toujours une utilisation sur le chantier ; il peut par exemple être recyclé pour couler un élément structural de béton usuel. En faisant un tel essai avant le jour J, on peut ainsi régler, à un faible coût, le problème de l'ajustement de l'affais-sement. Si la composition du béton est déjà bien ajustée aux conditions de chantier, l'addi-tion de superplastifiant sur le chantier ne devrait pas dépasser 1 ou 2 litres par mètre cube de béton (Aïtcin et Lessard, 1994).

Certains suggèrent que les BHP soient redosés en chantier en utilisant un superplasti-fiant à base de mélamine plutôt qu'un superplastifiant à base de naphtalène pour les raisons suivantes (Ronneberg et Sandvik, 1990) :

- les superplastifiants à base de mélamine, lorsqu'ils sont utilisés à de forts dosages, retardent moins le durcissement du béton que les superplastifiants à base de naphtalène ;

- les superplastifiants à base de mélamine ont généralement une teneur en solides de l'ordre de 20 % et il n'est donc pas nécessaire de les diluer dans un volume égal d'eau pour qu'ils se dispersent adéquatement dans le béton ;

- les superplastifiants à base de mélamine contiennent un peu plus d'eau qu'un volume équivalent de superplastifiant à base de naphtalène et cette eau aide d'une certaine façon à récupérer l'affaissement perdu (cela augmente aussi le rapport eau/liant) ;

- les superplastifiants à base de mélamine ont généralement une teneur en solides de l'ordre de 20 % et tout surdosage accidentel est moins critique vis-à-vis de la ségrégation.

En pratique cependant, les producteurs de béton n'aiment pas travailler avec deux types de superplastifiant, un à la centrale et un en chantier. Il est important de noter qu'il n'y a pas de risque de se tromper en utilisant les deux superplastifiants puisqu'ils ont des couleurs différentes : les superplastifiants à base de naphtalène sont bruns tandis que ceux à base de mélamine ont une couleur pratiquement translucide.

11.3 Mise en place du BHP

Les BHP sont habituellement mis en place par pompage en utilisant des grues, des godets ou des convoyeurs. Chaque méthode de mise en place a ses avantages et ses inconvénients et ce sont finalement les conditions de chantier qui dictent le choix final de mise en place. Les matériaux utilisés et l'accessibilité du chantier peuvent requérir des capacités de production et des vitesses de mise en place qui imposeront une méthode tout en tenant compte des conditions climatiques (Hover, 1995).

11.3.1 *Pompage*

La mise en place des bétons usuels se fait de plus en plus par pompage et cela s'applique aussi au BHP. Les règles développées pour les bétons usuels s'appliquent en général aux BHP : la granulométrie des granulats est un paramètre très important, particulièrement celle du sable, de façon à obtenir un béton cohésif qui résiste bien aux fortes pressions de pompage (Haug et Sandvik, 1988). L'addition d'une faible quantité de fumée de silice, 1 à 3 % de la masse du ciment, permet d'améliorer la pompabilité du BHP (Ronneberg et Sandvik, 1990).

Lorsqu'il est bien conçu, un BHP peut être pompé aussi haut que 277 m, comme dans le cas de l'édifice Scotia Plaza à Toronto (Ryell et Bickley, 1987 ; Page, 1989) ou même 295 m, comme dans le cas du 311 South Wacker Drive Tower à Chicago (Page, 1990). L'article de Page (1990) présente d'autres exemples de mise en place de BHP par pompage.

Cependant, le pompage des BHP à air entraîné pose encore problème. Durant le pompage, les caractéristiques du réseau de bulles d'air peuvent être modifiées de façon très importante, ce qui peut affecter, dans certains cas, la durabilité de ces bétons face aux cycles de gel-dégel et à l'écaillage. Lorsque l'on pompe un BHP à air entraîné qui a un affaissement supérieur à 200 mm, on observe très souvent une perte d'air durant le pompage. Une telle perte d'air est évidemment accompagnée d'une perte d'affaissement, d'une augmentation très significative du facteur d'espacement et d'une diminution de la surface spécifique des vides (Lessard et coll., 1995 ; Aïtcin et Pigeon, 1996). Il ne semble pas que la modification de la configuration de pompage puisse améliorer le problème (Fig. 11.1).

Pression de pompage :
15 170 kPa
Pression appliquée sur le béton :
3 240 kPa

8,5 m   8,5 m   8,5 m   3 m   3 m

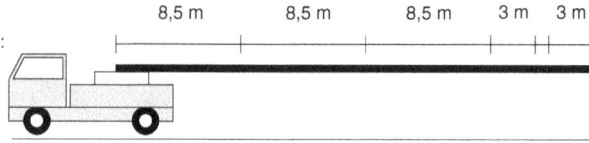

a) Première configuration de pompage (horizontal)

Pression de pompage :
8 275 kPa
Pression appliquée sur le béton :
1 760 kPa

8,5 m

8,5 m

8,5 m

3 m

0,9 m
0,9 m

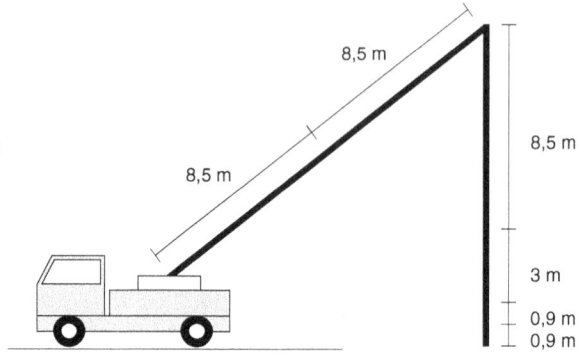

b) Deuxième configuration de pompage (vertical)

Pression de pompage :
11 030 kPa
Pression appliquée sur le béton :
2 345 kPa

8,5 m

8,5 m

8,5 m

3 m

0,9 m
0,9 m

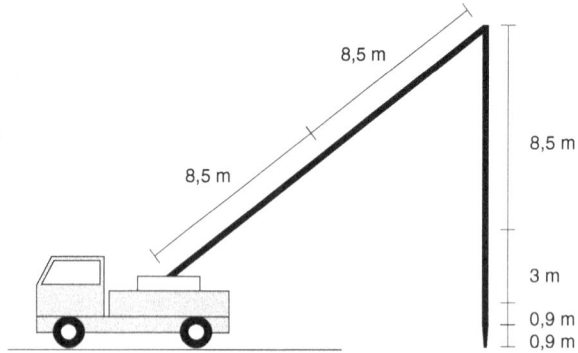

c) Troisième configuration de pompage (vertical avec réduit)

8,5 m

8,5 m

8,5 m

3 m   0,9 m

3 m

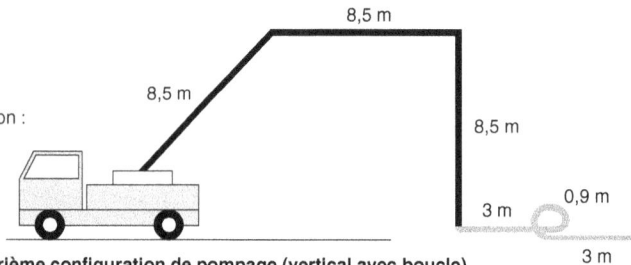

d) Quatrième configuration de pompage (vertical avec boucle)

Figure 11.1 Configurations de pompage (Lessard et coll., 1995)

La modification du facteur d'espacement cause un problème au Canada parce que la norme canadienne A23.1 spécifie pour l'instant que, pour qu'un béton soit résistant aux cycles de gel-dégel, il doit avoir un facteur d'espacement, $\bar{L}$, inférieur à 230 µm sans qu'aucune valeur individuelle ne dépasse 260 µm, ce qui n'est pas toujours facile à atteindre lorsque l'on pompe un BHP à air entraîné qui a un affaissement très élevé. Par conséquent, jusqu'à très récemment, le ministère des Transports du Québec, par exemple, interdisait le pompage des BHP à air entraîné qui devaient être utilisés pour construire des ponts même s'il a été prouvé que des BHP ayant des facteurs d'espacement de l'ordre de 400 µm pouvaient passer avec succès les 300 cycles de gel-dégel dans l'eau de l'essai ASTM C 666 (Aïtcin, 1996).

Dans certains cas récents, des devis ont été amendés par l'introduction d'une clause spécifiant que, si le facteur d'espacement est supérieur à 230 µm, la procédure A de la norme ASTM C666 peut être employée pour déterminer la résistance aux cycles de gel-dégel et à l'écaillage du BHP (Aïtcin, 1996).

Depuis 1997 cependant, le ministère des Transports du Québec a modifié ses critères d'acceptation et recommande que tout BHP ait un facteur d'espacement inférieur à 325 µm sans qu'aucune valeur ne dépasse 350 µm.

11.3.2 Vibration

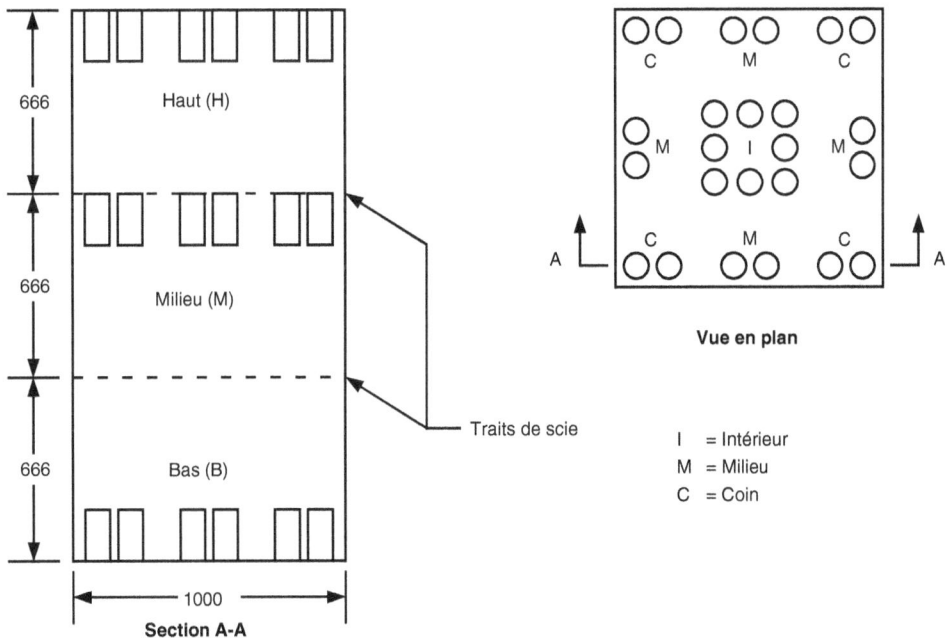

Figure 11.2 Emplacement des carottes extraites des 3 colonnes (Cook et coll., 1992)

En général, on pense qu'un BHP qui a un affaissement très élevé n'a pas besoin d'être vibré lorsqu'on le met en place dans les coffrages, ce qui est complètement faux. À cause de la nature très cohésive des BHP, ceux-ci ont tendance à entraîner de grosses bulles d'air qu'il faut éliminer par vibration interne ou externe. Les règles habituelles de consolidation utilisées pour les bétons usuels s'appliquent encore pour les BHP.

Durant un essai de chantier, trois colonnes de 1 000 × 1 000 × 2 000 mm ont été coulées avec un béton de 120, 90 et 35 MPa (Miao et coll., 1993). Ces colonnes ont ensuite été sciées en trois sections de façon à pouvoir être carottées à différents niveaux pour voir s'il y avait des différences de résistance à la compression sur la hauteur de la colonne. Au total, 24 carottes ont été prélevées dans chacune des trois sections des trois colonnes (Fig. 11.2). On a trouvé que la résistance à la compression du BHP de 120 MPa était très uniforme sur toute la hauteur de la colonne, ce qui n'était pas le cas de celle de 35 MPa.

11.3.3 *Finition des dalles en BHP*

En règle générale, les finisseurs n'aiment pas leur première expérience avec le BHP parce qu'ils n'ont pas été prévenus que leur finition est très différente de celle d'un béton usuel. Habituellement, ils n'aiment pas du tout la cohésion du béton et ils le trouvent trop collant. Ils attendent beaucoup trop longtemps avant de commencer la finition du BHP, car ils espèrent toujours voir apparaître de l'eau de ressuage à la surface du béton. De plus, ils s'aperçoivent que cette surface se fissure très rapidement par suite du développement du retrait plastique et qu'il est toujours très difficile de refermer les petites fissures qui sont apparues à la surface du béton parce qu'elle est toujours difficile à travailler. Cependant, si la mise en place du BHP a été bien planifiée et bien expliquée à l'équipe de mise en place, elle peut se dérouler de façon tout à fait normale. Sur les surfaces planes, le cisaillement du BHP sans air entraîné avec un madrier, une planche ou une règle est un processus assez pénible et donne rarement de bons résultats. Par conséquent, il est absolument essentiel d'utiliser une règle vibrante pour finir la surface d'un BHP. Tout de suite après le passage d'une règle vibrante, les quelques défauts qui demeurent à la surface d'un BHP peuvent être éliminés avec une truelle de magnésium ou une truelle à long manche de façon à profiter des avantages de l'amélioration de la maniabilité du béton de la couche supérieure grâce à l'action de la règle vibrante (Fig. 11.3) (Blais et coll., 1996). Récemment, on s'est aussi aperçu qu'un fini à la truelle, juste après l'utilisation d'une règle vibrante, améliore la position des gros granulats dans la couche supérieure du béton de la dalle.

La mise en place et la finition d'un BHP sont très nettement améliorées lorsque l'on entraîne une toute petite quantité d'air. On a déjà mentionné que l'air entraîné améliore la finition et améliore aussi l'apparence des surfaces verticales dans les plates-formes pétrolières (Haug et Sandvik, 1988 ; Ronneberg et Sandvik, 1990 ; Hoff et Elimov, 1995). De telles améliorations sont encore beaucoup plus significatives sur les surfaces planes (Lessard et coll., 1994 ; Blais et coll., 1996). Par conséquent, dans le futur, chaque fois qu'il faudra améliorer la finition, plusieurs BHP contiendront une faible quantité d'air entraîné volontairement ajoutée pour faciliter sa mise en place et sa finition et non pas forcément pour le rendre résistant à des cycles de gel-dégel.

Figure 11.3 Finition du tablier du pont Jacques-Cartier à Sherbrooke

Quelle est la quantité minimale d'air entraîné qui va améliorer la mise en place et la fini-tion d'un BHP sans que l'on ne perde trop de résistance ?. Une addition de 2 à 3 % de très petites bulles, au-delà des 1,5 à 2 % de grosses bulles d'air piégé que contient de toute façon un BHP, améliore de façon très significative et très rentable la mise en place et la finition des BHP. Évidemment, le rapport eau/liant devra être diminué légèrement si l'on veut récupérer les 5 ou 15 MPa qui ont été perdus à cause de la présence de 2 à 3 % d'air. La réduction du rapport eau/liant de quelques points permet de compenser cette perte de résistance et n'est finalement pas tellement coûteuse si l'on compare son coût à tous les bénéfices qu'elle apporte lors de la mise en place et de la finition du béton. Bien sûr, plus le rapport eau/liant est faible (< 0,30), plus la finition et la mise en place sont difficiles.

Lorsqu'un BHP à air entraîné a été mis en place sur la deuxième entrée du trottoir du restaurant McDonald à Sherbrooke, l'équipe de mise en place s'est réjouie de cet ajout d'air entraîné par rapport à la première entrée où le BHP sans air entraîné avait semblé très difficile à finir (Lessard et coll., 1994). En outre, à cause de la cohésion naturelle du BHP utilisé pour construire ce trottoir, l'équipe de mise en place a pu former une surface à double courbure sur chaque côté de l'entrée là où elle se raccorde au trottoir (Fig. 11.4).

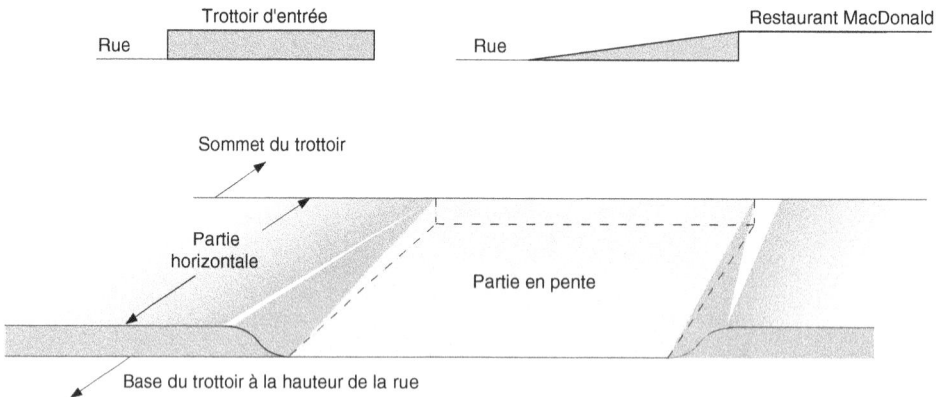

Figure 11.4 Profil du trottoir à l'entrée du restaurant MacDonald à Sherbrooke

11.4 Détails et méthodes de construction spécifiques aux BHP

11.4.1 Méthode du « chapeau » (mushrooming) dans la construction de colonnes

Lorsque l'on coule une colonne ou des murs de cisaillement en BHP avant de couler les planchers qui sont construits avec un béton ayant une résistance inférieure, il faut assurer la continuité du BHP à la hauteur de la colonne ou du mur de cisaillement (Fig. 11.5). Il est essentiel qu'une certaine quantité de BHP déborde de la section de la colonne et une attention particulière doit être portée au mariage des deux bétons de façon à éviter des joints froids (Moreno, 1990). L'utilisation d'un retardateur dans le BHP doit être sérieusement considérée dans un tel cas de façon à s'assurer que le chapeau en BHP reste plastique suffisamment longtemps pour que l'on puisse bien le mélanger au béton usuel de la dalle.

Figure 11.5 **Technique du champignon dans le cas de colonnes**
(reproduit avec la permission de J. Moreno).

Les colonnes ont été construites avec un BHP contenant de la fumée de silice de couleur plus sombre, tandis que les dalles ont été construites avec un béton usuel plus pâle qui ne contenait pas de fumée de silice. On peut voir une zone plus sombre à la base de chaque colonne à chaque étage.

11.4.2 *Coffrages grimpants*

On peut utiliser des coffrages grimpants pour construire des éléments en BHP chaque fois que la présence d'un joint froid n'est pas critique du point de vue structural, comme dans le cas de la construction de l'édifice Scotia Plaza (Fig. 4.6a) (Ryell et Bickley, 1987). Dans ce cas, les coffrages étaient déplacés toutes les 15 heures. De façon à ce que le béton soit assez résistant pour effectuer cette opération, un programme d'essai basé sur les résultats d'essai d'arrachage de goujons coulés dans le béton a été développé à la satisfaction du propriétaire, de l'entrepreneur et du laboratoire qui contrôlait la qualité du béton.

11.4.3 Coffrages coulissants

Si l'on ne peut tolérer aucun joint froid dans la structure, il est nécessaire de procéder par coffrages coulissants. Cette technique a été développée et utilisée de façon routinière pour construire des plates-formes pétrolières en Norvège (Haug et Sandvik, 1988 ; Ronneberg et Sandvik, 1990) et a été récemment utilisée avec succès au Canada pour construire la plate-forme pétrolière Hibernia (Hoff et Elimov, 1995) (Fig. 11.6).

Figure 11.6 Utilisation des coffrages coulissants

Dans ce dernier cas, le défi à relever était important, non pas à cause des conditions de chantier et de la température ambiante qui a varié entre − 25 °C et + 25 °C lors des coulées en continue, mais surtout à cause des caractéristiques spéciales du BHP utilisé. Ce BHP avait un rapport eau/liant égal à 0,31, sa teneur en air devait être comprise entre 3,5 et 6 % de façon à obtenir un facteur d'espacement inférieur à 300 µm pour que ce béton passe avec succès 500 cycles de gel-dégel dans l'eau (procédure A de la norme ASTM C666). La moitié du volume de gros granulat avait été remplacée par des granulats légers saturés d'eau pour que la plate-forme puisse flotter. Le pompage de ce béton s'est fait dans certains cas sur des distances aussi longues que 800 m, avec une montée maximale de 60 m et une descente verticale de 60 m.

Lorsque l'on utilise la méthode des coffrages coulissants pour construire une plate-forme pétrolière, il faut prévoir trois secteurs de travail (Fig. 11.6) : le secteur de transport du béton, le secteur de mise en place et le secteur de finition. En hiver, cet ensemble doit être isolé de façon à permettre la poursuite de la coulée tout en protégeant le béton suffisamment longtemps (environ trois jours) contre l'effet des basses températures.

11.4.4 *BHP compactés au rouleau*

Récemment, des BHP compactés au rouleau ont été utilisés de façon massive au Québec. Plusieurs grandes dalles industrielles ayant une surface pouvant varier de 10 000 m² à 87 000 m² ont été construites dans différents complexes industriels pour faciliter la manutention de matériaux dans des conditions particulièrement difficiles, dans des fonderies, dans des usines de pâtes et papiers, des cours de ferrailleur, des scieries, etc. En règle général, on place deux couches de 150 mm de BHP ayant un affaissement nul en utilisant une épandeuse de béton bitumineux. Généralement, le BHP est préparé dans une usine à béton bitumineux modifiée. Les deux couches de béton compacté au rouleau sont compactées en utilisant les mêmes rouleaux vibrants que ceux que l'on utilise sur les chantiers pour les bétons bitumineux. Ces dalles ne sont pas renforcées, ne comportent aucun joint et présentent des surfaces très rigides qui résistent bien aux conditions de service excessivement sévères. Cette nouvelle technique de mise en place du BHP est présentée plus en détail à la section 18.7.

Dans le cas de l'usine de pâtes et papiers Domtar, tout près de Sherbrooke, 87 000 m², c'est-à-dire l'équivalent de 16 terrains de rugby ou de football, ont été coulés en moins d'un mois et demi avec une équipe de mise en place tout à fait réduite en utilisant une usine de béton bitumineux portative pour fabriquer le BHP.

11.5 Conclusion

Il faut accorder beaucoup d'importance à la mise en place et à la finition des BHP parce que de tels bétons ne doivent pas être forcément placés et finis de la même façon qu'un béton usuel. Même si les BHP ont en général un affaissement très élevé, il faut absolument prévoir une vibration interne ou externe pour faciliter la mise en place et améliorer la performance et l'apparence des surfaces du béton. Lors de la construction de dalles, il ne faut pas utiliser de vibrateur pour déplacer le béton et ce béton ne doit pas non plus être survibré pour éviter tout risque de ségrégation ou de ressuage local. Les dalles de BHP doivent être finies en utilisant une règle vibrante avec éventuellement des corrections à la truelle. Il est aussi très important d'appliquer un produit de mûrissement temporaire ou d'appliquer une brume d'eau sur la surface qui vient d'être finie pour ne pas voir se développer très rapidement du retrait plastique, comme on le verra dans le prochain chapitre.

Références

Aïtcin, P.-C. (1996) The Pumping of HPC – Satisfactory Results. *Bulletin d'information du Réseau de centres d'excellence sur les bétons à haute performance*, **4**(2), mai, 4.

Aïtcin, P.-C. et Lessard, M. (1994) Canadian experience with air-entrained high-performance concrete. *Concrete International*, **16**(10), octobre, 35-38.

Aïtcin, P.-C. et Pigeon, M. (1996) *Freezing and Thawing Durability of High-Performance Concrete*, comptes rendus de la rencontre annuelle de Béton Canada, août, p. 9-15.

Blais, F.A., Dallaire, E., Lessard, M. et Aïtcin, P.-C. (1996) *The Reconstruction of the Bridge Deck of the Jacques Cartier Bridge in Sherbrooke (Quebec) using High-Performance Concrete*, 30e réunion annuelle de la Société canadienne de génie civil, Edmonton, Alberta, mai, ISBN 0-921-303-60, p. 501-507.

Haug, A.K. et Sandvik, M. (1988) *Mix Design and Strength Data for Concrete Platforms in the North Sea*, ACI SP-109, p. 495-524.

Hoff, G.C. et Elimov, R. (1995) *Concrete Production for the Hibernia Platform*, 2nd CANMET/ACI International Symposium on Advance in Concrete Technology, Supplementary papers, Las Vegas, Nevada, 11-14 juin, p. 717-739.

Hover, K. (1995) Investigating effects of concrete handling on air content. *Concrete Construction*, **40**(3), septembre, 745-749.

Howard, N.L. et Leatham, D.M. (1989) The production and delivery of high-strength concrete. *Concrete International*, **11**(4), avril, 26-30.

Lessard, M., Baalbaki, M. et Aïtcin, P.-C. (1995) *Effect of pumping on air characteristics of conventional concrete*, Transportation Research Board Record 1532, Transportation Research Board, Washington, DC 20418, ISBN 0-3909-05904-6, p. 9-14.

Lessard, M., Dallaire, E., Blouin, D. et Aïtcin, P.-C. (1994) High-performance concrete speeds reconstruction for McDonald's. *Concrete International*, **16**(9), septembre, 47-50.

Lessard, M., Gendreau, M. et Gagné, R. (1993) *Statistical Analysis of the Production of a 75 MPa Air Entrained Concrete*, 3e Symposium international sur le béton à haute performance, Lillehammer, Norvège, ISBN 82-91 341-00-1, juin, p. 793-800.

Miao, B., Aïtcin, P.-C., Cook, W.D. et Mitchell, D. (1993) Influence of concrete strength on in-situ properties of large columns. *ACI Materials Journal*, **90**(3), mai-juin, 214-219.

Moreno, J. (1990) 225 W. Wacker Drive, *Concrete International*, **12**(1), janvier, 35-39.

Page, K.M. (1989) Profiles in concrete pumping. *Concrete International*, **11**(10), octobre, 28-30.

Page, K.M. (1990) Pumping high-strength concrete. *Concrete International*, **12**(1), janvier, 26-28.

Ronneberg, A. et Sandvik, M. (1990) High-strength concrete for North Sea platforms. *Concrete International*, **12**(1), janvier, 29-34.

Ryell, J. et Bickley, J.A. (1987) Scotia Plaza : high strength concrete for tall buildings, dans *Utilization of High Strength Concrete*, Stavanger (édité par I. Holland *et coll.*), Tapir, N-7034 Trondheim, NTH, Norvège, ISBN 82-519-07977, p. 641-653.

Chapitre 12

Le mûrissement des BHP

Les bétons usuels doivent être mûris à l'eau, personne n'en doute, mais cela ne veut pas dire qu'ils sont toujours bien mûris, et même s'ils le sont. Il faut mûrir les bétons usuels à l'eau pour hydrater le plus possible les grains de ciment de façon à obtenir la résistance à la compression la plus élevée et la perméabilité la plus faible (Neville, 1995). Un béton qui n'est pas mûri sèche plus ou moins vite selon son rapport eau/ciment et il n'atteindra jamais sa résistance et sa durabilité potentielles. Un mûrissement initial est toujours plus bénéfique qu'un mûrissement tardif, mais un mûrissement tardif vaut évidemment mieux que pas de mûrissement du tout.

Il y a différentes façons de mûrir un béton usuel avec de l'eau : on peut utiliser un brouillard d'eau, des toiles de jute ou de géotextile humidifiées, on peut noyer le béton dans l'eau, on peut le recouvrir d'une couche d'eau, on peut l'arroser ou le recouvrir d'une membrane de mûrissement. On ne passera pas ici en revue les méthodes habituelles de mûrissement des bétons usuels qui sont traitées dans de nombreux livres, manuels ou spécifications. L'objectif de ce chapitre est plutôt de démontrer que les BHP doivent être mûris de façon tout à fait différente des bétons usuels :

- un BHP doit être mûri à l'eau aussitôt que possible (avant la prise initiale au plus tard) ;
- un mûrissement tardif perd beaucoup de sa valeur, mais est quand même toujours meilleur que pas de mûrissement du tout ;
- le retrait endogène d'un BHP peut être diminué de façon significative par un mûrissement à l'eau ;
- l'absence de tout mûrissement à l'eau peut être catastrophique du point de vue fissuration.

Le besoin d'un mûrissement à l'eau des BHP est un sujet qui commence à être discuté (Aïtcin et Neville, 1993). Certains pensent qu'il suffit de mûrir les BHP comme les bétons usuels, d'autres disent que, par suite de leur microstructure très dense, les BHP n'ont absolument pas besoin d'être mûris. Pour ceux qui sont convaincus de la nécessité d'un mûrissement à l'eau adéquat, la question qui se pose est de savoir pendant combien de temps il faut mûrir le BHP. La durée dépend d'abord du type de mûrissement appliqué : s'agit-il d'un mûrissement immédiat juste après la mise en place du béton ou est-ce plutôt un mûrissement à long terme du béton durci ? Les sections suivantes examinent ces deux cas de façon à pouvoir définir quelques règles pratiques de mûrissement des BHP qui puissent s'adapter à toutes les conditions de chantier.

12.2 Importance d'un mûrissement approprié

Personne ne contestera qu'il faut absolument protéger la surface supérieure du tablier d'un pont construit avec un BHP pour éviter d'y voir se développer très rapidement du retrait plastique puis du retrait de séchage. Personne ne contestera longtemps qu'il est très utile de mûrir à l'eau pendant plusieurs jours la surface supérieure d'une colonne construite en BHP qui peut être exposée au séchage juste après sa coulée. Mais que faut-il faire dans d'autres cas ? Le bon sens ou des positions radicales ne sont pas toujours d'un grand secours. Il est absolument nécessaire de comprendre ce qui se passe lorsque la réaction d'hydratation se développe dans un BHP (et aussi dans un béton usuel) de façon à prendre des mesures appropriées pour réduire le plus possible les différents retraits qui se développent dans n'importe quel béton non mûri ou mal mûri.

La peau du béton est toujours la première à subir l'attaque d'un environnement agressif, s'il y a attaque, et tout affaiblissement de cette partie critique des structures en béton par suite d'un manque de mûrissement ou d'un mûrissement inapproprié peut sérieusement diminuer la durabilité de la structure. Il est donc très important d'évaluer les risques que l'on prend chaque fois que, consciemment ou inconsciemment, on pourrait affaiblir la peau d'une structure en béton par un mûrissement inapproprié. Dans tous les cas, trop de mûrissement vaut mieux que pas de mûrissement du tout. Il faut cependant reconnaître que la réalisation d'un mûrissement approprié sur chantier n'est pas toujours une opération facile si elle n'a pas été bien planifiée dès le début de la construction. Quand cette opération de mûrissement est planifiée très tôt, il n'y a jamais de problème pour la mettre en œuvre de façon efficace parce que cela suppose simplement l'utilisation d'un matériau qui ne coûte pratiquement rien : l'eau.

Trop souvent, on oublie qu'il faut mûrir un béton pour deux raisons essentielles : pour hydrater le plus possible de grains de ciment et pour minimiser son retrait.

12.3 Différents types de retrait

Le retrait est à la fois un phénomène simple dans sa manifestation — une diminution du volume apparent du béton — mais aussi assez complexe quand on veut bien comprendre les phénomènes sous-jacents et les mécanismes mis en jeu (Baron, 1982b). Il vaudrait mieux parler des retraits du béton plutôt que du retrait du béton parce que le retrait global que l'on mesure correspond à la combinaison de plusieurs retraits élémentaires (Aïtcin et coll., 1998) :

- le retrait plastique qui se développe à la surface d'un béton frais qui peut être exposé à du séchage (Wittmann, 1976) ;
- le retrait endogène (aussi appelé retrait d'autodessiccation ou retrait chimique) qui peut se développer quand le ciment s'hydrate (Lynam, 1934 ; Davis, 1940 ; Buil, 1979 ; Tazawa et coll., 1995 ; Aïtcin, 1999a) ;
- le retrait de séchage qui se développe quand l'eau s'évapore d'un béton exposé à l'air sec ;
- le retrait thermique qui suit la décroissance de la température du béton (dans ce cas, il vaudrait mieux parler de contraction thermique) ;
- le retrait de carbonatation.

Pour comprendre l'origine et les causes principales de chacun de ces types élémentaires de retrait, il est essentiel de comprendre la réaction d'hydratation et ses conséquences physiques, thermodynamiques et mécaniques de façon à pouvoir prendre toutes les mesures appropriées pour contrôler le plus possible les effets négatifs du retrait et mini-miser leur action sur le béton. En fait, il est bien connu qu'un béton usuel n'a pas de retrait s'il est continuellement mûri sous l'eau, il gonfle même (Aïtcin, 1999b). Le retrait n'est pas un phénomène inévitable, il est plutôt la conséquence d'un manque de mûrissement ou de la fin d'un mûrissement adéquat. Le début ou la fin du mûrissement à l'eau dépend de très nombreux facteurs comme le rapport eau/liant et la quantité de gros granulats que l'on retrouve dans un béton.

12.4 Réaction d'hydratation et ses conséquences

L'expression *réaction d'hydratation du ciment Portland* n'est pas très scientifique, elle ne fait que traduire la constatation simple suivante : quand le ciment Portland est mis en contact avec de l'eau, la pâte obtenue commence à durcir après un certain temps par suite de la réaction de l'eau avec les constituants essentiels du ciment Portland. Le déve-loppement des différentes réactions chimiques entraîne alors un dégagement de chaleur, un gain de résistance et une contraction du volume solide. Par conséquent, les gains de résistance de n'importe quelle pâte de ciment qui s'hydrate se produisent toujours avec le dégagement d'une certaine quantité de chaleur et d'une certaine contraction du volume solide et vice versa. De façon à illustrer cet état de fait, on peut dire que la pâte de ciment et plus généralement le béton se développent à l'intérieur du triangle d'hydratation : résistance-chaleur-contraction volumétrique (Fig. 12.1). Aucun béton ne voit sa résistance augmenter sans que ces deux autres phénomènes concomitants ne se développent, phénomènes qui peuvent causer certains ennuis aux ingénieurs, mais avec lesquels il faut apprendre à composer. À la réflexion, ces phénomènes *parasites* ne sont pas si terribles. Le béton ne serait peut-être pas le matériau le plus utilisé au monde s'il gonflait et si sa température diminuait durant son durcissement.

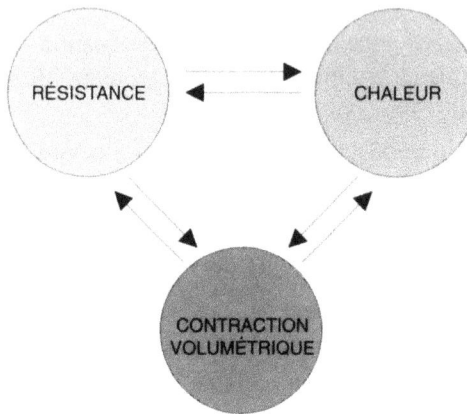

Figure 12.1 Le « triangle des Bermudes » du béton

Les termes « réaction d'hydratation » et « chaleur d'hydratation » sont donc des termes très commodes pour décrire une réalité physique, mais cette simplicité lexicale peut être trompeuse : le ciment Portland n'est pas un matériau pur parfaitement défini (comme on l'a vu au chapitre 6), mais plutôt un matériau multiphasique dont la composition peut varier de façon substantielle. Cette simplicité lexicale intègre en fait le développement d'une série de réactions chimiques complexes qui sont toutes exothermiques et qui contribuent toutes à l'augmentation de la température du béton.

De façon à expliquer schématiquement les propriétés du béton, on peut supposer que le ciment Portland est composé, en première approximation, essentiellement de cinq phases comme on l'a vu aux chapitres précédents : le C_2S, le C_3S, le C_3A, le C_4AF et le sulfate de calcium que l'on ajoute pour contrôler la prise et le durcissement du ciment. Dans cette analyse, les soi-disant impuretés du ciment Portland sont négligées (sulfates alcalins, chaux libre, silice, périclase, etc.). Cependant, lorsque l'on regarde de plus près le rôle de ces impuretés durant la réaction d'hydratation, on s'aperçoit que certaines d'entre elles n'ont pas un rôle aussi négligeable que cela, en particulier les sulfates alcalins.

Si l'on observe l'hydratation des phases pures, on s'aperçoit que l'hydratation des deux silicates entraîne la formation d'une seule forme de silicate de calcium hydraté que l'on écrit de façon abrégée C-S-H et, d'autre part, de portlandite, $Ca(OH)_2$ ou CH en forme abrégée. Le C_3A en présence de sulfate de calcium et d'eau se transforme en ettringite, $C_3A \cdot 3CaSO_4 \cdot 32H_2O$ et, plus tard, en monosulfoaluminate, $C_3A \cdot CaSO_4 \cdot 12H_2O$, quand il n'y a plus suffisamment de sulfate de calcium, comme on l'a vu au chapitre 6 ; quant au C_4AF, il s'hydrate comme le C_3A, mais plus lentement.

Selon les proportions respectives de chacune de ces phases, selon la quantité d'eau disponible, la surface spécifique du ciment, la température initiale du béton et la température ambiante, le béton dégagera plus ou moins de chaleur et développera plus ou moins de résistance. Par conséquent, une façon relativement simple de suivre l'évolution de la résistance dans le béton est de suivre l'évolution de sa température et vice versa, ce qui est le principe des maturimètres.

L'hydratation du ciment Portland est aussi accompagnée d'une réduction du volume solide parce que l'hydratation du silicate dicalcique et tricalcique et la formation d'ettringite qui constituent la partie essentielle du ciment Portland hydraté sont toutes accompagnées d'une réduction du volume solide.

En fait, de façon globale, on s'aperçoit que, pour hydrater un volume A de ciment, il est nécessaire d'utiliser un volume B d'eau pour former un volume C d'hydrates, mais que l'on a toujours :

$$C < A + B$$

Même si les chercheurs ne sont pas toujours d'accord sur les valeurs relatives de A, B et C, on admet en général que la réduction du volume solide due à l'hydratation est de l'ordre de 10 %, comme Le Chatelier (1904) l'a démontré il y a près de 100 ans. Cette contraction volumétrique a des conséquences pratiques très importantes sur la réaction d'hydratation.

On a pris la mauvaise habitude d'attribuer la contraction volumétrique que subit le béton au développement du phénomène d'autodessiccation. Cette affirmation est vraie seulement lorsqu'une éprouvette de béton est isolée de toute influence extérieure par une enveloppe hermétique. Dans un tel cas seulement, la contraction volumétrique du volume solide développe un certain retrait quand la porosité très fine qui est créée par l'hydratation du ciment draine de l'eau des capillaires les plus grossiers, ce qui entraîne la formation de ménisques à l'intérieur du réseau de capillaires. Cette contraction chimique a les mêmes effets qu'un séchage extérieur, ce qui explique d'ailleurs que l'on a retenu l'expression autodessiccation pour décrire ce phénomène. Ce phénomène se produit dans n'importe quel béton quel que soit son rapport eau/ciment lorsqu'il n'est pas en contact avec une source d'eau extérieure au moment du développement de sa réaction d'hydratation (Davis, 1940).

Par contre, si un béton est mûri à l'eau, dès que la réaction d'hydratation s'amorce, la très fine porosité qui se crée par suite de la contraction volumétrique de la pâte de ciment draine de l'eau des plus gros capillaires qui, à leur tour, drainent une quantité égale d'eau à même la source extérieure tant et aussi longtemps que la porosité globale reste connectée à la source d'eau extérieure. Par conséquent, il n'y a plus de phénomène d'autodessiccation dans le béton lorsqu'il durcit. La contraction chimique peut ne pas entraîner de phénomène d'autodessiccation si le béton est mûri à l'eau avant que ne débute la réaction d'hydratation. On trouve même qu'alors le béton gonfle (Le Chatelier, 1904). Dans un tel cas on note simultanément une diminution du volume absolu, suite à la contraction chimique, et une augmentation du volume apparent suite à ce gonflement dont l'origine est plus ou moins bien expliquée (Aïtcin, 1999b).

L'évolution du béton à l'intérieur du triangle d'hydratation a des conséquences pratiques très importantes : plus le béton gagne de la résistance, plus il développe de la chaleur et plus son volume solide se contracte ou, si un béton peut encore gagner quelques MPa, il développera une certaine quantité de chaleur et il verra son volume solide décroître.

Les sections suivantes examinent successivement ce qui se produit au sommet de ce fameux triangle d'hydratation de façon à mieux comprendre ce qu'est en fait la réaction d'hydratation et quelles en sont les conséquences sur le développement du retrait.

12.4.1 Résistance

Il est très facile de constater expérimentalement que la résistance d'un béton augmente avec le temps même s'il n'est pas bien mûri. Toutefois, on commence à peine à comprendre et à expliquer les causes profondes de ses gains de résistance (Van Damme, 1994, 1998). Grâce aux progrès réalisés en microscopie électronique, il est maintenant possible de suivre tous les changements de phase que l'on observe à l'échelle micrométrique durant le durcissement du béton et même, maintenant, à l'échelle nanométrique avec les microscopes de force atomique (Goudonnet, 1998). On sait très bien que la formation des silicates de calcium hydraté créés durant l'hydratation des silicates di et tricalciques est essentiellement responsable des gains de résistance du béton. Toutefois, il faut admettre que, à l'heure actuelle, la composition exacte et la structure de ce silicate de calcium ne sont pas très bien connues, ce qui explique d'ailleurs pourquoi, de façon très prudente, on représente le silicate de calcium hydraté par l'expression volontairement vague de C-S-H. Il est bon cependant de rappeler les efforts réalisés en France par les équipes du CNRS pour essayer de percer les mystères de l'hydratation et les progrès déjà obtenus (Nonat, 1998 ; Goudonnet, 1998 ; Van Damme, 1998). On sait déjà par exemple qu'il existe différentes formes de C-S-H cristallins qui sont soudées pour donner de la résistance au béton (Van Damme, 1994 ; 1998). Cependant, la structure lamellaire des C-S-H est moins bien connue que celle de deux silicates hydratés voisins (la kaolinite, un silicate d'aluminium hydraté, et la serpentine ou amiante chrysotile, un silicate de magnésium hydraté).

Comme on l'a déjà mentionné, il y a toujours un gain de résistance entre deux âges différents durant le mûrissement d'un béton. Il y a donc aussi une certaine quantité de chaleur qui se dégage qui peut ou non se traduire par une augmentation de la température du béton selon les conditions thermodynamiques dans lesquelles se produit ce dégagement de chaleur. D'autre part, il y a une réduction du volume solide qui peut être ou ne pas être accompagnée par une contraction du volume apparent selon les conditions de mûrissement (Le Chatelier, 1904). Lorsque l'on mesure la résistance à la compression d'une éprouvette de béton parfaitement scellée, mûrie de façon adiabatique ou plus simplement lorsque l'on suit sa température, il est possible de suivre l'évolution de la contraction volumétrique des hydrates (Fig. 12.2).

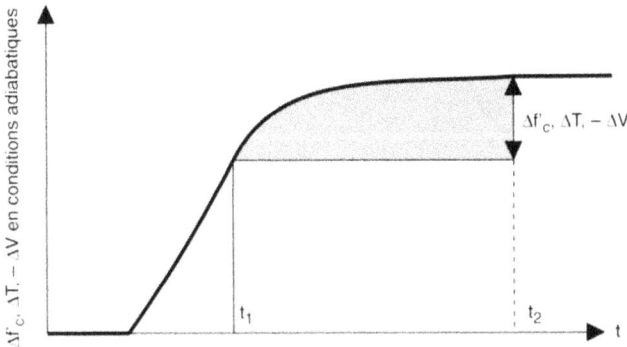

Figure 12.2 Évolution de la résistance à la compression, de la température et de la contraction volumétrique d'une éprouvette de béton mûrie en conditions adiabatiques

12.4.2 Chaleur

L'hydratation du ciment Portland est toujours accompagnée par un dégagement de chaleur. Ce dégagement de chaleur entraîne en général une augmentation de la température du béton et cette augmentation de la température dépend d'un très grand nombre de facteurs, tels que la quantité de ciment qui s'hydrate, le dosage en ciment, la quantité d'eau de malaxage disponible, le ciment utilisé, la température initiale du béton, la nature des granulats, la température ambiante, les conditions thermodynamiques du mûrissement, la géométrie et la forme des éléments en béton. Le jeu de ces conditions peut amener à deux conditions de mûrissement particulières, un mûrissement isotherme et un mûrissement adiabatique sans aucun échange avec l'extérieur. De façon pratique, cependant, le béton ne durcit jamais ni en condition isotherme ni en condition adiabatique.

En pratique, il y a une période plus ou moins longue durant laquelle il n'y a pratiquement pas de dégagement de chaleur surtout si l'on compare cette période à celle qui suit le développement de la réaction d'hydratation. En effet, cette période initiale tranquille du point de vue thermodynamique est suivie par une montée en température qui peut être plus ou moins rapide et plus ou moins intense durant laquelle on voit la température du béton augmenter, passer par un maximum et finalement décroître pendant une période plus ou moins longue durant laquelle le béton retourne à la température ambiante. L'évolution de la température d'un béton est présentée de façon schématique à la figure 12.3 ; cette figure sera utilisée pour discuter de la façon la plus appropriée de mûrir un béton de façon à atténuer les effets de ces changements volumétriques.

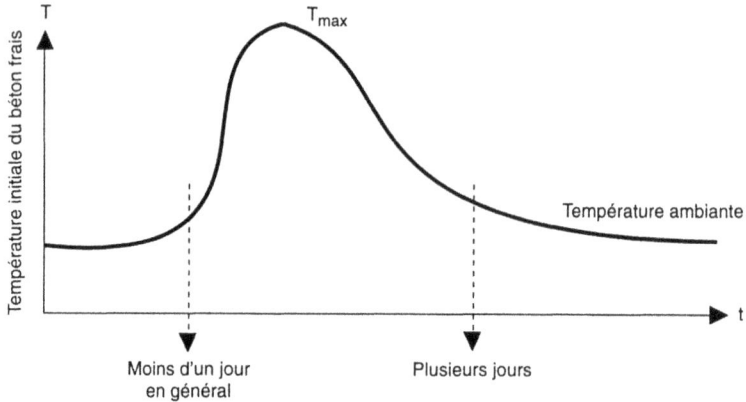

Figure 12.3 Courbe type de l'évolution de la température d'un béton dans un élément structural

Dans des conditions hivernales, il se peut que la température du béton diminue continuellement à partir de l'instant où il a été coulé lorsque, par exemple, dans des éléments peu épais, les pertes de chaleur sont supérieures à la chaleur dégagée par la réaction d'hydratation.

12.4.3 *Contraction volumétrique*

(a) Volume apparent et volume solide

Il est pratique de définir de façon simple et claire les différences qui existent entre le volume apparent et le volume solide. Le volume apparent d'un matériau est celui que l'on voit sans considérer sa structure interne ou sa porosité. Par exemple, un prisme de béton qui a une dimension extérieure de $300 \times 300 \times 750$ mm a un volume apparent de $67\ 500\ 000$ mm^3 ou $67,5$ l et un cylindre de 100×200 mm a un volume apparent de $1\ 570\ 000$ mm^3 ou $1,57$ l.

Le volume solide d'un matériau correspond à la partie du volume apparent qui est réellement occupée par de la matière solide. Les deux prismes de la figure 12.4a) ont le même volume apparent, mais n'ont pas le même volume solide comme on peut le voir à la figure 12.4b). Par exemple, des éprouvettes de béton qui ont des teneurs en air différentes peuvent avoir le même volume apparent, mais pas le même volume solide. Leur masse est évidemment fonction de la valeur du volume solide.

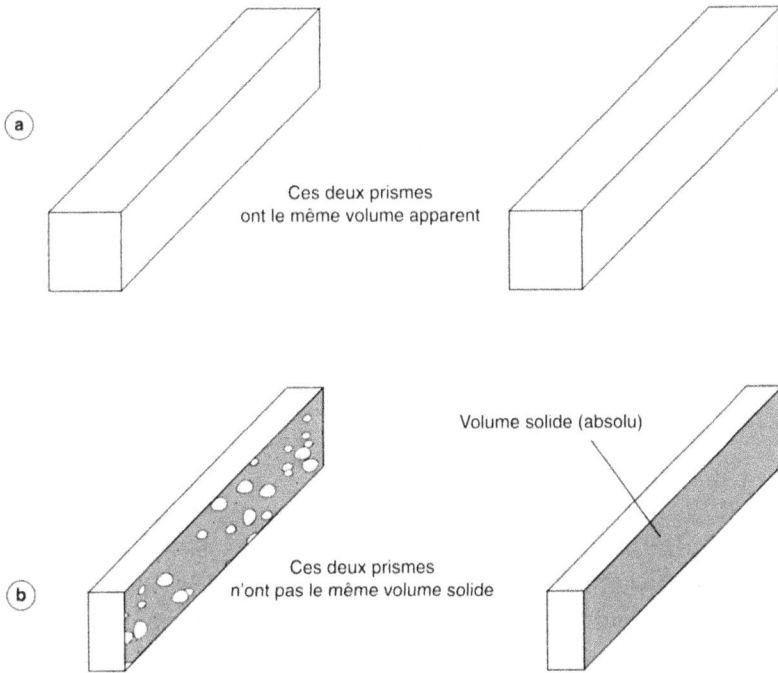

Figure 12.4 Notion de volume apparent et solide

(b) Changements volumétriques du béton (volume apparent)

Comme la plupart des matériaux, le volume apparent du béton change lorsque sa température change : le volume du béton augmente quand sa température augmente, par contre, le béton se contracte quand il refroidit.

Cependant, le béton développe aussi d'autres changements volumétriques qui lui sont particuliers : son volume solide décroît quand le ciment s'hydrate et son volume apparent décroît quand il se dessèche ; par contre, lorsqu'un béton est mûri sous l'eau, son volume apparent augmente généralement, même si son volume solide diminue.

Chacun de ces changements volumétriques peut causer différents types de retrait ou de gonflement qu'il faudra ajouter algébriquement dans une première approximation de façon à obtenir le retrait total du béton.

(c) Contraction chimique (volume absolu)

Quand le ciment Portland s'hydrate, le volume absolu des hydrates qui sont formés est inférieur à la somme du volume solide du ciment et du volume d'eau qui se sont combinés. Cette contraction du volume solide continue à se développer tant et aussi longtemps que se poursuit la réaction d'hydratation. On pourrait penser que cette contraction du volume absolu est automatiquement accompagnée d'une contraction du volume apparent, ce qui n'est pas toujours le cas quand un béton usuel est mûri continuellement sous l'eau ; son volume apparent ne décroît pas, il a plutôt tendance, dans la plupart des cas, à augmenter, tout au moins au début du mûrissement sous l'eau (Fig. 12.5). Le volume solide d'un béton usuel mûri sous l'eau diminue incontestablement, mais son volume apparent augmente. Cette contradiction apparente n'est pas encore expliquée de façon claire.

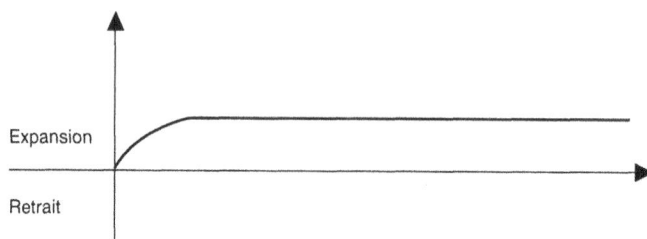

Figure 12.5 Courbe type de l'évolution du volume apparent d'une éprouvette de béton mûrie continuellement dans l'eau

Par conséquent, quand un béton usuel est mûri sous l'eau, il ne présente aucune contraction de son volume apparent ; on le voit plutôt gonfler bien que son volume solide décroisse (Aïtcin, 1999b).

Malheureusement, comme on ne vit pas sous l'eau comme les sirènes, les structures en béton qui sont construites à l'air sont tôt ou tard exposées à du séchage. Dès que le béton est exposé à l'air sec dont le degré hygrométrique est inférieur à celui de l'air des capillaires, il se dessèche et ce dessèchement peut s'ajouter à un phénomène d'autodessiccation qui a pu se développer dans le béton qui s'hydrate sans mûrissement adéquat à l'eau. Le séchage du béton est toujours accompagné d'un certain retrait puisque son volume apparent diminue, ce retrait est appelé « retrait de séchage ».

(d) Rôle crucial des ménisques des capillaires du béton sur la variation du volume apparent

Le séchage du béton est le résultat de l'évaporation d'une certaine partie de l'eau contenue dans le réseau des capillaires, qui sont connectés à la surface, par suite d'un déséquilibre entre l'humidité relative de l'air ambiant et de l'air des capillaires du béton. Évidemment, l'eau contenue dans les plus gros capillaires, qui sont situés près de la surface, commence par s'évaporer parce que les forces capillaires y sont faibles. Cependant, au fur et à mesure que l'eau continue de s'évaporer, des ménisques se développent dans des capillaires de plus en plus fins et, par conséquent, les forces capillaires qui sont développées à l'intérieur du béton deviennent de plus en plus élevées (Wittmann, 1968 ; Buil, 1979 ; Baron, 1982a et b). Plus les forces capillaires deviennent fortes, plus il est difficile pour l'eau de s'évaporer, ce qui explique la forme des courbes de perte de masse en fonction du temps d'éprouvettes de béton qui sèchent (Fig. 12.6) (L'Hermite,

1978). La forme de ces courbes est fonction du volume de l'éprouvette, du diamètre des pores, de leur connectivité et de leur forme, de la taille de l'éprouvette et du degré hygrométrique de l'air ambiant.

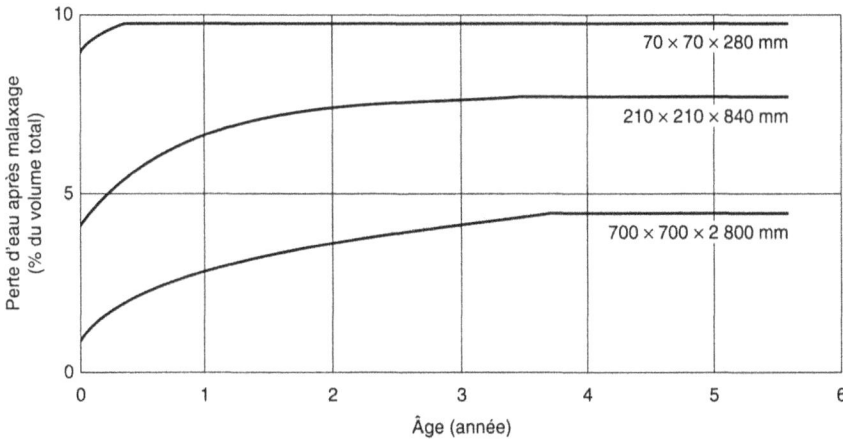

Figure 12.6 Perte d'eau dans des prismes de tailles différentes (humidité relative : 55 %)

Les forces développées à l'intérieur des capillaires sont inversement proportionnelles au diamètre de ces capillaires. Tant et aussi longtemps que ces forces capillaires sont inférieures à la résistance à la traction du béton, le béton se contracte de façon élastique. Si les forces capillaires sont supérieures à la résistance à la traction du béton, la pâte se fissure.

Cependant, **tant et aussi longtemps qu'un béton est mûri sous l'eau, les capillaires ne se dessèchent pas durant l'hydratation puisqu'ils se remplissent d'eau au fur et à mesure que la contraction volumétrique de la pâte se développe ; par conséquent, il n'y a pas de ménisque dans le réseau capillaire, il n'y a donc pas de retrait endogène et il n'y a donc pas de fissuration.**

Lorsque le rapport eau/liant est faible, certains pores peuvent alors être coupés de la source extérieure d'eau durant le processus d'hydratation puisque celui-ci se fait grâce à un apport d'eau et correspond en fait à une augmentation du volume solide si bien qu'un certain retrait endogène peut se développer même si le béton est mûri continuellement sous l'eau.

La réaction d'hydratation s'arrête évidemment quand il n'y a plus d'eau ou plus de ciment à hydrater ou, comme l'a démontré Powers (1947, 1958), quand la pression partielle de la vapeur d'eau dans les capillaires est inférieure à 80 %. À cet instant, l'attraction que les grains de ciment exercent sur l'eau n'est pas suffisamment forte pour attirer l'eau qui est retenue dans les capillaires : l'hydratation du ciment s'arrête bien que des grains anhydres et de l'eau coexistent au sein du béton.

(e) Différence essentielle entre le retrait de dessiccation et le retrait de séchage

On a vu que, dans certains cas, la contraction chimique entraîne la création de ménisques au sein des capillaires et une porosité remplie de vapeur d'eau comme lorsque se dessèche un béton. Cependant, il existe des différences fondamentales entre ces deux phénomènes.

L'autodessiccation se développe progressivement dans toute la masse du béton non mûri à l'eau de façon homogène et isotrope en autant que la répartition des grains de ciment soit homogène et isotrope dans la masse du béton. Par contre, le retrait de séchage est un phénomène localisé qui commence à se développer à la surface du béton par où s'évapore l'eau interne. Ce phénomène progresse vers l'intérieur du béton plus ou moins rapidement selon la compacité de la microstructure du béton et le degré de sécheresse du milieu. Par conséquent, des gradients de forces de traction se développent à la peau du béton lors du séchage tandis que, dans la masse du béton, l'autodessiccation se développe de façon homogène et isotrope.

(f) Les changements volumétriques de la pâte de ciment hydraté et le retrait du béton

L'autodessiccation et le retrait de séchage qui se développent au sein de la pâte de ciment hydraté ne se développent que dans un des constituants du béton, mais pas dans les granulats qui d'habitude conservent un volume constant. La variation volumétrique apparente du béton, que l'on appelle le retrait, est ainsi reliée au changement volumétrique de la pâte de ciment hydraté, au changement volumétrique d'origine thermique qui se développe dans la pâte de ciment hydraté et en cours d'hydratation et à la restriction causée par les granulats et la pâte elle-même durant sa structuration. Le retrait thermique de la pâte est toujours plus grand que celui des granulats.

Évidemment, chacun de ces changements volumétriques élémentaires contribue au retrait total du béton et, par conséquent, il est utile de diviser le retrait total en retrait endogène, retrait de séchage et retrait thermique.

Le retrait endogène et le retrait de séchage sont reliés aux changements volumétriques de la pâte de ciment, mais ces retraits ne se développent pas de façon libre à cause de la rigidité du squelette granulaire qui s'oppose à la contraction du volume apparent du béton (Alexander, 1996). Par conséquent, le retrait du béton durci est toujours plus faible que celui d'une pâte de ciment hydraté de même rapport eau/liant. Il est bien connu qu'il est facile de diminuer le retrait total du béton en augmentant la quantité de gros granulats. Cependant, il faut bien se souvenir que, si le retrait total du béton est réduit par l'incorporation d'une plus grande quantité de gros granulats pour le même volume de pâte, il pourra y avoir plus de microfissures à l'intérieur de la pâte parce que cette dernière sera plus retenue et que le retrait de la pâte n'a rien à voir avec la quantité de gros granulats que l'on retrouve dans un béton.

La distribution des granulats dans le béton n'est pas homogène. Le béton qui se situe juste derrière les coffrages, vis-à-vis de la peau du béton, est plus riche en mortier et en pâte à cause de l'effet de paroi : la peau du béton développera donc plus de retrait et ce retrait se développera plus librement, ce qui pourra entraîner le développement de fissures plus grandes ou plus denses que dans la masse du béton où le squelette de gros granulats s'oppose au développement de grandes fissures.

Le retrait de la peau d'un BHP peut être plus fort que celui des bétons usuels parce que sa peau est plus riche en pâte (Sicard et coll., 1992, 1996), ce qui rend encore plus nécessaire le mûrissement du BHP. Évidemment, plus le mûrissement sera long, meilleurs seront ses effets.

12.5 Retrait du béton

Le retrait du béton durci qui n'est pas mûri correspond, en première approximation, à la somme des retraits individuels, soit le retrait thermique (s'il existe), le retrait endogène (s'il se développe) et le retrait de séchage (le retrait de carbonatation qui se développe longtemps après n'est pas considéré ici). On peut alors écrire :

$$e_{tot} = e_{thermique} + e_{endogène} + e_{séchage}$$

Quand on calcule e_{tot}, on considère que $e_{thermique}$ est positif quand le béton se refroidit et que $e_{thermique}$ est négatif quand la température du béton augmente. Le retrait endogène peut être égal à 0 si le béton est mûri sous l'eau et le retrait de séchage peut être égal à 0 si le béton est couvert d'un film imperméable de telle sorte que pas une molécule d'eau ne quitte le béton. Le retrait endogène et le retrait de séchage ne peuvent pas être égaux à 0 en même temps sauf si le béton est continuellement mûri sous l'eau.

12.5.1 Retrait d'origine thermique

Comme tous les autres matériaux, le béton est sujet à des changements volumétriques d'origine thermique. Cependant, là où le béton diffère de façon significative des autres matériaux de construction, c'est que, lorsque le béton développe sa résistance, sa température augmente (en général) et, par conséquent, les propriétés mécaniques qui se développent durant le durcissement du béton sont dues à des liens mécaniques qui se sont formés à une température qui n'est pas nécessairement celle à laquelle le béton évoluera plus tard. En outre, ces liens sont créés à une température qui évolue durant l'hydratation du ciment (Fig. 12.3). Dès que le béton a atteint sa température maximale au moment où en un point donné les pertes thermiques sont alors égales à la quantité de chaleur que dégage l'hydratation du ciment, il commence à se refroidir pour revenir à la température ambiante. Les lois de la thermodynamique qui gouvernent ces échanges de chaleur sont bien connues et il est assez facile de développer des modèles qui permettent de prédire la variation de la température du béton dans un élément structural donné exposé à des conditions ambiantes spécifiques lorsqu'il s'échauffe ou se refroidit.

12.5.2 Comment réduire le retrait endogène et le retrait de séchage d'un BHP et leurs effets par un mûrissement à l'eau approprié ?

Si un béton est mûri sous l'eau, il ne subit pas de retrait et il gonfle plutôt (Aïtcin, 1999b). Cependant, dans la pratique, les structures de béton ne peuvent pas toujours être facilement mûries sous l'eau ou par arrosage. Par conséquent, un jour ou l'autre, le mûrissement du béton s'arrête et un certain retrait endogène et du retrait de séchage commencent à se développer. De façon à réduire le retrait des BHP, il est simplement nécessaire de retarder aussi longtemps que possible le moment où l'on arrête le mûrissement à l'eau. Mais à quoi correspond l'expression « aussi longtemps que possible » ? Il est difficile de répondre de façon précise à cette question simple, mais une bonne connaissance de la manière dont le ciment s'hydrate et de la manière dont se développe chacun des retraits élémentaires est essentielle, dans chaque cas particulier, pour déterminer les conditions optimales de mûrissement qui entraîneront une réduction du retrait global du béton quand se terminera son mûrissement à l'eau.

Il est essentiel de mûrir à l'eau un BHP dès que la réaction d'hydratation s'initie et aussi longtemps qu'elle se développe. Plus le ciment s'hydrate vite, plus il doit être mûri rapidement et plus ce mûrissement à l'eau est critique. Évidemment, durant ce mûrissement sous l'eau ou sous un brouillard d'eau, il n'y aura pas de retrait de séchage. **Il n'est pas question d'attendre 24 heures pour commencer à mûrir un BHP comme cela est suffisant dans le cas des bétons usuels.**

Les courbes qui présentent l'augmentation de la température du béton en conditions adiabatiques (Fig. 12.7) peuvent être utilisées pour déterminer le moment d'arrêter le mûrissement à l'eau de telle sorte que le retrait endogène qui pourra continuer à se développer demeure dans des limites acceptables, sans causer de fissuration, parce que la résistance à la traction du béton est alors suffisamment élevée pour encaisser les contraintes de traction générés par le retrait endogène dans le BHP. Dès que le mûrissement à l'eau s'arrête, le phénomène d'autodessiccation commence à se développer.

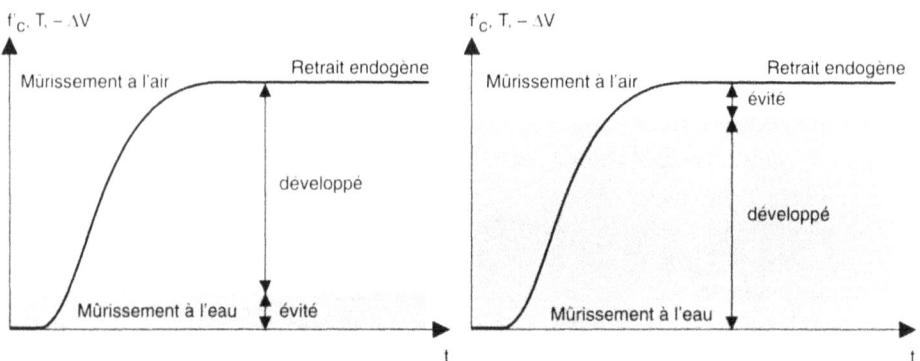

Figure 12.7 Retrait d'autodessiccation induit en fonction de la durée du mûrissement à l'eau

De façon à éliminer le retrait de séchage, il est simplement nécessaire d'éviter toute possibilité d'évaporation de l'eau (Bissonnette et coll., 1999). Il suffit donc de recouvrir le béton d'une membrane absolument imperméable de telle sorte que pas une molécule d'eau ne puisse être perdue par évaporation, ce qui est plus facile à dire qu'à faire en réalité. Il faut cependant rappeler que, même avec une telle protection, un BHP développe du retrait endogène tant et aussi longtemps que les particules de ciment continuent à s'hydrater ou tant que la pression partielle de la vapeur à l'intérieur du béton n'est pas inférieure à 80 % (Powers, 1947).

On peut recouvrir les bétons usuels avec un film imperméable pour éviter de voir s'y développer du retrait de séchage, mais, dans le cas des BHP, il est bon de commencer à évaluer le coût d'une telle protection et de le comparer à l'augmentation de la durée de vie de la structure. Si les résultats de cette étude économique démontrent que le développement du retrait de séchage ne diminue en rien la durabilité de la structure, il ne sera pas nécessaire de recouvrir la structure en BHP d'un film imperméable ; si au contraire l'étude économique démontre qu'il est préférable de recouvrir le BHP d'une membrane imperméable, il faudra le faire et aucun propriétaire ne s'objectera à un tel investissement puisqu'il est en fin de compte très rentable. Après tout, on s'est bien habitué à voir peindre des structures en acier pour retarder leur rouille, pourquoi ne pas recouvrir des structures en BHP pour éviter leur séchage et augmenter leur durée de vie ?

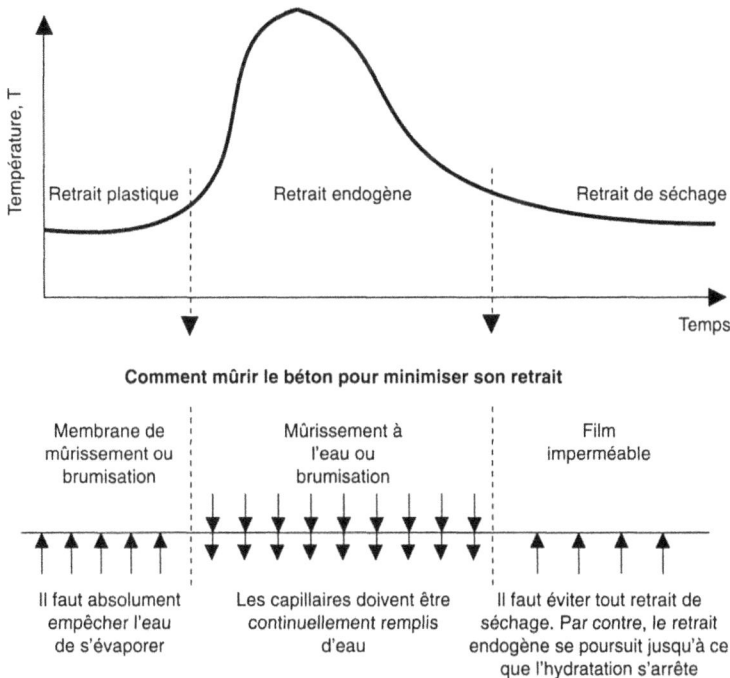

Figure 12.8 Régimes de mûrissement les plus appropriés durant le développement de la réaction d'hydratation

Si l'on revient aux courbes représentant l'augmentation de la température du BHP dans un élément structural, il est maintenant facile de voir à la figure 12.8 comment il faut sélectionner les méthodes de mûrissement les plus appropriées pour un BHP de sorte que le retrait plastique, le retrait endogène et le retrait de séchage soient minimisés durant tout le processus de durcissement du béton.

À la figure 12.8, on peut voir que la meilleure façon de protéger un BHP contre le retrait est de commencer par le protéger par un brouillard d'eau, en le noyant sous l'eau ou avec une membrane de mûrissement **temporaire** (film monomoléculaire d'un alcool aliphatique) tant et aussi longtemps qu'il demeure plastique. Dès que le BHP commence à durcir, il faut alors absolument poursuivre le mûrissement en vaporisant de l'eau, en utilisant un brouillard d'eau ou en le noyant tant et aussi longtemps que la réaction d'hydratation continue à se développer. Le BHP pourra être recouvert d'un film ou d'un enduit imperméable dès que s'arrêtera le mûrissement à l'eau.

12.6 Pourquoi le retrait endogène est-il plus important dans les BHP que dans les bétons usuels ?

Tous les bétons, quel que soit leur rapport eau/liant, peuvent développer du retrait endogène, mais, dans le cas des bétons usuels, ce retrait est négligeable (Davis, 1940), ce qui n'est pas le cas dans les BHP où, plus le rapport E/L est faible, plus le retrait endogène peut être élevé si l'on n'y prend garde. Comme toute contraction chimique de la pâte de ciment entraîne une réduction du volume absolu de 10 % et comme un BHP a une teneur en ciment plus élevée que celle d'un béton usuel, on pourrait penser qu'un BHP peut développer plus de retrait endogène. Cependant, un tel raisonnement est absolument faux. En effet, comme dans le cas des bétons usuels, si un BHP est continuellement mûri sous l'eau dès que son hydratation commence, on le verra même augmenter de volume apparent dès le début de l'hydratation. On peut voir un changement volumétrique apparent du béton (retrait) seulement lorsque le rapport eau/liant est très faible et que le système de pores à l'intérieur du béton s'interrompt quand la réaction d'hydratation se développe. Par conséquent, le retrait d'un BHP est essentiellement lié à son mûrissement ou à son absence de mûrissement et à la facilité avec laquelle de l'eau extérieure peut pénétrer à l'intérieur du béton et non à sa teneur en ciment.

Il est nécessaire de revenir sur les causes fondamentales des différents types de retrait pour comprendre pourquoi l'autodessiccation, si elle n'est pas contrôlée, devient la cause majeure de fissuration dans le cas des BHP, ce qui n'est pas vrai pour les bétons usuels. Cette différence de comportement peut s'expliquer par les différences majeures que l'on observe dans la microstructure de ces deux types de béton (Hua et coll., 1995a et b ; Baroghel-Bouny et coll., 1996).

Le réseau des capillaires que l'on retrouve dans un béton usuel est d'autant plus grossier que son rapport eau/liant est élevé. Si, par suite de l'absence d'une source d'eau extérieure, les particules de ciment n'ont pour s'hydrater que l'eau qui a été introduite lors du malaxage du béton, l'eau contenue dans les plus gros capillaires est drainée en priorité par la très fine porosité générée par la contraction chimique des grains de ciment qui s'hydratent parce que c'est celle qui est la plus faiblement retenue dans ces gros capillaires. Les forces de tension qui apparaissent dans ces gros capillaires lors de la création des ménisques ne sont pas très élevées et le retrait endogène correspondant est très faible ou négligeable. Évidemment, quand toute l'eau qui est contenue dans les gros capillaires a été drainée, la porosité créée par la contraction volumétrique du ciment qui continue de s'hydrater draine de l'eau contenue dans des capillaires de plus en plus fins et les forces de tension correspondantes augmentent. Comme, dans un béton usuel, la majorité de l'eau disponible pour hydrater le ciment est contenue dans de gros capillaires qui contiennent en outre une grande quantité d'eau, et comme un tel béton ne contient finalement que relativement peu de ciment, les forces de tension générées au sein des ménisques ne deviennent jamais très élevées et n'entraînent pas de retrait endogène significatif (Davis, 1940).

On peut conclure que, de façon générale, la contraction chimique de la pâte de ciment développe très peu de retrait endogène dans les bétons usuels qui ne sont pas mûris à l'eau de telle sorte que le retrait global du béton est essentiellement dû au retrait de séchage.

Dans le cas des BHP de faible rapport eau/liant, en l'absence de tout mûrissement à l'eau, le retrait endogène se développe par contre très rapidement dès le début de l'hydratation parce que l'eau drainée par la très fine porosité qui résulte de la contraction volumétrique est drainée de capillaires qui ont déjà un diamètre très faible. En outre, dans le cas des BHP, quand la réaction d'hydratation démarre, elle se développe très rapidement si bien qu'une grande quantité d'eau est drainée de ses capillaires qui deviennent de plus en plus fins rapidement. On voit donc se développer des forces de tension qui entraînent le développement d'un retrait endogène significatif très rapidement. Par conséquent, le retrait endogène se développe de façon rapide et intense dans les BHP si l'on n'y prend garde (Tazawa et Miyazawa, 1995). Jensen et Hansen (1995, 1996) ont mesuré des retraits endogènes aussi élevés que 3 000 et $1\,500 \times 10^{-6}$ dans des pâtes de ciment ayant des rapports eau/ciment de 0,25, tandis que Tazawa et Miyazawa (1993) ont mesuré des retraits endogènes dans des bétons de très faible rapport eau/liant aussi élevés que $4\,000 \times 10^{-6}$ et un retrait endogène sur un BHP aussi élevé que 600×10^{-6}.

À la surface d'un BHP qui a un très faible rapport eau/liant, le séchage est plus lent parce que sa porosité est globalement très fine et parce que très souvent elle a déjà été drainée par le processus d'autodessiccation. Le retrait de séchage qui se développe dans un BHP est d'autant plus lent que le BHP a un rapport eau/liant très faible.

Par conséquent, le retrait global d'un BHP est essentiellement influencé par l'autodessiccation tandis que celui d'un béton usuel est essentiellement influencé par son retrait de séchage.

Lorsqu'un BHP est séché à l'air dès son plus jeune âge, il est donc normal d'observer que son retrait initial global est en général beaucoup plus élevé que celui d'un béton usuel. Évidemment, il est aussi normal de trouver que le retrait total de n'importe quel béton usuel est fonction de la quantité d'eau de gâchage utilisée, ce qui n'est pas toujours le cas pour les BHP.

12.7 L'application d'une membrane de mûrissement est-elle suffisante pour minimiser ou atténuer le retrait d'un béton ?

La réponse à la question posée en titre est cela dépend du type de béton. Si un béton qui a un rapport eau/liant élevé (> 0,40) est protégé par une membrane de mûrissement, en principe, il contient suffisamment d'eau pour que toutes les particules de ciment puissent s'hydrater complètement avec la quantité d'eau de malaxage. Plus le rapport eau/liant est élevé, plus le béton est bien protégé contre le retrait endogène. Cependant, dès que la membrane de mûrissement perd de son efficacité ou disparaît, le béton n'est plus protégé contre le séchage et le retrait de séchage commence à se développer. Le retrait de séchage devient ainsi la partie essentielle du retrait du béton autre que la contraction thermique.

Si un béton qui a un rapport eau/liant inférieur à 0,40 est mûri avec une membrane de mûrissement, le phénomène d'autodessiccation s'y développe très rapidement puisqu'il n'y a pas de source d'eau extérieure pour remplir les capillaires. Plus le rapport eau/liant est faible, plus le retrait endogène est alors élevé, ce qui explique pourquoi on trouve très souvent que les BHP ont un retrait initial beaucoup plus élevé que celui d'un béton ayant un rapport eau/liant élevé. Dans ce cas aussi, quand la membrane de mûrissement disparaît ou perd de son efficacité, le retrait de séchage commence à se développer.

Par conséquent, les membranes de mûrissement qui sont tout à fait acceptables pour mûrir des bétons ayant des rapports eau/liant élevés (0,50 à 0,70) ne sont plus adéquates et deviennent même nuisibles pour mûrir des BHP, puisque, plus le rapport eau/liant est faible, plus le retrait endogène est élevé. En outre dans de tels bétons la dilatation thermique initiale se développe en même temps que se développe le retrait endogène, si bien que dans une certaine mesure ces deux variations volumétriques peuvent se neutraliser. Dans un tel cas la déformation réelle du béton s'en trouve nettement diminuée. C'est ce qui semble se produire dans des bétons de rapport E/L égal à 0,35 qui sont particulièrement « robustes » vis-à-vis de la fissuration.

12.8 Le mûrissement des BHP

Il existe trois façons de diminuer la durabilité d'une structure en béton armé : la première est d'utiliser un béton qui a une faible résistance à la compression c'est-à-dire un rapport eau/ciment élevé, la seconde est d'éliminer le mûrissement du béton, quel que soit le rapport eau/liant, de façon à ce que ce béton présente le plus grand retrait possible et développe autant de fissures que possible et enfin de favoriser l'apparition de gradients thermiques en décoffrant le béton par exemple quand son cœur est encore en train de se dilater suite au gonflement thermique. Quand ces trois situations coexistent, la durabilité d'une structure en béton est diminuée de façon sûre parce que la pénétration des agents agressifs dans le béton sera favorisée de telle sorte que le béton de peau, les barres d'armature ou les deux en même temps peuvent être attaqués très rapidement.

Quand on utilise un BHP qui a un rapport eau/liant faible, seule la pénétration des agents agressifs à travers le béton est diminuée, aussi de façon à prévenir la formation de fissures, il est absolument essentiel de mûrir le BHP le plus adéquatement possible pour éliminer autant que possible l'apparition de ces fissures.

Tous les devis et les livres spécialisés répètent inlassablement qu'il est absolument nécessaire de mûrir le béton à l'eau ; dans tous les devis, il y a toujours plusieurs paragraphes qui décrivent plus ou moins en détail comment mûrir le béton en chantier. Malheureusement, trop souvent, ces spécifications ne sont pas suivies ou ne sont même pas mises en application du tout. Les entrepreneurs ont toujours été très convaincants pour dire qu'il était absolument inévitable que le béton se fissure toujours et qu'il n'y avait rien à faire contre cela.

En fait, un mûrissement approprié est toujours essentiel pour diminuer le retrait final de n'importe quel béton de façon qu'il se fissure le moins possible. Dans le cas des BHP, un mûrissement approprié est encore plus crucial.

L'importance d'un mûrissement à l'eau adéquat pour un BHP constitue la différence essentielle entre ces bétons et les bétons usuels. Dans les bétons usuels, le retrait final est essentiellement d'origine thermique ou est dû au séchage. Dans un BHP, une fissuration très sévère peut se développer :

- à l'état plastique, à cause du très faible taux de ressuage des BHP (Samman et coll., 1996) ;
- à l'état durci, à cause du phénomène d'autodessiccation qui suit le développement rapide et intense de l'hydratation du ciment (Tazawa et Miyazawa, 1996) ;
- dans le béton durci, à cause d'un gradient thermique très élevé créé par le développement non homogène de la température au sein de la masse du béton durant son refroidissement.

Dans les BHP, le retrait de séchage n'est pas toujours aussi important parce que la microstructure du béton est très compacte. En effet, l'eau contenue dans les capillaires est retenue de façon très intense parce qu'ils ont un très faible diamètre et aussi parce que la pression partielle de l'eau dans ces capillaires a déjà diminué à la suite du développement du phénomène d'autodessiccation au moment où a commencé le retrait de séchage.

Par conséquent, si l'on veut construire des structures durables en BHP, il est essentiel de lutter de façon adéquate contre les trois types de retrait élémentaires qui pourraient s'y développer. Malheureusement, il n'y a pas de méthode universelle facile à mettre en œuvre. Dans certains cas, un mécanisme peut prendre plus d'importance que l'autre et influencer de façon prépondérante le retrait final.

De ce point de vue, l'auteur est convaincu que le récent développement des adjuvants qui diminuent le retrait du béton est très intéressant (Tomita, 1992 ; Balogh, 1996), mais il n'est pas tout à fait certain que la meilleure façon d'utiliser ces adjuvants est de les introduire dans le béton durant le malaxage. Ne serait-il pas plus intéressant de commencer à les utiliser seulement à la fin de la période de mûrissement à l'eau ? On sait que ces adjuvants ont deux effets : ils réduisent les efforts de tension dans les ménisques et réduisent l'angle de contact entre ménisque et le pore capillaire. On peut donc les appliquer à la surface du béton quand le retrait de séchage commence à se développer.

Comme on l'a vu précédemment, l'application d'une membrane de mûrissement, ou d'un très court mûrissement à l'eau, qui est très souvent suffisant pour réduire le retrait de la plupart des bétons usuels à un niveau tolérable, n'est plus appropriée dans le cas d'un BHP. La façon la plus appropriée de mûrir un BHP est très simple : le mûrir à l'eau aussi longtemps que possible. Cependant, il faut reconnaître que ce n'est pas toujours facile de mettre en œuvre un tel mûrissement à l'eau dans toutes les parties d'une structure. De plus, il y a l'éternelle question à laquelle il faut toujours répondre : pendant combien de temps faut-il mûrir le béton ?

Par contre chaque fois que l'on paie spécifiquement les entrepreneurs pour mûrir du béton ils le font avec zèle, puisque cette opération devient une source de profit (Morin et Haddad, 1998). Une telle politique qui a été mise en application par la Ville de Montréal a porté ses fruits, et toutes les infrastructures récentes construites en mettant en œuvre cette nouvelle philosophie du mûrissement sont pratiquement exemptes de toute fissure.

La suite de ce chapitre présente, à partir de quelques cas particuliers, la façon d'utiliser un mûrissement approprié et de le mettre en œuvre en chantier de façon à minimiser les causes principales du retrait de telle sorte qu'un élément structural en BHP ne devienne pas un élément construit avec un béton très imperméable entre deux fissures.

12.8.1 Colonnes de grande dimension

Examinons les changements volumétriques d'un BHP en trois points particuliers, A, B et C, d'une colonne de grande dimension, par exemple 1×1 m et 2,5 m de haut, coulée avec un béton ayant un rapport eau/ciment de l'ordre de 0,30 (Fig. 12.9).

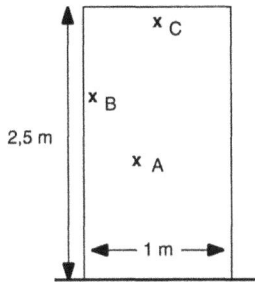

Figure 12.9 Exemple d'une grosse colonne

(a) Changements volumétriques en A

En A, il n'y a pas de retrait plastique et il n'y a pas de retrait de séchage. En outre, on peut démontrer qu'il faudrait des années avant que le séchage n'atteigne le point A. Les seuls retraits qui peuvent se développer en A sont du retrait endogène et du retrait thermique. En A, le retrait thermique sera le plus élevé parce que c'est là que la température maximale sera atteinte. En A aussi, le gradient thermique sera le plus élevé durant le mûrissement. S'il n'est pas trop difficile de prédire le retrait thermique en A, il est un peu plus difficile de prédire théoriquement le retrait endogène en ce même point. Cependant, il est possible d'affirmer qu'en A la réaction d'hydratation s'arrêtera rapidement quand la pression partielle de l'eau dans les pores aura atteint 80 % à la suite du développement du processus d'autodessiccation.

Au centre de la colonne expérimentale construite dans l'édifice Lavalin et dans les colonnes de la bibliothèque de l'Université Concordia à Montréal, le retrait endogène a cessé de se manifester de façon significative pratiquement après le quatrième jour qui a suivi la mise en place du béton, quand la température était pratiquement revenue à la température ambiante (El Hindy et coll., 1994 ; Dallaire et coll., 1996).

Étant donné qu'en A, au centre de la colonne, le retrait endogène se développe alors que le béton subit une très rapide augmentation de son volume apparent dû à la dilatation thermique, il n'y a par conséquent pratiquement aucun risque de voir se développer des fissures au jeune âge.

(b) Changements volumétriques en B

En B, il n'y a pas de retrait plastique, mais le retrait de séchage devra s'ajouter au retrait endogène et au retrait thermique, dès que les coffrages seront enlevés s'il n'y a aucun mûrissement à l'eau d'amorcé ou de prévu. Évidemment, le retrait thermique en B sera plus faible qu'en A parce que la température en B ne sera jamais aussi élevée qu'en A. La nature du matériau utilisé comme coffrage devient cruciale parce que les coffrages peuvent créer des gradients thermiques plus ou moins importants selon leur conductivité thermique quand le béton se refroidit. L'expérience démontre qu'en B les gradients thermiques sont faibles lorsque l'on utilise du contre-plaqué, mais qu'ils sont plus significatifs quand on utilise des coffrages en acier.

On peut donc formuler la règle simple suivante pour limiter les risques de fissuration thermique au droit des coffrages : quand on utilise un BHP, il est toujours préférable d'utiliser des coffrages en contre-plaqué ou des coffrages en acier isolés.

En outre, de façon à limiter en B les effets de l'autodessiccation, il est seulement nécessaire de relâcher légèrement les coffrages dès que le BHP a commencé à s'hydrater (ou lorsque sa température commence à augmenter car il gonfle alors) et de laisser une très faible quantité d'eau courir sur la surface du béton juste pour le rendre humide (il est préférable de ne pas utiliser beaucoup d'eau et que cette eau ne soit pas trop froide de façon à ne pas créer des gradients thermiques trop élevés). Il est préférable de poursuivre ce mûrissement à l'eau pendant 7 jours. Après 7 jours, environ 75 % du retrait endogène potentiel aura été ainsi éliminé dans la peau du béton parce que le béton aura atteint à peu près 75 % de sa résistance à la compression. En outre, ce type de mûrissement retarde le début du développement du retrait de séchage à un âge où le béton est plus fort en tension.

S'il faut absolument éliminer le retrait de séchage, il est seulement nécessaire de recouvrir la surface de la colonne d'un film imperméable. Cependant, ce film imperméable n'arrêtera pas complètement le retrait du béton parce que le phénomène d'autodessiccation va se poursuivre sous cette couche imperméable jusqu'à ce que s'arrête l'hydratation.

À l'heure actuelle, lorsque le seul mûrissement que l'on procure à un BHP est de laisser les coffrages en place, on ne fait absolument rien pour diminuer le retrait de ce béton : on retarde simplement le développement du retrait de séchage jusqu'à ce que le béton ait atteint une résistance à la traction élevée, mais rien n'est fait pour réduire le retrait endogène du béton qui peut être la cause majeure du retrait dans ce cas-là lorsque le rapport E/L est très faible. Guse et Hildorf (1997) ont proposé de recouvrir les coffrages d'une toile absorbante assurant le transport de l'eau pour diminuer le retrait endogène dans les parties les plus accessibles des éléments structuraux. Weber et Reinhardt (1997) ont proposé d'incorporer dans le béton des granulats légers saturés, ce qui avait été fait pour une toute autre raison dans le cas de la construction de la plate-forme Hibernia (Hoff et Elimov, 1995).

(c) Changements volumétriques en C

La partie C de la colonne en BHP de la figure 12.9 est celle qui peut souffrir le plus d'un manque de mûrissement, mais c'est aussi en C qu'il est le plus facile de mûrir convenablement le BHP. En C, le béton peut subir du retrait plastique, du retrait endogène, du retrait de dessiccation de façon cumulative et à un moment où le BHP n'est pas tellement fort. Le seul retrait qui ne se développe pratiquement pas en C est le retrait thermique parce que les échanges thermiques y sont si faciles que le béton y atteint une température pratiquement égale à celle du milieu ; par contre, en C, on peut avoir des gradients thermiques importants.

De façon à éviter toute forme de fissuration en C, il est absolument nécessaire de recouvrir la surface du béton avec un produit de mûrissement **temporaire** pour éviter tout phénomène de retrait plastique ou d'exposer cette surface à un brouillard d'eau dès le moment où la finition de la surface est terminée. En outre, dès que le béton commence à développer une certaine quantité de chaleur, on pourra commencer immédiatement le mûrissement à l'eau même si l'on a mis un produit de mûrissement, de façon qu'en C la surface du béton soit continuellement humide. Enfin de façon à éviter l'apparition de gradients thermiques trop élevés, il est alors recommandé de recouvrir le béton avec une couverture isolante.

12.8.2 Cas de poutres de grande dimension

Par poutre de grande dimension, on entend une poutre dont la dimension minimale est supérieure à 500 mm de façon que les effets thermiques puissent se développer dans la masse de cette poutre, pas autant que dans l'exemple précédent, mais suffisamment pour que le retrait thermique et les les gradients thermiques ne puissent être négligés.

Dans ce cas aussi, considérons les variations volumétriques du même BHP en trois points, A, B et C, représentés à la figure 12.10. Le point A et le point C peuvent être traités de la même façon que dans le cas précédent, sauf qu'en A le retrait thermique ne sera pas aussi élevé.

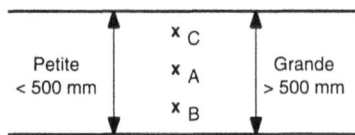

Figure 12.10 Exemple de poutres de petite et de grande dimension

Ici aussi, la zone critique est le point B, car le béton de la poutre va y subir des efforts de traction lorsqu'il remplira sa fonction structurale. En outre, en B, les coffrages sont maintenus aussi longtemps que possible de telle sorte que le retrait endogène s'y développe à son maximum, si l'on ne prend aucune mesure corrective. Le relâchement des coffrages et le mûrissement à l'eau dès que le BHP commence à s'hydrater ont des effets limités sur l'autodessiccation en B, sauf si l'on utilise la technique de mûrissement préconisée par Guse et Hildorf (1997) et présentée dans le cas de la colonne.

De façon à limiter les gradients thermiques, le matériau utilisé pour fabriquer les coffrages est aussi très important comme dans le cas précédent. Il vaut mieux utiliser des coffrages en contre-plaqué ou des coffrages métalliques isolés si l'on veut absolument utiliser des coffrages métalliques.

Cas de poutres de petite dimension

La poutre de petite dimension que l'on considère ici est celle dans laquelle la plus faible des dimensions est inférieure à 500 mm (Fig. 12.10). Dans cette poutre, la température du BHP n'augmente pas beaucoup par rapport à la température ambiante ou par rapport à la température initiale du béton de sorte que le retrait thermique ne constitue aucun problème ni en A ni en B ni en C, par contre l'existence d'un trop fort gradient thermique peut devenir une source majeure de fissuration.

Comme dans le cas des poutres de grande dimension, le retrait endogène peut avoir les effets les plus néfastes et se développe toujours en B. On peut appliquer le même traitement à l'eau après un léger relâchement des coffrages ou recouvrir l'intérieur des coffrages d'un tissu que l'on imbibe d'eau selon la méthode de mûrissement suggérée par Guse et Hildorf (1997). Dans ce cas aussi, il est facile de protéger la partie supérieure de la poutre contre le retrait plastique en C.

Par contre, le retrait de séchage dans les poutres de petite dimension peut être assez élevé à cause de la valeur élevée du rapport surface totale de la poutre/volume du béton. Dans ce type d'élément structural, il peut être très intéressant de minimiser le retrait de séchage de façon significative en recouvrant la surface du béton avec un film ou un enduit imperméable dès que les coffrages sont enlevés.

Il est encore préférable dans ce cas d'utiliser des coffrages en contre-plaqué ou des coffrages en acier isolé, mais ce point n'a pas autant d'importance que dans les cas précédents.

Cas de dalles de faible épaisseur

Une dalle de faible épaisseur a une épaisseur inférieure à 300 mm (Fig. 12.11). Un tel élément structural représente le cas où un manque de mûrissement peut avoir les effets les plus dramatiques, mais aussi le cas où un mûrissement adéquat est le plus facile à mettre en œuvre.

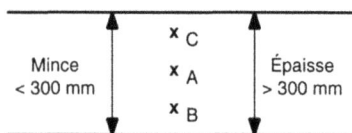

Figure 12.11 Exemple de dalles minces et épaisses

Dans une telle dalle, il n'y a pratiquement pas de problème thermique (sauf au niveau des gradients) parce que les températures en A, B et C n'augmentent pas beaucoup par rapport à la température initiale du béton ou à la température ambiante. Au contraire, le retrait plastique est critique en C aussi bien que le retrait endogène et le retrait de séchage si le béton n'y est pas mûri correctement. Les trois types de retrait peuvent toutefois être facilement contrôlés.

On peut placer une membrane de mûrissement sur le BHP juste après sa mise en place ou, préférablement, on peut appliquer un brouillard d'eau ou noyer le béton de façon à éliminer le retrait endogène. Il s'agit simplement d'appliquer un mûrissement à l'eau dès que la température du béton commence à augmenter même lorsqu'une membrane de mûrissement a été appliquée et de poursuivre le mûrissement par brouillard d'eau pendant au moins 7 jours. Mais il faut limiter au strict minimum cet apport d'eau de façon à limiter les gradients thermiques que l'on maintiendrait avec une eau de mûrissement trop froide.

Lorsque l'on a une dalle de faible épaisseur sur le sol (Fig. 12.12), il est particulièrement important que la partie inférieure de la dalle ne soit pas en contact avec une source d'humidité, car cette partie est alors en contact avec une source d'eau extérieure qui la fera durcir dans des conditions idéales et elle ne développera alors aucun retrait, et éventuellement un certain gonflement. Au contraire, la partie supérieure de la dalle développe alors très rapidement du retrait endogène et du retrait de séchage de telle sorte que les dalles minces se gauchissent lorsqu'elles reposent sur un sol humide. On peut toujours placer une couche de matériau drainant à base de gravier ou de pierre sous la dalle ou même placer une membrane de plastique sous la dalle pour couper toute arrivée d'eau et ainsi éviter le gauchissement. Il est aussi recommandé d'utiliser des joints à espacement réduit quand une dalle sur le sol n'est pas renforcée, par contre si la surface est scellée de façon à éliminer tout retrait de séchage (comme dans le cas des patinoires de hockey) on peut obtenir des surfaces de béton de 60×30 m sans joints et sans fissure.

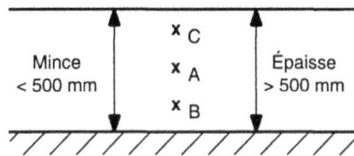

Figure 12.12 Exemple de dalle mince et épaisse sur sol

12.8.5 *Cas des dalles épaisses*

Une dalle épaisse est évidemment une dalle qui a plus de 300 mm d'épaisseur (Fig. 12.11). Alors que, dans le cas d'une dalle de faible épaisseur, il n'y a pratiquement aucun problème thermique à craindre, ce n'est plus vrai dans le cas des dalles épaisses parce que, d'une part, la température en A peut être relativement élevée et, d'autre part, parce que des gradients thermiques importants peuvent se développer en A, B et C quand le béton durci commence juste à se refroidir. En outre, à cause des différences de température dans la dalle, le béton durcit beaucoup plus vite en A qu'en B et même qu'en C.

De façon à limiter les effets potentiellement dangereux des gradients thermiques, il est essentiel d'utiliser un béton dont la température soit la plus faible possible, de fabriquer ce béton avec un ciment qui a une faible chaleur d'hydratation et d'utiliser des ajouts. L'utilisation de glace broyée est un moyen particulièrement efficace pour diminuer la température du béton, cela revient actuellement en moyenne à 10 \$/m^3 environ au Canada ; on peut aussi couler les BHP durant la nuit au moment où la température ambiante est la plus faible.

Quand on construit des dalles épaisses sur le sol, il est aussi très important d'essayer de limiter le retrait thermique (Fig. 12.12). Évidemment, il faut limiter le développement des différents types de retrait en C et appliquer un mûrissement de 7 jours à l'eau. Dans certains cas, il est même intéressant de diminuer la température du sol avant de commencer le bétonnage, chaque fois que cela est possible. Il est fortement recommandé de recouvrir la surface de ces dalles avec des couvertures isolantes.

Les dalles épaisses sur le sol ont moins tendance à gauchir, mais il est toujours préférable de placer un drain à la partie inférieure de la dalle de façon à éliminer les risques de gauchissement ou d'utiliser des feuilles de plastique pour éviter tout contact de la partie inférieure de la dalle avec une source d'eau extérieure.

12.8.6 *Autres cas*

Il est impossible de prétendre considérer toutes les situations auxquelles on peut avoir à faire face en chantier. Cependant, si les mesures de mûrissement qui ont été recommandées dans les cas particuliers traités précédemment sont bien comprises, il sera toujours facile de trouver les moyens appropriés pour réduire le retrait dans les endroits les plus critiques dans n'importe quel élément structural en BHP. En outre, si les causes fondamentales de chaque type de retrait ont été bien comprises, on pourra définir le mûrissement le plus approprié pour le BHP puisqu'il suffira alors simplement de faire intervenir le bon sens.

On n'insistera jamais assez sur le fait que le retrait n'est pas un phénomène inévitable. Le développement du retrait dans n'importe quel béton est le résultat d'un manque de mûrissement.

Le mûrissement à l'eau est important pour les bétons usuels, il est crucial pour les BHP à condition de le commencer tout de suite après la mise en place du béton.

12.9 Comment assurer un mûrissement adéquat en chantier ?

Le mûrissement du béton sur les chantiers est très souvent négligé, pour ne pas dire inexistant, et c'est le cauchemar des surveillants de chantier de s'assurer que les spécifications à ce sujet sont bien mises en application. Très souvent, il s'agit d'une bataille perdue d'avance et l'entrepreneur en sort toujours grand vainqueur : la plupart du temps, le béton n'est pas mûri du tout ou pas aussi longtemps qu'il devrait l'être dans le meilleur des cas. Il faut que le béton soit un matériau de construction particulièrement robuste pour être capable de survivre à tous ces manques de mûrissement !

Il est assez facile de résoudre ce problème lorsque l'on regarde la manière dont les responsabilités sont partagées sur le chantier : l'entrepreneur et le laboratoire qui contrôle la qualité du béton sont payés sur deux budgets différents et la somme de ces budgets représente le coût total de la construction.

L'entrepreneur et le laboratoire veulent tous les deux maximiser leurs bénéfices. Pour l'entrepreneur, une des façons de maximiser son bénéfice est de diminuer autant que possible les coûts de main-d'œuvre ; de ce point de vue, le mûrissement du béton représente une mine d'or que l'entrepreneur exploite dès que l'inspection est relâchée. Au contraire, le laboratoire qui vérifie la qualité du béton est payé à un taux horaire et d'après le nombre d'essais.

Par conséquent, comme le mûrissement du BHP est aussi crucial que la vérification de la qualité même du béton au moment de sa livraison, pourquoi ne pas payer heure par heure chaque phase du mûrissement ? Dans ce cas, il est absolument certain que le mûrissement du BHP ferait l'objet d'une attention très particulière.

Lorsque l'on rédige les spécifications et que l'on détermine l'importance du budget qui sera alloué au contrôle de la qualité du BHP et du mûrissement, l'ingénieur décide indirectement de l'importance qu'il donne au contrôle de la qualité du mûrissement et indirectement à la qualité du béton de la structure. En fait, pour construire des structures durables, il est essentiel de vérifier la qualité du béton livré tout autant qu'il est essentiel de vérifier qu'il sera mûri de façon adéquate. Combien de structures sont construites avec un béton qui avait initialement une bonne qualité, mais dont le cycle de vie a été finalement diminué de façon catégorique parce que le béton a été mal mûri ? Nos sociétés ne sont plus assez riches pour tolérer un tel manque de mûrissement qui est si coûteux en termes de durée de vie des structures.

12.10 Conclusion

Si le mûrissement à l'eau d'un béton usuel est essentiel, il est crucial dans le cas des BHP. Un mûrissement à l'eau appliqué dès qu'un BHP voit sa température augmenter se traduit par l'élimination de la plus grande partie de son retrait endogène. La contraction volumétrique absolue qui accompagne l'hydratation se développe, mais, si une source d'eau extérieure permet à l'eau de pénétrer dans le béton dès que se développe la très fine porosité engendrée par la contraction chimique, il n'y aura pas de ménisques dans les capillaires et, par conséquent, pas de force de tension, pas de retrait du volume apparent même si le volume absolu du béton diminue, comme on peut le voir dans la Figure 12.13.

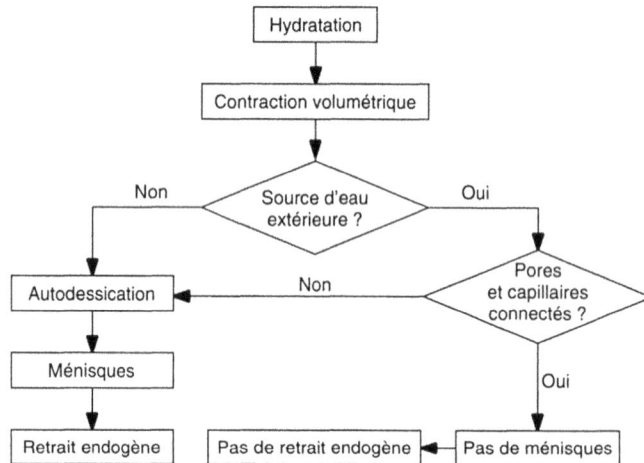

Figure 12.13 Conditions de développement du retrait endogène

La meilleure façon de mûrir un BHP est de le protéger contre le retrait de séchage avec une membrane temporaire de mûrissement (couche monomoléculaire d'alcool aliphatique), par un brouillard d'eau ou en le noyant dès que sa surface a été finie. Par la suite, le mûrissement doit se poursuivre avec l'application du brouillard d'eau et il faut recouvrir le béton d'un enduit imperméable s'il faut absolument éviter le développement de tout retrait de séchage. Pendant combien de temps faut-il mûrir un tel béton ? Plus on mûrit un béton, mieux c'est, mais il semble qu'une période de 7 jours soit suffisamment longue pour réduire de façon catégorique le retrait des BHP. En aucun cas, le mûrissement à l'eau ne devrait être plus court que 3 jours. Selon la dimension et le type de l'élément structural dans lequel le béton est utilisé, on pourra adopter différentes solutions pour optimiser son mûrissement à l'eau.

Références

Aïtcin, P.-C. (1999a) Demystifying autogenous shrinkage. *Concrete International*, **21**(9), septembre, 54-56.

Aïtcin, P.-C. (1999b) The volumetric changes of concrete or does concrete shrink or does it swell ? *Concrete International*, **21**(12), 77-80

Aïtcin, P.-C. et Neville, A.M. (1993) High-performance concrete demystified. *Concrete International*, **15**(1), janvier, 21-26.

Aïtcin, P.-C., Neville, A.M. et Acker, P. (1998) Les différets types de retrait du béton. *Bulletin de liaison des Laboratoires des Ponts et Chaussées*, n° 215, mai-juin, 41-51.

Alexander, M.G. (1996) Aggregates and the deformation properties of concrete. *ACI Materials Journal*, **93**(6), novembre-décembre, 568-577.

Balogh, A. (1996) New admixture combats concrete shrinkage. *Concrete Construction*, **41**(7), juillet, 546-551.

Baroghel-Bouny, V., Godin, J. et Gausewitch, J. (1996) *Microstructure and Moisture Properties of High-Performance Concrete*, 4ᵉ symposium international sur le béton à haute performance, Paris, France, mai, p. 451-461.

Baron, J. (1982a) Les fissurations spontanées et accidentelles du béton non armé et armé, dans *Le béton hydraulique*, édité par J. Baron et R. Sauterey, Presses de l'École nationale des Ponts et chaussées, ISBN 2-85978-033-5, p. 503-512.

Baron, J. (1982b) Les retraits de la pâte de ciment, dans *Le béton hydraulique*, édité par J. Baron et R. Sauterey, Presses de l'École nationale des Ponts et chaussées, ISBN 2-85978-033-5, p. 485-501.

Bissonnette, B., Pierre, P. et Pigeon, M. (1999) Influence of key parameters on drying shrinkage of cementitious materials. *Cement and Concrete Research*, **29**(10), 1655-1662.

Buil, M. (1979) *Contribution à l'étude du retrait de la pâte de ciment durcissante*, rapport de recherche LPC No 92, ISSN 0222-8394, décembre, 72 p.

Dallaire, É., Lessard, M. et Aïtcin, P.-C. (1996) *Ten Year Performance of High Performance Concrete Used to Build Two Experimental Columns*, ASCE Structures Congress – High Performance Concrete Columns, Chicago, avril, 10 p.

Davis, H.E. (1940) *Autogenous Volume Change of Concrete*, comptes rendus de la 43ᵉ rencontre annuelle de l'ASTM, Atlantic City, NJ, juin, p. 1103-1113.

El Hindy, E., Miao, B., Chaallal, O. et Aïtcin, P.-C. (1994) Drying shrinkage of ready-mixed high-performance concrete. *ACI Materials Journal*, **91**(3), mai-juin, 300-305.

Goudonnet, J.-P. (1998) *La mesure directe des forces de liaison entre les hydrates*, Journée technique de l'industrie cimentière, 21 janvier, 8 p.

Guse, U. et Hilsdorf, H.K. (1997) Surface cracking of high strength concrete – reduction by optimization of curing regime, dans *Proceedings of the International Seminar on Self-Desiccation and its Importance in Concrete Technology*, Lund, Suède, Report TVBM-3075, ISBN 91-630-5528-7, p. 239-249.

Hoff, G.C. et Elimov, R. (1995) *Concrete Production for the Hibernia Platform*, 2ⁿᵈ CANMET/ACI International Symposium on Advance in Concrete Technology, Supplementary papers, Las Vegas, Nevada, 11-14 juin, p. 717-739.

Hua, C., Acker, P. et Erlacher, A. (1995) Retrait d'autodessication du ciment. Analyse et modélisation macroscopique. *Bulletin de liaison des Laboratoires des Ponts et Chaussées*, n° 196, mars-avril, 79-89.

Hua, C., Erlacher, A. et Acker, P. (1995) Retrait d'autodessication du ciment. Analyse et modélisation – II. Modélisation à l'échelle des grains en cours d'hydratation.

Bulletin de liaison des Laboratoires des Ponts et Chaussées, n° 199, septembre-octobre, 35-41.

Jensen, O.M. et Hansen, P.F. (1995) A dilatometer for measuring autogeneous deformation in hardening Portland cement paste. *Matériaux et constructions*, **28**(181), août-septembre, 406-409.

Jensen, O.M. et Hansen, P.F. (1996) Autogeneous deformation and change of the relative humidity on silica fume – modified cement paste. *ACI Materials Journal*, **93**(6), novembre-décembre, 539-543.

L'Hermite, R.G. (1978) Quelques problèmes mal connus de la technologie du béton, *Il Cemento*, **75**, 231-246.

Le Chatelier, H. (1904) *Recherches expérimentales sur la construction des mortiers hydrauliques.* Dunod, Paris, p. 163-167.

Lynam, C.G. (1934) *Growth and Movement in Portland Cement Concrete*, Oxford University Press, Londres, p. 25-45.

Morin, R. et Haddad, G. (1998) *Standard Specification for High-Performance Concrete*, comptes rendus du Symposium international sur les bétons à haute performance et de poudres réactives, Sherbrooke, Québec, vol. 4, p. 57-80. Cette norme est disponible en français auprès de R. Morin, Service des Travaux Publice, Module génie de l'environnement, Laboratoire, 999, rue de Louvain Est, Montréal, QC H2M 1B3 Canada.

Neville, A.M. (1995) *Properties of concrete*, Pitman, Londres, 4e édition, ISBN 0-582-23070-5, 844 p.

Nonat, A. (1998) *Du gâchage jusqu'à l'état durci, ce sont les mêmes liaisons qui sont à l'heure*, Journée technique de l'industrie cimentière, 21 janvier, 6 p.

Powers, T.C. (1947) A discussion of cement hydration in relation to the curing of concrete, *Proceedings of the Highway Research Board*, **27**, 178-188.

Powers, T.C. (1958) Structure and physical properties of hardened Portland cement paste. *Journal of the American Ceramic Society*, **41**, janvier, 1-6.

Samman, T.A., Mirza, W.H et Wafa, F.F. (1996) Plastic shrinkage cracking of normal and high-strength concrete : a comparative study. *ACI Materials Journal*, **93**(1), janvier-février, 36-40.

Sicard, V., Cubaynes, J.-F. et Pons, G. (1996) Modélisation des déformations différées des bétons à hautes performances : relations entre le retrait et le fluage. *Matériaux et constructions*, **29**(190), 345-353.

Sicard, V., François, R., Ringot, E et Pons, G. (1992) Influence of creep and shrinkage on cracking in high-strength concrete. *Cement and Concrete Research*, **22**(1), 159-168.

Tazawa, E. et Miyazawa, S. (1993) Autogeneous shrinkage of concrete and its importance in concrete technology, dans *Creep and Shrinkage of Concrete* (édité par Z.P. Bazant et I. Carol), E & FN Spon, Londres, ISBN 0419-18630-1, p. 159-168.

Tazawa, E. et Miyazawa, S. (1995) Experimental study in mechanism of autogeneous shrinkage of soncrete. *Cement and Concrete Research,* **25**(8), décembre, 1633-1638.

Tazawa, E. et Miyazawa, S. (1996) *Influence of Autogeneous Shrinkage on Cracking in High-Strength Concrete*, 4th Symposium international sur les bétons à haute performance, Paris, p. 321-330.

Tazawa, E.I., Miyazawa, S et Kasai, T. (1995) Chemical shrinkage and autogenous shrinkage of hydrating cement paste. *Cement and Concrete Research*, **75**(2), 288-292.

Tomita, R. (1992) A study on the mechanism of drying shrinkage reduction through the use of an organic shrinkage reducing agent, *Concrete Library of JSCE*, n° 19, juin, 233-245.

Van Damme, H. (1994) Et si Le Chatelier s'était trompé – Pour une physico-chimie mécanique des liants hydrauliques et des géomatériaux. *Annales des Ponts et Chaussées*, n° 71, 30-41.

Van Damme, H. (1998) *La physique des liaisons entre les hydrates et les moyens d'agir au niveau moléculaire*, Journée technique de l'industrie cimentière, 21 janvier, 4 p.

Weber, S. et Reinhardt, H. (1997) *Improved Durability of High-Strength Concrete Due to Autogenous Curing,* ACI SP-170, p. 93-121.

Wittman, F.H. (1976) On the action of capillary pressure in fresh concrete. *Cement and Concrete Research*, **6**(1), 49-56.

Chapitre 13

Les propriétés du béton frais

13.1 Introduction

Il est important de contrôler les propriétés d'un BHP frais pour deux raisons : un BHP doit pouvoir être mis en place aussi facilement qu'un béton usuel et un BHP qui a des propriétés à l'état frais bien contrôlées et constantes aura très probablement des propriétés tout aussi contrôlées et constantes à l'état durci. Certes, ce second point est aussi valable pour les bétons usuels, mais, comme la marge de manœuvre est beaucoup plus faible lorsque l'on fabrique un BHP, il faut porter une attention plus grande au contrôle des propriétés des BHP à l'état frais. Les propriétés d'un BHP à l'état frais doivent être contrôlées à la fois à la centrale à béton juste après le malaxage et sur le chantier juste avant la mise en place du béton. À la centrale à béton, on peut contrôler la masse volumique, l'affaissement, la teneur en air et la température tandis qu'au chantier on peut se contenter de contrôler seulement l'affaissement et la teneur en air s'il y a lieu.

Le contrôle des propriétés du béton frais à la centrale permet d'éviter un certain nombre de problèmes de livraison et de mise en place du béton. Comme on l'a déjà vu aux chapitres 6 et 7, la rhéologie des BHP qui ont de faibles rapports eau/liant est très sensible à tout changement de la qualité des matériaux, de la formulation du béton et de la température de livraison. Les principaux problèmes auxquels on peut avoir à faire face sont :

- une chute dramatique de l'affaissement ;
- un retard de prise et de durcissement qui retarde les gains de mûrissement ;
- une ségrégation inacceptable dans les BHP qui ont un affaissement très élevé.

Le problème de la perte d'affaissement a déjà été discuté à la section 9.4 du point de vue des matériaux. On a pu voir que l'on peut éviter un tel problème si l'on contrôle la qualité des matériaux que l'on utilise pour fabriquer le BHP au moment de leur réception et au moment de leur utilisation. Cependant, une perte d'affaissement peut toujours se produire lors d'une livraison particulière et, lorsqu'elle se produit, il est très important d'en identifier aussi vite que possible les causes de façon à pouvoir prendre immédiatement des mesures correctives.

On observe un certain retard dans le durcissement du béton quand on utilise des dosages élevés de superplastifiant ou un agent retardateur pour essayer de corriger le problème de perte d'affaissement. Un retard de prise beaucoup trop long peut être très coûteux, spécialement dans les opérations de préfabrication lorsqu'il entraîne des délais trop longs de décoffrage ou retarde considérablement la mise sous charge des câbles de post-contrainte. Ce retard peut aussi avoir des conséquences néfastes lorsque le BHP est mis en place selon la méthode des coffrages coulissants ou des coffrages grimpants parce que, dans ces deux cas, tout retard de durcissement se traduit immédiatement par un ralentissement du rythme de construction.

On observe quelquefois un phénomène de ségrégation sévère quand, pour différentes raisons, une erreur se produit dans le dosage en superplastifiant ou le dosage en eau au moment de la fabrication du BHP. La pâte de ciment devient alors beaucoup trop fluide pour pouvoir maintenir les granulats en suspension. En général, il est assez difficile de récupérer un tel béton, sauf peut-être si l'on a à sa disposition un agent colloïdal qui peut redonner au béton une certaine viscosité.

Il est très important de mesurer de façon systématique les propriétés du béton frais juste après son malaxage, ce qui est une façon facile et rapide de se rendre compte si quelque chose n'a pas « tourné rond » durant la fabrication du BHP et de prendre des actions correctives immédiates. Lorsque les propriétés du béton frais changent, il n'est pas toujours facile de déterminer si le problème provient des matériaux (changement dans leur qualité, leur teneur en eau, etc.) ou du malaxage proprement dit (formulation inadéquate, utilisation d'un mauvais ciment, utilisation de mauvais granulats ou utilisation d'une mauvaise séquence de malaxage), de l'équipement utilisé (blocage d'une trappe d'alimentation des balances) ou du système utilisé pour introduire les adjuvants. Chose certaine, quelque chose s'est produit quelque part. Comme les BHP sont moins « robustes » que les bétons usuels, ils sont beaucoup plus sensibles aux variations de composition parce que les matériaux travaillent à la limite, ou presque, de leur capacité. Toute déviation par rapport aux caractéristiques que l'on a optimisées avec beaucoup de soin, et toute modification du malaxage, influencent fortement les propriétés du béton frais et du béton durci.

Il est facile, sans que cela n'entraîne trop de dépense, de contrôler les propriétés d'un BHP à l'état frais parce qu'elles sont mesurées de la même façon que celles d'un béton usuel en utilisant des essais simples et rapides déjà bien acceptés qui ne nécessitent pas l'achat d'équipements spéciaux. En outre, si les résultats de ces essais sont traités statistiquement, ils peuvent fournir de nombreuses informations très utiles pour évaluer l'efficacité des matériaux et des opérations de malaxage, comme on l'a vu au chapitre 9. Trop souvent cependant, ces essais ne sont pas faits de façon systématique parce que plusieurs pensent qu'ils sont trop simples et qu'ils n'apporteront pas beaucoup d'information valable. Les producteurs de béton ne prennent pas avantage de ces outils simples et peu coûteux qui peuvent être considérés comme des signaux d'alarme ou qui peuvent leur procurer la satisfaction de voir que le BHP qu'ils produisent est très uniforme.

Ce chapitre est donc consacré à ces essais et l'on verra les avantages qu'il y a à contrôler la masse volumique, l'affaissement et la teneur en air des BHP. On aborde aussi le retard de prise et de durcissement qui peut se produire dans le cas de certains BHP.

13.2 Contrôle de la masse volumique

La mesure de la masse volumique ne pose aucun problème. L'essai est simple et il peut être fait à la centrale ; il est un peu moins important de l'évaluer en chantier où il est préférable de mesurer la teneur en air du béton dans le cas des BHP à air entraîné.

Il est bon de rappeler que la masse volumique d'un BHP frais est légèrement supérieure à celle d'un béton usuel fait avec les mêmes matériaux. La masse volumique d'un BHP sans air entraîné est souvent voisine de 2 500 kg/m^3 et de 2 400 kg/m^3 pour un BHP à air entraîné, ce qui représente approximativement 50 à 100 kg/m^3 de plus que la masse volumique des bétons usuels.

Dans le cas d'un BHP à air entraîné, lorsque l'on mesure de façon systématique sa masse volumique à l'état frais, on peut éviter de mesurer systématiquement la quantité d'air entraîné, une mesure qui est bien plus longue et délicate à faire. Si la masse volumique du BHP est constante, sa teneur en air est donc constante. Une variation de 1 % de la teneur en air représente une différence de 25 kg/m^3 de la valeur de la masse volumique du BHP, ce qui peut être facilement perçu lorsque l'on effectue avec soin la mesure de la masse volumique. Si la masse volumique du BHP change soudainement, il est important de vérifier immédiatement la teneur en air du béton pour savoir si la variation provient de la quantité d'air piégé ou entraîné. Si la quantité d'air est la même, la diminution de la masse volumique est due à un changement dans les proportions du BHP ou à une erreur dans la mesure de sa masse volumique.

Lorsque l'on effectue seulement la mesure de la masse volumique, l'essai n'est pas trop instructif, mais, si on l'utilise conjointement avec d'autres mesures des propriétés du béton frais, cet essai peut confirmer les changements que l'on mesure sur les autres propriétés du béton frais.

13.3 Contrôle de l'affaissement

13.3.1 Mesure

Même si cet essai très simple est régulièrement remis en question quant à sa valeur dans le cas des BHP (Punkki et coll., 1996), ce n'est pas dans un avenir immédiat qu'il disparaîtra des chantiers pour contrôler la maniabilité des BHP.

Plusieurs facteurs affectent l'affaissement d'un BHP, mais, du point de vue rhéologique, l'affaissement dépend essentiellement de facteurs reliés au squelette granulaire de même qu'à la quantité et à la fluidité de sa pâte (Legrand, 1982).

L'affaissement des bétons usuels est facile à mesurer : après quelques secondes, le cône de béton arrête de s'effondrer et conserve une hauteur stable qu'il est facile de mesurer. Si cet essai est fait soigneusement, la mesure de l'affaissement peut être reproduite à ± 10 mm. L'affaissement des BHP n'est pas aussi facile à mesurer : l'affaissement du béton est progressif et il est parfois difficile de savoir quand mesurer la hauteur du cône de béton qui continue toujours à s'écraser lentement. de Larrard et Ferraris (1998a, b et c) ont d'ailleurs proposé de mesurer cette vitesse d'affaissement pour caractériser le béton. Dans le cas des BHP particulièrement fluides, il arrive même que le béton déborde de la planche sur laquelle on effectue l'essai d'affaissement.

Certains chercheurs (Hu et coll., 1995 ; Punkki et coll., 1996) ont récemment étudié le comportement rhéologique complexe des BHP selon une approche plus fondamentale. Cette approche scientifique et encore un peu lourde à mettre en œuvre les a déjà conduits à des résultats intéressants, mais les techniques utilisées sont complexes (Hu et coll., 1995, 1996). Ces techniques peuvent être facilement utilisées en laboratoire, mais, jusqu'à présent, elles n'ont pas conduit à la mise au point d'un essai suffisamment simple pour qu'elles puissent être utilisées sur le terrain pour remplacer l'essai d'affaissement.

Ces études rhéologiques sont basées sur la mesure de la résistance au cisaillement qu'il faut développer dans un béton frais pour le mettre en mouvement et sur la mesure de la viscosité du béton. Même si ces études n'ont pas encore un impact direct sur la mesure de l'affaissement en chantier, elles n'en ont pas moins beaucoup d'intérêt scientifique et pratique parce qu'elles fournissent un outil performant dans plusieurs domaines liés à la rhéologie. Par exemple, la compréhension des problèmes de compatibilité des superplastifiants et des ciments peut aider les fabricants de ciment et d'adjuvant à développer des produits qui présentent des qualités rhéologiques améliorées lorsqu'ils sont utilisés à de faibles rapports eau/liant. Certes, il est très important d'étudier la rhéologie des pâtes de ciment, mais, en procédant à de telles études, on ne tient pas compte de l'effet du gros granulat et du granulat fin. Ces nouvelles techniques de mesure sont aussi importantes pour étudier les problèmes de stabilité au pompage des BHP ainsi que pour régler des problèmes rencontrés quelquefois quand on utilise la technique des coffrages coulissants, problèmes qui sont très souvent dus à un mauvais contrôle de la rhéologie des BHP.

13.3.2 Facteurs influençant l'affaissement

Plusieurs facteurs peuvent affecter la régularité de l'affaissement d'un BHP, mais, du point de vue rhéologique, on peut les classer en deux grandes catégories : ceux reliés au squelette granulaire et ceux reliés au comportement rhéologique de la pâte de ciment.

La quantité de granulats que l'on retrouve dans un BHP, les proportions relatives du gros granulat et du granulat fin, leur courbe granulométrique respective et la forme des granulats sont les principaux facteurs qui affectent l'affaissement d'un béton aussi bien dans le cas d'un béton usuel que dans de cas d'un BHP.

Dans un béton usuel, le comportement rhéologique de la pâte de ciment est essentiellement contrôlé par le rapport eau/liant : plus ce rapport est élevé, plus les fines particules de ciment se trouvent en suspension dans une grande quantité d'eau de telle sorte que l'eau joue physiquement un rôle majeur sur la rhéologie de la pâte de ciment hydraté. Quand le rapport eau/liant est élevé, les particules de ciment et d'ajout cimentaire sont relativement éloignées les unes des autres au sein de la pâte et leur interaction, dès que leur hydratation commence, n'affecte que très lentement l'affaissement du béton. La quantité d'air entraîné affecte aussi de façon catégorique l'affaissement des bétons usuels (ACI 211, 1993 ; Mehta et Monteiro, 1993 ; Neville, 1995).

Même quand on utilise un réducteur d'eau dans les bétons usuels, son dosage doit en général rester relativement faible pour éviter d'accentuer les effets secondaires non désirés si bien que son effet sur la quantité d'eau de gâchage nécessaire pour obtenir un affaissement donné est généralement limité à 8 à 10 %.

L'effet fluidifiant des superplastifiants dans les bétons usuels a été aussi bien étudié dans la documentation et quelques compagnies d'adjuvants font valoir, avec beaucoup d'optimisme, des règles indiquant que l'addition de **x** litres de superplastifiant dans un mètre cube de béton d'affaissement donné peut augmenter cet affaissement de **y** millimètres.

Au fur et à mesure que le rapport eau/liant d'un béton diminue et que son dosage en superplastifiant augmente, la situation devient de plus en plus complexe du point de vue rhéologique parce que l'eau n'est plus la seule à jouer un rôle clef dans la rhéologie de la pâte de ciment. Les particules de ciment et d'ajout cimentaire commencent à réagir physiquement les unes avec les autres et cette interaction met en jeu leur forme, la distribution de leurs particules et leur réactivité chimique (Aïtcin et coll., 1994 ; Huynh, 1996). En outre, les superplastifiants utilisés pour défloculer les particules anhydres de ciment réagissent aussi avec les particules de ciment qui s'hydratent de telle sorte qu'un système de facteurs très complexes influence la rhéologie et l'affaissement des BHP. Par exemple, il semble bien établi que la teneur en sulfates alcalins du ciment et leur vitesse de dissolution jouent un rôle clef sur le comportement rhéologique des BHP, ce qui n'est pas particulièrement le cas pour les bétons usuels (Tagnit-Hamou et Aïtcin, 1993).

Évidemment, plus le rapport eau/liant ou le rapport eau/ciment est faible, plus la situation devient complexe, de telle sorte que des termes comme *cohésif, collant, thixotropique* sont parfois utilisés pour décrire la consistance de certains BHP.

13.3.3 Amélioration de la rhéologie du béton frais

Bien que jusqu'à récemment on ait cherché à éviter d'entraîner de l'air dans les BHP qui n'avaient pas à faire face à des problèmes de gel-dégel, on peut facilement constater que, comme dans le cas des bétons usuels, une faible quantité d'air entraîné améliore de façon considérable la rhéologie des BHP à l'état frais (Lessard et coll., 1994). Évidemment, il en résulte une perte de résistance à cause de la présence de cet air entraîné. Si l'on utilise des agents entraîneurs d'air efficaces, on peut obtenir une grande quantité de petites bulles sans entraîner plus de 4 à 5 % d'air, ce qui ne représente que 2 à 3 % de plus d'air que la quantité d'air piégé de toute façon dans n'importe quel BHP. Il est incontestable que, non seulement ces petites bulles améliorent la résistance au gel-dégel des BHP, mais qu'elles améliorent aussi de beaucoup la maniabilité du béton frais. Dans un cas particulier, il a été possible de fabriquer un BHP ayant une résistance à la compression de 100 MPa à 91 jours qui avait une teneur en air de 4,5 %, le facteur d'espacement était alors de 200 µm. Dans un proche avenir, il est fort probable que l'entraînement de petites bulles d'air sera un moyen utilisé pour améliorer le comportement rhéologique de certains BHP ayant de faibles rapports eau/liant qui présentent une rhéologie difficile à contrôler.

Récemment, des chercheurs japonais et canadiens ont proposé d'utiliser des agents colloïdaux pour développer des BHP autonivelants qui pouvaient être placés très facilement dans des zones de ferraillage très dense (Khayat et coll., 1993 ; Khayat et coll., 1996, 1997). À l'Université de Sherbrooke, Khayat développe même à l'heure actuelle un béton fibré autonivelant de 85 MPa contenant 0,6 % de fibres d'acier.

13.3.4   *Perte d'affaissement*

Comme on l'a vu au chapitre 7, plusieurs moyens pratiques permettent d'éliminer les problèmes de perte d'affaissement. En général, ces moyens consistent à utiliser des ajouts cimentaires pour remplacer une partie du ciment. L'effet des ajouts cimentaires n'est pas toujours bien documenté du point de vue théorique, la plupart des auteurs disent simplement que, puisque les particules d'ajout cimentaire supplémentaire sont moins réactives que les particules de ciment, leur effet rhéologique est limité à leur effet physique.

En pratique, l'utilisation d'ajouts cimentaires permet d'améliorer la situation dans un grand nombre de cas de perte d'affaissement et cela explique leur utilisation régulière dans les BHP depuis le développement des bétons à haute résistance au début des années 1970. Comme on l'a vu dans le chapitre 7, les seules limitations dont on doit tenir compte lorsque l'on utilise un ajout cimentaire en remplacement partiel du ciment dans les BHP sont relatives à la résistance à court terme et à la résistance au gel-dégel des BHP. Il n'est pas encore bien établi si les BHP qui contiennent de fortes proportions d'ajouts cimentaire sont aussi durables face aux cycles de gel-dégel que les BHP qui n'en contiennent pas ou si ce sont les essais utilisés qui sont toujours appropriés. Il faut espérer que ces points controversés seront clarifiés dans un futur proche. Quoi qu'il en soit, dans presque tous les cas, une faible quantité d'air entraîné améliore la résistance au gel-dégel des BHP tout en améliorant considérablement la rhéologie des BHP même si cela entraîne une faible perte de leur résistance.

13.4 Teneur en air

13.4.1 BHP sans air entraîné

Il n'est pas essentiel de mesurer de façon routinière la teneur en air d'un BHP sans air entraîné, mais il est recommandé de la mesurer de temps en temps pour vérifier la validité des mesures de la masse volumique et pour établir une corrélation entre la masse volumique du béton frais et sa teneur en air. En règle générale, les BHP piègent de 1 à 3 % d'air parce que ces bétons sont un peu plus cohésifs que les bétons usuels. D'ailleurs, plus le rapport eau/liant est faible, plus le BHP piège de grosses bulles d'air. Cependant, avec certaines combinaisons de ciment et de superplastifiant, on peut arriver à fabriquer des BHP qui ont un rapport eau/liant de l'ordre de 0,30 dans lesquels la quantité d'air piégé est inférieure à 1 ou 1,5 % lorsque l'on ajuste avec soin la fluidité du BHP. Lorsque le rapport eau/liant devient inférieur à 0,30, il est toutefois de plus en plus difficile de réduire la quantité d'air piégé à moins de 1,5 ou 2 %. L'examen de sections polies de BHP durci montre que, dans de tels cas, les bulles d'air sont relativement grosses et qu'elles ont un diamètre de l'ordre de quelques millimètres, ce qui les rend absolument inadéquates pour protéger un BHP contre l'effet des cycles de gel-dégel.

Un étrange phénomène peut parfois être observé durant le malaxage de certains BHP dans lesquels on a surdosé le superplastifiant ou utilisé une trop grande quantité d'eau de gâchage. Le BHP devient très fluide et se met à piéger une grande quantité de grosses bulles d'air qui rendent le béton littéralement pétillant, certains parlent même de l'effet *champagne* (Aïtcin et coll., 1994). Ces grosses bulles tendent à ressortir du béton, mais elles se régénèrent très facilement durant le malaxage pour redisparaître immédiatement. Quand un tel béton est mis en place dans des coffrages, on ne tarde pas à s'apercevoir qu'il est sujet à un phénomène de ségrégation sévère et que sa prise et son durcissement peuvent être retardés de façon prolongée. Après durcissement, ce béton compte un très grand nombre de gros vides qui diminuent de façon catastrophique sa résistance à la compression, certains parlent alors de *béton de gruyère*. Comme il est difficile de corriger une telle situation lorsqu'elle se produit en centrale, il ne reste plus qu'à rejeter la gâchée et à vérifier avec soin ce qui a pu causer ce phénomène. Si ce phénomène se produit en chantier après que l'on a rajouté une dose excessive de superplastifiant pour augmenter l'affaissement, la situation est encore plus critique parce que l'entrepreneur est retardé dans ses opérations et qu'il doit commander un autre camion de béton. Très souvent, ce BHP malgré tout très fluide est mis en place et tout le monde espère qu'il va commencer rapidement à durcir. Dans un cas particulier, il a fallu attendre 36 heures pour voir le béton atteindre une résistance de 20 MPa, résistance que devait atteindre le béton pour enlever les coffrages. À 28 jours, ce béton qui aurait dû avoir une résistance à la compression de 100 MPa n'en avait qu'une de 80 MPa.

Quand la résistance à la compression d'un BHP est critique, il est important évidemment de maintenir la quantité d'air piégé aussi faible que possible de façon à éviter toute perte de résistance : il est tellement difficile d'obtenir les derniers MPa que toutes les méthodes ou astuces techniques qui permettent de diminuer la quantité d'air piégé doivent être exploités à leur plein potentiel.

13.4.2 BHP à air entraîné

Même si certains chercheurs prétendent qu'il n'est pas nécessaire d'entraîner de l'air dans les BHP pour les rendre résistants aux cycles de gel-dégel, comme on le verra au chapitre 18, l'utilisation systématique d'air entraîné sera encore recommandée pendant quelques années encore chaque fois que des BHP pourront être exposés à des cycles de gel-dégel. Dans de tels cas cependant, le facteur d'espacement qui permet au béton de résister aux cycles de gel-dégel est en général nettement supérieur à celui qu'il est nécessaire d'avoir dans le cas des bétons usuels.

Certains chercheurs et producteurs de béton prétendent qu'il est très difficile, voire impossible, d'entraîner une bonne quantité d'air et d'obtenir un réseau de bulles ayant le bon facteur d'espacement dans un BHP. Toutefois, il a été démontré à plusieurs reprises qu'il existe actuellement sur le marché des agents entraîneurs d'air particulièrement efficaces qui permettent d'entraîner de l'air dans des bétons qui ont un très faible rapport eau/liant (Hoff et Elimov, 1995 ; Bickley, 1996). Le pompage d'un BHP à air entraîné peut aussi être une opération critique si l'on désire obtenir un béton présentant un faible facteur d'espacement après son pompage (Lessard et coll., 1996), comme on le verra au chapitre 17.

En général dans un BHP, le dosage en agent entraîneur d'air doit être augmenté de façon significative, mais l'expérience démontre qu'il est quand même possible d'entraîner de 4 à 5 % d'air dans un BHP tout en conservant un facteur d'espacement inférieur à 200 μm (Bickley, 1996). Comme on l'a mentionné précédemment, il faut se rappeler que l'air entraîné améliore de façon considérable la maniabilité d'un BHP et que, souvent, la présence de 3 à 4 % d'air entraîné facilite sa mise en place et sa finition, ce qui fait facilement oublier la perte de quelques MPa. Par conséquent, si la résistance d'un BHP n'est pas un facteur critique comme dans la catégorie des BHP de classe I (50 à 75 MPa), il peut être intéressant d'envisager l'incorporation d'une faible quantité d'air chaque fois que ces BHP présentent des caractéristiques rhéologiques peu intéressantes.

Au-dessus de 100 MPa, pour les BHP de classe III, IV et V, il n'est évidemment pas recommandé d'entraîner de l'air. Pour les BHP de classe II, il peut être quelquefois avantageux d'y incorporer une faible quantité d'air entraîné pour améliorer leur rhéologie.

13.5 Retard de prise

Comme on l'a vu aux chapitres 6 et 7, un des effets secondaires d'un fort dosage en superplastifiant est le retard de la prise que l'on observe sur le béton. Plus la résistance cible est élevée, plus le dosage en superplastifiant est élevé, mais on risque alors de faire face à un problème de retard de prise et de durcissement. Un retard de prise de l'ordre de 24 heures a pu être recommandé sur certains chantiers sans que cela n'affecte par trop la résistance ultime du BHP, mais il faut bien reconnaître qu'un tel retard de prise ne représente pas une situation enviable lorsqu'elle se produit involontairement ou de façon inattendue sur chantier (Aïtcin et coll., 1984).

Dans certains cas, il peut être dramatique de faire face à une telle situation : dans le cas d'éléments postcontraints, dans le cas de coffrages coulissants ou lorsque des coffrages grimpants doivent être relevés rapidement. Dans les usines de béton préfabriqué, cette situation est moins dramatique puisque les éléments préfabriqués sont généralement chauffés et qu'il suffit alors de chauffer le béton un peu plus longtemps. Par exemple, les voussoirs préfabriqués qui ont été utilisés pour construire le pont de l'île de Ré, qui pesaient de 40 à 80 tonnes, ont été chauffés de telle sorte que l'on pouvait défaire les coffrages et transporter les voussoirs dans une aire spéciale de mûrissement moins de 15 heures après leur fabrication (Cadoret et Richard, 1992).

Dans la documentation, certains chercheurs proposent de diminuer le retard de prise que l'on observe parfois dans les BHP en utilisant un superplastifiant à base de mélamine plutôt qu'un superplastifiant à base de naphtalène. Par contre, quand la vitesse de montée d'un système de coffrages coulissants doit être ralentie, on peut à ce moment faire le contraire et rajouter un superplastifiant à base de naphtalène au BHP qui contient déjà un superplastifiant à base de mélamine (Ronneberg et Sandvik, 1990).

Dans le cas des coffrages grimpants utilisés pour la construction du Scotia Plaza, il avait été spécifié que l'enlèvement des coffrages ne pouvait avoir lieu avant que la résistance à la compression du béton n'atteigne 15 MPa (Ryell et Bickley, 1987). Cette exigence assez sévère a pu être respectée en moins de 15 heures sans problème tout au long de la construction même si le superplastifiant utilisé était à base de naphtalène, qu'il était utilisé dans un liant contenant du laitier et que, dans certaines circonstances, la température extérieure minimale a atteint − 10 °C. Ce contrôle de la résistance à très court terme a été réalisé en utilisant des techniques de malaxage appropriées et un contrôle serré de la température du béton tout au long de sa production.

Pour fabriquer un BHP qui présentait une résistance relativement élevée à très court terme (15 MPa à 15 heures), on a trouvé qu'un béton qui contenait 15 % de cendres volantes de classe C en remplacement du ciment permettait d'obtenir la plus forte résistance à 15 heures, même si, à 24 heures et au-delà, la résistance du béton qui contenait la cendre volante n'était plus aussi bonne que celle du béton fabriqué avec seulement du ciment. L'augmentation significative de la résistance à très jeune âge de ce béton a été attribuée à la forte teneur en alcalis solubles de la cendre volante (1,5 %). La présence de ces alcalis dans les cendres volantes a accéléré la prise initiale et le durcissement initial de ce BHP durant les 15 premières heures, mais elle a été sans effet ou même a eu un effet légèrement négatif sur la progression de la résistance après 15 heures.

Si la résistance à court terme d'un BHP donné est réellement importante, il faut déter-miner l'effet du chauffage sur ce béton ou il faut envisager une diminution de la quantité de superplastifiant en augmentant simultanément la quantité de ciment et la quantité d'eau de façon à maintenir le même rapport eau/liant. L'utilisation d'un accélérateur de durcissement peut aussi être envisagée.

Il y a quelques situations où il est absolument nécessaire de retarder la prise du BHP parce qu'il perd trop rapidement de son affaissement. Dans un tel cas, s'il n'est pas possible d'utiliser des ajouts cimentaires qui peuvent résoudre au moins partiellement, mais de façon satisfaisante le problème, on peut toujours utiliser un agent retardateur (Lessard et coll., 1993). Le dosage en agent retardateur doit être alors ajusté avec soin, en tenant compte de la réactivité du ciment, de sa finesse, de la température extérieure, du temps de transport et de mise en place. Cependant, il ne faut pas se surprendre que le retard de prise obtenu grâce à l'agent retardateur soit alors plus ou moins bien contrôlé.

13.6 Conclusion

Il est très important de mesurer de façon régulière les propriétés d'un BHP à l'état frais parce qu'un béton qui présente des propriétés constantes à l'état frais aura probablement des propriétés constantes à l'état durci. Chacune des propriétés que l'on a l'habitude de mesurer (affaissement, teneur en air, masse volumique et température) n'apporte pas beaucoup d'information par elle-même, mais l'ensemble des valeurs obtenues peut être exploité statistiquement de façon utile et apporter des éléments de réponse lorsque l'on fait face à certains problèmes.

L'essai d'affaissement n'est définitivement pas le plus approprié pour évaluer la mania-bilité d'un BHP : il sert essentiellement à vérifier l'uniformité des gâchées de béton. Comme les BHP ont un comportement rhéologique fort complexe et fort varié, la mesure de l'affaissement n'est pas suffisante pour évaluer la maniabilité d'un béton et apprécier la facilité avec laquelle il pourra être mis en place et fini.

L'addition d'une faible quantité d'air entraîné améliore de façon significative la mania-bilité et la finition des BHP en rendant les bétons qui ont un faible rapport eau/liant un peu moins cohésifs et « collants » et plus faciles à mettre en place. La résistance à la compression de tels bétons est évidemment plus faible, mais cette diminution de la résistance peut être facilement compensée par une diminution légère du rapport eau/liant. On peut penser que, dans le futur, certains BHP contiendront une faible quantité d'air entraîné, non pas pour améliorer leur résistance au gel-dégel, mais plutôt pour améliorer leur maniabilité.

La perte d'affaissement que l'on observe sur certains BHP n'est pas toujours facile à régler parce qu'elle peut être la conséquence de très nombreux facteurs. On peut essayer de résoudre le problème en utilisant un retardateur de prise, mais, si un surdosage accidentel en eau ou en superplastifiant se produit, le BHP peut devenir tellement fluide qu'il développera une sévère ségrégation, ce qui rendra son emploi très difficile à récupérer, voire impossible.

Quand un BHP doit être redosé en superplastifiant sur le chantier, il est important d'éviter tout surdosage de façon à éviter de transformer le BHP en béton pétillant puisqu'un tel béton est alors irrécupérable.

Il faut aussi rappeler que la température idéale de mise en place d'un BHP fraîchement malaxé se situe entre 15 et 20 °C. Lorsque la température du BHP est inférieure à 10 °C, on peut toujours le chauffer au-dessus de 25 °C pour accélérer son durcissement. Par contre, par temps chaud, il sera préférable de refroidir un BHP avec de la glace ou de le retarder de façon très efficace en ajoutant un retardateur pour éviter des problèmes de perte d'affaissement.

Références

ACI 211.1-91 (1993) *Standard Practice for Selecting Proportions for Normal, Heavyweight and Mass Concrete*, *ACI Manual of Concrete Practice*, Part 1, ISSN 0065-7875, 38 p.

Aïtcin, P.-C., Jolicœur, C. et MacGregor, J. (1994) Superplasticizers : how they work and why they occasionally don't. *Concrete International*, **16**(5), mai, 45-52.

Aïtcin, P.-C., Bédard, C., Plumat, M. et Haddad, G. (1984) *Very High Strength Cement for Very High Strength Concrete*, Symposium of the Material Research Society, réunion d'automne, Boston, novembre, p. 201-210.

Bickley, J.A. (1996) High-performance concrete bridge for Ontario Ministry of Transportation : contract 95-39, *Bulletin d'information du Réseau de centres d'excellence sur les bétons à haute performance*, **1**(2), mai, 1-2.

Cadoret, G. et Richard, P. (1992) Utilisation industrielle des bétons à hautes performances dans le bâtiment et les travaux publics, dans *Les bétons à hautes performances – Caractérisation, durabilité, applications*, édité par Y. Malier, Presses de l'École nationale des Ponts et chaussées, ISBN 2-85978-187-0, p. 553-574.

de Larrard, F. et Ferraris, C.F. (1998a) Rhéologie du béton frais remanié. I – Plan expérimental et dépouillement des résultats. *Bulletin de liaison des Laboratoires des Ponts et Chaussées*, n° 213, janvier-février, 73-89.

de Larrard, F. et Ferraris, C.F. (1998b) Rhéologie du béton frais remanié. II – Relations entre composition et paramètres rhéologiques. *Bulletin de liaison des Laboratoires des Ponts et Chaussées*, n° 214, mars-avril, 69-79.

de Larrard, F. et Ferraris, C.F. (1998c) Rhéologie du béton frais remanié. III – L'essai au cône d'Abrams modifié. *Bulletin de liaison des Laboratoires des Ponts et Chaussées*, n° 215, mai-juin, 53-60.

Hoff, G.C. et Elimov, R. (1995) *Concrete Production for the Hibernia Platform*, 2nd CANMET/ACI International Symposium on Advance in Concrete Technology, Supplementary papers, Las Vegas, Nevada, 11-14 juin, p. 717-739.

Hu, C., de Larrard, F. et Gjørv, O. (1995) Rheological testing and modelling of fresh high-performance concrete. *Matériaux et constructions*, **28**(175), janvier-février, 1-7.

Hu, C., de Larrard, F., Sedran, T., Boulay, C., Bosc, F. et Deflorenne, F. (1996) Validation of BTRHEOM, the new rheometer for soft-to-fluid concrete. *Matériaux et constructions*, **29**(194), décembre, 620-631

Hu, C., de Larrard, F. et Sedran, T. (1996) *A New Rheometer for High Performance Concrete*. 4e Symposium international sur l'utilisation des bétons à haute résistance et à haute performance, Paris, vol. 2, p. 179-186.

Huynh, H.T. (1996) La compatibilité ciment/superplastifiant dans les bétons à hautes performances – Synthèse bibliographique. *Bulletin de liaison des Laboratoirse des Ponts et Chaussées*, n° 206, novembre-décembre, Ref. 4053, 63-73.

Khayat, K.H., Gerwick, B.C., Jr. et Hester, H.T. (1993) Self-levelling and stiff consolidated concretes for casting high-performance flat slab in water. *Concrete international*, **15**(8), août, 36-43.

Khayat, K.H., Manai, K. et Trudel, A. (1997) In situ mechanical properties of wall elements cast using highly flowable high-performance concrete. *ACI Materials Journal*, **94**(6), novembre-décembre, 491-500.

Khayat, K.H., Sonebi, M., Yahia, A. et Skaggs, C.D. (1996) Statistical models to predict flowability, washout, resistance and strength of underwater concrete, dans *Production Methods and Workability of Concrete, Proceedings of the International RILEM conference*, juin, ISBN 0 419 22070 4, p. 463-481.

Legrand, C. (1982) Le comportement rhéologique des suspensions de ciment, dans *Le béton hydraulique*, édité par J. Baron et R. Sauterey, Presses de l'École nationale des Ponts et chaussées, ISBN 2-85978-033-5, p. 223-236.

Lessard, M., Baalbaki, M. et Aïtcin, P.-C. (1995) *Effect of pumping on air characteristics of conventional concrete*, Transportation Research Board Record 1532, Transportation Research Board, Washington, DC 20418, ISBN 0-3909-05904-6, p. 9-14.

Lessard, M., Dallaire, E., Blouin, D. et Aïtcin, P.-C. (1994) High-performance concrete speeds reconstruction for McDonald's. *Concrete International*, **16**(9), septembre, 47-50.

Lessard, M., Gendreau, M., Baalbaki, M., Pigeon, M. et Aïtcin, P.-C. (1993) Formulation d'un béton à haute performance à air entraîné. *Bulletin de liaison des Laboratoires des Ponts et Chaussées*, n° 188, novembre-décembre, 41-51.

Mehta, P.K. et Monteiro, P.J.M. (1993) *Concrete – Microstructure, Properties and Materials*, 2e édition, MacGraw Hill, New York, ISBN0-07-041344-4, p. 309-356.

Neville, A.M. (1995) *Properties of Concrete,* 4e édition, Longman Group Ltd, Harlow, Angleterre, p. 182-184.

Punkki, J., Golaszewski, J. et Gjørv, O.E. (1996) Workability loss of high-strength concrete. *ACI Materials Journal*, **93**(5), septembre-octobre, 427-431.

Ronneberg, A. et Sandvik, M. (1990) High-strength concrete for North Sea platforms. *Concrete International*, **12**(1), janvier, 29-34.

Ryell, J. et Bickley, J.A. (1987) Scotia Plaza : high strength concrete for tall buildings, dans *Utilization of High Strength Concrete*, Stavanger (édité par I. Holland *et coll.*), Tapir, N-7034 Trondheim, NTH, Norvège, ISBN 82-519-07977, p. 641-653.

Tagnit-Hamou, A. et Aïtcin, P.-C. (1993) Cement and superplasticizer compatibility. *World Cement*, **24**(8), août, 38-42.

Chapitre 14

Augmentation
de la température des BHP

14.1 Introduction

L'hydratation globale du ciment Portland est une réaction exothermique, de telle sorte que le béton développe une certaine quantité de chaleur lorsqu'il durcit. Plus il y a de particules de ciment qui s'hydratent, plus la quantité de chaleur développée dans le béton est élevée. Un BHP contenant beaucoup plus de ciment qu'un béton usuel, il est donc logique que plusieurs ingénieurs soient préoccupés par une trop grande augmentation de la température du béton ou par l'existence de gradients thermiques trop élevés à l'intérieur d'un élément structural dans lequel on a coulé un BHP (Malier, 1982).

Des températures maximales de 60 à 70 °C ont été enregistrées dans des éléments massifs en BHP (Aïtcin et coll., 1985 ; Cook et coll., 1992 ; Burg et Ost, 1992 ; Miao et coll., 1993a ; Lachemi et coll., 1996a et b), ce qui correspond à une augmentation de 40 à 50 °C de la température du BHP par rapport à sa température de coulée et à la température ambiante. Une telle augmentation de température amène trois réflexions. Premièrement, puisque dans un élément structural le béton s'hydrate dans des conditions thermiques totalement différentes de celles que l'on retrouve dans les éprouvettes normalisées utilisées pour contrôler les propriétés mécaniques du BHP, on peut se demander si les propriétés mécaniques que l'on mesure sur ces éprouvettes sont vraiment représentatives de celles du béton qui a durci dans l'élément structural. Par exemple, il est bien connu que les bétons usuels qui reçoivent un mûrissement à la vapeur ont une résistance à long terme plus faible que celle d'éprouvettes mûries sous l'eau de façon normalisée. Deuxièmement, comme l'augmentation de la température n'est pas uniforme dans toute la masse du BHP, le béton ne durcit pas partout à la même température et à la même vitesse. Troisièmement, une trop forte augmentation de la température durant le durcissement initial du BHP peut générer des gradients thermiques suffisamment élevés lorsque le BHP se refroidit à la température ambiante pour créer une fissuration d'origine thermique lorsque ces gradients thermiques engendrent des contraintes de traction qui peuvent être supérieures à la résistance à la traction du béton.

Un ciment Portland de Type I courant contient en général de 50 à 70 % de C_3S, de 15 à 25 % de C_2S, de 5 à 10 % de C_3A et de 5 à 10 % de C_4AF. L'hydratation du C_3S génère donc la plus grande partie de la chaleur initiale dans n'importe quel béton et dans les BHP en particulier. Évidemment, la quantité de chaleur libérée dans un BHP à un certain moment dépend de la vitesse d'hydratation qui dépend à son tour de facteurs tels que la composition du ciment, de la température initiale du BHP et de l'influence des adjuvants sur le développement de la réaction d'hydratation. En général, cette chaleur entraîne une augmentation de la température du béton sauf quelquefois dans des éléments fins exposés à des températures ambiantes plus faibles que la température initiale du béton.

L'augmentation de la température d'un BHP dans un élément structural dépend aussi de la géométrie et de la taille de cet élément structural et de certains facteurs thermodynamiques, tels que la température ambiante, la capacité d'échange de chaleur des coffrages et de la surface supérieure qui, elle aussi, dépend de la température ambiante (Schaller et coll., 1992 ; Lachemi et coll., 1996b).

Par conséquent, la quantité de ciment que l'on utilise pour fabriquer un béton quelconque n'est pas le seul facteur qui influence la température maximale atteinte à un point précis d'un élément structural donné coulé avec ce béton, mais plutôt la quantité de ciment qui s'hydrate réellement et la quantité de chaleur qui peut se dissiper dans l'environnement.

Comme le même béton est coulé dans tout l'élément structural, la quantité de chaleur qui se dégage par unité de volume de béton est uniforme. Toutefois, l'augmentation de température qui en résulte n'est pas uniforme parce que la chaleur n'est pas perdue à la même vitesse dans toutes les parties de l'élément structural, en outre, dès qu'une différence de température se développe dans le béton, cela se répercute sur la cinétique d'hydratation (Schaller et coll., 1992 ; Lachemi et coll., 1996b). L'augmentation de la température n'est donc pas uniforme dans un élément structural, ce qui développe des gradients thermiques et un retrait thermique non uniformes, surtout durant le refroidissement, provoquant à certains endroits le développement de contraintes thermiques de traction suffisamment élevées par rapport à la résistance à la traction du béton pour causer sa fissuration. En règle générale, les gradients thermiques qui se développent lors de la montée en température du béton sont beaucoup plus faibles à cause de la rapidité de cette montée en température et de la mauvaise conductivité thermique du béton.

Dans ce chapitre, on verra qu'il est tout à fait simpliste de relier l'augmentation de la température d'un béton, quel qu'il soit, à son contenu en ciment. L'augmentation de la température d'un béton est reliée à la quantité de ciment qui s'hydrate plutôt qu'à la quantité de ciment qu'il contient ; **un grain de ciment qui ne s'hydrate pas ne dégage pas de chaleur**.

L'augmentation de la température dans des éléments structuraux construits avec des bétons de 30 à 40 MPa n'a pas beaucoup préoccupé les gens. Il est donc assez étonnant de constater que le dégagement de chaleur des BHP devient un sujet si controversé.

14.2 Comparaison de l'augmentation de température entre un béton usuel et deux BHP

De façon tout à fait surprenante, mais tout à fait logique, Cook et coll. (1992) ont démontré qu'un béton usuel de 35 MPa de résistance à la compression, de rapport eau/ciment de 0,45 ayant un contenu en ciment de 355 kg/m^3 a atteint une température maximale aussi élevée que celle de deux BHP de rapports eau/liant de 0,31 et 0,25 et des contenus en ciment de 470 et 450 kg/m^3 respectivement. Ces trois bétons ont été utilisés pour construire trois colonnes identiques de 1 m × 1 m de section et de 2 m de hauteur. Un calcul par la méthode des éléments finis a permis de démontrer que, dans le cas de ces trois colonnes géométriquement identiques, seul le béton de 35 MPa pouvait développer des microfissures durant son refroidissement par suite du développement de gradients thermiques trop important, car sa résistance à la traction se développait à une vitesse plus faible que celle des deux BHP.

Les trois températures maximales très voisines les unes des autres (68, 68 et 63 °C) observées au centre des colonnes indiquent simplement que pratiquement la même quantité de ciment s'est hydratée dans les bétons de ces trois colonnes. On n'insistera jamais assez sur le fait que la quantité de chaleur dégagée dans un béton est proportionnelle à la quantité de ciment qui s'hydrate et non à la quantité de ciment contenue dans un mètre cube de béton. Dans le béton de 35 MPa, il y a donc eu beaucoup de particules de ciment qui se sont hydratées parce que ce béton contenait beaucoup plus d'eau de gâchage que les autres. Toutefois, comme ces particules de ciment qui s'hydrataient n'étaient pas très près les unes des autres, elles ont développé des résistances à la compression et à la traction plus faibles que celles développées dans les deux autres bétons. Dans les deux BHP, la quantité réduite d'eau et l'action retardatrice du super-plastifiant ont limité la quantité de particules de ciment qui s'hydrataient si bien que leur hydratation a été pratiquement la même que celle du béton usuel. Étant donné que les particules de ciment sont plus rapprochées les unes des autres dans un BHP, elles développent donc des liens plus forts beaucoup plus rapidement de telle sorte que les résistances à la compression et à la traction d'un BHP à jeune âge sont toujours bien supérieures à celles d'un béton usuel. Cette augmentation rapide de la résistance à la traction à jeune âge empêche les BHP de se fissurer à cause des gradients thermiques qui se développent durant le refroidissement du béton à la température ambiante.

14.3 Conséquences de l'augmentation de la température du béton dans un élément structural

L'augmentation de la température d'un béton usuel dans un élément structural n'a jamais beaucoup préoccupé la plupart des ingénieurs, sauf dans le cas d'éléments massifs. Pourquoi alors, au début de l'utilisation des BHP, plusieurs ingénieurs, influencés par la fausse idée que la température maximale atteinte par un BHP est fonction de sa teneur en ciment, ont soulevé de nombreuses objections ? N'était-ce pas plutôt une façon déguisée de refuser l'innovation pour se conforter dans un conservatisme solidement ancré dans la profession ? Les objections ou préoccupations les plus fréquemment avancées étaient les suivantes :

- quelle est l'augmentation de la température maximale atteinte par un BHP par rapport à celle atteinte par un béton usuel ?
- est-ce que la résistance à la compression et plus généralement toutes les propriétés mécaniques du BHP sont modifiées par cette augmentation de la température par rapport à celles que l'on mesure sur de petites éprouvettes ?
- est-ce que la résistance mesurée sur les éprouvettes mûries à 20 °C ± 3 °C représente la résistance véritable du BHP dans la structure ?
- est-ce que les gradients thermiques générés durant le refroidissement sont suffisamment élevés pour générer des fissures ?
- est-ce que le retrait thermique est suffisamment élevé pour générer des fissures ?

Il est impossible de répondre de façon quantitative à toutes ces questions par suite de la grande gamme de compositions utilisée pour fabriquer des BHP et des conditions thermiques aux limites différentes dans les éléments structuraux. On verra plutôt en détail quels sont les différents facteurs qui influencent l'augmentation de la température dans un élément structural construit avec un béton usuel ou un BHP et comment on peut essayer de contrôler cette augmentation de température. Il suffira alors de voir, pour n'importe quelle application particulière où l'on utilise un BHP, si l'augmentation de la température (ou la diminution de la température) du BHP est réellement préoccupante. On peut déjà trouver plusieurs programmes d'éléments finis et logiciels sur le marché qui permettent de faire les calculs appropriés, de justifier la mise en application de méthodes permettant de contrôler l'augmentation de la température d'un BHP, de telle sorte que le retrait thermique puisse être minimisé dans les éléments structuraux lorsqu'ils reviennent à la température ambiante.

14.3.1 Effet de l'augmentation de température sur la résistance à la compression d'un BHP

On sait très bien que, dans le cas des bétons usuels, un mûrissement initial à une température élevée favorise la croissance rapide de produits d'hydratation externes durant la période initiale de durcissement, ce qui entraîne la formation d'une microstructure plutôt lâche et faible quand on la compare à celle que l'on obtient dans des conditions normales de mûrissement. Les produits d'hydratation internes développés plus tard lorsque le béton poursuivra son mûrissement à la température ambiante ne pourront jamais totalement compenser la faiblesse de cette microstructure lâche qui s'est développée initialement. Il est donc important de voir si l'accroissement de la température initiale du BHP durant les premières étapes de son durcissement a les mêmes effets sur la résistance à la compression à long terme qu'un mûrissement accéléré dans le cas des bétons usuels (Khayat et coll., 1995).

Durant l'augmentation de la température dans un élément structural où l'on a coulé un BHP, on note que cette élévation de température se produit dans des conditions très différentes de celles d'un mûrissement à la vapeur d'un élément préfabriqué en béton usuel. L'accroissement de température dû à l'hydratation ne se produit pas avant 12 à 18 heures après la mise en place du béton dans l'élément structural et non 1 ou 2 heures seulement après la mise en place du béton comme dans le cas d'un mûrissement initial à la vapeur. Ce délai est dû au fort dosage en superplastifiant qui retarde quelque peu l'hydratation du C_3S. Ce retard ne signifie pas que l'hydratation ne se développe pas du tout, mais plutôt qu'elle se développe à un rythme très lent. Durant cette période qui est cruciale du point de vue microstructural, comme on le verra à la section 14.3.4, très peu de produits externes se développent. À la fin de cette période de faible activité chimique, quand l'hydratation démarre, elle se développe de façon uniforme et très rapide au sein du béton de telle sorte que la température augmente très rapidement partout au même rythme dans toute la masse du BHP : la température maximale est atteinte en quelques heures (4 à 8 heures selon la géométrie de l'élément structural et les conditions ambiantes). Quand cette température maximale est atteinte, l'hydratation ne s'arrête pas pour autant, mais elle continue plutôt à se développer à un rythme plus lent et la chaleur qu'elle génère n'est plus suffisante pour compenser les pertes de chaleur à travers les surfaces de refroidissement du béton. Selon la dimension de l'élément en BHP et selon la température ambiante, il faut attendre de 2 à 5 jours pour voir le cœur de l'élément en béton revenir à la température ambiante.

Pendant tout ce temps où le BHP revient à la température ambiante, l'hydratation se poursuit par diffusion de la faible quantité d'eau qui n'a pas encore été combinée à travers la microstructure très dense déjà formée et elle se poursuit alors très lentement.

14.3.2 Différences d'augmentation de la température dans un élément structural en BHP

L'expérience a démontré qu'une différence de 5 à 10 °C, et dans quelques cas même plus, peut être observée entre la température maximale atteinte au cœur d'un BHP et à sa surface si bien que les conditions de mûrissement ne sont pas exactement les mêmes dans toute la masse du BHP. Cependant, cette différence de température maximale qui est atteinte est-elle suffisante pour modifier de façon significative les conditions d'hydratation du béton dans toute sa masse ? Miao et coll. (1993a et b) ont montré que les différences observées dans la température maximale atteinte dans un élément en BHP ont généralement assez peu de conséquences sur les propriétés du béton.

14.3.3 Influence des gradients thermiques durant le refroidissement du BHP

Quand le ciment Portland commence à s'hydrater, la chaleur se dégage si rapidement que l'on ne voit pratiquement pas de gradients se développer à l'intérieur de la masse du béton durant la montée en température. Cependant, dès que l'on s'approche de la température maximale, surtout lors du refroidissement du béton, des différences prononcées de température apparaissent dans la masse du béton et peuvent créer des gradients thermiques non négligeables. C'est donc durant la période de refroidissement que l'on a le plus de chances de voir se développer des microfissures dues aux efforts de traction différentiels générés dans la pâte de ciment hydraté qui ne se refroidit pas à la même vitesse. Pour prévenir une telle situation, il faut utiliser une isolation thermique pour ralentir globalement le refroidissement et diminuer les risques de fissuration.

Cependant, il n'y a pas de valeur absolue et de gradient thermique que l'on peut spécifier ; il faut alors plutôt considérer la valeur relative de ces tractions thermiques générées par ces gradients par rapport à la résistance à la traction du BHP à ce moment précis. Dans le cas de deux colonnes de grande dimension ($1 \times 1 \times 2$ m), Cook et coll. (1992) ont démontré que la résistance à la traction créée dans les deux BHP à l'étude était nettement supérieure aux efforts de traction dus à l'existence des gradients que l'on retrouvait dans la masse de ces deux BHP.

En fait, un BHP développe rapidement une résistance à la traction non négligeable parce qu'il contient une grande quantité de ciment qui s'hydrate presque partout de façon simultanée. De plus, et ceci est encore plus important, comme les particules de ciment sont très rapprochées les unes des autres par suite du faible rapport eau/liant, les produits d'hydratation se lient très rapidement de façon très serrée pour développer une résistance à la traction relativement élevée.

14.3.4 Influence de l'augmentation de la température sur la microstructure du béton

Il est tout à fait légitime de se poser certaines questions sur le type de microstructure qui se développe quand la température maximale d'un béton atteint 50 à 70 °C ou même plus. Dans le cas d'un mûrissement à la vapeur, lorsqu'un béton usuel est chauffé de l'extérieur à de telles températures pour augmenter sa résistance à la compression à court terme, on sait que sa résistance à long terme est réduite (Neville, 1995). En outre, quand la température du BHP n'est pas uniforme à travers toute la masse de l'élément structural, la température de mûrissement varie et le béton ne durcit pas partout à la même vitesse

Lorsque l'on analyse de façon plus précise l'augmentation de la température d'un BHP dans un élément structural, on s'aperçoit qu'elle se produit dans des conditions complètement différentes de celles que l'on retrouve dans un élément de béton usuel. Il est donc tout à fait incorrect d'appliquer aux BHP ce qui est bien connu et bien documenté dans le cas des bétons exposés à un traitement à la vapeur (Baroghel-Bouny et coll., 1996). Dans un béton usuel exposé à une vapeur à basse pression 2 ou 3 heures après sa mise en place, l'exposition du béton à une forte température initiale favorise la croissance rapide de produits d'hydratation externes et entraîne l'apparition d'une microstructure très lâche et très ouverte si on la compare à celle obtenue dans des conditions ambiantes. Cette hydratation forcée entraîne aussi un très fort degré d'hydratation de telle sorte que très peu de produits internes se développeront par la suite à la température ambiante. Cette absence de produits d'hydratation internes s'ajoute alors aux effets du développement de la structure très lâche et très faible et réduit par conséquent la résistance à long terme de tels bétons (Moranville, 1996).

Au contraire, l'augmentation de la température à l'intérieur d'un BHP ne se produit qu'entre 12 et 18 heures après la mise en place du béton à cause du retard de l'hydratation du C_3S occasionné par le fort dosage en superplastifiant. Ce retard ne signifie pas que, durant cette période, l'hydratation ne se produit pas, mais plutôt qu'elle se développe très lentement. En outre, l'hydratation du C_3A et du C_4AF se produit aussi à un rythme très lent en présence d'un fort dosage en superplastifiant, ce qui est très important du point de vue microstructural. En fait, il est pratiquement impossible de trouver des cristaux d'ettringite bien développés dans des BHP (Aïtcin et coll., 1987). En présence d'une grande quantité de superplastifiant, les cristaux d'ettringite ont même plutôt tendance à se développer sous forme de cristaux de petite dimension de forme massive. Il est aussi difficile de trouver des cristaux de portlandite bien développés dans les BHP même si des analyses thermiques pondérales démontrent clairement la présence d'une certaine quantité de chaux hydratée dans les pâtes de BHP ayant de faibles rapports eau/liant (Aïtcin et coll., 1987 ; Moranville-Regourd, 1992).

Par conséquent, durant l'augmentation de la température du BHP, très peu de produits d'hydratation externes se forment et il se développe plutôt des produits de type interne à peu près au même rythme dans la masse du BHP.

Dans un BHP, la température maximale est atteinte en quelques heures après la fin de la période dormante (4 à 8 heures) et pratiquement partout en même temps de telle sorte que le béton atteint une résistance plus ou moins uniforme qui est beaucoup plus élevée que celle d'un béton usuel mûri de façon habituelle au même âge.

Le développement d'un produit d'hydratation interne plutôt qu'externe est une conséquence du rapprochement des particules de ciment que l'on retrouve dans les BHP et du volume réduit d'eau de gâchage qui est utilisé grâce à l'emploi d'un superplastifiant. Par conséquent, l'hydratation se développe plutôt par un processus de diffusion des molécules d'eau à l'intérieur de la masse des grains non hydratés de ciment plutôt que sous forme d'un processus de dissolution-précipitation. Quand on observe sous un microscope électronique la pâte de ciment hydraté d'un BHP, elle apparaît très homogène, très compacte et d'une apparence plutôt vitreuse.

Le développement rapide de cette microstructure très dense ralentit assez rapidement parce qu'il y a de moins en moins d'eau libre pour l'hydratation et que les molécules d'eau ont de plus en plus de difficulté à traverser les couches d'hydrates déjà formées, ce qui explique pourquoi l'augmentation de la température d'un BHP s'arrête assez rapidement. Par conséquent, durant la période de refroidissement, même si une certaine hydratation se poursuit par diffusion, lorsque la température du BHP est finalement revenue à la température ambiante, sa résistance à la compression n'augmente plus tellement avec le temps.

L'observation de la microstructure d'un BHP au microscope électronique montre toujours l'existence d'un nombre assez important de grains de ciment non hydraté et de particules d'ajout cimentaire qui n'ont pas réagi ; plus le rapport eau/liant est faible, plus ces quantités seront importantes.

Il est intéressant de voir si l'hydratation du ciment se modifie lorsque l'on introduit des ajouts cimentaires dans un BHP. En laboratoire et en chantier, on a observé que, dans le cas de bétons usuels, la quantité de ciment substituée doit être relativement élevée avant que l'on enregistre une diminution significative de la température maximale du béton. En fait, quand l'hydratation démarre, toute l'eau de malaxage sert surtout à hydrater les particules de ciment et, comme la quantité de chaleur générée dépend du nombre de particules de ciment qui s'hydratent, il faut atteindre un degré de substitution assez important avant de voir apparaître une diminution très significative de la température maximale atteinte par le béton. Par ailleurs, l'augmentation rapide de la température du béton accélère la vitesse à laquelle toute réaction pouzzolanique peut se développer. Les particules les plus fines des matériaux pouzzolaniques s'hydratent beaucoup plus rapidement que certaines grosses particules de ciment et elles peuvent même empêcher l'hydratation future des plus grosses particules de ciment puisqu'elles auront déjà réagi avec une partie de l'eau de gâchage. En général cependant, on observe que les matériaux pouzzolaniques ont moins de chance de s'hydrater que les grosses particules de ciment, sauf si le béton est mûri avec une source d'eau extérieure, ce qui explique pourquoi, quand un BHP contient des ajouts cimentaires, on observe en microscopie électronique de nombreuses grosses particules d'ajout cimentaire qui n'ont pas réagi, même dans le cas de la fumée de silice. Dans les BHP qui contiennent des ajouts cimentaires, les conditions d'hydratation peuvent donc être très différentes de celles observées dans des bétons usuels qui contiennent des matériaux pouzzolaniques de telle sorte que la mise à l'essai de ces bétons est quelquefois spécifiée à des échéances supérieures à 28 jours, particulièrement quand ces bétons contiennent des cendres volantes ou du laitier. Cependant, cette pratique qui consiste à allonger l'échéance à laquelle on mesure la résistance normalisée peut être remise en question puisqu'il n'est pas certain que, dans la structure, les particules d'ajout cimentaire auront réellement l'occasion de réagir en tant que matériaux pouzzolaniques.

14.4 Influence de différents paramètres sur l'augmentation de la température

Depuis plus de dix ans, plusieurs études de l'Université de Sherbrooke ont porté sur l'évolution de la température de BHP utilisés dans des structures pour tenter d'apporter des éléments de réponse à ces questions (Aïtcin et coll., 1985 ; Cook et coll., 1992 ; Miao et coll., 1993a, b ; Aïtcin et coll., 1994 ; Lachemi et coll., 1996a, b et c ; Lachemi et Aïtcin, 1997). Les résultats de ces travaux sont résumés dans les sections suivantes.

14.4.1 Influence du dosage en ciment

Dans l'exemple déjà rapporté par Cook et coll. (1992), trois colonnes de $1 \times 1 \times 2$ m ont été coulées en utilisant trois bétons prêts à l'emploi ayant des résistances à la compression de 35, 90 et 120 MPa à 28 jours. Le rapport eau/liant de ces trois bétons était de 0,45, 0,31 et 0,25 respectivement et les quantités de liant utilisées étaient de 355, 470 et 440 kg/m^3. Les températures maximales enregistrées au cœur de chacune des colonnes ont été de 68, 68 et 63 °C et ce, 24, 27 et 34 heures après la fin de la mise en place du béton. Ces températures maximales étaient du même ordre de grandeur que celles de 66,5 °C rapportées dans une expérience précédente dans laquelle deux colonnes expérimentales ont été instrumentées durant la construction d'un gratte-ciel à Montréal (Aïtcin et coll., 1985).

La température des trois bétons au moment de leur livraison était respectivement de 25, 22 et 16 °C ; la température maximale enregistrée au cœur des trois colonnes était donc de 43, 46 et 47 °C supérieures à la température ambiante. Les températures maximales enregistrées au cœur des colonnes étaient à peu près les mêmes en dépit de la grande différence de quantité de liant utilisée pour fabriquer ces trois bétons. La similitude de cette augmentation maximale de la température dans les trois colonnes est en fait une conséquence de l'influence cruciale de la température initiale du béton, de l'action retardatrice du superplastifiant sur la réaction d'hydratation et aussi du fait que ce n'est pas la quantité de ciment qui est contenue dans un béton qui est importante, mais plutôt la quantité de particules de ciment qui s'hydrate réellement (Fig. 14.1).

En tenant compte des températures enregistrées, une étude par la méthode des éléments finis a permis de faire une analyse des contraintes d'origine thermique. Dans cette analyse, différentes hypothèses ont été faites :

1) le coefficient thermique d'expansion du béton est constant durant tout le processus d'hydratation ;

2) le module élastique varie avec le temps selon une relation de type :

$$E'_c = A\sqrt{f'_c(t)}$$

où la valeur de A est calculée à partir de la résistance à 28 jours mesurée sur cylindres ;

3) la résistance à la compression initiale varie en fonction du temps selon l'équation :

$$f'_c(t) = f'_c(28)\frac{t}{t+B}$$

où la valeur de B est calculée en utilisant une régression basée sur les mesures de la résistance à la compression à 1, 7, 28 et 91 jours.

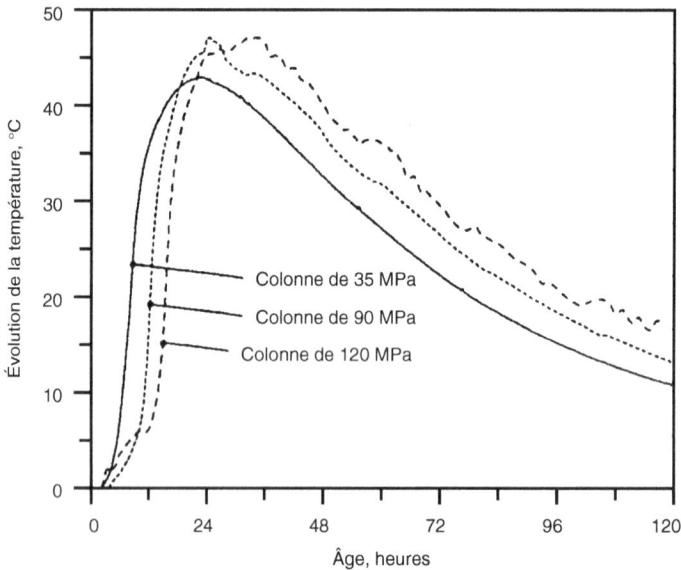

Figure 14.1 Augmentation de la température au centre de chaque colonne

Dans ce premier essai, on a supposé que les effets thermiques étaient appliqués comme des chargements de très courte durée. Avec une telle hypothèse, les efforts générés ont été probablement surestimés puisque, durant les premières heures, le module d'élasticité de chacun des bétons était certainement beaucoup plus faible que celui qui a été utilisé dans l'analyse des résultats si bien que les contraintes générées étaient plus faibles. Une analyse plus complexe a alors été faite pour obtenir une meilleure approximation des conditions du comportement réel. Dans ce cas, les effets dus au fluage ont été négligés de sorte que, là encore, l'effort prédit représente une limite supérieure.

Cette analyse a démontré que le béton de la colonne de 120 MPa développait les gradients thermiques les plus faibles et donc les contraintes thermiques les plus faibles. Les rapports entre ces contraintes thermiques et la résistance à la traction du béton ont aussi été calculés et la valeur trouvée était nettement inférieure à 1. En outre, on a pu démontrer que les risques de fissuration étaient plus élevés dans le béton de 35 MPa que dans celui de 120 MPa. Le rapport entre les contraintes thermiques et les contraintes de traction était respectivement égal à 0,83, 0,70 et 0,37 pour les bétons de 35, 90 et 120 MPa. En fait, aucune fissuration n'a été observée à la surface de chacune des trois colonnes.

À 84 jours, les trois colonnes ont été coupées en trois sections égales de 0,66 m puis carottées verticalement parallèlement à la direction de coulée du béton, comme on peut le voir à la figure 11.2 (Miao et coll., 1993b). Les carottes ont été placées dans des poches en polyéthylène fermées hermétiquement jusqu'à 91 jours. On a poli les extrémités de toutes les carottes, qui avaient un diamètre de 95 mm et celles des éprouvettes normalisées de 100 mm, avant de mesurer leur résistance à la compression.

Le béton de la colonne de 35 MPa a présenté les plus grandes variations de résistance à la compression sur toute la hauteur de la colonne, comme cela se produit la plupart du temps dans le cas des bétons usuels. On a pu observer une diminution de 23 % de la résistance à la compression entre le haut et le bas de la colonne, tandis que cette diminution n'était que de 10 % pour le béton de 90 MPa et que le béton de la colonne de 120 MPa ne présentait aucune variation de la résistance à la compression sur toute sa hauteur.

La résistance à la compression moyenne de toutes ces carottes a varié entre 85 et 90 % de la résistance à la compression des éprouvettes mûries à l'eau pendant la même période et entre 101 et 106 % de la résistance à la compression des éprouvettes mûries à l'air. Ces valeurs se situent à l'intérieur des fourchettes que l'on observe en général pour les bétons usuels.

Ces résistances à la compression ont été comparées à celles d'éprouvettes mûries à l'eau et à l'air juste après leur démoulage à 24 heures et à celles d'éprouvettes scellées (Aïtcin et coll., 1994). Après le démoulage, on a scellé les éprouvettes en les enveloppant avec un film de polyéthylène puis avec une feuille d'aluminium. La perte de masse de ces éprouvettes scellées a été inférieure à 0,1 %. Les trois éprouvettes ont été mises à l'essai à 1, 7, 28, 91 et 365 jours dans de telles conditions de mûrissement. Pour les trois bétons, la résistance à la compression des carottes et des éprouvettes séchées à l'air a été inférieure à celle mesurée dans des conditions scellées. La résistance la plus faible a été obtenue dans le cas des éprouvettes mûries à l'air : les résistances à la compression ont alors diminué de 17 à 22 %. Ces résultats sont conformes à ceux présentés par Haque et coll. (1991).

Dans le tableau 14.1, on compare l'influence du mûrissement à 91 jours et à 1 an sur la résistance à la compression des éprouvettes et des carottes. En comparant les rapports des résistances à 1 an pour des éprouvettes mûries à l'eau par rapport à celles des éprouvettes mûries dans des conditions scellées, on voit que les bétons de 35 et 90 MPa ont vu leur résistance augmenter de 3 % par rapport à la résistance des éprouvettes mûries à l'eau, tandis que, dans le cas du béton de 120 MPa, cette augmentation est de 13 %. La résistance à la compression plus élevée des éprouvettes mûries à l'eau qui ont un très faible rapport eau/liant est due à la pénétration d'une certaine quantité d'eau dans l'éprouvette lors de son mûrissement de sorte que certaines particules non hydratées de ciment, qui sont essentiellement situées dans les 20 à 30 premiers millimètres à la périphérie de l'éprouvette, peuvent s'hydrater, ce qui n'est pas le cas dans les éprouvettes scellées. La différence de résistance à la compression mesurée peut donc être donnée dans l'ordre décroissant suivant :

éprouvettes mûries à l'eau > scellées > carottes > séchées à l'air

Tableau 14.1. Influence du mûrissement sur la résistance à la compression (Khayat et coll., 1995).

	91 jours		1 an		
	Carottes mûries à l'eau	Carottes séchées à l'air	Mûri à l'air, mûri à l'eau	Séché à l'air, scellé	Mûri à l'eau, scellé
35 MPa	0,91	1,04	0,83	0,85	1,03
90 MPa	0,84	1,06	0,79	0,81	1,03
120 MPa	0,86	1,01	0,78	0,87	1,13

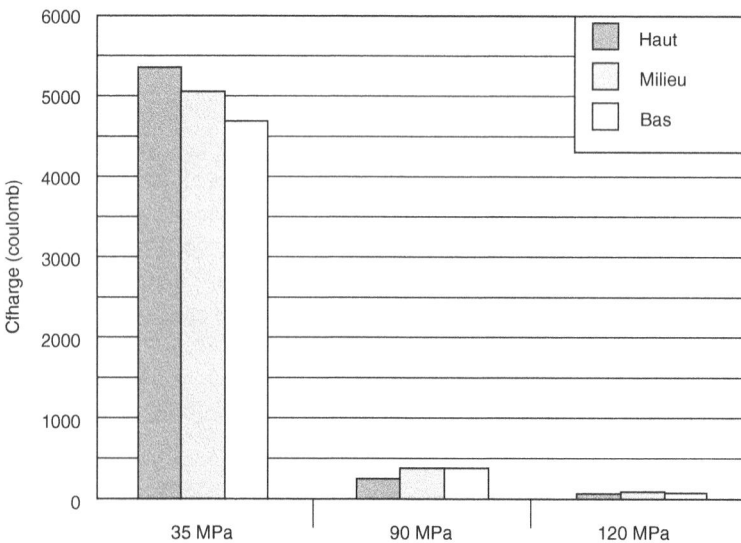

Figure 14.2 Mesure de la perméabilité aux ions chlore sur des carottes échantillonnées, après 3 jours (Cook et coll., 1992)

De façon à comparer le degré de microfissuration de ces trois bétons, on a effectué des essais de perméabilité aux ions chlore selon la méthode ASTM C1202 sur des éprouvettes provenant de la partie centrale de la colonne. Bien que cet essai soit généralement fait sur une période de 6 heures, sa durée a dû être diminuée à 3 heures parce que le béton de 35 MPa avait une perméabilité aux ions chlore beaucoup trop forte si bien que les éprouvettes chauffaient beaucoup trop. Cette période d'essai raccourcie a aussi été utilisée dans le cas des bétons de 90 et de 120 MPa de façon à pouvoir établir une comparaison équitable. Comme on peut le voir à la figure 14.2, les deux BHP ont présenté des perméabilités aux ions chlore beaucoup plus faibles ; plus la résistance du BHP était élevée, plus cette valeur était faible. La connectivité du réseau poreux que l'on retrouve dans les deux BHP est donc beaucoup plus faible que celui que l'on retrouve dans le béton de 35 MPa.

14.4.2 Influence de la température ambiante

La température ambiante influence la vitesse des échanges thermiques dans les différentes parties d'une structure en béton. Comme il est assez difficile d'étudier l'influence de la température ambiante sur des éléments structuraux de grande dimension en laboratoire, on présente plutôt l'influence de trois conditions de température sur des dalles relativement minces coulées avec des bétons très semblables instrumentés avec des thermocouples et des cordes vibrantes. Ces trois dalles sont celles du pont de Portneuf (Aïtcin et Lessard, 1994 ; Lachemi et coll., 1996c), la dalle du trottoir du restaurant McDonald de Sherbrooke (Lessard et coll., 1994) et la dalle du viaduc de la montée Saint-Rémi (Lachemi et coll., 1996b). Dans chacun des cas, la température du béton au moment de sa livraison sur le chantier était approximativement la même (entre 21 et 18 °C). Comme on peut le voir à la figure 14.3, la température au cœur de ces trois dalles minces a été profondément influencée par la température ambiante.

Dans le cas du pont de Portneuf, où la température ambiante a varié entre un maximum de + 3 °C le jour et un minimum de – 4 °C la nuit, des couvertures isolantes ont été installées sur le tablier du pont après que l'on ait constaté que la température au cœur de cette dalle en BHP était descendue à – 1,5 °C 16 heures après la mise en place du béton. La mesure de la résistance à la compression de carottes prélevées sur la dalle 14 jours plus tard a démontré que cette courte période où la température du béton était inférieure à 0 °C n'avait pas endommagé le béton. Cette température n'était pas suffisamment basse pour faire geler l'eau interstitielle qui, à ce moment, était déjà complètement saturée d'ions. (Il faut se souvenir que l'eau de mer ne commence à geler que lorsque sa température est inférieure à – 1,8 °C.)

Dans le cas de la reconstruction du trottoir du restaurant McDonald à Sherbrooke qui s'est déroulée tard à l'automne, la température ambiante a varié entre 9 °C et 22 °C (Lessard et coll., 1994). On peut voir à la figure 14.3 que la température du béton de trottoir a été largement influencée par la température ambiante. Le pic de température du béton a aussi été très influencé par la température initiale du béton.

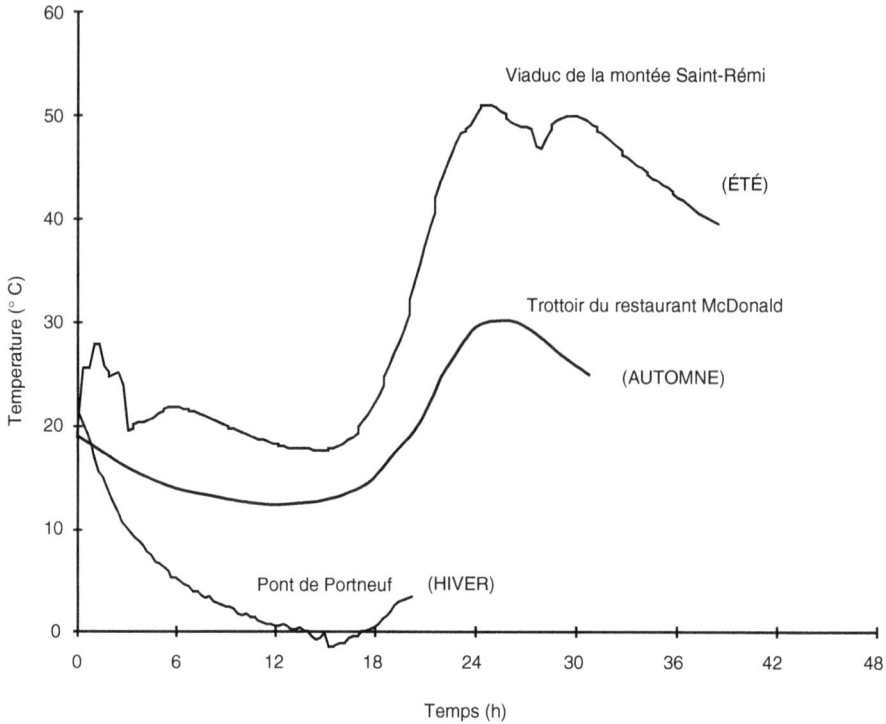

Figure 14.3 Variation de la température de trois BHP similaires exposés
à différentes conditions ambiantes

Dans le cas de la dalle de la montée Saint-Rémi, coulée en été par une température
maximale de 33 °C, la température maximale atteinte au cœur de la dalle a été de
51,5 °C (Lachemi et coll., 1996b).

Dans les éléments minces en BHP, la température ambiante influence donc beaucoup
plus la température maximale atteinte par le béton que la quantité de ciment qui
s'hydrate.

14.4.3 Influence de la géométrie de l'élément structural

Dans le cas du viaduc de la montée Saint-Rémi, les variations de la température ont été
enregistrées dans trois éléments structuraux : le tablier, une poutre en T et une des deux
culées (Fig. 14.4) (Lachemi et coll., 1996b). Dans ces trois éléments, 32 thermocouples
avaient été installés pour enregistrer la température pendant les sept jours qui ont suivi
la coulée du béton, c'est-à-dire tant que la température au centre de la culée n'était pas à
peu près revenue à la température ambiante. La figure 14.5 présente les variations de la
température au centre de chacun de ces trois éléments structuraux instrumentés.

14.4 Influence de différents paramètres sur l'augmentation de la température

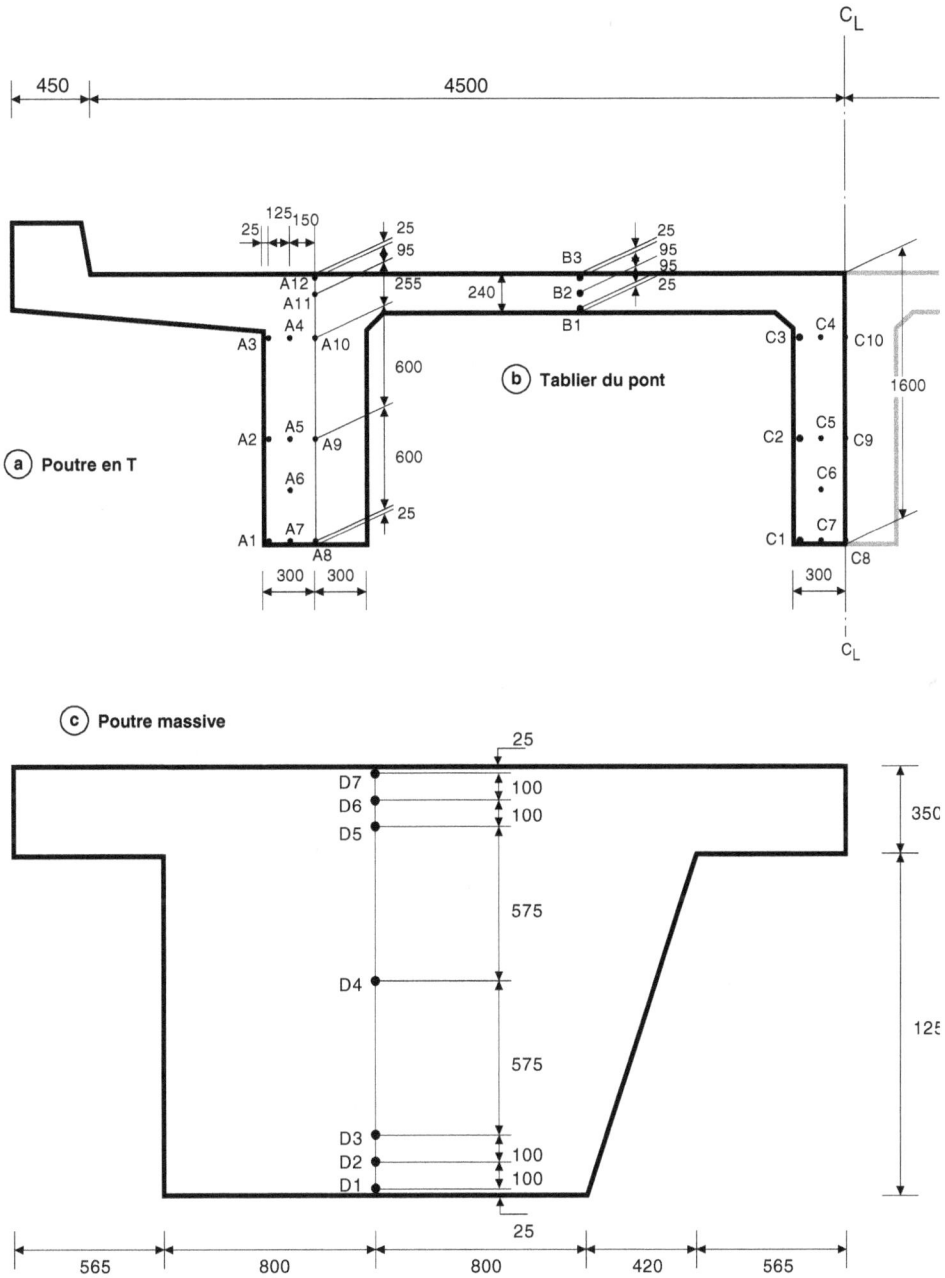

Figure 14.4 Les trois éléments structuraux instrumentés du viaduc de la montée Saint-Rémi

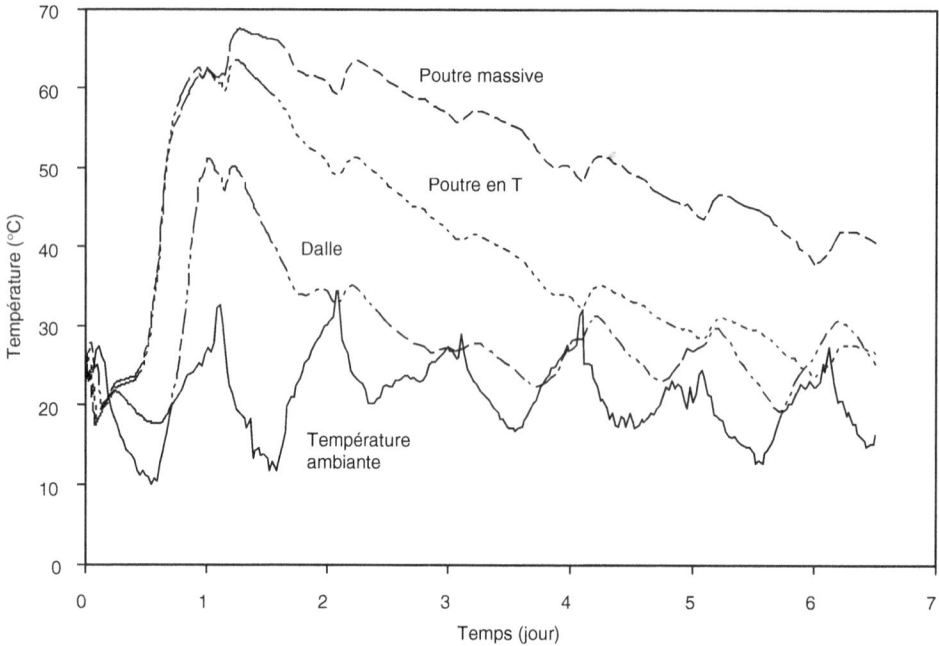

Figure 14.5 *Variation de la température au centre des trois éléments structuraux*

On peut voir que la géométrie de l'élément structural influence grandement la température maximale atteinte au cœur de l'élément : 67,5 °C pour la culée, 63,5 °C pour la poutre en T et 51,5 °C pour le tablier. Par contre, on a pu noter que cette température maximale a été atteinte à peu près partout en même temps : entre 22 et 24 heures après la coulée. En effet, les pertes de chaleur sont une fonction directe du rapport entre la surface et le volume d'un élément, tandis que le temps au bout duquel le béton atteint sa température maximale dépend principalement de la température ambiante et de certaines caractéristiques thermodynamiques du béton telles que sa température initiale, la quantité de chaleur développée par les particules de ciment qui s'hydratent qui dépend à son tour de la température initiale du béton et de l'influence que les adjuvants exercent sur la vitesse de développement de la chaleur d'hydratation.

Des variations semblables de température ont été observées dans différents éléments structuraux lors de la reconstruction du tablier du pont Jacques-Cartier à Sherbrooke (Blais et coll., 1996).

14.4.4 Influence de la nature des coffrages

Durant la reconstruction du pont Jacques-Cartier à Sherbrooke, les variations de la température du béton ont été enregistrées sur une poutre dont la partie inférieure était métallique avec des coffrages latéraux en contre-plaqué de 20 mm (Fig. 14.6). Comme prévu, les températures enregistrées juste à l'arrière des coffrages en contre-plaqué démontrent que les pertes de chaleur y étaient moins fortes qu'à travers les coffrages en acier. Par conséquent, la température maximale a été plus élevée et les gradients thermiques durant le refroidissement ont été nettement plus faibles derrière les coffrages en contre-plaqué. Comme le développement de trop forts gradients thermiques peut endommager le BHP, il est recommandé d'utiliser des coffrages en bois ou en acier isolé. L'utilisation de tels coffrages n'a pas d'impact majeur sur la température maximale de la masse du béton, mais diminue de façon significative les gradients thermiques générés par le refroidissement non uniforme du béton à cause des meilleures propriétés isolantes des coffrages.

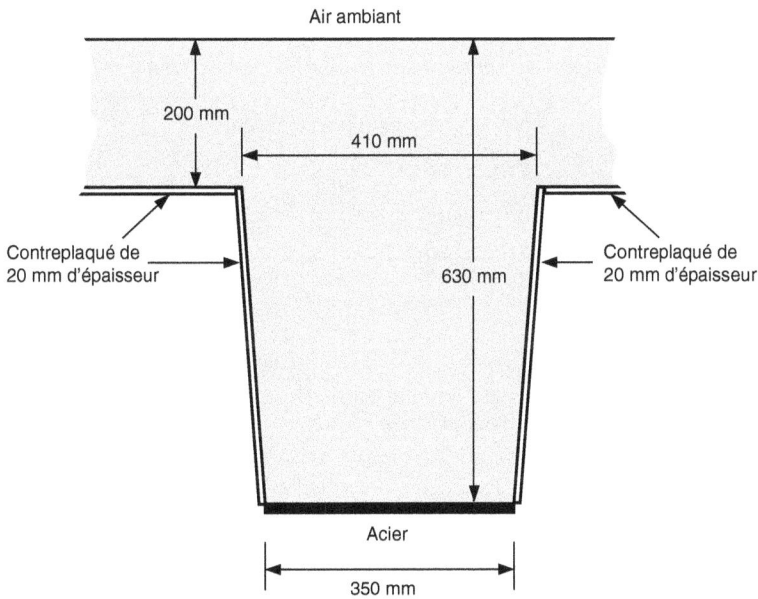

Figure 14.6 Coffrages utilisés pour la reconstruction du tablier du pont Jacques-Cartier à Sherbrooke

14.4.5 Influence simultanée de la température du béton frais et de la température ambiante

En utilisant le module TEXO du code de calcul par éléments finis CESAR développé par le Laboratoire central des ponts et chaussées de Paris (Humbert, 1989 ; Dubouchet, 1992), on a pu faire une simulation numérique de la montée en température au cœur de la culée du viaduc de la montée Saint-Rémi pour trois températures du béton frais et trois températures ambiantes différentes (Lachemi et Aïtcin, 1997). Le modèle numérique a été calé à partir des variations des températures mesurées durant et après la construction du pont dans ce même élément.

On a pu caler les températures maximales et les temps auxquels elles ont été atteintes pour tous les points du modèle à ± 2 °C et à ± 1 heure (Lachemi et coll., 1996b). Le tableau 14.2 reproduit la température maximale au centre de la culée pour les neuf configurations de température étudiées. D'après ce tableau, la température du béton frais influence le plus la température maximale au centre de la culée. La différence de température entre le centre de la culée et sa surface a toujours été plus grande que la différence de température entre le centre de la culée et sa partie inférieure qui était séparée de l'atmosphère ambiante par du contre-plaqué (Tableau 14.3). En outre, la différence de température entre le centre de la culée et sa partie supérieure augmente avec la température du béton frais, quelle que soit la température ambiante et décroît quand la température ambiante diminue pour une température donnée du béton frais.

Tableau 14.2. Température prédite au centre d'une poutre massive (Lachemi et Aïtcin, 1997).

Température du béton frais	Température ambiante		
	10 °C	**20 °C**	**28 °C**
10 °C	58	61	63
18 °C	67	69	70
25 °C	75	76	77

Tableau 14.3. Différence de température entre le centre de la poutre massive et sa surface (Lachemi et Aïtcin, 1997).

Température du béton frais	Surface exposée			Coffrage en contreplaqué 20 mm		
	Température ambiante			Température ambiante		
	10 °C	20 °C	28 °C	10 °C	20 °C	28 °C
10 °C	18	16	14	17	14	12
18 °C	21	18	16	19	16	14
25 °C	22	19	17	20	17	15

La plus faible différence de température obtenue lors de cette simulation l'a été avec un béton de 10 °C coulé par une température ambiante de 28 °C. Dans un tel cas, la réaction d'hydratation est retardée quelque peu à cause de la faible température initiale du béton. En outre, la différence entre la température maximale atteinte au cœur du béton et la température ambiante est minimale parce que cette dernière est déjà relativement élevée et qu'elle n'influence pas de façon significative la température maximale atteinte pour cet élément massif. Ainsi, la construction de l'élément massif qui a eu lieu en été avec un béton qui avait une température de 18 °C a généré des gradients thermiques plus faibles que si cette coulée s'était produite en condition hivernale.

14.4.6 *Remarques*

De façon générale, on peut dire que l'utilisation d'un BHP entraîne une augmentation de la température du béton dans sa masse, sauf dans le cas d'éléments minces coulés en hiver. La température maximale atteinte au cœur d'un BHP ne dépend pas seulement de la quantité de ciment qu'il contient, mais plutôt de la quantité de ciment qui s'hydrate réellement. La température maximale dépend aussi du type de ciment, de la quantité d'eau de gâchage, de l'influence des adjuvants, de la température initiale du béton, de la température ambiante, de la taille et de la forme de l'élément structural, de la nature des coffrages, etc. Il est donc simpliste de supposer que la quantité de chaleur générée par un BHP est une fonction directe de la quantité de liant utilisée pour le fabriquer.

En outre, même si la température d'un BHP augmente généralement de façon homogène, l'effet combiné de facteurs géométriques et de conditions thermodynamiques aux limites différentes entraîne une augmentation de la température non homogène dans des éléments en BHP, ce qui, évidemment, entraîne des retraits thermiques différents et l'apparition de gradients thermiques dans les différentes parties de la structure. Si l'on pense que l'augmentation de la température d'un BHP donné créera des problèmes de fissuration d'origine thermique, on peut prendre différentes mesures pour diminuer l'augmentation de la température du béton et les gradients thermiques qui en résultent de telle sorte que le BHP durcira dans des conditions sécuritaires du point de vue de la fissuration (Branco et coll., 1992 ; Bélanger et Shirlaw, 1993). Certaines de ces mesures sont présentées dans les sections suivantes.

14.5 Comment contrôler la température maximale d'un BHP ?

Il y a plusieurs façons pratiques de contrôler la température maximale atteinte par un BHP. Comme le ciment et en particulier sa teneur en C_3S sont responsables du développement de la chaleur, on pourrait logiquement essayer de régler le problème à sa source en utilisant un ciment qui a une faible chaleur d'hydratation et en substituant simultanément des ajouts cimentaires qui développent beaucoup moins de chaleur d'hydratation que du ciment. Malheureusement, à l'heure actuelle, cette solution logique ne peut pas être toujours mise en œuvre pour des raisons économiques aussi bien que techniques. Par exemple, les producteurs de béton ne disposent pas toujours de plusieurs silos à ciment pour pouvoir emmagasiner plusieurs types de ciment simultanément. Les délais de décoffrage d'un BHP occasionnés par l'utilisation d'un ciment qui a une faible chaleur d'hydratation et qui contient beaucoup d'ajouts cimentaires peut être trop coûteux pour l'entrepreneur puisqu'ils entraîneront un ralentissement du rythme de la construction. Pour plusieurs cas, la solution pratique la plus simple pour diminuer la température maximale du BHP reste donc de diminuer sa température initiale au moment de sa livraison.

14.5.1 Diminution de la température du béton au moment de sa livraison

Qu'il s'agisse d'un BHP ou d'un béton usuel, la diminution de la température au moment de la livraison peut être traitée de la même façon puisque que l'on fait face à un problème purement thermodynamique et que l'un et l'autre sont fabriqués à partir des mêmes ingrédients. Chaque fois qu'on peut le faire, il faut utiliser des ingrédients les plus froids possibles. En général, on n'a peu de latitude avec la température du ciment puisqu'il est toujours difficile et coûteux de la diminuer. On peut essayer de protéger les gros granulats contre une exposition directe au soleil et les arroser d'eau froide, mais cette mesure a somme toute un impact assez limité sur le pic de température d'un BHP. Comme dans le cas des bétons usuels, la façon la plus économique de diminuer la température d'un BHP est de diminuer la température de l'eau de gâchage (Neville, 1995). Jusqu'à présent, deux techniques ont été utilisées pour diminuer la température initiale d'un BHP : de l'azote liquide et de la glace broyée.

(a) Refroidissement à l'azote liquide

L'azote liquide a été utilisée avec succès pour diminuer la température du béton frais lors de la construction du gratte-ciel Scotia Plaza à Toronto (Ryell et Bickley, 1987), mais il s'agit d'une solution fort coûteuse. Dans le cas de cet édifice, l'utilisation d'azote liquide est revenue à 35 \$/m^3. En outre, on ne peut disposer facilement d'azote liquide partout et, en règle générale, le volume de BHP n'est pas toujours suffisamment important pour justifier la construction ou la location d'un réservoir et de systèmes de distribution d'azote liquide dans une usine de béton prêt à l'emploi. L'azote liquide fragilise aussi l'acier et peut créer des problèmes d'entretien sur les lames des camions malaxeurs. En outre, le nuage de vapeur d'eau et d'azote qui accompagne l'introduction de l'azote liquide dans le camion malaxeur peut créer des problèmes de sécurité dans les usines de béton prêt à l'emploi. Il est bon de souligner également que l'introduction de l'azote liquide ralentit le processus de livraison du béton.

(b) Utilisation de glace broyée

Une technique beaucoup plus courante et tout aussi efficace pour abaisser la température initiale du béton consiste à remplacer une partie de l'eau de gâchage par une masse équivalente de glace broyée. Cette technique est souvent utilisée pour diminuer la température d'un béton usuel destiné à des éléments particulièrement massifs. Lors de la construction du viaduc de la montée Saint-Rémi, cette technique a permis de maintenir la température du béton livré à 18 °C environ alors que la température ambiante maximale a été de 33 °C (Lachemi et coll., 1996b) de même que lors de la reconstruction du pont Jacques-Cartier à Sherbrooke en août (Blais et coll., 1996). Dans chacun des cas, on a remplacé en moyenne 40 l d'eau par 40 kg de glace broyée (entre 80 kg et 20 kg selon la température ambiante). La substitution de 80 l d'eau par 80 kg de glace représentait à peu près la moitié de la quantité d'eau de gâchage. Comme cette glace broyée fond très rapidement, son utilisation n'entraîne jamais de problème d'affaissement à la fin de la période de malaxage. Dans les deux cas, le coût de l'utilisation de la glace broyée a été évalué à 9,50 \$ CAN/m^3, ce coût inclut celui de la glace, son transport depuis Montréal (150 km), la location du système de broyage, l'introduction de la glace, le salaire de la personne engagée pour vérifier la température initiale du béton et pour déterminer la quantité de glace à ajouter.

14.5.2 Utilisation d'un retardateur

Comme on l'a déjà mentionné, lorsque l'on utilise un superplastifiant à un fort dosage, il a tendance à retarder l'hydratation du ciment parce que certaines de ses molécules se fixent sur le C$_3$S (Simard et coll., 1993). En règle générale, ce retard dans l'hydratation du ciment Portland est accompagné d'une diminution du pic de la température. Lorsque l'on utilise des retardateurs correctement dosés, ils peuvent aussi réduire le pic de température comme un superplastifiant, de telle sorte que, dans tous les projets réalisés jusqu'à aujourd'hui par les chercheurs de l'Université de Sherbrooke, on a introduit systématiquement une faible quantité de retardateur dans tous les BHP de chantier (Aïtcin et coll., 1987 ; Lachemi et coll., 1996b et c ; Blais et coll., 1996). Dans chacun des cas la quantité de retardateur a été ajustée de façon à ne pas trop retarder l'hydratation du ciment Portland.

La quantité optimale de retardateur que l'on peut rajouter peut être calculée facilement en introduisant des quantités croissantes de retardateur dans des BHP ou des mortiers qui ont le même rapport eau/liant et le même dosage en superplastifiant et en mesurant l'influence de cet agent retardateur sur la résistance à la compression ou sur le dégagement de chaleur. Le dosage qui est finalement sélectionné résulte d'un compromis entre la résistance à court terme et la température maximale atteinte.

Par exemple, dans le cas d'un ciment donné à partir d'une étude conduite sur coulis, on a trouvé qu'il fallait que le dosage en retardateur soit inférieur à 50 ml/100 kg de ciment si l'on voulait diminuer de façon sensible le pic de température sans perdre trop de résistance initiale ; avec un autre superplastifiant, le dosage maximal en retardateur devait être de 85 ml/100 kg de ciment. Ces deux dosages n'ont pas entraîné une diminution significative de la résistance à 24 heures.

Dans les pays chauds, où la disponibilité de glace peut être problématique, l'utilisation d'un retardateur est une solution intéressante lorsqu'il faut contrôler la température maximale atteinte par un BHP.

14.5.3 *Utilisation d'ajouts cimentaires*

Étant donné que les ajouts cimentaires ne réagissent pas aussi rapidement que le ciment Portland, il peut sembler très avantageux de remplacer un certain volume de ciment Portland fortement réactif qui développe une forte quantité de chaleur initiale par un ajout cimentaire qui est moins réactif. Cependant, il faut préciser que, dans un BHP, la quantité de chaleur générée durant les 24 premières heures n'est pas tellement reliée à la quantité totale de ciment contenue dans le béton, mais plutôt à la quantité d'eau disponible pour réagir avec le ciment. Pour obtenir une diminution significative du pic de température d'un BHP, il faut donc atteindre des degrés de substitution de l'ordre de 50 % ou plus, comme c'est aussi le cas pour les bétons usuels (Bramforth, 1980 ; Baalbaki et coll., 1992). Au-dessous de ce niveau de substitution, on observe une légère diminution du pic de la température, mais elle n'est pas directement proportionnelle à la quantité de ciment que l'on a substitué parce qu'une bonne partie de ce ciment n'a pas beaucoup de chance de s'hydrater par suite de la faible quantité d'eau de gâchage utilisée lors de la fabrication du BHP. En fait, même si le rapport eau/liant est faible, le rapport eau/ciment est élevé et augmente avec le degré de substitution, ce qui augmente la disponibilité de l'eau pour hydrater les grains de ciment.

14.5.4 *Utilisation d'un ciment à faible chaleur d'hydratation*

La solution la plus intéressante est évidemment d'utiliser un ciment à faible chaleur d'hydratation chaque fois que cela est possible. Ces ciments contiennent moins de C_3S et de C_3A, les deux phases les plus réactives du ciment Portland qui sont responsables du dégagement initial de chaleur. En outre, les ciments à faible chaleur d'hydratation sont des ciments broyés plus grossièrement de façon à limiter leur réactivité initiale de telle sorte que la chaleur initiale soit développée à un plus faible taux. Il ne s'agit pas à proprement parler d'un désavantage lorsque l'on fabrique des BHP puisque l'on peut obtenir une résistance à la compression initiale élevée du fait que les grains de ciment sont très rapprochés les uns des autres à cause de la diminution du rapport eau/liant. Dans le futur, on peut prévoir que de plus en plus de ciments ASTM de type II seront utilisés pour fabriquer des BHP. Il se peut même que les producteurs de ciment mettent sur le marché des ciments de type II ayant différentes finesses de façon à pouvoir contrôler la résistance à la compression initiale. En outre, l'utilisation d'un ciment qui a une très faible quantité de C_3S et de C_3A est très avantageuse à la fois du point de vue rhéologique et du point de vue économique. Ainsi, on peut diminuer significativement la quantité de superplastifiant nécessaire pour obtenir un affaissement élevé tout en améliorant le temps de rétention de l'affaissement. De plus, l'utilisation d'un ciment de type II entraîne une diminution du retrait endogène (chapitre 12).

14.5.5 *Protection du BHP en conditions hivernales*

Il y a des cas où le BHP doit être protégé contre l'effet des trop basses températures durant l'hiver. On peut alors utiliser de l'eau chaude, des coffrages isolés ou des couvertures isolantes, comme cela se fait déjà dans le cas des bétons usuels. Ces méthodes sont très efficaces pour protéger les BHP exposés à de très faibles températures. Deux tabliers de pont ont été coulés dans des conditions hivernales sévères sans rencontrer de problèmes majeurs de bétonnage (Lessard et coll., 1993 ; Blais et coll., 1996). Dans chacun de ces cas, il a fallu utiliser de l'eau chaude durant le malaxage et recouvrir le béton de couvertures isolantes pour protéger la surface supérieure du BHP contre tout abaissement de sa température. En hiver, il est toujours bon de prévoir qu'il faudra hausser la température du béton frais entre 20 et 25 °C et isoler les surfaces horizontales du béton. Au contraire, en été, il est préférable d'utiliser un béton dont la température maximale au moment de sa livraison est comprise entre 15 et 20 °C, mais il est toujours avantageux d'isoler les surfaces des coffrages pour limiter les gradients thermiques.

14.6 Comment contrôler l'apparition de gradients thermiques

Des gradients thermiques se développent dans un élément structural chaque fois que la chaleur qui se dissipe varie entre deux points. Les gradients thermiques peuvent être critiques dans le cas d'éléments massifs et dans le cas de poutres ayant des dimensions maximales supérieures à 500 mm. Dans les éléments plus fins, des gradients thermiques qui se développent ne sont jamais suffisamment élevés pour entraîner l'apparition de fissures, sauf dans le cas où les éléments sont soumis à des chocs thermiques de forte amplitude.

La meilleure façon de minimiser l'apparition de gradients thermiques est d'utiliser des coffrages isolants alors que la moins bonne façon est d'utiliser des coffrages en acier. Des logiciels de calcul par éléments finis peuvent être utilisés pour décider de l'utilisation ou non de coffrages isolants. Cependant, il ne faut pas oublier que, dans de tels cas, si l'on diminue les gradients thermiques, on augmente sensiblement le retrait thermique qui se développera dans le BHP (Miao et coll., 1991). Une fois le béton décoffré il est toujours bon de l'envelopper de couvertures isolantes.

Durant la construction des sections en BHP du pont de Normandie, les voussoirs ont été chauffés de l'intérieur de telle sorte que la source de chaleur puisse homogénéiser l'augmentation de température à l'intérieur du voussoir à cause de ses différentes épaisseurs (Acker, 1996).

14.7 Conclusion

Les causes de l'augmentation de la température maximale que l'on observe dans un BHP doivent être bien comprises si l'on veut bien maîtriser les effets thermiques. De façon surprenante, on trouve que l'augmentation de température d'un BHP n'est pas beaucoup plus importante que celle que l'on observe chaque fois que l'on utilise des bétons de 30 à 35 MPa. Quand on comprend bien l'origine de cette augmentation de température, on peut alors prendre des mesures pour la contrer et pour contrôler son influence sur les propriétés du béton. Malheureusement, il n'y a pas de méthode universelle à cause de la complexité même du béton, en particulier à cause de :

- la grande diversité dans la composition des bétons à faible rapport eau/liant ;
- la grande variation dans les conditions initiales et ambiantes ;
- la grande variation dans la taille et la géométrie des éléments structuraux.

Comme c'est souvent le cas dans le domaine du béton, il n'y a pas une seule façon simple d'aborder et de résoudre un problème et la décision finale est toujours de la responsabilité de l'ingénieur. Cette décision peut être prise après avoir étudié les différentes alternatives qui permettent de réduire la température maximale après en avoir soupesé les avantages, les faiblesses, l'impact économique et l'influence sur la durabilité de la structure. Lorsqu'un tel exercice est complété, on peut utiliser avec confiance et efficacité un BHP pour construire une structure à la fois sécuritaire, durable et économique. Les entrepreneurs, les producteurs et les techniciens sont tous concernés par ces choix et ils doivent tout autant que les ingénieurs accorder une attention très particulière à la diminution de la température maximale du BHP, et surtout éviter de générer des gradients thermiques trop élevés.

Références

Acker, P. (1996) Communication personnelle.

Aïtcin, P.-C. et Lessard, M. (1994) Canadian experience with air-entrained high-performance concrete. *Concrete International*, **16**(10), octobre, 35-38.

Aïtcin, P.-C., Laplante, P. et Bédard, C. (1985) *Development and Experimental Use of 90 MPa (13,000 psi) Field Concrete*, ACI SP-87, p. 51-70.

Aïtcin, P.-C., Sarkar, S.L., Regourd, M. et Hornain, H. (1987) Microstructure of a two-years old very high strength field concrete (100 MPa), dans *Proceedings of Symposium on Utilization of High Strength Concrete*, Stavanger (éd. I. Holland *et coll.*), Tapir, Norvège, N-7034 Trondheim, NTH, Norvège, ISBN 82-519-07977, p. 99-109.

Aïtcin, P.-C., Miao, B., Cook, W.D. et Mitchell, D. (1994) Effects of size and curing on cylinder compressive strength of normal and high-strength concretes. *ACI Materials Journal*, **91**(4), juillet-août, 349-354.

Baalbaki, M. Sarkar, S.L. Aïtcin, P.-C. et Isabelle, H. (1992) *Properties and Microstructure of High-Performance Concretes Containing Silica Fume, Slag and Fly Ash*, 4th CANMET/ACI International Conference on Fly Ash, Silica Fume, Slag and Natural Pozzolans in Concrete, Istamboul, Turquie, ACI SP-132, vol. 2, mai, p. 921-942.

Baroghel-Bouny, V., Godin, J. et Gausewitch, J. (1996) *Microstructure and Moisture Properties of High-Performance Concrete*, 4e symposium international sur le béton à haute performance, Paris, France, mai, p. 451-461.

Bélanger, P.R. et Shirlaw, M.R. (1993) Temperature control in high-strength massive concrete girders. *Concrete International*, **15**(11), novembre, 30-32.

Blais, F.A., Dallaire, E., Lessard, M. et Aïtcin, P.-C. (1996) *The Reconstruction of the Bridge Deck of the Jacques Cartier Bridge in Sherbrooke (Quebec) using High-Performance Concrete*, 30e réunion annuelle de la Société canadienne de génie civil, Edmonton, Alberta, mai, ISBN 0-921-303-60, p. 501-507.

Bramforth, P.B. (1980) In Situ Measurement of the Effect of Partial Portland Cement Replacement using Either Fly Ash or Ground Granulated Blast-Furnace Slag on the Performance of Mass Concrete, Proceedings of the Institution of Civil Engineers, **69**(2), septembre, 777-800.

Branco, F.A., Mendes, P.A. et Mirambell, E. (1992) Heat of hydration effects in concrete structures. *ACI Materials Journal*, **89**(2), mars-avril, 139-145.

Burg, R.G. et Ost, B.W. (1992) *Engineering Properties of Commercially Available High-Strength Concretes*, Association du ciment Portland, RD 104.OIT, Skokie, IL, USA, 55 p.

Cook, W.D., Miao, B., Aïtcin, P.-C. et Mitchell, D. (1992) Thermal stresses in large high-strength concrete columns. *ACI Materials Journal,* **89**(1), janvier-février, 61-68.

Dubouchet, A. (1992) Développement d'un pôle de calcul : CESAR-LCPC. *Bulletin de liaison des Laboratoires des Ponts et Chaussées*, n° 178, mars-avril, 77-84.

Haque, M.N., Gopalan, M.K. et Ho, D.W.S. (1991) Estimation of in-situ strength of concrete. *Cement and Concrete Research*, **21**(6), 1103-1110.

Humbert, P. (1989) CESAR-LCPC : un code de calcul par éléments finis. *Bulletin de liaison des Laboratoires des Ponts et Chaussées*, n° 160, mars-avril, 112-115.

Khayat, K.H., Bickley, J.A. et Hooton, R.D. (1995) High-strength concrete properties derived from compressive strength values. *Cement, Concrete and Aggregates*, **17**(2), décembre, 126-133.

Lachemi, M. et Aïtcin, P.-C. (1997) Influence of ambient and fresh concrete temperatures on the maximum temperature and thermal gradient in a high-performance concrete. *ACI Materials Journal*, **94**(2), mars-avril, 102-110.

Lachemi, M., Bouzoubaâ, N.et Aïtcin, P.-C. (1996a) *Thermally Induced Stresses During Curing in a High Performance Concrete Bridge : Field and Numerical Studies*, comptes rendus, Second International Conference in Civil Engineering on Computer Applications : Research and Practice, Bahrain, avril, vol. 2, University of Bahrain Press, p. 451-457.

Lachemi, M., Lessard, M. et Aïtcin, P.-C. (1996b) *Early-Age Temperature Developments in a High-performance Concrete Viaduct*, ACI SP-167, p. 149-174.

Lachemi, M., Bois, A.P., Miao, B., Lessard, M. et Aïtcin, P.-C. (1996c) First year monitoring of the first air-entrained high-performance bridge in North America. *ACI Structural Journal*, **93**(4), juillet-août, 379-386.

Lessard, M., Dallaire, E., Blouin, D. et Aïtcin, P.-C. (1994) High-performance concrete speeds reconstruction for McDonald's. *Concrete International*, **16**(9), septembre, 47-50.

Malier, Y. (1982) Action de la température sur les propriétés du béton durci, dans *Le béton hydrauliqu*, édité par J. Baron et R. Sauterey, Presses de l'École nationale des Ponts et chaussées, ISBN 2-85978-033-5, p. 409-422.

Lessard, M., Gendreau, M., Baalbaki, M., Pigeon, M. et Aïtcin, P.-C. (1993) Formulation d'un béton à haute performance à air entraîné. *Bulletin de liaison des Laboratoires des Ponts et Chaussées*, n° 188, novembre-décembre, 41-51.

Miao, B., Aïtcin, P.-C., Cook, W.D. et Mitchell, D. (1991) *Effect of Thermal Gradients and Microcracking of Large Structural Elements Made of High Strength Concrete*, 70e rencontre annuelle, Transportation Research Board, Washington, USA.

Miao, B., Aïtcin, P.-C., Cook, W.D. et Mitchell, D. (1993a) Influence of concrete strength on in-situ properties of large columns. *ACI Materials Journal*, **90**(3), mai-juin, 214-219.

Miao, B., Chaallal, O., Perraton, D. et Aïtcin, P.-C. (1993b) On-site early-age monitoring of high-performance concrete columns. *ACI Materials Journal.* **90**(5), septembre-octobre, 415-420.

Moranville-Regourd, M. (1992) Microstructure des BHP, dans *Les bétons à hautes performances – Caractéristisation, durabilité, applications*, édité par Y. Malier, Presses de l'École nationale des Ponts et Chaussées, ISBN 2-85978-187-0, p. 25-44.

Moranville, M. (1996) *Implications of Curing Temperatures for Durability of Cement Based Systems*, Séminaire – Cement for Durable Concrete, Royal Melbourne Institute of Technology, Melbourne, 8 p.

Neville, A.M. (1995) *Properties of Concrete*, 4e édition, Longman Group Ltd, Harlow, Angleterre, p. 359-411.

Ryell, J. et Bickley, J.A. (1987) Scotia Plaza : high strength concrete for tall buildings, dans *Utilization of High Strength Concrete*, Stavanger (édité par I. Holland *et coll.*), Tapir, N-7034 Trondheim, NTH, Norvège, ISBN 82-519-07977, p. 641-653.

Schaller, I., de Larrard, F., Sudret, J.P., Ardisson, A. et Le Roy, R. (1992) L'expérimentation du Pont de Joigny, dans *Les bétons à hautes performances – Caractéristisation, durabilité, applications*, édité par Y. Malier, Presses de l'École nationale des Ponts et Chaussées, ISBN 2-85978-187-0, p. 483-520.

Simard, M.-A., Nkinamubanzi, P.-C., Jolicœur, C., Perraton, D. et Aïtcin, P.-C. (1993) Calorimetry, rheology and compressive strength of superplasticized cement paste. *Cement and Concrete Research*, **23**, 939-950.

Chapitre 15

Essais sur les BHP

Comme l'ont écrit Bickley et coll. (1990) : « il est inutile de spécifier un BHP si les essais que l'on effectue ne garantissent pas d'atteindre les performances visées, et il est aussi essentiel que les essais soient faits de façon correcte, ce qui n'a pas toujours été le cas pour les BHP ».

À première vue, il peut sembler inutile de consacrer un chapitre entier dans un livre sur les BHP à définir de façon précise et détaillée les procédures d'essais aussi simples que ceux de la résistance à la compression ou de la mesure du retrait. Dans le cas des bétons usuels, des méthodes normalisées sont bien établies et elles ont été éprouvées depuis longtemps (Gorisse, 1982). En outre, de nombreuses relations empiriques basées sur un grand nombre d'essais de laboratoire ou de chantier ont été établies au cours des années, ce qui permet d'analyser les résultats avec un grand degré de confiance. Les codes de construction qui dépendent des résultats de ces essais normalisés et des valeurs données par ces relations empiriques ont été validés par le fait que les structures en béton qu'ils permettent de calculer ne présentent pas de problème. Pourquoi les méthodes normalisées actuelles et les relations empiriques développées dans le cas des bétons usuels devraient-elles alors être remises en question dans le cas des BHP (Carino et coll., 1994) ?

En fait, on s'est vite rendu compte que certaines procédures normalisées et relations empiriques utilisées et développées dans le cas des bétons usuels ne convenaient absolument pas au BHP et qu'elles devaient être ajustées ou modifiées partiellement. Heureusement, on a pu développer des méthodes empruntées à la mécanique des roches qui traite de matériaux aussi résistants ou même plus que les BHP. D'un certain point de vue, on peut considérer un BHP comme une roche artificielle aussi résistante et même quelquefois plus résistante que certaines roches naturelles. Dans de nombreux cas, on a pu adapter très facilement les méthodes d'essai et les procédures utilisées en mécanique des roches aux besoins des BHP.

Toutefois, il n'a pas été nécessaire de modifier ou d'adapter toutes les procédures normalisées utilisées dans le cas des bétons usuels. Par exemple, les méthodes normalisées pour mesurer les propriétés du béton frais, le module de rupture, le module élastique, la résistance au fendage, la résistance à l'abrasion ont pu être directement utilisées sans aucune modification dans le cas des BHP puisque l'énergie et les contraintes développées durant ces essais sont du même ordre de grandeur que celles développées dans un béton usuel.

Dans certains cas, les méthodes d'essai normalement utilisées pour les bétons usuels doivent s'appliquer avec beaucoup de prudence ou même être modifiées pour les BHP parce que l'on peut faire face à des conditions instables, en particulier lorsque l'on essaie de déterminer la courbe contrainte/déformation. Il y a d'autres cas où les montages normalisés utilisés à l'heure actuelle ne sont pas adaptés aux BHP de telle sorte qu'il a fallu développer de nouvelles procédures, de nouveaux montages et de nouveaux appareils, comme pour les mesures de retrait et de fluage. Dans ce dernier cas, l'utilisation de ressorts pour développer une charge constante sur le BHP peut ne plus fonctionner par suite des très fortes charges qu'il faut maintenir sur les éprouvettes.

Il y a des cas où les méthodes actuelles ne sont plus du tout satisfaisantes dans le cas des BHP et ne peuvent être ni adaptées ni copiées de celles utilisées en mécanique des roches comme dans le cas des mesures de retrait ou de perméabilité. Par exemple, si l'on veut évaluer la perméabilité d'un BHP, l'expérience démontre qu'il est préférable de le faire selon la norme AASHTO T-277, ou son équivalent ASTM C 1202, tant que l'on n'aura rien trouvé de mieux ; il faut donc s'habituer à exprimer la perméabilité aux ions chlore en coulomb, bien qu'à l'heure actuelle assez peu de personnes connaissent cette échelle de perméabilité.

Ce chapitre présente les méthodes les plus appropriées pour mesurer la résistance à la compression, déterminer la courbe contrainte/déformation (spécialement dans le domaine postpic), le retrait, le fluage, la perméabilité et le module élastique des BHP.

15.2 Mesure de la résistance à la compression

À l'heure actuelle, pour évaluer la résistance à la compression d'un béton usuel, on utilise la plupart du temps des cylindres normalisés de 16×32 cm, soit une surface de 200 cm^2 pour une hauteur de 32 cm (norme AFNOR NFP 18-408 : 1981, Béton – Essais d'Études, de Convenance et de Contrôle – Confection et conservation des éprouvettes). Le diamètre des éprouvettes peut varier légèrement d'un pays à l'autre (Neville, 1995), mais il se situe toujours autour de 150 à 160 mm et le rapport entre la hauteur et le diamètre des cylindres est toujours égal à 2.

Après 28 jours de mûrissement normalisé dans une chambre humide ou dans de l'eau saturée de chaux à 20 °C ± 2 °C, les extrémités des cylindres sont coiffées quelques heures avant d'être soumises à l'essai. On les coiffe généralement avec un matériau à base de soufre qui durcit rapidement, que l'on appelle communément matériau de coiffe. Ce matériau de coiffe est chauffé jusqu'à ce qu'il devienne liquide et il est versé dans un montage spécial qui assure que les deux coiffes seront parallèles et perpendiculaires à l'axe de l'éprouvette. Cette préparation assure une compression uniaxiale à l'éprouvette et non un cisaillement ou un flambement (de Larrard et coll., 1988). Pour les bétons usuels, la résistance à la compression de la coiffe est nettement supérieure à celle du béton que l'on met à l'essai.

Les éprouvettes ainsi coiffées sont ensuite placées entre les deux plateaux d'une presse hydraulique et l'on applique une charge avec une vitesse de chargement constante jusqu'à la rupture. Par exemple, la rupture se produit lorsqu'une charge de 400 kN est appliquée sur un cylindre de 16×32 cm dont la résistance est de 20 MPa :

$$200 \cdot 10^{-4} \times 20 \times 10^{6} \text{ newtons} = 400 \text{ kN}$$

Évidemment, cette charge devient égale à 800 kN quand la résistance à la compression du béton passe à 40 MPa. Tant que la résistance à la compression des bétons usuels demeure comprise entre 20 et 40 MPa, la charge ultime qu'il faut développer s'accommode bien des capacités des presses que l'on retrouve dans la plupart des laboratoires, presses qui ont généralement une capacité maximale de 1,3 MN.

De façon à pouvoir mesurer la résistance à la compression d'un BHP, il est nécessaire de comprendre le nouveau genre de situations auxquelles on peut avoir à faire face (Comité ACI 199 ; Boulay et coll., 1999 ; ASTM CXX-XX, 2000). Dans les paragraphes qui suivent, on examine les limitations dues à la capacité des presses, l'influence de la préparation des surfaces des éprouvettes, leur position sur le plateau de la presse durant l'essai et l'influence de leur forme et de leur taille. On étudie également l'âge et le type de mûrissement nécessaires pour mesurer la résistance à la compression.

15.2.1 Influence de la capacité de la presse

(a) Limitations dues à la capacité de la presse

À l'heure actuelle, lorsque l'on a besoin de faire des essais de résistance à la compression sur des bétons de 40 MPa, on utilise sans aucun problème des cylindres de 16×32 cm. En général, on considère qu'un appareil ne doit pas être utilisé de façon routinière et répétée à plus des deux tiers de sa capacité maximale, de façon à éviter toute fatigue prématurée. Une presse d'une capacité de 1,3 MN peut donc être utilisée facilement pour mesurer la résistance à la compression de bétons ayant une résistance de l'ordre de 40 MPa. En outre, on peut utiliser de façon occasionnelle cette presse à pleine capacité pour mesurer la résistance à la compression de cylindres de 16×32 cm qui ont une résistance qui peut atteindre jusqu'à 70 MPa. Cependant, cette résistance à la compression correspond à peu près à la résistance moyenne des BHP qui sont le plus couramment utilisés à l'heure actuelle et il peut donc être dangereux (et coûteux à long terme) de mettre à l'essai de tels bétons de façon répétée avec une presse d'une capacité de 1,3 MN. Par conséquent, les presses actuelles ne sont plus adaptées pour mesurer la résistance à la compression de bétons qui correspondent à la limite inférieure de la classe II des BHP.

Pour évaluer des BHP ayant une résistance à la compression supérieure à 50 MPa, il y a deux options : acheter une nouvelle presse de plus grande capacité ou utiliser des éprouvettes plus petites.

L'achat d'une nouvelle presse ayant une capacité et une rigidité plus élevées présente un investissement à long terme fort coûteux pour un laboratoire d'essai. Dans un tel cas, il n'est pas certain que la capacité de cette presse ne sera pas dépassée à son tour dans 5 ou 10 ans. Par exemple, si l'on utilise de plus en plus de BHP de classe III, il faudra alors opter pour une presse ayant une capacité totale de 3,3 MN (si l'on continue d'appliquer la règle des deux tiers de la charge totale pour des questions de sécurité). L'achat d'une telle presse qui sera utilisée à sa pleine capacité que très rarement représente un gros investissement pour un laboratoire.

L'achat d'une nouvelle presse devient aussi un investissement très coûteux pour une université ou un centre de recherche qui veut mettre à l'essai des BHP de classe V (> 150 MPa) puisque la capacité totale de la presse devrait être supérieure à 4 MN (Lessard et Aïtcin, 1992). L'acquisition d'une telle presse nécessite, non seulement un grand investissement lié directement à l'achat de la presse, mais aussi des coûts d'installation très élevés et l'occupation d'un grand espace tant en surface qu'en hauteur, car il faudra faire reposer cette presse sur une base suffisamment lourde pour dissiper toute l'énergie emmagasinée par la presse juste avant la rupture de l'éprouvette. Même si cette première option peut représenter un eldorado pour les fabricants de presse, il vaut mieux envisager de diminuer la taille des éprouvettes de BHP et de béton usuel. Cependant, il s'agit de décider quel est le diamètre des éprouvettes qu'il faut retenir : 125, 100 ou 75 mm.

À l'heure actuelle, dans la plupart des laboratoires d'essai, la capacité des presses est de 1,3 MN. Quelle est la résistance à la compression maximale que ces presses permettent de mesurer en utilisant la règle des deux tiers de la charge maximale ? Un simple calcul montre qu'une presse de 1,3 MN permet de mettre à l'essai des bétons ayant une résistance à la compression de :

$$f'_c = \frac{1,1}{D^2}$$

où f'_c est exprimé en MPa et D en mm. Si l'éprouvette de béton a un diamètre de 75 mm, la résistance maximale qui peut être mesurée de façon sécuritaire sur une base routinière est de 196 MPa, pour les éprouvettes de 100 mm, elle sera de 110 MPa et de 70 MPa pour des éprouvettes de 125 mm. Ainsi, pour que les presses que l'on retrouve dans les laboratoires à l'heure actuelle puissent être utilisées pour évaluer la résistance des BHP, il suffit de mesurer la résistance à la compression sur des éprouvettes de 11×22 cm (100 cm^3 de section pour 22 cm de hauteur). À l'occasion, ces presses pourront être utilisées à leur capacité totale de $1,3$ MN pour des bétons de 165 MPa, ce qui correspond à la résistance de BHP de classe V alors qu'une telle résistance n'a pas encore été atteinte dans des projets industriels utilisant des BHP.

Cependant, la décision du choix du diamètre des éprouvettes de BHP ne doit pas reposer exclusivement sur la durée de vie des presses de $1,3$ MN pour éviter d'avoir à investir dans de nouvelles presses. Il faut évaluer sur une base scientifique et objective les conséquences d'un tel changement d'habitude.

(b) Influence de la taille de la rotule de la presse

La décision de changer la taille des éprouvettes normalisées (qui a déjà été prise par un certain nombre de chercheurs et de laboratoires) a une conséquence directe sur le montage de la presse. Ce point est très souvent oublié et permet d'expliquer certains résultats difficiles à interpréter qui sont présentés dans la documentation sur la résistance à la compression de certains BHP. De façon à satisfaire la norme NFP 18-406 : déc. 1981 (Bétons-Essais de comression), la résistance à la compression se mesure sur une presse qui assure un parallélisme parfait entre les deux extrémités de l'éprouvette. Dans le cas où le parallélisme ne serait pas parfait, il doit pouvoir être corrigé automatiquement par le plateau supérieur de la presse grâce à la présence d'une rotule dont la taille varie selon celle de l'éprouvette. Les figures 15.1 et 15.2 présentent les rotules qui doivent être utilisées avec des éprouvettes de 100×200 et de 150×300 mm selon la norme ASTM C39 (Lessard, 1990). Chaque fois que l'on change de diamètre d'éprouvette, il faut changer la tête de la presse, ce qui n'est pas toujours facile si l'appareil n'a pas été adapté pour cela. La figure 15.3 présente un montage utilisé à l'Université de Sherbrooke qui simplifie grandement le changement de rotule ; avec un tel montage, il est possible de changer de rotule en moins de 5 minutes sans avoir à faire d'effort particulier.

Comme l'a démontré Lessard (1990), si l'on n'utilise pas une rotule appropriée, la résistance à la compression pourra être très différente de celle qui aurait été mesurée en utilisant la rotule normalisée (Tableau 15.1). Quand on utilise une rotule adaptée à des éprouvettes de 100 mm, un béton qui a une résistance de 112 MPa voit sa résistance chuter à 108 MPa lorsqu'on la mesure avec une rotule faite pour des éprouvettes de 150 mm. Cependant, lorsque l'on évalue des éprouvettes de 150×300 mm avec une rotule normalisée pour des éprouvettes de 100×200 mm, la valeur de la résistance à la compression que l'on obtient est seulement de $89,3$ MPa, soit une diminution de 17 % par rapport à la valeur que l'on aurait eue si l'on avait utilisé une rotule normalisée. En outre, durant ces expériences, on a pu se rendre compte que le mode de rupture des éprouvettes de béton était différent lorsque l'on utilisait des rotules qui n'étaient pas normalisées.

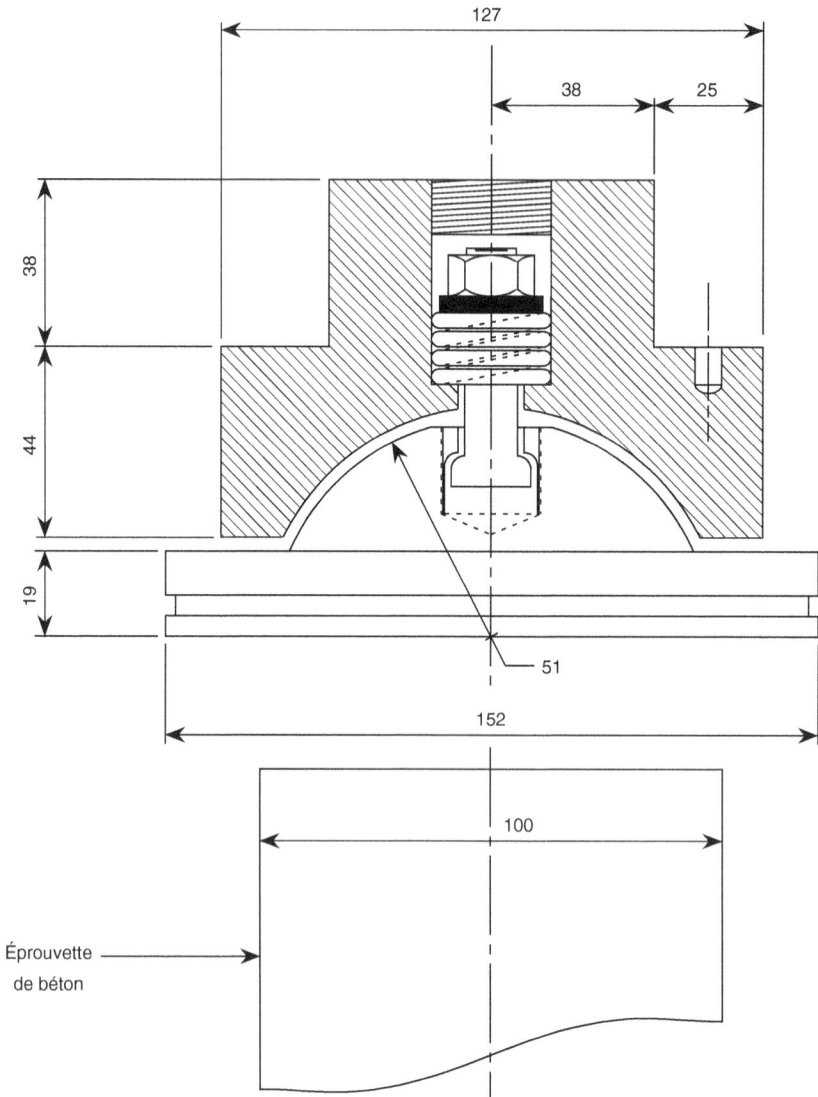

Figure 15.1 Bloc d'appui normalisé (102 mm de diamètre) pour des essais s
ur des éprouvettes de 100 × 200 mm (dimensions en mm)

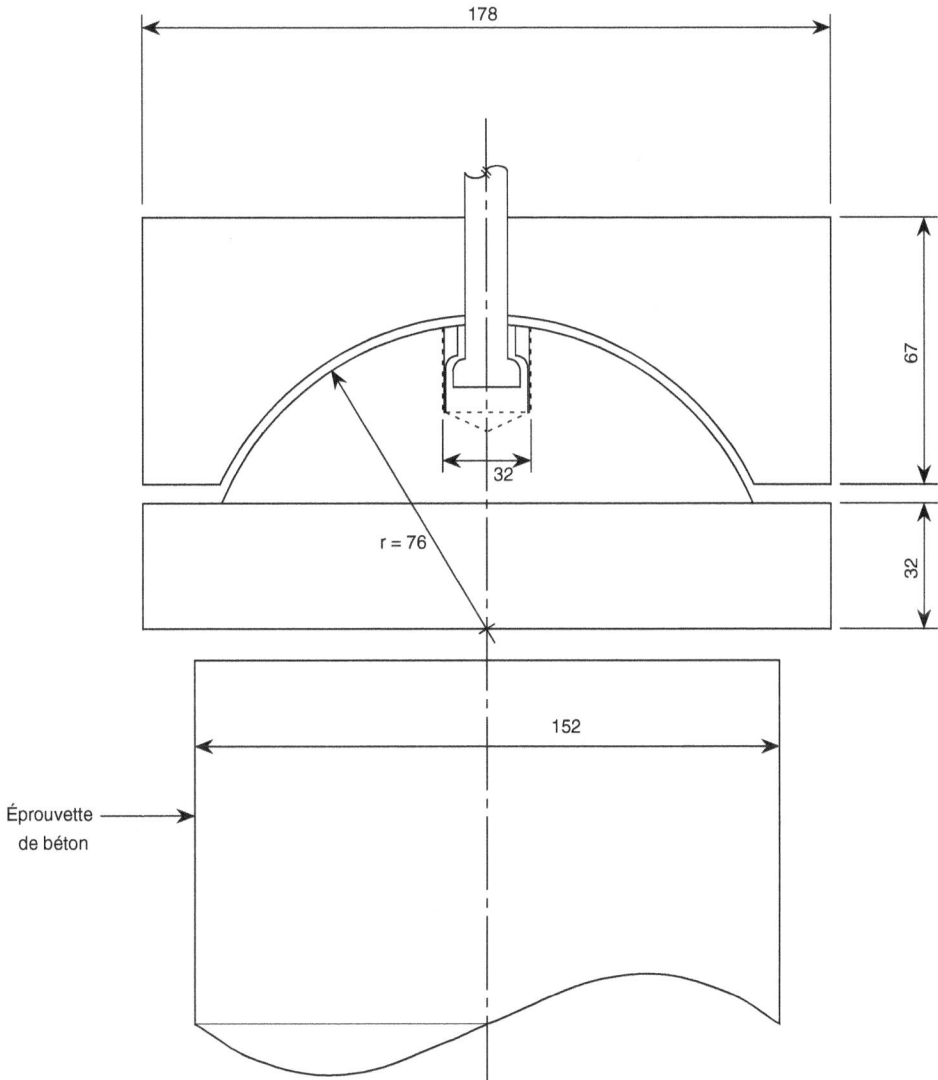

Figure 15.2 Bloc d'appui normalisé (152 mm de diamètre) pour des essais s
ur des éprouvettes de 150 × 300 mm (dimensions en mm)

Figure 15.3 Installation facilitant le changement des rotules à l'Université de Sherbrooke

Tableau 15.1. Résistance à la compression moyenne mesurée avec des blocs d'appui de différents diamètres.

Identification du béton	Type d'appui	Résistance à la compression moyenne MPa					
		Coiffés			Meulés		
		Cylindres 100 × 200 mm	Cylindres 150 × 300 mm	$\dfrac{\overline{f'}_{c100}}{\overline{f'}_{c150}}$ (%)	Cylindres 100 × 200 mm	Cylindres 150 × 300 mm	$\dfrac{\overline{f'}_{c100}}{\overline{f'}_{c150}}$ (%)
C10	Ø 102 mm	—	—	—	112[a]	89,3[b]	125
	Ø 152 mm	—	—	—	108[**]	—	104[c]
C11	Ø 102 mm	118[d]	93,0[****]	127	119[****]	93,5[****]	127

a. Moyenne de 3 éprouvettes.
b. Moyenne de 7 éprouvettes.
c. Basé sur le rapport 112/108.
d. Moyenne de 12 éprouvettes.

Avec des éprouvettes de 100×200 et de 150×300 mm mises à l'essai avec des rotules de la bonne dimension, on a toujours trouvé que le mode de rupture se faisait sous forme de cônes opposés (Fig. 15.4a, 15.5). Par contre, lorsque l'on mettait à l'essai des éprou-vettes de 150×300 mm avec une rotule n'ayant pas les dimensions normalisées, la rupture avait plutôt tendance à se produire par fissuration verticale (Fig.15.4b). Neville et Brooks (1987) ont identifié ce type de rupture comme caractéristique d'un essai de fendage.

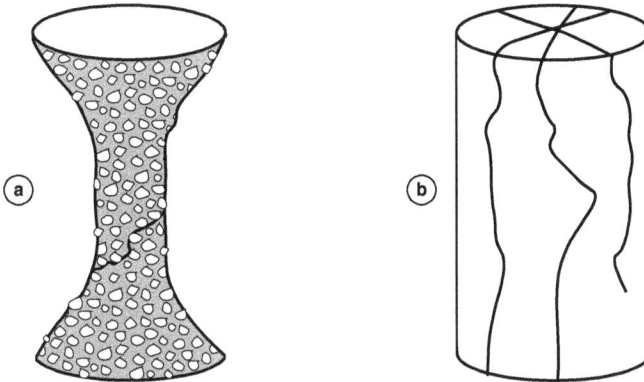

Figure 15.4 (a) Rupture conique due au cisaillement ; (b) Rupture par éclatement

(a) Les gros granulats ont été fracturés

(b) Décollement des grosses particules du gravier

(c) Une rupture à 150 MPa

Figure 15.5 Ruptures coniques types

Ces expériences ont été répétées avec un deuxième béton en utilisant 12 éprouvettes pour chaque mesure. On a poli les extrémités de la moitié des éprouvettes et l'on a préparé les extrémités de l'autre moitié avec un matériau de coiffe à base de soufre à haute résistance (Tableau 15.1). Dans ce cas aussi, on a pu mesurer une diminution de la résistance à la compression quand on utilisait des éprouvettes de 150×300 mm avec une rotule normalisée pour mettre à l'essai des éprouvettes de 100×200 mm. Les résultats de ces expériences permettent de penser que certaines différences significatives dans les valeurs de résistance à la compression que l'on trouve dans la documentation entre des éprouvettes de 100×200 et de 150×300 mm peuvent probablement être attribuées à l'utilisation d'une rotule inadéquate.

Selon la norme NFP 18-406 : déc. 81, lorsque l'on utilise une rotule normalisée, le mode de rupture d'une éprouvette devrait faire apparaître deux cônes opposés, parce que ses deux extrémités sont confinées par les plateaux de la presse lorsque l'on applique la charge de compression. Lorsqu'une éprouvette est chargée en mode uniaxial, son diamètre augmente dans la direction perpendiculaire à l'axe de chargement (Thaulow, 1962), mais, en même temps, des efforts de friction se développent entre les extrémités de l'éprouvette et les deux plateaux de la presse, ce qui empêche le diamètre d'augmenter dans cette zone particulière où le béton est confiné. Ces efforts de friction qui tendent à contrecarrer l'expansion naturelle que devrait avoir le béton créent des zones de résistance à la compression dans les deux extrémités qui sont responsables de la forme conique de l'éprouvette qui se brise (Thaulow, 1962). Si la rotule n'a pas un diamètre suffisamment grand pour couvrir entièrement l'éprouvette, une partie de son extrémité n'est plus que partiellement confinée (Hester, 1980) ; on peut y voir se développer un mode de rupture par fendage et la résistance à la compression mesurée décroît alors (Neville, 1995). Il est donc très important de s'assurer que l'on utilise des rotules qui ont la bonne dimension chaque fois que l'on change le diamètre des éprouvettes de béton mises à l'essai.

(c) Influence de la rigidité de la presse

La rigidité des presses est un sujet de préoccupation pour les chercheurs intéressés à étudier l'allure des courbes postpics des bétons usuels. Dans le cas des BHP, ce problème est encore beaucoup plus sérieux, car, lorsque la rupture d'une éprouvette de béton se produit, toute l'énergie élastique emmagasinée dans les colonnes de la presse est brutalement relâchée. La répétition fréquente d'un tel essai relâche une énergie considérable qui peut dérégler la presse et la décalibrer (Holland, 1987). En outre, les presses doivent être fixées sur une base suffisamment massive pour pouvoir absorber toute cette énergie et éviter de générer des vibrations dangereuses (Lessard et Aïtcin, 1992).

Lorsque la résistance à la compression est mesurée sur une presse très rigide, il est important de noter que l'éprouvette raccourcit au fur et à mesure que la charge augmente, mais, en même temps, la déformation de la presse est négligeable lorsqu'on la compare à celle de l'éprouvette. Ainsi, la vitesse de chargement diminue de telle sorte que la résistance à la compression que l'on mesure s'en trouve diminuée (Neville, 1995).

15.2.2 Influence des méthodes d'essai

En plus de devoir utiliser une presse appropriée pour mesurer la résistance à la compression, il faut savoir que la préparation des éprouvettes a une grande importance, en particulier la préparation de leurs extrémités et son excentricité durant le chargement.

(a) Comment préparer les extrémités des éprouvettes

La résistance des matériaux de coiffe à base de soufre est suffisamment élevée pour évaluer des bétons usuels. Durant l'essai de compression, on est ainsi certain que la rupture se produit toujours dans le béton et non dans la coiffe. Selon la norme ACNOR A23.2-9C-M90, un cube de 50 mm de matériau de coiffe ordinaire doit avoir une résistance à la compression supérieure à 35 MPa. Cependant, on trouve maintenant sur le marché des matériaux de coiffe à haute performance qui ont des résistances à la compression de 60 à 70 MPa. A priori, on pourrait penser que ces matériaux de coiffe ne sont pas assez résistants pour mettre à l'essai des BHP. Toutefois, il faut rappeler que la résistance à la compression mesurée sur des cubes de 50 mm est obtenue dans des conditions d'essai tout à fait différentes des conditions dans lesquelles le matériau de coiffe aura à remplir sa fonction. En effet, lors de l'essai de compression, le matériau de coiffe se retrouve sous forme d'une très fine couche de 2 à 3 mm d'épaisseur qui est coincée entre l'éprouvette et le plateau de la presse. Dans cette coiffe très fine, le composé à base de soufre est confiné, comme d'ailleurs les extrémités de l'éprouvette, et il est bien connu qu'un matériau confiné a une résistance à la compression supérieure à celle que l'on mesure lorsqu'il ne l'est pas (Lessard et Aïtcin, 1992). D'ailleurs, on verra plus tard que les matériaux de coiffe à haute résistance peuvent être utilisés pour évaluer des BHP qui ont des résistances à la compression nettement supérieures à 70 MPa.

En mécanique des roches, le problème de la préparation des éprouvettes a été résolu depuis longtemps : les deux extrémités de l'éprouvette sont meulées de façon à être parfaitement parallèles ; elles sont placées directement en contact avec les deux plateaux de la presse de telle sorte que la charge uniaxiale soit directement transférée à l'éprouvette (Vuturi et coll., 1974).

Une meule à béton n'est pas toujours disponible dans les laboratoires bien que des équipements commerciaux pas trop coûteux soient maintenant disponibles sur le marché. Si l'on ne peut ou ne veut acheter une meule pour préparer les extrémités des cylindres, il reste deux options pour tester les éprouvettes. La première consiste à ne plus évaluer les BHP sur des cylindres, mais plutôt sur des cubes coulés dans des moules rigides ayant des faces parallèles. La conséquence d'un tel changement sera discutée plus tard dans la section sur l'influence de la forme des éprouvettes sur la valeur de la résistance à la compression. Cependant, une étude très complète menée à l'Institut national des sciences appliquées de Toulouse et au Laboratoire Central des Ponts et Chaussées de Paris (de Larrard et coll., 1994) a démontré qu'il était difficile d'obtenir un parallélisme suffisant sur les faces latérales des cubes même lorsqu'ils étaient coulés dans des moules en acier très épais et très rigides. Le nombre de ruptures en cisaillement augmente de façon catégorique au fur et à mesure que la résistance du béton augmente. On a trouvé qu'il fallait meuler les deux faces du cube qui étaient en contact avec le plateau pour obtenir un parallélisme suffisant. Ainsi, l'utilisation de cubes n'élimine pas la nécessité de meuler les extrémités.

La deuxième option consiste à utiliser un montage qui supprime la nécessité d'avoir à meuler les extrémités des éprouvettes ou qui peut jouer le rôle de produit de coiffe sans présenter de problème de résistance.

On peut ainsi utiliser des coussins de néoprène (Grygiel et Amsler, 1977 ; Ozyildirim, 1985 ; Matsushita et coll., 1987 ; Carrasquillo et Carrasquillo, 1988a), technique qui est déjà utilisée pour des bétons usuels, ou l'on peut utiliser la *boîte à sable* proposée par Boulay (Boulay, 1989 ; Boulay et de Larrard, 1993 ; Boulay, 1996) (norme NFP 18-415 : sept. 94 : Bétons – Boîte à sable pour essai de compression des éprouvettes cylindriques).

L'expérience a démontré que les coussins de néoprène fonctionnent bien tant qu'ils ne sont pas utilisés plus de 5 à 10 fois pour évaluer des BHP ; cette solution devient donc rapidement très coûteuse. En outre, les deux extrémités métalliques utilisées pour confiner les coussins de néoprène sont lourdes et peu pratiques à utiliser et des problèmes d'excentricité peuvent se poser.

De son côté, la méthode de la boîte à sable proposée par Boulay est intéressante du point de vue coût des opérations puisque la seule dépense est l'achat d'un sable particulier ; cependant, le montage peut être assez coûteux (Boulay et de Larrard, 1993 ; Boulay, 1996). Dans ce montage, on installe l'éprouvette sur un fin coussin de sable qui compense pour les irrégularités de ses extrémités (Fig. 15.6).

Figure 15.6 Installation dite de la « boîte à sable » pour mesurer la résistance à la compression de BHP

Cette méthode d'essai, qui a été développée au Laboratoire Central des Ponts et Chaussées de Paris, est très efficace. On l'a utilisée de façon intensive pour évaluer tous les BHP fabriqués pour construire le pont de Normandie. Selon Boulay (1989), il n'y a pratiquement aucune différence entre la résistance à la compression que l'on mesure avec la boîte à sable et celle que l'on mesure sur des cylindres avec les extrémités meulées.

Si l'on ne veut pas utiliser les coussins de néoprène ou la boîte à sable, il ne reste plus que trois options pour préparer les extrémités des cylindres. On peut utiliser un matériau de coiffe à haute résistance, on peut meuler les deux extrémités des éprouvettes sur un appareil utilisé en mécanique des roches ou on peut utiliser un nouveau système proposé par Johnson et Mirza (1995) et Mirza et Johnson (1996) qui consiste à confiner le matériau de coiffe dans de petits anneaux d'acier réutilisables quand l'essai est terminé.

De façon à évaluer l'influence de la préparation des extrémités des éprouvettes de BHP, Lessard (1990) a mis à l'essai cinq bétons différents avec des cylindres de 100×200 et de 150×300 mm. La moitié de ces cylindres était coiffée avec un matériau de coiffe à haute résistance et l'autre moitié avait ses deux extrémités meulées sur un tour modifié (Fig. 15.7).

Figure 15.7 *Tour modifié utilisé pour surfacer les extrémités des éprouvettes*

Au total, 203 cylindres ont été évalués : 103 coiffés et 100 meulés. Les résultats de ces essais, présentés dans les tableaux 15.2a et 15.2b, permettent de constater que la même résistance à la compression a été mesurée dans les deux cas, quel que soit le diamètre du cylindre. Cependant, la résistance à la compression moyenne mesurée sur les cylindres à extrémités meulées était systématiquement supérieure de 1 à 5 MPa à celle des cylindres coiffés. Pour une résistance à la compression moyenne de 119,8 MPa, les cylindres meulés avaient une résistance plus élevée de 4,8 MPa, ce qui représente une différence de + 1,5 %.

Tableau 15.2.a. Comparaison de la résistance à la compression à 91 jours de cylindres de 100 × 200 mm coiffés et meulés.

		Béton				
		F6	F7	F9	L2ª	L3˙
Coiffés	Nombre de cylindres	10	10	9	12	12
	$\overline{f'_c}$ (MPa)	120	121	129	118	115
	σ (MPa)	3,1	3,8	4,0	5,7	4,8
	$\sigma/\overline{f'_c}$ (%)	2,6	3,1	3,1	4,8	4,2
Meulés	Nombre de cylindres	10	9	9	12	12
	$\overline{f'_c}$ (MPa)	121	123	132	119	117
	σ (MPa)	2,3	1,9	2,8	2,7	2,5
	$\sigma/\overline{f'_c}$ (%)	1,9	1,5	2,1	2,3	2,1

a.   Résistance à la compression à 28 jours.

Tableau 15.2.b. Comparaison de la résistance à la compression à 91 jours de cylindres de 150 × 300 mm coiffés et meulés.

		Béton				
		F6	F7	F9	L2ª	L3˙
Coiffés	Nombre de cylindres	10	9	9	10	12
	$\overline{f'_c}$ (MPa)	115	114	119	93	93
	σ (MPa)	3,1	4,9	4,5	2,8	3,9
	$\sigma/\overline{f'_c}$ (%)	2,7	4,3	3,8	3,0	4,2
Meulés	Nombre de cylindres	10	7	9	12	10
	$\overline{f'_c}$ (MPa)	114	117	122	94	94
	σ (MPa)	2,9	3,6	3,5	1,6	1,1
	$\sigma/\overline{f'_c}$ (%)	2,5	3,1	2,9	1,7	1,2

a.   Résistance à la compression à 28 jours.

En outre, si l'on regarde les valeurs de l'écart type dans les tableaux 15.2a et 15.2b, on peut voir qu'elles sont toujours plus grandes dans le cas des cylindres coiffés. La valeur moyenne de l'écart type est de 4,1 MPa pour les cylindres coiffés et de seulement 2,5 MPa pour les cylindres meulés. La dispersion des résultats est légèrement plus faible dans le cas des cylindres meulés. Ces résultats confirment ceux de Moreno (1990), mais contredisent ceux obtenus sur des éprouvettes de plus petite dimension (Malhotra, 1976).

Il n'est donc pas vrai que la mesure de la résistance à la compression d'un BHP n'est pas aussi consistante lorsqu'elle est mesurée sur des cylindres de 100×200 que lorsqu'elle est mesurée sur des cylindres de 150×300 mm. Il est tout aussi faux de dire que les bétons mis à l'essai avec des cylindres de 100 mm doivent être évalués avec plus de cylindres pour obtenir le même degré de confiance que l'on aurait avec des cylindres de 150 mm.

Il n'est donc pas nécessaire d'augmenter la capacité des presses que l'on retrouve normalement dans les laboratoires d'essai (1,3 MN) de façon à obtenir une valeur plus représentative de la résistance à la compression d'un BHP en utilisant des éprouvettes plus grosses. En outre, à partir des résultats que l'on a présentés, on peut conclure que les matériaux de coiffe à haute performance, qui ont des résistances à la compression de 55 à 60 MPa mesurées sur des cubes de 50 mm, peuvent être utilisés pour mettre à l'essai des bétons qui ont une résistance à la compression allant jusqu'à 130 MPa, **tant et aussi longtemps que le matériau de coiffe n'a pas plus de 2 mm d'épaisseur et que ses deux faces sont parfaitement parallèles** (Lessard, 1990). Cependant, il faut s'attendre à ce que l'écart type soit légèrement plus élevé que si l'on avait meulé les extrémités des cylindres.

À partir de cette étude, on peut conclure que la mesure de la résistance à la compression sur des cylindres de 100×200 mm donne des résultats tout aussi fiables que ceux que l'on aurait obtenus avec des cylindres de 150×300 mm et qu'il n'est pas nécessaire d'augmenter le nombre de cylindres de 100×200 mm mis à l'essai.

De façon générale, à l'Université de Sherbrooke, lorsque l'on mesure la résistance à la compression d'un béton qui devrait être supérieure à 75 MPa, on meule systématiquement les extrémités des cylindres (Fig. 15.7). Entre 50 et 75 MPa, on utilise l'une ou l'autre des deux méthodes. Cependant, le meulage présente un avantage sur le produit de coiffe puisqu'il peut être fait bien avant l'essai de compression en autant que le cylindre qui a été meulé soit replacé dans les mêmes conditions de mûrissement.

Dans deux récentes publications (Johnson et Mirza, 1995 ; Mirza et Johnson, 1996), on peut trouver des résultats d'essai portant sur l'utilisation des produits de coiffe confinés pour évaluer des BHP. Dans une de ces études, 55 essais ont été effectués sur des cylindres de 100×200 et de 150×300 mm prélevés de trois BHP différents qui avaient une résistance à la compression variant entre 90 et 110 MPa. Cette résistance à la compression a été mesurée sur des cylindres de 150×300 mm dont les extrémités ont été meulées ; dans leurs publications, les auteurs utilisent cette résistance comme résistance de référence. Le tableau 15.3 présente les résultats obtenus par ces deux auteurs. On peut voir que les cylindres de 150×300 mm dont les coiffes étaient confinées ont présenté des résistances relatives égales à 98 % de celles de la résistance de référence. Dans le cas des coiffes confinées, les résultats obtenus sur des cylindres de 100×200 mm sont encore plus rapprochés de la valeur normalisée en considérant l'effet de la taille du cylindre. La résistance relative obtenue a été de 101 % et de 105 % de celle obtenue avec les cylindres dont les extrémités avaient été meulées. En outre, les essais ont démontré que le coefficient de variation pour les 20 groupes d'essai a varié de 0,9 à 5,9 % pour les cylindres ayant leurs extrémités meulées et de 1,2 à 3,6 % pour les cylindres qui avaient leurs coiffes confinées. Un brevet a d'ailleurs été déposé pour cette technique au Canada et aux États-Unis par C. D. Johnson, S. A. Mirza, E. P. et E. Ramanathan.

Tableau 15.3. Comparaison de la résistance à la compression mesurée sur des cylindres de béton ayant leurs extrémités meulées ou recouvertes de coiffes confinées (tel que proposé par Johnson et Mirza, 1995).

Béton	Taille du cylindre (mm)	Résistance à 28 jours (MPa)[a]		Résistance à 61 jours (MPa)[*]	
		Extrémités meulées	Extrémités avec coiffes confinées	Extrémités meulées	Extrémités avec coiffes confinées
DM9-1	100 × 200	98,2	91,8	102,6	97,9
	150 × 300	91,6	89,6	95,6	93,8
DM9-2	100 × 200	107,7	105,5	—	—
	150 × 300	106,8	102,6	—	—
DM19-1	100 × 200	96,3	90,3	94,9	94,9
	150 × 300	89,5	90,9	94,7	91,8

a.   La plupart des valeurs représentent la moyenne de trois essais.

(b) Influence de l'excentricité

Il est bien connu qu'une excentricité entre l'axe de l'éprouvette et celui de la presse peut influencer la résistance à la compression que l'on mesure sur des bétons usuels. Neville (1995) rapporte que, dans le cas de bétons usuels, une excentricité de 6 mm n'affecte pas la mesure de la résistance à la compression tandis qu'une excentricité de 12,5 mm conduit à une diminution de 10 % de la résistance à la compression. Une observation attentive à l'œil nu permet de mettre en évidence une excentricité de 6 mm sur la presse au moment de l'essai.

Pour voir si cette règle s'applique encore au cas des BHP, Lessard (1990) a étudié cinq séries d'éprouvettes de béton usuel et de BHP qui avaient été volontairement placées avec des excentricités de 0, 4, 6 et 12,5 mm. Ces résultats sont présentés dans le tableau 15.4 et le mode de rupture est présenté à la figure 15.8.

Tableau 15.4. Résistance à la compression à 28 jours pour différentes excentricités (moyenne de 5 éprouvettes).

Excentricité (mm)	Résistance à la compression (MPa)			
	L4	Type de rupture	L5	Type de rupture
0	29	conique	115	conique
4	30	conique	115	conique
6	29	conique	108	diagonale
12	27	diagonale	95	fendage

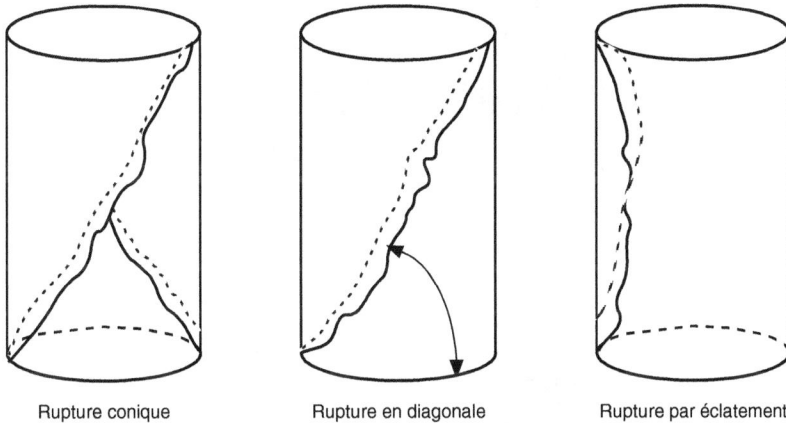

Rupture conique   Rupture en diagonale   Rupture par éclatement

Figure 15.8 Mode de rupture observé après les essais d'excentricité

Lorsqu'il a fait une analyse statistique des résultats avec le test de Student, Lessard (1990) a démontré que, dans le cas des bétons usuels, il n'y avait pas de différence significative entre la résistance à la compression moyenne quand elle était mesurée avec des excentricités de 0, 4 et 6 mm. Par contre, la même analyse statistique indique que la résistance à la compression obtenue avec une excentricité de 12,5 mm affecte la valeur mesurée. Dans le cas des BHP, la même analyse statistique a placé la limite d'excentricité que l'on peut tolérer à 4 mm. Ce degré d'excentricité se situe à la limite de ce que l'œil peut détecter lorsque l'on effectue un essai de résistance à la compression de façon soignée.

Figure 15.9 Guide en plastique pour éliminer l'excentricité

Figure 15.10 Essai sur un BHP

Les résultats obtenus sur le béton usuel confirment ceux publiés par Neville (1995). Cependant, dans le cas des BHP, on a trouvé qu'une excentricité de 6 mm diminuait la résistance de 6 %. Le tableau 15.4 présente l'influence de l'excentricité sur le mode de rupture : plus l'excentricité est élevée et plus la résistance à la compression est faible et plus rapidement le mode de rupture cesse d'être conique.

En dépit de la nature limitée de cette étude sur l'effet de l'excentricité sur la résistance à la compression, elle met l'accent sur l'attention que l'on doit porter lorsque l'on place une éprouvette de BHP sous la presse. À l'Université de Sherbrooke, pour éviter toute excentricité, on utilise un guide en plastique facile à utiliser (Fig. 15.9) qui permet de centrer des cylindres de 100 et de 150 mm sur les plateaux de la presse (Fig. 15.10).

15.2.3 Influence de l'éprouvette

(a) Influence de la forme de l'éprouvette

Il n'est pas question ici de faire le procès de la mesure de la compression d'un béton à partir de cubes ou de cylindres. Lorsque l'on évalue un BHP à partir d'un cube, il semble que le parallélisme des deux faces puisse être critique ; un manque de parallélisme peut entraîner un nombre accru de rupture par cisaillement, ce qui tend à diminuer la valeur de la résistance à la compression que l'on mesure (de Larrard et coll., 1994). De façon à restaurer le parallélisme des deux faces du cube, il peut être nécessaire d'utiliser un matériau de coiffe ou de meuler ses deux faces. L'utilisation de cubes ne semble donc pas résoudre le problème de la préparation des faces de l'éprouvette. En outre, ceux qui ont l'habitude de travailler avec des cubes et des cylindres connaissent les inconvénients reliés à la manipulation des moules utilisés pour fabriquer ces cubes. Ces moules sont lourds et longs à nettoyer et il faut les entretenir avec beaucoup de soin. De plus, ils sont coûteux quand on compare leur prix à celui de moules en plastique à utilisation multiple que l'on retrouve actuellement sur le marché pour couler des cylindres.

Il faut se souvenir qu'un même béton n'atteindra pas la même résistance à la compression selon qu'on la mesure sur des cubes ou des cylindres : la résistance à la compression mesurée sur des cubes est toujours supérieure à celle que l'on obtient sur des cylindres.

(b) Influence du matériau du moule

Les méthodes normalisées comme la norme NFP 18-400 : déc. 81 : Bétons – Moules pour éprouvettes cylindriques et prismatiques, qui sont utilisées pour mesurer la résistance à la compression du béton n'imposent aucune restriction sur le matériau utilisé pour fabriquer le moule, en autant qu'il soit rigide et non absorbant. Cependant, l'expérience démontre qu'il faut choisir avec beaucoup d'attention un moule particulier d'un diamètre donné pour ne pas faire face à différents problèmes lors des essais. Pour des bétons usuels, la tolérance d'ovalisation des moules est de 0,5 mm et, en l'absence d'études précises sur le sujet, on peut dire que, pour un BHP, cette ovalisation doit être égale ou inférieure à 0,5 mm.

En outre, il est très critique que l'axe du moule et sa base soient perpendiculaires. Dans un cas particulier, l'auteur a été confronté à une série anormale de résultats qui se traduisait par plusieurs ruptures en cisaillement lorsque des cylindres de 100×200 mm étaient coulés dans des moules de plastique à usage unique ayant une paroi très fine. Après un examen minutieux de l'installation de coiffage qui produisait des cylindres ayant des extrémités parfaitement parallèles, on a pu trouver que le fond de ces moules en plastique jetable et l'axe du moule n'étaient pas tout à fait perpendiculaires. Ces moules avaient été mal faits et présentaient une certaine inclinaison.

L'utilisation de moules en carton n'est pas non plus recommandée lorsque l'on veut mesurer la résistance à la compression d'un BHP. D'ailleurs, dès le début des années 1970, Freedman (1971) recommandait d'utiliser des moules en acier rigide pour mesurer la résistance à la compression des BHP. En effet, il avait noté que la résistance à la compression obtenue avec ces moules rigides était beaucoup plus constante puisque l'écart type était inférieur à celui qu'il obtenait quand il utilisait des moules jetables en carton ou des moules jetables en acier à paroi très fine. La perte de résistance observée avec ces deux derniers types de moule a été associée au manque de rigidité des parois qui pouvaient causer une certaine ovalisation de l'extrémité du moule et, à un moindre degré, une diminution de la consolidation du béton coulé dans un moule qui avait une paroi plus fine et non rigide, bien que le béton reçoive le même nombre de coups de bourroir. Il faut se souvenir que, à cette époque, les BHP avaient un affaissement de 75 à 100 mm de façon à pouvoir réduire autant que possible la quantité d'eau de gâchage parce que l'on ne connaissait pas encore les superplastifiants. La consolidation du béton dans les moules était alors un facteur beaucoup plus critique qu'à l'heure actuelle où l'on utilise des BHP beaucoup plus fluides.

Les moules réutilisables en plastique qui ont des parois rigides de 6 mm sont maintenant parfaitement adaptés aux BHP : ils sont suffisamment rigides et, si on les entretient bien, ils peuvent être utilisés plus de 100 fois avant de voir apparaître une usure excessive ou une certaine ovalisation, ils sont légers, faciles à nettoyer et faciles à démouler avec un système d'air comprimé. En utilisant de tels moules, Lessard (1990) a pu mesurer la résistance à la compression d'un béton de 150 MPa avec un écart maximal de 3,5 MPa sur neuf cylindres.

(c) Influence de la taille de l'éprouvette

Comme on l'a vu précédemment, il est aussi valable de mesurer la résistance à la compression de BHP sur des cylindres de 100×200 mm que de 150×300 mm sans sacrifier à la qualité et à la reproductibilité des résultats. De nombreuses agences gouvernementales et plusieurs chercheurs utilisent d'ailleurs déjà ces cylindres de plus petit diamètre. Un tel changement ne présente que des avantages : des éprouvettes plus petites sont plus faciles à manipuler, elles prennent moins de place dans les salles de mûrissement, elles sont plus faciles à coiffer et plus rapides à meuler. Cependant, comme la plupart des codes de construction sont encore basés sur la mesure de la résistance à la compression d'un béton sur des éprouvettes de 150×300 mm, il faut comprendre l'influence exacte du changement de la taille des éprouvettes, particulièrement dans le cas des BHP.

Il est donc bon de savoir ce que représente une valeur de résistance à la compression de 100 MPa quand elle est obtenue sur une éprouvette de 100×200 mm par rapport à la valeur qui aurait été obtenue sur une éprouvette de 150×300 mm. Une telle corrélation est bien documentée dans le cas des bétons usuels (Gonnerman, 1925 ; Malhotra, 1976 ; Carrasquillo et coll., 1981 ; Forstie et Schnormeier, 1981 ; Date et Schnormeier, 1984 ; Nasser et Kenyon, 1984 ; Nasser et Al-Manaseer, 1987 ; Carrasquillo et Carrasquillo, 1988b ; Howard et Leatham, 1989 ; Moreno, 1990), mais peu d'études vraiment complètes ont été faites dans le cas des BHP et les résultats que l'on retrouve dans la documentation sont quelque peu contradictoires.

Par exemple, Carrasquillo et Carrasquillo (1988b) ont trouvé que des cylindres de 150×300 mm donnaient une résistance à la compression de 7 % supérieure à celle obtenue sur des cylindres de 100×200 mm pour des bétons dont la résistance était comprise entre 48 et 80 MPa. Au contraire, Moreno (1990) a trouvé une augmentation de 1 % de la résistance à la compression quand elle est mesurée sur des cylindres de 100×200 mm plutôt que de 150×300 mm. De son côté, Cook (1989) indique que, pour un béton de 70 MPa mesuré sur des cylindres de 100×200 mm, il a obtenu une résistance à la compression de 5 % supérieure à celle mesurée sur des cylindres de 150×300 mm.

Lessard (1990) a étudié différents BHP échantillonnés en chantier et en laboratoire à partir de cylindres de 100×200 mm et de 150×300 mm pour des résistances à la compression comprises entre 72 et 126 MPa à 28 jours et à 91 jours. Tous les cylindres qui ont servi à cette étude avaient des extrémités meulées (Tableau 15.5). Chaque valeur donnée dans le tableau 15.5 représente la moyenne de trois essais individuels pour un total de 108 mesures de résistance à la compression. Dans le tableau 15.6, les différentes résistances à la compression sont présentées sous forme de rapport exprimé en pourcentage de la résistance à la compression mesurée sur des cylindres de 100×200 mm et celle obtenue sur des cylindres de 150×300 mm. La valeur maximale de ce rapport a été obtenue à 28 jours pour le BHP n° 3 et à 91 jours pour le béton n° 9 et il était alors égal à 110 %. La valeur minimale est de 100 % (béton n° 6 à 91 jours). La valeur moyenne de ce rapport est de 105 % avec un écart type de 2,8 % pour les 18 cas présentés dans le tableau 15.6, ce qui correspond bien aux valeurs trouvées par Cook (1989).

Tableau 15.5. Résistance à la compression de cylindres de 100 × 200 mm et de 150 × 300 mm[a]

Béton		F1	F2	F3	F4	F5	F6	F7	F8	F9	L1
$\overline{f'_c}$ (MPa)	28 jours	75	93	97	101	99	110	105	90	114	112
100 × 200 mm	91 jours	—	111	104	122	108	117	121	111	126	—
$\overline{f'_c}$ (MPa)	28 jours	72	91	88	95	95	105	104	86	108	108
150 × 300 mm	91 jours	—	105	97	114	106	117	116	103	115	—

a.   moyenne de 3 cylindres.

Tableau 15.6. Corrélation de résistance à la compression de cylindres de 100 × 200 mm et de 150 × 300 mm à 28 et 91 jours.

Béton		C1	C2	C3	C4	C5	C6	C7	C8	C9	C10
$\dfrac{\overline{f'_{c100}}}{\overline{f'_{c150}}}$ (%)	28 jours	105	102	110[a]	106	105	105	101	105	106	104
	91 jours	—	106	108	107	102	100[b]	104	108	110	—
Valeur moyenne des rapports de résistance : 10 %											

a.   Valeur maximale des rapports de résistance.
b.   Valeur minimal des rapports de résistance.

Le tableau 15.7 présente l'écart type obtenu pour chacun des essais. Les déviations de l'écart type sont relativement faibles et assez semblables dans le cas des cylindres de 100 × 200 mm et de 150 × 300 mm aussi bien à 28 jours qu'à 91 jours. Cependant, on peut noter que l'écart type moyen est légèrement plus élevé à 91 jours (3,1 %) qu'à 28 jours (1,8 %), ce qui peut être probablement attribué à la plus grande résistance obtenue à 91 jours. Quand on étudie les valeurs de l'écart type obtenues avec les deux tailles de cylindre aux deux âges différents, il est difficile de conclure qu'une taille donne des valeurs plus dispersées que l'autre.

Tableau 15.7. Coefficient de variation des résistances à la compression

Béton			F1	F2	F3	F4	F5	F6	F7	F8	F9	L1	Moyenne
Coefficient de variation[a] $\dfrac{\sigma}{\overline{f'_{c100}}}$ (%)	100 × 200 mm	28 jours	2,0	1,8	1,0	1,2	2,5	0,9	1,0	0,9	1,3	2,4	2,4
		91 jours	—	2,6	6,4	2,2	2,9	1,7	3,3	5,0	3,6	—	
Coefficient de variation[*] $\dfrac{\sigma}{\overline{f'_{c150}}}$ (%)	150 × 300 mm	28 jours	2,4	2,3	0,8	3,6	0,2	1,0	1,6	4,2	1,4	2,7	2,3
		91 jours	—	2,9	3,7	0,5	2,5	4,5	1,0	2,6	3,5	—	

a.   3 cylindres.

À partir de ces résultats, on peut conclure qu'il est aussi valable de mesurer la résistance à la compression de BHP avec des cylindres de 100 × 200 mm qu'avec des cylindres de 150 × 300 mm. En outre, la résistance à la compression mesurée sur des cylindres de 100 × 200 mm est systématiquement supérieure (en moyenne 5 %) à celle que l'on mesure lorsque l'on utilise des cylindres de 150 × 300 mm.

De façon à éviter toute discussion lorsque l'on contrôle ou que l'on rapporte des résultats de résistance à la compression de n'importe quel BHP, il est donc toujours préférable d'indiquer clairement la taille des cylindres utilisés pour mesurer cette résistance.

15.2.4 Influence du mûrissement

(a) Âge de l'essai

Le béton a toujours été mis à l'essai à 28 jours. Lorsque l'on a utilisé les premiers BHP dans la région de Chicago au début des années 1970, les producteurs de béton ont convaincu les concepteurs qu'il serait préférable de mesurer la résistance à 91 jours plutôt qu'à 28 jours pour différentes raisons. Premièrement, les BHP ne sont jamais chargés à leur pleine capacité à 28 jours (pas plus d'ailleurs que les bétons usuels). Deuxièmement, dans les années 1970, les BHP contenaient des cendres volantes qui n'avaient pas le temps de développer leur potentiel pouzzolanique avant 28 jours. Troisièmement, ces BHP contenaient encore suffisamment d'eau pour continuer à hydrater le ciment Portland et les cendres volantes, de telle sorte qu'il aurait été regrettable de ne pas profiter du gain de résistance que l'on observait entre 28 et 91 jours.

À cette époque, il était de plus en plus accepté de mesurer la résistance à la compression des BHP à 91 jours. Toutefois, il n'est pas certain que les arguments qui étaient valables au début des années 1970 le soient encore aujourd'hui, car la technologie du béton a beaucoup évolué. On doit se demander si cette pratique est encore valable et s'il est nécessaire de la transformer en règle permanente ou s'il est préférable d'évaluer la résistance des BHP à 28 jours.

La résistance à la compression de tout béton augmente évidemment au fur et à mesure que l'on prolonge son mûrissement de 28 à 91 jours, comme on peut le voir en particulier dans le cas de neuf des dix BHP présentés dans les tableaux 15.6 et 15.8. La résistance à la compression a augmenté de 14 % pour des cylindres de 100 × 200 mm, ce qui représente une économie très significative lorsque l'on conçoit une structure en BHP. Les variations des valeurs individuelles entre 28 et 91 jours sont toujours attribuables à la grande variété des trois compositions des BHP mis à l'essai et à la réactivité de leur liant respectif.

Cependant, si l'on peut justifier scientifiquement la date de mise à l'essai à 91 jours pour un béton qui présente encore à 28 jours un excès d'eau par rapport à la quantité d'eau nécessaire pour hydrater tous les grains de ciment, cet argument n'est plus valable pour un béton ayant un rapport eau/liant inférieur à 0,30. L'allongement de la période de mûrissement entre 28 et 91 jours pour un béton qui contient si peu d'eau peut entraîner une augmentation artificielle de la mesure de sa résistance à la compression parce que l'on favorise l'hydratation de ses grains de ciment sur une épaisseur plus ou moins importante du cylindre. Entre 28 et 91 jours, ce cylindre bénéficie de l'apport d'une source d'eau extérieure qui augmente sa résistance tandis que le béton dans la structure ne bénéficiera pas d'une telle hydratation additionnelle.

Tableau 15.8. Effet de l'allongement de la période de mûrissement de 28 à 91 jours.

Identification moyenne	f_c 100 × 200 mm		Différence	
	28 d	91 d	MPa	% de 28 d
C1	37,5	44,4	6,5	17
C3	93,4	111	17,6	19
C4	96,7	104	7,3	8
C5	101	122	21	21
C6	99,3	108	8,7	9
C7	110	117	7	6
C8	105	121	16	16
C9	90	111	21	23
C10	114	126	12	11

Tant que l'on utilisera des éprouvettes normalisées mûries à l'eau pour mesurer la résistance à la compression, il sera préférable de maintenir l'âge de l'essai à 28 jours pour obtenir une valeur plus représentative de la résistance à la compression du béton dans la structure. Cependant, si l'on modifie les conditions de mûrissement des éprouvettes, comme on le propose à la prochaine section, alors on pourra mesurer la résistance à la compression des bétons à 91 jours. En effet, de nombreux résultats de résistance à la compression mesurée ces dernières années sur des carottes prélevées dans des éléments structuraux ou des colonnes en BHP permettent d'envisager un tel changement. Ces résultats sont présentés à la section 15.2.5.

(b) Comment mûrir BHP ?

Il n'est pas facile de répondre de façon claire et précise à cette question parce que les BHP peuvent durcir dans des conditions complètement différentes de celles des éprouvettes normalisées. Au meilleur de la connaissance de l'auteur, le manque de travaux dans ce domaine ne permet pas de répondre de façon simple à cette question.

Par exemple, l'augmentation de la température qui se développe dans le béton durant les premières heures ou les premiers jours est toujours supérieure à celle que l'on mesure dans une éprouvette normalisée, spécialement dans celles qui ont un diamètre de 100 mm. De façon à simuler l'augmentation de la température du béton à l'intérieur d'une structure, ne faudrait-il pas mûrir les éprouvettes dans des contenants isolés durant les 24 premières heures ? Quelle serait alors la température maximale qui devrait être atteinte dans ces éprouvettes ? En fait, dans les coffrages, on peut noter une variation de 15 à 20 °C de la température maximale atteinte par le béton selon la distance du béton par rapport au coffrage. Aïtcin et Riad (1988) ont démontré que cette augmentation de température n'est pas forcément désavantageuse pour les BHP dans toutes les circonstances bien qu'elle le soit dans le cas des bétons usuels mûris à la vapeur.

En général les bétons coulés en chantier ne reçoivent pas ou peu de mûrissement à l'eau, même si les cahiers de charge spécifient toujours que l'entrepreneur doit mûrir le béton. Pourquoi faudrait-il alors que les éprouvettes normalisées utilisées pour mesurer la résistance à la compression des BHP bénéficient d'un tel traitement ? Il est clair que ces éprouvettes normalisées verront leur résistance augmenter quelque peu lors de ce mûrissement bien contrôlé tandis que le béton de la structure développera un phénomène d'autodessiccation et de séchage.

On a trouvé que le mûrissement humide était le plus adéquat pour les bétons usuels, mais ceux-ci contiennent toujours une très grande quantité d'eau de gâchage de sorte que, si un béton de chantier est mal mûri, il pourra quand même développer sa résistance. Est-ce encore vrai dans le cas des BHP qui ne contiennent pas toujours assez d'eau pour hydrater tous les grains de ciment ?

Une façon de reproduire des conditions de mûrissement semblables à celles du chantier consiste à envelopper les éprouvettes d'une fine membrane imperméable dès que le mûrissement à l'eau est terminé sur la structure et de laisser mûrir ces éprouvettes à la température de la pièce jusqu'à l'âge retenu pour l'essai. Il existe des films de plastique pratiquement imperméables vendus dans les supermarchés. Il est alors facile d'envelopper les éprouvettes avec ces films sans devoir faire d'investissement majeur pour construire une nouvelle chambre de mûrissement. À partir des quelques essais bien décrits dans la documentation, il semble que ce type de mûrissement soit excellent (Lessard, 1990 ; Khayat et coll., 1995). Toutefois, ceux qui n'aiment pas changer leur façon de faire peuvent continuer à mûrir leurs éprouvettes de BHP pendant 28 jours dans l'eau comme ils le font dans le cas de leurs bétons usuels ou ils peuvent continuer à mesurer la résistance à la compression après 91 jours de mûrissement à l'eau. Le débat est ouvert.

15.2.5 *Résistance des carottes et résistance des éprouvettes normalisées*

Une question que l'on se pose souvent a trait à la représentativité de la résistance à la compression mesurée sur des éprouvettes normalisées par rapport à celle que l'on mesure sur des carottes extraites d'une structure en béton. Il est évident que le béton des éprouvettes n'a pas été mûri dans les mêmes conditions que le béton de la structure et que ces deux bétons n'ont pas la même histoire thermique. Or, on sait que la chaleur influence la valeur de la résistance à la compression des bétons usuels et que le chauffage du béton est utilisé couramment dans les usines de préfabrication, dans les usines de briques et de blocs ou dans les usines de tuyaux pour accélérer l'augmentation de la résistance à la compression du béton au jeune âge. En règle générale, une augmentation de la température initiale de mûrissement augmente la résistance à la compression à 24 heures, mais, à 28 jours, on note une diminution de cette résistance.

Dans le chapitre précédent, on a vu que l'histoire thermique d'un BHP durant son durcissement pouvait être très différente de celle que l'on rencontre dans une usine de préfabrication. Parmi ces différences, on peut noter l'augmentation de la température des BHP qui se produit de 6 à 10 heures après la fin de la période dormante plutôt qu'une à deux heures après la fabrication du béton. De plus, l'augmentation de la température d'un BHP est homogène et isotrope, la chaleur étant générée à l'intérieur du béton au lieu d'être appliquée de l'extérieur pendant une très courte durée (2 heures environ). En outre, la température maximale atteinte par le BHP est la plupart du temps inférieure à celle obtenue dans les unités industrielles.

Peu d'études ont été menées sur ce sujet. Une de celles-ci est rapportée à la section 11.3.2 de ce livre (Miao et coll., 1993) ; d'autres ont été publiées par Mak et coll. (1990), Haque et coll. (1991), Burg et Ost (1992), Aïtcin et coll. (1994), Bartlett et MacGregor (1994, 1996) et Laplante et Aïtcin (1996). Toutes ces études expérimentales ont démontré que la résistance à la compression mesurée sur des carottes à 28 ou à 91 jours était en général comprise entre 85 et 90 % de la résistance à la compression mesurée sur des éprouvettes normalisées. Cette valeur est à peu près la même que celle que l'on retrouve dans le cas des bétons usuels et que l'on accepte dans les différents codes. Ces études ont aussi montré que, même si l'histoire thermique des carottes dans l'élément structural pouvait être différente d'un endroit à l'autre, la résistance à la compression mesurée ne variait pas de façon significative selon l'endroit du prélèvement. Miao et coll. (1993) ont trouvé que les valeurs de la résistance à la compression mesurée sur des carottes prélevées à trois hauteurs différentes dans deux colonnes en BHP étaient beaucoup plus homogènes que celles obtenues dans le cas d'un béton de 35 MPa.

15.3 Courbes contrainte/déformation

Pour effectuer leurs calculs, les concepteurs s'intéressent à la forme de la courbe contrainte/déformation postpic. Dans le cas des bétons usuels, des chercheurs ont proposé des équations mathématiques pour décrire cette partie de la courbe qui est une caractéristique importante du béton, mais qui dépend aussi des conditions d'essai (Kaar et coll., 1978).

Les différents codes de construction proposent une formulation mathématique plutôt qu'une autre pour des raisons qui ne sont pas nécessairement scientifiques. Thorenfeldt et coll. (1987) ont proposé l'équation suivante :

$$\frac{f_c}{f_c'} = \frac{\varepsilon_c}{\varepsilon_c'} \times \frac{n}{n - 1 + \left(\dfrac{\varepsilon_c}{\varepsilon_c'}\right)^{nk}}$$

où f_c = contrainte de compression axiale

f_c' = résistance à la compression axiale

ε_c = déformation axiale

ε_c' = déformation correspondante à f_c'

et n et k représentent des facteurs de correction

Collins et Porasz (1989), Collins et Mitchell (1991) et Collins et coll. (1993) suggèrent que :

$$k = 0,67 + \frac{f_c'}{62} \text{ MPa}$$

$$n = 0,8 + \frac{f_c'}{17}) \text{ MPa}$$

Cette formulation est-elle encore valable pour les BHP ? La rigidité de la presse, la méthode d'essai et la taille de l'éprouvette affectent-elles la forme de cette courbe postpic dans le cas des BHP (Van Gysel et Taerwe, 1996 ; Wee et coll., 1996) ? Il faut admettre que ces questions n'ont pas encore reçu toute l'attention nécessaire de la communauté scientifique et qu'elles n'ont pas reçu de réponse définitive (Shah et coll., 1981).

En outre, si l'on regarde ce qui se fait en mécanique des roches dans ce domaine, on voit qu'il serait approprié d'adopter et peut-être même d'adapter les procédures d'essai de la mécanique des roches pour déterminer la courbe postpic. Par exemple, l'influence de la rigidité de la presse sur la courbe postpic ou sur les courbes contrainte/déformation a déjà été étudiée sur béton par Sigvaldson (1966) et il a trouvé que la taille de l'éprouvette joue aussi un rôle sur l'allure de la courbe postpic.

Lorsque l'on détermine la courbe postpic d'une courbe contrainte/déformation d'un BHP, on peut obtenir, dans certains cas, une courbe dite de classe II en mécanique des roches : juste après la rupture ultime, on enregistre une diminution de la déformation, c'est-à-dire que la rupture ultime du BHP se produit alors qu'il présente une période très courte d'augmentation de volume. Cette légère augmentation de volume s'explique de deux façons :

1) lorsque l'on a deux surfaces d'un plan de cisaillement qui glissent l'une sur l'autre (Fig. 15.11), dès que le déplacement s'amorce, on note une légère augmentation du volume apparent de l'éprouvette mise à l'essai ;

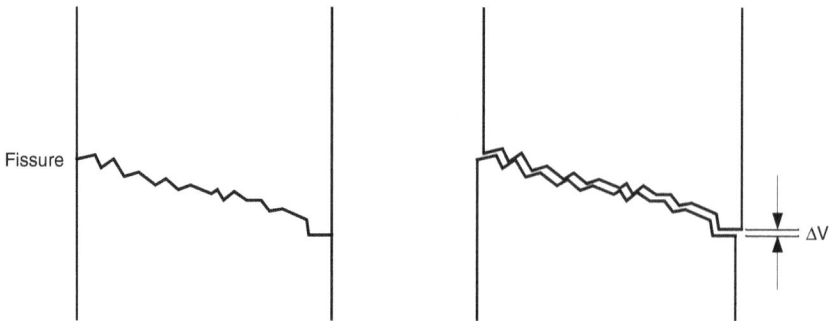

Figure 15.11 Augmentation du volume apparent lorsque deux surfaces rugueuses commencent à glisser l'une sur l'autre

2) il se produit une décompression élastique dans les deux parties de l'éprouvette qui se sont séparées lors de la rupture, ce qui entraîne une légère augmentation de volume.

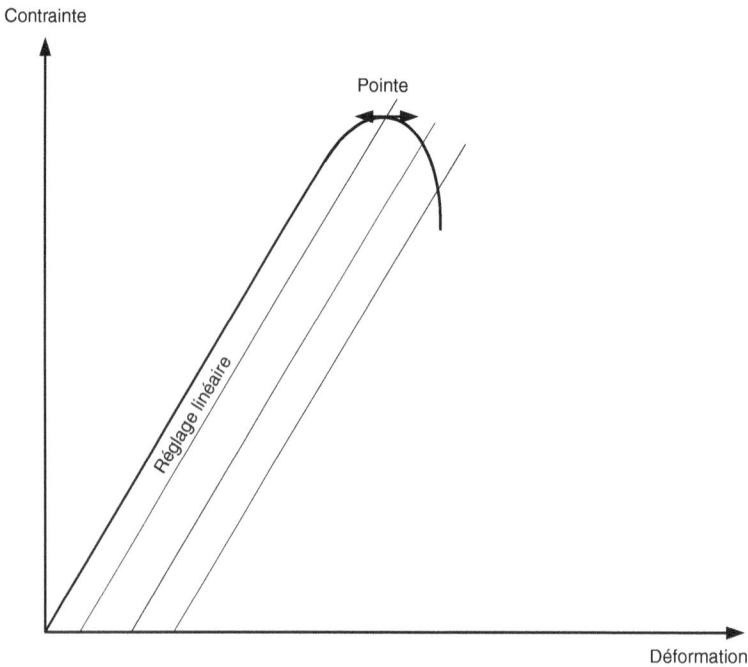

Figure 15.12 Réglage linéaire pour l'enregistrement des courbes contrainte/déformation dans la partie ascendante

Cette faible augmentation de volume peut créer des situations assez délicates si la programmation de la presse n'a pas été ajustée en conséquence. À l'heure actuelle, la plupart des presses sont programmées pour opérer à déformation constante ; quand un tel comportement de classe II se produit au cours de l'essai, les servo-valves ne répondent plus de façon appropriée et conduisent à l'écrasement du cylindre et de tout le montage qui sert à enregistrer la courbe contrainte/déformation. Dans un tel cas, il vaut mieux régler la presse en utilisant une relation linéaire contrainte/déformation qui dépendra du module élastique de la branche ascendante de la courbe (Fig. 15.12).

15.4 Mesure du retrait

Le retrait de séchage des bétons usuels a reçu beaucoup d'attention de la part des chercheurs et des spécialistes (Lévy, 1968 ; Mamillan, 1968 ; Baron, 1968 ; Buil, 1979). En France, le retrait se mesure selon la norme NFP 15-433 : 1994 (Méthodes d'essais des ciments – Détermination du retrait et du gonflement), et en Amérique du Nord selon la méthode ASTM C157 (1993). Cette norme a été appliquée au cas des BHP en modifiant la formulation du mélange de référence (E/C = 0,5) en adaptant le rapport E/C et en conservant l'ouvrabilité, mais on va voir qu'elle ne convient absolument pas pour mesurer le retrait d'un BHP (Lepage et coll., 1999). D'autres méthodes expérimentales ou procédures d'essai ont été proposées, mais elles n'ont pas encore été utilisées à grande échelle.

15.4.1 Procédure actuelle

Des prismes d'une longueur égale à L_0 qui comportent deux plots en acier au centre de chacune de leurs extrémités sont coulés et mûris pendant 24 heures à la température ambiante dans une chambre de mûrissement qui doit avoir une humidité relative égale ou supérieure à 95 %, de telle sorte que la surface supérieure du prisme ne puisse sécher.

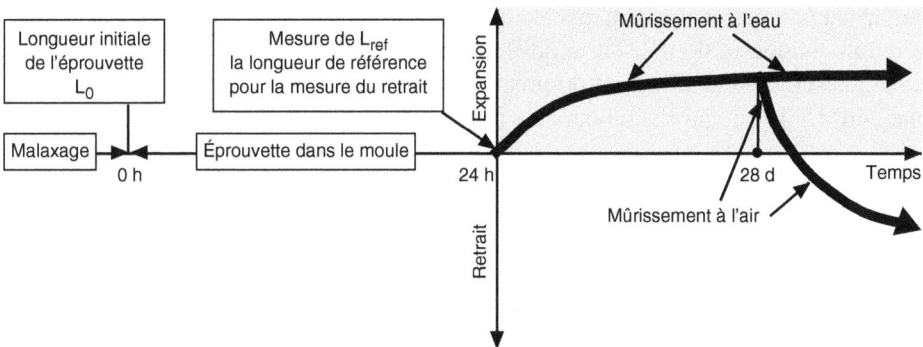

Figure 15.13 Procédure expérimentale actuellement en usage pour la mesure du retrait de séchage

On évite donc ainsi de voir se développer du retrait plastique et du retrait de séchage. Le jour qui suit la coulée du prisme, on mesure sa longueur de référence, L_{ref}, avant de le placer dans un bain d'eau saturée en chaux. En règle générale, après 28 jours de mûrissement à l'eau, le prisme est mûri dans de l'air à 20 °C à une humidité relative de 50 % et l'on mesure alors la longueur entre les deux plots en acier (Fig. 15.13).

Cette méthode normalisée est utilisée depuis de nombreuses années et a donné de bons résultats pour mesurer le retrait de séchage des bétons usuels. Toutefois, si l'on regarde ce qui se passe réellement dans le prisme entre le moment où il est moulé jusqu'à son démoulage après 24 heures, on s'aperçoit qu'un certain retrait endogène a pu s'y développer. La figure 15.14 présente ce qui se passe réellement dans le prisme que l'on a préparé pour effectuer une mesure de retrait de séchage.

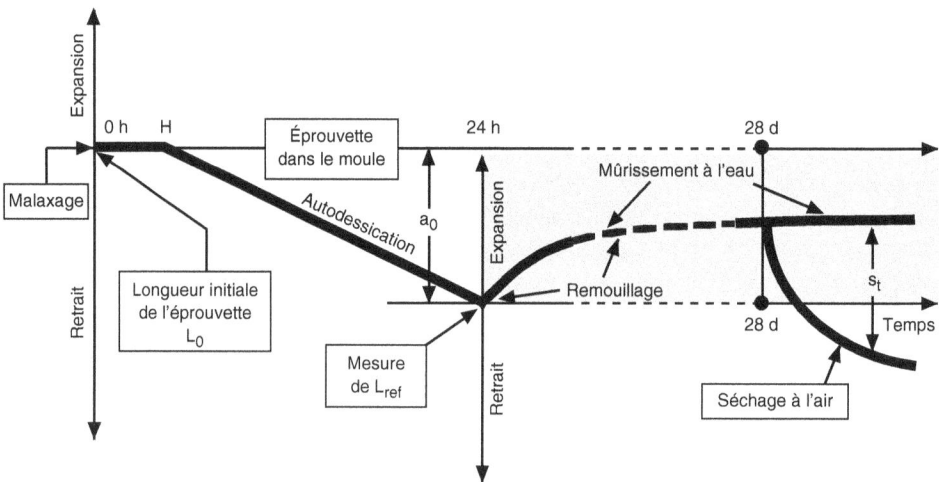

Figure 15.14 Phénomènes réels lors de la préparation des éprouvettes de BHP pour une mesure de retrait

Un béton ayant un rapport eau/liant, par exemple, supérieur à 0,50 ne développe que très peu de retrait endogène, de telle sorte qu'il est tout à fait légitime de supposer que la longueur L_{ref} est la longueur initiale du prisme lorsqu'il a été coulé, comme le suppose la norme NFP 15-433 et qui l'a toujours été jusqu'à présent avec des bétons usuels.

Cependant, cette hypothèse devient de moins en moins valable au fur et à mesure que le rapport eau/liant du béton diminue parce que le retrait endogène n'attend pas 24 heures pour se développer dans un BHP. Généralement, plus le rapport eau/liant est faible, plus le retrait endogène se développe rapidement, à moins que l'on ait utilisé un retardateur de prise (Persson, 1997). À partir des figures 15.13 et 15.14, on peut expliquer ce qui se produit lorsque l'on utilise les procédures actuelles de mesure du retrait de séchage dans le cas des bétons usuels qui ont un rapport eau/liant élevé et dans le cas des BHP qui ont un rapport eau/liant beaucoup plus faible.

15.4.2 Développement du retrait dans un béton de rapport eau/liant élevé

Habituellement, l'hydratation commence à se développer de façon significative à la fin de la période dormante qui peut varier de 4 à 6 heures. L'eau de ressuage et l'eau que l'on retrouve dans les capillaires hydratent les particules de ciment durant les 24 premières heures et remplissent la fine porosité qui se développe par suite de la contraction volumétrique de la pâte de ciment hydraté. Ainsi, en l'absence d'un apport extérieur d'eau, l'autodessiccation et le retrait endogène qui se développent lorsque le béton est encore dans le moule et lorsque l'on mesure L_{ref} sont tout à fait négligeables, comme le signalait déjà Davis (1940). On peut donc supposer que $L_{ref} = L_0$.

En règle générale, lorsque les prismes sont placés sous l'eau après démoulage, on note une certaine expansion (Fig. 15.13). Après 28 jours de mûrissement à l'eau, le prisme de béton est mûri à l'air et le retrait de séchage se développe alors rapidement. Plus le rapport eau/liant est élevé, plus le retrait de séchage se développe rapidement.

15.4.3 Développement du retrait dans un béton de rapport eau/liant faible

Comme on peut le voir à la figure 15.14, l'hydratation, H, peut débuter plus ou moins rapidement, entre 6 et 18 heures, selon la quantité de superplastifiant ou de retardateur qui entre dans la composition du béton. Dans certains cas cependant, on peut observer des temps plus courts ou plus longs. Le début de l'hydratation est essentiellement déterminé par le type de ciment, la quantité de superplastifiant et de retardateur (s'il y a lieu) et aussi par la température du béton et la température ambiante. En outre, le rapport eau/liant influence l'importance du phénomène d'autodessiccation. Toutes choses étant égales par ailleurs, plus le rapport eau/liant est faible, plus le retrait endogène développé durant les 24 premières heures est élevé lorsque l'on utilise les procédures d'essai recommandées à l'heure actuelle pour déterminer le retrait des BHP. Ainsi, dans les éprouvettes de béton démoulées après 24 heures, la réaction d'hydratation est plus ou moins avancée de sorte que le retrait endogène, a_0, développé durant les 24 premières heures peut être très variable.

Le retrait endogène qui s'est développé durant les 24 premières heures n'est alors plus négligeable et, par conséquent, il n'est plus valable de supposer que $L_{ref} = L_0$ (Lepage et coll., 1999). En outre, lorsque l'éprouvette de béton est placée sous l'eau après 24 heures, elle commence à gonfler jusqu'à une valeur maximale. Dans certains cas, on peut voir le phénomène d'autodessiccation continuer à se développer à l'intérieur d'un BHP qui a un rapport eau/liant très faible, même si ce béton continue à être mûri sous l'eau (Fig. 15.15).

Dans le cas des BHP, il n'est donc pas possible de faire une mesure de retrait valable avec les méthodes actuelles, ce qui explique pourquoi on propose, à la section 15.4.6, une nouvelle méthode de préparation des éprouvettes pour leur mûrissement durant les

24 premières heures lorsque l'on veut mesurer le retrait de séchage. Cette procédure peut être utilisée pour n'importe quel type de béton. Le retrait d'autodessiccation quant à lui peut être mesuré comme l'ont proposé Jensen et Hansen (1995), Tazawa et Miyazawa (1996) ou Lepage et coll. (1999).

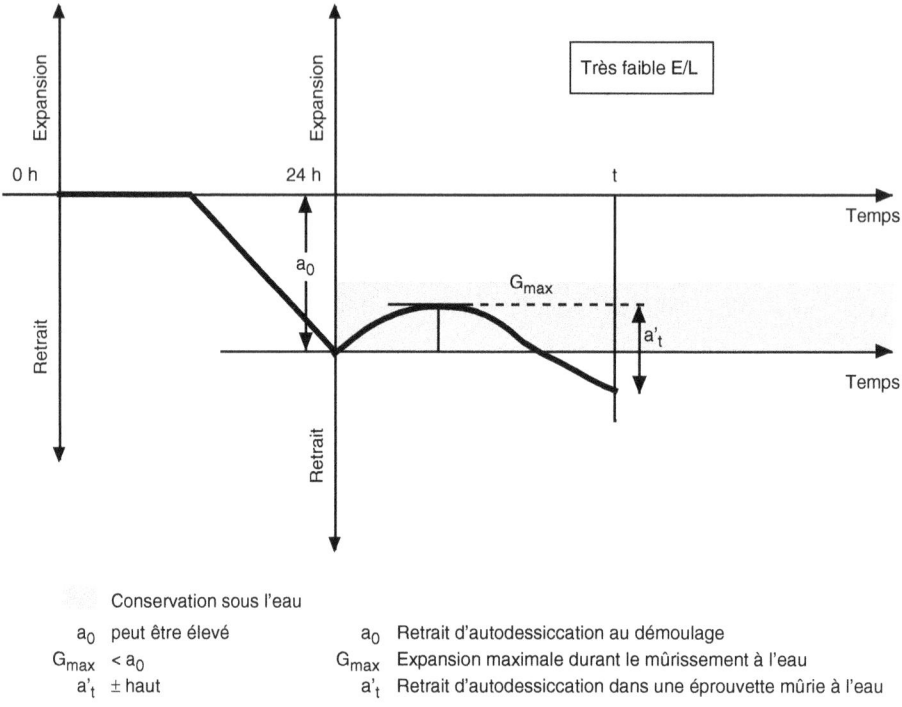

Figure 15.15 Développement du retrait dans certains bétons à très faible rapport eau/liant lorsqu'on utilise les normes actuelles

15.4.4 Augmentation de la masse initiale du béton et autodessiccation

Lorsqu'une éprouvette dans laquelle s'est produit un certain retrait endogène est placée sous l'eau, on observe que sa masse augmente. L'éprouvette absorbe une certaine quantité d'eau extérieure pour remplir les volumes des capillaires qui se sont vidés à la suite du développement de la réaction d'autodessiccation qui s'est produite durant les 24 premières heures. D'ailleurs, cette éprouvette gonfle comme le fait un béton sec lorsqu'il absorbe de l'eau. On ne connaît pas très bien les causes de cette expansion, mais il est facile de vérifier qu'elle n'est pas proportionnelle à l'augmentation de la masse due à l'absorption d'une certaine quantité d'eau. Cette expansion est surtout fonction du type de porosité qui s'est développé durant l'autodessiccation pendant les 24 premières heures dans l'éprouvette de béton. Le retrait endogène est lié au diamètre des pores qui ont été vidés et non pas au volume total des pores créés par le phénomène d'autodessiccation. Lorsque le rapport eau/liant est élevé, les diamètres des capillaires qui ont été vidés durant les 24 premières heures sont relativement grands de telle sorte que les ménisques que l'on retrouve dans le béton créent des forces de tension plutôt faibles. Par conséquent, le retrait endogène développé durant les 24 premières heures est très faible et donc négligeable, ce qui n'est pas le cas des bétons de faible rapport eau/liant.

La connaissance du gain de masse initiale lorsque l'on plonge l'éprouvette dans l'eau ne peut pas être utilisée pour avoir une idée du retrait endogène qui s'est développé dans un béton parce que deux éprouvettes peuvent présenter le même gain de masse sans avoir le même retrait endogène. Le fait qu'elles absorbent la même quantité d'eau prouve simplement que la même quantité de ciment s'est hydratée dans chacune d'elles (si tous les espaces apparus lors du phénomène d'autodessiccation sont reliés à la source d'eau extérieure). Cependant, le phénomène d'autodessiccation ne développe pas toujours le même type de microstructure et, par conséquent, la même distribution de diamètres de pores capillaires.

15.4.5 Résistance à la compression initiale et autodessiccation

La résistance à la compression à 24 heures ne peut pas non plus être utilisée pour évaluer le progrès de l'autodessiccation dans le béton, même si elle est directement liée à la quantité de ciment qui s'est hydratée durant les 24 premières heures, parce que la résistance à la compression n'est pas uniquement liée à la distribution de de diamètres de pores capillaires (Jung, 1968).

Si le retrait endogène développé dans un béton doit être connu, on ne peut donc le mesurer que directement sur des éprouvettes qui sont en train de s'hydrater, comme l'ont fait Tazawa et Miyazawa (1993, 1995, 1996) et Lepage et coll. (1999).

Après 28 jours de mûrissement à l'eau, lorsque l'éprouvette de BHP est séchée à l'air, le retrait de séchage se développe, mais à une vitesse beaucoup plus lente que dans le cas d'un béton ayant un rapport eau/liant supérieur à 0,50.

15.4.6 Nouvelle procédure pour mesurer le retrait de séchage

De façon à enlever tout doute sur la mesure de référence, L_{ref}, on peut commencer par mûrir les éprouvettes de béton sous l'eau juste avant que l'hydratation du béton ne commence jusqu'à ce qu'elles soient exposées à l'air (Fig. 15.16). Elles peuvent être démoulées rapidement à 24 heures, puis on mesure L_{ref} et on replace les éprouvettes sous l'eau aussitôt que possible pour qu'elles ne sèchent pas superficiellement et pour maintenir le mieux possible le degré de liaison du système capillaire à l'intérieur du béton. C'est là la meilleure façon de limiter le développement du retrait endogène à l'intérieur d'un béton, quel que soit son rapport eau/liant.

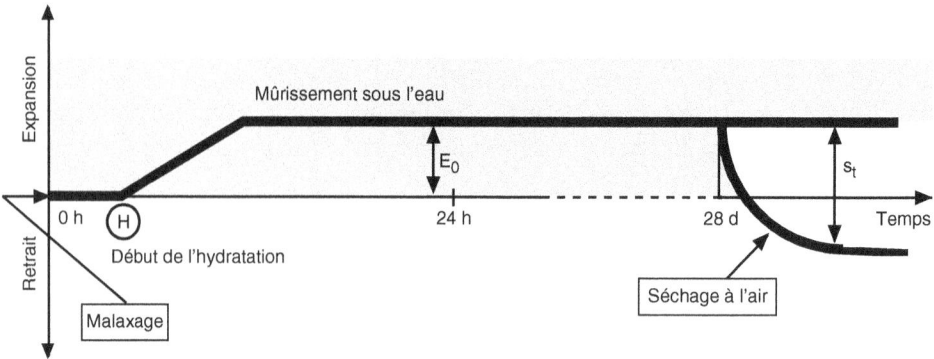

Figure 15.16 *Procédure suggérée pour la mesure du retrait de séchage*

Quand une éprouvette de béton usuel est mûrie à l'air, le retrait de séchage, s_t, se développe et augmente très rapidement par suite de sa grande porosité et du diamètre élevé de ses gros capillaires ; par contre, il se développe et augmente plus lentement dans le cas des BHP à cause de leur porosité plus faible.

Si une éprouvette de béton est placée sous l'eau dès sa coulée, au moment où le ciment commence à s'hydrater, une certaine quantité d'eau peut être drainée à l'intérieur du béton pour remplir la très fine porosité qui apparaît durant l'hydratation tant et aussi longtemps que les pores de gel et les pores capillaires forment un réseau continu qui assure la continuité de la phase aqueuse. On ne verra donc se développer aucun retrait endogène dans certains bétons qui sont mûris sous l'eau, tout au moins au début de la réaction d'hydratation. Par contre, des ménisques vont toutefois apparaître dans les capillaires dès que certains pores capillaires ne sont plus reliés à la surface de l'éprouvette et du retrait endogène pourra se développer dans certaines parties de ce béton même s'il est mûri sous l'eau. La figure 15.17 présente ainsi une courbe qui peut être obtenue dans certains bétons ayant de très faibles rapports eau/liant (Jensen et Hansen, 1995 ; Tazawa et Miyazawa, 1996).

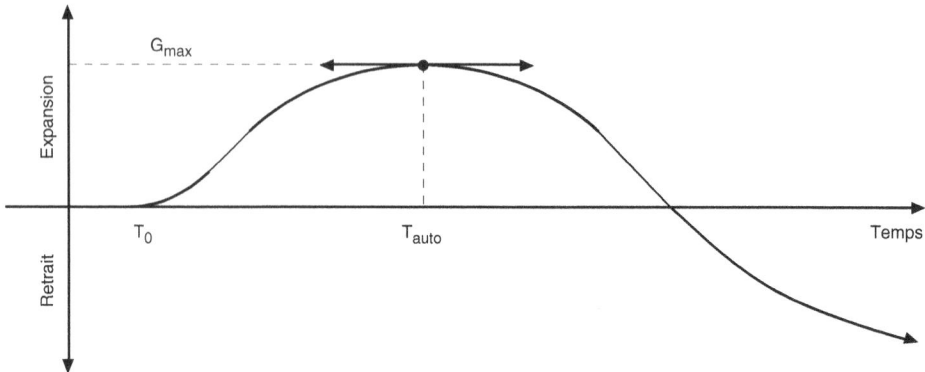

Figure 15.17 Variation volumétrique d'une éprouvette de béton de très faible rapport eau/liant (< 0,30) mûrie sous l'eau juste avant sa mise en place (d'après Tazawa et Miyazawa, 1996)

Il est impossible de préciser la valeur de l'expansion maximale, le temps au bout duquel cette expansion maximale est atteinte, de même que la vitesse et l'intensité du retrait endogène qui se développe parce que ces phénomènes sont directement reliés au développement de la microstructure du béton. Le développement de cette microstructure dépend évidemment du rapport eau/liant, de la température initiale et de la température ambiante, de la finesse du ciment, de l'influence des adjuvants et, plus généralement, de tous les facteurs qui influencent le développement de la réaction d'hydratation. Tazawa et Miyazawa (1993) ont développé une formule permettant de prédire le retrait endogène d'un béton à partir d'une régression linéaire obtenue lors d'une étude expérimentale dans laquelle ils ont étudié plusieurs types de ciment :

$$e_{auto} = -0,012 \times \alpha\, C_3S(t) \times (\%C_3S) - 0,070 \times \alpha\, C_2S(t) \times (\%C_2S)$$
$$+ 2,256 \times \alpha\, C_3A(t) \times (\%C_3A) + 0,859 \times \alpha\, C_4AF(t) \times (\%C_4AF)$$

où

e_{auto} : le retrait endogène

$\alpha\, i(t)$: le degré d'hydratation de la phase i au temps t

$(\% i)$: le pourcentage de la phase i dans le ciment

Il est surprenant de voir dans cette régression linéaire qu'un signe négatif précède les deux coefficients qui gouvernent l'influence des deux phases de silicate et qu'un signe positif précède les deux coefficients qui gouvernent l'influence du C_3A et du C_4AF, en dépit du fait que la formation d'ettringite est aussi accompagnée d'une diminution du volume, comme l'a démontré Le Chatelier il y a 100 ans :

volume d'ettringite < volume de C_3A + volume de sulfate de calcium + volume d'eau

Le rôle prépondérant du C_3A dans le développement du retrait endogène est quelque peu surprenant parce que la variation volumétrique qui est essentiellement responsable du retrait endogène est due à la contraction volumétrique qui se produit surtout dans la phase silicate. En outre, la quantité de C_3A est faible (en général inférieure à 10 %) quand on la compare à la quantité totale de la phase silicate (en général supérieure à 80 %).

Cependant, Eckart et coll. (1995) ont récemment montré que les produits d'hydratation qui résultent de l'hydratation du C_3S et du C_2S ne génèrent pratiquement pas de pores capillaires, seulement des pores de gel, tandis que l'hydratation du C_3A et du C_4AF à un moindre degré engendre surtout des pores capillaires. Dans ces pores capillaires très fins, les forces de tension se développent et génèrent le retrait endogène.

15.5 Mesure de fluage

15.5.1 Préparation des éprouvettes

Deux types de mûrissement du béton sont nécessaires pour les essais de fluage : le mûrissement normal et le mûrissement pour la mesure du fluage de base (Fig. 15.18) (norme

ASTM C512, 1993). Dans le cas du fluage normal, les éprouvettes doivent rester dans leur moule pas moins de 24 heures ni plus de 48 heures avant d'être entreposées dans des conditions de mûrissement humide normalisé jusqu'à l'âge de 7 jours. Après ce mûrissement humide, elles peuvent être placées à l'air sec (20,0 ± 2 °C, H.R. = 50 ± 5 %). Pour mesurer le fluage potentiel des différents bétons, on charge les éprouvettes à 28 jours.

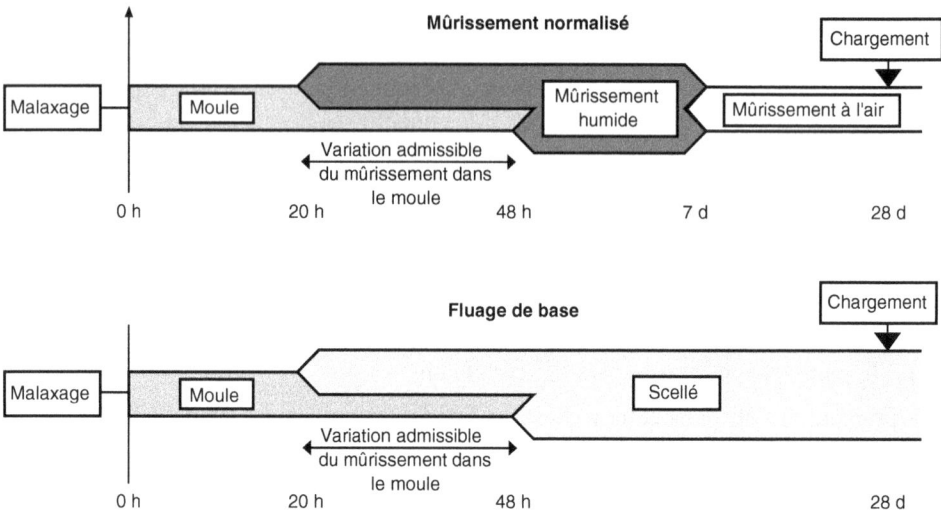

Mûrissement normalisé

Chargement

Malaxage — Moule — Mûrissement humide — Mûrissement à l'air

Variation admissible du mûrissement dans le moule

0 h　20 h　48 h　7 d　28 d

Fluage de base

Chargement

Malaxage — Moule — Scellé

Variation admissible du mûrissement dans le moule

0 h　20 h　48 h　28 d

Figure 15.18 Procédure actuelle de mûrissement selon la méthode d'essai normalisée ASTM C512 pour mesurer le fluage

15.5.2 Développement des différentes déformations produites dans le béton durant les 28 premiers jours

Le développement des différentes déformations qui se produisent dans un béton durant les 28 premiers jours est schématiquement présenté à la figure 15.19. La valeur du retrait endogène, a_0, et le temps de démoulage sont nuls ou négligeables dans le cas des bétons ayant un rapport eau/liant élevé ; par contre, le retrait endogène peut être très significatif dans le cas des bétons ayant un rapport eau/liant faible. Plus le rapport eau/liant est faible, plus la valeur de a_0 est élevée.

Lorsque les éprouvettes de béton sont séchées à l'air après avoir subi 7 jours de mûrissement humide, la plus grande partie du retrait endogène s'est déjà développée de telle sorte que l'on peut considérer que le retrait qui se développe alors est simplement du retrait de séchage. Cette procédure convient donc tout à fait pour mesurer le fluage à long terme des bétons de rapport eau/liant élevé ou faible. Cependant, cette procédure ne convient plus pour des mesures de fluage à jeune âge à partir de 2 jours ou moins.

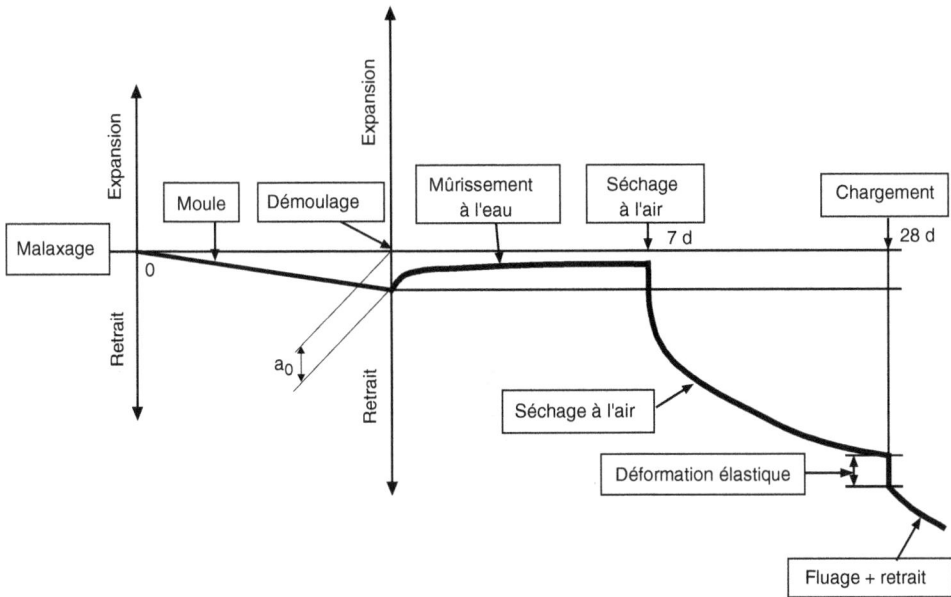

Figure 15.19 Développement de différentes déformations dans un BHP durant la mesure du fluage à 28 jours

15.5.3 Déformations produites dans un béton de rapport eau/liant élevé soumis à un essai de fluage à jeune âge

La figure 15.20 présente les différentes déformations qui se développent dans une éprouvette de béton ayant un rapport eau/liant élevé mise à l'essai à jeune âge et une éprouvette non chargée exposée à trois types de mûrissement : un mûrissement sous l'eau, un mûrissement scellé et un mûrissement à l'air. Il est important de mûrir des éprouvettes selon ces trois méthodes de mûrissement de façon simultanée pour pouvoir étudier l'action combinée du séchage et du fluage sur l'éprouvette de béton.

D'abord, le retrait endogène initial au démoulage, a_0, est nul ou négligeable. Quand l'éprouvette de béton est mûrie à l'eau après son démoulage, on note une très légère expansion de son volume. Quand l'éprouvette est scellée et qu'elle ne sèche pas, le seul retrait que l'on mesure est le retrait endogène.

Si l'éprouvette de béton est séchée à l'air, le retrait endogène et le retrait de séchage se développent simultanément ; plus le rapport eau/liant est élevé, plus le retrait de séchage se développera rapidement et de façon intense.

En comparant les déformations des quatre éprouvettes de la figure 15.20, on peut déterminer toutes les déformations élémentaires qui se développeront dans le béton ou à l'intérieur d'un élément structural. Par exemple, la peau du béton va réagir plutôt comme l'éprouvette séchée à l'air tandis que le béton situé au cœur de l'élément structural réagira plutôt comme l'éprouvette scellée.

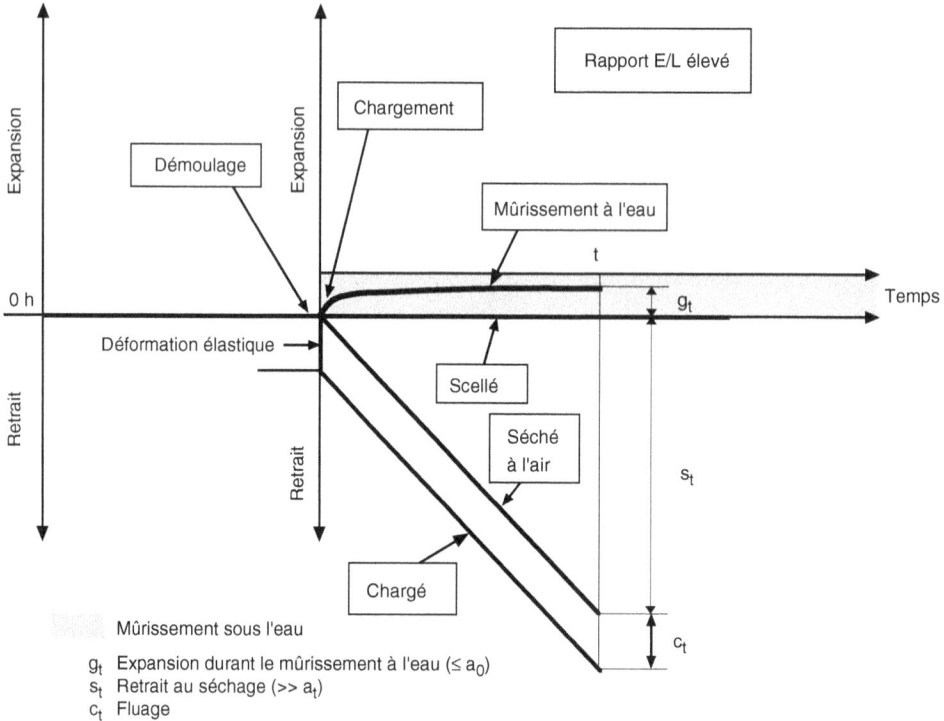

Figure 15.20 Développement du retrait dans un béton de rapport eau/liant élevé lors d'une mesure du fluage à jeune âge

15.5.4 Déformations produites dans un béton de faible rapport eau/liant soumis à un essai de chargement à jeune âge

La figure 15.21 présente les différentes déformations qui se développent dans une éprouvette de béton de faible rapport eau/liant soumise à un chargement à jeune âge et celles de trois éprouvettes similaires non chargées exposées aux mêmes mûrissements que ceux décrits à la section 15.5.3 pour les bétons usuels qui ont un rapport eau/liant élevé.

Le problème expérimental le plus délicat à régler dans un tel cas est la mesure du retrait endogène initial, a_0, qui se développe avant que l'on applique la charge, car il n'est plus du tout négligeable et peut même représenter la partie essentielle du retrait total. Ce retrait endogène initial peut aussi beaucoup varier selon le moment où l'on applique le chargement initial par rapport au début de la réaction d'hydratation.

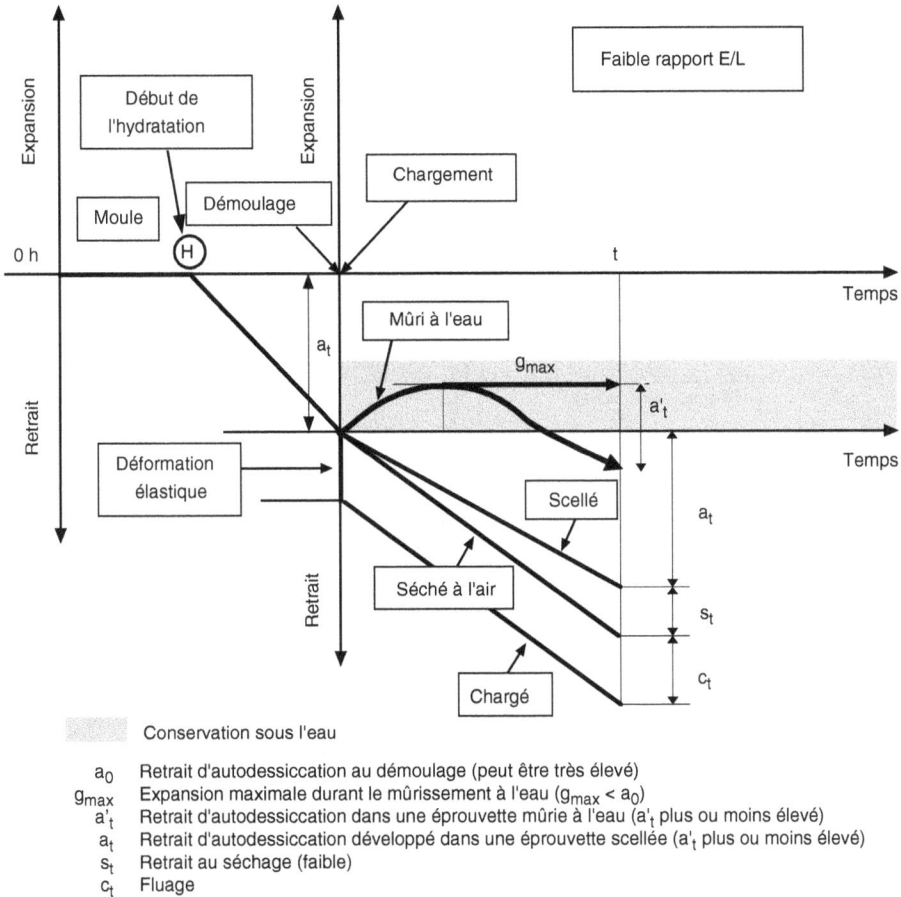

Figure 15.21 Développement du retrait dans un béton de faible rapport eau/liant lors d'une mesure du retrait à jeune âge

Comme on l'a mentionné précédemment, le temps à partir duquel la réaction d'hydratation commence à se développer dépend essentiellement du type et de la finesse du ciment, de même que de la quantité de superplastifiant et de retardateur que l'on a utilisé.

Il faut aussi noter qu'après l'application de la charge, la partie essentielle du retrait qui se développe à l'intérieur du béton est le retrait endogène et que le retrait de séchage est relativement faible. Plus le rapport eau/liant est faible, plus le retrait endogène sera élevé et plus faible sera le retrait de séchage même au cœur du béton.

15.5.5 Proposition d'une procédure de mûrissement avant le premier chargement d'une éprouvette de béton soumise à un essai de fluage

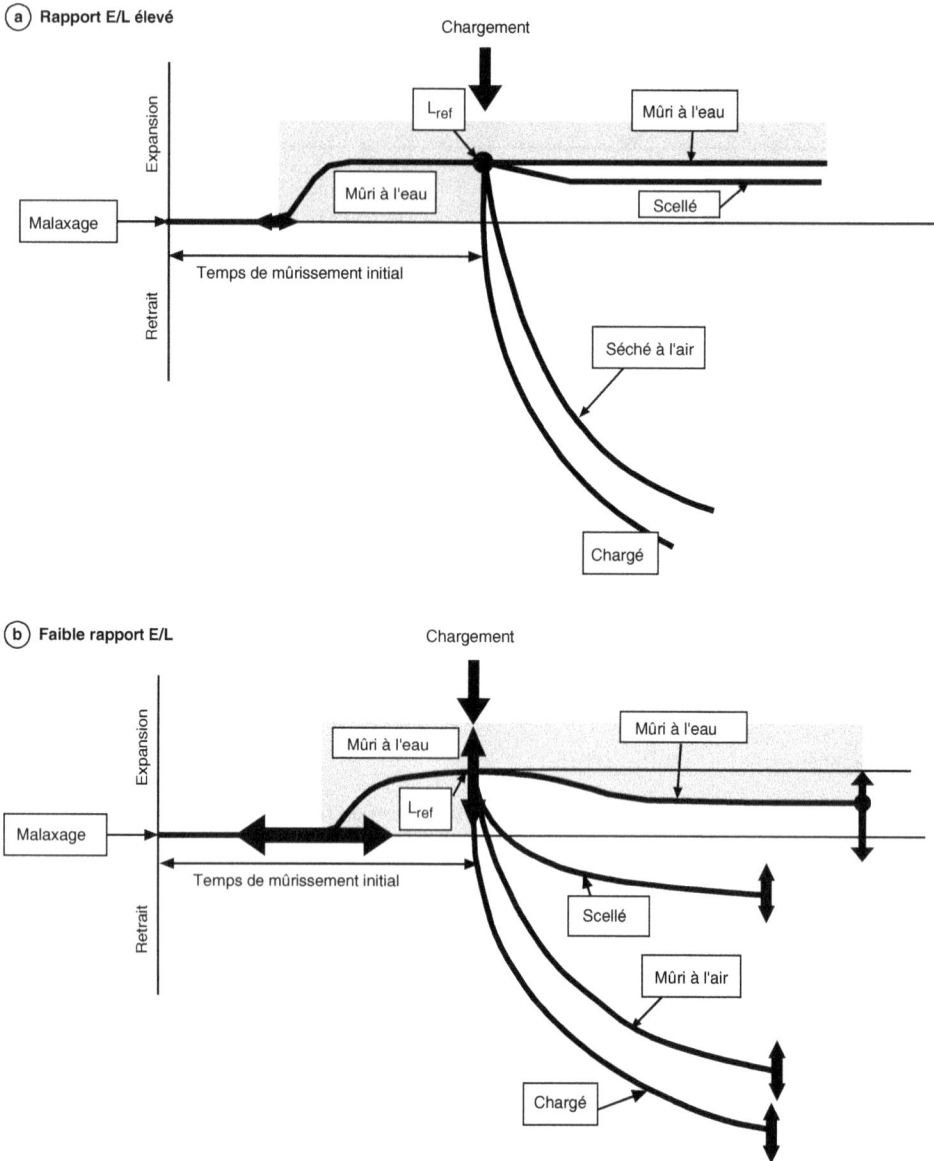

Figure 15.22 Procédure proposée pour la mesure du fluage

La procédure que l'on propose consiste à mûrir l'éprouvette sous l'eau juste avant que l'hydratation ne commence ou dès qu'elle commence ou, comme dans le cas de la mesure du retrait, dès que l'éprouvette a été coulée de façon à éviter le développement de tout retrait endogène à l'intérieur de l'éprouvette de béton avant son démoulage et son chargement. Les figures 15.22a et 15.22b présentent ce qui se produit dans les éprouvettes mûries des trois façons. En utilisant une telle procédure, il n'y aura plus aucune ambiguïté dans la mesure des différentes déformations qui se développent à l'intérieur des éprouvettes chargées.

15.6 Remarques sur les essais de retrait et de fluage

Les procédures actuelles et les méthodes d'essai qui ont été développées pour mesurer le fluage et le retrait de séchage de bétons usuels ayant des rapports eau/liant élevés ne sont plus toujours appropriées pour mesurer le retrait et le fluage des BHP qui ont des rapports eau/liant beaucoup plus faibles à cause de la complexité des processus physico-chimiques qui se développent dans le béton et qui sont à l'origine des différentes formes de retrait (Baroghel-Bouny et Godin, 1998). Il vaut mieux commencer par mûrir les éprouvettes de béton sous l'eau de façon à pouvoir mesurer le retrait de façon valable, car ce n'est que dans de telles conditions que l'on peut mesurer de façon valable la longueur de référence de l'éprouvette sans avoir besoin de recourir à l'achat de jauge que l'on noie dans le béton pour mesurer le retrait initial. Cette méthode est relativement simple, peu coûteuse et permet de mesurer une valeur de L_{ref} valable du point de vue pratique. Il faut aussi souligner que, dans un élément structural en BHP, la mesure du retrait peut varier selon l'endroit où on l'effectue, comme on l'a mentionné à la section 12.8.

15.7 Mesure de la perméabilité

La mesure de la perméabilité des bétons usuels est relativement simple ; tant que le rapport eau/liant reste élevé, le béton est très poreux et ses capillaires forment un réseau bien connecté. La présence d'eau qui n'a pas réagi lors de l'hydratation du béton crée ce réseau interconnecté à travers duquel l'eau peut s'écouler dès que l'on exerce un gradient de pression.

La perméabilité à l'eau des bétons usuels décroît au fur et à mesure que le rapport eau/liant décroît jusqu'à ce qu'il se rapproche de la valeur de 0,40. Lorsque l'on atteint un tel rapport eau/liant, la plupart des perméamètres sont incapables d'enregistrer un écoulement significatif d'eau à travers l'éprouvette même lorsqu'on applique une très forte pression, ce qui ne signifie pas qu'il n'y a pas encore de capillaires interconnectés dans ces bétons, mais plutôt que l'eau ne peut pas s'y déplacer à cause de leur finesse (El-Dieb et Hooton, 1995). L'application de la loi de Darcy à l'écoulement de l'eau dans la plupart des perméamètres n'est plus tellement valable dès que les forces électriques et les forces capillaires qui se développent dans les capillaires très fins deviennent très fortes au point de contrecarrer l'effet du gradient de pression que l'on utilise pour mesurer la perméabilité du béton (en général plus ou moins 1 MPa).

Comme la plupart des BHP ont un rapport eau/liant inférieur à 0,40, il n'est plus possible d'évaluer le degré d'interconnexion du réseau de capillaires d'un béton en forçant de l'eau à s'écouler à travers une éprouvette de béton. Cependant, il serait dangereux d'en conclure que les BHP sont imperméables : même si de l'eau ne peut percoler à travers ce réseau interconnecté, des ions agressifs peuvent se déplacer plus ou moins facilement au cœur du BHP par suite des pressions osmotiques relativement fortes.

Puisqu'une telle interconnexion existe, il est nécessaire d'aborder l'évaluation de la perméabilité d'un BHP d'une autre façon. À cet égard, la mécanique des roches offre des pistes intéressantes pour mesurer des perméabilités très faibles.

La perméabilité des roches est généralement mesurée dans des cellules triaxiales qui utilisent des écoulements convergents ou divergents. De telles mesures nécessitent des équipements complexes et coûteux et cette technique n'a été utilisée que dans quelques cas de BHP (El-Dieb et Hooton, 1995).

La perméabilité des roches est essentiellement évaluée en utilisant des perméamètres à air. Dans le cas des roches, la préparation de l'éprouvette ne pose pas trop de problèmes : elle est séchée à une masse constante avant d'être mise à l'essai, ce qui ne pose aucun problème dans le cas de la plupart des roches parce que l'eau n'a pas d'action sur sa microstructure.

La mesure de la perméabilité à l'air d'un béton n'est pas facile par suite des problèmes créés par le séchage de l'éprouvette, en particulier dans le cas des BHP. En effet, il est très difficile de sécher un BHP à masse constante puisqu'il s'agit d'un processus très lent. Si l'on diminue la taille de l'éprouvette de façon à faciliter son séchage, elle n'est alors plus représentative de la masse du béton. En outre, il est très difficile de sécher une éprouvette de béton en enlevant uniquement l'eau libre qui se retrouve dans le réseau interconnecté de ces pores. Récemment, Acker (1996) a suggéré de considérer le réseau de pores interconnectés dans un béton usuel comme deux réseaux de pores intercon-nectés, comme ceux que l'on retrouve dans le tronc d'un arbre : un réseau composé de pores plutôt gros, interconnecté à un réseau plutôt fin dans lequel il est très difficile si ce n'est impossible d'enlever de l'eau. Après que le béton a séché, ces pores très fins peuvent réactiver le mouvement de l'eau.

Comme il est pratiquement impossible de mesurer la perméabilité à l'air de façon valable parce qu'il est impossible de définir précisément l'état de séchage d'un BHP, il faut donc trouver une autre façon de mesurer ou d'apprécier la perméabilité des BHP. Dans ce cas particulier, la réponse ne vient pas de la mécanique des roches, mais plutôt d'une technique déjà utilisée dans la technologie du béton : on peut évaluer la perméabi-lité d'un béton en mesurant ce que l'on appelle, bien à tort, la perméabilité aux ions chlore selon la norme AASHTO T-277 ou la norme ASTM C1202.

La dénomination de l'essai AASHTO T-277 est tellement controversée que l'ASTM a changé le titre de sa norme. Même si l'on ne mesure pas à proprement parler la perméabilité aux ions chlore, cet essai permet de déterminer la facilité avec laquelle un béton usuel ou un BHP peut se laisser traverser par un courant d'ions, ce qui explique pourquoi cet essai a été adopté très rapidement par ceux qui voulaient évaluer la perméabilité d'un BHP (Tsutsumi et coll., 1993).

On a trouvé une forte corrélation entre le rapport eau/liant et la perméabilité aux ions chlore d'un BHP (Mobasher et Mitchell 1988 ; Perraton et coll., 1988 ; Whiting, 1988 ; Gagné et coll., 1993). En outre, cet essai est simple à exécuter et l'équipement nécessaire pour le mesurer n'est pas trop coûteux. Des appareils comportant plusieurs cellules sont déjà disponibles sur le marché ; ils permettent de mesurer la perméabilité aux ions chlore de quatre ou huit éprouvettes en même temps (Fig. 15.23).

Figure 15.23 Appareil de mesure de la perméabilité aux ions chlore développé à l'Université de Sherbrooke

Les éprouvettes de béton utilisées pour mesurer la perméabilité aux ions chlore ne sont ni trop petites ni trop grosses : elles ont un diamètre de 95 mm et une longueur de 50 mm. Ces éprouvettes sont placées entre deux solutions, l'une contenant au début une certaine quantité de chlorures de sodium et l'autre une certaine quantité de soude. L'essai consiste à mesurer l'intensité du courant qui parcourt l'éprouvette lorsque l'on applique une différence de potentiel de 60 volts pendant 6 heures entre les deux solutions. La perméabilité du béton est exprimée en coulomb, ce nombre représente la somme des charges électriques qui ont traversé l'éprouvette durant les 6 heures de l'essai. Whiting (1981) a établi une échelle de perméabilité aux ions chlore qui est reproduite dans le tableau 15.9. Le montage expérimental utilisé à l'Université de Sherbrooke est présenté à la figure 15.23.

Tableau 15.9. Perméabilité aux ions chlore basée sur la charge traversant l'éprouvette (Whiting, 1981).

Charge (coulomb)	Perméabilité aux ions chlore
> 4 000	Élevée
2 000-4 000	Modérée
1 000-2 000	Basse
100-1 000	Très basse
< 100	Négligeable

L'expérience démontre qu'un béton pour lequel on peut mesurer la perméabilité à l'eau en utilisant un perméamètre à eau peut présenter différents degrés de perméabilité aux ions chlore (Perraton et coll., 1988).

Tableau 15.10. Variation de la perméabilité rapide aux ions chlore pour des bétons ayant des rapport eau/ciment variables, avec et sans fumée de silice.

	Perméabilité aux ions chlore (en coulomb)	
	Avec fumée de silice	Sans fumée de silice
0,60	de 1 800 à 3 500	de 5 500 à 9 000
0,50	de 1 200 à 5 000	de 4 000 à 6 000
0,40	de 250 à 1 000	de 2 500 à 4 000
0,30	de 150 à 500	de 1 800 à 3 000
0,25	de 100 à 200	de 800 à 2 500

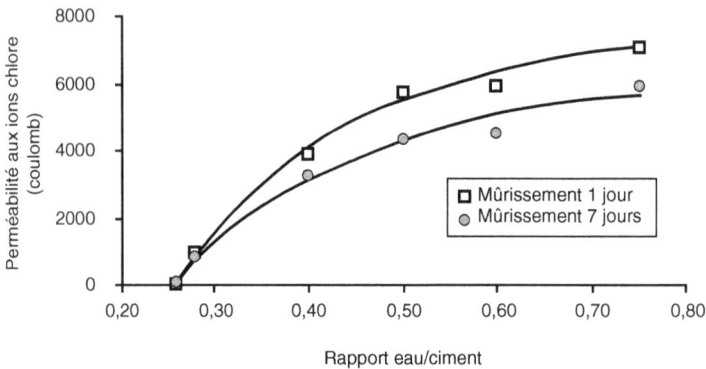

Figure 15.24 Perméabilité aux ions chlore en fonction du rapport eau/liant (Whiting, 1984)

Le fait qu'une quantité substantielle de charge traverse l'éprouvette démontre qu'il existe un certain degré d'interconnexion : ces ions ne diffusent pas à travers les parties solides du BHP, mais se déplacent plutôt au sein du réseau de pores. Le tableau 15.10 présente la perméabilité aux ions chlore de quelques BHP et la figure 15.24 présente la compilation faite par Whiting (1984) de la variation de la perméabilité aux ions chlore en fonction des rapports eau/liant.

15.8 Mesure du module élastique

La mesure du module élastique des BHP se fait de la même façon que dans le cas des bétons usuels. Un montage très efficace a été développé à l'Université de Berkeley en Californie pour mesurer cette déformation. Ce montage réduit considérablement le temps dévolu à la mesure du module élastique puisqu'il n'est pas nécessaire de coller des jauges sur l'éprouvette et, comme on a pu le vérifier à l'Université de Sherbrooke, les résultats obtenus sont aussi valables et reproductibles que ceux obtenus lorsque l'on utilise des jauges extensométriques coûteuses.

Le montage est composé de deux anneaux d'aluminium maintenus à une distance égale à la mi-longueur de l'éprouvette (Fig. 15.25). Ces deux anneaux sont fixés à l'éprouvette en utilisant trois vis pointeaux qui s'appuient légèrement sur l'éprouvette et situées à 120° l'une de l'autre. Entre les deux anneaux qui sont supportés temporairement par deux supports verticaux durant l'installation, on installe deux LVDT placés à 180° l'un de l'autre de façon à enregistrer les déplacements (on a trouvé qu'il n'était pas nécessaire de compliquer le montage en utilisant trois LVDT à 120°). Un système électronique additionne les déplacements enregistrés par chaque LVDT (Fig. 15.26) et la somme de ces deux déplacements représente le déplacement total sur toute la longueur de l'éprouvette. La distance entre les deux anneaux de mesure étant constante et égale à la moitié de la longueur totale de l'éprouvette, il est facile de convertir le déplacement total en une déformation totale.

Avant de charger l'éprouvette, on retire les deux supports temporaires et, durant le chargement, on enregistre le déplacement relatif des deux anneaux simultanément. Les photographies de la figure 15.27 présentent les différentes étapes de préparation des éprouvettes et l'enregistrement d'un cycle de chargement/déchargement.

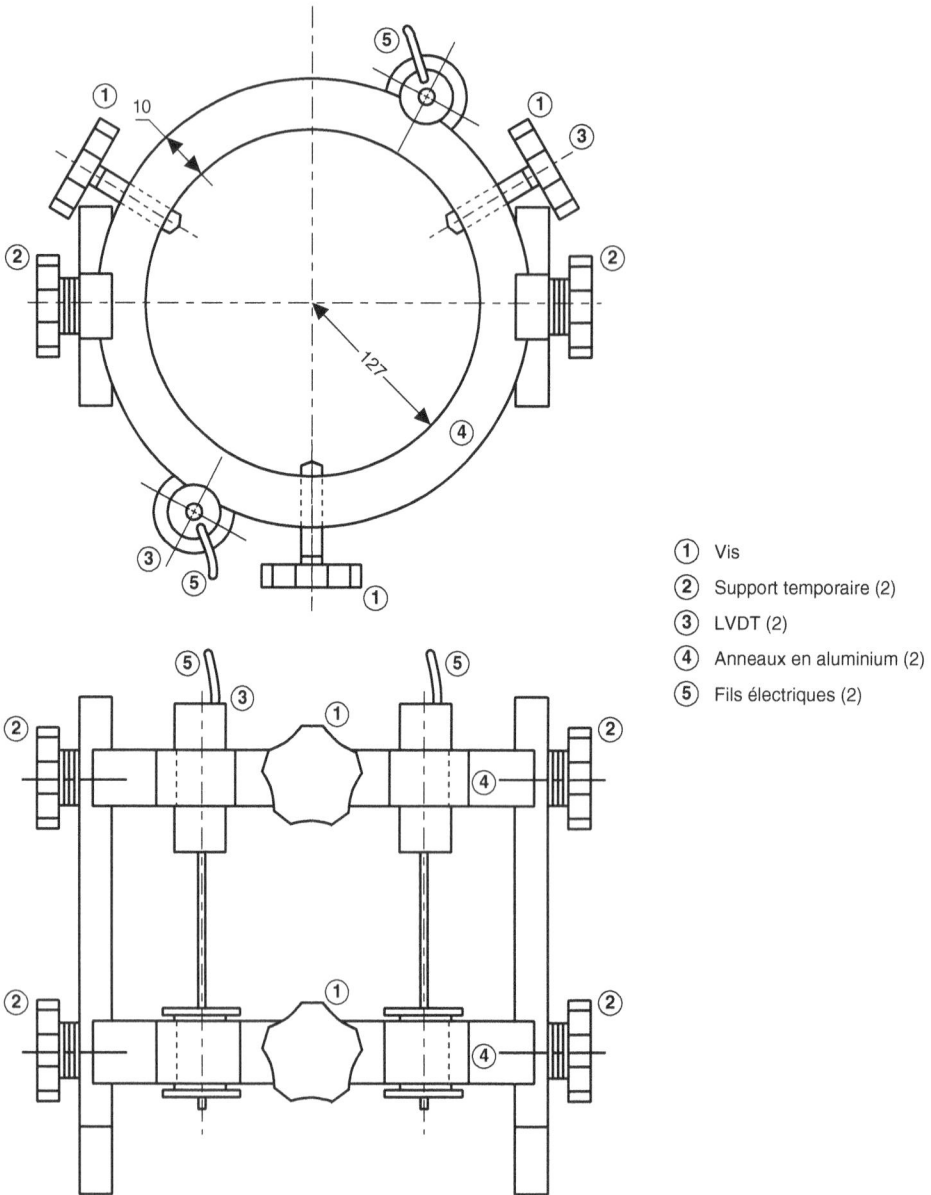

1. Vis
2. Support temporaire (2)
3. LVDT (2)
4. Anneaux en aluminium (2)
5. Fils électriques (2)

Figure 15.25 Appareil développé à l'Université de Berkeley pour la mesure du module élastique

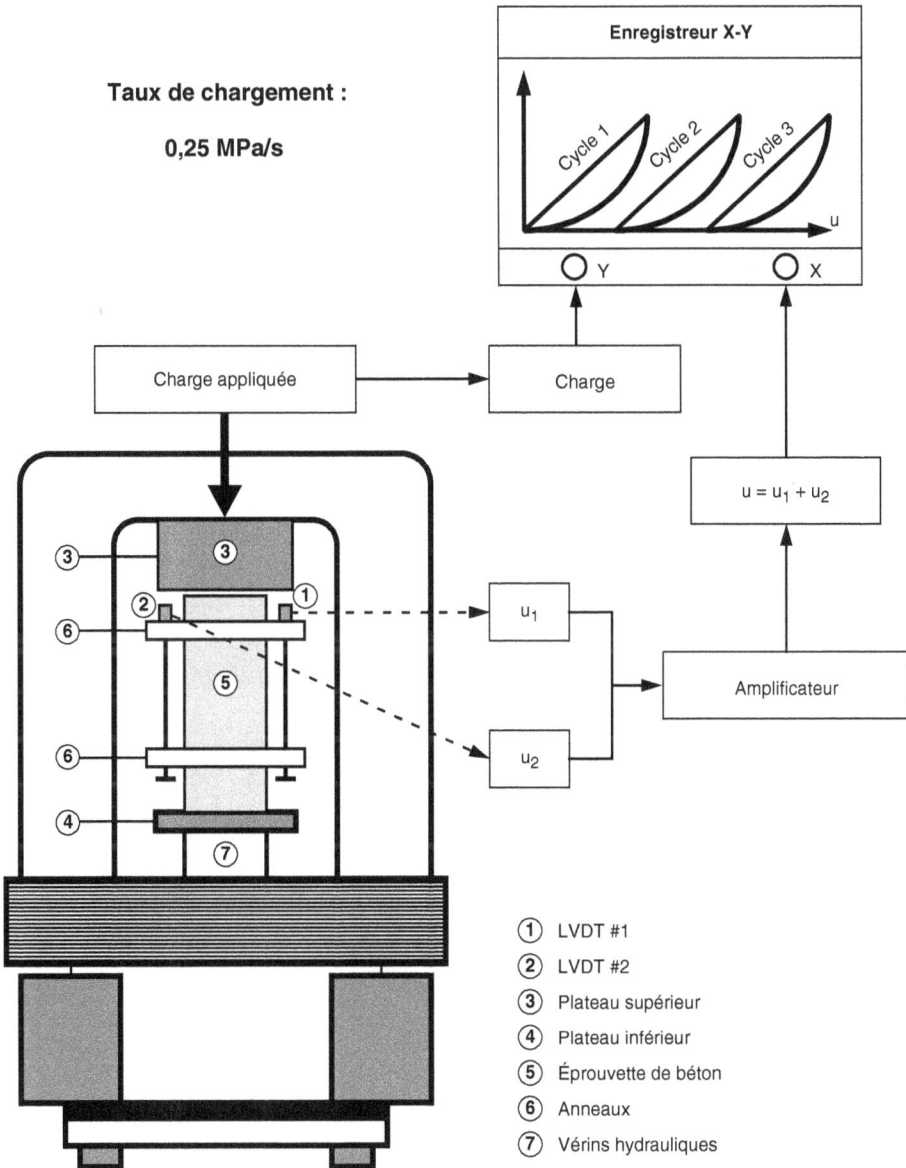

Figure 15.26 Montage expérimental permettant d'enregistrer des cycles de chargement et de déchargement

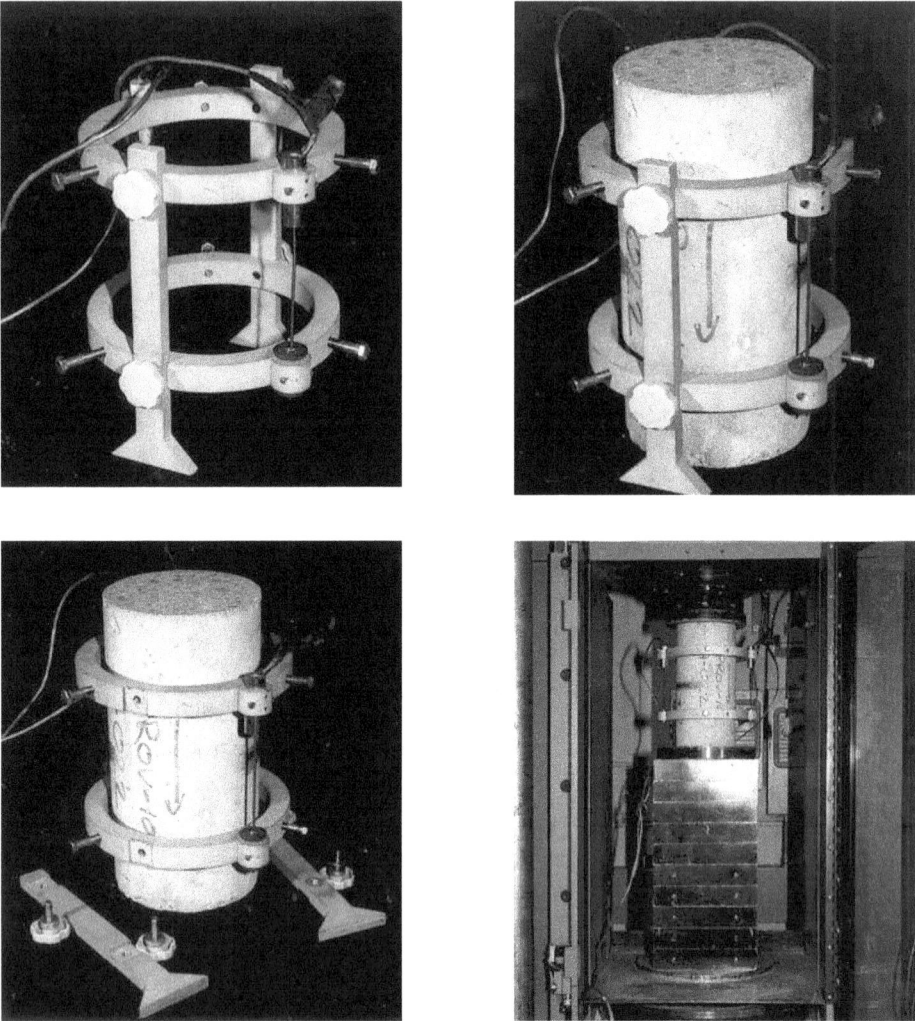

Figure 15.27 Différentes étapes de la mesure du module élastique

15.9 Conclusion

Il n'est pas toujours aussi facile que l'on pourrait le penser à priori de déterminer les caractéristiques mécaniques d'un BHP. La détermination d'une propriété aussi simple et fondamentale que la résistance en compression pose un certain nombre de problèmes et exige une attention particulière, ne serait-ce qu'au niveau de la préparation des extrémités des échantillons de béton.

Dans certains cas on n'a pas d'autre choix que d'adapter des techniques de mesure utilisées en mécanique des roches qui depuis longtemps a dû résoudre des problèmes liés à la grande résistance du matériau. Dans d'autres cas il suffit d'adapter quelque peu, ou même quelquefois ne pas modifier du tout, des techniques d'essais déjà normalisées dans le cas des bétons usuels. Enfin dans quelques cas plus rares il faudra faire preuve d'innovation et développer des techniques de mesure spécifiques aux BHP, comme dans le cas du retrait et du fluage pour prendre en compte des phénomènes particuliers qui se développent dans un BHP.

Il est regrettable qu'un certain nombre de résultats publiés dans la littérature scientifique n'aient pas tenu compte de certaines spécificités des BHP, non seulement ces résultats sont inexploitables, mais encore leur utilisation aveugle peut conduire à des erreurs fondamentales sur les caractéristiques des BHP.

Références

AASHTO T-277 *Standard Method of Test for Rapid Determination of the Chloride Permeability of Concrete.*

ACI 363 R-92 (1999) *State-of-the-Art Report on High-Strength Concrete, ACI Manual of Concrete Practice*, Part 1, Materials and general properties of concrete, ISSN 0065-7875, 55 p.

Acker, P. (1996) Communication personnelle.

Aïtcin, P.-C. et Riad, N. (1988) Curing temperature and very high-strength concrete. *Concrete International*, **10**(10), 69-72.

Aïtcin, P.-C., Miao, B., Cook, W.D. et Mitchell, D. (1994) Effects of size and curing on cylinder compressive strength of normal and high-strength concretes. *ACI Materials Journal*, **91**(4), juillet-août, 349-354.

ASTM C1202 (1993) *Test Method for Electrical Indication of Concrete's Ability to Resist Chloride Ion Penetration, Annual Book of ASTM Standards,* Section 4 Construction, vol. 04.02 Concrete and Aggregates, ISBN 0-8031-1923-2, p. 627-632.

ASTM C157 (1993) *Standard Test Method for Length Change of Hardened Hydraulic Cement Mortar and Concrete, Annual Book of ASTM Standards*, Section 4 Construction, vol. 04.02 Concrete and Aggregates, ISBN 0-8031-1923-2, p. 103-108.

ASTM C39 (1991) *Standard Test Method for Compressive Strength of Cylindrical Concrete Specimens, Annual Book of ASTM Standards*, Section 4 Construction, vol. 04.02 Concrete and Aggregates, ISBN 0-8031-1923-2, p. 20-24.

ASTM C512 (1993) *Standard Test Method for Creep of Concrete in Compression, Annual Book of ASTM Standards*, Section 4 Construction, vol. 04.02 Concrete and Aggregates, ISBN 0-8031-1923-2, p. 278-281.

ASTM CXX-XX (2000) Draft of a Standard Test Method for Compressive Strength of Cylindrical High Strength Concrete Specimens.

ASTM Special Technical Publication No. 169-A, « Significance of Tests and Properties of Concrete and Concrete – Making Materials », ASTM Philadelphia.

Baroghel-Bouny, V. et Godin, J. (1998) Nouvelle approche expérimentale du retrait de dessication des pâtes des bétons durcis ordinaires et à très hauts performances. *Bulletin de liaison des Laboratoires des Ponts et chaussées*, n° 218, p. 39-48.

Baron, J. (1968) *Mesure du premier retrait des bétons hydrauliques*, article I-I, Le retrait des bétons hydrauliques, Colloque international RIELM/CEMBUREAU sur le retrait des bétons hydrauliques, 20-22 mars, Madrid, Espagne, 14 p.

Bartlett, F.M. et MacGregor, J.G. (1994) *Assessment of Concrete Strength in Existing Structures*, Structural Engineering Report No 198, University of Alberta, Département de génie civil, mai, 299 p.

Bartlett, F.M. et MacGregor, J.G. (1996) Statistical analysis of the compressive strength of concrete in structure. *ACI Materials Journal*, **93**(2), mars-avril, 158-168.

Bickley, J.A., Ryell, J. et Read, P.H. (1990) *Preconstruction Testing for an 85 MPa Concrete Structure*, ACI Fall Convention, Philadelphia, novembre, communication personnelle.

Boulay, C. (1989) La boîte à sable pour bien écraser les bétons à hautes performances. *Bulletin de liaison des Laboratoires des Ponts et Chaussées*, novembre-décembre, n° 164, 87-88.

Boulay, C. (1996) Capping HPC Cylinders with the Sand Box : New Developments, dans *Proceedings of the 4th International Symposium on Utilization of High-strength/High-performance concrete*, Paris, vol. 2, mai, p. 197-202.

Boulay, C. et de Larrard, F. (1993) A new-capping method for testing high-performance concrete cylinders : the sand box. *Concrete International,* **15**(4), avril, 63-66.

Boulay, C., Le Maou, F. et Renwez, S. (1999) Quelques pièges à éviter lors de la détermination de la résistance et du module en compression sur cylindres de béton. *Bulletin de liaison des Laboratoires des Ponts et Chaussées,* n° 220, mars-avril, p. 63-74.

Buil, M. (1979) *Contribution à l'étude du retrait de la pâte de ciment durcissante*, rapport de recherche LPC No 92, ISSN 0222-8394, décembre, 72 p.

Burg, R.G. et Ost, B.W. (1992) *Engineering Properties of Commercially Available High-Strength Concretes*, Association du ciment Portland, RD 104.OIT, Skokie, IL, USA, 55 p.

Carino, N.J., Guthrie, W.F. et Lagergen, E.S. (1994) *Effects of Testing Variable on the Measured Compressive Strength of High-Strength (90 MPa) Concrete*, NISTIR, 5405 National Institute of Standards and Technology, Gaithersburg, MD, octobre, 141 p.

Carrasquillo, P.M. et Carrasquillo, R.L. (1988a) Evaluation of the use of current concrete practice in the production of high-strength concrete. *ACI Materials Journal*, **85**(1), janvier-février, 49-54.

Carrasquillo, P.M. et Carrasquillo, R.L. (1988b) Effect of using unbonded capping systems on the compressive strength of concrete cylinders. *ACI Materials Journal,* **85**(3), mars-avril, 144-147.

Carrasquillo, R.L., Nilson, A.H. et Slate, F.D. (1981) Properties of high strength concrete subjected to short-term loads. *ACI Journal,* **78**(3), 171-178.

Collins, M.P. et Mitchell, D. (1991) *Prestressed Structure,* Prentice Hall Inc., Englewood Cliffs, New Jersey, 766 p.

Collins, M.P. et Porasz, A. (1989) Shear design for high-strength concrete, *CEB Bulletin d'information,* n° 193, décembre, 77-83.

Collins, M.P., Mitchell, D. et MacGregor, J.G. (1993) Structural design consideration for high-strength concrete. *Concrete International,* **15**(5), 27-34.

Commission RILEM (1961) Coefficients de correspondance entre les résistances de différents types d'éprouvettes, *Bulletin RILEM,* septembre, **12**, p. 155-156.

Cook, J.E. (1989) 10 000 psi concrete. *Concrete International,* 11(10), octobre, 67-75.

Date, C.G. et Schnormeier, R.H. (1984) Day-to-day comparison of 4' and 6' in diameter concrete cylinder strengths. *Concrete International,* août, **6**(8), 24-26.

Davis, H.E. (1940) *Autogenous Volume Change of Concrete,* comptes rendus de la 43e rencontre annuelle de l'ASTM, Atlantic City, NJ, juin, p. 1103-1113.

de Larrard, F., Belloc, A., Renwez, S. et Boulay, C. (1994) Is the cube test suitable for high-performance concrete. *Materials and Structures,* **27**, 580-583.

de Larrard, F., Torrenti, J.M. et Rossi, P. (1988) Le flambement à deux échelles dans la rupture des bétons en compression. *Bulletin de liaison des Laboratoires des Ponts et Chaussées,* n° 154, 51-55.

Eckart, V.A., Ludwig, H.-M. et Stark, J. (1995) Hydration of the four main Portland cement clinker phases. *Zement-Kalk-Gips International,* **48**(8), 443-452.

El-Dieb, A.S. et Hooton, R.D. (1995) Water-permeability measurement of high-performance concrete using a high-pressure triaxial cell. *Cement and Concrete Research,* **25**(6), 1199-1208.

Forstie, D.A. et Schnormeier, R. (1981) Development and use of 4 by 8 inch concrete cylinders in Arizona. *Concrete International,* **3**(7), juillet, 42-45.

Freedman, S. (1971) *High-Strength Concrete,* IS1 76.O1T, Association du ciment Portland, Skokie, IL, 19 p.

Gagné, R., Aïtcin, P.-C. et Lamothe, P. (1993) Chloride-ion permeability of different concretes, dans *Proceedings of the 6th International Conference on Durability of Building Materials and Components,* Omiya, Japon, E & FN Spon, Londres, ISBN 0-419-18690-5, 1171-1180.

Gonnerman, H.F. (1925) *Effect of Size and Shape of Test Specimen on Compressive Strength of Concrete,* Proceedings ASTM, **25**, part 2, p. 237-250.

Gorisse, F. (1982) Les fissurations spontanées et accidentelles du béton non armé et armé, dans *Le béton hydraulique,* édité par J. Baron et R. Sauterey, Presses de l'École nationale des Ponts et chaussées, ISBN 2-85978-033-5, p. 379-388.

Grygiel, J.S. et Amsler, D.E. (1977) *Capping Concrete Cylinders With Neoprene Pads*, Engineering Research and Development Bureau, New York State Department of Transportation, Research Report 46, avril, p. 1-6.

Haque, M.N., Gopalan, M.K. et Ho, D.W.S. (1991) Estimation of in-situ strength of concrete. *Cement and Concrete Research*, **21**(6), 1103-1110.

Hester, W.T. (1980) Field testing high-strength concretes : a critical review of the state-of-the-art. *Concrete International*, **2**(12), décembre, 27-38.

Holland, T.C. (1987) Testing high-strength concrete. *Concrete Construction,* **32**(6), juin, 534-536.

Howard, N.L. et Leatham, D.M. (1989) The production and delivery of high-strength concrete. *Concrete International*, **11**(4), avril, 26-30.

Jensen, O.M. et Hansen, P.F. (1995) A dilatometer for measuring autogeneous deformation in hardening Portland cement paste. *Matériaux et constructions*, **28**(181), août-septembre, 406-409.

Johnson, C.D. et Mirza, S.A. (1995) Confined capping system for compressive strength testing of high-performance concrete cylinders. *Canadian Journal of Civil Engineering*, **22**(3), juin, 617-620.

Jung, F. (1968) *Shrinkage Due to Hydration and its Relation to Concrete Strength*, RILEM International Conference on Shrinkage of Hydraulic Concretes, mars, Madrid, Espagne, 18 p.

Kaar, P.H., Hanson, N.W. et Capell, H.T. (1978) *Stress Strain Characteristics of High-Strength Concrete*, Association du ciment Portland, Shokie, IL, RD051.01D, 10 p.

Khayat, K.H., Bickley, J.A. et Hooton, R.D. (1995) High-strength concrete properties derived from compressive strength values. *Cement, Concrete and Aggregates*, **17**(2), décembre, 126-133.

Laplante, P. et Aïtcin, P.-C. (1996) *Compressive Strength of Concrete : form Cylinders to the Structures*, 4th International Symposium on the Utilization of High Strength/High Performance Concrete, Paris, **2**, p. 645-652.

Lepage, S., Baalbaki, M., Dallaire, É. et Aïtcin, P.-C. (1999) Early Shrinkage Development in High-Performance Concrete. *Cement, Concrete and Aggregate*, **21**(2), juin, 31-38.

Lessard, M. (1990) *Comment tester les bétons à hautes performances* ? Mémoire de maîtrise, Département de génie civil, Université de Sherbrooke, Québec, Canada, août, 105 p.

Lessard, M. et Aïtcin, P.-C. (1992) Comment tester les bétons à hautes performances, dans *Les bétons à hautes performances – Caractérisation, durabilité, applications*, édité par Y. Malier, Presses de l'École nationale des Ponts et chaussées, ISBN 2-85978-187-0, p. 221-241.

Lévy, P. (1968) *La précision des mesures de retrait hydraulique après prise*, article I-C, Le retrait des bétons hydrauliques, Colloque international RIELM/CEMBUREAU sur le retrait des bétons hydrauliques, 20-22 mars, Madrid, Espagne, 7 p.

Mak, S.L., Attard, M.M., Ho, D.W.S. et Darwall, L.P. (1990) *In-situ Strength of High-Strength concrete*, Rapport n° 4/90, Monash University Australia, Civil Engineering Research Report, ISBN 07326 0181, 90 p.

Malhotra, V.M. (1976) Are 4 × 8 inch concrete cylinders as good as 6 × 12 inch cylinders for quality control of concrete ? *ACI Journal*, **73**(1), janvier, 33-36.

Mamillan, M. (1968) *Note sur la précision des mesures de retrait*, article I-D, Le retrait des bétons hydrauliques, Colloque international RILEM/CEMBUREAU sur le retrait des bétons hydrauliques, 20-22 mars, Madrid, Espagne, 5 p.

Matsushita, H., Kawai, T. et Mohri, K. (1987) Study on capping method for compressive strength test. *CAJ review*, mai, 226-229.

Miao, B., Aïtcin, P.-C., Cook, W.D. et Mitchell, D. (1993) Influence of concrete strength on in-situ properties of large columns. *ACI Materials Journal*, **90**(3), mai-juin, 214-219.

Mirza, S.A. et Johnson, C.D. (1996) Compressive strength testing of HPC cylinders using confined caps. *Construction and Building Materials*, **10**(8), 589-595.

Mobasher, B. et Mitchell, T.H. (1988) *Laboratory Experience with the Rapid Chloride Permeability Test*, ACI SP-108, p. 117-144.

Moreno, J. (1990) 225 W. Wacker Drive, *Concrete International*, **12**(1), janvier, 35-39.

Nasser, K.W. et Al-Manaseer, A.A. (1987) It's time for a change from 6 × 12 to 3 × 6 in. cylinders. *ACI Journal*, **84**(3), mai, 213-216.

Nasser, K.W. et Kenyon, J.C. (1984) Why Not 3 × 6 inch cylinders for testing concrete compressive strength ? *ACI Journal*, **81**(1), janvier, 47-53.

Neville, A.M. (1995) *Properties of Concrete*, Longman Scientific & Technical, 4e édition, p. 581-594.

Neville, A.M. et Brooks, J.J. (1987) *Concrete Technology*, Longman Scientific & Technical, 1re édition, p. 300-326.

Ozyildirim, C. (1985) Neoprene pads for capping concrete cylinders. *Cement, Concrete and Aggregates*, **17**(1), été, 25-28.

Perraton, D., Aïtcin, P.-C. et Vézina, D. (1988) *Permeabilities of Silica Fume Concrete*, ACI SP-108, p. 63-84.

Persson, B. (1997) Self-desiccation and its importance in concrete technology. *Matériaux et constructions*, **30**(199), p. 293-305.

Shah, S.P., Gokoz, U. et Ansari, F. (1981) An experimental technique for obtaining complete stress strain curves for high strength concrete. *Cement Concrete and Aggregate*, **3**(1), été, 21-27.

Sigvaldson, O.T. (1966) The influence of testing machine characteristics upon the cube and cylinder strength of concrete. *Magazine of Concrete Research*, **18**(57), décembre, 197-206.

Tazawa, E. et Miyazawa, S. (1993) Autogeneous shrinkage of concrete and its importance in concrete technology, dans *Creep and Shrinkage of Concrete* (édité par Z.P. Bazant et I. Carol), E & FN Spon, Londres, ISBN 0419-18630-1, p. 159-168.

Tazawa, E. et Miyazawa, S. (1995) Experimental study in mechanism of autogeneous shrinkage of soncrete. *Cement and Concrete Research,* 25(8), décembre, 1633-1638.

Tazawa, E. et Miyazawa, S. (1996) *Influence of Autogeneous Shrinkage on Cracking in High-Strength Concrete*, 4th Symposium international sur les bétons à haute performance, Paris, p. 321-330.

Thaulow, S. (1962) Apparent strength of concrete as affected by height of test specimen and friction between the loading surfaces. *Bulletin RILEM, Matériaux et Constructions – Recherches et Essais*, n° 17, décembre, 31-33.

Thorenfeldt, E., Tomaszewicz, A. et Jensen, J.J. (1987) Mechanical properties of high-strength concrete and application in design, dans *Proceedings of the Symposium on Utilization of High-Strength Concrete*, Stavanger (édité par I. Holland et coll.), Tapir, N-7034 Trondheim, NTH, Norvège, ISBN 82-519-0797-7, p. 149-159.

Tsutsumi, T., Yamamoto, A., Misra, S. et Motohashi, K. (1993) *Effect of Composition and Age on Chloride Permeability of Concrete*, Proceedings of the 6th International Conference on Durability of Building Materials and Components, Omiya, Japon, E & FN Spon, Londres, ISBN 0-419-18670-0, p. 963-972.

Van Gysel, A. et Taerwe, L. (1996) Analytical formulation of the complete stress-strain curve for high-strength concrete. *Matériaux et constructions*, **29**, novembre, 529-533.

Vuturi, V.S., Lama, R.D. et Saluja, S.S. (1974) Stiff testing machines, dans *Handbook on Mechanical Properties of Rocks*, Trans Tech Publications, Clausthall, Allemagne, ISBN 0-87849-010-8, 1, 253-267.

Wee, T.H., Chin, M.S. et Mansur, H.A. (1996) Stress-strain relationship of high-strength concrete in compression. *Journal of Materials in Civil Engineering*, **8**(2), mai, 70-76.

Whiting, D. (1981) *Rapid Determination of the Chloride Permeability of Concrete*, Final Report No. FHWA/RD-81/119, Federal Highway Administration, août, NTIS No. PB82140724.

Whiting, D. (1984) *In Situ Measurements of the Permeability of Concrete to Chloride Ions*, ACI SP-82, p. 501-524.

Whiting, D. (1988) *Permeability of Selected Concretes*, ACI SP-108, p. 195-212.

Chapitre 16

Propriétés mécaniques des BHP

16.1 Introduction

Ce chapitre ne couvre pas dans les moindres détails toutes les propriétés mécaniques des BHP de densité normale puisqu'il faudrait dédier un livre entier à un tel sujet. En outre, il existe tellement de types de BHP fabriqués avec des matériaux tellement différents utilisés dans une multitude d'applications et de conditions différentes qu'il serait vain de vouloir couvrir toutes les propriétés mécaniques de ces bétons en un seul chapitre. De façon plus générale, ce chapitre revoit plutôt les propriétés mécaniques des BHP en essayant de faire ressortir ce qui les rend différentes ou semblables de celles des bétons usuels (Perenchio et Klieger, 1978 ; Swamy, 1986 ; Nilson, 1987 ; Olsen et coll., 1987 ; Castillo et Durrani, 1990 ; Xie et coll., 1995).

Il serait faux de penser que les propriétés mécaniques des BHP sont simplement celles d'un béton plus résistant, il serait tout aussi faux de considérer qu'elles peuvent être déduites en extrapolant simplement celles des bétons usuels comme il serait tout à fait faux de considérer qu'il n'y a aucune relation entre les propriétés des BHP et celles des bétons usuels (Maso, 1982 ; Fauré, 1990). Il serait aussi tout à fait faux d'appliquer aveuglément les formules empiriques qui lient certaines propriétés mécaniques des bétons usuels à la résistance à la compression, formules développées avec les années et que l'on trouve dans les codes de construction et les livres. Comme on le verra dans ce chapitre, il est préférable d'examiner les différentes propriétés mécaniques une à une en considérant l'influence des mécanismes fondamentaux qui relient la microstructure des BHP à leurs propriétés macrostructurales.

Certes, il y a des cas où un BHP se comporte simplement comme un béton plus résistant, mais il y a aussi d'autres cas où les BHP se comportent tout à fait différemment. Ainsi, des différences dans la microstructure des BHP feront en sorte qu'une charge extérieure appliquée sur le matériau ne développera pas nécessairement le même champ de contrainte et ne répondra donc pas de la même façon à cette sollicitation.

Comme on l'a vu au chapitre 5, les bétons usuels qui ont un rapport eau/liant élevé ont une microstructure très poreuse ; cette zone poreuse se développe spécialement autour des granulats. Plus le rapport eau/liant est élevé, plus la microstructure de cette zone est poreuse et plus l'épaisseur de la zone de transition est importante. Par conséquent, le transfert des contraintes entre la pâte de ciment hydraté et les granulats dans un béton usuel est plutôt déficient, plus particulièrement avec les gros granulats, si bien que, dans ces bétons, les propriétés mécaniques du gros granulat n'influencent que très peu les propriétés élastiques du béton. La plupart des propriétés mécaniques des bétons usuels peuvent être reliées d'assez près à la résistance de la pâte de ciment hydraté, au rapport eau/liant et à la résistance à la compression. Il a donc été assez facile de développer des relations empiriques simples ayant une bonne valeur prédictive entre la résistance à la compression et la plupart des autres propriétés mécaniques des bétons usuels.

Dans le cas des BHP, la microstructure est beaucoup plus compacte, particulièrement dans la zone de transition autour des gros granulats qui est très mince ou qui a même disparu complètement. Par conséquent, les propriétés mécaniques des gros granulats peuvent influencer certaines des propriétés mécaniques des BHP. En outre, les règles habituelles qui régissent le rapport eau/liant ne sont plus toujours valables dans le cas de certains BHP fabriqués avec des gros granulats pas très résistants. Pour chaque gros granulat, on trouve qu'il y a une valeur critique du rapport eau/liant au-dessous de laquelle toute diminution du rapport eau/liant n'entraîne pas d'augmentation significative de la résistance à la compression. Bien sûr, cette valeur critique dépend de la résistance même du roc à partir duquel ces granulats ont été obtenus, mais aussi de la taille maximale du gros granulat puisque, lors du broyage, les fragments de plus petite taille sont plus forts que les plus gros parce qu'ils contiennent moins de défauts.

Grosso modo, on peut dire que les bétons usuels se comportent habituellement comme des matériaux homogènes et isotropes dans lesquels le lien le plus faible est la pâte de ciment hydraté ou la zone de transition. Par contre, les BHP agissent plutôt comme des matériaux composites anisotropes, faits de pâte de ciment hydraté et de granulats qui ont des propriétés mécaniques qui peuvent être très différentes les unes des autres. Évidemment, les propriétés de ce matériau composite qu'est le BHP sont influencées par les propriétés de chacun des constituants aussi bien que par celles du rapport eau/liant (Asselanis et coll., 1989).

S'il est facile du point de vue mécanique de faire une distinction claire entre les bétons usuels qui ont un rapport eau/liant supérieur à 0,60 et un BHP qui a un rapport eau/liant de 0,30, il devient plus difficile d'établir une telle distinction quand le rapport eau/liant se situe entre 0,45 et 0,35. En fait, on ne note aucune discontinuité particulière entre le comportement des bétons qui ont un rapport eau/liant différent ou compris entre ces deux valeurs, mais plutôt une évolution continue d'un comportement vers l'autre. On pourra s'en rendre compte en passant en revue de façon plus détaillée la résistance à la compression, le module de rupture, la résistance au fendage, le module élastique, le coefficient de Poisson, la courbe contrainte/déformation, les caractéristiques de retrait et de fluage et de résistance à la fatigue des BHP.

Les sections suivantes ne passeront pas en revue de façon très détaillée les plus récents résultats que l'on retrouve dans la documentation parce que, trop souvent hélas, les conditions précises dans lesquelles ces résultats ont été obtenus ne sont pas connues avec assez de certitude, si bien qu'il est parfois difficile d'interpréter correctement ces résultats. Ce chapitre présente les résultats obtenus essentiellement à l'Université de Sherbrooke en s'attardant sur les tendances générales plutôt que sur les détails.

16.2 Résistance à la compression

Évidemment, la résistance à la compression des BHP est plus élevée que celle des bétons usuels et on a vu qu'il n'est pas aussi facile qu'on le pense de la mesurer correctement lorsqu'elle dépasse 60 MPa.

Comme dans le cas des bétons usuels, la résistance à la compression des BHP augmente quand le rapport eau/liant diminue, mais, à l'inverse des bétons usuels, cette loi du rapport eau/liant reste valable jusqu'au moment où la résistance à l'écrasement du gros granulat entraîne la rupture du BHP. Quand les gros granulats ne sont plus suffisamment résistants par rapport à la résistance de la pâte de ciment hydraté, la résistance à la compression du BHP n'augmente plus de façon significative au fur et à mesure que l'on diminue le rapport eau/liant. La seule façon d'augmenter alors cette résistance est donc d'utiliser un type de gros granulat plus résistant. Dans certaines régions, la faible résistance à l'écrasement des gros granulats peut même entraîner une différence de prix significative entre deux BHP qui n'auraient, par exemple, qu'un écart de résistance à la compression de 10 MPa parce que le gros granulat du béton le plus résistant devra alors être transporté sur de longues distances ; les concepteurs doivent être conscients de cette possibilité lorsqu'ils choisissent la résistance à la compression d'un BHP pour un projet particulier.

Même lorsque le gros granulat est suffisamment fort pour ne pas être le facteur principal qui limite la résistance à la compression d'un BHP, il peut être encore très difficile de dégager une relation générale entre le rapport eau/liant et la résistance à la compression qui peut être atteinte puisque d'autres facteurs que le rapport eau/liant influencent la résistance à la compression. Cependant, en se basant sur des résultats de laboratoire et de chantier, on peut établir des lignes générales pour prédire la résistance maximale à la compression que pourra atteindre un BHP pour différents rapports eau/liant (Tableau 16.1). Dans le Tableau 16.1, on suppose que les gros granulats sont suffisamment résistants pour qu'ils n'affectent pas la résistance du BHP. Les plages de valeurs proposées dans ce tableau sont très larges par suite du grand nombre de combinaisons de matériaux que l'on peut utiliser pour fabriquer des BHP. Seule une gâchée d'essai permet d'obtenir la véritable résistance à la compression d'un BHP.

Tableau 16.1. Résistance à la compression de BHP en fonction du rapport eau/liant.

E/L	Variation de la résistance à la compression maximale
0,40-0,34	50 à 75 MPa
0,35-0,30	75 à 100 Mpa
0,30-0,25	100 à 125 MPa
0,25-0,20	Plus de 125 MPa

Certains éléments importants reliés à la résistance à la compression sont traités avec une attention particulière :

- la résistance à la compression au jeune âge ;
- l'influence de la température maximale atteinte au cœur du béton sur la résistance à la compression ;
- l'influence de la teneur en air sur la résistance à la compression ;
- le développement à long terme de la résistance à la compression des BHP ;
- la résistance des carottes par rapport à celle d'éprouvettes mûries de façon normalisée.

16.2.1 Résistance à la compression des BHP au jeune âge

Pour un entrepreneur, le béton idéal devrait rester plastique assez longtemps pour le mettre en place facilement, mais, une fois mis en place, ce béton idéal devrait durcir en quelques heures sans développer de chaleur, de retrait ou de fluage et sans avoir besoin d'être mûri. En dépit de leurs nombreux avantages et de leurs nombreuses qualités, les BHP sont loin de ce type de béton idéal.

Comme pour les bétons usuels, la prise et le durcissement des BHP sont fortement influencés par la température initiale du béton au moment de sa livraison, par la température ambiante et par la présence des différents adjuvants incorporés dans le béton. Une température ambiante basse retarde le durcissement du béton si bien que, dans certaines circonstances, il peut être nécessaire d'utiliser des couvertures isolantes pour que le BHP puisse durcir à une vitesse normale. Le durcissement des BHP dépend aussi largement des quantités de superplastifiant et de retardateur, si l'on en utilise, qui ont été incorporées pour diminuer le rapport eau/liant de façon à obtenir la résistance à la compression visée tout en maintenant la maniabilité désirée suffisamment longtemps pour faciliter la mise en place de ce BHP.

Comme on peut diminuer le rapport eau/liant d'un BHP de deux façons, en diminuant la quantité d'eau et en utilisant une plus forte quantité de superplastifiant ou en augmentant la quantité d'eau tout en diminuant la quantité de superplastifiant, mais en augmentant la quantité de ciment, on peut conserver un certain contrôle sur la résistance à court terme d'un BHP lorsque l'on détermine leur composition (Rougeron et Aïtcin, 1994).

Sans traitement thermique particulier, on peut espérer obtenir des résistances initiales de 20 à 30 MPa à 24 heures avec un rapport eau/liant compris entre 0,30 et 0,35 pour une température ambiante de l'ordre de 20 °C, mais, avec des BHP, il est très difficile d'obtenir une résistance initiale élevée avant 12 heures. Les concepteurs, les ingénieurs de chantier et les entrepreneurs doivent savoir que deux ou trois heures additionnelles d'un mûrissement à 20 °C au jeune âge (avant 24 heures) peuvent faire une très grande différence sur la résistance à la compression d'un BHP. Il faut se rappeler que la réaction d'hydratation dans un BHP peut être retardée de façon significative à cause des dosages importants en superplastifiant que l'on est obligé d'utiliser pour obtenir une maniabilité donnée et parfois de l'ajout d'un retardateur, mais, lorsque l'hydratation du ciment commence, elle se développe alors très rapidement. Dans le cas des BHP utilisés dans les usines de préfabrication, il est par conséquent préférable de formuler un BHP avec une forte quantité de liant, plutôt que de concevoir un BHP dans lequel on utilise le moins d'eau possible (Rougeron et Aïtcin, 1994).

Lorsque des BHP sont bien formulés en termes de quantité de ciment et d'eau de gâchage, on peut obtenir des résistances de 15 MPa à 12 heures, 20 MPa à 18 heures et 30 MPa à 24 heures. En utilisant un ciment de Type III, des étudiants de l'Université de Sherbrooke ont pu fabriquer un BHP ayant un rapport eau/liant égal à 0,22 qui avait une résistance à 24 heures de 75 MPa ; cependant, l'affaissement d'un tel béton était supérieur à 150 mm pendant 15 minutes seulement.

Il faut mentionner aussi que le matériau des coffrages a un effet critique sur le développement de la résistance du béton mis en place parce que les conditions ambiantes peuvent influencer le durcissement du béton à un degré plus ou moins grand selon la conductivité thermique et l'épaisseur de l'élément de coffrage (Khan et coll., 1996). L'utilisation d'un coffrage métallique non isolé doit être évaluée avec beaucoup d'attention de façon à éviter une trop grande influence de la température ambiante sur le durcissement du BHP ou la création de gradients thermiques élevés au sein du béton. Quand un béton refroidit lentement, les coffrages en contre-plaqué, qui conduisent moins bien la chaleur que l'acier, protègent mieux le BHP des effets de la température ambiante et contribuent à diminuer les gradients thermiques (chap.14). L'auteur est personnellement d'avis que les BHP ne devraient jamais être coulés dans des coffrages métalliques qui ne sont pas isolés.

16.2.2 Influence de l'élévation de la température initiale sur la résistance à la compression des BHP

En général, la température des BHP augmente de façon significative durant les 24 ou 48 premières heures qui suivent sa mise en place. Des températures maximales de 65 à 70 °C au cœur de certains éléments massifs en BHP ont été rapportées dans la documentation (Aïtcin et coll., 1985 ; Cook et coll., 1992). Il est donc raisonnable de s'interroger sur la résistance à la compression du béton qui a durci au sein de l'élément structural dans des conditions de mûrissement tellement différentes de celles des éprouvettes normalisées, comme on l'a vu au chapitre 15.

Il est cependant assez surprenant que l'importance de la température maximale atteinte par un BHP soit devenue un facteur majeur de préoccupation pour certains ingénieurs parce que les températures que l'on mesure au sein de certains éléments massifs en BHP ne sont guère plus élevées que celles que l'on mesure dans les mêmes éléments massifs fabriqués avec des bétons de 30 à 40 MPa (Cook et coll., 1992). Comme on l'a mentionné au chapitre 14, cette préoccupation vient probablement de la fausse idée fort répandue que la température maximale atteinte par un béton dans un élément structural donné est proportionnelle à la quantité de ciment utilisée dans ce béton. On n'insistera jamais assez sur le fait que l'augmentation de la température d'un béton n'est pas fonction de la quantité de ciment que l'on y retrouve, mais de la quantité de ciment qui s'hydrate. Dans un BHP de rapport eau/liant faible, la rareté de l'eau peut devenir le facteur qui limite la quantité de ciment qui s'hydrate et, par conséquent, qui limite sa température maximale en dépit du fait que ce BHP contient une forte quantité de ciment.

Dans les bétons usuels, on utilise un traitement thermique pour augmenter la résistance au jeune âge de ces bétons, mais on note en parallèle une décroissance de la résistance à 28 jours. Selon quelques cas bien documentés, mais limités et non publiés, d'expériences de laboratoire et de chantier, il ne semble pas que ce soit le cas pour les BHP, car l'histoire thermique des BHP au jeune âge est très différente de celle des bétons usuels qui ont subi un traitement thermique.

Dans le cas des BHP, on trouve que la résistance à la compression à 28 jours mesurée sur des carottes extraites d'éléments structuraux atteint en général des résistances à la compression à peu près semblables à celles mesurées à 28 jours sur des éprouvettes mûries de façon normalisée.

16.2.3 Influence de la teneur en air sur la résistance à la compression

Les BHP contiennent toujours une certaine quantité d'air piégé comprise entre 0,5 et 2,5 % ou ils peuvent contenir de l'air entraîné. Cet air entraîné peut être nécessaire pour améliorer la résistance au gel-dégel des BHP, dans une certaine mesure, ou pour améliorer sa maniabilité et sa finition. La présence de 4 à 6 % d'air entraîné réduit évidemment la résistance à la compression du BHP. Grâce à l'expérience acquise au Québec lors de la construction de différents ponts en BHP à air entraîné, on a trouvé que, si l'on ajoute entre 3 et 7 % d'air, une différence de 1 % dans la teneur en air entraînait une diminution de 4 à 5 % de la résistance à la compression d'un BHP (Lessard et coll., 1995), ce qui, à toutes fins pratiques, correspond à peu près à la même règle empirique que l'on utilise dans le cas des bétons usuels. Ce sujet sera traité plus en détail au chapitre 18.

16.2.4 Résistance à la compression à long terme

Il faut être très prudent lorsque l'on veut évaluer la résistance à long terme d'un BHP. Avec un essai normalisé sur des éprouvettes de BHP mûries à l'eau au-delà de 28 jours, il faut bien comprendre qu'une certaine quantité d'eau extérieure pénètre dans les éprouvettes si bien qu'un anneau extérieur superficiel plus ou moins important continue à s'hydrater. En général, cette hydratation additionnelle entraîne une augmentation de la résistance à la compression de l'éprouvette. Par contre, dans les éléments structuraux, l'hydratation du béton s'arrête généralement assez rapidement par manque d'eau ou par suite d'une trop faible humidité relative à l'intérieur du système de pores, tout au moins dans la partie superficielle du béton. Il est donc tout à fait normal que la résistance à 91 jours ou à 1 an d'éprouvettes de BHP mûries sous l'eau n'ait pas de relation directe avec celle du béton que l'on retrouve dans la structure. La mesure à long terme de la résistance à la compression d'un BHP peut entraîner une vision un peu optimiste de la résistance réelle du béton de la structure. Il n'est donc pas surprenant de trouver que la résistance à la compression à 1 an de carottes n'est en général pas tellement différente de la résistance à la compression mesurée à 28 jours sur des éprouvettes normalisées.

La meilleure échéance pour mettre à l'essai des BHP doit être définie avec soin. L'auteur est d'avis que, dans le cas des BHP, il est convenable d'effectuer la mesure de la résistance à la compression à 28 jours. Même pour des BHP qui contiennent des ajouts cimentaires, sous prétexte que ces ajouts (à l'exclusion de la fumée de silice) ont une vitesse de réaction plus lente que celle du ciment Portland, il ne semble pas opportun pour l'instant d'en mesurer la résistance à la compression à plus de 28 jours. Très souvent dans les BHP qui ont un rapport eau/liant très faible, l'hydratation s'arrête bien avant les 28 jours fatidiques par manque d'eau ou quand la pression partielle de vapeur à l'intérieur du système poreux atteint la limite de 80 % au-delà de laquelle l'hydratation est très ralentie (Powers et Brownyard, 1948).

Avec des BHP de laboratoire, certains chercheurs ont mis en évidence une légère décroissance de la résistance à la compression après une longue période de mûrissement à l'air, particulièrement dans le cas de BHP qui contenaient de la fumée de silice (de Larrard et Aïtcin, 1993). La découverte de ce phénomène a entraîné une certaine controverse si bien que certains ingénieurs hésitent à utiliser des BHP. Cette perte de résistance à la compression d'éprouvettes mûries à l'air est assimilée à une régression de la résistance. Cependant, des carottes extraites d'une colonne expérimentale en BHP coulée en 1984 n'ont toujours pas montré de perte de résistance et un examen soigneux de la microstructure du BHP de ces colonnes a montré qu'il n'y avait pas de changement majeur de microstructure qui pourrait laisser entrevoir une quelconque régression de la résistance (Aïtcin et coll., 1990).

Dans certains cas, on a pu démontrer que ces faibles diminutions de résistance à la compression pouvaient être reliées au séchage d'une très mince couche superficielle du béton. Ce séchage entraîne l'apparition de contraintes de traction qui peuvent affecter la résistance à la compression de l'éprouvette. Les effets de ce phénomène sont évidemment amplifiés sur des éprouvettes de 100×200 mm par suite de leur grand rapport surface/volume et de leur petite taille. Par contre, dans une structure réelle, quelle que soit la taille de l'élément structural, le retrait de séchage d'un BHP affecte seulement une très faible épaisseur de béton qui a pratiquement partout la même épaisseur. La dimension de cette zone devient absolument négligeable dans le cas d'une colonne ayant une section de 1×1 m, ce qui n'est pas le cas dans une éprouvette normalisée de 100×200 mm.

Une autre explication de cette soi-disant diminution des résistances des BHP mûris à l'air est le degré d'autodessiccation atteint durant les 24 premières heures avant que l'éprouvette ne soit placée sous l'eau ou dans une chambre de mûrissement. Si le durcissement du BHP est retardé jusqu'à 16 ou 18 heures à cause de l'utilisation d'un fort dosage en superplastifiant, avec ou sans une faible quantité de retardateur, très peu de retrait endogène se sera développé durant les 6 à 8 heures qui précèdent le démoulage de l'éprouvette et son immersion dans de l'eau saturée ou son transfert dans la chambre de mûrissement. Au contraire, si le durcissement du béton commence 4 à 6 heures après le malaxage, une forte autodessiccation aura le temps de se développer très rapidement dans le béton durant les 18 ou 20 heures de durcissement sans apport extérieur d'eau pendant lesquelles l'éprouvette reste dans le moule. Par conséquent, avant son démoulage et son immersion dans l'eau, un retrait endogène assez élevé aura eu le temps de se développer à l'intérieur des éprouvettes de béton avant qu'elles ne soient démoulées à 24 heures. On peut supposer que les éprouvettes soumises à un fort retrait endogène durant les 24 premières heures seront plus sensibles au séchage à l'air parce qu'elles possèdent un réseau de fissures interconnectées plus important qui se sera développé durant les 24 premières heures de mûrissement sans source d'eau extérieure.

Le phénomène de régression de la résistance à la compression qui a été observé occasionnellement sur certains BHP exposés à un long séchage à l'air met l'accent sur l'importance du mûrissement initial à l'eau. Dans certaines zones critiques, on pourra même en arriver à recouvrir le BHP avec un film imperméable ou une peinture pour prévenir tout retrait de séchage pour diminuer les gradients de contrainte de traction qui pourraient être créés dans la peau des BHP.

Dans le cas des BHP, on n'insistera jamais assez sur l'importance d'un mûrissement adéquat à l'eau pendant les 24 premières heures.

16.3 Module de rupture et résistance au fendage

Comme on l'a vu dans le chapitre précédent, la mesure directe de la résistance à la traction d'un béton usuel n'est pas facile parce qu'elle exige l'utilisation d'un montage complexe. Cette résistance est donc généralement calculée en utilisant des mesures indirectes telles que la mesure de la résistance en flexion selon la norme NFP 18-407 : 1981 (Bétons — Essais de flexion) par exemple ou la résistance au fendage selon la norme NFP 18-408 : 1981 (Bétons — Essais de fendage). Les mesures du module de rupture et de la résistance au fendage ne présentent pas de difficulté spéciale dans le cas des BHP et l'on peut utiliser les mêmes montages et les mêmes procédures que dans le cas des bétons usuels.

Comme les concepteurs aiment réduire la plupart des propriétés mécaniques du béton à des valeurs reliées à celles de la résistance à la compression, certaines relations empiriques liant le module de rupture et la résistance au fendage à la résistance à la compression des BHP sont proposées dans les codes, comme dans le cas du béton usuel.

Cependant, la mesure du module de rupture nécessite la fabrication d'éprouvettes particulièrement lourdes qui peuvent peser jusqu'à 27 kg pour des prismes de $140 \times 140 \times 560$ mm. Pour éviter d'utiliser des prismes aussi gros et lourds, on préfère très souvent mesurer la résistance au fendage des BHP qui nécessite des éprouvettes de l'ordre de 15 kg dans le cas des cylindres de 16×32 cm ou de l'ordre de 5 kg dans le cas d'éprouvettes de 11×22 cm.

Lorsque l'on observe la surface de rupture des éprouvettes après la mesure du module de rupture ou la mesure de la résistance au fendage, on constate que la rupture ne se produit pas par suite du développement du même mécanisme. Dans le cas de la mesure du module de rupture, la surface de rupture présente l'empreinte de nombreuses interfaces gros granulat/mortier qui constituent le lien le plus faible lors de cet essai, tandis que, dans le cas de la mesure de la résistance au fendage, la rupture se fait à travers les granulats. Il est donc évident que les deux valeurs que l'on mesure ne sont pas forcément reliées.

Il n'est pas difficile de trouver une relation simple entre la résistance à la compression et le module de rupture et la résistance au fendage dans le cas des bétons usuels parce que, d'une part, ces valeurs sont relativement faibles et ne varient pas beaucoup et, d'autre part, parce que ces deux valeurs sont très influencées par la résistance à la traction de la pâte de ciment hydraté. Cependant, ce n'est plus le cas pour les BHP pour lesquels le rapport eau/liant et la résistance à la compression peuvent varier sur une grande plage. En outre, les BHP peuvent être fabriqués avec des liants ayant des compositions très différentes si bien que le module de rupture et la résistance au fendage peuvent largement varier pour une résistance à la compression donnée. Par conséquent, les relations suggérées pour relier la résistance à la compression au module de rupture et à la résistance au fendage des bétons usuels perdent beaucoup de leur valeur lorsque l'on passe des bétons usuels aux BHP. Certaines de ces relations sont présentées ci-après :

• Comité Euro-International du béton CEB-FIP (1978)

$$f_{sp} = 0{,}273 \ f_c'^{2/3} \ \text{(MPa)}$$

où f_{sp} représente la résistance au fendage et f_c' la résistance en compression.

- Carrasquillo, Nilson et Slate (1981) suggèrent la relation suivante pour des bétons ayant des résistances en compression comprises entre 21 et 83 MPa :

$$f_{sp} = 0,54 \ f_c'^{1/2} \ \text{(MPa)}$$

- Raphael (1984) suggère la relation suivante pour des bétons ayant une résistance en compression inférieure à 57 MPa :

$$f_{sp} = 0,313 \ f_c'^{1/2} \ \text{(MPa)}$$

- Le comité ACI 363 sur le béton à haute résistance (1984) suggère d'utiliser l'équation suivante pour des bétons ayant des valeurs de f_c' comprises entre 21 et 83 MPa :

$$f_{sp} = 0,59 \ f_c'^{0,55} \ \text{(MPa)}$$

- Ahmad et Shah (1985) suggèrent la relation suivante pour des bétons ayant un f_c' inférieur à 84 MPa :

$$f_{sp} = 0,462 \ f_c'^{0,55} \ \text{(MPa)}$$

- Burg et Ost (1992) suggèrent l'équation suivante pour des bétons mûris à l'eau dont le f_c' varie entre 85 et 130 MPa :

$$f_{sp} = 0,61 \ f_c'^{0,5} \ \text{(MPa)}$$

Loin de moi l'idée de recommander une formule plutôt qu'une autre parce que je suis convaincu que la meilleure façon de connaître le module de rupture ou la résistance au fendage de n'importe quel BHP c'est encore de mesurer directement ces valeurs.

Différentes relations liant la résistance à la compression et le module de rupture ont été proposées dans la littérature :

- Carrasquillo, Nilson et Slate (1981) suggèrent la corrélation suivante :

$$f_r' = 0,94 \ f_c'^{1/2} \ \text{(MPa)}$$

- Burg et Ost (1992) suggèrent :

$$f_r' = 1,03 \ f_c'^{1/2} \ \text{(MPa)}$$

- Khayat, Bickley et Hooton (1995) suggèrent :

$$f_r' = 0,23 + 0,12 \ f_c' - 2,18 \times 10^{-4} \ (f_c')^2 \ \text{(MPa)}$$

Dans ce cas aussi je n'ai pas l'intention de recommander une formule plutôt qu'une autre, Dans ce cas-ci encore il vaut mieux mesurer f_r^* directement.

16.4 Module d'élasticité

La connaissance du module d'élasticité d'un béton revêt une grande importance pour un concepteur quand il lui faut calculer les déformations de ses différents éléments structuraux.

Au chapitre 15, on a vu qu'il est difficile de mesurer directement le module élastique d'un béton, car il faut enregistrer à la fois la charge appliquée et la déformation générée par cette charge. Les mesures individuelles de la charge et de la déformation sont relativement faciles, mais l'enregistrement simultané rend les choses plus compliquées. Non seulement il faut utiliser un système électronique pour contrôler la vitesse de déformation, mais il faut aussi utiliser un enregistreur XY de façon à tracer la courbe contrainte/déformation qui permet de mesurer le module élastique. De façon à éviter des mesures aussi complexes, des ingénieurs et des chercheurs ont essayé de trouver des relations empiriques permettant de calculer le module élastique d'un béton en utilisant une approche théorique ou en utilisant une formule empirique qui relie ce module élastique à la résistance à la compression.

16.4.1 Approche théorique

Quand on utilise l'approche théorique, le module élastique du béton est calculé en se basant sur différents modèles plus ou moins complexes qui représentent théoriquement le comportement élastique d'un béton. Le plus simple de ces modèles comporte deux phases incluant les granulats et la pâte de ciment hydraté (Illston et coll., 1987). Dans ces modèles, les constituants supportent soit la même déformation (dans le modèle de Voigt) ou la même contrainte (dans le modèle de Reuss). Ils sont présentés schématiquement aux figures 16.1 et 16.2.

Si E_1 est le module élastique du mortier, E_2 le module élastique du gros granulat, g_1 la proportion relative de mortier et g_2 la proportion volumétrique relative de gros granulat, alors le modèle de Voigt permet de calculer le module élastique du béton en utilisant la formule :

$$E_c = E_1 g_1 + E_2 g_2 \quad \text{avec } g_1 + g_2 = 1$$

et le modèle de Reuss prédit que le module élastique du béton sera :

$$\frac{1}{E_c} = \frac{g_1}{E_1} + \frac{g_2}{E_2}$$

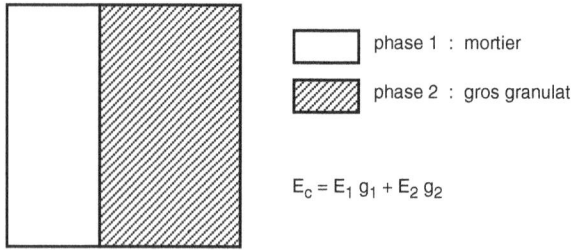

Figure 16.1 Modèle de Voigt

$$E_c = E_1 \, g_1 + E_2 \, g_2$$

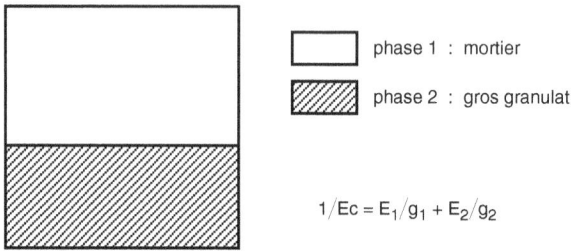

Figure 16.2 Modèle de Reuss

$$1/Ec = E_1/g_1 + E_2/g_2$$

On peut démontrer théoriquement que ces deux modèles représentent des limites supérieures et inférieures du véritable module élastique d'un béton biphasique.

Dans la littérature on peut retrouver des modèles fort complexes comme celui de Hansen (1965) :

$$\frac{E_c}{1-2v_c} = \left(\frac{\left(g_1 \dfrac{E_1}{1-2v_1} + \left(\dfrac{1+v_1}{2(1-2v_1)} + g_2 \right) \dfrac{E_2}{1-2v_2} \right)}{\left(1 + \dfrac{1+v_1}{2\,(1-2v_1)}\, g_2 \right) \dfrac{E_1}{1-2v_1} + \left(\dfrac{1+v_1}{2\,(1-2v_1)}\, g_1 \right) \dfrac{E_2}{1-2v_2}} \right) \frac{E_1}{1-2v_1}$$

où n_c, n_1 et n_2 sont respectivement les coefficients de Poisson du béton, du mortier et du granulat, ou encore la formule proposée par de Larrard et Le Roy (1992) :

$$E_c = \left[1 + 2g \, \frac{E_2^2 - E_1^2}{(g^* - g)\, E_2^2 + 2\,(2 - g^*)\, E_2 E_1 + (g^* + g)\, E_1^2} \right]$$

où g représente la compaction du granulat pilonné à sec.

Cependant, l'expérience démontre que, même avec les modèles les plus complexes, on n'arrive pas toujours à prédire de façon précise la valeur du module élastique par suite des hypothèses posées lorsque l'on développe ces modèles :

- la charge de compression appliquée demeure uniaxiale dans tout le modèle ;
- l'effet latéral de continuité entre les différentes couches qui constituent le modèle est ignoré ;
- aucune rupture locale d'écrasement n'affecte la déformation.

Même dans les modèles où l'on fait intervenir le coefficient de Poisson, ce qui complique encore plus les calculs, la valeur de ces modèles n'est pas nécessairement améliorée de façon significative.

Ces modèles présentent cependant un certain intérêt théorique puisqu'ils montrent l'influence des différents paramètres élastiques des constituants du béton sur le module élastique lorsque l'on fait varier les propriétés élastiques d'un composant par rapport à l'autre ou les deux en même temps.

Récemment, Baalbaki (1997) a présenté deux modèles qui semblent offrir une meilleure valeur de prédiction. Dans son premier modèle, il introduit un paramètre, a, qui traduit l'existence d'une zone de transition qui dépend du rapport E_1/E_2, de la nature des granulats et de l'utilisation ou non de la fumée de silice (Fig. 16.3). Le module E_c' du béton s'exprime alors de la façon suivante :

$$E_c' = ag_1 \times E + \frac{(1-ag)^2}{\dfrac{(1-a)}{E_1}g_1 + \dfrac{g_2}{E_2}}$$

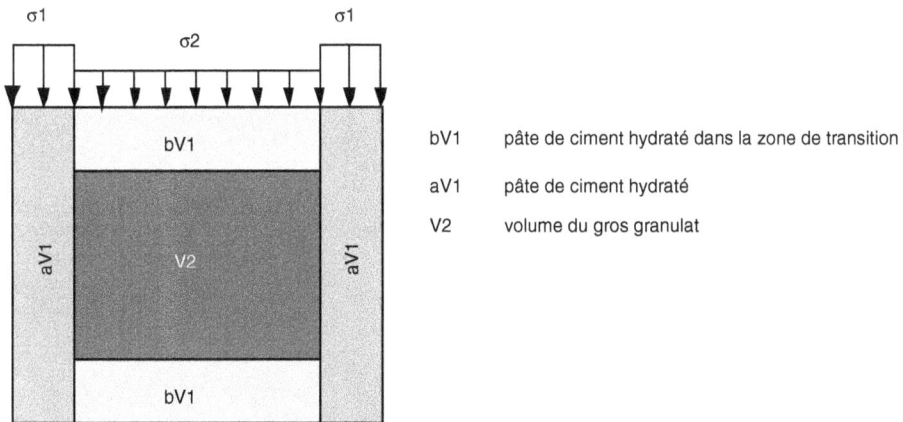

bV1	pâte de ciment hydraté dans la zone de transition
aV1	pâte de ciment hydraté
V2	volume du gros granulat

Figure 16.3 Modèle de Baalbaki

Si a = 1, la valeur de E_c' est égale à celle obtenue dans le modèle de Voigt :

$$E_c' = g_1E_1 + g_2E_2$$

et si a = 0, la valeur de E_c' est celle donnée par le modèle de Reuss :

$$\frac{1}{E_c'} = \frac{g_1}{E_1} + \frac{g_2}{E_2}$$

En utilisant des données publiées par sept auteurs, Baalbaki a pu démontrer que les 124 résultats expérimentaux pouvaient être prédits en utilisant sa formule avec une erreur inférieure à 5 %. Comme on le voit à la figure 16.4, la corrélation entre les valeurs prédites du module élastique et les valeurs expérimentales est excellente en dépit du fait que la masse volumique et la nature des gros granulats utilisés pour fabriquer ces 124 bétons expérimentaux a varié de 0,80 à 7,85 et que le module élastique du gros granulat utilisé pour ces bétons a varié de 5 GPa à 210 GPa.

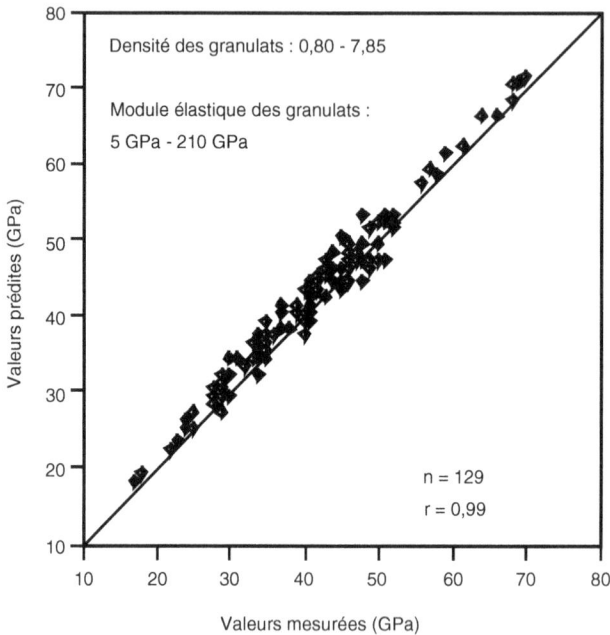

Figure 16.4 Corrélation entre les valeurs prédites et mesurées du module élastique en utilisant le modèle de Baalbaki quand on connaît les caractéristiques du mortier et du gros granulat

Lorsque l'on connaît les propriétés élastiques de la pâte plutôt que celles du mortier, Baalbaki propose d'utiliser une deuxième équation :

$$E'_c = (g' - g)E_p + \frac{(1 + g - g^*)/8}{g/E_g + (1 - g^*)/E_p}$$

où E_p représente le module élastique de la pâte, E_g celui des granulats et g^* est un facteur relié à la quantité de granulats utilisée dans le béton, comme proposé par Caquot (1937) :

$$g^* = 1 - 0,47 \left(\frac{d}{D}\right)^{0,2}$$

où d représente la taille maximale du granulat fin et D la taille maximale du gros granulat.

Ce modèle a été validé en utilisant 65 résultats déjà présentés dans la documentation par cinq auteurs. La figure 16.5 montre que les valeurs prédites par ce modèle varient de 2 % par rapport aux valeurs expérimentales.

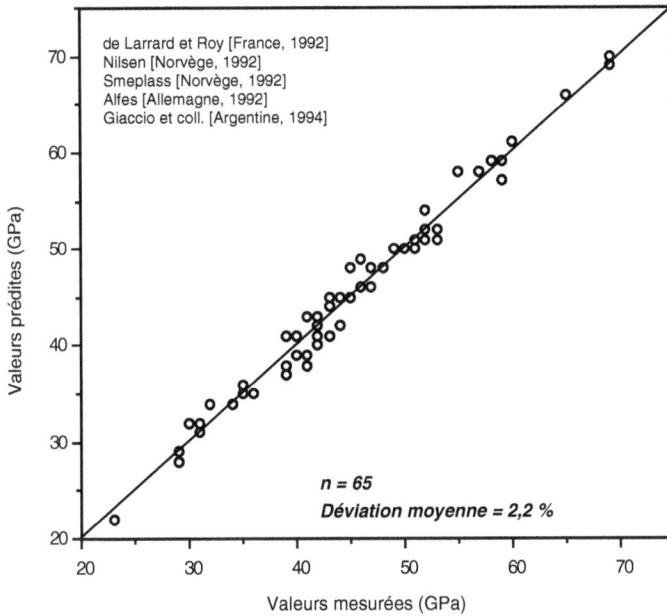

Figure 16.5 Corrélation entre les valeurs prédites et mesurées du module élastique en utilisant le modèle de Baalbaki quand on connaît les caractéristiques de la pâte et du gros granulat

Cependant, en dépit de leur plus ou moins bonne valeur, ces modèles ne résolvent pas le problème fondamental de la complexité de la mesure du module élastique puisqu'il est nécessaire de mesurer deux modules élastiques au lieu d'un. Ces modèles sont toutefois utiles pour mieux comprendre l'importance des différents paramètres qui influencent la valeur du module élastique d'un BHP.

16.4.2 *Approche empirique*

L'approche empirique est la plus utilisée par les concepteurs. La valeur du module élastique est alors reliée à la valeur de la résistance à la compression, ce qui suppose implicitement que les mêmes paramètres influencent à la fois la résistance à la compression et le module élastique. L'expérience démontre que cette approche est relativement valable dans le cas des bétons usuels puisque la porosité de la pâte de ciment hydraté constitue le maillon le plus faible du béton et influence donc à la fois la résistance à la compression et le module élastique. Tous les codes nationaux présentent des relations empiriques qui lient la résistance à la compression d'un béton usuel à son module élastique du type $E_c' = \psi(f_c'^{1/n})$. Malheureusement, on n'a encore pas pu s'entendre sur une relation universelle, mais, en y regardant de plus près, ces relations sont très peu différentes les unes des autres et donnent des valeurs qui sont sensiblement les mêmes.

Quand on a commencé à utiliser des BHP, il était tentant d'extrapoler ces relations empiriques très pratiques et bien acceptées, mais on s'est rapidement aperçu que ces formules devenaient de moins en moins valables dans le cas de certains BHP. Par conséquent, en se basant sur les expériences nationales, des relations plus ou moins différentes ont été proposées et incluses dans les codes nationaux.

- Le CEB-FIP (1990) propose la relation suivante :

$$E_{c\,28d} = 10\ (f_c' + 8)^{1/3}\ (GPa)$$

- Le code norvégien (1992) propose :

$$E_c = 9,5\ (f_c')^{0,3} \times \frac{\rho}{2\,400}\ (GPa)\ \text{avec}\ \rho\ kg/m^3$$

- Carrasquillo, Nilson et Slate (1981) et le comité ACI 363 suggèrent :

$$E_c = 3,32\ \sqrt{f_c'} + 6,9\ (GPa)$$

ou

$$E_c = (3,32\ f_c'^{0,5} + 6,9)\ \frac{\rho}{2\,346}\ (GPa)\ \text{avec}\ \rho\ kg/m^3$$

- Le code européen 1990 (1995) suggère :

$$E_c = 9\ (f_c')^{1/3}\ \text{pour}\ f_c' > 27\ MPa$$

- Le code canadien CAN A23-3-M84 recommandait l'équation :

$$E_c = 5\ (f_c')^{1/2}\ (GPa)$$

- BAEL Extension aux bétons de 80 MPa (de Larrard, 1996) :

$$E_c = 11\,000\ (f_c')^{1/3}\ (MPa)$$

En fait, quand on observe la grande différence de microstructure des bétons usuels et des BHP, on voit que les relations empiriques simples liant E_c' et f_c' qui peuvent être établies dans le cas des bétons usuels parce qu'il y a peu de transfert de charge à l'interface pâte de ciment hydraté/gros granulat dû à la grande porosité de la zone de transition ne s'appliquent plus dans le cas des BHP. Dans certains BHP, les gros granulats deviennent le maillon le plus faible ou le plus fort par rapport à la pâte ou au mortier et l'on y observe un bien meilleur transfert de charge. Quand on mesure le module élastique de BHP fabriqués avec des gros granulats qui ont des modules élastiques différents, les valeurs du module élastique peuvent varier du simple au double dans le cas de BHP qui ont la même résistance à la compression simplement parce qu'ils sont faits avec des granulats qui ont des modules élastiques et des coefficients de Poisson totalement différents (Nilsen et Aïtcin, 1992).

En se basant sur les résultats obtenus sur des BHP fabriqués avec des granulats concassés de différentes origines (calcaire, grès et granite) qui ont les caractéristiques mécaniques données dans le tableau 16.2, Baalbaki (1997) a proposé la formule simple suivante :

$$E_c' = K_0 + 0{,}2 \, f_c' \text{ (GPa)}$$

où K_0 est un facteur dépendant du type de granulat.

Tableau 16.2. Caractéristiques des granulats utilisés par Baalbaki (1997).

	Calcaire	Granite	Grès
Résistance à la compression, C_0 (MPa)	95	130	155
Module d'élasticité, E_0 (GPa)	60	50	30
Coefficient de Poisson, v_0	0,14	0,13	0,07
Résistance à la traction par fendage, T_0 (MPa)	7,5	12,0	7,0
Porosité (%)	2,9	3,0	6,4
Densité	2,68	2,72	2,53
Absorption (%)	1,2	1,1	3,7

À partir de ses résultats expérimentaux, il propose de prendre $K_0 = 9{,}5$ GPa pour le grès, $K_0 = 19$ GPa pour le granite et $K_0 = 22$ GPa pour le calcaire. De façon à obtenir une bonne corrélation avec une formule aussi simple, on peut voir que la valeur de K_0 doit varier sur une très grande plage. Baalbaki (1997) a pu exprimer K_0 en fonction du module élastique du gros granulat de sorte que la relation précédente peut s'exprimer de façon plus générale :

$$E_c' = -52 + 41{,}6 \log(E_a) + 0{,}2 \, f_c'$$

où E_a est le module élastique du gros granulat.

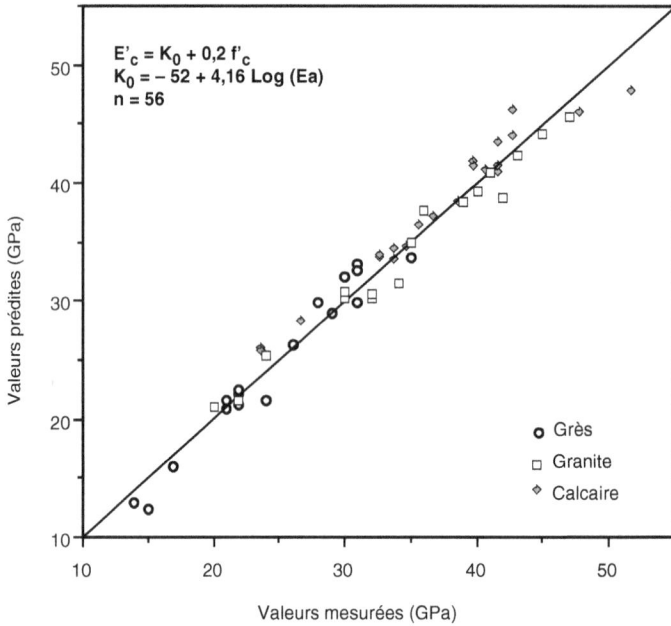

.**Figure 16.6** Corrélation entre les valeurs prédites et mesurées du module élastique en utilisant l'équation de Baalbaki : $E'_c = K_o + 0,2\ f'_c$

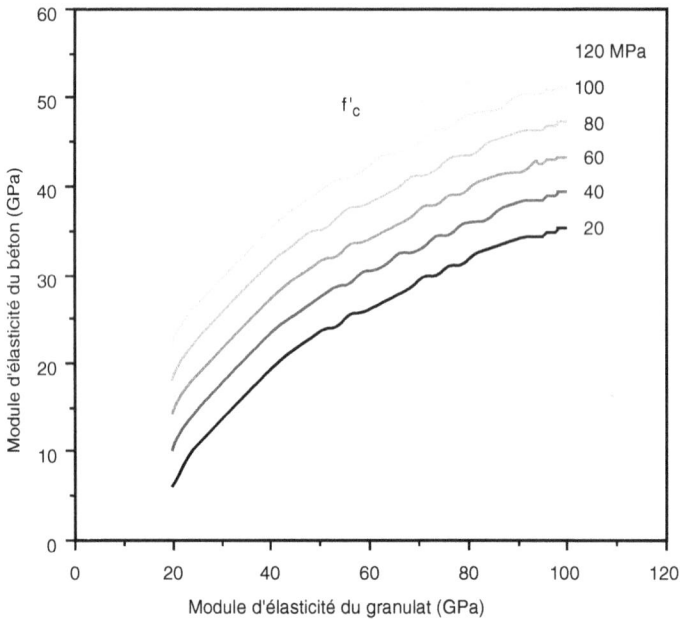

Figure 16.7 Abaque prédisant la valeur du module élastique d'un béton selon la valeur du module élastique du gros granulat et de la résistance à la compression du béto

La figure 16.6 montre que cette équation permet de prédire de façon satisfaisante les valeurs expérimentales de 56 résultats obtenus en utilisant trois gros granulats qui avaient des propriétés mécaniques et des caractéristiques différentes Baalbaki propose aussi un abaque (Fig. 16.7) pour prédire le module élastique de n'importe quel type de béton dès que l'on connaît le module élastique du gros granulat et la résistance à la compression du béton.

Baalbaki (1997) a aussi trouvé que le coefficient de Poisson du gros granulat influence le module élastique du béton et propose la formule empirique suivante :

$$E'_c = 5,5 \ (E_m)^{0,53} \ (E_a)^{0,22} \ (\mu_a)^{0,38}$$

où E_m est le module élastique, E_a le module élastique du granulat et m_a le coefficient de Poisson du gros granulat. Cette formule est intéressante parce qu'elle démontre l'influence relative de chacun des paramètres sur la valeur du module élastique d'un BHP.

16.4.3 Conclusion sur l'évaluation du module élastique

En dépit du mérite de tous les modèles théoriques qui ont été proposés, il est préférable de mesurer directement le module élastique d'un BHP sur des éprouvettes, comme l'ont suggéré Khayat et coll., (1995), plutôt que d'essayer de l'anticiper à l'aide d'une formule trop générale. Dans le cas de projets importants, il est préférable de déterminer directement le module élastique pour chacun des BHP que l'on se propose d'utiliser. Même lorsque l'on n'utilise qu'un seul granulat, on peut obtenir différentes valeurs du module élastique si la composition du BHP varie légèrement. Il est donc essentiel de mesurer le module élastique sur des BHP fabriqués avec les granulats utilisés et selon les proportions utilisées.

Tout producteur de béton intéressé à développer le marché des BHP devrait commencer par faire trois gâchées d'essai ayant, par exemple, des rapports eau/liant de 0,35, 0,30 et 0,25 pour chaque type de granulat prometteur, des granulats durs, propres et ayant une forme cubique. Il devrait mesurer la résistance à la compression, le module de rupture, le module élastique et le coefficient de Poisson de ces trois bétons de façon à pouvoir fournir des fiches techniques aux concepteurs et aux agences publiques et parapubliques de sorte que les valeurs appropriées de ces caractéristiques mécaniques soient utilisées dans les différents calculs effectués lors de la conception de la structure en BHP.

À partir de ces valeurs expérimentales, il sera alors possible d'ajuster les paramètres des relations empiriques ou des différents modèles pour prédire la résistance mécanique réelle de tous les BHP qui seront fabriqués. En outre, il sera ainsi possible de définir de façon précise les coûts reliés à une certaine résistance à la compression ou à un certain module élastique.

16.5 Coefficient de Poisson

S'il n'est pas facile de mesurer le module élastique d'un béton, que faut-il dire de la mesure du coefficient de Poisson qui exige l'enregistrement simultané de la charge axiale, de la déformation axiale, de la déformation transversale, le tout à une vitesse de chargement constante ! La documentation scientifique propose très peu de données sur le coefficient de Poisson des bétons usuels en général et des BHP en particulier. Ahmad et Shah (1985) rapportent des valeurs comprises entre 0,18 et 0,24, tandis que Kaplan (1959) rapporte des valeurs comprises entre 0,23 et 0,32.

16.6 Courbe contrainte/déformation

Dans la documentation, on retrouve plusieurs équations sensées représenter la courbe contrainte/déformation du béton (Desayi et Krishnan, 1964 ; Popovics, 1973 ; Wang et coll., 1978 ; Ahmad et Shah, 1985 ; Hatanaka, 1986 ; Taerwe et Van Gysel, 1996 ; Wee et coll., 1996). L'existence d'un aussi grand nombre d'équations traduit simplement la difficulté à trouver une équation simple qui représente de façon précise tous les paramètres reliés aux propriétés du béton et aux conditions expérimentales qui influencent la forme de la courbe contrainte/déformation. La branche ascendante de la courbe contrainte/déformation n'est pas toujours linéaire et dépend de la qualité de l'interface matrice cimentaire/granulat, de la vitesse de déformation, de la composition de la matrice et de la nature des granulats. Par conséquent, une bonne équation devrait incorporer les paramètres suivants : la valeur de pic de f_c', la valeur de la déformation à ce pic, le module sécant, le module tangent et la déformation à laquelle le critère de rupture est défini.

Puisque les BHP se comportent pratiquement comme des matériaux composites, il faudrait que l'équation de la courbe contrainte/déformation s'inspire de ce qui se fait dans le domaine de la mécanique des roches plutôt que dans celui du béton usuel. La grande expérience développée en mécanique des roches est importante et pourrait éviter de devoir pratiquement redémarrer à zéro dans le cas des BHP.

D'après la forme de leur courbe contrainte/déformation, les roches naturelles peuvent être grosso modo classées en trois catégories, surtout selon la forme de la courbe de l'hystérésis obtenue quand on effectue un essai de chargement-déchargement, comme proposé par Nishimatsu et Heroesewojo (1974) (Fig. 16.8). Ces formes de courbe d'hystérésis ont aussi été retrouvées dans le cas des BHP (Aïtcin et Mehta, 1990 ; Baalbaki et coll., 1991).

Houpert (1979) a étudié l'influence des caractéristiques des roches sur la forme des courbes contrainte/déformation et il a trouvé que ces courbes étaient en fait constituées de parties reliées à trois comportements idéaux (Fig. 16.8).

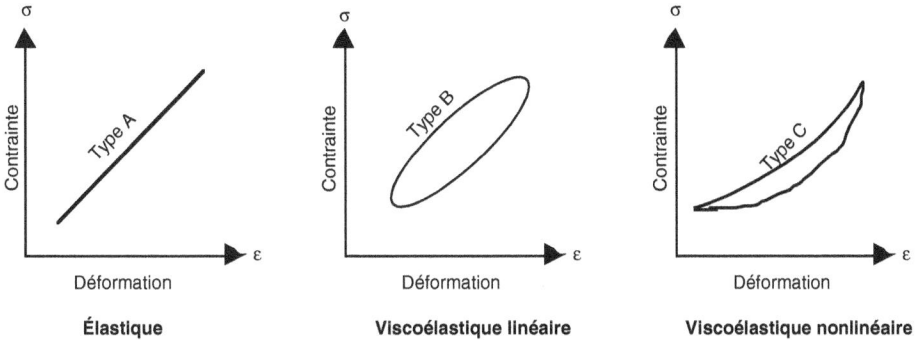

Figure 16.8 Représentation schématique de la réponse d'une roche au chargement et au déchargement (courbe d'hystérésis)

Si l'on examine la courbe générale contrainte/déformation représentée à la figure 16.9, on constate qu'elle est composée de quatre parties délimitées par les lettres A, B, C et D. De l'origine à A, le comportement est viscoélastique non linéaire et correspond à la fermeture des fissures, spécialement celles qui sont perpendiculaires à la direction dans laquelle la charge axiale est appliquée. Entre A et B, le comportement est élastique linéaire et les déformations élastiques sont irréversibles. Il y a peu de changements dans la microstructure de la roche, sauf peut-être sous l'effet répété des cycles de chargement et de déchargement. La partie B-C de la courbe correspond à un comportement linéaire viscoélastique. Les fissures se développent de façon continue, mais restent stables ; si l'éprouvette est déchargée, elle présente une déformation permanente. La partie C-D de la courbe correspond au développement de fissures instables qui commencent très près de C où l'on atteint la contrainte maximale. Quand le point D est atteint, la rupture de la roche est très avancée et la résistance résiduelle est essentiellement due à la friction qui se développe entre les parties fissurées.

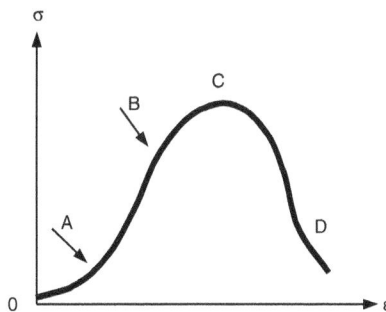

Figure 16.9 Courbe schématique contrainte/déformation pour une roche (Houpert, 1979)

Le même scénario s'applique aux cas des BHP. Les concepteurs doivent donc se souvenir que, lorsqu'ils appliquent les équations simplifiées proposées par les codes nationaux ou internationaux, ils peuvent parfois se tromper sur le comportement mécanique du BHP parce que ces équations décrivent plus ou moins bien leur comportement véritable.

Les équations les plus communément utilisées dans les codes de construction sont :
- CEB/FIB :

$$\varepsilon_0 = \frac{1}{1\ 000} + [0{,}005(f'_c - 50)]$$

$$\varepsilon_\mu = \frac{1}{1\ 000} + \left[2{,}5 + 2\left(1 - \frac{f'_c}{100}\right)\right]$$

- Norvège :

$$\varepsilon_0 = \frac{1}{1\ 000} + [0{,}004 f'_c + 1{,}5]$$

$$\varepsilon_\mu = \frac{f'_c}{E_c} \times \frac{2{,}5\ \varepsilon_0 E_c}{f'_c - 1{,}5}$$

La signification de ε_0, ε_u, f'_c et E_c se retrouve à la figure 16.10.

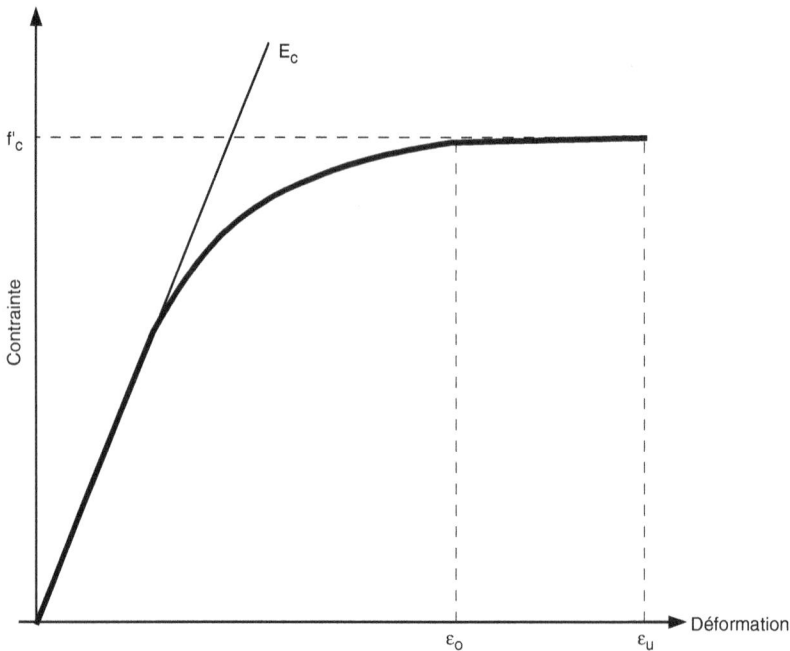

Figure 16.10 Courbe schématique contrainte/déformation trouvée dans les codes nationaux

Ici aussi, il est encore préférable de tracer la véritable courbe contrainte/déformation plutôt que de se baser sur les formules empiriques précédentes.

La figure 16.11 (Baalbaki, 1997) illustre les différentes formes des courbes contrainte/déformation que l'on peut retrouver dans le cas des BHP et démontre bien que la nature du granulat utilisé pour fabriquer le BHP influence beaucoup la forme de la courbe contrainte/déformation du béton. Ce dernier point renforce encore une fois l'importance de la sélection d'un bon granulat quand on fabrique des BHP et permet de voir que les propriétés d'un BHP peuvent être ajustées selon les besoins du concepteur en choisissant le gros granulat approprié.

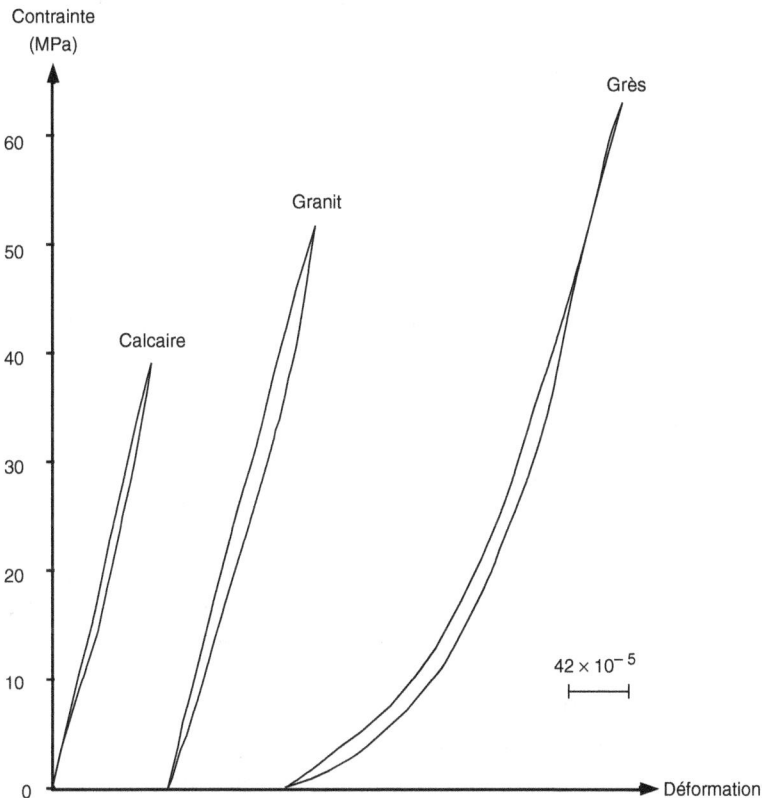

Figure 16.11 Courbes contrainte/déformation pour les gros granulats étudiés par Baalbaki (1997)

16.7 Retrait et fluage

Dans le chapitre précédent, on a démontré que, à l'heure actuelle, on ne caractérise pas toujours précisément le retrait et le fluage des BHP puisque la plupart des résultats décrits dans la documentation ont été obtenus en utilisant des procédures normalisées valables seulement dans le cas des bétons usuels. En utilisant ces procédures, on ne tient pas compte du retrait endogène qui se développe dans le BHP durant les 24 premières heures quand l'éprouvette reste dans le moule.

Au chapitre 12, on a aussi démontré qu'un BHP peut ne pas présenter de retrait endogène si on commence à le mûrir juste avant le début de l'hydratation du ciment. L'étude du retrait et du fluage des bétons à hautes performances a été abordée par plusieurs chercheurs français (Huet et coll, 1982 ; Auperin et coll., 1989 ; Acker et de Larrard, 1990 ; Sicard et coll., 1996).

Au moment de la rédaction de ce livre, un important programme de recherche sur le retrait des BHP a été entrepris à l'Université de Sherbrooke en utilisant les définitions proposées conjointement par Aïtcin, Neville et Acker (1997) qui sont pratiquement celles que l'on retrouve dans le rapport du comité japonais sur le retrait endogène (Tazawa, 1998).

Les mêmes remarques s'appliquent aux mesures de fluage. Un programme de recherche élaboré entrepris par Dilger de l'Université de Calgary au Canada devrait apporter des résultats fiables sur ce sujet.

À l'heure actuelle, très peu d'études présentent des résultats à long terme de retrait et de fluage obtenus sur chantier. Trois études de chantier ont permis d'étudier le retrait et le fluage de colonnes d'édifices en BHP, une à Chicago (Russell et Corley, 1978 ; Russell et Larson, 1989 ; Russell, 1990) et deux à Montréal (Laplante et Aïtcin, 1986 ; El Hindy et coll., 1994 ; Miao et Aïtcin, 1996).

Dans l'expérience rapportée par Laplante et Aïtcin (1986), une colonne témoin semblable à une colonne active adjacente a été coulée en utilisant le même béton. Ces deux colonnes sont pratiquement identiques sauf que la colonne témoin est 50 mm plus courte que la colonne active et qu'elle ne supporte aucune charge. Les deux colonnes ont été instrumentées de la même façon avec des cordes vibrantes afin de pouvoir suivre les déformations dans deux zones critiques de la colonne : en leur centre et à leur surface. En comparant les déformations développées au même endroit dans les deux colonnes, on peut alors calculer les valeurs de retrait et de fluage qui ont été mesurées par les cordes vibrantes (Fig. 16.12).

Par exemple, durant les quatre premiers jours qui ont suivi la mise en place du béton et durant lesquels les coffrages ont été maintenus en place, un retrait de 250 mm a été mesuré au centre des deux colonnes, ce qui représente le retrait endogène développé au cœur de ce BHP qui n'avait reçu aucun mûrissement spécial. En outre, entre 4 jours et 4 ans, une valeur additionnelle de 50 mm s'est ajoutée à cette valeur initiale du retrait endogène. Ces mesures démontrent que le retrait endogène se développe d'abord très rapidement et que sa progression diminue rapidement essentiellement parce il n'y a plus assez d'eau pour que se poursuive l'hydratation.

Les coffrages de ces colonnes ont été enlevés après 4 jours et deux cordes vibrantes, l'une verticale et l'autre horizontale, placées sur les deux colonnes ont permis de mesurer le retrait de séchage.

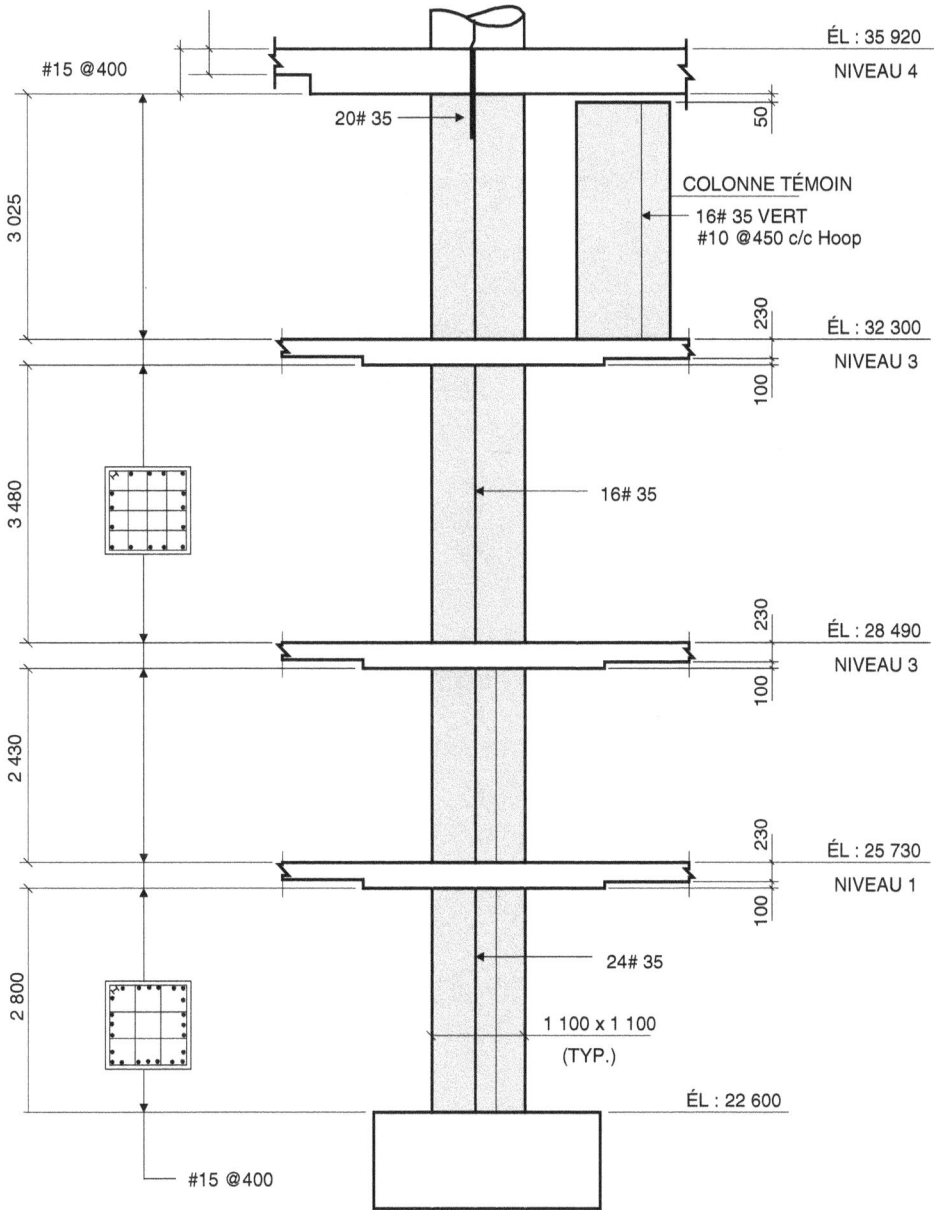

COLONNE 114

Figure 16.12 Schéma de l'installation expérimentale ayant servi à mesurer le comportement à long terme du BHP coulé dans l'édifice Lavalin (Laplante et Aïtcin, 1986)

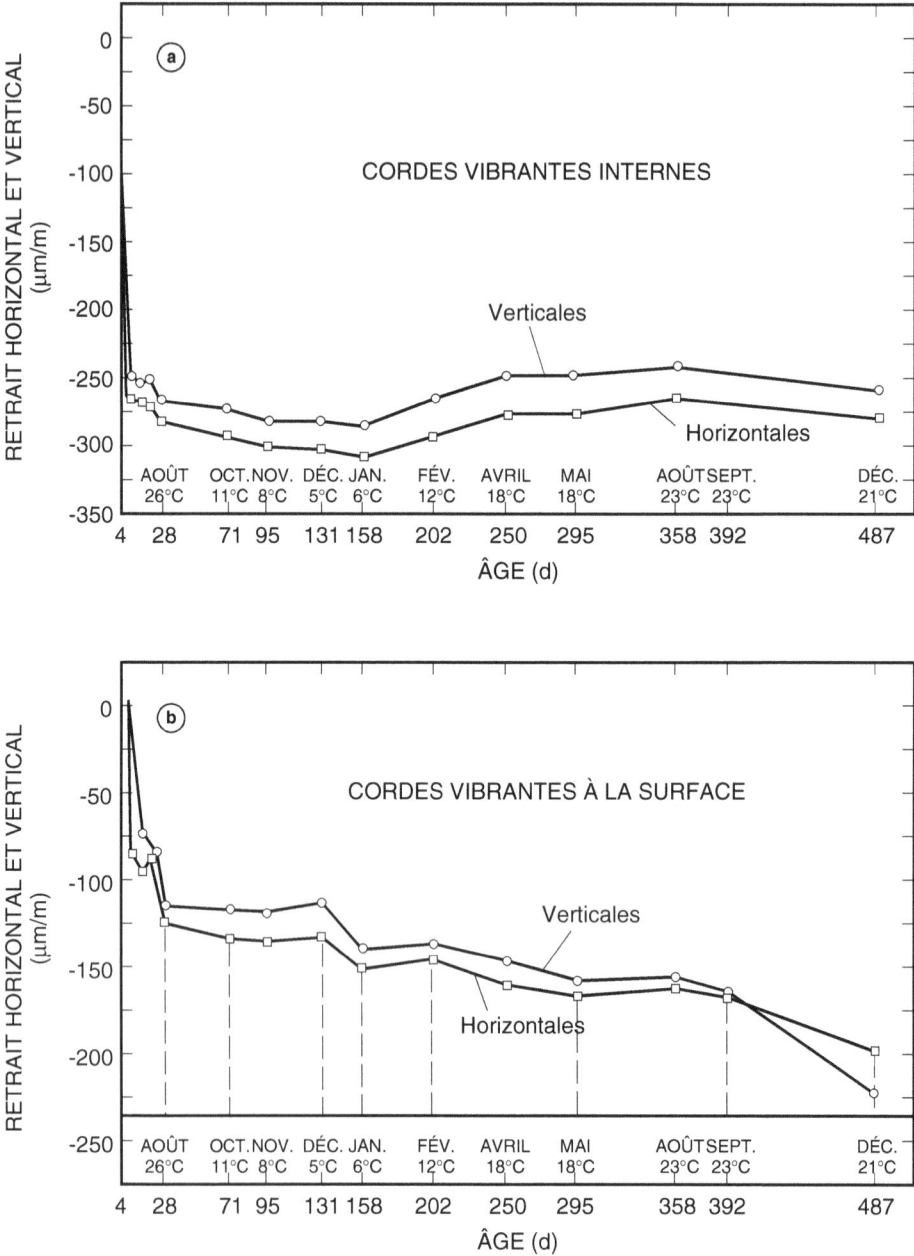

Figure 16.13 Retrait horizontal et vertical mesuré avec
a) cordes vibrantes intérieures
b) cordes vibrantes à la surface

La figure 16.13 présente le retrait de séchage enregistré en surface sur une période d'une année et demie. On peut voir que le retrait de séchage mesuré à la fin de cette période était compris entre 175 et 200 mm, c'est-à-dire un retrait de séchage bien inférieur à celui mesuré sur des éprouvettes normalisées.

Puisque le retrait mesuré au centre de la colonne représente le retrait endogène, qui est homogène et isotrope, on peut conclure que le retrait total du BHP à sa surface est égal à la somme du retrait endogène mesuré au centre de la colonne et du retrait de séchage mesuré à sa surface après 4 jours.

Le retrait de séchage a augmenté très rapidement durant les quatre premières semaines jusqu'à une valeur de 125 mm. Plus tard, le retrait de séchage a augmenté, mais très lentement. Si l'on additionne le retrait de séchage et le retrait endogène mesurés au centre de la colonne, on obtient un retrait total de 425 à 450 mm, ce qui est bien inférieur au retrait de 675 mm mesuré sur des éprouvettes de $100 \times 200 \times 375$ mm (Fig. 16.14). Dans ce dernier cas cependant, le retrait endogène durant les 24 premières heures n'a pas été mesuré.

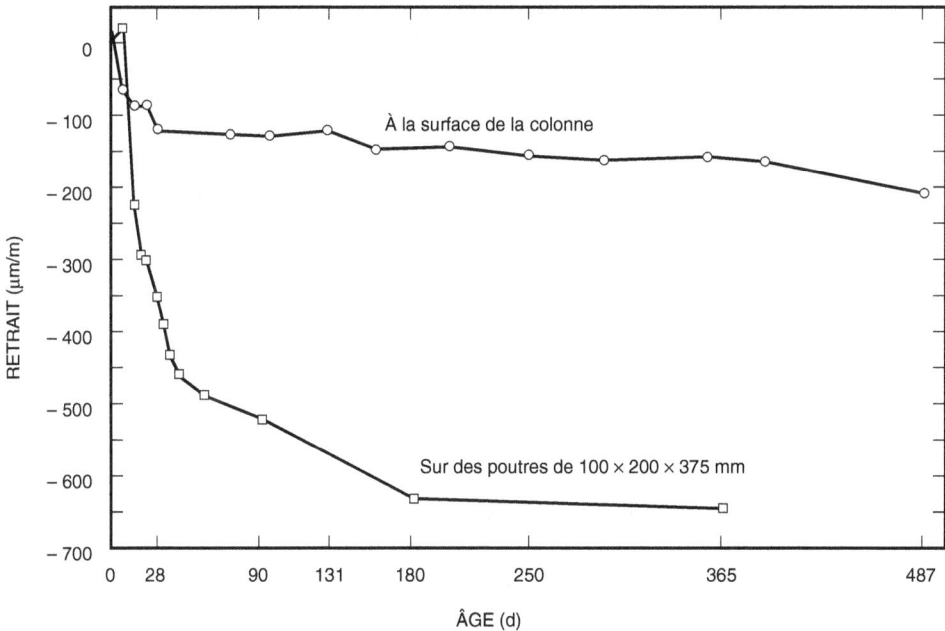

Figure 16.14 Comparaison de la mesure du retrait du béton :

a) en laboratoire sur des prismes de $100 \times 200 \times 375$ mm
b) avec des cordes vibrantes placées à la surface de la colonne

Le fluage qui a été mesuré au centre et à la surface de la colonne a été calculé en comparant les changements de longueur de la colonne témoin et de la colonne active.

16.8 Résistance à la fatigue des BHP

16.8.1 Introduction

En règle générale, les structures en béton sont conçues pour résister à des charges statiques ou quasi statiques. Quand les structures en béton peuvent être soumises à des charges dynamiques, pour des fins de conception, ces efforts dynamiques sont transformés en efforts statiques après les avoir multipliés par un facteur d'amplification ; c'est le cas des structures telles que les ponts, les pavages, les plates-formes de forage qui sont soumises à des charges cycliques générées par les vents, la circulation routière et les vagues (Baron, 1982). La fréquence et l'amplitude de ces chargements cycliques varient généralement dans le temps. Dans quelques rares cas, des ruptures en service se sont produites par suite de l'accumulation de chargements en fatigue qui ont entraîné des déflexions beaucoup plus élevées que celles qui étaient prévues ou par suite de l'accumulation de fissures ou même sous forme de rupture catastrophique de toute la structure.

Puisque les BHP sont soumis à d'importantes contraintes et que les méthodes de conception deviennent de plus en plus exigeantes, il faut pouvoir prédire leur comportement lorsqu'ils sont soumis à des chargements cycliques. Le code CEB-FIP (1990), considère la fatigue comme un facteur à l'état limite quand on construit une structure en BHP qui a une résistance à la compression pouvant atteindre 80 MPa ; cette résistance à la compression est mesurée sur des éprouvettes de 150×300 mm.

En dépit de l'importance du comportement à la fatigue des BHP, on retrouve assez peu de résultats à ce sujet dans la documentation essentiellement parce que ce type de recherche est très exigeant en termes d'équipement et de temps (Toutlemonde, 1993). En outre, les résultats ne sont pas toujours très convergents et il n'est pas toujours facile de les interpréter. La recherche sur la fatigue n'étant pas facile, les premières études sur la résistance à la fatigue des BHP visaient essentiellement à savoir si les connaissances accumulées sur la résistance à la fatigue des bétons usuels pouvaient être appliquées ou extrapolées au cas des BHP.

Une autre source de comparaison provient de la mécanique des roches qui étudie depuis de nombreuses années la résistance à la fatigue des roches. Comme on l'a déjà mentionné, certaines roches naturelles sont très semblables au BHP en termes de résistance à la compression, de résistance à la traction, de module élastique et de coefficient de Poisson, si bien que les connaissances accumulées dans le domaine du comportement à la fatigue de certaines roches peuvent être très utiles pour étudier la résistance à la fatigue des BHP. Cependant, en règle générale, les roches naturelles sont très différentes des BHP en termes d'homogénéité, de microstructure et de macrostructure, si bien qu'il est dangereux de faire des extrapolations trop hardies connaissant le rôle fondamental de la microstructure et particulièrement de l'homogénéité des défauts dans les études de fatigue.

Comme l'étude de la résistance à la fatigue n'est pas un domaine toujours très familier aux ingénieurs civils, il est utile de présenter quelques connaissances de base sur la résistance à la fatigue des BHP.

16.8.2 Définitions

Lorsque l'on soumet un matériau à un grand nombre de cycles de chargement-décharge-ment, on voit apparaître deux types de comportement. Certains matériaux, tels que l'acier, ne se rompent jamais sous l'effet de ces chargements cycliques en autant que l'on ne dépasse pas une contrainte maximale lors de ces cycles ; cette contrainte spéci-fique est ce que l'on appelle la limite à la fatigue. La plupart des autres matériaux, tels que le béton, finissent toujours par se rompre sous l'effet de n'importe quel type de chargement même si celui-ci demeure dans le domaine élastique. Évidemment, l'acier se comporte comme le béton lorsque la contrainte maximale de chargement est supé-rieure à la limite à la fatigue. Dans un tel cas, on dit que la rupture se produit par fatigue.

La rupture à la fatigue se produit plus ou moins rapidement selon le nombre de cycles auquel le matériau peut résister. On a donc fixé arbitrairement une limite d'endurance pour définir une durée de vie sécuritaire pour les structures. Cette limite correspond à la contrainte nécessaire pour causer la rupture du matériau lorsqu'il est soumis à une valeur spécifique de cycles, en règle générale 10^6 ou 10^8 cycles, mais cette valeur peut varier selon les circonstances. En génie mécanique, cette distinction entre la limite de fatigue et la limite d'endurance est essentielle, ce qui n'est pas forcément le cas pour un béton puisqu'il n'a pas, à proprement parler, de limite à la fatigue. Cette situation entraîne une certaine confusion dans la documentation, car on y traite, de façon erronée, de la résistance à la fatigue du béton et non de la résistance à l'endurance du béton.

(a) Diagramme de Wöhler

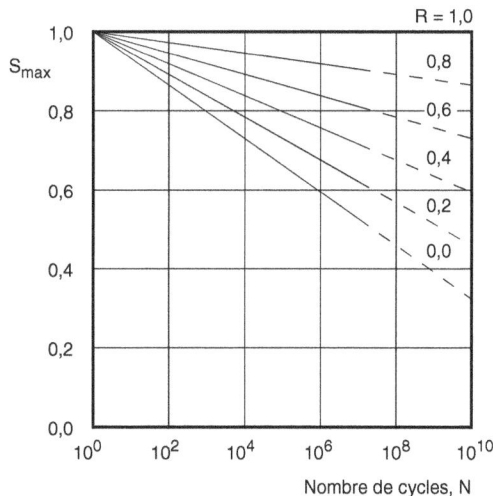

Figure 16.15 Courbes S-N pour des valeurs R constantes, où $R = S_{min} / S_{max}$ (RILEM, 1984)

Les résultats des études de fatigue sont généralement présentés sous forme de diagramme de Wöhler, aussi connu sous le nom de courbe S-N. Ce diagramme est une représentation semi-logarithmique où le chargement maximal, S_{max}, est reporté algébriquement sur l'axe des y tandis que le nombre de cycles nécessaire pour atteindre la rupture est reporté sur une échelle logarithmique sur l'axe des x. En général, S_{max} est représenté comme une fraction de la charge statique à laquelle se produit la rupture. La figure 16.15 présente des courbes S-N tracées pour différentes valeurs du chargement minimal sous forme de fonction du rapport $R = S_{min}/S_{max}$.

(b) Diagrammes de Goodman

La résistance à la fatigue peut aussi être représentée par un diagramme de Goodman où l'on reporte les valeurs de S_{min} et de S_{max} sur l'axe des x et des y. Dans ce diagramme, S_{min} et S_{max} sont exprimés sous forme d'une fraction de la charge statique à laquelle se produit la rupture. À la figure 16.16 on voit que, si un béton usuel est soumis à un chargement cyclique avec $S_{min} = 0,4$ et $S_{max} = 0,75$, il pourra supporter 10^6 cycles avant que sa rupture en fatigue ne se produise. Comme les lignes log N sont ascendantes vers la droite, il semble que S_{max} augmente lorsque S_{min} augmente pour un certain cycle de vie (N = constant) ou que N augmente pour une valeur donnée de S_{max}.

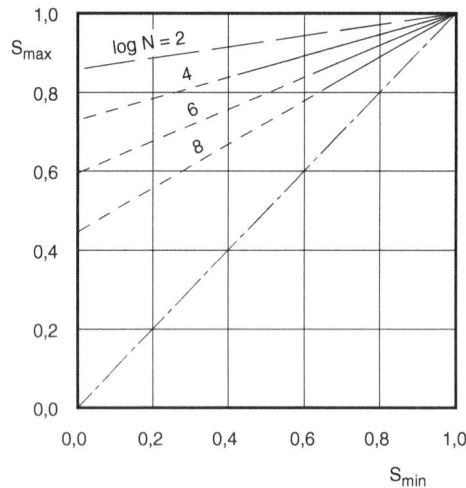

Figure 16.16 Diagramme de Goodman (RILEM, 1984)

(c) Règle de Miner

La plupart des données de résistance à la fatigue sont obtenues lorsqu'un béton est soumis à un cycle évoluant entre des contraintes constantes maximales et minimales. Pour tenir compte des effets de l'amplitude variable sur le comportement à la fatigue des bétons, Miner a fait une hypothèse qui est largement acceptée sur l'accumulation linéaire des dommages. Ainsi, la rupture à la fatigue se produit si :

$$\Sigma \frac{n_i}{N_i} = 1$$

où n_i représente le nombre de cycles appliqués avec la contrainte particulière et N_i représente le nombre de cycles qui causera la rupture à la fatigue à une même contrainte.

La règle de Miner est très controversée ; Neville (1981) et Shah (1984) en particulier disent que l'expérience démontre que l'augmentation de l'endommagement du béton avec des chargements cycliques n'est absolument pas linéaire et ils proposent une troisième puissance pour les effets cumulatifs des dommages non linéaires. Comme la règle de Miner peut être très optimiste, on remplace souvent les valeurs de Miner par des valeurs beaucoup plus pessimistes de l'ordre de 0,2 pour cette valeur.

16.8.3 Résistance à la fatigue des structures en béton

En général, la résistance à la fatigue des structures en béton peut être subdivisée en six parties :
- la résistance à la fatigue du béton en compression ;
- la résistance à la fatigue du béton en traction ;
- la résistance à la fatigue du béton en flexion ;
- la résistance à la fatigue de la liaison acier-béton ;
- la résistance à la fatigue des éléments structuraux faits de béton armé ;
- la résistance à la fatigue des éléments structuraux précontraints.

Il est impossible ici de couvrir autant de sujets et l'on présente seulement quelques résultats de base couvrant les deux premiers points.

Dans leurs études sur certains aspects de la résistance à la fatigue des BHP conduites à l'Université de Sherbrooke et au Laboratoire central des ponts et chaussées à Paris, Do et coll. (1993a et b) et Do (1994) ont trouvé que la résistance à la fatigue des BHP est comparable à celle d'un béton usuel. Les résultats suggèrent que l'évolution des déformations des BHP est semblable à celle des trois phases de déformation qui sont bien connues dans le cas des bétons usuels : phase I – initiation, phase II – stabilisation et phase III – instabilité. Cependant, la durée de chacune de ces phases et l'amplitude des déformations dépendent du type de BHP. Ces études ont aussi montré que la déformation des BHP contenant de la fumée de silice ne semble pas évoluer et que la rupture à la fatigue de certains BHP peut être brutale.

En général, les BHP perdent moins de rigidité lors des essais de fatigue que les bétons usuels : plus le module élastique est élevé, plus la perte de rigidité est faible. Sous des cycles de compression où S_{max} est supérieur à 0,75, des BHP ont pu résister à un plus grand nombre de cycles qu'un béton usuel. Cependant, quand S_{max} est inférieur à 0,75, l'inverse est vrai.

Sous des chargements cycliques traction-compression, les BHP semblent être moins affectés par les efforts de traction que les bétons usuels.

Lorsqu'il a mis à l'essai des colonnes armées en BHP, Do (1994) a trouvé que :

- une rupture fragile peut se développer quand le pourcentage d'armatures transversales n'est pas assez élevé ;

- sous des chargements cycliques de traction-compression, la fissuration induite par les contraintes de traction est rapidement contrôlée par la contribution du béton qui travaille en traction.

Il semble que le modèle proposé par Hsu (1981) s'applique assez bien au cas des BHP et qu'il pourrait être appliqué aux trois modes de chargement : compression, traction et traction-compression. On a aussi trouvé que les diagrammes S-N-P établis à partir de calculs ne prennent pas en charge la dispersion des résultats.

Les lecteurs qui désirent en savoir plus sur la résistance à la fatigue des BHP peuvent lire les travaux de synthèse suivants : Bennett et Muir (1967), RILEM (1984), Lenschow (1987), Lambotte et Taerwe (1987), SINTEF (1989), CEB-FIP (1990) et le travail de Petkovic et coll. (1990) et Petkovic (1991).

16.9 Conclusion

Ce chapitre a pu décevoir certains lecteurs parce que l'on y a démontré que les propriétés mécaniques des BHP ne peuvent pas être déduites de la connaissance de la résistance à la compression comme c'est le cas pour les bétons usuels. En un sens, chaque BHP est unique ; cette unicité provient de la composition du liant, du rapport eau/liant utilisé et des caractéristiques mécaniques des granulats, spécialement celles des gros granulats. Étant donné que les BHP agissent comme de véritables matériaux composites, il est normal que les caractéristiques de la pâte de ciment hydraté, de la zone de transition et des granulats influencent leurs propriétés mécaniques.

Les BHP sont des matériaux complexes et une approche trop simpliste peut amener des conclusions erronées. Dans une certaine mesure, le processus de conception s'en trouve compliqué, mais c'est le prix à payer pour concevoir des structures qui utilisent de façon efficace un BHP (Collins et coll., 1993). Il faut espérer que, grâce à toutes les recherches qui sont actuellement faites dans le monde dans ce domaine, on définira certaines familles de BHP pour lesquelles on pourra développer des relations simples qui rendront la conception des structures quasiment aussi simples que celles où l'on utilise des bétons usuels.

Références

ACI Committee 363 (1984) State-of-the-art report on high-strength concrete. *ACI Journal, Proceedings*, **81**(4), juillet-août, 364-411.

Acker, P. et de Larrard, F. (1990) Fluage des bétons à hautes et à très hautes performances, dans *Les bétons à hautes performances – Construction, durabilité, applications,* édité par Y. Malier, Les Presses de l'École nationale des Ponts et chaussées, ISBN 2-85978-187-0, p. 165-176.

Ahmad, S.H. et Shah, S.P. (1985) Structural properties of high strength concrete and its implication for precast prestressed concrete. *PCI Journal,* **30**(6), novembre-décembre, 91-119.

Aïtcin, P.-C. et Mehta, P.K. (1990) Effect of coarse aggregate characteristics on mechanical properties of high-strength concrete. *ACI Materials Journal,* **87**(2), mars-avril, 103-107.

Aïtcin, P.-C., Laplante, P. et Bédard, C. (1985) *Development and Experimental Use of 90 MPa (13,000 psi) Field Concrete,* ACI SP-87, p. 51-70.

Aïtcin, P.-C., Neville, A.M. et Acker, P. (1997) Integrated view of shrinkage deformation. *Concrete International,* **19**(9), septembre, 35-41.

Aïtcin, P.-C., Sarkar, S.L. et Laplante, P. (1990) Long term characteristics of a very high strength field concrete. *Concrete International,* **12**(1), janvier, 40-44.

Asselanis, J., Aïtcin, P.-C. et Mehta, P.K. (1989) Influences of curing conditions on the compressive strength and elastic modulus of very high-strength concrete. *Cement, Concrete, and Aggregate,* **11**, été, 80-83.

Auperin, M., Richard, P., de Larrard, F. et Acker, P. (1989) Retrait et fluage des bétons à hautes performances – Influence de l'âge au chargement. *Annales de l'ITBTP,* **474**, p. 50-75.

Baalbaki, W. (1997) *Analyse expérimentale et provisionnelle du module d'élasticité des bétons,* thèse de doctorat #1015, Université de Sherbrooke, Québec, Canada, 143 p.

Baalbaki, W., Benmokrane, B., Chaallal, O., et Aïtcin, P.-C. (1991) Influence of coarse aggregate on elastic properties of high-performance concrete. *ACI Materials Journal,* **88**(5), septembre-octobre, 499-503.

Baron, J. (1982) La fatigue du béton hydraulique, dans *Le béton hydraulique,* édité par J. Baron et R. Sauterey, Presses de l'École nationale des Ponts et chaussées, ISBN 2-85978-033-5, p. 365-377.

Bennett, E.W. et Muir, S.E. St J. (1957) Some fatigue tests of high-strength concrete in axial compression. *Magazine of Concrete Research* (London), 19(59), juin, 113-117.

Burg, R.G. et Ost, B.W. (1992) *Engineering Properties of Commercially Available High-Strength Concretes,* Association du ciment Portland, RD 104.OIT, Skokie, IL, USA, 55 p.

Caquot, A. (1937) *Le rôle des matériaux inertes dans le béton.* Mémoire de la Société des ingénieurs civils de France, Fascicule n° 4, juillet-août, p. 562-582.

Carrasquillo, R.L., Nilson, A.H. et Slate, F.D. (1981) Properties of high strength concrete subjected to short-term loads. *ACI Journal,* **78**(3), 171-178.

Castillo, C. et Durrani, A.J. (1990) Effect of transient high-temperature on high-strength concrete. *ACI Materials Journal,* **87**(1), janvier-février, 47-53.

CEB Model Code (1978) *CEB FIP pour les structures en béton*, Bulletin d'information n° 124-125, p. 14-16.

CEB Model Code (1995) *CEB-FIP pour les structures en béton*, Bulletin d'information n° 228, p. 12-13.

CEB-FIP (1990) *State-of-the-Art Report : High Strength Concrete*, Bulletin d'information CEB n° 197, août, 212 p.

Code canadien (1990) CAN A23.3-M90.

Code norvégien NS 3473 (1992) *Design of Concrete Structures*, Norwegian Council for Standardization, Oslo, Norvège.

Collins, M.P., Mitchell, D. et MacGregor, J.G. (1993) Structural design consideration for high-strength concrete. *Concrete International*, **15**(5), 27-34.

Cook, W.D., Miao, B., Aïtcin, P.-C. et Mitchell, D. (1992) Thermal stresses in large high-strength concrete columns. *ACI Materials Journal,* **89**(1), janvier-février, 61-68.

de Larrard, F. (1996) *Extension du domaine d'application des règlements de calcul BAEL/BPEL aux bétons de 80 MPa*, Travaux du Groupe Connaissance et utilisation du BHP, AFREM, Bulletin de liaison des laboratoires des Ponts et chaussées, n° spécial XIX, 162 p.

de Larrard, F. et Aïtcin, P.-C. (1993) The strength retrogression of silica fume concrete. *ACI Materials Journal*, **90**(6), novembre-décembre, 581-585.

de Larrard, F. et Le Roy, R. (1992) Relation entre formulation et quelques propriétés mécaniques des BHP. *Matériaux et construction*, **25**, 464-475.

de Larrard, F., Torrenti, J.M. et Rossi, P. (1988) Le flambement à deux échelles dans la rupture des bétons en compression. *Bulletin de liaison des Laboratoires des Ponts et Chaussées,* n° 154, 51-55.

Desayi, P. et Krishnan, S. (1964) Equation of the stress-strain curve of concrete. *ACI Journal*, **61**(3), mars, 345-350.

Do, M.T. (1994) *Fatigue des bétons à haute performance*, thèse de doctorat n° 788, Université de Sherbrooke, Québec, Canada, 190 p.

Do, M.T., Chaallal, O. et Aïtcin, P.-C. (1993) Fatigue behavior of high-performance concrete. *Journal of Materials in Civil Engineering*, **5**(1), février, 96-111.

Do, M.T., Schaller, I., de Larrard, F. et Aïtcin, P.-C. (1993) Fatigue of plain and reinforced high-performance concrete, dans *High-Strength Concrete* (édité par I. Holland et E. Sellevold), Norwegian Concrete Association, Oslo, ISBN 82-91341-00-1, p. 146-154.

El Hindy, E., Miao, B., Chaallal, O. et Aïtcin, P.-C. (1994) Drying shrinkage of ready-mixed high-performance concrete. *ACI Materials Journal*, **91**(3), mai-juin, 300-305.

Fauré, B. (1990) Quelques propriétés mécaniques, dans *Les bétons à hautes performances – Du matériau à l'ouvrage*, édité par Y. Malier, Les Presses de l'École nationale des Ponts et chaussées, ISBN 2-85978-138-2, p. 93-105.

Gardner, N.J. et Zhao, J.W. (1991) Mechanical properties of concrete for calculating long-term deformations, dans *Proceedings, Second Canadian Symposium on Cement and Concrete* (édité par Sidney Mindess), University of British Columbia Press, Vancouver, juillet, p. 150-159.

Hansen, T.C. (1965) Influence of aggregate and voids on modulus of elasticity of concrete, cement mortar and cement paste. *American Concrete Institute Journal*, **62**(2), 193-216.

Hatanaka, S. (1986) Study on stress-strain relationship of concrete in plastic hinze range of reinforced concrete members, dans *Proceedings of the Annual Meeting of AIJ, Tokai Branch*, p. 113-116.

Houpert, R. (1979) Le comportement à la rupture des roches, dans *Proceedings of the International Conference on Rock Mechanics, Montreux, Switzerland*, **3**, p. 107-114.

Hsu, T.T.C. (1981) Fatigue of plain concrete. *ACI Journal*, **78**(4), juillet-août, 292-305.

Huet, C., Acker, P. et Baron, J. (1982) Fluage et autres effets rhéologiques différés du béton, dans *Le béton hydraulique*, Presses de l'École nationale des Ponts et chaussées, ISBN 2-85978-033-5, p. 335-364.

Illston, J.M., Dinwoodie, J.M. et Smith, A.A. (1979) *Concrete, Timber and Metals : The Nature and Behaviour of Structural Materials*, Van Nostrand Reinhold, New York, ISBN 0-442-30145-6, 663 p.

Kaplan, M.F. (1959) Ultrasonic pulse velocity, dynamic modulus of elasticity, Poisson ratio, and the strength of concrete made with thirteen different coarse aggregates, *RILEM Bulletin (Paris)*, nouvelle série, n° 1, mars, p. 58-73.

Khan, A.K., Cook, W. et Mitchell, D. (1996) Tensile strength of low, medium and high strength concretes at early ages. *ACI Materials Journal*, **93**(5), septembre-octobre, 487-493.

Khayat, K.H., Bickley, J.A. et Hooton, R.D. (1995) High-strength concrete properties derived from compressive strength values. *Cement, Concrete and Aggregates*, **17**(2), décembre, 126-133.

Lambotte, H. et Taerwe, L. (1987) Fatigue of plain, high-strength concrete structures subjected to flexural tensile stress, dans *Utilization of High-Strength Concrete*, Tapir, Trondheim (édité par I. Holland et coll.), ISBN 82-519-0797-7, p. 331-342.

Laplante, P. et Aïtcin, P.-C. (1986) Field monitoring of creep and shrinkage on a 100 MPa (14 500 psi) concrete column in a 25-story building, dans *Proceedings of the Fourth International Symposium on Creep and Shrinkage of Concrete : Mathematical Modeling*, Evaston, IL,USA, p. 777-786.

Lenshow, R. (1987) Fatigue of high strength concrete, dans *Utilization of High-Strength Concrete*, Tapir, Trondheim (édité par I. Holland et coll.), ISBN 82-519-0797-7, p. 272-290.

Lessard, M., Baalbaki, M. et Aïtcin, P.-C. (1995) Mix design of air-entrained, high-performance concrete, dans *Concrete Under Severe Conditions – Environment and loading*, vol. 2 (édité par K. Sakai, N. Banthia et O.E. Gjørv), E & FN Spon, Londres, p. 1025-1034.

Maso, J.-C. (1982) L'étude expérimentale du comportement du béton sous sollicitations monoaxiales et pluriaxiales, dans *Le béton hydraulique*, Presses de l'École nationale des Ponts et chaussées, ISBN 2-85978-033-5, p. 275-293.

Miao, B. et Aïtcin, P.-C. (1996) *Five Years' Monitoring of the Behavior of HPC Structural Columns*. ACI Fall Convention, Montréal, ACI SP-167, p. 193-210.

Neville, A.M. (1981) *Properties of Concrete*, 3ᵉ édition, Longman Scientific and Technical, p. 338-344.

Nilsen, A.U. et Aïtcin, P.-C. (1992) Properties of high-strength concrete containing light-, normal- and heavy-weight aggregate. *Cement, Concrete, and Aggregate*, **14**(1), été, 8-12.

Nilson, A.M. (1987) *Properties and Performance of High-Strength Concrete*, IABSE Paris, Versailles Symposium, p. 389-393.

Nishimatsu, Y. et Heroesewojo, R. (1974) Rheological properties of rocks under the pulsating loads, dans *Proceedings of the Third International Congress on Rock Mechanics*, Denver, vol. IIA, National Academy of Sciences, Washington, p. 385-389.

Olsen, N.H., Krenchel, H. et Shah, S.P. (1987) *Mechanical Properties of High-Strength Concrete*, IABSE Paris, Versailles Symposium, p. 395-400.

Perenchio, W.F. et Klieger, P. (1978) *Some Physical Properties of High-Strength Concrete*, Portland Cement Research and Development, Bulletin n° 3, 6 p.

Petkovic, G. (1991) *Properties of Concrete Related to Fatigue Damage with Emphasis on High-Strength Concrete*, thèse de doctorat, Division of Concrete Structures, Norwegian Institute of Technology, Trondheim, 247 p.

Petkovic, G., Lenschow, R., Stemland, H. et Rosseland, S. (1990) *Fatigue of High-Strength Concrete*, ACI SP-121, p. 505-526.

Popovics, S. (1973) A numerical approach to complete stress-strain curve of concrete. *Cement and Concrete Research,* **3**(4), septembre, 583-599.

Powers, T.C. et Brownyard, T.L. (1948) *Studies of the Physical properties of Hardened Portland Cement Paste*, Bulletin 22 des laboratoires de recherche de l'Association du ciment Portland, mars, 992 p.

Raphael, J.M. (1984) Tensile strength of concrete. *ACI Materials Journal,* **18**(2), mars-avril, 158-165.

RILEM Committee-36 RDL (1984) Long term random dynamic loading of concrete structures. *Matériaux et Constructions,* **17**(97), 1-28.

Rougeron, P. et Aïtcin, P.-C. (1994) Optimization of the composition of a high-performance concrete. *Cement, Concrete, and Aggregates,* **16**(2), décembre, 115-124.

Russell, H.G. (1990) *Shortening of High-Strength Concrete Members*, ACI SP-121, p. 1-20.

Russell, H.G. et Corley, W.G. (1978) Time dependant behavior of columns in Water Tower Place, dans *Douglas McHenry International Symposium on Concrete and Concrete Structures*, ACI SP-55, p. 347-373.

Russell, H.G. et Larson, S.C. (1989) Thirteen years of deformations in Water Tower Place. *ACI Structural Journal*, **86**(2), mars-avril, 182-191.

Shah, S.P. (1984) Predictions of cumulative damage for concrete and reinforced concrete. *Matériaux et Constructions*, **17**(97), 65-68.

Sicard, G., Cubaynes, J.-F., Pons, G. (1996) Modélisation des déformations différées des bétons à hautes performances : relations entre le retrait et le fluage. *Matériaux et constructions*, **29**(190), 345-353.

SINTEF (1989) *High-Strength Concrete : State of the Art*, Rapport SINTEF n° STF 65 A89 003, Trondheim, 139 p.

Swamy, R.N. (1986) Properties of high strength concrete. *Cement, Concrete, and Aggregates*, **8**(1), été, 33-41.

Taerwe, L. et Vangysel, A. (1996) Analytical formulation of the complete stress-strain curve for high-strength concrete. *Matériaux et construction*, **29**, novembre, 529-533.

Tazawa, E., éd. (1998) JCI Technical Committee Report on Autogenous Shrinkage, dans *Autogenous Shrinkage of Concrete : Proceedings of the International Workshop*, E & FN Spon, Londres, p. 3-63.

Toutlemonde, F. (1993) Comportement dynamique des bétons à hautes performances – État des connaissances et suggestions de recherche. *Bulletin de liaison des Laboratoires des Ponts et Chaussées*, n° 187, 51-60.

Wang, P.T., Shah, S.P. et Naaman, A.E. (1978) Stress strain curves of normal and lightweight concrete in compression. *ACI Journal*, **75**(11), novembre, 603-611.

Wee, T.H., Chin, M.S. et Mansur, H.A. (1996) Stress-strain relationship of high-strength concrete in compression. *Journal of Materials in Civil Engineering*, **8**(2), mai, 70-76.

Xie, J., Elwi, A.E. et MacGregor, J.G. (1995) Mechanical properties of three high-strength concretes containing silica fume. *ACI Materials Journal*, **92**(2), mars-avril, 135-145.

Chapitre 17

La durabilité du BHP

17.1 Introduction

L'expression *durabilité du béton* est généralement utilisée pour caractériser de façon très générale la résistance d'un béton face à l'attaque d'un agent agressif physique ou chimique (Moranville-Regourd, 1982). La nature, l'intensité et les mécanismes concernés dans chacun des cas et les différents impacts peuvent varier considérablement. L'expression *durabilité du béton* est donc parfois perçue comme beaucoup trop vague. D'ailleurs, aucune méthode normalisée ne permet de mesurer la durabilité d'un béton ; il n'y a pas d'unité pour évaluer la durabilité du béton comme il en existe lorsque l'on veut mesurer la résistance à la compression ou, de façon plus précise, la résistance à l'écaillage d'un béton exposé à des cycles de gel-dégel lents en présence de sels fondants. Certains préfèrent donc spécifier le type d'attaque concerné immédiatement après le terme durabilité, c'est pourquoi il vaut mieux parler des durabilités du béton plutôt que de la durabilité du béton.

Les agents agressifs qui attaquent le béton peuvent être classés schématiquement en deux grandes catégories : les agents externes et les agents internes. Parmi les agents externes, on peut citer les ions chlore, le gaz carbonique, les sulfates, les cycles de gel-dégel, les bactéries et les abrasifs. Parmi les agents internes, on retrouve les ions chlore incorporés dans certains accélérateurs, les alcalis du ciment avec des granulats potentiellement réactifs.

Ce chapitre traite seulement de la durabilité des BHP attaqués par des agents externes, sauf dans le cas de la réaction alcalis-granulats. On suppose évidemment que l'on a d'abord sélectionné avec beaucoup de soin et selon les règles de l'art les matériaux utilisés pour fabriquer le BHP. Par exemple, si l'agent agressif est un sulfate contenu dans le sol, on suppose que le BHP a été fabriqué avec un ciment de Type V résistant aux sulfates ; s'il s'agit de cycles de gel-dégel rapides en présence d'eau, on suppose que le BHP contient de l'air entraîné.

Il est toujours difficile de se faire une idée de la durabilité d'un nouveau matériau parce que la durabilité est une performance à long terme qui dépend du matériau, de l'environnement dans lequel ce matériau se trouve et des conditions de service. Comme la durabilité est une notion large, il est aussi difficile de spécifier la durabilité d'un nouveau matériau dans un monde où les litiges deviennent de plus en plus fréquents.

La durabilité des BHP utilisés bien documentée est rare et il est donc difficile de connaître le comportement à long terme des BHP face à certains agents agressifs bien identifiés. Les BHP, relativement nouveaux sur le marché, n'ont pas toujours été spécifiés pour faire face à des environnements sévères si bien que, finalement, on a assez peu d'expérience dans ce domaine. Il faut aussi avouer que l'on n'a pas commis tellement d'erreurs, jusqu'à présent, chaque fois que l'on a utilisé des BHP de sorte que leur comportement à long terme n'est pas toujours suffisamment documenté. Il est donc très important de faire des études sur le comportement en chantier des BHP, non seulement par des chercheurs, mais aussi par des utilisateurs intéressés à développer des BHP sécuritaires. Une étude de chantier concluante vaut 100 essais de laboratoire puisqu'elle représente le comportement réel d'un BHP dans son environnement naturel (Baroghel-Bouny et coll., 1998a et b).

Évidemment, différentes approches permettent de pallier à une telle situation. On peut estimer la durabilité d'un matériau en utilisant des essais normalisés accélérés en laboratoire. Lors de ces essais, les éprouvettes sont généralement soumises à des solutions concentrées d'agents agressifs dans des conditions extrêmes de chargement ou sont soumises à des gradients de température très sévères. On assume implicitement que ces conditions de laboratoire représentent suffisamment bien les conditions de chantier et que seul le mécanisme de destruction est accéléré. La deuxième approche est d'utiliser le matériau dans des structures temporaires ou expérimentales, de les instrumenter et de suivre leur comportement durant plusieurs années de telle sorte que le comportement du matériau sera bien documenté lorsque ces structures temporaires ne seront plus utilisées ou au fur et à mesure qu'elles vieilliront. Ces expériences représentent des applications à grande échelle sans risque financier majeur à long terme puisque la structure ne remplira son rôle que pendant une courte période. La troisième approche consiste à utiliser un matériau nouveau dans des projets modestes où les risques financiers ne sont pas trop élevés et, à partir de l'expérience acquise et de la confiance établie, de l'utiliser dans des projets de plus en plus élaborés.

Une quatrième approche consiste à étudier les causes de rupture de matériaux semblables dans des environnements et des conditions de service comparables de façon à mieux comprendre les mécanismes de rupture (Whiting, 1984). En comparant les propriétés fondamentales de matériaux qui n'ont pas eu un bon comportement à celles de nouveaux matériaux que l'on veut utiliser, on peut voir s'ils offrent une meilleure performance. Cependant, dans un tel cas, il est toujours difficile de prédire jusqu'à quel point le nouveau matériau sera plus performant.

Toutes ces approches ont été suivies dans le cas des BHP et on les rappelle brièvement dans ce chapitre. Cette revue de la durabilité des BHP face à différents environnements et conditions de service est d'abord précédée par quelques considérations générales sur la durabilité du béton et sur certaines leçons du passé.

Pour aborder un sujet aussi large (parce qu'il y a un très grand nombre d'environnements agressifs dans lesquels des BHP ont été, sont et seront utilisés), la durabilité des BHP ne sera envisagée qu'en considérant le type d'agression potentiel. Un BHP peut être attaqué physiquement ou mécaniquement, par exemple quand il est exposé à l'abrasion, à des cycles de gel-dégel. Il peut être attaqué chimiquement directement par des ions chlore (ou les ions chlore peuvent attaquer les armatures d'acier que le béton doit protéger), par des ions sulfate, par des acides ou par d'autres agents chimiques agressifs. Il peut être aussi attaqué chimiquement par un gaz, tel que le gaz carbonique, et même par des bactéries. En outre, il peut s'autodétruire en présence de réactions alcalis-granulats.

17.2 Durabilité des bétons usuels : un sujet de préoccupation majeure

La durabilité du béton usuel est un sujet de préoccupation majeure dans la plupart des pays et sous la plupart des climats parce qu'un trop grand nombre de structures en béton construites dans les années 1960 à 1970 laissent déjà entrevoir des signes sérieux de détérioration avancée (Skalny, 1987). La situation n'est pas le résultat d'un manque d'information sur la durabilité des bétons usuels (Neville, 1987 ; Mehta, 1991 ; Mehta et coll., 1992) et quelques chercheurs ont même déjà proposé des modèles mathématiques très élaborés pour essayer de prédire la durabilité d'un béton usuel (Bentz et Garboczi, 1992 ; Dagher et Kulendran, 1992). En dépit de cette abondance de données, l'information semble rarement atteindre les bonnes personnes. Cette situation résulte en grande partie du manque de communication qui existe entre les trois « solitudes » du béton : les gens des matériaux, les concepteurs et les ingénieurs de chantier ; ces personnes n'assistent pas aux mêmes réunions, colloques, ateliers ou congrès, elles ne lisent pas les mêmes revues scientifiques et techniques et, généralement, ne sont pas membres des mêmes comités techniques. Malgré la documentation abondante sur la durabilité du béton, il faut admettre aussi que peu d'articles scientifiques et techniques répondent à la question cruciale : comment doit-on fabriquer, placer et mûrir un béton durable que l'on pourra utiliser pour construire, réparer ou réhabiliter des structures en béton (Pomeroy, 1987 ; Philleo, 1989) ?

17.2.1 Durabilité : la clé d'une bonne conception

Une des principales causes de la détérioration de plusieurs structures provient de la trop grande importance accordée à la résistance à la compression du béton au moment de la conception des structures et au peu d'attention portée aux facteurs environnementaux auxquels la structure devra faire face tout en remplissant son rôle structural (Ho et Cao, 1993 ; Neville, 1998). Par exemple, du point de vue structural, il est facile de concevoir un parc de stationnement étagé extérieur en spécifiant un béton de 20 MPa, mais, dans des conditions environnementales sévères comme celles qui règnent dans les pays nordiques ou dans un environnement urbain (pollution, bactéries), la construction d'un tel parc de stationnement étagé sera absolument catastrophique : un béton de 20 MPa ne pourra jamais protéger efficacement les armatures d'acier contre la corrosion due aux sels déverglaçants qui ruissellent des automobiles garées toujours au même endroit ou contre les effets de la carbonatation quelle que soit l'épaisseur de la couverture de béton que l'on prévoit sur les armatures d'acier.

Il est tout à fait illogique d'utiliser un matériau très poreux et non durable et d'y placer des armatures d'acier recouvertes d'époxy très coûteuses (en fait, l'efficacité de ces armatures recouvertes d'époxy commence à être sérieusement mise en doute) ou d'utiliser une membrane d'étanchéité coûteuse ou de prévoir une protection cathodique très coûteuse quand on aurait pu commencer par utiliser un BHP ayant une très faible perméabilité. Pour plusieurs concepteurs, les bétons ont une résistance inutilement trop élevée pour ce type de structure. Malheureusement, la durabilité d'un stationnement étagé extérieur n'est pas liée aux charges mortes ou aux charges vives, mais plutôt aux conditions environnementales et, à l'heure actuelle, on ne sait pas faire un béton de 20 MPa qui soit durable contre les sels déverglaçants ou la carbonatation. Les bétons durables que l'on peut faire dans les conditions actuelles ont des résistances à la compression de l'ordre de 60 à 100 MPa.

Lorsqu'une structure en béton peut être sujette à une attaque chimique, une façon simple permet de réduire l'intensité de cette agression externe : diminuer la porosité et la perméabilité du béton que l'on se propose d'utiliser de façon à réduire ou ralentir, autant que faire se peut, la pénétration de l'agent agressif à l'intérieur du béton (Ollivier et Yssorche, 1992 ; Yssorche-Cubaynes et Ollivier, 1999). Pour offrir la meilleure résistance à des attaques chimiques externes et même à des attaques physiques, il est essentiel que le béton soit aussi compact et imperméable que possible. Pour obtenir un tel résultat, le béton doit avoir un faible rapport eau/ciment ou, comme c'est de plus en plus le cas, un faible rapport eau/liant. Le rapport eau/liant, et non la résistance à la compression, a toujours gouverné, et gouvernera toujours, l'imperméabilité d'un béton et, par conséquent, sa durabilité. Si le rapport eau/liant nécessaire pour atteindre une telle imperméabilité conduit à la formulation d'un béton qui a une résistance à la compression élevée, le concepteur doit essayer d'utiliser efficacement les MPa dont il ne prévoyait pas avoir besoin. Dans le futur, les BHP seront essentiellement utilisés, non pour leur résistance à la compression, mais plutôt pour leur durabilité. Le jour où les gens de l'industrie du béton le comprendront, une nouvelle page sera tournée dans la technologie du béton.

La durabilité du béton est aussi gouvernée par l'agressivité de l'environnement et, jusqu'à tout récemment, peu d'attention y était accordée dans la plupart des codes nationaux. Cependant, une nouvelle attitude émerge dans l'élaboration de codes de construction comme au Canada, au Japon, en Australie, en Europe (Moore, 1993 ; Rostam et Schissel, 1993) où l'on met beaucoup plus l'accent sur l'environnement dans lequel le béton aura à remplir sa fonction structurale.

La diminution du rapport eau/liant est une condition nécessaire pour obtenir un béton durable, mais, malheureusement, ce n'est pas une condition suffisante. D'autres facteurs affectent la durabilité d'un béton, en particulier les détails de construction. Même si l'ingénieur a peu d'influence sur les conditions générales d'ordre environnemental, il peut, grâce à la conception appropriée de certains détails, éviter de créer des conditions microclimatiques artificielles catastrophiques (Norberg et coll., 1993). Dans plusieurs structures, des poutres en béton se sont détériorées par suite de détails de construction qui ont entraîné la concentration d'agents agressifs en des points spécifiques de la structure. Si la même quantité d'agents agressifs avait été distribuée uniformément sur toute la structure, elle n'aurait pas alors affecté la durabilité du béton et de la structure de façon aussi rapide.

Lorsque l'on conçoit une structure en béton, il faut d'abord définir de la façon la plus précise les conditions environnementales dans lesquelles le béton assurera sa fonction structurale. Les spécialistes en matériaux pourront alors ajuster la formulation du béton et sélectionner les bons matériaux de telle sorte que le béton choisi puisse résister le mieux possible à ces conditions environnementales. Au cours des années, différents types de ciment et de béton ont été développés pour être utilisés dans des environnements particuliers, mais encore faut-il les utiliser de façon appropriée.

En outre, chaque fois qu'un propriétaire décide de changer la vocation d'un édifice en béton, il ne suffit pas de vérifier si la structure peut supporter les nouvelles charges et surcharges ; il est absolument essentiel de déterminer si le béton peut survivre dans le nouvel environnement.

17.2.2 Importance critique de la mise en place et du mûrissement du béton

Comme on l'a mentionné, la spécification d'un BHP ayant un rapport eau/liant faible est une condition nécessaire pour obtenir un béton durable, mais ce n'est pas une condition suffisante. Il faut aussi s'assurer que ce BHP sera placé et mûri de façon convenable. Même quand il est spécifié et produit de façon appropriée, un BHP pourra être beaucoup plus durable s'il est placé et mûri adéquatement. Comme dans le cas de n'importe quel béton, la durabilité d'un BHP est gouvernée par ses qualités intrinsèques et par la sévérité de l'environnement auquel il est exposé, mais elle est aussi affectée par la qualité de sa mise en place et de son mûrissement.

Lorsqu'on les compare à d'autres matériaux de construction, la grande faiblesse des bétons usuels et des BHP est le peu d'importance accordée à leur mise en place et à leur mûrissement. Par exemple, une vibration excessive peut générer du ressuage interne, même dans les BHP qui ont un affaissement élevé et un faible rapport eau/liant (< 0,30). Une vibration excessive peut aussi créer un réseau de capillaires interconnectés qui traverse tout le volume de béton jusqu'à sa surface. Ce réseau de capillaires constitue évidemment des chemins privilégiés de pénétration pour tous les agents agressifs. Un ressuage interne peut entraîner la création de zones de transition très faibles sous les gros granulats (par rapport à la direction de la mise en place ou sous les armatures). Dans ces zones de transition faibles, le ressuage interne entraîne l'accumulation d'eau sous les granulats, puisque ces granulats piègent de l'eau qui aurait eu tendance à remonter à la surface du béton ; le même phénomène se produit autour des armatures d'acier ou au contact des coffrages.

Les BHP doivent être vibrés, mais pas trop ; on doit seulement les consolider jusqu'à ce qu'ils soient mis en place. Un affaissement moyen de 180 à 200 mm évite plusieurs des inconvénients précédents ; il est rarement avantageux d'avoir un affaissement supérieur à 230 mm, sauf si le béton a été formulé spécialement pour avoir un tel affaissement.

Le séchage prématuré de la surface du béton peut aussi avoir des effets catastrophiques sur la durabilité du béton en général et des BHP en particulier puisqu'il se forme un réseau de très gros capillaires en surface qui constituent des chemins privilégiés pour les agents agressifs qui vont pénétrer dans le béton. Il est absolument essentiel de protéger les surfaces de béton frais contre un séchage prématuré parce qu'un BHP ne ressue pas ou très peu.

Malheureusement, comme dans le cas des bétons usuels, le mûrissement des BHP est trop souvent négligé parce que les entrepreneurs sont convaincus que les procédures de mûrissement ralentissent l'exécution des travaux ou qu'elles ne sont pas essentielles à la durabilité de la structure. Les entrepreneurs n'aiment pas investir du temps et de l'argent dans une opération qui n'est, en général, pas comptabilisée de façon spécifique et qui semble diminuer le rythme de construction. Pourtant, une opération aussi simple que l'arrosage de la surface du béton pour éviter qu'elle ne s'assèche, en utilisant, par exemple, un produit de mûrissement dans le cas des bétons usuels, une brumisation ou le noyage sous l'eau peut avoir des effets énormes sur la durabilité d'une structure en béton.

17.2.3 Importance de la peau du béton

Le béton est trop souvent perçu comme un matériau homogène et isotrope. Quelques concepteurs vont même jusqu'à réduire le béton uniquement à sa résistance à la compression à 28 jours. Dans de très rares cas, et pas à n'importe quelle échelle, un béton, quel qu'il soit, peut être considéré comme un matériau homogène. Les concepteurs admettent une certaine hétérogénéité au béton seulement dans le cas d'une différence d'adhérence entre l'acier et le béton selon la position des armatures par rapport à la direction de la coulée, de façon à tenir compte du ressuage interne et des effets qu'il produit sur l'adhérence. Alors que, à l'échelle du mètre ou du décimètre, le béton peut être considéré comme un matériau homogène, à l'échelle du centimètre, il est définitivement hétérogène.

Pendant très longtemps, le béton a été considéré comme un matériau qui ne comportait que deux phases, de la pâte de ciment hydraté et des granulats, dont les propriétés étaient essentiellement gouvernées par le rapport eau/liant de la pâte. Ce modèle simple était accepté universellement jusqu'à ce que l'on réalise que la zone de contact entre les granulats et la pâte de ciment constituait une zone spéciale ayant des propriétés très différentes de la pâte de ciment hydraté que l'on retrouve dans la masse du béton. Cette zone spéciale, appelée zone de transition, est très importante du point de vue durabilité parce qu'elle est plus faible que la pâte de ciment hydraté que l'on retrouve dans la masse du béton. Quand la zone de transition durcit, le véritable rapport eau/liant y est plus élevé que celui du reste de la pâte, et aussi que celui qui est calculé en divisant simplement la quantité d'eau par la quantité de liant utilisées lors de la fabrication du béton. Cette valeur plus élevée du rapport eau/liant autour des gros granulats est causée par une forme de ressuage interne. Les granulats, qui peuvent être considérés comme des inclusions rigides non absorbantes dans la pâte fraîche, piègent de l'eau autour d'eux. Lors de la vibration du béton, les gros granulats se mettent à vibrer et compactent le mortier autour d'eux jusqu'à en extraire une certaine quantité d'eau. Une partie de cette eau ainsi extraite du mortier ressue jusqu'à la surface du béton, mais une autre partie reste piégée dans le mortier plus dense et crée ainsi une zone de rapport eau/ ciment plus élevé autour du gros granulat. Des observations au microscope électronique ont montré que des cristaux de portlandite orientés, de grandes aiguilles d'ettringite et une très forte porosité dans cette zone de transition. De plus en plus, on considère donc que le béton est en fait un matériau à trois phases.

La présence d'une telle zone de faiblesse autour des gros granulats peut expliquer les relations que l'on développe entre les différentes propriétés mécaniques des bétons usuels et explique aussi les mécanismes de détérioration que l'on observe dans les bétons exposés à des agents agressifs. Pendant un certain temps, on a espéré que les BHP se comporteraient comme un matériau à deux phases puisque l'on n'observait pratiquement plus de zone de transition autour des granulats. Dans le chapitre 16, on a montré que la disparition de la zone de transition permettait de considérer les BHP comme des matériaux composites où un très bon transfert de charge se développe entre la pâte de ciment hydraté et le granulat. Cependant, quand on regarde de plus près un BHP, on trouve que, très souvent, ceux qui ont des affaissements très élevés présentent une zone de faiblesse superficielle le long des coffrages lorsque l'on utilise de grandes quantités de superplastifiant. Cette zone est connue sous le nom de peau du béton (Kreijger, 1987), de peau extérieure (Bentur et Jaegermann, 1991) ou de *covercrete* (Halvorsen, 1993).

Tout récemment, quelques personnes ont reconnu l'importance de la peau du béton (tout au moins celle des 20 à 30 premiers mm) du point de vue de la durabilité (Parrott, 1992), en effet il est bien connu depuis longtemps que la peau du béton n'a pas exactement la même composition et la même microstructure que le cœur du béton à cause de l'effet de paroi. Dans cette partie du béton, l'empilement des granulats est moins dense comme autour de n'importe quelle inclusion solide, de telle sorte que le béton de ces régions est plus riche en pâte de ciment hydraté. Pendant longtemps, on a ignoré les conséquences de cet effet de paroi sur la durabilité parce que les bétons usuels étaient en général placés avec des affaissements de 20 à 100 mm, si bien qu'ils étaient très cohésifs et peu sujets à ce genre de ségrégation, donc assez peu affectés par cet effet de paroi. Cependant, cette situation n'est plus vraie puisque plusieurs bétons usuels et la plupart des BHP sont mis en place avec des affaissements très élevés grâce à l'utilisation de superplastifiants. La peau des structures en BHP est donc très riche en pâte à cause de leur affaissement élevé. L'utilisation de coffrages perméables qui éliminent l'excès d'eau que l'on retrouve en peau semble présenter une option très intéressante pour augmenter la durabilité des bétons usuels. Cette option est utilisée assez couramment au Japon (Katayama et Kabayashi, 1991 ; Kumagai et coll., 1991 ; Sugawara et coll., 1993 ; Tsukinaga et coll., 1993) pour améliorer la durabilité et l'esthétique de la peau des bétons usuels. Dans le cas des BHP, il vaudrait mieux utiliser ces membranes perméables en sens inverse pour limiter les effets du retrait endogène (Guse et Hilldorf, 1997).

Lorsque l'on utilise différents ajouts cimentaires pour produire des BHP et des bétons usuels, on peut aussi voir à l'occasion se développer une certaine ségrégation au sein des particules fines du liant qui ont des densités très différentes. Par exemple, durant la construction d'un pont, l'auteur s'est inquiété de la présence de taches de couleur beaucoup plus foncées dans la partie inférieure des voussoirs qui étaient construits avec un ciment à la fumée de silice L'explication en était fort simple : le ciment composé à la fumée de silice que l'on utilisait contenait une certaine quantité de très fines particules de carbone apportées par la fumée de silice. Les taches de couleur plus foncées se situaient exactement aux endroits où de très puissants vibrateurs externes vibraient le béton dans la partie inférieure des voussoirs qui contenaient un ferraillage très dense. La très forte vibration appliquée à ces endroits particuliers créait une ségrégation à l'intérieur du béton et amenait donc une forte concentration des particules de carbone dans le liquide juste à l'emplacement des vibrateurs.

Il est à prévoir que ce type de problème se produira de plus en plus avec les BHP parce que les entrepreneurs voudront n'utiliser que des bétons très fluides et parce que les liants de demain contiendront de plus en plus d'ajouts cimentaires ou de fillers ayant différentes densités. Il n'est plus réaliste d'imaginer que des entrepreneurs vont se remettre à placer des bétons qui ont 100 mm d'affaissement dans les pays où les salaires sont très élevés et où la main-d'œuvre prête à faire des travaux très physiques est de plus en plus difficile à trouver. Il faudra donc être prudent chaque fois que l'on spécifiera un béton ayant un affaissement de plus de 200 mm à moins de spécifier des BHP autonivelants qui pourront être mis en place sans aucune vibration dans des éléments structuraux fortement ferraillés puisque ces bétons ont été développés pour éviter toute ségrégation. Pour atteindre cet objectif, il est seulement nécessaire de modifier les quantités de gros granulat et de granulat fin, d'ajouter une quantité appropriée de superplastifiant, d'utiliser un agent colloïdal et un gros granulat qui a un diamètre maximal plus petit.

17.2.4 Pourquoi certains bétons anciens sont-ils plus durables que certains bétons modernes ?

On peut répondre à cette question en disant que tous les anciens bétons qui n'étaient pas durables ont disparu depuis longtemps et que seuls les bons bétons ont survécu, c'est-à-dire ceux qui ont été bien formulés, bien mis en place et bien mûris ou ceux qui, finalement, n'étaient pas exposés à des environnements trop agressifs. Il s'agit d'une explication simpliste, mais il y en a une autre beaucoup moins évidente.

Une cause des échecs répétés de certains bétons en termes de durabilité peut être reliée à l'évolution de la technologie du ciment et du béton durant les 50 dernières années, une évolution qui semble avoir été complètement ignorée par plusieurs concepteurs. Pendant de très longues années, un béton fort était synonyme d'un béton durable parce que, pour atteindre une forte résistance à la compression, il était nécessaire d'utiliser une grande quantité de ciment Portland pour obtenir un rapport eau/liant compris entre 0,40 et 0,45. Puisque les particules de ciment n'étaient pas défloculées, parce que les réducteurs d'eau n'étaient pas très efficaces ou que l'on n'en utilisait pas du tout, la seule façon pratique de réduire le rapport eau/liant était d'augmenter la quantité de ciment contenue dans le béton. De plus, il y a 40 ou 50 ans, les ciments Portland n'étaient pas moulus aussi fins qu'ils le sont à l'heure actuelle, de telle sorte que leur hydratation se développait plus lentement. Il était donc nécessaire d'utiliser plus de ciment qu'aujourd'hui pour obtenir une résistance donnée à 28 jours et, à cette échéance-là, ces bétons n'avaient pas encore développé tout leur potentiel parce que seule une partie du ciment s'était hydratée. Il n'est donc pas surprenant de mesurer des résistances à la compression relativement élevées sur des carottes prélevées de vieilles structures, à tout le moins plus élevées que les résistances caractéristiques prévues dans les calculs au moment de leur conception.

Il faut aussi mentionner que, durant les deux dernières décennies, sous la pression des entrepreneurs ou simplement pour leur plaire, les compagnies de ciment ont développé des ciments Portland qui durcissent plus vite de façon à accélérer le décoffrage. On peut accélérer le durcissement d'un ciment Portland en le broyant plus fin ou en modifiant sa composition phasique. Les ciments actuels ont des teneurs en C_3S et en C_3A (les deux phases les plus réactives du ciment) bien supérieures à celles des ciments d'il y a 40 ans. Ces phases permettent d'obtenir une résistance à la compression donnée de façon plus rapide, mais cette résistance n'augmente pratiquement plus après 28 jours, parce qu'il reste très peu de grains de ciment qui ne sont pas encore hydratés et que le C_2S a peu de chances de s'hydrater convenablement.

Cette évolution technologique dans la fabrication du ciment entraîne des changements majeurs dans la formulation des bétons modernes surtout en ce qui concerne le dosage en ciment et le rapport eau/liant parce que les spécifications du béton sont encore beaucoup trop souvent uniquement reliées à la résistance à 28 jours. Selon Wischers (1984), entre 1945 et 1947 en Angleterre, il fallait utiliser un béton de rapport eau/liant de 0,47 qui contenait 300 kg de ciment par mètre cube pour obtenir une résistance à la compression de 30 MPa à 28 jours. Entre 1975 et 1980, on pouvait atteindre la même résistance à 28 jours avec un béton de rapport eau/liant de 0,72 qui ne contenait que 250 kg de ciment par mètre cube. Pour un concepteur, ces deux bétons ont la même résistance à la compression à 28 jours alors que du point de vue microstructure, perméabilité et durabilité, ces deux bétons auront des comportements totalement différents lorsqu'ils seront exposés au même environnement agressif.

Comme on l'a écrit plus tôt, pendant très longtemps, il n'était pas possible de diminuer le rapport eau/liant des bétons en dessous d'une valeur critique située aux alentours de 0,40, même quand on utilisait les réducteurs d'eau les plus efficaces que l'on retrouvait sur le marché. Il était donc impossible de défloculer suffisamment toutes les particules de ciment et de développer tout le potentiel liant du ciment. À l'heure actuelle, la situation a beaucoup changé depuis que l'on a développé plusieurs familles de superplastifiants. Les superplastifiants ont des propriétés défloculantes très efficaces qui permettent de diminuer considérablement le rapport eau/liant des bétons modernes. Les polymères de synthèse qui sont à la base des superplastifiants modernes sont si efficaces pour défloculer les grains de ciment que l'on peut fabriquer des BHP maniables et même pratiquement fluides ayant des rapports eau/liant aussi faibles que 0,25 et même, dans certains cas, aussi faibles que 0,20.

Par conséquent, lorsque l'hydratation s'arrête dans ces BHP par manque d'eau, ceux-ci contiennent encore une bonne proportion de particules de ciment non hydratées. Ces particules de ciment non hydratées peuvent éventuellement jouer un rôle important parce qu'elles constituent, d'une certaine façon, une réserve de ciment non hydraté à l'intérieur du béton, comme dans le cas des bétons anciens qui se sont bien comportés. Si, pour quelque raison que ce soit, environnementale ou structurale, des fissures viennent à se développer dans le béton, ces particules de ciment peuvent s'hydrater dès que de l'eau pénètre dans ces fissures. Ces particules de ciment offrent donc un potentiel de cicatrisation aux BHP.

17.3 Pourquoi les BHP sont-ils plus durables que les bétons usuels ?

La figure 17.1 présente schématiquement deux pâtes de ciment à l'état frais et à l'état durci ayant des rapports eau/liant de 0,65 et de 0,25. Lorsque ces deux pâtes ont durci, elles présentent des microstructures très différentes. Dans cette représentation schématique de la microstructure, le rapport entre la surface qui représente l'eau et la surface qui représente le ciment est égal au rapport massique eau/ciment.

La durabilité du BHP 545

17.3 Pourquoi les BHP sont-ils plus durables que les bétons usuels ?

BÉTON FRAIS   E/C   BÉTON DURCI

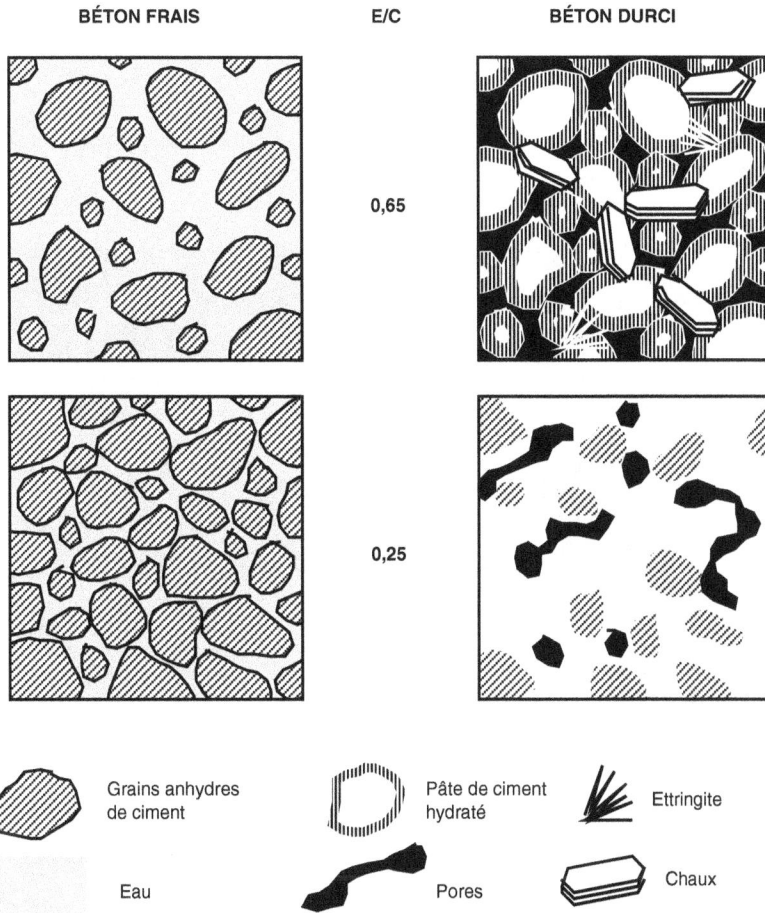

0,65

0,25

Grains anhydres de ciment

Pâte de ciment hydraté

Ettringite

Eau

Pores

Chaux

Figure 17.1 Représentation schématique de la microstructure de deux pâtes de ciment fraîches et durcies de rapports E/L égaux à 0,65 et 0,25

On peut voir que, dans une pâte de ciment où le rapport eau/liant est égal à 0,65, qui donnerait un béton ayant une résistance à la compression d'environ 25 MPa, les particules de ciment sont relativement éloignées les unes des autres si l'on compare leur position respective à celle que les particules de ciment occupent dans une pâte ayant un rapport eau/liant de 0,25, qui aurait grosso modo une résistance à la compression de plus de 100 MPa. Dans ce dernier cas, la pâte de ciment hydraté remplit rapidement l'espace intergranulaire, ce qui conduit à des gains de résistance relativement rapides. En outre, le ciment n'a pas besoin de développer beaucoup de produits d'hydratation pour lier les grains de ciment les uns aux autres de façon à obtenir une structure à la fois compacte et très résistante. Par contre, dans le cas de la pâte qui a un rapport eau/liant de 0,65, il faut que les produits d'hydratation externes développent des cristaux sur une grande distance avant d'atteindre les produits d'hydratation qui se sont développés à partir des grains de liant adjacents.

À la figure 17.2, on observe la microstructure de deux bétons de chantier qui ont des résistances à la compression d'environ 20 MPa pour l'un et d'environ 100 MPa pour l'autre. Le premier béton a un rapport eau/liant bien supérieur à 0,65 tandis que le second a un rapport eau/liant de 0,25.

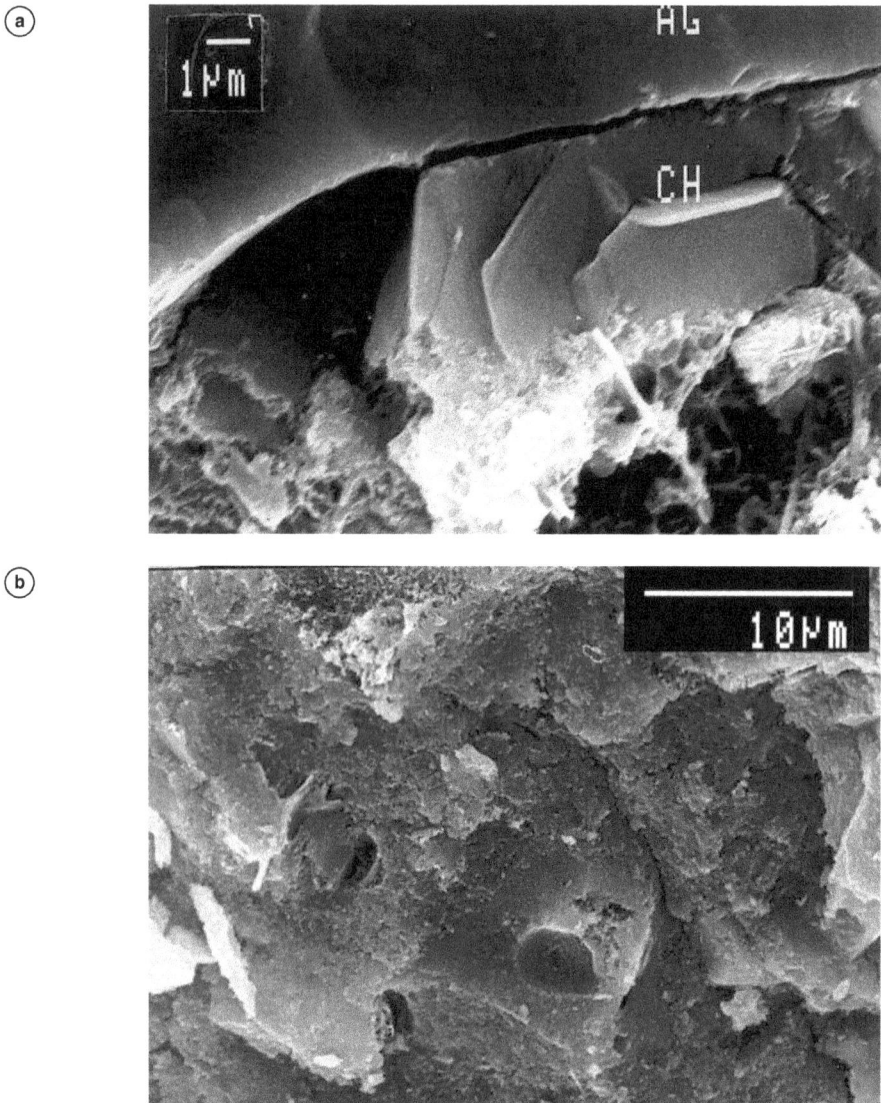

(a)

(b)

Figure 17.2 Comparaison de la microstructure de deux bétons
de rapport eau/ciment élevé (a) et faible (b)

La microstructure de la pâte de ciment hydraté du béton de 20 MPa est très ouverte et l'on peut y voir des pores au milieu de cristaux d'ettringite de même que de grands cristaux de portlandite $(Ca(OH)_2)$ et de plus petites aiguilles de silicate de calcium hydraté. Il est possible de voir que la zone de transition entre la pâte de ciment et les granulats est très poreuse dans le cas du béton usuel. À l'inverse, il est impossible de discerner les moindres cristaux dans la microstructure du BHP qui a un rapport eau/liant de 0,25 ; la pâte de ciment hydraté a un aspect amorphe et est très compacte.

Cette différence de microstructure des BHP a deux conséquences très importantes du point de vue résistance à la compression et du point de vue perméabilité : la résistance à la compression d'un BHP augmente de façon spectaculaire au fur et à mesure que le rapport eau/liant diminue et la perméabilité d'un BHP est considérablement plus faible que celle d'un béton usuel. En effet, un BHP est tellement imperméable à l'eau qu'il est pratiquement impossible de mesurer sa perméabilité (Torrent et Jornet, 1991), sauf si l'on a recours à la mesure de la « perméabilité » dite aux ions chlore selon la norme ASTM C 1202. Un béton qui a un rapport eau/liant de 0,45 a une « perméabilité aux ions chlore » qui varie entre 3 000 et 5 000 coulombs, alors qu'elle n'est que de 100 à 500 coulombs pour un BHP qui contient de la fumée de silice et qui a un rapport eau/liant inférieur à 0,25. Cette très faible « perméabilité aux ions chlore » des BHP indique qu'il existe encore un réseau de capillaires très fins interconnectés, mais que ces capillaires sont suffisamment fins pour que de l'eau ne s'y écoule pas d'elle-même. La figure 15.24 montre la relation qui existe entre le rapport eau/liant et la « perméabilité aux ions chlore » des bétons.

La pénétration des ions chlore dans les BHP qui ne sont pas fissurés est tellement faible qu'il devient très difficile de corroder des armatures d'acier à partir d'essais de corrosion accélérée. La meilleure façon de protéger les armatures d'acier contre la corrosion consiste donc à les recouvrir de BHP très compact et très imperméable sur une épaisseur suffisante et à s'assurer que ce BHP ne se fissurera pas par suite d'un mauvais mûrissement. Cette solution au problème de corrosion est plus logique que celle qui consiste à utiliser des armatures recouvertes d'époxy que l'on recouvre d'un béton usuel très poreux ouvert à toutes les agressions chimiques.

Par ailleurs, les BHP sont beaucoup moins sensibles à la carbonatation et aux attaques chimiques externes parce que le réseau de capillaires interconnectés est moins bien développé que dans les bétons usuels, comme on le verra dans les sections 17.11 et 17.12.

17.4 Durabilité à l'échelle microscopique

Le béton est et sera toujours un matériau poreux que ce soit parce que l'on utilise trop d'eau durant son malaxage, comme dans le cas des bétons usuels, ou à cause du retrait endogène dans le cas des BHP. Le volume total de la porosité, son degré de saturation et surtout son degré d'interconnexion rendent un béton plus ou moins perméable vis-à-vis de son environnement et, par conséquent, plus ou moins durable.

À l'échelle microscopique, un BHP est plus durable qu'un béton usuel par suite de sa porosité réduite due à la réduction de la quantité d'eau utilisée durant sa fabrication. Comme on l'a vu plus tôt, cela ne signifie pas que toute l'eau qui a été introduite dans le béton durant le malaxage a été totalement liée par l'hydratation des grains de ciment. En effet, la microstructure du béton devient tellement compacte et tellement imperméable que l'on peut retrouver dans certaines régions du béton une partie de l'eau de malaxage encore piégée parce qu'elle a été incapable d'atteindre des grains de ciment anhydres situés un peu plus loin. Évidemment si l'on est suffisamment patient une telle situation ne peut évoluer que vers un état d'équilibre chimique stable où l'hydratation s'arrête parce qu'il ne reste plus de grains de ciment à hydrater ou d'eau pour hydrater les grains de ciment qui restent.

En fait, la durabilité du béton est intimement liée à la perméabilité de la pâte de ciment hydraté, mais, comme on l'a vu au chapitre 15, il n'est pas toujours facile de mesurer la perméabilité des BHP. Récemment, Bentz et Garboczi (1992) ont appliqué la théorie de la percolation, bien connue en mécanique des roches, à la perméabilité des pâtes de ciment. La théorie de la percolation est appliquée au transfert de masse dans des bétons fissurés qui sont caractérisés par un diamètre critique, d_{cr}, qui représente le diamètre minimal d'un pore continu ; la valeur de ce diamètre critique pourrait être déduite des courbes de porosité au mercure. Cette nouvelle approche de modélisation de la pâte de ciment hydraté d'un béton semble intéressante et prometteuse.

On a aussi montré au chapitre 15 que l'on peut essayer de déterminer la perméabilité à l'air pour évaluer la durabilité des BHP, mais les chercheurs font face à de sérieux problèmes d'interprétation de leurs résultats à cause de la difficulté qu'il y a à sécher des BHP sans modifier la microstructure des éprouvettes. Il faut espérer que, lorsque ces difficultés expérimentales seront résolues, partiellement ou totalement, on pourra mettre au point une méthode de mesure simple pour créer des modèles permettant de prédire la durabilité d'un béton dans un environnement donné.

Il ne faut cependant pas oublier que toutes ces recherches devraient mettre l'accent sur la microstructure de la peau du béton qui est sensiblement différente de celle que l'on retrouve dans la masse du béton puisqu'elle est la première à être attaquée et qu'elle constitue le premier rempart contre toute forme de dégradation du béton.

17.5 Durabilité à l'échelle macroscopique

La durabilité du béton dépend, non seulement de la microstructure de la pâte de ciment hydraté et de la zone de transition dans la peau du béton, mais aussi de la présence de macrofissures générées par le retrait de séchage, les gradients thermiques, le retrait endogène, le retrait thermique ou des surcharges. Il est donc très important de contrôler tous ces aspects qui peuvent entraîner le développement de fissures dans les BHP parce que ces fissures sont particulièrement dommageables lorsqu'elles se propagent jusqu'aux armatures d'acier qui ne sont alors plus protégées par le béton de recouvrement.

On a vu au chapitre 12 que le mûrissement approprié d'un BHP est crucial si l'on veut éviter le développement de fissures dues au retrait endogène. Le mûrissement des BHP doit absolument commencer beaucoup plus tôt que celui des bétons usuels, bien avant 24 heures après la mise en place du béton. Si l'on fournit une quantité d'eau suffisante à un BHP juste après sa mise en place, non seulement on élimine tout risque de retrait plastique, mais on diminue aussi considérablement son retrait endogène, tout au moins dans la peau du béton qui est, de toute façon, la partie la plus importante d'un élément en béton. Généralement parlant, les gradients thermiques, le retrait thermique et le retrait de séchage sont beaucoup plus faciles à contrôler que le retrait endogène.

On n'insistera jamais assez sur l'importance d'utiliser des techniques appropriées de mûrissement pour assurer la durabilité d'un élément structural en BHP. Il est très regrettable de voir tant de structures en BHP qui ne sont que des structures construites avec un béton très durable, mais entre deux fissures seulement.

17.6 Résistance à l'abrasion

17.6.1 Introduction

La résistance à l'abrasion peut devenir un facteur critique de conception dans certains ouvrages en béton : pavages, zones d'accélération et de freinage aux abords des péages et des tunnels urbains (Aïtcin et Khayat, 1992) de même que dans certaines parties d'ouvrages hydrauliques tels que les déversoirs, les bassins de dissipation et les piles de pont qui sont soumises à l'action de l'eau contenant des sédiments en suspension. Plus récemment, la résistance à l'abrasion des glaces est devenue un facteur critique pour construire certaines parties des plates-formes de forage qui opèrent dans l'Arctique ou certains ponts (Carino, 1983 ; Tadros et coll., 1996). La résistance à l'abrasion devient si importante que certains codes et spécifications imposent maintenant une résistance minimale au béton de façon à lui assurer une résistance à l'abrasion adéquate sous différentes conditions de circulation (Guirguis, 1992). De plus en plus souvent, dans les pays nordiques, on fait appel durant l'hiver à des matériaux abrasifs sur les autoroutes à la place des sels fondants, si bien que l'utilisation des BHP devient beaucoup plus attrayante chaque fois que l'on met l'accent sur la résistance à l'abrasion du matériau de recouvrement des chaussées.

De façon générale, on ne s'est pas beaucoup préoccupé jusqu'à présent de la résistance à l'abrasion du béton. Des essais de laboratoire aussi bien que des expériences de chantier ont clairement démontré que la résistance à l'abrasion des bétons usuels est une fonction directe de sa résistance à la compression, de la teneur en gros granulat et de la dureté de ce gros granulat (Liu, 1981 ; Neville, 1981 ; Ozturan et Kocataskin, 1987 ; Dhir et coll., 1991 ; Mehta, 1993a et b). Pour produire un béton résistant à l'abrasion, il est essentiel que la pâte de ciment soit de haute qualité et que la résistance à l'abrasion du granulat soit élevée (ACI 201.2R-92, 1993). En outre, la résistance à l'abrasion d'un béton est étroitement liée aux propriétés de surface du béton qui sont étroitement liées à la qualité des travaux de finition et de mûrissement de ces surfaces (Fentress, 1973 ; Kettle et Sadezzadeh, 1987 ; ACI 201.2R-92, 1993). Puisque l'abrasion est un phénomène superficiel, il est très important, chaque fois qu'on peut le faire, de maximiser la résistance du béton en utilisant des granulats de très haute qualité et en y incorporant le cas échéant une quantité supplémentaire de granulat par pressage dans le béton frais à la partie supérieure du béton. Dans quelques cas extrêmes, on peut utiliser des particules métalliques des durcisseurs de plancher pour augmenter la résistance à l'abrasion du béton (ACI 201.2R-92, 1993).

Il ne fait aucun doute que l'utilisation d'un BHP augmente de façon sensible la durée de vie d'une structure de béton exposée à une abrasion sévère parce qu'un BHP est très résistant et qu'il est fait avec des granulats de très bonne qualité. Quelle est alors l'augmentation de la durée de vie de l'ouvrage apportée par l'utilisation d'un BHP ? L'évaluation de la résistance à l'abrasion est toujours délicate parce qu'un béton peut être soumis à plusieurs types d'abrasion et un essai en particulier ne peut, en général, fournir une réponse adéquate pour toutes les conditions d'abrasion existantes. Dans les sections suivantes, on présente quelques essais de laboratoire et des résultats de projets pilotes sur la résistance à l'abrasion de BHP reliés aux pavages et aux structures hydrauliques, incluant celles soumises à l'action des glaces. En matière de résistance à l'abrasion, il faut bien avouer que l'expérience est assez récente et il est encore parfois difficile de prévoir l'augmentation de la durée de vie que l'on peut attendre de l'utilisation d'un BHP. Cependant, on peut noter que les expériences récentes ont donné de bons résultats et sont très concluantes.

17.6.2   Facteurs affectant la résistance à l'abrasion des BHP

Deux études fondamentales sur la résistance à l'abrasion des BHP ont clairement démontré que leur résistance à l'abrasion est nettement supérieure à celle des bétons usuels.

Gjørv et coll. (1987, 1990) ont utilisé un banc d'essai de grande dimension qui leur ont permis d'étudier la résistance à l'abrasion de BHP de pavages exposés à des conditions de circulation très intenses de véhicules équipés de pneus cloutés. Ces auteurs ont comparé la résistance à l'abrasion de différents BHP à celle d'un béton usuel et à celle d'un pavage en béton bitumineux de haute qualité utilisés en Norvège.

Tableau 17.1. Utilisation de BHP dans des pavages en Norvège (Aïtcin, 1982).

Projet	Longueur (km)	Résistance à la compression[a] (MPa)	Année
Tunnel de Smestad, Oslo	2 × 0,4	60-70	1983
E18, Klinestad-Tassebekk	5,6	75	1986
E6, Klett	0,2	90	1987
E18, Tunnel de Porsgrunn	0,88	75	1989
E69, Aalesund	2,1	80	1989
E6, Tunnel de Grillstadhaugen	1,1	75	1989
E6, Jessheim-Mogreina	9,0	75	1989
E18, Gulli-Holmene	6,6	75	1989-90
E6, Pont de Kroppan	0,9	75	1990
E18, Holmene-Tassebekk	7,6	75	1991
Pont de Helgeland	1,06	65	1991

a.   Mesurée sur des cubes de 100 mm.

Pour cette étude, les BHP avaient des résistances à la compression allant jusqu'à 150 MPa et ils avaient été fabriqués avec différents types de gros granulats et un sable manufacturé à la place d'un sable naturel. Ces essais ont été menés en condition humide et en condition sèche (Fig. 17.3).

Les principaux résultats auxquels ces auteurs sont arrivés sont les suivants :

- en augmentant la résistance à la compression à 55 MPa, on diminue la résistance à l'abrasion du béton d'environ 50 % ;

- pour une résistance à la compression de 150 MPa, la résistance à l'abrasion d'un BHP est pratiquement égale à celle d'un granite massif ;

- la durée de vie d'un béton de 150 MPa est dix fois supérieure à celle d'un béton bitumineux de haute qualité sous l'effet de l'abrasion de pneus cloutés ;

- la résistance à l'abrasion décroît en conditions humides par rapport aux conditions sèches, mais, plus la résistance à la compression est élevée, moins la différence est grande ;

- la qualité des granulats joue un rôle critique, spécialement dans le cas des BHP ;

- la qualité du sable influence aussi la résistance à l'abrasion du béton. La substitution partielle d'un sable manufacturé fabriqué à partir d'une roche très dure par un sable naturel diminue la résistance à la compression, mais augmente la résistance à l'abrasion.

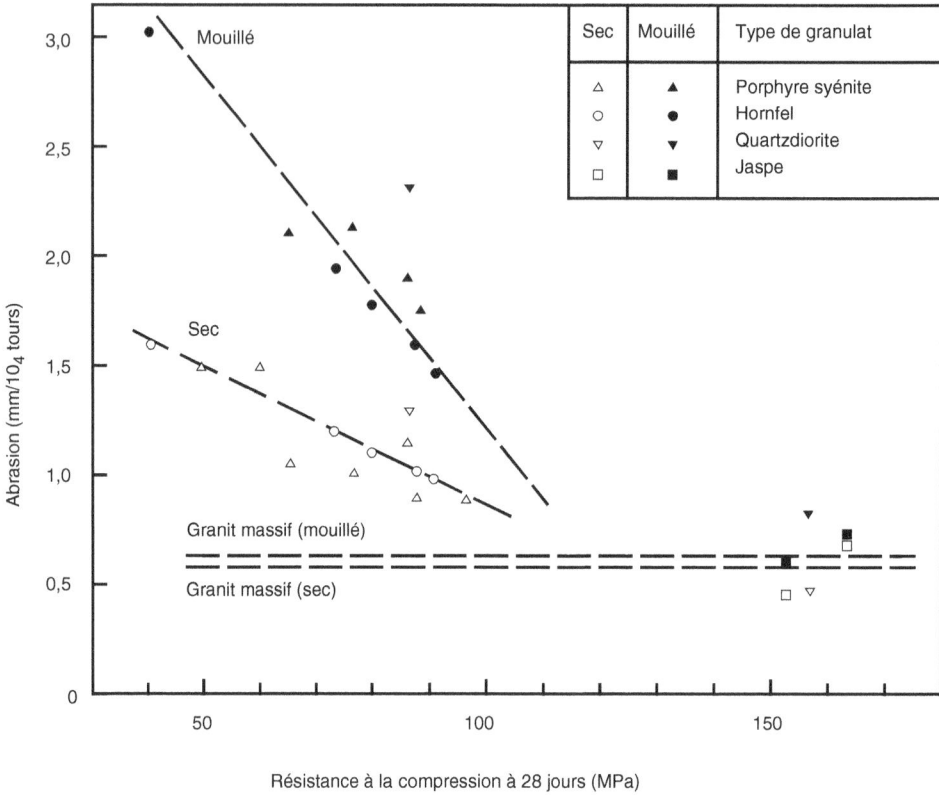

Figure 17.3 Relation entre la résistance à l'abrasion et la résistance à la compression du béton (Gjørv et coll., 1987)

Dans une autre étude, Laplante et coll., (1991) et Aïtcin et Laplante (1992) ont exploré jusqu'où la résistance à l'abrasion pouvait être augmentée en diminuant le rapport eau/liant, en utilisant de la fumée de silice et différents types de gros granulats. Les rapports eau/liant étudiés ont varié de 0,48 à 0,27, ce qui correspond à des bétons à air entraîné ayant des résistances à la compression comprises entre 30 et 90 MPa. Trois types de granulat ont été mis à l'essai : un calcaire métamorphique à gros grains plutôt tendre, un calcaire dolomitique à grains fins très durs et un granite à grains fins (Fig. 17.4). On a trouvé que la qualité du gros granulat était le facteur le plus important qui affectait la résistance à l'abrasion dans les conditions de l'essai ASTM C779 (1993) et que le rapport eau/liant était un facteur plutôt secondaire. Dans cette étude, l'utilisation de fumée de silice a amélioré la résistance à l'abrasion, mais cet effet était moins signifi-catif que celui du gros granulat ou du rapport eau/liant. La résistance à l'abrasion est fortement influencée par la résistance à l'abrasion relative du gros granulat et du mortier. Dans le cas du calcaire dolomitique, où la résistance à l'abrasion du mortier était à peu près égale à celle du gros granulat, on aurait pu se retrouver dans des conditions d'aquaplanage en conditions humides à cause de l'effet de polissage observé sur la surface du BHP.

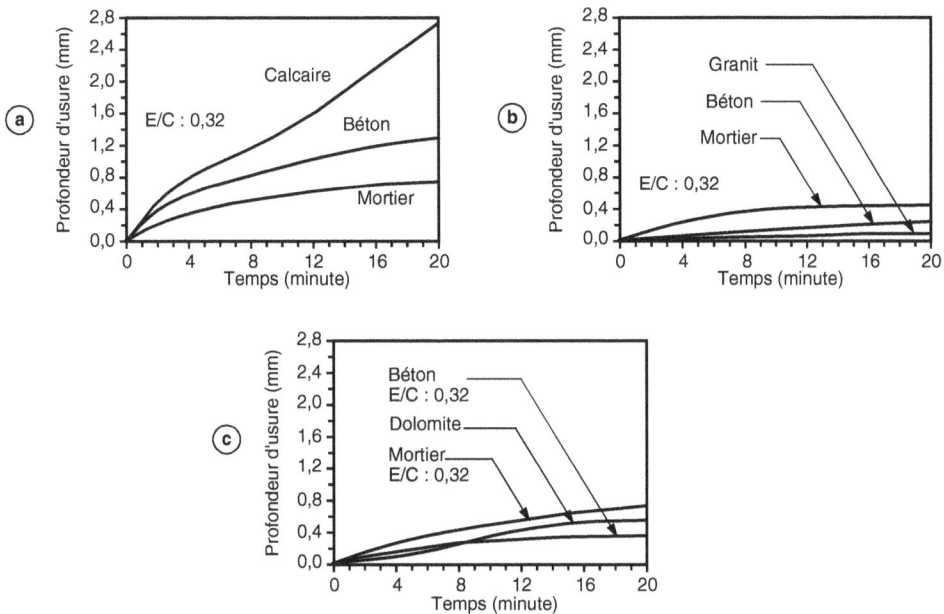

Figure 17.4 Comparaison de la résistance à l'abrasion (a) du calcaire ; (b) du granit ; et (c) du calcaire dolomitique avec les mortiers et les bétons respectifs (Laplante et coll., 1991)

Pour des rapports eau/liant très faibles, des BHP contenant du granite ou du *trapp* ont une résistance à l'abrasion pratiquement égale à celle des roches naturelles les plus dures.

17.6.3 Résistance à l'abrasion des pavages

Helland (1990) rapporte que des BHP ayant une résistance à la compression de 80 à 100 MPa ont été utilisés en Norvège dans différents projets : des pavages, des pavages de tunnels et des tabliers de ponts. Dans la plupart de ces applications, on a pu reproduire en chantier la très haute résistance à l'abrasion qui avait déjà été mise en évidence en laboratoire par Gjørv et coll., (1987). À la suite du succès de ces essais, on a construit plusieurs autres sections de route et d'autoroute en Norvège (Tabl. 17.1) (Aïtcin, 1992). Cependant, la finition de la surface des BHP a entraîné certains problèmes par suite des exigences sévères qui étaient imposées pour obtenir une surface unie si bien que, dans plusieurs cas, la surface de roulement a dû être partiellement meulée au diamant pour obtenir le profil et la surface désirés. La même solution a dû être adoptée au Québec.

Lors de la construction d'un tablier de pont, Helland (1990) mentionne aussi que l'utilisation d'un BHP renforcé de fibres n'a pas été très facile à cause du peu de maniabilité du béton et qu'il a alors fallu meuler la surface pour procurer une qualité de roulement adéquate. La même situation s'est présentée au Québec lors de la mise en place d'une mince chape de béton sur la dalle orthotrope du pont Champlain à Montréal. On peut espérer qu'en se basant sur ce nombre limité d'expériences, on pourra peut-être avec le temps développer des modèles qui permettront de calculer de façon précise la réduction possible de l'épaisseur des pavages en service.

Au Canada, une dalle expérimentale en BHP a été construite en 1993 à l'entrée de la cimenterie Lafarge à Saint-Constant près de Montréal. Cette courte section de route en béton est actuellement suivie pour évaluer sa performance à long terme.

17.6.4 Résistance à l'abrasion des structures hydrauliques

Pour réparer le bassin de dissipation du barrage Kinzua Dam (Holland et coll., 1986) 1 500 m^3 de BHP ont été utilisés. Ce bassin était sévèrement endommagé par l'abrasion et de l'érosion sur la rivière Allegheny en Pennsylvanie occidentale. Le BHP utilisé pour cette réparation contenait de la fumée de silice et un granulat calcaire, il avait une résistance à la compression à 28 jours de 86 MPa. Quelques années plus tard, des inspections effectuées par des plongeurs ont permis de constater que ce BHP présentait toujours un comportement très satisfaisant (Holland, 1994).

17.6.5 Résistance à l'abrasion des structures marines

L'inspection de la base de plusieurs phares en mer Baltique a démontré que, lorsque les bases de phare sont exposées à des conditions de temprature très rigoureuses amenant la formation de glace, elles pouvaient être très endommagées et que les armatures pouvaient même être mises à nu ou complètement arrachées (Janson, 1986). Avec le développement des activités dans l'Arctique, particulièrement dans le domaine de l'exploitation des gisements de pétrole, la résistance à l'abrasion des glaces peut devenir un facteur important de conception (Hoff, 1988). Même si le phénomène d'abrasion par les glaces est beaucoup plus complexe que l'abrasion habituelle que subit le béton, les BHP sont suffisamment forts pour résister à l'abrasion des morceaux de glace qui dérivent. Différents suivis de chantier sont en cours et vont déterminer quelle est l'étendue des améliorations apportées par les BHP (Tadros et coll., 1996). En parallèle, on a développé différents essais accélérés de façon à pouvoir prédire la durée de service d'un béton particulier exposé à de l'abrasion.

17.7 Résistance aux cycles de gel-dégel

Bien que les premiers BHP aient été développés au début des années 1970, il est étonnant que leur résistance face aux cycles de gel-dégel fasse encore l'objet d'une controverse. En fait, au début des années 1970, la durabilité au gel-dégel des BHP n'avait que peu d'intérêt parce que les BHP étaient surtout utilisés pour des applications intérieures. Lorsque l'on a commencé à utiliser des BHP dans des applications extérieures et qu'ils pouvaient être soumises à des cycles de gel-dégel, cette question est devenue petit à petit très importante. Rapidement, on s'est demandé s'il était nécessaire d'entraîner de l'air dans les BHP pour les rendre résistants face à des cycles de gel-dégel. L'addition d'un certain pourcentage d'air dans un béton entre en conflit avec la recherche d'une augmentation de la résistance à la compression : une variation de 1 % de la teneur en air, entre 4 et 8 %, entraîne en règle générale une variation opposée de 5 % de la résistance à la compression.

17.7.1 Résistance des bétons usuels face aux cycles de gel-dégel

Il est bien connu que la meilleure façon de protéger un béton usuel contre l'effet des cycles de gel-dégel est d'entraîner un réseau de petites bulles d'air assez rapprochées. Il est aussi bien établi que ce n'est pas le volume total d'air entraîné qui protège un béton contre les effets répétés des cycles de gel-dégel, mais plutôt une distribution uniforme de cet air en une multitude de très petites bulles (Powers, 1949). Il est évident qu'une cavité de 60 litres au centre d'un mètre cube de béton (qui représente une teneur en air de 6 %), n'a aucun effet bénéfique pour contrer les cycles de gel-dégel. La répartition spatiale du réseau de bulles d'air dans un béton usuel est caractérisée par ce que l'on appelle le facteur d'espacement qui, grosso modo, représente la demi-distance entre deux bulles d'air adjacentes, c'est-à-dire la distance moyenne que l'eau devrait parcourir pour rejoindre la bulle d'air la plus proche. Ce facteur d'espacement est mesuré selon la norme ASTM C457.

La mesure de la quantité totale d'air que contient un béton à air entraîné ne permet donc pas de prédire sa résistance face aux cycles de gel-dégel. Cependant, l'acceptation du béton frais sur chantier est basée sur cette mesure puisque, si on livre et on place un béton bien contrôlé, son facteur d'espacement dépendra essentiellement de sa quantité d'air entraîné. Si la quantité totale d'air que contient le béton est constante ou varie peu, on peut en déduire que le facteur d'espacement varie aussi très peu.

En Amérique du Nord, la durabilité au gel-dégel d'un béton est généralement établie en utilisant la procédure A de l'essai ASTM C666. Un cycle de gel-dégel de base est effectué entre − 17,8 et + 4,4 °C, sa durée minimale est de deux heures, sa durée maximale est de cinq heures et, durant un cycle, la période de dégel ne doit pas représenter moins de 25 % de la durée totale du cycle. Les prismes utilisés pour cet essai ne doivent pas avoir moins de 76 mm ni plus de 127 mm d'arête, leur autre arête ou leur diamètre ne doit pas être inférieur à 279 mm et leur longueur ne doit pas être supérieure à 406 mm. La norme permet de mettre à l'essai des carottes ou des prismes prélevés dans un béton durci. Les éprouvettes de béton sont en général soumises à 300 cycles, ou jusqu'à ce que le module d'élasticité dynamique relatif soit égal à 60 % du module initial.

À moins d'indications contraires, les éprouvettes sont mûries à l'eau durant 14 jours avant de les soumettre aux cycles de gel-dégel. La norme conseille de mesurer la fréquence de résonance tous les 36 cycles, mais souvent elle est prise une fois par semaine, c'est-à-dire environ tous les 50 cycles.

Cet essai est relativement long puisqu'il faut attendre à peu près huit semaines avant d'atteindre les 300 cycles prévus (2 semaines de mûrissement initial, plus ou moins 6 semaines d'essai, si l'essai est fait à raison de 50 cycles par semaine). On en est donc vite arrivé à la conclusion qu'il était nécessaire de trouver un critère d'acceptation beaucoup plus rapide.

On a trouvé qu'une bonne corrélation existait entre les résultats de l'essai ASTM C666 et la valeur du facteur d'espacement dans le cas des bétons usuels. De nombreuses recherches effectuées à l'Université Laval ont clairement établi qu'un béton usuel qui a un rapport eau/liant compris entre 0,40 et 0,45 a besoin d'un facteur d'espacement critique de 400 μm environ pour qu'il puisse résister à 300 cycles de gel-dégel. La norme ASTM C666 suggère que le facteur d'espacement soit inférieur à 200 μm. Cette faible valeur du facteur d'espacement n'est pas critique dans le cas des bétons usuels, car il est assez facile d'y entraîner un réseau d'air constitué de très petites bulles qui ont un facteur d'espacement adéquat jusqu'à la mise en place du béton dans les coffrages, sauf lorsqu'un tel béton est pompé, auquel cas on peut alors voir le facteur d'espacement augmenter légèrement. Au Canada, selon la norme CSA A23.1, pour qu'un béton usuel résiste à des cycles de gel-dégel, il faut que son facteur d'espacement moyen ne soit pas supérieur à 230 μm sans qu'aucune valeur individuelle ne soit supérieure à 260 μm.

En fait, on oublie très souvent que cette faible valeur du facteur d'espacement est nécessaire, mais non suffisante pour obtenir un béton qui résistera à des cycles de gel-dégel. En outre, pour éviter que la surface du béton ne s'écaille en présence de sels fondants, il faut qu'un béton usuel ait un rapport eau/ciment inférieur à 0,45 quand la classe d'exposition est la plus sévère (fréquents cycles de gel-dégel en conditions saturées en présence de chlorure).

17.7.2 Résistance des BHP face aux cycles de gel-dégel

Lorsque l'on a commencé à utiliser des BHP de faible rapport eau/liant pour des applications extérieures, on s'est préoccupé de leur durabilité au gel-dégel, ce qui a entraîné une controverse entre chercheurs, ingénieurs et spécificateurs sur les critères applicables (Hammer et Sellevold, 1990 ; Gagné et coll., 1991a et b ; Pigeon et coll., 1991 ; Gagné et coll., 1992a et b ; Nili et coll., 1993 ; Jacobsen et coll., 1995a et b ; Marchand et coll., 1993, 1996 ; Gagné et coll., 1996 ; Pigeon, 1996 ; Jacobsen et coll., 1997). Cette controverse n'est toujours pas réglée et soulève encore de nombreuses interrogations :

- quel est le moyen le plus approprié de mesurer la résistance au gel-dégel d'un BHP ?

- est-ce que la norme ASTM C666 qui a été mise au point pour évaluer la durabilité des bétons usuels convient toujours dans le cas des BHP ?
- est-ce qu'il faut entraîner de l'air dans les BHP pour les rendre résistants aux cycles de gel-dégel ?
- s'il faut entraîner de l'air dans un BHP pour le protéger contre des cycles de gel-dégel, est-ce qu'un facteur d'espacement de 200 ou 230 µm représente encore le facteur d'espacement critique qu'il faut respecter ?
- combien de cycles de gel-dégel naturels représentent un cycle accéléré ASTM C666 ?
- à combien de cycles de gel-dégel un BHP devrait-il résister avant d'être déclaré résistant au gel ?
- quelle est l'influence de la vitesse de gel (qui peut varier d'un facteur de 2 dans la norme ASTM C 666 actuelle) sur les résultats ?

La controverse sur les essais de durabilité des BHP, et plus précisément celle sur le facteur d'espacement critique, a des incidences importantes pour l'avenir de certaines utilisations des BHP. En effet, il n'est pas aussi facile d'entraîner un bon réseau d'air dans un BHP qui a un faible rapport eau/liant que dans un béton usuel. Il n'est pas toujours facile d'obtenir un facteur d'espacement inférieur à 200 µm dans un béton usuel et l'expérience démontre que cela peut devenir très difficile lorsqu'il s'agit de pomper un BHP (Lessard et coll., 1995 ; Pleau et coll., 1995). Par exemple, la difficulté à maintenir un facteur d'espacement moyen inférieur à 230 µm après pompage a obligé le ministère des Transports du Québec à interdire le pompage des premiers BHP utilisés pour construire des ponts avant 1996. Assez peu d'expériences de chantier ont fait l'objet de publications sur le pompage des BHP. Cependant, en se basant sur l'expérience acquise avec les ans, le ministère des Transports du Québec vient de modifier ses critères de résistance aux cycles de gel-dégel et a fixé le facteur d'espacement critique pour les BHP pompés à 325 µm.

Cependant, certains chercheurs considèrent encore que les BHP ayant de très faibles rapports eau/liant n'ont pas besoin d'air entraîné pour résister à des cycles de gel-dégel alors que d'autres considèrent que les BHP doivent absolument contenir de l'air entraîné (Aïtcin et coll., 1998).

À l'heure actuelle, la très grande gamme de compositions de BHP ne permet pas un consensus sur ce sujet. Des considérations théoriques aussi bien que des données expérimentales basées sur les résultats de l'essai ASTM C666 montrent que, pour chaque liant, il semble qu'il existe un rapport eau/liant critique en dessous duquel l'entraînement de l'air n'est plus requis. Pour la plupart des ciments Portland, avec ou sans fumée de silice, la valeur critique du rapport eau/liant semble être comprise entre 0,25 et 0,30. Il est donc encore prudent d'entraîner de l'air dans tous les BHP qui ont un rapport eau/liant supérieur à 0,25. Pour les BHP fabriqués avec une quantité significative de cendre volante et de laitier, le nombre limité de résultats sur leur durabilité au gel-dégel devrait inciter à la prudence : ces bétons devraient systématiquement subir l'essai de gel-dégel selon la norme ASTM C666.

Une des questions que l'on se pose est de savoir à combien de cycles de gel-dégel réels correspond un cycle de gel-dégel selon la norme ASTM C666. Les cycles de la norme ASTM C666 sont-ils bien adaptés pour établir la résistance au gel-dégel des BHP ? Les BHP sont généralement le siège d'un phénomène d'autodessiccation important même s'ils sont bien mûris à l'eau pendant les 24 premières heures, si bien que les résultats des essais de gel-dégel peuvent être fonction en bonne partie de l'absorption d'eau durant la période de mûrissement. Cette absorption d'eau va déterminer le degré de saturation du béton au moment des cycles de gel-dégel. Dans le cas de certains BHP, la porosité capillaire à 24 heures est très faible et le réseau de capillaires est discontinu de sorte que l'eau ne peut plus saturer complètement les éprouvettes. Jusqu'à aujourd'hui, le mûrissement à l'eau des BHP sur chantier a été plutôt déficient, si bien que le BHP gèle avant d'être saturé. De plus, comme les cycles de gel-dégel naturels sont beaucoup plus lents que ceux imposés par l'essai ASTM C666, on peut penser que le facteur d'espacement critique nécessaire pour assurer la durabilité aux cycles de gel-dégel des BHP pourrait être augmenté dans plusieurs cas jusqu'aux valeurs que l'on trouve en laboratoire.

L'importante recherche de Philleo (1986) sur la résistance aux cycles de gel-dégel des BHP a permis de faire l'état des connaissances sur ce sujet. Philleo a compilé 56 articles dont certains très fondamentaux et d'autres très pratiques et seulement descriptifs. À cette époque, trop peu d'articles étaient des études de cas bien documentées sur des structures en BHP pour que son échantillonnage soit valable statistiquement. L'étude de Philleo a permis cependant de conclure que la résistance au gel-dégel des bétons dépend de leur compacité et de la probabilité qu'ils ont de contenir de l'eau gelable, un point qui avait déjà été soulevé par Powers (Powers, 1955). Ce rapport met aussi en évidence certaines réserves quant à la validité de l'essai ASTM C666 pour évaluer la résistance au gel-dégel des BHP. D'après Philleo, cet essai est beaucoup trop sévère, en pratique : on expose les éprouvettes au gel lorsqu'elles n'ont atteint qu'un niveau de maturité intermédiaire et avant qu'elles n'aient eu le temps de sécher et, d'autre part, on les expose à des cycles de gel-dégel dix fois plus rapides que ceux qui se produisent dans la réalité. Bien que cet essai soit excellent pour prévoir la résistance d'éprouvettes arrivées à maturité, dans la plupart des cas d'exposition, la prédiction de la résistance au gel serait meilleure en changeant l'âge auquel on soumet les éprouvettes aux premiers cycles de gel-dégel ou en remplaçant cet essai par un essai de dilatation, comme celui prescrit par la norme ASTM C671.

En dépit des conclusions de Philleo il y a plus de quinze ans, on fait encore face à la même controverse quant à la validité de l'essai ASTM C666 pour évaluer la résistance au gel-dégel des BHP.

Dans son étude, Philleo traite aussi de l'effet de l'autodessiccation sur la résistance au gel-dégel des BHP qui peut créer des conditions favorables à l'amélioration de la résistance au gel-dégel des BHP au-delà des simples considérations de résistance. Par exemple, il note qu'un béton de 83 MPa qui a atteint sa résistance maximale ne contient pratiquement plus d'eau gelable tandis qu'un béton de 83 MPa qui a une résistance maximale de 103 MPa contient probablement encore une certaine quantité d'eau gelable.

Selon les conclusions de Philleo, certains BHP contiennent de l'eau gelable et ils doivent alors contenir de l'air entraîné, mais probablement avec un facteur d'espacement différent de celui requis pour assurer la résistance aux cycles de gel-dégel des bétons usuels. Si un BHP doit résister aux cycles de gel-dégel sans air entraîné, il ne doit contenir aucune eau gelable, mais, pour l'instant, il est difficile de déterminer les combinaisons des facteurs d'exposition et du rapport eau/ciment qui éliminent le besoin d'air entraîné.

Le seul travail connu des auteurs relié à la quantité d'eau gelable que l'on retrouve dans un BHP est celui de Hammer et Sellevold (1990). En utilisant un calorimètre à basse température qui peut faire des mesures jusqu'à -50 °C, ces chercheurs ont mesuré la formation de glace après séchage et resaturation de huit bétons sans air entraîné ayant des rapports eau/ciment ou eau/liant compris entre 0,25 et 0,40. Quatre de ces bétons contenaient de la fumée de silice tandis que les quatre autres n'en contenaient pas. Pour cette expérience, les auteurs ont utilisé un ciment spécial à haute résistance employé pour construire des structures marines. Ce ciment a un rapport C_3S/C_2S plus faible que celui d'un ciment Portland ordinaire et il contient une faible teneur en alcalis. Avec ce ciment à haute résistance, on peut se douter que la quantité d'eau gelable au moment où les éprouvettes ont été mises à l'essai était très faible et sûrement inférieure à 10 % de la quantité d'eau évaporable, mais on sait aussi que ces bétons n'ont pas offert de bonnes performances lorsque soumis à l'essai ASTM C666. On a invoqué une incompatibilité thermique entre les granulats et le liant pour expliquer ce comportement.

Au contraire, en utilisant un ciment de Type III (ciment à haute résistance initiale), Gagné et coll. (1991a) ont trouvé qu'un BHP ne contenant pas d'air entraîné et qui avait un rapport eau/liant de 0,30 résistait aux 300 cycles de gel-dégel de l'essai ASTM C666 aussi rapidement que 24 heures après sa fabrication par suite de la très forte autodessiccation développée dans le BHP durant ce temps. Cette autodessiccation a éliminé la plupart de l'eau gelable et a créé un réseau de pores très fins bien distribués à la suite du développement de la contraction chimique de la pâte de ciment hydraté. Ce résultat est tout à fait inverse à celui obtenu avec un ciment ordinaire de Type I utilisé dans un béton ayant un rapport eau/liant plus faible. Selon Pigeon et coll. (1996), lorsque l'on utilise un ciment de Type III avec ou sans fumée de silice, la valeur limite du rapport eau/liant au-dessous de laquelle on n'a pas besoin d'entraîner de l'air pour donner une protection efficace contre le gel-dégel est probablement supérieure à 0,30, même après un seul jour de mûrissement. Dans le cas d'un ciment de Type I utilisé avec et sans fumée de silice, certains résultats démontrent que la valeur limite du rapport eau/liant est plutôt de l'ordre de 0,25. Il est donc clair que le type de ciment a une grande influence sur la résistance au gel-dégel des BHP (Stark et Ludwig, 1993).

Il serait risqué d'extrapoler ces résultats au cas des ciments composés. Des résultats non publiés obtenus à l'Université de Sherbrooke ont démontré que des BHP sans air entraîné fabriqués avec certains ciments composés qui ont une résistance à la compression de 120 MPa n'ont pas pu passer l'essai ASTM C666 lorsqu'ils ont été soumis à des cycles de gel-dégel après seulement 14 jours de mûrissement. Ce comportement n'est pas surprenant si l'on considère la remarque de Philleo sur l'influence du pourcentage final de résistance atteinte quand ces prismes de béton sont soumis pour la première fois aux cycles de gel-dégel.

À partir de ces résultats, Pigeon (1996) suggère les lignes directrices suivantes : un BHP peut ne pas contenir d'air entraîné et avoir une bonne résistance au gel quand son rapport eau/liant est inférieur à 0,25. Il faut cependant utiliser de l'air entraîné chaque fois que le rapport eau/liant du BHP est supérieur à 0,30. Pour des valeurs intermédiaires du rapport eau/liant, il est impossible, dans l'état actuel des connaissances, de formuler des recommandations précises. Il vaut mieux alors procéder à des essais pour déterminer les paramètres du réseau d'air entraîné qui sont nécessaires pour assurer la durabilité du BHP à des cycles de gel-dégel. Ces lignes directrices ne seront évidemment valables qu'avec des granulats de bonne qualité et de faible porosité.

17.7.3 Nombre de cycles de gel-dégel

En général, lorsque l'on utilise la norme ASTM C666, on considère qu'un béton usuel doit résister à 300 cycles de gel-dégel avec un facteur de durabilité supérieur à 60 % pour pouvoir être considéré comme résistant au gel-dégel. Dans certaines spécifications relatives à des BHP, on a pu voir le nombre de cycles de gel-dégel augmenter jusqu'à 500, ce qui est évidemment beaucoup plus difficile à satisfaire. Toutefois, cette augmentation du nombre de cycles n'a jamais été justifiée de façon très scientifique. De toute façon, il serait naïf de penser que tout béton usuel qui a un facteur d'espacement inférieur à 200 μm résistera indéfiniment à des cycles de gel-dégel rapides selon la procédure A de la norme ASTM C666. La nature nous enseigne que dans les montagnes même les roches les plus résistantes finissent par être transformées sous forme de grains de sable qui aboutissent dans la mer ou les lacs après avoir été fragmentées par des cycles de gel-dégel ; il suffit d'être patient pour voir se produire ce phénomène (Aïtcin, 1998).

La figure 17.5 présente schématiquement quelques résultats obtenus à l'Université Laval et à l'Université de Sherbrooke. Les facteurs d'espacement sont reportés sur l'axe des x (en micromètre) et le nombre de cycles de gel-dégel nécessaires pour diminuer le facteur de durabilité jusqu'à 60 % sur l'axe des y. Les deux courbes de cette figure correspondent à des rapports eau/liant de 0,45 et de 0,30 et sont composées d'une partie pleine et d'une partie en pointillé. Les parties pleines correspondent à des résultats factuels tandis que les parties en pointillé correspondent à des extrapolations. Le point A de ces courbes représente l'exigence de la norme ACNOR pour assurer la durabilité aux cycles de gel-dégel. Cette exigence est plutôt relative à la résistance à l'écaillage en présence de sels de fondants. Le point B représente la valeur critique du facteur d'espacement lorsque l'on a soumis le béton qui avait un rapport eau/liant de 0,45 à 300 cycles de gel-dégel selon la procédure A de la norme ASTM C666. La valeur approximative de 400 μm est simplement indicative de l'ordre de grandeur que doit avoir ce facteur d'espacement critique. Dans toutes ces expériences, on n'a pas mesuré le nombre de cycles permettant d'atteindre la rupture finale de l'éprouvette au fur et à mesure que le facteur d'espacement décroît par suite du manque de disponibilité des congélateurs en service dans les universités. Le point C représente le facteur d'espacement critique du BHP qui avait un rapport eau/liant de 0,30, similaire à celui utilisé pour construire le pont de la Confédération au Canada. On voit que la courbe obtenue dans le cas de ce béton de rapport eau/liant de 0,30 devient très abrupte lorsque le facteur d'espacement est inférieur à 200 µm, ce qui traduit le fait que le nombre de cycles de gel-dégel avant la rupture augmente alors très rapidement.

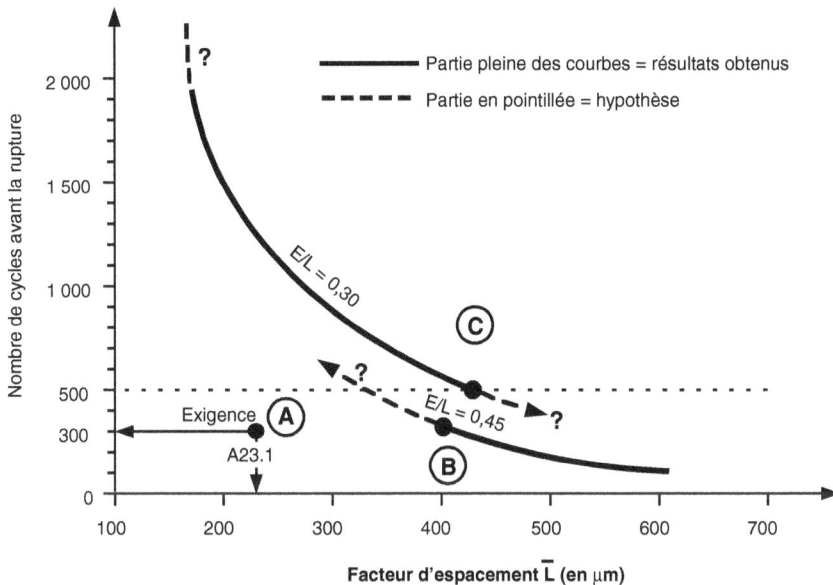

Figure 17.5 Nombre de cycles de gel-dégel nécessaires pour atteindre la rupture en fonction du facteur d'espacement, pour deux bétons ayant des rapports E/L de 0,45 et 0,30

17.7.4   Point de vue personnel de l'auteur

L'auteur est fermement convaincu que tous les BHP devraient de toute façon contenir une faible quantité d'air entraîné pour améliorer leur maniabilité, leur mise en place et leur finition. Il pense aussi que cet air entraîné peut efficacement augmenter la protection du BHP contre les cycles de gel-dégel dans la plupart des conditions de chantier, c'est pourquoi chaque fois qu'un BHP peut être exposé à des cycles de gel et dégel il suggère que :

- la teneur en air totale d'un BHP soit comprise entre 3,5 et 4,5 %, ce qui signifie qu'il faut ajouter de 2 à 3 % d'air entraîné à l'air piégé (1,5 à 2 %) que l'on retrouve de toute façon dans n'importe quel BHP sans air entraîné ;

- le facteur d'espacement soit inférieur à 400 µm.

Pour valider ces propositions, en 1993, l'auteur a reçu l'autorisation de la ville de Sherbrooke de faire une expérience de chantier durant la reconstruction de deux entrées d'un restaurant MacDonald de Sherbrooke (Lessard et coll., 1994). Dans une première entrée, un béton sans air entraîné (1,8 % d'air piégé et un facteur d'espacement de 520 µm) qui n'a pu satisfaire l'essai ASTM C666 a été utilisé. Pour la deuxième entrée, un béton de même composition mais qui avait une teneur en air totale de 6,8 % et un facteur d'espacement de 120 µm a été utilisé. Ce béton a résisté très facilement aux 300 cycles de gel-dégel de l'essai ASTM C666.

La première partie de l'expérience relative à la maniabilité des BHP à air entraîné a été très convaincante. L'équipe de mise en place a de loin préféré mettre en place et finir le béton à air entraîné. Cependant, les ouvriers ont trouvé qu'il était un peu plus difficile de finir la surface du trottoir en BHP même quand il contient de l'air que dans le cas du béton usuel qu'ils mettent habituellement en place. Tant que la comparaison de la résistance au gel-dégel des deux bétons est concernée, après sept hivers, on ne voit aucune différence dans leur comportement. Durant ces sept hivers, les deux BHP ont été exposés à environ 350 cycles de gel-dégel en présence de sels déverglaçants.

17.8 Résistance à l'écaillage

Il est bien connu, tant par des résultats de laboratoire que par des résultats de chantier, qu'il peut être nécessaire d'entraîner de l'air pour obtenir une bonne résistance à l'écaillage d'un béton usuel, à condition que le facteur d'espacement de ce béton soit de l'ordre de 200 µm, ce qui explique en particulier pourquoi le facteur d'espacement critique est aussi faible dans le cas des bétons usuels. Quelle que soit la controverse qui existe dans le domaine de la résistance des BHP face aux cycles de gel-dégel rapides, la résistance à l'écaillage d'un BHP sans air entraîné est généralement toujours très bonne. Ce bon comportement s'explique probablement par la très faible porosité du BHP qui réduit la pénétration des ions chlore et empêche toute saturation du béton en surface.

Comme l'écaillage du béton en présence de sels de déverglaçage est un phénomène superficiel, la finition et le mûrissement de la face exposée du béton revêtent une importance particulière puisqu'il est facile d'affaiblir considérablement la structure de la peau d'un BHP qui par ailleurs contient une quantité adéquate d'air entraîné pour lui assurer normalement une bonne durabilité à l'écaillage. Le faible rapport eau/liant d'un BHP permet de réduire, d'une part, la pénétration des sels et, d'autre part, la saturation de la couche superficielle de béton. On ne dispose malheureusement que d'assez peu de résultats d'essais de laboratoire et de très peu d'études de cas à long terme sur la résistance à l'écaillage des BHP en présence de sels de déverglaçage. Cependant, lorsque l'on met à l'essai des BHP selon la norme ASTM C672 ou la norme suédoise SS 137244 en faisant subir au béton de 50 à 56 cycles de gel-dégel en présence d'une solution de chlorures de calcium, on trouve toujours que les BHP présentent une très bonne résistance à l'écaillage (Peterson, 1986 ; Foy et coll., 1988 ; Hammer et Selle-vold, 1990 ; Gagné et coll., 1991b ; Zhang et coll., 1997).

Il semble que le type de ciment ne soit pas tellement important en ce qui concerne la résistance à l'écaillage en présence de sels de déverglaçage à condition que sa teneur en C_3A soit inférieure à 6 %. Hammer et Sellevold (1990) et Gagné et coll. (1990a et b ; 1991b) ont trouvé que l'utilisation d'un ciment de Type III procurait très rapidement une bonne résistance à l'écaillage en présence de sels de déverglaçage. Gagné et coll. (1990b) ont trouvé qu'un BHP fabriqué avec un ciment de Type III qui a un rapport eau/ liant inférieur à 0,30 peut résister à 156 cycles de gel-dégel en présence de sels de déverglaçage après une période de mûrissement aussi courte que 24 heures.

À partir des données recueillies, il semble qu'il soit beaucoup plus facile de produire un béton sans air entraîné résistant aux sels de déverglaçage en diminuant le rapport eau/ liant que de produire un béton qui résiste au gel-dégel. Il faut espérer que ces résultats qui sont encore des résultats de laboratoire vont être rapidement confirmés par des observations sur le terrain. Il est bon de signaler que, au meilleur de la connaissance de l'auteur de ce livre, on ne dispose que d'assez peu de données sur la résistance au gel-dégel des BHP qui contiennent un fort pourcentage d'ajout cimentaire.

17.9 Résistance à la pénétration des ions chlore

La pénétration des ions chlore est probablement le phénomène le plus dévastateur pour les structures en béton armé. Lorsque les ions chlore pénètrent dans la solution intersti-tielle, ils réagissent dans un premier temps avec le C_3A non hydraté pour former des monochloroaluminates ($3CaO . Al_2O_3 . CaCl_2 . 10H_2O$), ce qui représente une modifica-tion positive de la microstructure du béton. Toutefois, si la pénétration des ions chlore se poursuit, ils exercent surtout une action dévastatrice au sein du béton lorsqu'ils attei-gnent les armatures d'acier en les corrodant très rapidement et en les faisant gonfler. En général, cette corrosion développe d'abord un réseau de microfissures autour de la barre d'armature, réseau qui facilite la pénétration ultérieure d'ions chlore additionnels et finit par écailler le béton de recouvrement lorsque la poussée due au gonflement devient excessive. Cet écaillage du béton de recouvrement expose une nouvelle surface de béton à l'action des ions chlore et ainsi de suite.

En première approximation, on admet que la diffusion des ions chlore en condition d'un écoulement permanent est gouvernée par la loi de Fick qui dit que le flux des ions est proportionnel au gradient de la concentration :

$$J = -D_x \frac{\delta_c}{\delta_x}$$

où J représente le flux mesuré en mol/cm^2/s ; D_x est le coefficient de diffusion mesuré avec une cellule de diffusion dans laquelle deux solutions contenant différentes quantités d'ions chlore sont placées de chaque côté d'un disque de 50 mm de pâte pure ; D_x est le coefficient qui caractérise la facilité avec laquelle les ions vont diffuser à travers le matériau poreux exprimé en cm^2/s et C représente la quantité d'ions chlore dans la solution en mol/cm^3. Cette approche commence à être sérieusement contestée (Maage et coll., 1993 ; Delagrave et coll., 1996). Cependant, quelle que soit l'approche théorique que l'on suive, on trouve toujours que le rapport eau/liant est le paramètre le plus important qui influence la pénétration des ions chlore dans un béton (Hansson et coll., 1985 ; Fukute et coll., 1996 ; Gagné et coll., 1992a et b). Cette diminution de la pénétration des ions chlore dans les pâtes ayant des rapports eau/liant faibles est liée au raffinement de la porosité capillaire (Hansson et coll., 1985) : dans les pâtes de ciment qui ont un faible rapport eau/ciment, les ions chlore sont obligés de diffuser au travers d'un réseau de pores très tortueux qui peuvent ne pas être reliés entre eux. En outre, il semble qu'il se forme moins de chloroaluminates dans les pâtes qui ont un rapport eau/liant faible en dépit du fait qu'elles contiennent encore une certaine quantité de particules de ciment non hydraté.

Différentes études ont montré que, très souvent, les ajouts cimentaires tendent à diminuer significativement la mobilité des ions chlore à l'intérieur du béton (Zhang et Gjørv, 1991 ; Maage et coll., 1993 ; Fukute et coll., 1996). Les valeurs les plus faibles du coefficient de diffusion ont toujours été trouvées pour des bétons où l'on avait pu raffiner la porosité. Une réduction de l'électronégativité de la surface des pores internes a aussi été citée comme une des causes importantes de la diminution de la pénétration des ions chlore dans les BHP.

Récemment, Gagné et coll. (1993) ont étudié l'importance du pH de la solution interstitielle sur la pénétration des ions chlore. Ils ont trouvé que cette pénétration augmentait de façon significative avec la diminution du pH.

17.10 Corrosion des armatures d'acier

La corrosion des armatures d'acier a été et sera toujours une des causes majeures de détérioration des structures en béton armé (Raharinaivo et Godart, 1992). Les armatures d'acier se corrodent chaque fois que le béton de recouvrement ne les protège pas suffisamment contre la rouille. Ce manque de protection peut avoir plusieurs causes : une trop forte valeur du rapport eau/liant, un mauvais mûrissement ou l'absence totale de mûrissement, un mauvais positionnement des armatures trop près des coffrages, la progression des ions chlore (Neville, 1995), une attaque par des bactéries, une très forte carbonatation (Hansson et Sorensen, 1990), etc. Le mécanisme de corrosion de l'acier dans le béton est bien connu : la perte de passivation de l'acier lorsque décroît le pH de l'eau interstitielle du béton conduit l'acier à s'oxyder et à rouiller. L'oxydation de l'acier ou sa rouille s'accompagnent d'une augmentation de volume qui commence par générer des microfissures dont le nombre va en augmentant. Ces premières microfissures rendent la pénétration des agents agressifs encore plus facile de sorte que la corrosion s'accélère jusqu'à provoquer finalement l'éclatement du recouvrement de béton. Lorsque l'on atteint une telle dégradation, non seulement les armatures d'acier sont exposées directement à la corrosion, mais une nouvelle surface de béton, qui était initialement située en profondeur, est alors exposée directement à l'action des chlorures.

Encore maintenant, plusieurs auteurs pensent que la corrosion des aciers d'armature est un phénomène inévitable, inhérent au béton armé si bien qu'ils sont prêts à écouter le premier venu qui proposera une solution à ce problème. Pour réduire ou effacer la corrosion des armatures d'acier, différentes solutions et agents anticorrosion sont régulièrement proposés sur le marché et certaines compagnies font la promotion de la protection intégrale d'une structure en utilisant une protection cathodique très coûteuse.

En fait, pour résoudre le problème de la corrosion des armatures d'acier, on peut suivre deux approches :

1) on continue d'utiliser un béton très poreux, ayant un rapport eau/ciment élevé et il faut alors absolument spécifier des armatures qui résistent à la corrosion ou un système de protection cathodique pour protéger toute la structure. Pour l'auteur, un béton qui a une résistance à la compression inférieure à 30 MPa est un béton qui ne protège pas bien les armatures d'acier, quel que soit l'environnement dans lequel il est utilisé, si l'on continue à maintenir les épaisseurs de recouvrement actuelles. En outre, on sait très bien qu'un tel béton n'offre pas une protection adéquate face à la carbonatation. En adoptant une telle solution facile, mais coûteuse à long terme, on oublie les deux causes majeures de la corrosion des armatures d'acier : une trop forte valeur du rapport eau/liant et de mauvaises pratiques de mûrissement. On oublie aussi qu'il est très facile et peu coûteux de lutter contre ces deux causes sans avoir besoin plus tard de mettre en œuvre des solutions très coûteuses qui ne sont pas d'une efficacité garantie. Tout au long de ce livre, on a répété que tout béton qui a un rapport eau/liant supérieur à 0,50 présente une microstructure très ouverte qui offre de larges avenues à la pénétration d'agents agressifs quels qu'ils soient ;

2) la deuxième approche consiste à spécifier un béton imperméable et à bien le mûrir. Il n'est alors plus nécessaire d'avoir recours à des armatures à l'épreuve de la corrosion et de l'acier ordinaire suffit. Des BHP qui ont un rapport eau/liant compris entre 0,30 et 0,35 sont suffisamment imperméables pour procurer une bonne protection aux armatures d'acier si l'épaisseur de recouvrement de ces armatures est suffisante et si la peau du béton a été mûrie de façon adéquate. L'épaisseur de recouvrement doit être ajustée selon la sévérité de l'environnement, par exemple, dans le cas du pont de la Confédération (voir le paragraphe 4.7.11), elle était égale à 75 mm, ce qui devrait être suffisant pour garantir une durée de vie de 100 ans à l'ouvrage.

Évidemment, le choix d'un faible rapport eau/liant ne constitue qu'une première étape pour résoudre le problème de la corrosion de l'acier. Il faut aussi que ce béton imper-

méable soit bien mis en place et bien mûri de façon à protéger efficacement les armatures d'acier contre la corrosion. Quand la mise en place et le mûrissement sont faits
correctement, il n'est pas nécessaire d'utiliser des armatures à l'épreuve de la rouille,
d'utiliser un adjuvant anticorrosion ni d'envisager une protection cathodique. Un BHP
de faible rapport eau/liant, une mise en place et un mûrissement adéquats garantissent la
protection des armatures contre la corrosion. Lorsque l'on considère l'allongement de la
durée de service d'un édifice en béton parce que ses armatures d'acier ne rouilleront pas
et son coût socioéconomique, il faut bien avouer que ces petites dépenses supplémentaires ne coûtent finalement pas cher en bout de ligne.

Malheureusement, la promotion de cette option n'est pas faite avec assez de force et de
conviction auprès des propriétaires et des concepteurs. Avec les récents développements
technologiques survenus dans le domaine du béton, cette solution est seulement une
option parmi tant d'autres, mais la seule solution à la fois pratique, économique et sécuritaire si l'on veut résoudre le problème de la corrosion des armatures d'acier.

Avant de s'attarder un peu plus sur cette nouvelle approche, il est utile de passer en
revue les solutions qui sont soi-disant à toute épreuve et qui sont régulièrement proposées pour résoudre le problème de la corrosion des armatures :

- l'utilisation d'armatures d'acier inoxydable ;
- l'utilisation d'armatures d'acier galvanisé ;
- l'utilisation d'armatures recouvertes d'époxy ;
- l'utilisation d'armatures en fibres de verre.

17.10.1 Utilisation d'armatures en acier inoxydable

Dans un environnement normal, celui d'une cuisine par exemple, l'acier inoxydable ne
rouille pas. Cependant, tous les métallurgistes savent que l'acier inoxydable peut se
corroder lorsqu'il fait face à certains environnements. En règle générale, l'acier inoxydable a un module élastique supérieur et une résistance à la traction supérieure à celle
d'un acier ordinaire. Cependant, son adhérence au béton est plus faible que celle de
l'acier ordinaire.

Ping Gu et coll. (1996) ont récemment démontré que des armatures en acier inoxydable
présentent un excellent comportement dans des bétons contaminés par des chlorures,
mais le coût de ces armatures est très élevé. Ce coût très élevé ne signifie pas que les
armatures en acier inoxydable ne doivent pas être utilisées dans certains cas extrêmes,
mais, avant d'en arriver à une telle solution, il faut explorer d'autres avenues.

17.10.2 Utilisation d'armatures en acier galvanisé

Il est bien connu qu'une mince couche de zinc peut améliorer la résistance à la corrosion
de l'acier. Cet effet protecteur du zinc s'explique facilement par des considérations élec-

trochimiques puisque le zinc est alors attaqué au lieu de l'acier. Cependant, il faut bien comprendre que l'acier est protégé contre la corrosion tant et aussi longtemps qu'il y a un peu de zinc pour le protéger. Quand le recouvrement de zinc a été consommé, l'acier n'est plus protégé et le processus normal de corrosion reprend. Par conséquent, l'épaisseur de la couche de zinc et son processus d'application, soit le procédé à froid qui coûte le moins cher, ou le procédé à chaud qui coûte le plus cher, influencent la durée de la protection procurée à l'acier.

Plusieurs architectes spécifient des armatures en acier galvanisé dans les panneaux architecturaux, car ils n'aiment pas les voir se teinter de rouille après quelques années. Cette solution amène un surcoût de production, car les armatures en acier galvanisé coûtent un peu plus cher que l'acier ordinaire, selon l'épaisseur du recouvrement de zinc et le processus de galvanisation été utilisé.

Cependant, l'utilisation d'armatures en acier galvanisé présente quelques inconvénients pratiques. Premièrement, si le recouvrement protecteur n'est pas assez épais, il peut se fissurer quand les armatures sont courbées, par exemple pour former des étriers. Une petite quantité d'acier est alors exposée à la corrosion et une cellule galvanique se forme, ce qui peut entraîner le sectionnement de l'armature en très peu de temps. Deuxièmement, l'acier galvanisé ne doit pas entrer en contact avec l'acier ordinaire parce qu'une cellule galvanique se forme immédiatement et entraîne une corrosion très rapide de l'acier non protégé.

Troisièmement, l'acier galvanisé ne peut pas être soudé parce que la protection de zinc s'évapore durant la soudure et les vapeurs de zinc sont particulièrement nocives. Le recouvrement protecteur commercialisé pour restaurer la protection contre la corrosion après la soudure est plus ou moins efficace à cause des difficultés pratiques à couvrir de façon complète toutes les surfaces soudées.

Quatrièmement, dans un béton où il y a des armatures galvanisées, on peut s'attendre à voir se développer deux réactions chimiques :

1) le zinc peut réagir avec de la chaux libre contenue dans le ciment et la chaux libérée par l'hydratation du C_3S pour produire de l'hydrogène. Cet hydrogène peut créer des bulles qui restent piégées sur les armatures et diminuent ainsi de façon significative l'adhérence entre le béton et les armatures ;

2) l'oxyde de zinc qui se forme lors de l'exposition des armatures galvanisées à l'air libre ou durant la réaction entre le zinc et la chaux (la rouille blanche) est un élément très retardateur de l'hydratation du C_3S. Le zinc réagit avec le C_3S pour former un recouvrement imperméable qui retarde l'hydratation du C_3S (en fait, l'oxyde de zinc est parfois utilisé comme agent retardateur). Cet effet retardateur très localisé dans le béton se développe juste autour des armatures, la pâte de ciment hydraté dans la masse du béton n'étant pas ailleurs affectée par l'oxyde de zinc de sorte qu'elle durcit normalement. Du point de vue pratique, ce retard de prise localisé peut avoir un effet néfaste spécialement dans le cas des éléments préfabriqués qui sont décoffrés très rapidement et manipulés plutôt brutalement au moment où une très faible adhérence

s'est développée entre les armatures galvanisées et le béton, on peut voir se développer des fissures. Par conséquent, une adhérence relativement faible entre les armatures d'acier galvanisé et le béton entraîne une fissuration prématurée des panneaux de béton parce que les efforts de traction ne sont plus repris par les armatures.

17.10.3 *Utilisation d'armatures recouvertes d'époxy*

On peut utiliser un recouvrement d'époxy pour isoler complètement les armatures de tout environnement agressif. Ce recouvrement a en général quelques micromètres d'épaisseur. L'époxy est un matériau polymérisé très résistant parfaitement imperméable aux gaz, aux chlorures, aux sulfates et aux acides, de sorte que l'on a pu commercialiser des armatures recouvertes d'époxy en prétendant qu'elles pouvaient résister à des environnements agressifs et qu'elles représentaient la solution au problème de la corrosion des armatures d'acier. Cependant, l'utilisation d'armatures recouvertes d'époxy présente quelques inconvénients.

La protection procurée par le revêtement époxydique est parfaite tant et aussi longtemps que le recouvrement reste parfait. Cependant, la protection procurée par l'époxy est sévèrement diminuée si, pour quelque raison que ce soit, une petite partie de ce recouvrement s'écaille ou se raye (McHattie et coll., 1996). Malheureusement, des écailles et des rayures peuvent se produire en chantier pour plusieurs raisons : l'époxy est un matériau fragile qui adhère mal à l'acier et une manipulation assez robuste entraîne souvent l'écaillage d'une partie de l'époxy. En outre les armatures d'acier recouvertes d'époxy ne sont pas toujours utilisées telles qu'elles ont été fabriquées : il faut les courber et les enfoncer de force dans certains espaces et ces opérations peuvent créer des discontinuités sur le recouvrement d'époxy. De façon à restaurer la continuité des recouvrements d'époxy, toutes les surfaces d'acier exposées doivent absolument être couvertes par une nouvelle couche d'époxy.

Comme dans le cas du zinc, dès que le recouvrement disparaît, des zones préférentielles de corrosion apparaissent où l'acier ordinaire peut se corroder très rapidement puisque la corrosion est concentrée en quelques points au lieu d'être distribuée sur toute la surface de l'armature, comme on peut le voir sur la figure 17.6.

Par ailleurs, la pâte de ciment hydraté et le mortier n'adhèrent pas très bien aux armatures recouvertes d'époxy, en tout cas pas aussi bien qu'à l'acier ordinaire, et l'on doit augmenter les longueurs d'ancrage. De façon à améliorer le transfert des contraintes entre l'époxy et le béton, on rajoute des grains très fins de sable sur la surface de l'époxy avant qu'elle ne durcisse de façon à procurer une surface rugueuse où se développe un meilleur ancrage mécanique.

Non seulement le coût des armatures recouvertes d'époxy est bien supérieur au coût des armatures ordinaires, mais il est aussi nécessaire d'en utiliser plus pour obtenir le même transfert de charge.

Figure 17.6 Corrosion sur des barres d'armatures recouvertes d'époxy
(courtoisie de D. Vézina du ministère des Transports du Québec)

L'utilisation d'armatures recouvertes d'époxy n'est donc pas toujours économique et elle ne garantit pas que l'acier sera à l'épreuve de toute corrosion. Pour atteindre une efficacité raisonnable, il faut porter beaucoup d'attention, lorsque l'on coule le béton dans les coffrages, pour que l'acier ne soit en aucun endroit exposé aux agents agressifs.

17.10.4 Utilisation d'armatures en fibres de verre

Récemment, on a commencé à commercialiser des armatures en fibres de verre, appelées aussi armatures composites, qui sont fabriquées selon un processus de pultrusion. En règle générale, on obtient ces armatures en collant des fibres de verre avec une résine polyester. Elles sont disponibles avec différents finis de surface : fini lisse, fini au sable, comme les armatures recouvertes d'époxy, ou fini nervuré comme les armatures crénelées d'acier. Un autre avantage des armatures en fibres de verre est qu'elles ne conduisent pas l'électricité. On peut donc les utiliser pour renforcer des bétons dans lesquels on trouve des courants vagabonds ou des courants de Foucault, comme dans les alumineries.

Les armatures en fibres de verre sont évidemment à l'épreuve de toute corrosion par l'eau et l'oxygène. La réactivité des fibres de verre avec le béton ne représente pas un problème parce qu'elles sont faites en général d'un verre résistant aux alcalis et parce que chaque fibre de verre est enveloppée de résine polyester.

En plus de leur adhérence au béton légèrement réduite, les armatures en fibres de verre souffrent d'une autre faiblesse : elles ne sont pas ductiles. Leur rupture se produit de façon brutale sans que l'on voie se développer des déformations plastiques comme dans le cas de l'acier. Du point de vue structural, ce comportement peut être un sérieux désavantage puisque la ductilité après la valeur de pic est nécessaire pour conférer à la structure une certaine sécurité. En outre, les armatures en fibres de verre ne peuvent être pliées et nécessitent des liens spéciaux pour obtenir des formes complexes ou il faut les faire faire sur mesure.

Sur une base linéaire, les armatures en fibres de verre coûtent plus cher que les armatures d'acier. Cependant, l'utilisation simultanée d'armatures en fibres de verre dans la partie du béton la plus exposée à la corrosion et d'armatures d'acier dans la partie la moins exposée peut constituer une solution intéressante pour améliorer la résistance à la corrosion des structures en béton.

Si l'on évalue tous les avantages et désavantages de ces solutions par rapport à l'utilisation d'un acier ordinaire, il devient de plus en plus intéressant d'envisager d'utiliser un BHP pour résoudre le problème de corrosion.

17.10.5 Amélioration de la qualité du béton de recouvrement

On a vu que, plus le rapport eau/liant est faible, plus le béton est imperméable. La première étape pour améliorer la résistance à la corrosion des armatures ordinaires est donc de diminuer le rapport eau/ciment ou eau/liant du béton avant d'évaluer s'il sera nécessaire de fournir une protection additionnelle contre la corrosion. Certains ont prôné l'efficacité de la fumée de silice pour protéger les armatures d'acier (Wolssiefer, 1991), d'autres ont préconisé l'utilisation de textile drainant à la surface du béton (Sugawara et coll., 1993 ; Tsukinaga et coll., 1993 ; Guse et Hilldorf, 1997).

Gagné et coll. (1993) ont démontré, tout au moins qualitativement, l'efficacité d'un faible rapport eau/ciment ou eau/liant pour protéger les armatures d'acier en utilisant un montage expérimental très simple (Fig.17.7). Ce montage expérimental permet d'évaluer la résistance d'un béton à une corrosion accélérée et est basé sur l'essai traditionnel *lollipop* (Yuan et Chen, 1980 ; Ravindrarajah et Ong, 1987). Seule la forme de l'éprouvette est modifiée de façon à exposer simultanément trois groupes de 12 armatures enrobées de trois bétons différents ayant des rapports eau/liant égaux à 0,30, 0,45 et 0,60. Pour chacun des rapports eau/ciment, les armatures sont recouvertes par trois épaisseurs de béton (20 mm, 40 mm et 60 mm). Comme on peut le voir à la figure 17.7, les trois parois de béton constituent les trois faces d'un réservoir où se trouve une solution contenant 5 % de NaCl. Une différence de potentiel constante de 5 V est appliquée entre chaque armature et un treillis situé à l'intérieur du bassin ainsi formé. Chacune des armatures est munie de son propre interrupteur qui permet de mesurer individuellement le courant qui la traverse et de l'isoler des autres si nécessaire. L'évolution du courant en fonction du temps est enregistrée jusqu'à ce que l'intensité élevée du courant indique que l'expansion de la corrosion a produit une ou des fissures dans le recouvrement en béton.

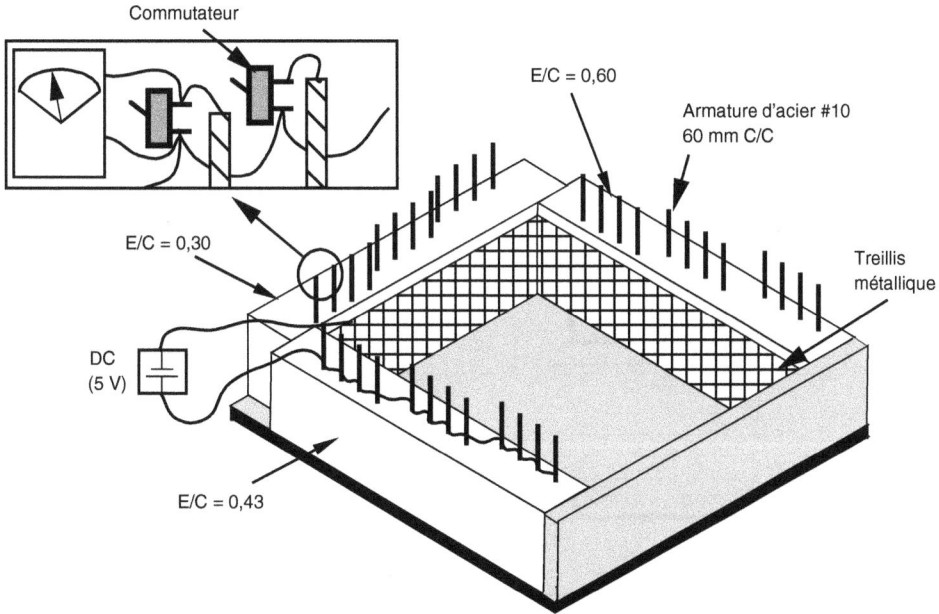

Figure 17.7 Vue schématique des installations pour l'essai de corrosion accélérée
(Gagné et coll., 1993)

(a) Temps pour initier la fissuration

Les essais de corrosion accélérée réalisés avec ce montage consistent essentiellement à mesurer, pendant 200 jours, le courant qui passe entre les armatures et le treillis situé dans la solution qui contient 5 % de NaCl. De façon typique, l'intensité du courant commence par décroître jusqu'à atteindre une valeur minimale suivie généralement d'une augmentation rapide. Cette augmentation rapide du courant peut s'expliquer par l'ouverture de fissures produite par l'expansion des produits de la corrosion autour de l'armature. Le temps où l'on note cette augmentation soudaine du courant correspond au temps nécessaire pour initier la première fissure. L'évolution typique du courant en fonction du temps et de l'épaisseur de recouvrement de béton est présentée à la figure 17.8 dans le cas du béton qui avait un rapport eau/liant de 0,30. Chacune de ces courbes représente la moyenne du courant mesuré sur quatre armatures.

Le temps nécessaire pour initier une première fissure est fonction du rapport eau/liant et de l'épaisseur de recouvrement du béton (Tableau 17.2). Pour un rapport eau/liant donné, plus le recouvrement de béton est épais, plus l'initiation de la première fissure sera retardée. Dans le cas du béton qui a un rapport eau/liant de 0,30 et une épaisseur de recouvrement de 60 mm, on n'a observé aucune augmentation de courant durant 200 jours, ce qui signifie que la corrosion de l'armature n'avait pas encore entraîné l'apparition d'une première fissure. Un béton ayant un rapport eau/liant faible offre donc une protection efficace contre la corrosion des armatures parce que sa porosité est beaucoup plus faible et beaucoup plus fine que celle d'un béton usuel. La conductivité de ce béton est très faible, ce qui diminue les échanges ioniques dans la pâte de ciment.

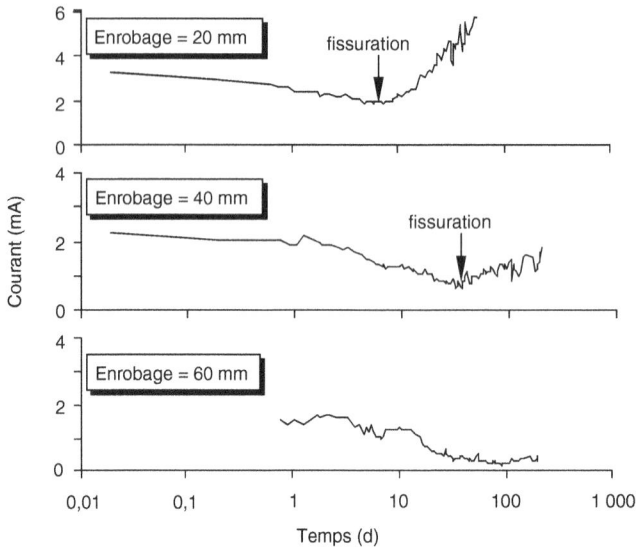

Figure 17.8 *Évolution du courant en fonction du temps et de l'épaisseur de l'enrobage pour un rapport eau/liant de 0,30 (Gagné et coll., 1993)*

Tableau 17.2. *Variation de temps d'initiation de la première fissure, courant initial et perméabilité rapide aux ions chlore en fonction du rapport E/L.*

E/L	Essai de corrosion accélérée Épaisseur de recouvrement (mm)						Perméabilité rapide aux ions chlore	
	20		40		60		Totale	Initiale
	Courant initial (mA)	Temps pour initier la fissuration	Courant initial (mA)	Temps pour initier la fissuration	Courant initial (mA)	Temps pour initier la fissuration	Charge après 6 h (coulomb)	Courant (mA)
0,30	3,93	9 d	3,15	50 d	2,28	> 200 d	2 100	70
0,43	8,88	1,5 d	5,50	40 d	4,03	80 d	4 000	125
0,60	11,56	0,5 h	7,63	30 d	5,44	45 d	5 200	155

La « perméabilité aux ions chlore » a été mesurée sur trois bétons. Le tableau 17.2 donne la charge totale du courant initial mesurée après 6 heures qui correspond à la « perméabilité aux ions chlore ». Lorsque le rapport eau/liant augmente, le courant initial et la charge totale après 6 heures sont plus élevés. En augmentant le rapport eau/liant de 0,30 à 0,43, on note que le courant initial est multiplié par un facteur de 1,7 à 2.

Le même phénomène se produit quand le rapport eau/liant augmente de 0,45 à 0,60, mais cette fois le facteur multiplicateur est de 1,4. Ces résultats démontrent qu'il existe une relation très étroite entre les essais de corrosion accélérée et l'essai de « perméabilité aux ions chlore ».

(b) Relation entre le temps d'initiation de la fissuration et le courant initial

Les résultats de « perméabilité aux ions chlore » démontrent que le courant initial enregistré au début de l'essai permet d'évaluer avec assez de certitude la charge qui traverse le béton après 6 heures. Puisque l'essai de corrosion accélérée comporte aussi la mesure d'un courant qui traverse une éprouvette de béton, il est intéressant de voir si le courant initial mesuré durant l'essai de «perméabilité aux ions chlore » peut aussi être utilisé pour prédire la protection offerte par le béton contre la corrosion.

Les essais de corrosion accélérée ont démontré qu'un courant initial faible indique toujours une meilleure protection contre la corrosion (Fig. 17.9). Pour une certaine épaisseur de béton, la réduction du rapport eau/liant entre 0,60 et 0,30 conduit toujours à une diminution du courant initial et à une augmentation significative du temps requis pour développer la première fissure. Les essais ont aussi démontré que, pour un béton donné, une meilleure protection est obtenue en augmentant l'épaisseur de recouvrement du béton de 20 à 60 mm. Là encore, on a pu noter un courant initial plus faible lors de l'essai de « perméabilité aux ions chlore ».

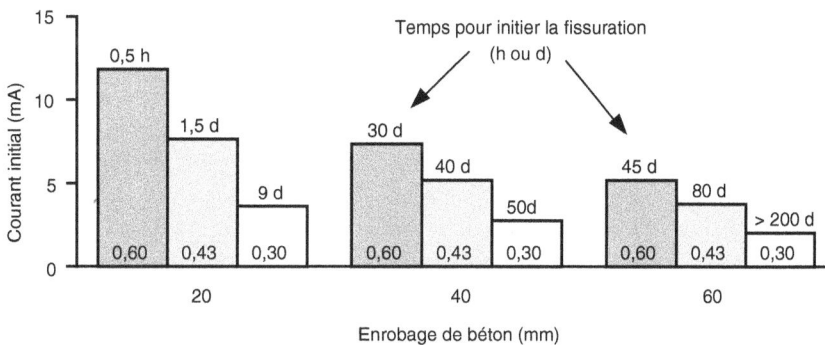

Figure 17.9 Courant initial et temps nécessaire pour initier la fissuration en fonction du rapport eau/liant et de l'épaisseur de l'enrobage de béton (Gagné et coll., 1993)

À partir de ces résultats et même si la relation exacte entre le courant initial et la « perméabilité aux ions chlore » n'est pas toujours évidente, il est clair que les deux paramètres qui réduisent le courant initial, soit le rapport eau/liant et l'épaisseur de recouvrement, influencent grandement la protection offerte par le béton face à la corrosion des armatures d'acier.

17.10.6 *Remarques*

La résistance à la corrosion des armatures est associée de très près à la qualité de ce que l'on appelle de plus en plus la peau du béton (*covercrete* en anglais). Récemment seulement, quelques chercheurs ont commencé à porter une attention particulière à cette partie du béton. Malheureusement, trop de personnes continuent de penser que, pour résoudre le problème de la corrosion des armatures d'acier, il vaut mieux continuer à utiliser un béton de qualité inférieure quitte à utiliser des armatures d'acier qui ne s'oxyderont pas ou ne rouilleront pas qui coûtent bien plus cher que l'acier ordinaire. L'auteur ne partage pas cette philosophie même s'il ne condamne pas a priori l'utilisation d'armatures « à l'épreuve de la corrosion » dans certaines applications. Une armature en acier ordinaire peut être bien protégée contre la corrosion, si elle est recouverte d'une épaisseur appropriée d'un BHP imperméable. L'épaisseur de recouvrement et l'imperméabilité du béton doivent être adaptées à l'agressivité de l'environnement dans lequel le béton sera exposé.

Cependant même si la qualité de la peau du béton est améliorée chaque fois que l'on utilise un BHP, il serait erroné de vouloir réaliser des économies en diminuant l'épaisseur de recouvrement des armatures d'acier. Les ingénieurs devraient se souvenir que ceux qui mettent en place ou vérifient la position des armatures d'acier ne sont pas toujours sensibles à l'importance de l'épaisseur du recouvrement pour protéger l'acier contre la corrosion.

17.11 Résistance à différentes formes d'attaques chimiques

Très peu d'articles traitent de la résistance des BHP à l'attaque de différents agents chimiques (Grandet, 1990 ; Bentur et Ben-Bassat, 1993 ; Ravindrarajah et Mercer, 1993 ; Pigeon, 1996). En général, les mécanismes d'attaque chimique sont bien compris : les différents produits d'hydratation sont en équilibre avec la solution interstitielle jusqu'à ce que des agents externes modifient l'équilibre dans cette solution ; un nouvel équilibre est alors atteint grâce à la dissolution de certains produits d'hydratation aussi bien qu'après la formation de nouveaux produits. Dans les BHP, on a clairement démontré que le facteur qui contrôlait la cinétique du processus de diffusivité de la pâte était le rapport eau/liant : plus le rapport eau/liant est faible plus la diffusivité est faible. Il ne faut pas oublier qu'une eau pure constitue un environnement très agressif pour le béton. En effet, une eau très pure peut, non seulement dissoudre très rapidement les cristaux de portlandite formés durant l'hydratation du ciment, mais aussi les C-S-H.

L'amélioration de la résistance des BHP aux attaques chimiques est due à leur plus faible perméabilité. Cependant, les BHP ne constituent pas des barrières infranchissables pour tous les agents chimiques ; ils diminuent le processus d'attaque chimique et augmentent de façon significative, dans plusieurs cas, la durabilité du béton face à un tel environnement. Il faut se souvenir que les produits chimiques pénètrent à l'intérieur du béton par le réseau de capillaires et encore plus facilement par les fissures que l'on retrouve dans le béton, quelles que soient leurs origines : retrait thermique, gradients thermiques, retrait plastique, retrait endogène, retrait de séchage, charges, etc. Par conséquent, tous les moyens qui permettent de diminuer ou d'éliminer la fissuration du béton doivent être mis en œuvre dans le cas des BHP qui font face à un environnement agressif.

17.12 Résistance à la carbonatation

Comme l'a démontré Lévy (1992), les BHP offrent une bien meilleure résistance à la carbonatation que les bétons usuels en raison de leur très grande compacité et de leur microstructure. Lévy a comparé la profondeur de pénétration et la vitesse de carbonatation du béton de 60 MPa utilisé pour construire le pont de Joigny (Malier et coll., 1991) à celles d'un béton de 40 MPa. Aucun de ces deux bétons ne contenait de fumée de silice. De façon à pouvoir faire une comparaison, Lévy a utilisé un essai accéléré d'une durée prévue de 36 jours qui devait correspondre théoriquement à une exposition naturelle à la carbonatation de 300 ans. Selon les conclusions de cette étude, même après 72 jours de corrosion accélérée, la carbonatation n'avait fait aucun progrès dans le BHP alors que, après seulement 18 jours de traitement accéléré, le béton usuel de 40 MPa était déjà carbonaté sur plusieurs millimètres.

17.13 Résistance à l'eau de mer

Pendant 20 ans, les BHP ont été utilisés de façon intensive avec beaucoup de succès pour construire des plates-formes de forage en Mer du Nord. Là encore, la grande compacité du BHP est responsable de l'amélioration de la durabilité du béton en présence d'eau de mer. Des BHP fabriqués avec des granulats légers se sont aussi très bien comportés face à l'eau de mer.

L'amélioration de la durabilité en milieu marin est d'un grand intérêt car l'exposition à l'eau de mer peut être combinée à l'action de cycles de gel-dégel et de mouillage-séchage dans la zone de marnage ou dans la zone d'éclaboussement de ces plates-formes de forage. Bien que les expériences canadiennes dans ce domaine soient peu nombreuses, les premiers essais obtenus à Treat Island (Bremner, 1996) sont très encourageants et démontrent déjà de façon indubitable la très grande supériorité des BHP dans des environnements très agressifs.

17.14 Réaction alcalis-granulats dans les BHP

Cette section a été écrite en collaboration étroite avec Marc-André Bérubé de l'Université Laval qui est un spécialiste bien connu des réactions alcalis-granulats.

17.14.1 *Introduction*

Jusqu'à 1997, il était impossible de trouver dans la documentation scientifique des données expérimentales ou des données de chantier qui démontrent clairement qu'une réaction alcalis-granulats ne peut se développer dans des BHP, même si certaines personnes en sont convaincues. Desfossés (1996) a écrit une telle chose dans un article non publié sur le sujet, mais sa démonstration est basée sur des considérations plutôt spéculatives que sur une démonstration expérimentale.

Le même genre de raisonnement est adopté dans cette section et quelques observations faites sur des bétons usuels sont extrapolées au cas des BHP.

17.14.2 *Conditions essentielles pour qu'une réaction alcalis-granulats se développe dans un béton*

Pour qu'une réaction alcalis-granulats se développe, il est bien connu qu'il faut réunir simultanément trois conditions : les granulats doivent être potentiellement réactifs, la concentration en alcalis dans la solution interstitielle du béton doit être suffisamment élevée et le béton doit être humide (Moranville-Regourd, 1992).

(a) Humidité et réaction alcalis-granulats

Dans un béton usuel, les conditions extérieures et en particulier l'humidité ambiante ont une grande influence sur le développement des réactions alcalis-granulats. À l'Université Laval, Bérubé a démontré qu'il suffisait d'avoir une humidité relative de 65 % à 38 °C pour développer une expansion supérieure à 0,04 % par an avec des granulats particulièrement réactifs. Dans ce cas, les granulats étaient un calcaire Spratt et un tuff de Beauceville. Dans le cas de granulats moins réactifs, tels des grès de Postdam, l'humidité relative nécessaire était de 85 %. Il faut préciser que ces bétons avaient un rapport eau/ciment de 0,50, ce qui est nettement supérieur à celui d'un BHP. Il est très probable que les conditions d'humidité ambiante n'auraient pas autant d'importance dans le cas d'un béton totalement scellé ou d'un BHP ayant un rapport eau/liant beaucoup plus faible.

(b) Teneur en ciment, rapport eau/ciment et réaction alcalis-granulats

Les BHP contiennent en général une grande quantité de ciment et ils ont un rapport eau/liant faible de sorte que, d'une part, ils contiennent plus d'alcalis par mètre cube qu'un béton usuel et, d'autre part, ces alcalis disposent de beaucoup moins d'eau pour se dissoudre. Cette situation entraîne donc l'apparition d'une solution interstitielle qui est plus riche en alcalis et qui a un pH supérieur à celui d'un béton usuel à cause d'une plus grande quantité de portlandite dégagée lors de l'hydratation du ciment qui est cependant fonction de la teneur en fumée de silice du béton.

Des expériences réalisées à l'Université Laval (Landry, 1994) tendent à montrer qu'on obtient des taux d'expansion plus importants pour des rapports eau/liant faibles (0,40 dans cette expérience). Cette conclusion a été reproduite plusieurs fois pour des rapports eau/ciment compris entre 0,45 et 0,65. À cause de la très forte teneur en alcalis et du pH plus élevé, la solution interstitielle est plus agressive avec des granulats potentiellement réactifs et la porosité du béton décroît au fur et à mesure que le rapport eau/ciment diminue, ce qui laisse moins d'espace pour permettre une certaine expansion des granulats. Ces deux phénomènes ne sont pas contrecarrés par une plus faible perméabilité et des propriétés mécaniques plus élevées.

17.14.3 Superplastifiant et réaction alcalis-granulats

En plus de leur forte teneur en ciment, les BHP contiennent plus de superplastifiant que des bétons usuels. Comme la plupart des superplastifiants à base de naphtalène et de mélamine sont neutralisés avec de la soude (voir chapitre 6), l'utilisation d'un fort dosage en superplastifiant augmente la disponibilité d'ions alcalins dans la solution interstitielle et, par conséquent, pourrait entraîner une augmentation de l'expansion du béton en présence de granulats réactifs (Wang et Gillott, 1989 ; Buil et Zelwer, 1989). Cependant, un rapide calcul démontre que la quantité d'alcalins apportée par le superplastifiant est en général faible à comparer avec la quantité d'alcalins apportée par le ciment. Par ailleurs, on a avancé que les ions alcalins apportés par les superplastifiants étaient beaucoup plus concentrés à la surface des granulats réactifs. Ce fait explique pourquoi certains chercheurs et certaines agences spécifient plutôt un polynaphtalène neutralisé avec de la chaux plutôt qu'un polynaphtalène neutralisé avec de la soude quand ils ont le moindre doute sur la réactivité des granulats ou qu'ils ne connaissent pas du tout la réactivité potentielle des granulats destinés à la fabrication d'un BHP.

17.14.4 Prévention des réactions alcalis-granulats

De façon à combattre les réactions alcalis-granulats ou tout au moins à minimiser leur effet, il faut évidemment agir sur une des trois conditions nécessaires au développement de la réaction alcalis-granulats. Premièrement, les spécifications doivent clairement indiquer que les BHP doivent être fabriqués avec des granulats non réactifs. D'ailleurs, cette spécification a été mise en force par le ministère des Transports du Québec et par la Ville de Montréal, et elle a été utilisée lors de la construction de la plate-forme Hibernia et du pont de la Confédération. Deuxièmement, les spécifications devraient limiter à un maximum de 3 kg/m^3 la quantité totale d'alcalins dans le béton, comme l'exige la norme CSA A23.1. Dans ce calcul, tous les alcalins apportés, non seulement par le ciment, mais aussi par les granulats, les adjuvants, les ajouts cimentaires et même l'eau sont comptabilisés. Troisièmement, il faut recommander de sceller la surface du béton en utilisant des silanes ou des siloxanes de façon que le béton puisse sécher de façon très progressive.

Il a été aussi suggéré d'ajouter certains ajouts cimentaires (fumée de silice, cendre volante, laitier) qui sont communément utilisés pour combattre de façon efficace ou réduire, quand ils sont dosés convenablement, l'expansion due à la réaction alcalis-granulats. Cependant, certains résultats de laboratoire tendent à montrer que la protection fournie par la fumée de silice ne dure pas ; un dosage de 7,0 à 8,5 % de fumée de silice n'est pas suffisant pour contrecarrer efficacement une réaction alcalis-granulats (Bérubé, 1998). Il faut toutefois mentionner que la fumée de silice a été utilisée avec efficacité en Islande pendant les 20 dernières années pour combattre les réactions alcalis-granulats, mais aussi qu'en même temps les islandais se sont mis à utiliser des granulats moins réactifs à base de basalte à la place des rhyolites réactives qui étaient utilisés autrefois.

17.14.5 Extrapolation des résultats obtenus sur les bétons usuels aux BHP

Les différences majeures entre les bétons usuels et les BHP sont la forte quantité de ciment, le faible rapport eau/ciment, l'utilisation de superplastifiant et, souvent, l'utilisation de fumée de silice. Les trois premières caractéristiques tendent à augmenter les risques de développement de la réaction alcalis-granulats, tandis que la dernière a plutôt pour effet de diminuer le risque de réaction. Il est possible que ce risque de voir une réaction alcalis-granulats se développer dans un BHP soit plus faible que ce à quoi on pourrait s'attendre parce que la plus grande partie de l'eau de gâchage est utilisée durant la réaction d'hydratation de sorte qu'il n'y a pratiquement pas de solution interstitielle à l'intérieur du béton. En outre, à cause de la très faible perméabilité et de la faible connexion des capillaires et des pores, il y a très peu de risque de voir un BHP être complètement saturé. Comme les BHP ont une bonne résistance à la traction, ils devraient mieux résister aux pressions développées par les gels qui se forment lors de la réaction alcalis-silice. Par conséquent, de façon à confirmer ou infirmer ces conclusions spéculatives, il serait très approprié que des spécialistes de la réaction alcalis-granulats entreprennent un programme de recherche très élaboré sur les BHP.

17.15 Résistance au feu

Un avantage incontestable des bétons usuels en tant que matériaux de construction est leur très bonne résistance au feu, ce qui rend les structures en béton parmi les plus sécuritaires en cas d'incendie. Le béton est même utilisé pour protéger l'acier structural contre le feu. Même si la capacité structurale du béton diminue quand il est exposé à une très haute température (Neville, 1995), cette diminution n'entraîne pas l'effondrement de la structure. Très souvent après un incendie, on demande à des experts d'examiner quelle est la capacité structurale résiduelle des éléments en béton qui ont été affectés par le feu pour déterminer si la structure peut encore être utilisée et quel support additionnel ou quel renforcement est nécessaire pour qu'elle retrouve son intégrité structurale (Felicetti et coll., 1996 ; Jensen et coll., 1996).

Durant un incendie, la nature poreuse du béton usuel, la quantité d'eau libre et la quantité d'eau plus ou moins liée contribuent à l'excellent comportement du matériau.

17.15.1 Résistance au feu d'un BHP

Quand on a commencé à utiliser des BHP dans la construction de gratte-ciel à Chicago, on a supposé que les BHP présentaient une bonne résistance au feu, ce qui était pratiquement vrai jusqu'au début des années 1970 puisque les BHP de l'époque étaient simplement un peu plus résistants que les meilleurs bétons usuels.

Cependant, au fur et à mesure que le rapport eau/liant des BHP diminuait pour atteindre des valeurs de 0,30 ou même moins, la microstructure de ces bétons est devenue tellement dense qu'il est difficile de considérer qu'un BHP est un matériau poreux contenant de l'eau libre. Il est donc devenu nécessaire de considérer sérieusement la résistance au feu des BHP (Noumowe et coll., 1996). Dans ce domaine aussi, on a assisté à une controverse qui n'est toujours pas réglée : les BHP sont-ils aussi sécuritaires que les bétons usuels en ce qui a trait à leur résistance au feu (Khoylou et England, 1996 ; Sanjayan et Stocks, 1993 ; Chan et coll., 1996) ?

Il n'est pas facile d'effectuer des essais de résistance au feu qui soient convaincants parce que l'on doit évaluer le comportement du matériau lui-même et de l'élément structural dans lequel on utilise du béton en même temps que de l'acier.

Comme on l'a démontré tout au long de ce livre, le BHP n'est pas un matériau aussi poreux qu'un béton usuel, il ne contient pratiquement pas d'eau libre et, quand il est sujet à une augmentation rapide de température, il a tendance à écailler. Cependant, les armatures d'acier peuvent diminuer cet écaillage et aider l'élément structural à conserver suffisamment de force résiduelle pour maintenir l'intégrité de la construction.

Durant la rédaction de cette section, le premier incendie majeur dans une structure construite avec des BHP a eu lieu dans le tunnel qui relie la France à l'Angleterre. L'incendie qui s'est développé dans le tunnel sous la Manche a clairement démontré que le BHP qui avait été utilisé pour construire les segments de ce tunnel a été incapable de résister à la très haute température atteinte au cœur de l'incendie. Cependant, à cause de l'intensité du brasier, aucun autre matériau n'aurait réellement résisté à une telle température à l'exception peut-être de matériaux hautement réfractaires. En se déplaçant de la zone centrale où le feu a pris naissance, il était possible de distinguer différentes zones dans lesquelles le BHP avait été exposé à des températures de plus en plus faibles (voir la section 17.15.2). Au moment de la rédaction de ce livre, il est encore un peu tôt pour tirer des conclusions précises sur la résistance réelle des BHP, mais il est certain que cet incendie apportera des éléments très instructifs qui permettront d'analyser exactement la résistance au feu des BHP.

Plusieurs solutions ont déjà été mises en avant pour améliorer la résistance au feu du BHP (Phan, 1997). Une option particulièrement astucieuse consiste à ajouter des fibres de polypropylène dans un BHP de façon que ces fibres fondent lorsque la température du béton s'élève et créent ainsi des canaux par où la vapeur d'eau qui s'y développe puisse être éliminée (Diederich et coll., 1993 ; Breitenbücker, 1996 ; Jensen et Aarup, 1996). La pression de la vapeur d'eau qui s'établit juste derrière la surface du béton exposée au feu peut aussi être réduite de façon significative par la tendance des BHP à écailler sous l'effet du feu. En fait, la disparition des fibres de plastique augmente la porosité d'un BHP.

Deux importants programmes d'essai sur la résistance au feu de colonnes en BHP chargé se poursuivent à l'heure actuelle, l'un par les chercheurs de Béton Canada, le Réseau de centres d'excellence sur les bétons à haute performance, l'autre dans le cadre européen : Projet Brite-Euram HITECO BE-1158 (Aïtcin, 1999 ; Cheyrezy et Belloul, 1999). Ces recherches devraient apporter certaines lumières sur la résistance réelle des colonnes en BHP.

17.15.2 Incendie dans le tunnel sous la Manche (Acker et coll., 1997 ; Demorieux, 1998)

(a) Les circonstances

Même si les TGV qui circulent dans le tunnel sous la Manche avaient des systèmes de sécurité très élaborés, il n'avait pas été prévu que deux incidents pouvant donner deux ordres contradictoires au conducteur pourraient se produire simultanément. Alors qu'il circulait dans le tunnel, le conducteur de la rame de camions a reçu un premier ordre lui demandant d'accélérer parce que l'un des camions était en feu (150 camions brûlent tous les ans sur les routes de France et autant en Angleterre). Le conducteur a reçu un second ordre lui demandant d'arrêter le train parce qu'un bras hydraulique utilisé pour supporter les rampes d'accès des camions sur le train s'était détaché. Comme ce bras hydraulique pouvait se bloquer dans les rails, il pouvait déstabiliser le train et le faire dérailler. Face à ces deux ordres contradictoires, le conducteur a décidé d'arrêter le train.

Heureusement, l'incendie s'est produit dans une partie du tunnel qui avait été taillée dans une craie blanche particulièrement imperméable. Même quand les tunneliers avaient traversé cette couche de craie lors de la construction, il avait été nécessaire d'arroser continuellement les débris de façon à protéger les travailleurs de la fine poussière de craie sèche qui envahissait le chantier. Si l'incendie s'était produit quelques kilomètres plus loin, dans une zone particulièrement fracturée riche en venues d'eau, il est difficile d'imaginer les conséquences catastrophiques de cet accident puisque le tunnel aurait pu être inondé et perdu à jamais.

(b) Les dommages

L'incendie s'est produit dans la zone construite par les entrepreneurs français où des voussoirs préfabriqués en BHP avaient été utilisés. Le brasier s'est consumé durant 9 heures, la température maximale atteinte a été probablement supérieure à 1000 °C et la zone la plus endommagée s'est étendue sur plus de 30 m. Au centre de cette zone, le recouvrement de béton a complètement disparu sur une longueur de plusieurs mètres et il était possible de voir la paroi de craie blanche derrière les armatures.

Dans une zone adjacente, du béton désagrégé était piégé derrière les armatures, mais, entre les armatures le béton avait disparu sur une plus ou moins grande épaisseur. Dans la zone suivante, des sections intactes de béton apparaissaient à la hauteur de chaque joint où il n'y avait pas d'armature. Cette zone constitue la dernière zone de transition avant le béton inattaqué.

Le béton du trottoir sur lequel circule le TGV est en béton usuel et n'a pas souffert de l'incendie parce qu'il n'a jamais été exposé au feu. Dès que l'alarme a été donnée, un courant d'air violent a circulé au sol de façon à conserver la fumée dans la partie supérieure du tunnel et le plus loin possible de la tête du train où se trouvait le wagon dans lequel avaient pris place les chauffeurs de camion.

Le BHP qui avait écaillé sous forme de petites écailles de 30 mm d'épaisseur et de 50 à 75 mm de long a été nettoyé et du béton projeté par voie humide a été appliqué même si, après tout, il ne sert pas à grand chose dans cette zone.

17.16 Conclusion

Pendant très longtemps, la durabilité du béton a été étroitement liée à sa résistance, ce qui n'est plus le cas à cause des progrès technologiques que l'on a faits dans le domaine du ciment et du béton durant les dernières années. Cependant, la durabilité du béton reste toujours associée à son rapport eau/liant puisque ce rapport représente le véritable paramètre qui reflète la densité et la perméabilité du béton face aux agents agressifs.

En utilisant des superplastifiants, on peut maintenant fabriquer des bétons qui ont un rapport eau/liant très faible de telle sorte qu'ils sont pratiquement aussi imperméables que les roches les plus durables. En outre, dans les BHP, il n'y a pas suffisamment d'eau pour hydrater tous les grains de ciment, si bien que, lorsque ces bétons ont durci, on y trouve une réserve de particules de ciment non hydraté qui jouent un rôle très important du point de vue durabilité. Par exemple, face à des conditions environnementales plus sévères que celles prévues, le béton peut se fissurer et ces grains non hydratés vont s'hydrater dès que de l'eau va pénétrer dans les fissures Ce ciment anhydre que l'on retrouve dans le BHP durci constitue donc un potentiel d'autocicatrisation.

Le jour où l'on ne se contentera plus de spécifier uniquement une résistance à la compression à un béton, mais plutôt un rapport eau/liant, on aura fait un grand pas pour résoudre les problèmes de durabilité qui ont, pendant si longtemps, empoisonné la vie et l'image du béton. Il faudra cependant s'assurer que ces bétons frais qui sont potentiellement durables soient placés et mûris convenablement pour qu'ils conservent leur durabilité à l'état durci.

À l'aube du XXIe siècle, il n'y a aucune excuse pour ne pas utiliser des bétons durables. Les bétons de faible rapport eau/liant peuvent être fabriqués aussi facilement avec ou sans air entraîné. Quant aux MPa supplémentaires que ces bétons durables apportent, il faudra que les concepteurs apprennent à les utiliser de la façon la plus utile possible lorsqu'ils concevront leurs projets.

Il faut enfin mettre l'accent sur le fait que la peau du béton joue un rôle critique en ce qui concerne la durabilité du béton en général et que tout effort déployé pour améliorer la peau du béton allongera le cycle de vie des structures en béton.

Références

ACI Manual of Concrete Practice, ACI Standard 201.2R-92 (1993) *Guide to Durable Concrete*, p. 201.2R-12, 201.2R-16.

Acker, P., Ulm, F.-J. et Levy, M. (1997) *Fire in the Channel Tunnel – Mechanical Analysis of the Concrete Damage*, Béton Canada – Journée de transfert de technologie, 1er octobre, Toronto, Canada, 17 p.

Aïtcin, P.-C. (1992) *The Use of High-performance Concrete in Road Construction*, 27e congrès annuel de l'AQTR, Sherbrooke, Canada, avril, 12 p.

Aïtcin, P.-C. (1998) *The Influence of the Spacing Factor on the Freeze Thaw Durability of HPC*, comptes rendus du Symposium International sur les bétons à haute performance et de poudres réactives, Sherbrooke, Canada, août, vol. 4, p. 419-433.

Aïtcin, P.-C. (1999) *The Art and Science of Higgh-Performance Concrete*, Concrete 99 our Concrete Environment, 19th Biennal Conference of the Concrete Institute of Australia, Sydney, Australie, p. 478-487.

Aïtcin, P.-C. et Khayat, K. (1992) *L'utilisation des bétons à haute performance en construction routière*, 27e congrès annuel de l'AQTR, Sherbrooke, Canada, avril, 19 p.

Aïtcin, P.-C. et Laplante, P. (1992) Les BHP : solution pour les ouvrages soumis à l'abrasion, dans *Les bétons à hautes performances – Caractérisation, durabilité, applications*, édité par Y. Malier, Presses de l'École nationale des Ponts et chaussées, ISBN 2-85978-187-0, p. 393-408.

Aïtcin, P.-C., Pigeon, M., Pleau, R et Gagné, R. (1998) *Freezing and Thawing Durabi-lity of High Performance Concrete*, Symposium International sur les bétons à haute performance et de poudres réactives, Sherbrooke, Canada, août, vol. 4, p. 383-391.

ASTM C1202-91 (1993) *Standard Test Method for Electrical Indication of Concrete's Ability to Resist Chloride Ion Penetration, Annual Book of ASTM Standards*, Section 4 Construction, vol. 04.02 Concrete and Aggregate, p. 627-635.

ASTM C457-90 (1993) *Standard Test Method for Microscopic Determination of Para-meters of the Air-Void System in Hardened Concrete, Annual Book of ASTM Stan-dards*, Section 4 Construction, vol. 04.02 Concrete and Aggregates, ISBN 0-8031-1923-2, p. 234-246.

ASTM C666 (1993) *Standard Test Method for Resistance of Concrete to Rapid Freezing and Thawing, Annual Book of ASTM Standards*, Section 4 Construction, vol. 04.02 Concrete and Aggregates, ISBN 0-8031-1923-3, p. 326-331.

ASTM C671 (1993) *Standard Test Method for Critical Dilation of Concrete Specimens Subjected to Freezing, Annual Book of ASTM Standards*, Section 4 Construction, vol. 04.02 Concrete and Aggregates, ISBN 0-8031-1923-2, p. 340-344.

ASTM C671 (1993) *Standard Test Method for Microscopic Determination of Parame-ters of the Air-Void System in Hardened Concrete, Annual Book of ASTM Standards*, Section 4 Construction, vol. 04.02 Concrete and Aggregates, ISBN 0-8031-1923-2, p. 234-246.

ASTM C672 (1993) *Standard and Test Method for Scaling Resistance of Concrete Surface Exposed to Deicing Chemicals, Annual Book of ASTM Standards*, Section 4 Construction, vol. 04.02 Concrete and Aggregates, ISBN 0 8031 1923 2, p. 345-347.

ASTM C779 (1993) *Standard Test Method for Abrasion Resistance of Horizontal Concrete Surfaces, Annual Book of ASTM Standards*, Section 4 Construction, vol. 04.02 Concrete and Aggregate, p. 372-376.

Baroghel-Bouny, V., Rougeau, P., Caré, S. et Gawsewitch, J. (1998a) Étude comparative de la durabilité des bétons B30 et B80 des ouvrages jumeaux de Bourges. I – Microstructure, propriétés de durabilité et retrait. *Bulletin de liaison des Labora-toires des Ponts et Chaussées*, n° 217, p. 61-73.

Baroghel-Bouny, V., Rougeau, P., Chaussadent, T. et Croquette, G. (1998b) Étude comparative de la durabilité des bétons B30 et B80 des ouvrages jumeaux de Bourges. II – Étude expérimentale de la pénétration des ions chlorures par diffé-rentes méthodes. *Bulletin de liaison des Laboratoires des Ponts et Chaussées*, n° 217, p. 75-84.

Bentur, A et Ben-Bassat, M. (1993) Durability of high-performance concrete in highly concentrated magnesium solution, dans *Proceedings of the 6th International Confer-ence on Durability of Building Materials and Components*, Omiya, Japon, vol. 2, E & FN Spon, ISBN 0 419 18690 5, p. 1021-1030.

Bentur, A et Jaegermann, G. (1991) Effect of curing and composition of the outer skin of concrete. *Materials in Civil Engineering*, **3**(4), novembre, 252-262.

Bentz, D.P et Garboczi, E.J. (1992) Modelling the leaching of calcium hydroxide from cement paste : effects on pore space percolation and diffusivity. *Matériaux et constructions*, **25**, 523-533.

Bérubé, M.-A. (1998) Communication personnelle.

Breitenbücker, R. (1996) High strength concrete C 105 with increased fire resistance due to polypropylene fibers, dans *Utilization of High Strength / High Performance Concrete*, Paris, ISBN 2-85978-2583, p. 571-578.

Bremner, T.W. (1996) Communication personnelle.

Buil, M. et Zelwer, A. (1989) *Extraction de la phase liquide des ciments durcis*, Rapport du Laboratoire Central des Ponts et Chaussées, Paris, France, 15 p.

Carino, N., éd. (1983) *Proceeding of the International Workshop on the Performance of Offshore Concrete Structures in the Arctic Environment*, National Bureau of Standards NBSIR 83-271, 67 p.

Chan, S.Y.N., Peng, G.-F. et Chan, J.K.W. (1996) Comparison between high strength concrete and normal strength concrete subjected to high temperature. *Matériaux et constructions*, **29**, décembre, 616-619.

Cheyrezy, M. et Belloul, M. (1999) *Comportement des BHP au feu*, présentation faite à la Société française de génie civil, 9 mars, 7 p.

CSA A23.1-A23.2 (1995) *Bétons – Constituants et exécution des travaux – Essais concernant le béton,* CSA Toronto, Ontario, 415 p.

Dagher, H.J. et Kulendran, S. (1992) Finite element modeling of corrosion damage in concrete structures. *ACI Structural Journal*, **89**(6), 699-707.

Delagrave, A., Marchand, J. et Pigeon, M. (1996) Durability of high performance cement pastes in contact with chloride solutions, dans *Utilization of High Strength / High Performance Concrete*, Paris, ISBN 2-85978-2583, p. 479-488.

Demorieux, J.-M. (1998) *Le comportement des BHP à hautes températures – État de la question et résultats expérimentaux*, École Française du Béton et le Projet National BHP 2000, Cachan, France, 24-25 novembre, 27 p.

Desfossés, C. (1996) Communication personnelle.

Dhir, R.K., Hewlett, P.C et Chan, Y.N. (1991) Near surface characteristics of concretes. Abrasion resistance. *Matériaux et constructions*, **24**(140), 122-128.

Diederich, U., Spitzner, J., Sandvik, M., Keep, B. et Gillen, M. (1993) The behavior of high-strength lightweight aggregate concrete at elevated temperatures, dans *High Strength Concrete*, ISBN 82-91341-00-1, p. 1046-1053.

Felicetti, R., Gambavora, P.G., Rosati, G.P., Corsi, F. et Gianuzzi, G. (1996) Residual strength of HSC structural elements damaged by hydrocarbon fire or impact loading, dans *Utilization of High Strength / High Performance Concrete*, Paris, ISBN 2-85978-2583, p. 579-588.

Fentress, B. (1973) Slab construction practices compared by wear tests. *Journal of the American Concrete Institute*, **70**(7), 486-491.

Foy, C., Pigeon, M. et Banthia, N. (1988) Freeze-thaw durability and deicer salt scaling resistance of a 0.25 water-cement ratio concrete. *Cement and Concrete Research*, **18**(4) 604-614.

Fukute, T., Hamada, H., Mashimo, M et Watanabe, Y. (1996) Chloride permeability of high strength concrete containing various mineral admixtures, dans *Utilization of High Strength / High Performance Concrete*, Paris, ISBN 2-85978-2583, p. 489-498.

Gagné, R., Aïtcin, P.-C. et Lamothe, P. (1993) Chloride-ion permeability of different concretes, dans *Proceedings of the 6th International Conference on Durability of Building Materials and Components,* Omiya, Japon, E & FN Spon, Londres, ISBN 0-419-18690-5, 1171-1180.

Gagné, R., Aïtcin, P.-C. et Pigeon, M. (1992a) Durabilité au gel des bétons de hautes performances mécaniques, dans *Les bétons à hautes performances – Caractérisation, durabilité, applications*, édité par Y. Malier, Presses de l'École nationale des Ponts et chaussées, ISBN 2-85978-187-0, p. 335-346.

Gagné, R., Boisvert, A. et Pigeon, M. (1996) Effect of superplasticizer dosage on mechanical properties, permeability and freeze-thaw-durability of high-strength concretes with and without silica fume. *ACI Materials Journal*, **93**(2), 111-120.

Gagné, R., Perraton, D., Lamothe, P. et Aïtcin, P.-C. (1992b) La pénétration des ions chlore dans les BHP, dans *Les bétons à hautes performances – Caractérisation, durabilité, applications*, édité par Y. Malier, Presses de l'École nationale des Ponts et chaussées, ISBN 2-85978-187-0, p. 377-392.

Gagné, R., Pigeon, M. et Aïtcin, P.-C (1991a) *The Frost Durability of High-performance Concrete,* Second Canada / Japan Workshop on Low Temperature Effects on Concrete, Ottawa, p. 75-87.

Gagné, R., Pigeon, M. et Aïtcin, P.-C. (1990a) *Deicer Salt Scaling Resistance of High-performance Concrete*, ACI SP-122, p. 29-37.

Gagné, R., Pigeon, M. et Aïtcin, P.-C. (1990b) Durabilité au gel des bétons à haute performance mécanique. *Matériaux et construction*, **23**(134), 103-109.

Gagné, R., Pigeon, M. et Aïtcin, P.-C. (1991b) *Deicer Salt Scaling Resistance of High Strength Concretes Made with Different Cements*, ACI SP-126, p. 185-199.

Gjørv, O.E., Baerland, T et Ronning, H.R. (1987) High strength concrete for highway pavements and bridge decks, dans *Proceedings of the Symposium on Utilization of High Strength Concrete*, Stavanger (édité par I. Holland *et coll.*), Tapir, N-7034 Trondheim NTH, Norvège, ISBN 82-519-0797-7, p. 111-122.

Gjørv, O.E., Baerland, T. et Ronning, H.R. (1990) Abrasion resistance of high-strength concrete pavements. *Concrete International*, **12**(1), janvier, 45-48.

Grandet, J. (1990) Durabilité du béton à hautes performances vis-à-vis des attaques chimiques externes, dans *Les bétons à hautes performances – Du matériau à l'ouvrage*, édité par Y. Malier, Les Presses de l'École nationale des Ponts et chaussées, ISBN 2-85978-138-2, p. 223-229.

Guirguis, S. (1992) *High-Strength Concrete*, publié conjointement par Cement and Concrete Association of Australia et National Ready Mixed Concrete Association of Australia, ISBN 09471 132511, p. 1-20.

Guse, U. et Hilsdorf, H.K. (1997) Surface cracking of high strength concrete – reduction by optimization of curing regime, dans *Proceedings of the International Seminar on Self-Desiccation and its Importance in Concrete Technology*, Lund, Suède, Report TVBM-3075, ISBN 91-630-5528-7, p. 239-249.

Halvorsen, G.T. (1993) Concrete cover. *Concrete Construction*, **38**(6), juin, 427-429.

Hammer, T.A et Sellevold, E.J. (1990) *Frost Resistance of High-strength Concrete*, ACI SP-121, p. 457-487.

Hansson, C.M et Sorensen, B. (1990) The threshold value of chloride concentration for the corrosion of reinforcement in concrete, dans *Corrosion of Steel in Concrete* (édité par N.S. Berbe), ASTM STP-1065, p. 3-16.

Hansson, C.M., Strunge, H., Markussen, J.B et Frolund, T. (1985) The effect of the cement type on the diffusion of chloride, *Nordic Concrete Research*, n° 4, 70-80.

Helland, T. (1990) High strength concrete used in highway pavements, dans *Proceedings of the Second International Symposium on Utilization of High Strength Concrete*, Ed. W. Hester, mai, ACI SP-121, p. 757-766.

Ho, D.W.S. et Cao, H.T. (1993) Concrete durability – strength or performance criteria, dans *Proceedings of the 6th International Conference on Durability of Building Materials and Components*, Omiya, Japon, vol. 2, E & FN Spon, ISBN 0-419-18690-5, p. 856-864.

Hoff, G.C. (1988) *Resistance of Concrete to Ice Abrasion – A Review*, ACI SP-109, p. 427-455.

Holland, T.C. (1994) Communication personnelle.

Holland, T.C., Krysa, A., Luther, M.D. et Lieu, T.C. (1986) *Use of Silica-Fume Concrete to Repair Abrasion. Erosion Damage in the Kinzua Dam Stilling Basin*, ACI SP-91, vol. 2, p. 841-863.

Jacobsen, S., Gran, H.G., Sellevold, E. et Bakke, J.A. (1995a) High strength concrete – freeze-thaw testing and cracking. *Cement and Concrete Research*, **25**(8), 1775-1780.

Jacobsen, S., Marchand, J. et Hornain, H. (1995b) SEM observations of the microstructure of frost deteriorated and self-healed concretes. *Cement and Concrete Research*, **25**(8), 1781-1790.

Jacobsen, S., Saether, D.H. et Sellevold, E.J. (1997) Frost testing of high strength concrete : frost/salt scaling at different cooling rates. *Matériaux et constructions*, **30**, janvier-février, 33-42.

Janson, J.-E. (1986) Swedish investigations of ice-structure interaction in the Baltic, dans *Proceedings, International Workshop on Concrete for Offshore Structures*, St. John's, Terre-Neuve, Canada, 10-11 septembre, 5 p. (disponible chez CANMET, Ottawa, Canada).

Jensen, B.C. et Aarup, B. (1996) Fire resistance of fibre reinforced silica fume based concrete, dans *Utilization of High Strength / High Performance Concrete*, Paris, ISBN 2-85978-2583, p. 551-560.

Jensen, J.J., Opheim, E. et Aune, R.B. (1996) Residual strength of HSC structural elements damaged by hydrocarbon fire on impact loading, dans *Utilization of High Strength / High Performance Concrete*, Paris, ISBN 2-85978-2583, p. 589-598.

Katayama, K et Kabayashi, S. (1991) Study on concrete surface microcraks when using permeable forms. *Transactions of JSCE*, 156(433), 161-177.

Kettle, R et Sadezzadeh, M. (1987) *The Influence of Construction Procedures and Abrasion Resistance*, ACI SP-100, p. 1385-1410.

Khoylou, N. et England, G.L. (1995) *The Effect of Elevated Temperatures on the Moisture Migration and Spalling Behaviour of High Strength and Normal Concretes*, ACI SP-167, p. 263-268.

Kreijger, P.C. (1987) The 'skins' of concrete – research needs. *Magazine of Concrete Research*, 3(140), septembre, 122-123.

Kumagai, T., Arioka, M. et Tanabe, D. (1991) Experimental study on an improved zone in concrete by a permeable form. *Transaction of JSCE*, **156**(433), 1991, 215-232.

Landry, M. (1994) Communication personnelle.

Laplante, P., Aïtcin, P.-C. et Vézina, D. (1991) Abrasion resistance of concrete. *Journal of Materials in Civil Engineering*, 3(1), février, 19-28.

Lessard, M., Baalbaki, M. et Aïtcin, P.-C. (1995) *Effect of pumping on air characteristics of conventional concrete*, Transportation Research Board Record 1532, Transportation Research Board, Washington, DC 20418, ISBN 0-3909-05904-6, p. 9-14.

Lessard, M., Dallaire, E., Blouin, D. et Aïtcin, P.-C. (1994) High-performance concrete speeds reconstruction for McDonald's. *Concrete International*, **16**(9), septembre, 47-50.

Lévy, C. (1992) La carbonatation accélérée des bétons : comparaison BO/BHP du pont de Joigny, dans *Les bétons à hautes performances – Caractérisation, durabilité, applications*, édité par Y. Malier, Presses de l'École nationale des Ponts et chaussées, ISBN 2-85978-187-0, p. 359-376.

Liu, T.C. (1981) Abrasion resistance of concrete. *Journal of the American Concrete Institute*, **78**(5), 341-350.

Maage, M., Helland, S. et Carlsen, J.E. (1993) Chloride penetration in high-performance concrete exposed to marine environment, dans *High-Strength Concrete*, ISBN 82-91341-00-1, p. 838-846.

Malier, Y., Brazilier, D. et Roi, S. (1991) The bridge of Joigny, a high performance concrete experimental bridge. *Concrete International*, **13**(5), mai, 40-42.

Marchand, J., Gagné, R., Jacobsen, S., Pigeon, M. et Sellevold, E.J. (1996) La résistance au gel des bétons à haute performance. *Revue canadienne de génie civil*, **23**(5), 1070-1080.

Marchand, J., Gagné, R., Pigeon, M., Jacobsen, S. et Sellevold, E.J. (1993) The frost durability of high-performance concrete, dans *Concrete Under Severe Conditions : Environment and Loading*, E & FN Spon, ISBN 0-419-19850-4, p. 273-288.

McHattie, J.S., Perez, J.L. et Kehr, J.A. (1996) Factors affecting cathodic disbondment of epoxy coatings for steel reinforcing bars. *Cement and Concrete Composite*, **18**(2), 93-103.

Mehta, P.K. (1993a) *Concrete Technology at the Crossroads – Problems and Opportunities*, ACI SP-144, p. 1-30.

Mehta, P.K. (1993b) *Concrete Microstructure, Properties and Materials*, 2e Edition, McGraw-Hill, New York, ISBN 0-07-041344-4, 548 p.

Mehta, P.K. (1991) *Durability of Concrete – Fifty Years of Progress ?* ACI SP-125, p. 1-3.

Mehta, P.K., Schiessl, P. et Raupach, M. (1992) *Performance and Durability of Concrete Systems*, 9e Congrès international sur la chimie du ciment, New Delhi, Inde, vol. 1, p. 559-71.

Moore, J.F.A. (1993) Harmonised european design guidance for durability of concrete, dans *Proceedings of the 6th International Conference on Durability of Building Materials and Components*, Omiya, Japon, vol. 2, E & FN Spon, ISBN 0-419-18690-5, p. 1413-1420.

Moranville-Regourd, M. (1982) La résistance du béton aux altérations physiques et chimiques, dans *Le béton hydraulique*, édité par J. Baron et R. Sauterey, Presses de l'École nationale des Ponts et chaussées, ISBN 2-85978-033-5, p. 513-530.

Moranville-Regourd, M. (1992) La durabilité : réactions alcalis-granulats et carbonatation, dans *Les bétons à hautes performances – Caractérisation, durabilité, applications*, édité par Y. Malier, Presses de l'École nationale des Ponts et chaussées, ISBN 2-85978-187-0, p. 255-269.

Neville, A.M. (1981) *Properties of Concrete*, 3e édition, Longman, Londres, p. 511.

Neville, A.M. (1987) *Why we Have Concrete Durability Problems*, ACI SP-100, p. 21-30.

Neville, A.M. (1995) Chloride attack of reinforced concrete : an overview. *Matériaux et constructions*, **28**(176), mars, 63-70.

Neville, A.M. (1998) Concrete Technology – An Essential Element of Structural Design. *Concrete International*, **20**(7), 39-41.

Nili, M., Kamada, E. et Katsura, O. (1993) An evaluation study on frost resistance of high strength concrete, dans *Proceedings of the 6th International Conference on Durability of Building Materials and Components*, Omiya, Japon, vol. 1, E & FN Spon, ISBN 0-419-18680-8, p. 223-230.

Norberg, P., Sjöström, C., Kucera, V. et Rendahl, B. (1993) Microenvironment measurements and materials degradation at the Royal Palace in Stockholm, dans *Proceedings of the 6th International Conference on Durability of Building Materials and Components*, Omiya, Japon, vol. 1, E & FN Spon, ISBN 0-419-18680-8, 1993, p. 589-597.

Noumowe, A.N., Clastres, P., Delvicki, G. et Costaz, J.-L. (1996) Thermal stresses and water japour pressure of high-performance concrete at high temperature, dans *Utilization of High Strength/High Performance Concrete*, Paris, ISBN 2-85978-2583, 1996, p. 561-570.

Ollivier, J.-P. et Yssorche, M.-P. (1992) Microstructure et perméabilité aux gaz des BHP, dans *Les bétons à hautes performances – Caractérisation, durabilité, applications*, édité par Y. Malier, Presses de l'École nationale des Ponts et chaussées, ISBN 2-85978-187-0, p. 271-288.

Ozturan, T. et Kocataskin, F. (1987) Abrasion resistance of concrete as a two-phase composite material. *International Journal of Cement Composites and Lightweight Construction*, **9**(3), 169-176.

Parrott, L.J. (1992) Water absorption in cover concrete. *Matériaux et constructions*, **25**(149), juin, 284-292.

Peterson, P.E. (1986) The influence of silica fume on the salt frost resistance of concrete, dans *Proceedings on the International Seminar on Some Aspects of Admixtures and Industrial By-Products on the Durability of Concrete*, Göteborg, Suède, 10 p.

Phan, L.T. (1997) *Fire Performance of High-Strength Concrete : A Report of the State-of-the-art*, Res. Rep. NISTIR 5934, NIST, Gaithersburg, Maryland, USA.

Philleo, R.E. (1986) *Freezing and Thawing Resistance of High Strength Concrete*, National Cooperative Highway Research Program Synthesis of Highway Practice 129, Transportation Research Board, National Research Council, Washington, DC, 31 p.

Philleo, R.E. (1989) Working to make efficient, safe and durable concrete. *Concrete International*, **11**(9), 29-31.

Pigeon, M. (1996) The Durability of HS/HPC, Third General Report on Durability. dans *Fourth International Symposium on the Utilization of High Strength/High Performance Concrete*, Paris, vol. 1, ISBN 2-85978-257-5, p. 39-45.

Pigeon, M., Gagné, R., Banthia, N. et Aïtcin, P.-C. (1991) Freezing and thawing tests of high-strength concretes. *Cement and Concrete Research*, **21**, 844-52.

Ping Gu, Elliott, S., Beaudoin, J.J. et Arsenault, B. (1996) Corrosion resistance of stainless steel in chloride contaminated concrete. *Cement and Concrete Research*, **26**(8), 1151-1156.

Pleau, R., Pigeon, M., Lamontagne, A. et Aïtcin, P.-C. (1995) *Influence of Pumping on the Characteristics of the Air-Void System of High-performance Concrete*, présenté à la 74e rencontre annuelle du Transportation Research Board, Washington, DC, janvier, 19 p.

Pomeroy, D. (1987) *Concrete Durability from Basic Research to Practical Reality* (édité par J.M. Scanlon), ACI SP-100, Detroit, p. 111-130.

Powers, T.C. (1949) The air requirement of frost resistant concrete, dans *Proceedings of the Highway Research Board*, vol. 29, p. 184-211.

Powers, T.C. (1955) Basic considerations pertaining to freezing and thawing tests. *Proceedings, ASTM*, 55, 403-410.

Raharinaivo, A. et Godart, B. (1992) Corrosion des armatures dans les BHP, dans *Les bétons à hautes performances – Caractérisation, durabilité, applications*, édité par Y. Malier, Presses de l'École nationale des Ponts et chaussées, ISBN 2-85978-187-0, p. 409-416.

Ravindrarajah, R.S. et Mercer, C.M. (1993) Sulphuric acid attack on high strength concrete, dans *Proceedings of the 6th International Conference on Durability of Building Materials and Components*, Omiya, Japon, vol. 1, E & FN Spon, ISBN 0-419-18680-8, p. 326-334.

Ravindravajah, R. et Ong, K. (1987) *Corrosion of Steel in Concrete in Relation to Bar Diameter and Cover Thickness*, ACI SP-100, p. 1667-1677.

Rostam, S. et Schissel, P. (1993) Next-generation design concepts for durability and performance of concrete structures, dans *Proceedings of the 6th International Conference on Durability of Building Materials and Components*, Omiya, Japon, vol. 2, E & FN Spon, ISBN 0-419-18690-5, p. 1403-1412.

Sanjayan, G. et Stocks, L.J. (1993) Spalling of high-strength silica fume concrete in fire. *ACI Materials Journal*, **90**(2), mars-avril, 170-173.

Skalny, J.P. (1987) *Concrete Durability a Multibillion-Dollar Opportunity*, Nat'l Mat. Solv. Board Comm. Eng, and Tech. Systems, Nat'l Res. Council, National Academy Press, NMAB-437, Washington, DC, USA.

Stark, J. et Ludwig, H.-H. (1993) The influence of the type of cement on the freeze-thaw/freeze-deicing salt resistance of concrete, dans *Concrete Under Severe Conditions : Environnement and Loading* (édité par K. Sakai, N. Banthia et O.E. Gjørv), E & FN Spon, ISBN 0-419-19850-4, vol. 1, p. 245-254.

Sugawara, T., Saeki, N., Shoya, M. et Tsukinaga, Y. (1993) Frost resistance of concretes with permeable sheets and surface coating, dans *Proceedings of the 6th DBMC International Conference*, Omiya, Japon, vol. 1, E & Spon, ISBN 0-419-18680-8, p. 497-506.

Tadros, G., Combault, J., Bilderbeek, D.W. et Fotinos, G. (1996) *The Design and Construction of the Northumberland Strait Crossing Fixed Link in Canada*, 15e congrès de l'IABSE, Copenhague, Danemark, 16-20 juin, 24 p.

Torrent, R.J. et Jornet, A. (1991) *The Quality of the Concrete of Low-Medium and High-Strength Concretes*, ACI SP-126, p. 1147-1161.

Tsukinaga, Y., Shoya, M. et Sugawara, T. (1993) Air void character and pull-off strength in the near surface of concrete using permeable sheets, dans *Proceedings of the 6th DBMC International Conference*, Omiya, Japon, vol. 1, E & FN Spon, ISBN 0-419-18680-8, p. 507-516.

Wang, H. et Gillott, J.E. (1989) The effect of superplasticizer on alkali-silica reactivity, dans *Proceedings of the 8th International Conference on AAR*, Kyoto, Japon, édité par K. Okada, S. Nishibayashi & M. Kawamura, p. 187-192.

Whiting, D. (1984) *In Situ Measurements of the Permeability of Concrete to Chloride Ions*, ACI SP-82, p. 501-524.

Wischers, G. (1984) *The Impact of the Quality of Concrete Construction on the Cement Market*, Report to Holderbank Group, No. DIR 84/8448/4.

Wolssiefer, J.T. (1991) *Silica Fume Concrete : A solution to Steel Reinforcement Corrosion in Concrete*, ACI SP-126, p. 527-558

Yssorche-Cubaynes, M.-P. et Ollivier, J.-P. (1999) La microfissuration d'autodessication et la durabilité des BHP et BTHP. *Matériaux et constructions*, 32(215), p. 14-21.

Yuan, R.L. et Chen, W.F. (1980) *Behavior of Sulfur-Infiltrated Concrete in Sodium Chloride Solutions*, ACI SP-65, p. 292-307.

Zhang, M.H. et Gjørv, O.E. (1991) Effect of silica fume on pore structure and chloride diffusivity of low porosity cement paste interface. *Cement and Concrete Research*, **21**(6), novembre, 1006-1014.

Zhang, M.H., Bouzoubaâ, N. et Malhotra, V.M. (1997) *Resistance of Silica fume concrete to Deicing Salt Scaling. A Review*, ACI 1997 International Conference on High-performance Concrete : Design and Materials and Recent Advances in Concrete Technology, décembre, Kuala Lumpur, 30 p.

Chapitre 18

Les BHP spéciaux

18.1 Introduction

Même si le développement des utilisations des BHP est relativement récent, certains BHP sont déjà qualifiés de spéciaux. Comme dans le cas des bétons usuels, les BHP spéciaux ont une caractéristique qui les distingue des BHP les plus courants. Par exemple, un BHP peut être fabriqué avec des granulats lourds ou légers pour augmenter ou diminuer sa masse volumique. On peut ajouter des fibres dans un BHP pour améliorer sa ténacité, sa résistance à l'impact ou sa ductilité. Les BHP peuvent être confinés dans un mince tube d'acier de façon à augmenter à la fois leur résistance à la compression et leur ductilité. La méthode de mise en place de certains BHP peut être différente de celle des BHP courants, comme dans le cas des BHP compactés au rouleau ou des BHP autonivelants. Il est certain qu'il y a déjà et qu'il y aura d'autres types de BHP spéciaux que ceux qui viennent d'être mentionnés, mais tous ces BHP spéciaux ont une chose en commun : ils ont tous un très faible rapport eau/liant, une forte compacité et, par conséquent, une grande durabilité.

Dans ce chapitre, on distingue les BHP spéciaux des matériaux à ultra haute résistance fabriqués à partir de ciment Portland qui sont présentés dans le chapitre suivant. Ces « bétons » à ultra haute résistance sont actuellement suffisamment différents des bétons usuels ou des BHP spéciaux pour faire l'objet d'un chapitre spécial.

Le BHP à air entraîné est le premier BHP spécial que l'on présente dans ce chapitre. Tout au long de ce livre, on a traité de ce type de BHP, mais l'auteur a jugé utile de réunir toute l'information disséminée au fil des chapitres dans une section réservée uniquement à ce type de béton.

Le béton à air entraîné a été essentiellement développé au cours des années pour améliorer la durabilité du béton face aux cycles de gel-dégel et sa résistance à l'écaillage en présence de sels fondants dans les pays nordiques ayant un climat aussi sévère que le Canada, des pays où il n'est plus nécessaire de promouvoir l'efficacité de l'utilisation d'air entraîné dans les bétons usuels (Lessard et coll., 1993 ; Mitchell et coll., 1993 ; Hoff et Elimov, 1995 ; Blais et coll., 1996 ; Tadros et coll., 1996). Il était donc tout à fait naturel que l'on transpose cette technologie aux BHP qui doivent subir des cycles de gel-dégel (Hoff et Elimov, 1995 ; Tadros et coll., 1996), même si l'incorporation d'air entraîné dans le BHP amène nécessairement une diminution de sa résistance à la compression.

18.2 BHP à air entraîné

18.2.1 Introduction

Dans le chapitre précédent, on a vu que l'évaluation de la résistance au gel-dégel selon la norme AFNOR NFP 18-424 : 1994 (expérimentale) (Bétons – Essais de gel sur béton durci – Gel dans l'eau – dégel dans l'eau) de BHP qui ont des rapports eau/liant supérieurs à 0,25 (ce qui correspond à une résistance à la compression comprise entre 75 et 125 MPa) oblige à entraîner une certaine quantité d'air pour qu'ils puissent subir avec succès les 300 cycles de gel-dégel imposés par cette norme (Gagné et coll., 1991).

Il n'est pas toujours facile de fabriquer un BHP sans air entraîné ayant un faible rapport eau/liant et l'ajout d'une certaine quantité d'air pour passer avec succès l'essai AFNOR NFP 18-424 peut représenter un autre défi de taille. Cependant, l'expérience acquise sur les chantiers canadiens a démontré qu'il est possible de fabriquer des BHP contenant un réseau d'air stable qui protège le béton contre l'effet des cycles répétés de gel-dégel. Comme dans le cas des BHP sans air entraîné, les matériaux qu'il faut utiliser pour fabriquer des BHP à air entraîné doivent être choisis avec soin.

Il est évident que l'introduction d'air dans le mortier d'un BHP diminue sa résistance à la compression ; lors de la construction des différents ponts en BHP au Québec, on a trouvé qu'une variation de 1 % de la quantité d'air entraîné diminue la résistance à la compression de 5 % à 28 jours. Cette relation a pu être vérifiée sur plusieurs centaines de livraisons de BHP à air entraîné lors de la construction des trois premiers ponts construits en BHP à air entraîné (Lessard et coll., 1993 ; Aïtcin et Lessard, 1994 ; Blais et coll., 1996). Il est intéressant de noter que la vieille règle de l'art de 1 %-5 % familière aux ingénieurs utilisant des bétons à air entraîné est toujours valable dans le cas des BHP contenant de 3 à 7 % d'air.

18.2.2 Fabrication d'un BHP à air entraîné

Pour obtenir la formulation d'un BHP à air entraîné qui aura la résistance spécifiée à 28 jours, on peut commencer par utiliser la relation qui lie la quantité d'air entraîné et la résistance à la compression d'un BHP sans air entraîné en utilisant la méthode en quatre étapes présentée à la section 9.7. Les deux premières étapes consistent à formuler un

BHP sans air entraîné plus résistant que celui dans lequel on introduira l'air pour finale-ment s'attacher à obtenir la bonne teneur en air et le bon facteur d'espacement. La dernière étape consiste à vérifier la durabilité de ce BHP à air entraîné.

De façon à définir la résistance moyenne du béton sans air entraîné qu'il faut mettre au point, il faut poser certaines hypothèses sur :

- la teneur en air nécessaire pour acquérir le bon facteur d'espacement. L'expérience acquise à l'Université de Sherbrooke et à l'Université Laval a permis de démontrer qu'avec un agent entraîneur d'air efficace, une teneur en air de 4 à 6 % permet d'obtenir en général un facteur d'espacement compris entre 200 et 350 µm qui confère au BHP une très bonne résistance aux cycles de gel-dégel ;
- la teneur en air piégé que l'on retrouve dans un béton sans air entraîné. L'expérience démontre que les BHP sans air entraîné contiennent généralement environ de 1,5 à 2,5 % d'air piégé. Rarement, on a rapporté des teneurs en air piégé supérieures à 2,5 %, si bien qu'une valeur de 2 % peut être prise comme valeur moyenne de la teneur en air piégé d'un BHP ;
- le contrôle de la qualité lors de la fabrication du BHP. Le comité ACI 363 suggère que le contrôle de la qualité soit basé sur la valeur du coefficient de variation de la production du béton, plutôt que sur l'écart type (Tableau 18.1) ;

Tableau 18.1. Évaluation du contrôle de la qualité en fonction de la valeur du coefficient de variation (selon le comité ACI 363 sur le béton à haute résistance).

	Excellent	Très bon	Bon	Moyen	Faible
Coefficient de variation	0-6	6-8	8-10	10-13	plus de 13

- le critère d'acceptation de ce BHP.

(a) Exemple de calcul

On veut fabriquer un BHP de chantier à air entraîné qui contient 6 % d'air entraîné et l'on veut que la résistance moyenne de trois essais consécutifs soit supérieure à 60 MPa 99 fois sur 100. On suppose que le producteur de béton peut assurer la production de son BHP avec un coefficient de variation de 10 %. Quelle est la résistance moyenne du béton sans air entraîné qu'il faut optimiser si l'on utilise la méthode que l'on vient d'exposer ? En utilisant les équations que l'on retrouve à la figure 18.1, on aura :

$$f'_{na} = 60\left[1 + \frac{5}{100}(6-2)\right] = 72 \text{ MPa} \tag{18.1}$$

$$f'_{cr} = 72 + \frac{2,33}{1,732} \times \sigma \tag{18.2}$$

comme $\sigma = V \times f'_{cr}$:

$$\sigma = 0,1 \times f'_{cr} \qquad (18.3)$$

En reportant cette valeur de σ dans (18.2) :

$$f'_{cr} = 72 + 1{,}345 \times 0{,}1 \times f'_{cr} \qquad (18.4)$$

qui donne

$$f'_{cr} = 72 + \frac{72}{0{,}8655} = 83{,}2 \text{ MPa}$$

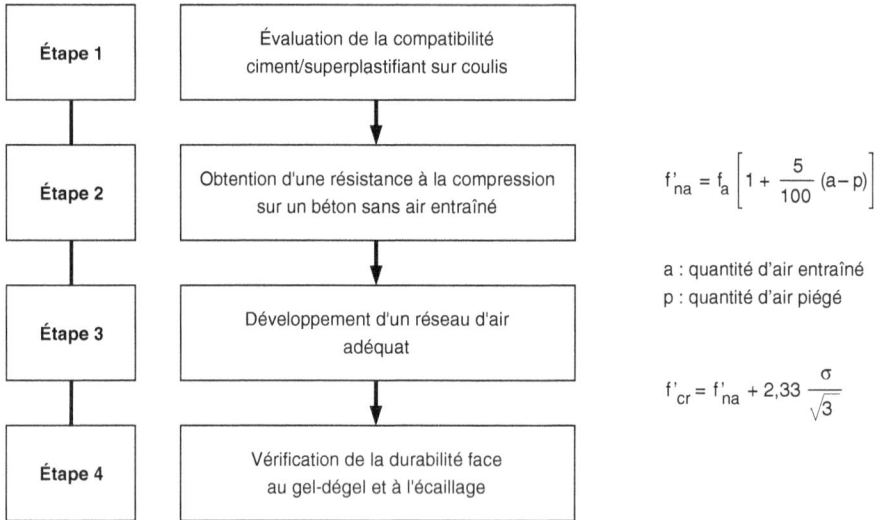

Figure 18.1 Méthode de composition proposée pour un BHP à air entraîné
(d'après Lessard et coll., 1993)

Ainsi, le premier objectif est d'optimiser la formulation d'un béton sans air entraîné qui devra avoir une résistance à la compression à 28 jours de 83,2 MPa. En optimisant cette formulation, on peut vérifier la compatibilité ciment/superplastifiant, on peut optimiser le rapport eau/ciment, les performances de différents gros granulats disponibles, etc. En fait, on ne fait que suivre la procédure normale développée pour optimiser la composition d'un BHP sans air entraîné, comme on l'a vu au chapitre 8.

L'étape suivante consiste à introduire un agent entraîneur d'air lors du malaxage du béton de façon à développer un réseau d'air stable et adéquat en ajustant aussi la quantité de superplastifiant puisque la maniabilité du béton sera améliorée par la présence d'une certaine quantité d'air entraîné.

Il faut reconnaître qu'il n'est pas toujours facile d'entraîner de l'air dans un BHP et que, généralement, il faut utiliser un dosage en agent entraîneur d'air plus élevé que dans le cas des bétons usuels à air entraîné (Gagné et coll., 1990). En outre, des chercheurs prétendent que certains superplastifiants sont plus performants que d'autres lorsqu'il s'agit d'obtenir un BHP à air entraîné. Selon les agents entraîneurs d'air qu'ils ont utilisés, Okkenhaug et Gjørv (1992) ont trouvé que le réseau d'air se déstabilisait facilement avec des superplastifiants à base de naphtalène et à base de lignosulfonate alors qu'il était plus stable avec un superplastifiant à base de mélamine. Il serait cependant dangereux de généraliser une telle conclusion à tous les entraîneurs d'air et à tous les superplastifiants commerciaux. En Amérique du Nord par exemple, au moins deux agents entraîneurs d'air commerciaux sont parfaitement compatibles avec les superplastifiants à base de naphtalène que l'on retrouve dans l'Est de l'Amérique du Nord. Un de ces deux adjuvants a été utilisé lors de la construction du pont de Portneuf au Québec, en octobre 1992, et les caractéristiques du réseau d'air rencontrent parfaitement les spécifications de la norme canadienne ACNOR A23.1 (Lessard et coll., 1993) : le facteur d'espacement moyen des 26 chargements de BHP a été égal à 180 μm, bien en dessous de la valeur moyenne de 230 μm spécifiée par la norme pour garantir la durabilité au gel-dégel des bétons. La teneur en air moyenne a été de 6,2 % et l'écart type de 0,7 % (Fig. 9.6). Seules deux valeurs de la teneur en air étaient particulièrement faibles et dans les deux cas le facteur d'espacement était juste au-dessus de la valeur limite maximale de 260 μm.

Lorsque les spécifications exigent un facteur d'espacement particulier plutôt qu'une teneur en air, il est fortement recommandé de faire trois gâchées d'essai dans lesquelles on introduit suffisamment d'agent entraîneur d'air pour stabiliser environ 4, 6 et 8 % d'air entraîné. Dans chacun des cas, on vérifie le facteur d'espacement et la résistance à la compression obtenus avec les matériaux sélectionnés et l'équipement de malaxage de l'usine. Comme le BHP durcit relativement rapidement, les disques de béton nécessaires à la mesure du facteur d'espacement peuvent être polis moins d'une semaine après la production du béton, de telle sorte que la corrélation entre la quantité d'air entraîné et le facteur d'espacement est connue rapidement. À partir des trois valeurs obtenues, il est toujours possible de fixer la bonne quantité d'agent entraîneur d'air qui permettra d'obtenir un facteur d'espacement satisfaisant. On peut toujours faire une quatrième gâchée d'essai pour raffiner le dosage en agent entraîneur d'air et ainsi s'assurer du bon facteur d'espacement.

Lorsque l'on fait ces trois ou quatre gâchées d'essai, on peut étudier la stabilité du réseau d'air pendant une heure, ou plus spécifiquement durant le temps nécessaire à la livraison de ce BHP à air entraîné. Il est fortement recommandé que le BHP soit échantillonné à la fin de cette période pour tenir compte de l'influence du transport sur la stabilité du réseau d'air. Évidemment, durant cette expérience, il est important de mesurer la quantité d'air entraîné à la fin du malaxage de façon à connaître laquantité d'air perdue lors du transport du béton et ainsi évaluer son influence sur le facteur d'espacement. En connaissant ces valeurs, il est plus facile de prévoir si un BHP qui quitte la centrale à béton satisfera les conditions d'acceptation sur le chantier. Cette expérience permet aussi d'établir la relation qui existe entre la quantité d'air mesurée sur le béton frais et le facteur d'espacement mesuré sur le béton durci puisque la seule méthode valable de contrôle d'un BHP sur chantier reste toujours la mesure de la quantité totale d'air entraîné dans le béton frais. En outre, il est toujours possible d'établir la relation $f'_c = \psi$ (a) pour ce béton. Pour toujours obtenir le même facteur d'espacement dans un BHP donné, il faut commencer par obtenir la même quantité d'air entraîné dans le béton frais. Cette condition est évidemment nécessaire, mais non suffisante.

La dernière étape peut consister à vérifier la durabilité face aux cycles de gel-dégel de ces bétons à air entraîné selon les exigences particulières du projet. Si l'on utilise la norme AFNOR NFP 18 : 424, il faudra attendre de 8 à 10 semaines avant d'être assuré que le béton a subi avec succès les 300 cycles de gel-dégel.

18.2.3 Rhéologie des BHP à air entraîné

L'introduction d'air entraîné dans un BHP améliore de façon considérable sa maniabilité et diminue légèrement le dosage en superplastifiant. Les BHP à air entraîné sont beaucoup moins collants et leur meilleure maniabilité permet de les mettre en place et de finir les surfaces des dalles plus facilement (Lessard et coll., 1993 ; Hoff et Elimov, 1995).

On peut même penser que, dans le futur, on pourra incorporer de 3 à 5 % d'air entraîné dans certains BHP non exposés à des cycles de gel-dégel seulement pour améliorer leur maniabilité, comme cela a été fait durant la construction de la partie submergée de la plate-forme Hibernia (Hoff et Elimov, 1995). La quantité supplémentaire de ciment et de superplastifiant nécessaire pour compenser les MPa perdus par suite de l'introduction d'air peut être facilement et de façon profitable compensée par des économies de temps de mise en place et de correction de l'esthétique des surfaces.

18.2.4 Conclusion

On peut fabriquer des BHP à air entraîné bien contrôlés si les matériaux que l'on utilise sont choisis avec beaucoup de soin. Dans certains cas, il est intéressant d'entraîner une très faible quantité d'air dans les BHP difficiles à mettre en place ayant des résistances à la compression comprises entre 50 et 70 MPa de façon à améliorer leur maniabilité. La quantité supplémentaire de ciment qu'il faut ajouter au béton pour maintenir sa résistance à la compression est largement compensée par les économies réalisées lors de la mise en place du BHP.

18.3 BHP légers

18.3.1 Introduction

Lorsque l'on connaît l'importance de la résistance des gros granulats dans un BHP, il peut être surprenant de songer à utiliser des granulats légers pour fabriquer un BHP. Les granulats légers sont poreux, ils ne sont pas résistants et peuvent s'écraser facilement.

Cependant, la diminution de la masse volumique de 500 kg/m^3 pour des BHP de 50 à 60 MPa peut représenter un avantage économique dans certains cas particuliers malgré le coût élevé des granulats légers (Hoff, 1990 ; Novokschchenov et Whitcomb, 1990 ; Hannus et coll., 1992).

On a déjà réussi à fabriquer des BHP légers ayant une résistance à la compression supérieure à 50 et 60 MPa (Malhotra, 1987, 1990) et, dans l'état actuel des connaissances, il semble qu'une résistance de 100 MPa soit la résistance maximale que l'on puisse atteindre avec des granulats légers. Une résistance à la compression légèrement supérieure à 100 MPa (mesurée sur des cubes de 100 mm de côté) a été mesurée sur un BHP léger qui avait une masse volumique de 1 865 kg/m^3 (Zhang et Gjørv, 1990). En outre, Nilsen et Aïtcin (1992) ont fabriqué un BHP léger ayant une résistance de 97,7 MPa à 91 jours (mesurée sur des cylindres de 100 × 200 mm) dont la masse volumique à l'état frais était de 2085 kg/m^3.

Les BHP légers n'ont pas obligatoirement une masse volumique comprise entre 1 850 et 2 000 kg/m^3. Berra et Ferrara (1990) ont fabriqué un BHP léger ayant une résistance à la compression de 60 MPa (mesurée sur cubes de 150 mm de côté) ayant une masse volumique de 1 700 kg/m^3.

Cependant, tous les auteurs sont très prudents et mentionnent que ces résistances ont été obtenues en utilisant des granulats légers très performants. Tous les granulats légers ne peuvent pas être utilisés avec succès pour fabriquer des BHP (Wasserman et Bentur, 1996) puisque certains granulats légers sont plus résistants que d'autres et leur rupture durant un essai de résistance à la compression se produit pour une charge plus élevée.

L'absorption des granulats légers est en général très importante (Zhang et Gjørv, 1991a). Dans certains cas, l'utilisation de granulats légers très absorbants peut causer des problèmes rhéologiques, car l'absorption des granulats légers a un effet direct sur le contrôle de l'affaissement et sur la maniabilité des BHP. Par ailleurs, l'absorption des granulats légers n'est pas constante d'une livraison à l'autre et il faut que cette variation demeure dans des limites tolérables. Il est encore plus difficile de produire industriellement un BHP léger qui présente des propriétés constantes qu'un BHP ordinaire.

Une des difficultés qu'il faut résoudre lorsque l'on fabrique un BHP léger est de bien définir l'état de saturation dans lequel on va utiliser ces granulats : secs, saturés ou dans un état intermédiaire. Certains chercheurs recommandent d'utiliser des granulats totalement secs et de tenir compte de la quantité d'eau qu'ils absorberont durant le transport et le malaxage. Cependant, dans un tel cas, Novokschchenov et Whitcomb (1990) considèrent qu'il est possible d'utiliser des granulats légers que s'ils n'ont qu'une très faible absorption. Dans un tel cas par contre, il faut noter que l'on ne profite pas des granulats légers pour diminuer le retrait endogène. D'autres chercheurs préfèrent utiliser des granulats saturés de telle sorte qu'ils n'absorberont aucune eau durant le malaxage (Malhotra, 1990 ; Hoff et Elimov, 1995) ; l'eau contenue dans les granulats légers peut d'ailleurs être considérée comme une source d'eau qui, dans un premier temps, diminue de façon significative le retrait endogène et peut même, dans un deuxième temps, mieux hydrater le ciment de ces bétons à très faible rapport eau/ciment. Du point de vue pratique, pour obtenir des granulats saturés, il suffit d'arroser en permanence les piles de granulats légers (Hoff et Elimov, 1995). D'autres chercheurs suggèrent de n'utiliser que des granulats légers secs et de les prémouiller pendant au moins 10 minutes en les mélangeant avec une quantité appropriée d'eau correspondant à l'absorption spécifique de ce granulat (Zhang et Gjørv, 1990 ; Berra et Ferrara, 1990), mais cette technique est difficile à mettre en œuvre en centrale à béton parce qu'elle diminue de façon considérable la productivité et ne permet pas de minimiser le retrait endogène.

18.3.2 *Granulats fins*

Les BHP légers peuvent être fabriqués en utilisant un sable naturel (Novokshchenov et Whitcomb, 1990 ; Nilsen et Aïtcin, 1992 ; Hoff et Elimov, 1995), un sable léger (Berra et Ferrara, 1990 ; Malhotra, 1990 ; Novokshchenov et Whitcomb, 1990 ; Zhang et Gjørv, 1990) ou un mélange de sable léger et de sable naturel (Zhang et Gjørv, 1990). Évidemment, la nature du sable a une influence directe sur la masse volumique et la résistance à la compression du béton de même que sur sa maniabilité ; l'utilisation d'un sable léger rend les bétons moins maniables que ceux que l'on obtient lorsqu'une certaine quantité de sable léger est partiellement remplacée ou totalement remplacée par un sable naturel. Cependant, en utilisant un sable naturel, il est assez difficile de diminuer la masse volumique du béton au-dessous de 2 000 kg/m^3 tandis qu'avec un sable léger la masse unitaire du béton frais peut être de l'ordre de 1 850 kg/m^3 ou même moins.

18.3.3 *Liants*

Différents liants ont été utilisés pour fabriquer des BHP légers, mais la plupart du temps ils contiennent de la fumée de silice à des dosages variant entre 7 et 10 % de la masse totale du liant. L'utilisation de la fumée de silice permet d'augmenter la résistance à la compression finale et évite les risques de ségrégation en rendant la pâte du mortier un peu plus cohésive (Novokshchenov et Whitcomb, 1990). Pour des raisons essentiellement économiques, on a pu remplacer dans certains BHP légers 20 à 30 % du ciment par une cendre volante (Berra et Ferrara, 1990 ; Malhotra, 1990). Il est intéressant d'utiliser simultanément de la fumée de silice et des cendres volantes dans un BHP léger, car on combine alors une pouzzolane à action rapide telle que la fumée de silice et une pouzzolane à action plus lente telle que la cendre volante. Des ciments de Type I ou de Type III ont été utilisés (Zhang et Gjørv, 1990 ; Malhotra, 1990) pour augmenter la résistance à court terme tout en obtenant des résistances à long terme plus élevées. Berra et Ferrara (1990) ont aussi utilisé un ciment au laitier à durcissement rapide.

Le dosage en ciment des BHP légers peut varier entre 400 kg/m^3 et 600 kg/m^3. En règle générale, on admet qu'il ne faut pas dépasser une certaine quantité de liant pour augmenter la résistance à la compression d'un BHP léger, car, au-delà d'une certaine limite, l'augmentation de la résistance de la pâte de ciment hydraté a relativement peu d'effet sur la résistance à la compression. Dans les BHP légers, la résistance du granulat gouverne la résistance du béton. Cette limite maximale de la quantité de liant dépend du type de granulat utilisé et elle doit être trouvée par des gâchées d'essai.

Le développement d'une réaction pouzzolanique entre les granulats légers à base d'argile calcinée et la chaux libérée par l'hydratation du ciment est souvent mentionné comme un avantage des granulats légers. Les Romains exploitaient déjà cet avantage lorsqu'ils ont construit le Panthéon il y a 1850 ans (Fig. 18.2) : ils ont utilisé sept bétons différents ayant des masses volumiques décroissantes pour construire le dôme du Panthéon et la partie supérieure a été construite avec un béton léger pouzzolanique dans lequel le gros granulat était une pierre ponce volcanique (Bremner et Holm, 1995).

Figure 18.2 Le dôme du Panthéon (reproduit avec la permission de M. Collins)

Propriétés mécaniques

(a) Résistance à la compression

Les données présentées dans cette section ne peuvent être généralisées puisque les propriétés mécaniques des BHP légers dépendent beaucoup du type de granulat utilisé et de la masse volumique visée (Slate et coll., 1986 ; Zhang et Gjørv, 1991b). Comme on l'a mentionné, dans certains cas, il est difficile de produire un BHP léger ayant une masse volumique inférieure à 2 000 kg/m^3 et une résistance à la compression de l'ordre de 50 MPa alors que, dans un autre cas, avec un granulat léger performant, on peut produire un BHP ayant une résistance à la compression de 100 MPa et une masse volumique à l'état frais de 1 865 kg/m^3 (Zhang et Gjørv, 1990). Évidemment, pour un granulat léger donné, plus la masse volumique du béton est élevée, plus sa résistance à la compression est élevée (Zhang et Gjørv, 1990).

(b) Module de rupture, résistance au fendage et résistance directe à la traction

Berra et Ferrara (1990) ont mesuré la résistance à la traction directe de différents bétons légers et ont trouvé des valeurs comprises entre 1,9 et 2,4 MPa. Malhotra (1990) a mesuré une résistance à la flexion sur des bétons légers variant de 6,0 à 8,7 MPa et une résistance au fendage comprise entre 3,5 et 5,2 MPa. De leur côté, Novokshchenov et Whitcomb (1990) ont obtenu 7,6 et 6,7 MPa pour les mêmes essais sur leurs BHP légers.

(c) Module élastique

Le module élastique des BHP légers est évidemment plus faible que celui des BHP de densité normale pour une même résistance à la compression à cause de la plus faible rigidité des granulats légers. Les valeurs rapportées dans la documentation varient entre 17 GPa pour des éprouvettes mûries à 20 °C et à 95 % d'humidité relative (Berra et Ferrara, 1990) jusqu'à 30 GPa (Novokshchenov et Whitcomb, 1990 ; Nilsen et Aïtcin, 1992). Cependant, pour des éprouvettes mûries à 20 °C et 50 % d'humidité relative, Novokshchenov et Whitcomb (1990) mesurent un module élastique compris entre 13 et 18 GPa.

(d) Adhérence

L'adhérence entre un BHP léger et une armature d'acier lisse de 20 mm enfoncée verticalement dans un bloc de $200 \times 200 \times 200$ mm a varié de 1,9 à 2,3 MPa (Berra et Ferrara, 1990). Ces valeurs ont été obtenues autant sur des éprouvettes mûries à 20 °C et à 95 % d'humidité relative que sur des éprouvettes mûries à la même température, mais sous une humidité relative de 50 % seulement.

(e) Retrait et fluage

Selon Berra et Ferrara (1990), les BHP fabriqués avec des granulats légers peuvent avoir un retrait à court terme plus faible étant donné la présence d'eau dans les granulats légers, mais la valeur du retrait à un temps infini peut être supérieure à celle des bétons usuels. Ces auteurs ont trouvé aussi que le fluage spécifique de leur béton était deux fois plus élevé que celui des bétons de densité normale. De son côté, Malhotra (1990) a trouvé que le retrait à 1 an d'un béton léger qui contenait des ajouts cimentaires était beaucoup plus faible (400×10^{-6} à 517×10^{-6}) que celui de bétons légers ne contenant que du ciment Portland (580×10^{-6} à 630×10^{-6}). Il a aussi noté la même tendance pour les valeurs de fluage spécifique : 640 et 685×10^{-6} pour des bétons légers fabriqués avec des ciments Portland et 460 et 510×10^{-6} pour des bétons légers contenant des cendres volantes. Malhotra (1990) explique cette différence par la quantité de cendre volante qui n'a pas encore réagi et qui se comporte comme un granulat qui offre une résistance accrue au retrait et au fluage. Nilsen et Aïtcin (1992) ont aussi trouvé une valeur de retrait plus faible pour deux BHP légers qu'ils ont comparé au retrait d'un béton de référence ayant le même rapport eau/liant, mais fait avec un granulat de densité normale. Le granulat fin de ces deux bétons légers était un sable naturel. Le granulat léger qui a offert les meilleures performances en termes de résistance a présenté le plus faible retrait, c'est-à-dire 70×10^{-6} après 28 jours de mûrissement, tandis que le retrait de l'autre BHP léger était de 260×10^{-6}, à cette époque le retrait endogène développé durant les 24 premières heures n'était pas pris en compte.

(f) Courbe contrainte/déformation

Selon les études de Wang et coll. (1978) et de Berra et Ferrara (1990), les courbes contrainte/déformation des BHP légers étaient linéaires jusqu'au pic, mais leurs branches descendantes étaient très abruptes et la ductilité décroissait au fur et à mesure que la résistance augmentait. Cependant, ces auteurs ont trouvé que les BHP légers étaient moins ductiles que des bétons de densité normale de même résistance.

(g) Résistance à la fatigue

Selon Hoff (1990), plusieurs chercheurs ont trouvé que les bétons légers ont une bien meilleure résistance à la fatigue que les bétons de densité normale. Les bétons légers ayant un module d'élasticité beaucoup plus proche de celui du mortier, les répartitions et les concentrations de contrainte à l'interface mortier/granulat sont réduites, ce qui entraîne une distribution plus uniforme des contraintes. Une étude récente sur la résistance à la fatigue de BHP légers de 45 à 65 MPa a montré que la limite d'endurance définie comme la contrainte à la fatigue en flexion à laquelle une poutre peut résister à 2 millions de cycles de chargement est de 10 à 16 % supérieure à celle d'un béton de densité normale de résistance équivalente.

Quelques essais de fatigue faits en Norvège sur des carottes prélevées dans des structures construites avec des BHP légers ont permis de trouver qu'il n'y avait pas de déviation significative entre la résistance à la fatigue de ces BHP légers et celle des BHP de résistance semblable.

(h) Caractéristiques thermiques

Berra et Ferrara (1990) ont trouvé que les propriétés thermiques (coefficient d'expansion thermique, conductivité thermique et diffusivité) des bétons légers qu'ils ont mesurées étaient égales à la moitié de celles des bétons de densité normale de composition semblable. Ces auteurs ont conclu que ces meilleures propriétés thermiques couplées à un module d'élasticité plus faible rendent les BHP légers plus résistants aux contraintes thermiques que les bétons usuels. Pour leur part, Novokshchenov et Whitcomb (1990) ont trouvé que le coefficient de conductivité thermique augmentait de façon significative avec la résistance des BHP légers.

18.3.5   Utilisation des BHP légers

Les BHP légers ont surtout été utilisés pour construire des plates-formes pétrolières pour deux raisons : pour améliorer la flottaison de la base de la plate-forme en cale sèche durant les opérations de remorquage et pour leur résistance spécifique élevée (rapport entre la résistance et la masse volumique) (Kepp et Roland, 1987 ; LaFraugh et Wiss, 1987 ; Seabrook et Wilson, 1988 ; Wilson et Malhotra, 1988 ; Hoff, 1989a et b ; 1992 ; Hoff et Elimov, 1995). Ce deuxième avantage rend intéressante l'utilisation des BHP légers pour construire des ponts et, dans de tels cas, Zhang et Gjørv (1991c) et Kefenc et coll. (1994) ont étudié la perméabilité et la diffusion des ions chlore des BHP légers. Quelques structures majeures ont été construites en utilisant des BHP légers. Une des premières a été la plate-forme Glomar Beaufort Sea I, construite en cale sèche au Japon puis remorquée à travers le Pacifique et le Détroit de Béring pour être installée dans la mer de Beaufort (LaFraugh et Wiss, 1987). Cette plate-forme pétrolière devait être remorquée dans le détroit de Point Barrow dans la mer de Beaufort (nord de l'Alaska), où le tirant d'eau est limité et il aurait donc été impossible de la remorquer si elle avait été construite avec un BHP ordinaire.

Tableau 18.2. Quelques ponts norvégiens construits avec des BHP légers.

Pont	Portée (mètres)	Résistance à la compression[a] (MPa)
Sundhormøya (poutre caisson)	110 + 150 + 110	55
Boknasundet (poutre caisson)	97,5 + 190 + 97,5	60
Eidsvold Sundbru (pont haubanné)	8 × 40	55
Bergsoysundet (pont flottant)		55
Salhus		55
Stovseth (poutre caisson)	100 + 220 + 100	55

a.   Mesurée sur cube de 100 mm.

Plus récemment, la plate-forme Hibernia a été construite en utilisant un BHP semi-léger dans lequel la moitié du volume de gros granulats avait été remplacée par un granulat léger (Fig. 18.3) (Hoff et Elimov, 1995).

En Norvège, en 1991, six ponts ont été construits avec des BHP légers (Tableau 18.2) même si ce pays ne produit pas de granulats légers et qu'ils devaient être importés du Danemark ou d'Allemagne (Aïtcin, 1992). En effet, même en utilisant un BHP léger qui coûtait beaucoup plus cher au m^3 qu'un béton usuel ou qu'un BHP ordinaire, on a pu construire des ponts plus économiques, car la réduction du poids mort de ces ponts à très grande portée a largement compensé les coûts supplémentaires reliés à l'importation des granulats légers (Fig. 18.4).

Figure 18.3 Construction de la plate-forme de forage Hibernia

Figure 18.4 Un pont norvégien construit avec des granulats légers

18.3.6 *Masse volumique des BHP légers*

La plupart du temps, la spécification de la valeur de la masse volumique d'un BHP léger crée une grande confusion parce que les gens ne pensent pas à la même masse volumique. Selon la norme ASTM, il y a actuellement deux façons de mesurer la masse volumique d'un béton léger : la norme ASTM C138 et la norme ASTM C567 indiquent comment calculer la masse volumique du béton frais, la masse volumique du béton séché à l'étuve, la masse volumique du béton séché à l'air et une masse volumique approximative.

La mesure de la masse volumique du béton frais est très facile, mais ce n'est pas la valeur qui intéresse le concepteur parce que le béton léger séchera plus ou moins après sa mise en place. La masse volumique sèche du béton léger est toujours une valeur bien définie qui peut être facilement mesurée, mais il est évident que le béton léger dans la structure sera un peu plus dense, car il n'y sera jamais à l'état sec comme à sa sortie de l'étuve.

De façon à éviter toute confusion durant la construction d'une structure où l'on utilise un BHP léger, il est très important de définir quelle est la méthode qui sera utilisée pour contrôler sa masse volumique. Si, pour quelque raison que ce soit, on décide que la masse volumique du BHP léger sera mesurée différemment, il est très important de définir de façon précise la procédure qui devra être utilisée pour mesurer cette masse volumique. Dans tous les cas, il sera très utile d'établir une corrélation entre cette valeur et les valeurs obtenues en utilisant les deux méthodes ASTM précédentes qui sont particulièrement utiles lorsque l'on veut exercer un contrôle de la qualité sur la production du BHP léger.

Dans un cas particulier, la masse volumique de carottes, prélevées dans une structure 28 jours après la mise en place du béton, a été sélectionnée comme valeur de contrôle de la masse volumique du béton léger. Afin d'établir une corrélation entre la masse volumique du béton frais telle que mesurée selon la norme ASTM C138 et les différentes valeurs calculées quand on utilise la norme ASTM C567 et la masse volumique des carottes qui intéressait le concepteur, il a donc fallu couler de gros blocs de BHP léger et les carotter à 28 jours avant que ne débute le projet.

18.3.7 *Absorption des granulats légers*

Lorsque l'on utilise des granulats légers, une certaine confusion règne sur la valeur de leur absorption. En règle générale, les granulats légers ont une absorption nettement supérieure à celle des granulats de densité normale et le problème se situe alors dans la façon de mesurer cette absorption.

Dans les calculs de la composition des BHP légers, on suggère parfois de mesurer l'absorption à 10 minutes et l'on admet, et cela a été confirmé par l'expérience, que les granulats légers secs ne se saturent jamais d'eau quand ils sont utilisés dans un béton. Si, pour quelque raison que ce soit, il faut mesurer une autre valeur de l'absorption pour l'utiliser dans les calculs, il faut clairement la définir ainsi que la façon de la mesurer. Par exemple, LaFraugh et Wiss (1987) ont trouvé que les granulats légers de leur BHP devaient être mélangés avec 4 % d'eau additionnelle pour tenir compte de l'absorption durant le malaxage et la livraison.

18.3.8 Quantité d'eau de gâchage nécessaire pour fabriquer un BHP léger

Lorsque l'on utilise des granulats légers pour fabriquer des BHP, il est difficile de décider dans quel état d'humidité doivent se trouver les granulats légers : complètement sec (LaFraugh et Wiss, 1987), complètement saturé (Hoff et Elimov, 1995) ou dans un état intermédiaire (Zhang et Gjørv, 1990). Si les deux premiers cas sont parfaitement définis et ne peuvent pas amener de controverse, chaque fois que l'on spécifie un état intermédiaire, il est très important de définir la quantité d'eau que devra contenir le granulat léger dans cet état intermédiaire et la façon de la mesurer.

Évidemment, quand les granulats légers sont utilisés à l'état sec, ils absorbent une certaine quantité d'eau dans le béton, ce qui affecte l'affaissement du béton et sa maniabilité. Dans de tels cas, le malaxage des granulats secs avec une quantité d'eau appropriée pendant 10 minutes peut éviter des variations de l'affaissement ou de la maniabilité. Comme on l'a déjà mentionné, un tel procédé allonge toutefois les procédures de malaxage et le rend très souvent inacceptable du point de vue industriel.

Si le granulat léger utilisé pour fabriquer le béton est prémouillé pendant 24 heures ou plus, il est pratiquement saturé et il n'absorbera plus aucune eau durant le malaxage de sorte qu'il n'y aura plus de problème de perte d'affaissement ou de perte de maniabilité. Toutefois, dans un tel cas, la masse volumique du béton frais et du béton durci sera légèrement plus élevée et l'on devra donc optimiser l'utilisation du granulat léger. En outre, cette solution présente un avantage technologique fort important puisque les granulats légers saturés peuvent agir comme des sources d'eau disséminées dans le BHP qui limiteront le phénomène d'autodessiccation et de retrait endogène.

Dans le cas des BHP légers, l'auteur recommande d'utiliser, chaque fois que cela est possible, des granulats légers prémouillés saturés de façon à éviter toute perte d'affaissement et de maniabilité et pour avoir une source d'eau disponible à l'intérieur du béton pour combattre le phénomène d'autodessiccation dans la masse du BHP et réduire ainsi de façon significative le retrait endogène. Si la masse volumique d'un tel béton léger est réellement critique, elle pourra être ajustée en entraînant une certaine quantité d'air, il faut alors se souvenir qu'une augmentation de 1 % de la teneur en air diminue la masse volumique d'un béton léger de 20 kg/m^3, mais aussi la résistance à la compression d'environ 5 %.

18.3.9 Conclusion

Un certain nombre de structures seront construites avec des BHP légers parce que la diminution du poids de certaines d'entre elles peut être critique et représenter un avantage économique qui compensera les coûts additionnels dus à l'utilisation de granulats légers. En outre, la réduction du retrait endogène due à l'utilisation de granulats légers constitue un autre avantage technologique certain. Il faut cependant avoir à l'esprit que le coût de production de ce type de béton est plus élevé, qu'il est plus difficile à produire et qu'il ne sera jamais aussi résistant et aussi rigide qu'un BHP de densité normale ayant le même rapport eau/ciment.

18.4 BHP lourds

Les bétons lourds sont utilisés dans des applications spécifiques où l'augmentation de la masse volumique est une valeur ajoutée qui compense le prix élevé des granulats lourds. Les bétons lourds de résistance normale sont surtout utilisés pour construire des contrepoids ou pour former des écrans aux rayons γ. Ils sont fabriqués en utilisant des granulats riches en fer tels que l'ilménite, l'hématite ou même des morceaux d'acier et de l'ilménite ou de l'hématite finement broyée comme granulat fin. Selon la densité et la quantité des granulats que l'on utilise, la masse volumique des bétons lourds peut varier de 3 000 à 6 000 kg/m^3.

En fait, les bétons lourds ne sont pas tellement spéciaux à l'exception du fait qu'ils sont faits avec des granulats qui ont une densité plus élevée que les granulats ordinaires. Les BHP lourds peuvent être fabriqués sans problème. Par exemple, en utilisant de l'ilménite comme gros granulat et granulat fin, Nilsen et Aïtcin (1992) ont fabriqué deux BHP lourds ayant des rapports eau/liant de 0,30 et 0,31. Le premier a été fabriqué en utilisant un sable naturel comme granulat fin, de telle sorte que la masse volumique du béton frais était de 3 340 kg/m^3, le deuxième a utilisé de l'ilménite finement broyée comme granulat fin de telle sorte que sa masse volumique a été de 3 805 kg/m^3. Ces deux bétons ont eu une résistance à la compression à 28 jours d'environ 80 MPa. Cependant, le béton qui contenait seulement de l'ilménite a eu systématiquement une résistance à la compression légèrement plus faible que celle du béton dans lequel on avait utilisé un sable naturel comme granulat fin. À 91 jours par exemple, le béton ne contenant que de l'ilménite avait une résistance à la compression de 94,1 MPa, tandis que celui qui contenait du sable naturel avait une résistance de 98,5 MPa. Un béton de référence ayant le même rapport eau/liant avait au même âge une résistance de 117,8 MPa. Il semble donc que l'on obtient une résistance à la compression plus faible lorsque l'on utilise des granulats lourds que celle que l'on aurait pu obtenir si l'on avait utilisé un granulat de densité normale.

Par ailleurs, Nilsen et Aïtcin (1992) ont trouvé que le module élastique d'un BHP lourd était bien supérieur à celui d'un béton de densité ordinaire. Ils ont mesuré des valeurs de module élastique à 28 jours aussi élevées que 60 GPa pour le béton tout ilménite et de 52 GPa pour le béton lourd contenant du sable naturel. Un BHP de densité normale ayant le même rapport eau/liant avait un module élastique de 40 GPa. À 91 jours, Nilsen et Aïtcin ont même enregistré des valeurs de 65 et 59 GPa pour les deux BHP lourds par rapport à 43 GPa pour un béton de densité normale de même rapport eau/ciment.

En se basant sur ces résultats, ces auteurs ont pu établir les deux équations suivantes qui lient la masse volumique et la résistance à la compression pour n'importe quel type de béton (Nilsen et Aïtcin, 1992) :

$$E_c = 0,31\ \rho\ 1,19\ f_c'^{0,35}\ (\text{GPa}$$

où ρ est exprimé en kg/m^3 et f_c' en MPa ou, plus spécifiquement pour un béton lourd :

$$E_c = 0,00845\ \rho^{0,80}\ f_c'^{0,29}\ (\text{GPa}$$

en utilisant les mêmes unités.

Nilsen et Aïtcin (1992) ont aussi trouvé que le retrait des BHP lourds était inférieur à celui des bétons de densité normale. À 128 jours, un béton tout ilménite avait un retrait deux fois plus faible que celui d'un béton de densité normale, 140×10^{-6} au lieu de 320×10^{-6} après 28 jours de mûrissement humide. Cette différence de comportement de ces deux bétons de même rapport eau/liant peut être expliquée par la plus grande rigidité des granulats lourds. Le BHP lourd contenant un sable naturel avait un retrait intermédiaire de l'ordre de 200×10^{-6}.

On peut donc dire que les granulats lourds peuvent être utilisés aussi bien que des granulats de densité normale pour fabriquer des BHP. En dépit du fait que de tels bétons lourds semblent avoir une résistance à la compression légèrement inférieure à celle des BHP normaux, ils ont par contre un module élastique nettement supérieur à cause de la grande rigidité des granulats lourds. Le retrait de séchage des BHP lourds semble inférieur à celui des BHP ordinaires qui ont le même rapport eau/liant.

18.5 BHP renforcés de fibres

On utilise différents types de fibres pour améliorer la ductilité et la résistance aux impacts des bétons usuels. Il n'est donc pas surprenant que plusieurs types de fibres aient déjà été incorporées à des BHP pour essayer d'atteindre les mêmes objectifs (Wafa et Ashour, 1992 ; Hannus et coll., 1992 ; Rossi et coll., 1995 ; Rossi, 1998 ; Amziene et Lubili, 1999).

Dans le chapitre précédent, on a discuté brièvement des mérites d'ajouter des fibres de plastique dans les BHP de façon à améliorer leur résistance au feu. Dans cette section, on se concentre plutôt sur l'utilisation de fibres d'acier dans les BHP pour améliorer leur ductilité.

Certains projets et essais de chantier comportant l'utilisation de BHP renforcés de fibres ont été récemment conduits par des chercheurs de l'Université de Sherbrooke : dans un projet particulier, le recouvrement en béton bitumineux d'un tablier de pont orthotrope en acier a été remplacé par une couche de 50 mm d'épaisseur de BHP renforcé de fibres. Les résultats de ce projet expérimental n'ont pas encore été publiés, mais ce projet a permis de voir qu'il était possible de concevoir, produire et livrer un BHP de chantier très résistant et très ductile en utilisant des fibres d'acier.

Les caractéristiques physiques de certaines fibres commercialisées à l'heure actuelle ne sont pas toujours optimisées pour leur utilisation dans les BHP. Parmi celles-ci, les fibres de plastique présentent très peu d'intérêt pour améliorer les propriétés mécaniques des BHP à cause de leurs propriétés intrinsèques, sauf peut-être pour améliorer la résistance au feu ou, dans certains cas, la résistance à l'impact du BHP. Ces fibres de plastique ont un module élastique beaucoup trop faible pour améliorer de façon significative la ténacité du béton, propriété essentiellement recherchée à l'heure actuelle quand on rajoute des fibres dans un béton.

On peut ajouter des fibres d'acier ou de carbone dans les BHP chaque fois que la fragilité du béton représente une limitation à son utilisation. Par exemple, des fibres d'acier peuvent être utilisées dans des régions où les risques sismiques sont élevés. Dans des éléments où la résistance au cisaillement du béton doit être augmentée, on peut ajouter des fibres de sorte que la section ne soit pas congestionnée d'armatures. On peut aussi utiliser des fibres quand le coût de la mise en place d'un grand nombre d'étriers peut devenir excessif ou tout au moins plus coûteux que celui des fibres.

À l'heure actuelle, un des principaux problèmes que l'on rencontre lorsque l'on veut utiliser des fibres d'acier est qu'elles ont été conçues et développées pour des bétons usuels, c'est-à-dire pour des matrices à faible performance où la liaison entre la fibre et la pâte de ciment hydraté n'est pas particulièrement forte. Dans de telles conditions, lorsqu'une certaine résistance à la traction se développe à l'intérieur du béton renforcé de fibres, les fibres commencent à glisser plus ou moins rapidement à l'intérieur de la matrice quand l'effort de traction développé au sein de la fibre est plus grand que les efforts d'adhérence développés entre la fibre et la matrice. En glissant à l'intérieur de son empreinte, la fibre développe une résistance à la friction qui confère une certaine ductilité au béton renforcé de fibres (Chanvillard, 1992 ; Chanvillard et Aïtcin, 1996). Puisque la longueur, le facteur d'élancement et la géométrie des fibres actuelles ont été optimisés dans des conditions qui sont très éloignées de celles que l'on retrouve dans la matrice d'un BHP, ces fibres ne sont pas particulièrement performantes quand on les utilise dans les BHP. Dans les BHP, la liaison entre la fibre et la matrice est très élevée et, souvent, la fibre se casse, car la contrainte d'adhérence génère une contrainte interne dans l'acier supérieure à la résistance ultime de la fibre ; si la fibre se casse et ne glisse plus à l'intérieur du béton, le BHP perd sa ductilité et se comporte alors simplement comme un béton un peu plus résistant ayant une matrice fragile (Chanvillard et Aïtcin, 1996).

Deux façons permettent de conférer une certaine ténacité à un BHP renforcé de fibres. La première est d'utiliser des fibres ayant les mêmes caractéristiques géométriques, mais d'augmenter la résistance ultime de l'acier de sorte que ces fibres ne se brisent plus lorsqu'elles sont incluses dans un BHP et qu'elles puissent glisser dans leur empreinte après leur décollement. La deuxième façon consiste à fabriquer des fibres plus courtes ayant un diamètre plus fin de façon à diminuer les forces de liaison entre la fibre et la matrice jusqu'à ce que la contrainte développée dans la fibre par ces forces d'adhérence soit inférieure à la résistance ultime de l'acier.

Comme il est toujours bon que le renforcement de la matrice soit le plus uniforme possible, la deuxième solution semble la plus prometteuse parce que, en réduisant la longueur et le diamètre des fibres, on augmente le nombre de fibres par unité de volume. Malheureusement, les fibres très fines et très courtes sont plutôt rares sur le marché, mais on peut quand même en trouver. En utilisant des fibres de $15 \times 0,6$ mm, Bache (1995) de la compagnie Aalborg Cement a pu fabriquer un mortier à haute performance ayant un rapport eau/ciment de 0,18 qui contenait 6,5 % de fibres et dont le diamètre du plus gros granulat était de 4 mm, pour construire un panneau qui contenait 20 % d'armatures longitudinales et 7 % d'armatures verticales. Dans le chapitre suivant, on verra l'importance du facteur d'allongement des fibres dans les bétons de poudres réactives.

En général, on trouve que l'addition de fibres d'acier n'améliore pas tellement la résistance à la compression des BHP et que le module de rupture est légèrement amélioré, mais pas autant qu'on pourrait le penser. Le comportement postpic de la courbe contrainte/déformation est quant à lui nettement amélioré (Fig. 18.5). Plutôt que d'avoir une rupture de type fragile, les BHP renforcés de fibres présentent un comportement pseudo-ductile. La forme de la courbe postpic est fonction directe du dosage en fibres : pour des dosages en fibres élevés, supérieurs à 1,5 % par volume (c'est-à-dire supérieurs à 120 kg/m^3), on observe une augmentation très significative de la charge ultime, ce qui n'est pas le cas lorsque l'on utilise les dosages compris entre 40 et 80 kg/m^3 (0,5 à 1 % par volume) dans des bétons usuels.

Comme dans le cas des bétons usuels, l'augmentation du dosage en fibres diminue la maniabilité du BHP. L'utilisation de fibres plus courtes devrait donc faciliter l'augmentation du dosage en fibres. Une autre limitation dans l'utilisation de fibres a trait à leur coût : l'incorporation de 40 à 80 kg/m^3 de fibres augmente le coût de production d'un BHP de 50 à 100 %. L'investissement consenti doit donc être compensé par l'amélioration des propriétés visées.

L'utilisation de fibres devient de plus en plus fréquente dans les bétons projetés et les lecteurs intéressés par une telle application sont invités à lire les nombreux articles écrits sur ce sujet par Morgan.

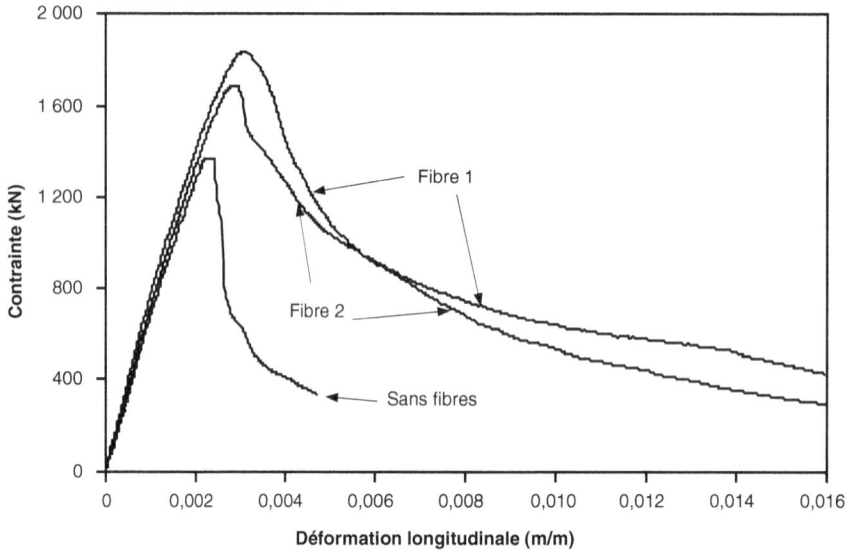

Figure 18.5 Courbes contrainte/déformation pour un BHP avec ou sans fibres

18.6 BHP confinés

L'idée de confiner du béton dans une enveloppe d'acier n'est pas nouvelle en soi puisque des articles relatifs au béton confiné datent du début du siècle (Sewel, 1902 ; Burr, 1912). Ce type de confinement se différencie du confinement obtenu par des spirales ou des étriers (Cusson et Paultre, 1994a et b). On a trouvé que le confinement d'un béton dans des tubes d'acier augmentait de façon significative la résistance du matériau composite quand on la comparait à la résistance individuelle de chacune des deux composantes. Au début du siècle cependant, comme la résistance à la compression des bétons utilisés industriellement était de l'ordre de 20 MPa, la contribution du béton dans le matériau composite n'était pas tellement significative ; le béton était alors surtout utilisé pour protéger l'acier structural contre la corrosion et le feu.

Avec le développement des BHP, le confinement du béton dans des tubes d'acier fin a regagné un certain intérêt. Il ne s'agit plus de confiner un béton de résistance très faible, mais plutôt de confiner un béton dont la résistance à la compression peut atteindre ou dépasser 100 MPa (Lahlou, 1994) ou même des bétons de poudres réactives ayant des résistances à la compression de plus de 200 MPa, comme on le verra dans le prochain chapitre.

Durant les 30 dernières années, certains chercheurs (Furlong, 1967 ; Gardner et Jacobson, 1967 ; Sen, 1969 ; Bertero et Moustafa, 1970 ; Knowles et Park, 1970 ; Bode, 1976 ; Takahashi et Yoshida, 1982 ; Tsukagoshi et coll., 1990) ont présenté des travaux de recherche tenant compte de l'effet de confinement du béton usuel dans des tubes en acier. Récemment seulement, on a étudié l'utilisation de BHP confinés dans des tubes d'acier (Thorenfeldt et Tomaszewics, 1989 ; Cederwall et coll., 1990 ; Lahlou et coll., 1991, 1992 ; Lahlou et Aïtcin, 1997) et ce concept a d'ailleurs été exploité par le concepteur du gratte-ciel Two Union Square à Seattle (voir la section 4.7.6), à Melbourne en Australie (Webb, 1993) et dans le cas de la passerelle de Sherbrooke (Aïtcin et coll., 1998).

Von Karman (1911) a étudié l'effet d'un confinement triaxial sur une roche, en particulier le rôle de la pression de confinement sur du marbre de Carare ; plus tard, Paterson (1958, 1978), Vuturi et coll. (1974) et plus récemment Fredrich et coll. (1989) ont publié des résultats semblables, mais pour différents types de roche. Selon tous ces auteurs, en augmentant la pression de confinement, on peut mettre en évidence trois effets importants sur la courbe contrainte/déformation :

1. au fur et à mesure que la pression de confinement augmente, la résistance à la compression ultime augmente ;

2. la déformation atteinte avant la rupture augmente de façon très significative puisque la pression de confinement augmente, dépassant ce que l'on peut appeler le seuil de la pression admissible. Une valeur de 3 à 5 % de la déformation à la rupture des roches est souvent utilisée pour délimiter la transition entre une rupture fragile et ductile ;

3. la pente de la courbe contrainte/déformation dans sa partie élastique reste pratiquement la même, démontrant que le confinement a peu d'effet sur le module élastique du solide confiné.

Récemment, lors d'une réunion du Transportation Research Board à Washington, Hammons et Neely (1993) ont présenté des résultats portant sur la caractérisation d'un béton à base de ciment Portland à haute résistance sous un effet triaxial (105 MPa). Ils ont trouvé que le BHP pouvait développer des déformations plastiques très importantes et même avoir un certain écoulement lorsque le confinement devenait très élevé.

Toutes les études récentes que l'on a mentionnées sur le confinement des BHP dans des tubes d'acier ont permis de montrer que :

• l'utilisation d'un tube d'acier fin pour confiner, par exemple un BHP de 85 MPa, arrive à multiplier par un facteur qui varie entre 1,6 et 2,2 la charge maximale que peut supporter une colonne soumise à un effort excentrique. L'effet de ce confinement peut alors être comparé au renforcement d'une colonne de 45 MPa confinée avec des armatures d'acier en spirale ;

• le confinement est particulièrement intéressant quand on augmente la ductilité d'une colonne par une gaine carrée ;

• la liaison entre le tube d'acier et le béton et la manière dont la charge est appliquée sur le matériau composite est un facteur très important.

Dans le cas des BHP, il semble que le confinement du béton dans un tube d'acier soit plus efficace que celui que l'on peut obtenir avec des spirales ou des étriers pour plusieurs raisons :

- le confinement d'un BHP par des spirales ou des étriers rectangulaires est moins efficace que le confinement d'un béton usuel (Martinez et coll., 1984 ; Bjerkeli et coll.,
1990) ;

- de façon à obtenir une augmentation de la résistance semblable, le BHP doit être
soumis à une pression de confinement supérieure à celle d'un béton usuel. Ahmad et
Shah (1982) expliquent ce résultat en écrivant que, pour une valeur donnée de la
contrainte axiale, la déformation radiale dans un BHP est inférieure à celle que l'on
observe dans un béton usuel ;

- une ductilité intéressante a été obtenue par Mugumura et Wanatabe (1990) quand ils
ont utilisé un acier à haute résistance avec un BHP de 115 MPa en utilisant un renforcement spécial transversal et longitudinal ; Bjerkeli et coll. (1990) et Cusson et coll.
(1992) ont aussi pu améliorer la ductilité des BHP ;

- le comportement postpic des colonnes faites avec un BHP est caractérisé par
l'écaillage du béton qui recouvre les armatures, ce qui entraîne une diminution de la
charge qui peut être soutenue par la colonne avant que le confinement latéral ne
devienne efficace (Martinez et coll., 1984 ; Yong et coll., 1988 ; Cusson et coll.,
1992). Ce comportement ne s'observe pas quand on utilise des colonnes qui n'ont
aucun recouvrement (Martinez et coll., 1984 ; Abdel-Fattah et Ahmad, 1989) ;

- à l'inverse des colonnes en béton usuel, la rupture des colonnes en BHP se produit
toujours après l'apparition d'une fissure de cisaillement à l'intérieur du cœur du
béton, quand f_c' > 80 MPa et avant que le flambement de la partie verticale de la
cage d'armature ne se développe (Yong et coll., 1988).

Du point de vue pratique, il est très facile de confiner un BHP : il suffit de remplir un
tube d'acier avec le béton en le poussant simplement à l'intérieur du tube à l'aide d'une
pompe, le tube constituant alors le coffrage. Il n'est pas nécessaire de renforcer le béton
ni de le mûrir puisque seul le retrait endogène s'y développera. Le confinement peut, si
nécessaire, être combiné à une précontrainte interne ou externe de telle sorte que des
éléments structuraux très légers et très rigides peuvent être conçus pour construire des
ponts, des plates-formes pétrolières ou des structures de grande portée. En outre, on
peut utiliser des câbles extérieurs de postcontrainte pour assembler la structure.

La figure 18.6 présente quelques résultats expérimentaux obtenus par Lahlou et coll. (1992)
lorsqu'ils ont confiné trois bétons ayant des résistances à la compression non confinées à
28 jours de 50, 80 et 115 MPa. Les figures 18.6a, b et c présentent les résultats obtenus sous
trois pressions de confinement latéral dans une cellule triaxiale avec σ_3 égal 0, 7,6 et 22 MPa
alors que les figures 18.6d, e et f présentent les résultats obtenus avec trois tubes d'acier
ayant une limite élastique de 450 MPa ayant des épaisseurs de 0,5, 1,27 et 2,16 mm, ce qui
correspond à une surface d'acier égale à 3,8, 9,7 et 17 % de la section de béton.

Dans la série de courbes présentées à la figure 18.6, on note une augmentation significative
de la capacité totale et de la ductilité du matériau composite, quelle que soit la résistance à la
compression du béton. Cependant, au fur et à mesure que la résistance à la compression du
béton augmente, on observe que l'effet de confinement est moins important.

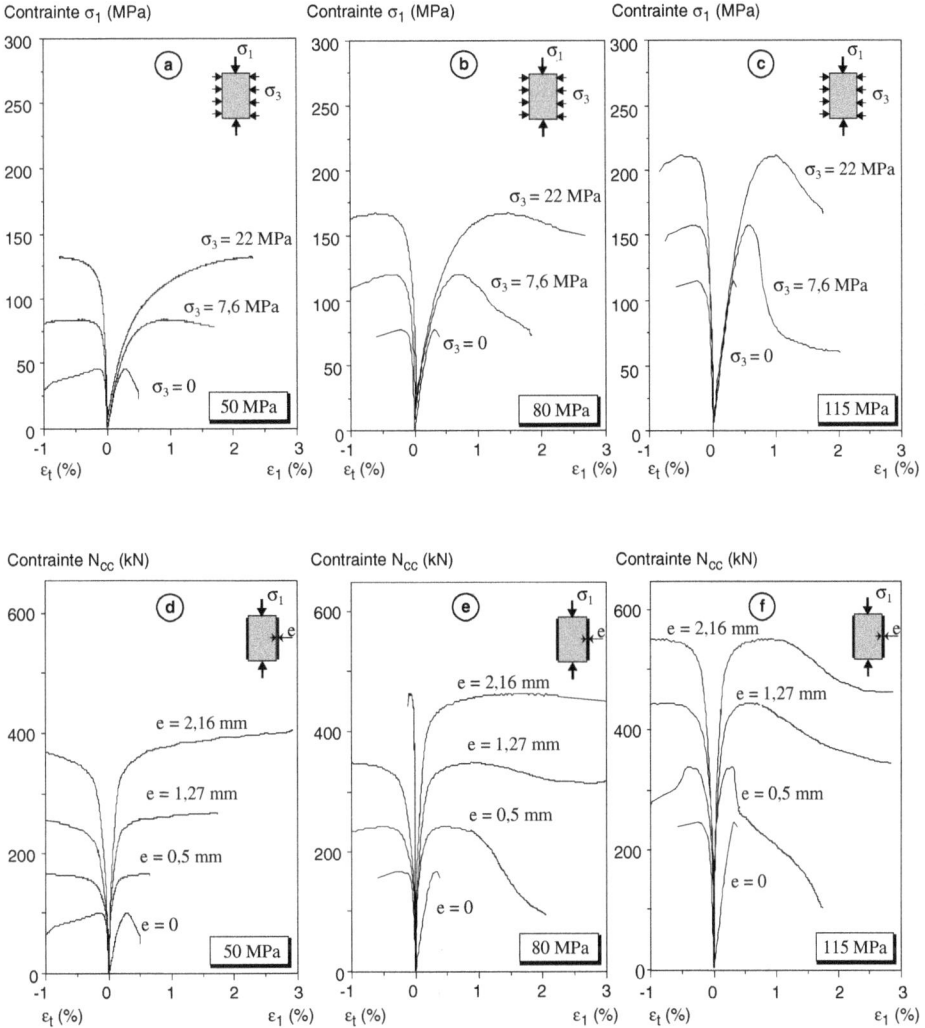

Figure 18.6 Courbes contrainte/déformation pour différentes éprouvettes de béton confiné

(a) (b) (c) pression hydrostatique
(d) (e) (f) tube d'acier

Lorsque l'on utilise un confinement passif dans un tube d'acier, la contrainte dans le béton peut être mesurée à l'aide de jauges extensométriques. La figure 18.7 montre les différents types de relation que l'on peut obtenir entre la résistance axiale maximale dans le béton et la pression de confinement due au tube d'acier.

L'analyse et la modélisation de segments en compression fabriqués avec des BHP devront être développées en étudiant les aspects suivants :

• le comportement triaxial du cœur du béton ;

- le comportement de la fine enveloppe d'acier sous charge biaxiale ;
- l'influence de l'interaction entre l'enveloppe et le béton ;
- le comportement du béton qui peut affecter le comportement du composite ;
- le comportement au flambage du composite selon la manière dont les efforts sont appliqués et le rapport de longueur de l'élément en béton confiné.

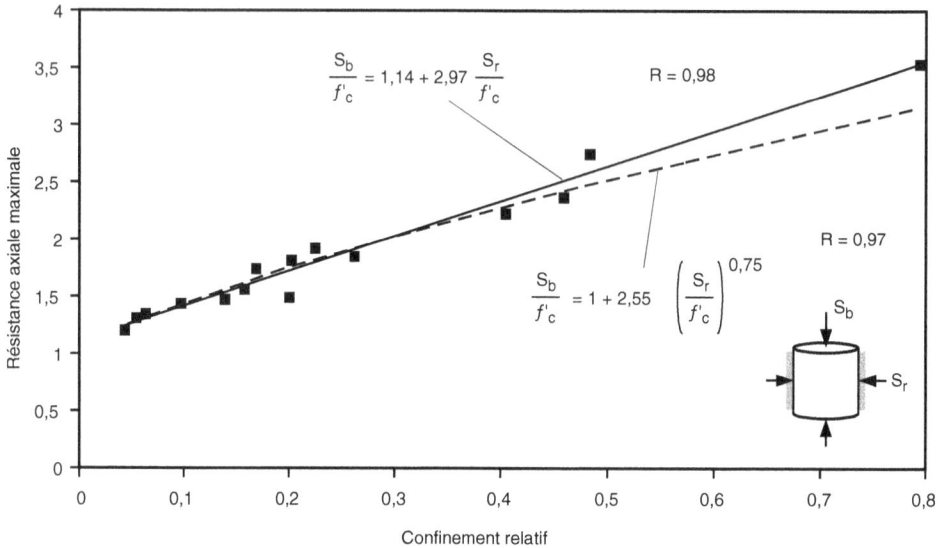

Figure 18.7 Critères de résistance pour une éprouvette de béton

18.7 BHP compacté au rouleau

Très récemment au Québec, on a assisté à un développement intéressant dans le domaine du béton compacté au rouleau. Cette technique se distingue de celle des bétons compactés au rouleau utilisée dans la construction des barrages (Hansen, 1987 ; Diggett, 1987 ; Abrams et Jackstra, 1987 ; Logre et Oliverson, 1987 ; Gagné, 1999) dans le sens qu'elle consiste à placer un BHP plutôt sec avec les équipements utilisés par les producteurs de béton bitumineux pour construire des dalles industrielles de très grande dimension. Par exemple, une usine de pâtes et papiers a fait construire en moins d'un mois et demi une dalle industrielle de 87 000 m^2, l'équivalent de 16 terrains de rugby ou de football par un entrepreneur spécialisé dans la construction de routes en béton bitumineux (Fig. 18.8). Cette immense dalle a été construite en deux couches de 150 mm d'épaisseur avec un BHP dont la résistance moyenne à 28 jours était de 60 MPa (Fig. 18.9). Cette dalle ne contient aucune armature d'acier, aucune fibre d'acier et ne comporte aucun joint. Le BHP compacté au rouleau qui a été mis en place résiste bien aux cycles de gel-dégel et présente une très bonne résistance à l'abrasion nécessaire pour faciliter le travail des équipements lourds utilisés pour décharger les billes de bois et les acheminer vers l'usine.

Figure 18.8 *Vue d'ensemble de la dalle de béton de l'usine Domtar dont la superficie de 87 000 m² équivaut à 16 terrains de football adjacents*

Figure 18.9 Aspect des deux couches de 150 mm après compactage. Notez que les joints longitudinaux des deux couches sont légèrement décalés l'un par rapport à l'autre

Le BHP compacté au rouleau a été préparé dans une usine portative ordinaire de béton bitumineux (Fig. 18.10) et mis en place par deux épandeuses de béton bitumineux (Fig. 18.11 et 18.12). Ce béton a été compacté de la même façon que des couches de béton bitumineux ordinaire (Fig. 18.13) avec des rouleaux vibrants et des rouleaux à pneus. La masse volumique du BHP compacté au rouleau a été mesurée en utilisant un nucléodensimètre ordinaire (Fig. 18.13).

Figure 18.10 Préparation du BHP dans une usine portative de béton bitumineux

Figure 18.11 Mise en place du béton compacté au rouleau à l'aide d'une épandeuse de béton bitumineux

Figure 18.12 La surface du BHP compacté au rouleau juste après sa mise en place par l'épandeuse de béton bitumineux

Figure 18.13 Compactage de la surface du béton et vérification de la masse volumique avec un nucléodensimètre

L'aspect superficiel de la surface du béton était légèrement ouvert (Fig. 18.14), mais l'aspect général de la dalle était très satisfaisant (Fig. 18.15). Après 4 ans d'utilisation, le comportement de cette dalle de BHP compacté au rouleau est tout à fait satisfaisant, la compagnie de pâtes et papiers l'a même agrandie de 3 000 m^2.

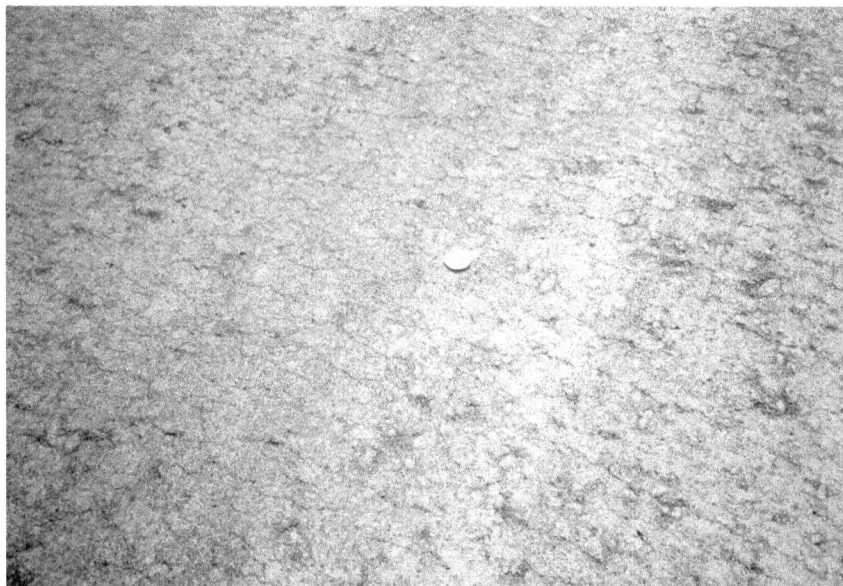

Figure 18.14 Aspect de la surface du béton après le compactage par les rouleaux vibrateurs

Figure 18.15 Aspect général de la surface finie (la couleur blanche provient de l'utilisation d'une membrane de mûrissement)

Des dalles semblables ont été construites pour une usine sidérurgique, dans la cour d'un ferrailleur, dans une usine chimique et, plus récemment, dans une scierie. Les principaux avantages mis de l'avant par les propriétaires sont la durabilité des surfaces du BHP compacté au rouleau, la très grande résistance à l'abrasion, la rapidité de la construction et la rapidité de la mise en opération de la dalle.

En 1999 la ville de Montréal a utilisé à titre expérimental un BHP compacté au rouleau comme surface de roulement sur une rue résidentielle où le sol de fondation avait une très faible capacité portante et dans une avenue beaucoup plus fréquentée (Ville de Montréal, 1998).

La composition des BHP compactés au rouleau doit être optimisée pour tenir compte de la quantité de liant utilisé, des granulats disponibles, de l'équipement de malaxage et de celui de mise en place. Comme dans le cas de n'importe quel béton compacté au rouleau, la consistance du béton doit être ajustée en utilisant l'essai Vebe (ASTM C1170-91). On recherche en général un temps d'écoulement Vebe de 60 ± 10 secondes. Le tableau 18.3 fournit la composition d'un BHP compacté au rouleau et le tableau 18.4 présente ses propriétés.

Le contrôle de la qualité d'un BHP compacté au rouleau ne requiert pas de développer des techniques nouvelles puisque l'on peut utiliser les techniques habituelles de contrôle de la qualité. Ce type d'utilisation du BHP est très prometteur.

Tableau 18.3. Composition typique d'un BHP compacté au rouleau.

Ciment à la fumée de silice (kg/m³)		285
Eau (l/m³)		90
Granulat (kg/m³)	Gros	1 305
	Fin	770
Adjuvants	A.E.A.[a] (ml/100 kg ciment)	200
	Réducteur d'eau (ml/m³)	600-900

a.   Agent entraîneur d'air.

Tableau 18.4. Propriétés du BHP compacté au rouleau à l'état frais et durci.

Temps Vebe (s)		60 ± 10
Masse unitaire (kg/m³)		2 450
Résistance à la compression (MPa)	1 d	30
	7 d	50
	28 d	60
	91 d	65
Résistance à la flexion (MPa)	7 d	7-8

18.8 Conclusion

Comme dans le cas des bétons usuels, certains BHP ont déjà des caractéristiques qui ont pu être modifiées pour répondre à des besoins technologiques spéciaux. Ainsi, on a vu apparaître sur le marché des BHP à air entraîné, légers, lourds, renforcés de fibres, confinés, compactés au rouleau ou autonivelants. Il est certain que, dans le futur, d'autres BHP spéciaux seront développés pour remplir des besoins technologiques particuliers ; cette adaptabilité du béton à satisfaire différentes utilisations est un de ses grands avantages. Il n'y a que l'imagination des ingénieurs et le coût qui vont déterminer jusqu'à quel point on pourra développer de nouvelles utilisations de BHP spéciaux dans le futur.

Références

Abdel-Fattah, H. et Ahmad, S.H. (1989) Behavior of hoop-confined high-strength concrete under axial and shear loads. *ACI Structural Journal*, **86**(6), 652-659.

Abrams, J.M. et Jackstra, J.C. (1987) An airport apron and a county road. *Concrete International*, **9**(2), février, 30-36.

Ahmad, S.H. et Shah, S.P. (1982) Stress-strain curves for concrete. *Journal of the Structural Division, ASCE*, **108**(ST4), 728-742.

Aïtcin, P.-C. (1992) *High-performance Concrete Review of World Wide Activities*, CANMET/ACI International Symposium on Advances in Concrete Technology, septembre, Toronto, Ontario, Canada, 29 p.

Aïtcin, P.-C. et Lessard, M. (1994) Canadian experience with air-entrained high-performance concrete. *Concrete International*, **16**(10), octobre, 35-38.

Aïtcin, P.-C., Lachemi, M., Adeline, R. et Richard, P. (1998) The Sherbrooke reactive powder concrete footbridge. *Structural Engineering International (IABSE)*, **8**(2), 140-144.

Amziene, S. et Lukili, A. (1999) Étude expérimentale du comportement des bétons à hautes performances renforcés de fibres d'acier sous chargement statique et cyclique. *Matériaux et constructions*, **32**(219), p. 348-353.

ASTM C 1170 (1993) *Standard Test Methods for Determining Consistency and Density of Roller-Compacted Concrete Using a Vibrating Table*, p. 618-621.

ASTM C138 (1993) *Standard Test Method for Unit Weight, Yield and Air Content (Gravimetric) of Concrete, Annual Book of ASTM Standards*, Section 4 Construction, vol. 04.02 Concrete and Aggregates, ISBN 0-8031-1923-3, p. 83-85.

ASTM C567 (1993) *Standard Test Method for Unit Weight of Structural Lightweight Concrete, Annual Book of ASTM Standards*, Section 4 Construction, vol. 04.02 Concrete and Aggregates, ISBN 0-8031-1923-3, p. 290-292.

ASTM C666 (1993) *Standard Test Method for Resistance of Concrete to Rapid Freezing and Thawing, Annual Book of ASTM Standards*, Section 4 Construction, vol. 04.02 Concrete and Aggregates, ISBN 0-8031-1923-3, p. 326-331.

Bache, H.H. (1995) Communication personnelle.

Berra, M. et Ferrara, G. (1990) *Normalweight and Total-Lightweight High-strength Concretes : A Comparative Experimental Study*, ACI SP-121, p. 701-733.

Bertero, V.V. et Moustafa, S.E. (1970) Steel Encased Expansive Cement Concrete Column, *Journal of the Structural Division, ASTE,* 96(ST11), novembre, 2267-2282.

Bjerkeli, L., Tomaszewicz, A. et Jenzen, J.J. (1990) *Deformation Properties and Ductility of High Strength Concrete*, ACI SP-121, mai, p. 215-238.

Blais, F.A., Dallaire, E., Lessard, M. et Aïtcin, P.-C. (1996) *The Reconstruction of the Bridge Deck of the Jacques Cartier Bridge in Sherbrooke (Quebec) using High-Performance Concrete*, 30e réunion annuelle de la Société canadienne de génie civil, Edmonton, Alberta, mai, ISBN 0-921-303-60, p. 501-507.

Bode, H. (1976) Columns of steel tabular sections filled with concrete design and applications. *Acier-Stahl-Steel*, **11**(12), 388-393.

Bremner, T.W. et Holm, T.A. (1995) *High-Performance Lightweight Concrete – A Review*, ACI SP-154, p. 1-19.

Burr, W.H. (1912) Composite columns of concrete and steel, *Proc. Inst. Civ. Eng.*, **188**, 114-126.

Cederwall, K., Engstrom, B. et Graners, M. (1990) *High Strength Concrete used in Composite Columns*, 2nd International Symposium on Utilization of High Strength Concrete, Berkeley, Californie, mai.

Chanvillard, G. (1992) *Analyse expérimentale et modélisation micro mécanique du comportement des fibres d'acier tréfilées. ancrées dans une matrice cimentaire*, thèse de doctorat n° 663, Université de Sherbrooke, Québec, Canada.

Chanvillard, G. et Aïtcin, P.-C. (1996) Pull-out behavior of corrugated steel fibers : qualitative and statistical analysis. *Advanced Cement Based Materials*, **4**(1), juillet, 28-41.

Cusson, D. et Paultre, P. (1994a) Le confinement des poteaux en béton à hautes performances – Étude expérimentale. *Bulletin de liaison des Laboratoires des Ponts et Chaussées*, n° 194, p. 47-60.

Cusson, D. et Paultre, P. (1994b) Le confinement des poteaux en béton à hautes performances – Prévision de comportement. *Bulletin de liaison des Laboratoires des Ponts et Chaussées*, n° 194, p. 61-74.

Cusson, D., Paultre, P. et Aïtcin, P.-C. (1992) *Le confinement des colonnes en béton à haute performance par des étriers rectangulaires*, Conférence annuelle CSCE, Québec, Québec, mai, vol. IV, p. 21-30.

Diggett, R.W. (1987) Ten years of heavy-duty pavement in Western Canada. *Concrete International*, **9**(2), février, p. 49-54.

Fredrich, J.T., Evans, B. et Wong, T.-F. (1989) Micromechanics of the brittle to plastic transition in Canada marble. *Journal of Geophysical Research*, **94**(84), 4129-4415.

Furlong, R.W. (1968) Design of steel-encased concrete beam columns, *Journal of the Structural Division, ASCE*, **94**(ST1), janvier, 267-281.

Gagné, R. (1999) Proportioning for non-air-entrained RCCP. *Concrete International*, **21**(5), mai, 37-41.

Gagné, R., Pigeon, M. et Aïtcin, P.-C (1991) *The Frost Durability of High-performance Concrete,* Second Canada / Japan Workshop on Low Temperature Effects on Concrete, Ottawa, p. 75-87.

Gagné, R., Pigeon, M. et Aïtcin, P.-C. (1990) *Deicer Salt Scaling Resistance of High Performance Concrete*, Paul Klieger Symposium on Performance of Concrete, San Diego, California, ACI SP-122, p. 29-44.

Gardner, N.J. et Jacobson, E.R. (1967) Structural behaviour of concrete filled steel tubes. *ACI Journal*, 64(7), juillet, p. 404-13, et discussion, *ACI Journal*, **65**(1), janvier 1968, 66-69.

Hammons, M.I. et Neeley, B.D. (1993) *Triaxial Characterization of High-strength Portland Cement Concrete,* 72nd Transportation Research Board Annual Meeting, Paper No 930126, Washington, janvier, 22 p.

Hansen, K.D. (1987) A pavement for today and tomorrow. *Concrete International*, **9**(2), février, 15-17.

Hanus, F., Faure, J.-C. et Peiffer, G. (1992) Béton léger à H.P. : utilisations dans les structures devant résister aux explosions, dans *Les bétons à hautes performances – Caractérisation, durabilité, applications*, édité par Y. Malier, Presses de l'École nationale des Ponts et chaussées, ISBN 2-85978-187-0, p. 651-665.

Hoff, G.C. (1989a) High strength, lightweight concrete for the Arctic, dans *Proceedings of the Symposium on International Experience with durability of Concrete in Marine Environment*, University of California at Berkeley, janvier, p. 9-19.

Hoff, G.C. (1989b) Evaluation of ice abrasion of high-strength lightweight concretes for Arctic applications, dans *Proceedings of the 8th International Conference on Offshore Mechanics and Arctic Engineering*, vol. 3, La Haye, Pays-Bas, mars, p. 583-590.

Hoff, G.C. (1990) *High-strength Lightweight Aggregate Concrete – Current Status and Future Needs*, ACI SP-121, p. 619-644.

Hoff, G.C. (1992) *High Strength Lightweight Aggregate Concrete for Arctic Applications, Part I, II and III*, ACI SP-136, Structural Lightweight Aggregate Concrete Performance, p. 1-246.

Hoff, G.C. et Elimov, R. (1995) *Concrete Production for the Hibernia Platform*, 2nd CANMET/ACI International Symposium on Advance in Concrete Technology, Supplementary papers, Las Vegas, Nevada, 11-14 juin, p. 717-739.

Kefenc, T., Zhang, M.-H. et Gjørv, O.E. (1994) Diffusivity of chlorides from seawater into high-strength lightweight concrete. *ACI Materials Journal*, **91**(4), 447-452.

Kepp, B. et Roland, B. (1987) High-strength LWA-concrete for offshore structures – Ready for action, dans *Utilization of High Strength Concrete,* Stavanger, Norvège, juin, ISBN 82-519-0797-7, p. 679-688.

Knowles, R.B et Park, R. (1970) Axial load design for concrete filled steel tubes. *Journal of the Structural Division, ASCE*, **96**(ST10), octobre, 2125-2153.

LaFraugh, R.W. et Wiss, J.E. (1987) Design and placement of high strength lightweight and normalweight concrete for Glomar Beaufort Sea 1, dans *Utilization of High Strength concrete*, Stavanger, Norvège, juin, ISBN 82-519-0797-7, p. 497-508.

Lahlou, K. (1994) *Comportement des colonnes courtes en béton à hautes performances confiné dans des tubes circulaires en acier soumises à des efforts de compression*, thèse de doctorat n° 826, Université de Sherbrooke, Quebec, Canada.

Lahlou, K. et Aïtcin, P.-C. (1997) Colonnes en béton à hautes performances confiné dans des enveloppes minces en acier. *Bulletin de liaison des Laboratoires des Ponts et Chaussées*, n° 209, p. 49-67.

Lahlou, K., Aïtcin, P.-C. et Chaallal, O. (1991) *Étude préliminaire sur le confinement de bétons de différentes résistances en compression dans des enveloppes extérieures*, 10e Conférence annuelle CSCE, Vancouver, BC, Canada, Vol. Suppl., Part I, 13 p.

Lahlou, K., Aïtcin, P.-C. et Chaallal, O. (1992) Behaviour of high strength concrete under confined stress. *Cement and concrete composites*, **14**(3), 1992, 185-193.

Lessard, M., Gendreau, M. et Gagné, R. (1993) *Statistical Analysis of the Production of a 75 MPa Air Entrained Concrete*, 3e Symposium international sur le béton à haute performance, Lillehammer, Norvège, ISBN 82-91 341-00-1, juin, p. 793-800.

Logre, C.V. et Oliverson, J.E. (1987) Burlington Northern Railroad intermodal hub facility. *Concrete International*, **9**(2), février, p. 37-41.

Malhotra, V.H. (1990) *Properties of High-strength Lightweight Concrete Incorporating Fly Ash and Silica Fume*, ACI SP-121, p. 645-666.

Malhotra, V.M. (1987) CANMET investigations in the development of high-strength lightweight concrete, dans *Utilization of High Strength concrete*, Stavanger, Norvège, juin, ISBN 82-519-0797-7, p. 15-25.

Martinez, S., Nilson, A.H. et Slate, F.O. (1984) Spinally reinforced high-strength concrete columns. *ACI Journal*, **81**(5), septembre-octobre, 431-442.

Mitchell, D., Zaki, A., Pigeon, M. et Coulombe, L.-G. (1993) *Experimental Use of High-Performance Concrete in Bridges in Québec*, 1993 CSCE/CPCA Structural Concrete Conference, mai, p. 63-75.

Mugumura, H. et Wanatabe, F. (1990) *Ductility Improvement of High Strength Concrete Column with Lateral Confinement*, ACI SP-121, p. 47.

Nilsen, A.U. et Aïtcin, P.-C. (1992) Properties of high-strength concrete containing light-, normal- and heavy-weight aggregate. *Cement, Concrete, and Aggregate*, **14**(1), été, 8-12.

Novokshchenov, V. et Whitcomb, W. (1990) *How to Obtain High-strength Concrete Using Low Density Aggregate*, ACI SP-121, p. 683-700.

Okkenhaug, K. et Gjørv, O.E. (1992) Effect of delayed addition of air entraining admixtures to concrete. *Concrete International*, **14**(10), octobre, 37-41.

Paterson, M.S. (1958) Experimental deformation and faulting in wonbeyan marble. *Geological Society American Bulletin*, **69**, 465-476.

Paterson, M.S. (1978) *Experimental Rock Deformation – The Brittle Field*, publié par Springer-Verlay, p. 162-167.

Rossi, P. (1998) *Les bétons de fibres métalliques*, Presses de L'École nationale des Ponts et chaussées, Paris, 309 p.

Rossi, P., Casanova, P. et Renwez, S. (1995) Les bétons fibrés à hautes performances – Des matériaux d'avenir ? *Bulletin de liaison des Laboratoires des Ponts et Chaussées*, n° 197, 19-23.

Seabrook, P.I. et Wilson, H.S. (1988) High strength lightweight concrete for use in offshore structures : utilization of fly ash and silica fume. *The International Journal of Cement Composites and Lightweight Concretes*, **10**(3), 183-192.

Sen, M.K. (1969) *Triaxial effects in Concrete Filled Tubular Columns*, thèse de doctorat, University of London.

Sewel, J.S. (1902) Columns for buildings, *Engineering News*, **48**(17).

Slate, F.O., Nilson, A.H. et Martinez, S. (1986) Mechanical properties of high-strength lightweight concrete. *ACI Journal*, **83**(4), 606-613.

Tadros, G., Combault, J., Bilderbeek, D.W. et Fotinos, G. (1996) *The Design and Construction of the Northumberland Strait Crossing Fixed Link in Canada*, 15e congrès de l'IABSE, Copenhague, Danemark, 16-20 juin, 24 p.

Takahashi, M. et Yoshida, F. (1982) *Elasto-Plastic Behaviors of Expansive-Concrete Filled Steel-Pipe Members under Cyclic Axial Loadings*, 25th Japan Congress on Materials Research – Non-Metallic Materials, p. 255-260.

Thorenfeldt, E. et Tomaszewicz, A. (1989) Thin steel mantle as lateral confinement in reinforced concrete columns, test results, *Nordic Concrete Research*, Oslo, n° 8, décembre, p. 199-208.

Tsukagoshi, H., Kurose, Y. et Orito, Y. (1990) *Unbonded Composite Steel Tube Concrete Columns*, IABSE Symposium on Mixed Structures Including New Materials, Bruxelles, p. 499-500.

Ville de Montréal (1998) *Devis technique – Pavage de béton compacté au rouleau*, Laboratoire de la ville de Montréal, 15 p.

von Karman, T. (1911) Festigheitsversuche underallseitgein Druck, *Z. Ver. Deutsch. Ing.*, **55**, 1749.

Vuturi, V.S., Lama, R.D. et Saluja, S.S. (1974) Stiff testing machines, dans *Handbook on Mechanical Properties of Rocks*, Trans. Tech. Publications, Clausthall, Allemagne, ISBN 0-87849-010-8, **1**, p. 188-197.

Wafa, F.F. et Ashour, S.A. (1992) Mechanical properties of high-strength fiber reinforced concrete. *ACI Materials Journal*, **89**(5), septembre-octobre, 449-455.

Wang, P.T., Shah, S.P. et Naaman, A.E. (1978) Stress strain curves of normal and lightweight concrete in compression. *ACI Journal*, **75**(11), novembre, 603-611.

Wasserman, R. et Bentur, A. (1996) Interfacial interactions in lightweight aggregate concretes and their influence on the concrete strength. *Cement and Concrete Composite*, **18**(1), 67-76.

Webb, J. (1993) High-strength concrete : economics, design and ductility. *Concrete International*, **15**(1), janvier, 27-32.

Wilson, H.S. et Malhotra, V.H. (1988) Development of high-strength lightweight concrete for structural applications. *The International Journal of Cement Composites and Lightweight Concrete*, **10**(2), 79-90.

Yong, Y.-K., Nour, M.G. et Nawy, E.G. (1988) Behavior of laterally confined high-strength concrete under axial loads. *Journal of Structural Engineering, ASCE*, **114**(2), 332-351.

Zhang, M.-H. et Gjørv, O.E. (1991a) Characteristics of lightweight aggregates for high-strength concrete. *ACI Materials Journal*, **88**(2), 150-158.

Zhang, M.-H. et Gjørv, O.E. (1991b) Mechanical properties of high-strength lightweight concrete. *ACI Materials Journal*, **88**(3), 240-247.

Zhang, M.-H. et Gjørv, O.E. (1991c) Permeability of high-strength lightweight concrete. *ACI Materials Journal*, **88**(4), 463-469.

Zhang, M.-H. et Gjørv, O.E. (1990) *Development of High-strength Lightweight Concrete*, ACI SP-121, p. 667-681.

Chapitre 19

Matériaux ultra-résistants
à base de ciment Portland

19.1 Introduction

Les BHP ne sont pas les matériaux les plus résistants que l'on peut fabriquer avec du ciment Portland. Depuis de nombreuses années, des efforts de recherche ont été consacrés à essayer de repousser les limites de la résistance que l'on peut tirer des matériaux à base de ciment Portland. On peut lire régulièrement dans la documentation scientifique le fruit de ces efforts. La plupart de ces « céramiques froides », telles que les nomme P. Richard, tirent leur très haute résistance de leur très faible porosité que l'on obtient en utilisant différentes techniques. Cependant, en de rares occasions seulement, ces travaux de laboratoire ont trouvé des applications commerciales. En effet, la plupart du temps, ils conduisent à la fabrication de produits beaucoup trop coûteux à produire à l'échelle industrielle, ou de produits dont le processus de fabrication est trop complexe, ou de produits dont les autres caractéristiques pratiques ne sont pas aussi attrayantes que le laisserait supposer leur très grande résistance à la compression. Cependant, le succès limité de certains de ces matériaux ne signifie pas que ces tentatives qui visent à augmenter la résistance à la compression des matériaux à base de ciment Portland au-delà de ce que l'on atteint couramment dans les BHP soient forcément vouées à un échec commercial (Rossi et coll., 1995).

En dépit du fait que les matériaux qui sont décrits brièvement dans les paragraphes suivants ne sont pas à proprement parler des bétons au sens que l'on donne en général à ce terme, il s'agit quand même de matériaux dont la résistance est acquise en utilisant la plupart du temps du ciment Portland et parfois un ciment alumineux.

Pour comprendre les principes scientifiques qui gouvernent la résistance mécanique de ces matériaux ultra-résistants à base de ciment, on peut faire appel aux principes fondamentaux qui gouvernent le comportement de matériaux fragiles comme les céramiques qui s'appliquent aussi au béton, comme on l'a vu au chapitre 5. Certaines céramiques présentent d'ailleurs plusieurs similarités microstructurales avec le béton (Mehta et Aïtcin, 1990).

On sait que la résistance à la traction d'un matériau fragile peut être liée à sa porosité par une loi de type $S = S_0 e^{-bP}$, où s représente la résistance à la traction du matériau qui a une porosité P, S_0 sa résistance à la traction intrinsèque quand il n'a aucune porosité et b est un facteur qui dépend de la taille et de la forme des pores. Des études sur des céramiques ont permis d'établir l'existence de relations simples entre la résistance et la microstructure d'un matériau céramique et elles ont démontré que, en plus de la porosité, la taille des grains du matériau, dans le sens microstructural du terme, et l'homogénéité de la céramique sont des facteurs importants qui contrôlent aussi la résistance à la traction (Mehta et Aïtcin, 1990).

La résistance à la compression des matériaux fragiles est nettement plus grande que sa résistance à la traction. Lorsqu'un tel matériau est soumis à des efforts de traction, il se rompt par suite de la propagation rapide de quelques microfissures, tandis qu'il faut qu'un certain nombre de microfissures de traction se rejoignent pour causer la rupture du matériau lorsqu'il est soumis à des efforts de compression. Par conséquent, il faut développer une plus grande quantité d'énergie pour initier et propager le réseau de fissures qui conduit à la rupture en compression d'un matériau fragile.

En appliquant les critères de rupture en traction de Griffith et les lois de la mécanique des milieux continus, on trouve que la résistance à la compression d'un matériau homogène fragile est environ égale à huit fois sa résistance à la traction. Même si une approche théorique n'a pas encore été développée pour permettre de véritablement dériver la résistance à la compression d'un matériau à partir de ses caractéristiques microstructurales, on peut, en première approximation, utiliser une loi empirique qui permet d'estimer la résistance à la compression d'un matériau en fonction de sa porosité. Une telle relation est du type $C = C_0 (1 - P)^m$, où C représente la résistance à la compression du matériau fragile qui a une porosité P, C_0 représente sa résistance à la compression intrinsèque quand sa porosité est nulle et m est un facteur qui dépend de l'énergie de liaison dans le solide, de la forme et de la dimension des fissures, de la taille des grains et de la présence d'impuretés. En outre, il est bien connu que la résistance à la compression diminue au fur et à mesure que la taille des pores diminue et au fur et à mesure que la taille des grains au sens microstructural du terme décroît.

Rice, cité par Illston et coll. (1979) a fait une observation très intéressante sur le comportement des céramiques : « tandis que la majorité des propriétés des matériaux autres que les propriétés mécaniques sont plutôt reliées à des valeurs moyennes plutôt qu'à des valeurs extrêmes, les propriétés mécaniques des matériaux sont plutôt affectées par des valeurs extrêmes. En d'autres termes, la rupture d'un matériau est fonction de la résistance de son lien le plus faible. En plus du nombre, de la taille et de la forme des pores, leur concentration en un point précis peut donc constituer la source où s'initiera la rupture du matériau. »

Pendant très longtemps, les chercheurs et les ingénieurs n'ont pas su comment maîtriser la porosité des matériaux à base de ciment Portland à cause des limites technologiques dans leur mise en œuvre. Ces limites technologiques étaient surtout une absence totale de maniabilité durant le malaxage et la mise en œuvre de ces compositions lorsque l'on utilisait un minimum d'eau. Comme on l'a vu précédemment, ce manque de maniabilité des mélanges de ciment et d'eau provient des nombreuses charges électriques non saturées que l'on retrouve à la surface des grains de ciment après leur broyage. Ces charges électriques favorisent la floculation des grains de ciment lorsqu'ils entrent en contact avec l'eau. Cependant, cette floculation peut être facilement et économiquement contrecarrée en utilisant des superplastifiants.

L'utilisation d'un superplastifiant n'est pas suffisante pour obtenir des résistances à la compression de plusieurs centaines de MPa, mais elle est nécessaire. Lorsque l'on sait fabriquer des matériaux à base de ciment Portland contenant un minimum d'eau de façon simple et économique, on peut songer alors à réduire efficacement la porosité de ces matériaux. Afin de diminuer encore plus la porosité d'un matériau granulaire, il suffit d'optimiser sa distribution granulaire.

Les lois qui gouvernent l'arrangement de particules sphériques sont bien connues depuis longtemps. Cependant, les matériaux granulaires que l'on utilise couramment pour fabriquer du béton sont loin d'être sphériques et il faut admettre que l'on ne fait pas encore beaucoup d'effort pour maximiser l'arrangement des particules. L'amélioration de l'arrangement des particules a été partiellement résolue avec l'utilisation de la fumée de silice qui est composée de sphères microscopiques qui peuvent développer un certain pouvoir liant lorsqu'elles réagissent avec la chaux libérée par l'hydratation du ciment Portland pour former des C-S-H à l'intérieur du béton durci. Cependant, il faut aussi noter que, pour compenser le manque d'optimisation de la distribution granulaire des poudres dans leur partie la plus fine ainsi que le manque d'optimisation de leur forme, on a commencé par utiliser de fortes quantités de fumée de silice dans les bétons. De plus, le rapport entre le diamètre moyen des minuscules sphères de fumée de silice et celles des particules de ciment est approximativement égal à 100, ce qui est très loin de l'optimum dicté par les lois des arrangements de particules sphériques en vue d'obtenir une compacité maximale.

En outre, dans la recherche de matériaux ayant une porosité minimale, l'utilisation de ciment Portland présente un inconvénient majeur parce que, durant son hydratation, le volume absolu des produits d'hydratation est inférieur à la somme des volumes du ciment et de l'eau qui se combinent. Les matériaux à base de ciment Portland augmentent donc leur porosité interne durant leur durcissement. Ce phénomène connu sous le nom de contraction Le Chatelier, ou de contraction chimique est connu depuis les premières études sur l'hydratation du ciment. Cette contraction volumétrique est d'environ de 10 % et elle est très souvent inévitable puisqu'elle est inhérente au développement des réactions chimiques qui causent le durcissement des matériaux à base de ciment Portland. Par conséquent, il faut ajouter aux matériaux à base de ciment Portland une porosité intrinsèque de l'ordre de 10 % qui se crée lors de l'hydratation à moins de prendre quelques mesures spéciales de mûrissement (mûrissement en présence d'une source d'eau extérieure).

L'hydratation du ciment n'est pas un phénomène instantané et elle se développe sur une période de plusieurs heures. On peut éliminer mécaniquement une partie de cette contraction en appliquant une pression durant les premières étapes du durcissement du béton tant et aussi longtemps que la pâte de ciment demeure dans un état plastique et qu'elle n'a pas encore développé une cohésion interne suffisante pour s'opposer à l'effort de compression de cette force extérieure. Dès le début du siècle, Freyssinet a tenté d'extraire le maximum d'air piégé et d'eau que possible dans des bétons de résistance relativement faible pour contrecarrer la contraction chimique qui se produit en début d'hydratation de façon à augmenter la compacité du béton durci et, par conséquent, sa résistance à la compression en appliquant une pression sur le béton au cours de son durcissement (Freyssinet, 1925).

Lorsque l'on cherche à fabriquer des matériaux ultra-résistants, il est maintenant possible de profiter de technologies éprouvées qui sont économiques et qui permettent d'optimiser la distribution granulaire de ces matériaux, de bonifier la forme et la granulométrie des particules et d'éliminer partiellement les effets de la contraction chimique du ciment Portland durant son hydratation. Il est donc maintenant beaucoup plus facile de produire des matériaux à base de ciment Portland qui ont une porosité minimale et un rapport coût/performance tout à fait compétitif avec l'acier pour certaines applications structurales.

Parce que ces produits à base de ciment Portland tirent leur résistance de liaisons ioniques, ils seront toujours fragiles si on les compare aux matériaux métalliques qui, eux, sont ductiles. Dans les applications structurales, ces matériaux ultra-résistants peuvent alors poser certains problèmes en matière de ductilité et de sécurité. Ces inconvénients peuvent être contournés en incorporant des fibres d'acier ou de carbone dans la matrice cimentaire de façon à la rendre plus ductile ou en confinant le béton dans des tubes métalliques relativement fins (Lahlou et coll. 1991, 1992). À l'heure actuelle, on peut fabriquer assez facilement des matériaux composites particulièrement efficaces en combinant partiellement la ductilité de l'acier des tubes dans lesquels le béton est coulé et confiné ou celle de fibres d'acier à la rigidité et à la légèreté du béton (par rapport à l'acier). Ces matériaux à base de ciment Portland qui sont à la fois très résistants et qui présentent une ductilité suffisante peuvent être utilisés de façon sécuritaire dans les structures.

Durant les 25 dernières années, les efforts de réflexion pour exploiter ces percées technologiques ou ces connaissances fondamentales acquises dans le cas des matériaux à faible porosité ont amené le développement d'un certain nombre de matériaux à base de ciment Portland qui présentent des propriétés mécaniques remarquables qu'il était inimaginable d'envisager auparavant :

• Brunauer a publié différents articles sur des pâtes de ciment Portland hydraté de très faible porosité ayant des résistances à la compression de 240 MPa ;

- Bache de la compagnie Aalborg Cement au Danemark a développé et breveté les DSP (pour Densified with Small Particles) qui lui ont permis d'atteindre des résistances à la compression de 150 à 240 MPa ;
- Birchall a développé des matériaux appelés MDF (Macro Defect Free) dont la résistance à la flexion était de l'ordre de 200 MPa dans certains cas ;
- les pâtes de ciment pressées développées par Roy (1972) ont atteint des résistances à la compression de 650 MPa ;
- le produit commercial DASH 47 vendu aux États-Unis par la compagnie CEMCOM remplace une partie des granulats par une poudre d'acier inoxydable.

Le béton de poudres réactives (BPR), développé par Richard, est le dernier type de matériau ultra-résistant à base de ciment Portland qui a été développé, mais ce n'est sûrement pas le dernier, et il peut déjà atteindre une résistance à la compression de 800 MPa.

Tous ces matériaux ont une caractéristique en commun : leur rapport eau/liant est beaucoup plus faible que celui des BHP. Ce rapport eau/liant est généralement compris entre 0,10 et 0,20 de façon à obtenir la compacité la plus élevée possible des grains dans le matériau durci, ces produits se différencient les uns des autres par la manière dont on arrive à obtenir cet empilement très compact du squelette granulaire et le degré de compacité obtenu.

Dans la suite, on ne présentera pas en détail tous ces matériaux, mais on montrera plutôt qu'ils s'inscrivent dans une évolution logique si on les examine seulement en termes de rapport eau/liant. L'analyse des propriétés de ces matériaux permet de montrer que, en appliquant de façon appropriée les principes de base qui régissent l'hydratation du ciment et les empilements granulaires, la résistance à la compression que l'on peut obtenir dans des BHP n'est simplement qu'une fraction de celle qui peut être obtenue lorsque l'on utilise toutes les connaissances actuelles du domaine de la technologie du béton.

Les sections suivantes présentent brièvement par ordre chronologique les différentes tentatives en vue d'augmenter la résistance à la compression des matériaux à base de ciment Portland en commençant par celle de Brunauer et de ses collaborateurs, puis en traitant les DSP, les MDF et les BPR. On trouvera à la fin du chapitre les références les plus pertinentes relatives à chacun des matériaux regroupées selon les matériaux décrits.

19.2 Travaux de l'équipe de Brunauer

Brunauer et ses collaborateurs ont publié plusieurs articles sur le développement de matériaux à base de ciment Portland et ils ont obtenu différents brevets pour couvrir la technologie développée. Essentiellement, la technologie développée par Brunauer et ses collaborateurs consistait à :

- moudre très finement un clinker de ciment Portland ordinaire (finesse Blaine de 600 à 900 m^2/kg) dans un broyeur spécial en présence d'un agent de broyage très efficace ;
- ajouter 0,5 % de carbonate de potassium pour contrôler l'hydratation du C_3A puisque l'hydratation du C_3A n'est plus contrôlée par le gypse dont la dissolution peut être bloquée par le lignosulfonate ;
- ajouter 1 % de lignosulfonate de façon à obtenir un rapport eau/ciment égal à 0,20.

En 1972-1973, Brunauer n'avait sûrement pas pris conscience des propriétés dispersantes extraordinaires des superplastifiants à base de polynaphtalène et de polymélamine.

La technologie développée par Brunauer et ses collaborateurs n'a pas été appliquée à l'échelle industrielle.

19.3 DSP

En développant le DSP (Densified with Small Particles), Bache a su profiter de l'action combinée de la fumée de silice et des superplastifiants pour diminuer la porosité de ses matériaux. Comme le gros granulat peut être le lien le plus faible des BHP, Bache a utilisé un gros granulat très dur à base de granite, de diabase ou de bauxite calcinée pour augmenter la résistance à la compression des DSP. En outre, Bache a trouvé aussi que, plus le gros granulat était petit, plus le DSP correspondant avait une résistance élevée.

À l'heure actuelle, différentes compositions de DSP sont disponibles sur le marché sous le nom de DENSIT et sont vendues par la compagnie Aalborg Cement pour satisfaire différentes applications industrielles telles que des recouvrements industriels résistant à l'usure, des planchers industriels plus particulièrement dans des usines d'engrais.

19.4 MDF

Les compositions MDF (Macro Defect Free) ont été développées par Birchall et ses collaborateurs au début des années 1980. Birchall a pu obtenir une résistance à la flexion impressionnante de 200 MPa avec de tels matériaux. À l'heure actuelle, la plupart des travaux de recherche sur les matériaux MDF sont menés par l'équipe du professeur J.F. Young au centre d'excellence NSF-ACBM aux États-Unis. Les derniers travaux de recherche de J.F. Young ont clairement établi que le nom MDF initialement choisi par Birchall et son équipe n'était pas le plus approprié puisque le polymère utilisé durant le processus de fabrication du MDF joue un rôle actif bien que l'on puisse fabriquer des MDF sans polymère. J.F. Young (1995) a plutôt suggéré le nom de matériaux composites organo-cimentaires. Par conséquent, l'abréviation COC devrait être utilisée plutôt que celle de MDF pour décrire de façon appropriée cette nouvelle famille de matériaux. Cependant, cette abréviation n'est pas encore en usage et le matériau est encore connu sous le nom de MDF.

Initialement, l'idée de Birchall était basée sur l'analyse du critère de Griffith, qui établit que la résistance à la traction d'un matériau élastique fragile ayant une longueur critique de fissure l est égale à :

$$\sigma = \sqrt{\frac{E\gamma}{\pi l}}$$

où σ est la résistance à la traction du matériau, E son module élastique et γ l'énergie de rupture par unité de surface. Par conséquent, de façon à augmenter σ, il suffit de diminuer la longueur critique de fissure, l.

Le malaxage des matériaux MDF se fait dans des malaxeurs de type Banbury (un malaxeur couramment utilisé dans l'industrie du plastique et du caoutchouc) en présence d'alcool de polyvinyle (PVA) qui agit d'abord comme un dispersant très puissant et ensuite comme un liant actif qui développe des liaisons avec les ions aluminates durant le processus de fabrication. Selon Young (1995) : « Le produit final ressemble à une pâte caoutchouteuse qui peut être calandré sous forme de feuilles ou être extrudé selon la forme désirée. Lorsque trop de liaisons sont développées au sein du beignet, il commence à se dégrader. Au fur et à mesure que le polymère devient trop rigide, des macrodéfauts se développent. Il existe donc une plage de mise en œuvre au-delà de laquelle des macrodéfauts sont réintroduits dans le matériau si on continue à le travailler ».

J.F. Young (1995) a montré que les ciments alumineux convenaient mieux pour ce genre d'application que les ciments Portland et le composite qui en résulte est ainsi un exemple de produit céramique ayant une matrice composée de phases qui s'interpénètrent.

À l'heure actuelle, le principal problème qui limite l'utilisation des composites MDF est qu'ils se dégradent lorsqu'ils sont immergés dans l'eau. D'abord, l'eau est absorbée par le PVA et diffuse vers les grains de ciment pour les hydrater. « La résistance diminue rapidement au fur et à mesure que le polymère gonfle et se ramollit, si bien que la zone de transition polymère/ciment est graduellement remplacée par une phase hydratée ordinaire. » (Young, 1995) Des recherches sont en cours pour essayer de pallier cet inconvénient des composites MDF ; un organotitanate semble donner des résultats encourageants de ce point de vue.

19.5 BPR

On atteint les performances mécaniques impressionnantes des BPR (béton de poudres réactives) de la façon suivante :

- on rend le BPR plus homogène que les bétons usuels ou les BHP en limitant la taille maximale de ses particules à 300 µm (une étape de plus que dans le cas des DSP dans la miniaturisation du gros granulat). Cette diminution de la taille du gros granulat est excessivement importante pour expliquer les propriétés mécaniques du BPR ;
- on augmente la densité du mélange granulaire en utilisant des proportions optimales de poudres ayant des particules dont les diamètres moyens sont bien espacés sur toute l'échelle granulométrique utilisée ;
- on applique une pression sur le matériau durant son durcissement pour compenser, tout au moins partiellement, le retrait chimique du ciment ;
- on améliore la microstructure grâce à un traitement thermique approprié qui transforme les C-S-H en tobermorite et quelquefois même en xonotlite ;
- on améliore la ductilité du matériau en incorporant des microfibres d'acier dont la taille et le diamètre sont très importants.

En intégrant toute ces technologies bien connues individuellement en un processus de fabrication logique facile à mettre en œuvre, on peut fabriquer un nouveau type de microbéton qui répond à deux objectifs assez inhabituels : d'une part, une forte résistance à la traction et une bonne ductilité et, d'autre part, une grande résistance à la compression. Durant des essais effectués en octobre 1994 à l'Université de Sherbrooke, on a pu démontrer qu'on pouvait fabriquer un BPR fibré à partir de produits commerciaux disponibles localement. Ce BPR a atteint une résistance à la compression simple de 200 MPa et de 350 MPa lorsqu'il était confiné dans un tube en acier inoxydable ayant une paroi de 2 mm d'épaisseur. Ce BPR a été fabriqué directement dans un camion toupie et un deuxième BPR semblable au précédent a été fabriqué dans un malaxeur horizontal à contre-courant dans une usine de préfabrication.

Le comportement très particulier des BPR par rapport aux autres matériaux ultra-résistants est une conséquence de ce que l'on peut appeler un effet d'échelle. En effet, il est facile de démontrer que les fibres d'acier de faible diamètre qui sont incorporées dans le BPR n'agissent pas de la même façon que les fibres que l'on incorpore dans les bétons usuels ou dans les BHP pour améliorer leur ductilité. Si l'on compare la taille de la fibre ($L = 25$ mm, $\phi = 0,5$ mm) que l'on incorpore dans un BPR à la taille maximale du plus gros grain de sable que l'on retrouve dans le BPR (500 µm) et à la taille maximale du gros granulat d'un béton ordinaire ou d'un BHP (20 mm), on trouve que les fines fibres d'acier utilisées dans le BPR correspondent à des armatures de 20 mm de diamètre sur 1 mètre de long que l'on met normalement dans des bétons usuels ou des BHP pour les armer. Dans un béton usuel ou un BHP, une telle armature d'acier procure de la ductilité au béton, ce qui n'est pas le cas des fibres que l'on y introduit.

Le BPR se différencie également des autres matériaux ultra-résistants lorsqu'on le confine dans des tubes d'acier. On peut le presser de façon mécanique durant son durcissement pour augmenter sa compacité en éliminant une partie de l'air piégé, en extrayant une certaine quantité d'eau et en éliminant une partie de la porosité créée par la contraction chimique du ciment lors de son hydratation.

La très forte résistance à la compression du BPR peut être exploitée lors de la conception des structures en utilisant toute la gamme des techniques de postcontrainte qui sont maintenant disponibles. Par conséquent, il est intéressant de concevoir des structures réticulées où les éléments composites en BPR travaillent essentiellement en compression et l'acier en traction en utilisant des techniques de construction similaires à celles utilisées pour les constructions en acier, comme dans le cas de la construction de la passerelle cyclopédestre de Sherbrooke.

19.6 La passerelle cyclo-pédestre de Sherbrooke

Un certain nombre d'articles ont été écrits sur cet ouvrage (Aïtcin et Richard, 1996 ; Aïtcin et coll., 1998 ; Dallaire et coll., 1998 ; Behloul et coll., 1999). Cette passerelle constitue une première mondiale ce qui lui a valu d'être classée parmi les dix structures les plus innovantes lors du concours organisé par le CERF (Civil Engineering Research Foundation) de Washington D.C. aux États-Unis en février 1996. Le projet s'est vu aussi décerner un prix par l'Institut du béton précontraint américain (Prestressed Concrete Institute) lors du concours tenu en 1998. En effet, cette *structure réticulée en béton de poudres réactives non confiné et confiné* a permis de mettre en valeur toutes les qualités de ce nouveau matériau et de son confinement dans de minces tubes en acier.

Le béton de poudres réactives a été fabriqué essentiellement à partir de produits locaux (ciment, fumée de silice, sable, quartz broyé, superplastifiant, seules les fibres d'acier ont été importées de Belgique) (Fig. 19.1). Ce béton de poudres réactives a une résistance à la compression de l'ordre de 200 MPa lorsqu'il n'est pas confiné et de plus de 350 MPa lorsqu'il est confiné dans de minces tubes en acier inoxydable, en plus de présenter une très grande ductilité et une très grande durabilité (Fig. 19.2) (Dallaire et coll., 1996). Rappelons que la résistance à la compression d'un acier ordinaire est de l'ordre de 350 MPa.

La conception de cette passerelle a fait appel à un effort international impliquant les organismes ou groupes suivants :

- la Ville de Sherbrooke qui est le propriétaire de l'ouvrage ;

- le Groupe Teknika de Sherbrooke qui a été responsable de l'ingénierie du projet ;

- le groupe de Sherbrooke du Réseau de Centres d'excellence sur le béton à haute performance (Béton Canada) qui a développé la composition des BPR à partir de matériaux locaux, a caractérisé leurs propriétés, a développé leurs techniques de mise en place en plus de développer la technologie des BPR confinés ;

- la compagnie Bouygues qui a calculé et dimensionné la passerelle ;

- la compagnie VSL qui a conçu les mini-ancrages nécessaires à l'application des efforts de post-contrainte ;

Figure 19.1 Aspect du BPR utilisé pour construire la passerelle

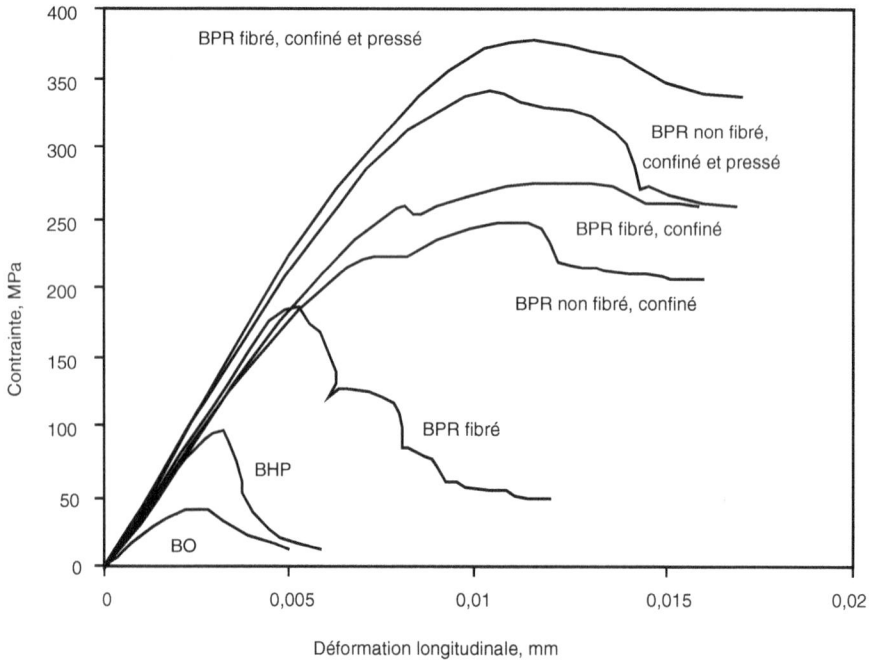

Déformation longitudinale, mm

Figure 19.2 Propriétés mécaniques des BPR utilisés

- Hervé Pomerleau de St-Georges-de-Beauce, qui a été l'entrepreneur général ;
- Béton Bolduc de Ste-Marie-de-Beauce qui a fabriqué les voussoirs ;
- la compagnie Sika qui a fourni la couche de recouvrement du tablier ;
- les Gouvernements du Québec et du Canada qui ont financé en partie le projet dans le cadre du volet III du programme des travaux d'infrastructures Canada-Québec.

19.6.1 Concept structural utilisé

Les propriétés mécaniques remarquables du BPR ont permis de concevoir une structure très légère en treillis tridimensionnel (Fig. 19.3). La structure triangulée est composée de voussoirs préfabriqués disposés sur un arc de 326 m de rayon. Chaque voussoir a une longueur de 10 m, pour une travée unique de 60 m de portée après l'assemblage des six voussoirs (Fig. 19.4).

Figure 19.3 Fabrication d'un voussoir dans l'usine de préfabrication Béton Bolduc

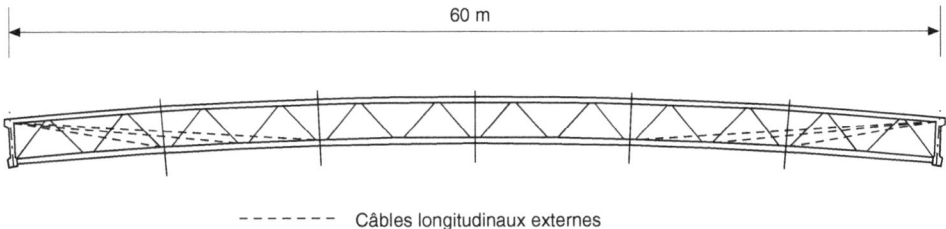

60 m

- - - - - - - Câbles longitudinaux externes

Figure 19.4 Vue en élévation de la passerelle

Les deux voussoirs d'extrémité intègrent une entretoise d'about précontrainte d'une épaisseur moyenne de 300 mm. Les voussoirs ont été assemblés par post-tension à l'aide de câbles de précontrainte. La conception de la superstructure n'a fait appel à aucune armature passive.

Le hourdis supérieur est une dalle mince en BPR de 30 mm d'épaisseur et d'une largeur de 3,3 m (Fig. 19.5). La dalle est encastrée sur deux poutres longitudinales précontraintes de 240 mm de profondeur qui servent également d'appuis aux éléments du treillis. Des nervures transversales de 100 mm d'épaisseur sont disposées tous les 1,25 m afin de rigidifier la dalle. Deux nervures continues de la même épaisseur sont également positionnées le long des deux rives de la dalle.

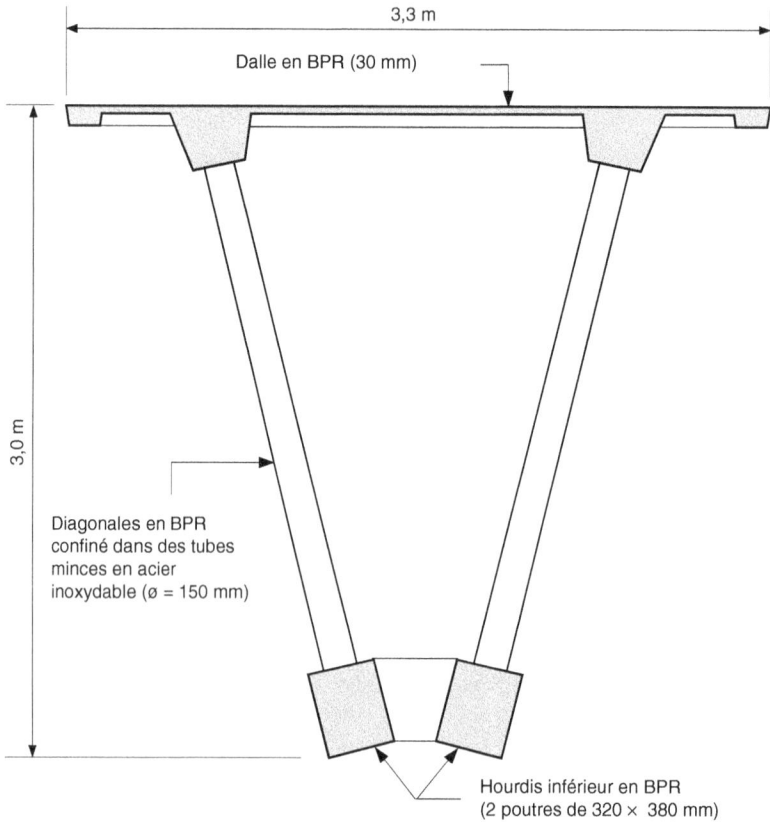

Figure 19.5 Section transversale de la structure triangulée

Les deux âmes de la passerelle sont constituées d'un treillis en BPR confiné dans des tubes d'acier inoxydable de 150 mm de diamètre, de 2 mm d'épaisseur et de 3,2 m de longueur. Les diagonales sont disposées sur deux plans inclinés à 14 degrés par rapport au plan longitudinal et à 41 degrés par rapport au plan transversal de la structure. Le BPR confiné dans chaque diagonale a été précontraint à l'aide de deux (2) torons dont les extrémités sont ancrées dans les hourdis inférieur et supérieur à l'aide d'un système de mini-ancrages spécialement développé pour le projet par la compagnie suisse VSL.

Le hourdis inférieur est constitué de deux poutres précontraintes de 320 mm par 380 mm de section, liées par des bossages à tous les cinq (5) mètres, soit à chaque endroit où il y a jonction entre les diagonales et les poutres inférieures. Ces bossages unissent les deux poutres parallèles ainsi qu'à contenir les câbles externes de précontrainte longitudinale.

19.6.2 Processus de préfabrication

Les segments préfabriqués, six (6) au total de 10 m de long chacun, ont été fabriqués, durant l'hiver 1997, par la compagnie Béton Bolduc à Sainte-Marie-de-Beauce à 80 km de Sherbrooke (Fig. 19.6). Six semaines ont été nécessaires pour compléter la préfabrication en contre moule incluant le traitement thermique final.

Figure 19.6 Stockage des voussoirs avant la livraison

La construction d'un voussoir s'est fait en plusieurs étapes. Les huit diagonales en BPR confiné nécessaires à la réalisation d'un voussoir ont été coulées à l'avance. Les tubes en acier inoxydable ont tout d'abord été installés dans un bâti permettant le positionnement précis des câbles de précontrainte. Les huit éléments ont ensuite été remplis de BPR et un système de vis a permis d'appliquer une pression dans le but de comprimer le BPR dans le tube pendant sa prise. Cette technique de pressage, associée au confinement, permet d'améliorer considérablement les caractéristiques mécaniques de l'élément, qui après la cure thermique atteint 350 MPa de résistance à la compression.

L'étape suivante consistait à placer les diagonales dans le coffrage du voussoir ainsi que les gaines de précontrainte des hourdis supérieur et inférieur pour la mise en tension future des éléments. Une fois toutes les composantes du coffrage installées, la mise en place du BPR a eu lieu pour durer une journée complète. La construction d'un voussoir a nécessité la fabrication d'environ 6 m^3 de BPR produit à raison de 1 m^3 par gâchée. La composition du BPR utilisé pour la passerelle de Sherbrooke est donnée dans le Tableau 19.1.

Tableau 19.1. Composition du BPR utilisé lors de la construction de la passerelle de Sherbrooke.

Rapport eau/ciment	0,28
Ciment (Type 20M)	705 kg/m^3
Fumée de silice	230 kg/m^3
Sable	1 010 kg/m^3
Quartz broyé	210 kg/m^3
Superplastifiant	37,5 l/m^3
Fibres d'acier	190 kg/m^3
Eau	195 kg/m^3

Le malaxeur industriel utilisé pour préparer le BPR est un malaxeur conventionnel à train valseur que l'on retrouve chez la majorité des préfabricants de produits de béton. Le ciment, le sable, l'eau et l'adjuvant ont été introduits automatiquement. La fumée de silice, le quartz broyé et les fibres d'acier ont été incorporés manuellement. En quelques minutes, grâce à la puissance du malaxeur, le mélange sec est transformé peu à peu en une pâte fluide. Le BPR a ensuite été introduit dans une benne étanche qui, mise en pression, a permis la mise en place du béton dans le coffrage.

La consolidation du BPR a été faite de manière conventionnelle, en utilisant les moyens de vibration classiques des bétons ordinaires. Des aiguilles vibrantes ont été utilisées lors du coulage des poutres supérieures et inférieures. Pour sa part, le BPR de la dalle de 30 mm d'épaisseur a été consolidé avec une plaque vibrante. Quant à la finition de cette dalle, elle a été réalisée avec une règle vibrante qui, une fois passée sur la totalité de la surface, a permis de régler la pente du voussoir tout en assurant un aspect de surface satisfaisant.

Les voussoirs ont été coulés en contre moule (Fig. 19.3), c'est-à-dire en s'appuyant sur le voussoir précédent pour le coulage d'un élément. Cette technique assure un parfait mariage des joints au moment de l'assemblage sur chantier. Dès la fin du coulage et jusqu'à passage en cure thermique à 90 °C, le BPR a subi un mûrissement caractérisé par un apport continuel de l'eau sur les surfaces non coffrées du voussoir.

Le décoffrage a eu lieu environ 20 heures après la mise en place du béton, lorsque le BPR a atteint un minimum de 50 MPa de résistance en compression. Les diagonales ont alors été partiellement mises en tension et le pont roulant a déplacé le voussoir vers l'emplacement où la cure à 90 °C a eu lieu. La chambre de mûrissement est constituée d'une double toile de plastique étanche qui a englobé parfaitement le voussoir (Fig. 19.7). Une température de 90 °C a été maintenue dans cette enceinte pendant 48 heures grâce à un apport de vapeur d'eau. Après la cure thermique, le BPR a atteint une résistance caractéristique de 200 MPa ce qui a permis de transporter le voussoir dans l'aire de stockage avant son transport vers le site de l'érection de la passerelle.

Figure 19.7 Mûrissement d'un voussoir (cure à la vapeur à 90 °C)

19.6.3 *Érection de la structure*

La construction de la passerelle a consisté essentiellement à assembler les éléments préfabriqués. Les voussoirs ont été transportés par camion à Sherbrooke (Fig. 19.8) pour être assemblés sur la rive sud de la rivière Magog en 2 parties de 3 éléments chacune.

Figure 19.8 Transport des voissoirs jusqu'au site

Pour pouvoir mener à bien la mise en place de la passerelle, une plate-forme de travail a été construite sur le lit de la rivière, elle a servi d'aire de montage des voussoirs, de support du pilier temporaire à mi-portée et des grues qui ont soulevé les éléments de la passerelle.

La première phase a consisté à assembler au sol la demi-travée nord (Fig. 19.9).

Figure 19.9 Assemblage de la 1/2 travée nord (3 voussoirs)

Les trois voussoirs ont été positionnés sur des appuis glissants. La mise en tension d'un câble temporaire a permis la conjugaison des trois voussoirs qui ont alors formé une travée de 30 m. La précision des joints obtenue par coulage en contre moule a été telle qu'aucun produit scellant n'a été placé entre les voussoirs. Une fois les trois voussoirs solidaires, la demi-passerelle qui pesait alors près de 55 tonnes a été soulevée par deux grues et installée entre la pile nord et le pilier temporaire (Figs. 19.10 et 19.11).

Figure 19.10 Mise en place de la 1/2 travée nord

Figure 19.11 1/2 travée nord en position

Figure 19.12 Assemblage de la 1/2 travée sud

L'érection de l'autre demi-partie de la passerelle s'est déroulée de manière identique, la demi-travée sud venant prendre appui sur le pilier temporaire et la pile sud (Fig. 19.12).

L'étape suivante a consisté à assembler les deux moitiés de la passerelle grâce à la mise en tension des câbles de précontrainte qui traversent la superstructure longitudinalement. Dès la mise en tension des premiers câbles, le joint entre les deux demi-travées s'est refermé, la travée unique de 60 m a donc pris forme. La mise en tension de la totalité des câbles, en particulier des câbles externes, a permis de rigidifier la passerelle et de la soulever de l'apui central qui, par conséquent, n'était plus nécessaire. Le pilier temporaire a alors été démonté laissant place à une structure très légère et très esthétique (Figs. 19.13 à 19.16).

Figure 19.13 Assemblage final de la passerelle

Figure 19.14 La passerelle assemblée

Figure 19.15 Deux structures en treillis conçus et construites à 100 ans d'intervalle

Figure 19.16 La passerelle terminée

La technique du béton confiné dans une enveloppe mince combinée à la préfabrication et à la post-contrainte intérieure et extérieure ramène donc la construction de structures en treillis à base de BPR à un simple montage mécanique.

Références

Aïtcin, P.-C. et Richard, P. (1996) *The Pedestrian/Bikeway Bridge of Sherbrooke*, Comptes rendus du 4e Symposium international sur l'utilisation des bétons à haute performance, Paris, 29-31 mai, publié par les Presses de l'École nationale des Ponts et chaussées, ISBN 2-85978-259-1, 1399-1406.

Aïtcin, P.-C., Lachemi, M., Adeline, R. et Richard, P. (1998) The Sherbrooke reactive powder concrete footbridge. *Structural Engineering International (IABSE)*, **8**(2), 140-144.

Behloul, H., Adeline, R., Cheyrezy, M., Aïtcin, P.-C., Blais, P. et Couture, M. (1999) La passerelle sur la rivière Magog à Sherbrooke. *Travaux*, n° 751, 74-78.

Dallaire, É., Aïtcin, P.-C. et Lachemi, M. (1998) High-performance powder. *Civil Engineering (ASCE)*, **68**(1), janvier, 48-51.

Dallaire, É., Bonneau, O., Lachemi, M. et Aïtcin, P.-C. (1996) *Mechanical Behavior of Confined Reactive Powder Concretes*, ASCE Materials Engineering Conference, Washington DC, vol. 1, p. 555-563.

Illston, J.M., Dinwoodie, J.M. et Smith, A.A. (1979) *Concrete, Timber and Metals : The Nature and Behaviour of Structural Materials*, Van Nostrand Reinhold, New York, ISBN 0-442-30145-6, 663 p.

Lahlou, K., Aïtcin, P.-C. et Chaallal, O. (1991) *Étude préliminaire sur le confinement de bétons de différentes résistances en compression dans des enveloppes extérieures*, 10e Conférence annuelle CSCE, Vancouver, BC, Canada, Vol. Suppl., Part I, 13 p.

Lahlou, K., Aïtcin, P.-C. et Chaallal, O. (1992) Behaviour of high strength concrete under confined stress. *Cement and concrete composites*, **14**(3), 1992, 185-193.

Mehta, P.K. et Aïtcin, P.-C. (1990) *Microstructural Basis of Selection of Materials and Mix Proportions for High-Strength Concrete*, ACI SP-121, p. 265-286.

Rossi, P., Renwez, S. et Belloc, A. (1995) Les bétons fibrés à ultra-hautes performances. *Bulletin de liaison des Laboratoires des Ponts et Chaussées*, n° 196, mars, 61-66.

Roy, D.M., Gouda, G.R. et Bobrowsky (1972) Very high strength cement pastes prepared by hot pressing and other high pressure techniques. *Cement and Concrete Research*, **2**(3), mai, 349-365.

Young, J.F. (1995) Engineering advanced cement-based materials for new applications, dans *Concrete Technology : New Trends, Industrial Application*, E & FN Spon, Londres, ISBN 0-49-20150-5, p. 103-112.

Chapitre 20

L'avenir du BHP

On interroge régulièrement des chercheurs et des ingénieurs chevronnés sur leur vision du béton du futur, le béton du XXIe siècle (Tassios, 1987 ; Walther, 1987 ; Kukko, 1993 ; Mather, 1993, 1995 ; Mehta, 1993 ; Dreux et Festa, 1995 ; Richard, 1996). L'auteur n'a pas l'intention d'analyser et de passer en revue tous ces textes et il a préféré exprimer sa perception des tendances qui devraient se développer dans les années qui viennent dans le domaine des BHP. Il est prêt à accepter le crédit de ses prévisions qui se réaliseront aussi bien que l'opprobre de celles qui se révéleront totalement fausses.

20.1 Le béton, le matériau le plus utilisé dans la construction

Selon les statistiques de CEMBUREAU, plus d'un milliard de tonnes de ciment ont été produites tous les ans entre 1990 et 1998 (Tableau 20.1).

Tableau 20.1. Production mondiale de ciment (selon Cembureau, 1998).

	Millions de tonnes					
	1990	**1991**	**1992**	**1993**	**1994**	**1998**
Production mondiale totale	1 141,5	1 167,3	1 239,5	1 296,8	1 388,4	1 516,0
En pourcentage de 1990	Année de référence	+ 2 %	+ 9 %	+ 14 %	+ 22 %	+ 33 %

En 1998, la production mondiale de ciment s'est élevée à 1,5 milliard de tonnes et, si l'on suppose qu'en moyenne il faut 250 kg de ciment pour produire un mètre cube de béton, on peut estimer le béton produit pendant cette période à 6 milliards de mètres cubes, ce qui équivaut pratiquement à 1 m^3 de béton par être humain. Comme un mètre cube de béton pèse environ 2,5 tonnes, il s'est donc fabriqué presque 2,5 tonnes de béton par personne en 1998, seule l'eau potable a été utilisée en plus grande quantité durant la même période (Aïtcin, 1995). Selon Paris-Match (Therond, 1998), un Français moyen ne consommait que 1,5 tonne de nourriture et de boisson en 1952.

La quantité de béton utilisée dans tous les pays n'est pas uniforme (Tableau 20.2). De façon générale, le béton est beaucoup plus utilisé dans les pays industrialisés que dans les pays en voie de développement. Cependant, lorsque l'on regarde attentivement les statistiques de CEMBUREAU, on peut observer que la consommation de ciment stagne plutôt dans les pays industriels, mais croît dans les pays en voie de développement (Tableaux 20.2 et 20.3). Par conséquent, à l'échelle mondiale, le futur de l'industrie du béton est bien assuré durant la première moitié du XXIe siècle grâce à sa consommation dans les pays en voie de développement. La consommation de ciment est fonction du revenu annuel par habitant, elle augmente jusqu'à environ 15 000 \$ puis se met à décroître comme on peut le voir sur la figure 20.1.

Tableau 20.2. Production de ciment dans différents pays (selon Cembureau, 1998).

Pourcentage de production de ciment	Millions de tonnes par année		Variation en pourcentage de 1990
	1990	1998	
Chine	208	493,0	+ 230 %
Japon	84,4	92,2	+ 9 %
États-Unis	68,6	84,0	+ 22 %
Inde	47,3	81,2	+ 72 %
Italie	40,8	34,3	– 16 %
Corée du Sud	33,3	59,8	+ 78 %
Espagne	28,1	27,9	– 1 %
France	26,4	18,4	– 30 %
Brésil	25,8	38,1	– 48 %
Turquie	24,4	36,0	+ 48 %
Mexique	23,8	29,5	+ 24 %
Taïwan	19,4	20,7	+ 7 %
Thaïlande	18,8	37,2	+ 98 %

20.1 Le béton, le matériau le plus utilisé dans la construction

Tableau 20.3. Consommation de ciment par habitant et par pays (selon Cembureau, 1998).

Consommation par habitant	kg/année		Variation en pourcentage de 1990
	1990	1998	
Luxembourg	1 150	1 123	– 2 %
Suisse	831	528	– 36 %
Grèce	751	716	– 5 %
Italie	748	593	– 21 %
Espagne	704	681	– 3 %
Portugal	698	948	+ 36 %
France	448	320	– 29 %
Japon	680	622	– 9 %
États-Unis	322	347	+ 8 %
Chine	184	388	+ 110 %

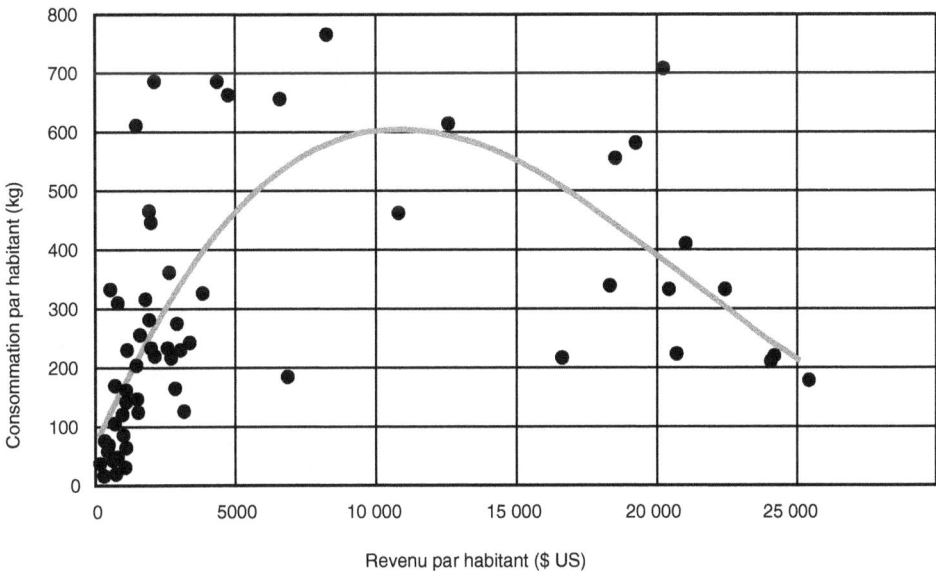

Figure 20.1 Consommation de ciment en fonction du revenu par habitant
(Scheubel et Nachtwey, 1997)àà

Cette consommation importante de béton à travers le monde est due à quelques-unes de ses qualités intrinsèques : le béton reste un matériau de construction bon marché qui incorpore 85 % de matériaux locaux (sable, gros granulat et eau), il a une bonne résistance à l'eau et au feu, il n'est pas attaqué par les insectes (seules quelques bactéries peuvent l'attaquer dans un environnement urbain hautement pollué), il ne pourrit pas, il peut en général faire face à une grande variété d'environnements agressifs et son utilisation ne requiert pas en général la mise en œuvre d'une technologie très complexe.

Cette augmentation de la consommation du béton va aussi être accompagnée par une augmentation de la consommation de BHP dans les pays industrialisés et à l'échelle mondiale à cause du développement rapide des communications. La fabrication d'un BHP n'est plus un secret bien gardé par quelques producteurs de béton ; non seulement la technologie des BHP est bien connue, mais sa science commence à être bien comprise. On connaît bien les principes qui gouvernent la sélection des matériaux qu'il faut utiliser pour fabriquer un BHP économique et durable. Très souvent, les producteurs bien au courant des principes qui gouvernent la fabrication des BHP peuvent tirer parti de certains avantages économiques locaux pour produire des BHP qui satisfont toutes les spécifications des concepteurs. Cette relative flexibilité dans la fabrication du BHP est un facteur clé qui assurera le succès de son développement et son utilisation dans les années à venir.

20.2 Tendances à court terme

En se basant sur les tendances que l'on peut déjà observer, on peut prédire que les BHP ayant des rapports eau/liant de plus en plus faibles finiront par trouver des utilisations multiples. À l'heure actuelle, les rapports eau/liant les plus courants des BHP semblent être compris entre 0,30 et 0,35, mais des BHP ayant des rapports eau/liant compris entre 0,25 et 0,30 ont pu être utilisés pour construire des structures impressionnantes telles que l'édifice Two Union Square à Seattle et le pont de la Confédération qui relie l'Île-du-Prince-Édouard au continent au Canada.

Les BHP de demain contiendront de moins en moins de ciment Portland, de plus en plus d'ajouts cimentaires ou de filler. Comme on l'a dit dans ce livre, la substitution d'une certaine quantité de ciment Portland par un ajout cimentaire est, non seulement avantageuse du point de vue économique, mais aussi très avantageuse du point de vue rhéologique et parfois même du point de vue thermique. En remplaçant une certaine quantité de ciment par un matériau qui est moins réactif du point de vue rhéologique, il est plus facile de contrôler la rhéologie du BHP et sa mise en place. Évidemment, ces BHP ne sont pas aussi résistants à 24 heures que les BHP qui ne contiennent que du ciment Portland pur, mais, comme on peut abaisser leur rapport eau/liant parce qu'ils contiennent moins de matériau hautement réactif que le ciment Portland, ils peuvent développer des résistances à la compression à 24 heures comprises entre 15 et 30 MPa, ce qui est bien suffisant dans le cas de la plupart des applications structurales. Ce qui a été perdu en termes de propriétés liantes à court terme par la substitution d'une partie du ciment Portland peut être compensé par une diminution additionnelle du rapport eau/liant. Cependant, il est intéressant de noter que certains chercheurs ont démontré récemment que des fillers calcaires peuvent être utilisés pour augmenter la résistance aux toutes premières heures des BHP, entre 12 et 15 heures (Kessal et coll., 1995 ; Nehdi et coll., 1995). La diminution de la quantité de ciment utilisée pour fabriquer un BHP et son remplacement par un matériau moins réactif entraînent, la plupart du temps, une diminution du dosage en superplastifiant de sorte que l'on peut encore diminuer de façon significative le coût d'un mètre cube de béton.

Comme les sources de laitier ne sont pas aussi nombreuses que les sources de cendre volante, il est facile de prédire que, à l'échelle mondiale, les BHP vont contenir plus de cendres volantes que de laitier. On en reviendra donc à des formulations semblables à celles des premiers bétons à haute résistance fabriqués par les pionniers qui essayaient de diminuer le plus possible le rapport eau/liant de leur béton. Cependant, la différence majeure entre cette première génération de béton à haute résistance et les BHP de demain sera le remplacement des réducteurs d'eau à base de lignosulfonate par des superplastifiants modernes beaucoup plus efficaces.

Dans les années à venir, les ciments Portland et les superplastifiants vont devenir de plus en plus efficaces et de plus en plus compatibles dans le domaine des faibles rapports eau/liant parce que les compagnies de ciment et d'adjuvants comprendront que, en dépit du faible marché du BHP à l'heure actuelle, les utilisations de ce nouveau type de béton vont se développer rapidement dans un marché où la compétition ne sera plus basée uniquement sur le prix mais sur la qualité. Très souvent, la possibilité de produire et de livrer les 10 à 20 % de BHP que l'on peut retrouver dans une structure permet d'obtenir la livraison des 80 à 90 % de béton usuel nécessaire pour compléter la structure. La maîtrise de la production économique d'un BHP peut alors devenir très avantageuse.

Il est assez facile de trouver presque partout un ciment et un superplastifiant qui satisfont aux critères d'acceptation pour fabriquer des bétons usuels, mais ce n'est pas toujours le cas quand il faut utiliser ce ciment Portland et ce superplastifiant pour fabriquer un BHP ayant un faible rapport eau/liant. La fabrication des ciments Portland et des superplastifiants et le contrôle de leur qualité devront être resserrés pour qu'ils facilitent la fabrication et la livraison de BHP qui auront une rhéologie bien contrôlée et des propriétés mécaniques constantes dans des conditions variables de température ambiante.

Les technologies de fabrication des superplastifiants se sont beaucoup améliorées ces dernières années si bien que l'on peut affirmer que les superplastifiants dont on dispose maintenant sont beaucoup plus efficaces que ceux que l'on trouvait sur le marché il y a 20 ans. Cependant, il faut s'attendre à d'autres améliorations dans ce domaine. Les fabricants de superplastifiant bénéficient d'une conjoncture favorable pour réussir dans leurs efforts à améliorer l'efficacité de leurs produits : leur marché grandit rapidement et il leur est facile d'investir dans un effort de recherche soutenu en utilisant les moyens les plus modernes d'analyse de la chimie organique de façon à essayer de mieux comprendre l'action fondamentale des superplastifiants sur les particules de ciment.

D'autres types de superplastifiant sont en cours de développement pour mieux répondre aux exigences rhéologiques des différents BHP. Les plages de formulation vont se diversifier de façon à tenir compte de petites différences chimiques dans la composition des ciments qui, quelquefois, peuvent avoir des conséquences importantes quand ces ciments sont utilisés pour fabriquer des bétons qui ont de faibles rapports eau/liant. L'amélioration de l'efficacité des superplastifiants entraînera une diminution significative de leur dosage : on pourra obtenir un certain degré de maniabilité, une résistance à la compression donnée ou une durabilité accrue avec beaucoup moins de superplastifiant, ce qui diminuera de façon significative le coût unitaire du BHP et augmentera évidemment leur compétitivité.

Il est toujours très risqué d'essayer de prédire des développements technologiques dans n'importe quel domaine parce que, souvent, la chance, un environnement imprévisible ou des événements politiques peuvent jouer un grand rôle dans le développement d'objectifs technologiques nouveaux. Il est toujours beaucoup plus facile pour un scientifique d'expliquer ces développements après qu'ils ont eu lieu plutôt qu'avant, la technologie du béton va probablement encore précéder la science du béton dans les années à venir.

20.3 Le marché de la durabilité plutôt que le marché de la haute résistance

Durant la première partie du XXIe siècle, il est assez facile de prédire que l'on va continuer à utiliser de très grandes quantités de bétons usuels. Malgré toutes leurs qualités, les BHP n'arriveront jamais à occuper tout le marché du béton ; il y a beaucoup d'applications pour lesquelles il n'est pas nécessaire d'utiliser un béton de faible rapport eau/liant et où l'utilisation d'un béton usuel est tout à fait indiquée. Les applications où la haute résistance du béton est nécessaire ne représentent peut-être que 5 à 10 % du marché actuel du béton ou même moins. En fait, le marché dans lequel les applications des BHP vont se développer dans un futur immédiat est le marché de la durabilité. Toute structure en béton qui devra faire face à un environnement sévère sera construite avec un BHP de façon à augmenter sa durée de vie et à diminuer ses coûts d'entretien. On peut estimer qu'un tel marché peut représenter, selon les pays, de 25 à 35 % du marché total du béton. Si, dans un avenir très proche, une nouvelle philosophie de développement se met en place dans la société en mettant l'accent sur des considérations environnementales, sur une meilleure utilisation des ressources naturelles dans le cadre d'une politique de développement durable, ce qui inclut les combustibles, le sable, les gros granulats et une diminution des émissions de CO_2, la part du marché des BHP augmentera immanquablement. Pour obtenir 1 MPa dans un élément structural, il faut utiliser moins de béton, moins de ciment et moins de granulat avec un BHP qu'avec un béton usuel. En outre, chaque fois que l'on utilise moins de ciment, on diminue les émissions de CO_2 puisque la production d'une tonne de ciment génère approximativement 0,8 tonne de CO_2 dans l'atmosphère par une cimenterie moderne.

Il est encourageant de noter que de plus en plus d'organismes comprennent qu'il n'est plus possible de construire des infrastructures avec des bétons ayant des rapports eau/ciment élevés qui ont un cycle de vie très court à cause de la sévérité croissante des environnements urbains et des coûts directs et sociaux qui augmentent très rapidement lorsque l'on doit entretenir et réparer de façon prématurée ces infrastructures. Aucun pays dans le monde n'est plus maintenant assez riche pour poursuivre son développement en utilisant un béton bon marché non durable qui a un rapport eau/ciment élevé alors qu'il est si facile d'en augmenter la durabilité en diminuant son rapport eau/ciment. Quand les infrastructures sont construites sur le mode conception, construction et concession, il est absolument remarquable de voir comment les entrepreneurs deviennent conscients de la qualité et de la durabilité du BHP.

20.4 Tendances à long terme

Les BHP seront toujours des bétons ayant un faible rapport eau/liant incorporant des superplastifiants, mais leur technologie de fabrication et de mise en place va sûrement évoluer. Dans le futur, les BHP contiendront de moins en moins de ciment, de moins en moins d'eau, de plus en plus d'ajouts cimentaires et de plus en plus d'adjuvants. Les ciments Portland devraient évoluer vers une composition plus bélitique : ils contiendront plus de C_2S que de C_3S et probablement plus de C_4AF que de C_3A, la présence de C_3A n'étant plus nécessaire pour augmenter la résistance à très court terme du béton.

En parallèle, les BHP deviendront de plus en plus robustes, c'est-à-dire des matériaux de moins en moins sensibles aux variations de la qualité de ses constituants ou de la température ambiante. La quantité de chaleur dégagée par les BHP, leur retrait et leur fluage vont aussi diminuer.

L'augmentation de l'utilisation des BHP dans des structures instrumentées va permettre de raffiner les méthodes actuelles de calcul et de mieux prédire le cycle de vie des structures en BHP. Cependant, il est probable que ce qui va être gagné en performance sera perdu en simplicité et robustesse. La technologie du béton va devenir une technologie de pointe.

Non seulement on va assister à une amélioration des caractéristiques des BHP, mais aussi à une évolution de leur mise en place. Selon P. Richard, en 1996, l'utilisation d'un litre de superplastifiant correspond à peu près au coût de 20 minutes de travail d'un manœuvre en France et 78 % du temps nécessaire pour construire une paroi est dévolu à l'érection des coffrages et à la mise en place des armatures d'acier, ce qui représente des coûts de main-d'œuvre très élevés. Au Japon, on dit que le béton est affecté du syndrome des 4 K que l'on pourrait traduire en français des 4 D : le béton est un matériau *d*ifficile, *d*angereux, *d*égoûtant et *d*éprécié.

Différentes techniques de mise en place ont déjà été développées pour faciliter l'utilisation des BHP : on fabrique déjà des BHP autoplaçants (BAP), aussi appelés BHP dans certaines publications japonaises, des BHP compactés au rouleau, etc. Du point de vue structural, on utilisera de façon plus efficace les MPa supplémentaires procurés par les BHP. Les techniques de précontrainte et postcontrainte seront appliquées plus largement dans les structures en BHP. Cependant, chaque fois que l'épaisseur d'un élément structural ne permettra plus d'assurer la couverture minimale des armatures, on aura recours à l'utilisation de câbles de postcontrainte extérieurs et l'on pourra prévoir le remplacement de ces câbles, comme on l'a vu dans le cas du pont de Joigny (chapitre 4).

20.5 La compétition dans le domaine des BHP

Les BHP ne sont déjà plus les bétons les plus résistants et les plus performants que l'on peut trouver à l'heure actuelle sur le marché par suite du développement récent des BPR. Bien que les BPR coûtent encore plus cher à produire qu'un BHP, on ne tardera pas à voir se développer certaines applications industrielles pour lesquelles l'utilisation d'un BPR sera avantageuse parce que des économies seront réalisées en supprimant les armatures secondaires et en allégeant de façon considérable la structure finale. En outre, à l'heure actuelle, il existe un certain vide entre les BHP et les BPR. Dans les années à venir, on devrait voir apparaître des bétons qui seront partiellement des BPR et partiellement des BHP dans des applications pour lesquelles les BPR ne peuvent être utilisés à leur plein potentiel et pour lesquelles les BHP actuels ne sont pas encore assez performants. De la même façon que l'on passe de façon continue à des bétons usuels aux BHP, il n'y a aucune raison qu'il existe une discontinuité entre les BHP et les BPR. Il est tout à fait vraisemblable de penser aussi que l'on va voir se développer dans un avenir très proche des BHP ayant une résistance à la compression qui variera entre 1 et 1 000 MPa.

20.6 Recherches nécessaires

Bien qu'un effort de recherche considérable continue à se développer à l'heure actuelle dans le domaine des BHP, comme on a pu l'observer lors du Congrès international sur les BHP qui s'est tenu à Paris en mai 1996 et lors du Symposium de Sherbrooke en 1998 et de Sondefjord en 1999, il y a encore plusieurs domaines où les réponses finales ne sont pas encore connues et pour lesquels des travaux de recherche et de développement doivent être poursuivis :

- la compatibilité des ciments et des superplastifiants ou plutôt la robustesse des combinaisons ciment/superplastifiant ;
- la durabilité des BHP, particulièrement face aux cycles de gel-dégel et face à l'action des sels fondants, surtout lorsque les BHP sont fabriqués à partir de ciments composés riches en ajouts cimentaires ;
- la nécessité d'entraîner de l'air dans les BHP pour assurer leur durabilité face aux cycles de gel-dégel ;
- la décroissance du développement de chaleur au sein des BHP ;
- le contrôle du retrait endogène ;
- l'amélioration de la ductilité ;
- la résistance au feu.

De nombreux progrès dans la compréhension des propriétés des BHP, et plus généralement dans celles du béton, ont suivi les progrès réalisés grâce à une meilleure connaissance de la microstructure des bétons. Il semble que la prochaine étape majeure dans la compréhension des BHP viendra d'une meilleure connaissance du matériau à l'échelle du nanomètre, ce qui représente un véritable défi pour les années à venir. Chose certaine, en tant que matériau de construction, le béton n'a pas encore dit son dernier mot. De nombreuses découvertes et de nombreux développements se produiront sûrement dans le domaine du béton ; ils seront la conséquence d'un effort de recherche qui tentera de lier la science et la technologie du béton parce que, en dépit de sa complexité, le béton est un matériau qui, comme tous les autres matériaux, obéit aux lois de la physique, de la chimie et de la thermodynamique, mais aussi aux lois du marché.

Références

Aïtcin, P.-C. (1995) *Concrete the Most Widely Used Construction Material*, Symposium Adam Neville – Concrete Technology, édité par V.H. Malhotra, Las Vegas, USA, juin, p. 257-266.

Dreux, G. et Festa, J. (1995) *Nouveau guide du béton et de ses constituants*, Eyrolles, ISBN 2-212-10231-3, p. 332-333.

Kessal, M., Nkinamubanzi, P.-C., Tagnit-Hamou, A. et Aïtcin, P.-C. (1996) Improving Initial Strength of a Concrete Made with Type 20 M Cement. *Cement, Concrete and Aggregates*, **18**(1), juin, p. 49-54.

Kukko, H., éd. (1993) *Concrete Technology in the Future*, Symposium VTT 138, RILEM, ISBN 951-38-4089-1, 125 p.

Mather, B. (1993) Concrete – year 2000, revisited, dans *Concrete Technology–Past, Present and Future*, comptes rendus du Symposium V. Mohan Malhotra, édité par P.K. Mehta, ACI SP-144, 1993, p. 31-39.

Mather, B. (1995) Concrete – year 2000, revisited in 1995, *Symposium Adam Neville Symposium – Concrete Technology*, édité par V.M. Malhotra, Las Vegas, USA, juin, p. 1-9.

Mehta, P.K. (1993) Concrete Technology at the Crossroads. Problems and Opportunities, dans *Concrete Technology-Past, Present and Future*, comptes rendus du Symposium V. Mohan Malhotra, édité par P.K. Mehta, ACI SP-144, p. 1-30.

Nehdi, M., Mindess, S. et Aïtcin, P.-C. (1995) Use of Ground Limestone in Concrete : a New Look. *Building Research Journal,* **43**(4), p. 245-261.

Richard, P. (1996) *The Future of HS/FIPC*, 4e Symposium international sur l'utilisation des bétons à haute performance, Paris, Vol. 1, ISBN 2-859 78-257-5, mai, p. 101-106.

Scheubel, B. et Nachtwey, W. (1997) Development of cement technology and its influence on the refractory kiln, *Refra Kolloquium Berlin '97*, publié par REFRA-TECHNIK GmbH, p. 25-43.

Tassios, T.P. (1987) *Concrete Structures for the Year 2000*, Symposium IABSE, Versailles, Paris 1987, édité par IABSE Zurich, ISBN 3-85748-053-1, p. 639-646.

Therond, R., éd. (1998) *50 ans de Paris Match – 1949-1998*, Éd. Filipacchi, ISBN 2-85018-601-5, octobre, vol. 1, p. 72-73.

Walther, R. (1987) *Concrete Structures for the Year 2000*, Symposium IABSE, Versailles, Paris 1987, édité par IABSE Zurich, ISBN 3-85748-053-1, p. 631-638.

Postface

Pierre-Claude Aïtcin a essayé de nous faire partager son expertise et sa passion pour le développement de bétons avec des résistances de plus en plus élevées et d'une qualité de plus en plus grande. Son expertise est le fruit de nombreuses années de travail et d'innovation. En fait, plusieurs des progrès réalisés dans le domaine des BHP proviennent de ses recherches.

Cette passion est évidente dans son approche et dans son désir d'améliorer la qualité des structures en béton qui l'a amené à s'engager dans des projets de génie civil aussi bien modestes que majeurs, ce qui ajoute une valeur très critique à son enseignement.

On pourrait s'étonner qu'il faille autant de temps pour qu'un matériau aussi avancé soit accepté universellement. Par ses qualités – durabilité, résistance aux attaques naturelles et industrielles, facilité de mise en place et apparence améliorée – le BHP devrait être utilisé plus souvent. Je pense que le principal obstacle à une plus grande utilisation des BHP est simplement l'inertie. Certains n'hésitent pas à avancer que les BHP coûtent plus cher au mètre cube, ignorant que cette différence disparaît lorsque l'on considère le coût global de la structure : la réduction significative du volume de béton nécessaire, la plus grande rapidité de sa mise en place et l'élimination des défauts de surface qui nécessitent des corrections compensent facilement pour la différence de prix, comme le prouve l'utilisation toujours croissante des BHP.

D'autres prétendent que les BHP sont des matériaux fragiles. Cette affirmation est à la fois vraie et fausse : elle est vraie lorsque l'on réalise un essai de compression en laboratoire, mais, à cause de sa très grande homogénéité, le BHP peut être utilisé pour construire des structures précontraintes en béton armé très légères qui sont plus ductiles que celles construites avec des bétons usuels.

La seule critique que l'on puisse faire aux BHP est leur faible résistance à la traction qui est à peine un plus élevée que celle des bétons usuels. Là encore pourtant, le développement des BHP a apporté une contribution tout à fait exceptionnelle dans ce domaine grâce aux travaux scientifiques qui se sont développés à travers le monde et plus spécialement au Canada, en France, en Norvège et aux États-Unis. Les recherches vont sûre-ment conduire à l'élaboration de bétons ayant une résistance à la traction plus élevée. Il est facile d'imaginer alors les améliorations dans l'art de construire et la rapidité avec laquelle ces améliorations vont se produire.

Pierre-Claude Aïtcin a toujours fait figure de pionnier dans ce voyage scientifique et il est un des personnages clés dans son progrès. Ce livre en fait foi.

Pierre Richard
27 mars 1997

Index

www.ingramcontent.com/pod-product-compliance
Lightning Source LLC
Chambersburg PA
CBHW080342220326
41598CB00030B/4584